Neurociência Básica
Anatomia e Fisiologia

Respeite o direito autoral

O GEN | Grupo Editorial Nacional – maior plataforma editorial brasileira no segmento científico, técnico e profissional – publica conteúdos nas áreas de ciências da saúde, exatas, humanas, jurídicas e sociais aplicadas, além de prover serviços direcionados à educação continuada e à preparação para concursos.

As editoras que integram o GEN, das mais respeitadas no mercado editorial, construíram catálogos inigualáveis, com obras decisivas para a formação acadêmica e o aperfeiçoamento de várias gerações de profissionais e estudantes, tendo se tornado sinônimo de qualidade e seriedade.

A missão do GEN e dos núcleos de conteúdo que o compõem é prover a melhor informação científica e distribuí-la de maneira flexível e conveniente, a preços justos, gerando benefícios e servindo a autores, docentes, livreiros, funcionários, colaboradores e acionistas.

Nosso comportamento ético incondicional e nossa responsabilidade social e ambiental são reforçados pela natureza educacional de nossa atividade e dão sustentabilidade ao crescimento contínuo e à rentabilidade do grupo.

Neurociência Básica
Anatomia e Fisiologia

Arthur C. Guyton, M.D.
Professor Emeritus
Department of Physiology and Biophysics
University of Mississippi Medical Center
Jackson, Mississippi

Revisor Técnico

Charles Alfred Esbérard
Professor Emérito de Fisiologia da UFES
Professor Titular de Fisiologia do
Departamento de Fisiologia da UFF,
Departamento de Morfo-Fisiologia da FMP
Professor Adjunto de Ciências Fisiológicas da Uni-Rio
Professor Associado do
Departamento de Psicologia da PUC-RJ
Professor Titular de Fisiologia da Escola de
Medicina da Fundação Souza Marques

Tradutores

Charles Alfred Esbérard
Caps. 1 a 9

Cláudia Lúcia Caetano de Araújo
Caps. 10 a 29

Segunda edição

O autor e a editora empenharam-se para citar adequadamente e dar o devido crédito a todos os detentores dos direitos autorais de qualquer material utilizado neste livro, dispondo-se a possíveis acertos caso, inadvertidamente, a identificação de algum deles tenha sido omitida.

Partes deste livro, incluindo texto e ilustrações, já foram publicadas no *Tratado de Fisiologia Médica* do Dr. Arthur C. Guyton, publicado por W.B. Saunders, 1991.

Título do original em inglês
Basic Neuroscience, Anatomy & Physiology
Copyright © 1991, 1987 by
W.B. Saunders Company

Direitos exclusivos para a língua portuguesa
Copyright © 1993 by
EDITORA GUANABARA KOOGAN LTDA.
Uma editora integrante do GEN | Grupo Editorial Nacional

Reservados todos os direitos. É proibida a duplicação ou reprodução deste volume, no todo ou em parte, sob quaisquer formas ou por quaisquer meios (eletrônico, mecânico, gravação, fotocópia, distribuição na internet ou outros), sem permissão expressa da Editora.

Travessa do Ouvidor, 11
Rio de Janeiro – RJ – CEP 20040-040
Tels.: (21) 3543-0770/(11) 5080-0770 | Fax: (21) 3543-0896
www.grupogen.com.br | editorial.saude@grupogen.com.br

CIP-BRASIL. CATALOGAÇÃO-NA-FONTE
SINDICATO NACIONAL DOS EDITORES DE LIVROS, RJ.

G998n
2.ed.

Guyton, Arthur C., 1919-
Neurociência básica : anatomia e fisiologia / Arthur C. Guyton ; revisor técnico Charles Alfred Esbérard ; tradutores Charles Alfred Esbérard, Cláudia Lúcia Caetano de Araújo. - 2.ed. - [Reimpr.]. - Rio de Janeiro : Guanabara Koogan, 2018.
il.

Tradução de: Basic neuroscience, anatomy & physiology
Inclui bibliografia e índice
ISBN 978-85-277-0258-4

1. Neurofisiologia. 2. Neuroanatomia. I. Título.

08-0894.

CDD: 612.8
CDU: 612.8

Prefácio

No passado, a neuroanatomia e a neurofisiologia foram ensinadas, em grande parte, como temas distintos. Entretanto, todo curso de neuroanatomia inclui, quase invariavelmente, grande componente de neurofisiologia, e é impossível ensinar essa disciplina sem discutir neuroanatomia. Mesmo assim, quase todas as tentativas de apresentar a neuroanatomia e a neurofisiologia num mesmo livro-texto levaram a numerosas publicações que, em geral, são muito abrangentes para poderem ser estudadas no período disponível.

A primeira edição deste texto, intitulada *Neurociência Básica: Anatomia e Fisiologia,* foi projetada para apresentar os elementos básicos desses dois temas como disciplina integrada única. Esta segunda edição segue os mesmos princípios da primeira. Entretanto, exceto pelos seus capítulos iniciais, sobre a anatomia macroscópica, o texto foi extensamente revisado. A razão é simples: os rápidos progressos em nossa compreensão de vários mecanismos neurais revelaram o que, até recentemente, era um mistério. Nossa perspectiva atual exige grande atualização de discussões da anatomia microfuncional e da fisiologia e química da função nervosa.

Neurociência Básica: Anatomia e Fisiologia, 2ª Edição, destina-se a uma ampla variedade de estudantes interessados em saber como funciona o sistema nervoso, ou seja, estudantes de medicina ou odontologia, de neuroanatomia e fisiologia básicas, de psicologia, biologia, ou outros com propósitos semelhantes.

O texto começa com capítulos sobre a anatomia macroscópica do sistema nervoso, apresentando figuras coloridas que ilustram, praticamente, toda a estrutura neuroanatômica principal. Esses capítulos fornecem a base para a compreensão da organização macroscópica do sistema nervoso, ao mesmo tempo que iniciam o estudante na compreensão de sua função.

O restante do texto discute a anatomia funcional básica e a fisiologia de cada parte do sistema nervoso. Por exemplo, em todo o livro há diagramas dos vários feixes nervosos que carreiam informação de um local neural para outro. Também são discutidas a anatomia e a fisiologia de cada órgão sensorial — os olhos, os ouvidos, o aparelho vestibular e os órgãos da sensação somática (olfato, paladar etc.). Da mesma forma, são descritas a anatomia e a função dos órgãos efetores neurais — os músculos esqueléticos, o coração e as glândulas. Também, as anatomias químicas da membrana da célula nervosa, do corpo da célula neuronal, as terminações nervosas e as sinapses são discutidas como base para compreender o processamento dos sinais nervosos.

O objetivo final é apresentar um quadro multifacetado da função neural, de forma que o estudante possa compreender como o sistema nervoso controla a maioria das atividades corporais e, ao mesmo tempo, funciona como um órgão sensor, de sentimento, de atuação e do pensamento.

Meu próprio e grande interesse pelo sistema nervoso começou quando ainda era estudante. Na verdade, naquela época, elaborei meu primeiro livro ampliando, fotograficamente, várias lâminas microscópicas de secção transversa do sistema nervoso e reunindo-as em um grande atlas pessoal de neuroanatomia. Depois, quando era residente em neurocirurgia, o estudo da neuroanatomia voltou a ser muito importante em meu trabalho. Mais recentemente, minha pesquisa levou-me ao aprofundamento sobre os vários aspectos do controle neural do corpo, máxime o controle da circulação e, em menor grau, o controle da respiração e das funções endócrinas. A partir desses interesses variados, aprendi a respeitar o sistema nervoso como uma obra-prima de "design", com todas aquelas propriedades mágicas que tornam a vida significativa e excitante.

Desejo agradecer às várias pessoas que tornaram possível este texto, principalmente a Ivadelle Osberg Heidke e Gwendolyn Robbins, por seus excelentes serviços como secretárias, e a Tomiko Mita, Michael Schenk, Tina Burnham, Diane Flemming, Iris Nichols e Patricia Johnson, pelo admirável trabalho artístico. Também torno extensivos meus agradecimentos à equipe da W. B. Saunders Company, pela contínua excelência na publicação deste livro, em especial a Martin J. Wonsiewicz, Amy Norwitz, Brett MacNaughton, Karen O'Keefe e Peter Faber, cujo auxílio editorial e técnico foi inestimável.

ARTHUR C. GUYTON

Conteúdo

Parte I Introdução

1 Introdução: Os mais Importantes Aspectos Estruturais e Funcionais do Sistema Nervoso, 3

Parte II Anatomia Macroscópica

2 Anatomia Macroscópica do Sistema Nervoso:
   I. Divisões Básicas do Encéfalo; o Cérebro; o Diencéfalo, 11

3 Anatomia Macroscópica do Sistema Nervoso:
   II. Tronco Cerebral; Cerebelo; Medula Espinhal; e o Sistema do Líquido Cefalorraquidiano, 24

4 Anatomia Macroscópica do Sistema Nervoso:
   III. Os Nervos Periféricos, 37

Parte III A Biofísica da Membrana e dos Sinais Neurais

5 Transporte de Íons Através da Membrana Celular, 53

6 Potenciais de Membrana e Potenciais de Ação, 61

Parte IV O Sistema Nervoso Central:
A. Princípios Gerais e a Fisiologia Sensorial

7 Organização do Sistema Nervoso Central; Funções Básicas das Sinapses e das Substâncias Transmissoras, 77

8 Receptores Sensoriais; Circuitos Neuronais para o Processamento da Informação, 92

9 Sensações Somáticas:
   I. Organização Geral; Os Sentidos do Tato e de Posição, 103

10 Sensações Somáticas:
   II. Dor, Cefaléia e Sensações Térmicas, 115

Parte V O Sistema Nervoso Central:
B. Os Sentidos Especiais

11 O Olho:
   I. Óptica da Visão, 127

12 O Olho:
   II. Funções Receptora e Neural da Retina, 138

13 O Olho:
   III. Neurofisiologia Central da Visão, 150

14 O Sentido da Audição, 159

15 Os Sentidos Químicos — Paladar e Olfato, 168

Parte VI O Sistema Nervoso Central:
C. Neurofisiologia Motora e Integrativa

16 Funções Motoras da Medula Espinhal; os Reflexos Medulares, 177

17 Controle da Função Motora pelo Córtex e pelo Tronco Cerebral, 188

18 O Cerebelo, os Gânglios Basais e o Controle Motor Geral, 201

19 O Córtex Cerebral; Funções Intelectuais do Cérebro e Aprendizado e Memória, 215

20 Mecanismos Comportamentais e Motivacionais do Cérebro — O Sistema Límbico e o Hipotálamo, 227

21 Estados de Atividade Cerebral — Sono; Ondas Cerebrais; Epilepsia; Psicoses, 237

22 O Sistema Nervoso Autonômico; A Medula Supra-Renal, 244

23 Fluxo Sangüíneo Cerebral, o Líquido Cefalorraquidiano e o Metabolismo Cerebral, 254

Parte VII Controle Nervoso das Funções do Corpo

24 Contração do Músculo Esquelético, 263

25 Transmissão Neuromuscular; Função do Músculo Liso, 275

26 O Coração: Sua Excitação Rítmica e Controle Nervoso, 285

27 Regulação Nervosa da Circulação e da Respiração, 294

28 Regulação da Função Gastrintestinal, da Ingestão de Alimentos, da Micção e da Temperatura Corporal, 310

29 Controle Hipotalâmico e Hipofisário dos Hormônios e da Reprodução, 325

Índice Alfabético, 335

I

INTRODUÇÃO

1. **Introdução: Os Mais Importantes Aspectos Estruturais e Funcionais do Sistema Nervoso**

1

Introdução: Os Mais Importantes Aspectos Estruturais e Funcionais do Sistema Nervoso

O sistema nervoso é o sistema de nosso corpo que sente, pensa e controla. Para o exercício dessas funções, ele coleta informações sensoriais de todo o corpo — por meio de uma miríade de terminações nervosas sensoriais especializadas na pele, nos tecidos profundos, nos olhos, nos ouvidos, no aparelho do equilíbrio e em outros sensores — e transmite essa informação, pelos nervos, para a medula espinhal e o encéfalo. A medula espinhal e o encéfalo podem reagir, de forma imediata, a essa informação sensorial, enviando sinais para os músculos ou para os órgãos internos do corpo, para a produção de alguma resposta, que é chamada de *resposta motora*. Ou, sob outras condições, poderia deixar de ocorrer qualquer resposta imediata; em seu lugar, a informação sensorial poderá ser armazenada em um dos depósitos mnêmicos do encéfalo. Aí, ela será comparada com outras memórias já armazenadas, ou combinada a outra informação, e, como resultado das variadas combinações, poderão ser gerados novos pensamentos. Então, talvez alguns minutos depois, ou passado 1 mês e, até alguns anos depois, esse extenso processamento da informação poderia levar a uma resposta motora, que poderá ser simples ou, talvez, muito complexa, como a de construir uma casa ou pilotar uma nave espacial. Por outro lado, a ativação neural dos órgãos internos do corpo, como o aumento da freqüência cardíaca ou do peristaltismo intestinal, também pode fazer parte de uma resposta motora.

Por isso, o sistema nervoso é considerado como desempenhando três funções principais: (1) a *função sensorial,* (2) a *função integrativa*, que inclui os processos de pensamento e a memória, e (3) a *função motora*.

■ OS PRINCIPAIS COMPONENTES DO SISTEMA NERVOSO

A Fig. 1.1 apresenta os dois componentes principais do sistema nervoso: (1) o *sistema nervoso central*, que, por sua vez, é formado pelo *encéfalo* e pela *medula espinhal*, e (2) o *sistema nervoso periférico*.

O encéfalo é a principal região integrativa do sistema nervoso — onde são guardadas as memórias, onde são concebidos os pensamentos, geradas as emoções e executadas outras funções relacionadas ao nosso psiquismo e ao controle complexo de nosso corpo. Para executar todas essas atividades complexas, o próprio encéfalo é dividido em muitos componentes funcionais, que começarão a ser discutidos a partir do capítulo seguinte.

A medula espinhal desempenha duas funções. Primeira, funciona como um condutor para muitas vias nervosas que saem ou que se dirigem para o encéfalo. Segunda, atua como região integrativa para a coordenação de muitas atividades neurais subconscientes, como a retirada reflexa de uma parte do corpo de estímulo doloroso, o enrijecimento da perna quando a pessoa fica de pé e, até mesmo, movimentos grosseiros de marcha. Dessa forma, a medula espinhal é muito mais que simplesmente um grande nervo periférico.

O sistema nervoso periférico é apresentado à esquerda da Fig. 1.1, onde é mostrado ser composto de malha muito ramificada de nervos que é tão extensa que dificilmente existirá um só milímetro cúbico de tecido, em qualquer lugar do corpo, que seja desprovido de fibras nervosas. Essas fibras pertencem a dois tipos funcionais: as *fibras aferentes*, para a transmissão de informações sensoriais para a medula espinhal, e *fibras eferentes*, para a transmissão de sinais motores, do sistema nervoso central para a periferia, em especial para os músculos esqueléticos (ver Cap. 24). Alguns nervos periféricos se originam diretamente do encéfalo, inervando principalmente a região cefálica do corpo. Esses nervos, chamados de *nervos cranianos*, não são mostrados na Fig. 1.1, mas serão discutidos adiante. O restante dos nervos periféricos é de *nervos espinhais*: um deles sai de cada lado da medula espinhal, passando pelo forame intervertebral, ao nível de cada vértebra.

TECIDO NERVOSO

O tecido nervoso, seja ele encefálico, medular ou dos nervos periféricos, contém dois tipos básicos de células:

1. Os *neurônios* conduzem os sinais pelo sistema nervoso. Em todo o sistema nervoso, seu número pode chegar a 100 bilhões.

2. As *células de suporte* e de *isolamento* mantêm os neurô-

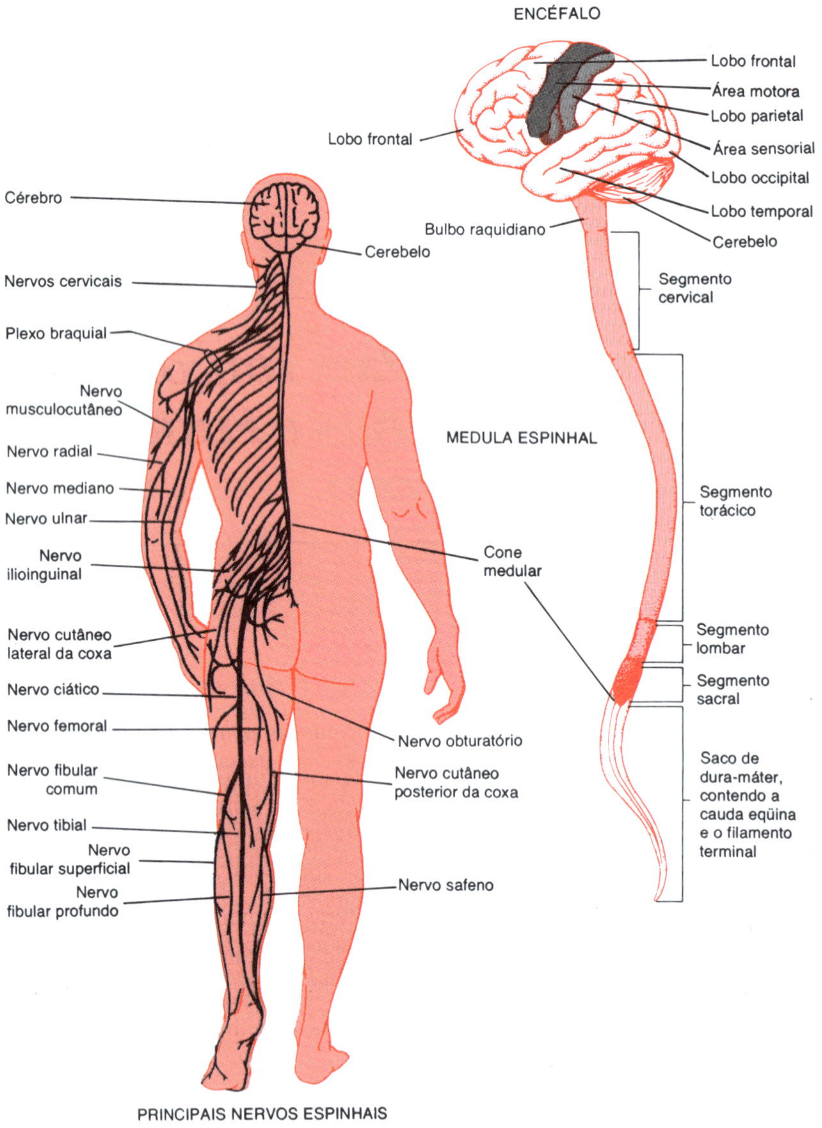

4 I ■ Introdução

Fig. 1.1 Os principais componentes anatômicos do sistema nervoso.

nios em suas posições e impedem que os sinais se dispersem pelos neurônios, o que não é desejado. No sistema nervoso central, essas células de sustentação e de isolamento são, em seu conjunto, chamadas de *neuroglia*. No sistema nervoso periférico, são as *células de Schwann*.

O neurônio do sistema nervoso central

A Fig. 1.2 apresenta um típico neurônio do encéfalo ou da medula espinhal. Suas partes principais são:

1. *Corpo celular*. É a partir dele que se originam todas as outras partes do neurônio. O corpo celular também fornece a maior parte da nutrição necessária para manter a vida de todo o neurônio.

2. *Dendritos*. São expansões, muito ramificadas e múltiplas, do corpo celular. Formam as principais regiões receptivas do neurônio. Isto é, a maioria dos sinais que vão ser transmitidos pelo neurônio o atinge pelos dendritos, embora alguns desses sinais o possam atingir pela superfície do corpo celular. Os dendri-

tos de um neurônio recebem, em geral, sinais oriundos de literalmente milhares de pontos de contato com outros neurônios; esses pontos de contato são chamados *sinapses* e discutidos adiante.

3. *Axônio*. Cada neurônio tem um axônio que emerge do corpo celular. Essa é a parte do neurônio que é geralmente chamada de *fibra nervosa*. Seu comprimento pode ser de apenas alguns milímetros, como acontece nos axônios de muitos neurônios pequenos do encéfalo, ou pode chegar a ser de 1 metro, no caso dos axônios (fibras nervosas) que emergem da medula espinhal para inervar os pés. Os axônios conduzem os sinais nervosos até o neurônio seguinte, no encéfalo ou na medula espinhal, ou para os músculos e glândulas, nas partes periféricas do corpo.

4. *Terminações axônicas e sinapses*. Próximo a seu término, o axônio se ramifica repetidas vezes, chegando a formar milhares de ramificações. Na extremidade de cada uma delas existe terminação especializada que, no sistema nervoso central, é chamada de *terminação pré-sináptica, pé* ou *botão terminal (sináptico)*, devido à sua aparência semelhante a uma pequena dilatação. O terminal pré-sináptico jaz sobre a membrana da superfície de um dendrito ou do corpo celular de outro neurônio, formando,

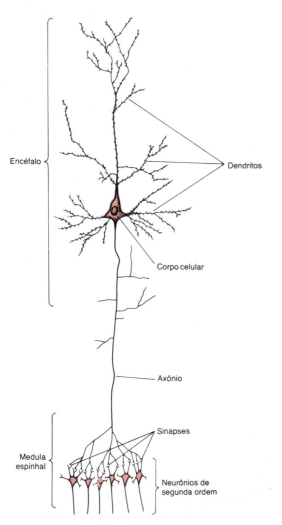

Fig. 1.2 Estrutura de um grande neurônio do encéfalo, mostrando seus principais componentes funcionais.

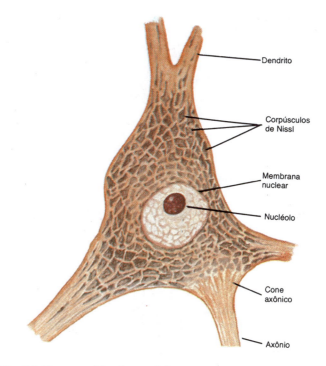

Fig. 1.3 O corpo celular do neurônio.

assim, um ponto de contato, chamado *sinapse*, por meio do qual os sinais podem ser transmitidos de um neurônio para o seguinte. Quando estimulado, o terminal pré-sináptico libera quantidade diminuta de um hormônio, chamado de *substância transmissora*, no espaço entre o terminal e a membrana do neurônio, e a substância transmissora vai, então, estimular, também, esse neurônio.

A Fig. 1.3 mostra maiores detalhes do corpo celular. Nela aparecem um *núcleo* típico, com *nucléolo* muito proeminente. Também são mostrados os *corpúsculos de Nissl*, componentes de um retículo endoplasmático especializado, capaz de sintetizar as substâncias necessárias para manter o neurônio vivo. Essas substâncias são transportadas para o axônio e para os dendritos por meio de um sistema de microtúbulos, chamados de *neurofibrilas*. Por fim, deve ser notado, na Fig. 1.3, que o axônio se origina de um pólo cônico da célula, chamado de *cone axônico*.

A neuroglia

A Fig. 1.4 apresenta um grande neurônio, da medula espinhal, cercado por seu tecido de sustentação, a neuroglia. As células da neuroglia são chamadas de *células gliais*. Muitas delas funcionam de modo semelhante ao dos fibroblastos do tecido conjuntivo; isto é, formam fibras que mantêm unidos os componentes do tecido. Contudo, outras desempenham a mesma função que as células de Schwann nos nervos periféricos, enrolando a *bainha de mielina* em torno das fibras mais calibrosas, formando, assim, as *fibras mielinizadas*, capazes de transmitir sinais com velocidades de até 100 m por segundo, como acontece nos nervos periféricos, como discutido no Cap. 6. As fibras nervosas muito delgadas não possuem bainhas de mielina e, por isso, são chamadas de *fibras amielínicas*, mas, mesmo elas são isoladas entre si pela interposição de células gliais entre as fibras, de modo bastante semelhante ao isolamento, pelas células de Schwann, nos nervos periféricos, das fibras nervosas amielínicas.

RECAPITULAÇÃO DA ESTRUTURA FUNCIONAL DO SISTEMA NERVOSO

A Fig. 1.5 apresenta uma visão panorâmica dos principais componentes estruturais do sistema nervoso. À esquerda, é mostrado um neurônio típico — um neurônio motor da medula espinhal — que envia grande fibra mielínica para um nervo periférico.

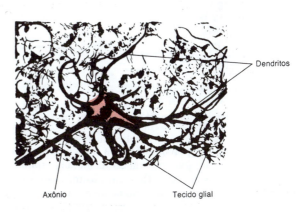

Fig. 1.4 Grande neurônio da medula espinhal, cercado por tecido de sustentação, chamado neuroglia.

6　I ■ Introdução

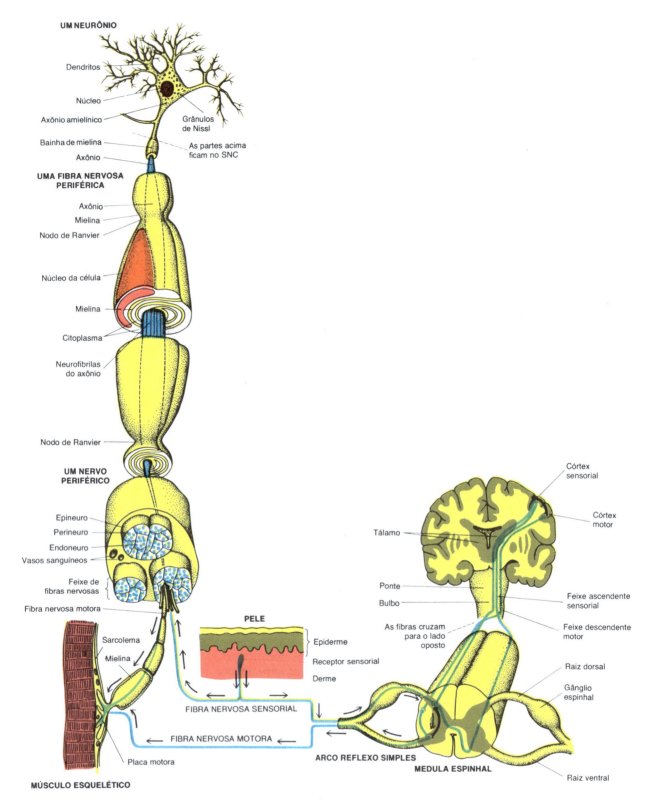

Fig. 1.5 Os componentes funcionais do sistema nervoso.

À direita é mostrado o percurso de uma fibra nervosa sensorial e de outra, motora, chegando e saindo da medula espinhal, por meio de um nervo periférico. Também são mostrados uma via ascendente sensorial na medula, composta por milhões de fibras nervosas sensoriais, que sobem da medula para o encéfalo, e outra via descendente, motora, composta por milhões de fibras motoras, que descem do encéfalo para a medula.

■ PLANO GERAL DA ORGANIZAÇÃO DESTE TEXTO

O objetivo final deste texto é o de explicar como o sistema nervoso desempenha múltiplos papéis, do tipo sensação, pensamento e controle. Obviamente, isso exige conhecimento detalhado da estrutura de cada componente do sistema nervoso, bem como a compreensão de como cada componente funciona. Por conseguinte, será feita na Seção II (Caps. 2 a 4) revisão da *anatomia macroscópica* do sistema nervoso, principalmente, para introduzir a terminologia e as inter-relações básicas, indispensáveis para o que vai ser discutido a seguir. Após isso, no restante do texto, será apresentada a *anatomia funcional* de cada sistema de órgãos, juntamente com sua *fisiologia*.

Na Seção III (Caps. 5 e 6), serão apresentadas a biofísica e a fisiologia básicas da transmissão dos sinais nos nervos e nos músculos.

A anatomia funcional e a fisiologia do sistema nervoso central e de suas conexões periféricas, sensoriais e motoras serão discutidas nas Seções IV a VI (Caps. 7 a 23).

Por fim, na Seção VII (Caps. 24 a 29), serão discutidos os diferentes modos pelos quais o sistema nervoso controla a maioria dos sistemas funcionais dos componentes não-neurais do corpo, como a circulação, a respiração, o funcionamento gastrintestinal, a temperatura corporal, a maioria das secreções hormonais e as funções sexual e reprodutiva.

II

ANATOMIA MACROSCÓPICA

2 Anatomia Macroscópica do Sistema Nervoso: I. Divisões Básicas do Encéfalo; o Cérebro; o Diencéfalo

3 Anatomia Macroscópica do Sistema Nervoso: II. Tronco Cerebral; Cerebelo; Medula Espinhal; e o Sistema do Líquido Cefalorraquidiano

4 Anatomia Macroscópica do Sistema Nervoso: III. Os Nervos Periféricos

2

Anatomia Macroscópica do Sistema Nervoso:

I. Divisões Básicas do Encéfalo; o Cérebro; o Diencéfalo

■ O ENCÉFALO E SEUS COMPONENTES

O encéfalo é a parte do sistema nervoso que fica contida no interior da cavidade craniana. A Fig. 2.1 mostra a face lateral do encéfalo, a•Fig. 2.2, sua face inferior (a superfície ventral) e a Fig. 2.3, sua face sagital, na linha média do encéfalo. Infelizmente, diferentes terminologias são usadas para descrever os diversos componentes do encéfalo, e três delas são apresentadas no Quadro 2.1. Em medicina, a terminologia mais usada está na coluna à direita; nela, o encéfalo é dividido em seis componentes distintos: (1) o *cérebro*, (2) o *diencéfalo*, (3) o *mesencéfalo*, (4) o *cerebelo*, (5) a *ponte*, e (6) a *medula oblonga*, chamada, geralmente, de "bulbo".

É importante reconhecer a relação entre essa terminologia, de uso muito difundido, com a terminologia clássica, apresentada na coluna à esquerda do quadro e com os vários termos clássicos que foram anglicizados,* apresentados na coluna do meio. O cérebro é o mesmo que *telencéfalo*, e o telencéfalo forma junto com o diencéfalo, o *prosencéfalo*, ou cérebro anterior, que é a grande e maciça parte do encéfalo que preenche os três quartos ântero-superiores da cavidade craniana.

O mesencéfalo, também chamado de *cérebro médio*, é uma parte diminuta do encéfalo, localizada na base do cérebro anterior, como mostrado nas Figs. 2.2 e 2.3. Todavia, apesar de seu pequeno tamanho, é o único elo que conecta o cérebro anterior com todas as outras partes inferiores do encéfalo e da medula espinhal.

O cerebelo, a ponte e o bulbo ficam situados na fossa posterior da cavidade craniana e, em seu conjunto, formam o *rombencéfalo*, ou *cérebro posterior*.

Nas figuras, pode-se ver que a maior massa do encéfalo corresponde ao cérebro, e também fica claro que a maior massa, abaixo dessa, é o cerebelo. Isso poderia fazer com que se pensasse

que as quatro partes restantes do encéfalo — diencéfalo, mesencéfalo, ponte e bulbo — tivessem importância relativamente pequena. Será mostrado adiante que essas quatro partes são absolutamente essenciais para a manutenção da função neural, na verdade, bem mais que qualquer massa equivalente do cérebro ou do cerebelo.

O CÉREBRO

Os hemisférios cerebrais e o corpo caloso. Durante os poucos momentos a seguir, deve-se analisar os aspectos externos do cérebro, como representado nas Figs. 2.1, 2.2 e 2.3, bem como o corte horizontal, mostrado na Fig. 2.4. O primeiro aspecto digno de nota que pode ser observado no cérebro é o de que é formado por duas grandes massas bilaterais, os *hemisférios cerebrais*, mostrados nas Figs. 2.1, 2.2 e 2.3. Esses dois hemisférios são interligados por diversos feixes de fibras nervosas; os dois mais importantes são:

1. O *corpo caloso* é mostrado, em corte sagital, na Fig. 2.3, e em corte horizontal, na Fig. 2.4. Note-se que o corpo caloso é grosso feixe de fibras, que se estende por quase a metade do comprimento dos hemisférios cerebrais. Sua importância fica aparente pelo número extremamente grande de fibras que o formam, cerca de 20 milhões.

2. A *comissura anterior* também é mostrada na Fig. 2.3. É um feixe bem menor, contendo, provavelmente, não mais que 1 milhão de fibras. Fica situada alguns centímetros abaixo do corpo caloso e interconecta, principalmente, as regiões anteriores e mediais dos dois lobos temporais.

Os pontos correspondentes de quase todas as áreas dos dois hemisférios se interconectam entre si — e nas duas direções — por meio das fibras desses dois feixes, o que permite a comunicação contínua entre eles. Quando o corpo caloso e a comissura anterior são destruídos, cada hemisfério funciona como um cérebro distinto, chegando mesmo a ter pensamentos diferentes e produzindo reações diversas nos dois lados do corpo.

---

*N.T. Note-se que não existe, em português, qualquer termo que tenha a amplidão de sentido da palavra inglesa *brain*, que pode significar tanto *encéfalo* como o próprio *cérebro*. Assim, nesta tradução, *brain* sempre significará *encéfalo*.

12 II ▪ Anatomia Macroscópica

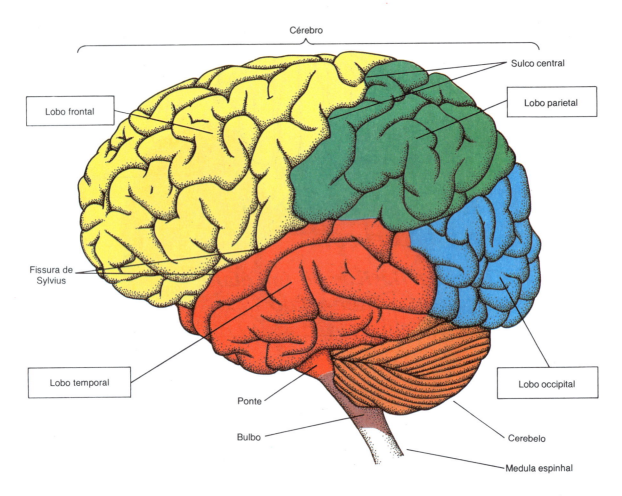

Fig. 2.1 Vista lateral esquerda do encéfalo, mostrando as principais divisões do encéfalo e os quatro lobos principais do cérebro.

Circunvoluções, fissuras e sulcos cerebrais. O aspecto distintivo a seguir é a presença de dobras na superfície do cérebro. Essas dobras são chamadas de *circunvoluções cerebrais,* e cada uma delas é um *giro*. As depressões entre os giros são chamadas de *fissuras* ou *sulcos,* as maiores e mais fundas sendo, em geral, designadas como fissuras, enquanto a grande maioria delas, menos profundas, é de sulcos. Quatro das fissuras (ou sulcos) principais são mostradas nas Figs. 2.1 e 2.2; são elas:

1. A *fissura longitudinal,* separando os dois hemisférios cerebrais, no plano mediossagital do encéfalo.
2. O *sulco central* se estende, aproximadamente, na direção ínfero-superior, pela face lateral do hemisfério, e divide o cérebro, em termos aproximados, em duas metades, anterior e posterior.
3. A *fissura lateral,* também chamada de *fissura de Sylvius,* se estende ao longo da face lateral de cada hemisfério cerebral por cerca da metade de seu comprimento.
4. O *sulco parietoccipital* se origina do lado da fissura longitudinal, em ponto cerca de um quarto da distância anterior ao pólo posterior do hemisfério, cursando lateral e anteriormente por quase 5 cm.

Até certo ponto, essas fissuras e sulcos delimitam partes funcionalmente distintas do cérebro, como discutido a seguir.

Os lobos do cérebro. As Figs. 2.1 a 2.4 mostram que o cérebro é dividido em quatro grandes *lobos* e em um quinto, menor. Os lobos maiores são (1) o *lobo frontal,* (2) o *lobo parietal,* (3) o *lobo occipital,* (4) o *lobo temporal*; o lobo menor é (5) a *ínsula*.

O sulco central separa o lobo frontal do lobo parietal. A fissura lateral delimita o lobo frontal e a parte anterior do lobo parietal do lobo temporal. E o sulco parietoccipital separa a parte superior do lobo parietal do lobo occipital. A separação entre os lobos temporal e occipital é menos distinta. Será visto adiante que a área onde se encontram os lobos parietal, temporal e occipital é a principal área cerebral para a integração da informação sensorial, com a informação sensorial oriunda do corpo chegando a essa área por meio do lobo parietal, a informação visual, pelo lobo occipital, e a informação auditiva, pelo lobo temporal. Em contraste, veremos que o lobo frontal está envolvido principalmente no controle do movimento muscular e, também, em alguns tipos de processos de pensamento.

A ínsula não pode ser vista da superfície do cérebro. Na verdade, ela fica situada na profundidade da fissura lateral. O corte horizontal da Fig. 2.4 mostra que essa fissura lateral tem fundo amplo e achatado, que é recoberto pelas bordas sobrepostas dos lobos frontal, parietal e temporal. Esse fundo achatado é a *ínsula,* e as bordas formam os *opérculos* dos outros lobos. Infelizmente, pouco se sabe sobre a função da ínsula, exceto que faria parte do sistema límbico (discutido adiante), participando do controle do comportamento.

O Quadro 2.2 resume as estruturas do cérebro incluindo suas partes funcionais que são discutidas com mais detalhes nas seções a seguir deste capítulo.

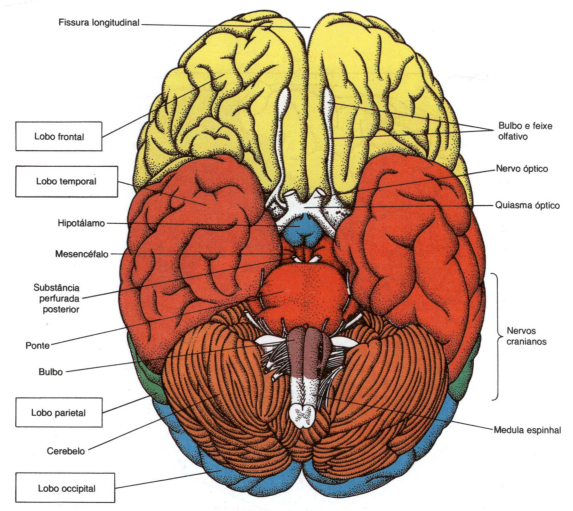

Fig. 2.2 Vista da base do encéfalo.

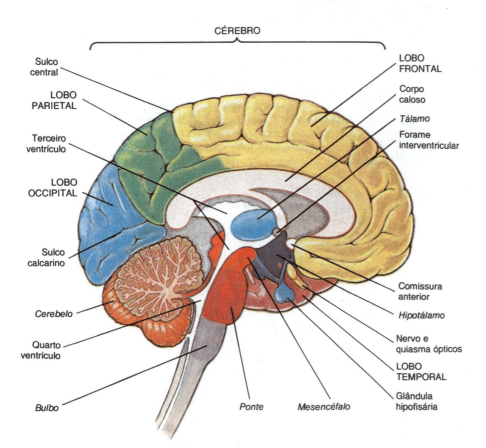

Fig. 2.3 Vista medial da metade esquerda do encéfalo, mostrando, em destaque, as relações do cérebro com o tronco cerebral e com o cerebelo.

QUADRO 2.1 Componentes do encéfalo

Terminologia clássica	Terminologia traduzida*	Terminologia mais usada
Encéfalo	Encéfalo	Encéfalo
Prosencéfalo		
Telencéfalo		Cérebro
Diencéfalo		Diencéfalo (ou tálamo, hipotálamo e circundantes)
Mesencéfalo	Cérebro médio	Mesencéfalo
Rombencéfalo	Cérebro posterior	
Metencéfalo		
Cerebelo		Cerebelo
Ponte		Ponte
Mielencéfalo		
Medula oblonga		Medula oblonga (ou bulbo raquidiano, ou bulbo)

*N.T.: É usada aqui a nomenclatura da 5ª edição da *Nomina Anatômica* brasileira.

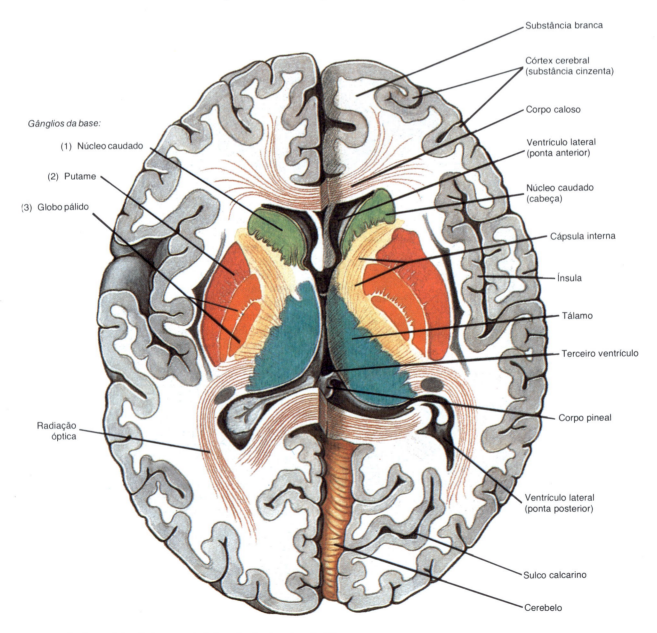

Fig. 2.4 Corte horizontal do cérebro ao nível dos gânglios basais e do tálamo.

QUADRO 2.2 O cérebro

	Localização e função
Os lobos cerebrais	
Frontal	Ântero-superior
Parietal	Superior, na parte média
Occipital	Posterior
Temporal	Lateral
Ínsula	Na profundidade da fissura lateral
Principais fissuras e sulcos	
Fissura longitudinal	Separa os dois hemisférios cerebrais
Sulco central	Separa os lobos frontal e parietal
Fissura lateral	Separa o lobo temporal do lobo frontal e de parte do lobo parietal
Sulco parietoccipital	Separa as partes superiores dos lobos parietal e occipital
Principais componentes estruturais	
Córtex cerebral (substância cinzenta)	Fina camada superficial, formada principalmente por bilhões de corpos celulares neuronais
Núcleos profundos (também de substância cinzenta)	
Gânglios basais	Os mais importantes são: (1) núcleo caudado, (2) putame, (3) globo pálido
Algumas estruturas límbicas	
Substância branca	Formada por bilhões de fibras nervosas, mielinizadas em sua maioria
Áreas funcionais	
Áreas motoras	Localizadas na parte posterior do lobo frontal
Córtex motor	Controla as atividades musculares individuais
Córtex pré-motor	Controla os padrões das contrações musculares coordenadas
Área de broca	Controla a fala
Córtex somestésico	Lobo parietal; detecta as sensações tácteis e proprioceptivas
Área visual	Lobo occipital; detecta as sensações visuais
Área auditiva	Lobo temporal superior; detecta as sensações auditivas
Área de Wernicke	Lobo temporal súpero-posterior; analisa a informação sensorial de qualquer tipo
Área de memória a curto prazo	Partes inferiores do lobo temporal
Área pré-frontal	Metade anterior do lobo frontal — "elaboração do pensamento"

O CÓRTEX CEREBRAL — SUBSTÂNCIAS CINZENTA E BRANCA

Vamos agora olhar para o interior do cérebro, para verificar o modo de organização de sua estrutura interna. A Fig. 2.4 mostra um corte horizontal através do cérebro. Ele aparece formado por áreas de coloração cinzenta à vista desarmada, chamadas de *substância cinzenta,* e por outras áreas, de coloração esbranquiçada, chamadas de *substância branca.* A substância cinzenta é formada por coleções de grandes números de corpos celulares neuronais, que no seu conjunto lhe conferem essa tonalidade acinzentada. A substância branca é formada por grandes feixes de fibras nervosas que saem ou que chegam à substância cinzenta; seu aspecto esbranquiçado é causado pela coloração branca brilhante das bainhas de mielina das fibras nervosas.

De modo especial, a Fig. 2.4 mostra que delgada casca de substância cinzenta recobre toda a superfície do cérebro, inclusive das fissuras e dos sulcos. Ela é o *córtex cerebral.* Uma das maiores vantagens de se ter tantas fissuras e sulcos é que elas triplicam a área total do córtex cerebral; a área da superfície exposta do cérebro é de cerca de 600 cm^2, mas a área total do córtex cerebral é de 1.800 cm^2.

O córtex cerebral é a parte do cérebro mais freqüentemente associada ao processo do pensamento, embora, não seja capaz de gerar pensamentos sem a atividade simultânea das estruturas mais profundas do encéfalo. Todavia, o córtex cerebral é a parte do encéfalo onde, essencialmente, são armazenadas todas as nossas memórias e é, também, a área mais responsável por nossa capacidade de adquirir as nossas múltiplas habilidades musculares. Ainda não conhecemos os mecanismos fisiológicos básicos que permitem ao córtex cerebral armazenar memórias ou conhecimento de habilidades musculares, mas o que se sabe sobre eles será discutido no Cap. 19.

Na maioria das áreas, o córtex cerebral tem cerca de 6 mm de espessura e, em sua totalidade, estimou-se que contém de 50 a 80 bilhões de corpos celulares neuronais. Por outro lado, cerca de 1 bilhão de fibras saem do córtex, com número comparável chegando a ele, ou passando para outras áreas do córtex, indo e vindo das estruturas profundas do encéfalo, e outras até a medula espinhal.

Áreas funcionais do córtex cerebral

Até a Primeira Guerra Mundial, só se conhecia a função de poucas áreas do córtex cerebral. Mas, a partir do momento em que soldados com ferimentos a bala em diferentes regiões do encéfalo passaram a ser estudados sistematicamente para identificação das alterações funcionais resultantes dessas lesões. Por outro lado, em épocas mais recentes, os neurocirurgiões e os neurologistas vêm documentando, cuidadosamente, as alterações do funcionamento encefálico produzidas por tumores ou por outras lesões específicas. A Fig. 2.5 apresenta as principais áreas funcionais do córtex cerebral determinadas por esses estudos. Essas áreas são as seguintes:

A área motora: o córtex motor, o córtex pré-motor e a área de broca. A área motora fica situada à frente do sulco central, ocupando a metade posterior do lobo frontal. Ela é, por sua vez, dividida em três subdivisões — o córtex motor, o córtex pré-motor e a área de broca —, todas relacionadas com o controle da atividade muscular.

O *córtex motor,* localizado em tira com cerca de 2 cm de largura, imediatamente à frente do sulco central, controla os músculos específicos de todo o corpo, em especial os músculos que produzem os movimentos finos, como os dos dedos e dos polegares e dos lábios e da boca, para a fala e para o ato de comer; em grau bem menor, os movimentos finos dos pés e dos artelhos.

O *córtex pré-motor,* situado à frente do córtex motor, provoca movimentos coordenados que envolvem seqüências de movimentos de músculos isolados ou movimentos combinados de diversos músculos ao mesmo tempo. É nessa área que é armazenada grande parte do conhecimento da pessoa para o controle dos movimentos aprendidos, dependentes de habilidade, como os necessários para o desempenho de atividades atléticas.

A *área de broca,* situada à frente do córtex motor, na margem lateral do córtex pré-motor, controla os movimentos coordenados da laringe e da boca, para a produção da fala. Essa área atua como o *centro da fala* de uma pessoa em apenas um de seus hemisférios cerebrais; fica no hemisfério esquerdo em 19 de cada 20 pessoas, inclusive de todas as pessoas destras e na metade das canhotas.

A área sensorial somestésica. As sensações somestésicas são as sensações oriundas do corpo, tais como as de tato, pressão, temperatura e dor. Pode-se ver na Fig. 2.5 que a área sensorial somestésica ocupa todo o lobo parietal.

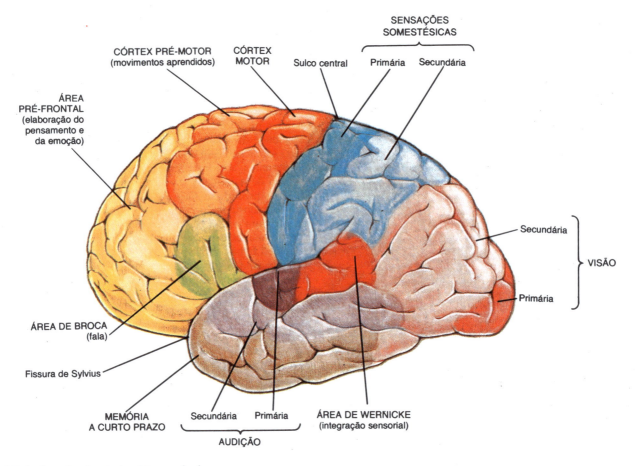

Fig. 2.5 As áreas funcionais do córtex cerebral.

Note-se que essa área sensorial é subdividida em uma *área primária* e em outra *área secundária*. Essa subdivisão também é válida para todas as outras áreas sensoriais. A área sensorial somestésica primária é a região do córtex cerebral que recebe sinais, diretamente, dos diferentes receptores sensoriais dispersos por todo o corpo. Diferentemente, os sinais para a área sensorial somestésica secundária são, em parte, processados em estruturas encefálicas profundas, ou na área somestésica primária, antes de serem transmitidos para a área secundária. A área primária pode distinguir entre os tipos específicos de sensações oriundas de regiões distintas do corpo. A área secundária funciona, principalmente, na interpretação dos sinais sensoriais, não para fazer distinções entre eles, mas sim para interpretar que a mão está em contato com uma cadeira, uma mesa, uma bola etc.

A área visual. A Fig. 2.5 mostra que a área visual ocupa todo o lobo occipital. A maior parte da *área primária para a visão* fica situada na superfície medial do hemisfério, ao longo do curso do sulco calcarino (Figs. 2.3 e 2.4), mas pequena parte da área primária visual se projeta por sobre o pólo externo do lobo occipital, como mostrado na Fig. 2.5. Essa área primária detecta pontos iluminados ou escuros, com posição espacial específica, além de orientações de linhas ou de contornos da cena visual. As *áreas visuais secundárias* ocupam o restante do lobo occipital, e sua função é a de interpretar a informação visual. Por exemplo, é nessas áreas que ocorre a interpretação das palavras escritas.

A área para a audição (a área auditiva). A área para a audição fica localizada na metade superior dos dois terços anteriores do lobo temporal. A *área auditiva primária* fica situada na parte média do giro temporal superior. É aí que sons específicos, o timbre e outras características do som são detectados. As *áreas secundárias* ocupam o restante da área para a audição. É nessas áreas que o significado das palavras faladas é interpretado; partes dessas áreas são importantes para o reconhecimento das músicas.

A área de Wernicke para a integração sensorial. A área de Wernicke fica localizada na parte posterior do lobo temporal superior, no ponto onde os lobos parietal e occipital entram em contato com o lobo temporal. É aí que os sinais sensoriais oriundos dos três lobos superiores — os lobos temporal, occipital e parietal — se juntam. Essa área é extremamente importante para a interpretação do significado final de quase todos os diferentes tipos de informação sensorial, como os significados de frases e de pensamentos, independendo de terem sido ouvidas, lidas, sentidas ou de se foram gerados no próprio encéfalo. Por conseguinte, a destruição dessa área cerebral produz perda muito acentuada da capacidade do pensamento. Essa área só é bem desenvolvida em um dos hemisférios cerebrais, em geral no esquerdo. Esse desenvolvimento unilateral da área de Wernicke impede a confusão dos processos do pensamento entre as duas metades do cérebro.

A área para a memória a curto-prazo do lobo temporal. A metade inferior do lobo temporal parece ter importância principalmente para o armazenamento de memórias a curto prazo, memórias que perduram de alguns minutos a várias semanas.

A área pré-frontal. A área pré-frontal ocupa a metade anterior do lobo frontal. Sua função ainda está bem menos definida do que a das outras áreas cerebrais. Ela tem sido removida em muitos pacientes psicóticos, para tirá-los de estados depressivos. Essas pessoas ainda podem funcionar sem as áreas pré-frontais. Todavia, elas perdem sua capacidade de concentração por longos períodos de tempo, além de perderem a capacidade de planejar para o futuro ou de resolver problemas intelectuais. Por isso, essa área tem sido considerada como importante para a elaboração do pensamento.

A função intelectual do córtex cerebral será discutida em maiores detalhes no Cap. 19.

OS GÂNGLIOS BASAIS

O corte horizontal do cérebro, apresentado na Fig. 2.4, mostra diversas áreas de substância cinzenta, chamadas de *núcleos*, localizadas na profundidade do cérebro. Um núcleo é uma coleção de corpos celulares neuronais, congregados em área coesa. Nessa figura são mostrados dois grupos distintos de núcleos: (1) os *gânglios basais*, que fazem parte do cérebro, e (2) o *tálamo*, composto por numerosos núcleos pequenos e que faz parte do diencéfalo, que será discutido adiante neste capítulo.

As Figs. 2.6 e 2.7 mostram outros cortes cerebrais, onde os gânglios basais são destacados; a Fig. 2.6 é um corte coronal e a Fig. 2.7, um desenho tridimensional, que mostra as localizações dos gânglios basais no interior das massas cerebrais, ao mesmo tempo que expõe suas relações com o tálamo. Os três mais importantes gânglios basais são (1) o *núcleo caudado*, (2) o *putame*, e (3) o *globo pálido*. Além desses três, os anatomistas ainda consideram o *claustro* e a *amígdala* como gânglios basais. Contudo, a função do claustro ainda é desconhecida e a amígdala atua como parte do sistema límbico, que será discutido adiante

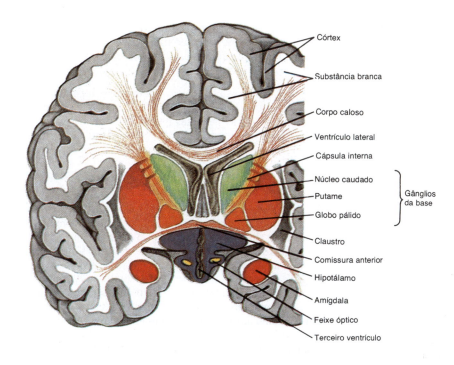

Fig. 2.6 Corte coronal do cérebro, à frente do tálamo, mostrando, em destaque, os gânglios da base.

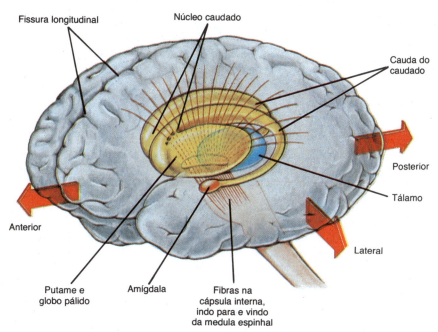

Fig. 2.7 Relações entre os gânglios basais e o tálamo, em vista tridimensional.

neste capítulo; ela tem poucas relações funcionais com o restante dos gânglios da base.

Por outro lado, os gânglios basais do cérebro funcionam em íntima associação com o *subtálamo*, do diencéfalo, e com a *substância nigra* e com o *núcleo vermelho*, do mesencéfalo. Por conseguinte, os fisiologistas, com muita freqüência, consideram essas três estruturas como fazendo parte do sistema dos gânglios basais.

Localização tridimensional dos gânglios basais no cérebro. Agora, vamos estudar mais detalhadamente as localizações anatômicas dos principais gânglios basais. No corte horizontal do cérebro, mostrado na Fig. 2.4, deve ser notado que o núcleo caudado, o putame e o globo pálido têm situação anterior e lateral à do tálamo. A Fig. 2.6 mostra corte coronal do cérebro, pouco à frente da extremidade anterior do tálamo, aproximadamente ao nível da região motora cerebral. Nessa região, os três gânglios basais ficam montados sobre uma das principais vias de fibras do cérebro, a *cápsula interna*. Essa via, que será discutida em outro ponto deste texto, é o principal elo de comunicação entre o córtex e as regiões mais inferiores do encéfalo e da medula espinhal. Muitas das fibras que cursam pela cápsula interna têm origem nos córtices motor e pré-motor, e seus ramos atingem os gânglios basais. Desse modo, parte dos sinais motores é processado e, em seguida, transmitidos por esses gânglios, em vez de passar diretamente do córtex cerebral para a medula.

Também deve ser notada, na Fig. 2.6, a relação entre os gânglios basais e as partes anteriores dos dois *ventrículos laterais*, que são cavidades, cheias de líquido, no interior do cérebro. Esses ventrículos ficam situados, respectivamente, em posição superior e medial à do núcleo caudado, em cada um dos dois hemisférios cerebrais.

Finalmente, na ilustração tridimensional da Fig. 2.7, deve ser notada, de modo especial, a relação entre os gânglios basais e o tálamo. Pode-se ver a localização central do tálamo, na parte basal do cérebro, e a situação do sistema dos gânglios basais, em sua maior parte, anterior e lateral ao tálamo, embora também deva ser notada a longa cauda do núcleo caudado, que se curva, posteriormente, através do lobo parietal e, como conseqüência, lateral e inferiormente no lobo temporal. A amígdala fica na ponta da cauda do núcleo caudado, no lobo temporal.

Funções dos gânglios basais. Se o córtex cerebral de um gato for removido, sem remoção concomitante dos gânglios basais, o animal ainda será capaz de realizar a maioria de suas atividades motoras, incluindo andar, brigar, arquear o dorso, salivar e quase que qualquer outro movimento. Por outro lado, perda semelhante do córtex cerebral, com os gânglios basais ficando intactos, deixa a pessoa capaz apenas de movimentos grosseiros, como grandes movimentos do tronco e movimentos dos membros com marcha descontrolada, com toda a perna sendo movida rigidamente.

Utilizando a totalidade dessa informação, pode-se deduzir que uma das funções principais dos gânglios da base é a de controlar, no ser humano, os movimentos grosseiros de fundo, enquanto o córtex cerebral é necessário para a realização de movimentos mais precisos dos braços, mãos, dedos e pés. Quando a mão está executando alguma atividade precisa, que exija um fundo postural do corpo, os gânglios da base produzem os movimentos corporais, enquanto o córtex cerebral gera os movimentos precisos.

Para que seja atingido esse alto grau de coordenação, necessária, entre os músculos do corpo, durante a maioria das funções motoras, um circuito, muito complexo, de fibras nervosas interconecta (1) o córtex cerebral e os gânglios basais, no cérebro, (2) o tálamo e o subtálamo, no diencéfalo, (3) o núcleo vermelho e a substância *nigra,* no mesencéfalo, e (4) o cerebelo, no cérebro posterior.

A SUBSTÂNCIA BRANCA DO CÉREBRO

Em quase todas as regiões do cérebro, exceto no córtex cerebral e nos gânglios da base, é encontrada substância branca. A substância branca é composta, quase exclusivamente, por fibras nervosas que, em geral, se encontram organizadas em feixes específicos, chamados de *feixes de fibras*. Três dos principais feixes de fibras, cada um contendo milhões de fibras, são mostrados na Fig. 2.4; são eles:

1. O *corpo caloso*, discutido antes, conecta as áreas respectivas de cada hemisfério cerebral com as correspondentes do hemisfério oposto. O corpo caloso é mostrado, também, em corte sagital, na Fig. 2.3 e, em corte coronal, na Fig. 2.6.

2. A *radiação óptica*, mostrada na Fig. 2.4, passa do corpo geniculado lateral, do tálamo, em direção posterior, até a área do sulco calcarino do lobo occipital. Essa é a via final de transmissão para os sinais visuais, dos olhos até o córtex cerebral.

3. A *cápsula interna*, mostrada na Fig. 2.4, é encontrada nas áreas entre o tálamo, o núcleo caudado e o putame. É por essa cápsula interna que é transmitida a maioria dos sinais entre o córtex cerebral e o encéfalo inferior e a medula espinhal.

A Fig. 2.8 apresenta, de forma bem mais acentuada, as substâncias cinzenta e branca do cérebro. Também é mostrada a grande massa de fibras nervosas que se estendem para cima, passando pela cápsula interna, em direção ao córtex, por meio da grande radiação, chamada de *coroa radiada*.

O DIENCÉFALO

O *diencéfalo* também é chamado de *cérebro intermédio* [*betweenbrain*]. Em animais primitivos, o diencéfalo aparece como uma estrutura nodular, distinta do resto do encéfalo, que liga o telencéfalo (o cérebro) ao mesencéfalo (cérebro médio). No ser humano, o diencéfalo ainda é o responsável por ligação semelhante entre o cérebro e as partes mais inferiores do encéfalo, mas, anatomicamente, está tão fundido às partes basais do cérebro que fica difícil identificar seus limites com o cérebro. Todavia, o diencéfalo é definido como as estruturas que circundam o terceiro ventrículo (outra cavidade, cheia de líquido, mostrada na Fig. 2.9 e discutida no capítulo seguinte). O Quadro 2.3 apresenta, de modo resumido, as estruturas mais importantes do diencéfalo e suas funções. Os mais importantes componentes são o *tálamo* e o *hipotálamo*. Ambos são formados por núcleos múltiplos que desempenham muitas funções neurais importantes. Além dessas duas, outras áreas nucleares menores do diencéfalo, situadas posterior e inferiormente ao tálamo, são o *epitálamo* e o *subtálamo*.

O tálamo

Já foi visto, em várias figuras, que o tálamo fica situado na parte mais central do encéfalo, envolto por todos os lados, exceto inferiormente, pelo cérebro. A Fig. 2.9 apresenta outra vista do tálamo e de sua localização, em corte coronal do encéfalo. Diversas características específicas do tálamo são descritas aqui.

Primeira, o tálamo é formado por numerosos núcleos distintos, como mostrado pelas múltiplas áreas em azul dessa figura.

Segunda, o tálamo fica assentado diretamente sobre o topo do mesencéfalo (também chamado de "cérebro do meio"); quase todos os sinais do mesencéfalo e das regiões mais inferiores do encéfalo, bem como da medula espinhal, são transmitidos por sinapses no tálamo, antes de se dirigirem ao córtex cerebral.

Terceira, o tálamo contém numerosas conexões bidirecionais com todas as áreas do córtex cerebral, com tráfego contínuo de sinais, do tálamo para o córtex e do córtex para o tálamo.

2 ■ Anatomia Macroscópica do Sistema Nervoso: I. Divisões Básicas do Encéfalo; o Cérebro; o Diencéfalo   19

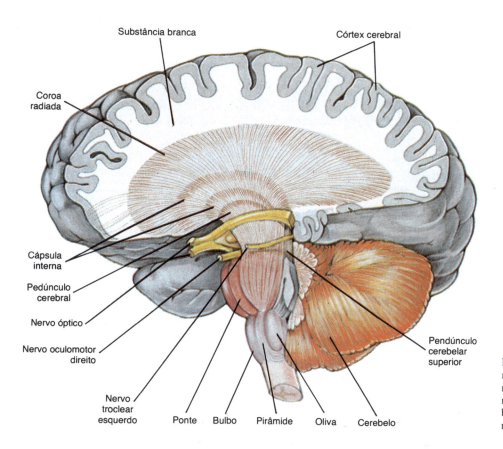

Fig. 2.8 Dissecção profunda do cérebro, mostrando as fibras nervosas radiadas, formando a coroa radiada, condutora de sinais, nas duas direções, entre o córtex cerebral e as porções mais inferiores do sistema nervoso central.

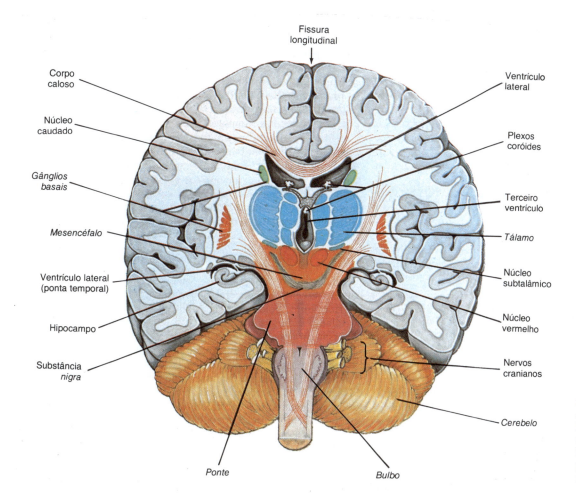

Fig. 2.9 Corte coronal do cérebro, da frente para trás. Esse corte foi feito imediatamente à frente da parte inferior do tronco cerebral, passando pelo meio do tálamo.

QUADRO 2.3 O diencéfalo e o sistema límbico

Estrutura	Localização	Função
Diencéfalo		
Tálamo	Centro da base do encéfalo	Transmite os sinais sensoriais para o córtex; funções de análise sensorial
Hipotálamo	Inferior ao tálamo anterior	Controla o funcionamento interno do corpo; estimula o sistema nervoso autonômico
Subtálamo	Inferior ao tálamo posterior	Funciona com os gânglios da base, no controle da atividade motora subconsciente
Epitálamo	Póstero-inferior ao tálamo	Função desconhecida; inclui a glândula pineal
O sistema límbico		
Amígdala	Na profundidade de cada pólo anterior do lobo temporal	Controla o comportamento para cada situação social
Hipocampo	Borda medial de cada hemisfério cerebal	Determina qual informação sensorial será conservada na memória
Corpo mamilar	Posterior ao hipotálamo	Talvez ajude na determinação do humor e do grau de vigília
Septo pelúcido	Linha média do cérebro ântero-superior ao hipotálamo	Talvez participe da regulação do temperamento e do sistema nervoso autonômico
Córtex límbico: Giro do cíngulo, cíngulo e giro para-hipocâmpico	Anel de córtex cerebral na parte medial do cérebro, em torno das estruturas límbicas mais profundas	Componentes conscientes no controle do comportamento

Quarta, o tálamo jaz em íntima aposição com os gânglios basais. Na verdade, o tálamo transmite muitos sinais, vindos das regiões mais inferiores do encéfalo e da medula espinhal, diretamente para os gânglios basais. E, por sua vez, o tálamo também funciona como estação transmissora [*relay station*] para os sinais gerados nos gânglios da base para o córtex.

Dessa forma, em essência, o tálamo é a principal estação transmissora para o tráfego de sinais, direcionando os sinais, tanto os sensoriais como os de outra natureza, para os pontos apropriados do córtex cerebral, bem como para outras áreas mais profundas do cérebro. Alguns exemplos dos tipos de sinais que são transmitidos por meio do tálamo incluem:

1. todos os *sinais sensoriais somestésicos* oriundos do corpo (tato, pressão, dor, temperatura etc.), para o córtex somestésico, no lobo parietal.

2. *sinais visuais* para a área do sulco calcarino no lobo occipital (a região do tálamo que transmite esses sinais é, por vezes, incluída no metatálamo, a extremidade posterior do tálamo).

3. *sinais auditivos* para o giro temporal superior (também transmitidos pelo metatálamo); e

4. *sinais de controle muscular*, do cerebelo, mesencéfalo e outras áreas da parte inferior do tronco cerebral, para o córtex motor e para os gânglios da base.

Relação anatômica do tálamo com os ventrículos. Deve ser notada, de modo especial, na Fig. 2.9 a relação do tálamo com vários ventrículos: (1) os dois ventrículos laterais ficam imediatamente acima das duas metades laterais do tálamo, e (2) o terceiro ventrículo divide o tálamo em duas partes iguais. Cada metade do tálamo funciona independente da outra, junto com o hemisfério cerebral do mesmo lado, existindo pouquíssima comunicação direta entre as duas metades do tálamo.

A função interpretativa sensorial do tálamo. Nos animais inferiores, ao nível reptiliano, o córtex cerebral ainda está pouco desenvolvida, mas o tálamo já é parte bem definida do encéfalo. Nesses animais, o tálamo desempenha papel bem maior na interpretação sensorial do que ocorre no ser humano. Mas, mesmo nele, parte de suas capacidades interpretativas sensoriais ainda persistem. Isso é especialmente válido para a sensação dolorosa, pois uma pessoa pode perder a maior parte — se não todas — das áreas sensoriais somestésicas de seu córtex cerebral e ainda conservar grande parte (e, até mesmo, a maior) de sua capacidade de perceber a dor. Isso está de acordo com o fato de que a dor é uma das nossas sensações mais primitivas e, também, que o tálamo é parte mais primitiva do encéfalo que o cérebro.

A relação talamocortical. Além das vias de transmissão que passam pelo tálamo em seu percurso para o cérebro, também existem inúmeras conexões bidirecionais entre o tálamo e todas as áreas do córtex, com as fibras nervosas passando nas duas direções. A Fig. 2.10 mostra, utilizando um código de cores, as áreas do tálamo que são conectadas com áreas específicas do córtex cerebral. Por exemplo, a parte posterior do tálamo (corpo geniculado lateral e pulvinar) tem conexões recíprocas com o lobo occipital do córtex. A parte superior-medial do tálamo (núcleo medial-dorsal) se conecta com a área pré-frontal do lobo frontal. E a parte posterolateral do núcleo ventral (núcleo ventral posterolateral) se conecta com a área somestésica primária do córtex parietal, e assim por diante.

Mas, qual é o propósito dessas conexões recíprocas? Primeiro, sem o tálamo, o córtex é inútil. É o tálamo que leva o córtex a ficar ativo, o que representa outra função do tálamo, além de transmitir sinais, vindos de outras partes do encéfalo e da medula espinhal para o córtex. Na verdade, pode-se considerar que a maior parte do córtex cerebral seja, principalmente, derivada do tálamo; o córtex atua com grande território de armazenamento mnêmico, sempre à disposição dos centros controladores talâmicos.

O hipotálamo

Diversas figuras apresentadas antes neste capítulo mostravam uma pequena estrutura no meio da base do encéfalo, chamada de *hipotálamo*. As Figs. 2.2 e 2.3 devem ser analisadas de modo especialmente cuidadoso, mas essa análise deve ser feita com muita atenção aos detalhes, pois, do contrário, ele não será localizado. Suas dimensões diminutas enganam quanto à sua importância, pois ele é um dos mais importantes centros encefálicos para o controle do funcionamento interno do corpo.

A Fig. 2.11 mostra vista ampliada do interior do hipotálamo, apresentando, em três dimensões, diversos núcleos do hipotálamo. Note-se que o hipotálamo tem situação anterior à do núcleo vermelho, que, por sua vez, localiza-se na parte mais superior do mesencéfalo; também, o hipotálamo fica imediatamente infe-

2 ■ Anatomia Macroscópica do Sistema Nervoso: I. Divisões Básicas do Encéfalo; o Cérebro; o Diencéfalo

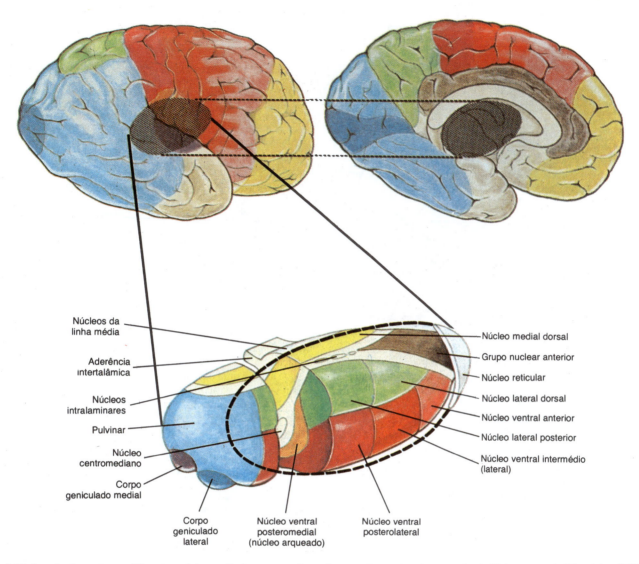

Fig. 2.10 As relações entre os diferentes núcleos talâmicos e suas áreas de conexão com o córtex cerebral. (Reimpresso de Warwick e Williams: *Gray's Anatomy*, 35.ed. inglesa. Philadelphia, W.B. Saunders, 1973.)

rior à extremidade anterior do tálamo. Existem vias nervosas especialmente abundantes entre o hipotálamo e o tálamo anterior, como existem, igualmente, entre o hipotálamo e o mesencéfalo.

Algumas das funções dos núcleos hipotalâmicos. Em muitos pontos deste texto, será discutida a importância de um ou de mais de um núcleo hipotalâmico para o controle do funcionamento interno do corpo, e maiores detalhes sobre as funções do hipotálamo como um todo serão apresentados no Cap. 20. Contudo, deve-se, neste ponto, enumerar algumas das funções mais importantes de alguns núcleos hipotalâmicos.

O *núcleo pré-óptico*, de localização anterior, está relacionado, principalmente, à regulação da temperatura corporal.

O *núcleo supra-óptico,* de localização ântero-inferior, situado imediatamente acima dos nervos ópticos, controla a secreção do *hormônio antidiurético;* por sua vez, esse hormônio participa da regulação da concentração de eletrólitos nos líquidos corporais.

Os *núcleos mediais* do hipotálamo, quando estimulados, produzem, na pessoa, sensação de saciedade (isto é, a pessoa se sente satisfeita, em especial em termos de alimentação).

A estimulação das *regiões mais laterais do hipotálamo* faz com que a pessoa sinta muita fome e a estimulação da parte anterior do hipotálamo lateral faz com que a pessoa sinta muita sede.

A estimulação do *hipotálamo posterior* excita o sistema nervoso simpático por todo o corpo, aumentando o nível global de atividade de muitas estruturas internas corporais, em especial aumentando a freqüência cardíaca e produzindo a constrição dos vasos sanguíneos.

Por fim, a estimulação de diversas regiões do hipotálamo faz com que seus neurônios secretem vários hormônios, chamados de *hormônios de liberação,* transportados diretamente, pelo sangue venoso, até a glândula hipófise anterior; aí, vão determinar a secreção dos hormônios da hipófise anterior. Por sua vez, os hormônios da hipófise anterior controlam várias atividades corporais, tais como o metabolismo dos carboidratos, das proteínas e das gorduras, o funcionamento das glândulas sexuais e diversas outras funções.

Dessa forma, ninguém pode deixar de ficar impressionado com a importância global dessa área diminuta do encéfalo, que é o hipotálamo, e de seus múltiplos papéis no controle de nossos corpos. Por conseguinte, suas funções serão discutidas em muitos pontos deste texto.

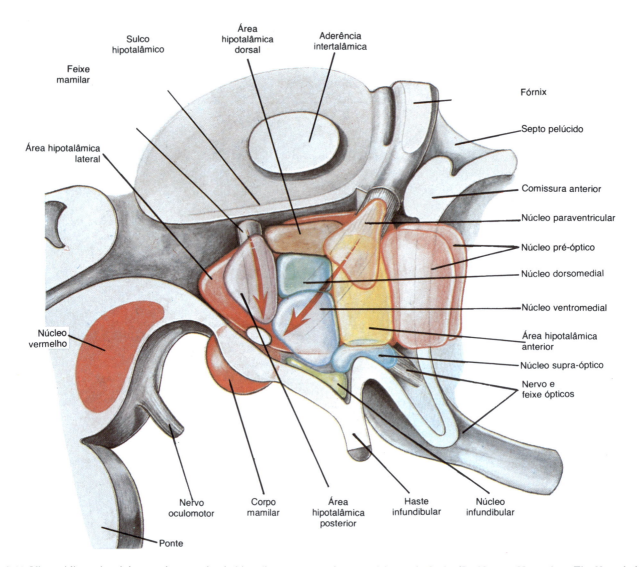

Fig. 2.11 Vista tridimensional de uma das metades do hipotálamo, mostrando seus núcleos principais. (De Nauta e Haymaker: *The Hypothalamus*. Springfield, III., Charles C. Thomas, 1969.)

O SISTEMA LÍMBICO

A palavra "límbico" significa margem (ou borda); o *sistema límbico*, mostrado na Fig. 2.12 e resumido no Quadro 2.3, corresponde às estruturas das bordas do cérebro e do diencéfalo, que, em sua maior parte, cercam o hipotálamo. O sistema límbico atua, preferencialmente, no controle de nossas atividades emocionais e comportamentais. Algumas das partes mais importantes do sistema límbico são as seguintes:

1. A *amígdala* (também chamada de *corpo amigdalóide*) é uma pequena massa nuclear, localizada na profundidade de cada lobo temporal anterior e considerada pelos anatomistas como sendo um dos gânglios da base. Contudo, ela funciona, de modo muito íntimo, com o hipotálamo, e não com os gânglios basais típicos. Acredita-se que a amígdala participe do controle do comportamento apropriado da pessoa, segundo cada tipo de situação social.

2. O *hipocampo* (um de cada lado) é uma parte primitiva do córtex cerebral, situada ao longo da borda mais medial do lobo temporal, curvando-se, para cima e para dentro, para formar a superfície inferior da ponta inferior do ventrículo lateral. Acredita-se que o hipocampo interprete, para o encéfalo, a importância da maior parte de nossas experiências sensoriais. Se o hipocampo determina que uma certa experiência sensorial seja suficientemente importante, ela será armazenada como memória no córtex cerebral. Sem o hipocampo, a capacidade de uma pessoa para armazenar suas memórias fica muito deficiente.

3. Os *corpos mamilares* ficam situados imediatamente atrás do hipotálamo e funcionam em íntima associação com o tálamo, hipotálamo e tronco cerebral, no controle de muitas funções comportamentais do tipo do grau de vigília da pessoa e, talvez, também de seu sentimento de bem-estar.

4. O *septo pelúcido* está situado à frente do tálamo, por cima do hipotálamo, e entre os gânglios basais, no plano medial do cérebro. A estimulação de diferentes partes desse septo pode causar muitos efeitos comportamentais distintos, incluindo o fenômeno da ira.

5. O *giro do cíngulo*, o *cíngulo*, a *ínsula* e o *giro hipocâmpico* formam, em conjunto, um anel de córtex cerebral, em cada hemisfério cerebral que circunda as estruturas profundas do sistema límbico, descritas nos parágrafos precedentes. Esse anel de córtex é considerado como permitindo a associação entre as funções corticais cerebrais conscientes e as funções comportamentais subconscientes do sistema límbico, de situação mais profunda.

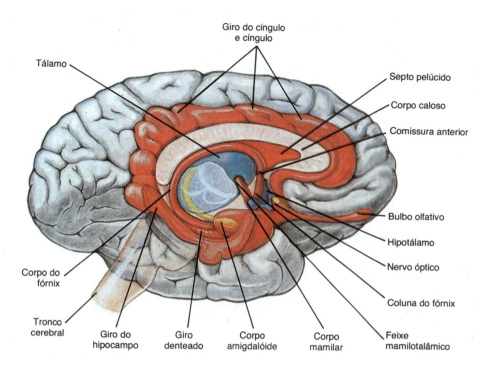

Fig. 2.12 O sistema límbico, na parte média do cérebro. (De Warwick e Williams: *Gray's Anatomy*, 35.ed. inglesa. Philadelphia, W.B. Saunders, 1973.)

Os sinais gerados no sistema límbico, e que vão para o hipotálamo, podem modificar uma ou todas as funções internas do corpo, controladas pelo hipotálamo. E os sinais que chegam ao sistema límbico, vindos do mesencéfalo, podem controlar os comportamentos do tipo dos da vigília, do sono, da excitação, da atenção e, até mesmo, de ira ou de docilidade. Contudo, o modo preciso como as diferentes partes do sistema límbico funcionam em conjunto, para controlar todas essas funções emocionais e comportamentais do corpo, ainda permanece muito pouco compreendido.

REFERÊNCIAS

Ver Referências no Cap. 4.

3

Anatomia Macroscópica do Sistema Nervoso:

II. Tronco Cerebral; Cerebelo; Medula Espinhal; e o Sistema do Líquido Cefalorraquidiano

■ O TRONCO CEREBRAL

O tronco cerebral, representado na Fig. 3.1, é exatamente o que seu nome quer dizer: é o tronco que conecta o cérebro anterior à medula espinhal. Seus principais componentes são (1) o *mesencéfalo,* (2) a *ponte,* e (3) o *bulbo* (Quadro 3.1). Alguns anatomistas também consideram o *diencéfalo,* discutido no capítulo anterior, como fazendo parte do tronco cerebral, por ele ser, de igual modo, um elemento de conexão.

Numerosas *vias nervosas* passam, com percurso ascendente ou descendente, pelo tronco cerebral, transmitindo sinais sensoriais, oriundos da medula espinhal, principalmente para o tálamo, e sinais motores, do córtex cerebral para a medula. Além desses, outras vias nervosas se originam ou terminam no tronco cerebral, de novo para, principalmente, transmitir sinais sensoriais ou motores.

Contudo, o tronco cerebral contém numerosos centros, muito importantes, para o controle de variáveis fisiológicas, tais como a respiração, a pressão arterial, o equilíbrio, além de muitas outras. Na verdade, os centros do tronco cerebral chegam a determinar o nível da atividade cerebral e causam, também, o ciclo sono-vigília do sistema nervoso.

E, por fim, o tronco cerebral serve como elemento de conexão entre o cerebelo e o cérebro, na direção superior, e do cerebelo com a medula espinhal, na inferior.

O MESENCÉFALO

A anatomia da superfície do mesencéfalo está representada, pela face posterolateral esquerda, na Fig. 3.1, e, na Fig. 3.2, é mostrado um corte horizontal, ao nível do meio do mesencéfalo. No sentido ântero-posterior, ele é dividido em dois componentes principais: (1) os dois *pedúnculos cerebrais,* que compõem os quatro quintos anteriores do mesencéfalo, e (2) o *teto,* composto pelas estruturas situadas próximo à sua superfície posterior. Pas-

sando, em sentido descendente, pela parte posterior do mesencéfalo, perto da linha divisória entre os pedúnculos cerebrais e o teto, fica o *aqueduto cerebral,* que é um pequeno canal tubular, conectando o terceiro ventrículo, no diencéfalo, ao quarto ventrículo, na parte inferior do tronco cerebral.

Os pedúnculos cerebrais. Os pedúnculos cerebrais se curvam, para a frente e para o lado, na extremidade superior do mesencéfalo e, em seguida, se projetam para cima, indo atingir as duas metades laterais do diencéfalo. Cada pedúnculo cerebral é formado por três regiões distintas:

1. Uma espessa camada superficial, de situação ântero-lateral, formada por *fibras corticoespinhais* e *corticopontinas,* que conduzem sinais motores do córtex para a medula espinhal e para a ponte.

2. Uma camada mais profunda, formada por corpos celulares neuronais, com pigmentação muito escura, chamada de *substância nigra;* essa camada fica situada abaixo da camada superficial de fibras. Os neurônios da substância *nigra* funcionam como parte do sistema de gânglios da base, para o controle das atividades musculares subconscientes do corpo. A destruição desses neurônios provoca a doença de Parkinson, onde a pessoa apresenta espasmos musculares contínuos e um tremor oscilante [*shaking tremor*] em parte do ou em todo o corpo; algumas vezes, esse distúrbio é tão intenso que o funcionamento muscular deixa de ser útil.

3. O *tegmento* é a maior massa dos pedúnculos cerebrais, situado em posição medial e posterior à substância *nigra.*

O tegmento contém diversas vias nervosas, além de núcleos, responsáveis pelas seguintes funções específicas:

1. O *lemnisco medial,* a via nervosa que conduz os sinais sensoriais, originados no corpo, até o tálamo.

2. O *feixe longitudinal medial,* feixe que interconecta entre si muitos dos núcleos de tronco cerebral e esses núcleos com o diencéfalo.

3. O *núcleo vermelho,* mostrado na Fig. 3.2, ocupa grande parte do tegmento mesencefálico superior. Esse núcleo atua em

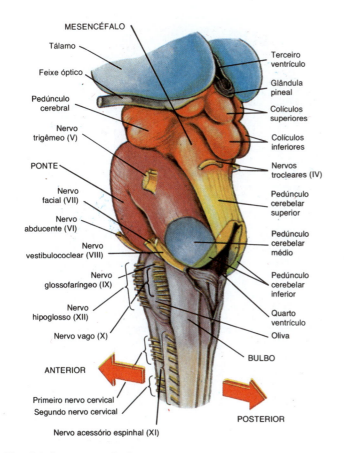

Fig. 3.1 O tronco cerebral.

conjunto com os gânglios basais e com o cerebelo, na coordenação dos movimentos produzidos pelos músculos corporais. Também atua como estação transmissora para os sinais de origem cerebelar, destinados ao tálamo e ao cérebro.

4. Os *núcleos dos nervos oculomotor* e *troclear* são pequenos grupos neuronais, situados em cada lado do mesencéfalo, controladores da maior parte dos músculos responsáveis pelos movimentos oculares.

5. A *substância cinzenta periaqueductal* é formada por grupo de núcleos difusos, situados em torno ao aqueduto cerebral. Essa área parece desempenhar papel muito importante na análise da reação à dor.

6. A *formação reticular* é formada por numerosos núcleos, dispersos por grandes áreas do tegmento. A formação reticular não está apenas presente no mesencéfalo, mas também se estende desde a extremidade superior da medula espinhal até o diencéfalo, passando pelo bulbo, pela ponte, pelo mesencéfalo, chegando a atingir o meio do tálamo, onde é representada pelos núcleos intralaminares talâmicos. Diversos grupos de neurônios, no interior da formação reticular, controlam muitos dos movimentos estereotipados do corpo, como os de *girar o tronco*, de *girar e de curvar a cabeça* e os *movimentos posturais dos membros*. Mas, ainda mais importante, a formação reticular é o principal centro de todo o encéfalo para o *controle do grau global da atividade encefálica.* A estimulação generalizada das regiões mesencefálicas e pontinas da formação reticular é, em geral, produtora de alto grau de vigília do animal, ao mesmo tempo que aumenta o tônus muscular em todo o corpo. Por conseguinte, a formação reticular, embora dispersa de forma bastante ampla, por todo o tronco cerebral, é, em termos funcionais, uma das mais importantes de todas as estruturas encefálicas, como discutido em profundidade bastante maior em outros capítulos.

O teto. O teto é o quinto posterior do mesencéfalo, e é formado, em grande parte, por quatro pequenas massas nodulares: os dois colículos superiores e os dois colículos inferiores, dispostos em quadrilátero na superfície posterior do mesencéfalo, como mostrado na Fig. 3.1.

Os dois *colículos superiores* ficam lado a lado na parte superior do mesencéfalo posterior, imediatamente abaixo dos pólos posteriores do tálamo. Nos animais inferiores — e, de modo especial, nos peixes — os colículos superiores representam a principal terminação encefálica para a visão. Nos seres humanos, as funções visuais dessas estruturas foram perdidas, mas ainda são usadas para a produção de *movimentos oculares* e, até mesmo, de *movimentos do tronco,* em resposta a sinais visuais abruptos, como lampejo de luz em um dos lados do campo visual ou movimento súbito de uma pessoa ou de um animal próximo.

Os dois *colículos inferiores* têm situação inferior à dos colículos inferiores, e igualmente na superfície posterior do mesencéfalo. Atuam como estação intermediária [*way-station*] para a transmissão de sinais auditivos, dos ouvidos para o cérebro. Além disso, têm participação na rotação da cabeça da pessoa, em resposta aos sons oriundos de diferentes direções.

Em posição inferior à dos colículos inferiores, nos dois lados do mesencéfalo, existem dois grandes feixes de fibras nervosas, chamadas de *pedúnculos cerebelares superiores,* que se projetam, em direção ínfero-posterior, para se conectar com as partes superiores do cerebelo. Eles representam uma das principais vias de conexão entre o cerebelo e o resto do encéfalo.

A PONTE

A ponte, mostrada em seu aspecto póstero-lateral esquerdo, na Fig. 3.1 e em corte horizontal na Fig. 3.3, apresenta muitos dos mesmos tipos de estruturas internas que o mesencéfalo, como, por exemplo, muitas das grandes vias nervosas que transmitem sinais tanto ascendentes como descendentes, ao longo do tronco cerebral, além de múltiplos núcleos que desempenham funções específicas. Para os objetivos de uma descrição, a ponte é dividida em duas partes: a *parte ventral* e a *parte dorsal,* esta também chamada de *tegmento pontino,* contínuo com o tegmento mesencefálico.

A parte ventral da ponte. A parte ventral da ponte é a grande protrusão anterior de forma bulbosa, mostrada na Fig. 3.1 e vista, de modo bem melhor, na representação da base do encéfalo, na Fig. 2.2, no capítulo anterior. Sua estrutura interna é mostrada na Fig. 3.3.

As mesmas *fibras corticoespinhais* e *corticopontinas,* que passam pelos pedúnculos cerebrais do mesencéfalo, também descem pela parte ventral da ponte. As fibras corticoespinhais passam, em seguida, pelo bulbo, para atingir a medula espinhal. Por outro lado, as fibras corticopontinas terminam na ponte, fazendo sinapses em muitos *núcleos pontinos.* Desses núcleos emergem muitas fibras transversas, que cruzam imediatamente para o lado oposto da ponte ventral, e, em seguida, passam para trás, em torno das duas faces laterais da ponte, para formar os *pedúnculos cerebelares médios,* que se estendem, em direção posterior, até os dois hemisférios cerebelares. Além dessas, outras fibras também passam para esse pedúnculo, vindas do mesmo lado. Devido ao cruzamento das fibras transversas e dado que as vias que saem do cerebelo para voltar ao tronco cerebral também cruzam para o lado oposto, a metade direita do cerebelo atua principalmente junto com a metade esquerda do cérebro, enquanto a metade esquerda do cerebelo atua, de igual modo, com a metade direita do cérebro.

O tegmento pontino. A Fig. 3.3 mostra que o tegmento pontino contém as três estruturas a seguir, que são contínuas com

QUADRO 3.1 O tronco cerebral e o cerebelo

Estrutura	Função
Mesencéfalo	
Pedúnculos cerebrais	
1. Feixes corticoespinhais e corticopontinos	Sinais motores para a medula e para a ponte
2. Substância *nigra*	Parte do sistema de controle motor dos gânglios da base
3. Tegmento	
a. Núcleo vermelho	Transmite sinais do cerebelo
b. Formação reticular	Excita todo o encéfalo; controla o tônus muscular
c. Núcleos dos nervos cranianos III e IV	Controle dos movimentos oculares
d. Lemniscos mediais	Sinais sensoriais para o tálamo
Teto	
1. Colículos superiores	Participa do controle dos movimentos oculares
2. Colículos inferiores	Produzem reações motoras a sinais auditivos
Ponte	
Parte ventral	
1. Feixes corticoespinhais	Passam pela ponte ventral, a caminho da medula
2. Núcleos pontinos	Término dos feixes corticopontinos
3. Fibras transversais	Fibras dos núcleos pontinos para o hemisfério cerebelar oposto
Tegmento	
1. Formação reticular	O mesmo do mesencéfalo; também, partes dos centros vasomotor e respiratório
2. Núcleos dos nervos cranianos V, VI, VII e VIII	Movimentos oculares e faciais; sensações faciais, auditivas e de equilíbrio
3. Lemniscos mediais	O mesmo do mesencéfalo
Bulbo	
Pirâmides e decussação das pirâmides	Extensão para baixo e cruzamento dos feixes corticoespinhais
Núcleos grácil e cuneiforme	Origem das fibras dos lemniscos mediais
Decussação dos lemniscos mediais	Cruzamento dos lemniscos mediais
Núcleos olivares inferiores	Origem de muitas fibras aferentes para o cerebelo
Núcleos dos nervos cranianos IX, X, XI e XII	Sinais motores para a laringe, faringe, língua e alguns músculos cervicais; sinais sensoriais da víscera; sinais motores para o sistema nervoso parassimpático
Formação reticular	
1. Maior parte do centro vasomotor	Controla a resistência vascular, a pressão arterial e a atividade cardíaca
2. Maior parte do centro respiratório	Controla a inspiração e a expiração
Cerebelo	
Pedúnculos cerebelares	
1. Pedúnculo inferior	Sai do bulbo; principalmente sinais aferentes
2. Pedúnculo médio	Sai da parte ventral da ponte; só sinais aferentes
3. Pedúnculo superior	Sai do mesencéfalo; principalmente sinais eferentes
Vermis	Linha média do cerebelo, funciona em conjunto com o tronco cerebral e a medula espinhal
Hemisférios cerebelares	Partes laterais do cerebelo; funciona principalmente em conjunto com os centros motores superiores
Córtex cerebelar	Gera retardo para os sinais motores
Núcleos profundos	
1. Núcleos denteados	Núcleos que são eferentes dos hemisférios cerebelares
2. Núcleos fastígios, globosos e emboliformes	Núcleos eferentes do *vermis*

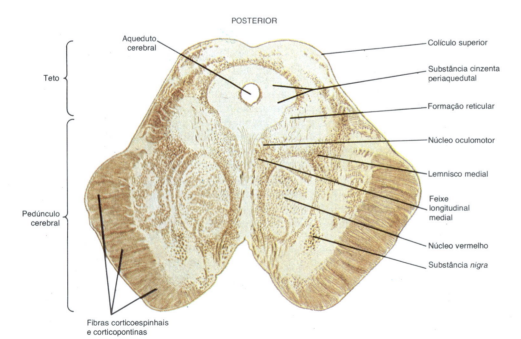

Fig. 3.2 Corte transverso do mesencéfalo ao nível dos colículos superiores.

3 ■ Anatomia Macroscópica do Sistema Nervoso: II. Tronco Cerebral; Cerebelo; Medula Espinhal; e o Sistema do LCR

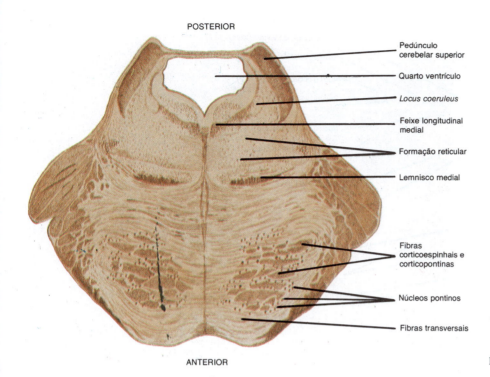

Fig. 3.3 Corte transversal da ponte.

as do mesencéfalo: o *lemnisco medial*, o *feixe longitudinal medial*, e a *formação reticular*. Além delas, ele também contém os núcleos de vários nervos cranianos: (1) do *nervo abducente*, participante do controle dos movimentos oculares, (2) do *nervo facial*, controlador dos movimentos expressivos da face; (3) do *nervo trigêmeo*, controlador dos músculos da mastigação e transmissor dos sinais sensoriais originados na face, boca e escalpo; e (4) do *nervo vestibulococlear*, transmissor dos sinais sensoriais do ouvido e do aparelho vestibular (o aparelho do equilíbrio, no ouvido interno).

O BULBO RAQUIDIANO

O *bulbo raquidiano*, chamado simplesmente de *bulbo*, é mostrado na extremidade inferior do tronco cerebral na Fig. 3.1, e em corte transversal na Fig. 3.4. Em sua superfície, existem duas características distintivas:

1. Na face anterior do bulbo existem duas colunas longitudinais proeminentes, chamadas *pirâmides*, mais facilmente identificáveis na Fig. 2.2, do capítulo anterior, bem como no corte transversal da Fig. 3.4. Por elas passam as mesmas *fibras corticoespinhais* que descendem, vindas do córtex cerebral, pelos pedúnculos cerebrais do mesencéfalo e pela parte ventral da ponte. As fibras dessa via atingem, eventualmente, todos os níveis da medula espinhal, conduzindo sinais que controlam as contrações musculares. Na parte inferior do bulbo, as fibras piramidais cruzam para o lado oposto, antes de chegarem à medula espinhal, o que é conhecido como *decussação das pirâmides*. Como resultado, o córtex cerebral esquerdo controla as contrações musculares da metade direita do corpo, enquanto o córtex direito controla o lado esquerdo.

2. Uma *oliva* protrai-se de cada uma das superfícies ântero-laterais do bulbo, em posição lateral à pirâmide (Fig. 3.1). Para dentro da projeção externa de cada oliva fica o *núcleo olivar inferior*, identificável no corte transversal da Fig. 3.4. Esse núcleo atua como transmissor de sinais para o cerebelo, de modo semelhante ao dos núcleos pontinos. Contudo, ele recebe seus sinais aferentes, principalmente dos gânglios da base e da medula espinhal e muito menos do córtex motor. Seus sinais eferentes dirigem-se para o cerebelo contralateral, por meio do *pedúnculo cerebelar inferior* (Fig. 3.1), que é uma coluna que se projeta, para cima e para trás, do bulbo até o cerebelo.

Além dessas estruturas superficiais específicas, o bulbo também contém muitos dos mesmos componentes que o mesencéfalo e a ponte. De forma especialmente proeminente, aparece o *lemnisco medial* bilateral, a grande via nervosa por meio da qual os sinais sensoriais são conduzidos da medula espinhal até o cérebro. As fibras que cursam por essas vias têm origem em grandes núcleos bilaterais, situados na parte ínfero-posterior do bulbo, os *núcleos gracilis* e *cuneiformes* que, por sua vez, recebem sinais sensoriais pelas fibras sensoriais das colunas dorsais da medula espinhal. Após emergirem desses núcleos, as fibras cruzam para o lado oposto do bulbo, pela *decussação do lemnisco medial*, para formarem os *lemniscos mediais*. Devido a esse cruzamento, a metade esquerda do encéfalo é excitada pelos estímulos sensoriais originados na metade direita do corpo e o encéfalo direito, pela metade esquerda do corpo.

Também ficam no bulbo (1) os núcleos dos *nervos cranianos IX, X, XI e XII*, objetos de discussões mais detalhadas no capítulo a seguir, e (2) a *formação reticular*, formadora de grande parte do bulbo posterior e lateral.

Algumas áreas funcionais especiais da formação reticular, no bulbo e na ponte. A formação reticular do bulbo e da ponte contém dois centros de controle, com importância especial:

1. O *centro vasomotor* consiste em células nervosas, extremamente dispersas, na formação reticular. Esse centro transmite sinais para o coração e para os vasos sanguíneos, provocando maior atividade de bombeamento cardíaco e para promover a constrição vascular. Esses efeitos, em conjunto, podem elevar de muito a pressão arterial.

2. O *centro respiratório* é formado por células nervosas, igualmente bastante dispersas pela formação reticular. Esse é um centro automático, ritmicamente ativo, que produz as contrações rítmicas dos músculos respiratórios, necessárias para a inspiração e a expiração.

Além desses centros especiais, a formação reticular do bulbo e da ponte também atua como importante estação transmissora,

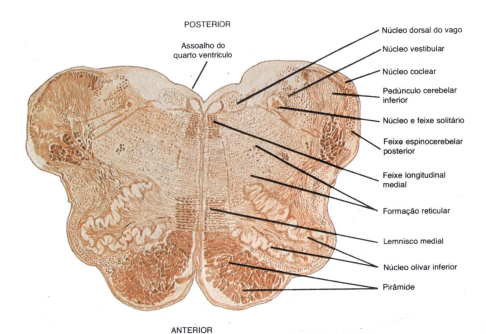

Fig. 3.4 Corte transverso do bulbo.

para os sinais vindos de centros encefálicos superiores, para o controle de muitas outras importantes funções internas do corpo. Por exemplo, os sinais oriundos do hipotálamo são transmitidos, ao longo da medula espinhal, para controlar a temperatura corporal, a sudorese, a secreção do tubo digestivo, o esvaziamento da bexiga urinária e muitas outras funções corporais. De igual modo, situados em íntima associação com a formação reticular bulbar posterior, em cada lado da linha média, ficam os *núcleos dorsais motores do vago* (Fig. 3.4). Esses núcleos transmitem sinais, para os nervos vagos, controladores da freqüência cardíaca, peristaltismo do tubo gastrintestinal e muitas outras funções internas.

■ O CEREBELO

O *cerebelo* é uma grande estrutura do cérebro posterior (rombencéfalo), situado por baixo do lobo occipital do cérebro, em posição posterior ao tronco cerebral. Sua localização, em relação ao restante do encéfalo, é mais bem visualizada nas Figs. 2.6 a 2.8 do capítulo anterior, e sua relação específica com o tronco cerebral, na Fig. 3.5.

O cerebelo é parte importante do sistema de controle do movimento. Embora fique localizado muito longe, tanto do córtex motor como dos gânglios da base, ele se interconecta com ambos, por meio de vias nervosas específicas, e também se interconecta com áreas motoras da formação reticular e da medula espinhal. Sua função primária é a de determinar a seqüência temporal da contração de diferentes músculos, durante os movimentos complexos das partes do corpo, especialmente quando esses movimentos ocorrem de forma muito rápida.

Anatomia superficial do cerebelo. Na Fig. 3.1 são mostrados os três pedúnculos cerebelares distintos que saem da superfície posterior do tronco cerebral para atingir o cerebelo; são eles: (1) o *pedúnculo cerebelar superior,* que o conecta com o mesencéfalo, como discutido acima; (2) o *pedúnculo cerebelar médio,* que o conecta com a ponte; e (3) o *pedúnculo cerebelar inferior,* que o conecta com o bulbo. É por esses pedúnculos que os sinais são transmitidos do e para o cerebelo.

Vai-se agora analisar a estrutura do próprio cerebelo, como representada nas Figs. 3.5 e 3.6. Suas partes principais são o *vermis,* que é estrutura da linha média, com largura de 1 a 2 cm, estendendo-se por todo o cerebelo, da frente para trás e de cima para baixo, e os dois *hemisférios cerebelares,* com situação lateral, nos dois lados do cerebelo. Tanto o *vermis,* como os hemisférios cerebelares, ainda podem ser divididos no *lobo anterior do cerebelo,* que compreende o terço superior e anterior do cerebelo, situado à frente da fissura primária, e o *lobo posterior do cerebelo,* que é a parte posterior e inferior, de situação posterior à fissura primária.

No ser humano, os hemisférios cerebrais formam a maior

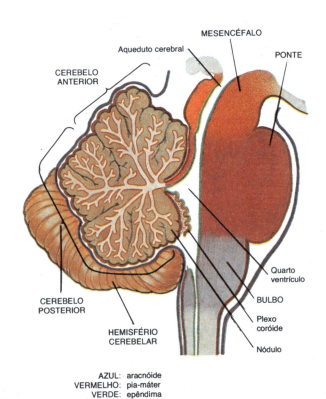

Fig. 3.5 Relação do cerebelo com o tronco cerebral.

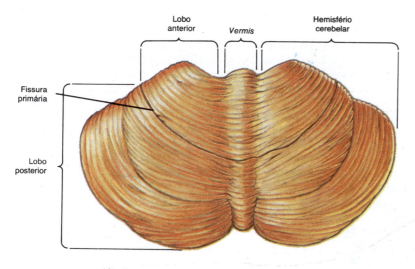

Fig. 3.6 Face superior do cerebelo.

parte da massa cerebelar. Esses hemisférios atuam, em conjunto com o cérebro, para a coordenação dos movimentos voluntários do corpo. Por outro lado, o *vermis* tem maior participação nos movimentos corporais subconscientes e estereotipados, atuando, em grande parte, em associação com tronco cerebral e a medula espinhal.

Estrutura interna do cerebelo. A estrutura interna do cerebelo é mostrada na Fig. 3.7. Da mesma forma que o cérebro, ele é formado por três estruturas principais: (1) o *córtex cerebelar;* (2) a *substância branca subcortical,* composta, quase exclusivamente, por fibras nervosas; e (3) os *núcleos profundos.*

O córtex cerebelar é uma camada, com espessura de 3 a 5 mm, de células nervosas, que recobre toda a superfície cerebelar, contendo, no total, cerca de 30 bilhões de células.

Os núcleos profundos ficam situados no centro da substância branca cerebelar. De longe o mais proeminente deles é o *grande núcleo denteado,* localizado no centro de cada hemisfério cerebelar. Contudo, três outros núcleos profundos pequenos ficam situados de cada lado do *vermis:* (1) o *núcleo fastígio;* (2) o *núcleo emboliforme;* e (3) o *núcleo globoso.*

Os núcleos profundos emitem as fibras nervosas que vão conduzir os sinais cerebelares para outras partes do sistema nervoso. O córtex cerebelar é área de computação muito rápida, que recebe sua informação aferente do córtex cerebral, dos gânglios da base, da medula espinhal e dos músculos periféricos e a integra para coordenar os movimentos musculares.

Note-se, também, nas Figs. 3.5, 3.6 e 3.7, as muitas pregas do cerebelo, chamadas de *folhas.* Se o córtex cerebelar fosse esticado, de forma a abolir essas folhas, ele seria representado por uma camada achatada com comprimento de 40 cm e largura de 8 cm. Cada área do cerebelo tem quase exatamente o mesmo circuito neural que as demais áreas, o que é sugestivo de que o cerebelo execute quase que exatamente a mesma função, em todas as suas áreas. O que ele faz é retardar os sinais por pequenas frações de segundo. Dessa forma, quando o sistema motor exige a contração do bíceps, para iniciar o movimento de braço e, em seguida, a contração do tríceps, para interromper esse movimento, o cerebelo determina o retardo adequado, antes de desativar o bíceps e, ao mesmo tempo, para excitar o tríceps. Quando uma pessoa está realizando movimentos rápidos, tais contrações musculares seqüenciais ocorrem em muitas partes distintas do corpo, uma após outra. Sem uma seqüência apropriada de liga-

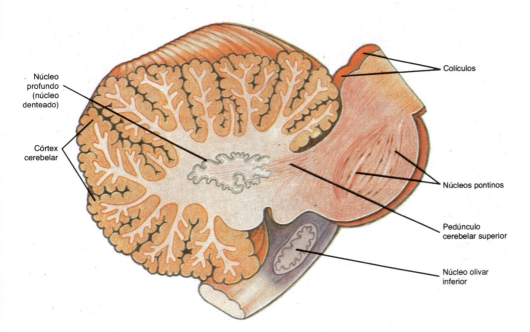

Fig. 3.7 A anatomia interna do hemisfério cerebelar e estruturas relacionadas.

desliga desses sinais motores, os movimentos ficam completamente descoordenados, que é o que acontece quando o cerebelo é destruído.

■ A MEDULA ESPINHAL

A Fig. 3.8 apresenta a *medula espinhal* e os *nervos espinhais* que saem dela para se distribuírem a todas as partes do corpo, e o Quadro 3.2 resume as partes estruturais da medula e suas funções. Note-se que um nervo espinhal emerge da medula, de cada lado, passando pelo *forame intervertebral,* entre vértebras adjacentes. Alguns desses nervos são muito calibrosos, por inervarem grandes áreas do corpo, como, por exemplo, os nervos espinhais da parte inferior do pescoço, que inervam os braços, os antebraços e as mãos, e os das regiões lombar e sacral, que inervam as coxas, pernas e pés. Nessas duas áreas, a própria medula também fica alargada, devido ao maior número de corpos

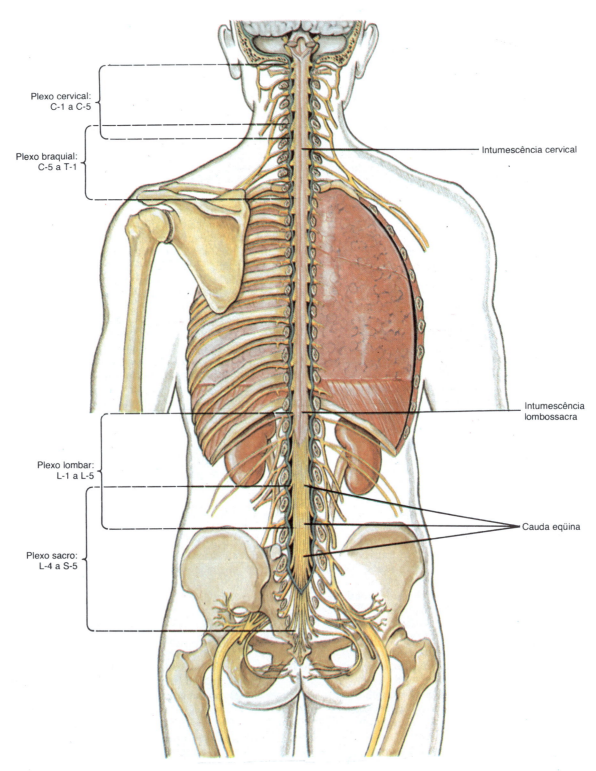

Fig. 3.8 A medula espinhal, sua relação com os nervos periféricos e com os plexos dos nervos espinhais.

QUADRO 3.2 A medula espinhal

Estrutura	Função
Substância cinzenta	
Pontas dorsais	Localização dos neurônios aferentes sensoriais
Pontas laterais	Localização dos neurônios pré-ganglionares autonômicos
Pontas ventrais	Localização dos neurônios motores para os músculos esqueléticos
Substância branca	
Vias proprioespinhais	Sinais entre os segmentos medulares
Vias motoras longas	
1. Corticoespinhal lateral	Sinais motores, do córtex para a medula espinhal
2. Corticoespinhal ventral	O mesmo
3. Rubroespinhal	Sinais motores do tronco cerebral para a medula espinhal; a maioria é excitatória, poucos são inibitórios
4. Reticuloespinhal	
5. Olivoespinhal	
6. Vestibuloespinhal	
7. Tectoespinhal	
Vias sensoriais longas	
1. Feixes grácil e cuneiforme	Sinais sensoriais discriminativos para os núcleos grácil e cuneiforme, daí para o tálamo, pelo lemnisco medial
2. Espinhotalâmico ventral e lateral	Sinais do tato grosseiro, de dor e de temperatura para o tronco cerebral e tálamo
3. Espinhocerebelar ventral e dorsal	Sinais sensoriais proprioceptivos para o cerebelo
4. Espino-olivar	Sinais medulares para os núcleos olivares inferiores e, daí, para o cerebelo
Raízes dos nervos espinhais	
Dorsais	Aferências sensoriais
Ventrais	Eferências motoras para os músculos e eferências pré-ganglionares para o sistema nervoso autonômico.

celulares neuronais, necessários para transmitir os sinais, do que resultam a *intumescência cervical* da medula, na metade inferior do pescoço, e a *intumescência lombossacra,* na extremidade inferior da medula espinhal

A medula espinhal termina aproximadamente ao nível da borda inferior da segunda vértebra lombar. A razão disso é que, durante o crescimento fetal e infantil, a medula espinhal não se alonga na mesma proporção da coluna vertebral, de modo que a medula fica situada, de modo progressivo, mais e mais na parte superior do canal vertebral. Contudo, os segmentos lombares e sacros da medula espinhal ainda existem e os nervos espinhais lombares e sacrais ainda emergem da medula, mas o fazem de pontos bem mais acima, no canal vertebral, dado que os níveis dos segmentos medulares não mais correspondem aos níveis das vértebras. Como resultado, os nervos têm curso para baixo, ao longo da parte inferior do canal vertebral, sob forma de grosso feixe de nervos, chamado de *cauda eqüina,* e cada um deles emerge do canal vertebral, passando por seu forame intervertebral apropriado, tanto lombar como sacro.

A estrutura interna da medula espinhal. Como o encéfalo, a medula espinhal é formada por áreas de *substância branca* e por áreas de *substância cinzenta,* embora a substância branca ocupe a parte mais externa e a substância cinzenta, a parte mais central da medula. Elas são mostradas no corte transversal da medula, na Fig. 3.9. Os *corpos celulares neuronais* ficam na substância cinzenta, junto com fibras nervosas muito curtas. Mas, na substância branca, só existem *fibras nervosas* e *glia.* Note-se, na Fig. 3.9, que a substância cinzenta tem a aparência de múltiplas pontas, interligadas por uma ponte cruzada, chamada de *comissura cinzenta,* entre as duas metades da medula. Muitas vias nervosas também passam de um lado para outro da medula, por meio das outras duas *comissuras brancas* que acompanham a comissura cinzenta.

As pontas da substância cinzenta em cada lado da medula são chamadas, respectivamente, de (1) *ponta cinzenta ventral* (ou *ponta cinzenta anterior*), (2) *ponta cinzenta dorsal* (ou *ponta cinzenta posterior*), e (3) *ponta cinzenta lateral.*

É na ponta ventral que ficam situados os *neurônios motores anteriores,* os corpos celulares neuronais que originam as fibras, cursando pelos nervos espinhais, que vão produzir a contração

muscular. Na ponta cinzenta dorsal, ficam os corpos celulares neuronais que recebem os sinais sensoriais conduzidos pelos nervos espinhais. Na ponta cinzenta lateral existem células nervosas que dão origem a fibras que se dirigem ao sistema nervoso autonômico, o sistema que controla muitos órgãos internos.

Conexão dos nervos espinhais com a medula espinhal. Também deve ser notado, na Fig. 3.9, que cada nervo espinhal se conecta com a medula espinhal por meio de duas raízes, chamadas de *raiz dorsal* e de *raiz ventral* (também chamadas de *raiz posterior* e de *raiz anterior*). Por sua vez, cada uma dessas raízes entra ou sai da medula por meio de 7 a 10 *filamentos radiculares.* A raiz dorsal também é chamada de *raiz sensorial,* por transportar quase exclusivamente fibras sensoriais, enquanto a raiz ventral é chamada de *raiz motora,* por conter, de modo quase exclusivo, fibras motoras que saem da medula até os músculos, para promover a contração muscular, ou para o sistema nervoso autonômico, para controlar a atividade dos órgãos internos. As fibras nervosas da raiz ventral se originam de neurônios situados nas pontas cinzentas ventrais e laterais e que emergem da medula, passando pelas bordas ântero-laterais da medula, até os filamentos da raiz ventral. Os filamentos da raiz dorsal atravessam a medula, ao longo de sua borda póstero-lateral, e suas fibras nervosas voltam-se para cima ou para baixo, ainda na medula, ou passam para a ponta cinzenta dorsal.

Na raiz dorsal existe uma dilatação, chamada de *gânglio da raiz dorsal.* Esse gânglio contém células nervosas unipolares, que não têm dendritos mas que possuem o axônio único usual. Contudo, após esse axônio emergir do corpo celular, ele se bifurca, originando um *ramo periférico* e um *ramo central.* O ramo periférico trafega pelos trechos periféricos de um nervo periférico, indo atingir os receptores sensoriais do corpo, enquanto o ramo central penetra na medula espinhal. Cerca de dois terços das fibras sensoriais que chegam à medula terminam na ponta cinzenta dorsal, próxima de seu local de entrada. O outro terço se bifurca, formando dois ramos, um terminando na ponta cinzenta dorsal, enquanto o outro ascende pela substância branca medular, terminando nos núcleos grácil e cuneiforme, na parte inferior do bulbo.

Funções da substância cinzenta da medula espinhal. A substância cinzenta da medula espinhal desempenha duas funções.

32   II ■ Anatomia Macroscópica

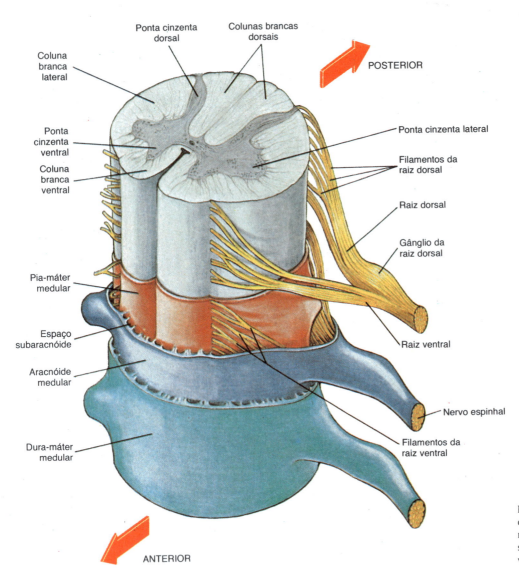

Fig. 3.9 Estrutura da medula espinhal e de suas conexões com os nervos espinhais por meio das raízes medulares dorsais e ventrais. Note-se, também, os revestimentos da medula: as meninges.

Primeira, ela é a sede das sinapses que *transmitem os sinais entre a periferia e o encéfalo,* nas duas direções. É principalmente nas pontas dorsais que os sinais sensoriais são transmitidos pelas raízes sensoriais dos nervos espinhais que, em seguida, ascendem, pela substância branca medular, até as diversas áreas sensoriais do encéfalo. Também é principalmente pelas pontas ventrais e laterais que os sinais motores são transmitidos, pelas vias nervosas descendentes, originadas no encéfalo, para as raízes motoras dos nervos espinhais.

Segunda, a substância cinzenta da medula funciona como mecanismo *integrador de algumas atividades motoras.* Por exemplo, quando a mão sofre a ação de um estímulo doloroso, os sinais sensoriais que chegam à medula provocam reação imediata na substância cinzenta da região da mão da medula. Dentro de fração de segundo, isso produz sinais motores que causam a retirada da mão do campo de ação do estímulo doloroso. Isso é chamado de *reflexo de retirada* (ou reflexo flexor ou reflexo de dor). Essa reação ocorre de forma inteiramente independente dos níveis mais altos do sistema nervoso. Outros reflexos medulares são (1) os reflexos que produzem a contração tônica dos músculos extensores da perna, quando a pessoa fica de pé, o que permite às pernas sustentarem o peso do corpo; (2) os reflexos de coçar, em animais inferiores, quando estimulados por algo que produza cócegas; (3) os reflexos de estiramento que fazem com que o músculo se contraia, sempre que for distendido (esse é o reflexo que produz a extensão da perna sobre a coxa, quando o tendão patelar é percutido); e, até mesmo, (4) os reflexos da marcha.

As longas vias nervosas da medula espinhal. As Figs. 3.9 e 3.10 mostram que a substância branca medular também é dividida em colunas. Essas colunas são (1) duas *colunas brancas dorsais* (ou *posteriores*), situadas entre as duas pontas dorsais; (2) duas *colunas brancas laterais,* uma em cada lado da medula, em situação lateral à substância cinzenta; e (3) duas *colunas brancas ventrais* (ou *anteriores,* situadas entre e anteriores às pontas cinzentas ventrais.

Todas essas colunas contêm vias nervosas que trafegam, longitudinalmente, pela medula. Algumas dessas vias passam imediatamente adjacentes à substância cinzenta, como representado na Fig. 3.10. Chamadas de vias *proprioespinhais,* só cursam por alguns poucos segmentos da medula, conectando segmentos medulares distintos de substância cinzenta, participando da realização dos reflexos medulares. (Um "segmento" medular é o trecho da medula que corresponde a um só par de nervos espinhais.) O restante da substância branca contém longas vias nervosas que conduzem informação sensorial para

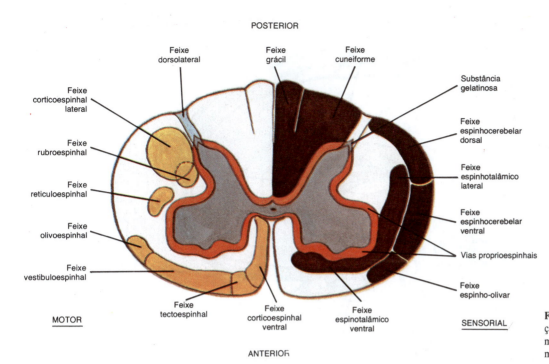

Fig. 3.10 Representação da posição das principais vias longas da medula, em corte transverso da medula.

o encéfalo ou sinais motores, do encéfalo para a medula. À esquerda da Fig. 3.10 são mostrados os feixes motores, à direita, os sensoriais. Esses feixes são descritos a seguir.

Feixes motores

1. *Feixe corticoespinhal lateral*, com origem no córtex motor do encéfalo.
2. *Feixe corticoespinhal ventral*, também com origem no córtex motor do encéfalo.
3. *Feixes rubroespinhais*, com origem no núcleo vermelho do mesencéfalo.
4. *Feixes reticuloespinhais*, com origem na formação reticular do mesencéfalo, ponte e bulbo.
5. *Feixe olivoespinhal*, com origem na oliva inferior, no bulbo.
6. *Feixe vestibuloespinhal*, com origem nos núcleos vestibulares do bulbo e da ponte.
7. *Feixe tetoespinhal*, com origem no teto do mesencéfalo.

Feixes sensoriais

1. *Feixes grácil e cuneiforme* (os dois ocupam a maior parte das colunas brancas dorsais), conduzindo sinais diretamente, desde as raízes sensoriais espinhais, até os núcleos grácil e cuneiforme, na parte inferior do bulbo.
2. *Feixes espinhotalâmicos ventral e lateral*, conduzindo sinais, transmitidos pela ponta cinzenta posterior, cruzando pela comissura branca anterior e ascendendo, pelo lado oposto da medula, até o tronco cerebral e o tálamo.
3. *Feixes espinhocerebelares ventral e dorsal*, que transmitem sinais desde a ponta cinzenta dorsal até o cerebelo.
4. *Feixe espinho-olivar*, das pontas cinzentas dorsais da medula até a oliva inferior, no bulbo.

A estimulação da maioria dos feixes motores produz elevação do tônus muscular ou verdadeiras contrações musculares; por isso, esses feixes são ditos *vias excitatórias;* contudo, a estimulação de outros pode causar redução do tônus muscular, quando são chamados de *vias inibitórias*.

Os sinais sensoriais, transmitidos pelas vias da coluna dorsal (feixes grácil e cuneiforme) são, em sua maioria, os relacionados ao tato fino, discriminativo, que permite que a pessoa reconheça a localização superficial dos estímulos sensoriais atuantes sobre a pele ou as posições das diferentes partes do corpo. Os sinais sensoriais conduzidos pelos feixes espinhotalâmicos são os relacionados a tato grosseiro, dor e temperatura. Os sinais sensoriais conduzidos pelas vias espinhocerebelares e, também, pelo feixe espinho-olivar são, em sua maioria, oriundos dos músculos e das articulações, que informam o cerebelo sobre os movimentos e as posições das diferentes partes do corpo, de modo que o cerebelo possa participar da coordenação dos movimentos corporais.

■ O SISTEMA DO LÍQUIDO CEFALORRAQUIDIANO — UM SISTEMA PROTETOR, BOIANTE EM LÍQUIDO, PARA O ENCÉFALO E A MEDULA ESPINHAL

Muito embora o encéfalo e a medula espinhal sejam cruciais para o funcionamento de nosso corpo, eles são, não obstante, estruturas extremamente delicadas. Por exemplo, os tecidos encefálicos são tão frágeis que se pode furá-los com um dedo, bastando para isso pressão mínima, e o encéfalo pode ser literalmente removido da caixa craniana às colheradas. Por conseguinte, o encéfalo precisa de um sistema protetor especial. Essa proteção é dada pelo envoltório ósseo, que reveste o encéfalo e a medula espinhal, bastante rígido, representado pela *cavidade craniana* e pelo *canal vertebral*, respectivamente, no crânio e na coluna vertebral. No interior desse revestimento ósseo, o encéfalo e a medula espinhal, na verdade, "bóiam" em volume de líquido, chamado de *líquido cefalorraquidiano*. Esse sistema boiante do encéfalo é mostrado na Fig. 3.11. Segue-se uma descrição desses sistemas e os mecanismos para a manutenção desse líquido.

O sistema ventricular do encéfalo. Em vários cortes do encéfalo, apresentados no capítulo anterior e nas partes iniciais deste, foram mostradas grandes cavidades cheias de líquido, chamadas de *ventrículos*, situadas no interior do cérebro, do diencéfalo e do tronco cerebral. Esses ventrículos, em número de quatro, são representados na perspectiva tridimensional da Fig. 3.12. Eles são os seguintes:

34 II ■ **Anatomia Macroscópica**

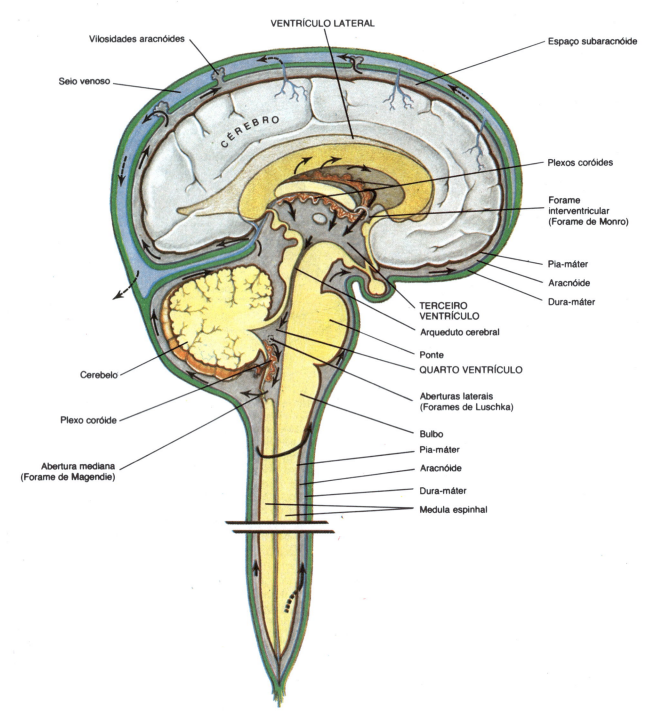

Fig. 3.11 O sistema do líquido cefalorraquidiano e os revestimentos meníngeos do encéfalo e da medula. Notar a direção do fluxo do líquido cefalorraquidiano, indicado pelas setas.

1 e 2. Os *dois ventrículos laterais*. Cada um deles fica situado próximo ao plano mediano de cada hemisfério cerebral, estendendo-se desde o centro do lobo frontal, à frente, até o centro do lobo occipital, atrás. Na região parietal, cada um deles tem uma projeção inferior, que se curva, para fora e para a frente, no interior do lobo temporal: é a *ponta inferior do ventrículo lateral*.

3. O *terceiro ventrículo*. Fica situado entre as duas metades laterais do tálamo, estendendo-se para frente e para baixo, ao longo do plano da linha média, entre as duas metades do hipotálamo.

4. O *quarto ventrículo*. Fica na parte inferior do tronco cerebral, no espaço posterior à ponte e ao bulbo, mas anterior ao cerebelo.

Deve-se, agora, voltar a estudar a Fig. 3.11 para se identificar o modo como esses ventrículos se comunicam entre si. Essa figura mostra a sombra de um dos ventrículos laterais, na profundidade do hemisfério cerebral, se conectando, pelo *forame interventricular* (também chamado de *forame de Monro*), com a região ântero-lateral do terceiro ventrículo. Por sua vez, esse terceiro ventrículo se comunica, posteriormente, com o *aqueduto cerebral (aqueduto de Sylvius)*, que é um pequeno tubo que atravessa,

3 ■ **Anatomia Macroscópica do Sistema Nervoso: II. Tronco Cerebral; Cerebelo; Medula Espinhal; e o Sistema do LCR** 35

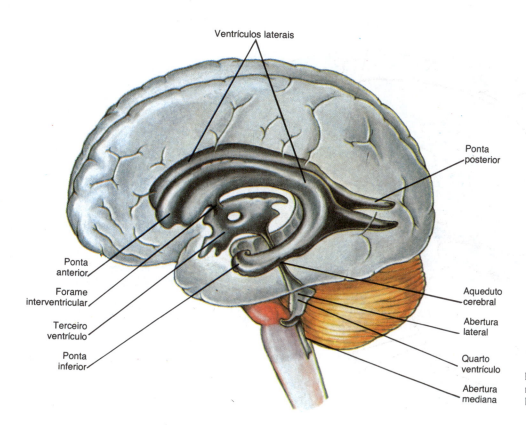

Fig. 3.12 Representação tridimensional do sistema dos ventrículos encefálicos.

em direção inferior, o mesencéfalo, para atingir o quarto ventrículo, localizado atrás das regiões pontina e bulbar do tronco cerebral. Por fim, existem três orifícios, na parede externa do quarto ventrículo, pelos quais o líquido pode fluir para a superfície do encéfalo. Um deles é a *abertura mediana* (também chamada de *forame de Magendie*), na linha média inferior ao cerebelo. Os outros dois, as *aberturas laterais* (também chamadas de *foramnes de Luschka*), ficam nos lados do quarto ventrículo.

O espaço líquido que circunda o encéfalo e a medula espinhal (espaço subaracnóide) e os revestimentos meníngeos do encéfalo e da medula espinhal. Existe, recobrindo todas as superfícies do encéfalo e da medula espinhal, delgado espaço, cheio de líquido, com apenas alguns milímetros de espessura, chamado *espaço subaracnóide*. Esse espaço é limitado pelos revestimentos do encéfalo e medula, chamados de *meninges*, mostradas, para a medula espinhal, na Fig. 3.9, e em corte, para o encéfalo, na Fig. 3.13. Existem três camadas de meninges:

1. A *dura-máter*, forte revestimento fibroso que envolve todo o sistema nervoso central; é fortemente presa à superfície interna do crânio, mas de modo frouxo, ao canal vertebral, onde existe espaço, cheio de tecido conjuntivo frouxo, chamado de *canal epidural*.

2. A *aracnóide* é uma estrutura delicada, frouxamente presa à superfície interna da dura-máter. Por baixo da aracnóide fica o espaço cheio de líquido, que envolve o encéfalo e a medula espinhal, chamado de *espaço subaracnóide*. Esse espaço é atravessado por grande número de *trabéculas aracnóides*, componentes da própria aracnóide.

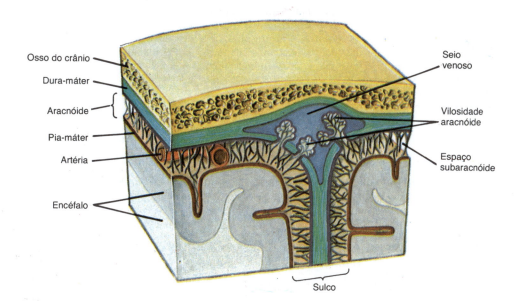

Fig. 3.13 Representação ampliada de um corte de encéfalo, mostrando o revestimento pelas meninges. Note-se, também, o seio venoso com as vilosidades aracnóides, protraindo para seu interior.

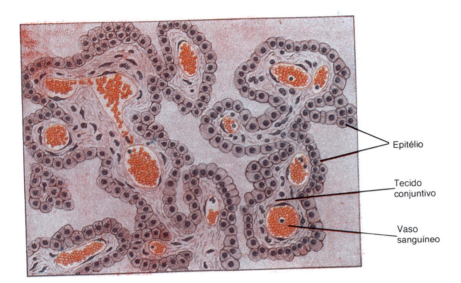

Fig. 3.14 Corte microscópico de um plexo coróide.

3. A *pia-máter* é um revestimento fino, fibroso e vascularizado do encéfalo e da medula espinhal, preso fortemente às suas superfícies, chegando a mergulhar na profundidade dos sulcos.

Os vasos sanguíneos que vascularizam o encéfalo guardam relações especiais com as meninges. Primeiro, note-se, na Fig. 3.11, o grande *seio venoso,* o seio sagital superior que se estende, ao longo de toda linha média do cérebro, da frente para trás. Esse grande seio fica situado entre camadas de dura-máter, com área transversa triangular, como representado na Fig. 3.13. Seios venosos semelhantes existem por toda a superfície do encéfalo e, também, na base da cavidade craniana. Todos esses seios se interconectam e, por fim, formam as duas veias jugulares internas.

Em seguida, note-se, nas Figs. 3.11 e 3.13, as *vilosidades aracnóides* que protraem para o interior dos seios venosos. Representam pequenas expansões penetrantes de tecido aracnóide, que criaram pequenos orifícios nas paredes dos seios. O líquido cefalorraquidiano pode passar por esses orifícios, indo do espaço subaracnóide para o seio venoso. Contudo, essas vilosidades funcionam como válvulas, impedindo o refluxo do sangue, dos seios venosos para o espaço subaracnóide.

Por fim, observe-se, também, na Fig. 3.13, a grande artéria que cursa por sobre a superfície do encéfalo. Embora essa artéria protraia para o espaço subaracnóide, ela é, na verdade, recoberta pela pia-máter. Tais artérias, na superfície do encéfalo, com a participação de seus ramos penetrantes, promovem a nutrição do encéfalo.

Formação do líquido cefalorraquidiano pelos plexos coróides e fluxo de líquido pelo sistema. A maior parte do líquido cefalorraquidiano é secretada por estruturas secretórias especiais, chamadas *plexos coróides,* que protraem para o interior de cada ventrículo, como representado na Fig. 3.11. Os plexos coróides mais extensos ficam situados ao longo das superfícies inferiores dos ventrículos laterais; como resultado, a maior parte do líquido cefalorraquidiano é formado nos ventrículos laterais.

Na Fig. 3.14, é mostrado corte de pequena região de um plexo coróide. Tem a aparência de couve-flor, com grande número de capilares sanguíneos embebidos em tecido conjuntivo frouxo e recobertos por delgada camada de células cubóides que secretam o líquido para o interior dos ventrículos. O líquido cefalorraquidiano que é secretado é líquido, claro e aquoso, contendo quase os mesmos constituintes da fração plasmática do sangue, exceto pelas proteínas plasmáticas.

Uma vez que esse líquido tenha sido secretado pelos plexos coróides, ele vai fluir pelo seguinte percurso:

1. Dos dois ventrículos laterais para o terceiro ventrículo, por meio dos dois forames interventriculares.
2. Do terceiro para o quarto ventrículo, passando pelo aqueduto cerebral.
3. Do quarto ventrículo para o espaço subaracnóide, que circunda o tronco cerebral, passando pela abertura mediana e pelas duas aberturas laterais.
4. Pelo espaço subaracnóide, para cima, até atingir as superfícies do encéfalo e as vilosidades aracnóides.
5. Dos espaços subaracnóides para os seios venosos, passando pelas vilosidades aracnóides, que funcionam como válvulas.

A quantidade de líquido cefalorraquidiano formada a cada dia é de cerca de 800 ml, e a pressão desse líquido no sistema do líquido cefalorraquidiano é de cerca de 10 mm Hg, pressão bastante baixa, mas suficiente para sustentar as estruturas do encéfalo e da medula espinhal.

REFERÊNCIAS

Ver Referências no Cap. 4.

Anatomia Macroscópica do Sistema Nervoso:

III. Os Nervos Periféricos

■ OS NERVOS CRANIANOS

Em diversas figuras dos dois capítulos precedentes foram mostrados nervos que emergiam das superfícies basais do encéfalo. Esses nervos, chamados de *nervos cranianos*, são mostrados em maior detalhe na Fig. 4.1; suas conexões com o encéfalo e com a periferia são apresentadas no Quadro 4.1.

Existem 12 pares de nervos cranianos, numerados segundo a ordem de suas origens na superfície basal do encéfalo, no sentido ântero-posterior, em geral por algarismos romanos. Cada um deles tem um nome específico, também mostrado na figura.

CONEXÕES DOS NERVOS CRANIANOS NO INTERIOR DO ENCÉFALO

Note-se, na Fig. 4.1, que os nervos olfativos emergem do cérebro, os nervos ópticos, do diencéfalo, e os 10 restantes, do tronco cerebral. Devido à sua importância especial para o olfato e para a visão, a discussão sobre as conexões dos nervos olfativos com o encéfalo está no Cap. 15, em relação ao sentido do olfato, e sobre as do nervo óptico está nos Caps. 12 e 13, em relação à visão. As áreas de conexão dos outros nervos cranianos, no tronco cerebral, são mostradas na Fig. 4.2.

Alguns dos nervos cranianos são inteiramente *sensoriais*, outros só contêm fibras *motoras* (isto é, eles só inervam músculos, para produzir contração) e ainda outros são nervos mistos, com componentes sensoriais e motores. À esquerda da Fig. 4.2 são mostrados os *núcleos motores*, onde se conectam os diversos nervos motores e mistos — motores-sensoriais. À direita são mostrados os *núcleos sensoriais*.

Os núcleos motores do tronco cerebral. A partir da parte superior da Fig. 4.2, os núcleos motores com importância para os nervos cranianos, são os seguintes:

Os *núcleos oculomotor, troclear e abducente* (nervos III, IV e VI) enviam fibras nervosas para os diversos músculos da órbita, para produzir os movimentos do globo ocular. A parte superior do núcleo oculomotor é chamada de *núcleo de Edinger-Westphal*. Ele controla os músculos do interior do olho, para promover a focalização e a constrição da pupila.

O *núcleo motor do trigêmeo* (nervo V) controla os músculos da mastigação (os músculos que movem a mandíbula durante a mastigação).

O *núcleo facial* (nervo VII) controla os diversos músculos reguladores da expressão facial.

O *núcleo dorsal do vago* (nervo X) é o núcleo de maior importância para o sistema nervoso parassimpático. Ele controla a atividade motora de muitas vísceras, especialmente o coração (lentificando seu ritmo) e da parte superior do tubo digestivo (aumento do peristaltismo do estômago e do intestino, além de aumento da secreção).

O *núcleo ambíguo* emite sinais pelos nervos glossofaríngeo, vago e acessório (nervos IX, X e XI). Esse núcleo controla os músculos participantes da deglutição e os músculos laríngeos, relacionados à fonação. A extremidade inferior do núcleo ambíguo é contínua com a ponta anterior da medula espinhal, de onde são transmitidos sinais, por meio das raízes espinhais do nervo acessório, para controlar partes dos músculos trapézio e esternocleidomastóideo.

O *núcleo do hipoglosso* (nervo XII) controla principalmente os movimentos da língua.

OS NÚCLEOS SENSORIAIS DO TRONCO CEREBRAL

À direita da Fig. 4.2 são mostrados os núcleos sensoriais do tronco cerebral. De cima para baixo, eles são os seguintes:

Os *núcleos do trigêmeo* (nervo V), se estendem desde o mesencéfalo, em direção descendente, até a parte superior da medula espinhal. Eles têm três componentes principais: o *núcleo sensorial principal*, localizado na ponte, que atende principalmente à função sensorial do tato para a face, boca e escalpo; o *núcleo mesencefálico*, que recebe, na maior parte, sinais dos músculos e de outras estruturas profundas da cabeça; e o *núcleo espinhal*, que é o principal núcleo para a recepção de sinais de dor da face, boca e escalpo.

O *núcleo coclear* (parte do nervo VIII) é a área de recepção para os sinais auditivos, originados no ouvido.

38 II ■ Anatomia Macroscópica

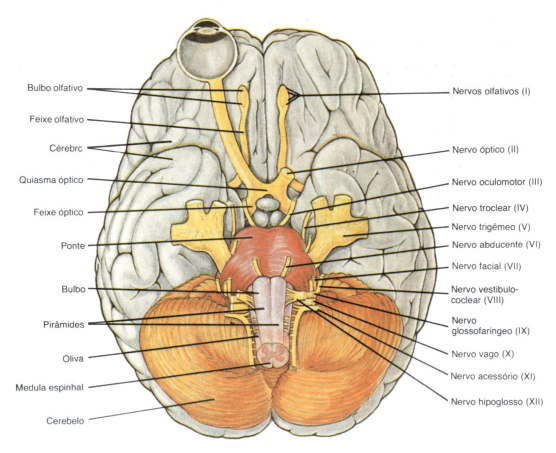

Fig. 4.1 Origem dos nervos cranianos, na superfície ventral do encéfalo.

QUADRO 4.1 Os nervos cranianos

Nervo	Conexão com o encéfalo	Função
I. Nervos e feixes olfativos	Cérebro ántero-ventral	Sensorial: do epitélio olfativo da parte superior das fossas nasais
II. Nervo óptico	Corpo geniculado lateral do tálamo	Sensorial: da retina dos olhos
III. Nervo oculomotor	Mesencéfalo	Motor: para quatro dos músculos extra-oculares e para o elevador das pálpebras parassimpático: músculo liso do globo ocular
IV. Nervo troclear	Mesencéfalo	Motor: para um músculo extra-ocular, o oblíquo superior
V. Nervo trigêmeo		
Ramo oftálmico	Ponte	Sensorial: da testa, olho, parte superior da cavidade nasal
Ramo maxilar	Ponte	Sensorial: da parte inferior da cavidade nasal, face, dentes superiores e mucosa superior da boca
Ramo mandibular	Ponte	Sensorial: da siperfície da mandíbula, dentes inferiores, mucosa inferior e parte anterior da língua Motor: para os músculos da mastigação
VI. Nervo abducente	Ponte	Motor: para um músculo extra-ocular, o reto lateral
VII. Nervo facial	Junção ponte-bulbo	Motor: para os músculos da expressão facial e para o bucinador, o músculo da bochecha
VIII. Nervo vestibulococlear		
Ramo vestibular	Junção ponte-bulbo	Sensorial: do órgão sensorial do equilíbrio, o aparelho vestibular
Ramo coclear	Junção ponte-bulbo	Sensorial: do órgão sensorial auditivo, a cóclea
IX. Nervo glossofaríngeo	Bulbo	Sensorial: da faringe e parte posterior da língua, inclusive o paladar Motor: músculos da faringe superior
X. Nervo vago	Bulbo	Sensorial: muitas das vísceras do tórax e abdome Motor: músculos da laringe e da faringe média e inferior Parassimpático: coração, pulmões, a maior parte do sistema digestivo
XI. Nervo acessório	Bulbo e segmentos espinhais superiores	Motor: para diversos músculos do pescoço e para o esternocleidomastóideo e trapézio
XII. Nervo hipoglosso	Bulbo	Motor: para os músculos extrínseco e intrínseco da língua

4 ■ Anatomia Macroscópica do Sistema Nervoso: III. Os Nervos Periféricos

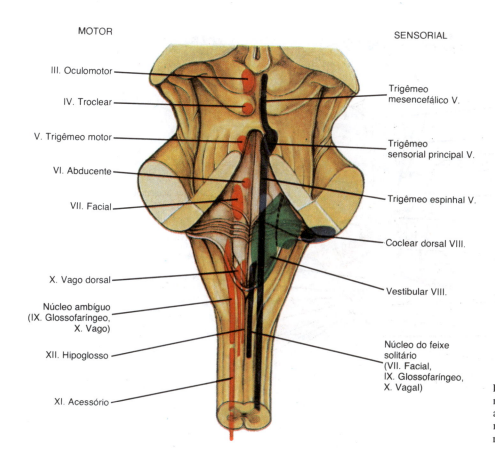

Fig. 4.2 Os núcleos motores e sensoriais dos nervos cranianos, no tronco cerebral (como aparecem na sua face dorsal). Os núcleos motores são representados à esquerda e os sensoriais, à direita.

O *núcleo vestibular* (a outra parte do nervo VIII) recebe sinais do aparelho vestibular, o órgão sensorial para o equilíbrio.

O *núcleo do feixe solitário* é o principal núcleo para a recepção de sinais sensoriais de origem visceral, oriundos de órgãos tais como o coração, estômago, receptores especializados para a pressão arterial (os barorreceptores) e papilas gustativas da língua. Esse núcleo recebe sinais conduzidos pelos nervos facial, glossofaríngeo e vago (nervos VII, IX e X).

A DISTRIBUIÇÃO EXTERNA DOS NERVOS CRANIANOS

Nervos olfativos e o feixe olfativo (I). Os nervos olfativos e o feixe olfativo representam a via sensorial para o olfato. Os nervos olfativos são cerca de 20 nervos curtos, com 1 a 2 cm de comprimento, que emergem do *epitélio olfativo*, o órgão sensorial do olfato, situado na parte mais superior da cavidade nasal, na superfície do septo e da concha superior. Esses 20 nervos pequenos passam por igual número de pequenos forames, na lâmina cribiforme do osso etmóide, formador do limite superior da cavidade nasal e que separa essa cavidade da fossa anterior da cavidade craniana. Situado sobre a superfície superior da lâmina cribiforme, entre ela e a superfície inferior do lobo frontal do cérebro, fica o *bulbo olfativo*; saindo dele, com trajeto em direção posterior, o *feixe olfativo* termina nas *áreas olfativas do cérebro*, localizadas nas e entre as regiões ântero-mediais dos dois lobos temporais. Após os nervos olfativos terem atravessado a lâmina cribiforme, algumas de suas fibras terminam em sinapse do bulbo olfativo, enquanto outras prosseguem, em direção posterior, pelo feixe olfativo, para terminar nas áreas olfativas cerebrais, discutidas no Cap. 15.

Nervo óptico (II). Na Fig. 4.1 é mostrada toda a extensão do nervo óptico. Após sair do olho, esse nervo passa pelos recessos posteriores da órbita, atravessando o forame óptico do osso esfenóide, até atingir a superfície basal do encéfalo, ao nível do limite posteromedial dos lobos frontais. Nesse ponto, a metade lateral do nervo óptico continua, ainda em direção posterior, ao longo da superfície lateral do hipotálamo, enquanto a metade medial se curva abruptamente em direção medial, cruzando para o lado oposto, passando pelo *quiasma óptico*, situado à frente do hipotálamo inferior. As fibras mediais cruzadas combinam-se, a seguir, com as fibras laterais não-cruzadas, nos lados opostos, para formar os dois *feixes ópticos*, que passam, ainda em direção posterior, ao longo das superfícies laterais do hipotálamo, indo terminar nos *corpos geniculados laterais*, no tálamo posterior.

Nervo oculomotor (III), nervo troclear (IV) e nervo abducente (VI). Esses são os nervos que controlam os movimentos oculares. Note-se, na Fig. 4.1, que o nervo oculomotor emerge do tronco cerebral próximo à linha média da superfície anterior do mesencéfalo. O nervo troclear emerge da superfície posterolateral inferior do mesencéfalo e, em seguida, se curva, ao longo de seu lado, até sua face anterior. O nervo abducente emerge da ponte, na sua junção com o bulbo. A seguir, todos esses nervos passam pela *fissura orbital superior*, para entrar na órbita e inervar os músculos extra e intra-oculares, como representado na Fig. 4.3. Os músculos extra-oculares se prendem ao globo ocular, produzindo seus movimentos, ao passo que os músculos intra-oculares promovem a focalização e a constrição da pupila.

Nervo trigêmeo (V). Como mostrado na Fig. 4.1, o nervo trigêmeo emerge da superfície ântero-lateral da parte média da ponte. Imediatamente, ele aumenta seu diâmetro por duas vezes o de seu ponto de emergência, o que ocorre pela distância de 1 cm. Esse trecho do nervo é chamado de *gânglio do trigêmeo*: ele contém os corpos celulares das fibras sensoriais do nervo e, portanto, é análogo ao gânglio da raiz dorsal dos nervos espinhais. É do gânglio do trigêmeo que se originam os três ramos periféricos principais, mostrados na Fig. 4.4: (1) o *ramo oftálmico*,

40 II ■ Anatomia Macroscópica

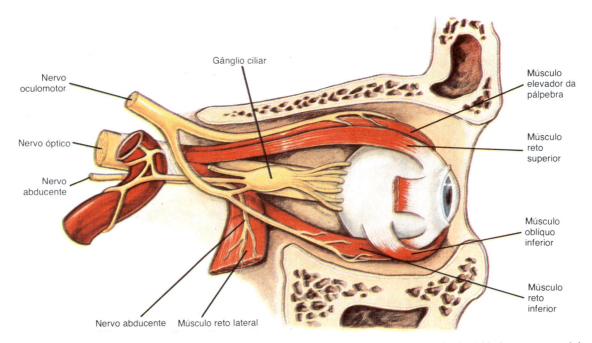

Fig. 4.3 O nervo oculomotor (III), o nervo troclear (IV) (não é mostrado, passa pela parte removida da órbita), e o nervo abducente (VI), que inervam os músculos oculares e, também, as estruturas internas do globo ocular por meio do gânglio ciliar.

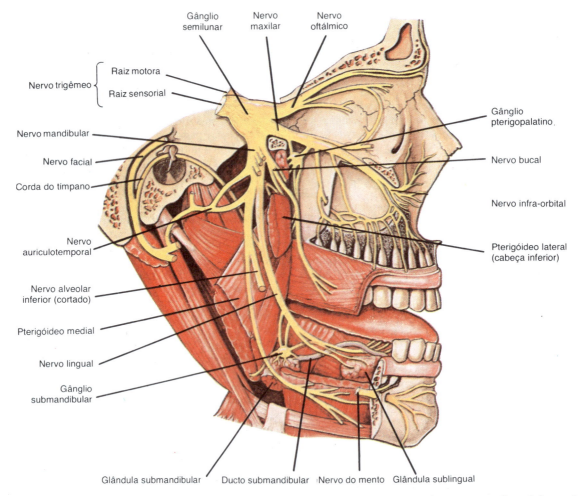

Fig. 4.4 O nervo trigêmeo (V) e seus ramos. Também deve ser notada a corda do tímpano, que junta o nervo lingual (ramo do trigêmeo) ao nervo facial.

(2) o *ramo maxilar*, e (3) o *ramo mandibular*. Os ramos oftálmico e maxilar são, ambos, inteiramente sensoriais. O nervo oftálmico passa pelas regiões superiores da órbita, ramificando-se para a pele que recobre o nariz e, superiormente, a testa, dando nervos sensoriais para essas áreas da face e para o escalpo e para o próprio globo ocular. Ele também envia ramos para a cavidade nasal e para os seios aéreos.

O nervo maxilar deixa a cavidade craniana, passando pelo *forame redondo*; em seguida, cursa pela órbita inferior e, por fim, atravessa um canal ósseo, por baixo do olho, para se distribuir pelos lados anterior e lateral da face, para servir para a sensação. Esse nervo também serve para a sensibilidade dos dentes superiores, da parte superior da mucosa oral e da mucosa da cavidade nasal e da nasofaringe.

O ramo mandibular contém um componente sensorial e outro motor. Esse nervo passa pelo forame oval para o espaço de situação anterior e inferior ao osso temporal e medial ao ramo da mandíbula, um espaço chamado de *fossa infratemporal*. O componente sensorial é o responsável pela sensibilidade das regiões mais laterais da face, das superfícies externas da mandíbula e do queixo, dos dentes inferiores e da parte inferior da mucosa oral, incluindo os dois terços anteriores da língua. O componente motor do nervo mandibular inerva os músculos da mastigação: o *temporal,* o *masseter,* e os *pterigóideos medial* e *lateral.*

Nervo facial (VII). O nervo facial emerge do tronco cerebral, na face posterolateral da junção pontinobulbar (Fig. 4.1). Imediatamente, passa pelo meato auditivo interno, penetrando no canal facial do osso temporal (mostrado na Fig. 4.4), entrando na região facial ântero-inferior à orelha, como representado na Fig. 4.5. Em seguida, ele se ramifica pelas camadas superficiais de todas as regiões faciais lateral e anterior, indo inervar todos os músculos relacionados à expressão facial, bem como o músculo bucinador da bochecha. No início de seu trajeto, já à frente da orelha, ele atravessa ou passa junto à glândula parótida, uma das glândulas produtoras de saliva. Por vezes, essa glândula fica cancerosa, quando o nervo facial é destruído pelo câncer ou pela cirurgia para removê-lo. A pessoa perde, então, toda sua capacidade de expressão emocional nesse lado da face. Também fica incapaz de fechar completamente o olho e, de igual modo, os lábios nesse lado; sua bochecha se distende para fora sempre que come. Essa combinação é extremamente depressiva e, até mesmo, representa condição debilitante para o paciente.

Também deve ser notado na Fig. 4.4 um ramo do nervo facial, chamado de *corda do tímpano*, que passa pelo ouvido médio e, por fim, se combina com o *nervo lingual*, um dos ramos

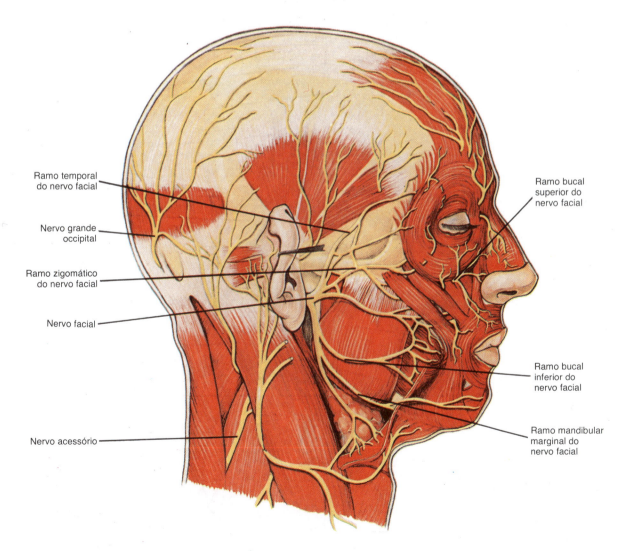

Fig. 4.5 O nervo facial (VII) e a parte cervical superior do nervo acessório (XI). Devem ser notados os numerosos ramos do nervo facial para os músculos responsáveis pela expressão facial.

do nervo mandibular. As fibras da corda do tímpano terminam, finalmente, (1) no *gânglio submandibular*, de onde partem fibras que inervam as glândulas submandibular e sublingual, controladoras da secreção salivar, e (2) nos dois terços anteriores da língua, onde estão relacionadas à sensibilidade gustativa. O gânglio sensorial do nervo facial é chamado de *gânglio geniculado* e fica situado no canal facial.

Nervo vestibulococlear (VIII). O nervo vestibulococlear emerge da junção pontinobulbar, em situação imediatamente lateral ao nervo facial (Fig. 4.1). É um nervo curto que logo penetra no *meato auditivo interno*, para inervar tanto o *aparelho vestibular* (o órgão do equilíbrio) como a *cóclea* (o órgão da audição). Esses dois órgãos ficam contidos na parte petrosa do próprio osso temporal.

Nervo glossofaríngeo (IX). O nervo glossofaríngeo emerge da borda lateral superior do bulbo (Fig. 4.1), passando imediatamente para fora da caixa craniana, por meio do forame jugular, até a região faríngea posterior. A Fig. 4.6 apresenta esse nervo saindo da caixa craniana junto com os nervos vago e acessório. O nervo glossofaríngeo fornece inervação sensorial para a membrana mucosa da faringe, bem como para o terço posterior da língua, incluindo tanto a sensibilidade geral como a gustativa dessa área. Um ramo motor do nervo glossofaríngeo também inerva os músculos faríngeos superiores, importantes para a deglutição.

Nervo vago (X). O nervo vago emerge da borda lateral do bulbo (Fig. 4.1), em situação inferior à do nervo glosssofaríngeo. Sua entrada na região cervical, por meio do forame jugular,

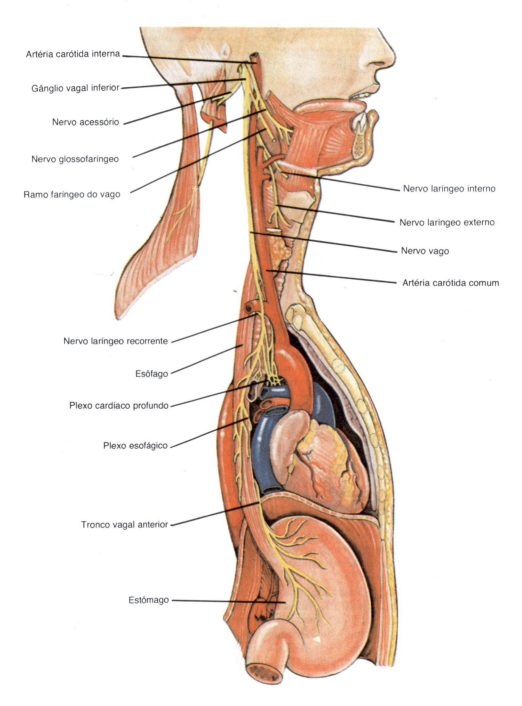

Fig. 4.6 Os nervos glossofaríngeo (IX), vago (X) e acessório (XI).

4 ■ Anatomia Macroscópica do Sistema Nervoso: III. Os Nervos Periféricos 43

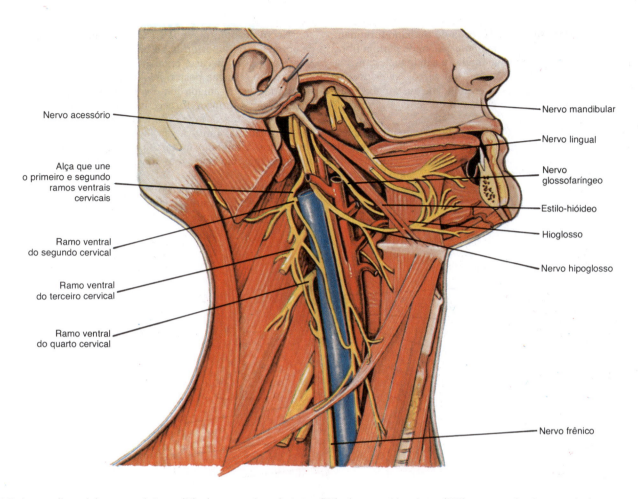

Fig. 4.7 A parte lingual do nervo trigêmeo (V), do nervo glossofaríngeo (IX), do nervo hipoglosso (XII), e ramos do plexo cervical.

junto com os nervos glossofaríngeo e acessório, é mostrada na Fig. 4.6. Em seguida, cursa, em direção inferior, para o tórax, junto com a artéria carótida comum e com a veia jugular interna. Ramos do nervo vago, no pescoço e no tórax superior, inervam os músculos da laringe, para o controle da fonação. Na borda superior do coração, ramos nervosos parassimpáticos, junto com ramos simpáticos das cadeias torácicas simpáticas, formam o *plexo cardíaco*, de onde saem as fibras nervosas que vão inervar o coração. As partes distais dos nervos vagos prosseguem, em direção inferior, pelo tórax, ao longo do esôfago, atravessando o diafragma, indo formar os *nervos gástricos anterior* e *posterior*. Esses nervos fornecem inervação parassimpática para o estômago, todo o intestino delgado, o cólon proximal e outras vísceras da cavidade abdominal. Dessa forma, o nervo vago contém a maior parte das fibras nervosas parassimpáticas que participam do controle dos órgãos internos do corpo, tais como as que controlam a freqüência cardíaca, a secreção gástrica, o peristaltismo intestinal, e assim por diante. O cólon distal e os órgãos pélvicos recebem inervação parassimpática por meio dos nervos espinhais sacrais, como discutido adiante.

O nervo vago também contém fibras nervosas sensoriais, que se dirigem ao bulbo, oriundas de todas as áreas viscerais que recebem fibras parassimpáticas vagais.

Nervo acessório (XI). O nervo acessório emerge da borda lateral do bulbo inferior, bem como da superfície ântero-lateral dos cinco segmentos mais superiores da medula espinhal (Fig. 4.7). Sai da caixa craniana pelo forame jugular, junto com os nervos glossofaríngeo e vago, como representado na Fig. 4.7. Algumas de suas fibras unem-se ao nervo vago, indo inervar os músculos da laringe e da faringe, mas todas as fibras no nervo acessório, emergentes pelas raízes espinhais desse nervo, passam, em direção inferior, ao longo da parte posterolateral do pescoço, transmitindo controle motor para partes dos músculos esternocleidomastóideo e trapézio, como mostrado na Fig. 4.6. Esses músculos também recebem inervação do plexo cervical, na região do pescoço.

Nervo hipoglosso (XII). O nervo hipoglosso emerge da borda lateral do bulbo inferior (Fig. 4.1), em situação anterior às origens dos nervos vago e acessório. Sai do crânio pelo forame do hipoglosso. A Fig. 4.7 mostra a entrada do nervo hipoglossso na região infra-mandibular do pescoço, bem como sua distribuição para todos os músculos da língua, inclusive para o hipoglosso, genioglosso, estiloglosso e os músculos intrínsecos da língua.

A anatomia da medula espinhal foi discutida no capítulo anterior, como também o foi a origem, na medula, dos nervos espinhais. Como recapitulação, existe um par de nervos espinhais para cada segmento vertebral da medula, e esses nervos saem do canal vertebral por meio dos dois *forames intervertebrais*, situados entre duas vértebras sucessivas. O objetivo do restante deste capítulo é o de descrever as distribuições dos prolongamentos periféricos dos nervos espinhais.

Fazendo de novo referência à Fig. 3.8 do capítulo anterior, uma visão global da medula espinhal e de seus nervos espinhais, podemos contar 8 pares de nervos espinhais cervicais, especifi-

44 II ■ Anatomia Macroscópica

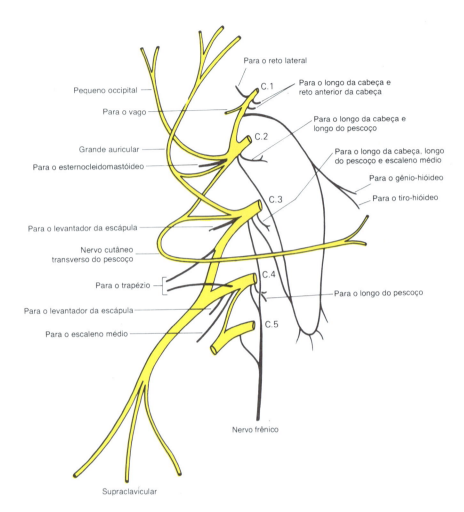

Fig. 4.8 O plexo cervical e seus ramos.

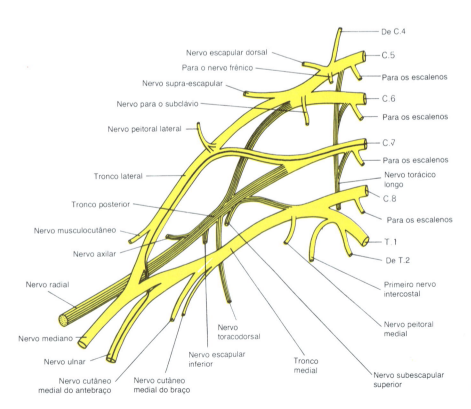

Fig. 4.9 O plexo braquial e seus ramos.

cados como os nervos C-1 a C-8; 12 pares de nervos espinhais torácicos, T-1 a T-12; 5 pares de nervos espinhais lombares, L-1 a L-5; e 5 pares de nervos espinhais sacrais, S-1 a S-5; e 1 par de nervos coccígeos extremamente pequenos.

Os nervos espinhais torácicos (os da região do peito) são relativamente pequenos. Contudo, ramos desses nervos controlam os músculos profundos das costas, bem como o grande dorsal — o músculo "trepador" do braço — que é um músculo bastante grande. Por outro lado, os nervos espinhais torácicos dão origem aos *nervos intercostais*, que cursam em torno do corpo, em posição inferior às costelas, para inervar os músculos intercostais e, também, para fornecer inervação cutânea para o peito e para o abdome. Prolongamentos dos nervos intercostais inferiores também inervam a maioria dos músculos da parede abdominal anterior.

Em contraste, os nervos espinhais das regiões cervical, lombar e sacra são muito grandes; são esses nervos que fornecem o controle motor e a sensibilidade para a região do pescoço, da parte posterior da cabeça, dos ombros, dos membros superiores, da parte inferior do tronco e dos membros inferiores. Também deve ser notado que todos esses nervos, pouco depois de saírem do canal vertebral, se interconectam para formar quatro plexos principais:

1. O *plexo cervical*, formado pelos nervos espinhais C-1 a C-5, inerva o pescoço, a parte de trás da cabeça, partes do ombro e o diafragma.

2. O *plexo braquial*, formado por C-5 a T-1, inerva a maior parte da região do ombro, o antebraço e a mão.

3. O *plexo lombar*, de L-1 a L-4, inerva alguns músculos da parte inferior das costas, o abdome inferior e a parte medial da coxa.

4. O *plexo sacral*, de L-4 a S-5, inerva a região glútea, as partes posterior e lateral da coxa, a perna e o pé.

Agora, vamos examinar cada um desses plexos isoladamente, para identificar os detalhes de sua organização e distribuição.

O PLEXO CERVICAL

A Fig. 4.8 representa o plexo cervical, que se origina, principalmente, entre C-1 e C-4, embora receba pequeno feixe de fibras de C-5. Os dois ramos mais superiores do plexo cervical, os nervos *occipital menor* e o *auricular magno*, são os responsáveis pela sensibilidade do escalpo posterior e da região em torno da orelha. Ramificando-se, a partir da borda inferior desse plexo, vários *nervos supraclaviculares* atendem à sensibilidade da parte inferior do pescoço, enquanto ramificando-se para a frente, o *nervo cutâneo transverso* serve à sensibilidade da parte anterior do pescoço. Os músculos inervados pelo plexo cervical representam a maioria dos músculos profundos do pescoço, os músculos superficiais da região anterior do pescoço, o levantador da escápula e partes do trapézio e do esternocleidomastóideo.

O nervo frênico. Nessa figura, deve ser notada, de modo especial, a origem do *nervo frênico*, entre C-3 e C-5. Esse é o principal nervo para o controle da respiração. Nos dois lados, os nervos frênicos passam, em direção inferior, pelo pescoço, em seguida, pelo tórax, uma de cada lado do coração, para terminar, por fim, no diafragma, para regular os movimentos de inspiração e expiração desse importante músculo respiratório. Fraturas das vértebras cervicais, de ocorrência muito freqüente nos acidentes de mergulho, podem, muitas vezes, esmagar a medula espinhal. Caso essa fratura ocorra entre a quinta e a sétima vértebra, como é bastante freqüente, as conexões com o nervo frênico ficam intactas e a pessoa ainda é capaz de respirar. Contudo, todos os demais nervos espinhais, abaixo desse nível, deixarão de receber sinais adequados dos centros mais superiores, e todo o corpo, exceto pelos músculos do pescoço e por esse importante músculo respiratório, o diafragma, ficará paralisado. Essa é a condição chamada de *quadriplegia*.

QUADRO 4.2 Principais nervos do plexo braquial e os músculos que inervam

Nervo	Segmento medular	Músculo
Escapular dorsal	C-5	Grande rombóide
Torácico longo	C-5, C-6 e C-7	Serrátil anterior
Supra-escapular	C-5 e C-6	Supra-espinhoso
		Infra-espinhoso
Subescapular	C-5 e C-6	Grande redondo
		Subescapular
Torácico anterior	C-5 a T-1	Peitoral menor
		Peitoral maior
Musculocutâneo	C-5, C-6 e C-7	Bíceps braquial
		Coracobraquial
		Braquial
Radial	C-5 a T-1	Tríceps braquial
		Braquial
		Braquiorradial
		Supinador
		Extensor radial do carpo longo e curto
		Extensor ulnar do carpo
		Extensor dos dedos
		Extensor longo do polegar
		Extensor curto do polegar
		Extensor do indicador
		Abdutor longo do polegar
Mediano	C-6 a T-1	Redondo pronador
		Quadrado pronador
		Longo palmar
		Flexor radial do carpo
		Flexor superficial dos dedos
		Flexor profundo dos dedos (metade radial)
		Flexor longo do polegar
		Flexor curto do polegar (com participação do nervo ulnar)
		Abdutor curto do polegar
		Oponente do polegar
		Lumbricais (do lado radial da mão)
Ulnar	C-8, T-1	Flexor ulnar do carpo
		Flexor profundo dos dedos (metade ulnar)
		Flexor curto do polegar (com participação do nervo mediano)
		Flexor curto do dedo mínimo
		Abdutor do dedo mínimo
		Abdutor do polegar
		Oponente do dedo mínimo
		Lumbricais (do lado ulnar da mão)
		Interósseos

NOTA: Os nervos do quadro acima estão listados na ordem aproximada com que emergem do plexo braquial.

O PLEXO BRAQUIAL

A Fig. 4.9 apresenta o plexo braquial, com origem entre C-5 e T-1. Esses cinco nervos espinhais são todos muito grandes. Eles se unem para formar os *troncos superior, médio* e *inferior*, no plexo braquial, e cada um deles se divide para formar seus *componentes anterior* e *posterior*. Todos esses componentes (ou ramos) passam por sob a clavícula e por sobre a primeira costela, para atingir a axila, onde vão se fundir, de novo, em três grandes feixes, chamados (1) *fascículo lateral*, (2) *fascículo posterior*, e (3) *fascículo medial*. Ao longo desse plexo, originam-se numerosos nervos que vão inervar, tanto motor como sensorialmente, o ombro, a parte superior do tórax ântero-lateral, o braço, o antebraço e a mão. O Quadro 4.2 enumera os principais ramos nervosos desse plexo e os músculos que inervam. Além disso, múltiplos ramos cutâneos conduzem impulsos sensoriais das áreas cutâneas que, em termos aproximados, recobrem esses músculos.

Cursos dos principais nervos do membro superior. A Fig. 4.10 mostra os cursos dos quatro nervos principais do membro superior. Eles fornecem sensibilidade à pele e sinais motores para os músculos ao longo de seus cursos.

O *nervo musculocutâneo*, ao sair do plexo, curva-se em direção anterior, passando pelas regiões profundas da parte anterior do braço, e, em seguida, cursa superficialmente, ao longo da face lateral do antebraço, para fornecer inervação sensorial. À medida que passa pelo braço, ele inerva os músculos do braço, listados no Quadro 4.2; o mais importante deles é o *bíceps braquial*, promotor da flexão do antebraço.

O *nervo radial*, após emergir do plexo braquial, curva-se, em direção posterior e lateral, por trás do úmero, atingindo o antebraço por sobre o epicôndilo lateral desse osso. Daí em diante, ele segue pela borda lateral do rádio e, por fim, continua pelas partes posteriores do polegar, do indicador, do médio e do anelar. A lista de músculos inervados por ele, apresentada no Quadro 4.2, demonstra sua importância para o controle dos movimentos do membro superior. Análise cuidadosa desse quadro mostra que são os músculos do braço posterior e das faces dorsal e lateral do antebraço e da mão. Os principais movimentos produzidos por eles são (1) extensão do cotovelo, (2) supinação do antebraço e da mão, (3) extensão do punho, dedos e polegar, e (4) abdução do polegar.

O *nervo mediano*, após sair do plexo braquial, passa, em direção inferior, ao longo da parte ântero-medial do braço e, em seguida, prossegue pelas regiões ântero-laterais do antebraço, atingindo a parte lateral da palma, os dois compartimentos anteriores do polegar e do indicador e médio, além da metade lateral do anelar. O Quadro 4.2 mostra que o nervo mediano inerva, em termos aproximados, os dois terços laterais dos músculos

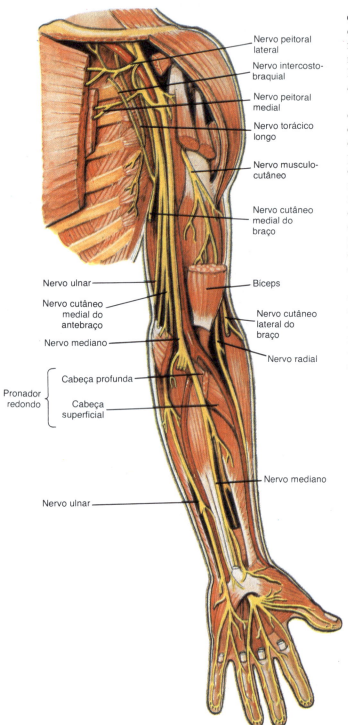

Fig. 4.10 Curso, pelo braço, antebraço e mão, dos nervos musculocutâneo, radial, mediano e ulnar.

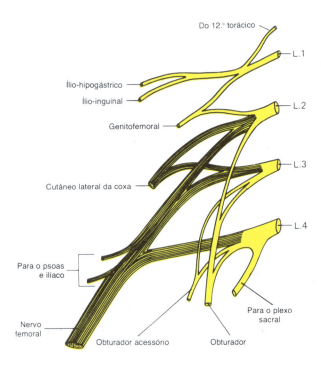

Fig. 4.11 O plexo lombar e seus ramos, especialmente, o nervo femoral.

do compartimento anterior do antebraço e o terço lateral dos músculos anteriores da mão. Os principais movimentos que podem ser produzidos por esses músculos são: (1) pronação do antebraço e mão; (2) flexão do punho, dedos e polegar; (3) abdução do punho; (4) abdução do polegar; e (5) movimentos de oponência do polegar.

O *nervo ulnar* passa, em direção inferior, pela parte posteromedial do braço e, em seguida, por trás do epicôndilo medial do úmero, no cotovelo, e segue, por fim, ao longo da ulna, para atingir a borda medial da mão, inervando as superfícies anterior e posterior do dedo mínimo e a metade medial do anelar. Ao longo do curso desse nervo, ramos cutâneos fornecem sensibi-

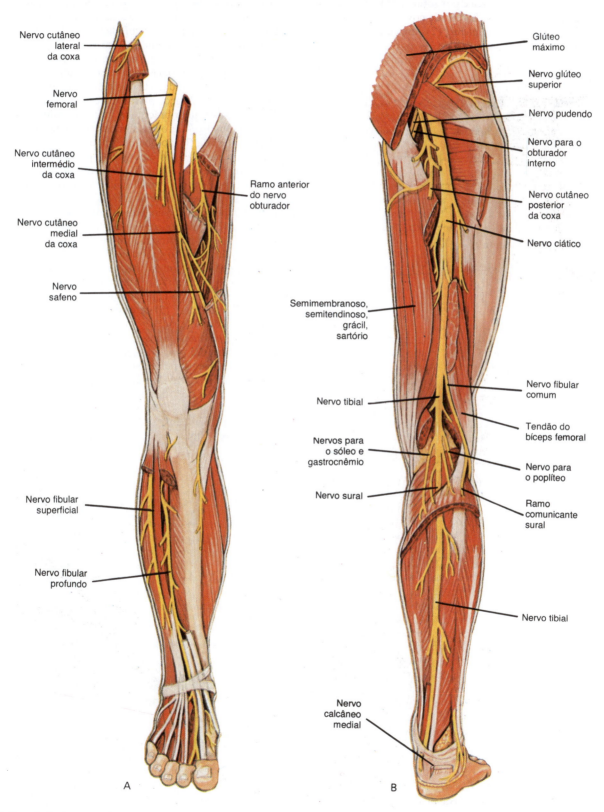

Fig. 4.12 Os principais nervos do membro inferior, em sua face anterior (A) e posterior (B).

48   II ■ Anatomia Macroscópica

lidade para a superfície ântero-medial do antebraço e para a superfície da mão medial à linha média do anelar. Por outro lado, o Quadro 4.2 mostra que o nervo ulnar inerva aproximadamente o terço medial dos músculos do antebraço anterior e os dois terços mediais dos músculos na parte anterior da mão. Esses músculos promovem principalmente (1) flexão do punho e dos dedos (com participação do nervo mediano); (2) abdução dos dedos; (3) adução dos dedos e do polegar; e (4) movimentos de oponência do dedo mínimo.

Embora não seja importante, nesse ponto, a memorização da distribuição precisa de todos esses nervos, os cirurgiões necessitam saber, com muita exatidão, todas essas distribuições. Quando ocorre lesão de um nervo, o cirurgião pode determinar qual o nervo que foi lesado, bem como o ponto onde ocorreu a lesão, pela determinação das áreas cutâneas onde existe perda sensorial e quais os músculos que, especificamente, estão paralisados. Um dos pontos mais comuns de lesão grave é o próprio plexo braquial. Por exemplo, se o braço for tracionado para cima, com força excessiva, o tronco medial do plexo braquial tem grande probabilidade de ser lesado. Pelas Figs. 4.9 e 4.10 ver-se-á que isso poderá seccionar completamente as fibras do nervo ulnar, podendo, também, destruir muitas das fibras do nervo mediano, paralisando especialmente os músculos situados ao longo da face medial do antebraço anterior e da mão, causando perda da sensibilidade em todas essas áreas cutâneas.

O PLEXO LOMBAR E O NERVO FEMORAL

Os nervos espinhais lombares, entre L-1 e L-4, junto com um pequeno ramo de T-12, formam o plexo lombar, apresentado na Fig. 4.11. Esse plexo fica situado na parede posterior da região lombar da cavidade abdominal, emitindo ramos que cursam, em direção inferior, ao longo da parede lateral da pelve. Próximos de sua origem, ramos desse plexo inervam alguns músculos das regiões abdominal e dorsal, incluindo os músculos da parte baixa das costas, o psoas maior, o quadrado lombar e as partes mais inferiores do músculo do abdome. Contudo, esse plexo emite nervos que vão, em sua maior parte, para a coxa; os três mais importantes são:

1. O *nervo cutâneo lateral da coxa* (mostrado na Fig. 4.12A) chega à coxa ântero-lateral passando por baixo do ligamento inguinal. Em seguida, cursa inferiormente, ao longo da face lateral da coxa, dando sensibilidade à pele dessa área.

2. O *nervo obturador* (Figs. 4.11 e 4.12A) se origina da parte inferior do plexo lombar e entra para o lado medial da coxa. Ele é principalmente um nervo motor, controlando grande número de músculos da coxa com efeitos adutores, que fecham as pernas e que estão listados no Quadro 4.3.

3. O *nervo femoral* (Figs. 4.11 e 4.12A) é, de longe, o maior de todos os nervos do plexo lombar. A Fig. 4.12A mostra que esse nervo cursa, por pequena distância, paralelo à artéria femoral, na parte superior da coxa, dividindo-se em vários ramos calibrosos cerca de 10 cm abaixo do ligamento inguinal. Alguns desses ramos são musculares, outros são cutâneos. Como mostrado na Fig. 4.12A — e, também, no Quadro 4.3 —, os *ramos musculares* inervam todos os músculos anteriores da coxa, os mais importantes deles sendo as quatro cabeças do músculo quadríceps da coxa, que é muito grande, e o músculo sartório. Esses dois músculos são, ao mesmo tempo, os principais flexores da coxa e o único e maciço músculo extensor para promover a articulação do joelho. Além desses ramos musculares, existem dois ramos cutâneos principais: o *nervo cutâneo anterior*, que inerva a pele ântero-medial de toda a coxa, até o joelho, e o *nervo safeno*, que inerva a superfície medial da perna até o pé.

O PLEXO SACRAL E O NERVO CIÁTICO

O plexo sacral deriva principalmente dos nervos espinhais L-5 a S-3, embora participem dele pequenos ramos de L-4 e de S-4

QUADRO 4.3 Principais nervos do plexo lombar e sacral e os músculos que inervam

Nervo	Segmento medular	Músculos
Plexo lombar		
Obturador	L-2, L-3 e L-4	Pectíneo (com participação do nervo femoral)
		Adutor longo
		Adutor magno (com participação do nervo ciático)
		Adutor curto
		Grácil
Femoral	L-2, L-3 e L-4	Sartório
		Ilíaco
		Pectíneo (com participação do nervo obturador)
		Quadríceps da coxa
		1. Reto da coxa
		2. Vasto medial
		3. Vasto lateral
		4. Vasto intermédio
Outros ramos musculares	L-2 e L-3	Psoas maior
		Quadrado lombar
Plexo sacral		
Glúteo superior	L-4, L-5 e S-1	Glúteo médio
		Glúteo mínimo
		Tensor da fáscia lata
Glúteo inferior	L-5, S-1 e S-2	Glúteo máximo
Ciático	L-4 a S-3	Adutor máximo (com participação do nervo obturador)
		Obturador interno
		Gêmeo superior
		Gêmeo inferior
		Quadrado da coxa
Parte tibial do ciático	L-4 a S-3	Bíceps da coxa (com participação do nervo fibular)
		Semitendinoso
		Semimembranoso
		Gastrocnêmio
		Sóleo
		Poplíteo
		Tibial posterior
		Flexor longo dos dedos
		Flexor longo do hálux
		Músculos plantares e mediais do pé
Parte fibular do ciático	L-4 a S-2	Bíceps da coxa (com participação do nervo tibial)
		Tibial anterior
		Fibular longo
		Fibular curto
		Extensor longo dos dedos
		Extensor longo do hálux
		Músculos dorsais e laterais do pé
Pudendo	S-2, S-3 e S-4	Músculos do triângulo urogenital
Outros ramos musculares	S-3 e S-4	Elevador do ânus
		Coccígeo
		Esfíncter externo do ânus

4 ■ **Anatomia Macroscópica do Sistema Nervoso: III. Os Nervos Periféricos** 49

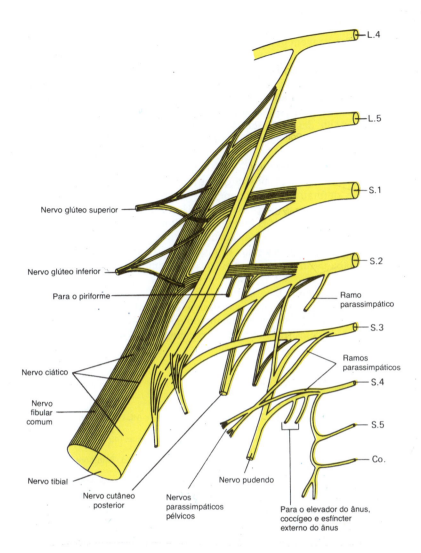

Fig. 4.13 O plexo sacral e seus ramos, especialmente, o nervo ciático.

até os nervos espinhais coccígeos (Co), como mostrado na Fig. 4.13. Esse plexo fica situado ao longo da parede posterior da pelve. Seus ramos principais são os seguintes:

1. Os *nervos glúteos superior* e *inferior*, que emergem lateralmente da pelve, para controlar os músculos glúteos, nas nádegas e na parte lateral do quadril, que promovem a extensão para trás e a abdução lateral, na articulação do quadril.

2. O *nervo cutâneo posterior*, que cursa pela parte posterior da coxa e da perna, dando-lhes sensibilidade.

3. O *nervo pudendo* que passa para o períneo e para os órgãos genitais externos, incluindo, no sexo masculino, o pênis e a bolsa escrotal, e, no sexo feminino, a vagina, participando das funções e da sensibilidade sexuais.

4. *Ramos nervosos do parassimpático pélvico*, derivados dos nervos espinhais sacrais S-2 a S-4, passam para os órgãos pélvicos para desencadear funções do tipo da defecação e da micção, tendo, também, participação na ereção, no orgasmo e na ejaculação, no ato sexual.

5. Vários ramos pequenos, derivados de S-3 e de S-4, controlam os esfíncteres de músculo voluntário, em torno do ânus e da uretra externa. Permitem que a pessoa impeça a defecação ou a micção quando isso não for conveniente.

6. O extremamente grande *nervo ciático* é tão importante que merece consideração especial, feita a seguir.

O nervo ciático. O nervo ciático, apresentado nas Figs. 4.12B e 4.13, é, de longe, o maior nervo do corpo. Ele se origina do plexo sacral, principalmente, dos segmentos L-5 a S-2, emergindo da pelve posterior em situação medial à tuberosidade isquiática, cursando para a periferia pelo compartimento posterior da coxa, por entre os músculos semimembranoso, semitendinoso, grácil, sartório e bíceps crural [*hamstring muscles*]. Ao longo de seu curso, emite ramos musculares para todos os músculos profundos, de situação posterior à articulação do quadril e também da região posterior da coxa, todos constantes do Quadro 4.3. Esses músculos produzem extensão da coxa, e os músculos da parte posterior da coxa (semimembranoso, semitendinoso, grácil, sartório e bíceps crural) são fortes flexores da articulação do joelho.

Na extremidade inferior da coxa, imediatamente acima da articulação do joelho, o nervo ciático se divide em dois ramos principais, o *nervo tibial* e o *nervo fibular comum*. O nervo tibial continua seu curso periférico pelo compartimento posterior da perna, situado no espaço entre a tíbia e a fíbula. Por fim, chega à parte medial do pé, por trás do maléolo medial. Em todo o seu curso, ele emite ramos sensoriais para a pele, bem como ramos para todos os músculos da parte posterior da perna, especialmente, para os músculos sóleo, gastrocnêmio, tibial posterior e para os flexores dos artelhos. A função principal desses músculos é a de flexionar, para baixo, o pé e os artelhos e, também a de inverter o pé.

O nervo fibular comum se curva pela face lateral da fíbula, onde se divide nos *nervos fibular superficial* e *profundo*. O nervo fibular superficial desce, pelo lado lateral da perna, inervando os músculos fibulares e fornecendo inervação sensorial para o

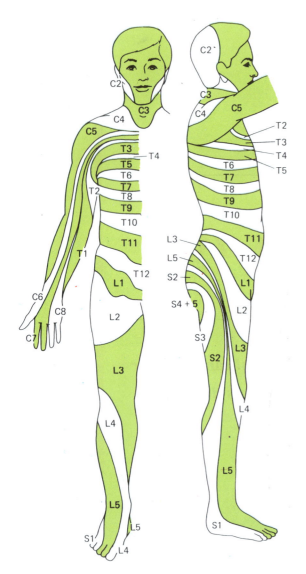

Fig. 4.14 Os dermátomos. (Modificado de Grinker e Sahs: *Neurology*. Springfield, Ill., Charles C. Thomas, 1966.)

dorso do pé. Esses músculos são os eversores do pé. O nervo fibular profundo desce pelo compartimento anterior da perna, em relação com os músculos ântero-laterais (tibial anterior e os músculos extensores dos artelhos) e os controla. Sua função principal é a flexão, para cima, do pé.

OS DERMÁTOMOS

Cada nervo espinhal fornece inervação sensorial a um "campo segmentar" da pele, chamado de *dermátomo*. Isso é válido apesar dos nervos espinhais aparentemente se misturarem entre si, em sua passagem pelos plexos. Os diferentes dermátomos, para cada nervo espinhal, são mostrados na Fig. 4.14. Contudo, nessa figura, os dermátomos estão representados como se cada um tivesse limite bem definido com seus vizinhos. Isso é em parte verdade, dado que os ramos distais dos nervos invadem os territórios dos vizinhos. Por essa razão, todo um nervo espinhal pode ser completamente destruído sem perda sensorial significativa na pele, mas, quando vários nervos espinhais adjacentes são destruídos, pode-se, com facilidade, definir a extensão da perda sensorial e, a partir daí, determinar o nível segmentar da lesão nervosa.

A Fig. 4.14 mostra que a região anal do corpo fica situada no dermátomo dos segmentos medulares mais inferiores, S-4 e S-5. No embrião, essa é a região da cauda e o território mais distal do corpo. Os membros inferiores se desenvolvem a partir dos níveis lombares e sacrais superiores do embrião, e não dos segmentos sacrais mais distais, o que também fica evidente no mapa dermatomérico, pois os dermátomos para esses membros são de L-2 e S-2.

Também deve ser notado na Fig. 4.14 que a face e a metade anterior da cabeça não são designadas por dermátomos de nervos espinhais. Mas deve ser lembrado que a sensibilidade nessas áreas é dada pelos três ramos do nervo craniano V (o nervo trigêmeo).

REFERÊNCIAS (CAPS. 2 A 4)

Anderson, J. E.: The cranial nerves. *In* Grant's Atlas of Anatomy. Baltimore, Williams & Wilkins, 1978, pp. 8-1 to 8-12.
Bloom, W., and Fawcett, D. W.: The nervous tissue. *In* A Textbook of Histology, 11th Ed. Philadelphia, W. B. Saunders, 1986.
Carpenter, M. D.: Human Neuroanatomy, 18th Ed. Baltimore, Williams & Wilkins, 1983.
Copenhaver, W. M., Kelly, D. E., and Wood, R. L.: Nervous system. *In* Bailey's Textbook of Histology, 17th Ed. Baltimore, Williams & Wilkins, 1978, pp. 290-357.
Figge, F. H. J.: The central nervous system. *In* Sobotta/Figge Atlas of Human Anatomy. Vol. III. Baltimore, Urban & Schwarzenberg, 1977, pp. 1-131.
Fujita, T., Tanaka, K., and Tokunaga, J.: Muscles, nerves, and brain. *In* SEM Atlas of Cells and Tissues. New York, Igaku-Shoin, 1981, pp. 312-328.
Ham, A. W., and Cromack, D. H.: Nervous tissue. *In* Histology, 8th Ed. Philadelphia, J. B. Lippincott, 1979, pp. 483-539.
Hammersen, F.: Nervous system. *In* Sobotta/Hammersen Histology. Baltimore, Urban & Schwarzenberg, 1980, pp. 203-216.
Hammersen, F.: Nervous tissue and neuroglia. *In* Sobotta/Hammersen Histology. Baltimore, Urban & Schwarzenberg, 1980, pp. 80-93.
Kandel, E. R., and Schwartz, J. H.: Principles of Neural Science, 2nd Ed. New York, Elsevier, 1985.
Langman, J., and Woerdeman, M. W.: Head and neck. *In* Atlas of Medical Anatomy. Philadelphia, W. B. Saunders, 1978, pp. 351-472.
Leeson, T. S., and Leeson, C. R.: Nervous tissue. *In* A Brief Atlas of Histology. Philadelphia, W. B. Saunders, 1979, pp. 89-104.
Leeson, T. S., and Leeson, C. R.: Nervous tissue. *In* Histology, 4th Ed. Philadelphia, W. B. Saunders, 1981, pp. 216-256.
Netter, F. H.: Nervous system. *In* The CIBA Collection of Medical Illustrations. Vol. 1, Summit, N. J., CIBA Medical Education Division, 1972.
Pernkopf, E.: Brain and meninges. *In* Atlas of Topographical and Applied Human Anatomy. Vol. I. Philadelphia, W. B. Saunders, 1980, pp. 29-135.
Snell, R. S.: Clinical Neuroanatomy. Boston, Little, Brown, 1980.
Williams, P. L., and Warwick, R.: The nervous system. *In* Gray's Anatomy, 36th British Edition. Philadelphia, W. B. Saunders, 1980, pp. 802-1215.

A BIOFÍSICA DA MEMBRANA E DOS SINAIS NEURAIS

5 Transporte de Íons Através da Membrana Celular
6 Potenciais de Membrana e Potenciais de Ação

5

Transporte de Íons Através da Membrana Celular

A transmissão de sinais neurais é a base do funcionamento do sistema nervoso. Contudo, para a compreensão da transmissão nervosa, deve-se estar familiarizado com a biofísica da membrana da célula nervosa, de modo especial com o transporte de íons através dessa membrana e com o desenvolvimento de potenciais elétricos entre suas faces. O objetivo deste capítulo é o de discutir os princípios básicos desses fenômenos; o capítulo seguinte utilizará esses princípios básicos para explicar a própria transmissão nervosa.

■ CONCENTRAÇÕES IÔNICAS E DE OUTRAS SUBSTÂNCIAS NO LADO DE FORA E NO LADO DE DENTRO DAS MEMBRANAS CELULARES

A Fig. 5.1 apresenta a composição aproximada do *líquido extracelular*, que banha a face externa da membrana celular, e do *líquido intracelular*, no interior das células. Deve ser notado que o líquido extracelular contém grande quantidade de *sódio*, mas apenas quantidade muito pequena de *potássio*. Exatamente o oposto é encontrado no líquido intracelular. Por outro lado, o líquido extracelular contém grande quantidade de cloreto, enquanto o intracelular só o tem em pequena quantidade. Mas as concentrações de fosfatos, todos essencialmente metabólitos intermediários orgânicos, e de proteínas no líquido intracelular são muito maiores que no líquido extracelular. Todas essas diferenças são extremamente importantes para a vida celular e para a transmissão de sinais pelos nervos.

A BARREIRA LIPÍDICA E AS PROTEÍNAS DE TRANSPORTE DA MEMBRANA CELULAR

A membrana celular é formada, de modo quase exclusivo, por uma *bicamada lipídica*, onde flutua grande número de moléculas de proteína, muitas dessas moléculas atravessando toda a espessura dessa bicamada lipídica, como representado na Fig. 5.2.

A bicamada lipídica não se mistura com o líquido extracelular, nem com o líquido intracelular. Por conseguinte, ela representa uma barreira ao livre movimento da maior parte das moléculas de água e das moléculas hidrossolúveis, entre os compartimentos extra e intracelular. Todavia, como ilustrado pela seta à esquerda da Fig. 5.2, algumas substâncias podem atravessar essa bicamada, para entrar ou sair da célula, passando através da própria substância lipídica.

Contudo, as moléculas de proteína apresentam propriedades de transporte inteiramente diferentes. Suas estruturas moleculares interrompem a continuidade da bicamada lipídica e, portanto, formam via alternativa através da membrana celular. A maior parte dessas proteínas penetrantes é de *proteínas de transporte*. As diversas proteínas funcionam de modo diferente. Algumas têm condutos aquosos ao longo de toda a molécula, permitindo o livre movimento de determinados íons ou moléculas; elas são chamadas de *proteínas de canal*. Outras, denominadas *proteínas carreadoras*, fixam-se às substâncias que vão ser transportadas,

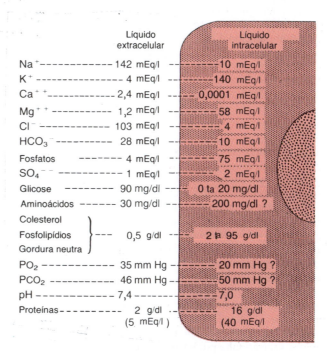

Fig. 5.1 Composição química dos líquidos extra e intracelulares.

	Líquido extracelular	Líquido intracelular
Na$^+$	142 mEq/l	10 mEq/l
K$^+$	4 mEq/l	140 mEq/l
Ca^{++}	2,4 mEq/l	0,0001 mEq/l
Mg^{++}	1,2 mEq/l	58 mEq/l
Cl$^-$	103 mEq/l	4 mEq/l
HCO$_3^-$	28 mEq/l	10 mEq/l
Fosfatos	4 mEq/l	75 mEq/l
SO$_4^-$	1 mEq/l	2 mEq/l
Glicose	90 mg/dl	0 ta 20 mg/dl
Aminoácidos	30 mg/dl	200 mg/dl ?
Colesterol Fosfolipídios Gordura neutra	0,5 g/dl	2 a 95 g/dl
PO$_2$	35 mm Hg	20 mm Hg ?
PCO$_2$	46 mm Hg	50 mm Hg ?
pH	7,4	7,0
Proteínas	2 g/dl (5 mEq/l)	16 g/dl (40 mEq/l)

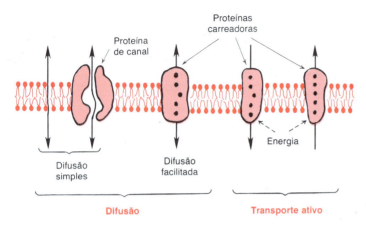

Fig. 5.2 Vias para o transporte através da membrana celular e os tipos básicos de mecanismos de transporte.

Fig. 5.3 Difusão de uma molécula em um fluido, durante um bilionésimo de segundo.

e alterações conformacionais da molécula protéica transferem essas substâncias, ao longo dos interstícios moleculares da proteína, até a outra face da membrana. Tanto as proteínas de canal como as proteínas carreadoras são extremamente seletivas quanto ao tipo ou tipos de íons ou de moléculas que podem atravessar a membrana.

Difusão *versus* transporte ativo. O transporte através da membrana celular — seja de forma direta, passando pela bicamada lipídica, ou por meio de proteínas — ocorre por um de dois processos fundamentais, por *difusão* (também chamada de "transporte passivo") ou por *transporte ativo*. Embora existam muitas variantes desses dois mecanismos básicos, como discutido adiante, neste capítulo, por difusão entende-se o movimento molecular aleatório de substâncias, molécula a molécula, seja pelos espaços intermoleculares da membrana, ou em combinação com uma proteína carreadora. A energia propulsora da difusão é a energia do movimento cinético normal da matéria. Diferentemente, por transporte ativo entende-se o movimento de íons ou de outras substâncias, através da membrana, em combinação com uma proteína carreadora, mas, além disso, *contra um gradiente de energia,* como, por exemplo, de um estado de baixa concentração, para outro, de alta concentração, processo que exige fonte adicional de energia, além da energia cinética, para que ocorra tal movimento. A seguir, vão ser discutidos, em maior detalhe, a física e a físico-química básicas desses dois processos distintos.

■ DIFUSÃO

Todas as moléculas e íons nos líquidos corporais, incluindo, também, as moléculas de água e as substâncias dissolvidas, estão continuamente em movimento, cada partícula se movendo independentemente das outras. O movimento dessas partículas é o que os físicos chamam de calor — quanto mais intenso o movimento, maior será a temperatura —, e esse movimento nunca cessa, sob quaisquer condições, exceto na temperatura do zero absoluto. Quando uma molécula em movimento, A, se aproxima de outra estacionária, B, as forças eletrostáticas e intermoleculares da molécula A repelem a molécula B, transferindo parte da energia do movimento para a molécula B. Conseqüentemente, a molécula B ganha energia cinética de movimento, ao passo que a molécula A se lentifica, por ter perdido parte de sua energia cinética. Desse modo, como mostrado na Fig. 5.3, uma molécula de uma solução salta por entre as outras moléculas, indo, primeiro, em uma direção e, depois, em outra, e sucessivamente ainda em outra, e assim por diante, mudando de direção, aleatoriamente, bilhões de vezes a cada segundo.

Esse contínuo movimento das moléculas entre si, tanto nos líquidos, como nos gases, é chamado de *difusão*. Os íons se difundem de modo exatamente igual ao de moléculas completas, e até mesmo partículas coloidais em suspensão se difundem da mesma maneira, exceto por fazerem-no de modo bem menos rápido, devido às suas dimensões extremamente grandes.

DIFUSÃO ATRAVÉS DA MEMBRANA CELULAR

A difusão através da membrana celular é dividida entre dois subtipos distintos, chamados de *difusão simples* e de *difusão facilitada*. Por difusão simples entende-se o movimento cinético molecular de moléculas ou íons, através de orifício na membrana ou pelos espaços intermoleculares, sem que haja necessidade de fixação a proteínas carreadoras da membrana. A velocidade (ou intensidade) da difusão é determinada pela quantidade de substância que está disponível, pela velocidade do movimento cinético e pelo número de orifícios na membrana por onde as moléculas ou os íons podem passar. Por outro lado, a difusão facilitada exige a interação das moléculas (ou íons) com uma proteína carreadora que a ajuda em sua passagem através da membrana, provavelmente por se combinar quimicamente a elas e as deslocar, sob essa forma, através da membrana.

A difusão simples, através da membrana celular, pode se dar por duas vias: pelos interstícios da bicamada lipídica e por condutos aquosos, presentes em algumas das proteínas de transporte, como representado, à esquerda, na Fig. 5.2.

Difusão simples através da bicamada lipídica

Difusão de substâncias lipossolúveis. Em condições experimentais, os lipídios das células foram separados das proteínas e, em seguida, reconstituídos como membranas artificiais, formadas por bicamadas lipídicas, sem quaisquer proteínas de transporte. O uso dessas membranas artificiais permitiu a definição das características de transporte da própria bicamada lipídica.

Um dos mais importantes fatores, determinativos de quão rapidamente uma substância poderá deslocar-se através da bicamada lipídica é a *lipossolubilidade* da substância. Por exemplo, as lipossolubilidades do oxigênio, do nitrogênio, do dióxido de carbono e dos álcoois é muito alta, de modo que todos eles podem se dissolver, diretamente, na bicamada lipídica e se difundir através da membrana celular, do mesmo modo como ocorre a difusão em solução aquosa. Por razões óbvias, a velocidade de difusão dessas substâncias, através da membrana, é diretamente proporcional às suas liposolubilidades. De modo especial, quantidades bastante grandes de oxigênio podem ser transportadas dessa forma; por conseguinte, o oxigênio é descarregado no interior da célula quase como se não existisse uma membrana celular.

Transporte de água e de outras moléculas insolúveis em lipídios. Muito embora seja extremamente insolúvel nos lipídios das membranas, a água atravessa a membrana celular de modo muito rápido, grande parte atravessando diretamente a bicamada lipídica e quantidade ainda maior passando por proteínas de canal. A rapidez com que as moléculas de água podem atravessar a membrana celular é surpreendente. Como exemplo, a quantidade total de água que se difunde, nas duas direções, através da membrana do glóbulo vermelho, a cada segundo, é, em termos aproximados, cerca de 100 vezes maior que o volume do próprio glóbulo vermelho.

Ainda não está completamente esclarecida a razão para essa grande difusão de água através da bicamada lipídica, mas acredita-se que as moléculas de água tenham dimensões bastante pequenas e energia cinética alta o suficiente para que possam, em termos simplificados, penetrar como projéteis, na parte lipídica da membrana, antes que o caráter "hidrofóbico" dos lipídios as possa deter.

Outras moléculas insolúveis em lipídios também podem passar através da bicamada lipídica do mesmo modo como o fazem as moléculas de água, desde que sejam suficientemente pequenas. Contudo, à medida que suas dimensões aumentam, sua capacidade de penetração diminui de forma muito rápida. Por exemplo, o diâmetro da molécula de uréia é apenas 20% maior que o da água. Todavia, sua penetração através da membrana celular é de cerca de mil vezes menor que a da água. A molécula de glicose tem diâmetro apenas três vezes maior que o da molécula de água e, no entanto, só atravessa a bicamada lipídica com intensidade 10 mil vezes menor que a água, o que demonstra que as únicas moléculas insolúveis em água são as com menores dimensões.

Incapacidade dos íons de se difundirem através da bicamada lipídica. Embora a água e outras moléculas com dimensões muito pequenas e sem carga possam se difundir com facilidade através da bicamada lipídica, os íons — até mesmo os menores, como o íon hidrogênio, o íon sódio, o íon potássio e outros — só atravessam a bicamada lipídica com intensidade cerca de 1 milhão de vezes menor que a da água. Portanto, qualquer transporte significativo de íons através da membrana celular deve ocorrer pelos canais nas proteínas, como discutido mais adiante.

A razão para essa impenetrabilidade da bicamada lipídica aos íons é a carga elétrica dos íons; isso impede o movimento iônico por dois modos distintos. (1) A carga elétrica desses íons faz com que múltiplas moléculas de água de fixem a eles, formando os chamados *íons hidratados*. Isso aumenta muito as dimensões dos íons, o que, por si só, impede a penetração da bicamada lipídica. (2) Ainda mais importante, a carga elétrica do íon também interage com as cargas da bicamada lipídica. Isso ocorre do seguinte modo. Deve ser lembrado que cada metade da bicamada é formada por lipídios "polares" que têm excesso de cargas negativas voltadas para as superfícies da membrana. Como resultado, sempre que um íon dotado de carga tenta atravessar tanto a barreira negativa como a positiva, ele é instantaneamente repelido.

Para resumir, o Quadro 5.1 apresenta as permeabilidades relativas da bicamada lipídica a diversas moléculas ou íons, com diâmetros diferentes. Deve ser notado, de forma especial, a *permeância extremamente baixa dos íons,* devida à sua carga elétrica, e a *baixa permeância da glicose,* devida ao seu diâmetro molecular. Também deve ser notado que o glicerol atravessa a membrana

QUADRO 5.1 Relação entre os diâmetros efetivos de diversas substâncias e suas permeabilidades na bicamada lipídica

Substância	Diâmetro (nm)	Permeabilidade relativa
Molécula de água	0,3	1,0
Molécula de uréia	0,36	0,0006
Íon cloreto (hidratado)	0,386	0,00000001
Íon potássio (hidratado)	0,396	0,0000000006
Íon sódio (hidratado)	0,512	0,0000000002
Glicerol	0,62	0,0006
Glicose	0,86	0,000009

com facilidade quase igual à da uréia, embora seu diâmetro seja quase duas vezes maior. A razão disso é seu pequeno grau de liposolubilidade.

Difusão simples através dos canais das proteínas e as "comportas" desses canais

Acredita-se que os canais das proteínas sejam condutos aquosos pelos interstícios das moléculas protéicas. Na verdade, reconstruções computadorizadas tridimensionais de algumas dessas proteínas demonstraram canais, em forma de tubos, que se estendem da extremidade extracelular até a extremidade intracelular. Por conseguinte, as substâncias podem se difundir diretamente por meio desses canais, de uma das faces da membrana até a outra. Contudo, canais protéicos são caracterizados por dois aspectos importantes: (1) muitas vezes, são seletivamente permeáveis a determinadas substâncias, e (2) muitos desses canais podem ser abertos ou fechados por *comportas.*

Permeabilidade seletiva dos diversos tipos de canais protéicos. A grande maioria, mas não a totalidade, dos canais protéicos é muito seletiva para o transporte de determinado íon ou tipo de molécula. Isso é o resultado das características do próprio canal, como, seu diâmetro, sua forma e a natureza das cargas elétricas ao longo de suas superfícies internas. Para dar um exemplo, um dos mais importantes canais protéicos, o chamado *canal de sódio,* foi calculado como tendo dimensões de 0,3 por 0,5 nm, mas o que é mais importante é que suas superfícies internas têm *fortes cargas negativas,* como indicado pelos sinais de menos no interior dos canais protéicos do painel superior da Fig. 5.4. Postula-se que essas fortes cargas negativas puxam mais o sódio que qualquer outro íon fisiologicamente importante para o interior do canal, devido ao menor diâmetro iônico dos íons sódio desidratados que o dos outros. Uma vez no interior do canal, os íons sódio se difundem, nas duas direções, segundo as leis gerais da difusão. Dessa forma, o canal de sódio é especificamente seletivo para a passagem dos íons sódio.

Por outro lado, outro grupo de canais protéicos é seletivo para o transporte de potássio, como representado no painel inferior da Fig. 5.4. Calculou-se que esses canais são pouco menores que os canais de sódio, com dimensões de 0,3 por 0,3 nm, mas *não têm cargas negativas.* Por conseguinte, nenhuma força atrativa intensa está puxando os íons para o interior do canal, e os íons não são arrancados das moléculas de água que os hidratam. A forma hidratada do íon potássio é bem menor que a forma hidratada do sódio, porque o íon sódio tem um conjunto orbital completo de elétrons a menos que o íon potássio, o que permite ao núcleo do sódio atrair número bem maior de moléculas de água que o do potássio. Como resultado, menores íons hidratados de potássio podem passar, com facilidade, por esse canal mais estreito, enquanto os íons sódio são, em sua maioria, repelidos, o que, de novo, assegura permeabilidade seletiva para determinado íon.

As comportas dos canais protéicos. As comportas dos canais protéicos representam um meio para controlar a permeabilidade desses canais. Isso é mostrado nos dois painéis da Fig. 5.4, para os íons sódio e potássio. Acredita-se que as comportas sejam verdadeiramente protrusões, semelhantes a comportas da própria molécula da proteína de transporte, que pode obstruir a abertura do canal, ou se afastar dela, como resultado de alteração conformacional da forma da própria molécula de proteína. No caso dos canais de sódio, essa comporta se abre ou fecha na superfície externa da membrana celular, enquanto, para os canais de potássio, a comporta se abre ou fecha na superfície interna.

Controla-se a abertura ou o fechamento das comportas por dois meios principais:

1. *Comportas voltagem-dependentes.* Nesse caso, a conformação molecular da comporta responde ao potencial elétrico entre as duas faces da membrana celular. Por exemplo, quando existe forte carga negativa na face interna da membrana celular, as comportas de sódio permanecem fortemente fechadas; por outro lado, quando a face interna da membrana perde sua carga negativa, essas comportas se abrem, de forma abrupta, permitindo o influxo de grande quantidade de sódio, por meio dos poros de sódio (até que outro tipo de comporta, nas extremidades citoplasmáticas do canal, se feche, como discutido no Cap. 6). Essa é a causa básica dos potenciais de ação neurais, responsáveis pelos sinais nervosos. As comportas de potássio também se abrem quando a face interna da membrana fica carregada positivamente, mas essa resposta é bem mais lenta do que as das comportas de sódio. Esses mecanismos são discutidos no próximo capítulo.

2. *Comportas ligando-dependentes.* As comportas de alguns canais protéicos são abertas pela fixação de outra molécula à da proteína; isso causa alteração conformacional da molécula da proteína do canal, que abre ou fecha a comporta. Elas são chamadas de *comportas ligando-dependentes.* Um dos mais importantes exemplos de comporta ligando-dependente é o efeito da acetilcolina sobre o chamado *canal da acetilcolina.* Isso abre esse canal, produzindo um poro com diâmetro de cerca de 0,65 nm, que permite que todas as moléculas e íons positivos com diâmetros menores que o do canal o atravessem. Essa comporta é extremamente importante para a transmissão de sinais de uma célula nervosa para outra (Cap. 47) e de células nervosas para as musculares (Cap. 25).

Os estados aberto/fechado dos canais com comportas. A Fig. 5.5 apresenta característica especialmente importante dos canais com comportas voltagem-dependentes. Essa figura contém dois registros da corrente elétrica que flui por um só canal de sódio,

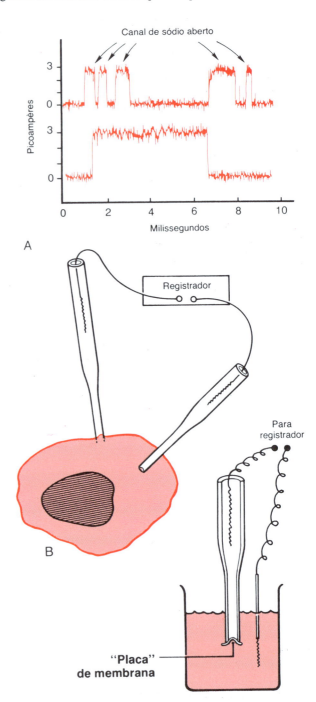

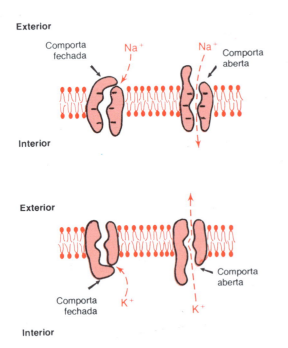

Fig. 5.4 Transporte dos íons sódio e potássio, por meio de canais protéicos. Também são representadas as alterações conformacionais das moléculas das proteínas de canal, que abrem ou fecham as "comportas" desses canais.

Fig. 5.5 *A,* Registro do fluxo de corrente por um só canal de sódio voltagem-dependente, demonstrando o princípio de tudo-ou-nada para a abertura do canal. *B,* O método de "fixação de placa" para o registro do fluxo de corrente por um só canal protéico. *À esquerda,* o registro é feito em "placa" de membrana de célula viva. *À direita,* o registro é feito em placa de membrana que foi removida da célula.

quando existe gradiente de potencial de cerca de 25 mv entre as duas faces da membrana. Deve ser notado que o canal permite a passagem de corrente da forma tudo-ou-nada. Isto é, a comporta se abre ou fecha, de modo total e abrupto, cada etapa de abertura ou de fechamento ocorrendo em poucos milionésimos de segundo. Isso demonstra a rapidez com que podem ocorrer as alterações conformacionais, modificando a forma das comportas moleculares da proteína. Em uma diferença de potencial, o canal pode permanecer fechado por todo — ou quase — o tempo, enquanto para outra voltagem pode ficar aberto todo — ou quase — o tempo. Contudo, nas voltagens intermediárias, as comportas tendem a se abrir e fechar intermitentemente, como representado no registro superior, do que resulta fluxo médio de corrente cujo valor fica entre o mínimo e o máximo.

O Método de Fixação de Placas para o Registro do Fluxo de Corrente Iônica por Canais Isolados. Poder-se-ia perguntar como seria tecnicamente viável o registro do fluxo de corrente iônica por um só canal, como representado na Fig. 5A. Isso tornou-se possível pelo uso do método de "fixação de placa", esquematizado na Fig. 5.5B. De forma muito simplificada, esse método consiste na aplicação, em contato direto com a membrana celular, de uma micropipeta, com diâmetro externo de apenas 1 a 2 μm. Em seguida, pelo interior da micropipeta, é feita sucção, de modo a puxar, ligeiramente, a membrana para o interior da pipeta. Isso cria um anel de vedação, na região onde a membrana celular adere à ponta da pipeta. O resultado é a formação de uma "placa" diminuta, na ponta da pipeta, de onde pode ser medido o fluxo de corrente.

De forma alternativa, como representado à direita da Fig. 5.5B, a pequena placa de membrana celular pode ser arrancada da célula. A pipeta, com sua placa vedada, pode ser então introduzida em solução com composição determinada. Isso permite que as concentrações na solução no interior da pipeta e na externa sejam modificadas conforme desejado. Por outro lado, a voltagem entre as duas faces da membrana pode ser ajustada em qualquer valor — isto é, elas podem ser "fixadas" em determinada voltagem.

Felizmente, tem sido possível a obtenção de placas suficientemente pequenas, de forma que, com muita freqüência, só se encontra canal protéico único na placa em estudo. Ao se variar as concentrações dos diferentes íons e a voltagem entre as duas faces da membrana da placa, pode-se determinar as características de transporte do canal, bem como as de suas comportas.

Difusão facilitada

A difusão facilitada também é chamada de *difusão mediada por carreador,* visto que a substância que é transportada por esse mecanismo não pode atravessar a membrana sem que exista um carreador específico para ajudá-la. Isto é, o carreador *facilita* a difusão da substância para o outro lado.

A difusão facilitada difere da difusão simples por um canal aberto por uma importante característica: embora a intensidade da difusão, por meio de um canal aberto, aumente proporcionalmente com a concentração da substância que se difunde, na difusão facilitada essa intensidade da difusão tende a um máximo, chamado de $V_{máx}$, à medida que aumenta a concentração da substância.

Qual é o fator limitante da difusão facilitada? Resposta provável é que a molécula que vai ser transportada, ao entrar no canal, se fixe a um "receptor" na molécula da proteína carreadora. Em seguida, dentro de fração de segundo, ocorre alteração conformacional da proteína carreadora, de modo que o canal passa a se abrir para o lado oposto da membrana. Dado que a força de fixação do receptor é fraca, o movimento térmico da molécula fixada a solta e a libera nesse lado oposto. Obviamente, a velocidade com que as moléculas poderão ser transportadas por esse mecanismo nunca poderá ser maior do que a velocidade com que as moléculas da proteína carreadora poderá

passar por alterações conformacionais entre seus dois estados. Note-se, especialmente, que esse mecanismo permite que a molécula transportada "se difunda" nas duas direções através da membrana.

Entre as substâncias que atravessam a membrana celular por difusão facilitada, as mais importantes são a *glicose* e a maior parte dos *aminoácidos*.

FATORES QUE INFLUENCIAM A INTENSIDADE EFETIVA DA DIFUSÃO

Neste ponto, é evidente que muitas e diversas substâncias podem se difundir, passando através da bicamada lipídica ou por canais protéicos. Contudo, deve ser entendido, fora de qualquer dúvida, que as substâncias que se difundem em uma direção também poderão fazê-lo na oposta. Em condições normais, o que é importante para as células não é a quantidade total da substância que se difunde nas duas direções, mas, sim, a diferença entre as difusões em cada direção, o que representa a *difusão efetiva* em uma das direções. Os fatores que a influenciam são: (1) a permeabilidade da membrana, (2) a diferença de concentração da substância que se difunde, nas duas faces da membrana, (3) a diferença de pressão entre as duas faces da membrana, e (4) no caso dos íons, a diferença de potencial elétrico, também, entre as duas faces da membrana.

Efeito da diferença de concentração. A Fig. 5.6A apresenta uma membrana celular, com uma substância muito concentrada em sua face externa e com baixa concentração na interna. A velocidade com que essa substância vai se difundir para o *interior* é proporcional à sua concentração na face *externa* da membrana, pois é essa concentração que determina quantas moléculas da substância vão atingir a abertura externa dos canais, a cada segundo. De igual modo, a velocidade com que as moléculas vão se difundir para o *exterior* é proporcional à concentração na face *interna* da membrana. Por conseguinte, é óbvio que a intensidade da difusão efetiva para o interior das células vai ser proporcional à concentração externa *menos* a concentração interna, ou:

$$\text{Difusão efetiva } \alpha P(C_e - C_i)$$

onde, C_e é a concentração externa, C_i é a concentração interna, e P, a permeabilidade da membrana à substância.

Efeito do potencial elétrico sobre a difusão de íons. Se for aplicado um potencial elétrico entre as duas faces da membrana, como representado na Fig. 5.6B, os íons, em função de suas cargas elétricas, irão atravessar a membrana celular, mesmo quando não existe diferença de concentração para produzir esse deslocamento. Dessa forma, no painel esquerdo da figura, as concentrações dos íons negativos, nas duas faces da membrana, é exatamente a mesma, mas foi aplicada carga positiva à face direita da membrana e carga negativa à face esquerda, criando gradiente elétrico através dessa membrana. A carga positiva atrai os íons positivos, enquanto a carga negativa os repele. Como resultado, ocorre difusão efetiva da esquerda para a direita. Após muito tempo, grande quantidade de íons negativos terá passado para a direita (se, neste ponto, desprezar-se os efeitos perturbadores dos íons positivos da solução), produzindo a condição mostrada no painel direito da Fig. 5.6B, onde foi produzida diferença de concentração dos mesmos íons, na direção oposta à da diferença de potencial elétrico. Obviamente, agora a diferença de concentração tende a deslocar os íons para a esquerda, enquanto a diferença de potencial elétrico tende a deslocá-los para a direita. Quando a diferença de concentração aumenta o suficiente, os dois efeitos se equilibram precisamente. Na temperatura corporal

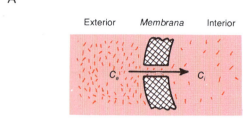

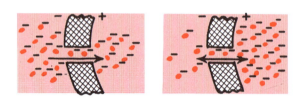

Fig. 5.6 Efeitos de *(A)* diferença de concentração e *(B)* diferença de potencial elétrico sobre a difusão efetiva de moléculas e de íons através de membrana celular.

normal (37°C), a diferença de potencial elétrico que irá equilibrar com exatidão uma determinada diferença de concentração de íon *monovalente*, como sódio (Na^+), potássio (K^+) ou cloreto (Cl^-), poderá ser calculada pela relação a seguir, chamada de *equação de Nernst*:

$$\text{FEM (em mV)} = \pm 61 \log \frac{C_1}{C_2}$$

onde FEM é a força eletromotriz (voltagem) entre as faces 1 e 2 da membrana, C_1 é a concentração na face 1 e C_2 é a concentração na face 2. A polaridade da voltagem na face 1, na equação acima, é + para íons negativos e − para íons positivos. Essa relação é extremamente importante para a compreensão da transmissão dos impulsos nervosos, razão pela qual será discutida de forma mais detalhada no Cap. 6.

■ TRANSPORTE ATIVO

Do que foi discutido até aqui, fica evidente que *nenhuma substância é capaz de se difundir contra um "gradiente eletroquímico"*, que é a soma de todas as forças difusivas que atuam sobre a membrana — as forças causadas pela diferença de concentração, diferença de potencial elétrico e diferença de pressão. Por isso, muitas vezes é dito que as substâncias não podem difundir-se "morro acima".

Contudo, por vezes, é necessária alta concentração de uma substância no líquido intracelular, embora o líquido extracelular só a contenha em concentração diminuta. Isso é verdade, por exemplo, para os íons potássio. De modo inverso, é importante que a concentração de outros íons seja mantida muito baixa no interior da célula, embora sua concentração no líquido extracelular seja muito alta. Em especial, isso é válido para os íons sódio. Obviamente, nenhum desses dois efeitos poderia ocorrer pelo processo de difusão simples, pois a difusão simples tende, sempre, a equilibrar as concentrações nas duas faces da membrana. Pelo contrário, alguma fonte de energia deve promover o transporte, "morro acima", dos íons potássio para o interior das células e o deslocamento dos íons sódio, também "morro

acima", mas, neste caso, para fora da célula. Quando a membrana celular permite o transporte de moléculas ou íons morro acima contra gradiente de concentração (ou morro acima contra gradiente de potencial elétrico ou de pressão), o processo é chamado de *transporte ativo*.

Entre as diversas substâncias que são ativamente transportadas através das membranas celulares estão os íons sódio, potássio, cálcio, ferro, hidrogênio, cloreto, iodeto, urato, vários e diferentes açúcares e a maioria dos aminoácidos.

Transportes ativos primário e secundário. O transporte ativo é dividido em dois tipos, de acordo com a fonte de energia produtora do transporte. Esses dois tipos são chamados de *transporte ativo primário* e de *transporte ativo secundário*. No transporte ativo primário, a energia é derivada, diretamente, da degradação do trifosfato de adenosina (ATP) ou de algum outro composto de fosfato com alta energia. No transporte ativo secundário, a energia é derivada, secundariamente, de gradientes de concentração iônica criados, em primeiro lugar, por transporte ativo primário. Nos dois tipos, o transporte depende de *proteínas carreadoras*, que atravessam toda a membrana, como acontece na difusão facilitada. Todavia, no transporte ativo, a proteína carreadora funciona de forma diversa do carreador da difusão facilitada, pois ela é capaz de transferir energia para a substância transportada, a fim de deslocá-la contra seu gradiente eletroquímico. A seguir, serão discutidos alguns exemplos de transportes ativos primário e secundário, explicando mais detalhadamente os princípios de seu funcionamento.

TRANSPORTE ATIVO PRIMÁRIO — A "BOMBA" DE SÓDIO-POTÁSSIO

Entre as substâncias transportadas por transporte ativo primário estão os íons sódio, potássio, cálcio, hidrogênio, cloreto e vários outros. Todavia, nem todos eles são transportados pelas membranas de todas as células. Ainda mais, algumas das bombas atuam ao nível de membranas intracelulares, em vez de (ou além de) na membrana da superfície celular, como na membrana do retículo sarcoplasmático muscular, ou em uma das duas membranas das mitocôndrias. Não obstante, todas funcionam utilizando essencialmente um mesmo mecanismo.

O transporte ativo que foi estudado em maior detalhe é a *bomba de sódio-potássio*, um processo de transporte que bombeia os íons sódio para fora, através da membrana celular, enquanto, ao mesmo tempo, bombeia os íons potássio do lado de fora para dentro. Essa bomba é encontrada em todas as células do corpo e é responsável pela manutenção das diferenças de concentração do sódio e do potássio, entre as duas faces da membrana celular, além de produzir um potencial elétrico negativo no interior das células. Na verdade, será mostrado no capítulo seguinte que essa bomba é a base da função neural de transmissão de sinais nervosos por todo o sistema nervoso.

A Fig. 5.7 apresenta os componentes básicos da bomba de Na^+-K^+. A *proteína carreadora* é um complexo de duas proteínas globulares distintas, uma maior, com peso molecular de cerca de 100.000, e outra menor, com peso molecular de 55.000. Embora não seja conhecida a função da unidade menor, a proteína maior apresenta três características especiais, todas importantes para o funcionamento da bomba:

1. Ela tem três *sítios receptores para a fixação de íons sódio*, na parte da proteína que protrai para o interior da célula;

2. Ela tem dois *sítios receptores para os íons potássio* em sua parte externa.

3. A parte interna dessa proteína, adjacente ou próxima dos sítios de fixação de sódio, apresenta atividade ATPase.

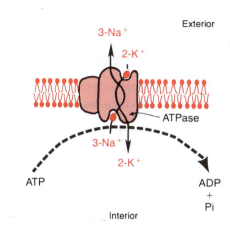

Fig. 5.7 Mecanismo postulado para a bomba Na$^+$-K$^+$.

Agora, para colocar a bomba em perspectiva adequada: quando três íons sódio se fixam à parte interna da proteína e dois íons potássio se fixam à parte externa, a função ATPase da proteína é ativada. Ela, então, cliva uma molécula de ATP, formando uma molécula de difosfato de adenosina (ADP) e liberando a energia de uma ligação fosfato de alta energia. Acredita-se que essa energia promova alteração conformacional da molécula da proteína carreadora, expulsando os íons sódio para o exterior, ao mesmo tempo que os íons potássio são levados para o interior da célula. Infelizmente, o mecanismo preciso da alteração conformacional do carreador ainda aguarda identificação.

A natureza eletrogênica da bomba de Na$^+$-K$^+$. O fato de a bomba de Na$^+$-K$^+$ transportar três íons sódio para o exterior para cada dois íons potássio para o interior significa que, efetivamente, uma carga positiva é deslocada do interior para o exterior a cada ciclo da bomba. Obviamente, isso cria positividade no exterior da célula, mas falta de íons positivos no seu interior; isto é, ela produz negatividade no interior celular. Por conseguinte, a bomba de Na$^+$-K$^+$ é dita *eletrogênica* por criar um potencial elétrico entre as duas faces da membrana celular, como decorrência de seu bombeamento.

A bomba de cálcio

Outro mecanismo de transporte ativo primário muito importante é a bomba de cálcio. Normalmente, os íons cálcio são mantidos em concentração extremamente baixa no citosol intracelular, concentração essa cerca de 10.000 vezes menor que a do líquido extracelular. Isso é realizado por duas bombas de cálcio. Uma fica na membrana celular e bombeia cálcio para fora da célula. A outra bombeia o cálcio para o interior de uma ou mais de uma das organelas vesiculares internas da célula, como o retículo sarcoplasmático das células musculares e as mitocôndrias de todas as células. Nos dois casos, a proteína carreadora atravessa toda a espessura da membrana, atuando, também, como ATPase, dotada da mesma capacidade de clivar o ATP, como a ATPase da proteína carreadora de sódio. A diferença é que essa proteína tem sítio de fixação para o cálcio e não para o sódio.

TRANSPORTE ATIVO SECUNDÁRIO — CO-TRANSPORTE E CONTRA-TRANSPORTE

Quando os íons sódio são transportados para o exterior das células, por transporte ativo primário, é produzido, na maioria das vezes, gradiente de concentração de sódio muito grande — concentração muito elevada, no exterior da célula, e concentração muito baixa em seu interior. Esse gradiente representa um reservatório de energia, visto que o sódio em excesso, por fora da célula, sempre tende a se difundir para o interior. Sob condições apropriadas, a energia de difusão do sódio pode, em termos literais, arrastar outras substâncias, junto com o sódio, através da membrana celular. Esse fenômeno é chamado de *co-transporte;* é uma forma de transporte ativo secundário.

Para que o sódio consiga arrastar outra substância junto com ele, é necessário um mecanismo de acoplamento. Isso é conseguido por meio de outra proteína carreadora na membrana celular. O carreador, neste caso, serve como ponto de fixação tanto para o sódio como para a substância que vai ser co-transportada. Uma vez que ambas se tenham fixado, ocorre alteração conformacional na proteína carreadora e o gradiente de energia do íon sódio faz com que o íon sódio e a outra substância sejam transportados para o interior da célula.

No *contra-transporte,* os íons sódio, de novo, tendem a se difundir para o interior celular, devido a seu grande gradiente de concentração. Contudo, neste caso, a substância a ser transportada está no interior e deve ser transportada para fora da célula. Por conseguinte, o íon sódio se prende à proteína carreadora, no ponto onde ela aparece na face externa da membrana, enquanto a substância a ser contra-transportada se prende onde ela aparece na face interna da membrana. Uma vez que as duas se tenham fixado, ocorre outra alteração conformacional, com o íon sódio passando para o interior, fazendo, assim, com que a outra substância seja levada para o exterior.

Co-transporte de sódio e glicose, aminoácidos e cloreto. A glicose e muitos aminoácidos são transportados para o interior da maioria das células, contra grandes gradientes de concentração; o meio para isso é inteiramente pelo mecanismo de co-transporte, representado na Fig. 5.8. Note-se que a proteína carreadora para esse transporte apresenta dois sítios de fixação, ambos em sua parte externa, um para o sódio e o outro para a glicose. Também, a concentração de íons sódio é muito elevada no exterior e muito baixa no interior, o que fornece a energia para o transporte. Propriedade especial da proteína de transporte é que a alteração conformacional, que permite o deslocamento de sódio para o interior da célula, só pode ocorrer após a fixação de glicose. Mas, quando os dois estão fixados, a alteração conformacional ocorre automaticamente, e tanto o sódio como a glicose são transportados, ao mesmo tempo, para o interior da célula. Como resultado, esse é um mecanismo de *co-transporte sódio-glicose.*

O *co-transporte de sódio-aminoácidos* ocorre do mesmo modo como o da glicose, exceto por utilizar grupo diferente de proteínas de transporte.

Dois outros mecanismos de co-transporte também importantes são (1) co-transporte de *sódio-potássio-dois cloretos,* que permite que dois íons cloreto sejam transportados para o interior

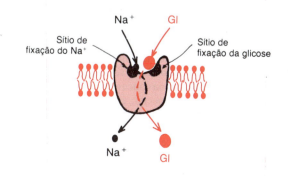

Fig. 5.8 Mecanismo postulado para o co-transporte sódio-glicose.

da célula, junto com um íon sódio e um íon potássio, todos se deslocando na mesma direção, e (2) *co-transporte potássio-cloreto*, que permite que os íons potássio e cloreto sejam transportados juntos de dentro para fora da célula. Em algumas células existem outros tipos de mecanismos de co-transporte, envolvendo os íons iodeto, férrico e urato.

REFERÊNCIAS

Agnew, W. S.: Voltage-regulated sodium channel molecules. Annu. Rev. Physiol., 46:517, 1984.

Andreoli, T. E., et al. (eds.): Physiology of Membrane Disorders. 2nd Ed. New York, Plenum Publishing Corp., 1986.

Auerbach, A., and Sachs, F.: Patch clamp studies of single ionic channels. Annu. Rev. Biophys. Bioeng., 13:269, 1984.

Biggio, G., and Costa, E. (eds.): Chloride Channels and Their Modulation by Neurotransmitters and Drugs. New York, Raven Press, 1988.

Bretag, A. H.: Muscle chloride channels. Physiol. Rev., 67:618, 1987.

Dinno, M. A., and Armstrong, W. M. (eds.): Membrane Biophysics III: Biological Transport. New York, Alan R. Liss, Inc., 1988.

DiPolo, R., and Beauge, L.: The calcium pump and sodium-calcium exchange in squid axons. Annu. Rev. Physiol., 45:313, 1983.

Ellis, D.: Na-Ca exchange in cardiac tissues. Adv. Myocardiol., 5:295, 1985.

Forgac, M.: Structure and function of vacuolar class of ATP-driven proton pumps. Physiol. Rev., 69:765, 1989.

Gadsby, D. C.: The Na/K pump of cardiac cells. Annu. Rev. Biophys. Bioeng., 13:373, 1984.

Haas, M.: Properties and diversity of Na-K-Cl cotransporters. Annu. Rev. Physiol., 51:443, 1989.

Haynes, D. H., and Mandveno, A.: Computer modeling of Ca^{2+} pump function of Ca^{2+}-Mg^{2+}-ATPase of sarcoplasmic reticulum. Physiol. Rev., 67:244, 1987.

Hidalgo, C. (ed.): Physical Properties of Biological Membranes and Their Functional Implications. New York, Plenum Publishing Corp., 1988.

Jacobson, K., et al.: Lateral diffusion of proteins in membranes. Annu. Rev. Physiol., 49:163, 1987.

Kaplan, J. H.: Ion movements through the sodium pump. Annu. Rev. Physiol., 47:535, 1985.

Latorre, R., et al.: Varieties of calcium-activated potassium channels. Annu. Rev. Physiol., 51:385, 1989.

Lauger, P.: Dynamics of ion transport systems in membranes. Physiol. Rev., 67:1296, 1987.

Malhotra, S. K.: The Plasma Membrane. New York, John Wiley & Sons, 1983.

Narahashi, T.: Ion Channels. New York, Plenum Publishing Corp., 1988.

Petersen, O. H.: Potassium channels and fluid secretion. News Physiol. Sci., 1:92, 1986.

Petersen, O. H., and Petersen, C. C. H.: The patch-clamp technique: Recording ionic currents through single pores in the cell membrane. News Physiol. Sci., 1:5, 1986.

Reuter, H.: Ion channels in cardiac cell membranes. Annu. Rev. Physiol., 46:473, 1984.

Reuter, H.: Modulation of ion channels by phosphorylation and second messengers. News Physiol. Sci., 2:168, 1987.

Sakmann, B., and Neher, E.: Patch clamp techniques for studying ionic channels in excitable membranes. Annu. Rev. Physiol., 46:455, 1984.

Schatzmann, H. J.: The calcium pump of the surface membrane and of the sarcoplasmic reticulum. Annu. Rev. Physiol., 51:473, 1989.

Stein, W. D. (ed.): The Ion Pumps: Structure, Function, and Regulation. New York, Alan R. Liss, Inc., 1988.

Trimmer, J. S., and Agnew, W. S.: Molecular diversity of voltage-sensitive Na channels. Annu. Rev. Physiol., 51:401, 1989.

Verner, K., and Schatz, G.: Protein translocation across membranes. Science, 241:1307, 1988.

Wright, E. M.: Electrophysiology of plasma membrane vesicles. Am. J. Physiol., 246:F363, 1984.

6

Potenciais de Membrana e Potenciais de Ação

Existem potenciais elétricos entre as duas faces da membrana de praticamente todas as células do corpo, e algumas células, como as nervosas e musculares, são "excitáveis" — isto é, capazes de autogerar impulsos eletroquímicos em suas membranas e, na maioria dos casos, de utilizar esses impulsos para transmitir sinais ao longo de suas membranas. Em outros tipos de células, como as glandulares, os macrófagos e células ciliadas, outras formas de variação dos potenciais de membrana desempenham, provavelmente, papéis significativos no controle de muitas das funções celulares. Contudo, a presente discussão está relacionada com os potenciais de membrana gerados, no repouso e na atividade, pelas células nervosas e musculares.

■ FÍSICA BÁSICA DOS POTENCIAIS DE MEMBRANA

POTENCIAIS DE MEMBRANA CAUSADOS POR DIFUSÃO

A Fig. 6.1A e B apresenta uma fibra nervosa onde não existe transporte ativo de íons sódio ou de íons potássio. Na Fig. 6.1A, a concentração de potássio na face interna da membrana é muito elevada, enquanto na face externa é muito baixa. Admite-se que, neste caso, a membrana é muito permeável ao íon potássio e a mais nenhum outro. Devido ao grande gradiente de concentração do potássio, de dentro para fora, existe forte tendência para que os íons potássio se difundam para o lado externo. À medida que o fazem, eles transportam cargas positivas para fora da célula, o que cria estado de eletropositividade na face externa da membrana e de eletronegatividade na interna, devido aos ânions negativos que não se difundiram para fora junto com o potássio. Essa nova diferença de potencial repele os íons potássio, com carga positiva, para retornarem, indo de fora para dentro. Dentro de cerca de 1 milissegundo, a variação de potencial aumenta o suficiente para bloquear qualquer difusão efetiva de potássio para o exterior, apesar do elevado gradiente de concentração dos íons potássio. Na fibra nervosa mais calibrosa normal de mamífero, a diferença de potencial necessária é da ordem de cerca de 94 mV, com a negatividade no interior da fibra.

A Fig. 6.1B apresenta o mesmo fenômeno da Fig. 6.1A, mas, desta vez, com alta concentração de íons sódio na face externa da membrana e baixa na face interna. Esses íons também têm carga positiva e, desta vez, a membrana é extremamente permeável aos íons sódio e a nenhum outro íon. A difusão dos íons sódio para o lado de dentro cria um potencial de membrana cuja polaridade é a inversa do caso anterior; negatividade na face externa e positividade na interna. De novo, o potencial de membrana, dentro de milissegundos, aumenta o suficiente para bloquear qualquer difusão efetiva adicional de íons sódio para o interior; contudo, desta vez, na fibra nervosa calibrosa de mamífero, o potencial é de cerca de 61 mV, com a positividade no interior.

Dessa forma, nas duas partes da Fig. 6.1, vê-se que uma diferença de concentração de íons, através de membrana seletivamente permeável, pode, sob condições apropriadas, causar a

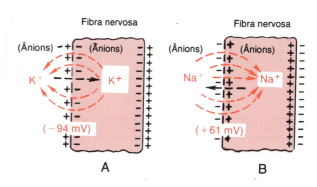

Fig. 6.1 *A*, Desenvolvimento de potencial de difusão através da membrana celular, causado pela difusão de íons potássio do interior da célula para o exterior, passando por membrana que é seletivamente permeável apenas ao potássio. *B*, Desenvolvimento de potencial de difusão quando a membrana só é permeável aos íons sódio. Deve ser notado que o potencial interno da membrana é negativo como resultado da difusão dos íons potássio, e positivo quando são os íons sódio que se difundem devido aos gradientes de concentrações em direções opostas desses dois íons.

geração de um potencial de membrana. Em outras seções deste capítulo, será mostrado que muitas das variações rápidas dos potenciais de membrana, observadas no curso da transmissão de impulsos nervosos e musculares, são resultado da ocorrência de potenciais de difusão, com variação muito rápida, semelhantes a esses.

Relação do potencial de difusão com a diferença de concentração — a equação de Nernst. O nível de potencial entre as duas faces da membrana, capaz de, precisamente, impedir a difusão efetiva de um íon, em qualquer das duas direções, é chamado de *potencial de Nernst* para esse íon. A amplitude desse potencial é determinada pela *proporção* entre as concentrações do íon nas duas faces da membrana — quanto maior for essa proporção, maior será a tendência para que esse íon se difunda em uma direção e, por conseguinte, maior será, também, seu potencial de Nernst. A equação a seguir, chamada de *equação de Nernst*, é usada para o cálculo do potencial de Nernst para qualquer íon monovalente, na temperatura corporal normal de 37°C:

$$\text{FEM (milivolts)} = \pm 61 \log \frac{\text{Concentração interna}}{\text{Concentração externa}}$$

Ao se usar esta fórmula, admite-se que o potencial, na face externa da membrana, sempre permanece exatamente no valor zero e o potencial de Nernst, que é calculado, é o potencial na face interna da membrana. Por outro lado, o sinal do potencial é positivo (+) quando o íon que está sendo considerado for negativo, e é negativo (−) quando o íon for positivo.

Desta forma, quando a concentração de íon positivo (por exemplo, o íon potássio) for, na face interna, 10 vezes maior que na externa, o logaritmo de 10 é 1, de modo que o potencial de Nernst calculado é de −61 mV, na face interna da membrana.

Cálculo do potencial de difusão quando a membrana é permeável a vários íons

Quando a membrana é permeável a vários e diferentes íons, o potencial de difusão que se desenvolve vai depender de três fatores: (1) da polaridade da carga de cada íon; (2) da permeabilidade (P) da membrana a cada íon; e (3) da concentração (C) de cada íon, na face interna (i) e na face externa (e) da membrana. Assim, a fórmula a seguir, chamada de *equação de Goldman* ou de *equação de Goldman-Hodgkin-Katz*, dá o potencial de membrana calculado, na face *interna* da membrana, quando dois íons positivos monovalentes, o sódio (Na^+) e o potássio (K^+), e um íon negativo monovalente, o cloreto (Cl^-), têm participação:

$$\text{FEM (milivolts)} = -61 \cdot \log \frac{C_{Na^+_i}P_{Na^+} + C_{K^+_i}P_{K^+} + C_{Cl^-_e}P_{Cl^-}}{C_{Na^+_e}P_{Na^+} + C_{K^+_e}P_{K^+} + C_{Cl^-_i}P_{Cl^-}}$$

Agora, vamos estudar a importância e o significado desta equação. Primeiro, os íons sódio, potássio e cloreto são os de maior importância para o desenvolvimento dos potenciais de membrana nas fibras nervosas e musculares, bem como nas células neuronais do sistema nervoso central. O gradiente de concentração de cada um desses íons, entre as duas faces da membrana, determina a voltagem do potencial de membrana.

Segundo, o grau de importância de cada um desses íons, na determinação da voltagem, é proporcional à permeabilidade da membrana a cada um deles. Desta forma, se a membrana for impermeável aos íons potássio e cloreto, o potencial de membrana fica inteiramente dominado pelo gradiente de concentração do sódio e o potencial resultante será idêntico ao potencial de Nernst para o sódio. O mesmo princípio se aplica aos outros dois íons, caso a membrana passe a ser seletivamente permeável a apenas um deles.

Terceiro, um gradiente de concentração de íon positivo, dirigido da face *interna* da membrana para a *externa*, produz eletronegatividade na face interna. A razão para isso é que os íons positivos se difundem para a face externa quando sua concentração é maior na face interna que na externa. Isso carreia cargas positivas para fora da membrana, deixando os ânions negativos não-difusíveis no lado de dentro da membrana. Ocorre efeito precisamente oposto quando existe gradiente negativo. Isto é, um gradiente de íon cloreto *de fora para dentro* produz eletronegatividade no interior da célula, visto que os íons cloreto, de carga negativa, se difundem para o interior, deixando os íons positivos do lado de fora.

Quarto, vai ser mostrado adiante que as permeabilidades dos canais de sódio e potássio passam por modificações muito rápidas, durante a condução do impulso nervoso, enquanto a permeabilidade dos canais de cloreto se altera muito pouco durante esse processo. Por conseguinte, as variações das permeabilidades ao sódio e ao potássio são as responsáveis primárias para a transmissão de sinais pelos nervos, que é o assunto do restante deste capítulo.

Medida do potencial de membrana

O método para medida do potencial de membrana é teoricamente simples, mas, muitas vezes, de difícil execução, devido às reduzidas dimensões das fibras. A Fig. 6.2 mostra uma pequena pipeta, cheia com solução eletrolítica forte (KCl), que é espetada, através da membrana celular, até o interior da fibra. Outro eletródio, chamado de "eletródio indiferente", é colocado no líquido intersticial, e, por meio de voltímetro apropriado, é medida a diferença de potencial entre o interior e o exterior da fibra. O voltímetro usado é um aparelho eletrônico muito sofisticado capaz de medir voltagens muito pequenas, apesar da resistência extremamente alta da ponta dessa pipeta ao fluxo elétrico — em geral, com diâmetro de menos de 1 μm, com resistência, muitas vezes, de até 1 bilhão de ohms. Para o registro de *variações* rápidas do potencial de membrana, durante a transmissão de impulsos nervosos, o microeletródio é ligado a um osciloscópio, como explicado adiante neste capítulo.

A membrana celular como um capacitor elétrico

Em cada uma das figuras mostradas até aqui, as cargas iônicas, negativas e positivas, geradoras do potencial de membrana, foram representadas como estando alinhadas contra a membrana, e não se falou de como essas cargas se dispõem em outras partes dos líquidos, tanto dentro como fora da fibra, no líquido intersticial. Contudo, a Fig. 6.3 representa essa disposição, mostrando que, em qualquer ponto, exceto na adjacência das superfícies da própria membrana celular, as cargas negativas e positivas são precisamente iguais. Esse é o chamado princípio da *neutralidade elétrica*; isto é, para cada íon positivo, existe, próximo, um íon negativo

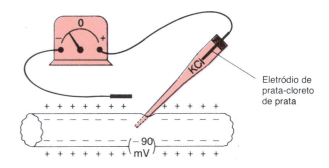

Fig. 6.2 Medida do potencial de membrana da fibra nervosa pelo uso de micropipeta.

6 ■ Potenciais de Membrana e Potenciais de Ação

■ O POTENCIAL DE MEMBRANA EM REPOUSO DOS NERVOS

O potencial de membrana das fibras nervosas mais grossas, quando elas não estão transmitindo sinais neurais, é de cerca de -90 mV. Isto é, o potencial no *interior da fibra* é 90 mV mais negativo que o potencial no líquido intersticial por fora da fibra. Nos parágrafos seguintes, vão ser explicados todos os fatores que determinam o valor desse potencial, mas, antes disso, é preciso que sejam descritas as propriedades de transporte da membrana neural em repouso para o sódio e o potássio.

Transporte ativo dos íons sódio e potássio através da membrana — a bomba de sódio-potássio. Primeiro, deve ser lembrado, do que foi discutido no capítulo anterior, que todas as membranas celulares do corpo contêm uma potente bomba de sódio-potássio, que, continuamente bombeia sódio para o exterior e potássio para o interior. Ainda mais, deve ser lembrado que essa é uma *bomba eletrogênica*, visto que mais cargas positivas são transportadas para o exterior que para o interior (três íons Na^+ para o exterior e dois íons K^+ para o interior), deixando déficit efetivo de íons positivos no interior; isso é equivalente à geração de carga negativa na face interna da membrana.

Essa bomba de sódio-potássio também é causadora dos imensos gradientes de concentração de sódio e de potássio entre as duas faces da membrana neural em repouso. Esses gradientes são os seguintes:

Na^+ (externo):   142 mEq/l
Na^+ (interno):   14 mEq/l
K^+ (externo):   4 mEq/l
K^+ (interno):   140 mEq/l

As proporções entre as concentrações interna e externa desses dois íons são:

$$Na^+_{interno}/Na^+_{externo} = 0,1$$
$$K^+_{interno}/K^+_{externo} = 35,0$$

Vazamento de potássio e de sódio através da membrana neural. À direita na Fig. 6.4 é representada uma proteína de canal na membrana celular, através do qual os íons potássio e sódio podem vazar, que é chamado de *canal de "vazamento" para sódio e potássio*. Existem, na verdade, inúmeras proteínas distintas desse tipo, com diferentes propriedades de vazamento. Contudo, a ênfase é sobre o vazamento de potássio, visto que, em média, esses canais são muito mais permeáveis ao potássio que

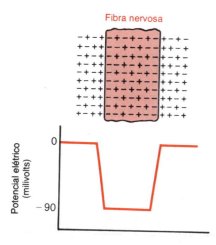

Fig. 6.3 Distribuição de íons com cargas negativa e positiva no líquido intersticial que banha o exterior de uma fibra nervosa, e no líquido no interior da fibra; deve-se notar a disposição em dipolo das cargas negativas, na face interna da membrana, e das cargas positivas, ao longo de sua face externa. No painel inferior são mostradas as variações abruptas do potencial de membrana, registradas na membrana ao nível de suas superfícies.

que o neutraliza, pois, de outro modo, seriam gerados, nesses líquidos, potenciais elétricos de bilhões de volts.

Quando as cargas positivas são bombeadas para fora da membrana, essas cargas positivas se alinham ao longo da face externa da membrana, enquanto os ânions, que ficaram para trás, se alinham ao longo da face interna. Isso cria uma *camada de dipolos*, de cargas positivas e negativas, entre as faces externa e interna da membrana celular, mas deixando número igual de cargas positivas e negativas nas outras partes dos líquidos. Esse é o mesmo efeito que ocorre quando as placas de um capacitor elétrico ficam eletricamente carregadas — isto é, o alinhamento de cargas negativas e positivas, nos lados opostos da membrana dielétrica do capacitor. Por conseguinte, a bicamada lipídica da membrana celular atua, na verdade, como o *dielétrico* do capacitor da membrana celular, da mesma forma como mica, papel e Mylar funcionam como dielétricos nos capacitores elétricos.

Devido à espessura muito diminuta da membrana celular (de 7 a 10 nm), sua capacitância é enorme para sua área — cerca de 1 $\mu f/cm^2$.

A parte inferior da Fig. 6.3 mostra o potencial elétrico que vai ser registrado a cada ponto, na e próximo da membrana da fibra nervosa, começando na parte esquerda da figura e indo até a direita. Enquanto o eletródio estiver fora da membrana neural, o potencial registrado é zero, que é o potencial do líquido extracelular. Então, quando o eletródio de registro atravessa a camada elétrica de dipolos, na membrana celular, o potencial, imediatamente, diminui para -90 mV. De novo, o potencial permanece nesse valor estável à medida que o eletródio passa pelo interior da fibra, mas volta ao valor zero no instante em que atravessa o lado oposto da membrana.

O fato de a membrana nervosa atuar como um capacitor tem um ponto de significância especialmente importante: para que seja gerado um potencial negativo no interior da fibra nervosa, só devem ser transportados para fora íons positivos, em número suficiente para desenvolver a camada elétrica de dipolos ao nível da própria membrana. Todos os íons restantes, no interior da fibra, ainda podem ser íons negativos e positivos. Por conseguinte, um número extremamente pequeno de íons precisa ser transportado através da membrana celular para produzir o potencial normal de -90 mV no interior da fibra — apenas cerca de 1/5.000.000 a 1/100.000.000 das cargas positivas totais, no interior da fibra, precisa ser transportado. Número igualmente pequeno de íons positivos, deslocando-se de fora da fibra para seu interior, pode inverter o potencial de -90 mV até $+35$ mV dentro de menos de 1/10.000 de segundo. O deslocamento rápido de íons que ocorre dessa forma produz os sinais neurais que são estudados nas seções subseqüentes deste capítulo.

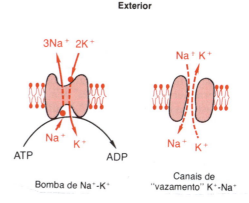

Fig. 6.4 As características funcionais da bomba de Na^+-K^+ e, também, dos canais de "vazamento" de potássio-sódio.

ao sódio em condições normais, por cerca de 100 vezes. Será mostrado adiante que essa permeabilidade diferencial é extremamente importante na determinação do valor do potencial de membrana normal em repouso.

ORIGEM DO POTENCIAL DE MEMBRANA NORMAL EM REPOUSO

A Fig. 6.5 apresenta os fatores com importância para o estabelecimento do potencial de membrana normal em repouso de −90 mV. Eles são os seguintes:

Contribuição do potencial de difusão do potássio. Na Fig. 6.5A, admite-se que o único movimento de íons através da membrana é o da difusão de íons potássio, como representado pelos canais abertos através da membrana. Dada a elevada proporção de íons potássio, entre suas concentrações interna e externa, 35 para 1, o potencial de Nernst correspondente a essa proporção é de −94 mV, pois o logaritmo de 35 é 1,54, e isso multiplicado por −61 mV dá −94 mV. Por conseguinte, se os íons potássio fossem o único fator causal do potencial de repouso, esse potencial de repouso deveria ser igual a −94 mV, como mostrado na figura.

Contribuição da difusão de sódio através da membrana neural. A Fig. 6.5B mostra a adição da permeabilidade muito discreta da membrana neural aos íons sódio, causada pela diminuta difusão de íons sódio pelos canais de vazamento de K^+-Na^+. A proporção entre as concentrações interna e externa do íon sódio é de 0,1, o que dá um valor calculado, para o potencial de Nernst, para a face interna da membrana, de +61 mV. Mas, também é mostrado na Fig. 6.5B, o potencial de Nernst para a difusão de potássio de −94 mV. Como eles interagem entre si e qual será o potencial resultante? Isso pode ser respondido se for usada a equação de Goldman descrita antes. Contudo, intuitivamente, pode-se ver que, se a membrana é muito permeável ao potássio mas só muito pouco permeável ao sódio, é lógico que a difusão de potássio terá contribuição quantitativa para o potencial de membrana bem maior que a da difusão de sódio. Na fibra nervosa normal, sua permeabilidade ao potássio é cerca de 100 vezes maior que ao sódio. O uso desse valor na equação de Goldman resulta num valor para o potencial de membrana, em sua face interna, de −86 mV, como mostrado à direita da figura.

Contribuição da bomba de Na^+-K^+. Por fim, na Fig. 6.5C, é apresentada a contribuição adicional da bomba de Na^+-K^+. Nessa figura, existe bombeamento contínuo de três íons sódio para o exterior e de dois íons potássio para o interior da fibra. O fato de maior número de íons sódio estar sendo levado para fora do que o de íons potássio para dentro produz perda contínua de cargas positivas do interior para o exterior da fibra; isso gera grau adicional de negatividade (de cerca de mais −4 mV) no interior da fibra, além da que pode ser justificada apenas por difusão. Como resultado, como representado na Fig. 6.5C, o potencial de membrana efetivo com atuação de todos esses fatores ao mesmo tempo é de −90 mV.

Em resumo, os potenciais de difusão resultantes da difusão de potássio e de sódio atuando sozinhos gerariam um potencial de membrana da ordem de −86 mV, embora esse valor seja determinado quase que totalmente pela difusão de potássio. Mas, −4 mV são adicionados ao potencial de membrana por contribuição da bomba de Na^+-K^+ eletrogênica, do que resulta o potencial efetivo da membrana de −90 mV.

O potencial de membrana em repouso de grandes fibras musculares esqueléticas é aproximadamente igual ao das fibras nervosas mais calibrosas, também de −90 mV. Contudo, tanto nas fibras nervosas mais delgadas como nas menores fibras musculares — por exemplo, nas fibras musculares lisas — e, também, em muitos dos neurônios do sistema nervoso central, o potencial de membrana, muitas vezes, pode ser de apenas −40 a −60 mV, e não de −90 mV.

■ O POTENCIAL DE AÇÃO NEURAL

Os sinais neurais são transmitidos por *potenciais de ação*, que são variações rápidas do potencial de membrana. Cada potencial de ação começa por variação abrupta do potencial de membrana normal em repouso, que é negativo, para um potencial de membrana positivo, terminando por retorno, quase igualmente rápido, ao potencial negativo. Para a condução de um sinal nervoso, o potencial de ação se desloca ao longo da fibra nervosa, até chegar à sua extremidade. O painel superior da Fig. 6.6 mostra o que ocorre na membrana durante o potencial de ação, com a transferência de cargas positivas para o interior da fibra, em seu começo, e retorno dessas cargas positivas para o exterior, a seu término. O painel inferior representa, esquematicamente, as alterações sucessivas do potencial de membrana, durante os poucos décimos-milésimos de segundo, demonstrando o começo

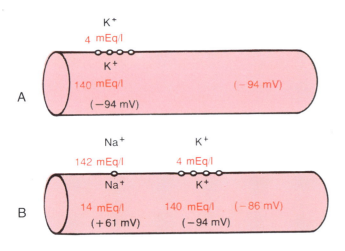

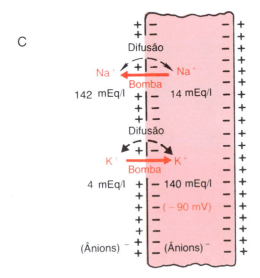

Fig. 6.5 Desenvolvimento dos potenciais de membrana em repouso em fibras nervosas sob três condições distintas: *A*, quando o potencial de membrana depende exclusivamente da difusão de potássio; *B*, quando esse potencial depende da difusão dos íons sódio e potássio; e *C*, quando o potencial depende da difusão dos íons sódio e potássio, mais o bombeamento desses dois íons pela bomba de Na^+-K^+.

6 ■ Potenciais de Membrana e Potenciais de Ação   65

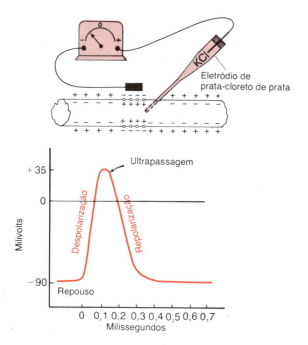

Fig. 6.6 Um típico potencial de ação, como registrado pelo método esquematizado na parte superior da figura.

explosivo do potencial de ação e sua recuperação quase tão rápida.

As etapas sucessivas do potencial de ação são as seguintes:

Repouso. Corresponde ao potencial de membrana em repouso, antes do começo do potencial de ação. A membrana é dita "polarizada" durante essa fase, devido ao grande potencial negativo de membrana presente.

Despolarização. Nessa fase, a membrana, subitamente, fica muito permeável aos íons sódio, permitindo influxo de grande número de íons sódio para o interior do axônio. O estado normal "polarizado" de −90 mV é perdido, com o potencial variando rapidamente em direção à positividade. Isso é chamado de *despolarização*. Nas fibras nervosas mais grossas, o potencial de membrana chega, na verdade, a ultrapassar o nível zero, passando a ser positivo, mas, em fibras mais finas, bem como em muitos neurônios do sistema nervoso central, o potencial só chega perto do nível zero, sem ultrapassá-lo para atingir valor positivo.

Repolarização. Dentro de poucos décimos-milésimos de segundo após a membrana ter ficado muito permeável aos íons sódio, os canais de sódio começam a se fechar, enquanto os canais de potássio se abrem mais do que o normal. Como resultado, a rápida difusão dos íons potássio para o exterior restabelece o potencial normal negativo da membrana em repouso. Isto é chamado de *repolarização* da membrana.

Para explicação mais detalhada dos fatores causadores dos processos de despolarização e de repolarização, precisa-se descrever as características especiais de mais dois tipos de canais de transporte através da membrana neural: os canais voltagem-dependentes para o sódio e para o potássio.

OS CANAIS VOLTAGEM-DEPENDENTES PARA O SÓDIO E O POTÁSSIO

O fator necessário, tanto para a despolarização como para a repolarização da membrana neural, durante o potencial de ação, é o *canal de sódio voltagem-dependente*. Contudo, o *canal de potássio voltagem-dependente* também participa no aumento da velocidade com que a membrana se repolariza. Esses dois canais volta-

gem-dependentes atuam adicionalmente à bomba de Na^+-K^+ e aos canais de vazamento Na^+-K^+.

O canal voltagem-dependente para o sódio — "ativação" e "inativação" do canal

O painel superior da Fig. 6.7 representa o canal voltagem-dependente para o sódio em três estados distintos. Esse canal tem duas *comportas*, uma próxima à abertura externa do canal, chamada de *comporta de ativação*, e outra, próxima à sua abertura interna, chamada de *comporta de inativação*. À esquerda, é mostrado como ficam essas comportas na membrana normal em repouso, quando o potencial de repouso é de −90 mV. Nesse estado, a comporta de ativação fica fechada, o que impede o ingresso dos íons sódio para o interior da fibra por meio desses canais. Ao contrário, a comporta de inativação fica aberta e, nessa fase, não representa barreira ao movimento dos íons sódio.

Ativação do canal de sódio. Quando o potencial de membrana fica menos negativo que durante a fase de repouso, variando de −90 mV em direção ao zero, ele passa por uma voltagem, em geral entre −70 e −50 mV, que produz alteração conformacional da comporta de ativação, que a faz abrir-se. Esse é o chamado *estado ativado*, durante o qual os íons sódio literalmente inundam o interior da fibra passando por esse canal, aumentando a permeabilidade ao sódio da membrana por até 500 a 5.000 vezes.

Inativação do canal de sódio. Na parte mais à direita do painel superior da Fig. 6.7, é representado um terceiro estado do canal de sódio. O mesmo aumento de voltagem que abriu a comporta de ativação também fecha a comporta de inativação. Todavia, o fechamento da comporta de inativação ocorre alguns décimos-milésimos de segundo após a abertura da comporta de ativação. Isto é, a alteração conformacional que transfere a comporta de inativação para seu estado fechado é processo mais

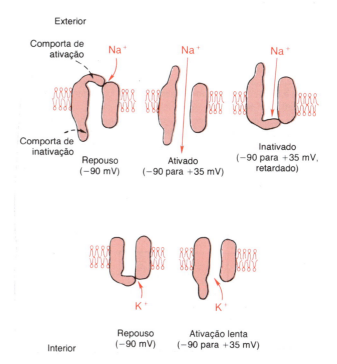

Fig. 6.7 Características dos canais voltagem-dependentes do sódio e do potássio, mostrando a ativação e a inativação dos canais de sódio, mas apenas a ativação dos canais de potássio, quando o potencial de membrana é variado de seu valor normal em repouso para um valor positivo.

lento, enquanto a alteração conformacional que abre a comporta de ativação é bem mais rápida. Como resultado, após o canal de sódio permanecer aberto por poucos décimos-milésimos de segundo, ele se fecha e os íons sódio não mais podem fluir para o interior da fibra. Nesse ponto, o potencial de membrana começa a voltar para o estado de repouso da membrana, o que corresponde ao processo de repolarização.

Característica muito importante do processo de inativação dos canais de sódio é a de que *a comporta de inativação não reabrirá até que o potencial de membrana retorne precisamente — ou quase — ao valor normal do potencial de membrana em repouso*. Por conseguinte, não será possível que os canais de sódio se abram sem que a fibra nervosa tenha, antes, se repolarizado.

Os canais voltagem-dependentes para o potássio e sua ativação

O painel inferior da Fig. 6.7 representa o canal voltagem-dependente para o potássio em dois estados distintos: durante o repouso e próximo ao término do potencial de ação. Durante o repouso, a comporta do canal de potássio fica fechada, como mostrado à esquerda da figura, impedindo a passagem de íons potássio para o exterior. Quando o potencial de membrana varia de −90 mV em direção ao zero, essa alteração da voltagem provoca lenta mudança conformacional da comporta, que a abre, o que permite maior difusão de íons potássio para o exterior por esse canal. Contudo, devido à lentidão da abertura desses canais de potássio, eles, em sua maioria, se abrem junto com o começo da inativação dos canais de sódio e, portanto, iniciando seu fechamento. Dessa forma, a diminuição do influxo de sódio para o interior da célula e o aumento simultâneo do efluxo de potássio da célula acelera, de muito, o processo de repolarização, fazendo com que, dentro de poucos décimos-milésimos de segundo, ocorra o pleno restabelecimento do potencial de membrana em repouso.

O método de pesquisa para a medida do efeito da voltagem sobre a abertura e fechamento dos canais voltagem-dependentes — a "fixação de voltagem". A pesquisa original que permitiu nosso conhecimento quantitativo dos canais de sódio e de potássio, foi tão engenhosa que levou à concessão do Prêmio Nobel aos cientistas que a realizaram, Hodgkin e Huxley. A parte fundamental desses experimentos é mostrada nas Figs. 6.8 e 6.9.

A Fig. 6.8 apresenta a montagem experimental, chamada de *fixação de voltagem*, usada para medir o fluxo de íons pelos diferentes canais. No uso desse equipamento, dois eletródios são introduzidos na fibra

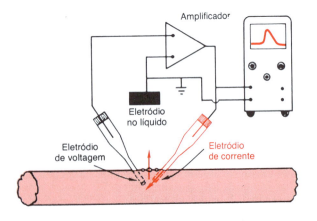

Fig. 6.8 O método de "fixação de voltagem" para o estudo do fluxo de íons através de canais específicos.

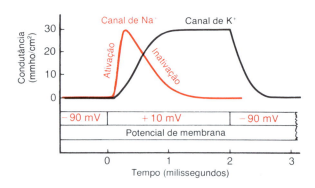

Fig. 6.9 As variações típicas da condutância para os canais dos íons sódio e potássio quando o potencial de membrana é subitamente variado de seu valor normal de repouso (−90 mV) para um valor positivo (+10 mV), durante 2 ms. Esta figura mostra que os canais de sódio se abrem (são ativados) e, em seguida, fecham (são inativados) em menos de 2 ms, enquanto, nesse período, os canais de potássio apenas se abrem.

nervosa. Um deles é para a medida da voltagem do potencial de membrana. O outro é para conduzir corrente elétrica, para dentro ou para fora da fibra nervosa. Esse equipamento é usado do seguinte modo: o pesquisador escolhe qual a voltagem que deseja estabelecer no interior da fibra nervosa. Então, ele ajusta os componentes eletrônicos de seu equipamento para a voltagem desejada, e esses componentes passam a injetar eletricidade positiva ou negativa, por meio do eletródio de corrente, com a intensidade necessária para manter o valor da voltagem, como medido pelo eletródio de voltagem, no nível escolhido pelo experimentador. Por exemplo, quando o potencial de membrana é subitamente aumentado por essa fixação de voltagem de −90 mV até zero, os canais voltagem-dependentes de sódio e de potássio se abrem, e esses íons começam a passar por esses canais. Para contrabalançar o efeito desses fluxos iônicos, corrente elétrica é injetada automaticamente por meio do eletródio de corrente do sistema de fixação de voltagem, para manter a voltagem intracelular no valor zero. Para que isso seja conseguido, a corrente que é injetada deve ser exatamente igual, mas com a polaridade oposta à do fluxo de corrente pelos canais da membrana. Para se medir qual é o fluxo de corrente que está ocorrendo a cada instante, o eletródio de corrente é conectado a um osciloscópio, que registra o fluxo de corrente, como representado na tela do osciloscópio na figura. Por fim, o investigador ajusta as concentrações iônicas até os valores desejados, tanto no exterior como no interior da fibra nervosa, e repete o procedimento. Isso pode ser feito com bastante facilidade quando são usadas fibras muito calibrosas, retiradas de algumas espécies de crustáceos, em especial o axônio gigante da lula que, por vezes, chega a ter diâmetro de até 1 mm. Quando o sódio é o único íon permeante, tanto no interior, como no exterior do axônio de lula, o método de fixação de voltagem só mede o fluxo de corrente pelos canais de sódio. Se o potássio for o único íon permeante, só é medido o fluxo de corrente pelos canais de potássio.

Outro método para o estudo do fluxo de íons, por meio de canais isolados, é o de se bloquear um dos tipos de canais durante certo tempo. Por exemplo, os canais de sódio podem ser bloqueados pela toxina *tetrodotoxina*, quando aplicada à face externa da membrana celular onde ficam localizadas as comportas de ativação dos canais de sódio. De forma inversa, o *íon tetraetilamônio* bloqueia os poros de potássio quando é aplicado ao interior da fibra nervosa.

A Fig. 6.9 apresenta as variações típicas da condutância dos canais voltagem-dependentes do sódio e do potássio, quando o potencial de membrana é subitamente alterado, por meio do sistema de fixação de voltagem, de −90 mV para +10 mV e, dois milissegundos depois, de volta a −90 mV. Note-se a abertura abrupta dos canais de sódio (o estágio de ativação) dentro de fração muito pequena de um milissegundo após o potencial de membrana ter atingido o valor positivo. Contudo, decorrido cerca de mais um milissegundo, os canais de sódio se fecham automaticamente (o estágio de inativação).

Agora, note-se a abertura (ativação) dos canais de potássio. Eles se abrem lentamente e só atingem o estado de abertura total após os canais de sódio já estarem totalmente fechados. Ainda mais, uma vez que os canais de potássio estejam abertos, eles permanecem assim por todo o período de potencial de membrana positivo, e não se fecham até que o potencial de membrana seja reduzido de volta a seu valor muito negativo.

Por fim, deve-se recordar que os canais voltagem-dependentes pulam do estado aberto para o fechado de modo bastante abrupto, como representado na Fig. 5.5, do capítulo anterior. Por conseguinte, por que as curvas da Fig. 6.9 são tão regulares? A resposta a isso é que essas curvas representam o fluxo dos íons sódio e potássio por, literalmente, milhares de canais ao mesmo tempo. Alguns desses canais se abrem em determinado valor da voltagem, outros só abrem em outro valor, e assim por diante. De igual modo, alguns são inativados em valores diferentes do ciclo que outros. Assim, as curvas mostradas representam a somação dos fluxos iônicos por todos esses canais.

RESUMO DOS EVENTOS QUE PRODUZEM O POTENCIAL DE AÇÃO

A Fig. 6.10 resume os eventos seqüenciais que ocorrem durante (e por pouco tempo depois) o potencial de ação.

Na parte inferior da figura são mostradas as variações das condutâncias da membrana para os íons sódio e potássio. Durante o repouso, antes do começo do potencial de ação, a condutância para o íon potássio é representada como sendo de 50 a 100

vezes maior que a para os íons sódio. Isso é causado pelo vazamento muito maior dos íons potássio, que dos íons sódio, pelos canais de vazamento. Contudo, no começo do potencial de ação, os canais de sódio são instantaneamente ativados, causando aumento de 5.000 vezes da condutância ao sódio. Em seguida, o processo de inativação fecha os canais de sódio dentro de pequena fração de milissegundo. O começo do potencial de ação também atua sobre os canais voltagem-dependentes de potássio, fazendo com que se abram após fração de milissegundo da abertura dos canais de sódio. Ao término do potencial de ação, o retorno do potencial de membrana a seu estado negativo faz com que os canais de potássio se fechem, como no estado de repouso, mas só após curto retardo.

Na parte média da Fig. 6.10 é representada a proporção entre as condutâncias do sódio e do potássio, instante a instante, durante o potencial de ação, e acima disso é representado o próprio potencial de ação. Durante o trecho inicial desse potencial de ação, essa proporção aumenta por mais de mil vezes. Por conseguinte, é muito maior o influxo de íons sódio para o interior da fibra que o efluxo de íons potássio para o exterior. Essa é a causa do potencial de membrana ficar positivo. Em seguida, os canais de sódio começam a ser inativados e, ao mesmo tempo, os canais de potássio se abrem, de modo que a proporção entre as condutâncias se desvia na direção de condutância elevada para o potássio e baixa para o sódio. Isso permite a perda muito rápida de íons potássio para o exterior, enquanto, para todos os efeitos práticos, não há mais influxo de sódio para o interior da fibra. Em consequência, o potencial de ação retorna, rapidamente a seu nível basal.

O pós-potencial "positivo"

Também deve ser notado na Fig. 6.10 que o potencial de membrana passa por fase ainda mais negativa que a do potencial de membrana em repouso inicial durante poucos milissegundos após o término do potencial de ação. De modo bem estranho, isso é chamado de *pós-potencial "positivo"*, o que é errôneo, visto que esse pós-potencial positivo é, na verdade, ainda mais negativo que o potencial de repouso. A razão para se chamá-lo de positivo é que, historicamente, as primeiras medidas do potencial foram feitas na face externa da fibra, e não em seu interior; quando medido assim, esse potencial produz registro positivo no sistema de registro, e não negativo.

A causa do pós-potencial positivo é, em grande parte, a persistência de canais de potássio abertos por vários milissegundos após ser completado o processo de repolarização da membrana. Isso permite a difusão, em número excessivo, de íons potássio para fora da fibra nervosa, deixando, no interior da fibra, um déficit adicional de íons positivos, o que se traduz por maior negatividade.

PAPEL DE OUTROS ÍONS DURANTE O POTENCIAL DE AÇÃO

Até agora, só foram consideradas as participações dos íons sódio e potássio na geração do potencial de ação. Todavia, pelo menos três outros tipos de íons devem ser levados em conta.

Os íons de carga negativa (ânions) impermeantes, no interior do axônio. Existem, no interior do axônio, muitos íons com carga negativa que não podem atravessar os canais da membrana. Esses íons incluem as moléculas de proteínas, muitos compostos orgânicos de fosfato, compostos sulfurados etc. Visto que eles não podem deixar o interior do axônio, qualquer déficit de cargas positivas no interior da fibra nervosa produz um excesso desses íons negativos impermeantes. Como resultado, esses íons negativos impermeantes são os responsáveis pela carga negativa, no interior da fibra, quando existe déficit dos íons potássio com carga positiva, e de outros íons positivos.

Íons cálcio. As membranas celulares de quase todas — se não de todas — as células do corpo têm uma bomba de cálcio semelhante à bomba de sódio. Como acontece com a bomba de sódio, esse mecanismo

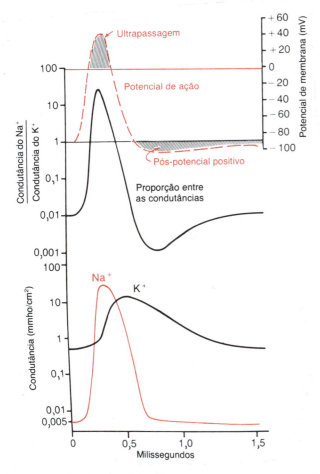

Fig. 6.10 Variações das condutâncias para o sódio e para o potássio durante o decurso do potencial de ação. Deve ser notado que a condutância para o sódio aumenta, por vários milhares de vezes, durante as fases iniciais do potencial de ação, enquanto a do potássio só aumenta por 30 vezes durante as fases tardias do potencial de ação e por curto período após seu término. (Essas curvas foram construídas a partir dos dados de Hodgkin e Huxley, mas transpostas do axônio de lula para os potenciais de membrana das fibras mais calibrosas de mamíferos.)

bombeia os íons cálcio, do interior para o exterior da membrana celular (ou para o retículo endoplasmático), criando um gradiente do íon cálcio da ordem de 10.000 vezes, deixando uma concentração interna de íons cálcio de cerca de 10^{-7} M, em contraste com a concentração externa de, aproximadamente, 10^{-3} M.

Além disso, existem canais voltagem-dependentes para o cálcio. Esses canais são, também, algo permeáveis aos íons sódio, além do íon cálcio; quando abertos, tanto os íons cálcio como os íons sódio fluem para o interior da fibra. Por conseguinte, esses canais são chamados de *canais de* $Ca^{++}-Na^{+}$. Os canais de cálcio têm ativação muito lenta, exigindo tempo 10 a 20 vezes maior que o dos canais de sódio. Por isso, muitas vezes, eles são chamados de *canais lentos*, para diferenciá-los dos canais de sódio, chamados de *canais rápidos*.

Os canais de cálcio são muito numerosos no músculo cardíaco e no músculo liso. Na verdade, em alguns tipos de músculo liso, os canais de sódio são bastante raros, de modo que seus potenciais de ação são causados quase que inteiramente pela ativação dos canais lentos de cálcio.

Permeabilidade aumentada dos canais de sódio quando há falta de íons cálcio. A concentração de íons cálcio no líquido intersticial também tem intenso efeito sobre o valor da voltagem em que os canais de sódio são ativados. Quando existe déficit de íons cálcio, os canais de sódio são ativados (abertos) com variações do potencial de membrana até pouco acima do valor de repouso normal. Nessas condições, a fibra nervosa fica extremamente excitável, por vezes descarregando de modo repetitivo, sem qualquer provocação, em vez de permanecer no estado de repouso. Na verdade, a concentração dos íons cálcio só precisa cair por 30 a 50% abaixo do normal, antes que ocorra descarga espontânea em muitos nervos periféricos, causando, muitas vezes, "tetania" muscular que pode chegar, de fato, a ser mortal, devido às contrações tetânicas dos músculos respiratórios.

O modo provável como os íons cálcio afetam os canais de sódio é o seguinte: esses íons parecem se fixar à superfície externa da molécula protéica do canal de sódio. As cargas positivas desses íons, por sua vez, alteram o estado elétrico da própria proteína do canal, aumentando o valor da voltagem necessária para abrir o canal.

Íons cloreto. Os íons cloreto vazam através da membrana em repouso do mesmo modo como os íons de potássio e de sódio o fazem. Na fibra nervosa comum, a velocidade da difusão do cloreto através da membrana é cerca da metade daquela da difusão de íons potássio. Por conseguinte, deve ser questionado: Por que ainda não foi considerado o íon cloreto na explicação do potencial de ação? A resposta é que o cloreto atua passivamente nesse processo. Também, a permeabilidade dos canais de vazamento do cloreto não se modifica, de forma significativa, durante o potencial de ação.

No estado normal de repouso da fibra nervosa, os −90 mV, no interior da fibra, repelem a maioria dos íons cloreto, impedindo-os de entrar na fibra. Como resultado, a concentração de íons cloreto, no interior da fibra, é de apenas 3 a 4 mEq/l, comparados com a concentração externa, da ordem de 103 mEq/l. O potencial de Nernst, para essa proporção entre as concentrações do íon cloreto, é, exatamente, de −90 mV do potencial de membrana, o que seria esperado de um íon que não fosse ativamente bombeado.

Durante o potencial de ação, pequenas quantidades de íon cloreto chegam a se difundir para o interior da fibra, devido à perda transitória da negatividade interna. Esse movimento dos íons cloreto serve para alterar, de modo muito leve, a seqüência temporal das variações sucessivas de voltagem durante o potencial de ação, sem modificar o processo fundamental.

DESENCADEAMENTO DO POTENCIAL DE AÇÃO

Até este ponto, explicamos as permeabilidades variáveis da membrana aos íons sódio e potássio, bem como o desenvolvimento do próprio potencial de ação, mas nada foi dito sobre como começa o potencial de ação. A resposta a isso, exposta a seguir, é, na verdade, muito simples.

Um *feedback* positivo abre os canais de sódio. Primeiro, enquanto a membrana da fibra nervosa permanecer sem ser perturbada de alguma forma, nenhum potencial de ação ocorre no nervo normal. Todavia, se qualquer evento produzir aumento inicial suficiente do potencial de membrana de seu valor de −90 mV em direção ao zero, a própria voltagem crescente irá fazer com que muitos canais de sódio voltagem-dependentes comecem a se abrir. Isso permite o rápido influxo de íons sódio, o que, por sua vez, causará maior aumento do potencial de membrana, o que abre maior número de canais de sódio voltagem-dependentes, com influxo ainda maior de íons sódio para o interior da fibra. É óbvio que esse processo é um ciclo vicioso *feedback* positivo que, caso esse *feedback* fique suficientemente intenso, irá se perpetuar até que todos os canais de sódio voltagem-dependentes sejam ativados (abertos). Em seguida, dentro de fração de milissegundo, o potencial de membrana crescente provoca o início da inativação dos canais de sódio, bem como abertura dos canais de potássio, com término rápido do potencial de ação.

Limiar para o desencadeamento do potencial de ação. Não ocorrerá um potencial de ação até que o aumento inicial do potencial de membrana seja suficientemente intenso para desencadear o ciclo vicioso descrito no parágrafo anterior. Em geral, é necessário aumento súbito do potencial de membrana da ordem de 15 a 30 mV. Por conseguinte, aumento abrupto do potencial de membrana em fibra nervosa calibrosa, de −90 mV para cerca de −65 mV, irá provocar o desenvolvimento explosivo do potencial de ação. Esse nível de −65 mV é, por isso, chamado de *limiar* para a estimulação.

Acomodação da membrana — falha de deflagrar, apesar da voltagem crescente. Se o potencial de membrana aumenta de forma lenta — durante vários milissegundos, em vez de em fração de milissegundo —, as comportas lentas de inativação do sódio ainda terão tempo para se fechar, ao mesmo tempo que as comportas de ativação estão se abrindo. Conseqüentemente, a abertura das comportas de ativação não será tão eficaz na promoção de aumento do fluxo de íons sódio, como ocorre nas condições usuais. Como resultado, o aumento lento do potencial interno da fibra nervosa exigirá, para que ocorra descarga, um maior potencial limiar que o normal, ou poderá chegar a impedir totalmente a descarga, às vezes, mesmo com aumento da voltagem até o zero, e até atingindo valores positivos. Esse fenômeno é chamado de *acomodação* da membrana ao estímulo.

■ PROPAGAÇÃO DO POTENCIAL DE AÇÃO

Nos parágrafos precedentes, o potencial de ação foi explicado como se só ocorresse em um ponto da membrana. Todavia, um potencial de ação desencadeado num ponto qualquer de uma membrana excitável excita, na maioria das vezes, as regiões adjacentes dessa membrana, resultando na propagação do potencial de ação. O mecanismo desse processo é mostrado na Fig. 6.11. A Fig. 6.11A apresenta uma fibra nervosa normal em repouso, e a Fig. 6.11B mostra uma fibra nervosa que foi excitada em seu ponto médio — isto é, esse ponto médio desenvolveu subitamente maior permeabilidade ao sódio. As setas indicam o "circuito local" do fluxo de corrente entre as áreas despolarizadas da membrana e as da membrana adjacente em repouso; cargas elétricas positivas, transportadas pelos íons sódio que se difundem para o interior, entram através da membrana despolarizada e fluem, por vários milímetros, ao longo do interior do axônio. Essas cargas positivas aumentam a voltagem pela distância de até 1 a 3 mm no interior de fibras nervosas calibrosas, acima do valor limiar de voltagem, para o desencadeamento do potencial de ação. Como resultado, os canais de sódio, nessas regiões axônicas, são imediatamente ativados e, como representado na Fig. 6.11C e D, o explosivo potencial de ação se propaga. Em seguida, essas áreas recém-despolarizadas produzem novos circuitos locais à sua frente, ao longo da membrana, promovendo, de forma progressiva, novas despolarizações. Dessa forma, o processo de despolarização trafega ao longo de toda a extensão

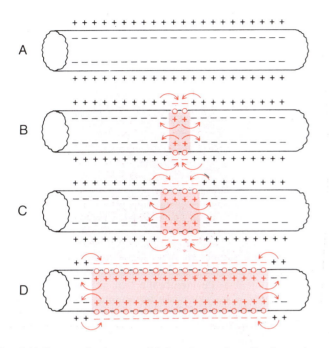

Fig. 6.11 Propagação do potencial de ação nas duas direções ao longo de fibra condutora.

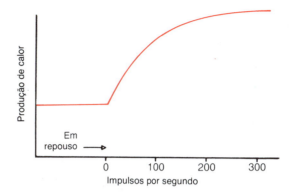

Fig. 6.12 Produção de calor por fibra nervosa em repouso e com freqüências progressivamente maiores de estimulação.

da fibra. A transmissão do processo de despolarização, ao longo de fibra nervosa ou muscular, é chamada de *impulso nervoso* ou *muscular*.

Direção da propagação. É óbvio, como representado na Fig. 6.11, que uma membrana excitável não tem direção única de propagação, o potencial de ação podendo trafegar nas duas direções a partir do ponto estimulado — e, até mesmo, ao longo de todas as ramificações de uma fibra nervosa — até que toda a membrana fique despolarizada.

O princípio do tudo-ou-nada. É igualmente óbvio que, uma vez que tenha sido desencadeado um potencial de ação, em qualquer ponto da membrana de uma fibra normal, o processo de despolarização irá trafegar, ao longo de toda a membrana, se as condições forem adequadas; caso contrário, o potencial de ação poderá não se propagar. Isso é o chamado princípio do tudo-ou-nada e se aplica a todos os tecidos excitáveis normais. Contudo, por vezes, o potencial de ação atinge um ponto da membrana onde não será capaz de gerar voltagem suficiente para estimular a área da membrana à sua frente. Quando isso ocorre, é interrompida a propagação da despolarização. Por conseguinte, para que ocorra a continuação da propagação, a proporção entre o potencial de ação e o limiar de excitação deve ser sempre maior que 1. Isso é chamado de *fator de segurança* para a propagação.

■ RESTABELECIMENTO DOS GRADIENTES IÔNICOS DO SÓDIO E DO POTÁSSIO APÓS O POTENCIAL DE AÇÃO — IMPORTÂNCIA DO METABOLISMO ENERGÉTICO

A transmissão de cada impulso ao longo da fibra nervosa diminui infinitesimalmente as diferenças de concentração do sódio e do potássio entre as faces interna e externa da membrana, devido à difusão de íons sódio para o interior durante a despolarização, e de íons potássio para fora da fibra na repolarização. Para poten-

cial de ação único, esse efeito é tão diminuto que não pode ser medido. Na verdade, 100 mil a 50 milhões de impulsos podem ser transmitidos por fibras nervosas — o número exato dependendo do calibre da fibra e de diversos outros fatores — antes que as diferenças de concentrações fiquem tão reduzidas de modo a impedir a condução dos potenciais de ação. Contudo, mesmo assim, com o passar do tempo, é necessário que sejam restabelecidas as diferenças de concentração entre as duas faces da membrana, do sódio e do potássio. Esse restabelecimento decorre da atividade da bomba de Na^+-K^+, de modo exatamente igual ao descrito antes para o restabelecimento do potencial de repouso. Isto é, os íons sódio que se difundiram para o interior da célula durante os potenciais de ação, bem como os íons potássio que se difundiram para o exterior, são devolvidos a seus locais de origem pela bomba de Na^+-K^+. Como essa bomba precisa de energia para seu funcionamento, esse processo de "recarga" da fibra nervosa é de tipo metabolicamente ativo, consumindo energia derivada do sistema de energia do trifosfato de adenosina da célula. A Fig. 6.12 mostra que a fibra nervosa produz excesso de calor, que é uma medida desse consumo de energia, à medida que aumenta a freqüência dos impulsos.

Característica especial da bomba de ATPase sódio-potássio é a de que a intensidade de sua atividade é muito estimulada, quando os íons sódio ficam acumulados na face interna da membrana celular. Na verdade, a atividade de bombeamento aumenta quase na mesma proporção que a terceira potência da concentração de sódio. Isto é, à medida que a concentração interna de sódio aumenta de 10 para 20 mEq/l, a atividade da bomba não é simplesmente duplicada, mas aumenta por cerca de oito vezes. Por conseguinte, pode ser facilmente compreendido que o processo de "recarga" da fibra nervosa pode entrar em ação com muita rapidez, sempre que as diferenças de concentração dos íons sódio e potássio entre as duas faces da membrana celular começam a "ficar na lona" [*run down*].

■ O PLATÔ DE ALGUNS POTENCIAIS DE AÇÃO

Em alguns casos, a membrana excitável não se repolariza imediatamente após a despolarização, mas, ao contrário, o potencial permanece em um platô com potencial de valor próximo ao do potencial em ponta [*spike*] por muitos milissegundos antes que comece a repolarização. Um desses platôs é mostrado na Fig. 6.13; pode-se ver com facilidade que o platô prolonga, de muito, o período de despolarização. Esse tipo de potencial de ação ocorre nas fibras musculares cardíacas, onde o platô dura cerca de dois a três décimos de segundo, fazendo com que a contração

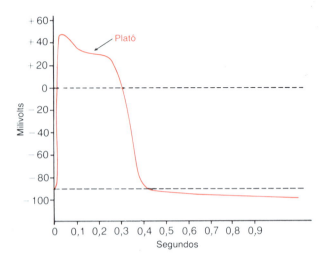

Fig. 6.13 Potencial de ação em fibra de Purkinje do coração, apresentando um "platô".

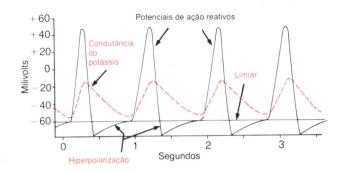

Fig. 6.14 Potenciais de ação rítmicos semelhantes aos registrados no centro de controle do ritmo cardíaco. Devem ser notadas suas relações com a condutância ao potássio e ao estado de hiperpolarização.

do músculo cardíaco dure, também, o mesmo intervalo de tempo.

A causa desse platô é uma combinação de vários fatores diferentes. Primeiro, no músculo cardíaco, dois tipos distintos de canais participam do processo de despolarização: (1) o tipo comum de canais voltagem-dependentes do sódio, chamados de *canais rápidos*, e (2) canais voltagem-dependentes de cálcio de ativação lenta e, por isso, chamados de *canais lentos* — esses canais permitem, preferencialmente, a difusão de íons cálcio, embora alguns íons sódio também passem por eles. A ativação dos canais rápidos produz o componente do potencial em ponta do potencial de ação, enquanto a ativação lenta e prolongada dos canais lentos é responsável, em grande parte, pelo componente do platô.

O segundo fator, responsável, em parte, pelo platô, é que os canais voltagem-dependentes do potássio são, em diversas circunstâncias, de ativação bastante lenta, muitas vezes só se abrindo quase ao término do platô. Isso retarda o retorno do potencial de membrana a seu valor de repouso. Mas, então, essa abertura dos canais de potássio, ao mesmo tempo em que os canais lentos começam a fechar, faz com que o potencial de ação retorne, com muita rapidez, de seu nível do platô até o nível negativo de repouso, o que explica a grande velocidade da deflexão final do potencial de ação.

■ RITMICIDADE DE CERTOS TECIDOS EXCITÁVEIS — A DESCARGA REPETITIVA

Descargas repetitivas, auto-induzidas, ou *ritmicidade*, ocorrem normalmente no coração, na maioria dos músculos lisos e em muitos dos neurônios do sistema nervoso central. São essas descargas rítmicas que produzem o ritmo cardíaco, o peristaltismo e os eventos neuronais do tipo do controle rítmico da respiração.

Por outro lado, todos os demais tecidos excitáveis podem descarregar ritmicamente, se o limiar para estimulação for reduzido o suficiente. Por exemplo, até mesmo as fibras nervosas e as musculares esqueléticas que, em condições normais, são muito estáveis descarregam repetitivamente, quando colocadas em solução contendo a substância veratrina, ou quando a concentração dos íons cálcio cai abaixo de um valor crítico.

O processo de reexcitação necessário para a ritmicidade. Para que ocorra ritmicidade, a membrana, mesmo em seu estado normal, já deve estar suficientemente permeável aos íons sódio (ou aos íons cálcio e sódio, por meio dos canais lentos) de forma a permitir sua despolarização automática. Assim, a Fig. 6.14 mostra um potencial de membrana "em repouso" de apenas -60 a -70 mV. Esse valor não representa voltagem negativa suficiente para manter fechados os canais de sódio e de cálcio. Isto é, (1) os íons sódio e cálcio fluem para o interior, (2) isso aumenta ainda mais a permeabilidade da membrana, (3) aumenta o fluxo iônico para o interior, (4) a permeabilidade ainda aumenta mais, e assim por diante, o que desencadeia o processo regenerativo de abertura dos canais de sódio e de cálcio até que seja gerado um potencial de ação. Em seguida, ao término desse potencial de ação, a membrana repolariza. Mas, muito pouco tempo depois, recomeça o processo de despolarização, com ocorrência espontânea de outro potencial de ação. Esse ciclo se repete indefinidamente, produzindo a excitação rítmica e auto-induzida do tecido excitável.

Contudo, por que a membrana não despolariza imediatamente após sua repolarização, em vez de a retardar, por quase um segundo, antes do começo do novo potencial de ação? A razão disso pode ser encontrada ao se voltar à Fig. 6.10, que mostra — próximo ao término de todos os potenciais de ação, e persistindo por curto período após — a membrana ficando excessivamente permeável ao potássio. Esse efluxo excessivo de íons potássio carrega número muito grande de cargas positivas para o lado externo da membrana, criando, no interior da fibra, negatividade consideravelmente maior que a que ocorreria, de outro modo, por curto período de tempo após o término do potencial de ação precedente, o que leva o potencial de membrana para mais próximo do valor do potencial de Nernst para o potássio. Esse é o estado chamado de *hiperpolarização*, mostrado na Fig. 6.14. Enquanto esse estado persistir, não ocorrerá reexcitação; mas, de modo gradual, a condutância excessiva do potássio (e o estado de hiperpolarização) vai desaparecer, como mostrado na figura, permitindo que o potencial de membrana aumente até atingir o *limiar* para excitação; nesse momento, surge um novo potencial de ação e o processo ocorre repetidamente.

■ ASPECTOS ESPECIAIS DA TRANSMISSÃO DOS SINAIS PELOS TRONCOS NERVOSOS

Fibras nervosas mielínicas e amielínicas. A Fig. 6.15 mostra um corte transverso de pequeno tronco nervoso típico contendo muitas fibras nervosas calibrosas que ocupam a maior parte desse corte. Todavia, se essa figura for analisada com muito cuidado, poder-se-á ver muitas fibras, bastante delgadas, interpostas entre as mais grossas. As fibras grossas são *mielínicas* e as mais delgadas, *amielínicas*. Um tronco nervoso médio contém cerca de duas vezes mais fibras amielínicas do que mielínicas.

A Fig. 6.16 mostra uma fibra mielínica típica. A parte central é o *axônio* e a membrana desse axônio é a verdadeira *membrana condutora*.

6 ■ **Potenciais de Membrana e Potenciais de Ação** 71

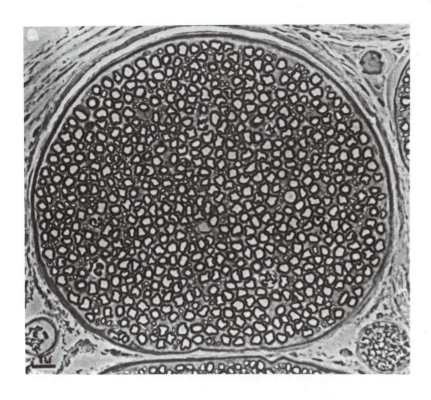

Fig. 6.15 Corte transverso de pequeno tronco nervoso, contendo fibras mielínicas e amielínicas.

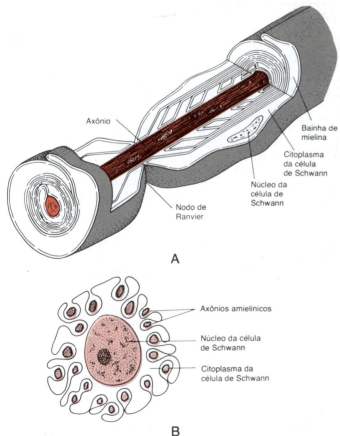

Fig. 6.16 A função das células de Schwann no isolamento das fibras nervosas. *A*, O enrolamento da membrana da célula de Schwann em torno de axônio calibroso, para formar a bainha de mielina da fibra nervosa mielínica. (Modificado de Leeson e Leeson: *Histology*. Philadelphia, W. B. Saunders Company, 1979.) *B*, Evaginação da membrana e do citoplasma de uma célula de Schwann em torno de várias fibras nervosas amielínicas.

O interior do axônio contém o *axoplasma*, que é um líquido intracelular víscido. Em torno do axônio fica a *bainha de mielina* que, muitas vezes, é bem mais grossa que o próprio axônio, e, a intervalos de 1 a 3 mm ao longo de toda a extensão do axônio, a bainha de mielina é interrompida por um *nodo de Ranvier*.

A bainha de mielina é depositada, em torno do axônio, pelas células de Schwann do seguinte modo: a membrana de uma célula de Schwann envolve inicialmente o axônio. Em seguida, a célula gira muitas vezes em torno do axônio, depositando muitas camadas de membrana celular, contendo o composto lipídico *esfingomielina*. Essa substância é excelente isolante, capaz de reduzir o fluxo iônico, através da membrana, por cerca de 5.000 vezes, diminuindo a capacitância da membrana axônica por 50 vezes. Contudo, na junção entre duas células de Schwann sucessivas ao longo do axônio, existe pequena área, com 2 a 3 μm de comprimento, desprovida de isolamento, por onde os íons podem fluir, com facilidade, entre o líquido extracelular e o interior do axônio. Essa área é o nodo de Ranvier.

Condução "saltatória", de nodo a nodo, nas fibras mielínicas. Muito embora os íons não possam fluir com intensidade significativa através das espessas bainhas de mielina das fibras mielínicas, eles podem fluir, com considerável facilidade, pelos nodos de Ranvier. Como resultado, os potenciais de ação *só ocorrem nesses nodos*. Todavia, esses potenciais de ação são propagados de nodo a nodo, como mostrado na Fig. 6.17; esse processo é chamado de *condução saltatória*. Isto é, a corrente elétrica flui pelo líquido extracelular, além de pelo axoplasma, passando de nodo a nodo, excitando os nodos sucessivos, um após outro. Dessa forma, o impulso nervoso vai pulando ao longo da fibra, razão do termo "saltatória".

A condução saltatória tem grande valor, por duas razões. Primeira, por fazer com que o processo de despolarização salte por sobre grandes distâncias ao longo do eixo da fibra nervosa, mecanismo que aumenta a velocidade de condução, nas fibras mielínicas, por até 5 a 50 vezes. Segunda, a condução saltatória conserva energia para o axônio, pois apenas os nodos despolarizam, permitindo perda de íons cerca de 100 vezes menor da que seria, em outras condições, a necessária e, portanto, exigindo muito pouco aumento adicional do metabolismo, para restabelecer as diferenças de concentração do sódio e do potássio, entre as duas faces da membrana, após descarga de impulsos nervosos.

Outro aspecto da condução saltatória nas fibras mielínicas de grande calibre é o seguinte: o excelente isolamento criado pela membrana de mielina e a redução, por 50 vezes, da capacitância da membrana permitem que o processo de repolarização ocorra com transferência mínima de

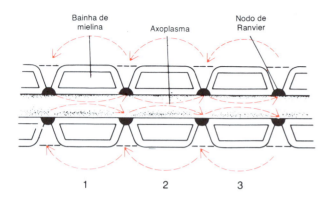

Fig. 6.17 Condução saltatória ao longo de axônio mielinizado.

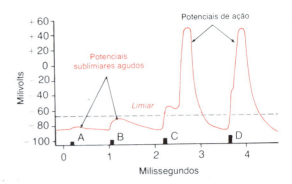

Fig. 6.18 Efeito de estímulos sobre o potencial da membrana excitável, mostrando o desenvolvimento de "potenciais sublimiares agudos", quando a intensidade dos estímulos fica abaixo do valor limiar necessário para a geração de um potencial de ação.

íons. Por conseguinte, ao término do potencial de ação, quando os canais de sódio começam a fechar, a repolarização ocorre de forma tão rápida que, em geral, os canais de potássio ainda não abriram em número significativo. Como resultado, a condução do impulso nervoso na fibra nervosa mielínica é dependente, quase que exclusivamente, das variações seqüenciais dos canais de sódio regulados pela voltagem, com contribuição muito pequena dos canais de potássio.

A VELOCIDADE DE CONDUÇÃO DAS FIBRAS NERVOSAS

A velocidade de condução nas fibras nervosas varia entre o mínimo de 0,5 m/s, nas fibras amielínicas mais delgadas, até o máximo de 100 m/s (o comprimento de um campo de futebol em 1 s) nas fibras mielínicas mais grossas. Em termos aproximados, essa velocidade aumenta em proporção ao diâmetro da fibra, nas fibras mielínicas, e em proporção à raiz quadrada do diâmetro da fibra, nas amielínicas.

■ EXCITAÇÃO — O PROCESSO DE DESENCADEAMENTO DO POTENCIAL DE AÇÃO

Basicamente, qualquer fator que promova a difusão para o interior da fibra de número significativo de íons sódio irá desencadear a abertura, automática e regenerativa, dos canais de sódio. Isso pode ocorrer como conseqüência de simples perturbação *mecânica* da membrana, por passagem de *eletricidade* através da membrana, ou, ainda, por efeitos *químicos* sobre a membrana. Todos eles são usados, em diferentes partes do corpo, para desencadear potenciais de ação nervosos e musculares: pressão mecânica para excitar as terminações nervosas sensoriais da pele, corrente elétrica para a transmissão de sinais entre células musculares do coração e do intestino, e neurotransmissores químicos para transmitir sinais de um neurônio para o seguinte no encéfalo. Com o objetivo de compreender o processo da excitação, vão ser discutidos, a seguir, os princípios da estimulação elétrica.

Excitação de fibra nervosa por eletródio de metal com carga negativa. O método usual para a excitação de nervo ou de músculo nos laboratórios de pesquisa é o de aplicar eletricidade à superfície do nervo ou do músculo por meio de dois eletródios pequenos, um com carga negativa, o outro com carga positiva. Quando isso é feito, verifica-se que a membrana é estimulada pelo eletródio negativo.

A causa disso é a seguinte: deve ser lembrado que o potencial de ação começa com a abertura dos canais de sódio voltagem-dependentes. Ainda mais, esses canais abrem em função da redução da voltagem elétrica, entre as duas faces da membrana. A corrente negativa, do eletródio negativo, reduz a voltagem imediatamente por fora da membrana, fazendo com que ela varie em direção ao potencial de membrana negativo no interior da fibra. Isso reduz a voltagem elétrica entre as duas faces da membrana, permitindo a ativação dos canais de sódio, o que desencadeia o potencial de ação. De forma inversa, no anódio, a injeção de cargas positivas por fora da membrana da fibra nervosa aumenta a diferença de voltagem entre as duas faces da membrana, em vez de reduzi-la. E isso causa o estado de "hiperpolarização", que diminui a excitabilidade da fibra.

Limiar para excitação e "potenciais locais agudos". Um estímulo elétrico fraco pode não ser capaz de estimular uma fibra. Contudo, à medida que esse estímulo é aumentado de modo progressivo, é atingido um ponto onde ocorre a excitação. A Fig. 6.18 apresenta o efeito de estímulos sucessivos, cada um com intensidade maior que a do precedente. Estímulo muito fraco no ponto A faz com que o potencial de membrana varie de −90 para −85 mV, mas essa variação não é suficiente para produzir o processo automático e regenerativo do potencial de ação. No ponto B, o estímulo é mais intenso, mas, de novo, a intensidade ainda é insuficiente. Não obstante, o estímulo provoca alteração local do potencial de membrana, que perdura por 1 ms ou mais após esses dois estímulos fracos. Esses potenciais locais são chamados de *potenciais locais agudos* e, quando não desencadeiam potenciais de ação, são referidos como *potenciais agudos sublimiares*.

No ponto C da Fig. 6.18, o estímulo é ainda mais intenso. Nesse ponto, o estímulo foi suficiente apenas para atingir o nível necessário para o desencadeamento de um potencial de ação, nível esse chamado de nível limiar, mas o potencial de ação só ocorre após curto "período latente". No ponto D, o estímulo é ainda mais intenso, o potencial local agudo tem amplitude bem maior e o potencial de ação ocorre após período latente mais curto.

Desse modo, essa figura demonstra que até mesmo um estímulo muito fraco sempre causa alteração local de potencial na membrana, mas a amplitude do potencial local deve aumentar até o *nível limiar* antes que ocorra o potencial de ação.

O "período refratário" durante o qual novos estímulos são ineficazes

Outro potencial de ação não pode ocorrer em fibra excitável, enquanto a membrana ainda estiver despolarizada pelo potencial de ação precedente. A razão disso é que, pouco depois de começado um potencial de ação, os canais de sódio (ou de cálcio, ou ambos) ficam inativados, e qualquer quantidade de sinal excitatório aplicado a esses canais nessa fase não abrirá as comportas de inativação. A única condição que os fará abrir será a de que o potencial de membrana tenha retornado — ou quase — a seu valor original do potencial de membrana em repouso. Então, dentro de pequena fração de segundo, as comportas de inativação se abrem e um novo potencial de ação pode ser gerado.

O intervalo de tempo durante o qual não pode ser produzido novo potencial de ação, mesmo com estímulo muito intenso, é chamado de *período refratário absoluto*. Esse período para as grossas fibras mielínicas é de cerca de 1/2.500 de segundo. Como resultado, pode ser facilmente calculado que essa fibra pode conduzir, no máximo, 2.500 impulsos por segundo.

Após o período refratário absoluto, existe um *período refratário relativo*, durando de um quarto à metade do período refratário absoluto. Nele, estímulos mais intensos que os normais são capazes de estimular a fibra. Existem duas causas para esse período refratário relativo: (1) durante ele, alguns dos canais de sódio ainda não retornaram de seu estado inativo, e (2) em geral, os canais de potássio estão inteiramente abertos, gerando estado de hiperpolarização, que faz com que a fibra fique mais difícil de ser excitada.

INIBIÇÃO DA EXCITABILIDADE — "ESTABILIZADORES" E ANESTÉSICOS LOCAIS

Contrastando com os fatores que aumentam a excitabilidade nervosa, existem outros, chamados de *fatores estabilizadores da membrana*, capazes de diminuir a excitabilidade. Por exemplo, a alta concentração de *íons cálcio, no líquido extracelular*, pode diminuir a permeabilidade da membrana e, ao mesmo tempo, reduzir sua excitabilidade. É por isso que os íons cálcio são ditos "estabilizadores". De igual modo, a *baixa concentração de íons potássio* no líquido extracelular, por ter efeito direto de diminuição da permeabilidade dos canais de potássio, é dita atuar como estabilizador, reduzindo a excitabilidade da membrana. Na verdade, na doença hereditária conhecida como *paralisia periódica familiar*, a concentração extracelular dos íons potássio fica, por vezes, tão diminuída que a pessoa chega a ficar paralisada, voltando ao normal instantaneamente, após administração venosa de potássio.

Anestésicos locais. Estão incluídas entre os mais importantes estabilizadores muitas substâncias usadas clinicamente como anestésicos locais, incluindo a *procaína*, a *tetracaína*, além de muitas outras. A maioria delas atua diretamente sobre as comportas de ativação dos canais de sódio, fazendo com que essas comportas tenham sua abertura muito dificultada e, por conseguinte, reduzindo a excitabilidade da membrana. Quando a excitabilidade fica diminuída até nível tão baixo que a proporção entre a *intensidade do potencial de ação e o limiar de excitabilidade* (o que é chamado de "fator de segurança") tenha valor menor que 1,0, o potencial de ação não consegue passar pela área anestesiada.

REGISTRO DOS POTENCIAIS DE MEMBRANA E DE AÇÃO

O osciloscópio de raios catódicos. Antes, neste capítulo, foi destacado que as variações do potencial de membrana são muito rápidas durante todo o potencial de ação. Na verdade, a maior parte do complexo do potencial de ação nas fibras nervosas mais grossas dura menos que 1/1.000 de segundo. Em algumas figuras deste capítulo foi mostrado um medidor elétrico registrando essas variações. Contudo, deve ficar entendido que qualquer medidor capaz de registrá-las, deve ser capaz de responder de modo extremamente rápido. Para finalidades práticas, o único tipo usual de medidor capaz de responder com precisão às variações muito rápidas do potencial de membrana é o osciloscópio de raios catódicos.

A Fig. 6.19 apresenta os componentes básicos de um osciloscópio de raios catódicos. O tubo de raios catódicos, em si mesmo, é formado por um *canhão de elétrons* e por uma *superfície fluorescente* que forma

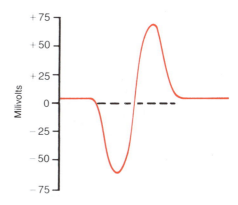

Fig. 6.20 Registro de um potencial de ação bifásico.

o alvo dos elétrons. Quando os elétrons atingem essa superfície, o material fluorescente brilha. Se o feixe de elétrons for movido ao longo da superfície, o ponto brilhante também se move, traçando linha fluorescente ao longo da tela.

Além do canhão de elétrons e da superfície fluorescente, o tubo de raios catódicos contém dois conjuntos de placas com carga elétrica, um deles posicionado em cada um dos lados do feixe de elétrons, enquanto o outro fica acima e abaixo desse feixe. Circuitos eletrônicos de controle apropriados alteram a voltagem dessas placas, de modo que o feixe de elétrons possa ser deslocado para cima e para baixo em resposta aos sinais elétricos que chegam, oriundos dos eletródios colocados no nervo. Por outro lado, o feixe de elétrons vai ser movido horizontalmente, ao longo de toda a tela, com velocidade constante. Isso produz o registro que é mostrado na tela do tubo de raios catódicos com uma escala temporal horizontal e as variações da voltagem, nos eletródios no nervo, na vertical. Note-se, à esquerda do registro, o pequeno *artefato do estímulo* causado pelo estímulo elétrico gerador do potencial de ação. Mais à direita aparece o próprio potencial de ação.

Registro do potencial de ação monofásico. Em todo este capítulo foram mostrados, nas diversas figuras e esquemas, potenciais de ação "monofásicos". Para seu registro, um eletródio com micropipeta, mostrado na Fig. 6.2, foi introduzido no interior da fibra. Em seguida, à medida que o potencial de ação se propaga ao longo da fibra, as variações do potencial, no interior da fibra, aparecem no registro, como mostrado nas Figs. 6.6, 6.10 e 6.13.

Registro de potencial de ação bifásico. Quando se deseja registrar impulsos em todo um tronco nervoso, não é possível colocar eletródios no interior de todas as fibras nervosas desse tronco. Como conseqüência, o método usual de registro é o da aplicação de dois eletródios por fora das fibras. Contudo, o registro assim obtido é bifásico, por duas razões: quando um potencial de ação está se deslocando ao longo da fibra nervosa e atinge o primeiro eletródio, ele fica carregado negativamente, enquanto o segundo eletródio ainda não foi afetado. Isso faz com que o osciloscópio registre negatividade. Em seguida, com o deslocamento para diante do potencial de ação, ele vai atingir um ponto no qual a membrana sob o primeiro eletródio já repolarizou, enquanto o segundo eletródio fica negativo, e o osciloscópio registra variação na direção oposta. Desta forma, aparece no registro gráfico, como o mostrado na Fig. 6.20, da tela do osciloscópio variação de potencial, primeiro em uma direção, e, depois, na oposta.

REFERÊNCIAS

Agnew, W. S.: Voltage-regulated sodium channel molecules. Annu. Rev. Physiol., 45:517, 1984.
Armstrong, C. M.: Sodium channels and gating currents. Physiol. Rev., 61:644, 1981.
Auerbach, A., and Sachs, F.: Patch clamp studies of single ionic channels. Annu. Rev. Biophys. Bioeng., 13:269, 1984.
Biggio, G., and Costa, E.: Chloride Channels and Their Modulation by Neurotransmitters and Drugs. New York, Raven Press, 1988.
Bretag, A. H.: Muscle chloride channels. Physiol. Rev., 67:618, 1987.
Byrne, J. H., and Schultz, S. G.: An Introduction to Membrane Transport and Bioelectricity. New York, Raven Press, 1988.
Clausen, T.: Regulation of active Na^+-K^+ transport in skeletal muscle. Physiol. Rev., 66:542, 1986.

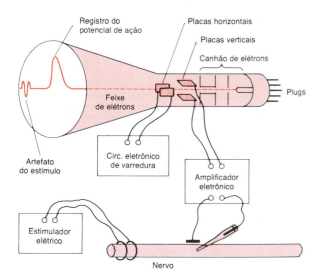

Fig. 6.19 O osciloscópio de raios catódicos para o registro de potenciais de ação transientes.

Cole, K. S.: Electrodiffusion models for the membrane of squid giant axon. Physiol. Rev., 45:340, 1965.

Cooper, S. A.: New peripherally-acting oral analgesic agents. Annu. Rev. Pharmacol. Toxicol., 23:617, 1983.

DeWeer, P., et al.: Voltage dependence of the Na-K pump. Annu. Rev. Physiol., 50:225, 1988.

DiFrancesco, D., and Noble, D.: A model of cardiac electrical activity incorporating ionic pumps and concentration changes. Phil. Trans. R. Soc. Lond. (Biol.), 307:353, 1985.

DiPolo, R., and Beauge, L.: The calcium pump and sodium-calcium exchange in squid axons. Annu. Rev. Physiol., 45:313, 1983.

French, R. J., and Horn, R.: Sodium channel gating: Models, mimics, and modifiers. Annu. Rev. Biophys. Bioeng., 12:319, 1983.

Garty, H., and Benos, D. J.: Characteristics and regulatory mechanisms of the amiloride-blockable Na^+ channel. Physiol. Rev., 68:309, 1988.

Grinnell, A. D., et al. (eds.): Calcium and Ion Channel Modulation. New York, Plenum Publishing Corp., 1988.

Hille, B.: Gating in sodium channels of nerve. Annu. Rev. Physiol., 38:139, 1976.

Hodgkin, A. L.: The Conduction of the Nervous Impulse. Springfield, Ill., Charles C Thomas, 1963.

Hodgkin, A. L., and Horowicz, P.: The effect of sudden changes in ionic concentrations on the membrane potential of single muscle fibers. J. Physiol. (Lond.), 153:370, 1960.

Hodgkin, A. L., and Huxley, A. F.: Movement of sodium and potassium ions during nervous activity. Cold Spr. Harb. Symp. Quant. Biol., 17:43, 1952.

Hodgkin, A. L., and Huxley, A. F.: Quantitative description of membrane current and its application to conduction and excitation in nerve. J. Physiol. (Lond.), 117:500, 1952.

Kaplan, J. H.: Ion movements through the sodium pump. Annu. Rev. Physiol., 47:535, 1985.

Katz, B.: Nerve, Muscle, and Synapse. New York, McGraw-Hill, 1968.

Keynes, R. D.: Ion channels in the nerve-cell membrane. Sci. Am., 240:126, 1979.

Kostyuk, P. G.: Intracellular perfusion of nerve cells and its effects on membrane currents. Physiol. Rev., 64:435, 1984.

Krueger, B. K.: Toward an understanding of structure and function of ion channels. FASEB J., 3:1906, 1989.

Latorre, R., and Alvarez, O.: Voltage-dependent channels in lipid bilayer membranes. Physiol. Rev., 61:77, 1981.

Latorre, R., et al.: K^+ channels gated by voltage and ions. Annu. Rev. Physiol., 46:485, 1984.

Levitan, I. B.: Modulation of ion channels in neutrons and other cells. Annu. Rev. Neurosci., 11:119, 1988.

Malhotra, S. K.: The Plasma Membrane. New York, John Wiley & Sons, 1983.

Miller, R. J.: Multiple calcium channels and neuronal function. Science, 235:46, 1987.

Moody, W., Jr.: Effects of intracellular H^+ on the electrical properties of excitable cells. Annu. Rev. Neurosci., 7:257, 1984.

Naftalin, R. J.: The thermostatics and thermodynamics of cotransport. Biochem. Biophys. Acta., 778:155, 1984.

Narahashi, T.: Ion Channels. New York, Plenum Publishing Corp., 1988.

Requena, J.: Calcium transport and regulation in nerve fibers. Annu. Rev. Biophys. Bioeng., 12:237, 1983.

Reuter, H.: Modulation of ion channels by phosphorylation and second messengers. News Physiol. Sci., 2:168, 1987.

Rogart, R.: Sodium channels in nerve and muscle membrane. Annu. Rev. Physiol., 43:711, 1981.

Ross, W. N.: Changes in intracellular calcium during neuron activity. Annu. Rev. Physiol., 51:491, 1989.

Sakmann, B., and Neher, E.: Patch clamp techniques for studying ionic channels in excitable membranes. Annu. Rev. Physiol., 46:455, 1984.

Schubert, D.: Developmental Biology of Cultured Nerve, Muscle and Glia. New York, John Wiley & Sons, 1984.

Schwartz, W., and Passow, H.: Ca^{2+}-activated K^+ channels in erythrocytes and excitable cells. Annu. Rev. Physiol., 45:359, 1983.

Shepherd, G. M.: Neurobiology. New York, Oxford University Press, 1987.

Sjodi, R. A.: Ion Transport in Skeletal Muscle. New York, John Wiley & Sons, 1982.

Skene, J. H. P.: Axonal growth-associated proteins. Annu. Rev. Neurosci., 12:127, 1989.

Snell, R. M. (ed.): Transcellular Membrane Potentials and Ionic Fluxes. New York, Gordon Press Pubs., 1984.

Sperelakis, N.: Hormonal and neurotransmitter regulation of Ca^{++} influx through voltage-dependent slow channels in cardiac muscle membrane. Membr. Biochem., 5:131, 1984.

Stefani, E., and Chiarandini, D. J.: Ionic channels in skeletal muscle. Annu. Rev. Physiol., 44:357, 1982.

Swadlow, H. A., et al.: Modulation of impulse conduction along the axonal tree. Annu. Rev. Biophys. Bioeng., 9:143, 1980.

Trimmer, J. A., and Agnew, W. S.: Molecular diversity of voltage-sensitive Na channels. Annu. Rev. Physiol., 51:401, 1989.

Tsien, R. W.: Calcium channels in excitable cell membranes. Annu. Rev. Physiol., 45:341, 1983.

Ulbricht, W.: Kinetics of drug action and equilibrium results at the node of Ranvier. Physiol. Rev., 61:785, 1981.

Vinores, S., and Guroff, G.: Nerve growth factor: Mechanisms of action. Annu. Rev. Biophys. Bioeng., 9:223, 1980.

Weiss, D. C. (ed.): Axioplasmic Transport in Physiology and Pathology. New York, Springer-Verlag, 1982.

Windhager, E. E., and Taylor, A.: Regulatory role of intracellular calcium ions in epithelial Na transport. Annu. Rev. Physiol., 45:519, 1983.

Wright, E. M.: Electrophysiology of plasma membrane vesicles. Am. J. Physiol., 246:F363, 1984.

Zigmond, R. E., and Bowers, C. W.: Influence of nerve activity on the macromolecular content of neurons and their effector organs. Annu. Rev. Physiol., 43:673, 1981.

IV

O SISTEMA NERVOSO CENTRAL:
A. Princípios Gerais e a Fisiologia Sensorial

7 **Organização do Sistema Nervoso Central; Funções Básicas das Sinapses e das Substâncias Transmissoras**
8 **Receptores Sensoriais; Circuitos Neuronais para o Processamento da Informação**
9 **Sensações Somáticas: I. Organização Geral; os Sentidos do Tato e de Posição**
10 **Sensações Somáticas: II. Dor, Cefaléia e Sensações Térmicas**

Organização do Sistema Nervoso Central; Funções Básicas das Sinapses e das Substâncias Transmissoras

O sistema nervoso, junto com o sistema endócrino, é responsável pela maior parte das funções de controle do corpo. Em geral, o sistema nervoso controla as atividades rápidas do corpo, como as contrações musculares, os eventos viscerais de variação rápida e, até mesmo, a intensidade da secreção de algumas glândulas endócrinas. Ao contrário, o sistema endócrino controla de modo preponderante o funcionamento metabólico do corpo.

O sistema nervoso é único na imensa complexidade das ações de controle que executa. Em termos literais, recebe milhões de *bits* de informação, oriundos dos diferentes órgãos sensoriais, e os integra para determinar qual a resposta que deve ser produzida pelo corpo. O objetivo deste capítulo é, primeiro, o de apresentar um panorama geral dos mecanismos globais usados pelo sistema nervoso para o desempenho dessas funções. Em seguida será discutido o funcionamento das sinapses, as estruturas básicas que controlam a passagem dos sinais que entram, que percorrem e que saem do sistema nervoso. Nos capítulos seguintes será analisado em detalhe o funcionamento de partes distintas do sistema nervoso. Antes de se iniciar essa discussão, contudo, é conveniente que o leitor reveja os Caps. 5, 6 e 25, que apresentam, respectivamente, os princípios dos potenciais de membrana, da transmissão de sinais pelos nervos e pelas junções neuromusculares.

■ PLANO GERAL DO SISTEMA NERVOSO CENTRAL

O NEURÔNIO DO SISTEMA NERVOSO CENTRAL — A UNIDADE FUNCIONAL BÁSICA

O sistema nervoso central é composto por mais de 100 bilhões de neurônios. A Fig. 7.1 apresenta um típico neurônio, do tipo encontrado no córtex cerebral motor. A informação que chega penetra na célula, quase inteiramente por meio das sinapses dos dendritos neuronais ou do corpo celular; podem existir desde algumas centenas a 200.000 conexões sinápticas das fibras aferentes. Por outro lado, os sinais que saem passam por meio de axônio único, mas, esse axônio apresenta muitas ramificações distintas para outras regiões do encéfalo, da medula espinhal ou para a periferia do corpo. Essas terminações axônicas vão, então, estabelecer sinapses com os neurônios das ordens seguintes, ou com células musculares ou secretoras.

Característica especial da maioria das sinapses é a de que o sinal passa, nas condições normais, só na direção para adiante, exceto em condições muito raras. Isso permite que os sinais sejam conduzidos na direção necessária para a efetuação das funções que são exigidas do sistema nervoso. Também será mostrado que os neurônios estão organizados em número extremamente grande de circuitos neurais determinantes do funcionamento do sistema nervoso.

O COMPONENTE SENSORIAL DO SISTEMA NERVOSO CENTRAL — OS RECEPTORES SENSORIAIS

A maior parte das atividades do sistema nervoso central é decorrente da experiência sensorial que emana dos *receptores sensoriais,* sejam eles receptores visuais, auditivos, táteis, na superfície do corpo, ou de outros tipos de receptores. Essa experiência sensorial pode produzir reação imediata, ou sua memória pode ser armazenada no encéfalo por minutos, semanas ou anos, e, só depois desse tempo determinar a reação corporal, em algum momento futuro.

A Fig. 7.2 apresenta uma parte do sistema sensorial — sua porção *somática* — que transmite informação sensorial dos receptores em toda a superfície da pele e de algumas estruturas profundas. Essa informação chega ao sistema nervoso por meio dos nervos espinhais e é conduzida a múltiplas áreas sensoriais "primárias" (1) na medula espinhal, em todos os seus níveis, (2) na substância reticular do bulbo, ponte e mesencéfalo, (3) no cerebelo, (4) no tálamo, e (5) nas áreas somestésicas do córtex

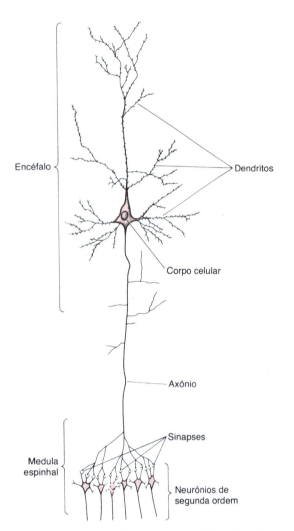

Fig. 7.1 Estrutura de um grande neurônio encefálico, identificando seus componentes funcionais mais importantes.

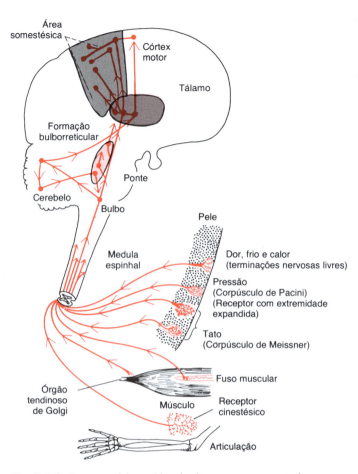

Fig. 7.2 O eixo sensorial somático do sistema nervoso central.

cerebral. Mas, além dessas áreas sensoriais primárias, os sinais também são transmitidos para todas as outras regiões do sistema nervoso.

O COMPONENTE MOTOR — OS EFETORES

O papel que, em última análise, é o mais importante do sistema nervoso é o de controlar as diversas atividades corporais. Isso é realizado por meio do controle (1) da contração dos músculos esqueléticos de todo o corpo, (2) da contração do músculo liso dos órgãos internos, e (3) da secreção das glândulas endócrinas e exócrinas, em muitas partes do corpo. Em seu conjunto, essas atividades são chamadas de *funções motoras* do sistema nervoso, enquanto os músculos e as glândulas são chamados de *efetores*, visto que são eles os executores das funções determinantes pelos sinais neurais.

A Fig. 7.3 apresenta o *eixo motor* do sistema nervoso para o controle da contração dos músculos esqueléticos. Atuando paralelamente a ele, existe outro sistema semelhante, para o controle do músculos lisos e das glândulas, chamado de *sistema nervoso autonômico*, discutido no Cap. 22. Note-se, na Fig. 7.3, que o músculo esquelético pode ser controlado por muitos níveis do sistema nervoso central, que incluem (1) a medula espinhal,

(2) a substância reticular do bulbo, ponte e mesencéfalo, (3) os gânglios da base, (4) o cerebelo, e (5) o córtex motor. Cada uma dessas áreas distintas desempenha seu próprio papel no controle dos movimentos corporais; as regiões mais inferiores estão relacionadas, em grande parte, aos movimentos automáticos e instantâneos do corpo a estímulos sensoriais, enquanto as regiões mais superiores estão relacionadas aos movimentos deliberados, controlados pelos processos de pensamento do cérebro.

O PROCESSAMENTO DA INFORMAÇÃO — A FUNÇÃO "INTEGRATIVA" DO SISTEMA NERVOSO CENTRAL

A principal função do sistema nervoso é a de processar a informação que lhe chega de modo que ocorram respostas motoras *apropriadas*. Mais de 99% de toda a informação sensorial são descartados pelo encéfalo, por serem irrelevantes e sem importância. Por exemplo, a pessoa em condições normais não tem consciência* das partes de seu corpo que estão em contato com suas roupas e, de igual modo, com a pressão de assento quando está sentada. Do mesmo modo, a atenção da pessoa só é atraída

---

*N.T. No original, "unaware". Na tradução literal, não ter *(be aware)* ou não tomar *(become aware)* conhecimento. A forma substantiva *(awareness)* é traduzida como consciência *(consciousness)*. No texto, parece-nos preferível a segunda opção, visto que faz referência a "atividades subconscientes" *(subconscious activities)*, tipicamente *unaware activities*.

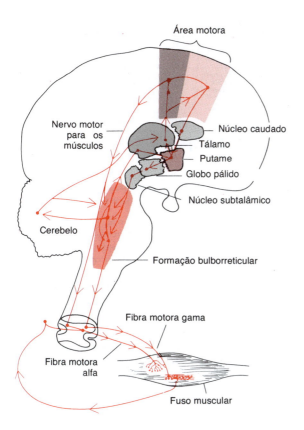

Fig. 7.3 O eixo motor do sistema nervoso central.

por um objeto em seu campo de visão e até mesmo o ruído perpétuo de nosso ambiente é, em geral, relegado a plano muito secundário.

Após a informação sensorial de importância ter sido selecionada, ela passa a ser canalizada para as regiões motoras apropriadas do encéfalo, para a produção da resposta desejada. Essa canalização da informação é chamada de *função integrativa* do sistema nervoso. Desse modo, se a pessoa coloca sua mão sobre uma chapa aquecida de fogão, a resposta desejada é a de retirada da mão. Também existem outras respostas associadas, tais como a de afastamento de todo o corpo de perto do fogão, e, talvez, a de gritar de dor. Contudo, até mesmo essas respostas associadas só representam atividade de pequena fração do sistema motor total do corpo.

Papel das sinapses no processamento da informação. A sinapse é o ponto de junção de um neurônio com outro e, por conseguinte, é sítio vantajoso para o controle da transmissão do sinal. Adiante, neste capítulo, vão ser discutidos os detalhes do funcionamento das sinapses. Todavia, neste ponto, é importante destacar que as sinapses determinam a direção em que os sinais neurais vão se propagar pelo sistema nervoso. Algumas sinapses transmitem os sinais de um neurônio para o seguinte com grande facilidade, outras só o fazem com dificuldade. Também, sinais inibitórios ou excitatórios de outras áreas do sistema nervoso podem controlar a atividade sináptica, algumas vezes, abrindo-as para a transmissão, e, em outras, fechando-as. Além disso, alguns neurônios pós-sinápticos respondem por grande número de impulsos e outros só respondem com poucos. Desse modo, as sinapses têm ação seletiva, muitas vezes bloqueando os sinais fracos, ao mesmo tempo que permitem a passagem dos sinais fortes; também, muitas vezes selecionando e amplificando determinados sinais fracos e, com certa freqüência, canalizando os sinais para muitas direções diferentes, e não simplesmente em uma só direção.

ARMAZENAMENTO DA INFORMAÇÃO — A MEMÓRIA

Apenas pequena fração da informação sensorial de importância provoca resposta motora imediata. A maior parte do restante é armazenada para o controle futuro das atividades motoras e para uso no processo do pensamento. Esse armazenamento ocorre, em sua maior parte, no *córtex cerebral,* mas nunca toda, pois até mesmo as regiões basais do encéfalo e, talvez, a medula espinhal podem armazenar pequenas quantidades de informação.

O armazenamento da informação é o processo chamado de *memória,* e que é, também, função das sinapses. Isto é, cada vez que certos tipos de sinais sensoriais passam por seqüências de sinapses, essas sinapses ficam mais capazes de transmitir, de novo, esses mesmos sinais, um processo chamado de *facilitação*. Após os sinais sensoriais terem passado, muitas vezes, por essas sinapses, elas ficam tão facilitadas que os sinais gerados no interior do próprio encéfalo também passam a produzir a transmissão de impulsos pelas mesmas seqüências de sinapses, embora não tendo ocorrido excitação do aferente sensorial. Isso dá à pessoa uma percepção de experienciar as sensações originais, embora, na realidade, só existam memórias dessas sensações.

Infelizmente, ainda não são conhecidos os mecanismos precisos de como a facilitação sináptica participa no processo da memória, mas o que já é conhecido sobre esse e outros detalhes do processo da memória é discutido no Cap. 19.

Uma vez que as memórias já tenham sido armazenadas no sistema nervoso, elas passam a fazer parte do mecanismo de processamento. Os processos de pensamento do encéfalo comparam as novas experiências sensoriais com as memórias armazenadas; essas memórias ajudam a selecionar as novas experiências que têm importância e a canalizá-las para áreas de armazenamento adequadas, tanto para uso futuro como para as áreas motoras, onde vão produzir respostas corporais.

■ OS TRÊS NÍVEIS PRINCIPAIS DE FUNCIONAMENTO DO SISTEMA NERVOSO CENTRAL

O sistema nervoso humano herdou, de cada estágio de desenvolvimento evolutivo, determinadas características especiais. Dessa herança, três níveis principais do sistema nervoso central apresentam atributos funcionais especiais: (1) o *nível medular,* (2) o *nível encefálico inferior,* e (3) o *nível encefálico superior,* ou *nível cortical.*

O NÍVEL MEDULAR

Muitas vezes, pensa-se que a medula espinhal seja, apenas, um conduto para a passagem de sinais vindos da periferia do corpo, para o encéfalo, ou na direção oposta. Contudo, isso está muito distante da verdade. Mesmo após a medula espinhal ter sido seccionada em sua região cervical superior, ainda persistem muitas funções medulares. Por exemplo, circuitos neuronais da medula podem produzir (1) movimentos de marcha, (2) reflexos produtores do afastamento do corpo de determinados objetos, (3) reflexos que provocam a extensão da perna, para suportar o corpo contra a ação da gravidade, e (4) reflexos que controlam os vasos sanguíneos locais, os movimentos gastrointestinais, e muitas outras funções.

Na verdade, os níveis mais altos do sistema nervoso muitas vezes atuam por meio da medula espinhal — enviando sinais para os centros medulares de controle, simplesmente "ordenando" que esses centros realizem suas funções —, em vez de enviarem sinais diretos para a periferia.

O NÍVEL ENCEFÁLICO INFERIOR

Muitas, se não a maior parte, das chamadas atividades subconscientes do corpo são controladas pelas partes inferiores do encéfalo — no bulbo, ponte, mesencéfalo, hipotálamo, tálamo, cerebelo e gânglios da base. O controle subconsciente da pressão arterial e da respiração ocorre principalmente no bulbo e na ponte. O controle do equilíbrio é uma função combinada das partes mais antigas do cerebelo e da substância reticular do bulbo, ponte e mesencéfalo. Os reflexos da alimentação, como o de salivação, em resposta ao gosto do alimento, e o passar a língua pelos lábios, são controlados por áreas do bulbo, ponte, mesencéfalo, amígdala e hipotálamo; muitos padrões emocionais, como os de raiva, excitação, atividades sexuais, reação à dor ou de prazer, podem ocorrer em animais sem córtex cerebral.

O NÍVEL ENCEFÁLICO SUPERIOR, OU NÍVEL CORTICAL

Após citação de todas as funções nervosas que podem ser atribuídas aos níveis medular e encefálico inferior, o que resta para o córtex cerebral fazer? A resposta a isso é complexa, mas começa com o fato de que o córtex cerebral é um repositório para memórias extremamente grande. O córtex nunca funciona sozinho, mas sempre em associação com os centros inferiores do sistema nervoso.

Sem o córtex cerebral, o funcionamento dos centros inferiores é, muitas vezes, bastante impreciso. O vasto repositório cortical de informação converte, em geral, esse funcionamento em operações muito determinativas e precisas.

Por fim, o córtex cerebral é essencial para a maior parte dos processos do pensamento, embora também não possa atuar sozinho nessa esfera. Na verdade, os centros inferiores provocam a *vigília* no córtex cerebral, o que abre seus bancos de memórias à maquinaria pensante do encéfalo.

Desse modo, cada região do sistema nervoso desempenha funções específicas. Muitas funções integrativas já estão bem desenvolvidas na medula espinhal e muitas das funções subconscientes têm origem e são executadas nas regiões mais baixas do encéfalo. Mas é o córtex que abre o mundo para a mente de cada pessoa.

■ COMPARAÇÃO DO SISTEMA NERVOSO CENTRAL COM UM COMPUTADOR ELETRÔNICO

Quando foram desenvolvidos os primeiros computadores eletrônicos, em muitos e diferentes laboratórios no mundo, por diversos cientistas, logo ficou evidente que todas essas máquinas tinham muitas características em comum com o sistema nervoso. Primeira, todos dispõem de circuitos de entrada (aferentes), semelhantes aos componentes sensoriais do sistema nervoso, e, também, circuitos de saída (eferentes), comparáveis aos componentes motores do sistema nervoso. Na via condutora entre a entrada e a saída ficam os mecanismos responsáveis pela execução dos diferentes tipos de computação.

Nos computadores simples, os sinais de saída são controlados diretamente, pelos sinais de entrada, operando de modo semelhante ao dos reflexos simples da medula espinhal. Contudo, nos computadores mais complexos, a saída é determinada tanto pelos sinais de entrada como pela informação já armazenada na memória do computador, o que é análogo aos mecanismos dos reflexos mais complexos e de processamento do sistema nervoso mais alto. Ainda mais, à medida que os computadores foram ficando cada vez mais complexos, foi necessária a adição de outra unidade, chamada de *unidade programadora central,* que determina a seqüência de todas as operações. Essa unidade é análoga ao mecanismo,

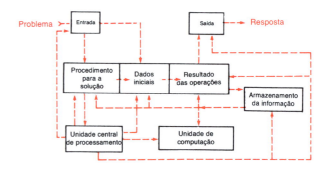

Fig. 7.4 Diagrama de blocos de computador eletrônico de uso geral, mostrando seus componentes básicos e suas inter-relações.

no encéfalo, que permite o direcionamento da atenção, primeiro, para um pensamento, uma sensação, ou uma atividade motora e, em seguida, para outra, e assim sucessivamente, até que ocorram seqüências complexas de pensamentos ou de atividades motoras.

A Fig. 7.4 apresenta um diagrama de blocos bastante simplificado de um computador moderno. Análise rápida desse diagrama é suficiente para comprovar sua semelhança com o sistema nervoso. O fato dos componentes básicos de um computador para aplicações gerais serem análogos aos do sistema nervoso humano demonstra que o encéfalo é basicamente um computador que, de forma contínua, coleta informação sensorial e a utiliza, junto com a informação já armazenada, para computar o curso diário da atividade corporal.

■ AS SINAPSES DO SISTEMA NERVOSO CENTRAL

Todo estudante de medicina sabe que a informação é transmitida no sistema nervoso, na maioria das vezes, sob forma de impulsos nervosos, ao longo de sucessão de neurônios, um após outro. Contudo, não é evidente de imediato que cada impulso (1) pode ser bloqueado em sua transmissão de um neurônio para o seguinte, (2) pode ser alterado, de um só impulso para impulsos repetitivos, ou (3) pode ser integrado a impulsos oriundos de outros neurônios, para produzir padrões intrincados de impulsos nos neurônios sucessivos. Todas essas funções podem ser classificadas como as *funções sinápticas dos neurônios.*

TIPOS DE SINAPSES — QUÍMICAS E ELÉTRICAS

Os sinais neurais são transmitidos de um neurônio a outro por meio de junções interneuronais, chamadas *sinapses.* No mundo animal, existem basicamente dois tipos distintos de sinapses: (1) a *sinapse química* e (2) a *sinapse elétrica.*

Quase todas as sinapses usadas para a transmissão de sinais no sistema nervoso central humano são *sinapses químicas.* Nelas, o primeiro neurônio secreta um composto químico, chamado *neurotransmissor,* na sinapse, e esse transmissor, por sua vez, atua sobre proteínas receptoras existentes na membrana do neurônio seguinte, para excitá-lo, inibi-lo ou modificar, de alguma forma, sua sensibilidade. Já foram identificadas mais de 40 substâncias transmissoras diferentes. Algumas das bem conhecidas são a acetilcolina, a norepinefrina, a histamina, o ácido gama-aminobutírico (GABA) e o glutamato.

Por outro lado, as *sinapses elétricas* são caracterizadas por canais diretos, condutores de eletricidade de uma célula a outra. A maioria delas consiste em pequenas estruturas tubulares, de natureza protéica, chamadas de *junções abertas* [*gap junctions*], que permitem o livre movimento de íons, do interior de uma célula para o de outra. No sistema nervoso central, só foram identificadas poucas junções abertas e, em geral, seu significado ainda permanece ignorado. Mas é por meio das junções abertas e de outras junções semelhantes que o potencial de ação é transmitido de uma célula muscular lisa a outra, no músculo liso visceral (Cap. 25) e de uma célula muscular cardíaca para a seguinte no músculo cardíaco (Cap. 26).

Condução unidirecional nas sinapses químicas. As sinapses químicas apresentam característica extremamente importante, que as faz muito desejáveis como meio para a transmissão dos sinais no sistema nervoso: elas só transmitem os sinais em uma mesma direção — isto é, do neurônio secretor do transmissor, chamado de *neurônio pré-sináptico,* para o neurônio onde vai atuar esse transmissor, chamado de *neurônio pós-sináptico.* Esse é o princípio da *condução unidirecional* pelas sinapses químicas, bastante diferente da condução pelas sinapses elétricas, capazes de transmitir os sinais nas duas direções.

Pense por um momento na extrema importância do mecanismo de condução unidirecional. Ele permite que os sinais sejam direcionados para alvos específicos. Na verdade, é essa transmissão específica de sinais para áreas distintas e altamente focalizadas, no sistema nervoso, a condição essencial para que o sistema nervoso seja capaz de desempenhar as miríades funções de sensação, controle motor, memória e muitas outras.

ANATOMIA FISIOLÓGICA DA SINAPSE

A Fig. 7.5 apresenta um típico *neurônio motor* na ponta anterior da medula espinhal. É formado por três componentes principais: o *soma,* que é maior parte do corpo celular do neurônio; um só *axônio,* que se origina do soma e se estende pelo nervo periférico; e os *dendritos,* que são prolongamentos delgados, com comprimento de até 1 mm, espalhados pelas áreas circundantes da medula.

Até cerca de 100.000 botões, chamados de *terminais pré-sinápticos,* ficam acoplados à superfície dos dendritos e do soma — cerca de 80 a 95% deles sobre os dendritos, é apenas de 5 a 20% sobre o soma. Esses terminais são as extremidades das fibrilas nervosas que têm origem em muitos outros neurônios; em geral, não mais que apenas algumas têm origem em outro neurônio de situação anterior. Adiante ficará evidente que muitos desses terminais pré-sinápticos são *excitatórios,* secretando substância que excita o neurônio pós-sináptico, mas muitos outros são *inibitórios,* secretores de substância que inibe o neurônio.

Os neurônios de outras regiões da medula e do encéfalo diferem de forma bastante acentuada do neurônio motor, desde (1) as dimensões do corpo celular, (2) o comprimento, calibre e número de dendritos, que podem ter extensões variáveis, podendo atingir muitos centímetros, (3) o comprimento e o calibre do axônio, e (4) o número de terminais pré-sinápticos, variando de alguns poucos até várias centenas de milhar. Essas diferenças fazem com que os neurônios, nas diferentes regiões do sistema nervoso, reajam diferentemente aos sinais que chegam e, por conseguinte, desempenhem funções diversas.

Os terminais pré-sinápticos. O estudo, por microfotografia eletrônica, dos terminais pré-sinápticos mostrou que podem ter formas anatômicas bem variadas, mas, em sua maioria, tendem a ser pequenas expansões arredondadas ou ovóides; como resultado, são muitas vezes chamados de *expansões terminais, botões, pés terminais* ou *botões sinápticos.*

A Fig. 7.6 apresenta a estrutura básica do terminal pré-sináptico. É separado do soma neuronal pela *fenda sináptica,* em geral com largura de 200 a 300 Å. O terminal tem duas estruturas internas, importantes para a função excitatória ou inibitória da sinapse: as *vesículas sinápticas* e as *mitocôndrias.* As vesículas sinápticas contêm *substâncias transmissoras* que, quando liberadas na fenda sináptica, podem *excitar* ou *inibir* o neurônio pós-sináptico — excita se a membrana neuronal contém *receptores excitatórios,* inibe se contém *receptores inibitórios.* As mitocôndrias produzem o trifosfato de adenosina (ATP), necessário para a síntese de nova substância transmissora.

Quando um potencial de ação invade um terminal pré-sináptico, a despolarização da membrana faz com que pequeno número de vesículas esvazie seu conteúdo na fenda; e o transmissor liberado produz alteração imediata das características de permeabilidade da membrana neuronal pós-sináptica, o que leva à excitação ou à inibição do neurônio, dependendo das propriedades de seus receptores.

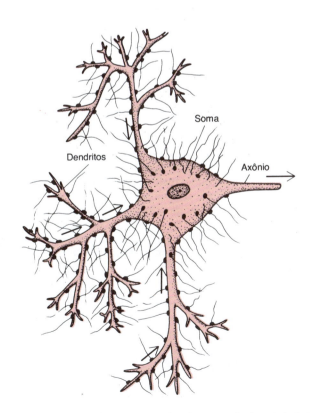

Fig. 7.5 Típico neurônio motor, mostrando os terminais pré-sinápticos no soma neuronal e nos dendritos. Notar, também, o axônio único.

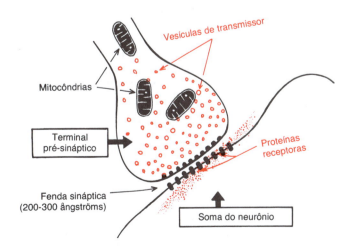

Fig. 7.6 Anatomia fisiológica da sinapse.

Mecanismo da liberação do transmissor, pelo potencial de ação, nos terminais pré-sinápticos — papel do cálcio

A membrana sináptica dos terminais pré-sinápticos contém grande número de *canais voltagem-dependentes de cálcio.* Isso difere muito do que acontece em outras áreas da fibra nervosa, onde o número desses canais é bem pequeno. Quando o potencial de ação despolariza o terminal, muitos íons cálcio, junto com os íons sódio causadores da maior parte do potencial de ação, fluem para o interior do terminal. A quantidade de substância transmissora que é liberada da fenda sináptica é diretamente relacionada ao número de íons cálcio que entram para o terminal. O mecanismo preciso pelo qual os íons cálcio produzem essa liberação ainda não foi identificado, mas acredita-se que seja o que se segue.

Quando os íons cálcio entram no terminal sináptico, supõe-se que se fixem a moléculas de proteína situadas na face interna da membrana sináptica, chamadas de *sítios de liberação.* Isso, por sua vez, faz com que as vesículas sinápticas localizadas em sua proximidade se fixem e, logo depois, se fundam com essa membrana, abrindo-se, por fim, para o exterior, processo conhecido como *exocitose.* Em geral, poucas vesículas liberam seu conteúdo de transmissor na fenda após um só potencial de ação. Para as vesículas que contêm o neurotransmissor acetilcolina, cada vesícula tem entre 2.000 e 10.000 moléculas de acetilcolina, e existem vesículas em número suficiente, em cada terminal pré-sináptico, para transmitir potenciais de ação em número compreendido entre poucas centenas a mais de 10.000.

Ação da substância transmissora sobre o neurônio pós-sináptico — a função dos receptores

Na sinapse, a membrana do neurônio pós-sináptico contém grande número de *proteínas receptoras,* também representadas na Fig. 7.6. Esses receptores têm dois componentes importantes: (1) um *componente de fixação,* que protrai para o interior da fenda sináptica e se fixa com o neurotransmissor do terminal pré-sináptico, e (2) um *componente ionóforo,* que atravessa toda a espessura da membrana, atingindo o interior do neurônio pós-sináptico. Por sua vez, o ionóforo pode ser de dois tipos: (1) um *canal iônico quimicamente ativável,*ou (2) uma *enzima que ativa alteração metabólica no interior da célula.*

Os canais iônicos. Os canais iônicos quimicamente ativáveis (também chamados de canais ligando-dependentes) são, em geral, de três tipos: (1) *canais de sódio,* que permitem principalmente a passagem de íons sódio (embora alguns íons potássio também passem); (2) *canais de potássio,* que permitem a passagem, principalmente, de íons potássio; e (3) *canais de cloreto,* que permitem a passagem de cloreto e de alguns outros ânions. Será visto adiante que a abertura dos canais de sódio excita o neurônio pós-sináptico. Por conseguinte, uma substância transmissora, capaz de abrir os canais de sódio, é chamada de *transmissor excitatório.* Por outro lado, a abertura dos canais de potássio e de cloreto inibe o neurônio e, por isso, os transmissores que abrem um desses canais, ou os dois, são chamados de *transmissores inibitórios.*

Os receptores enzimáticos. A ativação do tipo enzimático de receptor produz outros efeitos sobre o neurônio pós-sináptico. Um desses efeitos é o de *ativar a maquinária metabólica da célula,* como o de provocar a formação do monofosfato de adenosina cíclico (AMPc) que, por sua vez, ativa muitas outras atividades intracelulares. Outro é o de *ativar genes celulares,* que, por sua vez, produzem mais receptores para a membrana pós-sináptica.

Um terceiro efeito é o de *ativar proteínas quinases,* o que diminui o número de receptores. Alterações desses tipos podem afetar a reatividade da sinapse por minutos, dias, meses e, até mesmo, anos. Por conseguinte, as substâncias transmissoras capazes de produzir tais efeitos são, por vezes, chamadas de *moduladores* sinápticos. Experimentos recentes têm demonstrado que esses moduladores são importantes, pelo menos em alguns dos processos da memória discutidos no Cap. 19.

Receptores excitatórios e inibitórios

Alguns receptores pós-sinápticos, quando ativados, produzem excitação do neurônio pós-sináptico, embora produzam, em outros, inibição. A importância da existência de receptores de tipo excitatório e inibitório deve-se ao fato de que isso gera outra dimensão para a função nervosa, permitindo a restrição da ação nervosa, bem como sua excitação.

Os diversos mecanismos moleculares e da membrana responsáveis pela produção, pelos diferentes receptores, de excitação ou inibição, incluem os seguintes:

Excitação

1. A abertura dos canais de sódio, permitindo o fluxo, para o interior da célula, de grande número de cargas elétricas positivas. Isso aumenta o potencial de membrana, no sentido da positividade, em direção ao limiar para excitação. É, de longe, o meio mais usado para produzir excitação.

2. Depressão da condução, por meio dos canais de potássio ou de cloreto ou dos dois. Isso diminui a difusão dos íons potássio, com carga positiva, para fora do neurônio pós-sináptico, ou diminui a difusão dos íons cloreto, com carga negativa, para seu interior. Em qualquer caso, o efeito é o de fazer com que o potencial de membrana fique menos negativo que o normal, o que é excitatório.

3. Várias alterações do metabolismo interno da célula, para excitar a atividade celular, ou, em alguns casos, aumento do número de receptores excitatórios da membrana, ou redução do número de receptores inibitórios.

Inibição

1. Abertura dos canais para o íon potássio através da molécula receptora. Isso permite a rápida difusão dos íons potássio, com carga positiva, do interior para o exterior do neurônio pós-sináptico, e, portanto, transportando cargas positivas para fora, aumentando a negatividade interna, o que é inibitório.

2. Aumento da condutância dos íons cloreto através do receptor. Isso permite que os íons cloreto, com carga negativa, se difundam para o interior da célula, o que também é inibitório.

3. Ativação de receptores enzimáticos que inibem as funções metabólicas da célula ou que aumentam o número de receptores sinápticos inibitórios, ou reduzem o número de receptores excitatórios.

SUBSTÂNCIAS QUÍMICAS QUE ATUAM COMO TRANSMISSORES SINÁPTICOS

Mais de 40 substâncias químicas diferentes já foram demonstradas, ou postuladas, como transmissores sinápticos. A maioria delas é apresentada nos Quadros 7.1 e 7.2, onde são enumerados dois grupos distintos de transmissores sinápticos. Um deles contém os transmissores com pequenas moléculas de ação rápida. O outro é composto por grande número de neuropeptídios, com dimensões moleculares maiores e com ação mais lenta.

7 ■ Organização do Sistema Nervoso Central; Funções Básicas das Sinapses e das Substâncias Transmissoras

QUADRO 7.1 Transmissores de pequena molécula e de ação rápida

Classe I
    Acetilcolina
Classe II: *Aminas*
    Norepinefrina
    Epinefrina
    Dopamina
    Serotonina
    Histamina
Classe III: *Aminoácidos*
    Ácido gama-aminobutírico (GABA)
    Glicina
    Glutamato
    Aspartato

Os transmissores de pequenas moléculas e ação rápida são os que causam a maioria das respostas agudas do sistema nervoso, como a transmissão de sinais sensoriais para e no encéfalo e dos sinais motores para os músculos. Por outro lado, os neuropeptídios têm em geral ações bem mais prolongadas, tais como as alterações, a longo prazo, do número de receptores, o fechamento duradouro de alguns canais iônicos e, possivelmente, até mesmo, alterações a longo prazo do número de sinapses.

Os receptores de moléculas pequenas e de ação rápida

Quase que sem exceção, o tipo de transmissor de molécula pequena é sintetizado no citosol do terminal pré-sináptico e, em seguida, absorvido, por transporte ativo, pelas numerosas vesículas transmissoras existentes no terminal. Depois disso, a cada vez que um potencial de ação invade o terminal pré-sináptico, poucas vesículas de cada vez liberam seu transmissor na fenda sináptica, em geral em menos de 1 milissegundo, pelo mecanismo descrito

QUADRO 7.2 Transmissores neuropeptídicos de ação lenta

A. *Hormônios hipofisários de liberação*
    Hormônio liberador de tirotropina
    Hormônio liberador do hormônio luteinizante
    Somatostatina (fator inibidor do hormônio do crescimento)
B. *Peptídios hipofisários*
    ACTH
    β-Endorfina
    Hormônio estimulante dos melanócitos (α)
    Prolactina
    Hormônio luteinizante
    Tirotropina
    Hormônio do crescimento
    Vasopressina
    Ocitocina
C. *Peptídios ativos no intestino e no encéfalo*
    Leucina-encefalina
    Metionina-encefalina
    Substância P
    Gastrina
    Colecistocinina
    Polipeptídio intestinal vasoativo (VIP)
    Neurotensina
    Insulina
    Glucagon
D. *De outros tecidos*
    Angiotensina II
    Bradicinina
    Carnosina
    Peptídios do sono
    Calcitonina

acima. A ação subseqüente do tipo de transmissor de molécula pequena sobre a membrana pós-sináptica também ocorre dentro de 1 ms ou menos. Com mais freqüência, o efeito é o aumento ou diminuição da condutância pelos canais iônicos; um exemplo seria o de aumento da condutância ao sódio, causando excitação, ou de aumento da condutância ao potássio ou ao cloreto, causando inibição. Todavia, por vezes, os transmissores de moléculas pequenas são capazes de estimular as enzimas ativadas por receptores, em vez de abrirem canais iônicos, o que altera a maquinária metabólica no interior da célula.

Reciclagem do tipo de vesícula das pequenas moléculas. As vesículas que armazenam e liberam os transmissores de pequenas moléculas são continuamente recicladas, isto é, usadas por várias vezes. Após se terem fundido com a membrana sináptica e abertas para liberar seu transmissor, a membrana da vesícula, de início, passa, simplesmente, a fazer parte da membrana sináptica. Contudo, dentro de segundos a minutos, a parte vesicular da membrana se invagina para o interior do terminal pré-sináptico e se fecha, formando nova vesícula. Ela ainda contém as proteínas de transporte apropriadas para concentrar nova substância transmissora em seu interior.

A acetilcolina é um transmissor de pequena molécula típico, que segue os princípios, enumerados acima, de síntese e de liberação. É sintetizada, no terminal pré-sináptico, a partir da acetilcoenzima A (acetil-CoA) e colina, em presença da enzima *colina acetiltransferase*. Em seguida, é transportada para o interior de suas vesículas específicas. Quando as vesículas, mais tarde, liberam essa acetilcolina na fenda sináptica, a acetilcolina é rapidamente clivada a acetato e colina pela enzima *colinesterase*, que existe fixada ao retículo de proteoglicano que preenche o espaço da fenda sináptica. Em seguida, as vesículas são recicladas e a colina é ativamente transportada de volta para o terminal, para ser usada de novo na síntese de nova acetilcolina.

Características dos transmissores de pequena molécula mais importantes. Os mais importantes dos transmissores de pequena molécula são os que se seguem.

A *acetilcolina* é secretada pelos neurônios de muitas regiões encefálicas, mas especificamente pelas grandes células piramidais do córtex motor, por muitos dos neurônios dos gânglios da base, pelos neurônios motores que inervam os músculos esqueléticos, pelos neurônios pré-ganglionares do sistema nervoso autonômico, pelos neurônios pós-ganglionares do sistema nervoso parassimpático e por alguns neurônios pós-ganglionares do sistema nervoso simpático. Na maioria das situações, a acetilcolina exerce efeito excitatório; contudo, sabe-se que exerce efeitos inibitórios em algumas terminações nervosas parassimpáticas periféricas, como, por exemplo, a inibição cardíaca pelos nervos vagos.

A *norepinefrina* é secretada por muitos neurônios cujos corpos celulares ficam situados no tronco cerebral e no hipotálamo. Especificamente, neurônios secretores de norepinefrina situados no *locus ceruleus*, na ponte, enviam fibras nervosas para áreas muito dispersas do encéfalo, onde participam do controle da atividade global e do humor da mente. Na maioria dessas áreas, ela provavelmente ativa receptores excitatórios, mas, em algumas dessas áreas, só receptores inibitórios. A norepinefrina também é secretada pela maior parte dos neurônios pós-ganglionares do sistema nervoso simpático, onde excita alguns órgãos mas inibe outros.

A *dopamina* é secretada por neurônios situados na substância *nigra*. A terminação desses neurônios fica principalmente na região estriada dos gânglios da base. O efeito da dopamina é em geral de inibição.

A *glicina* é secretada, em sua maior parte, nas sinapses da medula espinhal. Provavelmente, só atua como transmissor inibitório.

O *ácido gama-aminobutírico* (GABA) é secretado por terminações nervosas na medula, no cerebelo, nos gânglios da base e no córtex. Acredita-se que só cause inibição.

O *glutamato* é provavelmente secretado por muitos terminais pré-sinápticos em diversas vias sensoriais, além de em muitas áreas corticais. Provavelmente sempre causa excitação.

A *serotonina* é secretada por núcleos situados na rafe mediana do tronco cerebral, que se projetam para muitas áreas encefálicas, especialmente as pontas dorsais da medula espinhal e para o hipotálamo. A serotonina atua como inibidora das vias de dor, na medula, e, também, é considerada como participante do controle do humor da pessoa, talvez podendo causar sono.

Os neuropeptídios

Os neuropeptídios representam classe inteiramente diferente de peptídios sintetizados por outros mecanismos cujas ações são, em geral, lentas e, de outro modo, bastante diversas das dos transmissores de pequenas moléculas.

Os neuropeptídios não são sintetizados no citosol dos terminais pré-sinápticos. Pelo contrário, eles são sintetizados como partes integrais de grandes moléculas protéicas, nos ribosomas do corpo celular neuronal. Essas moléculas de proteína são transportadas à medida que são formadas, para o retículo endoplasmático, ainda no corpo celular; o retículo endoplasmático e, em seguida, o aparelho de Golgi atuam juntos para realizar duas coisas. Primeira, eles, por mecanismos enzimáticos, clivam a proteína original em fragmentos menores, o que libera o próprio neuropeptídio ou um de seus precursores. Segunda, o aparelho de Golgi empacota o neuropeptídio no interior de diminutas vesículas de transmissor que são soltas no citoplasma. Em seguida, essas vesículas de transmissor são transportadas até a terminação da fibra nervosa, pelo *fluxo axônico*, do citoplasma do axônio, com velocidade de apenas poucos centímetros a cada dia. Por fim, essas vesículas liberam seu transmissor em resposta aos potenciais de ação, da mesma forma como os transmissores de pequenas moléculas. Todavia, a vesícula é autolisada, não sendo reutilizada.

Devido a esse trabalhoso mecanismo para a formação dos neuropeptídios, nas condições usuais são liberadas quantidades bem menores deles que as dos transmissores de pequenas moléculas. Contudo, isso é compensado, em parte, pelo fato de os neuropeptídios serem, em geral, mais de mil vezes mais potentes que os transmissores de pequenas moléculas. Outra característica importante dos neuropeptídios é a de produzir efeitos com duração bastante mais longa. Alguns desses efeitos incluem o fechamento prolongado dos poros de cálcio, alterações duradouras da maquinaria metabólica das células, modificações persistentes da ativação ou de desativação de genes específicos no núcleo celular e alteração prolongada do número de receptores, tanto excitatórios como inibitórios. Alguns desses efeitos perduram por dias, talvez por meses e até anos. Infelizmente, o que se sabe sobre as funções desses neuropeptídios ainda está em sua infância.

Liberação de apenas um transmissor de pequena molécula em cada tipo de neurônio

De modo quase invariável, cada tipo de neurônio só libera um transmissor de pequena molécula. Contudo, os terminais de um mesmo neurônio também podem liberar um ou mais neuropeptídios ao mesmo tempo. Todavia, quaisquer que sejam os neuropeptídios e o transmissor de pequena molécula liberados em um terminal, todos os outros terminais desse neurônio liberarão o mesmo transmissor de pequena molécula, independentemente de esses terminais serem em pequeno número ou milhares, e de

ocorrerem no interior do sistema nervoso ou em órgãos periféricos.

Remoção do transmissor da sinapse

Após o transmissor ter sido liberado na sinapse, ele é destruído ou removido, de outra forma, para impedir que continue a agir definitivamente. No caso dos neuropeptídios, a remoção ocorre por difusão para os tecidos circundantes, seguida por destruição, dentro de minutos a algumas horas, por enzimas específicas ou inespecíficas. Para os transmissores de pequena molécula, de ação rápida, a remoção ocorre, na maioria dos casos, dentro de alguns milissegundos. Isso pode ocorrer por três meios distintos:

1. Por *difusão* do transmissor da fenda sináptica para os tecidos vizinhos.
2. Por *destruição enzimática* ainda no interior da fenda. Por exemplo, no caso da acetilcolina, a enzima *colinesterase* está presente na fenda, fixada à matriz de proteoglicanos que preenche o interior da fenda. Cada molécula dessa enzima pode degradar 10 moléculas de acetilcolina a cada milissegundo, inativando, assim, esse transmissor. Existem mecanismos semelhantes para os outros transmissores.
3. Por *transporte ativo, de volta para o terminal pré-sináptico*, seguido por reutilização. Isso é chamado de *recaptação do transmissor*. Ocorre de forma especialmente proeminente nos terminais pré-sinápticos do sistema nervoso simpático, com recaptação da norepinefrina, como discutido no Cap. 22.

O grau em que cada um desses métodos de remoção é usado vai depender do tipo de transmissor, diferente para cada um deles.

FENÔMENOS ELÉTRICOS DURANTE A EXCITAÇÃO NEURONAL

Os fenômenos elétricos que ocorrem durante a excitação neuronal têm sido estudados de modo especial nos grandes neurônios motores da ponta anterior da medula espinhal. Por conseguinte, os fenômenos que vão ser descritos nos parágrafos a seguir referem-se especificamente a esses neurônios. Contudo, exceto por algumas diferenças quantitativas, eles se aplicam à maior parte dos demais neurônios no sistema nervoso.

O potencial de membrana em repouso do soma neuronal. A Fig. 7.7 representa o soma de um neurônio motor, mostrando que o potencial de membrana é de cerca de −65 mV. Esse valor

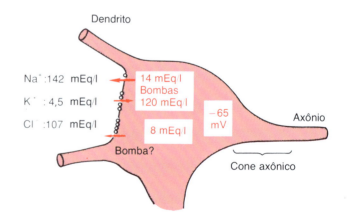

Fig. 7.7 Distribuição dos íons sódio, potássio e cloreto entre as duas faces da membrana neuronal; origem do potencial de membrana no interior do soma.

7 ■ Organização do Sistema Nervoso Central; Funções Básicas das Sinapses e das Substâncias Transmissoras   85

é bem menor que o de -90 mV, encontrado nas fibras periféricas mais grossas e nas fibras musculares esqueléticas; todavia, essa menor voltagem é importante pois permite o controle, positivo ou negativo, do grau de excitabilidade do neurônio. Isto é, a redução dessa voltagem para valor menos negativo faz com que a membrana neuronal fique mais excitável, enquanto o aumento, para valor mais negativo, torna o neurônio menos excitável. Esta é a base dos dois modos de funcionamento do neurônio — excitação ou inibição —, como explicado em detalhe nas seções seguintes.

Diferenças de concentração iônica através da membrana do soma neuronal. A Fig. 7.7 também mostra as diferenças de concentração através da membrana do soma neuronal dos três íons mais importantes para o funcionamento neuronal: íons sódio, potássio e cloreto.

Em cima, é mostrado que a concentração do íon sódio é muito alta no líquido extracelular, mas baixa no interior do neurônio. Esse gradiente de concentração é gerado por potente bomba de sódio que, continuamente, bombeia o sódio para fora do neurônio.

A figura também mostra que a concentração do íon potássio é alta no interior do soma neuronal, mas muito baixa no líquido extracelular. Ela também mostra que existe uma bomba para o potássio (a outra metade da bomba de Na^+-K^+, descrita no Cap. 5) que bombeia o potássio para o interior. Contudo, os íons potássio vazam através dos canais iônicos da membrana com intensidade suficiente para anular boa parte da eficácia da bomba de potássio.

A Fig. 7.7 também mostra que o íon cloreto tem concentração elevada no líquido extracelular, mas baixa no interior do neurônio. Mostra, igualmente, que a membrana é bastante permeável aos íons cloreto e que pode existir uma fraca bomba de cloreto. Contudo, a razão principal para a baixa concentração de íons cloreto no interior do neurônio é o potencial de -65 mV do neurônio. Isto é, essa voltagem negativa repele os íons cloreto, com carga negativa, forçando-os a sair por meio dos poros até que a diferença de concentração seja maior no exterior que no interior.

Neste ponto, deve ser lembrado o que foi discutido no Caps. 5 e 6 sobre as inter-relações entre as diferenças de concentração e os potenciais de membrana. Lembre-se de que um potencial elétrico através da membrana é capaz de opor-se precisamente ao movimento iônico, através dessa membrana, apesar da existência de diferença de concentração entre as suas duas faces, desde que esse potencial tenha polaridade e amplitude adequadas. O potencial que, com precisão, se opõe ao movimento de cada tipo de íon é chamado de potencial de Nernst para o íon; a equação que define seu valor é:

$$FEM\ (mV) = \pm 61 \times \log \left(\frac{\text{Concentração externa}}{\text{Concentração interna}} \right)$$

onde FEM é o potencial de Nernst, em milivolts, na *face interna da membrana*. O potencial será positivo $(+)$ para um íon positivo, e negativo $(-)$ para íon negativo.

Deve-se, agora, calcular o potencial de Nernst que irá precisamente se opor ao movimento de cada um dos três íons distintos: sódio, potássio e cloreto.

Para a diferença de concentração do sódio apresentada na Fig. 7.7, 142 mEq/l no exterior e 14 mEq/l no interior, o potencial de membrana que se oporia exatamente ao movimento dos íons sódio pelos canais de sódio seria de $+61$ mV. Contudo, o verdadeiro valor do potencial de membrana é de -65 mV, e não de $+61$ mV. Como resultado, os íons sódio normalmente se difundem para o interior, passando pelos canais de sódio; todavia,

essa difusão será pequena, visto que a maior parte dos canais de sódio, nas condições usuais, estará fechada. Ainda mais, os íons sódio que se difundirem para o interior serão bombeados imediatamente para o exterior pela bomba de sódio.

Para os íons potássio, o gradiente de concentração é de 120 mEq/l no interior e de 4,5 mEq/l no exterior. Disso resulta um potencial de Nernst de -86 mV, no interior do neurônio, que é mais negativo que o do verdadeiro potencial, -65 mV. Por conseguinte, existe tendência para que os íons potássio se difundam para fora do neurônio, o que é antagonizado pelo bombeamento contínuo desse íon para o interior.

Por fim, o gradiente do íon cloreto, de 107 mEq/l no exterior e de 8 mEq/l no interior, gera potencial de Nernst de -70 mV no interior do neurônio, que é ligeiramente mais negativo que o valor verdadeiro medido. Assim, os íons cloreto tendem, nas condições normais, a vazar para o interior do neurônio, embora a maior parte dos que se difundem seja levada de volta para o exterior, talvez por meio de uma bomba ativa de cloreto.

Esses três potenciais de Nernst devem ser lembrados, bem como a direção em que esses três íons tendem a se difundir, pois essa informação será importante para a compreensão da excitação e da inibição neuronais pela ativação sináptica dos canais iônicos dos receptores.

Origem do potencial de membrana em repouso do soma neuronal. A causa básica do potencial de membrana em repouso de -65 mV do soma neuronal é a bomba de sódio-potássio. Essa bomba produz a extrusão de mais íons sódio, com carga positiva, para o exterior que de íons potássio para o interior — três íons sódio para o exterior, em troca de dois íons potássio para o interior. Devido à existência de grande número de íons com carga negativa no interior do soma que não podem difundir-se através da membrana — íons protéicos, íons fosfato, além de muitos outros —, a extrusão de maior número de íons positivos para o exterior deixa alguns desses íons negativos não-difusíveis no interior da célula, sem serem neutralizados por íons positivos. Por conseguinte, o interior do neurônio passa a ter carga negativa, como resultado da atuação da bomba de Na^+-K^+. Esse princípio foi discutido em detalhe, no Cap. 6, em relação ao potencial de membrana em repouso das fibras nervosas. Além disso, como explicado também no Cap. 6, a difusão dos íons potássio para fora através da membrana é outra causa para a negatividade intracelular.

Distribuição uniforme do potencial no interior do soma. O interior do soma neuronal contém solução eletrolítica extremamente condutora: o líquido intracelular do neurônio. Ainda mais, o diâmetro do soma neuronal é muito grande (da ordem de 10 a 80 μm), o que faz com que exista resistência mínima à condução da corrente elétrica de uma região do soma para outra. Como resultado, qualquer variação de potencial em determinada parte do líquido no interior do soma provoca alteração quase igual do potencial em todas as outras partes no interior do soma. Esse é um princípio importante, pois desempenha papel significativo na somação dos sinais que chegam ao neurônio, oriundos de fontes múltiplas, como discutido nas próximas seções.

Efeito da excitação sináptica sobre a membrana pós-sináptica — o potencial pós-sináptico excitatório. A Fig. 7.8A mostra um neurônio em repouso, com um terminal pré-sináptico não-excitado em sua superfície. O potencial de membrana em repouso em todo o soma é de -65 mV.

A Fig. 7.8B apresenta um terminal pré-sináptico que secretou seu transmissor na fenda entre o terminal e a membrana do soma neuronal. Esse transmissor atua sobre um receptor excitatório nessa membrana, *aumentando a permeabilidade da membrana ao Na^+*. Devido ao grande gradiente eletroquímico que tende a impelir o sódio para o interior, esse grande aumento da condutância da membrana para os íons sódio permite que

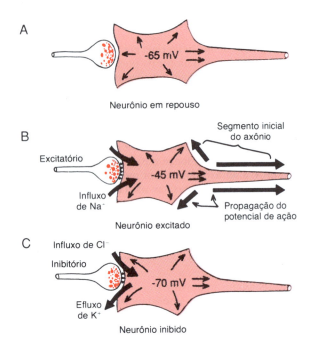

Fig. 7.8 Os três estados do neurônio. *A*, O neurônio em repouso. *B*, O neurônio no estado excitado, com potencial intraneuronal mais positivo, causado pelo influxo de sódio. *C*, O neurônio no estado inibido, com potencial de membrana intraneuronal mais negativo, causado por efluxo de íons potássio, influxo de íons cloreto, ou por ambos.

esses íons inundem o interior neuronal.

O rápido influxo dos íons sódio com carga positiva para o interior neutraliza parte da negatividade do potencial de membrana em repouso. Assim, na Fig. 7.8B, o potencial de membrana aumentou de −65 mV para −45 mV. Esse aumento da voltagem, acima do potencial neuronal em repouso normal — isto é, para valor menos negativo — é chamado de *potencial pós-sináptico excitatório* (ou PPSE), visto que, caso esse potencial aumente o suficiente, ele poderá produzir um potencial de ação do neurônio, o que marca sua excitação. Neste caso, o PPSE é de +20 mV.

Contudo, neste ponto, é necessária uma palavra de aviso. A descarga de um só terminal pré-sináptico nunca é capaz de aumentar o potencial neuronal de −65 mV para −45 mV. Ao contrário, aumento com essa amplitude exige a descarga simultânea de muitos terminais — cerca de 40 a 80, para o neurônio motor típico, da ponta anterior, a um só tempo em sucessão muito rápida. Isso ocorre pelo processo chamado de *somação*, discutido em detalhes nas próximas seções.

Geração do potencial de ação no segmento inicial do axônio, em sua emergência do neurônio — o limiar de excitação. Quando o potencial pós-sináptico excitatório aumenta o suficiente, ele passa por valor onde gera um potencial de ação do neurônio. Todavia, o potencial de ação não começa na membrana do soma, na região adjacente às sinapses excitatórias. Pelo contrário, ele começa no segmento inicial do axônio, no trecho onde ele emerge do soma neuronal. A razão principal para a origem do potencial de ação é a de que o soma tem poucos canais voltagem-dependentes de sódio em sua membrana, o que torna difícil a abertura de número suficiente de canais para a geração do potencial de ação. Por sua vez, a membrana do segmento inicial tem concentração de canais voltagem-dependentes de sódio sete vezes maior e, portanto, é capaz de gerar um potencial de ação com muito mais facilidade que o soma. O potencial pós-sináptico excitatório, capaz de gerar um potencial de ação no segmento inicial, deve ter amplitude entre +15 e +20 mV, o que contrasta com a de +30 mV, necessário para o soma.

Uma vez gerado o potencial de ação, ele se propaga ao longo do axônio para a periferia, mas, por vezes, também em sentido retrógrado, para o soma. Em alguns casos, chega a invadir os dendritos, mas não todos, visto que os dendritos, como o soma, também têm número muito reduzido de canais voltagem-dependentes de sódio e, por conseguinte, com muita freqüência, são incapazes de gerar potenciais de ação.

Dessa forma, é mostrado, na Fig. 7.8B, que, nas condições normais, o *limiar* de excitação do neurônio é de cerca de −45 mV, o que representa um potencial pós-sináptico excitatório de +20 mV — isto é, 20 mV mais positivo que o potencial de membrana em repouso normal de −65 mV.

FENÔMENOS ELÉTRICOS NA INIBIÇÃO NEURONAL

Efeito das sinapses inibitórias sobre a membrana pós-sináptica — o potencial pós-sináptico inibitório. As sinapses inibitórias abrem os canais de potássio, de cloreto, ou os dois, em vez dos canais de sódio, permitindo a fácil passagem de um ou dos dois íons. Agora, para que se entenda como as sinapses inibitórias podem inibir o neurônio pós-sináptico, deve ser lembrado o que foi aprendido sobre os potenciais de Nernst para os íons potássio e cloreto. Esses potenciais tiveram seus valores calculados como de cerca de −86 mV, para o íon potássio, e de cerca de −70 mV, para o íon cloreto. Esses dois valores são mais negativos que os −65 mV presentes, normalmente, na face interna da membrana neuronal em repouso. Como resultado, a abertura dos canais de potássio permitirá que os íons potássio com carga positiva passem para o exterior, o que fará com que o potencial de membrana fique ainda mais negativo que o normal; a abertura dos canais de cloreto permitirá que os íons cloreto com carga negativa passem para o interior, o que, de igual modo, fará com que o potencial de membrana fique ainda mais negativo. Isso aumenta a negatividade intracelular, o que é chamado de *hiperpolarização*. Obviamente, ela inibe o neurônio, visto que seu potencial de ação fica ainda mais distante do limiar de excitação. Portanto, o aumento da negatividade, além do potencial de membrana em repouso, é chamado de *potencial pós-sináptico inibitório* (PPSI).

Desta forma, a Fig. 7.8C mostra o efeito da ativação de sinapses inibitórias sobre o potencial de membrana, permitindo o influxo de íons cloreto para a célula ou o efluxo de íons potássio da célula, com o potencial de membrana diminuindo de seu valor normal de −65 mV para valor ainda mais negativo, de −70 mV. Esse potencial de membrana 5 mV mais negativo é o potencial pós-sináptico inibitório. Assim, neste exemplo, o PPSI é de −5 mV.

Inibição de neurônios sem ação de potenciais pós-sinápticos inibitórios — o "curto-circuito" da membrana. Por vezes, a ativação de sinapses inibitórias produz potencial pós-sináptico inibitório de amplitude muito pequena ou inexistente, mas, não obstante, ainda inibe o neurônio.

A razão pela qual o potencial muitas vezes não varia é que, em alguns neurônios, as diferenças de concentração dos íons potássio e cloreto através da membrana só são capazes de gerar potencial de equilíbrio de Nernst com valor igual ao potencial de repouso normal. Como resultado, quando os canais inibitórios abrem, não ocorre fluxo efetivo de íons capaz de causar potencial pós-sináptico inibitório. Contudo, os íons potássio ou cloreto, ou os dois, se difundem bidirecionalmente pelos canais bem abertos, com rapidez muito maior que a normal, e esse fluxo intenso inibe o neurônio da seguinte forma: quando as sinapses excitatórias produzem o fluxo de sódio para o interior do neurônio, os canais bem abertos de potássio e de cloreto causam potencial pós-sináptico excitatório com amplitude menor que a normal, pois qualquer tendência para que o potencial de membrana varie de seu valor de repouso é imediatamente antagonizada pelo fluxo rápido de íons potássio e cloreto pelos canais inibitórios que traz o potencial de Nernst de volta ao valor negativo do potencial de equilíbrio desses dois íons. Como resultado, o influxo de íons sódio necessário para sobrepujar o fluxo de potássio e de cloreto — e, portanto, para causar excitação — pode ser de 5 a 20 vezes o normal.

Essa tendência dos íons potássio e cloreto, de manter o potencial de membrana próximo a seu valor de repouso, quando os canais inibitórios estão bem abertos, é chamada de "curto-circuito" da membrana, por fazer com que o fluxo de corrente do sódio provocado pelas sinapses excitatórias seja ineficaz para excitar a célula.

Para que o fenômeno do curto-circuito tenha expressão mais matemática, basta que seja lembrada a equação de Goldman, apresentada no Cap. 6. Essa equação mostra que o potencial de membrana é determinado pela somação das tendências, dos diferentes íons, de carregar cargas elétricas através da membrana nas duas direções. O potencial de membrana se aproximará do potencial de Nernst de equilíbrio para os íons capazes de atravessar a membrana com maior intensidade. Quando os canais inibitórios estão bem abertos, os íons cloreto e potássio atravessam a membrana em grande número. Por conseguinte, quando os canais excitatórios se abrem, o efeito somado dos canais inibitórios torna difícil que o potencial neuronal seja elevado até o valor limiar de excitação.

Inibição pré-sináptica

Além da inibição causada pelas sinapses inibitórias atuando ao nível da membrana neuronal, o que é chamado de *inibição pós-sináptica,* outro tipo de inibição ocorre, com freqüência, nos terminais pré-sinápticos, antes que o sinal atinja a sinapse. Esse tipo de inibição, chamado de *inibição pós-sináptica,* é considerado ocorrer como se segue.

Na inibição pré-sináptica, a inibição é causada por sinapses "pré-sinápticas", situadas sobre as fibrilas nervosas do terminal, antes que elas entrem em contato com o neurônio seguinte. Acredita-se que a ativação dessas sinapses sobre os terminais pré-sinápticos diminua a capacidade de abertura dos canais de cálcio nesse terminal. Como os íons cálcio têm de penetrar nos terminais pré-sinápticos antes que as vesículas possam liberar seu transmissor, na sinapse neuronal, o resultado óbvio é a diminuição da excitação neuronal.

A razão para a redução da entrada de cálcio no terminal pré-sináptico ainda permanece desconhecida. Uma teoria propõe que as sinapses pré-sinápticas liberem transmissor que bloqueie diretamente os canais de cálcio. Outra propõe que o transmissor bloqueie a abertura dos canais de sódio, o que reduziria a amplitude do potencial de ação nos terminais; dado que os canais voltagem-dependentes do cálcio são extremamente sensíveis à voltagem, qualquer redução da amplitude do potencial de ação iria reduzir de muito a entrada do cálcio.

A inibição pré-sináptica existe em muitas das vias sensoriais no sistema nervoso. Isto é, as fibras adjacentes inibem umas as outras, o que minimiza a dispersão lateral dos sinais de uma fibra a outra. Esse tópico será discutido em maior detalhe em outros capítulos.

A inibição *pré-sináptica* difere da inibição pós-sináptica por sua seqüência temporal. Ela exige muitos milissegundos para seu pleno desenvolvimento, mas, quando ocorre, pode perdurar por minutos até horas. Por sua vez, a inibição *pós-sináptica,* em condições normais, dura apenas alguns milissegundos.

Somação de potenciais pós-sinápticos

Curso temporal dos potenciais pós-sinápticos. Quando uma sinapse excita o neurônio motor da ponta anterior, a membrana neuronal só fica muito permeável por cerca de 1 a 2 ms. Durante esse tempo, os íons sódio se difundem rapidamente para o interior da célula, para aumentar o potencial intraneuronal, o que causa o *potencial pós-sináptico excitatório* mostrado nas duas curvas inferiores da Fig. 7.9. Em seguida, esse potencial se dissipa ao longo dos próximos 15 ms, pois esse é o tempo necessário para que as cargas fluam para longe das sinapses excitadas ao longo dos dendritos e do axônio, e para que os íons potássio vazem para fora ou os íons cloreto vazem para dentro, para restabelecer o potencial de membrana em repouso normal.

Ocorre precisamente o efeito oposto para o potencial pós-sináptico inibitório. Isto é, a sinapse inibitória aumenta a permeabilidade da membrana aos íons potássio ou cloreto, ou aos dois, por 1 a 2 ms, e isso reduz o potencial intraneuronal a valor mais negativo, criando, assim, o *potencial pós-sináptico inibitório*. Esse potencial também persiste por cerca de 15 ms.

Contudo, outros tipos de substâncias transmissoras, atuando sobre outros neurônios, podem excitar ou inibir durante centenas de milissegundos, e até mesmo durante segundos, minutos ou horas.

Somação espacial dos potenciais pós-sinápticos — o limiar de descarga

Já foi destacado que a excitação de um só terminal pré-sináptico sobre a superfície de um neurônio raramente excitará esse neurônio. A razão disso é que a quantidade de substância transmissora que é liberada por um só terminal é suficiente apenas para produzir um potencial pós-sináptico excitatório de 0,5 a 1,0 mV, no máximo, em vez dos 10 a 20 mV necessários para que seja atingido o limiar de excitação. Contudo, durante a excitação de grupo neuronal funcional do sistema nervoso, muitos terminais pré-sinápticos são em geral estimulados ao mesmo tempo e, por mais dispersos sobre a superfície neuronal que esses terminais possam estar, seus efeitos vão se somar. A razão disso é a seguinte: já foi destacado que a variação do potencial, em qualquer ponto, no interior do soma irá fazer com que o potencial varie de forma quase exatamente igual em todos os outros pontos desse soma.

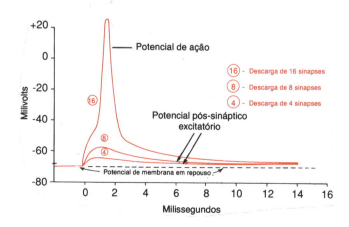

Fig. 7.9 Potenciais pós-sinápticos excitatórios, mostrando que a descarga simultânea de apenas algumas sinapses não gera somação suficiente de potenciais capaz de produzir um potencial de ação, mas a descarga simultânea de muitas sinapses poderá aumentar a amplitude dos potenciais somados até que atinja o limiar de excitação, gerando um potencial de ação superposto.

Portanto, para cada sinapse excitatória que entre em atividade a um só tempo, o potencial no interior do soma ficará mais positivo por fração de até 1 mV. Quando o potencial pós-sináptico excitatório atinge amplitude suficiente, será atingido o *limiar de descarga,* com geração de um potencial de ação no segmento inicial do axônio. Esse efeito é mostrado na Fig. 7.9, onde são representados vários potenciais pós-sinápticos excitatórios. O potencial pós-sináptico mais inferior nessa figura foi causado pela descarga simultânea de quatro sinapses; o potencial pós-sináptico a seguir, pela descarga simultânea de duas vezes mais sinapses, e, por fim, outro potencial pós-sináptico, ainda maior, pela atividade de quatro vezes mais sinapses. Dessa vez foi gerado um potencial de ação no segmento inicial do axônio.

O efeito de somação de potenciais pós-sinápticos simultâneos, por excitação de múltiplos terminais, sobre áreas muito espaçadas da membrana é chamado de *somação espacial.*

Somação temporal

Cada vez que um terminal entra em atividade, a substância transmissora liberada abre os canais da membrana por cerca de 1 ms. Como o potencial pós-sináptico dura em torno de 15 ms, uma segunda abertura desse canal pode aumentar o potencial pós-sináptico até valor mais alto; em conseqüência, quanto maior for a freqüência de estimulação do terminal, maior será a amplitude do potencial pós-sináptico efetivo. Desse modo, potenciais pós-sinápticos sucessivos em um terminal pré-sináptico, caso ocorram de modo suficientemente rápido, podem somar-se da mesma forma como se somam os potenciais pós-sinápticos distribuídos em áreas muito dispersas. Esse tipo de somação é chamado de *somação temporal.*

Somação simultânea de potenciais pós-sinápticos excitatórios e inibitórios. Obviamente, se um potencial pós-sináptico inibitório tende a diminuir o potencial de membrana até valor mais negativo, enquanto um potencial pós-sináptico excitatório tende ao mesmo tempo a aumentá-lo, esses dois efeitos podem se anular, de modo total ou parcial. Por outro lado, o "curto-circuito" inibitório do potencial de membrana é capaz de anular grande parte de um potencial excitatório. Desse modo, caso um neurônio esteja sendo, em determinado momento, excitado por potencial pós-sináptico excitatório, um sinal inibitório, vindo de outra fonte, pode, com facilidade, reduzir o potencial pós-sináptico até valor abaixo do limiar de excitação, o que desliga a atividade do neurônio.

Facilitação dos neurônios. Muitas vezes, o potencial somado é do tipo excitatório, mas sua amplitude é insuficiente para que seja atingido o limiar de excitação. Quando isso acontece, diz-se que o neurônio está *facilitado.* Isto é, seu potencial de membrana está mais próximo do limiar de descarga do que seria normal, mas sem atingir o nível de descarga. Não obstante, outro sinal que chegue a esse neurônio vindo de outra fonte qualquer pode, com grande facilidade, excitar esse neurônio. Os sinais difusos no sistema nervoso facilitam muitas vezes grandes grupos neuronais, de forma que podem responder rápida e facilmente a sinais que chegam de outras fontes.

FUNÇÕES ESPECIAIS DOS DENDRITOS NA EXCITAÇÃO DOS NEURÔNIOS

O grande campo espacial de excitação dos dendritos. Os dendritos dos neurônios motores, das pontas anteriores, se estendem por 500 a 1.000 μm em todas as direções, a partir do soma neuronal. Por conseguinte, esses dendritos podem receber sinais dentro de grande área em torno do neurônio motor. Isso oferece enorme oportunidade para a somação de sinais vindos de muitos e distintos neurônios pré-sinápticos.

Também é importante que entre 80 e 90% de todos os terminais pré-sinápticos terminem sobre os dendritos do neurônio motor da ponta anterior, o que contrasta com apenas 10 a 20% que terminam sobre o soma neuronal. Como resultado, a fração preponderante da excitação é dada pelos sinais transmitidos pelos dendritos.

Muitos dendritos não podem gerar potenciais de ação — mas podem transmitir sinais por condução eletrotônica. Muitos dendritos não são capazes de transmitir potenciais de ação, visto que suas membranas contêm poucos canais voltagem-dependentes de sódio, de modo que seus limiares de excitação são demasiadamente altos para que possam ocorrer potenciais de ação. Contudo, eles transmitem *corrente eletrotônica* em direção ao soma. Transmissão de corrente eletrotônica significa a propagação direta de corrente por condução elétrica nos líquidos dendríticos, sem geração de potenciais de ação. A estimulação do neurônio por essa corrente tem características especiais, como se segue.

Decremento da condução eletrotônica nos dendritos — maior excitação pelas sinapses próximas ao soma. Na Fig. 7.10 são mostradas várias sinapses excitatórias e inibitórias estimulando os dendritos de um neurônio. Nos dois dendritos, na parte esquerda da figura, estão representados os efeitos excitatórios perto das extremidades distais dos dendritos; devem ser notados os altos valores dos potenciais pós-sinápticos excitatórios nesses pontos — isto é, os potenciais de membrana menos negativos nessas extremidades. Contudo, grande parte desse potencial pós-sináptico excitatório é perdida antes que atinja o soma. A razão disso é que os dendritos são longos e finos e suas membranas são, igualmente, muito delgadas e muito permeáveis aos íons potássio e cloreto, fazendo com que permitam o "vazamento" da corrente elétrica. Como resultado, antes que os potenciais excitatórios possam chegar ao soma, grande parte desse potencial é perdido por vazamento através da membrana. Essa redução do potencial de membrana, à medida que é conduzido eletrotonicamente ao longo dos dendritos, é chamada de *condução com decremento.*

Também é óbvio que, quanto mais perto do soma neuronal ficarem as sinapses excitatórias, menor será o decremento durante

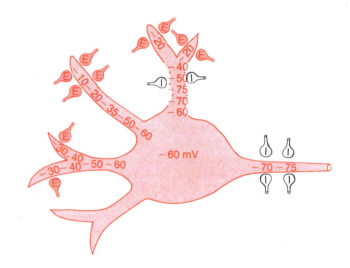

Fig. 7.10 Estimulação do neurônio por terminais pré-sinápticos localizados nos dendritos, mostrando, de forma especial, a condução com decremento dos potenciais eletrônicos excitatórios (E), nos dois dendritos à esquerda, e a inibição (I) da excitação dendrítica, no dendrito mais superior. Também é mostrado o potente efeito das sinapses inibitórias no segmento inicial.

a condução. Portanto, as sinapses situadas próximo ao soma terão efeito excitatório bem mais intenso que as mais distantes.

Reexcitação rápida do neurônio pelos dendritos após a atividade neuronal. Quando é gerado um potencial de ação no neurônio, esse potencial de ação em geral invade, retrogradamente, o soma, mas não os dendritos. Por conseguinte, os potenciais pós-sinápticos excitatórios nos dendritos muitas vezes só são modificados, parcialmente pelo potencial de ação, de modo que, logo após o término de um potencial de ação, os potenciais que ainda persistem nos dendritos estão prontos e à espera para excitar, de novo, o neurônio. Desse modo, os dendritos têm uma "capacidade de espera" [*holding capacity*] para o sinal excitatório de fontes pré-sinápticas.

Somação da excitação e da inibição nos dendritos. O dendrito mais superior na Fig. 7.10 é representado como sendo estimulado por sinapses excitatórias e inibitórias. Na extremidade distal desse dendrito ocorre potencial pós-sináptico excitatório muito intenso, mas, mais próximo ao soma, existem duas sinapses inibitórias atuando sobre esse mesmo dendrito. Essas sinapses inibitórias produzem voltagem hiperpolarizante que anula de forma total o efeito excitatório e, na verdade, transmitem pequena quantidade de inibição, por condução eletrotônica, para o soma. Desse modo, os dendritos podem somar potenciais pós-sinápticos excitatórios e inibitórios, como o faz o soma.

Nessa figura também são representadas diversas sinapses inibitórias, situadas diretamente sobre o cone axônico e o segmento inicial. Essa localização permite a produção de inibição especialmente potente, por exercer efeito direto de aumento do limiar de excitação no ponto exato onde é gerado o potencial de ação.

RELAÇÃO ENTRE O ESTADO DE EXCITAÇÃO E A FREQÜÊNCIA DA ATIVIDADE

O "estado excitatório". O "estado excitatório" de um neurônio é definido como o grau de força excitatória atuando sobre o neurônio. Se, em determinado instante, existir grau maior de excitação que de inibição, então é dito existir um *estado excitatório*. Por outro lado, se houver mais inibição que excitação, é dito existir um *estado inibitório*.

Quando o estado excitatório de um neurônio fica aumentado, até acima do limiar de excitação, o neurônio irá descarregar repetitivamente, enquanto o estado excitatório permanecer nesse nível. Contudo, *a freqüência dessa descarga é determinada pelo valor do estado excitatório acima do limiar*. Para explicar isso, deve-se, primeiro, analisar o que acontece ao potencial do soma neuronal durante e após um potencial de ação.

Variações do potencial do soma neuronal durante e após o potencial de ação. A curva inferior da Fig. 7.11 mostra um potencial de ação se propagando pelo soma neuronal após ter sido gerado no segmento inicial do axônio por um potencial pós-sináptico excitatório. Após o componente em ponta do potencial de ação, ocorre fase muito longa de "hiperpolarização", que dura por muitos milissegundos. Durante esse intervalo, o potencial do soma neuronal cai abaixo do potencial de membrana em repouso normal. Isso é causado, pelo menos em parte, por acentuada permeabilidade da membrana neuronal aos íons potássio e que persiste, por muitos milissegundos, após o término do potencial de ação. Essa alta condutividade da membrana aos íons potássio também produz curto-circuito para os potenciais excitatórios, como explicado acima.

A importância dessa hiperpolarização, bem como a do curto-circuito que ocorre após o término do potencial de ação, é a de que o neurônio permanece no *estado inibitório* durante esse período. Como conseqüência, será necessário estado excitatório bem maior que o normal durante esse tempo para que ocorra reexcitação do neurônio.

Relação entre o estado excitatório e a freqüência da descarga. A curva apresentada na parte superior da Fig. 7.11, rotulada de "estado excitatório necessário para a reexcitação", representa o nível relativo do estado excitatório, que é exigido a cada instante após o término do potencial de ação para reexcitar o neurônio. Note-se que, logo após o término do potencial de ação, é preciso estado excitatório muito alto. Isto é, muitas sinapses excitatórias devem estar atuando ao mesmo tempo. Em seguida, após muitos milissegundos e depois que o estado de hiperpolarização e o curto-circuito começaram a desaparecer, o sinal excitatório necessário fica muito reduzido.

Por conseguinte, quando o estado excitatório é muito alto, um segundo potencial de ação ocorrerá logo depois do primeiro. Em seguida, um terceiro aparecerá logo depois do segundo, e o processo continua indefinidamente. Dessa forma, quando o estado excitatório for alto, a freqüência de descarga do neurônio será elevada.

Por outro lado, quando o estado excitatório for pouco maior que o limiar, o neurônio deverá se recuperar quase completamente da hiperpolarização e do curto-circuito — o que exige muitos milissegundos — antes de, de novo, entrar em atividade. Como resultado, a freqüência da descarga neuronal será baixa.

Características da resposta dos diferentes neurônios a aumentos do estado excitatório. O estudo histológico do sistema nervoso tem produzido evidências convincentes da existência de tipos bastante diferentes de neurônios nas diversas regiões do sistema nervoso. E, em termos fisiológicos, esses tipos distintos de neurônios desempenham funções diversas. Por conseguinte, como deveria ser esperado, a capacidade de responder à estimulação pelas sinapses é variável de um tipo neuronal a outro.

A Fig. 7.12 apresenta as respostas teóricas de três tipos distintos de neurônios a graus variáveis do estado excitatório. Note-se que o neurônio 1 tem limiar de excitação muito baixo, enquanto o do neurônio 3 é muito alto. Mas, note-se, também, que o neurônio 2 tem a menor freqüência de descarga, enquanto o neurônio 3 a tem máxima.

Alguns neurônios, no sistema nervoso central, descarregam de forma contínua, porque seu estado excitatório normal fica acima de seu limiar de excitação. Essa freqüência pode ser elevada ainda mais por aumento de seu estado excitatório. Sua freqüência pode ser reduzida, ou até abolida, por imposição de estado inibitório ao neurônio.

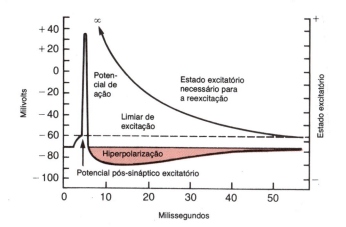

Fig. 7.11 Um potencial de ação neuronal seguido por período prolongado de hiperpolarização neuronal. Também é mostrado o "estado excitatório" necessário para a reexcitação após o término do potencial de ação.

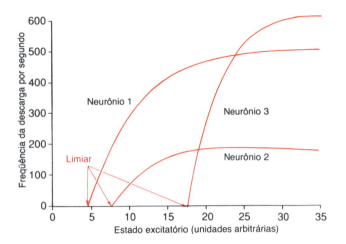

Fig. 7.12 Características das respostas de três tipos distintos de neurônios, para níveis crescentes do estado excitatório.

Dessa forma, os diversos neurônios respondem diferentemente, apresentam limiares de excitação distintos e freqüências máximas de descarga com ampla variação. Com um pouco de imaginação, pode-se, com facilidade, compreender a importância de se ter neurônios com características de resposta bem diferentes, para o desempenho das funções extremamente variáveis do sistema nervoso.

ALGUMAS CARACTERÍSTICAS ESPECIAIS DA TRANSMISSÃO SINÁPTICA

Fadiga da transmissão sináptica. Quando as sinapses excitatórias são estimuladas repetitivamente com freqüência elevada, o número das descargas do neurônio pós-sináptico é, no início, muito alto, decrescendo de forma progressiva durante os milissegundos (ou segundos) seguintes. Isso é chamado de *fadiga da transmissão*.

A fadiga é característica extremamente importante do funcionamento sináptico, pois, quando áreas do sistema nervoso ficam hiperexcitadas, a fadiga faz com que percam esse excesso de excitabilidade após certo tempo. Por exemplo, a fadiga é provavelmente o meio mais importante pelo qual a excitabilidade em excesso do encéfalo durante convulsão epiléptica é, finalmente, controlada de modo que a convulsão cesse. Assim, o desenvolvimento da fadiga representa mecanismo protetor contra a atividade neuronal excessiva. Isso é discutido em maior detalhe na descrição dos circuitos neuronais reverberativos no capítulo seguinte.

O mecanismo da fadiga é, em grande parte, o de exaustão das reservas de substância transmissora nos terminais sinápticos, particularmente por ter sido calculado que os terminais excitatórios da maioria dos neurônios só podem armazenar quantidade de transmissor excitatório suficiente para 10.000 transmissões sinápticas normais, de modo que o transmissor pode ser esgotado em apenas alguns segundos a minutos de estimulação rápida. Contudo, parte do processo da fadiga provavelmente também resulta de dois outros fatores: (1) inativação progressiva da maior parte dos receptores da membrana pós-sináptica, e (2) aumento lento dos íons cálcio no interior da célula neuronal *pós-sináptica*, como resultado dos potenciais de ação sucessivos — esses íons cálcio, por sua vez, abrem canais cálcio-ativados de potássio, com efeito inibitório sobre o neurônio pós-sináptico.

Facilitação pós-tetânica. Quando uma série rápida de impulsos repetitivos estimula uma sinapse excitatória, durante certo tempo, e depois é permitido período de repouso, essa sinapse ficará, com freqüência por segundos a minutos, bem mais reativa à estimulação subseqüente que antes dessa estimulação. Esse fenômeno é chamado de *facilitação pós-tetânica*.

Experimentos mostraram que a facilitação pós-tetânica é causada, em sua maior parte, pelo acúmulo de íons cálcio em excesso nos terminais *pré-sinápticos*, dado que a bomba de cálcio atua com lentidão excessiva para remover todo esse acúmulo imediatamente após cada potencial de ação. Esses íons cálcio que ficam acumulados promovem a liberação vesicular, acima do normal, de substância transmissora, por vezes aumentando a liberação de transmissor por duas vezes a normal.

O significado fisiológico da facilitação pós-tetânica ainda é duvidoso, e talvez nem exista. Contudo, os neurônios poderiam armazenar informação por esse mecanismo. Se assim for, a facilitação pós-tetânica bem poderia ser um mecanismo para a memória "a curto prazo" no sistema nervoso central.

Efeito da acidose e da alcalose sobre a transmissão sináptica. Os neurônios são muito reativos às alterações do pH nos líquidos intersticiais que os banham. A *alcalose aumenta de muito a excitabilidade neuronal*. Por exemplo, a elevação do pH arterial, do valor normal de 7,4 para 7,8 ou 8,0 causa, com freqüência, convulsões cerebrais, devido à maior excitabilidade neuronal. Isso pode ser demonstrado de modo especialmente nítido fazendo-se com que pessoa com predisposição a convulsões epilépticas hiperventile. Essa hiperventilação só aumenta por muito pouco tempo o pH sanguíneo, mas mesmo esse pequeno intervalo pode ser capaz de precipitar um ataque epiléptico.

Por outro lado, a *acidose diminui de modo bastante acentuado a atividade neuronal;* baixa do pH de 7,4 para menos de 7,0 causa, em geral, um estado comatoso. Por exemplo, no diabetes muito grave, ou na acidose urêmica, sempre ocorre coma.

Efeito da hipoxia sobre a transmissão sináptica. A excitabilidade neuronal também é muito dependente de suprimento adequado de oxigênio. A interrupção do fornecimento de oxigênio por apenas alguns segundos pode provocar completa inexcitabilidade neuronal. Isso é visto com freqüência quando a circulação cerebral é interrompida temporariamente, pois dentro de 3 a 5 segundos a pessoa fica inconsciente.

Efeitos de medicamentos sobre a transmissão sináptica. Muitos e diversos medicamentos são sabidamente capazes de aumentar a excitabilidade neuronal, enquanto outros a diminuem. Por exemplo, a cafeína, a teofilina e a teobromina, presentes, respectivamente, no café, no chá e no chocolate, aumentam a excitabilidade neuronal, presumindo-se que atuem pela redução do limiar de excitação dos neurônios. Por outro lado, a estricnina é um dos mais conhecidos entre todos os agentes que aumentam a excitabilidade dos neurônios. Mas ela não reduz o limiar de excitação de forma alguma; pelo contrário, a estricnina *inibe a ação de alguns dos transmissores inibitórios* sobre os neurônios, de modo especial a da glicina, na medula espinhal. Como conseqüência, os efeitos dos transmissores excitatórios ficam extremamente potenciados e os neurônios ficam tão excitados que podem passar a produzir respostas repetitivas de freqüência muito alta, do que resultam fortes espasmos musculares tônicos.

A maioria dos anestésicos aumenta o limiar de excitação da membrana e, portanto, diminui a transmissão sináptica em muitos pontos do sistema nervoso. Como os anestésicos são lipossolúveis, pensou-se que poderiam alterar as características físicas da membrana neuronal, tornando-as menos responsivas aos agentes excitatórios.

Retardo sináptico. Para a transmissão de um potencial de ação do neurônio pré-sináptico para o pós-sináptico é consumido certo tempo no processo de (1) liberação da substância transmissora pelo terminal pré-sináptico, (2) difusão do transmissor até a membrana neuronal pós-sináptica, (3) ação do transmissor sobre o receptor da membrana, (4) ação do receptor para aumentar a permeabilidade da membrana, e (5) difusão, para o interior do neurônio pós-sináptico, para elevar o potencial pós-sináptico excitatório até valor alto o suficiente para gerar um potencial de ação. O *menor* período de tempo necessário para a realização de todas essas etapas, mesmo quando grande número de sinapses excitatórias é estimulado ao mesmo tempo, é de cerca de 0,5 ms. Isso é chamado de *retardo sináptico*. Ele é importante pela seguinte razão: os neurofisiologistas podem medir a duração *mínima* do retardo entre a descarga de entrada e a descarga de saída e, a partir desse valor, calcular o número de neurônios em série no circuito.

REFERÊNCIAS

Bahill, A. T., and Hamm, T. M.: Using open-loop experiments to study physiological systems, with examples from the human eye-movement systems. News Physiol. Sci., 4:104, 1989.

Barchi, R. L.: Probing the molecular structure of the voltage-dependent sodium channel. Annu. Rev. Neurosci., 11:455, 1988.

Berg, D. K.: New neuronal growth factors. Annu. Rev. Neurosci., 7:149, 1984.

Bloom, F. E.: Neurotransmitters: past, present, and future directions. FASEB J., 2:32, 1988.

Bousfield, D. (ed.): Neurotransmitters in Action. New York, Elsevier Science Publishing Co., 1985.

Byrn, J. H., and Schultz, S. G.: An Introduction to Membrane Transport and Bioelectricity. New York, Raven Press, 1988.

Changeux, J.-P., et al.: Acetylcholine receptor: An allosteric protein. Science, 225:1335, 1984.

Cotman, C. W., et al.: Excitatory animo acid neurotransmission: NMDA receptors and Hebb-type synaptic plasticity. Annu. Rev. Neurosci., 11:61, 1988.

Eldefrawi, A. T., and Eldefrawi, M. E.: Receptors for γ-aminobutyric acid and voltage-dependent chloride channels as targets for drugs and toxicants. FASEB J., 1:262, 987.

Eyzaguirre, C.: Physiology of the Nervous System. Chicago, Year Book Medical Publishers, 1985.

Grinnell, A. D., et al. (eds.): Calcium and Ion Channel Modulation. New York, Plenum Publishing Corp., 1988.

Grinvald, A., et al.: Optical imaging of neuronal activity. Physiol. Rev., 68:1285, 1988.

Hanin, I. (ed.): Dynamics of Neurotransmitter Function. New York, Raven Press, 1984.

Hansen, A. J.: Disturbed ion gradients in brain anoxia. News Physiol. Sci., 2:54, 1987.

Heinemann, S., and Patrick, J. (eds.): Molecular Neurobiology. New York, Plenum Publishing Corp., 1987.

Ito, M.: Where are neurophysiologists going? News Physiol. Sci., 1:30, 1986.

Iversen, L. L., and Goodman, E. C. (eds.): Fast and Slow Chemical Signalling in the Nervous System. New York, Oxford University Press, 1986.

Iversen, L. L.: Nonopioid neuropeptides in mammalian CNS. Annu. Rev. Pharmacol. Toxicol., 23:1, 1983.

Johnson, R. G., Jr.: Accumulation of biological amines into chromaffin granules: A model for hormone and neurotransmitter transport. Physiol. Rev., 68:232, 1988.

Kito, S., et al. (eds.): Neuroreceptors and Signal Transduction. New York, Plenum Publishing Corp., 1988.

Kostyuk, P. G.: Intracellular perfusion of nerve cells and its effect on membrane currents. Physiol. Rev., 64:435, 1984.

Krnjevic, K.: Ephaptic interactions: A significant mode of communications in the brain. News Physiol. Sci., 1:28, 1986.

Laduron, P. M.: Presynaptic heteroreceptors in regulation of neuronal transmission. Biochem. Pharmacol., 34:467, 1985.

Marx, J. L.: NMDA receptors trigger excitement. Science, 239:254, 1988.

McGeer, P. L., et al.: Molecular Neurobiology of the Mammalian Brain, 2nd Ed. New York, Plenum Publishing Corp., 1987.

McKay, R. D. G.: Molecular approach to the nervous system. Annu. Rev. Neurosci., 6:527, 1983.

Millhorn, D. E., and Hokfelt, T.: Chemical messengers and their coexistence in individual neurons. News Physiol. Sci., 3:1, 1988.

Nakanishi S.: Substance P precursor and kininogen: Their structures, gene organizations, and regulation. Physiol. Rev., 67:1117, 1987.

Narahashi, T. (ed.): Ion Channels. New York, Plenum Publishing Corp., 1988.

Nicholl, R. A.: The coupling of neurotransmitter receptors to ion channels in the brain. Science, 241:545, 1988.

Phillips, M. I.: Functions of angiotensin in the central nervous system. Annu. Rev. Physiol., 49:413, 1987.

Pickering, P. T., et al. (eds.): Neurosecretion. New York, Plenum Publishing Corp., 1988.

Popot, J.-L., and Changeux, J.-P.: Nicotinic receptor of acetylcholine: Structure of an oligomeric integral membrane protein. Physiol. Rev., 64:1162, 1984.

Purves, D., and Lichtman, J. W.: Specific connections between nerve cells. Annu. Rev. Physiol., 45:553, 1983.

Purves, D., et al.: Nerve terminal remodeling visualized in living mice by repeated examination of the same neuron. Science, 238:1122, 1987.

Reichardt, L. F.: Immunological approaches to the nervous system. Science, 225:1294, 1984.

Robinson, M. B., and Coyle, J. T.: Glutamate and related acidic excitatory neurotransmitters: From basic science to clinical application. FASEB J., 1:446, 1987.

Schubert, D.: Developmental Biology of Cultured Nerve, Muscle and Glia. New York, John Wiley & Sons, 1984.

Skok, V. I., et al. (eds.): Neuronal Acetylcholine Receptors. New York, Plenum Publishing Corp., 1989.

Snyder, S. H.: Neuronal receptors. Annu. Rev. Physiol., 48:461, 1986.

Starke, K.: Presynaptic autoregulation: Does it play a role? News Physiol. Sci., 4:1, 1989.

Stein, J. F.: Introduction to Neurophysiology. St. Louis, C. V. Mosby, Co., 1982.

Su, C.: Purinergic neurotransmission and neuromodulation. Annu. Rev. Pharmacol. Toxicol., 23:397, 1983.

Thompson, R. F.: The neurobiology of learning and memory. Science, 233:941, 1986.

Tucek, S.: Regulation of acetylcholine synthesis in the brain. J. Neurochem., 44:11, 1985.

White, J. D., et al.: Biochemistry of peptide-secreting neurons. Physiol. Rev., 65:553, 1985.

Williams, R. W., and Herrup, K.: The control of neuron number. Annu. Rev. Neurosci., 11:423, 1988.

Wurtman, R. J.: Presynaptic control of release of amine neurotransmitters by precursor levels. News Physiol. Sci., 3:158, 1988.

Zucker, R. S.: Short-term synaptic plasticity. Annu. Rev. Physiol., 12:13, 1989.

8

Receptores Sensoriais; Circuitos Neuronais para o Processamento da Informação

A entrada para o sistema nervoso é intermediada por receptores sensoriais que detectam estímulos sensoriais do tipo do tato, som, luz, dor, frio, calor, e assim por diante. O objetivo deste capítulo é o de discutir os mecanismos básicos pelos quais esses receptores transformam os estímulos sensoriais em sinais neurais e, também, como a informação contida nesses sinais é processada no sistema nervoso.

■ TIPOS DE RECEPTORES SENSORIAIS E OS ESTÍMULOS SENSORIAIS QUE PODEM DETECTAR.

O Quadro 8.1 apresenta lista e classificação da maior parte dos receptores sensoriais do corpo. Esse quadro mostra que existem basicamente cinco tipos distintos de receptores sensoriais: (1) os *mecanorreceptores,* capazes de detectar alterações mecânicas do próprio receptor ou de células adjacentes a eles; (2) *termorreceptores,* capazes de detectar alterações da temperatura, alguns reagindo ao frio, outros ao calor; (3) *nociceptores* (receptores de dor), capazes de detectar a lesão de um tecido, seja por causa física ou química; (4) *receptores eletromagnéticos,* que detectam a luz que incide sobre a retina do globo ocular; e (5) *quimiorreceptores,* detectores do paladar, na boca; do olfato, no nariz; do teor de oxigênio, no sangue arterial; da osmolalidade, nos líquidos corporais; da concentração de dióxido de carbono e, talvez, de outros fatores que compõem a química corporal.

Neste capítulo vai ser discutido o funcionamento de alguns tipos especiais de receptores, em especial dos mecanorreceptores periféricos, para esclarecer os princípios básicos do funcionamento geral dos receptores. Outros tipos de receptores serão discutidos em relação aos sistemas sensoriais de que fazem parte.

A Fig. 8.1 representa alguns dos diferentes tipos de mecanorreceptores encontrados na pele ou nas estruturas profundas do corpo, e o Quadro 8.1 enumera suas funções sensoriais especí-ficas. Todos esses receptores são discutidos nos próximos capítulos em relação a seus sistemas sensoriais respectivos.

SENSIBILIDADE DIFERENCIAL DOS RECEPTORES

A primeira pergunta que deve ser respondida é: Como os diferentes tipos de receptores sensoriais detectam os diversos tipos de estímulos sensoriais? A resposta é em virtude de sensibilidades diferenciais. Isto é, cada tipo de receptor é muito mais sensível ao tipo de estímulo para o qual foi designado, enquanto é quase totalmente não-reativo às demais formas de estímulo, atuando com suas intensidades normais. Dessa forma, os cones e bastonetes são extremamente sensíveis à luz, mas quase totalmente não-reativos ao calor, ao frio, à pressão sobre os globos oculares, ou às variações químicas do sangue. Os osmorreceptores dos núcleos supra-ópticos no hipotálamo detectam variações diminutas da osmolalidade dos líquidos corporais, mas nunca se soube que respondessem ao som. Por fim, os receptores de dor na pele raramente são estimulados pelo tato e pressão usuais, mas ficam muito ativos quando o estímulo tátil é suficientemente intenso para lesar o tecido.

Modalidade da sensação — o princípio da "linha marcada"

Cada um dos tipos principais de sensação que cada um de nós pode experienciar — dor, tato, visão, audição etc. — é chamado de uma *modalidade* de sensação. Contudo, apesar de podermos experienciar essas diversas modalidades sensoriais, as fibras nervosas só conduzem impulsos. Por conseguinte, como as diferentes fibras nervosas transmitem as várias modalidades sensoriais?

A resposta a esta pergunta é que cada via nervosa termina num ponto específico do sistema nervoso central e que o tipo de sensação experienciada, quando é estimulada uma fibra nervosa, é determinado pelo ponto do sistema nervoso para onde vai a fibra. Por exemplo, se for estimulada uma fibra de dor,

QUADRO 8.1 Classificação dos receptores sensoriais

Mecanorreceptores
  Sensibilidades táteis da pele (epiderme e derme)
    Terminações nervosas livres
    Terminações com pontas expandidas
      Discos de Merkel
      Diversas outras variantes
    Terminações em buquê
      Terminações de Ruffini
    Terminações encapsuladas
      Corpúsculos de Meissner
      Corpúsculos de Krause
    Terminações dos pêlos
  Sensibilidades dos tecidos profundos
    Terminações nervosas livres
    Terminações com pontas expandidas
    Terminações em buquê
      Terminações de Ruffini
    Terminações encapsuladas
      Corpúsculos de Pacini
      Algumas outras variantes
    Terminações musculares
      Fusos musculares
      Órgãos tendinosos de Golgi
  Audição
    Receptores de som da cóclea
  Equilíbrio
    Receptores vestibulares
  Pressão arterial
    Barorreceptores dos seios carotídeos e da aorta
Termorreceptores
  Frio
    Receptores para o frio
  Calor
    Receptores para o calor
Nociceptores
  Dor
    Terminações nervosas livres
Receptores eletromagnéticos
  Visão
    Bastonetes
    Cones
Quimiorreceptores
  Paladar
    Receptores das papilas gustativas
  Olfato
    Receptores do epitélio olfativo
  Oxigênio arterial
    Receptores dos corpúsculos carotídeos e aórticos
  Osmolalidade
    Provavelmente, neurônios dos ou próximos aos núcleos supra-ópticos
  CO_2 do sangue
    Receptores na ou sobre a superfície do bulbo e nos corpúsculos aórticos e carotídeos
  Glicose, aminoácidos e ácidos graxos no sangue
    Receptores no hipotálamo

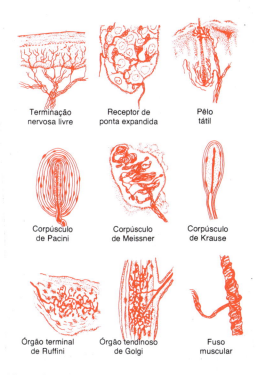

Fig. 8.1 Alguns tipos de terminações nervosas sensoriais.

■ TRANSDUÇÃO DOS ESTÍMULOS SENSORIAIS EM IMPULSOS NERVOSOS

CORRENTES LOCAIS NAS TERMINAÇÕES NERVOSAS — OS POTENCIAIS DO RECEPTOR

Todos os receptores sensoriais apresentam uma característica em comum: qualquer que seja o tipo de estímulo que excite o receptor, seu efeito imediato é o de alterar o potencial de membrana desse receptor. Essa variação do potencial é chamada de *potencial do receptor*.

Mecanismos dos potenciais do receptor. Os diversos receptores podem ser excitados de vários modos diferentes para produzirem os potenciais do receptor: (1) por deformação mecânica do receptor, o que distende a membrana, abrindo seus canais iônicos; (2) por aplicação de composto químico à membrana, o que também abre seus canais iônicos; (3) por variação da temperatura da membrana, o que altera sua permeabilidade; e (4) pelo efeito de radiação eletromagnética, como a luz, sobre o receptor, o que, direta ou indiretamente, modifica as características da membrana, permitindo o fluxo de íons pelos canais da membrana. Deve ser reconhecido que esses quatro tipos diferentes de excitação dos receptores correspondem, em geral, aos diversos tipos conhecidos de receptores sensoriais. Em todos os casos, a causa básica da variação do potencial de membrana é uma modificação da permeabilidade da membrana do receptor, que permite que os íons se difundam, com maior ou menor facilidade, através da membrana e, por conseguinte, alterando o potencial transmembrana.

A amplitude do potencial do receptor. A amplitude máxima da maior parte dos potenciais dos receptores sensoriais é da ordem de 100 mV. Em termos aproximados, essa é a mesma voltagem máxima registrada em potenciais de ação e, também, aproximadamente a mesma voltagem em que a membrana é mais permeável aos íons sódio.

a pessoa sentirá dor, independentemente do estímulo usado. Esse estímulo poderá ser a eletricidade, o calor, o esmagamento, ou a estimulação da terminação nervosa de dor pela lesão tecidual. De igual modo, se uma fibra tátil for estimulada pela excitação elétrica de receptor tátil, ou por qualquer outra forma, a pessoa sente o tato, visto que as fibras do tato vão para áreas específicas para o tato no encéfalo. De forma semelhante, as fibras da retina do olho terminam nas áreas visuais do encéfalo, as fibras do ouvido terminam nas áreas auditivas do encéfalo e as fibras de temperatura terminam nas áreas de temperatura.

Essa especificidade das fibras nervosas para a transmissão de só uma modalidade sensorial é chamada de *princípio da "linha marcada"*.

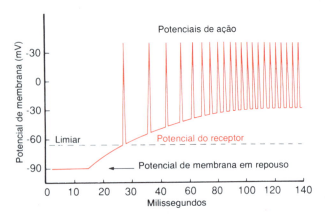

Fig. 8.2 Relação típica entre o potencial do receptor e os potenciais de ação quando o potencial do receptor fica maior que o nível limiar.

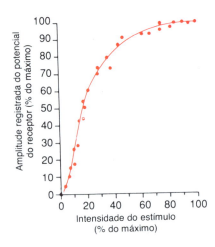

Fig. 8.4 Relação entre a amplitude do potencial do receptor e a intensidade do estímulo aplicado a um corpúsculo de Pacini. (De Loëwenstein: *Ann. N.Y. Acad. Sci.*, 94:510, 1961.)

Relação do potencial do receptor com o potencial de ação. Quando o potencial do receptor atinge valor acima do *limiar* para a geração de potenciais de ação na fibra nervosa ligada a esse receptor, começam a ser registrados potenciais de ação. Isso é mostrado na Fig. 8.2. Note-se, também, que quanto maior for o potencial do receptor em relação ao nível limiar, maior vai ser a freqüência desses potenciais de ação. Desse modo, o potencial do receptor estimula a fibra nervosa sensorial, da mesma forma como o potencial pós-sináptico excitatório, no sistema nervoso central, estimula o axônio do neurônio.

O potencial do receptor do corpúsculo de Pacini — exemplo ilustrativo do funcionamento de um receptor

Neste ponto, o leitor deve reestudar a estrutura anatômica do corpúsculo de Pacini, apresentada na Fig. 8.1. Note-se que o corpúsculo apresenta uma fibra nervosa central que se estende por seu interior. Em torno dela existem várias camadas concêntricas da cápsula, de modo que a compressão em qualquer ponto do exterior do corpúsculo produzirá alongamento, indentação ou qualquer outra deformação da fibra central.

Agora deve ser analisada a Fig. 8.3, que só mostra a fibra central do corpúsculo de Pacini após remoção de todas as camadas da cápsula, por microdissecção. A extremidade final dessa fibra não é mielinizada, mas passa a ser mielinizada pouco depois de sair do corpúsculo, para penetrar no nervo sensorial periférico.

A figura também apresenta o mecanismo pelo qual é produzido o potencial do receptor do corpúsculo de Pacini. Observe-se a pequena área na parte terminal da fibra que foi deformada por compressão do corpúsculo, e note-se que os canais iônicos de sua membrana estão abertos, permitindo que os íons sódio com carga positiva se difundam para o interior da fibra. Isso, por sua vez, produz aumento da positividade nesse interior, que é o potencial do receptor. Em seguida, esse potencial do receptor provoca um *circuito local* de corrente, representado pelas setas em vermelho, que se propaga ao longo da fibra nervosa. No primeiro nodo de Ranvier, que fica situado no interior da cápsula do corpúsculo de Pacini, o fluxo local de corrente despolariza esse nodo, o que desencadeia típicos potenciais de ação, que são, então, transmitidos para o sistema nervoso central.

Relação entre a intensidade do estímulo e o potencial do receptor. A Fig. 8.4 mostra a variação da amplitude do potencial do receptor causada pelo aumento progressivo da compressão mecânica aplicada experimentalmente à parte central do corpúsculo de Pacini. Note-se que essa amplitude aumenta rapidamente de início, mas com velocidade cada vez menor nas maiores intensidades do estímulo.

Em geral, a freqüência dos potenciais de ação repetitivos transmitidos a partir dos receptores sensoriais aumenta aproximadamente com o aumento da amplitude do potencial do receptor. Juntando esse dado aos da Fig. 8.4, vê-se que, muito embora um estímulo sensorial muito fraco possa, nas condições usuais, produzir pelo menos algum sinal sensorial, a estimulação muito intensa do receptor provoca aumento cada vez menor do número de potenciais de ação. Esse é um princípio extremamente importante, encontrado em quase todos os receptores sensoriais. Ele permite que o receptor seja muito sensível à experiência sensorial fraca, e, todavia, só atingir sua freqüência máxima de descarga quando essa experiência sensorial for extrema. Obviamente, isso permite que o receptor tenha ampla faixa de resposta, desde a muito fraca até a muito forte.

ADAPTAÇÃO DOS RECEPTORES

Característica especial de todos os receptores sensoriais é a de que eles se *adaptam*, de modo parcial ou total, a seus estímulos após certo período de tempo. Isto é, quando é aplicado estímulo sensorial contínuo, os receptores de início respondem com alta freqüência de descarga, em seguida, com freqüência progressivamente decrescente, até que, por fim, muitos deles não mais respondem.

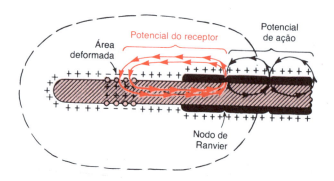

Fig. 8.3 Excitação de fibra nervosa sensorial por um potencial de receptor produzido em corpúsculo de Pacini. (Modificado de Loëwenstein: *Ann. N.Y. Acad. Sci.*, 94:510, 1961.)

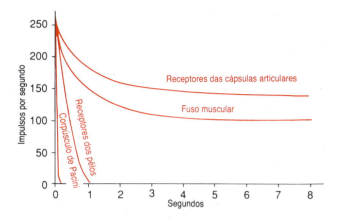

Fig. 8.5 Adaptação em diversos tipos de receptores, mostrando a adaptação rápida de alguns receptores e lenta de outros.

A Fig. 8.5 apresenta a adaptação típica de alguns tipos de receptores. Note-se que o corpúsculo de Pacini se adapta de forma muito rápida e os receptores pilosos se adaptam dentro de cerca de 1 segundo, enquanto os receptores articulares e dos fusos musculares se adaptam de modo muito lento.

Ainda mais, alguns receptores se adaptam de forma bem mais completa que outros. Por exemplo, os corpúsculos de Pacini se adaptam até a "extinção" dentro de alguns centésimos de segundo, enquanto os receptores pilosos se adaptam até a extinção em pouco mais de 1 s. É provável que todos os outros *mecanorreceptores* também se adaptem, após determinado tempo, de forma total, mas alguns podem levar horas a dias para isso, razão de serem chamados, com freqüência, de receptores "não-adaptativos". O período mais longo que já foi medido para a completa adaptação de mecanorreceptor é de cerca de 2 dias, para os barorreceptores carotídeo e aórtico.

Alguns dos mecanorreceptores, bem como os quimiorreceptores e os receptores para dor, por exemplo, com toda a probabilidade, nunca se adaptam completamente.

Mecanismo pelo qual os receptores se adaptam. A adaptação dos receptores é uma propriedade individual de cada tipo de receptor, do mesmo modo como o desenvolvimento do potencial do receptor também é uma propriedade individual. Por exemplo, no olho, os cones e os bastonetes se adaptam por alteração das concentrações de seus compostos químicos sensíveis à luz (discutidos no Cap. 12).

No caso dos mecanorreceptores, o receptor que foi estudado, em relação à adaptação, em maior detalhe ainda foi o corpúsculo de Pacini. Nesse receptor, a adaptação ocorre de dois modos. Primeiro, o corpúsculo de Pacini é estrutura viscoelástica, de modo que, quando uma força deformadora é aplicada abruptamente em um dos lados do corpúsculo, essa força é instantaneamente transmitida pelo componente viscoso do corpúsculo, de forma direta, para o mesmo lado do núcleo central, o que produz o potencial do receptor. Contudo, dentro de poucos centésimos de segundo, o líquido, no interior do corpúsculo é redistribuído, de modo que a pressão, essencialmente, se iguala em todo o corpúsculo; então, isso aplica uma mesma pressão em todos os lados da fibra central, de modo que o potencial do receptor deixa de ser produzido. Dessa forma, o potencial do receptor surge no início da compressão, mas desaparece em fração de segundo, embora persista a compressão.

Em seguida, quando a força deformadora é removida, ocorre processo praticamente inverso. A remoção súbita da distorção em um dos lados do corpúsculo permite a rápida expansão desse lado, com distorção correspondente do núcleo central ocorrendo de novo. Então, dentro de poucos centésimos de segundo, a pressão volta a se equalizar em todo o corpúsculo, e o estímulo é perdido. Não obstante, a distorção da fibra central sinaliza o término da compressão além de seu início.

O segundo mecanismo de adaptação do corpúsculo de Pacini, que é bem mais lento, resulta do processo chamado de *acomodação*, que ocorre na própria fibra nervosa. Isto é, mesmo se a fibra central permanece distorcida — o que pode acontecer após remoção da cápsula por compressão da terminação nervosa por estilete —, a própria extremidade da fibra nervosa fica gradativamente "acomodada" a esse estímulo. Provavelmente, isso é o resultado da "inativação" dos canais de sódio na membrana da fibra nervosa, o que significa que o fluxo de corrente por esses canais pode fazer com que, de alguma forma, eles se fechem, como explicado no Cap. 6.

Presumivelmente, esses dois mecanismos gerais de adaptação também se aplicam aos outros tipos de mecanorreceptores. Isto é, parte da adaptação resulta de reajustamentos da estrutura do próprio receptor e outra parte, da acomodação da fibrila neural terminal.

Funcionamento dos receptores de adaptação lenta para detectar a intensidade contínua do estímulo — os receptores "tônicos". Os receptores de adaptação lenta continuam a transmitir impulsos para o encéfalo, enquanto o estímulo estiver atuando (ou, pelo menos, durante muitos minutos a horas). Como resultado, eles mantêm o encéfalo permanentemente a par do estado do corpo e de suas relações com o que o cerca. Por exemplo, os impulsos dos fusos musculares e dos órgãos tendinosos de Golgi permitem que o sistema nervoso central fique informado sobre o estado da contração muscular e da carga sobre o tendão muscular a cada instante.

Outros tipos de receptores de adaptação lenta incluem os receptores da mácula, do aparelho vestibular, os barorreceptores da árvore arterial, os quimiorreceptores dos corpúsculos carotídeos e aórticos, além de alguns receptores táteis, como as terminações de Ruffini e os discos de Merkel.

Visto que os receptores de adaptação lenta podem continuar a transmitir sinais por muitas horas, eles também são chamados de receptores *tônicos*. Muitos desses receptores de adaptação lenta são capazes de se adaptar até a extinção caso a intensidade do estímulo permaneça absolutamente constante por várias horas ou dias. Felizmente, devido ao nosso estado corporal continuamente variável, esses receptores raramente atingem o estado de completa adaptação.

Funcionamento dos receptores de adaptação rápida para detectar a variação da intensidade do estímulo — os "receptores de velocidade" ou "receptores de movimento" ou "receptores fásicos". Obviamente, os receptores que se adaptam de forma rápida não podem ser usados para a transmissão de um sinal contínuo, visto que esses receptores só são estimulados quando ocorre variação da intensidade do estímulo. Todavia, eles reagem intensamente *enquanto estiver ocorrendo uma variação*. Ainda mais, o número de impulsos que é transmitido é diretamente proporcional à *velocidade com que ocorre essa variação*. Por conseguinte, esses receptores são chamados de receptores de *velocidade*, receptores de *movimento* ou de receptores *fásicos*. Dessa forma, no caso do corpúsculo de Pacini, a pressão súbita aplicada sobre a pele excita esse receptor durante alguns milissegundos e, em seguida, a excitação cessa, embora persista a pressão. Mas, depois, vai transmitir outro sinal, quando cessar a pressão. Em outras palavras, o corpúsculo de Pacini é extremamente importante para a transmissão de informação sobre as rápidas variações de pressão sobre o corpo, mas é inútil para a transmissão de informação sobre as pressões constantes atuantes sobre o corpo.

Importância dos receptores de velocidade — sua função predictiva. Se for conhecida a velocidade com que está ocorrendo alguma variação do estado corporal, pode ser previsto qual será o estado do corpo após alguns segundos e, até, minutos depois. Por exemplo, os receptores dos canais semicirculares do aparelho vestibular, no ouvido, detectam a velocidade com que a cabeça começa a girar, quando a pessoa corre por uma curva. Usando essa informação, a pessoa poderá prever de quanto terá percorrido essa curva, nos dois segundos seguintes, podendo ajustar o movimento de suas pernas *antes do tempo,* para não perder o equilíbrio. De igual modo, os receptores localizados nas articulações, ou próximos a elas, participam da detecção da velocidade de movimento das diferentes partes do corpo. Por conseguinte, quando a pessoa está correndo, a informação oriunda desses receptores permite ao sistema nervoso prever onde estarão os pés durante qualquer fração precisa de segundo, e sinais motores apropriados poderão ser transmitidos para os músculos das pernas, para produzir as correções necessárias, de forma antecipada, da posição das pernas, de modo que a pessoa não caia. A perda dessa função de previsão impede a pessoa de correr.

■ AS FIBRAS NERVOSAS TRANSMISSORAS DOS SINAIS E SUA CLASSIFICAÇÃO FISIOLÓGICA

Alguns sinais devem ser transmitidos para o sistema nervoso central de forma muito rápida; de outro modo, a informação seria inútil. Exemplo disso são os sinais sensoriais que informam o encéfalo sobre as posições momentâneas dos membros a cada fração de segundo durante a corrida. Outro exemplo é o dos sinais motores enviados de volta aos músculos pelo encéfalo. No outro extremo, alguns tipos de informações sensoriais, tais como os que comunicam a dor prolongada em queimação, não precisam ser transmitidos com qualquer rapidez, de modo que podem ser utilizadas fibras de condução bastante lenta. Felizmente, existem fibras nervosas com todos os diâmetros compreendidos entre 0,2 e 2,0 μm — quanto maior o diâmetro, maior será a velocidade de condução. A faixa dessas velocidades de condução varia desde 0,5 até 120 m/s.

A Fig. 8.6 apresenta duas classificações, ambas de uso geral, das fibras nervosas. Uma delas é a classificação geral, que inclui as fibras sensoriais e motoras, inclusive as fibras nervosas autonômicas. A outra é uma classificação das fibras nervosas sensoriais, usada principalmente por neurofisiologistas da área sensorial.

Na classificação geral, as fibras são divididas em dois tipos A e C, e as do tipo A são subdivididas nas fibras α, β e δ.

As fibras A são as típicas fibras mielinizadas dos nervos espinhais. As fibras do tipo C são as fibras muito delgadas e amielínicas, condutoras de impulsos com baixa velocidade. Elas constituem mais da metade de todas as fibras sensoriais na maioria dos nervos periféricos e a totalidade das fibras autonômicas pós-ganglionares.

Os diâmetros, as velocidades de condução, bem como a função dessas fibras são dados na figura. Note-se que só poucas fibras, bastante calibrosas, podem transmitir impulsos com velocidade de 120 m/s, uma distância em 1 s maior que o comprimento de um campo de futebol. Por outro lado, as fibras mais delgadas transmitem impulsos com velocidade de apenas 0,5 m/s, o que exige tempo de cerca de 2 s para a transmissão do hálux até a medula espinhal.

Classificação alternativa usada pelos fisiologistas sensoriais. Algumas técnicas de registro tornaram possível a separação das fibras A em dois subgrupos; todavia, essas mesmas técnicas não permitem uma fácil distinção entre as fibras Aβ e Aγ. Por conseguinte, a classificação a seguir é usada com freqüência pelos fisiologistas sensoriais:

Grupo Ia. Fibras que partem das terminações anuloespirais dos fusos musculares (diâmetro médio de 17 μm; na classificação geral, fazem parte do tipo Aα).

Grupo Ib. Fibras que partem do órgão tendinoso de Golgi (diâmetro médio de 16 μm; também fazem parte do tipo Aα).

Grupo II. Fibras dos diferentes receptores táteis e, também, dos receptores em buquê do fuso muscular (diâmetro médio de 8 μm; na classificação geral, pertencem aos tipos Aβ e Aγ).

Grupo III. Fibras que transmitem sinais relacionados à temperatura, tato grosseiro e dor em pontada (diâmetro médio de 3 μm; são fibras do tipo Aδ na outra classificação).

Grupo IV. Fibras amielínicas que conduzem sinais de dor, prurido,

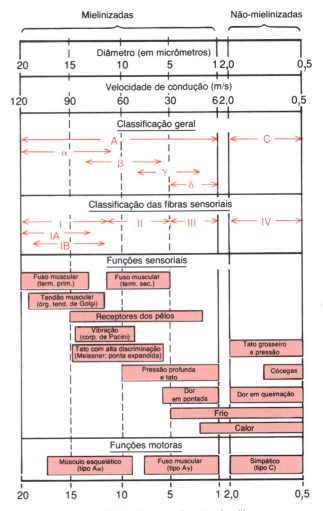

Fig. 8.6 Classificações fisiológicas e as funções das fibras nervosas.

temperatura, e tato grosseiro (diâmetro entre 0,5 e 2,0 μm; são as fibras C da outra classificação).

■ TRANSMISSÃO DE SINAIS COM INTENSIDADES DIFERENTES PELOS FEIXES NERVOSOS — SOMAÇÃO ESPACIAL E TEMPORAL

Uma das características de cada sinal, que sempre deve ser transmitida, é sua intensidade, como, por exemplo, a intensidade da dor. As diversas gradações da intensidade podem ser transmitidas por meio de número crescente de fibras paralelas ou por aumento da freqüência de impulsos por uma só fibra. Esses dois mecanismos são chamados, respectivamente, de somação espacial e de somação temporal.

A Fig. 8.7 representa o fenômeno da *somação espacial,* onde o aumento da intensidade do sinal é transmitido pelo uso de número progressivamente maior de fibras. Essa figura apresenta um corte de pele inervada por grande número de fibras paralelas para a dor. Cada uma dessas fibras se ramifica em centenas de *terminações nervosas livres,* cada uma bastante diminuta, que atuam como receptores para a dor. O conjunto dessas ramificações terminais, de só uma fibra nervosa, responde por área de pele que pode chegar a ter 5 cm de diâmetro; essa área é chamada de *campo receptivo* dessa fibra. O número dessas termi-

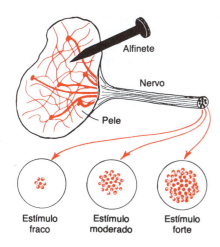

Fig. 8.7 Padrão de estimulação de fibras de dor em tronco nervoso que emergem de área de pele estimulada por alfinetada. Este é um exemplo de *somação espacial*.

nações é alto no centro do campo, diminuindo para sua periferia. Pode-se ver, na figura, que as fibrilas nervosas ramificadas se sobrepõem a outras ramificações de fibra para a dor distintas da primeira. Como resultado, uma alfinetada na pele em geral estimula, simultaneamente, terminações de muitas fibras de dor. Quando a alfinetada é feita no centro do campo receptivo de determinada fibra de dor, o grau de estimulação dessa fibra é bem maior do que quando é feita na periferia desse campo.

Assim, na parte inferior da Fig. 8.7 são mostrados três aspectos distintos de um corte transversal do feixe nervoso que emerge da área da pele. À esquerda é representado o efeito de estímulo fraco, com apenas uma fibra no centro do feixe sendo estimulada de modo bem intenso (representada pelo círculo cheio), ao passo que as fibras circundantes são estimuladas fracamente (círculos meio-cheios). Os outros dois aspectos do corte transversal do feixe nervoso representam, respectivamente, o efeito de estímulo moderado e de estímulo forte, com aumento progressivo do número de fibras que estão sendo estimuladas. Desse modo, os sinais mais intensos passam para número cada vez maior de fibras. Esse é o fenômeno da somação espacial.

O segundo meio para a transmissão de sinais denotadores de intensidade crescente é pelo aumento da *freqüência* dos impulsos nervosos em uma mesma fibra, o que é chamado de *somação temporal*. A Fig. 8.8 apresenta esse mecanismo, mostrando, na parte superior do esquema, um sinal com intensidade variável e, na parte inferior, os impulsos transmitidos pela fibra nervosa.

■ TRANSMISSÃO E PROCESSAMENTO DOS SINAIS NOS GRUPOS NEURONAIS FUNCIONAIS

O sistema nervoso central é formado literalmente por centenas e até por milhares de grupos neuronais funcionais distintos, alguns deles formados por poucos neurônios, outros por número imenso de células neuronais. Por exemplo, todo o córtex cerebral pode ser considerado como grupamento neuronal funcional único, ou poderia ser também considerado como um conjunto de grupos menores, cada um com sua função específica. Outros grupos neuronais funcionais incluem os diversos gânglios da base, os núcleos específicos do tálamo e do cerebelo, o mesencéfalo, a ponte, o bulbo. Por outro lado, toda a substância cinzenta dorsal da medula espinhal também poderia ser considerada como um longo grupamento de neurônios, bem como a substância cinzenta anterior seria outro longo grupamento neuronal.

Cada grupamento tem características próprias de organização, o que permite o processamento dos sinais segundo seu padrão característico, fazendo com que essas características específicas possam desempenhar as incontáveis funções do sistema nervoso. Contudo, apesar de suas diferenças de funcionamento, esses grupamentos neuronais também apresentam princípios semelhantes de funcionamento, descritos nas páginas seguintes.

TRANSMISSÃO DE SINAIS PELOS GRUPAMENTOS NEURONAIS FUNCIONAIS

Organização dos neurônios para a transmissão dos sinais. A Fig. 8.9 é uma representação esquemática de alguns neurônios de um grupamento neuronal, mostrando fibras de "chegada" à esquerda e fibras de "saída" à direita. Cada fibra de chegada (aferente)* se ramifica centenas a milhares de vezes, gerando, em média, um milhar ou mais de fibrilas terminais que se espalham por grande área desse grupamento, fazendo sinapses com os dendritos ou corpos celulares dos neurônios desse grupamento. Em geral, os dendritos também se ramificam, se espalhando por centenas a milhares de micrômetros, pelo grupamento. A área neuronal, estimulada por uma fibra que chega, é chamada de *campo estimulador*. Note-se que grande número de terminais, de cada fibra de chegada, fica situado no neurônio mais central de seu "campo", com número progressivamente menor de terminais sobre os neurônios mais distantes do centro do campo.

Estímulos limiares e sublimiares — facilitação. Do que foi discutido sobre o funcionamento sináptico no capítulo anterior deve ser lembrado que a descarga de terminal pré-sináptico excitatório único raramente estimula o neurônio pós-sináptico. Pelo contrário, grande número de terminais deve descarregar sobre um mesmo neurônio a um só tempo ou em rápida sucessão para produzir excitação. Por exemplo, na Fig. 8.9, pode-se admitir que seis terminais distintos devem descarregar simultaneamente para excitar qualquer um dos neurônios. Se o leitor contar o número de terminais de cada uma das fibras de chegada sobre cada neurônio, constatará que a *fibra 1* tem número mais que

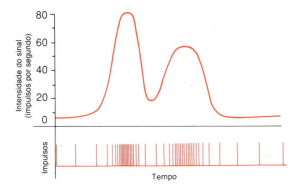

Fig. 8.8 Tradução da intensidade do sinal em série, freqüência-modulada, de impulsos nervosos, mostrando, *em cima,* a intensidade do sinal e, *embaixo,* os impulsos nervosos. Este é um exemplo de *somação temporal*.

---

*N.T. O Autor utiliza os termos *input* e *output,* que têm a tradução usual de *aferente* (o que chega) e de *eferent* (o que sai). Contudo, estas palavras, em nosso meio, são usadas, de modo preferencial, se não exclusivo, como sinônimos, respectivamente, de sensorial e motor. Devido a isso, foi preferido o sentido literal, visto que, neste capítulo, o que chega e o que sai (*input signals* ou *output signals*) não têm conotação, significado ou implicação de sensorial ou motor.

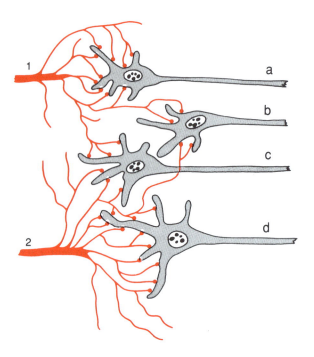

Fig. 8.9 Organização básica de um grupamento neuronal funcional.

suficiente de terminais para excitar o *neurônio a* até a descarga. Por conseguinte, o estímulo da fibra 1 para esse neurônio é dito um *estímulo excitatório;* também é chamado de *estímulo supralimiar* por ser maior que o limiar necessário para excitação.

A fibra de chegada 1 também emite terminais para os neurônios *b* e *c,* mas em número insuficiente para produzir excitação. Não obstante, a descarga desses terminais faz com que o neurônio fique mais excitável a estímulos que o atingem pelas outras fibras de chegada. Por conseguinte, o estímulo para esses neurônios é dito *sublimiar* e esses neurônios ficam *facilitados*.

De modo semelhante, para a *fibra de chegada 2,* o estímulo para o *neurônio d* é supralimiar; para os *neurônios b* e *c,* é sublimiar, facilitador.

Deve ser entendido que a Fig. 8.9 é representação muito condensada de um grupamento neuronal funcional, pois cada fibra de chegada em geral emite terminais para centenas a milhares de neurônios distintos em seu "campo" de distribuição, como representado na Fig. 8.10. Na parte central desse campo, quase todos os neurônios são estimulados pela fibra de chegada, região essa representada na Fig. 8.10 pelo círculo escuro. Por conseguinte, essa região é denominada *zona de descarga* da fibra de chegada, também chamada de *zona excitada* ou de *zona limiar*. De cada lado dela, os neurônios são facilitados, mas não são excitados, e essas áreas são chamadas de *zona facilitada* e também de *zona sublimiar*.

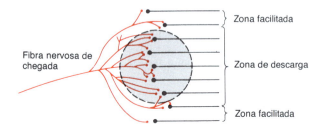

Fig. 8.10 Zonas de "descarga" e "facilitada" de um grupamento neuronal funcional.

Inibição em grupamento neuronal. Também deve ser lembrado que algumas fibras de chegada inibem os neurônios em vez de excitá-los. Isso representa o posto exato da facilitação, e todo o campo das ramificações inibitórias é chamado de *zona inibitória*. O grau de inibição no centro dessa zona é, obviamente, muito grande, devido ao grande número de terminais nesse centro; diminui progressivamente em direção às suas bordas.

Divergência dos sinais em sua passagem pelos grupamentos neuronais

Muitas vezes, é importante que os sinais que entram em um grupamento neuronal excitem número bem maior de fibras nervosas que saem desse grupamento. Esse fenômeno é chamado de *divergência*. Existem dois tipos principais de divergência, com funções inteiramente diferentes:

O tipo de divergência *amplificadora* é representado na Fig. 8.11A. Significa, simplesmente, que o sinal de entrada se dispersa para número crescente de neurônios à medida que passa pelos diferentes níveis neuronais do grupamento em seu trajeto. Esse tipo de divergência é característico da via corticoespinhal em seu controle dos músculos esqueléticos, com cada grande célula piramidal, no córtex motor, sendo capaz, em condições apropriadas, de excitar até 10.000 fibras musculares.

O segundo tipo de divergência, representado na Fig. 8.11B, é chamado de *divergência para múltiplos feixes*. Neste caso, o sinal é transmitido para duas direções distintas ao sair do grupamento. Por exemplo, a informação transmitida pelas colunas dorsais da medula espinhal toma dois trajetos na parte inferior do encéfalo: (1) para o cerebelo; e (2) através das regiões inferiores do encéfalo, para o tálamo e o córtex cerebral. De igual modo, no tálamo, toda a informação sensorial é transmitida para as estruturas profundas do próprio tálamo e para regiões distintas do córtex cerebral.

Convergência de sinais

"Convergência" significa uma coleção de sinais transmitidos por fibras de chegada distintas, capaz de, em seu conjunto, excitar um mesmo e único neurônio. A Fig. 8.12A apresenta a *convergência de fonte única*. Isto é, múltiplos terminais de um mesmo feixe de fibras de chegada terminam sobre um só neurônio. A importância que isso tem é a de que os neurônios raramente são excitados por potencial de ação único por só um terminal de chegada. Mas potenciais de ação transmitidos por múltiplos

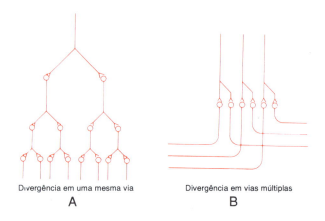

Fig. 8.11 "Divergência" nas vias neuronais. *A,* Divergência em uma via produzindo "amplificação" do sinal. *B,* Divergência em diversas vias permitindo a transmissão do sinal para áreas distintas.

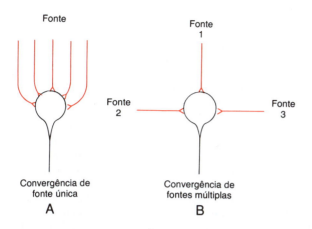

Fig. 8.12 "Convergência" de múltiplas fibras de chegada sobre um mesmo neurônio. *A*, Fibras de chegada oriundas da mesma fonte. *B*, Fibras de chegada de várias fontes.

terminais de chegada produzem "somação espacial" suficiente para levar o neurônio até seu limiar de descarga.

Contudo, *também pode ocorrer convergência por meio de sinais de chegada* (excitatórios ou inibitórios) *oriundos de fontes múltiplas,* como representado na Fig. 8.12B. Por exemplo, os interneurônios da medula espinhal recebem sinais convergentes (1) das fibras nervosas periféricas que entram na medula, (2) das fibras proprioespinhais, que cursam de um segmento medular para outro, (3) das fibras corticoespinhais, que partem do córtex cerebral, e (4) de várias outras vias longas, que descem do encéfalo para a medula. Em seguida, os sinais de saída desses interneurônios convergem para os neurônios motores da ponta anterior para controlar o funcionamento muscular.

Essa convergência permite a somação da informação que chega de fontes diversas e a resposta produzida é o efeito somado de todos os diferentes tipos de informação. Obviamente, como resultado, a convergência representa um dos meios importantes pelos quais o sistema nervoso central correlaciona, soma e separa os diferentes tipos de informação.

Circuito neuronal produtor de sinais de saída excitatórios e inibitórios

Por vezes, um sinal de chegada para um grupamento neuronal funcional produz um sinal de saída excitatório transmitido para uma direção ao mesmo tempo que outro sinal de saída, desta vez inibitório, é transmitido para outra direção qualquer. Por exemplo, ao mesmo tempo em que é transmitido um sinal excitatório, por grupo de neurônios da medula espinhal, para provocar o movimento para a frente de uma perna, um sinal inibitório é transmitido por grupo distinto de neurônios, para inibir os músculos posteriores dessa perna, de modo que não possam se opor ao movimento para a frente. Esse tipo de circuito é característico do controle de todos os pares de músculos antagonistas e é chamado *circuito de inibição recíproca*.

A Fig. 8.13 mostra como pode ser produzida essa inibição. A fibra de chegada excita diretamente a via de saída excitatória, mas também estimula um *neurônio inibitório* (neurônio 2) intermediário que, por sua vez, inibe a segunda via de saída do grupamento neuronal. Esse tipo de circuito também é importante na prevenção de hiperatividade em muitas regiões do encéfalo.

PROLONGAMENTO DO SINAL PELO GRUPAMENTO NEURONAL — A "PÓS-DESCARGA"

Até este ponto, consideramos os sinais que são simplesmente transmitidos por meio dos grupamentos neuronais. Todavia, em muito casos, um sinal que entra em grupamento neuronal produz descarga de saída prolongada, o que é chamado de *pós-descarga*, que perdura até mesmo após o término do sinal de chegada, por vezes desde alguns milissegundos a vários minutos. Os dois mecanismos causadores de pós-descargas mais importantes são os seguintes:

Pós-descarga sináptica. Quando sinapses excitatórias descarregam sobre os dendritos ou o soma de um neurônio, aparece nesse neurônio um potencial pós-sináptico com duração de muitos milissegundos, especialmente quando existe participação de algum dos transmissores de longa duração. Enquanto perdurar esse potencial, ele pode continuar a excitar o neurônio, fazendo com que transmita rajada contínua de impulsos, como explicado no capítulo anterior. Desse modo, como resultado apenas desse mecanismo de "pós-descarga" sináptica, é possível que sinal de chegada único e instantâneo produza sinal de saída com duração muito prolongada (uma série de descargas repetitivas), perdurando por muitos milissegundos.

O circuito reverberativo (oscilador) como causa do prolongamento do sinal. Um dos mais importantes entre todos os circuitos encontrados no sistema nervoso é o *circuito reverberativo*, ou *oscilador*. Esses circuitos são produzidos por *feedback* positivo na rede neuronal. Isto é, o sinal de saída de um circuito neuronal volta para esse circuito reexcitando o sinal de chegada para esse mesmo circuito. Conseqüentemente, uma vez estimulado, o circuito descarrega repetitivamente por tempo prolongado.

Diversas variedades possíveis de circuitos reverberativos são apresentadas na Fig. 8.14; a mais simples — na Fig. 8.14A — depende, apenas, de um só neurônio. Nesse caso, o neurônio de saída emite uma fibra nervosa colateral, que termina sobre os dendritos ou o soma desse neurônio, causando sua própria reestimulação. Como resultado, esses estímulos por *feedback* podem fazer com que esse neurônio descarregue por longo tempo.

A Figura 8.14B apresenta alguns neurônios adicionais nesse circuito de *feedback*, do que resulta mais tempo entre a descarga inicial e o sinal de *feedback*. A Fig. 8.14C apresenta sistema ainda mais complexo, no qual fibras facilitatórias e inibitórias impingem sobre o circuito reverberativo. Um sinal facilitatório aumenta a intensidade e a freqüência da reverberação, ao passo que um sinal inibitório deprime ou interrompe a reverberação.

A Fig. 8.14D mostra que a maioria dos circuitos reverberativos é formada por muitas fibras paralelas e, em cada etapa celular, as fibrilas terminais se espalham de modo muito extenso e difuso. Em sistema como esse, o sinal reverberativo total pode ser forte ou fraco, dependendo de quantas fibras paralelas, em determinado instante, estão participando da reverberação.

Características do prolongamento do sinal por circuito reverberativo. A Fig. 8.15 apresenta os sinais de saída de circuito reverberativo típico. O estímulo que chega a esse circuito pode ter duração de cerca de 1 ms e, contudo, o de saída pode perdurar

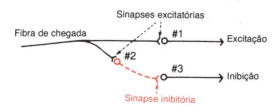

Fig. 8.13 Circuito inibitório. O neurônio 2 é inibitório.

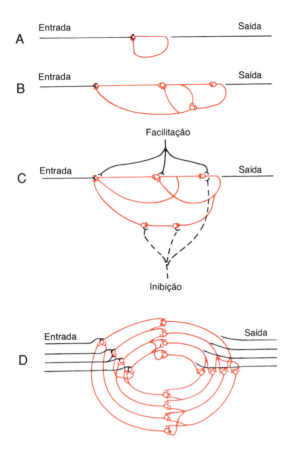

Fig. 8.14 Circuitos reverberativos de complexidade crescente.

Sinais de saída contínuos por circuitos neuronais

Alguns circuitos neuronais emitem sinais de saída contínuos, mesmo sem ação de sinais de chegada excitatórios. Pelo menos dois mecanismos distintos podem produzir esse efeito: (1) descarga neuronal intrínseca, e (2) sinais reverberativos contínuos.

Descarga contínua causada por excitabilidade neuronal intrínseca. Os neurônios, como os demais tecidos excitáveis, descarregam repetitivamente quando seus potenciais da membrana aumentam acima de determinados limiares críticos. Os potenciais de membrana de muitos neurônios, até mesmo nas condições normais, são suficientemente altos para fazer com que produzam impulsos de forma contínua. Isso ocorre, de modo especial, em grande número de neurônios cerebelares, bem como na maioria dos interneurônios da medula espinhal. A freqüência com que essas células emitem seus impulsos pode ser aumentada por sinais facilitatórios e diminuída por sinais inibitórios; neste último caso, a freqüência pode chegar a ser reduzida até a extinção.

Sinais contínuos emitidos por circuitos reverberativos como meio para a transmissão de informação. Obviamente, um circuito reverberativo que nunca se fatiga até a extinção também pode ser fonte de impulsos contínuos. E os impulsos facilitatórios que chegam ao grupamento reverberativo podem aumentar o sinal de saída, enquanto os inibitórios podem reduzi-lo ou até aboli-lo.

A Fig. 8.16 mostra um sinal de saída contínuo de grupamento neuronal, capaz de emitir impulsos, seja devido à sua excitabilidade neuronal intrínseca ou como resultado de reverberação. Note-se que um sinal de chegada excitatório (ou facilitatório) aumenta muito o sinal de saída, enquanto um sinal de chegada inibitório diminui de muito o sinal de saída. Os leitores familiarizados com transmissores de rádio poderão reconhecer que isso representa o tipo de transmissão de informação conhecida como *onda carreadora*. Isto é, os sinais de controle excitatórios e inibitórios não são a *causa* do sinal de saída, mas o *controlam*. Note-se que essa onda carreadora permite tanto a diminuição como o aumento da intensidade de sinal, enquanto, até este ponto, os tipos de transmissão de informação que já foram discutidos só foram os de informação positiva, e, nunca, os de informação negativa. Esse tipo de transmissão de informação é usado pelo sistema nervoso autonômico para o controle de funções do tipo do tônus vascular, tônus intestinal, grau da contração da íris, freqüência cardíaca, e outras.

SINAIS DE SAÍDA RÍTMICOS

Muitos circuitos neuronais emitem sinais de saída rítmicos — por exemplo, o sinal respiratório rítmico, com origem na substân-

por muitos milissegundos, e até por minutos. A figura demonstra que a intensidade do sinal de saída aumenta em geral até um valor elevado precocemente na reverberação, diminuindo, em seguida, até um valor crítico, após o que cessa de modo completo. A causa dessa interrupção abrupta da reverberação é a fadiga de uma ou mais das junções sinápticas do circuito, pois a fadiga acima de determinado nível crítico reduz a estimulação do neurônio, a seguir do circuito abaixo de seu limiar, o que interrompe, de forma súbita, esse circuito. Obviamente, a duração do sinal antes de sua cessação também pode ser controlada por sinais oriundos de outras regiões do encéfalo capazes de inibir ou de facilitar esse circuito.

Padrões de sinais de saída, quase exatamente iguais aos descritos, podem ser registrados em nervos motores que excitam músculos participantes do reflexo flexor desencadeado por estímulo doloroso aplicado ao pé (como mostrado na Fig. 8.18).

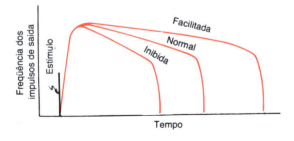

Fig. 8.15 Padrão típico dos sinais de saída de circuito reverberativo após estímulo único, mostrando os efeitos da facilitação e da inibição.

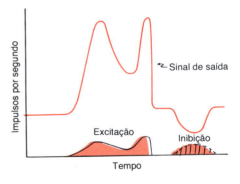

Fig. 8.16 Atividade contínua de saída de circuito reverberativo ou de grupo de neurônios intrinsecamente ativos. Esta figura também mostra os efeitos de sinais de chegada excitatórios e inibitórios.

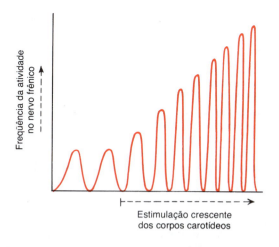

Fig. 8.17 Atividade rítmica do centro respiratório, mostrando que a estimulação crescente do corpo carotídeo aumenta a intensidade e a freqüência da oscilação.

cia reticular do bulbo e da ponte. Esse sinal rítmico repetitivo perdura por toda a vida, embora outros sinais rítmicos, como os que provocam os movimentos de coçar pela pata posterior do cão, ou os movimentos de marcha do animal, exijam estímulos de chegada para os circuitos respectivos para a produção desses sinais.

Todos, ou quase todos, os sinais rítmicos já estudados experimentalmente foram identificados como resultantes de circuitos reverberativos ou de sucessão de circuitos reverberativos, que transmitem sinais excitatórios ou inibitórios de um neurônio para o seguinte.

Obviamente, sinais facilitatórios ou inibitórios podem alterar os sinais de saída, da mesma forma como podem modificar os sinais de saída contínuos. A Fig. 8.17, por exemplo, apresenta os sinais respiratórios rítmicos no nervo frênico. Contudo, quando o corpúsculo carotídeo é estimulado pela redução do oxigênio arterial, a freqüência e a amplitude do padrão rítmico do sinal se elevam progressivamente.

■ INSTABILIDADE E ESTABILIDADE DOS CIRCUITOS NEURONAIS

Quase todas as partes do encéfalo estão conectadas direta ou indiretamente com todas as outras partes, o que cria um problema bastante sério. Se a primeira parte excita a segunda, a segunda a terceira, a terceira a quarta, e assim por diante, até que, por fim, o sinal reexcita a primeira parte, é claro que um sinal excitatório que chegasse a qualquer parte do encéfalo produziria ciclo contínuo de reexcitação de todas as partes. Caso isso ocorresse, o encéfalo seria inundado por massa de sinais reverberativos descontrolados — sinais que não estariam transmitindo qualquer informação mas, não obstante, estariam consumindo os circuitos encefálicos, de modo que nenhum sinal com conteúdo informacional poderia ser transmitido. Em verdade, esse efeito ocorre em grandes e dispersas áreas do encéfalo durante as *convulsões epilépticas*.

Como o sistema nervoso central impede que isso ocorra todo o tempo? A resposta parece depender de dois mecanismos básicos que funcionam em todo o sistema nervoso central: (1) circuitos inibitórios, e (2) fadiga das sinapses.

CIRCUITOS INIBITÓRIOS COMO MECANISMO PARA ESTABILIZAR O FUNCIONAMENTO DO SISTEMA NERVOSO

Dois tipos de circuitos inibitórios em várias regiões do encéfalo impedem a dispersão excessiva dos sinais: (1) circuitos inibitórios por *feedback,* que retornam dos términos das vias para os neurônios excitatórios iniciais dessas mesmas vias — acredita-se que existam em todas as vias nervosas sensoriais, onde inibem os neurônios aferentes, quando suas terminações ficam excitadas em demasia; e (2) alguns grupamentos neuronais que exercem controle generalizado sobre áreas bastante dispersas do encéfalo — por exemplo, os gânglios da base exercem efeitos inibitórios em todo o sistema de controle motor.

FADIGA SINÁPTICA COMO MEIO DE ESTABILIZAR O SISTEMA NERVOSO

Fadiga sináptica, em termos simples, significa que a transmissão sináptica vai se enfraquecendo, de forma gradual, quanto mais prolongado for o período de excitação. A Fig. 8.18 apresenta três registros sucessivos de um reflexo flexor desencadeado em animal por estímulo doloroso na superfície plantar de uma de suas patas. Note-se que, em cada registro, a força da contração "decresce" de forma progressiva — isto é, essa força diminui; acredita-se que isso seja causado por *fadiga* nas sinapses do circuito desse reflexo flexor. Ainda mais, quanto menor o intervalo entre as respostas reflexas sucessivas, menor será a intensidade da resposta reflexa seguinte. Dessa forma, na maioria dos circuitos neuronais que são usados excessivamente, a sensibilidade desses circuitos fica deprimida.

Ajuste automático a curto prazo da sensibilidade da via pelo mecanismo da fadiga. Deve-se agora aplicar esse fenômeno da fadiga a múltiplas vias do encéfalo. As que são usadas intensamente costumam, em geral, apresentar fadiga, e suas sensibilidades ficam diminuídas. Por outro lado, as que são pouco usadas ficarão descansadas e suas sensibilidades aumentarão. Dessa forma, a fadiga e a recuperação da fadiga constituem meio a curto prazo, importante para a moderação das sensibilidades dos diferentes circuitos de sistema nervoso, fazendo com que atuem dentro de faixa de sensibilidade que permita seu funcionamento eficiente.

Alterações a longo prazo da sensibilidade sináptica causadas pela regulação para menos ou para mais dos receptores sinápticos. Recentemente foi comprovado que as sensibilidades a longo pra-

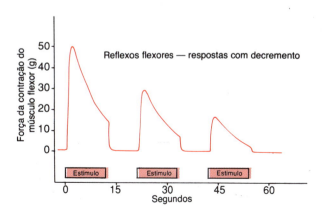

Fig. 8.18 Reflexos flexores sucessivos, mostrando a fadiga da condução pela via reflexa.

zo das sinapses podem ser modificadas em alto grau pela regulação para menos do número de proteínas receptoras nos sítios sinápticos, onde ocorre atividade excessiva, e, inversamente, por regulação para mais desses receptores, quando sua atividade é reduzida. Acredita-se que o mecanismo para isso seja o seguinte: as proteínas receptoras estão sendo constantemente sintetizadas pelo sistema retículo endoplasmático-aparelho de Golgi e, de modo contínuo, são inseridas na membrana sináptica. Todavia, quando essas sinapses mantêm atividade muito intensa e quantidade excessiva de transmissor se combina com essas proteínas receptoras, muitas delas são inativadas de forma permanente e, presumivelmente, removidas da membrana sináptica. Isso é verdade sobretudo quando alguma das substâncias transmissoras "moduladoras" é liberada na sinapse.

É, na verdade, muito significativo que a fadiga e a regulação para menos ou para mais dos receptores, bem como outros mecanismos de controle do sistema nervoso, ajustem continuamente a sensibilidade de cada circuito ao nível preciso que é necessário para o funcionamento adequado. Pense-se por um momento quão grave seria se as sensibilidades de apenas alguns desses circuitos ficassem anormalmente altas: poder-se-ia, então, esperar espasmos musculares quase contínuos, convulsões, distúrbios psicóticos, alucinações, tensão ou muitos outros distúrbios nervosos. Mas os controles automáticos reajustam normalmente as sensibilidades dos circuitos para mantê-los em faixa de reatividade controlável a qualquer tempo em que esses circuitos comecem a ficar muito ativos ou deprimidos em demasia.

REFERÊNCIAS

An der Heiden, U.: Analysis of Neural Networks. New York, Springer-Verlag, 1980.

Baldissera, F., et al.: Integration in spinal neuronal systems. In Brooks, V. B. (ed.): Handbook of Physiology. Sec. 1, Vol. II. Bethesda, Md., American Physiological Society, 1981, p. 509.

Bjorklund, A., and Stenevi, U.: Intercerebral neural implants: Neuronal replacement and reconstruction of damaged circuitries. Annu. Rev. Neurosci., 7:279, 1984.

Bousfield, D. (ed.): Neurotransmitters in Action. New York, Elsevier Science Publishing Co., 1985.

Connor, J. A.: Neural pacemakers and rhythmicity. Annu. Rev. Physiol., 47:17, 1985.

Cotman, C. W., et al.: Synapse replacement in the nervous system of adult vertebrates. Physiol. Rev., 61:684, 1981.

Cowan, W. M.: The development of the brain. Sci. Am., 241(3):112, 1979.

Dumont, J. P. C., and Robertson R. M.: Neuronal circuits: An evolutionary perspective. Science, 233:849, 1986.

Faber, D. S., and Korn, H.: Electrical field effects: Their relevance in central neural networks. Physiol. Rev., 69:821, 1989.

Gilbert, C. D.: Microcircuitry of the visual cortex. Annu. Rev. Neurosci., 6:217, 1983.

Hemmings, H. C., Jr., et al.: Role of protein phosphorylation in neuronal signal transduction. FASEB J., 3:1583, 1989.

Henneman, E., and Mendell, L. M.: Functional organization of motoneuron pool and its inputs. In Brooks, V. B. (ed.): Handbook of Physiology. Sec. 1, Vol. II. Bethesda, Md., American Physiological Society, 1981, p. 423.

Hopfield, J. J., and Tank, D. W.: Computing with neural circuits: A model. Science, 233:625, 1986.

Kalia, M. P.: Anatomical organization of central respiratory neurons. Annu. Rev. Physiol., 43:105, 1981.

Laduron, P. M.: Presynaptic heteroreceptors in regulation of neuronal transmission. Biochem. Pharmacol., 34:467, 1985.

Llinas, R. R.: The intrinsic electrophysiological properties of mammalian neurons: Insights into central nervous system function. Science, 242:1654, 1988.

Mendell, L. M.: Modifiability of spinal synapses. Physiol. Rev., 64:260, 1984.

Mountcastle, V. B.: Central nervous mechanisms in mechanoreceptive sensibility. In Darian-Smith, I. (ed.): Handbook of Physiology. Sec. 1, Vol. III. Bethesda, Md., American Physiological Society, 1984, p. 789.

Pinsker, H. M., and Willis, W. D., Jr. (eds.): Information Processing in the Nervous System. New York, Raven Press, 1980.

Purves, D., and Lichtman, J. W.: Specific connections between nerve cells. Annu. Rev. Physiol., 45:553, 1983.

Robinson, D. A.: Integrating with neurons. Annu. Rev. Physiol., 12:33, 1989.

Sachs, M. B.: Neural coding of complex sounds: Speech. Annu. Rev. Physiol., 46:261, 1984.

Sejnowski, T. J., et al.: Computational neuroscience. Science, 241:1299, 1988.

Selverston, A. I., and Moulins, M.: Oscillatory neural networks. Annu. Rev. Physiol., 47:29, 1985.

Sherman, S. M., and Spear, P. D.: Organization of visual pathways in normal and visually deprived cats. Physiol. Rev., 62:738, 1982.

Starke, K., et al.: Modulation of neurotransmitter release by presynaptic autoreceptors. Physiol. Rev., 69:864, 1989.

Sterling, P.: Microcircuitry of the cat retina. Annu. Rev. Neurosci, 6:149, 1983.

Su, C.: Purinergic neurotransmission and neuromodulation. Annu. Rev. Pharmacol. Toxicol., 23:397, 1983.

Turek, F. W.: Circadian neural rhythms in mammals. Annu. Rev. Physiol., 47:49, 1985.

Wong, R. K., et al.: Local circuit interactions in synchronization of cortical neurons. J. Exp. Biol., 112:169, 1984.

Sensações Somáticas:

I. Organização Geral; os Sentidos do Tato e de Posição

Os *sentidos somáticos* são os mecanismos neurais que coletam informação sensorial oriunda do corpo. Esses sentidos devem ser distinguidos dos *sentidos especiais*, representados, de modo especial, pela visão, audição, olfato, paladar e equilíbrio.

■ CLASSIFICAÇÃO DOS SENTIDOS SOMÁTICOS

Os sentidos somáticos podem ser grupados em três tipos fisiológicos distintos: (1) os *sentidos somáticos mecanorreceptivos,* incluindo as sensações *táteis* e de *posição* produzidas pelo deslocamento mecânico de qualquer parte do corpo; (2) os *sentidos termorreceptivos,* que detectam o frio e o calor; e (3) o *sentido da dor,* ativado por qualquer fator que lese os tecidos. Este capítulo trata das sensações táteis e de posição; as sensações termorreceptivas e de dor serão assunto do próximo capítulo.

Os sentidos táteis incluem as sensações do *tato,* da *pressão,* da *vibração* e de *cócegas,* enquanto os sentidos de posição compreendem as sensações da *posição estática* e de *velocidade do movimento.*

Outras classificações das sensações somáticas. Muitas vezes, as sensações somáticas são grupadas em outras categorias que não são necessariamente mutuamente exclusivas, como as seguintes:

As *sensações exteroceptivas* são as que se originam da superfície do corpo. As *sensações proprioceptivas* são as relacionadas com o estado físico do corpo, incluindo as sensações de posição, as sensações tendinosas e musculares, as sensações de pressão das plantas dos pés, e até mesmo a sensação de equilíbrio, que é em geral considerada como uma sensação "especial", e não uma sensação somática.

As *sensações viscerais* são as originadas nas vísceras corporais; ao se usar esta expressão, está-se, na maioria das vezes, fazendo referência especial aos órgãos internos.

As *sensações profundas* são as originadas nos órgãos profundos, tais como fáscias, músculos, ossos etc. Elas incluem principalmente pressão, dor e vibração.

■ DETECÇÃO E TRANSMISSÃO DAS SENSAÇÕES TÁTEIS

Inter-relação entre as sensações táteis do tato, pressão e vibração. Embora o tato, a pressão e a vibração sejam, muitas vezes, categorizados como sensações distintas, tais sensações são detectadas pelo mesmo tipo de receptor. Só existem três diferenças entre elas: (1) a sensação do tato resulta, em geral, da estimulação de receptores táteis na pele ou nos tecidos imediatamente subjacentes a ela; (2) a sensação de pressão resulta, na maioria das vezes, da deformação dos tecidos mais profundos; e (3) a sensação de vibração resulta de sinais sensoriais repetitivos de alta freqüência, mas alguns dos mesmos tipos de receptores, como os do tato e da pressão, são utilizados, em especial os de adaptação extremamente rápida.

Os receptores táteis. Conhecemos pelo menos seis tipos inteiramente distintos de receptores táteis, embora existam muitos outros tipos semelhantes. Alguns desses receptores estão representados na Fig. 8.1, e suas características específicas são as seguintes:

Primeiro, algumas *terminações nervosas livres,* encontradas em todas as regiões da pele, além de em muitos outros tecidos, podem detectar o tato e a pressão. Por exemplo, o mais leve contato com a córnea do olho, onde não existem quaisquer outros tipos de terminação nervosa, além de terminações nervosas livres, pode provocar sensações de tato ou de pressão.

Segundo, um receptor para tato com sensibilidade especial é o *corpúsculo de Meissner* — uma terminação nervosa, alongada e encapsulada — que excita fibra nervosa sensorial, calibrosa e mielinizada (tipo Aβ). No interior da cápsula, existem vários enovelamentos de filamentos terminais da fibra nervosa. Esses receptores ficam situados nas regiões cutâneas desprovidas de pêlos (chamadas de *pele glabra*), sendo muito abundantes nas pontas dos dedos, nos lábios e em outras áreas da pele, onde é bastante desenvolvida a capacidade de discernir as características espaciais das sensações de tato. Os corpúsculo de Meissner se adaptam dentro de fração de segundo após serem estimulados, o que significa que são especialmente sensíveis ao movimento

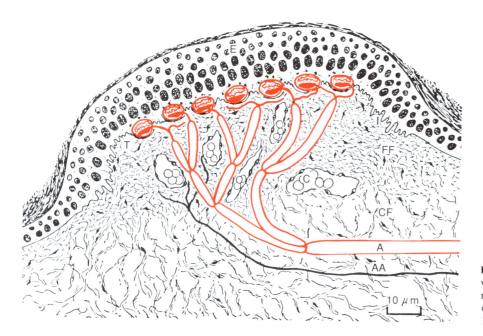

Fig. 9.1 O receptor de domo de Iggo. Note os vários discos de Merkel inervados por fibra mielinizada calibrosa e adjacentes à superfície inferior do epitélio. (De Iggo e Muir: *J. Physiol.*, 200:763, 1969.)

de objetos bastante leves por sobre a pele e, também, à vibração de baixa freqüência.

Terceiro, as pontas dos dedos e as outras áreas onde existem os corpúsculos de Meissner também contêm grande número de *receptores táteis de ponta expandida*, dos quais os *discos de Merkel*, representados na Fig. 9.1, são um dos tipos. As partes pilosas da pele também contêm número moderado de receptores de ponta expandida, embora, nessas regiões, os discos de Merkel sejam bastante raros. Esses receptores diferem dos discos de Merkel por produzirem sinal forte de início, mas com adaptação parcial e, em seguida, sinal prolongado e fraco, com adaptação muito lenta. Por conseguinte, são os responsáveis pela produção de sinais estáveis que permitem que a pessoa saiba do contato contínuo dos objetos com sua pele. Muitas vezes, os discos de Merkel são grupados em receptor único, chamado de *receptor em domo de Iggo*, que se projeta para cima, contra a face interna do epitélio, como representado na Fig. 9.1. Isso causa, no local, a protrusão do epitélio, criando um domo e formando receptor de extrema sensibilidade. Também deve ser notado que todo o grupo de discos de Merkel é inervado por uma só fibra mielinizada e calibrosa (tipo Aβ). Esses receptores, junto com os corpúsculos de Meissner, discutidos acima, desempenham papéis importantes na localização das sensações táteis em áreas específicas do corpo, além de determinar a textura do que é sentido.

Quarto, qualquer movimento leve de um pêlo do corpo estimula a fibra nervosa enroscada em sua base. Desse modo, cada pêlo, e sua fibra nervosa basal, chamada de *órgão terminal do pêlo*, também é um receptor de tato. Esse receptor se adapta com rapidez e, portanto, como os corpúsculos de Meissner, detecta principalmente o movimento de objetos na superfície do corpo ou seu contato inicial com o corpo.

Quinto, muitos *órgãos terminais de Ruffini* estão situados nas camadas mais profundas da pele ou nos tecidos profundos; eles são terminações encapsuladas, muito ramificadas, como representado na Fig. 8.1. Essas terminações se adaptam muito pouco e, por isso, são importantes para a sinalização de deformações prolongadas da pele e dos tecidos profundos, tais como os sinais de tato intenso e prolongado e de pressão. Também são encontrados nas cápsulas articulares, onde sinalizam o grau de rotação articular.

Sexto, os *corpúsculos de Pacini*, discutidos em detalhe no Cap. 8, ficam situados imediatamente abaixo da pele, e, também, na profundidade, nos tecidos das fáscias corporais. Eles só são estimulados por movimentos muito rápidos dos tecidos, por se adaptarem dentro de poucos centésimos de segundo. Em conseqüência, são particularmente importantes na detecção de variações extremamente rápidas do estado mecânico dos tecidos.

Transmissão das sensações táteis nos nervos periféricos. Quase todos os receptores sensoriais especializados, como os corpúsculos de Meissner, os receptores de domo de Iggo, os receptores pilosos, os corpúsculos de Pacini e as terminações de Ruffini, transmitem seus sinais por meio de fibras nervosas do tipo Aβ, com velocidade de condução entre 30 e 70 m/s. Por outro lado, os receptores táteis, do tipo de terminação livre, transmitem a maior parte de seus sinais por meio das delgadas fibras mielinizadas do tipo Aδ, com velocidade de condução entre 5 e 30 m/s. Algumas terminações nervosas livres com função tátil transmitem, por meio das fibras amielínicas do tipo C, com velocidade de condução entre menos de 1 m até 2 m/s; esses sinais são transmitidos para a medula e para a parte inferior do tronco cerebral, servindo, provavelmente, à sensação de cócegas. Desse modo, os tipos mais críticos de sinais sensoriais — os que participam na identificação da localização cutânea precisa, de gradações diminutas de intensidade, ou de variações rápidas da intensidade do sinal sensorial — são todos transmitidos por tipos de fibras nervosas sensoriais com as maiores velocidades de condução. Por outro lado, os tipos mais grosseiros de sinais, tais como o tato grosseiro, o contato mal localizado e, especialmente, as cócegas, são transmitidos por fibras nervosas, de condução bem mais lenta, exigindo espaço muito menor no feixe nervoso que as fibras mais rápidas.

DETECÇÃO DA VIBRAÇÃO

Todos os diferentes receptores táteis participam na detecção da vibração, embora cada receptor detecte vibrações com freqüência distinta. Os corpúsculos de Pacini podem sinalizar vibrações com freqüência entre 30 e 800 ciclos/s, visto responderem de forma muito rápida a deformações diminutas e fugazes dos tecidos, transmitindo seus sinais pela fibras Aβ, capazes de transmitir mais de 1.000 impulsos por segundo.

Vibrações de baixa freqüência, de até 80 ciclos/s, por outro lado, estimulam outros receptores táteis — em especial, os corpúsculos de Meissner, de adaptação não tão rápida como a dos corpúsculos de Pacini.

CÓCEGAS E PRURIDO

Estudos neurofisiológicos recentes demonstraram a existência de terminações nervosas livres, mecanorreceptivas, com adaptação muito rápida e com grande sensibilidade, cuja excitação só provoca as sensações de cócegas e de prurido. Ainda mais, essas terminações são encontradas exclusivamente nas camadas mais superficiais da pele, o único tecido em que podem ser provocadas as sensações de cócegas e de prurido. Essas sensações são transmitidas pelas delgadas fibras do tipo C, fibras amielínicas semelhantes às que transmitem o tipo de dor lenta e em queimação.

O objetivo da sensação de prurido é, presumivelmente, a de chamar atenção para estímulos superficiais moderados, do tipo de um inseto que anda sobre a pele ou de mosca prestes a picar; os sinais produzidos desencadeiam o reflexo de coçar ou qualquer outra manobra que remova o agente irritante.

O prurido pode ser aliviado pelo processo de coçar, caso ele remova o irritante, ou se o coçar é suficientemente intenso para provocar dor. Acredita-se que os sinais de dor suprimam os do prurido, a nível medular, pelo processo da inibição lateral, discutido adiante.

■ AS DUAS VIAS SENSORIAIS PARA A TRANSMISSÃO DOS SINAIS SOMÁTICOS ATÉ O SISTEMA NERVOSO CENTRAL

Quase toda informação sensorial originada nos segmentos somáticos do corpo entra na medula espinhal por meio das raízes dorsais dos nervos espinhais (com exceção de umas poucas fibras, bastante delgadas, com importância questionável, que entram pelas raízes ventrais). Contudo, a partir de seu ponto de entrada e de seu percurso até o encéfalo, esses sinais sensoriais são transmitidos por uma de duas vias sensoriais alternadas: (1) o *sistema coluna dorsal-lemnisco,* e (2) o *sistema ântero-lateral.* Esses dois sistemas voltam a se unir, embora de modo parcial, ao nível do tálamo.

O sistema coluna dorsal-lemnisco, como indicado por seu nome, carreia a maior parte dos sinais pelas *colunas dorsais* da medula e, após cruzar para o lado oposto da medula, ascende pelo tronco cerebral até o tálamo, por meio do *lemnisco medial.* Por outro lado, os sinais do sistema ântero-lateral, após serem originados nas pontas dorsais da substância cinzenta medular, cruzam para o lado oposto da medula, ascendendo pelas colunas brancas anterior e lateral, terminando em todos os níveis do tronco cerebral e, também, no tálamo.

O sistema da coluna dorsal-lemnisco é formado por fibras grossas e mielinizadas, capazes de transmitir sinais até o encéfalo com velocidade de 30 a 110 m/s, enquanto o sistema ântero-lateral é formado por fibras bem mais finas, embora mielinizadas (média de 4 μm de diâmetro), que transmitem os sinais com velocidade de alguns metros por segundo até 40 m/s.

Outra diferença entre os dois sistemas é a de que o sistema coluna dorsal-lemnisco apresenta alto grau de orientação espacial de suas fibras nervosas em relação à sua origem na superfície do corpo, enquanto o sistema ântero-lateral tem orientação espacial em muito menor grau.

Essas diferenças caracterizam de imediato o tipo de informação sensorial que pode ser transmitida pelos dois sistemas. Isto é, a informação sensorial que deve ser transmitida com rapidez e fidelidade temporal e espacial vai sê-lo pelo sistema coluna dorsal-lemnisco, e a que pode ser transmitida sem grande rapidez e com pouca fidelidade espacial vai sê-lo pelo sistema ântero-lateral. Por outro lado, o sistema ântero-lateral tem uma capacidade especial, não encontrada no sistema dorsal: a capacidade de transmitir amplo espectro de modalidades sensoriais — dor, calor, frio e sensações táteis grosseiras; o sistema dorsal é limitado apenas aos tipos mais finos de sensações mecanorreceptivas.

Tendo-se essa diferenciação em mente, pode-se, agora, enumerar os tipos de sensações transmitidas pelos dois sistemas.

O SISTEMA COLUNA DORSAL-LEMNISCO

1. Sensações táteis que exigem alto grau de localização do estímulo.
2. Sensações táteis que exigem a transmissão de pequenas gradações de intensidade.
3. Sensações fásicas, do tipo das sensações vibratórias.
4. Sensações que sinalizam o movimento por sobre a pele.
5. Sensações de posição.
6. Sensações de pressão, relacionadas ao julgamento preciso da intensidade da pressão.

O SISTEMA ÂNTERO-LATERAL

1. Dor.
2. Sensações térmicas, incluindo as sensações de frio e de calor.
3. Sensações grosseiras de tato e de pressão, capazes apenas de localização imprecisa na superfície do corpo.
4. Sensações de cócegas e de prurido.
5. Sensações sexuais.

■ TRANSMISSÃO PELO SISTEMA COLUNA DORSAL-LEMNISCO

ANATOMIA DO SISTEMA COLUNA DORSAL-LEMNISCO

Ao chegarem à medula espinhal, passando pelas raízes dorsais dos nervos espinhais, as grossas fibras amielínicas, oriundas de mecanorreceptores especializados, passam, em direção medial, para a margem lateral da coluna branca dorsal. Contudo, quase de imediato, cada fibra se bifurca em um *ramo medial* e em outro *ramo lateral,* como mostrado pela fibra medial, da raiz dorsal, na Fig. 9.2. O ramo medial se volta para cima, ascendendo pela coluna dorsal, indo, por essa via, até o encéfalo.

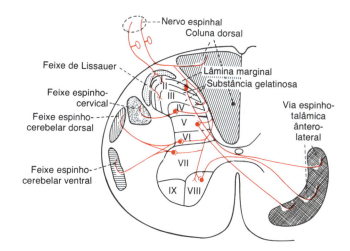

Fig. 9.2 Corte transverso da medula espinhal, mostrando as lâminas anatômicas de I a IX da substância cinzenta medular e os feixes sensoriais ascendentes nas colunas brancas da medula espinhal.

O ramo lateral penetra na ponta dorsal da substância cinzenta medular e, em seguida, se ramifica extensamente, formando sinapses com os neurônios situados em quase todas as partes das regiões intermédia e anterior da substância cinzenta medular. Por sua vez, os neurônios que são excitados desempenham três funções. (1) Alguns deles dão origem a fibras de segunda ordem, que retornam à coluna dorsal formando cerca de 15% de todas as fibras da coluna dorsal; algumas fibras de segunda ordem passam para a coluna póstero-lateral, formando o *feixe espinhocervical,* que volta para a coluna dorsal no pescoço e na parte inferior do bulbo. (2) Muitos desses neurônios desencadeiam reflexos medulares localizados discutidos no Cap. 16. (3) Outros neurônios originam os feixes espinhocerebelares, discutidos no Cap. 18 em relação à função do cerebelo.

A via coluna dorsal-lemnisco. Note-se, na Fig. 9.3, que as fibras nervosas que entram nas colunas dorsais ascendem sem interrupção até o bulbo, onde fazem sinapses nos *núcleos da coluna dorsal* (os *núcleos cuneiforme* e *grácil*). A partir daí, os *neurônios de segunda ordem* decussam imediatamente para o lado oposto e continuam a ascender até o tálamo pela via bilateral, chamada de *lemnisco medial.* Nessa via, que passa por todo o tronco cerebral, o lemnisco medial recebe componente adicional de fibras, oriundas do núcleo sensorial principal do nervo trigêmeo e da *parte superior de seu núcleo descendente;* essas fibras atendem às mesmas funções sensoriais para a cabeça que as fibras da coluna dorsal para o corpo.

No tálamo, as fibras do lemnisco medial das colunas dorsais terminam no *núcleo ventral posterolateral,* enquanto as fibras originadas nos núcleos trigeminais terminam no *núcleo ventral posteromedial.* Esses dois núcleos, junto com os núcleos talâmicos posteriores — onde terminam algumas fibras do sistema ântero-lateral —, formam o *complexo ventrobasal.* As *fibras de terceira ordem,* com origem nesse complexo

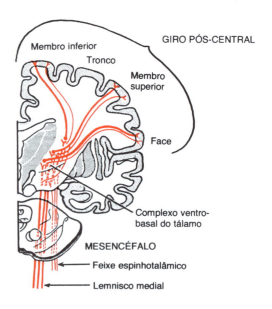

Fig. 9.4 Projeções do sistema coluna dorsal-lemnisco do tálamo para o córtex somatossensorial. (Modificado de Brodal: *Neurological Anatomy in Relation to Clinical Medicine.* New York, Oxford University Press, 1969.)

ventrobasal, como representado na Fig. 9.4, se projetam, em sua maioria, para o *giro pós-central do córtex cerebral,* que é chamado de *área sensorial somática (área S-I).* Além dessas, outras fibras, em menor número, se projetam para a parte lateral mais inferior de cada lobo parietal, a área chamada de *área sensorial somática II (*ou *área S-II).*

Orientação espacial das fibras no sistema coluna dorsal-lemnisco

Uma das características distintivas do sistema coluna dorsal-lemnisco é a nítida orientação espacial das fibras nervosas com origem nas diversas partes do corpo e que é mantida por toda sua extensão. Por exemplo, nas colunas dorsais, as fibras das regiões mais inferiores do corpo têm situação medial, enquanto as que entram na medula espinhal a níveis progressivamente mais altos formam camadas sucessivas cada vez mais laterais.

No tálamo, essa distintiva orientação espacial é conservada, com a extremidade caudal do corpo estando representada na parte mais lateral do complexo ventrobasal, com a cabeça e a face na parte medial desse complexo. Contudo, devido ao cruzamento dos lemniscos mediais, no bulbo, a metade esquerda do corpo é representada na parte direita do tálamo e a metade direita do corpo, em sua parte esquerda.

O CÓRTEX SENSORIAL SOMÁTICO

Antes de se discutir o papel do córtex cerebral nas sensações somáticas, precisa-se ter orientação sobre as diferentes áreas corticais. A Fig. 9.5 é um mapa do córtex cerebral humano, mostrando seu parcelamento em cerca de 50 áreas distintas, chamadas de *áreas de Brodmann,* com base em suas características histológicas. Esse mapa, em si mesmo, é importante, visto ser usado por praticamente todos os neurofisiologistas e neurologistas para fazer referência às diversas áreas funcionais do córtex humano.

Note-se, na figura, a grande *fissura central* (também chamada de "sulco central"), que se estende horizontalmente pelo cérebro. Em geral, os sinais sensoriais de todas as modalidades de sensação terminam no córtex, por trás da fissura central. O que é ainda mais importante, o *córtex sensorial somático* fica situado imediata-

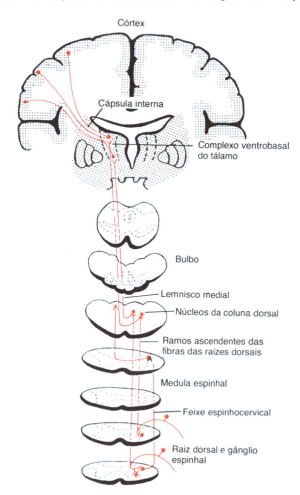

Fig. 9.3 As vias da coluna dorsal e espinhocervicais para a transmissão dos tipos críticos de sinais táteis. (Modificado de Ranson e Clark: *Anatomy of the Nervous System.* Philadelphia, W. B. Saunders Co., 1959.)

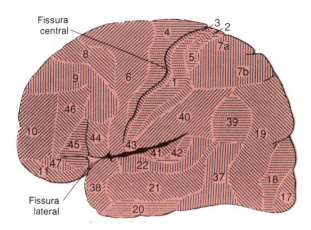

Fig. 9.5 As áreas estruturalmente distintas, chamadas de "áreas de Brodmann", do córtex cerebral humano. (De Everett: *Functional Neuroanatomy*, 5.ª ed. Philadelphia, Lea & Febiger, 1965. Modificado de Brodmann.)

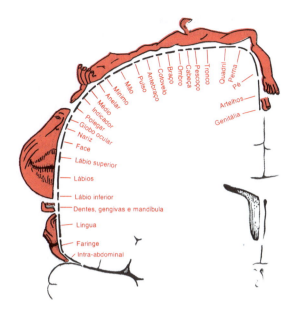

Fig. 9.7 Representação das diferentes regiões do corpo na área sensorial somática I do córtex. (De Penfield e Rasmussen: *Cerebral Cortex of Man: A Clinical Study of Localization of Function.* New York, Macmillan Co., 1968.)

mente atrás da fissura central, com localização majoritária nas áreas 1, 2, 3, 5, 7 e 40 de Brodmann. Em termos aproximados, essas áreas constituem o *lobo parietal* do córtex. Além disso, os sinais visuais terminam no lobo occipital, e os auditivos, no lobo temporal.

A parte do córtex anterior à fissura central está relacionada ao controle motor do corpo e a certos aspectos do pensamento analítico.

As duas áreas, distintas e separadas, conhecidas como recebendo fibras nervosas aferentes diretas, oriundas dos núcleos relé do complexo ventrobasal do tálamo (as áreas S-I e S-II), são representadas na Fig. 9.6. Contudo, a área sensorial somática I é tão mais importante para as funções sensoriais do corpo do que a área sensorial somática II que, na linguagem usual, a expressão "córtex sensorial somático" é usada com grande freqüência para identificar a área I.

Projeção do corpo na área sensorial somática I. A área sensorial somática I fica situada no giro pós-central do córtex cerebral humano (nas áreas 3, 1 e 2 de Brodmann). Existe nessa área orientação espacial distintiva para a recepção de sinais neurais oriundos das diferentes partes do corpo. A Fig. 9.7 apresenta corte transverso do cérebro ao nível do giro pós-central, mostrando as representações das diversas partes do corpo em regiões separadas da área sensorial somática I. Note-se, todavia, que cada lado do córtex recebe informação sensorial gerada exclusivamente da metade oposta do corpo (com exceção de pequeno contingente de informação sensorial do mesmo lado da face).

Algumas áreas do corpo são representadas por grandes áreas no córtex somático — a maior sendo a dos lábios, seguida pela da face e do polegar —, enquanto todo o tronco e a parte mais inferior do corpo são representados em áreas relativamente pequenas. As dimensões dessas áreas são diretamente proporcionais ao número de receptores especializados em cada área periférica respectiva do corpo. Por exemplo, há grande número de receptores especializados nos lábios e no polegar, enquanto só poucos são encontrados na pele do tronco.

Note-se, também, que a cabeça é representada na região mais lateral da área sensorial somática I, enquanto a parte mais inferior do corpo tem representação na região medial.

Área sensorial somática II. A segunda área cortical que recebe projeções somáticas talâmicas, a área sensorial somática II, é bem menor, com situação póstero-inferior à borda lateral da área sensorial somática I, como mostrado na Fig. 9.6. O grau de localização das diferentes partes do corpo é muito baixo nessa área, comparado ao da área sensorial somática I. A face é representada em sua região anterior, os braços, na central, e as pernas, na posterior.

Conhece-se tão pouco sobre a função da área sensorial somática II que ela não pode ser discutida de forma inteligível. Sabe-se que chegam a essa área sinais oriundos das duas metades do corpo, como, também, da área sensorial somática I e de outras áreas sensoriais do cérebro, como sinais auditivos e visuais. Por outro lado, em animais inferiores, a ablação dessa área faz com que eles tenham dificuldade no aprendizado de discriminação de objetos com formas diferentes.

As camadas do córtex sensorial somático e suas funções

O córtex cerebral é dividido em seis camadas distintas de neurônios, começando pela camada I, na superfície, estendendo-se progressivamente para a profundidade até a camada VI, como representado na Fig. 9.8. Como seria esperado, os neurônios, em cada camada, desempenham funções distintas das dos neurônios das outras camadas. Algumas dessas funções são as seguintes:

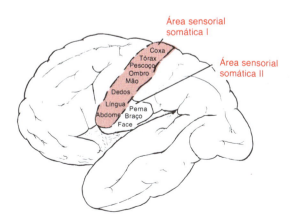

Fig. 9.6 As duas áreas corticais sensoriais somáticas: as áreas sensoriais somáticas I e II.

1. O sinal sensorial que chega, em sua maior parte, excita, primeiro, a camada neuronal IV; em seguida, o sinal se dispersa em direção à superfície e, também, para as camadas mais profundas.

2. As camadas I e II recebem atividade difusa e inespecífica, oriunda dos centros encefálicos mais inferiores, capaz de facilitar grande área do córtex ao mesmo tempo; esse sistema será descrito no Cap. 19. Essa atividade talvez controle o nível global da excitabilidade da região que é estimulada.

3. Os neurônios das camadas II e III enviam seus axônios para regiões intimamente relacionadas do córtex cerebral.

4. Os neurônios das camadas V e VI enviam seus axônios para outras regiões mais distantes do sistema nervoso. Os da camada V são, em geral, maiores e se projetam para as áreas mais distantes. Por exemplo, muitos de seus axônios passam por todo o tronco cerebral e a medula espinhal, transmitindo sinais de controle para essas áreas. Grande número de axônios que partem da camada VI se dirigem, de modo específico, para o tálamo, transmitindo sinais de *feedback* do córtex cerebral para o tálamo.

Representação das diferentes modalidades sensoriais no córtex sensorial somático — as colunas verticais de neurônios

Em termos funcionais, os neurônios do córtex sensorial somático estão organizados em colunas verticais que se estendem por todas as seis camadas do córtex; cada uma dessas colunas tem diâmetro de 0,3 a 0,5 mm, contendo, talvez, 10.000 corpos celulares neuronais. Cada uma dessas colunas serve, apenas, a uma modalidade sensorial específica, algumas delas respondendo a receptores de estiramento situados em torno de articulações, outros à estimulação de pêlos táteis, ainda outros a pontos isolados e localizados de pressão sobre a pele, e assim por diante. Ainda mais, as colunas para as diferentes modalidades ficam interpostas umas às outras. Na camada IV, onde os sinais chegam primeiro ao córtex, as colunas neuronais funcionam quase inteiramente separadas umas das outras. Contudo, nos outros níveis dessas colunas, ocorrem interações que permitem o começo da análise do significado dos sinais que estão chegando.

Na parte mais anterior do giro pós-central, situada na profundidade da fissura central, na área 3a de Brodmann, fração desproporcionalmente grande das colunas responde a receptores musculares, tendinosos e articulares. Muitos dos sinais originados nesses receptores, por sua vez, se dirigem, de forma direta, para o córtex motor, situado na região imediatamente anterior à fissura central, participando do controle do funcionamento muscular. À medida que se passa em direção posterior no córtex sensorial somático I, número cada vez maior de colunas verticais responde aos receptores cutâneos de adaptação lenta e, em situação ainda mais posterior, grande número de colunas é reativo à pressão profunda.

Na região mais posterior da área sensorial somática I, cerca de 6% das colunas verticais só respondem quando o estímulo se desloca por sobre a pele, em direção determinada. Isso é um nível mais alto de interpretação sensorial; o processo fica ainda mais complexo em região mais posterior, no córtex parietal, que é chamada de *área somática de associação,* o que será discutido adiante.

Funções da área sensorial somática I

As capacidades funcionais das diversas áreas do córtex sensorial somático foram estabelecidas pela excisão seletiva de diferentes regiões. Grandes excisões da área sensorial somática I causam a perda dos seguintes tipos de julgamento sensorial:

1. A pessoa fica incapaz de localizar com precisão as diferentes sensações nas diversas regiões do corpo. Contudo, ela pode localizar essas sensações de forma bem grosseira, como em uma das mãos, o que é indicativo de que o tálamo ou partes do córtex cerebral normalmente não levadas em consideração como participantes nas sensações somáticas ainda podem ter participação, de alguma forma, nessa localização.

2. Ela fica incapaz de distinguir entre graus críticos de pressão aplicados a seu corpo.

3. Fica incapaz de avaliar com precisão o peso de objetos.

4. Torna-se incapaz de identificar as formas dos objetos, o que é chamado de *astereognose.*

5. A pessoa fica incapaz de identificar a textura de materiais, pois esse tipo de avaliação depende de sensações extremamente críticas geradas pelo movimento da pele por sobre a superfície a ser identificada.

Note-se que nesta lista nada foi dito sobre a perda dos sentidos da dor e da temperatura. Contudo, quando falta a área sensorial somática I, a avaliação dessas modalidades sensoriais pode ficar comprometida, tanto em relação à intensidade quanto à qualidade. Mas, o que é mais importante, as sensações de dor e de temperatura que possam ocorrer são mal localizadas, o que é indicativo de que a localização da dor e da temperatura depende, provavelmente, da estimulação simultânea de sinais táteis, utilizando o mapa topográfico do corpo na área sensorial I para localizar suas origens.

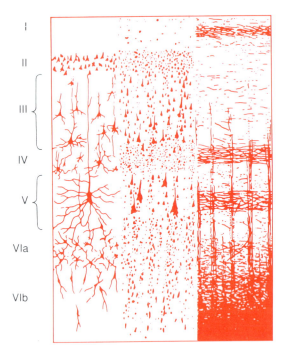

Fig. 9.8 Estrutura do córtex cerebral, mostrando: *I,* camada molecular; *II,* camada granular externa; *III,* camada de células piramidais; *IV,* camada granular interna; *V,* camada das grandes células piramidais; e *VI,* camada das células fusiformes ou polimórficas. (De Ranson e Clark [segundo Brodmann]: *Anatomy of the Nervous System.* Philadelphia, W. B. Saunders Co., 1959.)

ÁREAS SOMÁTICAS DE ASSOCIAÇÃO

As áreas 5 e 7 de Brodmann, no córtex cerebral, situadas no córtex parietal, atrás da área sensorial somática I e acima da área sensorial somática II, desempenham papéis importantes na decifração da informação sensorial que chega a essas áreas sensoriais somáticas. Por isso elas são chamadas de *áreas somáticas de associação*.

A estimulação elétrica da área somática de associação pode, por vezes, fazer com que a pessoa experiencie uma sensação somática complexa, ocasionalmente até o "sentir"* um objeto, como uma faca ou uma bola. Portanto, parece claro que a área somática de associação combina a informação oriunda de pontos múltiplos da área sensorial somática, para decifrar seu significado. Essa suposição também está de acordo com a disposição anatômica dos feixes neuronais que chegam à área somática de associação, pois ela recebe sinais vindos (1) da área sensorial somática I, (2) dos núcleos ventrobasais do tálamo, (3) de outras regiões talâmicas, (4) do córtex visual, e (5) do córtex auditivo.

Efeito da remoção da área somática de associação — amorfossíntese. Quando é removida a áreas somática de associação, a pessoa perde a capacidade de reconhecer objetos complexos e formas também complexas pelo processo de apalpá-las. Além disso, perde o sentido da forma de seu próprio corpo. O que é especialmente interessante é que a pessoa passa a esquecer, em sua maior parte, o lado oposto de seu corpo — isto é, esquece que ele existe. Como resultado, também, muitas vezes se esquece de usar essa outra metade de seu corpo para as funções motoras. De igual modo, quando apalpa objetos, a pessoa tende a só tocar em um de seus lados, esquecendo que existe um outro lado. Esse déficit sensorial extremamente complexo é chamado de *amorfossíntese*.

CARACTERÍSTICAS GLOBAIS DA TRANSMISSÃO DE SINAIS E DE SUA ANÁLISE PELO SISTEMA COLUNA DORSAL-LEMNISCO

Circuito neuronal básico e "campo" cortical da descarga no sistema coluna dorsal-lemnismo. A parte inferior da Fig. 9.9 mostra a organização básica do circuito neuronal da via da coluna dorsal com ocorrência de divergência em cada estágio sináptico. Contudo, a parte superior dessa figura mostra que estímulo único em um dos receptores da pele não faz com que todos os neurônios corticais para os quais se projeta esse receptor descarreguem com a mesma freqüência. Ao contrário, os neurônios corticais que respondem com atividade de maior freqüência são os situados na parte central do "campo" cortical de cada receptor respectivo. Dessa forma, um estímulo fraco só faz com que os neurônios mais centrais sejam ativados. Estímulo mais forte provoca atividade de maior número de neurônios, mas os da região central apresentam descarga com freqüência maior que os mais periféricos em relação a esse centro.

Discriminação de dois pontos. Método de uso bastante freqüente para testar a capacidade tátil de uma pessoa é o chamado de "capacidade de discriminação de dois pontos". Nesse método, duas agulhas são encostadas na pele e o sujeito responde se sente dois estímulos distintos ou apenas um. Nas pontas dos dedos, a pessoa pode distinguir dois pontos distintos, mesmo quando as agulhas estão separadas por apenas 1 a 2 mm. Contudo, em seu dorso, as agulhas precisam estar, na maioria das vezes, separadas por 30 a 70 mm antes que a pessoa consiga distinguir dois pontos. A razão para essa diferença é o número bastante diverso de receptores especializados nas duas áreas da pele.

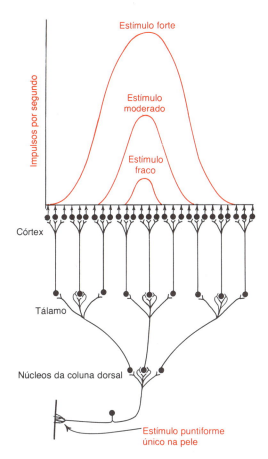

Fig. 9.9 Transmissão de sinal causado por estímulo puntiforme até o córtex.

A Fig. 9.10 apresenta o mecanismo pelo qual o sistema da coluna dorsal, bem como outras vias sensoriais, transmite a informação para a discriminação de dois pontos. Essa figura mostra dois pontos adjacentes na pele, ambos intensamente estimulados, e também mostra a área do córtex sensorial somático (muito ampliada) que é excitada pelos sinais originados nos dois pontos estimulados. A curva contínua, em preto, representa o padrão espacial da excitação cortical, quando os dois pontos são estimulados a um só tempo. Note-se que a área resultante de excitação tem dois picos distintos. São esses dois picos, separados por uma depressão, que permitem ao córtex sensorial detectar a presença de dois pontos de estimulação, e não um ponto único. Contudo, a capacidade do sensório distinguir dois pontos de estimulação é muito influenciada por outro mecanismo, a *inibição lateral*, discutida na seção a seguir.

Efeito da inibição lateral de aumento do grau de contraste no padrão espacial que é percebido. Foi notado no Cap. 8 que virtualmente qualquer via sensorial, quando excitada, provoca ao mesmo tempo a geração de sinais de inibição lateral; estes se propagam para os lados do sinal excitatório, inibindo os neurônios adjacentes. Por exemplo, considere-se um neurônio excitado em um dos núcleos da coluna dorsal. Além do sinal excitatório central, curtas fibras colaterais transmitem sinais inibitórios para os neurônios circundantes. Alguns desses sinais passam por interneurônio adicional secretor de transmissor inibitório, enquanto outros passam diretamente até terminais pré-sinápticos em neurônios adjacentes, inibindo-os pelo processo de inibição pré-sináptica.

A importância da *inibição lateral* é que ela bloqueia a dispersão lateral dos sinais excitatórios e, por conseguinte, aumenta

---

*N.T. No original, *feeling*. Deve ser notada a distinção entre *feeling* e *sensation*. Enquanto esta última tem a tradução literal de "sensação", o primeiro é em geral traduzido como *sentimento*, razão pela qual foi preferida a tradução de o "sentir", que parece exprimir melhor o sentido pretendido pelo Autor.

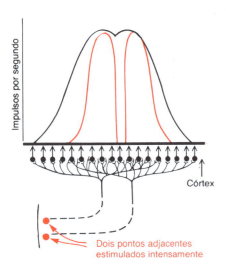

Fig. 9.10 Transmissão de sinais, até o córtex, causados por dois estímulos puntiformes adjacentes. A curva contínua, em preto, representa o padrão da estimulação cortical sem a inibição "em anel"; as duas curvas coloridas representam o padrão produzido com inibição "em anel".

o grau de contraste do padrão sensorial que é recebido pelo córtex cerebral.

No caso do sistema da coluna dorsal, ocorre inibição lateral em cada nível sináptico: por exemplo, nos núcleos da coluna dorsal, nos núcleos ventrobasais do tálamo, e no próprio córtex. Em cada um desses níveis, a inibição lateral impede a dispersão lateral do sinal excitatório. Como resultado, os picos de excitação se destacam com a maior parte da excitação difusa circundante sendo bloqueada. Esse efeito é representado pelas duas curvas em cor da Fig. 9.10, que mostram a separação completa dos picos, quando a intensidade da inibição lateral, também chamada de *inibição em anel [surround inhibition]* é muito alta. Obviamente, esse mecanismo acentua o contraste entre duas áreas de estimulação máxima e as áreas circundantes, o que aumenta de muito o contraste ou a agudeza do padrão espacial percebido.

Transmissão de sensações que se alteram rapidamente ou que são repetitivas. O sistema da coluna dorsal tem valor particular para levar até o sensório informação sobre as condições periféricas que variem rapidamente. Esse sistema é capaz de "seguir" estímulos variáveis com freqüência de até 400 ciclos/s e pode "detectar" variações de até 700 ciclos/s.

Sensação vibratória. Os sinais vibratórios são repetitivos de alta freqüência, podendo ser identificados como vibração até com freqüência de 700 ciclos/s. Os sinais vibratórios com freqüência mais elevada têm origem nos corpúsculos de Pacini, enquanto os de freqüência menor também podem se originar dos corpúsculos de Meissner. Esses sinais só são transmitidos via coluna dorsal. Por essa razão, aplicação de vibração por meio de diapasão a diferentes regiões do corpo é método importante usado pelos neurologistas para testar a integridade das colunas dorsais.

INTERPRETAÇÃO PSÍQUICA DA INTENSIDADE DO ESTÍMULO SENSORIAL

O objetivo último da maior parte da estimulação sensorial é a de informar a mente sobre o estado do corpo e do que o cerca. Por conseguinte, é importante que se discuta de modo sumário alguns dos princípios relacionados à transmissão da intensidade do estímulo sensorial até os níveis mais altos do sistema nervoso.

A primeira pergunta que vem à mente é: como é possível, para o sistema sensorial, a transmissão de experiências sensoriais com intensidades que variam tanto? Por exemplo, o sistema auditivo pode discernir o sussurro mais fraco, ao mesmo tempo que é capaz de compreender o significado de som explosivo distante menos de 1 m, embora as intensidades sonoras dessas duas experiências possam variar por mais de 10 bilhões de vezes; os olhos podem registrar imagens visuais com intensidade luminosas que variam por mais de meio milhão de vezes; ou a pele pode detectar diferenças entre pressões da ordem de 10.000 a 100.000 vezes.

Como explicação parcial desses efeitos, a Fig. 8.4, no capítulo anterior, apresenta a relação entre o potencial do receptor produzido no corpúsculo de Pacini e a intensidade do estímulo sensorial. Com baixa intensidade do estímulo, variações muito pequenas dessa intensidade produzem modificação muito acentuada do potencial, enquanto, com altas intensidades de estímulo, qualquer aumento adicional dessa intensidade produz variação muito pequena do potencial. Dessa forma, o corpúsculo de Pacini é capaz de medir com precisão variações bastante pequenas da intensidade do estímulo quando sua intensidade é baixa, mas, quando é grande, são necessárias variações bastante grandes da intensidade do estímulo para produzir alteração igual do potencial do receptor.

O mecanismo de transdução para a detecção do som pela cóclea do ouvido representa o meio para distinguir entre gradações da intensidade do estímulo. Quando o som causa vibração de determinado ponto da membrana basilar, a vibração fraca só estimula as células ciliadas do ponto de vibração máxima. Mas, à medida que a intensidade da vibração aumenta, não apenas essas células ciliadas são mais intensamente estimuladas, mas muitas outras células ciliadas, nas duas direções, a partir do ponto de vibração máxima, também são estimuladas, e quanto mais intensa for essa intensidade, células cada vez mais distantes são estimuladas. Desse modo, os sinais transmitidos por número crescente de fibras nervosas é outro mecanismo por meio do qual a intensidade do estímulo é transmitida para o sistema nervoso central. Esse mecanismo, somado ao efeito direto da intensidade do estímulo sobre a freqüência da descarga das fibras nervosas, junto com diversos outros mecanismos, permite que a maioria dos sistemas sensoriais funcione, de modo bastante fidedigno, com intensidades de estimulação que variem por mais de centenas de milhares até bilhões de vezes.

Importância da imensa faixa de variação da intensidade da recepção sensorial. Se não fosse a imensa faixa de variação da intensidade na recepção sensorial que somos capazes de experienciar, os diversos sistemas sensoriais tenderiam, na maioria das vezes, a funcionar dentro de faixa inadequada. Isso é demonstrado pelas tentativas da maioria das pessoas de ajustar o diafragma de máquina fotográfica sem recorrer a um fotômetro. Quando deixado a seu julgamento intuitivo, a pessoa quase sempre abre demais o diafragma, com exposição excessiva do filme, em dias claros e, inversamente, o fecha em demasia, com exposição deficiente, no crepúsculo. Todavia, os olhos dessa pessoa são capazes de discriminar com grande detalhe os objetos visuais sob luz solar e no crepúsculo; a máquina fotográfica não o pode fazer devido à estreita faixa crítica de intensidade luminosa necessária para a exposição adequada do filme.

AVALIAÇÃO DA INTENSIDADE DO ESTÍMULO

Os fisiopsicólogos têm desenvolvido muitos métodos para testar a capacidade de uma pessoa de avaliar a intensidade dos estímulos sensoriais mas só raramente é que os resultados obtidos por eles concordam entre si. Contudo, o princípio básico da discriminação decrescente da intensidade, à medida que aumenta a intensidade sensorial, é aplicável a praticamente toda e qualquer modalidade sensorial. Duas formulações desse princípio, muito discutidas no campo da fisiopsicologia da interpretação sensorial, são o *princípio de Weber-Fechner* e o *princípio da potência*.

O princípio de Weber-Fechner — detecção da "proporção" da intensidade do estímulo. Na metade do século XIX, primeiro Weber e, em seguida, Fechner propuseram o princípio de que as *gradações da intensidade do estímulo seriam discriminadas em termos aproximados em relação ao logaritmo dessa intensidade de estimulação.* Isto é, teste típico desse princípio mostraria que a pessoa quase não conseguiria detectar aumento de 1 g no peso quando segurando 30 g, ou quase não conseguiria detectar aumento de 10 g quando estivesse segurando 300 g. Desse modo, a *proporção* da variação da intensidade do estímulo para a detecção dessa variação permaneceria essencialmente constante, de cerca de 1 para 30, o que é expresso pelo princípio logarítmico. Em termos matemáticos,

Intensidade interpretada do sinal = logaritmo (Estímulo) + Constante

Nos últimos anos, ficou evidente que o princípio de Weber-Fechner só é quantitativamente preciso para as mais altas intensidades da experiência sensorial visual auditiva e cutânea, só sendo aplicável em nível muito grosseiro para outros tipos de experiência sensorial.

Todavia, o princípio de Weber-Fechner ainda merece ser lembrado por enfatizar que, quanto maior a intensidade sensorial de fundo, maior também deverá ser a variação adicional da intensidade do estímulo, a fim de que a mente a possa detectar.

A lei da potência. Outra tentativa dos fisiopsicólogos para achar boa relação matemática é a fórmula a seguir, conhecida como a lei da potência:

Intensidade interpretada do sinal = K · (Estímulo − k)$^\gamma$

Nesta fórmula, o expoente γ e as constantes K e k são diferentes para cada tipo de sensação.

Quando essa relação da lei de potência é expressa em gráfico com duas coordenadas logarítmicas, como representado na Fig. 9.11, aparece relação linear entre as intensidades do estímulo interpretada e verdadeira, válida em ampla faixa para quase todos os tipos de percepção sensorial. Todavia, como mostrado na figura, mesmo essa relação da lei de potência não é válida para os valores extremos, tanto para as intensidades menores como para as maiores.

OS SENTIDOS DE POSIÇÃO

Os *sentidos de posição* são, com muita freqüência, chamados de *sentidos proprioceptivos*. Eles são divididos em dois subtipos: (1) *o sentido de posição estática*, que significa a orientação consciente das diferentes partes do corpo entre si e (2) *o sentido da velocidade do movimento*, também chamado de *cinestesia* ou de *propriocepção dinâmica*.

Os receptores sensoriais de posição. O conhecimento da posição, tanto estática como dinâmica, depende de se saber o grau de angulação de todas as articulações, em todos os planos, bem como das velocidades com que variam. Por conseguinte, muitos tipos de diferentes receptores participam da determinação da angulação articular, usados em conjunto para o sentido de posição. Ainda mais, tanto receptores táteis da pele como receptores profundos, situados nas proximidades das articulações, também são usados. No caso dos dedos, onde existe grande número de

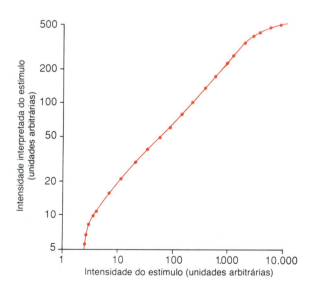

Fig. 9.11 Demonstração gráfica da relação da "lei de potência" entre a verdadeira intensidade do estímulo e a intensidade como interpretada pela psique. Note-se que a lei de potência não é válida para as intensidades muito fracas ou muito fortes do estímulo.

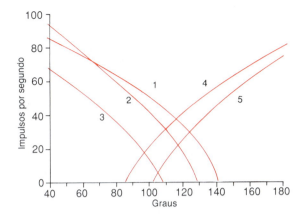

Fig. 9.12 Respostas típicas de cinco neurônios distintos no campo de um receptor na articulação do joelho no complexo ventrobasal do tálamo, quando essa articulação é movida dentro de sua faixa de angulação. (As curvas foram construídas a partir dos dados de Mountcastle et al.: *J. Neurophysiol., 26*:807, 1963.)

receptores cutâneos, até cerca da metade do reconhecimento da posição é, provavelmente, detectada por esses receptores cutâneos. Por outro lado, para a maior parte das grandes articulações do corpo, os receptores profundos são os mais importantes.

Para a determinação da angulação articular, nas faixas médias do movimento, acredita-se que os receptores mais importantes sejam os *fusos musculares*. Eles também são muito importantes para o controle do movimento muscular, como discutido no Cap. 16. Quando o ângulo de uma articulação está se modificando, alguns músculos são distendidos, enquanto outros ficam relaxados; a informação do grau de estiramento, gerada no fuso, é transmitida para o sistema de computação da medula espinhal e para os níveis mais altos do sistema da coluna dorsal, para a decifração das complexas inter-relações das angulações articulares.

Nos extremos da angulação articular, o estiramento dos ligamentos e dos tecidos profundos em torno das articulações é fator adicional importante para a determinação da posição. Alguns tipos de terminações com participação nesse processo incluem os corpúsculos de Pacini, as terminações de Ruffini e receptores semelhantes aos órgãos tendinosos de Golgi encontrados nos músculos.

Os corpúsculos de Pacini e os fusos musculares apresentam adaptação especial para a detecção das altas velocidades de variação. Por conseguinte, é provável que eles sejam os principais responsáveis pela detecção da velocidade do movimento.

Processamento da informação do sentido de posição pela via da coluna dorsal-lemnisco. Apesar da fidedignidade usual da transmissão dos sinais da periferia até o córtex sensorial pelo sistema coluna dorsal-lemnisco, parece, não obstante, existir algum grau de processamento dos sinais do sentido de posição antes que eles atinjam o córtex cerebral. Por exemplo, receptores articulares individuais são estimulados ao máximo quando a articulação é movida até grau específico de angulação, com a intensidade dessa estimulação diminuindo tanto pelo aumento como pela diminuição do grau de angulação a partir do ponto máximo. Contudo, o sinal de posição estática para a angulação articular é bem diferente ao nível do tálamo, como mostrado na Fig. 9.12. Essa figura apresenta os neurônios talâmicos que respondem ao movimento articular, e que são de dois tipos: (1) os que são maximamente estimulados quando a articulação é angulada até seu grau máximo, e (2) os que são maximamente estimulados quando o grau de angulação é mínimo. Em cada caso, à medida que varia o grau dessa angulação, a intensidade da estimulação neuronal aumenta ou diminui, dependendo da direção do movimento articular. Ainda mais, a intensidade da excitação neuronal varia dentro de faixa de 40 a 60 graus de angulação, enquanto cada receptor articular só responde dentro de faixa de 20 a 30 graus de angulação. Desse modo, os sinais dos receptores articulares individuais são integrados, em termos espaciais, antes que cheguem aos neurônios talâmicos, indicando a existência de certo grau de processamento em nível medular ou talâmico.

■ TRANSMISSÃO PELO SISTEMA ÂNTERO-LATERAL

O sistema ântero-lateral, contrastando com o sistema da coluna dorsal, transmite sinais sensoriais que não exigem localização muito precisa da origem dos sinais e que, também, não exigem a discriminação de pequenas gradações de intensidade. Esses sinais incluem os de dor, calor, frio, tato grosseiro, cócegas e prurido, e as sensações sexuais. No capítulo seguinte serão discutidas as sensações de dor e de temperatura; este capítulo ainda tem por objetivo principal a transmissão dos sinais táteis, mas, a partir de agora, com os tipos menos agudos.

ANATOMIA DA VIA ÂNTERO-LATERAL

As fibras ântero-laterais se originam, em sua maior parte, das lâminas I, IV, V e VI (ver Fig. 9.2) das pontas dorsais, onde terminam muitas das fibras nervosas sensoriais, da raiz dorsal, após entrarem na medula espinhal. Em seguida, como representado na Fig. 9.13, as fibras cruzam, pela comissura anterior da medula, para as colunas anterior e lateral do lado oposto, por onde ascendem para o encéfalo. Seu trajeto ascendente pelas colunas ântero-laterais é bastante difuso. Contudo, estudos anatômicos sugerem a existência de diferenciação parcial dessa via em um componente anterior, chamado de *feixe espinhotalâmico anterior*, e em um componente lateral, chamado de *feixe espinhotalâmico lateral*. Também existe, nessa via ântero-lateral, a *via espinhorreticular* (para a substância reticular do tronco cerebral) e a *via espinhotectal* (para o teto do mesencéfalo). Contudo, essa diferenciação é bastante difícil quando são usados métodos elétricos de registro.

O término superior da via ântero-lateral é, em sua maior parte, duplo: (1) em todos os *núcleos reticulares do tronco cerebral*, e (2) em dois complexos nucleares distintos do tálamo, no *complexo ventrobasal* e nos *núcleos intralaminares*. Em geral, os sinais táteis são, em sua maioria, transmitidos para o complexo ventrobasal, com término nos mesmos núcleos *ventral posterior lateral* e *medial*, como acontece com o sistema da coluna dorsal, o que provavelmente é também verdadeiro para os sinais de temperatura. A partir desse ponto, os sinais táteis são transmitidos para o córtex somatossensorial, junto com os das colunas dorsais. Por outro lado, só parte dos sinais de dor é transmitida para esse complexo. Ao contrário, a maior parte deles entra para os núcleos reticulares do tronco cerebral e, a partir daí, eles vão do tronco cerebral para os núcleos intralaminares do tálamo, como discutido em mais detalhes no próximo capítulo.

Características da transmissão pela via ântero-lateral. Em geral, os mesmos princípios vigentes para a transmissão pelo sistema coluna dorsal-lemnisco também se aplicam à via ântero-lateral, exceto pelas seguintes diferenças: (1) a velocidade de condução é de apenas um terço à metade da observada no sistema coluna dorsal-lemnisco, ficando compreendida entre 8 e 40 m/s; (2) o grau de localização espacial dos sinais é fraco, em especial nas vias para a dor; (3) também são mal-identificadas as gradações de intensidade, com a maioria das sensações sendo avaliada em termos de 10 a 20 gradações de intensidade, o que difere das mais de 100 gradações obtidas no sistema da coluna dorsal; e (4) a capacidade de transmissão de sinais repetitivos de alta freqüência é baixa.

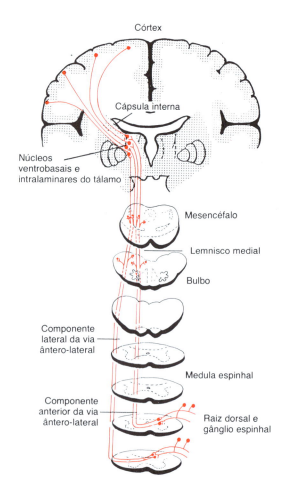

Fig. 9.13 Os componentes anterior e lateral da via ântero-lateral.

Dessa forma, fica evidente que o sistema ântero-lateral é um sistema de transmissão mais grosseiro que o sistema coluna dorsal-lemnisco. Mesmo assim, certas modalidades de sensação só são transmitidas por esse sistema, nunca o sendo pelo sistema coluna dorsal-lemnisco. Essas modalidades são as de dor, térmicas, cócegas e prurido, e as sensações sexuais, além das sensações grosseiras de tato e pressão.

■ ALGUNS ASPECTOS ESPECIAIS DA FUNÇÃO SENSORIAL SOMÁTICA

Função do tálamo na sensação somática

Quando o córtex somatossensorial de um ser humano é destruído, essa pessoa perde a maioria de suas sensibilidades táteis críticas, mas retorna pequeno grau de sensibilidade tátil grosseira. Por conseguinte, deve ser admitido que o tálamo (bem como outros centros mais inferiores) tem pequena capacidade para a discriminação das sensações táteis, apesar de o tálamo funcionar principalmente como via de transmissão desse tipo de informação para o córtex.

Por outro lado, a perda do córtex somatossensorial tem muito pouco efeito sobre a percepção, pela pessoa, das sensações de dor, e apenas efeito moderado sobre a percepção da temperatura. Por conseguinte, existem muitas razões para se acreditar que o tronco cerebral, o tálamo e outras regiões basais associadas do encéfalo talvez desempenhem o papel preponderante na discriminação dessas sensibilidades. É interessante que essas sensibilidades apareceram muito precocemente no desenvolvimento filogenético dos animais, enquanto as sensibilidades táteis críticas representam um desenvolvimento tardio.

CONTROLE CORTICAL DA SENSIBILIDADE SENSORIAL — SINAIS "CORTICOFUGOS"

Além dos sinais sensoriais somáticos, transmitidos da periferia para o encéfalo, sinais "corticofugos" são transmitidos na direção oposta, do córtex cerebral para as estações relé do tálamo, do bulbo e da medula espinhal; eles controlam a sensibilidade da função sensorial. Os sinais corticofugos são inibitórios, de modo que, quando a intensidade da atividade sensorial fica demasiadamente alta, os sinais corticofugos reduzem automaticamente a transmissão pelos núcleos relé. Obviamente, isto produz dois efeitos. Primeiro, diminui a dispersão lateral dos sinais sensoriais para os neurônios adjacentes e, portanto, aumenta o contraste do padrão de sinais. Segundo, mantém o sistema sensorial atuando dentro de faixa de sensibilidade que não é baixa o bastante para que os sinais fiquem ineficazes, nem tão alta que o sistema seja inundado além de sua capacidade de discriminação dos padrões sensoriais.

O princípio do controle sensorial corticofugo é utilizado por todos os diferentes sistemas sensoriais, e não apenas pelo sistema somático, como será visto nos capítulos subseqüentes.

CAMPOS PERIFÉRICOS DAS SENSAÇÕES — OS DERMÁTOMOS

Cada nervo espinhal inerva um "campo segmentar" da pele, chamado de *dermátomo*. Os diversos dermátomos são mostrados na Fig. 9.14. Contudo, nessa figura, eles são representados como se existissem limites nítidos entre dermátomos adjacentes, o que não é verdade, pois existe muita superposição entre os segmentos.

Essa figura mostra que a região anal do corpo corresponde ao dermátomo do segmento medular mais distal. No embrião, essa é a região da cauda e corresponde à parte mais distal do corpo. As pernas se desenvolvem das regiões lombar e sacral superior, e não segmentos sacrais mais distais, o que é evidente pelo mapa dermatomérico. Obviamente, pode-se usar um mapa dermatomérico como o da Fig. 9.14 para a determinação do nível medular onde ocorreu lesão quando há sinal de distúrbio sensorial.

REFERÊNCIAS

Akil, H., and Lewis, J. W. (eds.): Neurotransmitters and Pain Control. New York, S. Karger Publishers, Inc., 1987.
Akil, H., et al.: Endogenous opioids: Etiology and function. Annu. Rev. Neurosci., 7:223, 1984.
American Physiological Society: Sensory Processes. Washington, D.C., American Physiological Society, 1984.
Amit, Z., and Galina, Z. H.: Stress-induced analgesia: Adaptive pain suppression. Physiol. Rev., 68:1091, 1988.
Basbaum, A. I., and Fields, H. L.: Endogenous pain control systems: Brainstem spinal pathways and endorphin circuitry. Annu. Rev. Neurosci., 7:309, 1984.
Berger, P. A., et al.: Behavioral pharmacology of the endorphins. Annu. Rev. Med., 33:397, 1982.
Besson, J. M., and Chaouch, A.: Peripheral and spinal mechanisms of nociception. Physiol. Rev., 67:67, 1987.
Bond, M. R.: Pain — Its Nature, Analysis, and Treatment. New York, Churchill Livingstone, 1984.
Darian-Smith, I.: The sense of touch: Performance and peripheral neural processes. In Darian-Smith I. (ed.): Handbook of Physiology. Sec. 1, Vol. III. Bethesda, Md., American Physiological Society, 1984, p. 739.
Darian-Smith, I.: Thermal sensibility. In Darian-Smith, I. (ed.): Handbook of Physiology. Sec. 1, Vol. III. Bethesda, Md., American Physiological Society, 1984, p. 879.
Dubner, R., and Bennett, G. J.: Spinal and trigeminal mechanisms of nociception. Annu. Rev. Neurosci., 6:381, 1983.
Emmers, R.: Somesthetic System of the Rat. New York, Raven Press, 1988.
Fields, H. L. (ed.): Pain: Mechanisms and Management. New York, McGraw-Hill Book Co., 1987.
Foreman, R. D., and Blair, R. W.: Central organization of sympathetic cardiovascular response to pain. Annu. Rev. Physiol., 50:607, 1988.
Friedhoff, A. J., and Miller, J. C.: Clinical implications of receptor sensitivity modification. Annu. Rev. Neurosci., 6:121, 1983.
Gelmers, H. J.: Calcium-channel blockers in the treatment of migraine. Am. J. Cardiol., 55:139B, 1985.
Goldman-Rakic, P. S.: Topography of cognition: Parallel distributed networks in primate association cortex. Annu. Rev. Neurosci., 11:137, 1988.
Goldstein, E. B.: Sensation and Perception. Belmont, Calif., Wadsworth Publishing Co., 1980.
Guyton, A. C., and Reeder, R. C.: Pain and contracture in poliomyelitis. Arch. Neurol. Psychiatr., 63:954, 1950.
Haft, J. I. (ed.): Differential Diagnosis of Chest Pain and Other Cardiac Symptoms. Mt. Kisco, N.Y., Futura Publishing Co., 1983.
Han, J. S., and Terenius, L.: Neurochemical basis of acupuncture analgesia. Annu. Rev. Pharmacol. Toxicol., 22:193, 1982.
Hnik, P., et al. (eds.): Mechanoreceptors. Development, Structure and Function. New York, Plenum Publishing Corp., 1988.
Hochberg, J.: Perception. In Darian-Smith, I. (ed.): Handbook of Physiology. Sec. 1, Vol. III. Bethesda, Md., American Physiological Society, 1984, p. 75.
Hyvarinen, J.: Posterior parietal lobe of the primate brain. Physiol. Rev., 62:1060, 1982.
Iggo, A., et al. (eds.): Nociception and Pain. New York, Cambridge University Press, 1986.
Jung, R.: Sensory research in historical perspective: Some philosophical foundations of perception. In Darian-Smith, I. (ed.): Handbook of Physiology. Sec. 1, Vol. III. Bethesda, Md., American Physiological Society, 1984, p. 1.
Kaas, J. H.: What, if anything, is SI? Organization of first somatosensory area of cortex. Physiol. Rev., 63:206, 1983.
Kaas, J. H., et al.: The reorganization of the somatosensory cortex following peripheral nerve damage in adult and developing mammals. Annu. Rev. Neurosci., 6:325, 1983.
Kruger, L. (ed.): Neural Mechanisms of Pain. New York, Raven Press, 1984.
Lewis, R. V., and Stern, A. S.: Biosynthesis of the enkephalins and enkephalin-containing polypeptides. Annu. Rev. Pharmacol. Toxicol., 23:353, 1983.
Loewenstein, E. R.: Excitation and inactivation in the receptor membrane. Ann. N.Y. Acad. Sci., 94:510, 1961.
Lucente, F. E., and Cooper, B. C.: Management of Facial, Head and Neck Pain. Philadelphia, W. B. Saunders Co., 1989.
Lund, J. S. (ed.): Sensory Processing in the Mammalian Brain. New York, Oxford University Press, 1988.
McCloskey, D. I.: Kinesthetic sensibility. Physiol. Rev., 58:763, 1978.
Mountcastle, V. B.: Central nervous mechanisms in mechanoreceptive sensibility. In Darian-Smith, I. (ed.): Handbook of Physiology. Sec. 1, Vol. III. Bethesda, Md., American Physiological Society, 1984, p. 789.
Nakanishi, S.: Substance P precursor and kininogen: Their structures, gene organizations, and regulation. Physiol. Rev., 67:1117, 1987.
Neff, W. D. (ed.): Contributions to Sensory Physiology. New York, Academic Press, 1978.
Paintal, A. S.: The visceral sensations — some basic mechanisms. Prog. Brain Res., 67:3, 1986.

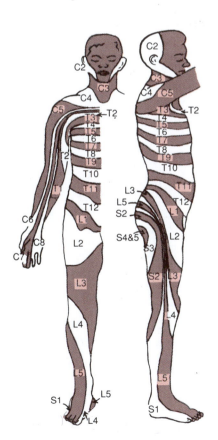

Fig. 9.14 Os dermátomos. (Modificado de Grinker e Sahs: *Neurology.* Springfield, Ill., Charles C Thomas, 1966.)

Paris, P. M., and Stewart, R. D.: Pain Management in Emergency Medicine. East Norwalk, Conn., Appleton & Lange, 1988.

Perl, E. R.: Pain and nociception. In Darian-Smith, I. (ed.): Handbook of Physiology. Sec. 1, Vol. III. Bethesda, Md., American Physiological Society, 1984, p. 915.

Porter, R. (ed.): Studies in Neurophysiology. New York, Cambridge University Press, 1978.

Price, D. D.: Psychological and Neural Mechanisms of Pain. New York, Raven Press, 1988.

Saper, J. P. (ed.): Controversies and Clinical Variants of Migraine. New York, Pergamon Press, 1987.

Scheibel, A. B.: The brain stem reticular core and sensory function: In Darian-Smith, I. (ed.): Handbook of Physiology. Sec. 1, Vol. III. Bethesda, Md., American Physiological Society, 1984, p. 213.

Stebbins, W. C., et al.: Sensory function in animals. In Darian-Smith, I. (ed.): Handbook of Physiology. Sec. 1, Vol. III. Bethesda, Md., American Physiological Society, 1984, p. 123.

Tollison, C. D., et al.: Handbook of Chronic Pain Management. Baltimore, Williams & Wilkins, 1988.

Udin, S. B., and Fawcett, J. W.: Formation of topographic maps. Annu. Rev. Neurosci., 11:289, 1988.

Weiss, T. F.: Relation of receptor potentials of cochlear hair cells to spike discharges of cochlear neurons. Annu. Rev. Physiol., 46:247, 1984.

10

Sensações Somáticas:

II. Dor, Cefaléia e Sensações Térmicas

Várias (se não a maioria) das doenças corporais causam dor. Além disso, a capacidade do médico de diagnosticar diferentes doenças depende, em grande parte, do conhecimento que ele tenha das diferentes qualidades da dor. Por estas razões, este capítulo dedica-se principalmente à dor e à base fisiológica de alguns dos fenômenos clínicos associados.

A finalidade da dor. A dor é um mecanismo protetor para o corpo; ocorre sempre que qualquer tecido seja lesado, e faz com que o indivíduo reaja para remover o estímulo álgico. Mesmo atividades simples, como sentar-se por longo tempo sobre o ísquio, podem causar destruição tecidual, devido à ausência de fluxo sanguíneo para a pele, no local onde ela é comprimida pelo peso do corpo. Quando a pele fica dolorida, devido à isquemia, a pessoa normalmente desloca inconscientemente seu peso para outra região. Mas a pessoa que perdeu a sensibilidade álgica, como após lesão da medula espinhal, não percebe a dor e, portanto, não executa o movimento necessário. Isso resulta logo em ulceração nas áreas de pressão.

■ OS DOIS TIPOS DE DOR E SUAS QUALIDADES — DOR RÁPIDA E DOR LENTA

A dor foi classificada em dois tipos principais: *dor rápida* e *dor lenta*. A dor rápida ocorre dentro de cerca de 0,1 s, quando é aplicado um estímulo, enquanto a dor lenta só se inicia após 1 s ou mais e, depois, aumenta lentamente durante vários segundos e, algumas vezes, até mesmo minutos. Neste capítulo veremos que as vias de condução para esses dois tipos de dor são diferentes e que cada uma delas tem qualidades específicas.

A dor rápida também recebe vários outros nomes, como *dor em pontada, dor em agulhada, dor aguda, dor elétrica*, e outros. Esse tipo de dor é percebido quando uma agulha é espetada na pele, ou quando a pele é cortada por lâmina, e essa dor também é percebida quando a pele sofre um choque elétrico. A dor rápida, em pontada, não é percebida na maioria dos tecidos profundos do corpo.

A dor lenta também recebe vários outros nomes, como *dor em queimação, dor continuada, dor latejante, dor nauseante* e *dor crônica*. Esse tipo de dor está em geral associado à *destruição tecidual*. Pode ser extrema e causar sofrimento insuportável, prolongado. Esse tipo de dor pode ocorrer tanto na pele como em qualquer tecido ou órgão profundo.

Adiante, aprenderemos que a dor rápida é transmitida por fibras sensíveis à dor do tipo Aδ, enquanto a dor lenta resulta da estimulação das fibras tipo C, mais primitivas.

■ OS RECEPTORES DA DOR E SUA ESTIMULAÇÃO

Todos os receptores de dor são terminações nervosas livres. Os receptores de dor, na pele e em outros tecidos, são terminações nervosas livres. Apresentam-se distribuídos difusamente nas camadas superficiais da *pele*, e, também, em determinados tecidos internos, como o *periósteo*, as *paredes arteriais*, as *superfícies articulares* e a *foice* e o *tentório* da calota craniana. A maioria dos outros tecidos profundos possui inervação pobre de terminações nervosas sensíveis à dor; todavia, qualquer lesão tecidual difusa ainda pode, por somação, causar a dor do tipo contínua, crônica e lenta nessas áreas.

Três diferentes tipos de estímulos excitam os receptores de dor — mecânicos, térmicos e químicos. A maioria das fibras sensíveis à dor pode ser excitada por tipos múltiplos de estímulos. Entretanto, algumas fibras têm maior tendência a responder ao estiramento mecânico excessivo, outras a extremos de calor ou frio, e, ainda outras, a substâncias químicas específicas, nos tecidos. Elas são classificadas, respectivamente, como *receptores mecânicos, térmicos e químicos de dor*. Em geral, a dor rápida é produzida pelos receptores dos tipos mecânico e térmico, enquanto a dor lenta pode ser produzida por todos os três tipos.

Algumas das substâncias químicas que excitam o tipo químico de receptores de dor incluem: *bradicinina, serotonina, histamina, íons potássio, ácidos, acetilcolina*, e *enzimas proteolíticas*. Além disso, as *prostaglandinas* estimulam a sensibilidade das terminações sensíveis à dor, mas não as excitam diretamente. As substâncias químicas são muito importantes na estimulação da dor do tipo lenta, incômoda, que acompanha a lesão tecidual.

Natureza não-adaptativa dos receptores de dor. Ao contrário da maioria dos outros receptores sensoriais do corpo, a adaptação dos receptores de dor, quando ocorre, é mínima. Na verdade, em algumas condições, a excitação das fibras sensíveis à dor é progressivamente maior à medida que o estímulo continua. Esse aumento da sensibilidade dos receptores de dor é denominado *hiperalgesia*.

É fácil compreender a importância dessa incapacidade de adaptação dos receptores de dor, pois permite que a pessoa permaneça sempre alerta a um estímulo lesivo que cause dor enquanto ele persistir.

Intensidade da lesão tecidual como causa da dor. A média das pessoas começa a perceber dor quando a pele é aquecida acima de 45°C, como mostrado na Fig. 10.1. Essa é também a temperatura na qual os tecidos começam a ser lesados pelo calor; na verdade, os tecidos acabam por ser totalmente destruídos se a temperatura permanecer indefinidamente acima desse nível. Portanto, está bastante claro que a dor resultante do calor está intimamente relacionada à capacidade do calor de lesar os tecidos.

Além disso, a intensidade da dor também foi intimamente relacionada à intensidade de lesão tecidual por outras causas além do calor — infecção bacteriana, isquemia tecidual, contusão tecidual, e assim por diante.

Importância especial dos estímulos dolorosos químicos durante a lesão tecidual. Os extratos de tecidos lesados causam dor intensa quando injetados sob a pele normal. Todas as substâncias químicas relacionadas acima que excitam os receptores químicos da dor são encontradas nesses extratos. Entretanto, a substância química que parece ser mais dolorosa é a *bradicinina*. Portanto, vários pesquisadores sugeriram que a bradicinina poderia ser o único agente responsável, na maioria das vezes, pela dor associada à lesão tecidual. Também, a intensidade da dor percebida está relacionada ao aumento local da concentração de íons potássio. E, também, devemos lembrar que as enzimas proteolíticas podem atacar diretamente as terminações nervosas e excitam a dor, tornando suas membranas mais permeáveis aos íons.

A liberação dos vários excitantes álgicos químicos não apenas estimula as terminações álgicas quimiossensíveis, mas, também, diminui muito o limiar para a estimulação dos receptores de dor mecanossensíveis e termossensíveis. Exemplo muito conhecido é a dor extrema, causada por pequenos estímulos mecânicos ou térmicos, após lesão tecidual por queimadura solar.

Isquemia tecidual como causa da dor. Quando o fluxo sanguíneo para um tecido é bloqueado, o tecido fica muito dolorido em poucos minutos. E, quanto maior o metabolismo do tecido, mais rapidamente surge a dor. Por exemplo, se um manguito de pressão arterial for colocado ao redor do braço e insuflado até que cesse o fluxo sanguíneo arterial, o exercício dos músculos do antebraço pode causar dor muscular intensa em 15 a 20 s. Na ausência de exercício muscular, a dor só surgirá após 3 a 4 min.

Uma das causas sugeridas de dor na isquemia é o acúmulo de grandes quantidades de ácido lático nos tecidos, formado em conseqüência do metabolismo anaeróbico (metabolismo sem oxigênio) que ocorre durante a isquemia. Entretanto, também é possível que outros agentes químicos, como a bradicinina, enzimas proteolíticas, e outros, sejam formados nos tecidos, devido à lesão celular, e que eles, em lugar do ácido lático, estimulem as terminações nervosas sensíveis à dor.

Espasmo muscular como causa da dor. O espasmo muscular também é causa muito comum de dor, e é a base de várias síndromes álgicas clínicas. Essa dor, provavelmente, resulta, em parte, do efeito direto do espasmo muscular na estimulação de receptores de dor mecanossensíveis. Entretanto, talvez resulte, também, do efeito indireto do espasmo muscular que comprime os vasos sanguíneos e causa isquemia. Por outro lado, o espasmo aumenta, ao mesmo tempo, o metabolismo do tecido muscular, aumentando, assim, ainda mais, a isquemia relativa, criando condições ideais para a liberação de substâncias químicas que induzem a dor.

■ AS DUAS VIAS DE TRANSMISSÃO DOS SINAIS DOLOROSOS PARA O SISTEMA NERVOSO CENTRAL

Embora todas as terminações sensíveis à dor sejam terminações nervosas livres, elas utilizam duas vias separadas para a transmissão de sinais de dor para o sistema nervoso central. As duas vias correspondem aos dois tipos diferentes de dor, uma via para a *dor rápida-em pontada* e uma *via para a dor lenta-crônica*.

As fibras periféricas da dor — fibras "rápidas" e "lentas". Os sinais da dor rápida-em pontada são transmitidos, nos nervos periféricos, para a medula espinhal, por fibras delgadas do tipo Aδ, com velocidade de 6 a 30 m/s. Por outro lado, a dor do tipo lenta-crônica é transmitida por fibras do tipo C, com velocidades entre 0,5 e 2 m/s. Quando as fibras do tipo Aδ são bloqueadas, sem bloqueio das fibras C, por compressão moderada do tronco nervoso, a dor rápida-em pontada desaparece. Por outro lado, quando as fibras do tipo C são bloqueadas, sem bloqueio das fibras δ, por baixas concentrações de anestésico local, a dor do tipo lenta-crônica-continuada desaparece.

Devido a esse duplo sistema de inervação para a dor, o início súbito de estímulo álgico produz uma "dupla" sensação de dor: uma dor rápida-em pontada, seguida, 1 s depois, por dor lenta, em queimação. A dor em pontada alerta a pessoa, de modo muito rápido, para a existência de influência potencialmente lesiva, e, portanto, representa papel importante por provocar reação imediata da pessoa para afastar-se do estímulo. Por outro lado, a sensação em queimação, lenta, tende a ser cada vez mais dolorosa, com o decorrer do tempo. Essa sensação leva, por fim, a sofrimento intolerável de dor longa e continuada.

Após penetrar na medula espinhal, provenientes da raiz dorsal espinhal, as fibras da dor trafegam, para cima e para baixo, por um a três segmentos, pelo *feixe de Lissauer*, que se localiza

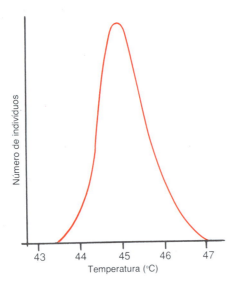

Fig. 10.1 Curva de distribuição, obtida a partir de grande número de indivíduos, da temperatura cutânea mínima que causa dor. (Modificado de Hardy: *J. Chronic Dis.*, 4:22, 1956.)

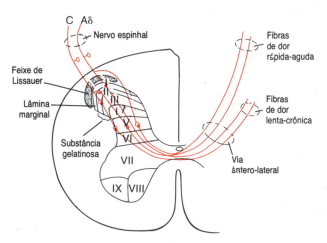

Fig. 10.2 Transmissão de sinais de dor "aguda-em pontada" e "lenta-crônica" para e pela medula espinhal, em seu trajeto até o tronco cerebral.

imediatamente posterior à ponta dorsal da substância cinzenta da medula espinhal, terminando, então, sobre neurônios localizados nas pontas dorsais. Entretanto, de novo, aqui, existem dois sistemas para o processamento dos sinais de dor, que se dirigem para o encéfalo como mostrado nas Figs. 10.2 e 10.3. Eles são os seguintes:

AS DUAS VIAS DA SENSAÇÃO DA DOR, NA MEDULA ESPINHAL E NO TRONCO CEREBRAL — OS FEIXES NEO-ESPINHOTALÂMICO E PALEOESPINHOTALÂMICO

Após entrarem na medula espinhal, os sinais de dor se dirigem para o encéfalo por meio de duas vias distintas, o *feixe neo-espinhotalâmico* e o *feixe paleoespinhotalâmico*.

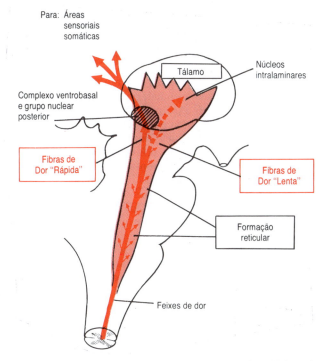

Fig. 10.3 Transmissão de sinais de dor para o rombencéfalo, tálamo e córtex, pelas vias de dor rápida "em agulhada" e da dor lenta "em queimação".

O feixe neo-espinhotalâmico para a dor rápida. As fibras da dor, tipo Aδ, "rápidas", transmitem a maior parte dos sinais dolorosos mecânicos e térmicos. Terminam, em sua maioria, na lâmina I (lâmina marginal) das pontas dorsais e, aí, excitam os neurônios de segunda ordem, do feixe neo-espinhotalâmico. Estes neurônios dão origem a longas fibras, que cruzam imediatamente para o lado oposto da medula, passando pela comissura anterior e, depois, se dirigem para o encéfalo nas colunas ântero-laterais.

Terminação do feixe neo-espinhotalâmico no tronco cerebral e no tálamo. Algumas fibras do feixe neo-espinhotalâmico terminam nas áreas reticulares do tronco cerebral, mas a maioria segue até o tálamo, terminando no *complexo ventrobasal*, juntamente com o feixe coluna dorsal-lemnisco medial, discutido no capítulo anterior. Algumas também terminam no grupo nuclear posterior do tálamo. A partir dessas áreas, os sinais são transmitidos para outras áreas basais do cérebro e para o córtex sensorial somático.

Capacidade do sistema nervoso de localizar a dor rápida no corpo. A dor do tipo rápida-em pontada pode ser localizada com muito mais precisão nas diferentes partes do corpo que a dor lenta-crônica. Entretanto, mesmo a dor rápida, quando só são estimulados receptores de dor, sem estimulação simultânea de receptores táteis, ela ainda é mal localizada, freqüentemente dentro de 10 cm da área estimulada. Porém, quando os receptores táteis também são estimulados, a localização pode ser muito precisa.

O feixe paleoespinhotalâmico para a transmissão da dor lenta-crônica. O feixe paleoespinhotalâmico é um sistema muito mais antigo, e transmite os sinais de dor, conduzidos, em sua maior parte, pelas fibras periféricas de dor lenta, do tipo C, embora também transmita alguns sinais pelas fibras tipo Aδ. Nesse feixe, as fibras periféricas terminam quase totalmente nas lâminas II e III das pontas dorsais, que, juntas, são denominadas *substância gelatinosa*, como representado pela fibra da raiz dorsal mais lateral na Fig. 10.2. A maioria dos sinais passa, então, por um ou mais neurônios de fibras curtas, nas próprias pontas dorsais, antes de penetrarem, em grande parte, na lâmina V, também na ponta dorsal. Aí, o último neurônio da série origina axônios longos que se unem, em sua maioria, às fibras do feixe rápido, passando, pela comissura anterior, para o lado oposto da medula e, depois, dirigindo-se para o encéfalo, pela mesma via ântero-lateral. Entretanto, algumas dessas fibras não cruzam a medula e seguem, ipsilateralmente, em direção ao encéfalo.

Substância P, o provável neurotransmissor das terminações nervosas do tipo C. Acredita-se que, no local onde as fibras do tipo C fazem sinapse, nas pontas dorsais da medula espinal, ocorra liberação de substância P, como transmissor sináptico. A substância P é um neuropeptídio e, como todos os neuropeptídios, é produzida e destruída lentamente na sinapse. Portanto, acredita-se que sua concentração, na sinapse, aumente durante, no mínimo, vários segundos, e talvez muito mais, após o início do estímulo álgico. Após a cessação da dor, a substância P persiste por mais de vários segundos ou, talvez, por minutos. A importância disso é que poderia explicar o aumento progressivo da intensidade da dor lenta-crônica, com o passar do tempo, e, também, poderia explicar, ao menos parcialmente, a persistência desse tipo de dor, mesmo após a remoção do estímulo álgico.

Terminação dos sinais da dor lenta-crônica, no tronco cerebral e no tálamo. O feixe lento-crônico termina, de forma bastante difusa, no tronco cerebral, na grande área em rosa mostrada na Fig. 10.3. Apenas um décimo a um quarto das fibras percorrem todo o trajeto das três diferentes áreas (1) os *núcleos reticulares* do bulbo, ponte e mesencéfalo; (2) a *área tectal* do mesencéfalo, em situação profunda aos colículos superior e inferior; e (3) a *área cinzenta periaquedutal* adjacente ao aqueduto de Sylvius. Essas regiões inferiores do encéfalo parecem ser muito importantes na avaliação da dor do tipo crônica, pois animais com o cérebro seccionado acima do mesencéfalo mostram sinais evidentes de sofrimento, quando qualquer parte de seu corpo é traumatizada.

A partir da área reticular do tronco cerebral, múltiplos neurônios de axônios curtos enviam os sinais da dor para os núcleos intraluminares do tálamo e também para determinadas porções do hipotálamo e outras regiões adjacentes basais do cérebro.

Capacidade do sistema nervoso de localizar a dor, transmitida pelo feixe da dor lenta-crônica. A localização da dor transmitida pelo feixe paleoespinhotalâmico é muito imprecisa. Na verdade, estudos eletrofisiológicos sugerem que a localização refere-se com muita freqüência apenas a partes bastante amplas do corpo, como um membro, mas não a um ponto determinado sobre o membro. Isso se deve às conexões difusas e multissinápticas no trajeto para o encéfalo. Também explica por que os pacientes têm, muitas vezes, grande dificuldade de localizar a origem de alguns desses tipos de dor crônica.

Função da formação reticular, tálamo e córtex cerebral na apreciação da dor. A remoção completa das áreas sensoriais somáticas do córtex cerebral não destrói a capacidade de percepção da dor. Portanto, é provável que os impulsos de dor que entrem na formação reticular, tálamo e outros centros inferiores possam causar percepção consciente da dor. Entretanto, isso não significa que o córtex cerebral não está relacionado à apreciação normal da dor; na verdade, a estimulação elétrica das áreas sensoriais somáticas corticais faz com que a pessoa perceba a dor leve em cerca de 3% dos diferentes pontos estimulados. Acredita-se que o córtex represente papel importante na interpretação da qualidade da dor, embora a percepção da dor possa ser função dos centros inferiores.

Capacidade especial dos sinais dolorosos de alertar o sistema nervoso. A estimulação elétrica das áreas reticulares do tronco cerebral e, também, dos núcleos intralaminares do tálamo, as áreas onde termina a dor do tipo lenta-crônica, exerce forte efeito de alerta sobre a atividade nervosa em todo o encéfalo. Na verdade, essas duas áreas são parte do sistema principal de alerta do encéfalo que é discutido no Cap. 21. Isso explica por que uma pessoa com dor intensa se mantém muitas vezes em alerta máximo, e, também, explica por que é quase impossível dormir quando se está sentindo dor.

Interrupção cirúrgica das vias da dor. Com freqüência, ocorre dor tão intensa e intratável (muitas vezes resultante de câncer de progressão rápida) que é necessário aliviá-la destruindo a via de condução em qualquer um de vários pontos distintos. Se a dor está localizada na região inferior do corpo, a *cordotomia,* na região torácica superior, em grande parte dos casos, alivia a dor, por algumas semanas ou meses. Isso é obtido pela secção quase total do quadrante ântero-lateral da medula espinhal no lado oposto ao da dor, o que interrompe a via sensorial ântero-lateral.

Porém, infelizmente, a cordotomia nem sempre é bem-sucedida no alívio da dor, por duas razões. Primeira, várias das fibras de dor na parte superior do corpo não cruzam a medula para o lado oposto antes de atingir o encéfalo, de forma que a cordotomia não secciona essas fibras. Segunda, a dor, freqüentemente, retorna alguns meses depois, causada, talvez, em parte, pela sensibilização de outras vias de dor e, em parte, pela estimulação pelo tecido fibroso das fibras remanescentes. Essa nova dor, com muita freqüência, é ainda mais difícil de controlar que a dor original.

Outro procedimento cirúrgico para aliviar a dor é a lesão dos núcleos intralaminares do tálamo, o que, por vezes, alivia a dor do tipo crônica, enquanto deixa intacta a capacidade de apreciação da dor "aguda", um importante mecanismo protetor.

■ O SISTEMA DE CONTROLE DA DOR ("ANALGESIA") NO ENCÉFALO E NA MEDULA ESPINHAL

O grau de reação à dor de cada pessoa varia muito. Isso resulta, parcialmente, da capacidade do próprio encéfalo de controlar o grau de entrada dos sinais de dor no sistema nervoso, pela ativação de um sistema de controle da dor, denominado *sistema de analgesia.*

O sistema de analgesia é representado na Fig. 10.4. Consiste em três componentes principais (mais outros componentes acessórios): (1) a *área cinzenta periaquedutal* do mesencéfalo e parte superior da ponte, que circundam o aqueduto de Sylvius; os neurônios dessa área enviam seus sinais para (2) o *núcleo magno da rafe,* um pequeno núcleo da linha média, localizado nas regiões inferior da ponte e superior do bulbo. Daí, os sinais são transmitidos pelas colunas dorsolaterais da medula para (3) um *complexo inibitório da dor, localizado nos pontos dorsais da medula espinhal.* Nesse ponto, os sinais da analgesia podem bloquear os sinais da dor antes que cheguem ao encéfalo.

A estimulação elétrica na área cinzenta periaquedutal, ou no núcleo magno da rafe, pode causar supressão quase total de vários sinais dolorosos muito fortes, que chegam pelas raízes dorsais espinhais. Também, a estimulação de áreas em níveis cerebrais mais superiores — que, por sua vez, excitam a área cinzenta periaquedutal, e, principalmente, os *núcleos periventriculares do hipotálamo,* de localização adjacente ao terceiro ventrículo e, em menor proporção, o *feixe prosencefálico medial,* também no hipotálamo — pode suprimir a dor, embora talvez não o faça com a mesma eficácia.

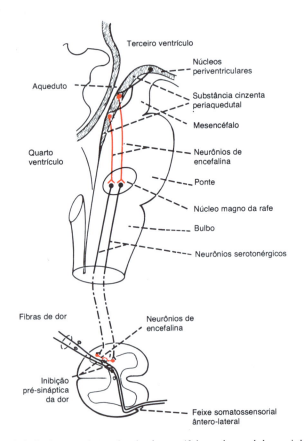

Fig. 10.4 O sistema de analgesia do encéfalo e da medula espinhal, mostrando inibição dos sinais de dor recebidos ao nível medular.

Vários transmissores diferentes estão envolvidos no sistema de analgesia, principalmente a *encefalina* e a *serotonina*. Várias fibras nervosas provenientes dos núcleos periventriculares e da área cinzenta periaquedutal secretam encefalina em suas terminações. Assim, como mostrado na Fig. 10.4, as terminações de várias das fibras, no núcleo magno da rafe liberam encefalina. As fibras originadas nesse núcleo, mas que terminam nas pontas dorsais da medula espinhal, secretam serotonina em suas terminações. A serotonina, por sua vez, ainda atua sobre outro grupo de neurônios medulares locais, que parecem secretar encefalina. Acredita-se que a encefalina cause *inibição pré-sináptica* das fibras aferentes de dor do tipo C e tipo Aδ, onde fazem sinapse nos pontos dorsais. Provavelmente, o faz bloqueando os canais de cálcio nas membranas das terminações nervosas. Como são os íons cálcio que provocam a liberação de transmissor na sinapse, esse bloqueio do cálcio, obviamente, resultaria em inibição pré-sináptica. Além disso, o bloqueio parece durar por períodos prolongados, porque, após a ativação do sistema de analgesia, essa analgesia, com muita freqüência, dura vários minutos ou até mesmo horas.

Assim, o sistema de analgesia pode bloquear sinais de dor no ponto de entrada inicial na medula espinhal. Na verdade, também pode bloquear vários reflexos medulares locais que resultam de sinais de dor, de modo especial os reflexos de retirada, que são descritos no Cap. 16.

É provável que esse sistema de analgesia também possa inibir a transmissão da dor em outros pontos da via da dor, principalmente nos núcleos reticulares no tronco cerebral e nos núcleos intralaminares do tálamo.

O sistema opiáceo cerebral — as endorfinas e encefalinas

Há mais de 20 anos, foi descoberto que a injeção de quantidades extremamente pequenas de morfina, no núcleo periventricular, ao redor do terceiro ventrículo do diencéfalo, ou na área cinzenta periaquedutal do tronco cerebral, causava grau extremo de analgesia. Estudos subseqüentes mostraram que a morfina atua ainda em vários outros pontos do sistema da analgesia, incluindo as pontas dorsais da medula espinhal. Como a maioria das substâncias que alteram a excitabilidade dos neurônios o faz por ação sobre os receptores sinápticos, supôs-se que os "receptores de morfina" do sistema da analgesia deveriam ser na verdade receptores para algum neurotransmissor semelhante à morfina naturalmente secretado no encéfalo. Portanto, foi iniciada pesquisa extensa para descobrir o opiáceo natural do cérebro. Já foi detectada cerca de 1 dúzia dessas substâncias opiáceas em diferentes pontos do sistema nervoso, mas todas são produtos do metabolismo de três grandes moléculas protéicas: *pró-opiomelanocortina*, *pró-encefalina* e *pró-dinorfina*. Além disso, numerosas regiões do cérebro possuem receptores para opiáceos, principalmente as áreas no sistema da analgesia. Entre as substâncias opiáceas mais importantes estão a *β-endorfina, metencefalina, leu-encefalina* e *dinorfina*.

As duas encefalinas são encontradas nas partes do sistema da analgesia descritas acima, e a β-endorfina está presente no hipotálamo e na hipófise. A dinorfina, embora só encontrada em quantidades pequenas no tecido nervoso, é importante porque é opiáceo muito potente, com efeito de cessação da dor 200 vezes maior que a morfina, quando injetada diretamente no sistema da analgesia.

Assim, embora todos os detalhes finos do sistema dos opiáceos encefálicos não estejam totalmente elucidados, a ativação do sistema da analgesia, por sinais nervosos que entram na área cinzenta periaquedutal, ou por substâncias semelhantes à morfina, pode suprimir, total ou quase totalmente, vários sinais álgicos que entram pelos nervos periféricos.

INIBIÇÃO DA TRANSMISSÃO DA DOR POR SINAIS SENSORIAIS TÁTEIS

Outro marco importante do estudo para o controle da dor foi a descoberta de que a estimulação das grandes fibras sensoriais dos receptores táteis periféricos deprime a transmissão de sinais da dor, na mesma área do corpo ou, até mesmo, em áreas por vezes localizadas a vários segmentos de distância. Esse efeito resulta provavelmente de um tipo de inibição lateral local. Isso explica por que manobras simples, como a fricção da pele perto de áreas doloridas, são, muitas vezes, bastante eficazes no alívio da dor. E, com certa probabilidade, também explica por que o uso de linimentos é útil no alívio da dor. Esse mecanismo e a excitação psicogênica simultânea do sistema de analgesia central também são provavelmente a base do alívio da dor por acupuntura.

TRATAMENTO DA DOR POR ESTIMULAÇÃO ELÉTRICA

Recentemente, foram desenvolvidos diversos procedimentos clínicos para suprimir a dor pela estimulação elétrica de grandes fibras nervosas sensoriais. Os eletródios de estimulação são colocados sobre áreas selecionadas da pele, ou, ocasionalmente, podem ser implantados sobre a medula espinhal, para estimular as colunas sensoriais dorsais.

Em alguns pacientes, os eletródios também foram colocados, estereotaticamente, nos núcleos intralaminares do tálamo ou na área periventricular ou periaquedutal do diencéfalo. O paciente pode, então, controlar pessoalmente o grau dessa estimulação. Foi descrito alívio dramático em alguns casos. Também, o alívio da dor muitas vezes dura até 24 horas, após apenas alguns minutos de estimulação.

■ DOR REFERIDA

Freqüentemente, uma pessoa sente dor em parte de seu corpo bastante distante dos tecidos de origem da dor. Essa dor é denominada *dor referida*. Em geral, a dor é iniciada em um dos órgãos viscerais e referida a uma área da superfície corporal. Também, a dor pode ser referida a outra área profunda do corpo que não coincide, com exatidão, à localização da víscera que produz a dor. O conhecimento desses diferentes tipos de dor referida é extremamente importante no diagnóstico clínico, porque várias doenças viscerais não produzem outros sinais além da dor referida.

Mecanismo da dor referida. A Fig. 10.5 apresenta o mecanismo mais provável para o surgimento da dor referida. Na figura, são mostrados ramos das fibras viscerais de dor fazendo sinapse

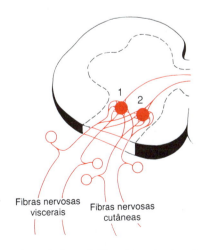

Fig. 10.5 Mecanismo de dor referida e hiperalgesia referida.

na medula espinhal, com alguns dos mesmos neurônios de segunda ordem que recebem fibras de dor provenientes da pele. Quando as fibras viscerais de dor são estimuladas, os sinais de dor das vísceras são conduzidos por, no mínimo, alguns dos mesmos neurônios que conduzem os sinais da dor da pele, e a pessoa tem a sensação de que os sinais têm origem na própria pele.

■ DOR VISCERAL

No diagnóstico clínico, a dor originada nas diferentes vísceras do abdome e tórax é um dos poucos critérios que podem ser utilizados no diagnóstico de inflamação, doenças e outros tipos de lesões viscerais. Em geral, as vísceras não possuem receptores sensoriais para outras modalidades de sensação além da dor. Também a dor visceral difere da dor superficial em vários aspectos importantes.

Uma das diferenças mais importantes entre a dor superficial e a dor visceral é que lesões viscerais muito localizadas só em raras ocasiões causam dor intensa. Por exemplo, um cirurgião pode seccionar inteiramente o intestino dividindo-o em dois, com o paciente acordado, sem provocar dor significativa. Por outro lado, qualquer estímulo que cause *estimulação difusa das terminações nervosas de dor* de uma víscera produz dor que pode ser muito intensa. Por exemplo, a isquemia causada pela oclusão do suprimento sanguíneo para grande área do intestino estimula muitas fibras difusas de dor ao mesmo tempo, podendo resultar em dor intensa.

CAUSAS DA VERDADEIRA DOR VISCERAL

Qualquer estímulo que excite as terminações nervosas de dor em áreas difusas das vísceras causa dor visceral. Esses estímulos incluem isquemia do tecido visceral, lesão química das superfícies da víscera, espasmo do músculo liso em uma víscera oca, distensão de víscera oca, ou estiramento dos ligamentos.

Praticamente, toda dor visceral verdadeira originada nas cavidades torácica e abdominal é transmitida por fibras nervosas sensoriais que correm pelos nervos simpáticos. Essas fibras são fibras delgadas, tipo C, e, portanto, só podem transmitir a dor do tipo crônica-contínua de sofrimento.

Isquemia. A isquemia causa dor visceral do mesmo modo preciso que nos outros tecidos, provavelmente devido à formação de produtos finais do metabolismo ácido, ou produtos da degeneração tecidual, como a bradicinina, enzimas proteolíticas, ou outros, que estimulam as terminações nervosas de dor.

Estímulos químicos. Ocasionalmente, as substâncias lesivas extravasam do tubo gastrintestinal para a cavidade peritoneal. Por exemplo, o suco gástrico ácido proteolítico, com freqüência, extravasa pela ruptura de úlcera gástrica ou duodenal. Esse suco produz digestão difusa do peritônio visceral, estimulando, assim, com muita intensidade, grandes áreas de fibras de dor. A dor é em geral muito intensa.

Espasmo de víscera oca. O espasmo do intestino, vesícula biliar, vias biliares, ureter, ou de qualquer outra víscera oca, pode causar dor, possivelmente, por estimulação mecânica das terminações da dor. Ou sua causa poderia ser a redução do fluxo sanguíneo para o músculo, associada ao aumento da necessidade metabólica de nutrientes do músculo. Assim, poderia haver desenvolvimento de isquemia *relativa*, que causa dor intensa.

Freqüentemente, a dor de espasmo visceral ocorre na forma de *cólicas*, com a dor aumentando até grau elevado de intensidade e, depois, diminuindo, em processo rítmico, a intervalos de alguns minutos. Esses ciclos rítmicos resultam da contração rítmica do músculo liso. Por exemplo, a cada vez que uma onda peristáltica percorre o intestino espástico hiperexcitado ocorre cólica. A dor do tipo cólica freqüentemente ocorre na gastrenterite, constipação, menstruação, parto, doença da vesícula biliar ou obstrução ureteral.

Hiperdistensão de víscera oca. O enchimento excessivo de uma víscera oca também resulta em dor, provavelmente devido ao estiramento demasiado dos próprios tecidos. Entretanto, a hiperdistensão também pode causar colapso dos vasos sanguíneos que circundam a víscera, ou que passam por sua parede, assim, talvez, promovendo dor isquêmica.

Vísceras insensíveis

Algumas áreas viscerais são quase completamente insensíveis à dor de qualquer tipo. Elas incluem o parênquima do fígado e os alvéolos pulmonares. Porém, a *cápsula* hepática é extremamente sensível ao traumatismo direto e ao estiramento, e os *ductos biliares* também são sensíveis à dor. Nos pulmões, embora os alvéolos sejam insensíveis, os *brônquios* e a *pleura parietal* são muito sensíveis à dor.

DOR PARIETAL CAUSADA POR LESÃO VISCERAL

Além da verdadeira dor visceral, as sensações de dor também são transmitidas, a partir das vísceras, por fibras nervosas não-viscerais, que inervam o peritônio parietal, pleura ou pericárdio.

Quando a doença afeta uma víscera, ela freqüentemente se difunde para a parede parietal da cavidade visceral. Essa parede, como a pele, é suprida por extensa inervação dos nervos espinhais, e não dos nervos simpáticos. Portanto, a dor proveniente da parede parietal sobrejacente à víscera muitas vezes é muito aguda. Para enfatizar a diferença entre essa dor e a verdadeira dor visceral: uma incisão, por corte, através do peritônio *parietal* é muito dolorosa, embora a dor produzida por corte semelhante no peritônio visceral ou no intestino, se houver, seja muito pequena.

LOCALIZAÇÃO DA DOR VISCERAL — AS VIAS DE TRANSMISSÃO "VISCERAL" E "PARIETAL"

Freqüentemente, é difícil localizar a dor das diferentes vísceras, por várias razões. Primeira, o encéfalo não tem conhecimento em primeira mão da existência dos diferentes órgãos, e, portanto, qualquer dor que tenha origem interna só pode ser localizada genericamente. Segunda, as sensações provenientes do abdome e do tórax são transmitidas por duas vias distintas para o sistema nervoso central — a *via visceral verdadeira* e a *via parietal*. A dor visceral verdadeira é transmitida por fibras sensoriais do sistema nervoso autonômico (simpático e parassimpático), e as sensações são *referidas* às áreas superficiais do corpo muitas vezes distantes do órgão onde a dor tem origem. Por outro lado, as sensações parietais são conduzidas *diretamente* para os nervos espinhais locais a partir do peritônio parietal, pleura ou pericárdio, e as sensações em geral são *localizadas com precisão sobre a área dolorosa*.

Localização da dor referida, transmitida pelas vias viscerais. Quando a dor visceral é referida à superfície do corpo, a pessoa geralmente a localiza no segmento do dermátomo de origem no embrião do órgão visceral. Por exemplo, o coração tem origem no pescoço e tórax superior, de forma que as fibras da dor visceral cardíaca entram na medula entre os segmentos C-3 e T-5. Portanto, como mostrado na Fig. 10.6, a dor

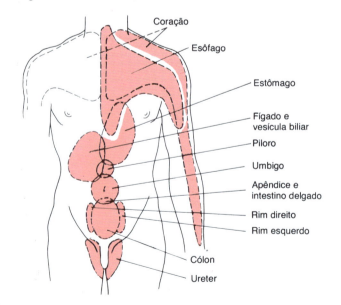

Fig. 10.6 Áreas superficiais da dor referida de diferentes órgãos viscerais.

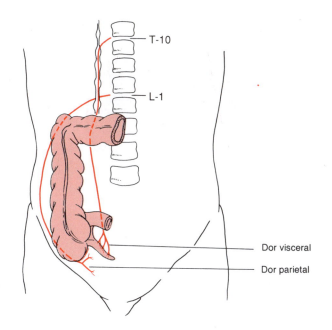

Fig. 10.7 Transmissão visceral e parietal da dor originada no apêndice.

proveniente do coração é referida à face lateral do pescoço, sobre o ombro, sobre os músculos peitorais, em direção ao braço e na área subesternal do tórax. Na maioria das vezes, a dor se localiza no lado esquerdo, e não no direito — porque o lado esquerdo do coração é envolvido muito mais freqüentemente na doença coronariana que o lado direito.

O estômago orgina-se, aproximadamente, entre o sétimo e o nono segmentos torácicos do embrião. Portanto, a dor gástrica é referida no epigástrio anterior, acima do umbigo, que é a área superficial do corpo inervada pelos segmentos T-7 a T-9. E a Fig. 10.6 mostra várias outras áreas superficiais, para onde é referida a dor visceral de outros órgãos, representando, em geral, as áreas no embrião de onde se originou o respectivo órgão.

A via parietal para a transmissão da dor abdominal e torácica. A dor visceral está freqüentemente localizada em duas áreas superficiais do corpo ao mesmo tempo, devido à dupla transmissão da dor pela via visceral referida e a via parietal direta. Assim, a Fig. 10.7 apresenta a dupla transmissão de apêndice inflamado. Os impulsos saem do apêndice pelas fibras da dor visceral simpática, para a cadeia simpática e, daí, para a medula espinhal, aproximadamente, ao nível de T-10 ou T-11; essa dor é referida à área ao redor do umbigo e é do tipo contínuo, em cólica. Por outro lado, os impulsos da dor também se originam com grande freqüência no peritônio parietal, onde o apêndice inflamado toca ou adere à parede abdominal. Eles causam dor, do tipo, agudo, diretamente sobre o peritônio irritado, no quadrante inferior direito do abdome.

■ ALGUMAS ANORMALIDADES CLÍNICAS DA DOR E DE OUTRAS SENSAÇÕES SOMÁTICAS

HIPERALGESIA

Ocasionalmente, a via da dor fica hiperexcitável; isso causa *hiperalgesia*, que significa hipersensibilidade à dor. As causas básicas de hiperalgesia são hipersensibilidade dos próprios receptores de dor, o que é denominado *hiperalgesia primária*, e facilitação da transmissão sensorial, que é denominada *hiperalgesia secundária*.

Um exemplo de hiperalgesia primária é a extrema sensibilidade cutânea causada pela queimadura de sol, que parece resultar da sensibilização das terminações da dor por produtos teciduais locais da queimadura — talvez histamina, talvez prostaglandinas, talvez, outras. A hiperalgesia secundária resulta freqüentemente de lesões na medula espinhal ou no tálamo, várias delas discutidas nas seções subseqüentes.

A SÍNDROME TALÂMICA

Por vezes, o ramo posterolateral da artéria cerebral posterior — uma pequena artéria que irriga a porção posteroventral do tálamo — é obstruído por trombose, de forma que ocorre degeneração dos núcleos dessa área do tálamo, enquanto os núcleos mediais e anteriores permanecem intactos. O paciente apresenta uma série de anormalidades. Primeira, a perda de quase toda a sensibilidade do lado oposto do corpo é devida à destruição dos núcleos de retransmissão. Segunda, a ataxia (incapacidade de controlar os movimentos com precisão) pode ser evidente, devido à perda dos sinais de posição e cinestésicos transmitidos normalmente, por meio do tálamo, para o córtex. Terceira, após período de algumas semanas a alguns meses, há retorno de alguma percepção sensorial no lado oposto do corpo, mas, geralmente, são necessários fortes estímulos para produzi-la. Quando ocorrem essas sensações, elas têm localização imprecisa e, quase sempre, são muito dolorosas, algumas vezes lancinantes, independentemente do tipo de estímulo aplicado ao corpo. Quarta, a pessoa é capaz de perceber várias sensações afetivas bastante desagradáveis ou, só raramente, muito prazerosas; as desagradáveis, freqüentemente, estão associadas a manifestações emocionais.

Os núcleos mediais do tálamo não são destruídos por trombose dessa artéria. Portanto, acredita-se que esses núcleos sejam facilitados e causam aumento da sensibilidade à dor, transmitida pelo sistema reticular, bem como as percepções afetivas.

HERPES ZOSTER (COBREIRO)

Por vezes, um vírus do herpes zoster infecta um gânglio da raiz dorsal. Isso causa dor intensa no segmento do dermátomo normalmente inervado pelo gânglio, produzindo, assim, dor segmentar que circunda a metade do corpo. A doença é denominada *herpes zoster* ou "cobreiro" devido à erupção descrita no próximo parágrafo.

A causa da dor é provavelmente a excitação das células neuronais do gânglio da raiz dorsal pela infecção virótica. Além de causar dor, o vírus também é transportado, ao longo do axoplasma dos axônios periféricos, até suas terminações cutâneas. O vírus provoca uma erupção que, em poucos dias, produz vesículas, que, após mais alguns dias, formam crostas. Todas essas manifestações ocorrem no dermátomo correspondente à raiz dorsal infectada.

TIQUE DOLOROSO

Algumas pessoas sentem dores lancinantes em um lado da face, na área de distribuição sensorial correspondente ao quinto ou nono nervo craniano; esse fenômeno é denominado *tique doloroso* (ou *neuralgia do trigêmeo* ou *neuralgia do glossofaríngeo*). As dores são percebidas como choques elétricos súbitos, e podem se manifestar durante poucos segundos, ou de forma quase contínua. Freqüentemente, são produzidos a partir de "áreas desencadeadoras", extremamente sensíveis, localizadas na superfície da face, na boca ou na garganta — quase sempre por estímulo mecânico, e não por estímulos dolorosos. Por exemplo, quando o paciente engole o bolo alimentar, caso o alimento toque uma amígdala, isso pode desencadear dor lancinante na região mandibular do quinto nervo.

A dor do tique doloroso pode ser geralmente bloqueada pela secção do nervo periférico da área hipersensível. O componente sensorial do quinto nervo é freqüentemente seccionado logo após sua entrada no crânio, onde as raízes motoras e sensoriais do quinto nervo podem ser separadas, de forma que os componentes motores, necessários para vários movimentos mandibulares, são preservados, enquanto os elementos sensoriais são destruídos. Obviamente, essa operação anestesia o lado da face, o que, por si só, pode ser desagradável. Além disso, algumas vezes é malsucedida, indicando que a lesão que causa a dor está no núcleo sensorial, no tronco cerebral, e não nos nervos periféricos.

A SÍNDROME DE BROWN-SÉQUARD

Obviamente, se a medula espinhal for totalmente seccionada, toda a sensibilidade e as funções motoras distais aos segmentos da secção são bloqueadas, mas, se apenas metade da medula espinhal for seccionada em um lado, ocorre a denominada síndrome de Brown-Séquard. Os

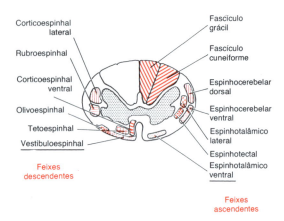

Fig. 10.8 Corte transversal da medula espinhal, mostrando os principais feixes ascendentes, à direita, e os principais feixes descendentes, à esquerda.

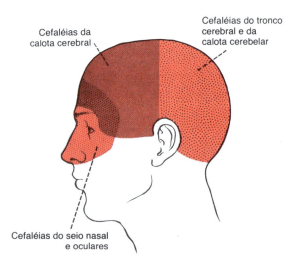

Fig. 10.9 Áreas de cefaléias, resultantes de diferentes causas.

efeitos dessa secção podem ser previstos a partir do conhecimento dos feixes de fibras nervosas da medula representados na Fig. 10.8. Todas as funções motoras são bloqueadas, no lado da secção, em todos os segmentos abaixo do nível da secção. Porém, apenas algumas das modalidades de sensibilidade são perdidas no lado seccionado enquanto outras são perdidas no lado oposto. As sensações de dor, calor e frio são perdidas no lado oposto do corpo, em todos os dermátomos, dois a seis segmentos abaixo do nível da secção. As sensações transmitidas apenas pelas colunas dorsal e dorsolateral — sensibilidade cinestésica e de posição, sensibilidade vibratória, localização discreta e discriminação de dois pontos — são perdidas totalmente no lado da secção, em todos os dermátomos abaixo do nível da secção. O tato é comprometido no lado da secção porque a via principal para a transmissão do tato fino — as colunas dorsais — é seccionada. Porém, o "tato grosseiro", que é mal localizado, ainda persiste, devido à transmissão pelo feixe espinotalâmico ventral oposto.

■ CEFALÉIA

As cefaléias são, na verdade, dores, referidas à superfície da cabeça, originadas nas estruturas profundas. Várias cefaléias resultam de estímulos álgicos originados no interior do crânio mas outras resultam de dor originada fora do crânio, como dos seios nasais.

■ CEFALÉIA DE ORIGEM INTRACRANIANA

Áreas sensíveis à dor no interior da abóbada craniana. O cérebro, em si, é quase totalmente insensível à dor. Mesmo o corte ou a estimulação elétrica das áreas sensoriais somáticas do córtex só raras vezes causam dor; em vez disso, causam sensação de parestesia tátil na área do corpo representada pela porção do córtex sensorial estimulado. Portanto, é provável que a maioria das causas de dor do tipo da cefaléia não seja por lesão do próprio cérebro.

Por outro lado, a *distensão dos seios venosos, lesão do tentório,* ou o *estiramento da dura, na base do cérebro,* também podem causar dor intensa, que é reconhecida com cefaléia. Também quase todos os estímulos traumáticos, de esmagamento ou de estiramento dos *vasos sanguíneos da dura* podem causar cefaléia. Uma estrutura muito sensível é a artéria meníngea média, e os neurocirurgiões são muito cuidadosos em anestesiar, especificamente, essa artéria durante a execução de neurocirurgia sob anestesia local.

Áreas da cabeça para onde se irradia a cefaléia intracraniana. A estimulação dos receptores de dor localizados na abóbada intracraniana acima do tentório, incluindo a superfície superior do próprio tentório, produz impulsos no quinto nervo e, portanto, causa cefaléia referida à metade frontal da cabeça, na área suprida pelo quinto nervo, como representado na Fig. 10.9.

Por outro lado, os impulsos de dor originados abaixo do tentório entram no sistema nervoso central, em sua maior parte, pelo segundo nervo cervical, que também inerva o couro cabeludo, atrás da orelha. Portanto, os estímulos dolorosos subtentoriais causam "cefaléia occipital" referida à parte posterior da cabeça, como mostrado na Fig. 10.9.

Tipos de cefaléia intracraniana. *Cefaléia da meningite.* Uma das cefaléias mais intensas é a resultante da meningite, que causa inflamação de todas as meninges, incluindo as áreas sensíveis da dura e as áreas sensíveis ao redor dos seios venosos. Essa lesão intensa pode causar cefaléia extrema, referida a toda a cabeça.

Cefaléia causada por baixa pressão do líquido cefalorraquidiano. A remoção de apenas 20 ml de liquor do canal medular, principalmente se a pessoa permanece na posição ortostática, causa, muitas vezes, intensa cefaléia intracraniana. A remoção dessa quantidade de líquido elimina a flutuação do cérebro, que é normalmente proporcionada pelo líquido cefalorraquidiano. Portanto, o peso do cérebro distende e distorce as várias superfícies durais e, assim, produz a dor que causa a cefaléia.

Cefaléia da enxaqueca. A cefaléia da enxaqueca é um tipo especial de cefaléia que parece resultar de fenômenos vasculares anormais, embora seja desconhecido seu mecanismo exato.

As cefaléias da enxaqueca, freqüentemente, se iniciam com várias sensações prodrômicas, como náuseas, perda da visão em parte do campo visual, aura visual, ou outros tipos de alucinações sensoriais. Comumente, os sintomas prodrômicos iniciam-se de 30 a 60 minutos antes do início da própria cefaléia. Portanto, qualquer teoria que explique a cefaléia da enxaqueca também deve explicar esses sintomas prodrômicos.

Uma das *teorias* da causa das cefaléias da enxaqueca diz que a emoção ou tensão prolongada causa vasoespasmo reflexo de algumas das artérias da cabeça, incluindo as artérias que irrigam o próprio cérebro. O vasoespasmo, teoricamente, produz isquemia em diversas regiões do cérebro, e que seria a responsável pelos sintomas prodrômicos. Então, como conseqüência da isquemia intensa, acontece algo com a parede vascular, fazendo com que ela fique flácida e incapaz de manter o tônus vascular durante 24 a 48 horas. A pressão arterial nos vasos causa sua dilatação e pulsação intensas, e supõe-se que o estiramento excessivo das paredes das artérias — incluindo também algumas artérias extracranianas, como a artéria temporal — cause a verdadeira dor das cefaléias da enxaqueca. Entretanto, é possível que pós-efeitos difusos da isquemia, no próprio cérebro, sejam, ao menos parcialmente, responsáveis por esse tipo de cefaléia.

Cefaléia alcoólica. Como várias pessoas já experimentaram, é comum o surgimento de cefaléia após consumo excessivo de álcool. É mais provável que o álcool, sendo tóxico para os tecidos, irrite diretamente as meninges e cause dor intracraniana.

Cefaléia causada por constipação. A constipação causa cefaléia em várias pessoas. Como foi demonstrado que a cefaléia da constipação pode ocorrer em pessoas cujas medulas espinhais foram seccionadas, sabe-se que essa cefaléia não é causada por impulsos nervosos do cólon. Portanto, resulta possivelmente da absorção de produtos tóxicos ou de alterações do sistema circulatório, resultantes da perda de líquido para o intestino.

TIPOS EXTRACRANIANOS DE CEFALÉIA

Cefaléia resultante de espasmo muscular. A tensão emocional causa muitas vezes o espasmo de vários músculos da cabeça, incluindo, principalmente, os músculos fixados ao couro cabeludo e os músculos do pescoço, com pontos de inserção no occipital, e acredita-se que essa seja uma das causas mais comuns de cefaléia. A dor do espasmo dos músculos da cabeça é supostamente referida às áreas sobrejacentes da cabeça e produz o mesmo tipo de cefaléia que as lesões intracranianas.

Cefaléia causada por irritação das estruturas nasais e acessórias nasais. As mucosas do nariz e, também, de todos os seios nasais são sensíveis à dor, mas não de forma intensa. Todavia, a infecção, ou outros processos irritativos, em áreas difusas das estruturas nasais causam em geral cefaléia que é referida para trás dos olhos ou, no caso de infecção do seio frontal, nas superfícies frontais da fronte e do couro cabeludo, como mostrado na Fig. 10.9. Também, a dor dos seios inferiores — como os seios maxilares — pode ser percebida na face.

Cefaléia causada por distúrbios oculares. A dificuldade de se conseguir uma perfeita focalização ocular pode causar a contração excessiva dos músculos ciliares, na tentativa de obter visão nítida. Embora esses músculos sejam extremamente pequenos, sua contração tônica pode ser a causa de cefaléia retroorbital. Também, as tentativas excessivas de focalização ocular podem resultar em espasmo reflexo de vários músculos faciais e extra-oculares, o que também é uma causa possível de cefaléia.

Um segundo tipo de cefaléia originada nos olhos ocorre quando estes são expostos à irradiação excessiva por raios luminosos, principalmente à luz ultravioleta. O olhar direto para o sol, ou para a descarga de um arco voltaico, por apenas poucos segundos pode resultar em cefaléia com 24 a 48 horas de duração. A cefaléia, algumas vezes, resulta da irritação "actínica" das conjuntivas, e a dor é irradiada para a superfície da cabeça, ou para a região retroorbital. Entretanto, a luz intensa de um arco voltaico ou do sol focalizada sobre a retina pode realmente queimar a retina, e isso poderia resultar em cefaléia.

■ SENSAÇÕES TÉRMICAS

RECEPTORES TÉRMICOS E SUA EXCITAÇÃO

O homem pode perceber diferentes graduações de frio e calor, evoluindo do *frio congelante* para o *frio, frescor, indiferente, morno, quente* e *queimante*.

As gradações térmicas são discriminadas por, no mínimo, três tipos diferentes de receptores sensoriais: os receptores de frio, os receptores de calor e os receptores de dor. Os receptores de dor só são estimulados por graus e extremos de calor ou frio e, portanto, são responsáveis, juntamente com os receptores de frio e de calor, pelas sensações de "frio congelante" e "calor queimante".

Os receptores de frio e calor ficam localizados imediatamente sob a pele, em pontos distintos mas separados, cada um tendo diâmetro estimulatório de aproximadamente 1 mm. Na maioria das áreas do corpo, existem 3 a 10 vezes mais receptores de frio que receptores de calor, e o número, em diferentes áreas do corpo, varia de 15 a 25 pontos de frio/cm^2 nos lábios, a 3 a 5 pontos de frio/cm^2 no dedo, a menos de 1 ponto de frio/cm^2 em algumas áreas superficiais do tronco. Existem números correspondentemente menores de pontos de calor.

Embora testes psicológicos indiquem, quase com certeza, que há terminações nervosas distintas de calor, elas ainda não foram identificadas histologicamente. Supõe-se que sejam terminações nervosas livres, porque os sinais de calor são transmitidos, principalmente, por fibras nervosas do tipo C, com velocidade de transmissão de apenas 0,4 a 2 m/s.

Por outro lado, foi identificado um receptor de frio bem definido. É uma pequena e especializada terminação nervosa mielinizante, tipo Aδ, que se ramifica nas superfícies inferiores das células epidérmicas basais. Os sinais são transmitidos a partir desses receptores, por meio de fibras nervosas delta, com velocidade de até cerca de 20 m/s. Entretanto, algumas sensações de frio também são transmitidas por fibras nervosas do tipo C, o que sugere que algumas terminações nervosas livres também poderiam funcionar como receptores de frio.

Estimulação dos receptores térmicos — sensações de frio, frescor, indiferente, morno e quente. A Fig. 10.10 apresenta os efeitos de diferentes temperaturas sobre as respostas de quatro fibras nervosas distintas: (1) uma fibra de dor, estimulada pelo frio; (2) uma fibra de frio; (3) uma fibra de calor; e (4) uma fibra de dor, estimulada pelo calor. Observe-se, principalmente, que essas fibras respondem de forma diversa a diferentes níveis de temperatura. Por exemplo, na região *muito* fria, apenas as fibras de dor são estimuladas (se a pele ficar ainda mais fria, tendendo a congelar ou congelando, nem mesmo essas fibras são estimuladas). Quando a temperatura se eleva para 10° a 15°C, os impulsos de dor cessam, mas os receptores de frio começam a ser estimulados. Então, acima de cerca de 30°C, os receptores de calor são estimulados, e os receptores de frio param de responder a temperaturas de aproximadamente 43°C. Finalmente, por volta de 45°C, as fibras de dor começam a ser estimuladas pelo calor.

Portanto, pelos dados da Fig. 10.10 pode-se compreender que a pessoa determina as diferentes gradações de sensações térmicas, pelos graus relativos de estimulação dos diferentes tipos de terminações. Podem-se compreender, também, a partir dessa figura, o motivo pelo qual graus extremos de frio ou calor podem ser dolorosos e porque essas duas sensações, quando suficientemente intensas, podem produzir, de modo quase exato, a mesma qualidade de sensação — isto é, sensação de frio congelante e calor queimante parecem semelhantes; ambas são muito dolorosas.

Efeitos estimulatórios da elevação e redução da temperatura — adaptação de receptores térmicos. Quando um receptor de frio é subitamente submetido a redução abrupta da temperatura, ele é muito estimulado de início, mas essa estimulação diminui de forma bem rápida durante os primeiros segundos e, de modo progressivo, de forma mais lenta durante os próximos 30 minutos ou mais. Em outras palavras, o receptor "se adapta" em proporção muito grande, mas não parece se adaptar 100%.

Assim, é evidente que as sensações térmicas respondem significativamente a *alterações da temperatura*, além de serem capazes de responder a estados constantes de temperatura. Portanto, isso significa que, quando a temperatura da pele está diminuída ativamente, a pessoa sente muito mais frio que quando a temperatura permanece no mesmo nível. De modo inverso, se a tempe-

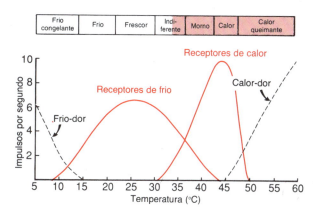

Fig. 10.10 Freqüências de descarga de uma fibra de frio-dor, uma fibra de frio, uma fibra de calor, e uma fibra de calor-dor. (As respostas dessas fibras foram extraídas de dados coletados, em experiências distintas, por Zotterman, Hensel, e Kenshalo).

ratura estiver subindo ativamente, a pessoa sente muito mais calor do que sentiria à mesma temperatura, se ela fosse constante.

A resposta a alterações da temperatura explica o grau extremo de calor que um indivíduo sente ao entrar pela primeira vez em uma banheira de água quente, e o grau externo de frio sentido ao sair da sala aquecida para o ambiente extremo em dia frio.

Mecanismos de estimulação dos receptores térmicos

Acredita-se que os receptores de frio e de calor sejam estimulados por alterações de seu metabolismo, alterações que resultam do fato de que a temperatura modifica a velocidade das reações químicas intracelulares, por mais de duas vezes para cada alteração de 10ºC. Em outras palavras, a detecção térmica provavelmente resulta não de efeitos físicos diretos do calor ou do frio sobre as terminações nervosas, mas da estimulação química das terminações pela ação da temperatura.

Somação espacial das sensações térmicas. Como o número de terminações de frio ou de calor, em qualquer área da superfície do corpo, é muito pequeno, é difícil julgar as gradações da temperatura quando pequenas áreas são estimuladas. Entretanto, a estimulação de grandes áreas do corpo causa a somação dos sinais térmicos de toda a área. Por exemplo, alterações rápidas da temperatura de apenas 0,01ºC podem ser detectadas, se essa alteração afeta toda a superfície do corpo a um só tempo. Por outro lado, alterações da temperatura 100 vezes maiores que essa poderiam não ser detectadas quando a superfície cutânea afetada tem área de aproximadamente 1 cm^2.

TRANSMISSÃO DOS SINAIS TÉRMICOS NO SISTEMA NERVOSO

Em geral, os sinais térmicos são transmitidos por vias quase paralelas às dos sinais de dor, mas não as mesmas. Ao entrar na medula espinhal, os sinais percorrem alguns segmentos, para cima ou para baixo, no *feixe de Lissauer* e, então, terminam nas lâminas I, II e III das pontas dorsais — as mesmas onde terminam as fibras de dor. Após pequeno processamento, por um ou mais neurônios medulares, os sinais penetram em longas fibras térmicas ascendentes que cruzam para o feixe sensorial ântero-lateral oposto e terminam (1) nas áreas reticulares do tronco cerebral e (2) no complexo ventrobasal do tálamo. Alguns sinais térmicos também são enviados do complexo ventrobasal para o córtex sensorial somático. Por vezes foi constatado, por estudos com microeletródios, que um neurônio na área sensorial somática I pode ser diretamente reativo a estímulos de frio ou calor em áreas específicas da pele. Além disso sabe-se que a remoção do giro pós-central no ser humano reduz-lhe a capacidade de distinguir as gradações de temperatura.

REFERÊNCIAS

Ver referências no Cap. 9.

O SISTEMA NERVOSO CENTRAL:
B. Os Sentidos Especiais

11 O Olho: I. Óptica da Visão

12 O Olho: II. Funções Receptora e Neural da Retina

13 O Olho: III. Neurofisiologia Central da Visão

14 O Sentido da Audição

15 Os Sentidos Químicos — Paladar e Olfato

11

O Olho:
I. Óptica da Visão

■ PRINCÍPIOS FÍSICOS DA ÓPTICA

Para que possa compreender o sistema óptico do olho, o leitor deve estar inteiramente familiarizado com os princípios físicos básicos da óptica, incluindo a física da refração, o conhecimento da focalização, profundidade do foco, e outros. Portanto, inicialmente será apresentada uma breve revisão desses princípios físicos, e a seguir será discutida a óptica do olho.

REFRAÇÃO DA LUZ

O índice de refração de uma substância transparente. Os raios luminosos se propagam, através do ar, com velocidade de aproximadamente 300.000 km/s, mas muito menor através de sólidos e líquidos transparentes. O índice de refração de uma substância transparente é a *proporção* entre a velocidade da luz no ar e a velocidade na substância. Obviamente, o índice de refração do ar é 1,00.

Se a luz se propaga através de um tipo particular de vidro com velocidade de 200.000 km/s, o índice de refração desse vidro será de 300.000 dividido por 200.000, ou 1,50.

Refração dos raios luminosos em uma interface entre dois meios com diferentes índices de refração. Quando as ondas luminosas que se propagam em um feixe, como mostrado na parte superior da Fig. 11.1, incidem sobre uma interface perpendicular ao feixe, as ondas entram no segundo meio de refração sem se desviarem de seu curso. O único efeito que ocorre é a redução da velocidade de transmissão e do comprimento de onda. Por outro lado, como representado na parte inferior da figura, se as ondas de luz incidem sobre uma interface angulada, as ondas luminosas se desviam, caso os índices de refração dos dois meios sejam diferentes. Nessa figura, em particular, as ondas luminosas estão deixando o ar, que tem índice de refração de 1,00, e entrando num bloco de vidro com índice de refração de 1,50. Quando o feixe incide sobre a interface angulada, a parte inferior do feixe entra no vidro antes da parte superior. A frente de onda da parte superior do feixe continua a se propagar com velocidade de 300.000 km/s, enquanto a que entrou no vidro se propaga com velocidade de 200.000 km/s. Isso faz com que a parte superior da frente de onda se movimente à frente da parte inferior, de forma que a frente de onda deixa de ser vertical, tornando-se angulada para a direita. Como a *direção da propagação da luz é sempre perpendicular ao plano da frente de onda*, a direção da propagação do feixe luminoso se desvia para baixo.

O desvio dos raios luminosos em uma interface angulada é denominado *refração*. Observe-se, particularmente, que o grau de refração aumenta em função (1) da proporção entre os dois índices de refração dos dois meios transparentes e (2) do grau de angulação entre a interface e a frente de onda incidente.

APLICAÇÃO DOS PRINCÍPIOS DA REFRAÇÃO ÀS LENTES

A lente convexa — Focalização dos raios luminosos. A Fig. 11.2 mostra raios luminosos paralelos penetrando em uma lente convexa. Os raios luminosos que atravessam o centro da lente incidem exatamente perpendiculares à sua superfície e, portanto, atravessam a lente sem sofrer refração. Entretanto, à medida que se aproximam da periferia da lente, os raios luminosos incidem sobre interface progressivamente mais angulada. Como resultado, os raios externos se desviam cada vez mais em direção ao centro. Metade do desvio ocorre quando os raios entram na lente e metade quando emergem do lado oposto. (Neste momento, o leitor deve parar e analisar por que os raios ainda se desviam, em direção ao centro, após emergirem da lente.)

Por fim, se a lente é preparada exatamente com a curvatura adequada, os raios paralelos que atravessam cada parte da lente serão desviados

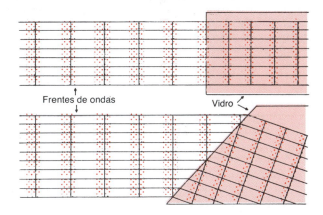

Fig. 11.1 Frentes de onda penetrando (*parte superior*) em uma superfície de vidro perpendicular aos raios luminosos e (*parte inferior*) em uma superfície de vidro angulada para os raios de luz. Esta figura mostra que a distância entre as ondas, após sua penetração no vidro, é reduzida para aproximadamente dois terços do que era no ar. Também mostra que os raios de luz são refratados quando incidem sobre superfície de vidro angulada.

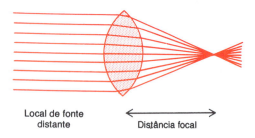

Fig. 11.2 Desvio dos raios luminosos em cada superfície de uma lente esférica convexa, mostrando que os raios luminosos paralelos convergem para um só ponto focal.

de forma a convergirem para um mesmo ponto, que é denominado *ponto focal*.

A lente côncava. A Fig. 11.3 mostra o efeito de uma lente côncava sobre raios luminosos paralelos. Os raios que entram exatamente no centro da lente incidem sobre uma interface absolutamente perpendicular ao feixe e, portanto, não sofrem refração. Os raios que incidem na periferia da lente entram na lente antes dos raios que incidem no centro. Esse efeito é o oposto do que ocorre na lente convexa, e causa a *divergência* dos raios luminosos periféricos em relação aos raios luminosos que atravessam o centro da lente.

Assim, a lente côncava *diverge* os raios luminosos, enquanto a lente convexa os *converge*.

Lentes cilíndricas — Comparação com as lentes esféricas. A Fig. 11.4 ilustra uma lente *esférica* e uma lente *cilíndrica*, ambas convexas. Observe-se que a lente cilíndrica desvia os raios luminosos dos dois lados da lente, mas não de sua parte superior ou inferior. Portanto, os raios luminosos paralelos convergem para uma *linha focal*. Por outro lado, os raios luminosos que atravessam a lente esférica sofrem refração em toda a periferia da lente, em direção ao raio central, e todos os raios convergem para um *ponto focal*.

A lente cilíndrica é bem representada por um tubo de ensaio cheio de água. Se incidirmos um feixe de luz solar sobre o tubo de ensaio e progressivamente aproximarmos uma folha de papel do lado oposto do tubo, será identificada uma certa distância na qual os raios luminosos convergem para uma *linha focal*. Por outro lado, a lente esférica é representada por uma lente de aumento comum. Se incidirmos sobre esta lente um feixe de luz solar e uma folha de papel for aproximada progressivamente da lente, os raios luminosos convergirão para um ponto focal comum na distância apropriada.

As lentes cilíndricas *côncavas divergem* os raios luminosos em apenas um plano, da mesma forma que as lentes cilíndricas *convexas convergem* os raios luminosos para um só plano.

Combinação de duas lentes cilíndricas para que se igualem à lente esférica. A Fig. 11.5 mostra duas lentes cilíndricas convexas formando ângulo reto entre si. A lente cilíndrica vertical causa convergência dos raios luminosos que atravessam os dois lados da lente, e a lente horizontal converge os raios das partes superior e inferior. Assim, todos os raios

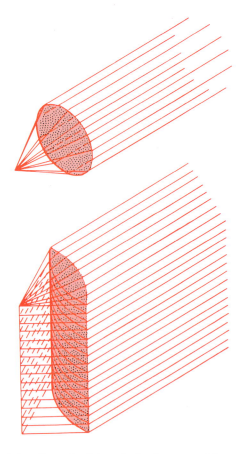

Fig. 11.4 *Acima*: Ponto focal dos raios luminosos paralelos atravessando uma lente esférica convexa. *Abaixo*: Linha focal de raios luminosos paralelos atravessando uma lente cilíndrica convexa.

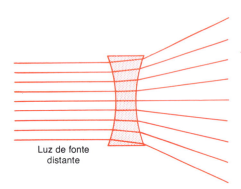

Fig. 11.3 Desvio dos raios luminosos em cada superfície de uma lente esférica côncava, mostrando que a lente côncava causa divergência dos raios luminosos paralelos.

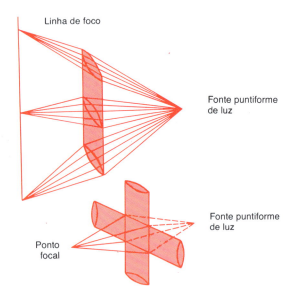

Fig. 11.5 Duas lentes convexas cilíndricas formando ângulo reto entre si, indicando que uma lente converge os raios luminosos em um plano e a outra lente converge raios luminosos no plano em ângulo reto. As duas lentes combinadas produzem o mesmo ponto focal que o obtido com uma lente esférica convexa.

luminosos convergem para um só ponto focal. Em outras palavras, *duas lentes cilíndricas formando ângulo reto entre si realizam a mesma função de uma lente esférica com o mesmo poder de refração.*

DISTÂNCIA FOCAL DE UMA LENTE

A distância além de uma lente convexa na qual os raios *paralelos* convergem para um ponto focal comum é denominada *distância focal* da lente. O diagrama no topo da Fig. 11.6 mostra essa focalização de raios luminosos paralelos.

No diagrama do meio, os raios luminosos que entram na lente convexa não são paralelos, mas divergentes, porque a fonte luminosa é puntiforme e não está situada muito longe da lente. Como esses raios divergem do ponto de origem, pode-se observar, nesse diagrama, que não convergem para um ponto focal à mesma distância da lente que os raios paralelos. Em outras palavras, quando os raios luminosos que já estão divergindo entram em uma lente convexa, a distância do foco do outro lado da lente é maior do que a verificada para raios paralelos.

No diagrama inferior da Fig. 11.6 são mostrados raios luminosos divergentes em direção a uma lente convexa com curvatura muito maior que a das duas lentes superiores da figura. Nesse diagrama, a distância da lente na qual os raios luminosos convergem para um foco é exatamente igual à da lente no primeiro diagrama no qual a lente era menos convexa, mas os raios eram paralelos. Isto indica que os raios paralelos e os raios divergentes podem ser focalizados à mesma distância atrás da lente, desde que essa lente altere sua convexidade.

A relação entre a distância focal da lente, distância da ponte puntiforme de luz e a distância do foco é expressa pela seguinte fórmula:

$$\frac{1}{f} = \frac{1}{a} + \frac{1}{b}$$

na qual *f* é a distância focal da lente, *a* é a distância entre a fonte puntiforme de luz e a lente, e *b* é a distância entre o foco e a lente.

FORMAÇÃO DE IMAGEM POR LENTE CONVEXA

O desenho superior da Fig. 11.7 apresenta uma lente convexa com duas fontes puntiformes de luz à esquerda. Como os raios luminosos atravessam o centro de uma lente convexa sem sofrer qualquer refração, os raios luminosos de cada fonte puntiforme de luz convergem para um ponto focal no lado oposto da lente em *linha direta com a fonte e o centro da lente.*

Qualquer objeto situado na frente da lente é, na realidade, um mosaico de fontes puntiformes de luz. Alguns desses pontos são muito

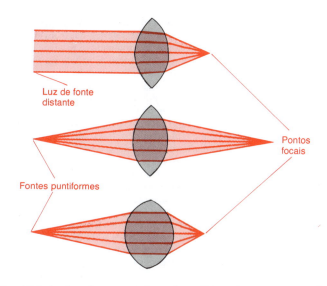

Fig. 11.6 As duas lentes superiores desta figura têm o mesmo poder de refração, mas os raios luminosos que entram na parte superior da lente são paralelos, enquanto os que entram na segunda lente são divergentes; é mostrado o efeito dos raios paralelos e divergentes sobre a distância focal. A lente inferior tem maior poder de refração que as outras duas lentes, indicando que, quanto mais forte a lente, menor será sua distância focal.

brilhantes, outros muito fracos, e variam de cor. E cada fonte luminosa puntiforme sobre o objeto torna-se um ponto focal distinto no lado oposto da lente, alinhado com o centro da lente. Além disso, todos os pontos focais atrás da lente cairão num plano comum a determinada distância atrás da lente. Se uma folha branca de papel for colocada a essa distância, pode-se ver uma imagem do objeto, como representado na parte inferior da Fig. 11.7. Entretanto, essa imagem está invertida em relação ao objeto original, e as duas faces laterais da imagem também são invertidas. Este é o método pelo qual a lente de uma câmara focaliza as imagens sobre o filme fotográfico.

MEDIDA DO PODER DE REFRAÇÃO DE UMA LENTE — A DIOPTRIA

Quanto mais uma lente desvia os raios luminosos, maior é seu "poder de refração". Esse poder de refração é medido em termos de *dioptrias*.

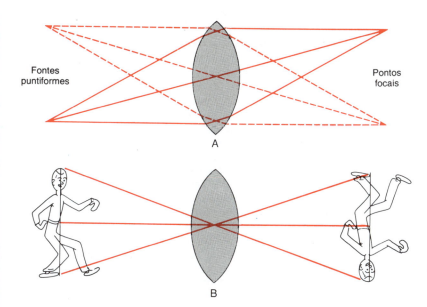

Fig. 11.7 *A*, Duas fontes puntiformes de luz focalizadas em dois pontos distintos no lado oposto da lente. *B*, Formação de uma imagem por uma lente esférica convexa.

O poder de refração de uma lente convexa é igual a 1 metro dividido por sua distância focal. Assim, uma lente esférica que converge raios luminosos paralelos para um ponto focal situado 1 m atrás da lente tem poder de refração de + 1 dioptria, como mostrado na Fig. 11.8. Se a lente é capaz de desviar raios luminosos paralelos com força duas vezes maior que uma lente com poder de + 1 dioptria, diz-se que o poder de refração dessa lente é de + 2 dioptrias, e os raios luminosos convergem para um ponto focal situado 0,5 m após a lente. Uma lente capaz de convergir raios luminosos paralelos para um ponto focal apenas 10 cm (0,10 m) atrás da lente tem poder de refração de + 10 dioptrias.

O poder de refração das lentes côncavas não pode ser estabelecido em termos da distância focal após a lente porque os raios luminosos divergem, em lugar de convergirem para um ponto. Entretanto, se uma lente côncava diverge os raios luminosos na mesma proporção que uma lente convexa de 1 dioptria os converge, diz-se que a lente côncava tem poder dióptrico de − 1. Da mesma forma, se a lente côncava diverge os raios luminosos na mesma proporção que uma lente de + 10 dioptrias os converge, diz-se que tem poder dióptrico de − 10 dioptrias.

Observe-se que as lentes côncavas "neutralizam" o poder de refração das lentes convexas. Assim, se colocarmos uma lente côncava de 1 dioptria imediatamente na frente de uma lente convexa de 1 dioptria, isso resulta num sistema de lente com poder de refração zero.

O poder de refração das lentes cilíndricas é medido da mesma forma que o poder de refração das lentes esféricas. Se uma lente cilíndrica focaliza raios luminosos paralelos em uma linha focal 1 m atrás da lente, ela tem poder de refração de + 1 dioptria. Por outro lado, se uma lente cilíndrica côncava *diverge* os raios luminosos, na mesma proporção que uma lente cilíndrica de + 1 dioptria os *converge*, ela tem poder de refração de − 1 dioptria. Entretanto, além do poder dióptrico da lente cilíndrica, deve-se também considerar seu *eixo*.

■ A ÓPTICA DO OLHO

O OLHO COMO UMA CÂMARA

O olho, representado na Fig. 11.9, é opticamente equivalente a uma câmara fotográfica comum, pois tem um sistema de lentes, um sistema de abertura variável (a pupila), e uma retina que corresponde ao filme. O sistema de lentes do olho é composto por quatro interfaces capazes de refratar a luz: (1) a interface entre o ar e a superfície anterior da córnea, (2) a interface entre a superfície posterior da córnea e o humor aquoso, (3) a interface entre o humor aquoso e a superfície anterior da lente do cristalino do olho, e (4) a interface entre a superfície posterior do cristalino e o humor vítreo. O índice de refração do ar é 1; o da córnea, 1,38; o do humor aquoso, 1,33; o do cristalino (em média), 1,40; e o do humor vítreo, 1,34.

O olho reduzido. Se todas as superfícies de refração do olho fossem, em seu conjunto, somadas algebricamente e, depois,

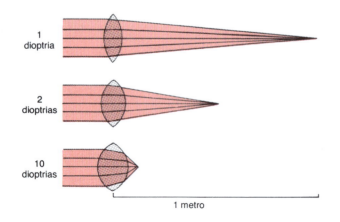

Fig. 11.8 Efeito do poder de refração da lente sobre a distância focal.

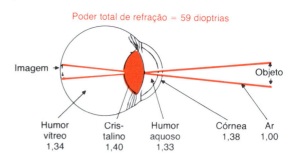

Fig. 11.9 O olho como uma câmara fotográfica. Os números são os índices de refração.

consideradas como uma só lente, a óptica do olho normal poderia ser simplificada e representada esquematicamente como um "olho reduzido." Isso é útil em cálculos simples. No olho reduzido, é considerada a existência de superfície única de refração, com seu ponto central 17 mm à frente da retina, e com poder de refração total de aproximadamente 59 dioptrias quando o cristalino está acomodado para a visão a distância.

A maior parte do poder de refração do olho é proporcionada não pelo cristalino, mas pela superfície anterior da córnea. A principal razão disso é que o índice de refração da córnea é muito diferente da do ar.

Por outro lado, o poder total de refração do cristalino, normalmente localizado no olho e circundado por líquido em cada uma de suas faces, é de apenas 20 dioptrias, cerca de um terço do poder total de refração do sistema de lentes do olho. Se esse cristalino fosse removido do olho e suas superfícies colocadas em contato com o ar, seu poder de refração seria cerca de seis vezes maior. A razão dessa diferença é que os líquidos que circundam o cristalino têm índices de refração não muito diferentes do índice de refração do próprio cristalino, o que leva à grande redução da quantidade de refração da luz nas interfaces do cristalino. Mas a importância do cristalino é que sua curvatura pode ser significativamente aumentada para proporcionar "acomodação", como discutido mais adiante.

Formação de imagem sobre a retina. O sistema de lentes do olho pode focalizar uma imagem na retina da mesma forma que uma lente de vidro pode focalizar uma imagem sobre uma folha de papel. A imagem é invertida em relação ao objeto. Entretanto, a mente percebe o objeto na posição correta apesar da orientação invertida na retina porque o cérebro é instruído a considerar a imagem invertida como sendo a normal.

O MECANISMO DA ACOMODAÇÃO

O poder de refração do cristalino do olho pode ser voluntariamente aumentado de 20 dioptrias para cerca de 34 dioptrias em crianças jovens; isso representa "acomodação" total de 14 dioptrias. Para isso, a forma do cristalino é modificada a partir de uma forma ligeiramente convexa para uma forma com alta convexidade. O mecanismo disso é o seguinte:

Na pessoa jovem, o cristalino é composto de uma forte cápsula elástica cheia de fibras viscosas, proteináceas mas transparentes. Quando o cristalino está relaxado, sem tensão sobre sua cápsula, ele assume forma quase esférica devido totalmente à elasticidade da cápsula do cristalino. Entretanto, como mostrado na Fig. 11.10, cerca de 70 ligamentos (denominados *zônulas*) fixam-se radialmente ao redor do cristalino, tracionando suas bordas em direção às bordas anteriores da retina. Esses ligamentos são constantemente tensionados pela tração elástica de suas fixações ao corpo ciliar na borda anterior da coróide. A tensão nos ligamentos faz com que o cristalino permaneça relativamente

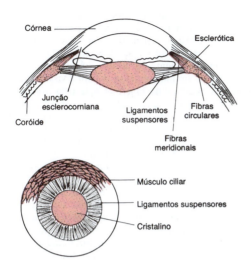

Fig. 11.10 Mecanismo de acomodação (focalização).

plano em condições normais de repouso do olho. Nas inserções dos ligamentos no corpo ciliar fica o *músculo ciliar*, com dois grupos de fibras musculares lisas, as *fibras meridionais* e as *fibras circulares*. As fibras meridionais se estendem em direção à junção corneoescleral. Quando essas fibras musculares se contraem, as inserções periféricas dos ligamentos do cristalino são tracionadas para frente, removendo, assim, determinada quantidade de tensão sobre o cristalino. As fibras circulares são dispostas circularmente em toda a extensão da periferia do olho, de forma que, quando se contraem, ocorre ação semelhante à de um esfíncter, reduzindo o diâmetro do círculo de fixações de ligamento e também permitindo que os ligamentos exerçam menor tensão sobre a cápsula do cristalino.

Desse modo, a contração dos dois grupos de fibras musculares lisas no músculo ciliar relaxa os ligamentos da cápsula do cristalino, e o cristalino assume formato mais esférico, como o de um balão, devido à elasticidade natural de sua cápsula. Portanto, quando o músculo ciliar está completamente relaxado, o poder dióptrico do cristalino é o menor possível. Por outro lado, quando o músculo ciliar se contrai o máximo possível, o poder dióptrico do cristalino passa a ser máximo.

Controle autossômico da acomodação. O músculo ciliar é quase totalmente controlado pelo sistema nervoso parassimpático. A estimulação dos nervos parassimpáticos contrai o músculo ciliar, o que relaxa os ligamentos do cristalino e aumenta o poder de refração. Com o aumento do poder de refração, o olho é capaz de focalizar objetos mais próximos do observador que quando o olho tem menor poder de refração. Conseqüentemente, à medida que um objeto distante se move em direção ao olho, o número de impulsos parassimpáticos para o músculo ciliar deve ser progressivamente aumentado para que o olho mantenha o objeto sempre em foco. (A estimulação simpática exerce fraco efeito no relaxamento do músculo ciliar, mas, em termos práticos, não tem ação no mecanismo normal de acomodação; esse mecanismo neurológico será discutido no Cap. 13.)

Presbiopia. Com o envelhecimento, o cristalino torna-se maior, mais espesso, e menos elástico, devido, em parte, à desnaturação progressiva das proteínas do cristalino. Portanto, a capacidade do cristalino de modificar sua forma diminui progressivamente, e o poder de acomodação diminui de cerca de 14 dioptrias na criança jovem para menos de 2 dioptrias na idade de 45 a 50 anos, e para quase 0 aos 70 anos de idade. O cristalino fica, então, praticamente incapaz de se acomodar, uma condição conhecida como "presbiopia."

Quando uma pessoa atinge o estado de presbiopia, cada olho permanece focalizado permanentemente em uma distância quase constante; essa distância depende das características físicas dos olhos de cada indivíduo. Obviamente, os olhos não podem mais se acomodar para a visão para perto, nem para a visão a distância. Portanto, para ver com nitidez tanto de longe como de perto, uma pessoa idosa deve usar óculos bifocais com o segmento superior focalizado normalmente para visão a distância e o segmento inferior focalizado para visão de perto.

A ABERTURA PUPILAR

Uma função importante da íris é de aumentar a quantidade de luz que entra no olho em situações de baixa iluminação, e reduzir essa quantidade em situações de grande intensidade luminosa. Os reflexos para o controle desse mecanismo serão considerados na discussão da neurologia do olho, no Cap. 13. A quantidade de luz que penetra no olho através da pupila é proporcional à *área* da pupila ou ao *quadrado do diâmetro* da pupila. O diâmetro da pupila do olho humano pode variar de cerca de apenas 1,5 mm até 8 mm. Portanto, a quantidade de luz que penetra no olho pode variar aproximadamente por 30 vezes como conseqüência das alterações da abertura pupilar.

Profundidade de foco do sistema de lentes do olho. A Fig. 11.1 ilustra dois olhos separados exatamente iguais, exceto pelos diâmetros das aberturas pupilares. No olho superior, a abertura pupilar é pequena, e no olho inferior a abertura é grande. À frente de cada um desses dois olhos há duas pequenas fontes luminosas puntiformes, e a luz de cada uma passa através da abertura pupilar e é focalizada sobre a retina. Conseqüentemente, em ambos os olhos, suas retinas vêem dois pontos de luz em foco perfeito. Entretanto, como é evidenciado no diagrama, se a retina é deslocada para frente ou para trás, para uma posição fora de foco, o tamanho de cada ponto não será muito alterado no olho superior, mas no olho inferior o tamanho de cada ponto aumentará muito, tornando-se um "círculo embaçado". Em outras palavras, o sistema superior de lentes tem *profundidade de foco* muito maior que o sistema inferior de lentes. Quando um sistema de lentes tem grande profundidade de foco, a retina pode ser consideravelmente deslocada do plano focal e, ainda assim, a imagem permanecer em foco nítido; enquanto isso, quando um sistema de lentes tem profundidade de foco pequena, um pequeno deslocamento da retina do plano de foco causa grande embaçamento.

A maior profundidade possível de foco ocorre quando a pupila está extremamente pequena. A razão disso é que, com

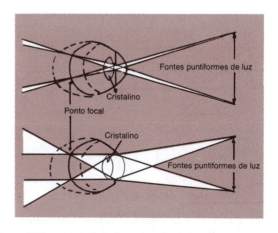

Fig. 11.11 Efeito de pequenas e grandes aberturas pupilares sobre a profundidade do foco.

abertura muito pequena, todos os raios luminosos devem atravessar o centro do cristalino, e os raios mais centrais estão sempre em foco, como explicado antes.

ERROS DE REFRAÇÃO

Emetropia. Como mostrado na Fig. 11.12, o olho é considerado normal, ou "emétrope" se os raios luminosos paralelos, de objetos situados a distância, estão perfeitamente focalizados sobre a retina *quando o músculo ciliar está completamente relaxado*. Isso significa que o olho emétrope pode ver com nitidez todos os objetos situados a distância, com seu músculo ciliar relaxado, mas para focalizar objetos próximos, deve contrair seu músculo ciliar e, assim, produzir vários graus de acomodação.

Hipermetropia. A hipermetropia, também conhecida como "visão para longe", é em geral devida a um globo ocular muito curto ou, às vezes, a um sistema de lentes muito fraco quando o músculo ciliar está relaxado. Nessa condição, como observado no painel médio da Fig. 11.12, os raios luminosos paralelos não são desviados suficientemente pelo sistema de lentes para que sejam focalizados sobre a retina. Para superar essa anormalidade, o músculo ciliar pode contrair-se para aumentar o poder de refração do cristalino. Portanto, a pessoa hipermétrope é capaz, pelo uso de seu mecanismo de acomodação, de focalizar objetos distantes sobre a retina. Se essa pessoa só usou pequena força de seu músculo ciliar para acomodação para objetos distantes, então ela ainda tem maior poder de acomodação, e objetos cada vez mais próximos do olho também podem ser focalizados nitidamente até que o músculo ciliar tenha sido contraído até seu limite.

Na idade avançada, quando o cristalino fica presbiópico, a pessoa hipermétrope freqüentemente não é capaz de acomodar seu cristalino o suficiente para focalizar até mesmo objetos a distância, muito menos para focalizar objetos a curta distância.

Miopia. Na miopia, ou "visão para perto", quando o músculo ciliar está completamente relaxado, os raios luminosos provenientes dos objetos a distância são focalizados à frente da retina, como mostrado no painel inferior da Fig. 11.12. Essa condição é geralmente devida a globo ocular muito longo, mas, por vezes, pode resultar de poder de refração muito grande do sistema de lentes do olho.

Não existe mecanismo pelo qual o olho possa reduzir o poder de refração de seu cristalino para nível menor que o existente quando o músculo ciliar está completamente relaxado. Portanto, a pessoa míope não tem mecanismo pelo qual possa focalizar nitidamente objetos distantes sobre sua retina. Entretanto, à medida que um objeto se aproxima do olho, ele, por fim, chega suficientemente próximo para que sua imagem seja focalizada. Então, quando o objeto se aproxima ainda mais do olho, a pessoa pode utilizar seu mecanismo de acomodação para manter a imagem nitidamente focalizada. Portanto, a pessoa míope tem um "ponto distante" limitado e definido para a visão nítida.

Correção da miopia e da hipermetropia pelo uso de lentes. Como discutido antes, os raios de luz que atravessam uma lente côncava divergem. Portanto, se as superfícies de refração do olho têm poder de refração muito grande, como na *miopia*, parte desse poder excessivo de refração pode ser neutralizada colocando-se à frente do olho uma lente esférica côncava, que produzirá divergência dos raios.

Por outro lado, em pessoa com *hipermetropia* — isto é, alguém que tenha sistema de lentes muito fraco — a visão anormal pode ser corrigida pelo aumento do poder de refração com uma lente convexa na frente do olho. Essas correções são ilustradas na Fig. 11.13.

Geralmente, o poder de refração das lentes côncavas ou convexas, necessárias para aumentar a nitidez da visão, é determinado por "tentativas e erros" — isto é, tentando-se, primeiro, uma lente forte e, depois, uma lente mais forte ou mais fraca, até que seja encontrada a melhor acuidade visual.

Astigmatismo. O astigmatismo é um erro de refração do sistema de lentes, causado geralmente por um formato oblongo da córnea ou, raramente, por formato oblongo do cristalino. Um exemplo de cristalino astigmático seria uma lente cuja superfície tivesse o formato semelhante ao da parede lateral de um ovo deitado, sobre a qual a luz incidiria. O grau de curvatura da lente no eixo maior é menor que o grau de curvatura no eixo menor.

Como a curvatura do cristalino astigmático em um plano é menor que a curvatura em outro plano, os raios de luz que incidem sobre as porções periféricas do cristalino em um plano não são desviados com a mesma intensidade que os raios que incidem nas porções periféricas do outro plano. Isso é representado na Fig. 11.14, que mostra os raios de luz emanando de fonte puntiforme e atravessando um cristalino oblongo, astigmático. Os raios de luz no plano vertical, indicados pelo plano BD, são muito refratados pelo cristalino astigmático, devido à maior curvatura no sentido vertical que no sentido horizontal. Entretanto, os raios de luz no plano horizontal, indicado por plano AC, não são desviados com a mesma intensidade que os raios de luz no plano vertical. Portanto, é óbvio, que os raios de luz que atravessam um cristalino astigmático não convergem para um ponto focal comum porque os raios de luz que passam através de um plano são focalizados muito à frente dos que atravessam outro plano.

O astigmatismo jamais pode ser compensado pelo poder de acomodação porque, durante a acomodação, a curvatura do cristalino se modifica igualmente em ambos os planos. Portanto, quando a acomodação corrige o erro de refração em um plano, o erro no outro plano não é corrigido. Isto é, cada um dos dois planos requer um grau diferente de acomodação para sua correção, de forma que os dois planos nunca

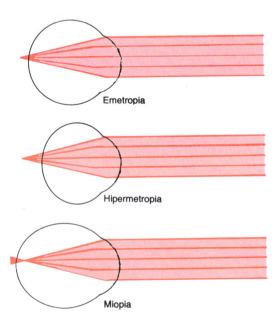

Fig. 11.12 Raios luminosos paralelos são focalizados sobre a retina na emetropia, atrás da retina na hipermetropia, e na frente da retina na miopia.

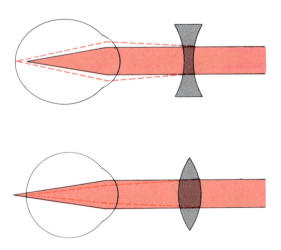

Fig. 11.13 Correção da miopia com lente côncava, e correção da hipermetropia com lente convexa.

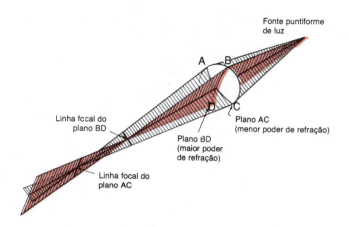

Fig. 11.14 Astigmatismo, indicando que os raios de luz são focalizados a determinada distância focal em um plano focal e em outra distância focal no plano em ângulo reto com o anterior.

são corrigidos ao mesmo tempo sem o auxílio de óculos. Assim, a visão jamais terá focalização nítida.

Correção do astigmatismo com lente cilíndrica. Pode-se considerar um olho astigmático como tendo um sistema de lentes constituído por duas lentes cilíndricas com diferentes poderes dióptricos e colocadas formando ângulo reto entre si. Portanto, o procedimento habitual para corrigir o astigmatismo é encontrar uma lente esférica, pelo método de "tentativa e erro", que corrija o foco em um dos dois planos do cristalino astigmático. Então, é utilizada outra lente cilíndrica para corrigir o erro no plano remanescente. Para isso, devem ser determinados tanto o *eixo* quanto o *poder dióptrico* da lente cilíndrica necessária.

Há vários métodos para a determinação do eixo do componente cilíndrico anormal do sistema de lentes de um olho. Um desses métodos se baseia no uso de barras paralelas pretas do tipo mostrado na Fig. 11.15. Algumas dessas barras paralelas são verticais, outras horizontais, e outras formam vários ângulos com os eixos vertical e horizontal. Após colocar várias lentes esféricas à frente do olho astigmático pelo processo de "tentativa e erro", geralmente será encontrada uma lente com poder dióptrico que produzirá foco nítido de um grupo dessas barras paralelas sobre a retina do olho astigmático, mas não corrigirá a falta de foco do grupo de barras dispostas em ângulo reto às que foram focalizadas. Pode ser demonstrado, a partir de princípios físicos de óptica já discutidos neste capítulo, que o eixo do componente cilíndrico *fora de foco* do sistema óptico é paralelo às barras que estão embaçadas. Uma vez encontrado esse eixo, o examinador tenta lentes cilíndricas positivas ou negativas, progressivamente mais fortes e mais fracas, cujos eixos são paralelos às barras fora de foco até que o paciente veja todas as barras cruzadas com igual nitidez. Quando isso é conseguido, o examinador orienta o técnico para a confecção de uma lente especial que possua correção esférica e correção cilíndrica no eixo apropriado.

Correção de anormalidades ópticas pelo uso de lentes de contato. Atualmente, são confeccionadas lentes de contato de vidro ou de plástico que se adaptam à superfície anterior da córnea. Essas lentes são mantidas em sua posição por uma fina camada de lágrimas que preenche o espaço entre elas e a superfície anterior do olho.

Um aspecto especial da lente de contato é a anulação quase total da refração que normalmente ocorre na superfície anterior da córnea. A razão disso é que as lágrimas situadas entre a lente de contato e a córnea têm índice de refração quase igual ao da córnea, de forma que a superfície anterior da córnea não mais desempenha papel significativo no sistema óptico do olho. Em vez disso, a superfície anterior da lente de contato desempenha o papel principal e sua superfície posterior, um pequeno papel. Assim, a refração dessa lente substitui a refração usual da córnea. Isso é particularmente importante em pessoas cujos erros de refração são causados por córnea de formato anormal, como pessoas que têm córnea com formato anormal, abaulada — uma condição denominada *ceratocone*. Sem a lente de contato, a córnea abaulada causa anormalidade tão grande da visão que não há óculos que consigam corrigir a visão satisfatoriamente; entretanto, quando é utilizada uma lente de contato, a refração da córnea é neutralizada, e a refração normal pela superfície anterior da lente de contato a substitui.

A lente de contato apresenta, ainda, várias outras vantagens, incluindo (1) a lente acompanha o movimento dos olhos, proporcionando um campo visual nítido maior que o conseguido com o uso de óculos comuns, e (2) a lente de contato tem pouco efeito sobre o tamanho do objeto que a pessoa vê através da lente; por outro lado, as lentes colocadas vários centímetros à frente do olho, além de corrigirem o foco, afetam o tamanho da imagem.

Cataratas. Cataratas são uma anormalidade visual bastante comum que ocorre em pessoas idosas. A catarata é representada pela turvação ou opacificação de uma ou mais áreas do cristalino. No estágio inicial da formação da catarata, há desnaturação das proteínas das fibras do cristalino. Posteriormente, essas mesmas proteínas coagulam para formar áreas opacas no lugar das fibras protéicas normais, transparentes.

Quando uma catarata impede a passagem da luz de forma tão acentuada que cause perda visual significativa, a condição pode ser corrigida pela remoção cirúrgica de todo o cristalino. Entretanto, quando isso é feito, o olho perde grande parte de seu poder de refração, que deve ser compensado pela utilização de lente convexa muito potente à frente do olho, ou lente artificial, com aproximadamente + 20 dioptrias, implantada no lugar do cristalino removido.

ACUIDADE VISUAL

Teoricamente, a luz originada em uma fonte puntiforme distante, quando focalizada sobre a retina, deve ser infinitamente pequena. Entretanto, como o sistema de lentes do olho não é perfeito, esse ponto retiniano tem comumente diâmetro total de aproximadamente 11 μm, mesmo com a resolução máxima do sistema óptico. Entretanto, é mais brilhante exatamente em seu centro e a luminosidade diminui, de modo gradual, em direção à periferia, como representado pelas imagens dos dois pontos na Fig. 11.16.

O diâmetro médio dos cones *na fóvea* da retina, a parte central da retina onde a visão é mais desenvolvida, é de aproximadamente 1,5 μm, o que representa um sétimo do diâmetro do ponto de luz. Todavia, como o ponto de luz tem um ponto central brilhante e periferias sombreadas, a pessoa pode distinguir dois pontos separados se seus centros estiverem distantes por aproximadamente 2 μm sobre a retina, o que é pouco maior que a largura de um cone da fóvea. Essa discriminação entre pontos também é mostrada na Fig. 11.6.

A acuidade visual normal do olho humano para a discrimi-

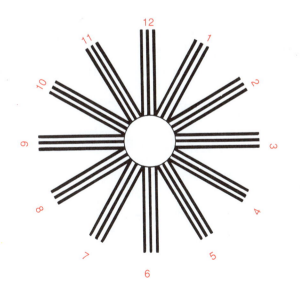

Fig. 11.15 Quadro composto de barras paralelas pretas para determinação do eixo do astigmatismo.

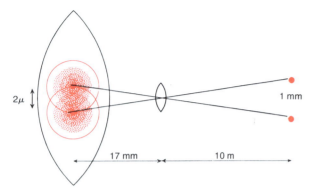

Fig. 11.16 Acuidade visual máxima para duas fontes puntiformes de luz.

nação entre fontes de luz puntiformes é de cerca de 45 s de arco. Isto é, quando os raios de luz de dois pontos distintos incidem sobre o olho com ângulo de no mínimo 45 s entre eles, geralmente podem ser reconhecidos como dois pontos em lugar de um. Isso significa que uma pessoa com acuidade normal olhando para dois pontos brilhantes de luz a 10 m de distância pode distinguir os pontos como entidades distintas quando estão distantes 1,5 a 2 mm.

A fóvea possui diâmetro menor que meio milímetro (menos que 500 μm), o que significa que a acuidade visual máxima ocorre em apenas 3 graus do campo visual. Fora dessa área foveal a acuidade visual é reduzida em 5 a 10 vezes, e fica progressivamente menor à medida que se aproxima da periferia. Isso é causado pela conexão de vários bastões e cones à mesma fibra do nervo óptico nas regiões não-foveais da retina, como discutido no Cap. 13.

Método clínico para determinar a acuidade visual. Geralmente, um cartão para testar os olhos é colocado à distância de 6 m (20 pés) da pessoa que está sendo testada, e, se a pessoa pode ver as letras que tenham tamanho igual ao que ela deveria ser capaz de ver à distância de 6 m (20 pés), diz-se que ela tem visão 20/20: isto é, visão normal. Se ela só pode ver as letras de tamanhos iguais aos que deveria ser capaz de ver a 60 m (200 pés), diz-se que tem visão 20/200. Em outras palavras, o método clínico para expressar a acuidade visual é utilizar uma fração matemática que expressa a proporção de duas distâncias, que também é a proporção entre a acuidade visual de uma pessoa normal e a da pessoa testada.

DETERMINAÇÃO DA DISTÂNCIA ENTRE UM OBJETO E O OLHO — PERCEPÇÃO DE PROFUNDIDADE

O aparelho visual percebe normalmente a distância por três meios principais. Esse fenômeno é conhecido como *percepção da profundidade*. Esses meios são (1) o tamanho da imagem de objetos conhecidos sobre a retina, (2) o fenômeno de movimentação da paralaxe, e (3) o fenômeno da estereopsia.

Determinação da distância pelas dimensões das imagens retinianas de objetos conhecidos. Se sabemos que um homem à nossa frente tem altura de 1,80 m, é possível determinar a distância simplesmente pelo tamanho da imagem do homem sobre a retina. Não há pensamento consciente sobre o tamanho, mas seu cérebro aprendeu a calcular automaticamente a partir dos tamanhos das imagens a distância de objetos quando as dimensões são conhecidas.

Determinação da distância pela movimentação da paralaxe. A movimentação da paralaxe é outro meio importante pelo qual os olhos determinam a distância dos objetos. Se uma pessoa olha a distância com os olhos completamente parados, não há movimentação da paralaxe, mas, quando ela move a cabeça para um lado ou outro, as imagens dos objetos próximos a ela se movimentam rapidamente ao longo de suas retinas, enquanto as imagens de objetos distantes permanecem quase estacionárias. Por exemplo, se um objeto está situado à distância de 2,5 cm à frente dos olhos, a movimentação lateral da cabeça de 2,5 cm fará com que a imagem percorra praticamente toda a extensão das retinas, enquanto a imagem de um objeto situado à distância de 60 m praticamente não se move. Assim, por esse mecanismo de movimento da paralaxe pode-se avaliar as *distâncias relativas* dos diferentes objetos, embora só seja utilizado um olho.

Determinação da distância por estereopsia — visão binocular. Outro método pelo qual se percebe a paralaxe é o da visão binocular. Como um olho está verdadeiramente afastado do outro por pouco mais de 5 cm, as imagens sobre as duas retinas são diferentes — isto é, um objeto que está 2,5 cm à frente da ponta do nariz forma uma imagem sobre a metade temporal da retina de cada olho, enquanto um pequeno objeto situado 6 m à frente do nariz tem sua imagem em pontos estreitamente correspondentes no meio de cada retina. Esse tipo de paralaxe é ilustrado na Fig. 11.17, que mostra as imagens de um ponto negro e um quadrado efetivamente invertidas sobre as duas retinas, por estarem a distâncias diferentes à frente dos olhos. Isso produz um tipo de paralaxe que está presente durante todo o tempo quando ambos os olhos estão sendo usados. É principalmente essa paralaxe binocular (ou estereopsia) que confere à pessoa com dois olhos capacidade muito maior de julgar distâncias relativas, quando os objetos estão próximos do *observador*, que a pessoa que só tem um olho. Entretanto, a estereopsia é praticamente inútil para a percepção de profundidade a distâncias maiores que 60 m.

■ INSTRUMENTOS ÓPTICOS

O OFTALMOSCÓPIO

O oftalmoscópio é um instrumento pelo qual se pode olhar o interior do olho de outra pessoa e ver-lhe a retina com nitidez. Embora o oftalmoscópio pareça um instrumento relativamente complicado, seus princípios são simples. Os componentes básicos são mostrados na Fig. 11.18 e podem ser explicados como se segue.

Se há um ponto de luz brilhante sobre a retina de um *olho emétrope*, os raios luminosos desse ponto divergem em direção ao sistema de lentes do olho, e, após atravessar esse sistema, ficam paralelos, porque a retina está localizada exatamente a uma distância focal atrás do cristalino. Então, quando esses raios paralelos penetram no olho emétrope de outra pessoa, eles se focalizam novamente em um ponto focal sobre a retina da segunda pessoa, porque sua retina também está a distância de uma

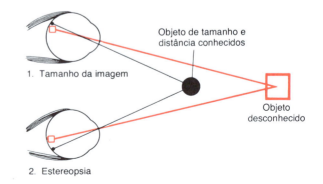

Fig. 11.17 Percepção da distância (1) pelo tamanho da imagem sobre a retina e (2) como resultado da estereopsia.

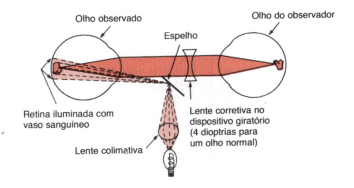

Fig. 11.18 O sistema óptico do oftalmoscópio.

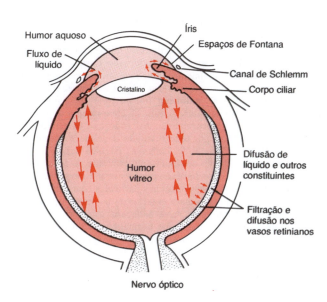

Fig. 11.19 Formação e fluxo de líquido no olho.

distância focal atrás do cristalino. Portanto, qualquer ponto de luz sobre a retina do olho observado converge para um ponto focal sobre a retina do olho que observa. Da mesma forma, quando o ponto brilhante de luz é deslocado para diferentes pontos sobre a retina observada, o ponto focal sobre a retina do observador também se desloca em igual extensão. Assim, se a retina de uma pessoa for capaz de emitir luz, a imagem de sua retina será focalizada sobre a retina do observador, desde que os dois olhos estejam um de frente para o outro. Estes princípios, obviamente, aplicam-se apenas a olhos completamente emétropes.

Para construir um oftalmoscópio, só é necessário desenvolver uma maneira de iluminar a retina a ser examinada. Então, a luz refletida dessa retina pode ser vista pelo observador pela simples aproximação dos dois olhos. Para iluminar a retina do olho observado, um espelho angulado, ou um segmento de um prisma, é colocado à frente do olho observado, de forma que, como representado na Fig. 11.18, a luz de uma lâmpada seja refletida no olho observado. Assim, a retina é iluminada através da pupila e o observador vê através da pupila do indivíduo, olhando por sobre a borda do espelho ou prisma, ou *através* de um prisma projetado apropriadamente de forma a possibilitar a entrada da luz na pupila sem qualquer angulação.

Antes já foi observado que estes princípios só se aplicam a pessoas com olhos completamente emétropes. Se o poder de refração de um olho é anormal, é necessário corrigi-lo para que o observador veja uma imagem nítida da retina avaliada. Portanto, o oftalmoscópio habitual tem uma série de lentes montadas sobre uma torreta, de forma que ela possa ser rodada de uma lente para outra, e a correção para poder de refração normal de um ou de ambos os olhos pode ser feita pela seleção de lente com poder de refração apropriado. Em adultos jovens normais, quando os dois olhos se aproximam o suficiente, ocorre um reflexo de acomodação natural que causa aumento aproximado de + 2 dioptrias no poder de refração do cristalino de cada olho. Para corrigir isso, é necessário que a torreta da lente seja rodada para uma correção de aproximadamente – 4 dioptrias.

■ O SISTEMA DE LÍQUIDOS DO OLHO — O LÍQUIDO INTRA-OCULAR

O olho é preenchido com *líquido intra-ocular*, que mantém pressão suficiente no globo ocular para mantê-lo distendido. A Fig. 11.19 mostra que esse líquido pode ser dividido em duas porções, o *humor aquoso* que se localiza à frente e ao lado do cristalino, e o líquido do *humor vítreo*, que se localiza entre o cristalino e a retina. O humor aquoso é um líquido que flui livremente, enquanto o humor vítreo, algumas vezes denominado *corpo vítreo*, é uma massa gelatinosa unida por fina rede de fibrilas compostas basicamente de grandes moléculas de proteoglicanos. As substâncias podem *difundir-se* lentamente no humor vítreo, mas só há pequeno *fluxo* de líquido.

O humor aquoso é produzido e reabsorvido continuamente. O equilíbrio entre a formação e a reabsorção de humor aquoso regula o volume total e a pressão do líquido intra-ocular.

FORMAÇÃO DO HUMOR AQUOSO PELO CORPO CILIAR

O humor aquoso é formado no olho *com velocidade média de 2 a 3 microlitros por minuto*. Praticamente todo o humor aquoso é secretado pelos *processos ciliares*, que são pregas lineares que se projetam do *corpo ciliar* para o espaço atrás da íris, onde os ligamentos do cristalino também se fixam ao globo ocular. Um corte transversal desses processos ciliares é mostrado na Fig. 11.20, e sua relação com as câmaras de líquido do olho pode ser observada na Fig. 11.19. Devido à sua arquitetura pregueada, a área total da superfície dos processos ciliares é de aproximadamente 6 cm^2 em cada olho — uma grande área, considerando-se o pequeno tamanho do corpo ciliar. As superfícies desses processos são recobertas por células epiteliais, e imediatamente sob estas há uma área muito vascularizada.

O humor aquoso é formado quase totalmente como uma secreção ativa do epitélio que reveste os processos ciliares. A secreção começa com o transporte ativo de íons sódio para os espaços entre as células epiteliais. Os íons sódio, por sua vez, atraem íons cloreto e bicarbonato para manter a neutralidade elétrica. Então, todos esses íons juntos causam osmose de água do tecido subjacente para os mesmos espaços intercelulares epiteliais, e a solução resultante é retirada dos espaços para as superfícies dos processos ciliares. Além disso, vários nutrientes são transportados através do epitélio por transporte ativo ou por difusão facilitada; eles incluem aminoácidos, ácido ascórbico, e, provavelmente, também glicose.

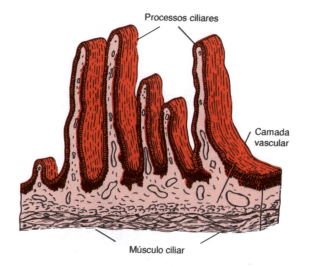

Fig. 11.20 Anatomia dos processos ciliares.

EFLUXO OCULAR DE HUMOR AQUOSO

Após sua formação pelos processos ciliares o humor aquoso flui, como mostrado na Fig. 11.19, *entre os ligamentos do cristalino,* e, depois, *através da pupila,* para, finalmente, *atingir a câmara anterior do olho.* Aí, o líquido flui para o *ângulo entre a córnea e a íris* e, daí, através de uma rede de *trabéculas,* entra por fim no *canal de Schlemm,* que deságua nas veias extra-oculares. A Fig. 11.21 apresenta as estruturas anatômicas do ângulo iridocorniano, mostrando que os espaços entre as trabéculas se estendem por todo o trajeto da câmara anterior para o canal de Schlemm. O canal de Schlemm, por sua vez, é uma veia de paredes finas que se estende circunferencialmente ao redor de todo o olho. Sua membrana endotelial é tão porosa que mesmo grandes moléculas de proteínas, assim como pequenas partículas com o tamanho de hemácias, podem passar da câmara anterior para o canal de Schlemm. Embora o canal de Schelmm seja, na verdade, um vaso sanguíneo venoso, tal é o volume de humor aquoso que normalmente flui para ele, que se enche apenas com humor aquoso em lugar de sangue. Também, as pequenas veias que levam do canal de Schlemm para as veias maiores do olho só contêm geralmente humor aquoso, e elas são denominadas *veias aquosas.*

PRESSÃO INTRA-OCULAR

A pressão intra-ocular normal média é de aproximadamente 15 mm Hg, com variação entre 12 e 20.

Tonometria. Como é impraticável introduzir uma agulha no olho do paciente para medir-lhe a pressão intra-ocular, essa pressão é medida clinicamente por meio de um tonômetro, cujo princípio é apresentado na Fig. 11.22. A córnea do olho é anestesiada com anestésico local, e a placa da base do tonômetro é colocada sobre a córnea. Então, é aplicada pequena pressão sobre um êmbolo central, fazendo com que a parte da córnea sob o êmbolo seja deslocada para dentro. A extensão do deslocamento é registrada sobre a escala do tonômetro, que é, por sua vez, calibrada em termos de pressão intra-ocular.

Regulação da pressão intra-ocular. A pressão intra-ocular permanece em níveis bastante constantes no olho normal, normalmente dentro de aproximadamente ± 2 mm Hg. O nível dessa pressão é determinado, em grande parte pela resistência ao efluxo de humor aquoso da câmara anterior para o canal de Schlemm. Essa resistência ao efluxo resulta da rede de trabéculas que o líquido deve percorrer em seu trajeto dos ângulos laterais da câmara anterior até a parede do canal de Schlemm. Essas trabéculas apresentam aberturas diminutas de apenas 2 a 3 μm. A velocidade do fluxo do líquido para o canal aumenta significativamente à medida que a pressão se eleva. Aproximadamente a 15 mmHg no olho normal, a quantidade de líquido que sai do olho através do canal de Schlemm é, em média, de 2,5 $\mu l/min$, e é exatamente igual ao influxo de líquido do corpo ciliar. Portanto, normalmente, a pressão permanece quase sempre nesse nível de 15 mmHg.

Limpeza dos espaços trabeculares e do líquido intra-ocular. Quando há grandes quantidades de fragmentos no humor aquoso, como ocorre após hemorragia no interior do olho, ou durante infecção intra-ocular,

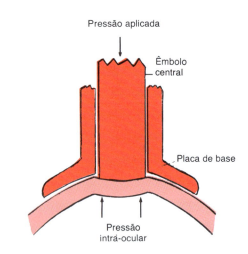

Fig. 11.22 Princípios do tonômetro.

esses fragmentos tendem a se acumular nos espaços trabeculares que levam ao canal de Schlemm, impedindo assim a reabsorção adequada de líquido da câmara anterior e, algumas vezes, causando glaucoma, como explicado a seguir. Entretanto, existe grande número de células fagocíticas sobre as superfícies das placas trabeculares. Também, imediatamente por fora do canal de Schlemm existe uma camada de gel intersticial que contém grande número de células reticuloendoteliais que têm capacidade extremamente elevada de engolfar fragmentos e degradá-los em pequenas substâncias moleculares, que podem, então, ser absorvidas. Assim, esse sistema fagocítico mantém limpos os espaços trabeculares.

Além disso, a superfície da íris e das outras superfícies do olho atrás da íris são recobertas por epitélio que é capaz de fagocitar proteínas e pequenas partículas do humor aquoso, ajudando, assim, a manter o líquido perfeitamente limpo.

Glaucoma. O glaucoma é uma das causas mais comuns de cegueira. É uma doença do olho na qual a pressão intra-ocular fica patologicamente elevada algumas vezes, atingindo até 60 a 70 mm Hg. As pressões que se elevam para valores entre 20 e 30 mm Hg podem causar perda da visão quando mantidas por longos períodos de tempo. E as pressões extremamente elevadas podem causar cegueira em dias ou até mesmo em horas. À medida que a pressão se eleva, os axônios do nervo óptico são comprimidos no ponto em que deixam o globo ocular no disco óptico. Acredita-se que essa compressão bloqueie o fluxo axônico de citoplasma dos corpos celulares neuronais na retina para as fibras periféricas do nervo óptico que penetram no cérebro. O resultado é a ausência de nutrição apropriada, que acaba por causar a morte dos neurônios envolvidos. É possível que a compressão da artéria retiniana, que também entra no globo ocular na altura do disco óptico, seja um fator adicional para lesar os neurônios, devido à redução de nutrição para a retina.

Na maioria dos casos de glaucoma, a elevação anormal da pressão resulta de aumento da resistência ao efluxo de líquido, através dos espaços trabeculares, para o canal de Schlemm na junção iridocorniana. Por exemplo, na inflamação ocular aguda, os leucócitos e fragmentos teciduais podem bloquear esses espaços e causar aumento agudo da pressão intra-ocular. Em condições crônicas, principalmente nos idosos, a oclusão fibrosa dos espaços trabeculares parece ser a hipótese mais provável.

Algumas vezes, o glaucoma pode ser tratado pela aplicação, nos olhos, de colírio de substância que se difunda para o globo ocular, causando redução da secreção ao aumento da absorção de humor aquoso. Entretanto, quando o tratamento farmacológico falha, as técnicas cirúrgicas para abrir os espaços das trabéculas ou para formar canais diretamente entre o espaço líquido do globo ocular e o espaço subconjuntival fora do globo ocular, podem freqüentemente reduzir de forma eficaz a pressão.

REFERÊNCIAS

Apple, D. J., et al.: Intraocular Lenses: Evolution, Design, Complications and Pathology. Baltimore, Williams & Wilkins, 1988.
Bentley, P. J.: The crystalline lens of the eye: An optical microcosm. News in Physiol. Sci., 1:195, 1986.

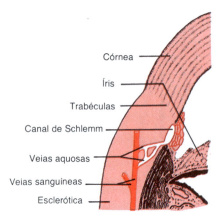

Fig. 11.21 Anatomia do ângulo iridocorniano, mostrando o sistema para o efluxo do humor aquoso para as veias conjuntivais.

Bill, A.: Blood circulation and fluid dynamics in the eye. Physiol. Rev., 55:383, 1975.

Bill, A.: Circulation in the eye. In Renkin, E. M., and Michel, C. C. (eds.): Handbook of Physiology. Sec. 2, Vol. IV. Bethesda, Md., American Physiological Society, 1984, p. 1001.

Caldwell, D. R.: Cataracts. New York, Raven Press, 1988.

Cavanagh, H. D.: The Cornea: Transactions of the World Congress on the Cornea III. New York, Raven Press, 1988.

Collins, R., and Van der Werff, T. J.: Mathematical Models of the Dynamics of the Human Eye. New York, Springer-Verlag, 1980.

Duncan, G., and Jacob, T. J.: Calcium and the physiology of cataract. Ciba Found. Symp., 106:132, 1984.

Elliot, R. H.: A Treatise on Glaucoma. Huntington, N.Y., R. E. Krieger, 1979.

Fischbarg, J., and Lim, J. J.: Fluid and electrolyte transports across corneal endothelium. Curr. Top. Eye Res., 4:201, 1984.

Guyton, D. L.: Sights and Sounds in Ophthalmology: Ocular Motility and Binocular Vision. St. Louis, C. V. Mosby Co., 1989.

Jaffe, N. S.: Cataract Surgery and Its Complications. St. Louis, C. V. Mosby Co., 1983.

Kavner, R. S., and Dusky, L.: Total Vision. New York, A & W Publishers, 1980.

Koretz, J. F., and Handelman, G. H.: How the human eye focuses. Sci. Am., July, 1988, p. 92.

Kuszak, J. R., et al.: Sutures of the crystalline lens: A review. Scan. Electron Miscrosc., 3:1369, 1984.

Lee, J. R.: Contact Lens Handbook. Philadelphia, W. B. Saunders Co., 1986.

Lesperace: Ophthalmic Lasers. Photocoagulation, Photoradiation and Surgery. St. Louis, C. V. Mosby, 1983.

Leydhecker, W., and Krieglstein, G. K. (eds.): Recent Advances in Glaucoma. New York, Springer-Verlag, 1979.

Michaels, D. D.: Basic Refraction Techniques. New York, Raven Press, 1988.

Moses, R. A.: Adler's Physiology of the Eye; Clinical Application, 7th Ed. St. Louis, C. V. Mosby, 1981.

Piatigorsky, J.: Lens crystallins and their genes: diversity and tissue-specific expression. FASEB J., 3:1933, 1989.

Ritch, R., et al. (eds.): The Glaucomas. St. Louis, C. V. Mosby Co., 1989.

Roth, H. W., and Roth-Wittig, M.: Contact Lenses. Hagerstown, Md., Harper & Row, 1980.

Safir, A. (ed.): Refraction and Clinical Optics. Hagerstown, Md., Harper & Row, 1980.

Shields, M. B.: Textbook of Glaucoma, 2nd Ed. Baltimore, Williams & Wilkins, 1986.

Stenson, S. M.: Contact Lenses: Guide to Selection, Fitting, and Management of Complications. East Norwalk, Conn., Appleton & Lange, 1987.

Toates, F. M.: Accommodation function of the human eye. Physiol. Rev., 52:828, 1972.

Whitnall, S. E. The Anatomy of the Human Orbit and Accessory Organs of Vision. Huntington, N. Y., R. E. Kreiger Publishing Co., 1979.

Wiederholt M.: Ion transport by the cornea. News Physiol. Sci., 3:97, 1988.

Yellott, J. I., Jr., et al.: The beginnings of visual perception: The retinal image and its initial encoding. In Darian-Smith, I. (ed.): Handbook of Physiology. Sec. 1, Vol. III. Bethesda Md., American Physiological Society, 1984, p. 257.

12

O Olho:

II. Funções Receptora e Neural da Retina

A retina é a parte do olho sensível à luz, que contém os cones, responsáveis pela visão colorida, e os bastonetes, responsáveis principalmente pela visão no escuro. Quando os bastonetes e cones são excitados, os sinais são transmitidos, ao longo de neurônios sucessivos, na própria retina, e, por fim, para as fibras do nervo óptico e córtex cerebral. O objetivo deste capítulo é o de explicar, especificamente, os mecanismos pelos quais os bastonetes e cones detectam o branco e a luz colorida, convertendo a imagem visual em impulsos nervosos.

■ ANATOMIA E FUNÇÃO DOS ELEMENTOS ESTRUTURAIS DA RETINA

As camadas da retina. A Fig. 12.1 mostra os componentes funcionais da retina dispostos em camadas, do exterior para o interior, da seguinte forma: (1) camada pigmentada, (2) camada de bastonetes e cones projetando-se para o pigmento, (3) membrana limitante externa, (4) camada nuclear externa, contendo os corpos celulares dos bastonetes e cones, (5) camada plexiforme externa, (6) camada nuclear interna, (7) camada plexiforme interna, (8) camada ganglionar, (9) camada de fibras do nervo óptico, e (10) membrana limitante interna.

Após a luz atravessar o sistema de lentes do olho e, adiante, o humor vítreo, ela penetra na retina por sua superfície interna (veja Fig. 12.1) isto é, atravessa as células ganglionares, as camadas plexiformes, a camada nuclear, e as membranas limitantes, antes de, finalmente, atingir a camada de bastonetes e cones localizados em toda a superfície externa da retina. Essa distância representa espessura de várias centenas de micrômetros; a acuidade visual é, obviamente, reduzida por essa passagem através desse tecido heterogêneo. Entretanto, na região central da retina, como será discutido, as camadas iniciais são afastadas lateralmente, para evitar essa perda da acuidade.

A região foveal da retina e sua importância na visão aguda. Uma área diminuta no centro da retina, mostrada na Fig. 12.2, denominada *mácula* e ocupando área total menor que 1 mm², é particularmente capaz de uma visão mais detalhada e precisa. A região central da mácula, com apenas 0,4 mm de diâmetro, é denominada *fóvea;* essa área é composta totalmente por cones, e os cones têm estrutura especial que auxilia a detecção de detalhes na imagem visual, de modo particular um corpo longo delgado, ao contrário dos cones muito maiores, com situação mais periférica na retina. Também, nessa região, os vasos sanguíneos, as células ganglionares, a camada nuclear interna de células, e as camadas plexiformes são todas deslocadas para um lado, em lugar de repousar

diretamente sobre o topo dos cones. Isso permite que a luz chegue aos cones sem interferência.

Os bastonetes e cones. A Fig. 12.3 é uma representação diagramática de um fotorreceptor (um bastonete ou um cone), embora os cones sejam distinguidos por possuírem uma extremidade superior cônica (o segmento externo), como mostrado na Fig. 12.4. Em geral, os bastonetes são mais estreitos e mais longos que os cones, mas isso não ocorre sempre. Nas regiões periféricas da retina, os bastonetes têm diâmetro de 2 a

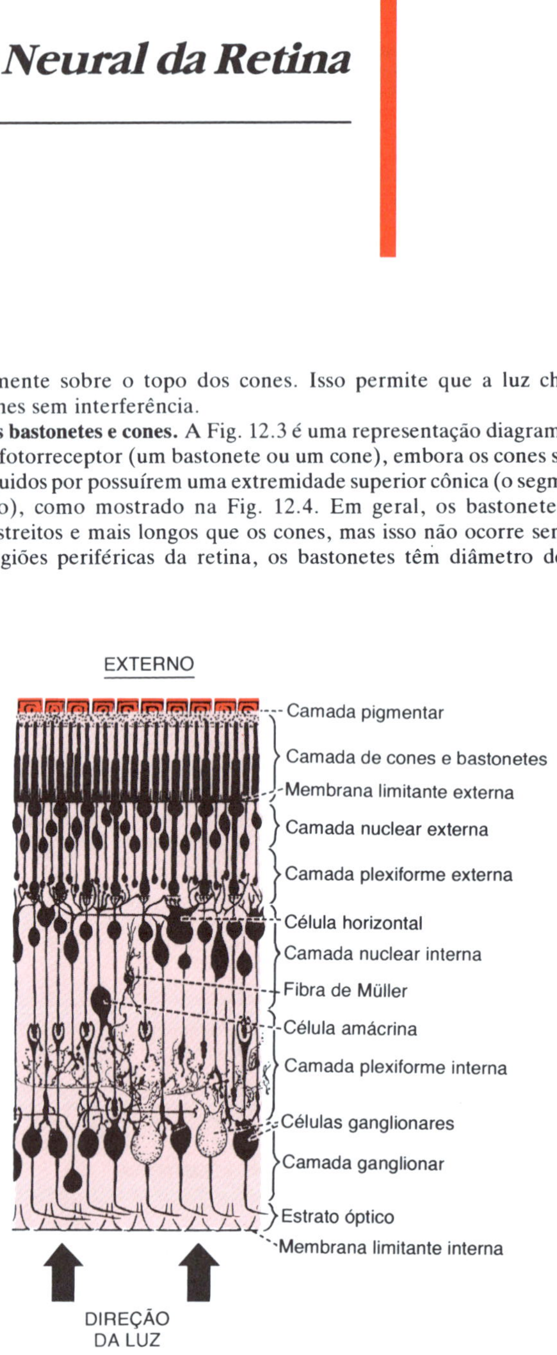

Fig. 12.1 Organização dos neurônios da retina. (Modificado de Polyak: *The Retina*. Copyright 1941 by the University of Chicago. Todos os direitos reservados.)

12 ■ O Olho: II. Funções Receptora e Neural da Retina   139

Fig. 12.2 Fotomicrografia da mácula e da fóvea em seu centro. Observe-se que as camadas internas da retina são afastadas lateralmente para reduzir a interferência com a transmissão da luz. (Retirado de Fawcett: Bloom and Fawcett: *A Textbook of Histology*. 11. ed. Philadelphia, W.B. Saunders Co., 1986; cortesia de H. Mizoguchi.)

5 μm, enquanto os cones têm diâmetro de 5 a 8 μm; na parte central da retina, na fóvea, os cones têm diâmetro de apenas 1,5 μm.

À direita na Fig. 12.3 são indicados os quatro principais segmentos funcionais de um bastonete ou de um cone: (1) o *segmento externo*, (2) o *segmento interno*, (3) o *núcleo*, e (4) o *corpo sináptico*. No segmento externo é encontrada a substância química fotossensível. No caso dos bastonetes, ela é a *rodopsina*, e, nos cones, é uma das várias substâncias fotoquímicas sensíveis à "cor" que funcionam praticamente da mesma forma que a rodopsina, exceto por diferenças na sensibilidade espectral.

Observe-se nas Figs. 12.3 e 12.4, o grande número de discos tanto nos bastonetes quanto nos cones. Nos cones, cada um dos discos é, na verdade, uma invaginação da membrana celular, o que também se verifica na base dos bastonetes. Entretanto, em direção à extremidade do bastonete, os discos se separam da membrana e formam sacos achatados, situados totalmente no interior da célula. Existem até 1.000 discos em cada bastonete ou cone.

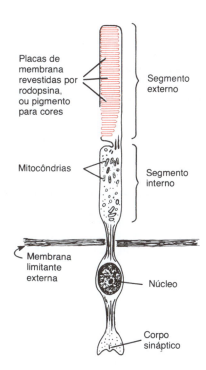

Fig. 12.3 Esquema das partes funcionais dos bastonetes e dos cones.

Tanto a rodopsina quanto as substâncias fotoquímicas cromatos-sensíveis são proteínas conjugadas. Elas são incorporadas às membranas dos discos sob forma de proteínas transmembrana. As concentrações desses pigmentos fotossensíveis no disco são tão grandes que constituem aproximadamente 40% de toda a massa do segmento externo.

O segmento interno contém o citoplasma usual da célula, com as organelas citoplasmáticas. São particularmente importantes as mitocôndrias; será mostrado adiante que as mitocôndrias nesse segmento representam um papel importante no fornecimento de energia para a função dos fotorreceptores.

O corpo sináptico é a porção do bastonete e do cone que faz conexão com as células neuronais subseqüentes, as células horizontais e bipolares que representam os estágios seguintes da cadeia visual.

A camada pigmentar da retina. O pigmento negro *melanina*, na camada pigmentar, impede a reflexão da luz pelas paredes do globo ocular; isso é extremamente importante para a visão nítida. Esse pigmento exerce no olho a mesma função desempenhada pela coloração negra das paredes internas de uma câmara. Sem isso, os raios luminosos seriam refletidos em todas as direções no interior do globo ocular e causariam iluminação difusa da retina, em lugar do contraste entre os pontos claros e escuros, necessário para a formação de imagens precisas.

A importância da melanina, na camada pigmentar e na coróide, é bem demonstrada por sua ausência nos *albinos*, pessoas com deficiência hereditária do pigmento melanina em todas as partes de seus corpos. Quando um albino entra em área intensamente iluminada, a luz que incide sobre sua retina é refletida em todas as direções, pelas superfícies não pigmentadas, de forma que um só ponto isolado de luz que, normalmente, excitaria apenas alguns bastonetes ou cones é refletido e excita vários receptores. Portanto, a acuidade visual dos albinos, mesmo com a melhor correção óptica, só muito raramente é melhor que 20/100 a 20/200.

A camada pigmentar também armazena grandes quantidades de *vitamina A*. Essa vitamina A é trocada através das membranas dos segmentos externos dos bastonetes e cones, que se encontram imersos nas camadas pigmentares. Adiante, será visto que a vitamina A é precursor importante dos pigmentos fotossensíveis e que essa troca da vitamina A é muito importante para o ajuste da sensibilidade dos receptores à luz.

O suprimento sanguíneo da retina — o sistema arterial e a coróide. O suprimento sanguíneo que nutre as camadas internas da retina é derivado da artéria retiniana central, que penetra no globo ocular juntamente com o nervo óptico e, depois, se divide para irrigar toda a superfície interna da retina. Assim, em grau bastante alto, a retina possui seu próprio suprimento sanguíneo, independente do das outras estruturas do olho.

Entretanto, a superfície externa da retina é aderente à *coróide*, que é um tecido muito vascularizado entre a retina e a esclerótica. As

Fig. 12.4 Estruturas membranosas dos segmentos externos de um bastonete (*esquerda*) e de um cone (*direita*). (Cortesia do Dr. Richard Young.)

camadas externas da retina, incluindo os segmentos externos dos bastonetes e cones, dependem, em grande parte, da difusão, a partir dos vasos coróides, para sua nutrição, principalmente para seu oxigênio.

Descolamento da retina. Por vezes, a retina neural se descola do epitélio pigmentar. Em alguns casos, a causa desse descolamento é a lesão do globo ocular que permite o acúmulo de líquido, ou sangue, entre a retina e o epitélio pigmentar, mas, com freqüência, também é causado pela contratura das delgadas fibrilas de colágeno no humor vítreo, que tracionam a retina de modo desigual em direção ao interior do globo ocular.

Felizmente, em parte devido à difusão pelo espaço onde ocorreu o descolamento, e em parte devido ao suprimento sanguíneo independente para a retina, pela artéria retiniana, a retina descolada pode resistir à degeneração durante dias, e pode ser funcionalmente recuperada, se for restabelecida, por meios cirúrgicos, sua relação normal com o epitélio pigmentar. Entretanto, se não for logo restabelecida, a retina é destruída e não há recuperação, mesmo após reparo cirúrgico.

■ FOTOQUÍMICA DA VISÃO

Tanto os bastonetes quanto os cones contêm substâncias químicas que se decompõem quando expostas à luz e, nesse processo, excitam as fibras nervosas que saem do olho. Nos *bastonetes*, a substância é chamada *rodopsina*, e, nos *cones*, essas substâncias têm composições químicas apenas ligeiramente diferentes da composição da rodopsina.

Nesta seção será discutida, principalmente, a fotoquímica da rodopsina, mas pode-se aplicar quase exatamente os mesmos princípios à fotoquímica dos cones.

O CICLO VISUAL RODOPSINA-RETINAL, E EXCITAÇÃO DOS BASTONETES

Rodopsina e sua decomposição pela energia luminosa. O segmento externo do bastonete que se projeta para o interior da camada pigmentar da retina contém concentração de, aproximadamente, 40% do pigmento fotossensível denominado *rodopsina*, ou *púrpura visual*. Essa substância é uma combinação da proteína *escotopsina* e o pigmento carotenóide *retinal* (também denominado "retineno"). Além disso, o retinal é de um tipo particular, denominado 11-*cis* retinal. Essa forma *cis* do retinal é importante porque apenas essa forma pode ligar-se à escotopsina para formar rodopsina.

Quando a energia luminosa é absorvida pela rodopsina, dentro de trilionésimos de segundo, ela começa a se decompor, como mostrado na parte superior da Fig. 12.5. A causa disso é a fotoativação de elétrons na porção retinal da rodopsina, o que produz alteração instantânea (da ordem de trilionésimos de segundo) da forma *cis* do retinal para uma forma toda-*trans*, que ainda tem a mesma estrutura química da forma *cis*, mas estrutura física diferente — estrutura molecular plana, em lugar de molécula curva. Devido à orientação tridimensional dos locais reativos, o retinal todo-*trans* não mais se encaixa nos sítios reativos da proteína escotopsina. O produto imediato é a *batorrodopsina*, que é a combinação, parcialmente separada, do retinal todo-*trans* com a escotopsina. A própria batorrodopsina é composto extremamente instável e, em nanossegundos, se transforma em *luminorrodopsina*, que, por sua vez, dentro de microssegundos, se converte em *metarrodopsina I*. Esta transforma-se na *metarrodopsina II* em aproximadamente 1 milissegundo, e, por fim, com velocidade muito menor (em segundos), nos produtos completamente separados: *escotopsina* e *retinal todo-trans*. É a metarrodopsina II, também denominada *rodopsina ativada*, que excita as alterações elétricas nos bastonetes, que, então, transmitem a imagem visual para o sistema nervoso central, como discutido adiante.

Ressíntese de rodopsina. O primeiro estágio na ressíntese de rodopsina, como mostrado na Fig. 12.5, é a reconversão do retinal todo-*trans* em 11-*cis* retinal. No escuro, esse processo é catalisado pela enzima *retinal isomerase*. Uma vez formado,

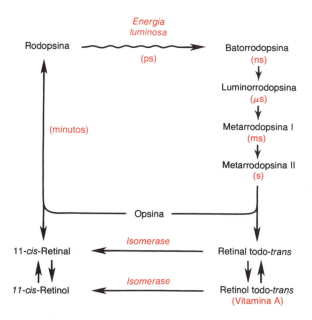

Fig. 12.5 O ciclo visual rodopsina-retinal, mostrando a decomposição da rodopsina durante a exposição à luz, e a subseqüente ressíntese lenta de rodopsina pelos processos químicos do bastonete.

o 11-*cis* retinal se recombina, automaticamente, com a escotopsina para a ressíntese da rodopsina, que, então, permanece estável, até que sua decomposição seja novamente deflagrada pela absorção de energia luminosa.

O papel da vitamina A na formação de rodopsina. Observe-se, na Fig. 12.5, que existe uma segunda via química pela qual o retinal todo-*trans* pode ser convertido em 11-*cis* retinal. Isso se dá pela conversão inicial do retinal todo-*trans* em *retinol todo-trans,* que é uma forma da vitamina A. Então, o retinol todo-*trans* é convertido em 11-*cis* retinol, sob a influência da enzima isomerase, E. finalmente, o 11-*cis* retinol é convertido em 11-*cis* retinal.

A vitamina A está presente tanto no citoplasma dos bastonetes quanto na camada pigmentar da retina. Portanto, a vitamina A está sempre normalmente disponível para formar novo retinal quando necessário. Por outro lado, quando há excesso de retinal na retina, esse excesso é convertido, novamente, em vitamina A, reduzindo assim a quantidade de pigmento fotossensível na retina. Adiante, será mostrada que essa interconversão entre o retinal e a vitamina A é particularmente importante na adaptação, a longo prazo, da retina a diferentes intensidades luminosas.

Cegueira noturna. A cegueira noturna ocorre na deficiência grave de vitamina A. A razão simples para isso é que não há vitamina A suficiente disponível para formar quantidades adequadas de retinal. Portanto, as quantidades de rodopsina que podem ser formadas nos bastonetes, assim como as quantidades de substâncias químicas fotossensíveis à cor, nos cones, ficam todas reduzidas. Essa condição é denominada cegueira noturna, porque a quantidade de luz disponível à noite é muito pequena para permitir a visão adequada, embora, à luz do dia, os cones ainda possam ser excitados, apesar da redução das substâncias fotoquímicas.

Geralmente, a cegueira noturna surge após vários meses de dieta deficiente em vitamina A, porque, normalmente, são armazenadas grandes quantidades de vitamina A no fígado, o que a torna disponível para os olhos. Entretanto, uma vez instalada, a cegueira noturna, pode, algumas vezes, ser completamente curada em menos de uma hora por injeção venosa de vitamina A.

Excitação dos bastonetes quando a rodopsina é ativada

O potencial receptor dos bastonetes é hiperpolarizante, e não despolarizante. O potencial de receptor dos bastonetes é diferente dos potenciais de receptor em quase todos os outros receptores sensoriais. Isto é, a excitação do bastonete causa *aumento da negatividade* do potencial de membrana, que é um estado de *hiperpolarização*, e não de redução da negatividade, que é o processo de "despolarização" característico de quase todos os outros receptores sensoriais.

Mas, como a ativação da rodopsina causa hiperpolarização? A resposta a isso é que, *quando a rodopsina se decompõe, ela diminui a condutância da membrana para os íons sódio no segmento externo do bastonete*. E isso causa hiperpolarização de toda a membrana do bastonete da seguinte forma:

A Fig. 12.6 apresenta o movimento de íons sódio em circuito elétrico completo, através dos segmentos interno e externo do bastonete. O segmento interno bombeia continuamente sódio do interior para o exterior do bastonete, criando assim um potencial negativo no interior de toda a célula. Entretanto, a membrana do segmento externo, *quando a luz não incide sobre o receptor*, é muito permeável ao sódio. Portanto, ocorre vazamento contínuo de sódio para o interior do bastonete, que neutraliza, assim, grande parte da negatividade no interior da célula. Dessa forma, em condições normais, quando o bastonete não é excitado, ocorre redução da quantidade de eletronegatividade no interior da membrana do bastonete, normalmente de cerca de −40 mV.

Quando a rodopsina, no segmento externo do bastonete, é exposta à luz e começa a se decompor, isso *diminui* a condutância do segmento externo ao sódio para o interior do bastonete, embora os íons sódio continuem a ser bombeados para fora do segmento interno. Assim, agora ocorre maior saída que entrada de íons sódio. Como esses íons são positivos, sua perda do interior do bastonete cria aumento da negatividade na face interna da membrana; e quanto maior a quantidade de energia luminosa

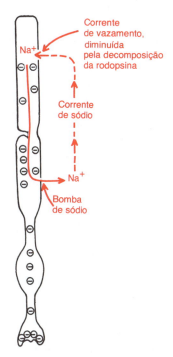

Fig. 12.6 Base teórica para a geração de potencial de receptor de hiperpolarização causado pela decomposição da rodopsina.

que incide sobre o bastonete, maior será a eletronegatividade — isto é, maior o grau de *hiperpolarização*. Na intensidade luminosa máxima, o potencial de membrana aproxima-se de −70 a −80 mV, que é próximo ao potencial de equilíbrio para os íons potássio, através da membrana.

Duração do potencial receptor e relação logarítmica entre o potencial receptor e a intensidade de luz. Quando um pulso súbito de luz incide sobre a retina, a hiperpolarização transitória que ocorre nos bastonetes — isto é, o potencial de receptor que ocorre — atinge seu máximo em aproximadamente 0,3 s e dura mais que 1 s. Nos cones, essas alterações ocorrem com velocidade quatro vezes maior. Portanto, uma imagem visual formada sobre a retina por apenas um milionésimo de segundo pode causar a sensação de ver a imagem, algumas vezes, por mais de 1 s.

Uma outra característica do potencial de receptor é que ele é aproximadamente proporcional ao logaritmo da intensidade luminosa. Isto é muito importante, porque permite ao olho discriminar as intensidades luminosas dentro de faixa vários milhares de vezes maior do que seria possível de outra forma.

Mecanismo pelo qual a decomposição de rodopsina diminui a condutância da membrana ao sódio — a excitação em "cascata". Em condições ideais, um único fóton de luz, a menor unidade quântica possível de energia luminosa, pode causar um potencial de receptor, mensurável em um bastonete, de aproximadamente 1 mV. Apenas 30 fótons de luz causarão a metade da saturação de um bastonete. Como pode essa quantidade tão pequena de luz causar excitação tão grande? A resposta é que os fotorreceptores possuem uma cascata química extremamente sensível que amplifica os efeitos estimulatórios por aproximadamente 1 milhão de vezes, da seguinte forma:

1. O *fóton ativa um elétron* na parte *11-cis retinal* da rodopsina; isso leva à formação de *metarrodopsina II*, que é a forma ativa da rodopsina, como discutido e mostrado na Fig. 12.5.

2. A *rodopsina ativada* funciona como enzima para ativar várias moléculas de *transducina*, uma proteína presente sob forma inativa nas membranas dos discos e na membrana celular do bastonete.

3. A *transducina ativada*, por sua vez, ativa várias outras moléculas de *fosfodiesterase*.

4. A *fosfodiesterase ativada* é outra enzima; hidrolisa imediatamente muitas moléculas de monofosfato *cíclico* de guanosina (GMPc), assim o destruindo. Antes de ser destruído, o GMPc estava ligado às proteínas do canal de sódio, formando a estrutura de suporte que mantém o canal aberto, permitindo influxo rápido e contínuo de íons sódio no escuro. Mas, na presença de luz, quando a fosfodiesterase hidrolisa o GMPc, isso remove a estrutura de suporte e provoca o fechamento dos canais de sódio. Várias centenas de canais são fechadas para cada molécula de rodopsina que foi originalmente ativada. Como o fluxo de sódio através de cada um desses canais é extremamente rápido, o fluxo de mais de 1 milhão de íons sódio é bloqueado pelo fechamento do canal, antes que este volte a se abrir. Essa redução do fluxo de íons sódio excita o bastonete, como já foi discutido.

5. Em pequena fração de segundo, outra enzima, a *rodopsina quinase*, sempre presente no bastonete, inativa a rodopsina ativada, e toda a cascata reverte ao estado normal, com os canais de sódio abertos.

Desse modo, os bastonetes desenvolveram importante cascata química, que amplifica o efeito de um só fóton de luz para provocar o movimento de milhões de íons sódio. Isso explica a extrema sensibilidade dos bastonetes no escuro.

Os cones são cerca de 300 vezes menos sensíveis que os bastonetes, mas, mesmo assim, permitem a visão cromática em qualquer luminosidade maior que a observada em condições de penumbra intensa.

FOTOQUÍMICA DA VISÃO CROMÁTICA PELOS CONES

Foi indicado no início desta discussão que as substâncias fotossensíveis dos cones têm quase exatamente a mesma composição química da rodopsina dos bastonetes. A única diferença é que as partes protéicas, as opsinas denominadas *fotopsinas* nos cones, são diferentes da escotopsina dos bastonetes. A parte retinal é exatamente igual nos cones e nos bastonetes. Portanto, os pigmentos cromatossensíveis dos cones são combinações de retinal e fotopsinas.

Na discussão adiante da visão cromática ficará evidente que há três tipos diferentes de substâncias fotossensíveis presentes nos três tipos distintos de cones, o que os torna seletivamente sensíveis às diferentes cores de azul, verde e vermelho. Essas substâncias fotossensíveis são denominadas, respectivamente, *pigmento sensível ao azul*, *pigmento sensível ao verde* e *pigmento sensível ao vermelho*. As características de absorção dos pigmentos, nos três tipos de cones, mostram picos de absorbância, para os comprimentos de onda, respectivamente, de 445, 535 e 570 nm. Esses também são os comprimentos de onda para o pico de sensibilidade à luz de cada tipo de cone, o que começa a explicar como a retina diferencia as cores. As curvas aproximadas de absorção para esses três pigmentos são mostradas na Fig. 12.7. Também é mostrada a curva de absorção para a rodopsina dos bastonetes, com pico em 505 nm.

REGULAÇÃO AUTOMÁTICA DA SENSIBILIDADE RETINIANA — ADAPTAÇÃO AO ESCURO E AO CLARO

Relação entre a sensibilidade e a concentração de pigmento. A sensibilidade dos bastonetes é aproximadamente proporcional ao antilogaritmo da concentração de rodopsina, e acredita-se que essa relação também ocorra nos cones. Portanto, a sensibilidade dos bastonetes e cones pode ser profundamente alterada por pequenas modificações das concentrações dos pigmentos fotossensíveis.

Adaptação ao claro e ao escuro. Se uma pessoa permanece por longo tempo em ambiente de intensa luminosidade, grande

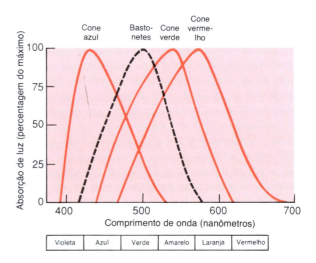

Fig. 12.7 Absorção da luz pelos pigmentos respectivos dos três cones sensíveis às cores da retina humana. (Dados de curvas registradas por Marks, Dobelle e MacNichol, Jr.: *Science*, 143:1181, 1964, e por Brown e Wald: *Science*, 144:45, 1964. Copyright 1964 by the American Association for the Advancement of Science.)

proporção das substâncias fotossensíveis é reduzida a retinal e opsinas nos bastonetes e nos cones. Além disso, grande parte do retinal, dos bastonetes e dos cones também foi convertida em vitamina A. Devido a esses dois efeitos, as concentrações de substâncias fotossensíveis ficam bastante reduzidas, e a sensibilidade do olho à luz fica ainda mais reduzida. Isso é denominado *adaptação ao claro*.

Por outro lado, se a pessoa permanece por longo tempo no escuro, o retinal e as opsinas, nos bastonetes e nos cones, são convertidos nos pigmentos fotossensíveis. Além disso, a vitamina A é reconvertida em retinal para produzir quantidade ainda maior de pigmentos fotossensíveis; o limite final é determinado pela quantidade de opsinas nos bastonetes e nos cones. Isso é denominado *adaptação ao escuro*.

A Fig. 12.8 apresenta o curso da adaptação ao escuro quando uma pessoa é exposta a escuridão total, após permanecer exposta a luz intensa durante várias horas. Observe-se que, imediatamente após entrar no ambiente escuro, a sensibilidade da retina é muito pequena, mas, dentro de 1 minuto, a sensibilidade aumenta 10 vezes — isto é, a retina pode responder à luz com um décimo da intensidade necessária previamente. Ao final de 20 minutos, a sensibilidade aumentou cerca de 6.000 vezes, e após 40 minutos aumentou aproximadamente 25.000 vezes.

A curva resultante da Fig. 12.8 é denominada *curva de adaptação ao escuro*. Observe-se entretanto, o ponto de inflexão existente na curva. A parte inicial da curva é produzida pela adaptação dos cones, pois todos os eventos químicos da visão ocorrem com velocidade quatro vezes maior nos cones que nos bastonetes. Por outro lado, os cones não atingem o mesmo nível de sensibilidade dos bastonetes. Portanto, apesar da rápida adaptação pelos cones, eles cessam sua adaptação após alguns minutos, enquanto os bastonetes, de adaptação lenta, continuam a se adaptar durante vários minutos e até mesmo horas, aumentando muito sua sensibilidade. Além disso, outro fator que também aumenta a sensibilidade dos bastonetes é a convergência de até 100 ou mais bastonetes sobre uma mesma célula ganglionar na retina; esses bastonetes se somam para aumentar sua sensibilidade, como discutido adiante.

Outros mecanismos para a adaptação ao claro e ao escuro. Além da adaptação causada por alterações das concentrações da rodopsina ou das substâncias fotossensíveis à cor, o olho possui dois outros mecanismos para a adaptação ao claro e ao escuro. O primeiro deles é a *alteração do tamanho da pupila*, discutida no capítulo anterior. Isso pode causar adaptação de aproximadamente 30 vezes devido às alterações da quantidade de luz que é permitida passar pela abertura pupilar.

O outro mecanismo é a *adaptação neural*, envolvendo os neurônios, nos estágios sucessivos da cadeia visual, na própria retina. Isto é, quando a intensidade da luz começa a aumentar, a intensidade dos sinais transmitidos pelas células bipolares, células horizontais, células amácrinas e células ganglionares fica muito grande. Entretanto, a intensidade da maioria desses sinais diminui rapidamente. Embora o grau dessa adaptação seja de apenas algumas vezes, em lugar dos vários milhares de vezes, como ocorre durante a adaptação do sistema fotoquímico, essa adaptação neural ocorre em fração de segundo, ao contrário dos vários minutos necessários para a completa adaptação pelas substâncias fotossensíveis.

Valor da adaptação ao claro e ao escuro no processo visual. Entre os limites de adaptação máxima ao escuro e à luz, o olho pode modificar sua sensibilidade à luz por até 500.000 a 1.000.000 de vezes, ajustando automaticamente sua sensibilidade às alterações de iluminação.

Como o registro das imagens pela retina exige a detecção dos pontos claros e escuros na imagem, é essencial que a sensibilidade da retina seja sempre ajustada de forma que os receptores respondam às áreas mais claras, mas não às áreas mais escuras. Um exemplo de ajuste inadequado da retina ocorre quando a pessoa sai da sala de cinema diretamente para a luz solar, situação em que mesmo os pontos escuros das imagens parecem extremamente claros, e, conseqüentemente, toda a imagem visual se torna esbranquiçada, com pouco contraste entre suas diferentes partes. Obviamente, a visibilidade é ruim, e permanecerá assim até que a retina tenha se adaptado o suficiente para que as áreas mais escuras da imagem não mais estimulem excessivamente os receptores.

Inversamente, quando a pessoa entra em ambiente escuro, a sensibilidade da retina é em geral tão pequena, que mesmo os pontos claros na imagem não excitam a retina. Entretanto, após adaptação ao escuro, os pontos claros começam a ser registrados. Como exemplo dos extremos de adaptação ao claro e ao escuro, a intensidade da luz do sol é aproximadamente 10 bilhões de vezes maior que a das estrelas; porém, o olho pode funcionar tanto sob luz solar como sob a luz das estrelas.

■ VISÃO CROMÁTICA

Nas seções anteriores, foi mostrado que os diferentes tipos de cones são sensíveis a diferentes cores de luz. Esta seção discute os mecanismos pelos quais a retina detecta as diferentes gradações da cor no espectro visual.

O MECANISMO TRICROMÁTICO PARA A DETECÇÃO DAS CORES

Todas as teorias da visão de cores se baseiam na observação bem conhecida de que o olho humano pode detectar quase todas as gradações de cores, quando luzes monocromáticas vermelha, verde e azul são apropriadamente misturadas, em diferentes combinações.

Sensibilidades espectrais dos três tipos de cones. Com base nos testes de visão cromática, foi comprovado que as sensibilidades espectrais dos três tipos diferentes de cones, nos seres humanos, são essencialmente as mesmas obtidas para as curvas de absorção dos três tipos de pigmento encontrados nos cones respectivos. Eles foram apresentados na Fig. 12.7 e são também mostrados na Fig. 12.9. Essas curvas podem explicar a maioria (mas não todos) dos fenômenos da visão cromática.

Interpretação da cor no sistema nervoso. Consultando a Fig. 12.9, pode-se ver que uma luz monocromática laranja, com comprimento de onda de 580 nm, estimula os cones vermelhos, para

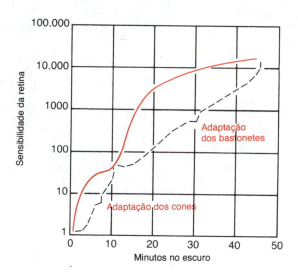

Fig. 12.8 Adaptação ao escuro, mostrando a relação entre a adaptação dos cones e a dos bastonetes.

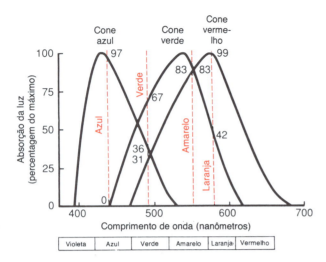

Fig. 12.9 Demonstração do grau de estimulação dos diferentes cones sensíveis a cores, pelas luzes monocromáticas de quatro cores separadas: azul, verde, amarelo e laranja.

Obviamente, a constância da coloração favorece a sobrevida, em função da alimentação do animal, quando ele deve distinguir o alimento nutritivo de plantas venenosas, tanto sob a luz solar brilhante como ao nascer do sol, sob luz rósea.

um valor de estímulo de, aproximadamente, 99 (99% do pico de estimulação, para o comprimento de onda ótimo), enquanto estimula os cones verdes até um valor de cerca de 42, e não estimula os cones azuis. Assim, as proporções de estimulação dos três tipos diferentes de cones, nesse caso, são 99:42:0. O sistema nervoso interpreta esse grupo de proporções como sensação da cor laranja. Por outro lado, uma luz azul monocromática, com comprimento de onda de 450 nm, estimula os cones vermelhos até um valor de estímulo de 0, os cones verdes até um valor de 0, e os cones azuis até um valor de 97. Esse grupo de proporções — 0:0:97 — é interpretado pelo sistema nervoso como azul. Da mesma forma, as proporções de 83:83:0 são interpretadas como amarelo, e 31:67:36 como verde.

Percepção da luz branca. A estimulação aproximadamente igual de todos os cones vermelhos, verdes e azuis confere a sensação da cor branca. Porém, não há comprimento de onda correspondente ao branco; em vez disso, o branco é uma combinação de todos os comprimentos de onda do espectro. Além disso, a sensação de branco pode ser produzida por estimulação da retina com uma combinação apropriada de apenas três cores escolhidas, que estimulam os tipos respectivos de cones de forma aproximadamente igual.

Incapacidade das alterações da cor da luz de iluminação de modificar as cores percebidas em uma cena visual — o fenômeno da constância das cores. Quando Edwin Land estava desenvolvendo a câmara Polaroid a cores, ele observou que, modificando a cor da luz que iluminava uma cena, alterava a coloração da fotografia feita pela câmara, mas não alterava significativamente a coloração do cenário da forma observada pelo olho humano sob as mesmas condições de alteração da iluminação. Esse fenômeno é denominado *constância da cor;* até o momento não foi completamente explicado. Supõe-se que ocorra o seguinte:

Primeiro, o cérebro computa, a partir de todas as cores do cenário, a tonalidade geral da cor da visão total. Essa computação é favorecida quando algumas áreas da cena são percebidas como brancas. Utilizando essa informação da matiz da cor geral, o cérebro se ajusta, matematicamente, para a cor modificada da luz de iluminação, embora o mecanismo neural exato para isso não tenha sido explicado. Dispersos pelo córtex visual primário existem grupos irregulares de células formando colunas, conhecidas como "bolhas" [*blobs*], que demonstram constância de cor quando o comprimento de onda da luz de iluminação é modificado. Portanto, acredita-se que em algum lugar na adjacência dessas bolhas fica localizado o mecanismo computacional que permite esse fenômeno de constância da coloração.

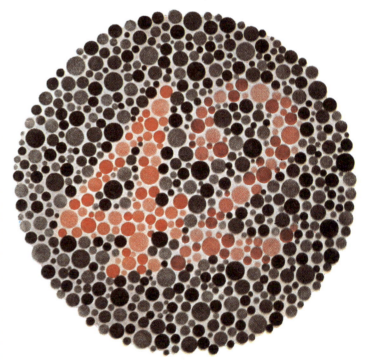

Fig. 12.10 Duas pranchas Ishihara. *Acima:* Nesta prancha, a pessoa normal lê "74", enquanto a pessoa cega para as cores vermelha-verde lê "21". *Abaixo:* Nesta prancha, a pessoa cega para o vermelho (protanópico) lê "2", enquanto a pessoa cega para o verde (deuteranópico) lê "4". A pessoa normal lê "42". (Retirado de Ishihara: Tests for Colour-Blindness. 6. ed. Tokyo, Kanehara and Co.)

CEGUEIRA PARA CORES

Cegueira para as cores vermelha-verde. Na ausência de um só grupo de cones receptores para cor no olho, a pessoa é incapaz de distinguir algumas cores das outras. Por exemplo, pode-se ver, na Fig. 12.9, que as cores verde, amarela, laranja e vermelha, que são as cores entre os comprimentos de onda de 525 e 675 nm, são, normalmente, distinguidas uma das outras totalmente pelos cones vermelho e verde. Se um desses dois cones está ausente, não mais se pode usar esse mecanismo para distinguir estas quatro cores; a pessoa é especialmente incapaz de distinguir o vermelho do verde e, portanto, diz-se que apresenta *cegueira para as cores vermelha-verde*.

A pessoa com perda de cones vermelhos é denominada *protanópica*, seu espectro visual global é significativamente encurtado na faixa dos maiores comprimentos de onda, devido à ausência dos cones vermelhos. A pessoa cega para cores que não tem os cones verdes é denominada *deuteranópica*, essa pessoa tem espectro visual, com faixa perfeitamente normal, porque os cones verdes ausentes operam no meio do espectro.

A cegueira para as cores vermelha-verde é uma doença genética de homens, transmitida pelas mulheres. Isto é, o código genético para os cones respectivos está localizado nos genes do cromossoma X feminino. Porém, a cegueira para cores quase nunca ocorre na mulher, porque, no mínimo, um de seus dois cromossomos X apresentará quase sempre genes normais para todos os cones. Mas o homem só possui um cromossoma X, de forma que a ausência de um gene causará a cegueira para cores.

Como o cromossoma X, no homem, sempre é herdado da mãe, nunca do pai, a cegueira para cores é transmitida da mãe para o filho, e diz-se que a mãe é portadora de *cegueira para cores;* isso ocorre em aproximadamente 8% de todas as mulheres.

Deficiência para o azul. Raramente ocorre ausência dos cones azuis, embora, algumas vezes, existam em menor quantidade. Essa situação também é herdada geneticamente, originando o fenômeno denominado deficiência para o azul.

Pranchas para os testes de cores. Um método rápido para determinar a cegueira para cores baseia-se no uso de pranchas, como as da Fig. 12.10. Essas pranchas são dispostas com uma confusão de pontos, de várias cores diferentes. Na prancha superior, a pessoa normal lê "74", enquanto a pessoa com cegueira para as cores vermelha-verde lê "21". Na prancha inferior, a pessoa normal lê "42", enquanto o "protanópico", cego para o vermelho, lê "2", e o "deuteranópico", cego para o verde, lê "4".

Se formos estudar essas pranchas enquanto, ao mesmo tempo, observamos as curvas de sensibilidade espectral dos diferentes cones na Fig. 12.9, podemos facilmente compreender por que é dada ênfase excessiva aos pontos de determinada cor pelas pessoas cegas para cores, quando comparadas a pessoas normais.

■ A FUNÇÃO NEURAL DA RETINA

CIRCUITO NEURAL DA RETINA

A primeira figura deste capítulo, Fig. 12.1, mostrou a enorme complexidade da organização neural na retina. Para simplificar isso, a Fig. 12.11 apresenta as conexões neurais essenciais básicas da retina. Os diferentes tipos de células neuronais são:

1. Os próprios fotorreceptores: os *bastonetes* e *cones*.

2. As *células horizontais,* que transmitem os sinais horizontalmente na camada plexiforme externa dos bastonetes e cones para os dendritos das células bipolares.

3. As *células bipolares,* que transmitem os sinais dos bastonetes, cones e células horizontais para a camada plexiforme interna, onde fazem sinapse com células amácrinas ou com células ganglionares.

4. As *células amácrinas,* que transmitem sinais em duas direções, diretamente das células bipolares para as células ganglionares ou horizontalmente na camada plexiforme interna entre os axônios das células bipolares, os dendritos das células ganglionares, e/ou outras células amácrinas.

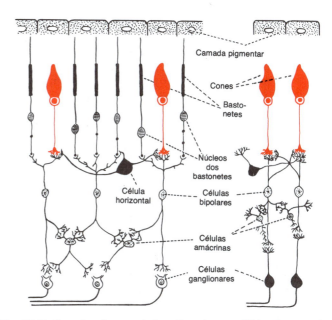

Fig. 12.11 Organização neural da retina: área periférica à esquerda, área foveal à direita.

5. As *células ganglionares,* que transmitem sinais eferentes da retina para o cérebro pelo nervo óptico.

Um sexto tipo de célula neuronal na retina é a célula *interplexiforme*. Essa célula transmite sinais na direção retrógrada, da camada plexiforme interna para a camada plexiforme externa. Esses sinais são todos inibitórios, e acredita-se que controlem a dispersão lateral dos sinais visuais pelas células horizontais na camada plexiforme externa. Seu papel seria o de controlar o grau de contraste da imagem visual.

As vias visuais diretas provenientes dos receptores para as células ganglionares. Como acontece com vários de nossos sistemas sensoriais, a retina tem um tipo muito antigo de visão, baseada na visão dos bastonetes, e um tipo novo de visão, baseado na visão dos cones. Os neurônios e as fibras nervosas que conduzem os sinais visuais para a visão pelos cones são consideravelmente maiores que os para visão por bastonetes, e os sinais são conduzidos para o cérebro, com velocidade duas a cinco vezes maior. Os circuitos dos dois sistemas são ligeiramente diferentes, como discutido a seguir:

Na extremidade direita da Fig. 12.11 é apresentada a via visual da região foveal da retina, representando o sistema novo, rápido. Ele contém três neurônios na via direta: (1) cones, (2) células bipolares, e (3) células ganglionares. Além disso, as células horizontais transmitem sinais inibitórios, lateralmente, na camada plexiforme externa, e as células amácrinas transmitem sinais, também para os lados, na camada plexiforme interna.

À esquerda, na Fig. 12.11, são representadas as conexões neurais para a retina periférica, onde existem bastonetes e cones. São mostradas três células bipolares; a célula do meio só faz conexões com bastonetes, representando o sistema visual mais antigo. Nesse caso, a saída da célula bipolar só passa para as células amácrinas, e estas, por sua vez, liberam os sinais para as células ganglionares. Assim, para a visão pura dos bastonetes, existem quatro neurônios na via visual direta: (1) bastonetes, (2) células bipolares, (3) células amácrinas, e (4) células ganglionares. Ainda mais, as células horizontais e amácrinas são as responsáveis pelas conexões laterais.

As outras duas células bipolares, mostradas no circuito retiniano periférico da Fig. 12.11, conectam-se com bastonetes e com cones; as saídas dessas células bipolares passam diretamente para as células ganglionares e, também, pelas células amácrinas.

Neurotransmissores liberados pelos neurônios da retina. Os neurotransmissores empregados para a transmissão sináptica na retina ainda não foram definidos de forma definitiva. Entretanto, acredita-se que tanto os bastonetes quanto os cones liberam *glutamato,* um transmissor excitatório, em suas sinapses com as células bipolares e horizontais. Estudos histológicos e farmacológicos mostraram que existem muitos tipos diferentes de células amácrinas que secretam, no mínimo, cinco tipos diferentes de substâncias transmissoras: *ácido gama-aminobutírico (GABA), glicina, dopamina, acetilcolina* e *indolamina,* todos eles funcionando normalmente como transmissores inibitórios. Os transmissores das células bipolares, horizontais e interplexiformes ainda são desconhecidos.

A transmissão da maioria dos sinais ocorre na retina por **condução eletrotônica, e não por potenciais de ação.** Os únicos neurônios retinianos que sempre transmitem sinais visuais, por meio de potenciais de ação, são as células ganglionares, que os enviam em direção ao cérebro. Ocasionalmente, porém, também foram registrados potenciais de ação nas células amácrinas, embora a importância desses potenciais de ação seja questionável. De outra forma, todos os neurônios retinianos conduzem seus sinais visuais por *condução eletrotônica,* que pode ser explicada da seguinte forma:

A condução eletrotônica significa fluxo direto de corrente elétrica, e não potenciais de ação, no citoplasma neuronal, desde o ponto de excitação até as sinapses de saída. Na verdade, mesmo nos bastonetes e cones, a condução a partir de seus segmentos externos, onde os sinais visuais são gerados, até os corpos sinápticos se faz por condução eletrotônica. Isto é, quando ocorre hiperpolarização, em resposta à luz no segmento externo, grau aproximadamente igual de hiperpolarização é conduzido por fluxo direto de corrente elétrica para o corpo sináptico, e não ocorre potencial de ação. Então, quando o transmisor de um bastonete ou cone estimula a célula bipolar ou a célula horizontal, novamente o sinal é transmitido, da entrada para a saída, por fluxo direto de corrente elétrica, e não por potenciais de ação. A condução eletrotônica também é o meio de transmissão do sinal da maioria (se não de todas) dos diferentes tipos das células amácrinas.

A importância da condução eletrotônica é que permite a *condução graduada* da força do sinal. Assim, para os bastonetes e cones, o sinal hiperpolarizante de saída está diretamente relacionado à intensidade da iluminação; o sinal não é do tipo tudo-ou-nada, como seria o caso da condução por potencial de ação.

INIBIÇÃO LATERAL PARA MELHORAR O CONTRASTE VISUAL — FUNÇÃO DAS CÉLULAS HORIZONTAIS

As células horizontais, mostradas na Fig. 12.11, conectam-se lateralmente entre os corpos sinápticos dos bastonetes e dos cones e, também, com os dendritos das células bipolares. As saídas das células horizontais são sempre inibitórias. Portanto, essa conexão lateral resulta no mesmo fenômeno de inibição lateral que é importante em todos os outros sistemas sensoriais, isto é, permitindo a transmissão fiel de padrões visuais para o sistema nervoso central. Esse fenômeno é representado na Fig. 12.12, que mostra um ponto muito pequeno de luz focalizado sobre a retina. A via visual da área mais central onde a luz incide é excitada, enquanto a área lateral, denominada "ânulo", é inibida. Em outras palavras, em lugar dos sinais excitatórios que se propagam pela retina, devido às arborizações dendríticas e axônicas difusas, nas camadas plexiformes, a transmissão, por meio das células horizontais, interrompe isso pela produção de inibição lateral na área adjacente. Este é um mecanismo essencial, que permite elevada precisão visual na transmissão das bordas

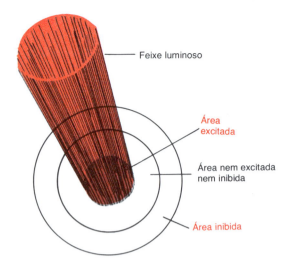

Fig. 12.12 Excitação e inibição de uma área retiniana causada por pequeno feixe luminoso.

de contraste da imagem visual. É provável que algumas das células amácrinas promovam inibição lateral adicional e, também, melhora do contraste visual na camada plexiforme interna da retina.

EXCITAÇÃO DE ALGUMAS CÉLULAS BIPOLARES E INIBIÇÃO DE OUTRAS — A DESPOLARIZAÇÃO E A HIPERPOLARIZAÇÃO DAS CÉLULAS BIPOLARES

Dois tipos diferentes de células bipolares geram sinais excitatórios e inibitórios na via visual, a *célula bipolar despolarizante* e a *célula bipolar hiperpolarizante.* Isto é, algumas células bipolares se despolarizam quando os bastonetes e cones são excitados, e outras se hiperpolarizam.

Há duas explicações possíveis para essa diferença na resposta dos dois diferentes tipos de células bipolares. Uma explicação é que as duas células bipolares são de tipos totalmente distintas, uma respondendo ao neurotransmissor glutamato, liberado pelos bastonetes e cones, com despolarização, e a outra respondendo com hiperpolarização. A outra possibilidade é que uma das células bipolares receba excitação direta dos bastonetes e cones, enquanto a outra recebe seu sinal indiretamente por meio de célula horizontal. Como a célula horizontal é uma célula inibitória, isso reverteria a polaridade da resposta elétrica.

Independentemente do mecanismo para os dois tipos diferentes de respostas bipolares, a importância desse fenômeno é o de permitir que metade das células bipolares transmita sinais positivos e a outra metade, sinais negativos. Veremos adiante que tanto os sinais positivos quanto os negativos são usados na transmissão da informação visual para o cérebro.

Outra importância dessa relação recíproca entre as células bipolares despolarizantes e hiperpolarizantes é que proporciona um segundo mecanismo para a inibição lateral, além do mecanismo de célula horizontal. Como as células bipolares despolarizantes e hiperpolarizantes ficam umas ao lado das outras, isso resulta num mecanismo extremamente agudo para separar as bordas de contraste da imagem visual, mesmo quando a borda se localiza exatamente entre dois fotorreceptores adjacentes.

AS CÉLULAS AMÁCRINAS E SUAS FUNÇÕES

Aproximadamente 30 tipos diferentes de células amácrinas foram identificadas por meios morfológicos ou histoquímicos. Só foram caracterizadas as funções de cerca de meia dúzia de tipos diferentes de células amácrinas, e todas elas são diferentes entre si. É provável que outras células amácrinas possam ter várias outras funções, ainda a serem determinadas.

Um tipo de célula amácrina é parte da via direta para a visão dos bastonetes — isto é, dos bastonetes para as células bipolares, daí, para as células amácrinas, e, depois, para as células ganglionares.

Outro tipo de célula amácrina responde, com muita intensidade, no início do sinal visual, mas a resposta desaparece rapidamente. Outras células amácrinas respondem com muita intensidade quando o sinal desaparece, mas essa resposta também desaparece em pouquíssimo tempo. Por fim, ainda outras células amácrinas respondem tanto quando uma luz se acende como quando se apaga, indicando, simplesmente, alteração da iluminação, sem levar em conta sua direção.

Outro tipo de célula amácrina responde ao movimento de um ponto, ao longo da retina, em direção específica; portanto, essas células amácrinas são denominadas células com *sensibilidade direcional*.

Em certo centro as células amácrinas são tipos de interneurônios que ajudam na análise inicial dos sinais visuais, antes que deixem a retina.

AS CÉLULAS GANGLIONARES

Conectividade das células ganglionares com os cones na fóvea e com os cones e bastonetes na retina periférica. Cada retina contém aproximadamente 100.000.000 de bastonetes e 3.000.000 de cones; porém, o número de células ganglionares é de apenas cerca de 1.600.000. Assim, uma média de 60 bastonetes e 2 cones convergem para cada fibra do nervo óptico.

Entretanto, existem grandes diferenças entre a retina periférica e a retina central. À medida que a fóvea se aproxima há número menor de bastonetes e cones convergindo para cada fibra óptica, e os bastonetes e cones são mais delgados. Esses dois efeitos aumentam, progressivamente, a acuidade visual em direção à retina central. E, em seu centro exato, na própria *fóvea*, só existem cones com diâmetro pequeno, cerca de 35.000, e não há bastonetes. Também, o número de fibras do nervo óptico que saem dessa parte da retina é quase igual ao número de cones, como mostrado à direita na Fig. 12.11. Isso explica, em grande parte, o elevado grau de acuidade visual na retina central, em comparação com acuidade muito menor na periferia.

Outra diferença entre as porções periférica e central da retina é a sensibilidade muito maior da retina periférica à luz fraca. Isso resulta, em parte, do fato de que os bastonetes são cerca de 300 vezes mais sensíveis à luz que os cones, mas isso ainda é mais aumentado pelo fato de que até 200 bastonetes convergem para a mesma fibra do nervo óptico, nas regiões mais periféricas da retina, de forma que os sinais dos bastonetes se somam para produzir estimulação ainda mais intensa das células ganglionares periféricas.

Três tipos diferentes de células ganglionares retinianas e seus campos respectivos

Existem três grupos distintos de células ganglionares, designadas células W, X e Y. Cada um deles desempenha uma função diferente:

Transmissão da visão dos bastonetes pelas células W. As células W, que constituem aproximadamente 40% de todas as células ganglionares, são pequenas, com diâmetro menor que 10 μm e transmitindo sinais em suas fibras, no nervo óptico, com velocidade de apenas 8 m/s. Essas células ganglionares recebem a maior parte de sua excitação dos bastonetes, transmitida por meio de células bipolares pequenas e células amácrinas. Têm campos muito amplos na retina, porque seus dendritos se espalham difusamente na camada plexiforme interna, recebendo sinais de áreas bem extensas.

Com base na histologia, assim como em experiências fisiológicas, parece que as células W são particularmente sensíveis para a detecção de movimento direcional em qualquer ponto no campo de visão, e talvez também sejam importantes para grande parte de nossa visão por bastonetes no escuro.

Transmissão da imagem visual e das cores pelas células X. As células ganglionares mais numerosas são as células X, representando 55% do total. Têm diâmetro médio, entre 10 e 15 μm, e transmitem sinais em suas fibras, no nervo óptico, a aproximadamente 14 m/s.

As células X têm campos muito pequenos, porque seus dendritos não se espalham muito na retina. Por causa disso, os sinais representam localizações discretas na retina. Portanto, a imagem visual é transmitida, em sua maior parte, por meio das células X. Também, como cada célula X recebe impulsos de, no mínimo, um cone, a transmissão da célula X também é provavelmente responsável por toda a visão colorida.

Função das células Y na transmissão das modificações instantâneas da imagem visual. As células Y são as maiores de todas, com até 35 μm de diâmetro, e enviam seus sinais para o cérebro com velocidade acima de 50 m/s. Entretanto, formam o menor grupo de células ganglionares, representando apenas 5% do total. Apresentam ampla arborização dendrítica, recebendo sinais de extensas áreas retinianas.

As células ganglionares Y respondem, como várias células amácrinas, a alterações rápidas da imagem visual, seja o movimento rápido ou a rápida alteração da intensidade luminosa, enviando descargas de sinais durante apenas fração de segundo, após o que os sinais desaparecem. Portanto, essas células ganglionares indubitavelmente alertam o sistema nervoso central de forma quase instantânea, quando ocorre evento visual anormal em qualquer ponto do campo visual, mas sem especificar com grande precisão a localização do evento, além de fornecer dados apropriados para a movimentação dos olhos em direção ao ponto de excitação.

Excitação das células ganglionares

Potenciais de ação espontâneos, contínuos, nas células ganglionares. É das células ganglionares que as longas fibras do nervo óptico se originam para chegar ao cérebro. Devido à distância envolvida, o método de condução eletrotônico não é mais apropriado; e, graças a isso, as células ganglionares transmitem seus sinais por meio de potenciais de ação. Além disso, mesmo quando não estimuladas, ainda transmitem impulsos contínuos, com freqüências que variam entre 5 e 40 por segundo. Em geral, as fibras nervosas mais grossas disparam com freqüência mais elevada. Os sinais visuais, por sua vez, são superpostos a essa freqüência básica de descarga da célula ganglionar.

Transmissão das modificações da intensidade luminosa — a resposta *on-off*. Várias células ganglionares são especialmente excitadas por *modificações* da intensidade luminosa. Isso é representado nos registros de impulsos nervosos da Fig. 12.13, mostrando, na parte superior, a excitação, por fração de segundo, quando a luz foi acesa; a seguir, em outra fração de segundo, o nível de excitação diminui. O traçado inferior é o registro de uma célula ganglionar localizada na área escura lateral ao ponto de luz; essa célula foi significativamente inibida quando a luz foi acesa, devido à inibição lateral. Então, quando a luz foi apagada, ocorreram efeitos exatamente inversos. Assim, esses

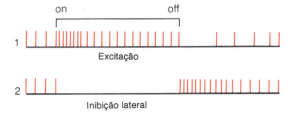

Fig. 12.13 Respostas das células ganglionares à luz em (1) área excitada por ponto de luz, e (2) área imediatamente adjacente ao ponto excitado; as células ganglionares nesta área são inibidas pelo mecanismo de inibição lateral. (Modificado de Granit: *Receptors and Sensory Perception:* A Discussion of Aims, Means, and Results of Electrophysiological Research into the Process of Reception. New Haven, Conn., Yale University Press, 1955.)

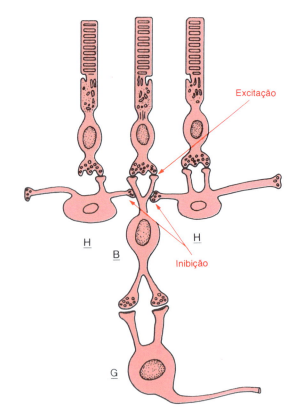

Fig. 12.14 Disposição típica de bastonetes, células horizontais (H), uma célula bipolar (B), e uma célula ganglionar (G) na retina, mostrando a excitação nas sinapses entre os bastonetes e as células horizontais, mas inibição entre as células horizontais e as células bipolares.

registros são denominados respostas *on-off* e *off-on*. As direções opostas dessas respostas à luz são causadas, respectivamente, pelas células bipolares despolarizantes e hiperpolarizantes, e a natureza transitória das respostas provavelmente foi gerada pelas células amácrinas, várias das quais também apresentam respostas transitórias próprias semelhantes.

Essa capacidade dos olhos de detectar modificações da intensidade luminosa é igualmente desenvolvida na retina periférica e na retina central. Por exemplo, um pequeno mosquito é imediatamente detectado quando voa através do campo visual periférico. Por outro lado, esse mesmo mosquito parado permanece totalmente abaixo do limiar de detecção visual.

Transmissão dos sinais que indicam contrastes na cena visual — o papel da inibição lateral

A maioria das células ganglionares não responde ao verdadeiro nível de iluminação da cena; em vez disso responde, em grande parte, às bordas de contraste nessa cena. Como parece que esse é o mecanismo principal pelo qual a forma da cena é transmitida para o cérebro, vamos explicar como ocorre esse processo.

Quando se aplica luz homogênea sobre toda a retina — isto é, quando todos os fotorreceptores são igualmente estimulados pela luz incidente —, o tipo de célula ganglionar que responde ao contraste não é estimulado nem inibido. A razão disso é que os sinais transmitidos *diretamente* dos fotorreceptores por meio das células bipolares despolarizantes são excitatórios, enquanto os sinais transmitidos *lateralmente* pelas células horizontais e células bipolares hiperpolarizantes são inibitórios. Assim, o sinal excitatório direto por uma via tende a ser completamente neutralizado pelos sinais inibitórios pelas vias laterais. Um circuito para isso é apresentado na Fig. 12.14, que mostra três fotorreceptores; o receptor central excita uma célula bipolar despolarizante. Entretanto, os dois receptores, a cada lado, são conectados à mesma célula bipolar por meio de células horizontais inibitórias que neutralizam o sinal excitatório direto caso esses receptores também sejam estimulados pela luz.

Agora, vamos examinar o que acontece quando existe uma borda de contraste na cena visual. Voltando à Fig. 12.14, suponhamos que o fotorreceptor central é estimulado por um ponto luminoso brilhante, enquanto um dos dois receptores laterais fica no escuro. O ponto luminoso brilhante excitará a via direta pela célula bipolar. Então, também, o fato de um dos fotorreceptores laterais estar no escuro causa inibição de uma das células horizontais. Essa célula, por sua vez, perde seu efeito de inibição sobre a célula bipolar, e isso permite excitação ainda maior da célula bipolar. Assim, quando a luz está em toda parte, os sinais excitatório e inibitório para as células bipolares se neutralizam um ao outro, mas, quando há contrastes, os sinais pelas vias direta e lateral acentuam um ao outro.

Assim, o mecanismo de inibição lateral funciona no olho da mesma forma que na maioria dos outros sistemas sensoriais — isto é, para promover detecção e acentuação do contraste.

Transmissão de sinais coloridos pelas células ganglionares

Uma mesma célula ganglionar pode ser estimulada por vários cones ou por apenas alguns. Quando os três tipos de cones — vermelho, azul e verde — estimulam a mesma célula ganglionar, o sinal transmitido por essa célula ganglionar é igual para qualquer cor do espectro. Portanto, esse sinal não tem papel na detecção das diferentes cores. Em vez disso, é um sinal "branco".

Por outro lado, algumas das células ganglionares são excitadas por cones sensíveis a determinada cor, mas inibidas por outro tipo de cone. Por exemplo, isso ocorre freqüentemente para os cones vermelhos e verdes, o vermelho causando excitação e o verde causando inibição — ou vice-versa, com o verde causando excitação e vermelho, inibição. O mesmo tipo de efeito recíproco também ocorre entre cones azuis, de um lado, e uma associação de cones vermelhos e verdes, do outro, promovendo relação recíproca de excitação e inibição entre as cores azul e amarela.

O mecanismo desse efeito de oposição de cores é o seguinte: um cone sensível a determinada cor excita a célula ganglionar pela via excitatória direta, por meio de uma célula bipolar despolarizante, enquanto o outro tipo de cor inibe a célula ganglionar, pela via inibitória indireta, por uma célula horizontal ou uma célula bipolar hiperpolarizante.

A importância desses mecanismos de contraste de cores é que representam um mecanismo pelo qual a própria retina começa a diferenciar as cores. Assim, cada tipo de célula ganglionar sensível a contraste de cores é excitado por uma cor, mas é inibido pela "cor oponente". Portanto, o processo de análise de cor começa na retina e não é totalmente uma função do cérebro.

REFERÊNCIAS

Allansmith, M. R.: The Eye and Immunology. St. Louis, C. V. Mosby Co., 1983.

Benson, W. E., et al.: Diabetes and Its Ocular Complications. Philadelphia, W. B. Saunders Co., 1988.

Cunha-Vaz, J. G. (ed.): The Blood-Retinal Barriers. New York, Plenum Press, 1980.

Dacey, D. M.: Dopamine-accumulating retinal neurons revealed by in vitro fluorescence display a unique morphology. Science, 240:1196, 1988.

Daw, N. W., et al.: The function of synaptic transmitters in the retina. Annu. Rev. Neurosci., 12:205, 1989.

DeValois, R. L., and Jacobs, G. H.: Neural mechanisms of color vision. In Darian-Smith, I. (ed.): Handbook of Physiology. Sec. 1, Vol. III. Bethesda, Md., American Physiological Society, 1984, p. 525.

Dowling, J. E., and Dubin, M. W.: The vertebrate retina. In Darian-Smith, I. (ed.): Handbook of Physiology. Sec. 1, Vol. III. Bethesda, Md., American Physiological Society, 1984, p. 317.

Fine, B. S., and Yanoff, M.: Ocular Histology: A Text and Atlas. Hagerstown, Md., Harper & Row, 1979.

Finlay, B. L., and Sengelaub, D. R. (eds.): Development of the Vertebrate Retina. New York, Plenum Publishing Corp., 1989.

Gurney, A. M., and Lester, H. A.: Light-flash physiology with synthetic photosensitive compounds. Physiol. Rev., 67:583, 1987.

Hillman, P., et al.: Transduction in invertebrate photoreceptors: Role of pigment bistability. Physiol. Rev., 63:668, 1983.

Huismans, H., et al.: The Photographed Fundus. Baltimore, Williams & Wilkins, 1988.

Hurley, J. G.: Molecular properties of the cGMP cascade of vertebrate photoreceptors. Annu. Rev. Physiol., 49:793, 1987.

Kaneko, A.: Physiology of the retina. Annu. Rev. Neurosci., 2:169, 1979.

Kanski, J. J. (ed.): BIMR Ophthalmology. Vol. 1. Disorders of the Vitreous, Retina, and Choroid. Woburn, Mass., Butterworths, 1983.

Land, E. H.: The retinex theory of color vision. Sci. Am., 237(6):108, 1977.

Liebman, P. A., et al.: The molecular mechanism of visual excitation and its relation to the structure and composition of the rod outer segment. Annu. Rev. Physiol., 49:765, 1987.

MacNichol, E. F., Jr.: Three-pigment color vision. Sci. Am., 211:48, 1964.

Marks, W. B., et al.: Visual pigments of single primate cones. Science, 143:1181, 1964.

Michaelson, I. C.: Textbook of the Fundus of the Eye. New York, Churchill Livingstone, 1980.

Ming, A. L. S., and Constable, I. J.: Colour Atlas of Ophthalmology. Boston, Houghton Mifflin, 1979.

Montgomery, G.: Seeing With the Brain. Discover, December 1988, p. 52.

Newsome, D. A.: Retinal Dystrophies and Degenerations. New York, Raven Press, 1988.

Owen, W. G.: Ionic conductances in rod photoreceptors. Annu. Rev. Physiol., 49:743, 1987.

Pugh, E. N., Jr.: The nature and identity of the internal excitational transmitter of vertebrate phototransduction. Annu. Rev. Physiol., 49:715, 1987.

Rushton, W. A. H.: Visual pigments and color blindness. Sci. Am., 232(3):64, 1975.

Ryan, S. J., et al. (eds.): Retina. St. Louis, C. V. Mosby Co., 1989.

Saibil, H. R.: From photon to receptor potential: The biochemistry of vision. News Physiol. Sci., 1:122, 1986.

Schepens, C. L.: Retinal Detachment and Allied Diseases. Philadelphia, W. B. Saunders Co., 1983.

Sherman, S. M., and Spear, P. D.: Organization of visual pathways in normal and visually deprived cats. Physiol. Rev., 62:738, 1982.

Spaeth, G. L. (ed.): Ophthalmic Surgery: Principles and Practice, 2nd Ed. Philadelphia, W. B. Saunders Co., 1989.

Stillman, A. J.: Current concepts in photoreceptor physiology. Physiologist, 28:122, 1985.

Wolf, G.: Multiple functions of vitamin A. Physiol. Rev., 64:738, 1982.

Yannuzzi, L. A., et al. (eds.): The Macula: A Comprehensive Text and Atlas. Baltimore, Williams & Wilkins, 1978.

13

O Olho:
III. Neurofisiologia Central da Visão

■ AS VIAS VISUAIS

A Fig. 13.1 apresenta as principais vias visuais das duas retinas para o *córtex visual*. Após deixarem as retinas, os impulsos nervosos se dirigem para trás por meio dos *nervos ópticos*. No *quiasma óptico,* todas as fibras das metades nasais das retinas cruzam para o lado oposto, onde se unem às fibras das retinas temporais do lado oposto, para formar os *feixes ópticos*. As fibras de cada feixe óptico fazem sinapse no *núcleo geniculado lateral dorsal,* e, daí, as *fibras geniculocalcarinas* passam pela *radiação óptica,* ou *feixe geniculocalcarino,* para o *córtex visual primário,* na área calcarina do lobo occipital.

Além disso, as fibras visuais também passam para áreas pré-corticais, mais antigas, no cérebro: (1) dos feixes ópticos para o *núcleo supraquiasmático do hipotálamo,* provavelmente para o controle dos ritmos circadianos; (2) para os *núcleos pré-tectais,* para promover alguns movimentos reflexos dos olhos focalizados sobre objetos importantes e também para ativar o reflexo fotomotor pupilar; (3) para o *colículo superior,* para controle dos movimentos direcionais rápidos dos dois olhos; e (4) para o *núcleo geniculado lateral ventral* do tálamo e, daí, para as regiões basais adjacentes do encéfalo, provavelmente para ajudar a controlar algumas das funções comportamentais do corpo.

Assim, as vias visuais podem ser divididas, *grosso modo,* em um *sistema antigo,* para o mesencéfalo e base do prosencéfalo, e um *sistema novo,* para a transmissão direta para o córtex visual. O sistema novo é responsável, no homem, pela percepção de praticamente todos os aspectos da forma visual, cores e outras visões conscientes. Por outro lado, em vários animais inferiores, até mesmo a forma visual é detectada pelo sistema antigo, utilizando o colículo superior da mesma forma que o córtex visual é utilizado em mamíferos.

FUNÇÃO DO NÚCLEO GENICULADO LATERAL DORSAL

Todas as fibras do nervo óptico do sistema visual novo terminam no *núcleo geniculado lateral dorsal,* localizado na extremidade dorsal do tálamo e, freqüentemente, também denominado *corpo geniculado lateral*. O núcleo geniculado lateral dorsal tem duas funções principais: primeiro, serve como estação de retransmissão que liga a informação visual proveniente do feixe óptico para o *córtex visual* por meio do *feixe geniculocalcarino*. Essa função de conexão é muito precisa, de forma que ocorre transmissão exata, ponto por ponto, com alto grau de fidelidade espacial ao longo de toda via, desde a retina até o córtex visual.

Deve-se lembrar que metade das fibras de cada feixe óptico, após passar pelo quiasma óptico, é derivada de um olho e metade do outro olho, representando pontos correspondentes nas duas retinas. Entretanto, os sinais dos dois olhos são mantidos separados no núcleo geniculado lateral dorsal. Esse núcleo é composto por seis camadas nucleares. As camadas II, III e V (na direção

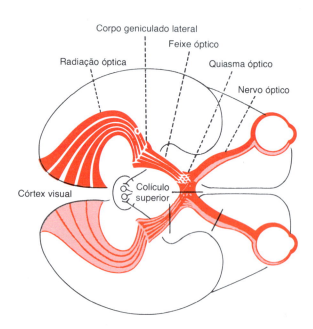

Fig. 13.1 As principais vias visuais dos olhos para o córtex visual. (Modificado de Polyak: *The Retina*. Copyright 1941 by The University of Chicago. Todos os direitos reservados.)

ventrodorsal) recebem sinais da metade temporal da retina ipsilateral, enquanto as camadas I, IV e VI recebem sinais da retina nasal do olho oposto. As áreas retinianas respectivas dos dois olhos se conectam com neurônios que ficam aproximadamente superpostos uns sobre os outros nas camadas pareadas, e essa transmissão paralela semelhante é preservada em todo o trajeto para o córtex visual.

A segunda função principal do núcleo geniculado lateral dorsal é funcionar como uma comporta para a transmissão de sinais para o córtex visual, isto é, controlar a quantidade de sinais que chegam ao córtex. O núcleo recebe sinais de controle provenientes de duas fontes principais, (1) *fibras corticofugas* que retornam do córtex visual primário para o núcleo geniculado lateral e (2) as áreas reticulares do mesencéfalo. Ambas são inibitórias e, quando estimuladas, podem, literalmente, "desligar" a transmissão em regiões selecionadas do núcleo geniculado lateral dorsal. Portanto, supõe-se que estes dois circuitos ajudem a controlar a informação visual que é permitida chegar ao córtex.

Finalmente, o núcleo geniculado lateral dorsal é dividido de outra forma: (1) as camadas I e II são denominadas *camadas magnocelulares* porque contêm neurônios muito grandes. Recebem seus impulsos usuais quase inteiramente das grandes células ganglionares retininianas tipo Y. Esse sistema magnocelular forma uma via de condução muito rápida para o córtex visual. Por outro lado, é um sistema "cego para cores", só transmitindo informações em preto e branco. Também, sua transmissão ponto por ponto é deficiente, pois não há muitas células ganglionares Y, e seus dendritos são intensamente arborizados na retina. (2) As camadas III a VI são denominadas *camadas parvocelulares*, porque contêm grande número de neurônios de tamanho pequeno a médio. Esses neurônios recebem seus impulsos quase totalmente das células ganglionares retinianas tipo X, que transmitem a cor e também informações espaciais ponto por ponto, mas apenas com velocidade de condução moderada, e não com alta velocidade.

■ ORGANIZAÇÃO E FUNÇÃO DO CÓRTEX VISUAL

As Figs. 13.2 e 13.3 mostram que o *córtex visual* está localizado primariamente nos lobos occipitais. Como as representações corticais dos outros sistemas sensoriais, o córtex visual é dividido em um *córtex visual primário* e em *áreas visuais secundárias*.

O córtex visual primário. O córtex visual primário (Fig. 13.3) localiza-se na *área da fissura calcarina* e estende-se para o *pólo occipital* sobre a face medial de cada córtex occipital. Esta área é o ponto final da maioria dos sinais visuais diretos dos olhos. Os sinais da área macular da retina terminam próximo ao pólo occipital, enquanto os sinais da porção mais periférica da retina terminam em círculos concêntricos anteriores ao pólo e ao longo da fissura calcarina. A porção superior da retina é representada na parte de cima e a porção inferior, na parte de baixo. Observe na figura a área particularmente grande que representa a mácula. É para esta região que a fóvea transmite seus sinais. A fóvea é responsável pelo maior grau de acuidade visual. Baseando-se na área retinal, a fóvea possui representação centenas de vezes maior no córtex visual que nas porções periféricas da retina.

O córtex visual primário é co-extensivo com a *área cortical 17 de Brodmann* (veja o diagrama das áreas de Brodmann na Fig. 9.5, no Cap. 9). Freqüentemente também é denominada *área visual I* ou simplesmente V-1. Outro nome do córtex visual primário é o *córtex estriado* porque esta área possui um aspecto macroscopicamente estriado.

As áreas visuais secundárias. As áreas visuais secundárias, também denominadas *áreas de associação visual*, localizam-se

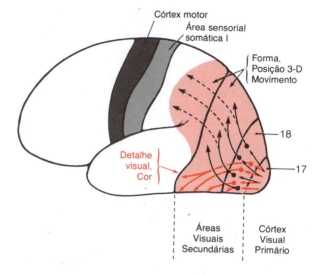

Fig. 13.2 Transmissão de sinais visuais do córtex visual primário para as áreas visuais secundárias. Observe que os sinais que representam a forma, posição tridimensional e movimento são transmitidos principalmente para cima, para as porções superiores do lobo occipital e o lobo parietal posterior. Ao contrário, os sinais para os detalhes visuais e cores são transmitidos principalmente para a porção ântero-ventral do lobo occipital e a porção ventral do lobo temporal posterior.

anteriores, superiores e inferiores ao córtex visual primário. Os sinais secundários são transmitidos para essas áreas para posterior análise do significado visual. Por exemplo, em todos os lados do córtex visual primário está localizada a *área 18 de Brodmann* (Fig. 13.2), que é a área de associação onde passam praticamente todos os sinais do córtex visual primário. Portanto, a área 18 de Brodmann é denominada *área visual II*, ou simplesmente V-2. As outras áreas visuais secundárias mais distantes possuem designações específicas V-3, V4, e assim por diante. Vários aspectos da imagem visual são progressivamente dissecados e analisados em áreas separadas.

A ESTRUTURA LAMELAR DO CÓRTEX VISUAL PRIMÁRIO

Como quase todas as outras porções do córtex cerebral, o córtex visual primário tem seis camadas distintas, conforme ilustrado

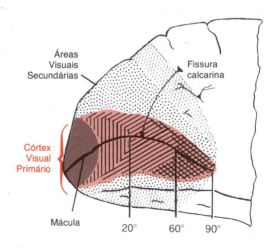

Fig. 13.3 O córtex visual.

na Fig. 13.4. Como os outros sistemas sensoriais, as fibras geniculocalcarinas terminam principalmente na camada IV. Mas esta camada também é organizada em subdivisões. Os sinais conduzidos rapidamente provenientes das células ganglionares retinais Y terminam na camada IVcα e, deste ponto, são enviados, no sentido vertical, tanto em direção à superfície cortical como em direção às camadas mais profundas.

Os sinais visuais das fibras do nervo óptico de tamanho médio, derivadas das células ganglionares X na retina, também terminam na camada IV, mas em pontos diferentes dos sinais Y, nas camadas IVa e IVcβ, as porções, respectivamente, mais superficiais e mais profundas da camada IV. Daí, esses sinais também são transmitidos verticalmente tanto em direção à superfície do córtex quanto para as camadas mais profundas. São essas vias das células ganglionares tipo X que transmitem os sinais visuais ponto por ponto muito precisos e também a visão a cores.

As colunas neuronais verticais no córtex visual. O córtex visual é organizado estruturalmente em vários milhões de colunas verticais de células neuronais, cada coluna possuindo um diâmetro de 30 a 50 μm. Esta mesma organização colunar vertical é encontrada em todo o córtex cerebral. Cada coluna representa uma unidade funcional. Pode-se calcular, a partir de dados aproximados, que o número de neurônios em cada coluna vertical visual é de cerca de 1.000.

Após os sinais ópticos chegarem à camada IV, são processados à medida que são enviados ao longo da unidade colunar vertical, tanto em direção à superfície como em direção às regiões mais profundas. Acredita-se que este processamento seja responsável pela decifração dos segmentos da informação visual em estações sucessivas ao longo da via visual. Os sinais que saem para as camadas I, II e III finalmente transmitem ordens superiores de sinais, por curtas distâncias, lateralmente no córtex. Por outro lado, os sinais enviados para as camadas V e VI excitam neurônios que transmitem sinais para distâncias muito maiores.

As "bolhas de cores" no córtex visual. Entre as colunas visuais primárias encontram-se dispersas áreas colunares especiais denominadas *bolhas de cores*. Estas recebem sinais laterais das colunas visuais adjacentes e respondem especificamente a sinais de cores. Portanto, supõe-se que essas bolhas sejam as áreas de decifração primária das cores. Também, em determinadas áreas visuais secundárias, são encontradas bolhas de cores, que provavelmente desempenham funções de nível mais elevado na decifração de cores.

Interação de sinais visuais provenientes dos dois olhos. Lembre-se de que os sinais visuais dos dois olhos são enviados através de camadas neuronais separadas para o núcleo geniculado lateral. E esses sinais ainda permanecem separados quando chegam à camada IV do córtex visual primário. Na verdade, a camada IV é entrelaçada com fitas horizontais do tipo zebra das colunas neuronais, cada fita tem largura da ordem de 0,5 mm; os sinais de um olho entram em colunas intercaladas, alternando com os sinais provenientes do outro olho. Entretanto, à medida que os sinais se propagam verticalmente para as camadas mais superficiais ou mais profundas do córtex, esta separação é perdida devido à difusão lateral dos sinais visuais. Simultaneamente, o córtex decifra se as respectivas áreas das duas imagens visuais estão "em fase", isto é, se os pontos correspondentes às duas retinas se superpõem. Por sua vez, esta informação decifrada é utilizada para controlar os movimentos dos olhos de forma a permitir a fusão das imagens (colocar "em fase"). A informação também permite à pessoa distinguir a distância dos objetos pelo mecanismo de estereopsia.

AS DUAS VIAS PRINCIPAIS PARA A ANÁLISE DA INFORMAÇÃO VISUAL — A VIA RÁPIDA PARA "POSIÇÃO" E "MOVIMENTO"; A VIA PARA A VISÃO PRECISA DAS CORES

A Fig. 13.2 mostra que, após deixar o córtex visual, a informação visual é analisada em duas principais vias nas áreas visuais secundárias.

1. Análise da posição tridimensional, forma grosseira e movimento dos objetos. Uma das vias analíticas, ilustrada na Fig. 13.2 pelas setas negras largas, analisa as posições tridimensionais de objetos visuais nas coordenadas do espaço em torno do corpo. A partir desta informação, essa via também analisa a forma geral da cena visual, assim como o movimento na cena. Em outras palavras, essa via diz "onde" está cada objeto a cada instante e se está se movendo. Após deixar o córtex visual primário (área 17 de Brodmann), os sinais dessa via fazem sinapse na área visual 2 (área 18 de Brodmann), então seguem geralmente para a área mediotemporal posterior, e daí para cima até o córtex occipitoparietal. Na borda anterior desta última área, os sinais se sobrepõem com sinais das áreas de associação somáticas posteriores que analisam a forma e os aspectos tridimensionais dos sinais sensoriais somáticos. Os sinais transmitidos nessa via posição-forma-movimento são provenientes principalmente das grandes fibras Y do nervo óptico das células ganglionares Y da retina, transmitindo sinais rápidos, mas apenas sinais em preto e branco.

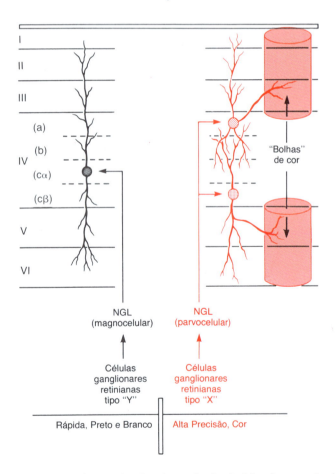

Fig. 13.4 As seis camadas do córtex visual primário. As conexões à esquerda transmitem, em alta velocidade, as alterações dos sinais visuais em preto e branco. As vias à direita transmitem sinais que representam detalhes muito precisos e, também, cor. Observe especialmente pequenas áreas do córtex visual denominadas "bolhas de cores" que são necessárias para detecção da cor.

2. Análise do detalhe visual e da cor. As setas vermelhas na Fig. 13.2 — que vão do córtex visual primário (área 17 de Brodmann) para a área visual 2 (área 18 de Brodmann) e daí para as regiões ventral e medial inferiores dos córtices occipital e temporal — ilustram a principal via para análise de detalhes visuais. Também, porções separadas dessa via estão especificamente ligadas ao processo de análise das cores. Portanto, essa via está relacionada a fatos visuais como o reconhecimento de letras, leitura, determinação da textura de superfícies, determinação detalhada das cores dos objetos, e decifração de todas essas informações do "que" é o objeto e seu significado.

■ PADRÕES NEURONAIS DE ESTIMULAÇÃO DURANTE A ANÁLISE DA IMAGEM VISUAL

Análise de contrastes na imagem visual. Se uma pessoa olha para uma parede branca, apenas alguns neurônios no córtex visual primário serão estimulados, não importando que a iluminação da parede seja intensa ou fraca. Portanto, deve ser feita a pergunta: O que é detectado pelo córtex visual? Para responder, vamos colocar sobre a parede uma grande cruz "sólida", como ilustrado à esquerda na Fig. 13.5. À direita é ilustrado o padrão espacial da grande maioria dos neurônios excitados no córtex visual. *Observe que as áreas de excitação máxima ocorrem ao longo das bordas nítidas do padrão visual.* Assim, o sinal visual no córtex visual primário está relacionado principalmente aos *contrastes* na cena visual, e não às áreas "lisas". Vimos no capítulo anterior que isto ocorre também na maioria das células ganglionares retinianas, porque os receptores retinianos adjacentes igualmente estimulados inibem-se mutuamente. Mas, em qualquer borda na cena visual onde há alteração do escuro para o claro ou do claro par o escuro, não ocorre inibição mútua e a intensidade da estimulação é proporcional ao *gradiente de contraste* — isto é, quanto maior a nitidez do contraste e maior a diferença de intensidade entre áreas claras e escuras, maior será o grau de estímulo.

Detecção da orientação de linhas e bordas — as células "simples". O córtex visual não detecta apenas a existência de linhas e bordas nas diferentes áreas da imagem retiniana, mas também detecta a orientação de cada linha da borda — isto é, se é vertical ou horizontal ou localiza-se em algum grau de inclinação. Acredita-se que isto resulte de organizações lineares de células que se inibem mutuamente, que excitam neurônios de segunda ordem quando a inibição mútua cai ao longo de toda uma linha de células, isto é, onde há uma borda de contraste. Assim, para esta orientação de uma linha, é estimulada uma célula neuronal específica. E uma linha orientada em uma direção diferente excita uma célula diferente. Essas células neuronais são denominadas *células simples*. São encontradas principalmente na camada IV do córtex visual primário.

Detecção da orientação de uma linha quando ela é deslocada lateral ou verticalmente no campo visual — células "complexas". À medida que os sinais progridem após passarem pela camada IV, alguns neurônios agora respondem a linhas ainda orientadas na mesma direção, mas sem posição específica. Isto é, a linha pode ser deslocada por distâncias moderadas, lateral ou verticalmente, no campo visual, que o neurônio continuará a ser estimulado se a linha tiver a mesma direção. Essas células são denominadas *células complexas*.

Detecção de linhas com comprimentos, ângulos ou outras formas específicas. Vários neurônios nas camadas externas das colunas visuais primárias, assim como neurônios em algumas áreas visuais secundárias, só são estimulados por linhas ou bordas de comprimentos específicos, ou por formas anguladas específicas, ou por imagens que possuem outras características. Assim, esses neurônios detectam informações de ordens ainda superiores da cena visual; portanto, são denominadas *células hipercomplexas*.

Assim, à medida que nos afastamos na via analítica do córtex visual, são decifradas progressivamente mais características de cada área da cena visual.

DETECÇÃO DA COR

A cor é detectada da mesma forma que as linhas: através do contraste de cores. Os contrastes são entre os cones localizados imediatamente adjacentes entre si ou cones distantes. Por exemplo, uma área vermelha freqüentemente contrasta com uma área verde, ou uma área azul com uma vermelha, ou uma área verde com uma amarela. Todas essas cores podem contrastar com uma área branca na cena visual. Na verdade, supõe-se que esse contraste com o branco seja o principal responsável pelo fenômeno denominado constância da cor, que foi discutido no capítulo anterior; isto é, quando é modificada a cor da iluminação, a cor do "branco" modifica-se com a luz, e a computação apropriada no cérebro permite que o vermelho seja interpretado como vermelho, embora a iluminação tenha modificado o espectro da cor que entra nos olhos.

O mecanismo de análise do contraste da cor depende do fato de que as cores contrastantes, denominadas cores oponentes, excitam mutuamente determinadas células neuronais. Acredita-se que os detalhes iniciais do contraste de cores sejam detectados por células simples, enquanto contrastes mais complexos são detectados por células complexas e hipercomplexas.

ANÁLISE SERIADA DA IMAGEM VISUAL VERSUS ANÁLISE PARALELA

A partir da discussão anterior, fica claro que a imagem visual é decifrada e analisada por vias seriadas e paralelas. A seqüência de células simples para células complexas e células hipercomplexas é uma análise seriada, sendo decifrados progressivamente mais detalhes. A transmissão de diferentes tipos de informações visuais para diferentes localizações cerebrais representa processamento paralelo. É a combinação de ambos os tipos destas análises que proporciona a interpretação completa de uma cena visual. Entretanto, os níveis mais altos de análise ainda estão acima do conhecimento fisiológico atual.

EFEITO DA REMOÇÃO DO CÓRTEX VISUAL PRIMÁRIO

A remoção do córtex visual primário no homem causa perda da visão consciente. Entretanto, estudos psicológicos demonstram que essas pessoas podem ainda reagir subconscientemente

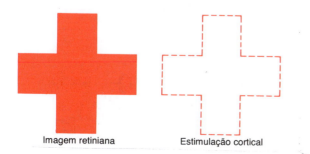

Fig. 13.5 Padrão de excitação que ocorre no córtex visual em resposta a uma imagem retiniana de uma cruz escura.

a modificações da intensidade luminosa, ao movimento, e até mesmo a alterações grosseiras da visão. Essas reações incluem rotação dos olhos, rotação da cabeça, fuga, e outros. Acredita-se que esta visão seja devida às vias neuronais que se dirigem dos feixes ópticos para os colículos superiores e outras porções do sistema visual antigo.

■ OS CAMPOS VISUAIS; PERIMETRIA

O *campo visual* é a área observada por um olho em um determinado instante. A área observada pelo lado nasal é denominada *campo nasal da visão*, e a área observada pelo lado temporal é denominada *campo temporal da visão*.

Para se diagnosticar a cegueira em porções específicas das retinas, faz-se o mapeamento do campo visual para cada olho por um processo conhecido como *perimetria*. Isto é realizado fazendo-se o indivíduo olhar com um olho para um ponto central diretamente na frente do olho. Então, um pequeno ponto de luz ou um pequeno objeto é deslocado para frente e para trás em todas as áreas do campo visual, e a pessoa indica quando o ponto luminoso ou objeto pode ser observado e quando não. Assim, o campo visual é representado da forma ilustrada na Fig. 13.6.

Em todos os mapas de perimetria, verifica-se um *ponto cego* causado por ausência de bastonetes e cones na retina sobre o *disco óptico* encontrado aproximadamente 15 graus lateral ao ponto central de visão, como ilustrado na figura.

Anormalidades nos campos visuais. Ocasionalmente são encontrados pontos cegos em outras porções do campo visual além da área do disco óptico. Esses pontos cegos são denominados *escotomas;* freqüentemente resultam de reações alérgicas na retina ou de condições tóxicas, como o envenenamento por chumbo ou o uso excessivo de tabaco.

Ainda outra condição que pode ser diagnosticada por perimetria é a *retinite pigmentosa*. Nesta doença, há degeneração de porções da retina e depósitos excessivos do pigmento melanina nas áreas degeneradas. A retinite pigmentosa geralmente causa cegueira no campo periférico da visão primeiro e depois, gradualmente, invade as áreas centrais.

Efeito de lesões da via óptica sobre os campos visuais. A destruição total de um *nervo óptico* obviamente causa cegueira do respectivo olho. A destruição do *quiasma óptico*, mostrada pela linha longitudinal através do quiasma óptico na Fig. 13.1, impede a passagem de impulsos das metades nasais das duas retinas para os feixes ópticos opostos. Portanto, ocorre cegueira em ambas as metades nasais, o que significa que a pessoa é cega em ambos os campos temporais da visão *porque a imagem do campo visual é invertida sobre a retina;* esta condição é denominada *hemianopsia bitemporal*. Estas lesões freqüentemente resultam de tumores da adeno-hipófise comprimindo o quiasma óptico.

A interrupção de um *feixe óptico,* que é representada por uma outra linha na Fig. 13.1, desnerva a metade correspondente de cada retina do mesmo lado da lesão, e, conseqüentemente, nenhum olho pode ver objetos do lado oposto. Esta condição é conhecida como *hemianopsia homônima*. A destruição da *radiação óptica* ou do *córtex visual* de um lado também causa hemianopsia homônima. Uma condição comum que destrói o córtex visual é a trombose da artéria cerebral posterior, que infarta o córtex occipital, exceto por parte da área foveal, assim freqüentemente preservando a visão central.

Pode-se diferenciar uma lesão no feixe óptico de uma lesão no feixe geniculocalcarino ou córtex visual determinando-se se os impulsos ainda podem ser transmitidos para os núcleos pré-tectais para iniciar um reflexo pupilar à luz.

■ MOVIMENTOS OCULARES E SEU CONTROLE

Para utilizar o sistema visual em sua plenitude, o sistema de controle cerebral para mover os olhos em direção ao objeto a ser observado é quase tão importante quanto o sistema para interpretação dos sinais provenientes dos olhos.

Controle muscular dos movimentos oculares. Os movimentos oculares são controlados por três pares separados de músculos, mostrados na Fig. 13.7: (1) os *retos medial* e *lateral,* (2) os *retos superior* e *inferior,* e (3) os *oblíquos superior* e *inferior*. Os retos medial e lateral contraem-se reciprocamente, sobretudo para movimentar os olhos de um lado para outro. Os retos superior e inferior contraem-se reciprocamente para movimentar os olhos principalmente para cima ou para baixo. E os músculos oblíquos funcionam principalmente para rodar os globos oculares para manter os campos visuais na posição vertical.

Vias neurais para controle dos movimentos oculares. A Fig. 13.7 também ilustra os núcleos do terceiro, quarto e sexto nervos cranianos e sua inervação dos músculos oculares. Também são mostradas as interconexões entre esses três núcleos através do *fascículo longitudinal medial*. Seja através deste fascículo ou através de outras vias intimamente associadas, cada um dos três grupos de músculos para cada olho é inervado *reciprocamente* de forma que um músculo do par relaxa enquanto o outro se contrai.

A Fig. 13.8 ilustra o controle cortical do aparelho oculomotor, mostrando a propagação de sinais das áreas visuais occipitais através dos feixes occipitotectal e occipitocolicular para as áreas pré-tectal e do colículo superior do tronco cerebral. Além disso, um feixe frontotectal dirige-se do córtex frontal para a área pré-tectal. A partir das áreas pré-tectal e do colículo superior, os sinais do controle oculomotor passam para os núcleos dos nervos oculomotores. Sinais fortes também são transmitidos para o sistema oculomotor dos núcleos vestibulares através do fascículo longitudinal medial.

MOVIMENTOS DE FIXAÇÃO DOS OLHOS

Talvez os movimentos mais importantes dos olhos sejam os que causam a "fixação" dos olhos em determinada região do campo visual.

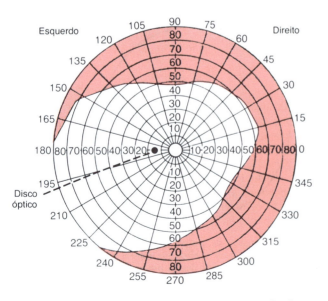

Fig. 13.6 Um mapa de perimetria, mostrando o campo visual para o olho esquerdo.

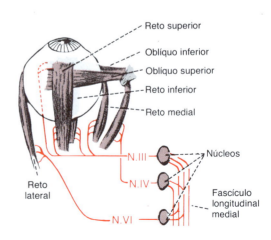

Fig. 13.7 Os músculos extra-oculares do olho e sua inervação.

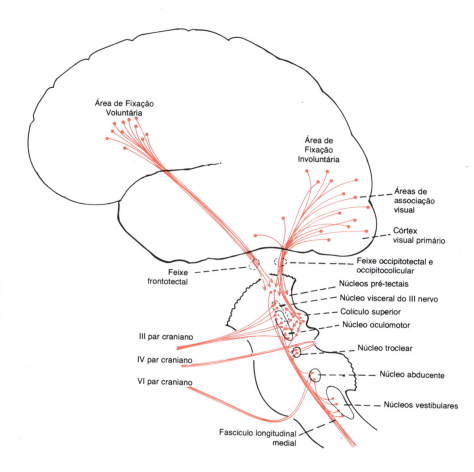

Fig. 13.8 Vias neurais para controle do movimento conjugado dos olhos.

Os movimentos de fixação são controlados por dois mecanismos neuronais distintos. O primeiro deles permite que a pessoa movimente seus olhos voluntariamente para encontrar o objeto sobre o qual deseja fixar sua visão; isso é denominado *mecanismo voluntário de fixação*. O segundo é um mecanismo involuntário, que mantém os olhos firmemente sobre o objeto, uma vez que seja encontrado; isso é denominado *mecanismo involuntário de fixação*.

Os movimentos voluntários de fixação são controlados por um pequeno campo cortical, localizado bilateralmente nas regiões corticais pré-motoras dos lobos frontais, como mostrado na Fig. 13.8. A disfunção ou destruição bilateral dessas áreas torna difícil, ou quase impossível, para a pessoa "desprender" os olhos de um ponto de fixação e, depois, movê-los para outro ponto. Geralmente, é necessário que a pessoa pisque os olhos ou ponha uma mão sobre os olhos por curto período, o que, então, permite o movimento dos olhos.

Por outro lado, o mecanismo de fixação que faz com que os olhos se "prendam" sobre o objeto de atenção, uma vez encontrado, é controlado por *áreas visuais secundárias do córtex occipital* — principalmente a área 19 de Brodmann, localizada à frente das áreas visuais V-1 e V-2 (áreas 17 e 18 de Brodmann). Quando essa área é destruída bilateralmente, um animal tem dificuldade de manter seus olhos direcionados para um determinado ponto de fixação, ou fica completamente incapaz de fazê-lo.

Para resumir, os campos visuais posteriores "prendem" automaticamente os olhos sobre um determinado ponto do campo visual e, assim, impedem o movimento da imagem ao longo da retina. Para "desprender" essa fixação voluntária, devem ser transmitidos impulsos voluntários dos campos visuais "voluntários" localizados nas áreas frontais.

Mecanismo da fixação involuntária — papel do colículo superior. O tipo de fixação involuntário discutido na seção anterior resulta de um mecanismo de *feedback* negativo que impede que a imagem do objeto da atenção saia da região foveal da retina. Normalmente, os olhos apresentam três tipos de movimentos contínuos, mas quase imperceptíveis: (1) *tremor contínuo*, com freqüência de 30 a 80 ciclos/s, causado pelas contrações sucessivas das unidades motoras dos músculos oculares, (2) *lenta deriva* dos globos oculares em uma direção ou outra, e (3) *movimentos oscilatórios* súbitos que são controlados pelo mecanismo de fixação involuntário. Quando um ponto de luz ficou fixo sobre a região foveal da retina, os movimentos de tremor fazem com que o ponto se desloque, para frente e para trás, com freqüência rápida ao longo dos cones, e os movimentos de deriva fazem com que ele se desvie, lentamente, também, ao longo dos cones. Entretanto, a cada momento em que o ponto de luz deriva até a borda da fóvea, ocorre reação reflexa súbita, produzindo movimento de oscilação que desloca o ponto dessa borda para o centro. Desse modo, uma resposta automática desloca a imagem para a porção central da fóvea. Esses movimentos de oscilação e deriva são mostrados na Fig. 13.9, que representa, por linhas tracejadas,

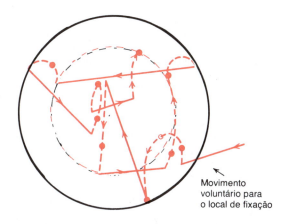

Fig. 13.9 Movimentos de um ponto de luz sobre a fóvea, mostrando movimentos "oscilatórios" súbitos que movem o ponto de volta ao centro da fóvea sempre que ela se desvia para a borda da fóvea. (As linhas tracejadas representam os lentos movimentos de deriva, e as linhas contínuas, os movimentos oscilatórios súbitos.) (Modificado de Whitteridge: *Handbook of Physiology*. Vol. 2, Sec. 1. Baltimore, Williams e Wilkins, 1960.)

a lenta deriva ao longo da retina, e, por linhas contínuas, as oscilações que impedem que a imagem saia da região foveal.

A capacidade de fixação involuntária é perdida, em sua maior parte, quando os colículos superiores são destruídos. Após se originarem nas áreas de fixação visual do córtex occipital, os sinais para a fixação se dirigem para os colículos superiores, e provavelmente, daí para as áreas reticulares, ao redor dos núcleos oculomotores, passando, em seguida, para os próprios núcleos motores.

Movimento sacádico dos olhos — um mecanismo de pontos sucessivos de fixação. Quando a cena visual se movimenta continuamente à frente dos olhos, como quando a pessoa está num carro em movimento, ou girando o próprio corpo, os olhos se fixam sobre um ponto com maior intensidade luminosa, um após outro, dentro do campo visual, saltando de um ponto para outro com freqüência de dois a três saltos por segundo. Os saltos são denominados *sacádicos,* e os movimentos são denominados *movimentos optocinéticos*. Os movimentos sacádicos ocorrem tão rapidamente que não mais que 10% do tempo total são gastos no movimento dos olhos, e 90% do tempo são utilizados nos pontos de fixação. Também, o cérebro suprime a imagem visual durante o movimento sacádico, de forma que o indivíduo não tem consciência dos movimentos de um ponto para outro.

Movimento sacádico durante a leitura. Durante o processo de leitura, a pessoa geralmente faz vários movimentos sacádicos dos olhos para cada linha. Nesse caso, a cena visual não se move à frente dos olhos, mas os olhos são treinados a percorrer o cenário visual para extrair as informações importantes. Movimentos sacádicos semelhantes ocorrem quando a pessoa observa uma pintura; exceto que esses movimentos sacádicos ocorrem em uma direção e depois em outra, partindo de um ponto de grande destaque da pintura para outro, e mais outro, e assim por diante.

Fixação de objetos móveis — "movimentos de perseguição". Os olhos também podem permanecer fixos sobre um objeto móvel, o que é denominado *movimento de perseguição*. Um mecanismo cortical muito desenvolvido detecta automaticamente o curso do movimento do objeto e, depois, de forma gradual, desenvolve um curso semelhante dos movimentos dos olhos. Por exemplo, se um objeto está se movendo para cima e para baixo, como uma onda, com freqüência de várias vezes por segundo, no início, os olhos podem ser completamente incapazes de se fixar sobre ele. Entretanto, após cerca de 1 segundo, os olhos começam a saltar de forma grosseira, em um padrão aproximadamente igual ao movimento do objeto. Então, após alguns segundos, os olhos desenvolvem movimentos cada vez mais suaves e, por fim, seguem o curso do movimento com precisão quase total. Isso representa um alto grau de capacidade computacional automática, subconsciente, do córtex cerebral.

Os colículos superiores são os principais responsáveis pela rotação dos olhos e da cabeça em direção a um distúrbio visual. Mesmo após a destruição do córtex visual, um súbito distúrbio visual em uma área lateral do campo visual causará rotação imediata dos olhos nessa direção. Isso não ocorrerá se houver também destruição dos colículos superiores. Para que essa função seja executada, os vários pontos da retina são representados topologicamente nos colículos superiores, da mesma forma que no córtex visual primário, embora com menor precisão. Mesmo assim, a direção principal de um pulso luminoso no campo retiniano periférico é mapeada pelos colículos, e os sinais secundários são, então, transmitidos para os núcleos oculomotores, o que levará à rotação dos olhos.

As fibras do nervo óptico, dos olhos, para os colículos, que são os responsáveis por esses rápidos movimentos de rotação, são ramos das fibras Y, de condução rápida, com um ramo se dirigindo para o córtex visual e o outro para os colículos superiores. (Os colículos superiores e outras regiões do tronco cerebral também são intensamente supridos por sinais visuais transmitidos nas fibras do nervo óptico do tipo W. Eles representam a via visual antiga, mas sua função ainda não está definida.)

Além de provocar a rotação dos olhos, em direção ao ponto do distúrbio visual, os sinais também são enviados dos colículos superiores, por meio do *fascículo longitudinal medial,* para outros níveis do tronco cerebral para produzir a rotação de toda a cabeça, e, até mesmo, de todo o corpo, em direção ao distúrbio. Também, outros tipos de distúrbios, além do visual, como sons fortes ou, até mesmo, estímulo táctil fraco em um dos lados do corpo, causarão rotação semelhante dos olhos, cabeça e corpo, mas apenas se os colículos superiores estiverem intactos.

Portanto, os colículos superiores têm um papel global na orientação dos olhos, da cabeça, e do corpo em relação a perturbações externas, sejam visuais, auditivas ou somáticas.

FUSÃO DAS IMAGENS VISUAIS PROVENIENTES DOS DOIS OLHOS

Para que as percepções visuais sejam mais significativas, as imagens visuais, nos dois olhos, normalmente *se fundem,* entre si, nos "pontos correspondentes" das duas retinas.

O córtex visual desempenha um papel muito importante na fusão. Como já foi apontado neste capítulo, os pontos correspondentes das duas retinas transmitem sinais visuais para diferentes camadas neuronais do corpo geniculado lateral, e esses sinais, por sua vez, são enviados para faixas paralelas de neurônios no córtex visual. Ocorrem interações entre as faixas de neurônios corticais; elas produzem *padrões de interferência de excitação* em algumas das células neuronais locais, quando as duas imagens visuais não estão precisamente "em fase" — isto é, quando não estão fundidas precisamente. Essa excitação, provavelmente, produz o sinal que é transmitido ao aparelho oculomotor, para promover convergência, ou divergência, ou rotação dos olhos, de forma que a fusão possa ser restabelecida. Quando os pontos correspondentes das retinas estiverem precisamente em fase entre si, a excitação das células específicas no córtex visual fica muito reduzida ou desaparece.

O mecanismo neural de estereopsia para o julgamento das distâncias dos objetos visuais

No Cap. 11 foi apontado que, como os dois olhos estão separados por distância maior que 5 cm, as imagens sobre as duas retinas não são exatamente as mesmas. Isto é, o olho direito vê mais o lado direito do objeto, e o olho esquerdo vê mais o lado esquerdo, e, quanto mais perto estiver o objeto, maior será a disparidade. Portanto, mesmo quando os dois olhos são fundidos entre si, ainda é impossível que todos os pontos correspondentes nas duas imagens visuais estejam exatamente em fase ao mesmo tempo. Além disso, quanto mais próximo dos olhos estiver o objeto, menor será o número de pontos que estarão em fase. Esse grau de "fora de fase" gera o mecanismo de *estereopsia,* que é muito importante para o julgamento de distâncias de objetos visuais até a distância de aproximadamente 100 m.

O mecanismo celular neuronal para a estereopsia se baseia no fato de que algumas das fibras das vias neurais das retinas para o córtex visual se desviam 1 a 2 graus para cada lado da via central. Portanto, algumas vias ópticas dos dois olhos estarão exatamente em fase para objetos a 2 m de distância; e ainda um outro grupo de vias estará em fase para objetos a 75 m de distância. Assim, a distância é determinada pelos tipos de vias que interagem entre si. Esse fenômeno é denominado *percepção de profundidade,* que é outro nome dado à estereopsia.

Estrabismo

O estrabismo, cujos portadores também são denominados *vesgos,* significa ausência de fusão dos olhos em uma ou mais das coordenadas descritas acima. Três tipos básicos de estrabismo são apresentados na Fig. 13.10; *estrabismo horizontal, estrabismo vertical* e *estrabismo de torção.* Entretanto, combinações de dois ou até mesmo de todos os três tipos diferentes de estrabismo são freqüentes.

O estrabismo é freqüentemente causado por um "ajuste" anormal do mecanismo de fusão do sistema visual. Isto é, nos esforços iniciais

Fig. 13.10 Os três tipos básicos de estrabismo

da criança para fixar os dois olhos sobre o mesmo objeto, um dos olhos se fixa satisfatoriamente, enquanto o outro não se fixa, ou ambos se fixam satisfatoriamente, mas nunca ao mesmo tempo. Logo, os padrões de movimentos conjugados dos olhos são "ajustados" anomalamente, de forma que os olhos nunca se fundem.

Muitas vezes alguma anormalidade dos olhos contribui para a incapacidade dos dois olhos de se fixar sobre o mesmo ponto. Por exemplo, em lactentes com hipermetropia, devem ser transmitidos impulsos intensos para os músculos ciliares para focalizar os olhos, e alguns desses impulsos acabam chegando aos núcleos oculomotores para causar convergência simultânea dos olhos, como será discutido adiante. Conseqüentemente, o mecanismo de fusão da criança será "ajustado" para uma situação de convergência contínua dos olhos.

Supressão da imagem visual proveniente de um olho reprimido. Em alguns pacientes com estrabismo, os olhos se alternam em sua fixação sobre o objeto da atenção. Entretanto, em outros pacientes, apenas um olho é usado todo o tempo enquanto o outro olho é reprimido, e nunca é utilizado para a visão. A visão no olho reprimido tem desenvolvimento pequeno, geralmente permanecendo em 20/400 ou menos. Ocorrendo cegueira do olho dominante, a visão no olho reprimido só pode desenvolver-se pouco no adulto, mas muito mais em crianças. Isso demonstra que a acuidade visual é muito dependente do desenvolvimento apropriado das conexões sinápticas centrais dos olhos. Na verdade, ocorre redução do número de conexões neurais nas faixas corticais que recebem sinais do olho reprimido.

■ CONTROLE AUTONÔMICO DA ACOMODAÇÃO E DA ABERTURA PUPILAR

Os nervos autonômicos dos olhos. O olho é inervado por fibras parassimpáticas e simpáticas, como apresentado na Fig. 13.11. As fibras pré-ganglionares parassimpáticas se originam no *núcleo de Edinger-Westphal* (o núcleo visceral do terceiro nervo) e, então, passam, pelo *terceiro nervo,* para o *gânglio ciliar,* situado imediatamente atrás do olho. Aí, as fibras pré-ganglionares fazem sinapse com os neurônios parassimpáticos pós-ganglionares que, por sua vez, enviam fibras, pelos *nervos ciliares,* para o globo ocular. Esses nervos excitam o músculo ciliar e o esfíncter da íris.

A inervação simpática do olho se origina nas *células da ponta intermediolateral* do primeiro segmento torácico da medula espinhal. Desse local, as fibras simpáticas entram na cadeia simpática e se dirigem para o *gânglio cervical superior,* onde fazem sinapse com neurônios pós-ganglionares. Daí, as fibras cursam ao longo da artéria carótida e das artérias sucessivamente menores, até chegarem ao olho. Aí, as fibras simpáticas inervam as fibras radiais da íris, assim como várias estruturas extraoculares ao redor do olho, resumidamente discutidas quando da discussão sobre a síndrome de Horner. Também, enviam inervação muito pequena para o músculo ciliar.

CONTROLE DA ACOMODAÇÃO (FOCALIZAÇÃO DOS OLHOS)

O mecanismo da acomodação — isto é, o mecanismo que focaliza o sistema de lentes dos olhos — é essencial para um alto grau de acuidade visual. A acomodação resulta da contração ou relaxamento do músculo ciliar. A contração aumenta o poder de refração do sistema de lentes, como explicado no Cap. 11, e o relaxamento causa redução desse poder. A pergunta a ser respondida agora é: Como uma pessoa ajusta a acomodação para manter os olhos em foco todo o tempo?

A acomodação do cristalino é regulada por um mecanismo de *feedback* negativo que ajusta automaticamente o poder focal do cristalino para o maior grau de acuidade visual. Quando os olhos se fixam sobre algum objeto distante e, depois, subitamente, em um objeto próximo, o cristalino se acomoda para a acuidade visual máxima, em geral em menos de 1 segundo. Embora o mecanismo preciso de controle que causa essa focalização rápida e precisa do olho ainda não esteja definido, alguns dos aspectos conhecidos são os seguintes:

Primeiro, quando os olhos modificam subitamente a distância do ponto de fixação, o cristalino sempre altera seu poder dióptrico na direção apropriada para atingir o novo estado de foco. Em outras palavras, o cristalino jamais comete um erro, modificando seu poder dióptrico na direção errada, na tentativa de encontrar o foco.

Segundo, os diferentes tipos de sinais que podem auxiliar o cristalino a modificar seu poder dióptrico na direção apropriada incluem os seguintes: (1) A *aberração cromática* parece ser importante. Isto é, os raios luminosos vermelhos são focalizados mais posteriormente que os raios luminosos azuis. Os olhos parecem ser capazes de detectar quais desses dois tipos de raios está em melhor foco, e essa informação é levada ao mecanismo de acomodação, de modo a aumentar ou diminuir o poder de refração do cristalino. (2) Quando os olhos se fixam sobre objeto próximo, também há convergência. Os mecanismos neurais para a *convergência produzem um sinal simultâneo, para aumentar o poder de refração do cristalino.* (3) Como *a fóvea se localiza em uma depressão, em relação ao restante da retina, a nitidez do foco, no fundo da fóvea, é diferente da nitidez do foco em suas bordas.* Foi sugerido que essa também seria uma das informações indicativas da necessidade de alterações do poder de refração do cristalino. (4) Foi verificado que *o grau de acomodação do cristalino oscila ligeiramente* todo o tempo, com freqüência de até duas vezes por segundo. Foi sugerido que a imagem visual ficaria mais nítida quando a oscilação do poder de refração do cristalino estivesse se modificando na direção apropriada e, menos nítida, quando o poder de refração do cristalino se modificasse na direção errada. Isso poderia fornecer uma rápida informação sobre o tipo de alteração do poder dióptrico do cristalino que seria necessário para a focalização adequada.

Presume-se que as áreas corticais que controlam a acomodação ficam bem próximas das que controlam os movimentos de fixação dos olhos, com integração final dos campos visuais nas áreas 18 e 19 de Brodmann e transmissão dos sinais motores para o músculo ciliar por meio da área pré-tectal e do núcleo de Edinger-Westphal.

CONTROLE DO DIÂMETRO PUPILAR

A estimulação dos nervos parassimpáticos excita o músculo do esfíncter pupilar, reduzindo assim a abertura pupilar; isto é denominado *miose.* Por outro lado, a estimulação dos nervos simpáticos excita as fibras radiais da íris e causa dilatação pupilar, que é denominada *midríase.*

O reflexo pupilar à luz. Quando a luz incide nos olhos, as pupilas se contraem, reação que é denominada *reflexo pupilar à luz.* A via neuronal para esse reflexo é representada na Fig. 13.11. Quando a luz incide sobre a retina, os impulsos resultantes passam, pelos nervos e feixes ópticos, para os núcleos pré-tectais. A partir daí, os impulsos passam para o *núcleo de Edinger-Westphal* e, finalmente, retornam pelos

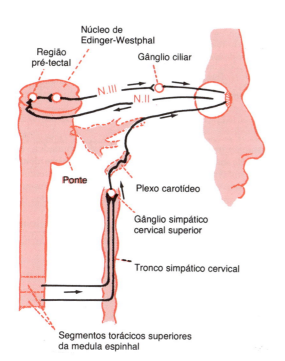

Fig. 13.11 Inervação autonômica do olho, mostrando também o reflexo do arco reflexo à luz. (Modificado de Ranson e Clark: *Anatomy of the Nervous System.* Philadelphia, W.B. Saunders Co., 1959.)

nervos parassimpáticos, para contrair o esfíncter da íris. No escuro, o reflexo é inibido, o que resulta em dilatação da pupila.

A função do reflexo à luz é auxiliar o olho a se adaptar de forma extremamente rápida à modificação das condições luminosas, como explicado no capítulo anterior. Os limites do diâmetro pupilar são de aproximadamente 1,5 mm no extremo menor e 8 mm no maior. Portanto, a faixa de adaptação luminosa que pode ser efetuada pelo reflexo pupilar é de aproximadamente 30 para 1.

Reflexos pupilares na doença do sistema nervoso central. Determinadas doenças do sistema nervoso central bloqueiam a transmissão dos sinais visuais das retinas para o núcleo de Edinger-Westphal. Esses bloqueios freqüentemente ocorrem em conseqüência da *sífilis do sistema nervoso central, alcoolismo, encefalite,* e assim por diante. O bloqueio ocorre geralmente na região pré-tectal do tronco cerebral, embora também possa resultar da destruição de pequenas fibras aferentes nos nervos ópticos.

As fibras nervosas finais na via pela área pré-tectal para o núcleo de Edinger-Westphal são do tipo inibitório. Portanto, quando há perda de seu efeito inibitório, o núcleo fica cronicamente ativo, fazendo com que as pupilas permaneçam parcialmente contraídas, além de sua incapacidade de responder à luz.

Porém, as pupilas ainda podem se contrair um pouco mais se o núcleo de Edinger-Westphal é estimulado por alguma outra via. Por exemplo, quando os olhos se fixam sobre objeto próximo, os sinais que causam a acomodação do cristalino e, também, os que causam convergência dos dois olhos produzem, ao mesmo tempo, grau leve de constrição pupilar. Isso é denominado *reflexo de acomodação.* Essa pupila que não responde à luz, mas responde à acomodação, e que, também, é muito pequena (a pupila de *Argyll Robertson*) é um importante sinal diagnóstico da doença do sistema nervoso central — freqüentemente, sífilis.

Síndrome de Horner. Os nervos simpáticos para o olho são ocasinalmente seccionados e essa interrupção ocorre freqüentemente na cadeia simpática cervical. Isso resulta na *síndrome de Horner,* que consiste nos seguintes efeitos: primeiro, devido à interrupção das fibras para o músculo dilatador da pupila, ela apresenta contração persistente em um diâmetro menor que o da pupila do olho oposto normal. Segundo, há ptose palpebral, porque essa pálpebra é normalmente mantida na posição aberta durante a vigília, em parte, pela contração de músculo liso situado na pálpebra e inervado pelo simpático. Portanto, a destruição do simpático torna impossível a abertura normal da pálpebra superior. Terceiro, os vasos sanguíneos, no lado correspondente da face e cabeça, sofrem dilatação persistente. E, quarto, não pode haver sudorese no lado da face e cabeça afetado pela síndrome de Horner.

REFERÊNCIAS

Andersen, R. A.: Visual and eye movement functions of the posterior parietal cortex. Annu. Rev. Neurosci., 12:377, 1989.

Anderson, D. R.: Testing the Field of Vision. St. Louis, C. V. Mosby Co., 1983.

Bahill, A. T., and Hamm, T. M.: Using open-loop experiments to study physiological systems, with examples from the human eye-movement systems. News Physiol. Sci., 4:104, 1989.

Bishop, P. O.: Processing of visual information within the retinostriate system. In Darian-Smith, I. (ed.): Handbook of Physiology. Sec. 1, Vol. III. Bethesda, Md., American Physiological Society, 1984, p. 341.

Blasdel, G. G.: Visualization of neuronal activity in monkey striate cortex. Annu. Rev. Physiol., 51:561, 1989.

Buttner, E. J. (ed.): Neuroanatomy of the Oculomotor System. New York, Elsevier Science Publishing Co., 1984.

DeValois, R. L., and DeValois, K. K.: Spatial Vision. New York, Oxford University Press, 1988.

DeValois, R. L., and Jacobs, G. H.: Neural mechanisms of color vision. In Darian-Smith, I. (ed.): Handbook of Physiology. Sec. 1, Vol. III. Bethesda, Md., American Physiological Society, 1984, p. 525.

Eckmiller, R.: Neural control of pursuit eye movements. Physiol. Rev., 67:797, 1987.

Fregnac, Y., and Imbert, M.: Development of neuronal selectivity in primary visual cortex of cat. Physiol. Rev., 64:325, 1984.

Gilbert, C. C.: Microcircuitry of the visual cortex. Annu. Rev. Neurosci., 6:217, 1983.

Hubel, D. H., and Wiesel, T. N.: Brain mechanisms of vision. Sci. Am., 241(3):150, 1979.

Hubel, D. H., and Wiesel, T. N.: Cortical and callosal connections concerned with vertical meridian of visual fields in the cat. J. Neurophysiol., 30:1561, 1967.

Hubel, D. H., and Wiesel, T. N.: Receptive fields of cells in striate cortex of very young, visually inexperienced kittens. J. Neurophysiol., 26:994, 1963.

Jones, G. M.: The remarkable vestibuloocular reflex. News Physiol. Sci., 2:85, 1987.

Lennerstrand, G., et al. (eds.): Strabismus and Amblyopia. New York, Plenum Publishing Corp., 1988.

Livingstone, M., and Hubel, D.: Segregation of form, color, movement, and depth: Anatomy, physiology, and perception. Science, 240:740, 1988.

Lund, J. S.: Anatomical organization of Macaque monkey striate visual cortex. Annu. Rev. Neurosci., 11:253, 1988.

Mitchell, D. E., and Timney, B.: Postnatal development of function in the mammalian visual system. In Darian-Smith, I. (ed.): Handbook of Physiology. Sec. 1, Vol. III. Bethesda, Md., American Physiological Society, 1984, p. 507.

Moses, R. A.: Adler's Physiology of the Eye: Clinical Application, 7th Ed. St. Louis, C. V. Mosby Co., 1981.

Peters, A., and Jones, E. G. (eds.): Visual Cortex, New York, Plenum Publishing Corp., 1985.

Poggio, G. F., and Poggio, T.: The analysis of stereopsis. Annu. Rev. Neurosci., 7:379, 1984.

Reinecke, R. D., and Parks, M. M.: Strabismus, 3rd Ed. East Norwalk, Conn., Appleton & Lange, 1987.

Robinson, D. A.: Control of eye movements. In Brooks, V. B. (ed.): Handbook of Physiology. Sec. 1, Vol. II. Bethesda, Md., American Physiological Society, 1981, p. 1275.

Schiller, P. H.: The superior colliculus and visual function. In Darian-Smith, I. (ed.): Handbook of Physiology. Sec. 1, Vol. III. Bethesda, Md., American Physiological Society, 1984, p. 457.

Schor, C. M. (ed.): Vergence Eye Movements: Basic and Clinical Aspects. Woburn, Mass., Butterworth, 1982.

Sherman, S. M., ànd Spear, P. D.: Organization of visual pathways in normal and visually deprived cats. Physiol. Rev., 62:738, 1982.

Simpson, J. I.: The accessory optic system. Annu. Rev. Neurosci., 7:13, 1984.

Song, P.-S.: Protozoan and related photoreceptors: Molecular aspects. Annu. Rev. Biophys. Bioeng., 12:35, 1983.

Sparks, D. L.: Translation of sensory signals into commands for control of saccadic eye movements: Role of primate superior colliculus. Physiol. Rev., 66:118, 1986.

Sterling, P.: Microcircuitry of the cat retina. Annu. Rev. Neurosci., 6:149, 1983.

Wolfe, J. M. (ed.): The Mind's Eye. New York, W. H. Freeman and Company, 1986.

Woolsey, C. N. (ed.): Cortical Sensory Organization. Multiple Visual Areas. Clifton, N.J., Humana Press, 1981.

Wurtz, R. H., and Albano, J. E.: Visual-motor function of the primate superior colliculus. Annu. Rev. Neurosci., 3:189, 1980.

14

O Sentido da Audição

O objetivo deste capítulo é descrever e explicar o mecanismo pelo qual o ouvido recebe as ondas sonoras, discrimina suas freqüências, e, finalmente, transmite informações auditivas para o sistema nervoso central, onde seu significado é decifrado.

■ A MEMBRANA TIMPÂNICA E O SISTEMA OSSICULAR

CONDUÇÃO DO SOM DA MEMBRANA TIMPÂNICA PARA A CÓCLEA

A Fig. 14.1 mostra a *membrana timpânica* (comumente denominada *tímpano*) e o *sistema ossicular*, que conduz o som pelo ouvido médio. A membrana timpânica tem forma de cone, com sua concavidade voltada para baixo e para fora, em direção ao meato auditivo. Fixado à parte central da membrana timpânica fica o *cabo do martelo*. Em sua outra extremidade, o martelo está fortemente ligado à *bigorna*, por ligamentos, de forma que, sempre que o martelo se movimenta, a bigorna se movimenta junto com ele. A extremidade oposta da bigorna, por sua vez, se articula com a haste do *estribo*, cuja base fica apoiada sobre o labirinto membranoso, na abertura da janela oval, onde as ondas sonoras são conduzidas para o ouvido interno, a *cóclea*.

Os ossículos do ouvido médio são suspensos por ligamentos, de tal forma que o martelo e bigorna, juntos, atuam como uma simples alavanca cujo fulcro se localiza aproximadamente nas bordas da membrana timpânica. A grande *cabeça* do martelo, situada no lado oposto ao fulcro do cabo, equilibra, quase exatamente, a outra extremidade da alavanca.

A articulação da bigorna com o estribo faz com que o estribo empurre o líquido coclear para frente a cada vez que o cabo do martelo se move para dentro, e puxe o líquido para fora a cada vez que o martelo se move para fora, o que promove o movimento para dentro e para fora da base do estribo, na janela oval.

O cabo do martelo é constantemente tracionado, para dentro, pelo *músculo tensor do tímpano*, o que mantém a membrana timpânica tensa. Isso permite que as vibrações do som, sobre *qualquer* parte da membrana timpânica, sejam transmitidas para o martelo, o que não ocorreria se a membrana estivesse frouxa.

Equilíbrio de impedâncias promovido pelo sistema ossicular. A amplitude do movimento da base do estribo a cada vibração sonora representa apenas três quartos da amplitude do cabo do martelo. Portanto, o sistema de alavanca ossicular não amplifica a distância de movimento do estribo, como se acreditava. Em vez disso, o sistema, na verdade, reduz a amplitude, mas aumenta a *força* do movimento por, aproximadamente, 1,3 vez. Entretanto, a área da superfície da membrana timpânica é de cerca de 55 mm^2, enquanto a área da superfície do estribo é, em média, de 3,2 mm^2. Essa diferença de 17 vezes, multiplicada pela proporção de 1,3 vez do sistema de alavanca, permite que a energia de uma onda sonora, incidindo sobre a membrana timpânica, seja aplicada à pequena base do estribo, produzindo *pressão* cerca de 22 vezes maior sobre o líquido da cóclea que a exercida pela onda sonora contra a membrana timpânica. Como o líquido tem inércia muito maior que o ar, é facilmente compreendido que são necessárias quantidades maiores de pressão para causar vibração no líquido. Portanto, a membrana timpânica e o sistema ossicular promovem o *equilíbrio das impedâncias* entre as ondas sonoras no ar e as vibrações sonoras no líquido da cóclea. Na verdade, o *equilíbrio das impedâncias* é de aproximadamente 50 a 75% perfeito para freqüências sonoras entre 300 a 3.000 ciclos/s, o que permite a utilização da maior parte da energia das ondas sonoras incidentes.

Na ausência do sistema ossicular e do tímpano, as ondas sonoras podem passar diretamente através do ar do ouvido médio, e podem atingir a cóclea pela janela oval. Entretanto, a sensibilidade para a audição é, então, de 15 a 20 db menor que para a transmissão ossicular — equivalente a uma redução do nível de voz média para um sussurro.

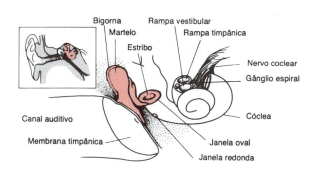

Fig. 14.1 A membrana timpânica, o sistema ossicular do ouvido médio, e o ouvido interno.

Atenuação do som pela contração dos músculos estapédio e tensor do tímpano. Quando o sistema ossicular transmite sons de alta intensidade para o sistema nervoso central, ocorre um reflexo, após um período latente de 40 a 80 ms, para provocar contração dos músculos *estapédio* e *tensor do tímpano*. O músculo tensor do tímpano traciona o cabo do martelo para dentro, enquanto o músculo estapédio traciona o estribo para fora. Estas duas forças se opõem e, portanto, fazem com que todo o sistema ossicular desenvolva alto grau de rigidez, e, dessa forma, reduz de muito a condução ossicular do som de baixa freqüência, principalmente as freqüências abaixo de 1.000 ciclos/s.

Esse *reflexo de atenuação* pode reduzir a intensidade da transmissão do som por até 30 a 40 db, que é aproximadamente a mesma diferença que existe entre a voz alta e o sussurro. A função desse mecanismo é provavelmente dupla:

1. *Proteger* a cóclea das vibrações lesivas causadas por som excessivamente alto.

2. *Mascarar* sons de baixa freqüência em ambientes ruidosos. Isso geralmente elimina grande parte do ruído de fundo e permite que a pessoa se concentre nos sons acima de 1.000 ciclos/s, faixa onde é transmitida a maioria das informações pertinentes na comunicação verbal.

Outra função do tensor do tímpano e do músculo estapédio é a de reduzir a sensibilidade auditiva do indivíduo para sua própria fala. Esse efeito é ativado por sinais colaterais transmitidos para esses músculos ao mesmo tempo que o cérebro ativa o mecanismo da voz.

TRANSMISSÃO ÓSSEA DO SOM

Como o ouvido interno, a *cóclea*, está imerso em uma cavidade óssea, no osso temporal, denominada labirinto ósseo, as vibrações de todo o crânio podem causar vibrações do líquido na própria cóclea. Portanto, em condições apropriadas, um diapasão, ou um vibrador eletrônico, colocado sobre qualquer proeminência óssea do crânio, mas, principalmente, sobre o processo mastóide, faz com que a pessoa ouça o som. O que é triste é que a energia disponível, mesmo no som muito alto no ar, não é suficiente para causar a audição através do osso, exceto quando um aparelho eletromecânico especial para transmissão sonora é aplicado diretamente ao osso.

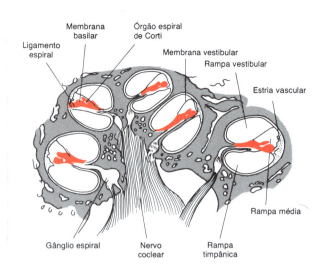

Fig. 14.2 A cóclea. (Retirado de Goss, [ed.]: *Gray's Anatomy of the Human Body*. 35. ed. Philadelphia, Lea & Febiger, 1948.)

■ A CÓCLEA

ANATOMIA FUNCIONAL DA CÓCLEA

A cóclea é um sistema de tubos em espiral, mostrados na Fig. 14.1 e, em corte transversal, nas Figs. 14.2 e 14.3. Consiste

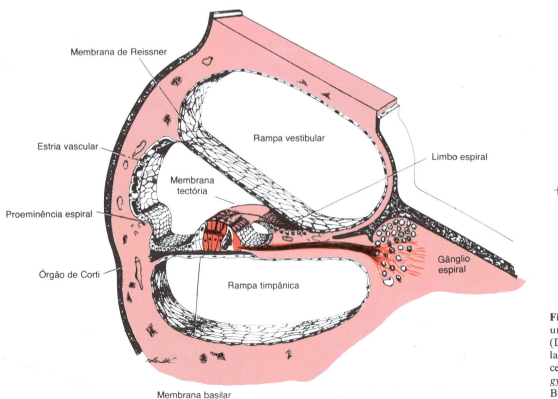

Fig. 14.3 Corte através de uma das voltas da cóclea. (Desenhado por Sylvia Colard Keene. Retirado de Fawcett: *A Textbook of Histology*. 11. ed. Philadelphia, W. B. Saunders Co., 1986.)

em três diferentes tubos espiralados, lado a lado: a *rampa vestibular,* a *rampa média,* e a *rampa timpânica.* A rampa vestibular e a rampa média são separadas entre si pela *membrana de Reissner* (também denominada a *membrana vestibular*), mostrada na Fig. 14.3; e a rampa timpânica e a rampa média são separadas entre si pela *membrana basilar.* Na superfície da membrana basilar está localizada uma estrutura, o *órgão de Corti,* que contém uma série de células eletromecanicamente sensíveis, as *células ciliadas.* Elas são os órgãos terminais receptores, que geram impulsos nervosos em resposta às vibrações sonoras.

A Fig. 14.4 mostra, diagramaticamente, as partes funcionais da cóclea desenrolada, para a condução das vibrações sonoras. Primeiro, observe-se que a membrana de Reissner não é representada nessa figura. Essa membrana é tão delgada e facilmente deslocada que não obstrui a passagem das vibrações sonoras da rampa vestibular para a rampa média. Portanto, no que se refere à condução do som, a rampa vestibular e a rampa média são consideradas como câmara única. A importância da membrana de Reissner é a de manter um líquido especial na rampa média, necessário para o funcionamento normal das células ciliadas receptoras do som, como será discutido adiante neste capítulo.

As vibrações sonoras entram na rampa vestibular provenientes da base do estribo na janela oval. A base do estribo recobre essa janela e é conectada às suas bordas por um ligamento anular relativamente frouxo, de forma que possa se mover para dentro e para fora com as vibrações sonoras. O movimento para dentro provoca o deslocamento do líquido para a frente pela rampa vestibular e a rampa média, e o movimento para fora provoca o movimento do líquido para trás.

A membrana basilar e a ressonância no interior da cóclea. A membrana basilar é uma membrana fibrosa que separa a rampa média e a rampa timpânica. Contém 20.000 a 30.000 *fibras basilares* que se projetam a partir do centro ósseo da cóclea, o *modíolo,* em direção à parede externa. Essas fibras são estruturas rígidas, elásticas, com forma semelhante a uma palheta de instrumento de sopro, que estão fixadas, em suas extremidades basais, na estrutura óssea central da cóclea (o modíolo), mas não fixadas em suas extremidades distais, exceto que essas extremidades distais estão apoiadas na membrana basilar frouxa. Como as fibras são rígidas e, também, livres em uma de suas extremidades, elas podem vibrar como as palhetas de uma gaita.

O comprimento das fibras basilares aumenta progressivamente, a partir da base da cóclea, em direção ao ápice, do comprimento aproximado de 0,04 mm, próximo às janelas oval e redonda, até 0,5 mm na extremidade da cóclea, um aumento de 12 vezes do comprimento.

O diâmetro das fibras, por outro lado, diminui da base para o helicotrema, de maneira que sua rigidez global diminui por mais de 100 vezes. Conseqüentemente, as fibras curtas e rígidas, próximas à janela oval da cóclea, vibrarão com elevada freqüência, enquanto as fibras longas, mais flexíveis, situadas próximo à extremidade da cóclea, vibrarão com menor freqüência.

Assim, a ressonância de freqüência elevada da membrana basilar ocorre próxima à base, onde as ondas sonoras penetram na cóclea através da janela oval; e a ressonância de baixa freqüência ocorre próximo ao ápice, principalmente, devido à diferença na rigidez das fibras, mas, também, devido ao aumento da "carga" da membrana basilar, com quantidades adicionais de líquido que devem vibrar com a membrana no ápice.

TRANSMISSÃO DAS ONDAS SONORAS NA CÓCLEA — A "ONDA VIAJANTE"

Se a base do estribo se move instantaneamente para dentro, a janela redonda também deve se salientar para fora, de modo também instantâneo, porque a cóclea é limitada, em todos os lados, por paredes ósseas. Portanto, o efeito inicial é o de produzir a saliência da membrana basilar, exatamente na base da cóclea, na direção da janela redonda. Entretanto, a tensão elástica gerada nas fibras basilares à medida que elas são desviadas em direção à janela redonda produz uma onda que "viaja" ao longo da membrana basilar, em direção ao helicotrema, como representado na Fig. 14.5. A Fig. 14.5A mostra o movimento de uma onda de alta freqüência, ao passar pela membrana basilar, a Fig. 14.5B, uma onda de média freqüência, e a Fig. 14.5C, uma onda de freqüência muito baixa. O movimento da onda, ao longo da membrana basilar, é comparável ao movimento de uma onda de pressão, ao longo das paredes arteriais, ou, também, é, comparável à onda que percorre a superfície de um lago.

Padrão de vibração da membrana basilar para diferentes freqüências sonoras. Observe-se na Fig. 14.5, os diversos padrões de transmissão para ondas sonoras de diferentes freqüências. Cada onda é relativamente fraca no início, mas fica forte quando atinge a parte da membrana basilar que tem freqüência própria de ressonância igual à freqüência sonora respectiva. Nesse ponto, a membrana basilar pode vibrar para trás e para frente com facilidade tão grande que a energia na onda é completamente dissipada. Conseqüentemente, a onda desaparece nesse ponto e não consegue prosseguir ao longo da distância remanescente da membrana basilar. Assim, uma onda sonora de alta freqüência

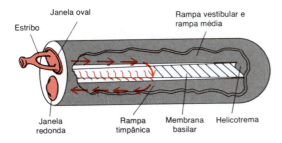

Fig. 14.4 Movimento do líquido na cóclea após impulsão do estribo para dentro.

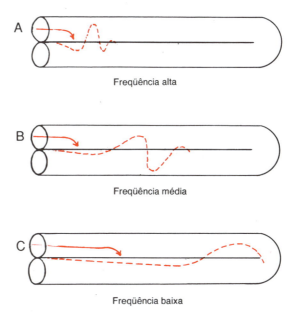

Fig. 14.5 "Ondas viajantes" ao longo da membrana basilar para sons de alta, média e baixa freqüências.

só percorre curta distância ao longo da membrana basilar antes de atingir seu ponto de ressonância e desaparecer; uma onda sonora de média freqüência percorre, aproximadamente, metade do trajeto e cessa; e, por fim, uma onda sonora de freqüência muito baixa percorre toda a distância ao longo da membrana.

Outro aspecto da onda viajante é que, na parte inicial da membrana basilar, ela prossegue rapidamente, mas sua velocidade diminui, progressivamente, à medida que vai percorrendo a extensão coclear. A causa disso é o elevado coeficiente de elasticidade das fibras basilares próximas ao estribo e um coeficiente progressivamente decrescente ao longo da membrana. Essa rápida transmissão inicial da onda permite que os sons de alta freqüência percorram distância suficiente na cóclea para se distribuir separadamente uns dos outros sobre a membrana basilar. Sem isso, todas as ondas de alta freqüência estariam misturadas dentro do primeiro milímetro da membrana basilar, impedindo que as suas freqüências fossem discriminadas entre si.

Padrão de amplitude de vibração da membrana basilar. As curvas tracejadas da Fig. 14.6A mostram a posição de uma onda sonora sobre a membrana basilar, quando o estribo (a) está totalmente posicionado para dentro da cóclea, (b) movimentou-se de volta para o ponto neutro, (c) está totalmente posicionado para fora, e (d) movimentou-se novamente para o ponto neutro, mas está se deslocando para dentro. A área sombreada ao redor dessas diversas ondas mostra a extensão da vibração da membrana basilar durante um ciclo vibratório completo. Este é o *padrão de amplitude de vibração* da membrana basilar para esta freqüência sonora específica.

A Fig. 14.6B mostra os padrões de amplitude de vibração para diferentes freqüências, mostrando que a amplitude máxima para 8.000 ciclos ocorre próximo à base da cóclea, enquanto para freqüências menores que 200 ciclos/s ela ocorre no topo da membrana basilar, próxima ao helicotrema, onde a rampa vestibular se abre para a rampa timpânica.

O principal método pelo qual freqüências sonoras, principalmente as acima de 200 ciclos/s, são discriminadas entre si baseia-se no "lugar" de estimulação máxima das fibras nervosas do órgão de Corti, localizado sobre a membrana basilar, como explicado na seção seguinte.

FUNÇÃO DO ÓRGÃO DE CORTI

O órgão de Corti, mostrado nas Figs. 14.2, 14.3 e 14.7, é o órgão receptor que gera impulsos nervosos em resposta à vibração da membrana basilar. Observe-se que o órgão de Corti se localiza sobre a superfície das fibras basilares e da membrana basilar. Os verdadeiros receptores sensoriais no órgão de Corti são dois tipos de *células ciliadas*, uma só fileira de *células ciliadas internas*, em número de aproximadamente 3.500 e com diâmetro de cerca de 12 μm, e três a quatro fileiras de *células ciliadas externas*, em número em torno de 15.000 e diâmetros de apenas cerca de 8 μm. As bases e paredes laterais das células ciliadas fazem sinapse com a rede de terminações nervosas cocleares. Elas se dirigem para o *gânglio espiral de Corti*, que se localiza no modíolo (o centro) da cóclea. O gânglio espiral, por sua vez, envia axônios para o *nervo coclear* e, daí, para o sistema nervoso central, ao nível da região bulbar superior. A relação do órgão de Corti com o gânglio espiral e com o nervo coclear é mostrada na Fig. 14.2.

Excitação das células ciliadas. Observe-se na Fig. 14.7, que diminutos cílios, ou *estereocílios*, projetam-se das células ciliadas para cima e tocam, ou penetram, na cobertura gelatinosa da superfície da *membrana tectorial*, que se localiza acima dos estereocílios, na rampa média. Essas células ciliadas são semelhantes às encontradas na mácula e nas cristas ampulares do aparelho vestibular, discutidas no Cap. 17. A curvatura dos cíclios em uma direção despolariza as células ciliadas, e a curvatura na direção oposta as hiperpolariza. Isso, por sua vez, excita as fibras nervosas que fazem sinapse com suas bases.

A Fig. 14.8 apresenta o mecanismo pelo qual a vibração da membrana basilar excita as terminações ciliadas. As extremidades superiores das células ciliadas estão firmemente fixadas em uma estrutura rígida, composta por placa plana, denominada *lâmina reticular,* sustentada por estruturas triangulares denominadas *pilares de Corti*, que, por sua vez, estão firmemente fixados às fibras basilares. Portanto, a fibra basilar, os pilares de Corti, e a lâmina reticular movem-se, todos, como uma unidade rígida.

O movimento para cima da fibra basilar empurra a lâmina reticular para cima e *para dentro*. Então, quando a membrana basilar se move para baixo, a lâmina reticular é empurrada para baixo e *para fora*. O movimento para dentro e para fora faz com que os cílios toquem a membrana tectorial; ou, no caso das células ciliadas internas, cujos cílios não tocam necessariamente a membrana tectorial, o líquido se desloca de um lado

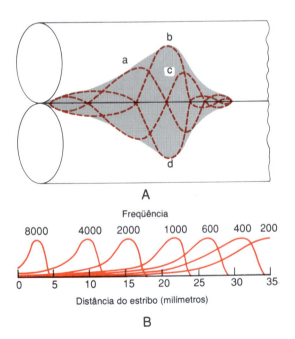

Fig. 14.6 *A,* Padrão de amplitude de vibração da membrana basilar para um som de freqüência média. *B,* Padrões de amplitude para sons de todas as freqüências entre 200 e 8.000/s, mostrando os pontos de amplitude máxima (os pontos de ressonância) sobre a membrana basilar para as diferentes freqüências.

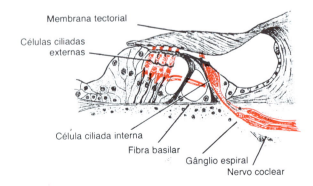

Fig. 14.7 O órgão de Corti, mostrando principalmente as células ciliadas e a membrana tectorial contra os cílios que se projetam.

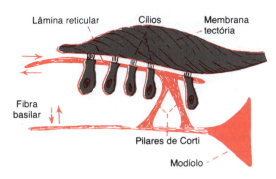

Fig. 14.8 Estimulação das células ciliadas pelo movimento de um lado para outro dos cílios na membrana tectorial.

para outro por sobre os cílios, curvando-os. Assim, as células ciliadas são excitadas sempre que a membrana basilar vibra.

Potenciais receptores das células ciliadas e excitação das fibras nervosas auditivas. Os estereocílios são estruturas rígidas porque cada um tem arcabouço estrutural protéico interno rígido como em todos os cílios no corpo. Cada célula ciliada apresenta aproximadamente 100 estereocílios em sua borda apical. Eles ficam cada vez mais longos na face lateral mais distante do modíolo, e o topo dos estereocílios mais curtos é fixado, por delgado filamento, ao lado de seu estereocílio adjacente maior. Portanto, sempre que os cílios são curvados na direção dos mais longos, as extremidades dos estereocílios menores são puxadas para fora da superfície da célula ciliada. Isso provoca uma transdução mecânica que abre até 200 a 300 canais condutores de cátions, permitindo o rápido movimento de íons potássio positivamente carregados para as extremidades dos estereocílios, o que, por sua vez, causa despolarização de toda a membrana da célula ciliada.

Assim, quando as fibras basilares se curvam em direção à rampa vestibular, as células despolarizam, e, na direção oposta, se hiperpolarizam, gerando assim um potencial receptor alternado na célula ciliada. Isso, por sua vez, estimula as terminações nervosas cocleares que fazem sinapse com as bases das células ciliadas. Acredita-se que um neurotransmissor de ação rápida é liberado pelas células ciliadas nessas sinapses durante a despolarização. É possível que a substância transmissora seja o glutamato, mas isso ainda é duvidoso.

O potencial endococlear. Para que se possa explicar de forma ainda melhor os potenciais elétricos gerados pelas células ciliadas, precisa-se explicar outro fenômeno elétrico, denominado potencial endococlear: a rampa média é cheia por um líquido, denominado *endolinfa,* ao contrário da *perilinfa,* presente na rampa vestibular e rampa timpânica. A rampa vestibular e rampa timpânica se comunicam diretamente com o espaço subaracnóide ao redor do cérebro, de forma que a perilinfa é quase idêntica ao líquido cefalorraquidiano. Por outro lado, a endolinfa que enche a rampa média é um líquido totalmente diferente secretado pela *estria vascular,* uma área altamente vascularizada na parede externa da rampa média. Na endolinfa, a concentração de potássio é muito alta e a de sódio, muito baixa, exatamente o inverso do que ocorre na perilinfa.

Durante todo o tempo existe um potencial elétrico de cerca de + 80 mV entre a endolinfa e a perilinfa, com positividade no interior da rampa média e negatividade no meio externo. Esse é o denominado *potencial endococlear,* e acredita-se que seja gerado por transporte contínuo de íons potássio, positivos, da perilinfa para a rampa média pela estria vascular.

A importância do potencial endococlear é que o topo das células ciliadas se projeta através da lâmina reticular, sendo banhado pela endolinfa da rampa média, enquanto a perilinfa banha as superfícies basais das células ciliadas. Além disso, as células ciliadas têm um potencial intracelular negativo de − 60 mV em relação à perilinfa, mas de − 140 mV em relação à endolinfa, em suas superfícies apicais, onde os cílios se projetam para a endolinfa. Acredita-se que esse elevado potencial elétrico nas extremidades dos estereocílios sensibiliza muito a célula, aumentando, desse modo, sua capacidade de responder ao mais leve som.

DETERMINAÇÃO DA FREQÜÊNCIA SONORA — O PRINCÍPIO DA "POSIÇÃO"

A partir das discussões anteriores neste capítulo, já está claro que os sons de baixa freqüência causam ativação máxima da membrana basilar próximo ao ápice da cóclea, sons de alta freqüência ativam a membrana basilar próximo à base da cóclea, e freqüências intermediárias ativam a membrana em distâncias intermediárias entre esses dois extremos. Além disso, há organização espacial das fibras nervosas na via coclear em todo o trajeto da cóclea até o córtex cerebral. E o registro de sinais nos feixes auditivos, no tronco cerebral, e dos campos receptores auditivos, no córtex cerebral, mostra que determinados neurônios são ativados por freqüências sonoras específicas. Portanto, o principal método utilizado pelo sistema nervoso para detectar as diferentes freqüências é o de determinar a posição mais estimulada ao longo da membrana basilar. Isso é denominado *princípio da posição,* para determinação da freqüência (ou de "tonalidade" do som).

Porém, referindo-nos novamente à Fig. 14.6, podemos ver que a extremidade distal da membrana basilar no helicotrema é estimulada por todas as freqüências sonoras abaixo de 200 ciclos/s. Portanto, foi difícil compreender, a partir do princípio da posição, como se pode diferenciar entre as freqüências sonoras muito baixas, de 200 até 20. Acredita-se que essas freqüências muito baixas são discriminadas, em grande parte, pelo denominado *princípio da freqüência* ou da *rajada* [*volley*]. Isto é, sons de baixa freqüência, de 20 até 2.000 a 4.000 ciclos/s, podem causar a transmissão de rajadas de impulsos, nas mesmas baixas freqüências, pelo nervo coclear, para os núcleos cocleares. Acredita-se que os núcleos cocleares diferenciem então as várias freqüências. Na verdade, a destruição de toda a metade apical da cóclea, que lesa a membrana basilar onde todos os sons de menor freqüência são normalmente detectados, ainda não elimina completamente a discriminação dos sons de baixa freqüência.

DETERMINAÇÃO DA INTENSIDADE

A intensidade é determinada pelo sistema auditivo por, no mínimo, três maneiras diferentes: primeira, à medida que aumenta a intensidade do som, a amplitude de vibração da membrana basilar e células ciliadas também aumenta, de forma que as células ciliadas excitam as terminações nervosas com freqüências mais altas. Segunda, à medida que aumenta a amplitude de vibração, isso causa estimulação de número cada vez maior das células ciliadas, situadas na região ressonante da membrana basilar, causando assim *somação espacial* de impulsos — isto é, transmissão por várias fibras nervosas, e não por poucas. Terceira, determinadas células ciliadas não são estimuladas até que a vibração da membrana basilar atinja intensidade relativamente elevada, e acredita-se que a estimulação dessas células, de alguma forma, alerte o sistema nervoso de que o som está muito intenso.

Detecção de alterações na intensidade — A lei da potência. Foi indicado, no Cap. 8, que uma pessoa interpreta as variações da intensidade de estímulos sensoriais de forma aproximadamente proporcional à raiz cúbica da intensidade real do som. Para expressar isso de outra forma, o ouvido pode discriminar diferenças da intensidade do som desde o sussurro mais leve até o ruído mais intenso, representando aumento *aproximado de 1 trilhão de vezes* da energia sonora, ou aumento de 1 milhão

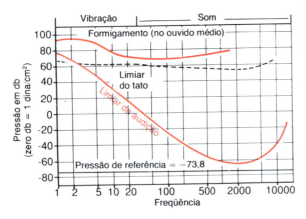

Fig. 14.9 Relação do limiar de audição e do limiar de percepção somestésica para o nível de energia sonora em cada freqüência sonora. (Modificado de Stevens e Davis: *Hearing,* New York, John Wiley & Sons.)

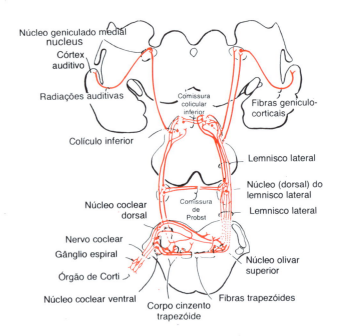

Fig. 14.10 A via auditiva. (Modificado de Crosby, Humphrey e Lauer.: *Correlative Anatomy of the Nervous System.* New York, Macmillan Publishing Co., 1962. Copyright 1962 by Macmillan Publishing Co. Reimpresso com permissão.)

de vezes da amplitude do movimento da membrana basilar. Porém, o ouvido interpreta essa grande diferença do nível sonoro como variação de cerca de 10.000 vezes. Assim, a escala de intensidade é muito "comprimida" pelos mecanismos de percepção do som do sistema auditivo. Isso, obviamente, permite que a pessoa interprete diferenças nas intensidades sonoras dentro de faixa extremamente ampla, uma faixa muito maior do que seria possível sem a compressão escalar.

A unidade decibel. Devido às variações extremas das intensidades sonoras que o ouvido pode detectar e discriminar, elas são em geral expressas em termos do logaritmo de suas verdadeiras intensidades. Um aumento de 10 vezes na energia sonora (ou aumento de $\sqrt{10}$ vezes na pressão sonora, porque a energia é proporcional ao quadrado da pressão) é denominado 1 *bel*, e 0,1 bel é denominado 1 *decibel* (db). Um decibel representa aumento verdadeiro da energia sonora de 1,26 vez.

Outra razão para o uso do sistema decibel na expressão das variações da intensidade é que, na faixa de intensidade do som habitual para a comunicação, os ouvidos dificilmente podem distinguir uma variação da ordem de 1 db na intensidade do som.

Limiar para audição de sons de diferentes freqüências. A Fig. 14.9 mostra os limiares de pressão nos quais sons com diferentes freqüências podem ser percebidos com dificuldade pelo ouvido. Essa figura demonstra que um som de 3.000 ciclos/s pode ser ouvido mesmo quando sua intensidade é de apenas 70 db abaixo de 1 dina/cm² de pressão sonora, que corresponde a 1/10.000.000 de microwatts por centímetro quadrado. Por outro lado, um som de 100 ciclos/s só pode ser detectado se sua intensidade for 10.000 vezes maior que essa.

Faixa de freqüência audível. As freqüências de som que uma pessoa jovem pode ouvir, antes do envelhecimento do sistema auditivo, está geralmente situada entre 20 e 20.000 ciclos/s. Entretanto, referindo-nos novamente à Fig. 14.9, vemos que a faixa audível é muito dependente da intensidade. Se a intensidade é de 60 db abaixo de 1 dina/cm² de pressão sonora, a faixa sonora é de 500 a 5.000 ciclos/s, e apenas com sons intensos pode ser atingida a faixa completa de 20 a 20.000 ciclos. No idoso, a faixa de freqüência cai para 50 a 8.000 ciclos/s ou menos, como será discutido adiante neste capítulo.

MECANISMOS AUDITIVOS CENTRAIS

A VIA AUDITIVA

A Fig. 14.10 apresenta as principais vias auditivas. Ela mostra que as fibras nervosas do *gânglio espiral de Corti* penetram nos *núcleos cocleares dorsal* e *ventral* localizados na parte superior do bulbo. Nesse ponto, todas as fibras fazem sinapse, e os neurônios de segunda ordem passam, em sua maioria, para o lado oposto do tronco cerebral através do *corpo trapezóide*, para o *núcleo olivar superior*. Entretanto, algumas fibras de segunda ordem também passam, ispsilateralmente, até o núcleo olivar superior do mesmo lado. A partir do núcleo olivar superior, a via auditiva ascende através do *lemnisco lateral;* e algumas fibras, mas não todas, terminam no *núcleo do lemnisco lateral*. Várias fibras passam diretamente para o colículo inferior, onde terminam todas ou quase todas. Daí, a via segue para o *núcleo geniculado medial,* onde todas as fibras, de novo, fazem sinapse. E, por fim, a via auditiva prossegue, por meio das *radiações auditivas,* para o *córtex auditivo*, localizado, em grande parte, no giro superior do lobo temporal.

Devem ser observados vários pontos importantes em relação à via auditiva. Primeiro, os sinais provenientes dos dois ouvidos são transmitidos, por meio das vias dos dois lados do cérebro apenas com ligeira preponderância de transmissão pela via contralateral. Em no mínimo três níveis distintos do tronco cerebral ocorre cruzamento entre as duas vias: (1) no corpo trapezóide, (2) na comissura de Probst entre os dois núcleos dos lemniscos laterais, e (3) na comissura que conecta os dois colículos inferiores.

Segundo, várias fibras colaterais dos feixes auditivos passam diretamente para o *sistema ativador reticular do tronco cerebral*. Esse sistema se projeta difusamente, para cima, até o córtex cerebral e, para baixo, até a medula espinhal, e ativa todo o sistema nervoso em resposta a sons intensos. Outros colaterais vão para o *vermis cerebelar*, que também é ativado instantaneamente no caso de ruído súbito.

Terceiro, é mantido um alto grau de orientação espacial nos feixes de fibras da cóclea em todo seu trajeto até o córtex. Na verdade, há *três* diferentes representações espaciais de freqüências sonoras nos núcleos cocleares, *duas* representações nos colículos inferiores, *uma* representação *precisa* para freqüências sonoras discretas no córtex auditivo, e, *no mínimo, cinco outras* representações, *menos precisas*, no córtex auditivo e áreas de associação auditivas.

Freqüência da descarga nos diferentes níveis da via auditiva. Fibras nervosas isoladas do nervo auditivo, que penetram nos núcleos cocleares, podem disparar com freqüência de, no mínimo, 1.000/s, sendo esse valor determinado, em grande parte, pela intensidade do som. Com freqüências de som de até 2.000 a 4.000 ciclos/s, os impulsos nervosos auditivos muitas vezes são sincronizados com as ondas sonoras, mas não ocorrem necessariamente a cada onda.

Nos feixes auditivos do tronco cerebral, a descarga geralmente não é mais sincronizada com a freqüência do som, exceto nas freqüência sonoras abaixo de 200 ciclos/s. E, acima do nível dos colículos inferiores, até mesmo essa sincronização é perdida. Esses achados demonstram que os sinais sonoros não são transmitidos inalterados diretamente do ouvido para os níveis cerebrais superiores; em vez disso, a informação proveniente dos sinais sonoros começa a ser dissecada do tráfego de impulsos em níveis muito baixos, tais como os núcleos cocleares. Adiante discutiremos mais esse tema, principalmente em relação à percepção da direção de onde provém o som.

Outro aspecto significativo das vias auditivas é que a descarga de baixa freqüência é mantida, mesmo na ausência de som, ao longo das fibras nervosas cocleares até o córtex auditivo. Quando a membrana basilar se desloca para a rampa vestibular, o tráfego de impulsos aumenta; quando a membrana basilar se desloca em direção à rampa timpânica, o tráfego de impulsos diminui. Assim, a presença desse sinal de fundo permite a transmissão de informações provenientes da membrana basilar, quando ela se desloca em qualquer direção: informação positiva em uma direção e informação negativa na direção oposta. Se não fosse pelo sinal de fundo, apenas a metade positiva da informação poderia ser transmitida. Esse tipo de método para a transmissão de informação, denominado "onda carreadora", é utilizado em várias partes do cérebro, como discutido em vários capítulos subseqüentes.

FUNÇÃO DO CÓRTEX CEREBRAL NA AUDIÇÃO

As áreas de projeção da via auditiva para o córtex cerebral estão representadas na Fig. 14.11, que mostra que o córtex auditivo fica localizado em grande parte sobre o *plano supratemporal do giro temporal superior,* mas também se estende sobre a *borda lateral do lobo temporal,* sobre grande parte do *córtex insular,* e, até mesmo, para a parte mais lateral do *opérculo parietal.*

Duas áreas distintas são mostradas na Fig. 14.11: o *córtex auditivo primário* e o *córtex de associação auditiva* (também denominado *córtex auditivo secundário*). O córtex auditivo primário é excitado diretamente por projeções do corpo geniculado medial, enquanto as áreas de associação auditiva são excitadas, de forma secundária, por impulsos provenientes do córtex auditivo primário e por projeções de áreas de associação talâmicas adjacentes ao corpo geniculado medial.

Percepção da freqüência dos sons no córtex auditivo primário. Foram encontrados, no mínimo, seis *mapas tonotópicos* diferentes no córtex auditivo primário e nas áreas auditivas de associação. Em cada um desses mapas, os sons de alta freqüência excitam neurônios em uma extremidade do mapa, enquanto os sons de baixa freqüência excitam os neurônios na extremidade oposta. Na maioria, os sons de baixa freqüência ficam localizados na parte anterior, como mostrado na Fig. 14.11; e os sons de alta freqüência, na posterior. Entretanto, isso não ocorre em todos os mapas. A pergunta que deve ser feita é: Por que o córtex auditivo contém tantos mapas tonotópicos diferentes? A resposta é, provavelmente, que cada uma das áreas distintas analisa, em separado, algum aspecto específico dos sons. Por exemplo, um dos grandes mapas no córtex auditivo primário discrimina quase certamente as próprias freqüências sonoras e confere à pessoa a sensação psíquica das tonalidades sonoras. Outro mapa é provavelmente utilizado para detectar a direção de onde vem o som.

A faixa de freqüência a que cada neurônio, no córtex auditivo, responde é muito mais estreita que a nos núcleos cocleares e retransmissores do tronco cerebral. Voltando à Fig. 14.6B, observa-se que a membrana basilar, próxima à base da cóclea, é estimulada por todas as freqüências sonoras, e, nos núcleos cocleares, é observada a mesma representação da faixa sonora. Porém, quando a excitação atinge o córtex cerebral, a maioria dos neurônios que respondem ao som só responde a uma estreita faixa de freqüências, e não a uma faixa ampla. Portanto, em algum ponto ao longo da via, os mecanismos de processamento "afilam" a resposta às freqüências. Acredita-se que esse efeito de afilamento seja causado principalmente pelo fenômeno da inibição lateral, discutido no Cap. 8, em relação aos mecanismos para a transmissão de informação nos nervos. Isto é, a estimulação da cóclea, com uma freqüência, provoca inibição de sinais gerados por freqüências sonoras a cada lado da freqüência estimulada, isso resultando da saída de fibras colaterais da via do sinal principal, exercendo influência inibitória sobre as vias adjacentes. O mesmo efeito também é importante no afilamento dos padrões de imagens somestésicas, imagens visuais e de outros tipos de sensações.

Grande parte dos neurônios no córtex auditivo, principalmente no córtex auditivo de associação, não responde a freqüências sonoras específicas no ouvido. Acredita-se que esses neurônios "associem" diferentes freqüências sonoras entre si ou associem as informações sonoras com as informações provenientes de outras áreas sensoriais do córtex. Na verdade, a parte parietal do córtex auditivo de associação sobrepõe-se, parcialmente, à área sensorial somática II, o que poderia permitir fácil oportunidade para a associação das informações auditivas com as informações sensoriais somáticas.

Discriminação dos "padrões" sonoros pelo córtex auditivo. A completa remoção bilateral do córtex auditivo não impede o gato ou o macaco de detectar sons ou reagir de forma grosseira aos sons. Entretanto, reduz muito ou, algumas vezes, até mesmo abole sua capacidade de discriminar diferentes tonalidades sonoras e, principalmente, *padrões sonoros.* Por exemplo, um animal que foi treinado para reconhecer uma combinação ou seqüência de tons, um após o outro, segundo padrão específico, perde sua capacidade quando o córtex auditivo é destruído; e, além disso, não pode reaprender esse tipo de resposta. Portanto, o córtex auditivo é importante para a discriminação do *padrão tonal* e do *padrão seqüencial de sons.*

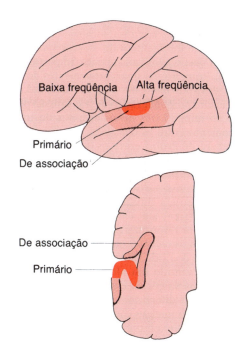

Fig. 14.11 O córtex auditivo.

A destruição total dos dois córtices auditivos primários, no homem, causa redução acentuada da sensibilidade auditiva, o que é muito diferente do efeito em animais inferiores. Entretanto, essa informação não está clara. Por outro lado, a destruição do córtex auditivo primário em apenas um lado no homem tem pequeno efeito sobre a audição, devido às várias conexões cruzadas de um lado para outro na via neural. Porém, isso afeta a capacidade de localizar a origem do som, porque são necessários sinais comparativos em ambos os córtices para essa função de localização.

No homem, as lesões que afetam as áreas de associação auditiva, mas não atingem o córtex auditivo primário, não reduzem a capacidade do indivíduo de ouvir e diferenciar tons sonoros e interpretar, no mínimo, padrões simples de som. Entretanto, ele muitas vezes será incapaz de interpretar o *significado* do som ouvido. Por exemplo, lesões na parte posterior do giro temporal superior, que é a área de Wernicke e, também, é parte do córtex de associação auditiva, com muita freqüência tornam impossível para o indivíduo interpretar os significados das palavras, embora as ouça perfeitamente e possa até mesmo repeti-las. Essas funções das áreas de associação auditiva e sua relação com as funções intelectuais globais do cérebro são discutidas, em detalhes, no Cap. 19.

DISCRIMINAÇÃO DA DIREÇÃO DA FONTE SONORA

Uma pessoa determina a direção da fonte sonora por dois mecanismos principais: (1) pela diferença de tempo entre a chegada do som em cada um dos ouvidos e (2) pela diferença entre as intensidades dos sons nos dois ouvidos. O primeiro mecanismo funciona melhor com freqüências abaixo de 3.000 ciclos/s, e o mecanismo de intensidade opera melhor com freqüências mais altas porque a cabeça funciona como uma barreira para o som nessas freqüências. O mecanismo da diferença de tempo discrimina a direção de forma muito mais precisa que o mecanismo da intensidade, pois o mecanismo da diferença de tempo não depende de fatores estranhos, mas apenas de um intervalo de tempo exato entre dois sinais acústicos. Se uma pessoa está de frente para o som, ele atinge-lhe os dois ouvidos exatamente no mesmo instante, ao passo que, se o ouvido direito estiver mais próximo do som que o esquerdo, os sinais sonoros do ouvido direito chegam ao cérebro antes que os provenientes do ouvido esquerdo.

Mecanismos neurais para a detecção da direção do som. A destruição do córtex auditivo em ambos os lados do cérebro, seja em seres humanos ou em mamíferos inferiores, causa perda de quase toda a capacidade de detectar a direção da fonte sonora. Porém, o mecanismo para esse processo de detecção tem início nos núcleos olivares superiores, embora exija as vias neurais em todo o trajeto desde esses núcleos até o córtex para a interpretação dos sinais. Acredita-se que o mecanismo seja o seguinte:

Primeiro, o núcleo olivar superior é dividido em duas partes: (1) o *núcleo olivar superior medial* e (2) o *núcleo olivar superior lateral*. O núcleo lateral está relacionado à detecção da direção da fonte sonora pela *diferença nas intensidades do som* que chega aos dois ouvidos, provavelmente pela simples comparação das duas intensidades e enviando o sinal apropriado ao córtex auditivo para estimar a direção.

Por outro lado, o *núcleo olivar superior medial* tem um mecanismo muito específico para a *detecção da diferença de tempo entre os sinais acústicos que entram nos dois ouvidos*. Esse núcleo contém grande número de neurônios que apresentam dois dendritos principais, um se projetando para a direita e o outro, para a esquerda. O sinal acústico proveniente do ouvido direito incide sobre o dendrito direito, e o sinal do ouvido esquerdo incide sobre o dendrito esquerdo. A intensidade de excitação de cada um desses neurônios é muito sensível a um intervalo de tempo específico entre os dois sinais acústicos provenientes dos dois ouvidos. Isto é, os neurônios próximos a uma borda do núcleo respondem de forma máxima a uma pequena diferença de tempo; enquanto os próximos à borda oposta só respondem a uma diferença de tempo muito longa; e os entre esses pontos, a diferenças de tempo intermediárias. Assim, há desenvolvimento de um padrão espacial da estimulação neuronal no núcleo olivar superior medial, com o som proveniente de fonte diretamente à frente da cabeça estimulando ao máximo um grupo de neurônios olivares e sons provenientes de diferentes ângulos laterais estimulando outros grupos de neurônios em lados opostos dos neurônios diretamente à frente. Essa orientação espacial dos sinais é, então, transmitida até o córtex auditivo, onde a direção do som é determinada pelo local no córtex, que é estimulado ao máximo. Acredita-se que os sinais para a determinação da direção do som sejam transmitidos por meio de via distinta e que essa via termine no córtex cerebral, em um local diferente da via de transmissão e local terminal, para os padrões sonoros tonais.

Esse mecanismo para a detecção da direção do som indica, novamente, como a informação contida em sinais sensoriais é dissecada à medida que os sinais passam pelos diferentes níveis de atividade neuronal. Nesse caso, a "qualidade" da direção do som é separada da "qualidade" dos tons do som ao nível dos núcleos olivares superiores.

SINAIS CENTRÍFUGOS ENVIADOS DO SISTEMA NERVOSO CENTRAL PARA OS CENTROS AUDITIVOS INFERIORES

Foram demonstradas vias retrógradas a cada nível do sistema nervoso, desde o córtex auditivo até a cóclea. A via final é principalmente do núcleo olivar superior até as próprias células ciliadas, no órgão de Corti.

Essas fibras retrógradas são inibitórias. Na verdade, foi demonstrado que a estimulação direta de pontos discretos no núcleo olivar inibe áreas específicas do órgão de Corti, reduzindo sua sensibilidade ao som por até 15 a 20 db. Pode-se compreender facilmente como isso poderia permitir que uma pessoa direcionasse sua atenção para sons com qualidades específicas, enquanto rejeitaria sons com outras qualidades. Isso é facilmente demonstrado quando se ouve um só instrumento de uma orquestra sinfônica.

■ ANORMALIDADES DA AUDIÇÃO

TIPOS DE SURDEZ

A surdez geralmente é dividida em dois tipos: primeiro, a causada por lesões da cóclea ou do nervo auditivo, que em geral é classificada como

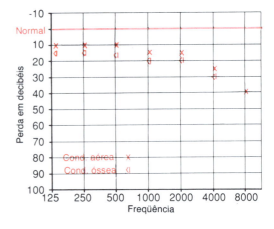

Fig. 14.12 Audiograma do tipo de surdez neural da velhice.

"surdez neural", e, segundo, a causada por comprometimento dos mecanismos para a transmissão do som para a cóclea, que geralmente é denominada "surdez de condução". É óbvio que, se a cóclea (ou o nervo auditivo) for completamente destruída, a pessoa ficará permanentemente surda. Entretanto, se a cóclea e o nervo ainda estiverem intactos, mas o sistema ossicular foi destruído ou anquilosado (isto é, "congelado" no lugar por fibrose ou calcificação), as ondas sonoras ainda podem ser conduzidas para a cóclea pela condução óssea.

O audiômetro. Para determinar a natureza dos distúrbios da audição, é utilizado o audiômetro. O aparelho consiste, simplesmente, em um fone de ouvido conectado a um oscilador eletrônico capaz de emitir tons puros que variam de baixas freqüências a altas freqüências. O instrumento é calibrado de tal forma que o nível de intensidade zero de som, a cada freqüência, é a menor intensidade que pode ser ouvida pela pessoa normal, com base em estudos prévios de pessoas normais. Entretanto, um controle calibrado de volume pode aumentar ou reduzir a intensidade de cada tom acima ou abaixo do nível zero. Se a intensidade de um tom deve ser aumentada para 30 db acima do normal antes que possa ser ouvida, diz-se que a pessoa possui uma *perda auditiva* de 30 db para esse tom específico.

Na realização de um teste de audição, utilizando-se um audiômetro, são testadas aproximadamente 8 a 10 freqüências cobrindo a faixa auditiva, e a perda da audição é determinada para cada uma dessas freqüências. Então, o denominado "audiograma" é representado da forma mostrada nas Figs. 14.12 e 14.13, mostrando a perda de audição para cada uma das freqüências na faixa auditiva.

O audiômetro, além de ser equipado com um fone de ouvido, para testar a condução aérea pelo ouvido, também tem um vibrador eletrônico para testar a condução óssea do processo mastóide até a cóclea.

O audiograma na surdez neural. Na surdez neural — termo que inclui a lesão da cóclea, do nervo auditivo, ou de circuitos provenientes do ouvido para o sistema nervoso central — o indivíduo apresenta redução ou perda total da capacidade de ouvir o som, testado pela condução aérea e pela condução óssea. Um audiograma representando a surdez neural parcial é mostrado na Fig. 14.12. Nessa figura, a surdez é principalmente para os sons de alta freqüência. Essa surdez poderia ser causada por lesão da base da cóclea. Esse tipo de surdez ocorre, em alguma extensão, em quase todas as pessoas idosas.

Outros padrões de surdez neural freqüentemente ocorrem da seguinte forma: (1) surdez para sons de baixa freqüência, causada por exposição excessiva e prolongada a sons muito intensos (bandas de *rock* ou motores de aviões a jato), porque sons de baixa freqüência são geralmente mais intensos e mais prejudiciais para o órgão de Corti, e (2) surdez para todas as freqüências, causada por sensibilidade química do órgão de Corti, principalmente sensibilidade a alguns antibióticos, como estreptomicina, canamicina e cloranfenicol.

O audiograma na surdez de condução. Um tipo freqüente de surdez é o causado por fibrose do ouvido médio, após infecção repetida dessa região, ou fibrose presente na doença hereditária denominada *otosclerose*. Neste caso, as ondas sonoras não podem ser facilmente transmitidas, por meio dos ossículos, da membrana timpânica até a janela oval. A Fig. 14.13 mostra um audiograma de pessoa com "surdez do ouvido médio" desse tipo. Neste caso, a condução óssea é praticamente normal, mas a condução aérea está muito reduzida em todas as freqüências, mais acentuadamente, para as baixas freqüências. Nesse tipo de surdez, a base do estribo fica freqüentemente "anquilosada" pelo supercrescimento ósseo até as bordas da janela oval, e a pessoa fica totalmente surda para a condução aérea, mas pode voltar a ouvir quase normalmente após remoção do estribo, substituído por pequena prótese de Teflon ou metal que transmite o som da bigorna para a janela oval.

REFERÊNCIAS

Aitkin, L. M., et al.: Central neural mechanisms of hearing. In Darian-Smith, I. (ed.): Handbook of Physiology. Sec. 1, Vol. III. Bethesda, Md., American Physiological Society, 1984, p. 675.

Altschuler, R. A., et al.: Neurobiology of Hearing: The Cochlea. New York, Raven Press, 1986.

Ballenger, J. J. (ed.): Diseases of the Nose, Throat, Ear, Head, and Neck. Philadelphia, Lea & Febiger, 1985.

Becker, W.: Atlas of Ear, Nose and Throat Diseases, Including Bronchoesophagology. Philadelphia, W. B. Saunders Co., 1984.

Borg, E., and Counter, S. A.: The middle-ear muscles. Sci. Am., August, 1989, p. 74.

Brugge, J. F., and Geisler, C. D.: Auditory mechanisms of the lower brainstem. Annu. Rev. Neurosci., 1:363, 1978.

Dallos, P.: Peripheral mechanisms of hearing. In Darian-Smith, I. (ed.): Handbook of Physiology. Sec. 1, Vol. III. Bethesda, Md., American Physiological Society, 1984, p. 595.

Fujimura, O.: Vocal Physiology: Voice Production, Mechanisms and Functions. New York, Raven Press, 1988.

Glasscock, M., III: Shambaugh's Surgery of the Ear, 4th Ed. Philadelphia, W. B. Saunders Co., 1989.

Green, D. M., and Wier, C. C.: Auditory perception. In Darian-Smith, I. (ed.): Handbook of Physiology. Sec. 1, Vol. III. Bethesda, Md., American Physiological Society, 1984, p. 557.

Guth, P. S., and Melamed, B.: Neurotransmission in the auditory system: A primer for pharmacologists. Annu. Rev. Pharmacol. Toxicol., 22:383, 1982.

Hawke, M., et al.: Diseases of the Ear: Clinical and Pathologic Aspects. Philadelphia, Lea & Febiger, 1987.

Hudspeth, A. J.: Mechanoelectrical transduction by hair cells in the acousticolateralis sensory system. Annu. Rev. Neurosci., 6:187, 1983.

Hudspeth, A. J.: The cellular basis of hearing: The biophysics of hair cells. Science, 230:745, 1985.

Imig, T. J., and Morel, A.: Organization of the thalamocortical auditory system in the cat. Annu. Rev. Neurosci., 6:95, 1983.

Kay, R. H.: Hearing of modulation in sounds. Physiol. Rev., 62:187, 1983.

Kiang, N. Y. S.: Peripheral neural processing of auditory information. In Darian-Smith, I. (ed.): Handbook of Physiology. Sec. 1, Vol. III. Bethesda, Md., American Physiological Society, 1984, p. 639.

Lee, K. J.: Textbook of Otolaryngology and Head and Neck Surgery. New York, Elsevier Science Publishing Co., 1989.

Lucente, F. E., and Sobol, S. M.: Essentials of Otolaryngology, 2nd Ed. New York, Raven Press, 1988.

Masterton, R. B., and Imig, T. J.: Neural mechanisms of sound localization. Annu. Rev. Physiol., 46:275, 1984.

Patuzzi, R., and Robertson, D.: Tuning in the mammalian cochlea. Physiol. Rev., 68:1009, 1988.

Rhode, W. S.: Cochlear mechanisms. Annu. Rev. Physiol., 46:231, 1984.

Rubel, E. W.: Ontogeny of auditory system function. Annu. Rev. Physiol., 46:213, 1984.

Sachs, M. B.: Neural coding of complex sounds: Speech. Annu. Rev. Physiol., 46:261, 1984.

Sataloff, J., et al.: Hearing Loss, 2nd Ed. Philadelphia, J. B. Lippincott Co., 1980.

Schneiderman, C. R.: Basic Anatomy and Physiology in Speech and Hearing. San Diego, College-Hill Press, 1984.

Simmons, J. A., and Kick, S. A.: Physiological mechanisms for spatial filtering and image enhancement in the sonar of bats. Annu. Rev. Physiol., 46:599, 1984.

Singh, R. P.: Anatomy of Hearing and Speech. New York, Oxford University Press, 1980.

Sterkers, O., et al.: How are inner ear fluids formed? News Physiol. Sci., 2:176, 1987.

Stevens, S. S.: Hearing. Its Psychology and Physiology. New York, Acoustical Society of America, 1983.

Syka, J., and Masterton, R. B. (eds.): Auditory Pathway. Structure and Function. New York, Plenum Publishing Corp., 1988.

Weiss, T. F.: Relation of receptor potentials of cochlear hair cells to spike discharges of cochlear neurons. Annu. Rev. Physiol., 46:247, 1984.

Wever, E. G., and Lawrence, M.: Physiological Acoustics. Princeton, Princeton University Press, 1954.

Woolsey, D. N. (ed.): Cortical Sensory Organization. Multiple Auditory Areas. Clifton, N. J., Humana Press, 1982.

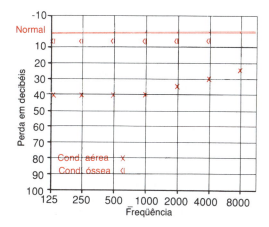

Fig. 14.13 Audiograma de surdez resultante de esclerose do ouvido médio.

15

Os Sentidos Químicos — Paladar e Olfato

Os sentidos do paladar e olfato nos permitem separar alimentos indesejáveis ou, até mesmo, letais dos que são nutritivos. E o sentido do olfato permite que os animais reconheçam a proximidade de outros animais, ou até mesmo de pessoas entre animais. Finalmente, esses dois sentidos são intimamente relacionados às funções emocionais e comportamentais primitivas de nossos sistemas nervosos.

■ O SENTIDO DO PALADAR

O paladar é principalmente uma função dos *botões gustativos* na boca, mas é sabido que o olfato contribui de forma significativa para a percepção gustativa. Além disso, a textura do alimento, detectada por receptores táteis da boca, e a presença de algumas substâncias no alimento, como a pimenta, que estimulam as terminações de dor, condicionam muito a experiência do paladar. A importância do paladar está no fato de que permite à pessoa selecionar o alimento de acordo com seu desejo e, talvez, também de acordo com as necessidades, dos tecidos, de substâncias nutritivas específicas.

AS SENSAÇÕES GUSTATIVAS PRIMÁRIAS

A identificação de substâncias químicas específicas que excitam diferentes receptores gustativos ainda é muito incompleta. Mesmo assim, estudos psicofisiológicos e neurofisiológicos identificaram, no mínimo, 13 possíveis ou prováveis receptores químicos nas células gustativas, a saber: 2 receptores para sódio, 2 receptores para potássio, 1 receptor para cloreto, 1 receptor para adenosina, 1 receptor para inosina, 2 receptores para o sabor doce, 2 receptores para o sabor amargo, 1 receptor para o glutamato, e 1 receptor para o íon hidrogênio.

Entretanto, para a análise prática do paladar, as propriedades dos receptores acima foram reunidas em quatro categorias gerais, denominadas *sensações gustativas primárias*. Elas são: *ácido, salgado, doce* e *amargo*.

Sabemos, obviamente, que a pessoa pode perceber literalmente centenas de paladares diferentes. Supõe-se que todos sejam combinações das sensações elementares, da mesma forma que todas as cores que vemos são associações das três cores primárias, como descrito no Cap. 12.

O sabor ácido. Esse sabor é causado pelos ácidos, e a intensidade da sensação é aproximadamente proporcional ao logaritmo da *concentração de íons hidrogênio*. Isto é, quanto mais acídico for o ácido, mais forte será a sensação.

O sabor salgado. O sabor salgado é produzido por sais ionizados. A qualidade do sabor varia um pouco de um sal para outro, pois os sais também produzem outras sensações gustativas além da sensação de salgado. Os cátions dos sais são os principais responsáveis, mas os ânions também contribuem, em menor proporção.

O sabor doce. O sabor doce não é causado por qualquer classe isolada de substâncias químicas. Uma relação de alguns dos tipos de substâncias químicas que causam esse sabor inclui: açúcares, glicóis, álcoois, aldeídos, cetonas, amidas, ésteres, aminoácidos, ácidos sulfônicos, ácidos halogenados, e sais inorgânicos de chumbo e berílio. Observe-se, especificamente, que a maioria das substâncias produtoras de sabor doce é representada por substâncias químicas orgânicas. É particularmente interessante que pequenas alterações da estrutura química, como a adição de um radical simples, possam freqüentemente modificar a substância do doce para o amargo.

O sabor amargo. Esse sabor, como o doce, não é produzido por qualquer tipo isolado de agente químico; mas, novamente, aqui as substâncias que conferem o sabor amargo são, em sua quase totalidade, substâncias orgânicas. Duas classes específicas de substâncias apresentam tendência especial de causar sensações de sabor amargo: (1) substâncias orgânicas de cadeia longa contendo nitrogênio e (2) alcalóides. Os alcalóides incluem várias substâncias utilizadas como medicamentos, como quinina, cafeína, estricnina e nicotina.

Algumas substâncias que, inicialmente, têm sabor doce apresentam, ao final, sabor amargo. É o caso da sacarina, o que faz com que essa substância seja rejeitada por algumas pessoas.

O sabor amargo, quando ocorre em grande intensidade, faz geralmente com que a pessoa ou o animal rejeite o alimento. Essa é, indubitavelmente, uma importante função objetiva da sensação do sabor amargo, porque várias das toxinas mortais encontradas nas plantas venenosas são alcalóides, que causam sensação intensamente amarga.

QUADRO 15.1 Índices gustativos relativos de diferentes substâncias

Substâncias ácidas	Índice	Substâncias amargas	Índice	Substâncias doces	Índice	Substâncias salgadas	Índice
Ácido clorídrico	1	Quinina	1	Sacarose	1	NaCl	1
Ácido fórmico	1,1	Brucina	11	1-propoxi-2-amino-4-nitrobenzeno	5.000	NaF	2
Ácido cloracético	0,9	Estricnina	3,1			CaCl$_2$	1
Ácido acetilático	0,85	Nicotina	1,3	Sacarina	675	NaBr	0,4
Ácido lático	0,85	Feniltiouréia	0,9	Clorofórmio	40	NaI	0,35
Ácido tartárico	0,7	Cafeína	0,4	Frutose	1,7	LiCl	0,4
Ácido málico	0,6	Veratrina	0,2	Alanina	1,3	NH$_4$Cl	2,5
Tartarato ácido de potássio	0,58	Pilocarpina	0,16	Glicose	0,8	KCl	0,6
Ácido acético	0,55	Atropina	0,13	Maltose	0,45		
Ácido cítrico	0,46	Cocaína	0,02	Galactose	0,32		
Ácido carbônico	0,06	Morfina	0,02	Lactose	0,3		

(Retirado de Derma: *Proc. Oklahoma Acad. Sci.*, 27:,9, 1947; e Pfaffman: *Handbook of Physiology*. Sec. I, Vol. I, Baltimore, Williams & Wilkins, 1959, p. 507.)

Limiar para o paladar

O limiar para a estimulação do sabor amargo pelo ácido clorídrico é, em média, de 0,0009 M; para estimulação do sabor salgado pelo cloreto de sódio, 0,01 M; para o sabor doce pela sacarose, 0,01 M; e para o sabor amargo pela quinina, 0,000008 M. Note-se, principalmente, como a sensação do sabor amargo é muito mais sensível que todas as outras, o que seria esperado, porque essa sensação tem importante função protetora.

O Quadro 15.1 apresenta os índices relativos de sabores (que são as recíprocas dos limiares de gustação) de diferentes substâncias. Nesse quadro, as intensidades das quatro diferentes sensações primárias de sabores referem-se, respectivamente, às intensidades gustativas correspondentes ao ácido clorídrico, quinina, sacarose e cloreto de sódio, cada qual com índice de gustação igual a 1.

Insensibilidade gustativa. Várias pessoas apresentam insensibilidade gustativa para determinadas substâncias, principalmente para diferentes tipos de compostos de tiouréia. Uma substância utilizada freqüentemente por psicólogos para a demonstração da insensibilidade gustativa é a *feniltiocarbamida*, para a qual cerca de 15 a 30% das pessoas apresentam insensibilidade gustativa, percentagem esta que depende do método de teste e da concentração da substância.

O BOTÃO GUSTATIVO E SUA FUNÇÃO

A Fig. 15.1 representa um botão gustativo, com diâmetro de cerca de 1/30 mm e comprimento de aproximadamente 1/16 mm. O botão gustativo é formado por mais ou menos 40 células epiteliais modificadas, algumas das quais são células de sustentação denominadas *células sustentaculares* e outras são *células gustativas*. As células gustativas são continuamente substituídas por divisão mitótica das células epiteliais adjacentes, de forma que algumas são células jovens e outras são células maduras, que migram em direção ao centro do botão, e, rapidamente, se rompem e se dissolvem. A vida média das células gustativas é de cerca de 10 dias em mamíferos inferiores, mas é desconhecida no ser humano.

As extremidades externas das células gustativas são dispostas ao redor de um diminuto *poro gustativo*, mostrado na Fig. 15.1. A partir da extremidade de cada célula, várias *microvilosidades*, ou *pêlos gustativos*, projetam-se para o poro gustativo para atingir a cavidade oral. Essas microvilosidades proporcionam a superfície receptora gustativa.

Entremeada com as células gustativas, encontra-se uma rede de ramificações terminais, de várias *fibras nervosas gustativas*, que são estimuladas pelas células receptoras gustativas. Algumas dessas fibras se invaginam nas pregas das membranas da célula gustativa. Várias vesículas formam-se sob a membrana, próximo às fibras, sugerindo que estas poderiam secretar um neurotransmissor para excitar as fibras nervosas em resposta à estimulação gustativa.

Localização dos botões gustativos. Os botões gustativos são encontrados em três diferentes tipos de papilas da língua, da seguinte forma: (1) Um grande número de botões gustativos está nas paredes das depressões que envolvem as papilas circunvaladas, que formam uma linha em V dirigida para a parte posterior da língua. (2) Alguns botões gustativos ficam sobre as papilas fungiformes sobre a superfície anterior plana da língua. (3) Um número moderado fica sobre as papilas foliadas, situadas nas dobras existentes ao longo das superfícies laterais da língua. Outros botões gustativos ficam localizados no palato e alguns, nos pilares tonsilares, epiglote e, até mesmo, no esôfago proximal. Os adultos têm aproximadamente 10.000 botões gustativos, e as crianças, um pouco mais. Após os 45 anos de idade, muitos botões gustativos degeneram com rapidez, fazendo com que a sensação gustativa se torne progressivamente menos crítica.

Em relação ao paladar, é particularmente importante a tendência que têm os botões gustativos, produtores de sensações primárias particulares de paladar, de ficarem localizados em áreas especiais. O paladar para o doce e o salgado ficam localizados *principalmente* na ponta da língua, o paladar para o ácido, nas bordas laterais da língua, e o paladar para o amargo, na parte posterior da língua e no palato mole.

Especificidade dos botões gustativos para os estímulos gustativos primários. Estudos com microeletródios de botões gustativos unitários, enquanto são estimulados, sucessivamente, pelos quatro diferentes estímulos gustativos primários, mostraram que a maioria deles pode ser excitada por dois, três, ou, até mesmo, quatro estímulos gustativos primários, assim como por alguns outros estímulos gustativos que não se adaptam nas categorias

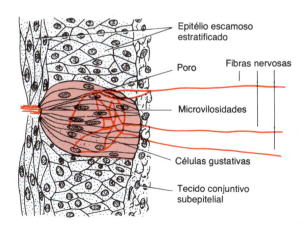

Fig. 15.1 O botão gustativo.

"primárias". Porém, geralmente, haverá predomínio de uma ou duas das categorias gustativas.

Mecanismo de estimulação dos botões gustativos. *O potencial receptor.* A membrana da célula gustativa, como a de outras células receptoras sensoriais, tem seu interior carregado negativamente em relação ao exterior. A aplicação de uma substância gustativa aos pêlos gustativos causa perda parcial desse potencial negativo — isto é, a célula gustativa é *despolarizada*. A redução do potencial, dentro de ampla faixa, é, aproximadamente, proporcional ao logaritmo da concentração da substância estimulante. Essa alteração no potencial da célula gustativa é o *potencial receptor* para a gustação.

Acredita-se que o mecanismo pelo qual a substância estimuladora reage com as vilosidades gustativas para iniciar o potencial receptor seja pela ligação das substâncias químicas gustativas com as moléculas protéicas do receptor que se salientam através da membrana das vilosidades. Isso, por sua vez, abre canais iônicos, o que permite a entrada de íons sódio e despolariza a célula. Então, a substância química gustativa é gradualmente retirada dos pêlos gustativos pela saliva, o que remove o estímulo. Admite-se que os tipos de receptores em cada pêlo gustativo determinem os tipos de sabor que produzirão respostas.

Geração de impulsos nervosos pelo botão gustativo. Após a primeira aplicação do estímulo gustativo, a freqüência da descarga das fibras nervosas atinge um valor máximo em pequena fração de segundo, mas depois se adapta, nos 2 segundos subseqüentes, de volta a um nível constante menor. Assim, um forte sinal imediato é transmitido pelo nervo gustativo, e um sinal mais fraco contínuo é transmitido enquanto o botão é exposto ao estímulo gustativo.

TRANSMISSÃO DE SINAIS GUSTATIVOS PARA O SISTEMA NERVOSO CENTRAL

A Fig. 15.2 ilustra as vias neuronais para a transmissão de sinais gustativos da língua e região faríngea para o sistema nervoso central. Os impulsos gustativos, originados nos dois terços anteriores da língua, seguem, primeiro, para o *quinto par craniano*, e, daí, pela *corda do tímpano*, para o *nervo facial*, por onde chegam ao *feixe solitário*, no tronco cerebral. As sensações gustativas das papilas circunvaladas, no dorso da língua e das outras regiões posteriores da boca, são transmitidas, pelo *nervo glossofaríngeo*, também para o *feixe solitário*, mas em nível ligeiramente mais baixo. Finalmente, alguns sinais gustativos são transmitidos para o *feixe solitário*, provenientes da base da língua e outras partes da região faríngea, pelo *nervo vago*.

Todas as fibras gustativas fazem sinapse nos *núcleos do feixe solitário* e enviam neurônios de segunda ordem para pequena área do *núcleo medial posteroventral do tálamo* localizada em posição ligeiramente medial às terminações talâmicas das regiões faciais do sistema coluna dorsal-lemnisco medial. A partir do tálamo, os neurônios de terceira ordem se projetam para a *ponta inferior do giro pós-central no córtex parietal*, onde se dobram para as regiões profundas da fissura silviana e, também, para a *área opérculo-insular* adjacente, também na fissura silviana. Ela está ligeiramente lateral, ventral e rostral à área da língua correspondente à área somática I.

A partir desta descrição das vias gustativas, fica evidente, de imediato, que são intimamente paralelas às vias somáticas provenientes da língua.

Reflexos gustativos integrados no tronco cerebral. A partir do feixe solitário é transmitido um grande número de impulsos pelo interior do próprio tronco cerebral, diretamente para os *núcleos salivatórios inferior* e *superior*, e esses, por sua vez, transmitem impulsos para as glândulas submandibular, sublingual e parótida, para ajudar a controlar a secreção de saliva durante a ingestão de alimento.

Adaptação do paladar. Todos conhecem o fato de que as sensações gustativas se adaptam rapidamente, em geral com adaptação quase completa dentro de aproximadamente 1 minuto de estimulação contínua. Porém, estudos eletrofisiológicos de fibras nervosas gustativas demonstram que a adaptação dos botões gustativos é, no máximo, a metade da adaptação da sensação. Portanto, o grau extremo de adaptação que ocorre na sensação do paladar quase certamente se dá no próprio sistema nervoso central, embora o mecanismo e o local não sejam conhecidos. De qualquer modo, é um mecanismo diferente ao da maioria dos outros sistemas sensoriais, que se adaptam principalmente ao nível dos receptores.

PREFERÊNCIA GUSTATIVA E CONTROLE DA DIETA

Preferências gustativas significam, simplesmente, que o animal escolherá determinados tipos de alimento em lugar de outros, e usará isso automaticamente para ajudar a controlar seu tipo de dieta. Além disso, suas preferências gustativas freqüentemente se modificam de acordo com as necessidades orgânicas de determinadas substâncias. Os experimentos a seguir ilustram essa capacidade dos animais de escolher o alimento de acordo com as necessidades do corpo: primeiro, animais sem suprarenal escolhem automaticamente beber água com concentração elevada de cloreto de sódio em lugar de água pura, e isso, em vários casos, é suficiente para suprir as necessidades do corpo e evitar a morte resultante da depleção de sal. Segundo, animal que receba injeções de quantidades excessivas de insulina desenvolve acentuada hipoglicemia, e, automaticamente, escolhe o alimento mais doce entre várias amostras. Terceiro, animais submetidos a paratireoidectomia escolhem automaticamente beber água com concentração elevada de cloreto de cálcio.

Esses mesmos fenômenos também são observados em várias situações da vida cotidiana. Por exemplo, dos depósitos salinos do deserto atraem animais de longas distâncias, e até mesmo o homem rejeita qualquer alimento que produza sensação afetiva desagradável, o que certamente, muitas vezes, protege o nosso corpo de substâncias indesejáveis.

O fenômeno da preferência gustativa é quase certamente dependente de algum mecanismo localizado no sistema nervoso central, e não de mecanismos nos próprios receptores gustativos, embora seja verdade que os receptores freqüentemente ficam sensibilizados ao nutriente necessário. Razão importante para se acreditar que a preferência gustativa é um fenômeno basicamente central é que a experiência prévia com paladares desagradáveis ou agradáveis desempenha papel importante na determinação das diferentes preferências gustativas. Por exemplo, se uma pessoa adoece logo após ingerir determinado tipo de alimento, em geral desenvolve uma preferência gustativa negativa, ou *aversão gus-*

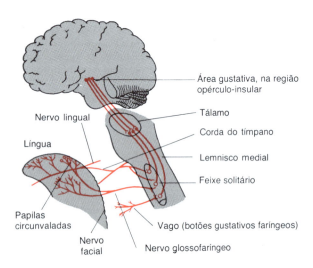

Fig. 15.2 Transmissão dos impulsos gustativos para o sistema nervoso central.

tativa, para esse alimento específico; o mesmo efeito pode ser demonstrado em animais.

■ O SENTIDO DO OLFATO

O olfato é o menos compreendido de nossos sentidos. Isto se deve parcialmente ao fato de que o sentido do olfato é um fenômeno subjetivo que não pode ser estudado com facilidade em animais inferiores. Ainda outra complicação é que o sentido do olfato é quase rudimentar no ser humano em comparação com o de alguns animais inferiores.

A MEMBRANA OLFATIVA

A membrana olfativa fica localizada na parte superior de cada narina, como representado na Fig. 15.3. Na parte medial, ela se dobra para baixo, por sobre a superfície do septo, e, lateralmente, se dobra sobre a concha superior e, até mesmo, sobre pequena porção da superfície superior da concha média. Em cada narina, a membrana olfativa tem área de superfície de aproximadamente 2,4 cm².

As células olfativas. As células receptoras para a sensação do olfato são as *células olfativas*, na verdade, células nervosas bipolares, derivadas originalmente do próprio sistema nervoso central. Existem cerca de 100 milhões dessas células no epitélio olfativo, dispersas entre as *células sustentaculares*, como mostrado na Fig. 15.4. A extremidade mucosa da célula olfativa forma um botão, de onde saem 6 a 12 *pêlos olfativos* ou *cílios*, com 0,3 μm de diâmetro e até 200 μm de comprimento, que se projetam para o interior do muco que reveste a superfície interna da cavidade nasal. Esses cílios olfativos formam denso emaranhado no muco, e são essas estruturas que reagem aos odores no ar e estimulam as células olfativas, como discutido adiante. Distribuídas espaçadas entre as células olfativas na membrana olfativa existem diversas pequenas *glândulas de Bowman* que secretam muco para a superfície da membrana olfativa.

ESTIMULAÇÃO DAS CÉLULAS OLFATIVAS

Mecanismo de excitação das células olfativas. A parte das células olfativas que responde aos estímulos químicos olfativos

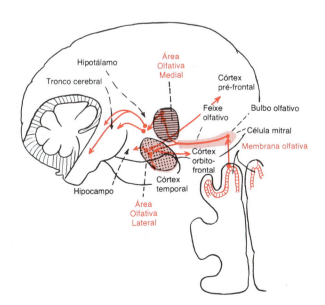

Fig. 15.3 Conexões neurais do sistema olfativo.

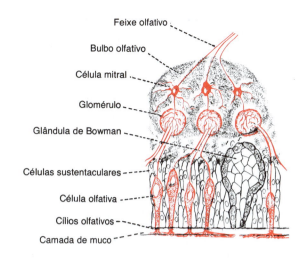

Fig. 15.4 Organização da membrana olfativa.

é representada pelos *cílios*. As membranas dos cílios contêm grande número de moléculas protéicas que se saliêntam através da membrana e podem ligar-se a diferentes substâncias odoríferas. Essas proteínas são denominadas *proteínas fixadoras de odoríferos*. Acredita-se que essa ligação seja o estímulo necessário para excitar as células olfativas.

Foram propostas duas teorias distintas para o mecanismo de excitação. A teoria mais simples sugere que as moléculas das proteínas fixadoras de odoríferos se abram, funcionando como canais iônicos, quando ocorre a ligação do odorífero, permitindo, principalmente, o fluxo de grande número de íons sódio, positivamente carregados, para o interior da célula olfativa e despolarizando-a. A segunda teoria propõe que a ligação do odorífero faz com que a proteína fixadora de odoríferos se transforme em uma adenilato ciclase ativada em sua extremidade que se salienta para o interior da célula. Essa ciclase, por sua vez, catalisa a formação de monofosfato cíclico de adenosina (AMPc), e o AMPc atua sobre várias outras proteínas da membrana, para abrir seus canais iônicos. Esse segundo mecanismo produziria um receptor extremamente sensível, devido ao efeito cascata que ocorreria, permitindo que mesmo o menor estímulo causasse reação.

Independentemente do mecanismo químico básico pelo qual as células olfativas são estimuladas, vários fatores físicos também afetam o grau de estímulo. Primeiro, apenas as substâncias voláteis capazes de serem inaladas para as fossas nasais podem ter seu odor detectado. Segundo, a substância estimulante deve ser ao menos parcialmente lipossolúvel, talvez porque os constituintes lipídicos da membrana celular repelem os odoríferos das proteínas receptoras da membrana.

Potenciais de membrana e potenciais de ação nas células olfativas. O potencial de membrana das células olfativas não estimuladas, medido por microeletródios, é de aproximadamente – 55 mV. Nesse potencial, a maioria das células gera potenciais de ação contínuos, com freqüência que varia de uma vez a cada 20 s até 2 a 3/s.

A maioria dos odoríferos causa despolarização da membrana olfativa, reduzindo o potencial negativo na célula olfativa de – 55 até – 30 mV ou ainda menos. Junto com isso, o número de potenciais de ação aumenta para aproximadamente 20/s, uma freqüência muito elevada para as pequenas fibras olfativas, que medem apenas fração de micrômetro.

Alguns odoríferos hiperpolarizam a membrana da célula olfativa, assim reduzindo, em lugar de aumentar, a freqüência de descarga do nervo.

Dentro de ampla faixa de estimulação, a freqüência de impulsos do nervo olfativo é aproximadamente proporcional ao logaritmo da intensidade do estímulo, o que ilustra que os receptores olfativos tendem a obedecer princípios de transdução semelhantes aos dos outros receptores sensoriais.

Adaptação. Os receptores olfativos se adaptam em cerca de 50% no primeiro segundo após o estímulo. A seguir, adaptam-se muito pouco e de forma muito lenta. Porém, todos sabemos, a partir de nossa experiência, que as sensações olfativas se adaptam quase que à extinção dentro de cerca de 1 minuto após entrarmos em atmosfera fortemente odorífera. Como essa adaptação psicológica é muito maior que o grau de adaptação dos próprios receptores, é quase certo que a maior parte da adaptação ocorre no sistema nervoso central, o que também parece ser verdadeiro para a adaptação das sensações gustativas. Um mecanismo neuronal postulado para essa adaptação é o seguinte: grande número de fibras nervosas centrífugas vai das reações olfativas do cérebro, ao longo do feixe olfativo, e termina em células inibitórias especiais, no bulbo olfativo, as *células granulares*. Acredita-se que, após o início do estímulo olfativo, o sistema nervoso central desenvolve gradualmente forte inibição por *feedback* para suprimir a transmissão dos sinais olfativos pelo bulbo olfativo.

BUSCA PELAS SENSAÇÕES OLFATIVAS PRIMÁRIAS

A maioria dos fisiologistas está convencida de que as muitas sensações olfativas são geradas por algumas sensações primárias discretas, da mesma forma que a visão e o paladar são gerados por algumas sensações selecionadas. Mas, até agora, só foi atingido pequeno sucesso na classificação das sensações primárias do olfato. Porém, com base nos testes psicológicos e em estudos do potencial de ação em vários pontos das vias do nervo olfativo, supõe-se que cerca de sete diferentes classes primárias de estimulantes olfativos excitam preferencialmente células olfativas distintas. Essas classes de estimulantes olfativos são caracterizadas da seguinte forma:

1. Canforado
2. Almiscarado
3. Floral
4. Mentolado
5. Etéreo
6. Picante
7. Pútrido

Entretanto, é improvável que essa relação represente, realmente, as verdadeiras sensações primárias do olfato, embora ilustre os resultados de uma das várias tentativas de classificá-las. Na verdade, várias indicações nos últimos anos sugeriram que poderia haver até *50* ou mais sensações primárias de olfato — um contraste significativo com apenas três sensações primárias de cor, detectadas pelos olhos, e apenas algumas sensações primárias de paladar, detectadas pela língua. Por exemplo, foram encontradas pessoas que têm *insensibilidade olfativa* para substâncias específicas; e essa insensibilidade olfativa discreta foi identificada para mais de 50 diferentes substâncias. Como se acredita que a insensibilidade olfativa para cada substância represente a ausência da proteína receptora apropriada, nas células olfativas, para essa substância, é possível que o sentido do olfato possa ser resultante de combinações de 50 ou mais sensações olfativas primárias.

Natureza afetiva do olfato. O olfato, bem como o paladar, apresenta as qualidades afetivas de prazer ou de desagrado, motivo pelo qual o olfato é tão importante (ou mais) quanto o paladar na seleção do alimento. Na verdade, uma pessoa que, anteriormente, ingeriu alimento que a desagradou, muitas vezes apresenta náuseas apenas pelo odor do mesmo tipo de alimento em outra ocasião. Outros tipos de odores que foram desagradáveis no passado também podem provocar sensação desconfortável; por outro lado, um perfume de boa qualidade pode promover profundas alterações emocionais masculinas. Além disso, em alguns animais inferiores, os odores são o excitante primário do impulso sexual.

Limiar para o olfato. Uma das características principais do olfato é a diminuta quantidade do agente estimulante no ar, necessária para provocar sensação de olfato. Por exemplo, a substância *metil-mercaptana* pode ser detectada pelo seu odor quando só existe 1/25 bilionésimos avos de miligrama, em cada mililitro de ar. Devido a esse baixo limiar, essa substância é misturada ao gás natural para conferir a este um odor que possa ser detectado quando ocorre um vazamento.

Medida do limiar olfativo. Um dos problemas no estudo do olfato foi a dificuldade de se obter medidas precisas do estímulo limiar necessário para provocar o olfato. A técnica mais simples é permitir que a pessoa inale diferentes substâncias da forma usual. Na verdade, alguns pesquisadores acreditam que esse procedimento é tão satisfatório quanto qualquer outro. Entretanto, para eliminar variações de uma pessoa para outra, foram desenvolvidos métodos mais objetivos: um deles foi colocar uma caixa contendo o agente volatilizado sobre a cabeça do indivíduo. São tomadas precauções apropriadas para excluir odores do corpo da própria pessoa. Ela deve respirar naturalmente, mas o agente volatilizado é distribuído uniformemente no ar respirado.

Gradações das intensidades olfativas. Embora as concentrações limiares de substâncias que produzem a sensação olfativa sejam extremamente pequenas, concentrações apenas 10 a 50 vezes acima dos valores limiares, para determinadas substâncias, despertam algumas vezes a intensidade máxima do olfato. Isso é o inverso da maioria dos outros sistemas sensoriais do corpo, nos quais as faixas de detecção são enormes — por exemplo, 500.000 para 1, no caso dos olhos, e 1 trilhão para 1, no caso dos ouvidos. Isso talvez possa ser explicado pelo fato de que o olfato está mais relacionado à detecção da presença ou ausência de odores que à detecção quantitativa de suas intensidades.

TRANSMISSÃO DOS SINAIS OLFATIVOS PARA O SISTEMA NERVOSO CENTRAL

As regiões olfativas do cérebro estão entre suas estruturas mais antigas, e grande parte do restante do cérebro desenvolveu-se ao redor desses primórdios olfativos. Na verdade, parte do cérebro que originalmente se relacionava com a olfação evoluiu depois para as estruturas cerebrais basais que, no ser humano, controlam as emoções e outros aspectos de comportamento; esse é o sistema que denominamos *sistema límbico*, discutido no Cap. 20.

Transmissão de sinais olfativos para o bulbo olfativo

O bulbo olfativo, também denominado nervo craniano I, é mostrado na Fig. 15.3. Embora seja semelhante a um nervo, na realidade é uma expansão do tecido cerebral da base do cérebro para o exterior, com dilatação em forma de bulbo, o *bulbo olfativo*, em sua extremidade que se localiza sobre a *placa cribriforme* que separa a cavidade cerebral da parte superior da cavidade nasal. A placa cribriforme apresenta múltiplas perfurações pequenas pelas quais um igual número de pequenos nervos entra no bulbo olfativo a partir da membrana olfativa. A Fig. 15.4 mostra a íntima relação entre as células olfativas, na membrana olfativa, e o bulbo olfativo, mostrando axônios muito curtos que terminam em múltiplas estruturas globulares do bulbo olfativo denominadas *glomérulos*. Cada bulbo possui vários milhares desses glomérulos, e, em cada um, terminam cerca de 25.000 axônios, provenientes das células olfativas. Em cada glomérulo também terminam dendritos de aproximadamente 25 grandes *células mitrais* e cerca de 60 *células em tufo* menores cujos corpos celulares também se localizam no bulbo olfativo, em situação superior aos glomérulos. Essas células, por sua vez, enviam axônios, por meio do feixe olfativo, para o sistema nervoso central.

Pesquisas recentes sugerem que diferentes glomérulos respondem a diferentes odores. Portanto, é possível que os glomérulos específicos que são estimulados sejam a indicação real para a análise dos diferentes sinais de odores transmitidos para o sistema nervoso central.

As vias olfativas para o sistema nervoso central: as muito antigas, as antigas e as recentes

O ponto de entrada do feixe olfativo no cérebro é a junção entre o mesencéfalo e o cérebro; aí, o feixe se divide em duas vias, uma passando, medialmente, para a *área olfativa medial* e a outra, lateralmente, para a *área olfativa lateral*. A área olfativa medial representa um sistema olfativo muito antigo, enquanto a área olfativa lateral é a entrada tanto para o sistema olfativo menos antigo quanto para o sistema mais recente.

O sistema olfativo muito antigo — a área olfativa medial. A área olfativa medial consiste num grupo de núcleos localizados nas regiões mediobasais do cérebro, anterior e superior ao hipotálamo. Mais conspícuos são os *núcleos septais*, localizados na linha média e que enviam sinais para o hipotálamo e outras partes do sistema límbico cerebral, o sistema que está relacionado ao comportamento básico descrito no Cap. 20.

A importância dessa área olfativa medial é melhor compreendida pela consideração do que ocorre em animais quando as áreas olfativas laterais de ambos os lados do cérebro são removidas, permanecendo apenas o sistema medial. A resposta é que isso afeta profundamente as respostas mais primitivas à olfação, tais como lamber os lábios, salivação, e outras respostas de alimentação causadas pelo odor do alimento, ou como impulsos emocionais primitivos associados ao odor. Por outro lado, a remoção das áreas laterais abole os reflexos condicionados olfativos mais complicados.

O sistema olfativo antigo — a área olfativa lateral. A área olfativa lateral é composta principalmente pelo *córtex pré-piriforme* e *piriforme*, mais a *porção cortical dos núcleos amigdalóides*. A partir dessas áreas, os sinais seguem para quase todas as partes do sistema límbico, principalmente para o hipocampo, que é mais importante no processo de aprendizado — nesse caso, provavelmente, aprendendo as semelhanças e dessemelhanças de determinados alimentos, dependendo das experiências com esses alimentos. Por exemplo, são essa área olfativa lateral e suas várias conexões com o sistema comportamental límbico que fazem com que uma pessoa desenvolva absoluta aversão a alimentos que previamente lhe causaram náuseas e vômitos.

Um aspecto importante da área olfativa lateral é que vários sinais provenientes dessa área seguem diretamente para um tipo mais antigo de córtex cerebral, denominado paleocórtex, na parte ântero-medial do lobo temporal. Essa é a única área de todo o córtex cerebral onde os sinais sensoriais passam diretamente para o córtex sem passar pelo tálamo.

A via mais recente. Foi encontrada outra via olfativa ainda mais nova, que, na verdade, passa pelo tálamo, indo para o núcleo talâmico dorsomedial e, daí, para o quadrante látero-pos-terior do córtex orbitofrontal. Com base em estudos em macacos, esse novo sistema auxiliaria sobretudo na análise consciente do odor.

Assim, parece haver um sistema olfativo muito antigo que serve aos reflexos olfativos básicos, um sistema antigo que promove o controle automático, mas aprendido da ingestão alimentar e aversão a alimentos tóxicos e insalubres, e, finalmente, um novo sistema que é comparável à maioria dos outros sistemas sensoriais corticais e é utilizado para a percepção consciente do odor.

Controle centrífugo da atividade no bulbo olfativo, exercido pelo sistema nervoso central. Várias fibras nervosas originadas nas porções olfativas do cérebro voltam, pela via olfativa, em direção ao bulbo olfativo, isto é, "centrifugamente", do cérebro para a periferia. Elas terminam em número muito grande de pequenas *células granulares*, localizadas no centro do bulbo. Essas células, por sua vez, enviam curtos *dendritos* inibitórios para as células mitrais e em tufo. Acredita-se que esse *feedback* inibitório para o bulbo olfativo poderia ser um meio de auxiliar a tornar mais precisa a capacidade de diferenciar um odor de outro.

Atividade elétrica nos nervos e feixes olfativos. Estudos eletrofisiológicos mostram que as células mitrais e em tufo apresentam atividade contínua, sendo o mesmo verdadeiro para os receptores olfativos, como discutido antes. Superpostos a essa atividade basal estão os aumentos ou reduções causados por diferentes odores. Assim, os estímulos olfativos *modulam* a freqüência dos impulsos no sistema olfativo e, dessa forma, transmitem a informação olfativa.

REFERÊNCIAS

Alberts, J. R.: Producing and interpreting experimental olfactory deficits. Physiol. Behav., 12:657, 1974.

Chanel, J.: The olfactory system as a molecular descriptor. News Physiol. Sci., 2:203, 1987.

Dastoli, F. R.: Taste receptor proteins. Life Sci., 14:1417, 1974.

Denton, D. A.: Salt appetite. In Code, C. F., and Heidel, W. (eds.): Handbook of Physiology. Sec. 6, Vol. 1. Baltimore, Md., Williams & Wilkins, 1967, p. 433.

Douek, E.: The Sense of Smell and Its Abnormalities. New York, Churchill Livingstone, 1974.

Getchell, T. V.: Functional properties of vertebrate olfactory receptor neurons. Physiol. Rev., 66:772, 1986.

Kashara, Y. (ed.): Proceedings of the Seventeenth Japanese Symposium on Taste and Smell. Arlington, Va, IRL Press, 1984.

Lat, J.: Self-selection of dietary components. In Code, C. F., and Heidel, W. (eds.): Handbook of Physiology. Sec. 6, Vol. 1, Baltimore, Md., Williams and Wilkins, 1967, p. 367.

Margolis, F. L., and Getchell, T. V. (eds.): Molecular Neurobiology of the Olfactory System. New York, Plenum Publishing Corp., 1988.

McBurney, D. H.: Taste and olfaction: Sensory discrimination. In Darian-Smith, I. (ed.): Handbook of Physiology. Sec. 1, Vol. III. Bethesda, Md., American Physiological Society, 1984, p. 1067.

Monmaney, T.: Are we led by the nose? Discover, September, 1987, p. 48.

Moulton, D. G., and Beidler, L. M.: Structure and function in the peripheral olfactory system. Physiol. Rev., 47:1, 1967.

Norgren, R.: Central neural mechanisms of taste. In Darian-Smith, I. (ed.): Handbook of Physiology. Sec. 1, Vol. III. Bethesda, Md., American Physiological Society, 1984, p. 1087.

Oakley, B., and Benjamin, R. M.: Neural mechanisms of taste. Physiol. Rev., 46:173, 1966.

Roper, S. D.: The cell biology of vertebrate taste receptors. Annu. Rev. Neurosci., 12:329, 1989.

Schiffman, S. S.: Taste transduction and modulation. News Physiol. Sci., 3:109, 1988.

Shepherd, G. M.: The olfactory bulb: A simple system in the mammalian brain. In Brookhart, J. M., and Mountcastle, V. B. (eds.): Handbook of Physiology. Sec. 1, Vol. I. Baltimore, Md., Williams & Wilkins, 1977, p. 945.

Takagi, S. F.: The olfactory nervous system of the Old World monkey. Jpn. J. Physiol., 34:51, 1984.

Zotterman, Y.: Olfaction and Taste. New York, Macmillan Co., 1963.

VI

O SISTEMA NERVOSO CENTRAL:
C. Neurofisiologia Motora e Integrativa

16 Funções Motoras da Medula Espinhal; os Reflexos Medulares

17 Controle da Função Motora pelo Córtex e pelo Tronco Cerebral

18 O Cerebelo, os Gânglios Basais e o Controle Motor Geral

19 O Córtex Cerebral; Funções Intelectuais do Cérebro e Aprendizado e Memória

20 Mecanismos Comportamentais e Motivacionais do Cérebro — O Sistema Límbico e o Hipotálamo

21 Estados de Atividade Cerebral — Sono; Ondas Cerebrais; Epilepsia; Psicoses

22 O Sistema Nervoso Autonômico; a Medula Supra-Renal

23 Fluxo Sanguíneo Cerebral, o Líquido Cefalorraquidiano e o Metabolismo Cerebral

16

Funções Motoras da Medula Espinhal; os Reflexos Medulares

Na discussão feita, até agora, sobre o sistema nervoso, consideramos, principalmente, a chegada das informações sensoriais. Nos capítulos seguintes, vai ser discutida a origem e a saída dos sinais motores, os sinais que causam a contração muscular, a função secretora e outros efeitos motores em todo o corpo.

A informação sensorial é integrada em todos os níveis do sistema nervoso e causa as respostas motoras apropriadas, começando na medula espinhal, com reflexos relativamente simples, estendendo-se até o tronco cerebral, com respostas algo mais complicadas, e, finalmente, estendendo-se até o cérebro, onde são controladas as respostas de maior complexidade.

Neste capítulo, discutiremos o controle da função muscular pela medula espinhal. A medula espinhal não é apenas um conduto para os sinais sensoriais que se dirigem ao encéfalo ou dos sinais motores que vão do encéfalo para a periferia. Na verdade, sem os circuitos neuronais especiais da medula, mesmo os sistemas de controle motor mais fundamentais do encéfalo não podem produzir qualquer movimento muscular objetivo. Por exemplo, não existe em lugar algum do encéfalo um circuito neuronal que provoque o movimento específico, para frente e para trás, das pernas, necessário durante a marcha. Em vez disso, os circuitos para esses movimentos ficam na medula, e o encéfalo envia simplesmente sinais de *comando* para iniciar o processo da marcha. Assim, em condições apropriadas, é possível fazer com que um cão ou gato consiga andar mesmo após transecção medular completa.

Também, não vamos com isso minimizar o papel do encéfalo, pois ele fornece as direções seqüenciais para as atividades medulares, para promover movimentos de rotação, quando necessários, para inclinar o corpo para frente, durante a aceleração, para modificar os movimentos de marcha para salto, quando necessário, e para, continuamente, monitorizar e controlar o equilíbrio. Tudo isto é realizado por meio de sinais de "comando" que vêm de cima. Mas também são necessários os vários circuitos neuronais da medula espinhal, que constituem os próprios objetos do comando. Esses circuitos, por sua vez, exercem praticamente todo o controle direto dos músculos.

Preparações experimentais para estudar os reflexos medulares — o animal espinhal e o animal descerebrado. Dois tipos distintos de preparações experimentais têm sido particularmente úteis no estudo da função medular: (1) o *animal espinhal*, no qual a medula espinhal é seccionada, freqüentemente, na região cervical, de forma que a maior parte da medula permanece funcional; e (2) o *animal descerebrado*, no qual o tronco cerebral é seccionado na parte inferior do mesencéfalo.

Imediatamente após a preparação de um *animal espinhal*, a maior parte da função medular fica intensamente deprimida, abaixo do nível da transecção. Entretanto, após algumas horas, em animais inferiores, e após alguns dias a semanas, em macacos, a maior parte das funções medulares intrínsecas retorna quase ao normal, proporcionando uma preparação adequada para o estudo experimental.

No *animal descerebrado,* o tronco cerebral é seccionado ao nível mesencefálico inferior, o que bloqueia os sinais inibitórios normais dos centros superiores de controle do encéfalo para os núcleos reticulares pontinos e vestibulares. Isso faz com que esses núcleos fiquem tonicamente ativos, transmitindo sinais facilitatórios para a maioria dos circuitos de controle motor da medula espinhal. O resultado é que são facilmente ativados, mesmo pelos menores sinais aferentes sensoriais para a medula. Usando-se essa preparação, pode-se estudar, muito facilmente, as funções motoras intrínsecas da própria medula.

■ ORGANIZAÇÃO DA MEDULA ESPINHAL PARA A EXECUÇÃO DAS FUNÇÕES MOTORAS

A substância cinzenta da medula é a área de integração para os reflexos medulares e outras funções motoras. A Fig. 16.1 mostra a organização típica da substância cinzenta da medula em segmento medular único. Os sinais sensoriais entram na medula quase totalmente, pelas raízes sensoriais (posteriores). Após entrar na medula, cada sinal sensorial segue para dois destinos distintos. Primeiro, um ramo do nervo sensorial termina na substância cinzenta da medula e produz reflexos segmentares locais e outros efeitos. Segundo, outro ramo transmite sinais para os níveis superiores do sistema nervoso — para níveis superiores, na própria medula, para o tronco cerebral, ou, até mesmo, para o córtex cerebral, como descrito nos capítulos anteriores.

Cada segmento da medula espinhal contém vários milhões de neurônios em sua substância cinzenta. Além dos neurônios de função sensorial discutidos nos Caps. 9 e 10, os neurônios restantes são de dois tipos diversos, os *motoneurônios anteriores* e os *interneurônios*.

Os motoneurônios anteriores. Localizados em cada segmento das pontas anteriores da substância cinzenta da medula existem

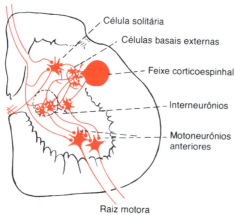

Fig. 16.1 Conexões das fibras sensoriais e fibras corticoespinhais com os interneurônios e os motoneurônios anteriores da medula.

vários milhares de neurônios 50 a 100% maiores que a maioria dos outros e denominados *motoneurônios anteriores*. Eles originam as fibras nervosas que deixam a medula pelas raízes anteriores e inervam as fibras musculares esqueléticas. Esses neurônios são de dois tipos, os *motoneurônios alfa* e os *motoneurônios gama*.

Os motoneurônios alfa. Os motoneurônios alfa originam grossas fibras nervosas do tipo A alfa (Aα), com diâmetro que varia de 9 a 20 μm, que inervam as grandes fibras musculares esqueléticas. A estimulação de uma só fibra nervosa excita que três a várias centenas de fibras musculares esqueléticas, coletivamente denominadas *unidade motora*. A transmissão dos impulsos nervosos para os músculos esqueléticos e a estimulação dos músculos são discutidas nos Caps. 24 e 25.

Os motoneurônios gama. Além dos motoneurônios alfa, que excitam a contração das fibras musculares esqueléticas, foram observados nas pontas anteriores da medula, juntamente com os motoneurônios alfa, neurônios com diâmetro muito menor, denominados motoneurônios gama, cujo número corresponde, aproximadamente, à metade do número de motoneurônios alfa. Eles transmitem impulsos por fibras do tipo A gama (Aγ), com diâmetro médio de 5 μm, para fibras musculares esqueléticas especiais, muito delgadas, denominadas *fibras intrafusais*. Elas fazem parte do *fuso muscular*, que é discutido adiante.

Os interneurônios. Os interneurônios são encontrados em todas as áreas da substância cinzenta medular — nas pontas dorsais, nas pontas anteriores, e nas áreas intermediárias. Essas células são muito numerosas — seu número é aproximadamente 30 vezes maior que os motoneurônios anteriores. São pequenas e muito excitáveis, apresentando freqüentemente atividade espontânea, e são capazes de disparar com freqüência de até 1.500 vezes por segundo. Têm várias interconexões, e muitas delas inervam diretamente os motoneurônios anteriores, como representado na Fig. 16.1. As interconexões entre os interneurônios e os motoneurônios anteriores são responsáveis por diversas funções de integração da medula espinhal, discutidas no restante deste capítulo.

Praticamente, todos os diferentes tipos de circuitos neuronais descritos no Cap. 8 são encontrados nos grupamentos celulares de interneurônios da medula espinhal, incluindo os circuitos *divergentes, convergentes* e de *descarga repetitiva*. Neste capítulo, serão apresentadas várias aplicações desses diferentes circuitos para a realização de atos reflexos específicos pela medula espinhal.

Apenas alguns sinais sensoriais aferentes dos nervos espinhais, ou sinais provenientes do encéfalo, terminam diretamente sobre os motoneurônios anteriores. Em vez disso, em sua maioria, eles são transmitidos, inicialmente, para interneurônios, onde são processados apropriadamente. Assim, na Fig. 16.1, é mostrado que o feixe corticoespinhal termina, quase em sua totalidade, nos interneurônios, e somente após a integração dos sinais desse feixe, no grupamento de interneurônios, com sinais de outros feixes espinhais ou de nervos espinhais, é que, finalmente, atuam sobre os motoneurônios anteriores, para controlar a função muscular.

O sistema inibitório das células de Renshaw. Existe grande número de pequenos interneurônios, denominados *células de Renshaw*, também localizados nas pontas ventrais da medula espinhal, em íntima associação com os motoneurônios. Quase imediatamente após o axônio deixar o corpo do motoneurônio anterior, ramos colaterais desse axônio passam para as células de Renshaw adjacentes. Estas, por sua vez, são células inibitórias que transmitem sinais inibitórios para os motoneurônios a seu redor. Assim, a estimulação de cada motoneurônio tende a inibir os motoneurônios adjacentes, um efeito denominado *inibição recorrente*. Esse efeito, provavelmente, é importante pela seguinte razão:

Mostra que o sistema motor utiliza o princípio da inibição lateral para focalizar, ou afilar, seus sinais da mesma forma que o sistema sensorial utiliza esse princípio — isto é, para permitir que o sinal primário seja transmitido com perfeição, enquanto suprime a tendência de dispersão dos sinais para os neurônios adjacentes.

CONEXÕES MULTISSEGMENTARES NA MEDULA ESPINHAL — AS FIBRAS PROPRIOESPINHAIS

Mais de metade de todas as fibras nervosas que se dirigem para cima e para baixo na medula espinhal são as *fibras proprioespinhais*. Elas são fibras que passam de um segmento a outro da medula. Além disso, as fibras sensoriais, quando entram na medula, se ramificam para cima e para baixo, e alguns desses ramos só transmitem sinais para um segmento ou dois em cada direção, enquanto outros transmitem sinais por vários segmentos. Essas fibras ascendentes e descendentes da medula fornecem vias para os reflexos multissegmentares descritos adiante, incluindo os reflexos que coordenam os movimentos simultâneos dos membros superiores e inferiores.

■ OS RECEPTORES MUSCULARES — FUSOS MUSCULARES E ÓRGÃOS TENDINOSOS DE GOLGI — E O PAPEL DESEMPENHADO POR ELES NO CONTROLE MUSCULAR

O controle apropriado da função muscular requer não apenas a excitação do músculo pelos motoneurônios anteriores, mas, também, o *feedback* contínuo de informação de cada músculo para o sistema nervoso, fornecendo dados sobre o estado do músculo a cada instante, isto é, qual o comprimento do músculo, qual é sua tensão instantânea, e a velocidade com que seu comprimento e sua tensão se modificam? Para fornecer essa informação, os músculos e seus tendões são fartamente supridos por dois tipos especiais de receptores sensoriais: (1) *fusos musculares*, que são distribuídos em toda a massa muscular e enviam informações para o sistema nervoso sobre o comprimento do músculo ou sobre a velocidade de variação de seu comprimento; e (2) *órgãos tendinosos de Golgi*, localizados nos tendões musculares, que transmitem informações sobre a tensão ou a velocidade de variação da tensão.

Os sinais desses dois receptores têm como único, ou quase único, objetivo o controle do próprio músculo, porque operam quase totalmente ao nível subconsciente. Mesmo assim, trans-

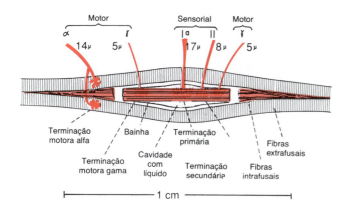

Fig. 16.2 O fuso muscular, mostrando sua relação com as grandes fibras musculares esqueléticas extrafusais. Observe-se, também, a inervação motora e sensorial do fuso muscular.

mitem enorme quantidade de informações para a medula espinhal, o cerebelo, e, até mesmo, o córtex cerebral, auxiliando cada uma dessas partes do sistema nervoso em sua função de controle da contração muscular.

FUNÇÃO RECEPTORA DO FUSO MUSCULAR

Estrutura e inervação do fuso muscular. A organização fisiológica do fuso muscular é mostrada na Fig. 16.2. Cada fuso é construído ao redor de 3 a 12 delgadas *fibras musculares intrafusais*, afiladas em suas extremidades e fixadas ao glicocálice das fibras musculares esqueléticas *extrafusais* adjacentes. Cada fibra intrafusal é uma fibra muscular esquelética muito pequena. Entretanto, a região central de cada uma dessas fibras — isto é, a área intermediária entre suas duas extremidades — tem poucos (ou nenhum) filamentos de actina e miosina. Portanto, essa porção central não se contrai quando as extremidades o fazem. Em vez disso, funciona como um receptor sensorial, como descrito adiante. As extremidades são excitadas pelas pequenas *fibras nervosas motoras gama*, originadas nos motoneurônios gama já descritos. Essas fibras, freqüentemente, são denominadas *fibras eferentes gama*, em contraposição às *fibras eferentes alfa*, que inervam o músculo esquelético extrafusal.

Excitação dos receptores fusais. A região receptora do fuso muscular é sua parte central, onde as fibras musculares intrafusais não contêm elementos contráteis. Como representado na Fig. 16.2, e, também, em maior detalhe na Fig. 16.3, as fibras sensoriais se originam nessa área e são estimuladas pelo estiramento dessa região média do fuso. Pode-se, facilmente, perceber que o receptor do fuso muscular pode ser excitado de duas maneiras diferentes:

1. O alongamento de todo o músculo produzirá obviamente estiramento da região média do fuso e, portanto, excitará o receptor.

2. Mesmo se não houver modificação do comprimento de todo o músculo, a contração das extremidades das fibras intrafusais também distenderá as regiões médias das fibras fusais e, portanto, excitará o receptor.

São encontrados dois tipos de terminações sensoriais na área receptora do fuso muscular.

A terminação primária. Na parte mais central da área receptora, uma grossa fibra sensorial circunda a região central de cada fibra intrafusal, formando a denominada *terminação primária* ou *terminação anuloespiral*. Essa fibra nervosa é uma fibra do tipo Ia, com diâmetro médio de 17 μm, e transmite sinais sensoriais para a medula espinhal com velocidade de 70 a 120 m/s, tão rapidamente quanto qualquer outro tipo de fibra nervosa sensorial em todo o corpo.

A terminação secundária. Geralmente uma, mas, algumas vezes, duas fibras nervosas sensoriais mais finas — fibras do tipo II, com diâmetro médio de 8 μ — inervam a região receptora em um dos lados da terminação primária, como representado nas Figs. 16.2 e 16.3. Essa terminação sensorial é denominada *terminação secundária*, ou, algumas vezes, *terminação em buquê*, porque, em algumas preparações, ela se assemelha a um buquê de flores, embora circunde, principalmente, as fibras intrafusais da mesma forma que a fibra do tipo Ia.

Divisão das fibras intrafusais em fibras com bolsa nuclear e fibras com cadeia nuclear — respostas dinâmica e estática do fuso muscular. Também existem dois tipos diferentes de fibras intrafusais: (1) *fibras com bolsa nuclear* (uma a três em cada fuso), nas quais grande número de núcleos fica reunido em uma bolsa expandida na região central da área receptora, como mostrado na parte superior da Fig. 16.3; e (2) *fibras com cadeia nuclear* (três a nove), cujo diâmetro e comprimento são iguais a cerca da metade dos das fibras com bolsa nuclear; seus núcleos ficam alinhados em uma cadeia, por toda a área receptora, como mostrado na parte inferior da figura. A terminação primária inerva tanto as fibras com bolsa nuclear intrafusal *quanto* as fibras com cadeia nuclear. Por outro lado, a terminação secundária geralmente só inerva as fibras com cadeia nuclear. Estas relações são todas apresentadas na Fig. 16.3.

Resposta das terminações primárias e secundárias ao comprimento do receptor — a resposta "estática". Quando a região receptora do fuso muscular é estirada lentamente, o número de impulsos transmitidos pelas terminações primárias e secundárias aumenta em proporção quase direta ao grau do estiramento, e as terminações continuam a transmitir esses impulsos durante vários minutos. Esse efeito é denominado *resposta estática* do receptor fusal, significando, simplesmente, que tanto as terminações primárias quanto as secundárias continuam a transmitir seus sinais enquanto o próprio receptor permanecer estirado. Como apenas a fibra intrafusal do tipo com *cadeia nuclear* é inervado pelas terminações primárias e secundárias, acredita-se que essas fibras com cadeia nuclear sejam as responsáveis pela resposta estática.

Resposta da terminação primária (mas não da terminação secundária) à velocidade de modificação do comprimento do receptor — a resposta "dinâmica". Quando o comprimento do receptor fusal aumenta subitamente, a terminação primária (mas não a terminação secundária) é estimulada de forma particularmente intensa, mas de modo muito mais forte que o estímulo produzido pela resposta estática. Esse estímulo excessivo da terminação

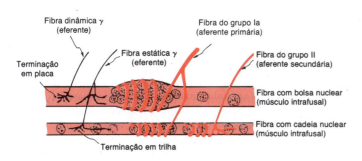

Fig. 16.3 Detalhes das conexões nervosas com as fibras do fuso muscular da bolsa nuclear e cadeia nuclear. (Modificado de Stein: *Physiol. Rev.*, 54:225, 1974, e Boyd: *Philos, Trans. R. Soc. Lond.* [*Biol Sci.*], 245:81, 1962.)

primária é denominado *resposta dinâmica,* o que significa que a terminação primária responde de forma extremamente ativa à alta *velocidade de variação* do comprimento. Quando o comprimento de um receptor fusal aumenta por apenas fração de micrômetro, se esse aumento ocorrer em fração de segundo, o receptor primário transmite grande número de impulsos excessivos para a fibra Ia, mas apenas *enquanto o comprimento está realmente aumentando.* Assim que cessa o aumento do comprimento, a freqüência da descarga do impulso retorna ao nível muito menor da resposta estática que ainda está presente no sinal.

De modo inverso, quando o receptor fusal encurta, essa alteração reduz momentaneamente o número de impulsos da terminação primária; então, assim que a área do receptor atinge seu novo e menor comprimento, os impulsos reaparecem na fibra Ia em fração de segundo. Assim, a terminação primária envia sinais de grande intensidade para o sistema nervoso central, alertando-o sobre qualquer alteração do comprimento da área receptora do fuso.

Como apenas as terminações primárias transmitem a resposta dinâmica, e as fibras intrafusais com bolsa nuclear só contêm terminações primárias, acredita-se que as fibras com bolsa nuclear sejam as responsáveis pela potente resposta dinâmica.

Controle das respostas estática e dinâmica pelos nervos motores gama. Os nervos motores gama, para o fuso muscular, podem ser divididos em dois tipos distintos gama-dinâmico (gama-d) e gama-estático (gama-e). O primeiro excita principalmente as fibras intrafusais com bolsa nuclear, e o segundo, em grande maioria, as fibras intrafusais com cadeia nuclear. Quando as fibras gama-d excitam as fibras com bolsa nuclear, a resposta dinâmica do fuso muscular fica muito aumentada, enquanto a resposta estática dificilmente é afetada. Por outro lado, a estimulação das fibras gama-e, que excitam as fibras com cadeia nuclear, estimula a resposta estática, embora exerça pequena influência sobre a resposta dinâmica. Veremos, nos parágrafos subseqüentes, que esses dois tipos distintos de respostas do fuso muscular são muito importantes em diferentes tipos de controle muscular.

Descarga contínua dos fusos musculares em condições normais. Normalmente, sobretudo quando há uma pequena excitação motora gama, os fusos musculares emitem impulsos nervosos sensoriais continuamente. O estiramento dos fusos musculares aumenta a freqüência de deflagração, enquanto o encurtamento do fuso reduz esta freqüência. Assim, os fusos podem enviar *sinais positivos* para a medula espinhal, isto é, maiores números de impulsos para indicar aumento do estiramento de um músculo, ou podem enviar *sinais negativos,* redução dos números de impulsos abaixo do nível normal, para indicar que o músculo não está sendo estirado.

O REFLEXO DO ESTIRAMENTO MUSCULAR (TAMBÉM DENOMINADO REFLEXO MIOTÁTICO)

A manifestação mais simples da função do fuso muscular é o *reflexo de estiramento muscular* — isto é, sempre que o músculo for estirado, a excitação dos fusos causa contração reflexa das grandes fibras musculares esqueléticas que se localizam ao redor dos fusos.

Circuito neuronal do reflexo de estiramento. A Fig. 16.4 mostra o circuito básico do reflexo de estiramento do fuso muscular, mostrando uma fibra nervosa do tipo Ia se originando em um fuso muscular e entrando na raiz dorsal da medula espinhal. Então, ao contrário da maioria das outras fibras nervosas que entram na medula, um dos seus ramos passa diretamente para a ponta anterior da substância cinzenta medular, fazendo sinapse direta com os motoneurônios anteriores, que enviam fibras nervosas de volta para o mesmo músculo onde teve origem a fibra

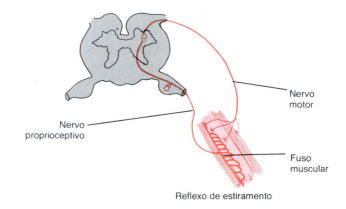

Fig. 16.4 Circuito neuronal do reflexo de estiramento.

do fuso muscular. Assim, essa é uma *via monossináptica* que permite o retorno do sinal reflexo, com o menor retardo possível, ao mesmo músculo após a excitação do fuso.

Algumas das fibras tipo II, das terminações secundárias fusais, também terminam monossinapticamente sobre os motoneurônios anteriores. Entretanto, a maioria das fibras tipo II (assim como vários colaterais das fibras Ia das terminações primárias) termina sobre numerosos interneurônios na substância cinzenta medular, e eles, por sua vez, transmitem sinais mais tardios para os motoneurônios anteriores e também exercem outras funções.

O reflexo de estiramento dinâmico *versus* reflexo de estiramento estático. O reflexo de estiramento pode ser dividido em dois componentes distintos, denominados, respectivamente, reflexo de estiramento dinâmico e reflexo de estiramento estático. O *reflexo de estiramento dinâmico* é produzido pelo potente sinal dinâmico transmitido pelas terminações primárias dos fusos musculares. Isto é, quando um músculo é subitamente estirado, um forte sinal é transmitido para a medula espinhal, e isso causa contração reflexa instantânea muito forte do mesmo músculo de onde se originou o sinal. Assim, as funções reflexas se opõem às alterações súbitas do comprimento do músculo, porque a contração muscular se opõe ao estiramento.

O reflexo de estiramento dinâmico cessa dentro de fração de segundo após o estiramento do músculo até seu novo comprimento, mas, então, um *reflexo de estiramento estático,* mais fraco, continua por período de tempo prolongado. Esse reflexo é produzido pelos sinais do receptor estático contínuo, transmitidos pelas terminações primárias e secundárias. A importância do reflexo de estiramento estático é que continua a causar contração muscular, enquanto o músculo é mantido em comprimento excessivo. A contração muscular, por sua vez, se opõe à força causadora do comprimento excessivo do músculo.

O reflexo de estiramento negativo. Quando um músculo é subitamente encurtado, ocorrem efeitos exatamente opostos, devido aos sinais negativos dos fusos. Se o músculo já se encontra estirado, qualquer liberação súbita da carga exercida sobre ele, permitindo seu encurtamento, produzirá *inibição muscular* reflexa, dinâmica e estática, e não excitação reflexa. Assim, esse *reflexo de estiramento negativo* se opõe ao encurtamento do músculo, da mesma forma que o reflexo de estiramento positivo se opõe ao seu alongamento. Portanto, pode-se perceber que o reflexo de estiramento tende a manter o *status quo* com relação ao comprimento de um músculo.

A função amortecedora dos reflexos de estiramento dinâmico e estático. Uma função particularmente importante do reflexo de estiramento é sua capacidade de evitar alguns tipos de oscilação e espasmos dos movimentos corporais. Esta é uma função de *amortecimento,* como poderemos ver no exemplo a seguir:

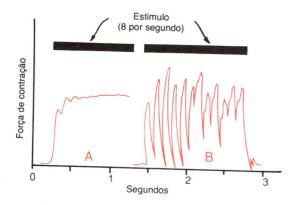

Fig. 16.5 Contração muscular causada por um sinal da medula espinhal em duas condições diferentes: *A*, em músculo normal, e *B*, em músculo cujos fusos musculares foram desnervados pela secção das raízes posteriores da medula 82 dias antes. Observe-se o efeito de amortecimento do reflexo do fuso muscular em *A*. (Modificado de Creed, et al.: *Reflex Activity of the Spinal Cord.* New York, Oxford University Press, 1932.)

Uso do mecanismo de amortecimento na suavização da contração muscular. Ocasionalmente, sinais de outras partes do sistema nervoso são transmitidos para um músculo de forma muito irregular, aumentando sua intensidade durante alguns milissegundos, depois, diminuindo essa intensidade, e depois, ainda, passando de um nível de intensidade para outro, e assim por diante. Quando o aparelho do fuso muscular não está funcionando satisfatoriamente, a contração muscular é muito espasmódica durante o curso desse sinal. Esse efeito é apresentado na Fig. 16.5, que mostra um experimento onde o sinal sensorial, entrando em um dos lados da medula, é transmitido para um nervo motor no outro lado da medula, para excitar um músculo. Na curva A, o reflexo do fuso muscular do músculo excitado está intacto. Observe-se que a contração é bastante uniforme, embora o nervo sensorial seja excitado com a freqüência relativamente baixa de 8/s. A curva B, por outro lado, refere-se ao mesmo experimento em animal cujos nervos sensoriais do fuso muscular do músculo estudado foram seccionados 3 meses antes. Observe-se a contração muscular muito irregular. Assim, a curva A demonstra claramente a capacidade do mecanismo de amortecimento do fuso muscular, tornando mais suaves e uniformes as contrações musculares, embora os sinais que chegam ao sistema motor muscular possam ser, eles próprios, muito instáveis. Esse efeito também pode ser denominado função da *média dos sinais* [*signal averaging*] do reflexo do fuso muscular.

PAPEL DO FUSO MUSCULAR NA ATIVIDADE MOTORA VOLUNTÁRIA

Para enfatizar a importância do sistema eferente gama, é necessário reconhecer que 31% de todas as fibras do nervo motor para o músculo são fibras eferentes gama, e não grandes fibras motoras do tipo A alfa. Sempre que os sinais são transmitidos, a partir do córtex ou de qualquer outra área do encéfalo, para os motoneurônios alfa, quase sempre os motoneurônios gama são estimulados simultaneamente, um efeito denominado *co-ativação* dos motoneurônios alfa e gama. Isso causa a contração simultânea das fibras extrafusais e intrafusais.

O objetivo da contração simultânea das fibras do fuso muscular e das grandes fibras musculares esqueléticas é provavelmente duplo: primeiro, impede a modificação do comprimento da região receptora do fuso muscular e, portanto, impede o fuso muscular de se opor à contração muscular. Segundo, mantém a função de amortecimento adequada do fuso muscular, independentemente da modificação do comprimento muscular. Por exemplo, se o fuso muscular não se contrai e relaxa juntamente com as grandes fibras musculares, a região receptora do fuso algumas vezes poderia ficar com reatividade anormal,* e superestirada em outras, sem nunca operar nas condições ideais para o funcionamento do fuso.

Possível função de "servocontrole" do reflexo do fuso muscular

É possível que o reflexo do fuso muscular também funcione como mecanismo de "servocontrole" durante a contração muscular. Mas, inicialmente, vamos explicar o que significa "mecanismo de servocontrole."

Quando os motoneurônios alfa e gama são estimulados simultaneamente, vamos explicar o que significa "mecanismo de servocontrole". de encurtamento, o grau de estimulação dos fusos musculares não será alterado — nem aumenta, nem diminui. Entretanto, no caso das fibras musculares extrafusais se contraírem menos que as intrafusais (como poderia ocorrer quando o músculo está se contraindo contra uma grande carga), esse descompasso distenderia as regiões receptoras dos fusos e, como resultado, produziria um reflexo de estiramento que promoveria excitação adicional das fibras extrafusais. Esse é exatamente o mesmo mecanismo empregado no sistema de "direção hidráulica" de um automóvel. Isto é, se as rodas dianteiras resistem em acompanhar o movimento do volante, é ativado um dispositivo de servocontrole que aplica força adicional para virar as rodas.

A função de servocontrole do reflexo do fuso muscular poderia ter várias vantagens importantes, tais como:

1. Permitiria que o cérebro promovesse contração muscular contra uma carga sem dispêndio de muita energia adicional — em vez disso, o reflexo do fuso forneceria a maior parte da energia.

2. Possibilitaria a contração do músculo até um comprimento bastante próximo do desejado, mesmo quando a carga é aumentada ou reduzida entre contrações sucessivas. Em outras palavras, tornaria a extensão da contração menos sensível à carga.

3. Funcionaria como fator de compensação para a fadiga ou outras anormalidades do próprio músculo, porque qualquer falha do músculo em desenvolver contração adequada produziria um estímulo adicional do reflexo do fuso muscular para produzir a contração.

Mas, infelizmente, ainda não sabemos a importância dessa possível função do reflexo do fuso muscular.

Áreas encefálicas para controle do sistema eferente gama

O sistema eferente gama é excitado pelos mesmos sinais que excitam os motoneurônios alfa e, também, por sinais da *região facilitatória bulborreticular* do tronco cerebral, e, secundariamente, por impulsos, transmitidos para essa área bulborreticular, provenientes (a) do *cerebelo*, (b) dos *gânglios da base*, e, até mesmo, (c) do *córtex cerebral*. Infelizmente, porém, sabe-se pouco sobre os mecanismos precisos de controle do sistema eferente gama. Entretanto, como a área facilitatória bulborreticular está particularmente relacionada às contrações antigravitárias e, também, como os músculos antigravitários apresentam densidade bastante elevada de fusos musculares, é enfatizada a possível, ou provável, importância do mecanismo eferente gama no controle da contração muscular, para o posicionamento das diferentes partes do corpo e para o amortecimento dos movimentos delas.

APLICAÇÕES CLÍNICAS DO REFLEXO DE ESTIRAMENTO

O reflexo de estiramento é testado pelo clínico quase todas as vezes em que é feito um exame físico. Seu objetivo é determinar a excitação basal, ou "tônus", que o cérebro está enviando para a medula espinhal. Esse reflexo é testado da seguinte forma:

O reflexo patelar e outros reflexos fásicos musculares. Clinicamente, o método utilizado para determinar a sensibilidade dos reflexos de estira-

---

*N.T. No original: *Flail*. Este termo é usado para definir a estrutura biológica que apresenta atividade anormal e perda de reatividade aos controles normais.

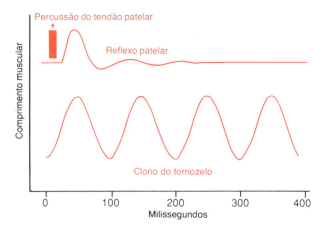

Fig. 16.6 Miogramas registrados no músculo quadríceps durante reflexo patelar, e no músculo gastrocnêmio durante o clono do tornozelo.

mento consiste em desencadear o reflexo patelar e outros reflexos fásicos musculares. O reflexo patelar pode ser desencadeado pela simples percussão do tendão patelar com um martelo de reflexo. Isso provoca o estiramento do músculo quadríceps e provoca um *reflexo de estiramento dinâmico* que, por sua vez, causa o movimento da parte inferior da perna para adiante. A parte superior da Fig. 16.6 mostra um miograma do músculo quadríceps, registrado durante um reflexo patelar.

Podem ser obtidos reflexos semelhantes em quase todos os músculos do corpo, tanto por percussão do tendão muscular como por percussão da própria massa muscular. Em outras palavras, o súbito estiramento de fusos musculares é a única coisa necessária para produzir o reflexo de estiramento.

As respostas fásicas musculares* são utilizadas por neurologistas para avaliar o grau de facilitação dos centros medulares. Quando grande número de impulsos facilitatórios está sendo transmitido das regiões superiores do sistema nervoso central para a medula, essas respostas fásicas musculares ficam muito exacerbadas. Por outro lado, se os impulsos facilitatórios são deprimidos ou suprimidos, as contrações musculares ficam consideravelmente enfraquecidas ou até ausentes. Esses reflexos são utilizados com maior freqüência na determinação da presença ou ausência de espasticidade muscular, após lesões nas áreas motoras do cérebro ou a espasticidade muscular em doenças que excitam a área facilitatória bulborreticular do tronco cerebral. Comumente, grandes lesões nas áreas motoras contralaterais do córtex cerebral, principalmente as causadas por acidentes vasculares ou tumores cerebrais, causam espasmos musculares muito exacerbados.

Clono. Em condições apropriadas, as respostas musculares podem oscilar, um fenômeno denominado *clono* [*clonus*] (veja miograma inferior, Fig. 16.6). A oscilação pode ser explicada particularmente bem em relação ao clono do tornozelo, apresentado em seguida:

Se um homem fica de pé, apoiado sobre as pontas dos artelhos, abaixa-se subitamente, provocando estiramento do gastrocnêmio, os impulsos são transmitidos dos fusos musculares para a medula espinhal. Eles excitam reflexamente o músculo estirado, trazendo o corpo de volta à posição anterior. Após fração de segundo, a contração reflexa do músculo cessa e o corpo cai de novo, estirando, assim, os fusos pela segunda vez. Novamente, um reflexo de estiramento dinâmico eleva o corpo, mas este também cessa após fração de segundo, e o corpo cai, mais uma vez, para produzir um novo ciclo. Dessa forma, o reflexo de estiramento do músculo gastrocnêmio continua a oscilar, freqüentemente, por longos períodos de tempo; isto é o clono.

Comumente, o clono só ocorre caso o reflexo de estiramento seja muito sensibilizado por impulsos facilitatórios provenientes do encéfalo. Por exemplo, no animal descerebrado, no qual os reflexos de estiramento estão muito facilitados, há rapidamente desenvolvimento de clono. Portanto, para determinar o grau de facilitação da medula espinhal, os neurologistas testam a presença de clono nos pacientes provocando o estiramento brusco de um músculo e mantendo força constante de estiramento aplicada sobre ele. Se houver clono, o grau de facilitação medular certamente estará muito elevado.

O REFLEXO TENDINOSO DE GOLGI

O órgão tendinoso de Golgi e sua excitação. O órgão tendinoso de Golgi, representado na Fig. 16.7, é um receptor sensorial encapsulado pelo qual passa pequeno feixe de fibras do tendão muscular imediatamente após seu ponto de fusão com as fibras musculares. Em média, de 10 a 15 fibras musculares estão geralmente conectadas em série com cada órgão tendinoso de Golgi, e o órgão é estimulado pela tensão produzida por esse pequeno feixe de fibras musculares. Assim, a principal diferença entre a função do órgão tendinoso de Golgi e a do fuso muscular é que o fuso detecta o comprimento muscular e alterações desse comprimento, enquanto o órgão tendinoso detecta a *tensão* muscular.

O órgão tendinoso, como o receptor primário do fuso muscular, tem uma *resposta dinâmica* e uma *resposta estática*, respondendo, de forma muito intensa, quando a tensão muscular aumenta subitamente (a resposta dinâmica), mas que dura apenas fração de segundo, e a ela se segue uma resposta de menor intensidade, mantida em valores praticamente constantes e quase diretamente proporcionais à tensão muscular (a resposta estática). Assim, os órgãos tendinosos de Golgi fornecem ao sistema nervoso informações instantâneas sobre o grau de tensão em cada pequeno segmento de um músculo.

Transmissão de impulsos do órgão tendinoso para o sistema nervoso central. Os sinais do órgão tendinoso são transmitidos por meio de grandes fibras nervosas do tipo Ib, de condução rápida, com diâmetro médio de 16 μm, apenas ligeiramente menor que o da terminação primária do fuso muscular. Essas fibras, como as das terminações primárias, transmitem sinais para as áreas locais da medula e, por meio de longas vias de fibras, como pelos feixes espinhocerebelares, para o cerebelo e, ainda por outros feixes, para o córtex cerebral. O sinal medular local excita um só interneurônio *inibitório* que, por sua vez, inibe o motoneurônio anterior. Esse circuito local inibe diretamente o músculo individual, sem afetar os músculos adjacentes. Os sinais enviados para o cérebro são discutidos no Cap. 18.

Natureza inibitória do reflexo tendinoso e sua importância

Quando os órgãos tendinosos de Golgi de um músculo são estimulados por aumento da tensão muscular, os sinais são transmitidos

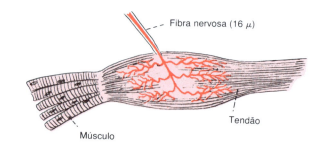

Fig. 16.7 Órgão tendinoso de Golgi.

---

*N.T. No original: *muscle jerks*. No jargão neurológico, esta expressão, em nossa língua, tem o significado de "reflexos tendinosos", por serem testados pela percussão do tendão muscular; contudo, o que é testado, na maioria das situações, é o reflexo *fásico*, pois o estiramento do músculo produzido pela percussão não é mantido — sua duração é muito curta.

para a medula espinhal para produzir efeitos reflexos no músculo respectivo. Entretanto, esse reflexo é totalmente inibitório, o oposto exato do reflexo do fuso muscular. Assim, esse reflexo produz um mecanismo de *feedback* negativo que impede o desenvolvimento de tensão excessiva no músculo.

Quando a tensão sobre o músculo e, portanto, sobre o tendão torna-se extrema, o efeito inibitório do órgão tendinoso pode ser tão grande que leve a uma reação súbita na medula espinhal e relaxamento instantâneo de todo o músculo. Esse efeito é denominado *reação de alongamento;* ele é possivelmente, ou até mesmo com muita probabilidade, um mecanismo protetor para evitar a laceração do músculo ou avulsão do tendão de suas fixações ao osso. Sabemos, por exemplo, que a estimulação elétrica direta dos músculos, no laboratório, que não pode ser oposta por esse reflexo negativo, pode causar freqüentemente esses efeitos destrutivos.

Possível papel do reflexo tendinoso para igualar a força contrátil das fibras musculares. Outra provável função do reflexo tendinoso de Golgi é o de igualar as forças contráteis das diferentes fibras musculares. Isto é, fibras que exercem tensão excessiva são inibidas pelo reflexo, enquanto as que exercem tensão muito pequena ficam mais excitadas devido à ausência de inibição reflexa. Obviamente, isso dividiria a carga muscular por todas as fibras e, em grande parte, evitaria a lesão muscular local, onde houvesse sobrecarga de pequeno número de fibras.

FUNÇÃO DOS FUSOS MUSCULARES E DOS ÓRGÃOS TENDINOSOS DE GOLGI EM CONJUNTO COM O CONTROLE MOTOR EXERCIDO PELOS NÍVEIS CEREBRAIS SUPERIORES

Embora tenhamos enfatizado a função dos fusos musculares e dos órgãos tendinosos de Golgi, no controle da função motora pela medula espinhal, esses dois órgãos sensoriais também alertam os centros superiores de controle motor sobre as alterações instantâneas que ocorrem nos músculos. Por exemplo, os feixes espinhocerebelares dorsais carreiam informações instantâneas dos fusos musculares e dos órgãos tendinosos de Golgi diretamente para o cerebelo com velocidade de condução de aproximadamente 120 m/s. Outras vias transmitem informações semelhantes para as regiões reticulares do tronco cerebral e, também, até as áreas motoras do córtex cerebral. Deve-se aprender, nos dois capítulos subseqüentes, que a informação desses receptores é decisiva para o controle por *feedback* dos sinais motores originados em todas essas áreas.

■ O REFLEXO FLEXOR (OS REFLEXOS DE RETIRADA)

No animal espinhal ou descerebrado, quase todo tipo de estímulo sensorial cutâneo em um membro provoca a contração dos músculos flexores desse membro, fazendo com que ele seja afastado do estímulo. Isso é denominado *reflexo flexor*.

Em sua forma clássica, o reflexo flexor é desencadeado, com maior intensidade, pela estimulação das terminações sensíveis à dor, como, por exemplo, a picada de um alfinete, calor ou alguns outros estímulos dolorosos, motivo pelo qual esse reflexo também é freqüentemente denominado *reflexo nociceptivo*, ou, simplesmente, *reflexo de dor*. Entretanto, a estimulação dos receptores táteis também pode desencadear um reflexo flexor mais fraco e menos prolongado.

Se alguma parte do corpo, além de um dos membros, sofrer estímulo doloroso, essa parte, de forma semelhante, será *retirada do estímulo*, mas o reflexo pode não ser totalmente restrito aos

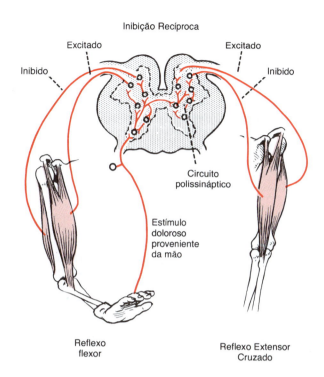

Fig. 16.8 O reflexo flexor, o reflexo extensor cruzado, e a inibição recíproca.

músculos flexores, embora seja basicamente o mesmo tipo de reflexo. Portanto, os vários padrões de reflexos desse tipo, nas diferentes áreas do corpo, são denominados *reflexos de retirada*.

Mecanismo neuronal do reflexo flexor. A parte esquerda da Fig. 16.8 apresenta as vias neuronais para o reflexo flexor. Nesse caso, é aplicado estímulo doloroso à mão; como conseqüência, os músculos flexores da parte superior do braço são reflexamente excitados, afastando assim a mão do estímulo doloroso.

As vias para desencadear o reflexo flexor não passam diretamente para os motoneurônios anteriores, mas, em vez disso, vão, primeiro, até o grupamento de interneurônios, e, depois, para os motoneurônios. O circuito mais curto possível é um arco de três ou quatro neurônios; entretanto, a maioria dos sinais desse reflexo passa por número muito maior de neurônios e envolve os seguintes tipos básicos de circuitos: (1) circuitos divergentes, que dispersam o reflexo para os músculos necessários para a retirada, (2) circuitos para inibir os músculos antagonistas, denominados *circuitos de inibição recíproca*, e (3) circuitos produtores de pós-descarga repetitiva prolongada, mesmo após cessado o estímulo.

A Fig. 16.9 apresenta um miograma típico de músculo flexor

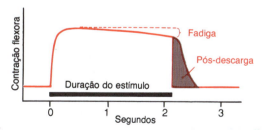

Fig. 16.9 Miograma do reflexo flexor, mostrando o início rápido do reflexo, um intervalo de fadiga, e, finalmente, a pós-descarga após cessado o estímulo.

durante um reflexo flexor. Em alguns milissegundos, após o início do estímulo de um nervo sensível à dor, surge a resposta flexora. Então, nos segundos subseqüentes, o reflexo começa a apresentar *fadiga*, que é característica de praticamente todos os reflexos de integração mais complexos da medula espinhal. Em seguida, logo após cessado o estímulo, a contração do músculo começa a retornar ao nível basal, mas, devido à *pós-descarga*, esse retorno não é completo durante vários milissegundos. A duração da pós-descarga depende da intensidade do estímulo sensorial que produziu o reflexo; um estímulo tátil fraco não causa praticamente pós-descarga, ao contrário de uma pós-descarga com duração de 1 s ou mais após estímulo álgico muito intenso.

A pós-descarga que ocorre no reflexo flexor resulta, quase certamente, dos dois tipos de circuito de descarga repetitiva discutidos no Cap. 8. Estudos eletrofisiológicos indicam que a pós-descarga imediata, que dura cerca de 6 a 8 ms, resulta da descarga repetitiva dos próprios interneurônios excitados. Entretanto, a pós-descarga prolongada que ocorre após estímulos dolorosos intensos resulta, quase certamente, de vias recorrentes que excitam circuitos interneuronais reverberativos, que transmitem impulsos para os motoneurônios anteriores, algumas vezes por vários segundos, após cessar a chegada de sinais sensoriais.

Assim, o reflexo flexor é apropriadamente organizado para afastar uma parte dolorosa, ou irritada, do corpo do estímulo. Além disso, devido à pós-descarga, o reflexo ainda pode manter a parte irritada afastada do estímulo por até 1 a 3 s após cessada a irritação. Durante esse período, outros reflexos e ações do sistema nervoso central podem afastar todo o corpo do estímulo doloroso.

O padrão da retirada. O padrão da retirada, que ocorre quando o reflexo flexor (ou os vários outros tipos de reflexos de retirada) é produzido, depende do nervo sensorial que é estimulado. Assim, um estímulo doloroso na face interna do braço produz não apenas um reflexo flexor no braço, mas, também, contrai os músculos abdutores para mover o braço para fora. Em outras palavras, os centros de integração medulares produzem a contração dos músculos que podem remover, com maior eficácia, a parte dolorida do corpo do objeto que causa dor. Esse mesmo princípio, que é denominado princípio do "sinal local", aplica-se a qualquer parte do corpo, mas, principalmente, aos membros, por possuírem reflexos flexores muito desenvolvidos.

O REFLEXO EXTENSOR CRUZADO

Aproximadamente 0,2 a 0,5 s após o estímulo produzir reflexo flexor em um membro, o membro oposto começa a se estender. Isso é denominado *reflexo extensor cruzado*. A extensão do membro oposto, obviamente, pode empurrar todo o corpo para longe do objeto que está causando o estímulo doloroso.

Mecanismo neuronal do reflexo extensor cruzado. A parte direita da Fig. 16.8 apresenta o circuito neuronal responsável pelo reflexo extensor cruzado, mostrando que os sinais dos nervos sensoriais cruzam para o lado oposto da medula, para produzir reações exatamente opostas às que promovem o reflexo flexor. Como o reflexo extensor cruzado geralmente só se inicia 200 a 500 ms após o estímulo doloroso inicial, é certo que vários interneurônios estão envolvidos no circuito entre o neurônio sensorial aferente e os motoneurônios do lado oposto da medula, responsáveis pela extensão cruzada. Além disso, após a remoção do estímulo álgico, o reflexo extensor cruzado continua por período ainda maior de pós-descarga que o do reflexo flexor. Portanto, novamente, acredita-se que essa pós-descarga prolongada resulte de circuitos reverberativos entre as células internunciais.

A Fig. 16.10 apresenta um miograma típico registrado em

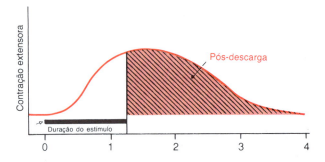

Fig. 16.10 Miograma de reflexo extensor cruzado, mostrando início lento, mas pós-descarga prolongada.

músculo envolvido em reflexo extensor cruzado. Ele mostra a latência relativamente longa antes do início do reflexo, e, também, a longa pós-descarga após o final do estímulo. Obviamente, a pós-descarga prolongada seria benéfica para manter o corpo afastado do objeto doloroso, até que outras reações neurais se desenvolvam, no sentido de promover o afastamento do corpo.

INIBIÇÃO RECÍPROCA E INERVAÇÃO RECÍPROCA

Nos parágrafos anteriores, chamou-se atenção, por várias vezes, para o fato de que a excitação de um grupo de músculos está geralmente associada à inibição de outro grupo. Por exemplo, quando um reflexo de estiramento excita um músculo, ele simultaneamente inibe os músculos antagonistas. Esse é o fenômeno de *inibição recíproca*, e o circuito neuronal que causa essa relação recíproca é denominado *inervação recíproca*. Da mesma forma, existem relações recíprocas entre os dois lados da medula, como exemplificado pelos reflexos flexores e extensores descritos acima.

A Fig. 16.11 apresenta um exemplo típico de inibição recíproca. Nesse caso, é produzido um reflexo flexor moderado, mas prolongado, de um membro do corpo; e, enquanto esse reflexo está sendo produzido, um reflexo flexor, ainda mais forte, é desencadeado no membro oposto. Esse reflexo, então, envia sinais inibitórios recíprocos para o primeiro membro e deprime seu grau de flexão. Por fim, a remoção do reflexo mais forte permite que o reflexo original reassuma sua intensidade anterior.

OS REFLEXOS DE POSTURA E LOCOMOÇÃO

OS REFLEXOS LOCOMOTORES E POSTURAIS DA MEDULA

A reação de sustentação positiva. A pressão sobre a sola da pata de um animal descerebrado provoca a extensão do mem-

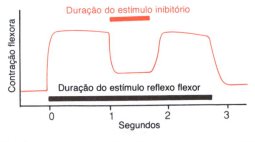

Fig. 16.11 Miograma de um reflexo flexor, mostrando a inibição recíproca causada por reflexo flexor mais forte no membro oposto.

bro contra a pressão aplicada à pata. Na verdade, esse reflexo é tão forte que um animal cuja medula foi seccionada há vários meses — isto é, após a exacerbação dos reflexos — pode ser freqüentemente colocado de pé, e o reflexo provocará o enrijecimento dos membros, capaz de suportar o peso do corpo — o animal se manterá rigidamente sobre os membros. Esse reflexo é denominado *reação de sustentação positiva*.

A reação de sustentação positiva envolve um circuito complexo nos interneurônios, semelhante aos responsáveis pelos reflexos flexor e extensor cruzado. O local da pressão, sobre a sola da pata, determina a posição da extensão do membro; a pressão sobre um lado causa extensão nessa direção, o efeito denominado *reação magnética*. Isso, obviamente, ajuda a impedir que o animal caia para aquele lado.

Os reflexos medulares de "endireitamento". Quando um gato medular, ou, até mesmo, um cão medular jovem com boa recuperação, é colocado em decúbito lateral, ele fará movimentos descoordenados que indicam estar tentando se colocar na sua posição normal. Esse é o denominado *reflexo medular de endireitamento*. Esse reflexo demonstra que reflexos relativamente complicados, associados à postura, são integrados na medula espinhal. Na verdade, um filhote de cão com transecção medular torácica bem cicatrizada, feita entre os membros anteriores e posteriores, pode perfeitamente se endireitar, quando em posição deitada, e, inclusive, andar sobre os membros posteriores. E, no caso do gambá, com transecção semelhante da medula torácica, os movimentos de marcha dos membros posteriores não são muito diferentes dos observados no gambá normal — exceto pelo fato dos movimentos dos membros posteriores não serem sincronizados com os dos membros anteriores, como normalmente acontece.

Os movimentos de passada e de marcha

Movimentos rítmicos de passada de um só membro. Os movimentos rítmicos das passadas são freqüentemente observados nos membros de animais medulares. Na verdade, mesmo quando a região lombar da medula espinhal é separada do restante da medula e é feita uma secção longitudinal ao longo da linha média para bloquear as conexões neuronais entre os dois membros, cada membro posterior ainda pode realizar funções de passadas individuais. A flexão do membro para a frente é acompanhada, dentro de 1 s ou mais, por extensão para trás. Em seguida, a flexão ocorre de novo, e o ciclo se repete indefinidamente.

Essa oscilação alternada entre os músculos flexores e extensores pode ocorrer mesmo após a secção dos nervos sensoriais, e parece resultar, em grande parte, de circuitos de inibição mutuamente recíprocos que oscilam entre os músculos agonistas e antagonistas dentro da própria matriz medular. Isto é, a flexão do membro para a frente é concomitante com a inibição recíproca do centro medular que controla os músculos extensores. Então, quando a flexão começa a desaparecer, a excitação por *rebote* dos músculos extensores causa o movimento da perna para baixo e para trás, com inibição recíproca simultânea dos músculos flexores. E o ciclo oscilante se repete indefinidamente.

Os sinais sensoriais provenientes das solas das patas e dos sensores de posição localizados em torno das articulações desempenham papel importante no controle da pressão sobre as patas e na freqüência das passadas, quando é permitida a marcha ao longo de uma superfície. Na verdade, o mecanismo medular para o controle das passadas ainda pode ser mais complexo. Por exemplo, se, durante a flexão do membro para a frente, a extremidade da pata encontra um obstáculo, há parada temporária do movimento para a frente, a pata será elevada e, então, volta a ocorrer o movimento para a frente, para que a pata ultrapasse o obstáculo. Assim, a medula funciona como um controlador inteligente da marcha.

Passadas recíprocas dos membros opostos. Se a medula espinhal lombar não sofre secção longitudinal, como no exemplo acima, toda vez que houver passada de um dos membros para a frente, o membro oposto apresenta movimento para trás. O efeito é decorrente da inervação recíproca entre os dois membros.

Passadas diagonais dos quatro membros — o reflexo do "passo marcado". Se um animal medular, com boa cicatrização e com transecção medular acima da área dos membros anteriores, é suspenso do solo e permite-se que seus membros caiam livremente, como na Fig. 16.12, o estiramento dos membros produz ocasionalmente reflexos de passada que envolvem os quatro membros. Em geral, as passadas ocorrem diagonalmente entre os membros anteriores e posteriores. Essa resposta diagonal é outra manifestação da inervação recíproca, dessa vez, ocorrendo ao longo de todo o comprimento da medula, entre os membros anteriores e posteriores. Esse padrão de marcha é denominado *reflexo do passo marcado*.

O reflexo de galope. Outro tipo de reflexo desenvolvido ocasionalmente no animal medular é o reflexo de galope, no qual os dois membros anteriores se movem em conjunto para trás, enquanto os dois membros posteriores se movem para a frente. Isso ocorre freqüentemente quando são aplicados estímulos de estiramento, ou pressão, ao mesmo tempo e com praticamente a mesma intensidade sobre membros opostos, enquanto a estimulação desigual, de um lado *versus* o outro produz o reflexo diagonal de marcha. Isso corresponde à manutenção dos padrões normais de marcha e de galope, pois, na marcha, só há estímulo de um membro de cada vez, e isso predisporia o animal ao movimento de marcha contínua. Por outro lado, quando o animal toca o solo durante o galope, os membros de ambos os lados são estimulados de forma quase igual; isso, obviamente, predisporia o animal a continuar galopando e, portanto, a manter esse padrão de movimento, ao contrário do padrão de movimento de marcha.

■ O REFLEXO DE COÇAR

Um reflexo medular particularmente importante em alguns animais é o reflexo de coçar, desencadeado pelo *prurido* e pela *sensação de cócegas*. Na verdade, envolve duas funções diferentes: (1) um *sentido de posição*, que permite que a pata do animal encontre o ponto exato de irritação sobre a superfície do corpo, e (2) um *movimento de ida-e-vinda do coçar*.

Obviamente, o *movimento de ida-e-vinda*, como os movimentos de

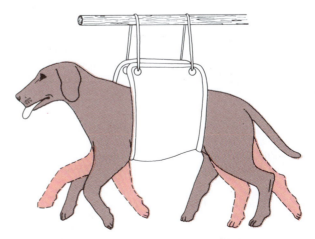

Fig. 16.12 Movimentos de passada diagonal apresentados por animal medular.

186 VI ■ O Sistema Nervoso Central: C. Neurofisiologia Motora e Integrativa

passadas da locomoção, envolve circuitos de inervação recíproca, que causam oscilação, que ainda podem funcionar mesmo quando todas as raízes sensoriais do membro oscilante são seccionadas, como nos movimentos básicos de marcha.

O *sentido de posição* do reflexo de coçar é função muito desenvolvida, pois, mesmo quando uma pulga está se movimentando em região afastada, como o ombro de um animal medular, a pata posterior freqüentemente pode encontrar sua posição, embora seja necessária a contração simultânea de 19 músculos diferentes do membro, em padrão preciso para que a pata chegue à posição da pulga. Para tornar o reflexo ainda mais complexo, quando a pulga cruza a linha média, a primeira pata pára de coçar e a pata oposta inicia o movimento de ida-e-vinda e, finalmente, encontra a pulga.

■ OS REFLEXOS DA MEDULA ESPINHAL QUE CAUSAM ESPASMO MUSCULAR

O espasmo muscular é observado muitas vezes em seres humanos. Seu mecanismo ainda não foi totalmente esclarecido, mesmo em animais experimentais, mas sabe-se que estímulos dolorosos podem causar espasmo reflexo de músculos locais, o que é provavelmente a causa de grande parte, se não da maior parte, do espasmo observado em regiões localizadas do corpo humano.

Espasmo muscular resultante de fratura óssea. Um tipo de espasmo clinicamente importante ocorre nos músculos adjacentes a um osso fraturado. Ele parece resultar dos impulsos de dor produzidos nas extremidades fraturadas do osso, que causam a potente contração tônica dos músculos adjacentes à região. O alívio da dor, por injeção de anestésico local, alivia o espasmo; um anestésico geral também alivia o espasmo. Freqüentemente, é necessário um desses procedimentos para vencer o espasmo, para que se consiga reduzir a fratura.

Espasmo muscular abdominal na peritonite. Outro tipo de espasmo local, causado por reflexos medulares, é o espasmo abdominal resultante de irritação do peritônio parietal pela peritonite. Aqui, novamente, o alívio da dor causada pela peritonite permite o relaxamento do músculo espástico. Freqüentemente ocorre espasmo quase igual durante as cirurgias; os impulsos de dor provenientes do peritônio parietal causam a contração extensa dos músculos abdominais e, algumas vezes, chega a haver extrusão do intestino através da ferida cirúrgica. Por esta razão, é geralmente necessária anestesia cirúrgica profunda para as cirurgias intra-abdominais.

Cãibras* musculares. Ainda existe outro tipo de espasmo local, que é a cãibra muscular típica. Estudos eletromiográficos indicam que a causa de, no mínimo, algumas contraturas musculares é a seguinte:

Qualquer fator irritante local ou anormalidade metabólica do músculo — tais como frio intenso, ausência de fluxo sanguíneo para o músculo, ou o exercício muscular excessivo — pode produzir dor ou outros tipos de impulsos sensoriais que são transmitidos do músculo para a medula espinhal, causando, assim, contração muscular reflexa. A contração, por sua vez, estimula ainda mais os mesmos receptores sensoriais, o que faz com que a medula espinhal aumente ainda mais a intensidade de contração. Assim, desenvolve-se *feedback* positivo, de forma que pequena quantidade de irritação inicial causa contração cada vez maior, até que se instale uma contratura muscular em toda a sua plenitude. A inibição recíproca do músculo pode, algumas vezes, aliviar a contratura muscular. Isto é, se a pessoa contrai intencionalmente o músculo no lado oposto da articulação ao músculo contraído, enquanto, ao mesmo tempo, utiliza a outra mão ou pé para impedir o movimento articular, a inibição recíproca que ocorre no músculo contraído pode, algumas vezes, aliviar a contratura.

■ OS REFLEXOS AUTONÔMICOS NA MEDULA ESPINHAL

Vários tipos distintos de reflexos autonômicos segmentares ocorrem na medula espinhal, a maioria sendo discutida no Cap. 28. Resumidamente,

eles incluem (1) alterações do tônus vascular resultantes de calor ou frio na pele; (2) sudorese, que resulta de calor localizado na superfície do corpo; (3) reflexos intestino-intestinais, que controlam algumas funções motoras do intestino; (4) reflexos peritônio-intestinais, que inibem a motilidade gástrica em resposta à irritação peritoneal; e (5) reflexos de evacuação para o esvaziamento da bexiga e do cólon. Além disso, ocasionalmente, todos os reflexos segmentares podem ser desencadeados, simultaneamente, na forma do denominado reflexo de massa, que veremos a seguir:

O reflexo de massa. Em um animal ou homem espinhal, algumas vezes a medula espinhal se torna subitamente muito ativa, causando descarga maciça de grandes trechos medulares. Isto é geralmente provocado por forte estímulo nociceptivo da pele, ou pelo enchimento excessivo de uma víscera, como a distensão demasiada da bexiga ou do intestino. Independentemente do tipo de estímulo, o reflexo resultante, denominado *reflexo de massa*, envolve grandes trechos ou, até mesmo, toda a medula, e seu padrão de reação é o mesmo. Os efeitos são (1) forte espasmo flexor da maior parte do corpo, (2) evacuação do cólon e da bexiga, (3) elevação acentuada da pressão arterial — a pressão arterial média, ocasionalmente, se eleva até valores acima de 200 mm Hg, e (4) sudorese profusa em grandes áreas corporais. O reflexo de massa parece estar correlacionado às crises epilépticas que envolvem o sistema nervoso central, nas quais grandes partes do encéfalo são maciçamente ativadas.

O mecanismo neuronal preciso do reflexo de massa é desconhecido. Entretanto, como tem duração de minutos, resulta provavelmente da ativação de grandes massas de circuitos reverberativos que excitam ao mesmo tempo grandes áreas medulares.

■ TRANSECÇÃO DA MEDULA ESPINHAL E CHOQUE ESPINHAL

Quando a medula espinhal é subitamente seccionada, quase todas as funções medulares, incluindo os reflexos medulares, ficam imediatamente deprimidas, até o ponto de silêncio total, a reação denominada *choque espinhal*. O choque se deve ao fato de que a atividade normal dos neurônios medulares depende, em grande parte, das descargas tônicas contínuas das fibras nervosas, que entram na medula, provenientes dos centros superiores, principalmente as descargas transmitidas pelos feixes reticuloespinhais, feixes vestibuloespinhais e feixes corticoespinhais.

Após período de algumas horas a algumas semanas, os neurônios espinhais recuperam gradualmente sua excitabilidade. Esta parece ser uma característica natural de neurônios em qualquer ponto do sistema nervoso — isto é, após perderem sua fonte de impulsos facilitatórios, aumentam seu próprio grau natural de excitabilidade para compensar a perda. Mas há também alguma possibilidade de surgimento de novas e múltiplas terminações nervosas, o que também poderia aumentar a excitabilidade. Na maioria dos não-primatas, a excitabilidade dos centros medulares retorna praticamente ao normal em algumas horas, até em torno de um dia, mas, no ser humano, o retorno freqüentemente pode levar várias semanas, e, algumas vezes, nunca é completo; ou, por outro lado, a recuperação, por vezes, é excessiva, com a conseqüente hiperexcitabilidade de algumas ou de todas as funções medulares.

Algumas das funções medulares especificamente afetadas durante ou após o choque espinhal são as seguintes: (1) A pressão arterial cai imediatamente — algumas vezes atingindo até 40 mm Hg — demonstrando, assim, que a atividade simpática é bloqueada quase até a extinção. Entretanto, a pressão comumente retorna ao normal em alguns dias, mesmo no ser humano. (2) Todos os reflexos musculares esqueléticos integrados na medula espinhal são completamente bloqueados durante os estágios iniciais do choque. Em animais inferiores, são necessárias algumas horas a alguns dias para que esses reflexos retornem ao normal, e, nos seres humanos, geralmente são necessárias de 2 semanas a vários meses. Por vezes, tanto em animais quanto em pessoas, alguns reflexos chegam a ficar hiperexcitáveis, principalmente se algumas vias facilitatórias permanecerem intactas entre o cérebro e a medula, enquanto o restante da medula espinhal é seccionado. Os primeiros reflexos a retornar são os reflexos de estiramento, seguidos, em ordem, pelos reflexos progressivamente mais complexos: os reflexos flexores, os reflexos posturais antigravitários e os remanescentes de reflexos de passada. (3) Os reflexos sacrais para controle da evacuação da bexiga e do cólon são completamente suprimidos em seres humanos nas primeiras semanas após a tran-

---

*N.T. No original: *Cramps.* A tradução usual desta palavra é *cãibra*. Tecnicamente, é uma forma de *contratura,* que é o fenômeno do enrijecimento do músculo (aumento da tensão), sem que ocorra sua excitação (não é registrado potencial de ação). Distingue-se, assim, da *contração,* onde a excitação elétrica (representada por potenciais de ação muscular) precede o fenômeno contrátil, ver Cap. 24. Por exemplo, o *rizor mortis* é uma contratura.

secção da medula, mas acabam por retornar. Esses efeitos são discutidos no Cap. 28.

REFERÊNCIAS

Adams, R. D., and Victor, M. (eds.): Principles of Neurology, 4th Ed. New York, McGraw-Hill Book Co., 1989.

Austin, G.: The Spinal Cord. New York, Igaku Shoin Medical Publishers, 1981.

Baldissera, F., et al.: Integration in spinal neuronal systems. In Brooks, V. B. (ed.): Handbook of Physiology. Sec. 1, Vol. II. Bethesda, Md., American Physiological Society, 1981, p. 509.

Brooks, V. B.: The Neural Basis of Motor Control. New York, Oxford University Press, 1986.

Burke, R. E.: Motor units: Anatomy, physiology, and functional organization. In Brooks, V. B. (ed.): Handbook of Physiology. Sec. 1, Vol. II. Bethesda, Md., American Physiological Society, 1981, p. 345.

Creed, R. S., et al.: Reflex Activity of the Spinal Cord. New York, Oxford University Press, 1932.

Emonet-Denand, F., et al.: How muscle spindles signal changes of muscle length. News Physiol. Sci., 3:105, 1988.

Evarts, E. V., et al. (eds.): Motor System in Neurobiology. New York, Elsevier Science Publishing Co., 1986.

Hammond, D. L.: New insights regarding organization of spinal cord pain pathways. News Physiol. Sci., 4:98, 1989.

Hasan, A., and Stuart, D. G.: Animal solutions to problems of movement control: The role of proprioceptors. Annu. Rev. Neurosci., 11:199, 1988.

Henneman, E., and Mendell, L. M.: Functional organization of motoneuron pool and its inputs. In Brooks, V. B. (ed.): Handbook of Physiology. Sec. 1, Vol. II. Bethesda, Md., American Physiological Society, 1981, p. 423.

Hnik, P., et al. (eds.): Mechanoreceptors. Development, Structure, and Function. New York, Plenum Publishing Corp., 1988.

Houk, J. C., and Rymer, W. Z.: Neural control of muscle length and tension. In Brooks, V. B. (ed.): Handbook of Physiology. Sec. 1, Vol. II. Bethesda, Md., American Physiological Society, 1981, p. 257.

Houk, J. C.: Control strategies in physiological systems. FASEB J., 2:97, 1988.

Hunt, C. C., and Perl, E. R.: Spinal reflex mechanisms concerned with skeletal muscle. Physiol. Rev., 40:538, 1960.

Illis, L. S.: Spinal Cord Dysfunction. New York, Oxford University Press, 1988.

Janig, W., and McLachlan, E. M.: Organization of lumbar spinal outflow to distal colon and pelvic organs. Physiol. Rev., 67:1332, 1987.

Kao, C. C. (ed.): Spinal Cord Reconstruction. New York, Raven Press, 1983.

Le Douarin, N. M., et al.: From the neural crest to the ganglia of the peripheral nervous system. Annu. Rev. Physiol., 43:653, 1981.

Matthews, P. B. C.: Muscle spindles: Their messages and their fusimotor supply. In Brooks, V. B. (ed.): Handbook of Physiology. Sec. 1, Vol. II. Bethesda, Md., American Physiological Society, 1981, p. 189.

Mendell, L. M.: Modifiability of spinal synapses. Physiol. Rev., 64:260, 1984.

Rack, P. M. H.: Limitations of somatosensory feedback in control of posture and movement. In Brooks, V. B. (ed.): Handbook of Physiology. Sec. 1, Vol. II. Bethesda, Md., American Physiological Society, 1981, p. 229.

Redman, S. J.: Monosynaptic transmission in the spinal cord. News Physiol. Sci., 1:171, 1986.

Rowell, L. B.: Reflex control of regional circulation in humans. J. Auton. Nerv. Syst., 11:101, 1984.

Sachs, F.: Mechanical transduction: Unification? News Physiol. Sci., 1:98, 1986.

Sherrington, C. S.: The Integrative Action of the Nervous System. New Haven, Conn., Yale University Press, 1911.

Stein, D. G., and Sabel, B. A. (eds.): Pharmacological Approaches to the Treatment of Brain and Spinal Cord Injury. New York, Plenum Publishing Corp., 1988.

Stein, R. B.: Peripheral control of movement. Physiol. Rev., 54:215, 1974.

Stein, R. B., and Lee, R. G.: Tremor and clonus. In Brooks, V. B. (ed.): Handbook of Physiology. Sec. 1, Vol. II. Bethesda, Md., American Physiological Society, 1981, p. 325.

Wiesendanger, M., and Miles, T. S.: Ascending pathway of low-threshold muscle afferents to the cerebral cortex and its possible role in motor control. Physiol. Rev., 62:1234, 1982.

Youmans, J. R. (ed.): Neurological Surgery. Philadelphia, W. B. Saunders Co., 1989.

17

Controle da Função Motora pelo Córtex e pelo Tronco Cerebral

Neste capítulo, discutiremos o controle dos movimentos do corpo pelo córtex cerebral e pelo tronco cerebral. Essas duas áreas neurais, juntamente com os gânglios da base e o cerebelo, discutidos no próximo capítulo, controlam os movimentos muito complexos que o ser humano e outros animais superiores desenvolveram com objetivos especiais.

Praticamente todos os movimentos "voluntários" envolvem a atividade consciente do córtex cerebral. Porém, isso não significa que a contração de cada músculo seja determinada pelo próprio córtex cerebral. Em vez disso, a maior parte do controle utilizado pelo córtex envolve os padrões de função nas áreas neurais inferiores — na medula, no tronco cerebral, nos gânglios da base, no cerebelo — e esses centros inferiores, por sua vez, enviam a maioria dos sinais específicos de ativação para os músculos. Entretanto, para alguns tipos de movimentos, o córtex tem via quase direta para os motoneurônios anteriores da medula, desviando-se, nesse trajeto, dos outros centros motores, principalmente para o controle dos movimentos muito finos e de muita destreza realizados pelos dedos e mãos. O objetivo deste capítulo e do seguinte será explicar a interação entre as diferentes áreas motoras do encéfalo e da medula espinhal, que produz essa síntese global da função motora.

■ O CÓRTEX MOTOR E O FEIXE CORTICOESPINHAL

A Fig. 17.1 apresenta as áreas funcionais do córtex cerebral. Anterior ao sulco central, ocupando, aproximadamente, o terço posterior dos lobos frontais, fica o *córtex motor*. Posterior ao sulco central fica o *córtex sensorial somático*, área discutida em detalhe em capítulos anteriores, que envia sinais para o córtex motor, para o controle das atividades motoras.

O próprio córtex motor ainda é dividido em três subáreas distintas, cada uma das quais com sua própria representação topográfica de todos os grupos musculares do corpo: (1) o *córtex motor primário*, (2) a *área pré-motora*, e (3) a *área motora suplementar*.

O CÓRTEX MOTOR PRIMÁRIO

O córtex motor primário, mostrado na Fig. 17.1, se localiza na primeira convolução dos lobos frontais, anterior ao sulco central. Começa, lateralmente, na fissura silviana e se espalha para cima até a parte mais alta do cérebro, onde se dobra para dentro da fissura longitudinal. Essa área corresponde à área 4 na classificação de Brodmann das áreas corticais cerebrais, mostrada na Fig. 9.5 do Cap. 9.

A Fig. 17.1 relaciona as representações topográficas das diferentes áreas musculares do corpo, no córtex motor primário, começando pela região da face e da boca, próxima à fissura silviana; a região do braço e da mão, nas partes médias do córtex motor primário; o tronco, próximo ao ápice do cérebro; e as áreas da perna e do pé, na parte do córtex motor primário que se dobra para dentro da fissura longitudinal. Essa organização topográfica é representada de forma ainda mais gráfica na Fig. 17.2, que mostra os graus de representação das diferentes áreas musculares, de acordo com o mapeamento feito por Penfield e Rasmussen. Esse mapeamento foi realizado pela estimulação elétrica das diferentes áreas do córtex motor em seres humanos que foram submetidos a neurocirurgia. Observe-se que mais da metade do córtex motor primário está relacionada ao controle das mãos e dos músculos da fala. Estimulações puntiformes dessas áreas motoras produzem contração de um só músculo, ou, mesmo, de parte de um mesmo músculo. Mas, nas áreas com menor grau de representação, como a área do tronco, a estimulação elétrica contrai geralmente um grupo de músculos.

A ÁREA PRÉ-MOTORA

A área pré-motora, também mostrada na Fig. 17.1, fica localizada imediatamente à frente do córtex motor primário, projetando-se 1 a 3 cm anteriormente e estendendo-se, para baixo, até a fissura silviana e, para cima, até a fissura longitudinal, onde faz limite com a área motora suplementar. Observe-se que a organização topográfica do córtex pré-motor é aproximadamente igual à do córtex motor primário, com a área da face localizada mais lateral-

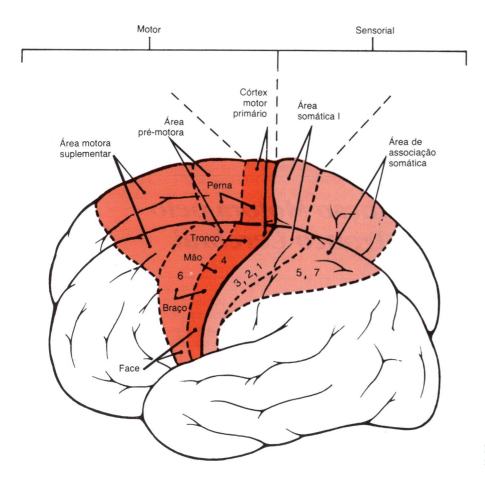

Fig. 17.1 As áreas funcionais motoras e sensoriais somáticas do córtex cerebral.

mente e, depois, na direção superior, as áreas do braço, tronco e da perna. A área pré-motora é muitas vezes denominada, apenas, área motora 6, porque ocupa grande parte da área 6 na classificação de Brodmann da topologia cerebral.

A maioria dos sinais nervosos gerados na área pré-motora causa padrões de movimento envolvendo grupos de músculos que realizam tarefas específicas. Por exemplo, a tarefa pode ser posicionar os ombros e braços de forma que as mãos possam ser apropriadamente orientadas para realizar tarefas específicas. Para atingir esses resultados, a área pré-motora envia seus sinais diretamente para o córtex motor primário, para excitar múltiplos grupos de músculos ou, mais provavelmente, por meio dos gânglios da base e, depois, de volta, via tálamo, para o córtex motor primário. Assim, o córtex pré-motor, os gânglios da base, o tálamo, e o córtex motor primário constituem um complexo sistema global para o controle de inúmeros padrões mais complexos de atividade muscular coordenada.

A ÁREA MOTORA SUPLEMENTAR

A área motora suplementar tem, ainda, outra organização topográfica para o controle da função motora. Localiza-se imediatamente acima e à frente da área pré-motora, situada, em grande parte, na fissura longitudinal, mas, estendendo-se, por cerca de 1 centímetro, sobre a borda até a parte superior do córtex exposto. Observe-se, na Fig. 17.1, que a área da perna está localizada mais para trás e a face, mais para a frente.

São necessários estímulos significativamente mais intensos, na área motora suplementar, para causar contração muscular, do que nas outras áreas motoras. Entretanto, quando são produzidas contrações, elas freqüentemente são bilaterais, em lugar de unilaterais. E a estimulação muitas vezes produz movimentos, como o fechamento unilateral de uma mão, ou, às vezes, o fechamento bilateral simultâneo de ambas as mãos; esses movimentos são, talvez, rudimentos das funções manuais exigidas para a escalada. Também, pode haver rotação das mãos, movimento dos olhos, vocalização ou bocejo. Mas sabe-se muito pouco sobre

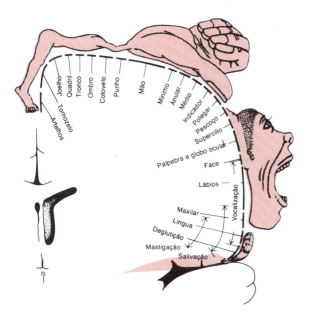

Fig. 17.2 Grau de representação dos diferentes músculos do corpo no córtex motor. (Retirado de Penfield e Rasmussen: *The Cerebral Cortex of Man: A Clinical Study of Localization of Function*. New York, Macmillan Co., 1968.)

a área motora suplementar, além desses indícios sutis de função. Em geral, essa área provavelmente funciona em conjunto com a área pré-motora, para promover movimentos de atitude, movimentos de fixação dos diferentes segmentos do corpo, movimentos de posicionamento da cabeça e dos olhos, e assim por diante, os quais funcionam como base para o controle motor mais preciso das mãos e dos pés, pelos córtices motor primário e pré-motor.

ALGUMAS ÁREAS ESPECIALIZADAS DE CONTROLE MOTOR ENCONTRADAS NO CÓRTEX MOTOR HUMANO

Os neurocirurgiões identificaram algumas regiões motoras muito especializadas no córtex cerebral humano, localizadas, em sua maioria, nas áreas pré-motoras, como representado na Fig. 17.3, controladoras de funções motoras muito específicas. Elas foram localizadas por estimulação elétrica, ou pela observação da perda da função motora, quando ocorreram lesões destrutivas em áreas corticais específicas. Algumas das mais importantes são as seguintes:

Área de Broca e a fala. A Fig. 17.3 mostra uma área pré-motora localizada imediatamente à frente do córtex motor primário e acima da fissura silviana, assinalada como "formação da palavra". Essa região é denominada *área de Broca*. A lesão dessa área não impede a vocalização, mas torna impossível que a pessoa enuncie palavras completas além das expressões mais simples como "não" ou "sim". Uma área cortical intimamente associada também promove a função respiratória apropriada, de forma que possa haver ativação respiratória das cordas vocais simultaneamente aos movimentos da boca e da língua durante a fala. Assim, as atividades pré-motoras relacionadas à área de Broca são muito complexas.

O campo dos movimentos "voluntários" dos olhos. Imediatamente acima da área de Broca há uma área para o controle dos movimentos oculares. A lesão dessa área impede a pessoa de movimentar voluntariamente os olhos em direção a diferentes objetos. Em vez disso, os olhos tendem a se fixar sobre objetos específicos, um efeito controlado por sinais do córtex occipital, como explicado no Cap. 13. Essa área frontal também controla os movimentos palpebrais, como o piscar dos olhos.

Área de rotação da cabeça. A estimulação elétrica de uma área de associação motora, situada pouco acima da anterior, produzirá rotação da cabeça. Essa área está intimamente associada ao campo dos movimentos oculares e, provavelmente, está relacionada ao direcionamento da cabeça para diferentes objetos.

Área para habilidades manuais. Na área pré-motora imediatamente anterior ao córtex motor primário onde estão representados as mãos e dedos, existe uma região que os neurocirurgiões denominaram área para as habilidades [*skills*] manuais. Isto é, quando tumores ou outras lesões causam destruição dessa área, os movimentos das mãos ficam incoordenados e sem objetivo, a condição sendo denominada *apraxia motora*.

TRANSMISSÃO DE SINAIS DO CÓRTEX MOTOR PARA OS MÚSCULOS

Os sinais motores são transmitidos diretamente do córtex para a medula espinhal por meio do *feixe corticoespinhal* e indiretamente por múltiplas vias acessórias que envolvem os *gânglios da base*, o *cerebelo* e vários *núcleos do tronco cerebral*. Em geral, as vias diretas estão mais relacionadas aos movimentos discretos e detalhados, em especial dos segmentos distais dos membros, principalmente as mãos e os dedos.

O feixe corticoespinhal (feixe piramidal)

A via eferente mais importante do córtex motor é o *feixe corticoespinhal*, também denominado *feixe piramidal*, que é representado na Fig. 17.4.

Cerca de 30% das fibras do feixe corticoespinhal têm origem no córtex motor primário, 30% nas áreas pré-motora e motora suplementar, e 40% nas áreas sensoriais somáticas posteriores ao sulco central. Após deixar o córtex, esse feixe passa pelo ramo posterior da cápsula interna (entre o núcleo caudado e o putâmen dos gânglios da base) e, depois, continua para baixo, pelo tronco cerebral, formando as *pirâmides do bulbo*. A maioria das fibras piramidais cruza, então, para o lado oposto e desce pelos *feixes corticoespinhais laterais* da medula; a maioria das fibras termina nos interneurônios, nas regiões intermediárias da substância cinzenta da medula, mas algumas fazem sinapse nos neurônios sensoriais na ponta dorsal, e outras diretamente, nos motoneurônios anteriores.

Algumas das fibras não atravessam para o lado oposto, no bulbo, mas descem, ipsilateralmente, pela medula nos *feixes corticoespinhais ventrais*, mas várias dessas fibras também cruzam para o lado oposto da medula, na altura do pescoço ou da região torácica superior. Essas fibras talvez sejam relacionadas ao controle, pela área motora suplementar, dos movimentos posturais bilaterais.

As fibras mais destacadas do feixe piramidal formam uma população de grossas fibras mielinizadas com diâmetro médio de 16 μm. Elas se originam das *células piramidais gigantes*, também denominadas *células de Betz*, só encontradas no córtex motor primário. Essas células têm diâmetro de cerca de 60 μm, e suas fibras transmitem impulsos nervosos para a medula espinhal com velocidade de aproximadamente 70 m/s, a mais rápida velocidade de transmissão de quaisquer sinais do encéfalo para a medula. Existem cerca de 34.000 dessas grossas fibras da *célula de Betz* em cada feixe corticoespinhal. Entretanto, o número total de fibras em cada feixe corticoespinhal é maior que 1.000.000; de forma que essas grossas fibras representam apenas 3% de todas elas. Os outros 97% são principalmente fibras com diâmetro menor que 4 μm.

Outras vias de fibras nervosas originadas no córtex motor

O córtex motor origina número muito grande de fibras corticais, ou colaterais do feixe piramidal, que seguem para regiões mais profundas do cérebro, e, também, para o tronco cerebral, incluindo as seguintes:

1. Os axônios das células gigantes de Betz enviam colaterais curtos de volta para o próprio córtex. Acredita-se que esses colaterais inibam,

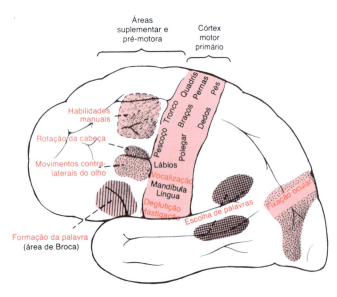

Fig. 17.3 Representação dos diferentes músculos do corpo no córtex motor e localização de outras áreas corticais responsáveis por determinados tipos de movimentos motores.

17 ■ Controle da Função Motora pelo Córtex e pelo Tronco Cerebral 191

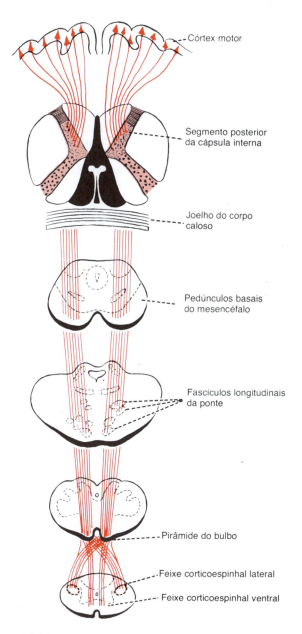

Fig. 17.4 O feixe piramidal. (Modificado de Ranson e Clark: *Anatomy of the Nervous System*. Philadelphia, W.B. Saunders Co., 1959.)

em grande parte, as regiões adjacentes do córtex durante a descarga das células de Betz, "acentuando", desse modo, o sinal excitatório.

2. Grande feixe de fibras passa para o *núcleo caudado* e *putâmen*, e daí partem vias adicionais, passando por vários neurônios, até o tronco cerebral, como discutido no capítulo a seguir.

3. Número moderado de fibras segue para o *núcleo vermelho*. A partir daí outras fibras seguem para a medula, pelo feixe rubroespinhal.

4. Número moderado de fibras se desvia para a *substância reticular* e *núcleos vestibulares* do tronco cerebral; daí, os sinais seguem para a medula pelos *feixes reticuloespinhal* e *vestibuloespinhal*, enquanto outros vão para o cerebelo, pelos feixes *reticulocerebelares* e *vestibulocerebelares*.

5. Número imenso de fibras faz sinapse nos núcleos pontinos, que originam as *fibras pontocerebelares*, carregando sinais para os hemisférios cerebelares.

6. Os colaterais também terminam nos *núcleos olivares inferiores*, e, daí, as *fibras olivocerebelares* transmitem sinais para várias áreas do cerebelo.

Assim, os gânglios da base, o tronco cerebral e o cerebelo recebem fortes sinais do sistema corticoespinhal a cada vez que um sinal é transmitido, para medula espinhal, para produzir atividade motora.

VIAS DE FIBRAS AFERENTES PARA O CÓRTEX MOTOR

As funções do córtex motor são controladas, em grande parte, pelo sistema sensorial somático, mas, também, em menor extensão, pelos outros sistemas sensoriais, como a audição e a visão. Uma vez que a informação sensorial chegue dessas fontes, o córtex motor opera em associação com os gânglios da base e o cerebelo para processar a informação e determinar o curso apropriado da ação motora. As fibras aferentes mais importantes para o córtex motor são as seguintes:

1. As fibras subcorticais oriundas das regiões adjacentes do córtex, principalmente das áreas sensoriais somáticas do córtex parietal e das áreas frontais, assim como as fibras subcorticais dos córtices visuais e auditivos.

2. As fibras subcorticais que passam pelo corpo caloso, provenientes do hemisfério cerebral oposto. Essas fibras conectam áreas correspondentes dos córtices motores, nos dois lados do cérebro.

3. As fibras sensoriais somáticas, derivadas diretamente do complexo ventrobasal do tálamo. Elas transmitem principalmente sinais táteis cutâneos e sinais articulares e musculares.

4. Feixes dos núcleos ventrolateral e ventroanterior do tálamo, que, por sua vez, recebem feixes do cerebelo e dos gânglios da base. Esses feixes conduzem sinais que são necessários para a coordenação entre as funções do córtex motor, dos gânglios da base, e do cerebelo.

5. Fibras dos núcleos intralaminares do tálamo. Essas fibras provavelmente controlam o nível geral de excitabilidade do córtex motor, da mesma forma como controlam também o nível geral de excitabilidade da maioria das outras regiões do córtex cerebral.

O NÚCLEO VERMELHO SERVE COMO VIA ALTERNATIVA PARA A TRANSMISSÃO DOS SINAIS CORTICAIS ATÉ A MEDULA ESPINHAL

O *núcleo vermelho*, localizado no mesencéfalo, funciona em íntima associação com o feixe corticoespinhal. Como representado na Fig. 17.5, recebe grande número de fibras diretas do córtex motor primário pelo *feixe corticorrubro*, assim como fibras ramificadas do feixe corticoespinhal à medida que passa pelo mesencéfalo. Essas fibras fazem sinapse na região inferior do núcleo

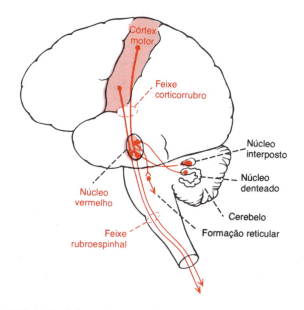

Fig. 17.5 A via corticorrubroespinhal para o controle motor, mostrando também a relação dessa via com o cerebelo.

vermelho, a parte *magnocelular,* que contém grandes neurônios, semelhantes às células de Betz do córtex motor. Esses grandes neurônios originam o *feixe rubroespinhal,* que cruza para o lado oposto na parte inferior do tronco cerebral, seguindo trajeto paralelo ao feixe corticoespinhal até as colunas laterais da medula espinhal. Esse feixe se sobrepõe parcialmente ao feixe corticoespinhal, mas em geral se localiza ligeiramente anterior a ele. As fibras rubroespinhais terminam, em sua maioria, nos interneurônios das áreas intermediárias da substância cinzenta medular, juntamente com as fibras corticoespinhais, mas algumas das fibras rubroespinhais também fazem sinapse com os motoneurônios anteriores, junto com algumas fibras corticoespinhais.

O núcleo vermelho também mantém íntimas conexões com o cerebelo, semelhantes às conexões entre o córtex motor e o cerebelo.

Função do sistema corticorrubroespinhal. A parte magnocelular do núcleo vermelho apresenta representação somatográfica de todos os músculos do corpo, como o córtex motor. Portanto, a estimulação de um só ponto nessa região do núcleo vermelho causará contração de um só músculo ou de pequeno grupo de músculos. Entretanto, a precisão da representação dos diferentes músculos é muito menos desenvolvida que no córtex motor. Isto ocorre sobretudo em pessoas com núcleo vermelho relativamente pequeno.

A via corticorrubroespinhal serve como via acessória para a transmissão de sinais relativamente discretos do córtex motor para a medula espinhal. Quando as fibras corticoespinhais são destruídas sem lesão desta outra via, ainda podem ocorrer movimentos discretos, exceto que os movimentos dos dedos e das mãos ficam consideravelmente prejudicados. Os movimentos do punho são ainda bem desenvolvidos, o que não ocorre quando a via corticorrubroespinhal também é bloqueada. Portanto, a via através do núcleo vermelho para a medula espinhal está mais associada ao sistema corticoespinhal que à outra via motora importante do tronco cerebral, o sistema vestibulorreticuloespinhal que controla em grande parte os músculos axiais e dos cíngulos do corpo, como discutido adiante neste capítulo. Além disso, o feixe rubroespinhal se localiza nas colunas laterais da medula espinhal, junto com o feixe corticoespinhal, e termina mais sobre os interneurônios e motoneurônios que controlam os músculos distais dos membros. Portanto, os feixes corticoespinhal e rubroespinhal, juntos, são freqüentemente denominados *sistema motor lateral da medula,* ao contrário do sistema vestibulorreticuloespinhal que se localiza principalmente na parte medial da medula, sendo denominado *sistema motor medial da medula.*

O SISTEMA EXTRAPIRAMIDAL

A expressão *sistema motor extrapiramidal* é muito utilizada, em círculos clínicos, para indicar todas as partes do cérebro e do tronco cerebral que contribuem para o controle motor, e que não fazem parte do sistema corticoespinhal-piramidal direto. Ele inclui vias pelos gânglios da base, pela formação reticular do tronco cerebral, pelos núcleos vestibulares, e, freqüentemente, também pelos núcleos vermelhos. Entretanto, esse é um grupo tão abrangente e diverso de áreas de controle motor, que fica difícil atribuir funções neurofisiológicas específicas ao sistema extrapiramidal como um todo. Por essa razão, a expressão "extrapiramidal" está tendo uso cada vez mais restrito, tanto clínica como fisiologicamente.

EXCITAÇÃO DA MEDULA ESPINHAL PELO CÓRTEX MOTOR PRIMÁRIO E PELO NÚCLEO VERMELHO

Disposição colunar vertical dos neurônios no córtex motor. Nos Caps. 9 e 13 foi mostrado que as células do córtex sensorial somático e do córtex visual — e, também, de todas as outras partes do cérebro — são organizadas em colunas verticais de células. De maneira semelhante, as células do córtex motor também são organizadas em colunas verticais, com diâmetro da ordem de fração de milímetro, com milhares de neurônios em cada coluna.

Cada coluna de células funciona como uma unidade, estimulando um só músculo ou grupo de músculos sinérgicos. Também, cada coluna é disposta em seis camadas distintas de células, como é a disposição em quase todo o córtex cerebral. As células piramidais que originam as fibras corticoespinhais ficam todas localizadas na quinta camada de células a partir da superfície cortical, enquanto todos os sinais aferentes para a coluna de células entram nas camadas 2 a 4. A sexta camada origina, principalmente, fibras que se comunicam com outras regiões do próprio córtex cerebral.

Função de cada coluna de neurônios. Os neurônios de cada coluna operam como um sistema de processamento integrativo, utilizando a informação de múltiplas fontes de entrada para determinar a resposta de saída da coluna. Além disso, cada coluna pode funcionar como um sistema de amplificação, para estimular grande número de fibras piramidais para o mesmo músculo ou para músculos sinérgicos, simultaneamente. Isso é importante porque a estimulação de uma só célula piramidal raramente é capaz de excitar um músculo. Em vez disso, é necessário excitar até 50 a 100 células piramidais a um só tempo, ou em rápida sucessão, para produzir contração muscular.

Sinais dinâmicos e estáticos transmitidos pelos neurônios piramidais. Se um forte sinal é enviado inicialmente até um músculo, para provocar sua rápida contração inicial, então um sinal mais fraco pode manter a contração por longos períodos a seguir. Essa é a maneira pela qual, geralmente, é fornecida a excitação para provocar contrações musculares. Para isso, cada coluna de células excita duas populações distintas de neurônios piramidais, uma denominada *neurônios dinâmicos* e a outra, *neurônios estáticos.* Os *neurônios dinâmicos* são excessivamente excitados por curto período de tempo, no início da contração, causando o *desenvolvimento inicial da força.* Então, os neurônios estáticos disparam com freqüência muito menor, mas mantêm essa freqüência lenta indefinidamente, para *manter a força* de contração, enquanto for necessária a contração.

Os neurônios do núcleo vermelho apresentam características dinâmicas e estáticas semelhantes, exceto pela presença de maior número de neurônios dinâmicos no núcleo vermelho e maior número de neurônios estáticos no córtex motor primário. Isso talvez esteja relacionado ao fato de que o núcleo vermelho está intimamente associado ao cerebelo, e, veremos adiante, neste capítulo, que o cerebelo também representa papel importante no início rápido da contração muscular.

Feedback somatossensorial para o córtex motor

Quando os sinais nervosos do córtex motor causam a contração de um músculo, os sinais somatossensoriais retornam da região ativada do corpo para os neurônios no córtex motor que estão causando a ação. A maioria desses sinais sensoriais somáticos se origina nos fusos musculares ou nos receptores táteis da pele situada por sobre o músculo. Em geral, os sinais somáticos causam estímulo de *feedback* positivo da contração muscular, pelas seguintes formas: no caso dos fusos musculares, se as fibras musculares fusimotoras,* nos fusos, se contraem mais que o grande músculo esquelético em si, os fusos são excitados, e os sinais desses fusos estimulam as células piramidais no córtex motor, o que provoca maior excitação do músculo, ajustando sua contra-

---

*N.T. Isto é, os eferentes gama.

ção até o grau de contração dos fusos. No caso dos receptores táteis, se a contração muscular causa compressão da pele contra um objeto, como a compressão dos dedos ao redor de um objeto que está sendo apreendido, os sinais desses receptores causam maior excitação dos músculos e, portanto, aumentam a contração muscular — como o aumento da força do aperto de mão.

Estimulação dos neurônios motores espinhais

A Fig. 17.6 mostra um segmento da medula espinhal, apresentando múltiplos feixes motores que entram na medula, provenientes do encéfalo, e mostrando também um motoneurônio anterior representativo. O feixe corticoespinhal e o feixe rubroespinhal se localizam nas regiões dorsais das colunas laterais. Na maioria dos níveis da medula, suas fibras fazem sinapse, em grande parte, nos interneurônios da área intermediária da substância cinzenta da medula. Entretanto, na dilatação cervical da medula, onde são representados as mãos e os dedos, número moderado de fibras corticoespinhais e rubroespinhais termina diretamente nos motoneurônios anteriores, criando assim uma via direta para que o cérebro ative a contração muscular. Isso está de acordo com o fato de que o córtex motor primário tem grau extremamente elevado de representação para o controle fino das ações executadas pelas mãos e pelos dedos, principalmente pelo polegar.

Padrões de movimento produzidos pelos centros da medula espinhal. Lembre-se, do capítulo anterior, que a medula espinhal pode promover padrões reflexos específicos de movimento, em resposta à estimulação dos nervos sensoriais. Vários desses padrões também são importantes quando os motoneurônios anteriores são excitados por sinais provenientes do encéfalo. Por exemplo, o reflexo de estiramento é funcional durante todo o tempo, participando do amortecimento dos movimentos motores, originados no encéfalo e, provavelmente, promovendo pelo menos parte da força motora necessária para causar as contrações musculares, empregando o mecanismo de servocontrole descrito no Cap. 16.

Também, quando um sinal encefálico excita um músculo agonista, não é necessário transmitir um sinal inverso para o antagonista ao mesmo tempo; essa transmissão será produzida pelo circuito de inervação recíproca, sempre presente na medula, para a coordenação das funções dos pares de músculos antagonistas.

Por fim, partes dos outros mecanismos reflexos, como os mecanismos de retirada, de passada e de marcha, de coçar, e assim por diante, podem ser ativadas por sinais de "comando" do cérebro. Assim, sinais muito simples do cérebro podem iniciar várias de nossas atividades motoras normais, principalmente as funções como a marcha e para se assumir diferentes atitudes posturais do corpo.

EFEITO DE LESÕES DO CÓRTEX MOTOR OU DA VIA CORTICOESPINHAL — O "ACIDENTE VASCULAR"

O córtex motor ou via corticoespinhal é freqüentemente lesado, na maioria das vezes, pela anormalidade comum denominada "acidente vascular". Ela é causada pela ruptura de um vaso sangüíneo, o que permite a hemorragia para o cérebro, ou por trombose de uma das principais artérias que irrigam o cérebro, nos dois casos produzindo perda da irrigação sangüínea do córtex, ou, muitas vezes, do feixe corticoespinhal, no ponto onde passa pela cápsula interna, entre o núcleo caudado e o putame. Também foram realizados experimentos em animais, para remover seletivamente diferentes partes do córtex motor.

Remoção do córtex motor primário (a área piramidal). A remoção de uma parte do córtex motor primário — a área que contém as células piramidais gigantes de Betz — no macaco causa graus variáveis de paralisia dos músculos representados. Se o núcleo caudado subjacente e a área pré-motora adjacente não são lesados, ainda podem ser realizados movimentos de "fixação" do membro e posturais grosseiros, mas o animal *perde o controle voluntário dos movimentos discretos dos segmentos distais dos membros — principalmente das mãos e dos dedos*. Isso não significa que os próprios músculos não podem se contrair, mas que foi perdida a capacidade do animal de controlar seus movimentos finos.

A partir desses resultados, pode-se concluir que a área piramidal é essencial para o início voluntário dos movimentos finamente controlados, em particular das mãos e dos dedos.

Espasticidade muscular causada por lesões que atingem grandes áreas adjacentes ao córtex motor. A ablação isolada do córtex motor primário causa *hipotonia,* e não espasticidade, porque o córtex motor primário exerce normalmente efeito estimulatório tônico contínuo sobre os motoneurônios da medula espinhal; quando ela é removida, ocorre hipotonia.

Por outro lado, a maioria das lesões do córtex motor, principalmente as causadas por acidente vascular, envolve não apenas o córtex motor primário, mas, também, áreas corticais adjacentes e estruturas mais profundas do cérebro, principalmente os gânglios da base. Nesses casos, o espasmo muscular ocorre, quase invariavelmente, nas áreas musculares afetadas do lado oposto do corpo (porque todas as vias motoras cruzam para o lado oposto). Obviamente, esse espasmo não é causado por perda do córtex motor primário ou por bloqueio das fibras corticoespinhais para a medula.

Pelo contrário, acredita-se que resulte, em grande parte, da lesão das vias acessórias provenientes do córtex, que, normalmente, inibem os núcleos vestibulares e reticulares do tronco cerebral. Quando esses núcleos perdem essa inibição (isto é, quando são "desinibidos"), ficam espontaneamente ativos e causam tônus espástico excessivo nas áreas do corpo envolvidas, como será melhor discutido adiante. Essa é a espasticidade que normalmente acompanha um "acidente vascular" no homem.

O sinal de Babinski utilizado como método clínico para testar a integridade corticoespinhal. A destruição da área piramidal onde está representado o pé, ou a transecção da parte do feixe corticoespinhal que representa o pé, produz resposta peculiar do pé, denominada *sinal de Babinski*. Essa resposta é demonstrada quando um firme estímulo tátil é aplicado à parte lateral da sola do pé: o hálux se estende para cima, e os outros artelhos se abrem em leque para fora. Essa resposta é o inverso do efeito normal, no qual todos os artelhos se curvam para baixo. O sinal de Babinski não está presente quando a lesão é nas porções não-corticoespinhais do sistema de controle motor sem envolvimento do feixe corticoespinhal. Portanto, o sinal é utilizado clinicamente para detectar lesão específica do componente corticoespinhal do sistema de controle motor.

Acredita-se que a causa do sinal de Babinski seja a seguinte: o feixe corticoespinhal é o principal controlador da atividade muscular para a realização de atividade voluntária intencional. Por outro lado, as vias não-corticoespinhais formam um sistema de controle motor muito mais antigo e estão relacionadas, em grande parte, com a proteção do

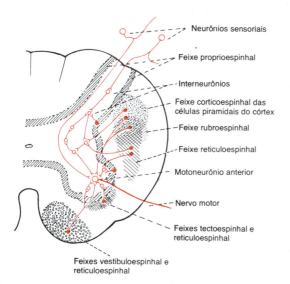

Fig. 17.6 Convergência de todas as diferentes vias motoras sobre os motoneurônios anteriores.

corpo contra os fatores de agressão. Portanto, quando só o sistema não-corticoespinhal está funcionando, os estímulos sobre as plantas dos pés causam típico reflexo de retirada protetor, expresso pela elevação do hálux e abertura em leque dos outros artelhos. Mas quando o sistema corticoespinhal também está inteiramente funcional, ele suprime o reflexo protetor e excita uma ordem superior de função motora, incluindo o efeito normal de causar curvatura, para baixo, dos dedos e do pé, em resposta a estímulos sensoriais na planta dos pés, uma resposta que nos ajuda a caminhar.

■ PAPEL DO TRONCO CEREBRAL NO CONTROLE DA FUNÇÃO MOTORA

O tronco cerebral é constituído pelo *bulbo, ponte* e *mesencéfalo*. Em certo sentido, é uma extensão da medula espinhal, até a cavidade craniana, porque contém núcleos motores e sensoriais que realizam funções motoras e sensoriais para regiões da face e cabeça, da mesma forma que as pontas cinzentas anterior e posterior da medula espinhal realizam essas mesmas funções do pescoço para baixo. Por outro lado, é seu próprio centro de comando, porque realiza várias funções especiais de controle, tais como:

1. Controle da respiração.
2. Controle do sistema cardiovascular.
3. Controle da função gastrintestinal.
4. Controle de vários movimentos estereotipados do corpo.
5. Controle do equilíbrio.
6. Controle dos movimentos oculares.

Por fim, o tronco cerebral também serve como um instrumento dos centros neurais superiores que transmitem vários sinais de "comando" até ele, para iniciar ou modificar as funções específicas de controle do tronco cerebral.

Nas seções seguintes será discutido o papel do tronco cerebral no controle de todo o movimento corporal e do equilíbrio. Para esse objetivo, são extremamente importantes os *núcleos reticulares* do tronco cerebral e *núcleos vestibulares,* mais o *aparelho vestibular*, que envia a maioria dos sinais de controle do equilíbrio para os núcleos vestibulares e, em menor extensão, também para os núcleos reticulares.

SUSTENTAÇÃO DO CORPO CONTRA A GRAVIDADE — PAPÉIS DESEMPENHADOS PELOS NÚCLEOS RETICULARES E VESTIBULARES

Antagonismo excitatório-inibitório entre os núcleos reticulares pontinos e bulbares

A Fig. 17.7 apresenta as localizações dos núcleos reticulares e vestibulares. Os núcleos reticulares são divididos em dois grupos principais: (1) os *núcleos reticulares pontinos,* situados, em grande parte, na ponte, mas se estendendo, também, para o mesencéfalo, com localização mais lateral no tronco cerebral, e (2) os *núcleos reticulares bulbares,* que se estendem por todo o bulbo, localizados ventral e medialmente próximo à linha média. Esses dois grupos de núcleos funcionam principalmente de forma antagonista entre si, os pontinos excitando os músculos antigravitários e os bulbares, os inibindo. Os núcleos reticulares pontinos transmitem sinais excitatórios para a medula por meio do *feixe reticuloespinhal pontino* (ou *medial*), mostrado na Fig. 17.8. As fibras dessa via terminam nos motoneurônios anteriores mediais que excitam os músculos que sustentam o corpo contra a gravidade,

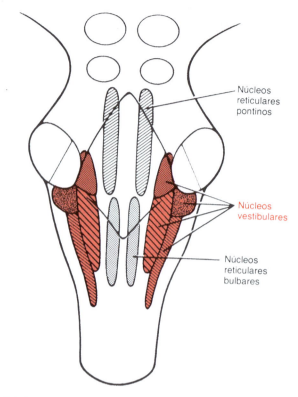

Fig. 17.7 Localização dos núcleos reticulares e vestibulares no tronco cerebral.

isto é, os músculos da coluna vertebral e os músculos extensores dos membros.

Os núcleos reticulares pontinos apresentam elevado grau de excitabilidade natural. Além disso, recebem sinais excitatórios de circuitos locais no interior do tronco cerebral e sinais excitatórios particularmente fortes dos núcleos vestibulares e, também, dos núcleos profundos do cerebelo. Portanto, quando o sistema excitatório reticular pontino não tem oposição do sistema reticular bulbar, ele produz potente excitação dos músculos antigravitacionais em todo o corpo, de forma que os animais podem, então, ficar de pé contra a gravidade sem quaisquer sinais dos níveis cerebrais superiores.

O sistema reticular bulbar. Os núcleos bulbares, por outro

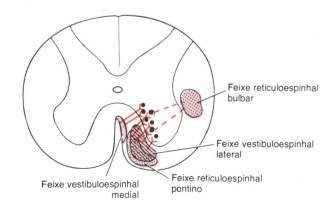

Fig. 17.8 Os feixes vestibuloespinhal e reticuloespinhal descem na medula espinhal para excitar (*linhas contínuas*) ou inibir (*linhas tracejadas*) os motoneurônios anteriores que controlam a musculatura axial do corpo.

lado, transmitem sinais inibitórios para os mesmos motoneurônios anteriores antigravitacionais, por meio de um feixe diferente, o *feixe reticuloespinhal bulbar* (ou *lateral*), também mostrado na Fig. 17.8. Os núcleos reticulares bulbares recebem fortes impulsos colaterais (1) do feixe corticoespinhal, (2) do feixe rubroespinhal, e (3) de outras vias motoras. Estas normalmente ativam o sistema inibitório reticular bulbar para compensar os sinais excitatórios do sistema reticular pontino. Porém, outros sinais do córtex cerebral, do núcleo vermelho e das vias cerebelares "desinibem" o sistema bulbar quando o cérebro deseja excitação pelo sistema pontino para que o animal fique de pé. Ou, às vezes, a excitação do sistema reticular bulbar pode inibir os músculos antigravitacionais em determinadas regiões do corpo, para permitir que essas partes realizem outras atividades motoras, o que seria impossível se os músculos antigravitacionais se opusessem aos movimentos necessários.

Portanto, os núcleos reticulares excitatórios e inibitórios formam um sistema controlável que é manipulado pelos sinais motores do córtex e de outros locais para promover as contrações musculares necessárias para ficar de pé contra a gravidade e, ainda, inibir grupos apropriados de músculos de acordo com a necessidade, de forma que possam ser realizadas outras funções de acordo com a necessidade.

Papel dos núcleos vestibulares na excitação dos músculos antigravitacionais

Os núcleos vestibulares, mostrados na Fig. 17.7, também funcionam em associação com os núcleos reticulares pontinos para excitar os músculos antigravitacionais. Os *núcleos vestibulares laterais* (indicados por pontilhado mais forte na figura) transmitem, principalmente, fortes sinais excitatórios por meio dos *feixes vestibuloespinhais lateral* e *medial* na coluna anterior da medula espinhal, como indicado na Fig. 17.8. Na verdade, sem a sustentação dos núcleos vestibulares, o sistema reticular pontino perde grande parte de sua força. Entretanto, o papel específico dos núcleos vestibulares é o de controlar seletivamente os sinais excitatórios para os diferentes músculos antigravitacionais, para manter o equilíbrio em resposta a sinais do aparelho vestibular, o que será discutido com maior detalhe adiante.

O animal descerebrado desenvolve rigidez espástica

Quando o tronco cerebral é seccionado entre a ponte e o mesencéfalo, deixando intactos os sistemas pontino e bulbar, assim como o sistema vestibular, o animal desenvolve a condição denominada *rigidez de descerebração*. Essa rigidez não ocorre em todos os músculos do corpo, só se desenvolvendo nos músculos antigravitacionais — os músculos do pescoço, do tronco e os extensores das pernas.

A causa da *rigidez* na descerebração é o bloqueio dos impulsos excitatórios normalmente fortes para os núcleos reticulares bulbares provenientes do córtex cerebral, dos núcleos vermelhos e dos gânglios da base. Conseqüentemente, o sistema inibidor vestibular bulbar fica não funcionando devido à perda de seu estímulo excitatório habitual, permitindo assim a completa hiperatividade do sistema excitatório pontino.

Uma característica específica da rigidez de descerebração é que os músculos antigravitacionais apresentam o fenômeno denominado *espasticidade*, assim como o de rigidez. Isso significa que qualquer tentativa de alterar a posição de um membro ou outra parte do corpo, principalmente as tentativas de estirar subitamente os músculos, encontra a resistência dos reflexos de estiramento muito potentes descritos no capítulo anterior. Isso ocorre porque os sinais antigravitacionais pontinos e vestibulares para a medula excitam seletivamente os motoneurônios gama na medula espinhal, com intensidade muito maior que a da excitação dos motoneurônios alfa. Isso tensiona as fibras musculares intrafusais, o que, por sua vez, sensibiliza a alça de *feedback* do reflexo de estiramento.

Adiante será mostrado que outros tipos de rigidez ocorrem em diversas doenças neuromotoras, principalmente em lesões dos gânglios da base. Em várias delas a rigidez envolve igualmente todos os músculos, sem o componente excessivo do reflexo de estiramento espástico.

■ SENSAÇÕES VESTIBULARES E A MANUTENÇÃO DO EQUILÍBRIO

O APARELHO VESTIBULAR

O aparelho vestibular é o órgão que detecta as sensações de equilíbrio. Ele é composto de um sistema de tubos ossos e câmaras na parte petrosa do osso temporal denominada *labirinto ósseo* e dentro dele há um sistema de tubos e câmaras membranosos denominado *labirinto membranoso,* que é a parte funcional desse aparelho. A parte superior da Fig. 17.9 mostra o labirinto membranoso; ele é composto principalmente de *cóclea*, três *canais semicirculares*, e duas grandes câmaras, conhecidas como *utrículo* e *sáculo*. A cóclea é a principal área sensorial para a audição (discutida no Cap. 14) e não tem relação com o equilíbrio. Entretanto, o *utrículo*, os *canais semicirculares* e o *sáculo* são partes integrantes do mecanismo de equilíbrio.

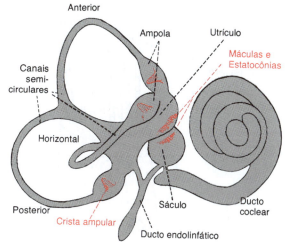

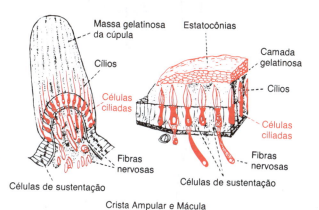

Fig. 17.9 O labirinto membranoso e a organização da crista ampular e da mácula. (Modificado de Gross: *Gray's Anatomy of the Human Body*. 25. ed. Philadelphia, Lea e Febiger, 1948; modificado de Kolmer por Buchanan: *Functional Neuroanatomy*. Philadelphia, Lea e Febiger.)

As máculas — os órgãos sensoriais do utrículo e do sáculo para a detecção da orientação da cabeça com relação à gravidade. Localizada sobre a superfície interna de cada utrículo e sáculo existe pequena área sensorial, com diâmetro ligeiramente maior que 2 mm, denominada *mácula*. A mácula do utrículo se localiza principalmente no plano horizontal sobre a superfície inferior do utrículo e representa papel importante na determinação da orientação normal da cabeça em relação à direção das forças gravitacionais e/ou de aceleração quando a pessoa está na posição ereta. Por outro lado, a mácula do sáculo fica localizada, principalmente, no plano vertical e, portanto, é importante no equilíbrio quando a pessoa está deitada.

Cada mácula é recoberta por uma camada gelatinosa na qual estão imersos vários pequenos cristais de carbonato de cálcio denominados *estatocônios* (ou *otolitos*). Também há na mácula milhares de *células ciliares,* uma das quais é ilustrada na Fig. 17.10; elas projetam seus *cílios* para a camada gelatinosa. As bases e as faces laterais das células ciliares fazem sinapse com terminações sensoriais do nervo vestibular.

Sensibilidade direcional das células ciliares — os cinocílios. Cada célula ciliar apresenta, em média, 50 a 70 pequenos cílios, denominados *estereocílios,* e mais um cílio muito grande, o *cinocílio*, como mostrado na Fig. 17.10. O cinocílio sempre fica localizado em um dos lados da célula, e os estereocílios ficam progressivamente mais curtos na direção ao outro lado da célula. Ligações filamentosas muito pequenas, quase invisíveis até mesmo para o microscópio eletrônico, conectam a extremidade de cada estereocílio ao próximo estereocílio maior e, por fim, ao cinocílio. Devido a essas fixações, quando a felpa dos estereocílios e cinocílio são curvadas em direção ao cinocílio, as ligações filamentosas são esticadas uma após a outra, ao longo dos estereocílios, fazendo com que sejam puxados para fora do corpo celular. Isso provoca a abertura de centenas de canais em cada membrana ciliar, para os íons sódio com carga positiva, e grandes quantidades desses íons positivos passam dos líquidos circundantes para a célula, produzindo *despolarização*. Por outro lado, se os cílios forem dobrados na direção oposta (afastando-se do cinocílio), ocorre redução da tensão sobre as ligações, e isso fecha os canais iônicos, produzindo *hiperpolarização*.

Nas condições normais de repouso, as fibras nervosas que saem das células ciliares transmitem impulsos nervosos contínuos, com freqüências de, aproximadamente, 100 s. Quando os cílios se dobram em direção ao cinocílio, o tráfego de impulsos pode aumentar para centenas de vezes por segundo; inversamente, quando os cílios se dobram na direção oposta, ocorre redução do tráfego de impulsos, freqüentemente podendo até ocorrer supressão completa dos impulsos. Portanto, à medida que se modifica a orientação da cabeça no espaço e o peso dos estatocônios (cuja densidade específica é cerca de três vezes maior que a dos tecidos circundantes) curva os cílios, sinais apropriados são transmitidos para o encéfalo, para controlar o equilíbrio.

Em cada mácula, as diferentes células ciliadas são orientadas em várias direções, de forma que algumas delas são estimuladas quando a cabeça se curva para a frente, algumas quando se curva para trás, outras quando se curva para um lado, e assim por diante. Portanto, padrão diferente de excitação ocorre nas fibras nervosas, a partir da mácula, para cada posição da cabeça; é esse "padrão" que alerta o encéfalo sobre a orientação da cabeça.

Os canais semicirculares. Os três canais semicirculares, em cada aparelho vestibular, conhecidos, respectivamente, como *canais semicirculares anterior, posterior* e *horizontal*, são dispostos formando ângulos retos entre si, de forma que representam os três planos espaciais. Quando a cabeça se inclina cerca de 30 graus para a frente, os canais semicirculares horizontais têm localização quase horizontal em relação à superfície da terra. Os canais anteriores ficam, então, localizados no plano vertical que se projeta *para a frente e 45 graus para fora,* e os canais posteriores também ficam no plano vertical, mas se projetam *para trás e 45 graus para fora.* Assim, o canal anterior de cada lado da cabeça fica em plano paralelo ao do canal posterior, no lado oposto da cabeça, enquanto os canais horizontais, nos dois lados, ficam localizados quase no mesmo plano.

Cada canal semicircular apresenta uma dilatação em uma de suas extremidades, denominada *ampola*, que contém em seu interior um líquido viscoso, denominado *endolinfa*. O fluxo desse líquido em um dos canais para a ampola excita o órgão sensorial dessa ampola da seguinte forma: a Fig. 17.11 apresenta, em cada ampola, uma pequena crista, denominada *crista ampular*. Na parte superior dessa crista existe uma massa gelatinosa, a *cúpula*. Quando a cabeça começa a rodar em qualquer direção, a inércia do líquido em um ou mais dos canais semicirculares fará com que esse líquido permaneça estacionário enquanto o canal semicircular roda com a cabeça. Isso provoca o fluxo do líquido do canal para a ampola, curvando a cúpula para um

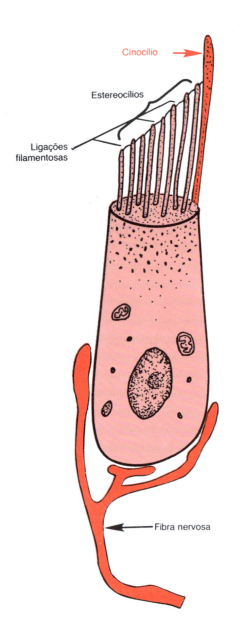

Fig. 17.10 Uma célula ciliar do labirinto membranoso do aparelho de equilíbrio.

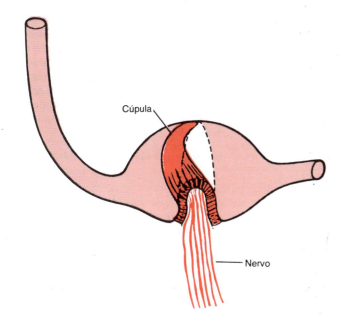

Fig. 17.11 Movimento da cúpula e de seus cílios imersos no início da rotação.

dos lados, como representado pela posição sombreada da cúpula na Fig. 17.11. A rotação da cabeça na direção oposta faz com que a cúpula se curve para o lado oposto.

As células ciliadas localizadas ao longo da crista ampular projetam para o interior da cúpula centenas de cílios. O *cinocílio* de cada uma dessas células ciliadas é sempre direcionado para o mesmo lado da cúpula, como os outros, e a curvatura da cúpula nessa direção provoca a despolarização das células ciliadas, enquanto a curvatura na direção oposta hiperpolarizará essas células. A partir das células ciliadas, são enviados sinais apropriados pelo *nervo vestibular,* para alertar o sistema nervoso central sobre as variações da velocidade e da direção da rotação da cabeça nos três diferentes planos espaciais.

FUNÇÃO DO UTRÍCULO E DO SÁCULO NA MANUTENÇÃO DO EQUILÍBRIO ESTÁTICO

É particularmente importante que as diversas células ciliares estejam orientadas em todas as diferentes direções, nas máculas dos utrículos e sáculos, de forma que, nas várias posições da cabeça, células ciliadas distintas sejam estimuladas. Os "padrões" de estimulação das diversas células ciliadas alertam o sistema nervoso sobre a posição da cabeça em relação à força da gravidade. Por sua vez, os sistemas motores vestibular, cerebelar e reticular excitam, por via reflexa, os músculos apropriados, para manter o equilíbrio adequado.

As máculas, principalmente as dos utrículos, funcionam de forma muito eficaz para a manutenção do equilíbrio quando a cabeça está em posição quase vertical. Na verdade, a pessoa pode detectar desequilíbrio da ordem de apenas meio grau, quando a cabeça sai da posição vertical exata. Por outro lado, quando a cabeça se afasta progressivamente da posição vertical, a determinação da orientação da cabeça pelo sentido vestibular fica cada vez menos precisa. Obviamente, a extrema sensibilidade na posição vertical é da maior importância para a manutenção do equilíbrio estático vertical preciso, que é a função mais essencial do aparelho vestibular.

Detecção da aceleração linear pelas máculas. Quando o corpo é subitamente inclinado para a frente — isto é, quando o corpo acelera —, os estatocônios, que têm mais inércia que os líquidos adjacentes, caem sobre os cílios das células ciliadas, sendo enviada informação de desequilíbrio para os centros nervosos, fazendo com que o indivíduo se sinta como se estivesse caindo para trás. Isso faz com que incline automaticamente o corpo para a frente, até que o deslocamento anterior dos estatocônios, causado pela inclinação, seja exatamente igual à tendência dos estatocônios de cair para trás. Nesse ponto, o sistema nervoso detecta um estado de equilíbrio adequado e, portanto, não inclina mais o corpo para a frente. Assim, as máculas operam para manter o equilíbrio durante a aceleração linear, exatamente da mesma forma como operam no equilíbrio estático.

As máculas *não* operam para a detecção da *velocidade* linear. Quando os corredores iniciam a corrida, devem inclinar-se para a frente, a fim de impedir a queda para trás, devida à *aceleração,* mas, uma vez havendo atingido a velocidade de corrida, não teriam que se inclinar para a frente, se estivessem correndo no vácuo. Quando correm no ar eles se inclinam para a frente, para manter o equilíbrio, devido apenas à resistência do ar contra seus corpos; nesse caso, não são as máculas que fazem com que se inclinem, mas a pressão do ar atuando sobre pressorreceptores existentes na pele, que desencadeiam os ajustes apropriados do equilíbrio para evitar a queda.

DETECÇÃO DA ROTAÇÃO DA CABEÇA PELOS CANAIS SEMICIRCULARES

Quando a cabeça, subitamente, *começa* a rodar em qualquer direção (isto é denominado aceleração angular), a endolinfa, nos canais semicirculares, devido à sua inércia, tende a permanecer estacionária, enquanto os canais semicirculares estão se movendo. Isso causa fluxo relativo de líquido nos canais, na direção oposta à rotação da cabeça.

A Fig. 17.12 apresenta um típico sinal de descarga de célula ciliada única da crista ampular, quando o animal é submetido a movimento de rotação durante 40 s, mostrando que (1) mesmo quando a cúpula está em sua posição de repouso, a célula ciliada emite descarga tônica de aproximadamente 100 impulsos/s; (2) quando o animal é submetido a movimento de rotação, os cílios se curvam para um lado e a freqüência de descarga aumenta muito; e (3) com a rotação contínua, a descarga excessiva da célula ciliada diminui gradualmente até o nível de repouso em cerca de 20 s.

A razão para essa adaptação do receptor é que, dentro de

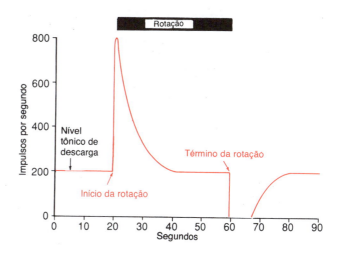

Fig. 17.12 Resposta de uma célula ciliada quando um canal semicircular é estimulado, primeiro, por rotação e, depois, por interrupção da rotação.

1 s ou mais de rotação, a pressão na cúpula curvada para trás faz com que a endolinfa gire tão rapidamente quanto o próprio canal semicircular; então, dentro de mais 15 a 20 s, a cúpula retorna lentamente à sua posição de repouso, no meio da ampola, devido à sua própria retração elástica.

Quando a rotação é subitamente interrompida, ocorre efeito exatamente inverso: a endolinfa continua a girar, enquanto o canal semicircular pára. Nesse momento, a cúpula se curva na direção oposta, provocando completa interrupção da descarga das células ciliadas. Após mais alguns segundos, a endolinfa interrompe seu movimento, e a cúpula retorna, gradualmente, a sua posição de repouso em cerca de 20 s, permitindo assim que a descarga da célula ciliar retorne ao seu nível tônico normal, como mostrado à direita na Fig. 17.12.

Assim, o canal semicircular transmite um sinal com uma polaridade quando a cabeça *começa* a rodar e de polaridade oposta quando ela *pára* de rodar. Além disso, ao menos algumas células ciliares sempre responderão à rotação em qualquer plano — horizontal, sagital ou coronal —, uma vez que o movimento do líquido ocorre sempre em pelo menos um canal semicircular.

Velocidade de aceleração angular necessária para estimular os canais semicirculares. A aceleração angular necessária para estimular os canais semicirculares no homem é, em média, de aproximadamente 1 grau/s por segundo. Em outras palavras, quando começa o movimento de rotação, a velocidade de rotação deve ser de até 1 grau/s por volta do final do primeiro segundo, 2 graus/s por volta do final do segundo segundo, 3 graus/s por volta do final do terceiro segundo, e assim por diante, de forma que a pessoa dificilmente consiga detectar que a velocidade de rotação está aumentando.

Função "preditiva" dos canais semicirculares na manutenção do equilíbrio. Como os canais semicirculares não detectam a existência de desequilíbrio corporal para a frente, para os lados ou para trás, a primeira pergunta que surge é: Qual é a função dos canais semicirculares na manutenção do equilíbrio? Eles apenas detectam que a cabeça da pessoa está começando a rodar ou interrompendo a rotação em uma direção ou em outra. Portanto, a função dos canais semicirculares não é a de manter o equilíbrio estático ou manter o equilíbrio durante a aceleração linear ou quando a pessoa é exposta a forças centrífugas constantes. Porém, a perda da função dos canais semicirculares faz com que a pessoa tenha equilíbrio muito precário quando tenta realizar movimentos corporais *rápidas* e *intricados.*

Podemos explicar melhor a função dos canais semicirculares por meio da seguinte ilustração: se a pessoa corre rapidamente para a frente e, de súbito, começa a mudar de direção para um dos lados, ela se desequilibra após fração de segundo, exceto se forem feitas correções apropriadas *antes do tempo.* Mas, infelizmente, a mácula do utrículo só consegue detectar o desequilíbrio *após* sua ocorrência. Por outro lado, os canais semicirculares já terão detectado que a pessoa está mudando de direção, e essa informação pode facilmente alertar o sistema nervoso central sobre o fato de que a pessoa *irá* se desequilibrar na próxima fração de segundo, ou em torno disso, a menos que seja feita alguma correção. Em outras palavras, o mecanismo dos canais semicirculares *prevê antes do tempo* que vai ocorrer desequilíbrio, mesmo antes de acontecer e, assim, leva os centros do equilíbrio a fazerem ajustes preventivos apropriados. Dessa forma, a pessoa não precisa perder o equilíbrio para que a correção da situação tenha início.

A remoção dos lobos floculonodulares do cerebelo impede o funcionamento normal dos canais semicirculares, mas tem menor efeito sobre a função dos receptores maculares. É particularmente interessante nessa conexão que o cerebelo serve como órgão "preditivo" para a maioria dos outros movimentos rápidos do corpo, assim como os relacionados com o equilíbrio. Essas outras funções do cerebelo serão discutidas no próximo capítulo.

REFLEXOS POSTURAIS VESTIBULARES

Alterações súbitas da orientação do animal no espaço desencadeiam reflexos que ajudam a manter o equilíbrio e a postura. Por exemplo, se o animal é subitamente empurrado para a direita, antes que possa se inclinar por mais de alguns graus, ocorre extensão instantânea de seus membros direitos. Em outras palavras, esse mecanismo *prevê* que o animal ficará desequilibrado dentro de alguns segundos e faz os ajustes apropriados para evitar isso.

Outro tipo de reflexo postural vestibular ocorre quando o animal, subitamente, cai para a frente. Quando isso ocorre, as patas anteriores se estendem para a frente, os músculos extensores se enrijecem e os músculos da nuca se contraem, para evitar que a cabeça do animal se choque com o chão. Esse reflexo, provavelmente, também é importante na locomoção, pois, no caso do galope de um cavalo, o empuxo da cabeça para baixo é capaz de provocar, automaticamente, a impulsão reflexa dos membros anteriores, no sentido de movimentar o animal para a frente, para o próximo movimento do galope.

MECANISMO VESTIBULAR PARA A ESTABILIZAÇÃO DOS OLHOS

Quando uma pessoa modifica rapidamente sua direção de movimento, ou mesmo inclina sua cabeça para o lado, para a frente ou para trás, seria impossível para ela manter uma imagem estável, na retina de seus olhos, a menos que possuísse algum mecanismo de controle automático para estabilizar a direção do olhar. Além disso, os olhos teriam pouca utilidade na detecção de uma imagem, a menos que permanecessem "fixos" em cada objeto por tempo suficiente para formar uma imagem nítida. Felizmente, cada vez que a cabeça é subitamente rodada, os sinais dos canais semicirculares provocam a rotação dos olhos em direção igual e oposta à rotação da cabeça. Isso resulta de reflexos transmitidos dos canais por meio dos *núcleos vestibulares* e do *fascículo longitudinal medial* para os *núcleos oculares* descritos no Cap. 13.

OUTROS FATORES RELACIONADOS AO EQUILÍBRIO

Os proprioceptores do pescoço. O aparelho vestibular só detecta a orientação e os movimentos *da cabeça.* Portanto, é essencial que os centros nervosos também recebam informações apropriadas sobre a orientação da cabeça em relação ao corpo. Essa informação é transmitida dos proprioceptores do pescoço e do corpo diretamente para os núcleos vestibulares e reticulares do tronco cerebral e, também, de forma indireta, por meio do cerebelo.

Sem dúvida, a informação proprioceptiva mais importante necessária para a manutenção do equilíbrio, é a derivada dos *receptores articulares do pescoço.* Quando a cabeça é inclinada em uma direção pela torção do pescoço, os impulsos dos proprioceptores do pescoço impedem o aparelho vestibular de provocar na pessoa sensação de desequilíbrio, isso pela transmissão de sinais exatamente opostos aos transmitidos pelos aparelhos vestibulares. Entretanto, *quando todo o corpo* se inclina em uma direção, os impulsos dos aparelhos vestibulares *não sofrem oposição* pelos proprioceptores do pescoço; portanto, a pessoa, nesse caso, percebe alteração do estado de equilíbrio de todo o corpo.

Os reflexos cervicais. Em um animal *cujos aparelhos vestibulares foram destruídos,* a torção do pescoço causa reflexos musculares imediatos, denominados *reflexos cervicais,* que ocorrem, principalmente, nos membros anteriores. Por exemplo, a torção do pescoço para a frente causa o relaxamento dos membros anteriores. Entretanto, quando os aparelhos vestibulares estão intactos, esse efeito *não* ocorre, porque os reflexos vestibulares funcionam de forma exatamente oposta à dos reflexos cervicais. Como deve ser mantido o equilíbrio de todo o corpo, e não apenas da cabeça, é fácil compreender que os reflexos vestibulares e cervicais devem funcionar de forma oposta.

Informação proprioceptiva e exteroceptiva de outras regiões do corpo. A informação proprioceptiva de outras partes do corpo, além do pescoço, também é importante na manutenção do equilíbrio. Por exemplo, as sensações de pressão provenientes das patas podem informar (1) se o peso está distribuído igualmente entre os dois pés e (2) se o peso está mais para a frente ou mais para trás sobre os pés.

Um caso no qual é necessária informação exteroceptiva para a manutenção do equilíbrio ocorre quando a pessoa está correndo. A pressão do ar contra a frente do corpo indica que uma força está se opondo ao corpo, em direção diferente da causada pela força gravitacional; conseqüentemente, a pessoa se inclina para a frente, para neutralizar essa força.

Importância da informação visual na manutenção do equilíbrio. Após a destruição completa do aparelho vestibular, e até mesmo após a perda da maioria das informações proprioceptivas do corpo, uma pessoa ainda pode utilizar os mecanismos visuais de forma eficaz para manter o equilíbrio. Mesmo um discreto movimento linear ou de rotação do corpo desloca instantaneamente as imagens visuais sobre a retina, e essa informação é enviada para os centros do equilíbrio. Várias pessoas com destruição completa do aparelho vestibular apresentam equilíbrio quase normal, desde que seus olhos estejam abertos e que realizem todos os movimentos lentamente. Mas, quando se movem rapidamente ou quando os seus olhos estão fechados, ocorre perda imediata do equilíbrio.

Conexões neuronais do aparelho vestibular com o sistema nervoso central

A Fig. 17.3 representa as conexões centrais do nervo vestibular. A maioria das fibras do nervo vestibular termina nos núcleos vestibulares, localizados aproximadamente na junção entre o bulbo e a ponte, mas algumas fibras passam, sem fazer sinapses, por esses núcleos, indo diretamente para os núcleos reticulares do tronco cerebral e para os núcleos fastigiais, úvula e lobos floculonodulares do cerebelo. As fibras que terminam nos núcleos vestibulares fazem sinapse com neurônios de segunda ordem, que também enviam fibras para essas áreas do cerebelo e para o córtex de outras partes do cerebelo, para os feixes vestibuloespinhais, para o fascículo longitudinal medial, e para outras áreas do tronco cerebral, principalmente os núcleos reticulares.

A via primária para os reflexos do equilíbrio começa nos nervos vestibulares, passando, a seguir, para os núcleos vestibulares e para o cerebelo. Então, junto com o tráfego bidirecional de impulsos entre essas duas estruturas, os sinais também são enviados para os núcleos reticulares do tronco cerebral e para a medula espinhal, por meio dos feixes vestibuloespinhal e reticuloespinhal. Por sua vez, os sinais para a medula controlam a interação entre a facilitação e a inibição dos músculos antigravitários, controlando assim automaticamente o equilíbrio.

Os *lobos floculonodulares* parecem estar particularmente relacionados às funções de equilíbrio dos canais semicirculares, porque a destruição desses lobos produz quase exatamente os mesmos sintomas clínicos que a destruição dos próprios canais semicirculares. Isto é, a lesão grave de qualquer dessas estruturas pode causar perda do equilíbrio durante *alterações rápidas na direção do movimento*, mas não perturba seriamente o equilíbrio em condições estáticas, como discutido acima. Acredita-se, também, que a *úvula* do cerebelo represente papel importante semelhante no equilíbrio estático.

Sinais provenientes dos núcleos vestibulares e do cerebelo transmitidos para o tronco cerebral por meio do *fascículo longitudinal medial* provocam movimentos corretivos dos olhos a cada vez que a cabeça roda, de forma que os olhos permanecem fixos sobre um objeto visual específico. Os sinais também ascendem (seja por esse mesmo feixe ou pelos feixes reticulares) para o córtex cerebral, terminando provavelmente em um centro cortical primário para o equilíbrio localizado no lobo parietal, no fundo da fissura silviana, no lado da fissura oposto à área auditiva no giro temporal superior. Esses sinais alertam a psique sobre o estado de equilíbrio do corpo.

Os núcleos vestibulares, a cada lado do tronco cerebral, são divididos em quatro subdivisões distintas: (1 e 2) os *núcleos vestibulares superior* e *medial*, que recebem sinais, principalmente, dos canais semicirculares e, por sua vez, enviam grande número de sinais nervosos para o *fascículo longitudinal medial* para produzir movimentos corretivos dos olhos, bem como sinais pelo *feixe vestibuloespinhal medial* para provocar movimentos apropriados da cabeça e do pescoço; (3) o *núcleo vestibular lateral*, que recebe sua inervação basicamente do utrículo e do sáculo e, por sua vez, transmite sinais de saída para a medula espinhal, pelo *feixe vestibuloespinhal lateral* para controlar o movimento corporal; (4) o *núcleo vestibular inferior*, que recebe sinais dos canais semicirculares e do utrículo e, por sua vez, envia sinais para o cerebelo e para a formação reticular do tronco cerebral.

■ FUNÇÕES DE NÚCLEOS ESPECÍFICOS DO TRONCO CEREBRAL, NO CONTROLE DE MOVIMENTOS SUBCONSCIENTES, ESTEREOTIPADOS

Raramente, uma criança, denominada *monstro anencefálico*, nasce sem estruturas cerebrais acima da região mesencefálica, e algumas dessas crianças foram mantidas vivas durante vários meses. São capazes de realizar praticamente todas as funções alimentares, como sucção, extrusão de alimentos desagradáveis da boca, e movimentação das mãos até a boca para sugar os dedos. Além disso, podem bocejar e espreguiçar. Podem chorar e acompanhar objetos com movimentos dos olhos e da cabeça. Também, a compressão das partes ântero-superiores de suas pernas faz com que elas as puxem para a posição sentada.

Portanto, é evidente que várias das funções motoras estereotipadas do ser humano são integradas no tronco cerebral. Infelizmente, os locais da maioria dos diferentes sistemas de controle motor ainda não foram identificados, com exceção dos seguintes:

Movimentos corporais estereotipados. A maioria dos movimentos do tronco e da cabeça pode ser classificada como movimentos muito simples, como flexão para a frente, extensão, rotação e movimentos de giro de todo o corpo. Esses tipos de movimentos são controlados por núcleos especiais localizados, em grande parte, na região mesencefálica e diencefálica inferior. Por exemplo, os *movimentos de rotação* da cabeça e dos olhos são controlados pelo *núcleo intersticial*. Esse núcleo se localiza no mesencéfalo, bem próximo ao *fascículo longitudinal medial*, pelo qual transmite parte importante de seus impulsos de controle. Os *movimentos de elevação* da cabeça e do corpo são controlados pelo *núcleo prestícial*, localizado aproximadamente na junção entre o diencéfalo e o mesencéfalo. Por outro lado, os *movimentos de flexão* da cabeça e do corpo são controlados pelo *núcleo pré-comissural*, localizado ao nível da comissura posterior. Por fim, os *movimentos de rotação* de todo o corpo, que são muito mais complicados, envolvem os núcleos reticulares pontinos e mesencefálicos.

REFERÊNCIAS

Adams, R. D., and Victor, M. (eds.): Principles of Neurology, 4th Ed. New York, McGraw Hill Book Co., 1989.

Asanuma, H.: The pyramidal tract. In Brooks, V. B. (ed.): Handbook of Physiology. Sec. 1, Vol. II. Bethesda, Md., American Physiological Society, 1981, p. 703.

Bahill, A. T., and Hamm, T. M.: Using open-loop experiments to study physiological systems, with examples from the human eye-movement systems. News Physiol. Sci., 4:104, 1989.

Brooks, V. B.: The Neural Basis of Motor Control. New York, Oxford University Press, 1986.

Carpenter, M. B.: Anatomy of the corpus striatum and brain stem integrating systems. In Brooks, V. B. (ed.): Handbook of Physiology. Sec. 1, Vol. II. Bethesda, Md., American Physiological Society, 1981, p. 947.

Dampney, R. A., et al.: Identification of cardiovascular cell groups in the brain

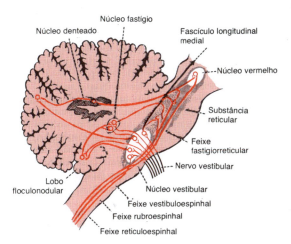

Fig. 17.13 Conexões dos nervos vestibulares com o sistema nervoso central.

stem. Clin. Exp. Hypertens., 6:205, 1984.

Desmedt, J. E. (ed.): Cerebral Motor Control in Man: Long Loop Mechanisms. New York, S. Karger, 1978.

Dublin, W. B.: Fundamentals of Vestibular Pathology. St. Louis, Warren H. Green, Inc., 1985.

Dutia, M. B.: Mechanisms of head stabilization. News Physiol. Sci., 4:101, 1989.

Elder, H. Y., and Trueman, E. R. (eds.): Aspects of Animal Movement. New York, Cambridge University Press, 1980.

Evarts, E. V., et al. (eds.): Motor System in Neurobiology. New York, Elsevier Science Publishing Co., 1986.

Evarts, E. V.: Role of motor cortex in voluntary movements in primates. In Brooks, V. B. (ed.): Handbook of Physiology. Sec. 1, Vol. II. Bethesda, Md., American Physiological Society, 1981, p. 1083.

Fernstrom, J. D.: Role of precursor availability on control of monoamine biosynthesis in brain. Physiol. Rev., 63:484, 1983.

Fournier, E., and Pierrot-Deseilligny, E.: Changes in transmission in some reflex pathways during movement in humans. News Physiol. Sci., 4:29, 1989.

Goldberg, J. M., and Fernandez, C.: The vestibular system. In Darian-Smith, I. (ed.): Handbook of Physiology, Sec. 1, Vol. III. Bethesda, Md., American Physiological Society, 1984, p. 977.

Graham, M. D., and House, W. F.: New York, Raven Press, 1987.

Grillner, S.: Control of locomotion in bipeds, tetrapods, and fish. In Brooks, V. B. (ed.): Handbook of Physiology. Sec. 1, Vol. II. Bethesda, Md., American Physiological Society, 1981, p. 1179.

Grillner, S.: Locomotion in vertebrates: Central mechanisms and reflex interaction. Physiol. Rev., 55:247, 1975.

Hasan, Z., and Stuart, D. G.: Animal solutions to problems of movement control: The role of proprioceptors. Annu. Rev. Neurosci., 11:199, 1988.

Hobson, J. A., and Brazier, M. A. B. (eds.): The Reticular Formation Revisited: Specifying Function for a Nonspecific System. New York, Raven Press, 1980.

Keele, S. W.: Behavioral analysis of movement. In Brooks, V. B. (ed.): Handbook of Physiology. Sec. 1, Vol. II. Bethesda, Md., American Physiological Society, 1981, p. 1391.

Kuypers, H. B. J. M.: Anatomy of the descending pathways. In Brooks, V. B. (ed.): Handbook of Physiology. Sec. 1, Vol. II. Bethesda, Md., American Physiological Society, 1981, p. 597.

Llinas, R.: Electrophysiology of the cerebellar networks. In Brooks, V. B. (ed.): Handbook of Physiology. Sec. 1, Vol. II. Bethesda, Md., American Physiological Society, 1981, p. 831.

Luschei, E. S., and Goldberg, L. J.: Neural mechanisms of mandibular control: Mastication and voluntary biting. In Brooks, V. B. (ed.): Handbook of Physi-

ology. Sec. 1, Vol. II. Bethesda, Md., American Physiological Society, 1981, p. 1237.

McCloskey, D. I.: Corollary discharges: Motor commands and perception. In Brooks, V. B. (ed.): Handbook of Physiology. Sec. 1, Vol. II. Bethesda, Md., American Physiological Society, 1981, p. 1415.

Oosterveld, W. J. (ed.): Audio-Vestibular System and Facial Nerve. New York, S. Karger, 1977.

Pearson, K.: The control of walking. Sci. Am., 235(6):72, 1976.

Penfield, W., and Rasmussen, T.: The Cerebral Cortex of Man. New York, Macmillan Co., 1950.

Peterson, B. W., and Richmond, F. J. (eds.): Control of Head Movement. New York, Oxford University Press, 1988.

Peterson, B. W.: Reticulospinal projections of spinal motor nuclei. Annu. Rev. Physiol., 41:127, 1979.

Porter, R.: Influences of movement detectors on pyramidal tract neurons in primates. Annu. Rev. Physiol., 38:121, 1976.

Porter, R.: Internal organization of the motor cortex for input-output arrangements. In Brooks, V. B. (ed.): Handbook of Physiology. Sec. 1, Vol. II. Bethesda, Md., American Physiological Society, 1981, p. 1063.

Poulton, E. C.: Human manual control. In Brooks, V. B. (ed.): Handbook of Physiology. Sec. 1, Vol. II. Bethesda, Md., American Physiological Society, 1981, p. 1337.

Precht, W.: Vestibular mechanisms. Annu. Rev. Neurosci., 2:265, 1979.

Rack, P. M. H.: Limitations of somatosensory feedback in control of posture and movement. In Brooks, V. B. (ed.): Handbook of Physiology. Sec. 1, Vol. II. Bethesda, Md., American Physiological Society, 1981, p. 229.

Scheibel, A. B.: The brain stem reticular core and sensory function. In Darian-Smith, I. (ed.): Handbook of Physiology. Sec. 1, Vol. III. Bethesda, Md., American Physiological Society, 1984, p. 213.

Sherrington, C. S.: Decerebrate rigidity and reflex coordination of movements. J. Physiol. (Lond.), 22:319, 1898.

Shik, M. L., and Orlovsky, B. N.: Neurophysiology of locomotor automatism. Physiol. Rev., 56:465, 1976.

Silverman, A. J.: Magnocellular neurosecretory system. Annu. Rev. Neurosci., 6:357, 1983.

Stein, P. S. B.: Motor systems with reference to the control of locomotion. Annu. Rev. Neurosci., 1:61, 1978.

Valentinuzzi, M.: The Organs of Equilibrium and Orientation as a Control System. New York, Harwood Academic Publishers, 1980.

Wiesendanger, M., and Miles, T. S.: Ascending pathway of low-threshold muscle afferents to the cerebral cortex and its possible role in motor control. Physiol. Rev., 62:1234, 1982.

Wilson, V. J., and Peterson, B. W.: Peripheral and central substrates of vestibulospinal reflexes. Physiol. Rev., 58:80, 1978.

18

O Cerebelo, os Gânglios Basais e o Controle Motor Geral

Além das áreas corticais cerebrais para o controle da atividade muscular, duas outras estruturas cerebrais também são essenciais para a função motora normal. Elas são o *cerebelo* e os *gânglios da base*. Porém, nenhuma delas pode iniciar a função muscular por si só. Em vez disso, *sempre funcionam em associação com outros sistemas do controle motor.*

Basicamente, o cerebelo desempenha papéis importantes no seqüenciamento das atividades motoras e na rápida progressão de um movimento para o subseqüente; ele também ajuda a controlar a interação instantânea entre grupos musculares agonistas e antagonistas.

Os gânglios da base, por outro lado, ajudam a controlar padrões complexos de movimento muscular, controlando as intensidades relativas dos movimentos, das direções do movimento, e o seqüenciamento de múltiplos movimentos sucessivos e paralelos para atingir objetivos motores específicos.

O objetivo deste capítulo é o de explicar os mecanismos básicos de funcionamento do cerebelo e dos gânglios da base, e, também, discutir o que se sabe sobre os mecanismos cerebrais gerais para atingir a intricada coordenação da atividade motora total.

■ O CEREBELO E SUAS FUNÇÕES MOTORAS

O cerebelo foi durante muito tempo denominado *área silenciosa* do cérebro, principalmente porque a excitação elétrica dessa estrutura não causa qualquer sensação e raramente produz algum movimento motor. Entretanto, como mostrado adiante, a remoção do cerebelo faz com que o movimento passe a ser extremamente anormal. O cerebelo é particularmente vital para o controle das rápidas atividades musculares, como correr, datilografar, tocar piano e até mesmo falar. A perda dessa área do encéfalo pode produzir incoordenação quase total dessas atividades, embora não cause paralisia dos músculos.

Mas como o cerebelo pode ser tão importante quando não tem capacidade direta de produzir contração muscular? A resposta a isso é que ele auxilia tanto na *seqüência de atividades motoras* como na *monitorização, e faz ajustes corretivos nas atividades motoras produzidas por outras partes do encéfalo.* Recebe informações continuamente atualizadas sobre o programa desejado das contrações musculares, das áreas de controle motor das outras partes do encéfalo, e recebe informações sensoriais contínuas das partes periféricas do corpo, para determinar as alterações seqüenciais no estado de cada parte do corpo — sua posição, sua velocidade de movimento, forças que atuam sobre ela, e assim por diante. O cerebelo *compara* os movimentos reais, representados pela informação de *feedback* sensorial periférico, com os movimentos pretendidos pelo sistema motor. Se os dois não correspondem, então, sinais corretivos apropriados são transmitidos, instantaneamente, de volta para o sistema motor, para aumentar ou reduzir os níveis de ativação dos músculos específicos.

Além disso, o cerebelo auxilia o córtex cerebral no planejamento do próximo movimento seqüencial com antecedência de fração de segundo, enquanto o movimento presente ainda está sendo executado, assim ajudando a evoluir suavemente de um movimento para o subseqüente. Também, aprende pelos seus próprios erros — isto é, se um movimento não ocorre exatamente da forma pretendida, o circuito cerebelar aprende a fazer um movimento mais forte ou mais fraco na próxima vez. Para isso, ocorrem alterações prolongadas da excitabilidade dos neurônios cerebelares apropriados, colocando, desse modo, as contrações subseqüentes em melhor correspondência com os movimentos pretendidos.

AS ÁREAS FUNCIONAIS ANATÔMICAS DO CEREBELO

Anatomicamente, o cerebelo é dividido em três lobos distintos por duas fissuras profundas, como mostrado nas Figs. 18.1 e 18.2: (1) o *lobo anterior*, (2) o *lobo posterior*, e (3) o *lobo floculonodular*. O lobo floculonodular é a mais antiga de todas as partes do cerebelo; desenvolveu-se junto com (e funciona com) o sistema vestibular no controle do equilíbrio, como discutido no capítulo anterior.

As divisões funcionais longitudinais dos lobos anterior e posterior. Do ponto de vista funcional, os lobos anterior e posterior não são organizados em lobos, mas ao longo do eixo longitudinal, como representado na Fig. 18.2, que mostra o cerebelo humano após a extremidade inferior do cerebelo posterior ser rolada de sua posição normalmente oculta para baixo. Observe-se, no centro do cerebelo, uma faixa estreita sepa-

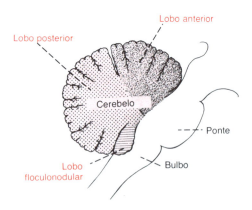

Fig. 18.1 Os lobos anatômicos do cerebelo, vistos da parte lateral.

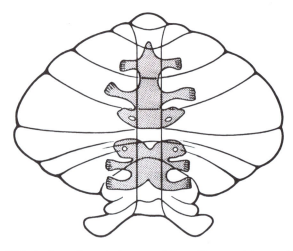

Fig. 18.3 As áreas de projeção sensorial somática no córtex cerebelar.

rada do restante do cerebelo por sulcos superficiais. Ela é denominada *vermis*. Nessa área fica localizada a maior parte do controle cerebelar para os movimentos musculares do eixo corporal, do pescoço, e dos ombros e quadril.

A cada lado do *vermis* existe um grande *hemisfério cerebelar* que se projeta lateralmente, e cada um desses hemisférios é dividido em *zona intermediária* e *zona lateral*.

A zona intermediária do hemisfério está relacionada ao controle das contrações musculares nas regiões distais dos membros superiores e inferiores, principalmente das mãos e dedos e dos pés e artelhos.

A zona lateral do hemisfério opera em nível muito mais distante, pois essa área participa do planejamento geral dos movimentos motores seqüenciais. Sem essa zona lateral, a maioria das atividades motoras discretas do corpo perde seu momento apropriado e, portanto, passa a ser incoordenada, como discutido em detalhe adiante.

Representação topográfica do corpo no vermis e nas zonas intermediárias. Da mesma forma que o córtex sensorial, o córtex motor, os gânglios da base, os núcleos vermelhos, e a formação reticular têm todos representações topográficas das diferentes partes do corpo, isso também ocorre no *vermis* e nas zonas intermediárias do cerebelo. A Fig. 18.3 mostra duas dessas representações distintas. Observe-se que as porções axiais do corpo se localizam na parte correspondente ao *vermis*, enquanto os membros e regiões faciais se localizam nas regiões intermediárias. Essas representações topográficas recebem sinais nervosos aferentes de todas as partes respectivas do corpo, assim como das áreas topográficas correspondentes do córtex motor e das áreas motoras do tronco cerebral. Por sua vez, enviam sinais motores para as mesmas respectivas áreas topográficas do córtex motor, do núcleo vermelho e da formação reticular.

Entretanto, observe-se que as grandes partes laterais dos hemisférios cerebelares *não* têm representações topográficas do corpo. Essas áreas do cerebelo se conectam, em grande parte, com as áreas de associação correspondentes do córtex cerebral, principalmente com a área pré-motora do córtex frontal e com as áreas somática sensorial e de associação sensorial do córtex parietal. Provavelmente, essa conectividade com as áreas de associação permite que as regiões laterais dos hemisférios cerebelares desempenhem papéis importantes no planejamento e na coordenação das atividades musculares seqüenciais.

As vias aferentes cerebelares

Vias aferentes procedentes do encéfalo. As principais vias aferentes para o cerebelo estão representadas na Fig. 18.4. Uma extensa e importante via aferente é a *via corticopontocerebelar*, que se origina em grande parte nos *córtices motor e pré-motor*, mas também, em menor extensão, no córtex sensorial e, daí, segue, pelos *núcleos pontinos* e *feixes pontocerebelares*, para o hemisfério contralateral do cerebelo.

Além disso, importantes feixes aferentes se originam no tronco cerebral, incluindo (1) o extenso feixe *olivocerebelar*, que vai da *oliva inferior* para todas as partes do cerebelo, sendo excitado por fibras do *córtex motor*, dos *gânglios da base*, de áreas difusas de *formação reticular*, e da *medula espinhal*; (2) *fibras vestibulocerebelares*, algumas das quais se originam no próprio aparelho vestibular e, outras, nos núcleos vestibu-

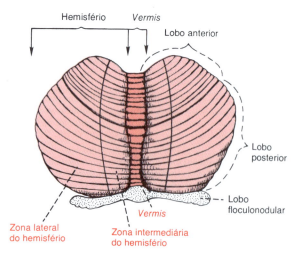

Fig. 18.2 As partes funcionais do cerebelo observadas da parte póstero-inferior, com a porção mais inferior do cerebelo rolada para fora, para aplainar a superfície.

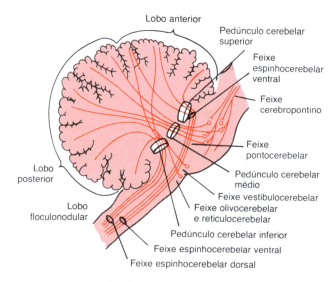

Fig. 18.4 Os principais feixes aferentes para o cerebelo.

lares, com a maioria terminando no *lobo floculonodular* e no *núcleo fastigial* do cerebelo; e (3) *fibras reticulocerebelares*, que se originam em diferentes regiões da formação reticular e terminam, em sua maioria, nas áreas cerebelares da linha média (o *vermis*).

Vias aferentes provenientes da periferia. O cerebelo também recebe importantes sinais sensoriais diretamente das partes periféricas do corpo, por meio de quatro feixes distintos, dois dos quais têm localização dorsal e dois, ventral, na medula. Os mais importantes desses feixes são representados na Fig. 18.5: o *feixe espinhocerebelar dorsal* e o *feixe espinhocerebelar ventral* (e mais, os feixes com funções semelhantes das regiões do pescoço e da face). Os feixes dorsais entram no cerebelo pelo pedículo cerebelar inferior, e terminam no vermis e zonas intermediárias do cerebelo do mesmo lado de sua origem. Os dois feixes ventrais entram nas mesmas áreas do cerebelo, pelo pedículo cerebelar superior, mas terminam nos dois lados do cerebelo.

Os sinais transmitidos pelos feixes espinhocerebelares dorsais são provenientes, em sua maioria, dos fusos moleculares e, em menor extensão, de outros receptores somáticos em todo o corpo, como os órgãos tendinosos de Golgi, os grandes receptores táteis da pele, e os receptores articulares. Todos esses sinais alertam o cerebelo sobre o estado momentâneo da contração muscular, grau de tensão nos tendões musculares, posições e velocidades de movimento das partes do corpo, e forças que atuam sobre as superfícies do corpo.

Por outro lado, os feixes espinhocerebelares ventrais recebem menos informações dos receptores periféricos. Em vez disso, são excitados principalmente pelos sinais motores que chegam às pontas anteriores da medula espinhal, provenientes do encéfalo, por meio dos feixes corticoespinhal e rubroespinhal, assim como dos geradores internos e de padrões motores da própria medula. Assim, essa via de fibras ventrais informa ao cerebelo que chegaram sinais motores nas pontas anteriores; esse *feedback* é denominado *cópia da eferência* da ativação motora da ponta anterior.

As vias espinhocerebelares podem transmitir impulsos com velocidades de até 120 m/s, que é a condução mais rápida de qualquer via no sistema nervoso central. Essa condução extremamente rápida é importante para o alerta instantâneo do cerebelo sobre as modificações que ocorrem nas ações motoras periféricas.

Além dos sinais nos feixes espinhocerebelares, outros sinais são transmitidos pelas colunas dorsais para os núcleos da coluna dorsal do bulbo e, então, enviados daí para o cerebelo. Da mesma forma, os sinais são transmitidos, por meio da *via espinhorreticular,* para a formação reticular do tronco cerebral e, por meio da *via espinho-olivar,* para o núcleo olivar inferior, e, em seguida, enviados dessas duas áreas para

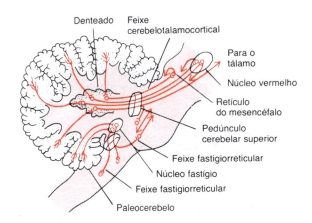

Fig. 18.6 Principais feixes eferentes do cerebelo.

o cerebelo. Assim, o cerebelo coleta continuamente informações sobre todas as partes do corpo, embora esteja operando em nível subconsciente.

Sinais cerebelares eferentes

Os núcleos cerebelares profundos e as vias eferentes. Localizados na profundidade da massa cerebelar há três *núcleos cerebelares profundos* — os núcleos *denteado, interposto* e *fastígio*. Os *núcleos vestibulares* do bulbo também funcionam, em alguns aspectos, como se fossem núcleos cerebelares profundos, devido às suas conexões diretas com o córtex do lobo floculonodular. Todos os núcleos cerebelares profundos recebem sinais de duas origens distintas: (1) o córtex cerebelar e (2) os feixes aferentes sensoriais para o cerebelo. A cada vez que um sinal aferente chega ao cerebelo, divide-se e segue em duas direções: (1) diretamente para um dos núcleos profundos e (2) para uma área correspondente do córtex cerebelar sobrejacente ao núcleo profundo. Então, pouco tempo depois, o córtex cerebelar envia seus sinais eferentes de volta para o mesmo núcleo profundo. Assim, todos os sinais aferentes que entram no cerebelo terminam, por fim, nos núcleos profundos, de onde os sinais eferentes são então, distribuídos para as outras partes do cérebro.

Três vias eferentes principais saem do cerebelo, como representado na Fig. 18.6:

1. Uma via que se origina nas *estruturas da linha média do cerebelo* (o *vermis*) e, daí, passa, pelos *núcleos fastígios*, para as *regiões bulbar* e *pontina do tronco cerebral*. Esse circuito funciona em íntima associação com o aparelho do equilíbrio para ajudar a controlar o equilíbrio e também, em associação com a formação reticular do tronco cerebral, para ajudar a controlar as atitudes posturais do corpo. Foi discutida em detalhe no capítulo anterior em relação ao equilíbrio.

2. Uma via que se origina na *zona intermediária do hemisfério cerebelar* e, daí, passa (a) pelo *núcleo interposto* para os *núcleos ventrolateral* e *ventroanterior do tálamo,* seguindo para o *córtex cerebral,* (b) para *várias estruturas da linha média do tálamo* e, daí, para os *gânglios da base,* e (c) para o *núcleo vermelho* e *formação reticular* da parte superior do tronco cerebral. Acredita-se que esse circuito coordene, principalmente, as contrações recíprocas dos músculos agonistas e antagonistas, nas regiões periféricas dos membros, em especial das mãos e dedos, particularmente do polegar.

3. Uma via que se origina no *córtex da zona lateral do hemisfério cerebelar* e, daí, segue para o *núcleo denteado*, e, depois, para os *núcleos ventrolateral* e *ventroanterior do tálamo*, e, por fim, para o *córtex cerebral*. Essa via desempenha importante papel para ajudar a coordenar as atividades motoras seqüenciais, iniciadas pelo córtex cerebral.

O CIRCUITO NEURONAL DO CEREBELO

O córtex cerebelar humano é, na verdade, uma grande folha pregueada, com aproximadamente 17 cm de largura por 120 cm de comprimento, com as pregas situadas transversalmente, como

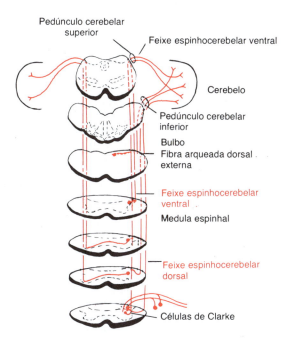

Fig. 18.5 Os feixes espinhocerebelares.

representado nas Figs. 18.2 e 18.3. Cada prega é denominada *fólio*. Os núcleos profundos ficam localizados na profundidade da massa pregueada do córtex.

A unidade funcional do córtex cerebelar — a célula de Purkinje e a célula nuclear profunda. O cerebelo contém cerca de 30 milhões de unidades funcionais quase idênticas, uma das quais é mostrada na Fig. 18.7. Essas unidades funcionais se baseiam em uma só *célula de Purkinje* muito grande, e 30 milhões delas estão no córtex cerebelar.

À direita na Fig. 18.7 são representadas as três camadas principais do córtex cerebelar, a *camada molecular*, a *camada de células de Purkinje* e a *camada de células granulares*. E, muito abaixo dessas camadas corticais, no centro da massa cerebelar, ficam os núcleos profundos.

O circuito neuronal da unidade funcional. Como apresentado na metade esquerda da Fig. 18.7, a eferência da unidade funcional se origina da célula nuclear profunda. Entretanto, essa célula está continuamente sob influências excitatórias e inibitórias. As influências excitatórias se originam de conexões diretas com as fibras aferentes que entram no cerebelo provenientes do encéfalo ou da periferia. As influências inibitórias se originam totalmente da célula de Purkinje, no córtex do cerebelo.

Os impulsos aferentes para o cerebelo são, em grande parte, de dois tipos, um denominado *fibras trepadoras* e o outro denominado *fibras musgosas*.*

As fibras trepadoras *originam-se todas do complexo olivar inferior do bulbo*. Existe uma fibra trepadora para cerca de 10 células de Purkinje. Após enviar ramos para várias células nucleares profundas, a fibra trepadora se projeta até a camada molecular do córtex cerebelar, onde faz cerca de 300 sinapses com o corpo e os dendritos de cada célula de Purkinje. Essa fibra trepadora é caracterizada pelo fato de que um só impulso nela sempre causará potencial de ação único muito prolongado (até 1 segundo), do tipo oscilatório, bastante peculiar, em cada célula de Purkinje à qual se conecta. Esse potencial de ação é denominado *potencial em ponta complexo*.

As fibras musgosas constituem todos os outros tipos de fibras que entram no cerebelo provenientes de várias fontes: estruturas cerebrais superiores, tronco cerebral e a medula espinhal. Essas fibras também enviam colaterais para excitar células nucleares profundas. Em seguida, prosseguem para a camada granulosa do córtex, onde fazem sinapse com centenas de *células granulosas*. Por sua vez, as células granulosas enviam axônios muito delgados com diâmetro menor que 1 μm, até a superfície externa do córtex cerebelar, para penetrar na camada molecular. Aí, os axônios se dividem em dois ramos, que se estendem 1 a 2 mm em cada direção paralelos aos eixos maiores das pregas. Há literalmente bilhões dessas *fibras nervosas paralelas*, pois existem cerca de 500 a 1.000 células granulares para cada célula de Purkinje. Os dendritos das células de Purkinje se projetam para essa camada molecular, e 80.000 a 200.000 dessas fibras paralelas fazem sinapse com cada célula de Purkinje. À medida que essas fibras passam ao longo de seu curso de 1 a 2 mm, cada uma delas faz contato com cerca de 250 a 500 células de Purkinje.

Porém, os sinais aferentes da fibra musgosa para as células de Purkinje são muito diferentes dos da fibra trepadora, porque suas conexões sinápticas são muito fracas, de forma que grande número de fibras musgosas deve ser estimulado ao mesmo tempo para alterar a ativação da célula de Purkinje. Além disso, essa ativação em geral adquire a forma de facilitação ou excitação causadora de descarga repetitiva pelas células de Purkinje de potenciais de ação de curta duração denominados *potenciais em ponta simples*, e não o potencial de ação complexo prolongado que ocorre em resposta aos impulsos das fibras trepadoras.

---
*N.T. No original: *climbing fibers* e *mossy fibers*, respectivamente.

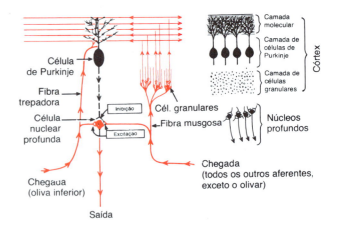

Fig. 18.7 O lado esquerdo desta figura mostra o circuito neuronal básico do cerebelo, com neurônios excitatórios representados em vermelho. À direita é ilustrada a relação física entre os núcleos cerebelares profundos e o córtex cerebelar, com suas três camadas.

Descarga contínua das células de Purkinje e das células nucleares profundas nas condições normais de repouso. Uma das características das células de Purkinje e das células nucleares profundas é que normalmente descarregam continuamente, a célula de Purkinje dispara cerca de 50 a 100 potenciais de ação por segundo, e as células nucleares profundas, com freqüências ainda muito maiores. Portanto, a atividade eferente dessas duas células pode ser modulada para cima ou para baixo. Por exemplo, a redução da freqüência da descarga das células nucleares profundas até abaixo do nível normal promoveria, na verdade, um *sinal eferente inibitório* para o sistema motor. Por outro lado, qualquer fator que possa aumentar a freqüência da descarga até acima do normal promoveria um *sinal eferente excitatório*. Dessa forma, o cerebelo pode promover excitação ou inibição à medida que surge a necessidade.

Equilíbrio entre a excitação e a inibição dos núcleos cerebelares profundos. Referindo-se novamente ao circuito da Fig. 18.7, *deve-se observar que a estimulação direta das células nucleares profundas, pelas fibras trepadoras e musgosas, as excita*. Por outro lado, *os sinais que chegam, provenientes das células de Purkinje, as inibem*. Normalmente, o equilíbrio entre esses dois efeitos é ligeiramente favorável à excitação, de forma que a eferência das células nucleares profundas permanece relativamente constante em nível moderado de estimulação contínua. Por outro lado, na execução de movimentos motores rápidos, o *ritmo* dos dois efeitos sobre os núcleos profundos é tal que a excitação surge antes da inibição. Então, alguns milissegundos depois ocorre inibição. Dessa forma, há, primeiro, um sinal excitatório muito rápido, transmitido de volta à via motora para modificar o movimento motor, mas ela é seguida em alguns milissegundos por um sinal inibitório. Esse sinal inibitório se assemelha a um sinal de *feedback* negativo do tipo "linha de retardo" que é muito eficaz na geração de *amortecimento*. Isto é, quando o sistema motor é excitado, ocorre provavelmente um sinal de *feedback* negativo após curto retardo para evitar que o movimento muscular exceda seu limite, o que é causa comum de oscilação

Outras células inibitórias no córtex cerebelar. Além das células granulares e das células de Purkinje, três outros tipos de neurônios também ficam localizados no córtex cerebelar: *células em cesto, células estelares* e *células de Golgi*. Todas elas são células inibitórias com axônios muito curtos. Tanto as células em cesto quanto as células estelares ficam localizadas na camada molecular do córtex, situadas entre e estimuladas pelas fibras paralelas. Essas células, por sua vez, enviam seus axônios em ângulo reto para fibras paralelas, causando *inibição lateral* das células de Purkinje adjacentes, tornando desse modo o sinal mais nítido, da mesma forma que a inibição lateral acentua o contraste de sinais em várias outras áreas do sistema nervoso. As células de Golgi, por outro lado, localizam-se sob as fibras paralelas. Seus axônios formam um circuito de *feedback* para inibir as células granulares. A função desse *feedback* é a de limitar a duração do sinal transmitido das células granulares para o córtex cerebelar. Isto é, dentro de curta fração de segundo após o estímulo das células granulares, sua descarga inicial de excitação é reduzida até um nível menor de excitação que só é mantido enquanto durar o sinal aferente.

Os sinais eferentes cerebelares do tipo "liga-desliga" e "desliga-liga"

A função típica do cerebelo é a de ajudar a promover sinais rápidos para "ligar" os músculos agonistas, com sinais recíprocos simultâneos para "desligar" para os músculos antagonistas no início de um movimento. Assim, ao final do movimento, o cerebelo é responsável principalmente pelo ritmo e pela execução dos sinais de "desligar" para os agonistas e sinais de "ligar" para os antagonistas. Embora os mecanismos exatos pelos quais o cerebelo promove esses sinais de "ligar" e "desligar" ainda não sejam totalmente compreendidos, pode-se especular, a partir do circuito cerebelar básico da Fig. 18.7, como eles poderiam funcionar, da seguinte forma:

Primeiro, suponha-se que o padrão liga/desliga da contração agonista/antagonista no início do movimento comece com sinais provenientes do córtex cerebral que passam diretamente para o músculo agonista para desencadear a contração inicial. Ao mesmo tempo, também são enviados sinais paralelos pelas fibras musgosas pontinas para o cerebelo. Um ramo de cada fibra musgosa segue diretamente para as células nucleares profundas no núcleo denteado ou outros núcleos profundos; este envia imediatamente um sinal excitatório de volta para o sistema motor corticoespinhal, seja por sinais de retorno por meio do tálamo, para o córtex, ou pelo circuito neuronal no tronco cerebral, para sustentar o sinal de contração muscular que já foi iniciado pelo córtex cerebral. Conseqüentemente, o sinal de "ligar", após alguns milissegundos, fica ainda mais potente que no início porque agora é a soma dos sinais corticais e cerebelares. Esse é o efeito normal quando o cerebelo está intacto, mas, na ausência do cerebelo, não ocorre o sinal secundário extra de suporte. Obviamente, esse suporte cerebelar torna a contração muscular "ligada" muito mais forte do que seria.

Agora, o que causa o sinal de "desligar" para os músculos agonistas ao final do movimento? Lembre-se que todas as fibras musgosas possuem um ramo secundário que transmite sinais por meio das células granulares para o córtex cerebelar e, por fim, para as células de Purkinje, e estas, por sua vez, *inibem* as células nucleares profundas. Essa via passa por algumas das menores fibras nervosas conhecidas em todo o sistema nervoso, as fibras paralelas da camada molecular cortical cerebelar, com diâmetros de apenas fração de milímetro. Também, os sinais dessas fibras são fracos, de forma que exigem um período finito de tempo para produzir excitação suficiente nos dendritos da célula de Purkinje até excitá-la. Mas, uma vez excitada, a célula de Purkinje envia sinais *inibitórios* para as mesmas células nucleares profundas que originalmente haviam "ligado" o movimento. Portanto, em termos teóricos, isso poderia "desligar" a excitação cerebelar dos músculos agonistas.

Assim, pode-se ver como esse circuito causaria a rápida "ligação" da contração agonista no início de um movimento, e ainda causaria o "desligamento" com curso temporal preciso da mesma contração agonista após determinado período de tempo.

Vamos agora especular sobre um circuito para os músculos antagonistas. Mais importante, lembre-se que em toda a medula espinhal há circuitos agonistas/antagonistas recíprocos para praticamente todo movimento que a medula pode iniciar. Portanto, esses circuitos provavelmente são a principal base para o "desligamento" dos antagonistas no início do movimento e "ligação" ao seu final, sempre espelhando o que ocorre nos músculos agonistas. Mas deve-se lembrar, também, que o cerebelo contém vários outros tipos de células inibitórias além das células de Purkinje. As funções de algumas delas ainda não foram determinadas; elas poderiam também desempenhar papéis na inibição inicial dos músculos antagonistas e, depois, sua subseqüente excitação.

Obviamente, esses mecanismos teóricos ainda são em grande parte especulação. São apresentados aqui apenas para ilustrar possíveis formas pelas quais o cerebelo poderia, na verdade, causar sinais recíprocos para "ligar" e "desligar" os músculos agonistas e antagonistas, e, também, para atuar sobre o curso temporal desses processos.

As células de Purkinje podem "aprender" a corrigir erros motores — o papel das fibras trepadoras

O grau com que o cerebelo sustenta o início e o final das contrações musculares, bem como seu curso temporal, pode ser aprendido pelo próprio cerebelo. Tipicamente, quando a pessoa realiza novo ato motor pela primeira vez, o grau de estímulo motor fornecido pelo cerebelo para o início da contração do agonista, o grau de inibição do antagonista nesse início, o curso temporal para o término, o grau da inibição do agonista e da contração do antagonista, no término, são quase todos sempre incorretos para a execução precisa do movimento. Mas, após a realização do ato por várias vezes, esses eventos individuais ficam cada vez mais precisos na realização do movimento exatamente da forma desejada, algumas vezes exigindo apenas alguns movimentos antes que seja atingido o resultado desejado, mas outras vezes exigindo centenas de movimentos.

Porém, como ocorrem esses ajustes? A resposta exata não é conhecida, embora se saiba que os níveis de sensibilidade dos próprios circuitos cerebelares se adaptam progressivamente durante o processo de treinamento. Por exemplo, a sensibilidade das células de Purkinje para responder às fibras paralelas das células granulares é alterada. Além disso, estudos experimentais sugerem que essa modificação da sensibilidade seja produzida por sinais das fibras trepadoras que entram no cerebelo provenientes do complexo olivar inferior. Esses sinais ajustam a sensibilidade a longo prazo das células de Purkinje para a estimulação pelas fibras paralelas.

Em condições de repouso, as fibras trepadoras disparam cerca de uma vez por segundo. Mas a cada vez que o fazem causam despolarização extrema de toda a arborização dendrítica da célula de Purkinje, durando até um segundo. Durante esse período, a célula de Purkinje dispara com um potencial de ação eferente inicialmente muito forte, seguido por uma série de ondas oscilatórias do potencial de membrana. Quando uma pessoa realiza um novo movimento pela primeira vez e o movimento atingido não é igual ao movimento pretendido, a descarga das fibras trepadoras modifica-se significativamente, sendo muito aumentada ou reduzida de acordo com a necessidade, até um máximo de aproximadamente 4/s ou até valores praticamente iguais a zero. Acredita-se que essas variações da freqüência de estímulação alterem a sensibilidade a longo prazo das células de Purkinje aos sinais subseqüentes do circuito de fibras musgosas. Isto é, tanto o aumento quanto a diminuição dos sinais aferentes das fibras trepadoras causam aumento das variações cumulativas da sensibilidade a longo prazo para os sinais das fibras musgosas. Durante determinado período de tempo, essa variação da sensibilidade, junto com outras possíveis funções de "aprendizado" do cerebelo, parece fazer com que o curso temporal e outros aspectos do controle cerebelar dos movimentos atinjam a perfeição. Quando isso é atingido, as fibras trepadoras não mais enviam seus sinais de "erro" para o cerebelo para promover alterações adicionais.

Por fim, precisamos responder como as fibras trepadoras sabem como alterar sua própria freqüência de descarga quando um movimento realizado não é perfeito. O que se sabe sobre isso é que o complexo olivar inferior recebe informações completas dos feixes corticoespinhais, bem como dos centros motores do tronco cerebral, detalhando o *objetivo* de cada movimento motor; e também recebe informação completa das terminações nervosas sensoriais nos músculos e tecidos adjacentes detalhando o movimento que realmente ocorre. Portanto, acredita-se que o complexo olivar inferior funcione, então, como um *comparador* para verificar se a execução real do movimento coincide com a pretendida. Se houver coincidência, não há modificação da descarga das fibras trepadoras. Mas, se não houver coincidência, as fibras trepadoras são estimuladas ou inibidas de acordo com a necessidade proporcional ao grau do erro, levando assim a variações progressivas da sensibilidade das células de Purkinje até que não haja mais erro — como a teoria propõe.

FUNÇÃO GERAL DO CEREBELO NO CONTROLE DOS MOVIMENTOS

Já está claro que o cerebelo só funciona no controle motor em associação com as atividades motoras iniciadas em outro ponto do sistema nervoso. Essas atividades podem originar-se na medula espinhal, nos núcleos reticulares do tronco cerebral, ou no córtex cerebral. Inicialmente, discutiremos a operação do cerebelo associado à medula espinhal e ao tronco cerebral para o controle dos movimentos posturais e do equilíbrio e, em seguida, discutiremos sua função em associação com o córtex motor, para o controle dos movimentos voluntários.

FUNÇÃO DO CEREBELO COM A MEDULA ESPINHAL E TRONCO CEREBRAL PARA CONTROLAR OS MOVIMENTOS POSTURAIS E DE EQUILÍBRIO

O cerebelo se originou filogeneticamente ao mesmo tempo que o aparelho vestibular se desenvolveu. Além disso, como discutido no capítulo anterior, a perda dos lobos floculonodulares e partes do *vermis* do cerebelo causa distúrbio extremo do equilíbrio.

Porém, ainda devemos fazer a pergunta, qual o papel que o cerebelo representa no equilíbrio que não pode ser promovido pelo outro mecanismo neuronal do tronco cerebral? Uma indicação é o fato de que, nas pessoas com disfunção cerebelar, o equilíbrio é muito mais perturbado durante a execução de movimentos rápidos que durante situações estáticas — principalmente quando os movimentos envolvem alterações da direção que estimulam os canais semicirculares. Isso sugere que o cerebelo seja particularmente importante no controle do equilíbrio entre as contrações dos músculos agonistas e antagonistas durante as *alterações rápidas* das posições do corpo, definidas pelo aparelho vestibular.

Um dos principais problemas no controle desse equilíbrio é o tempo necessário para transmitir os sinais de posição e a velocidade do movimento das diferentes partes do corpo para

o encéfalo. Mesmo quando as vias sensoriais de condução mais rápida, até 120 m/s, são utilizadas, como pelo sistema espinhocerebelar, o retardo para a transmissão dos pés até o encéfalo ainda é de 15 a 20 ms. Os pés de uma pessoa correndo rapidamente podem deslocar-se por até 25 cm durante esse tempo. Portanto, nunca é possível para os sinais de retorno das partes periféricas do corpo atingirem o encéfalo simultaneamente à ocorrência dos movimentos. Como, então, é possível para o encéfalo saber quando interromper um movimento para realizar o próximo ato seqüencial, principalmente quando os movimentos são realizados com muita rapidez? A resposta é que os sinais provenientes da periferia informam o encéfalo não apenas sobre as posições das diferentes partes do corpo, mas também sobre a velocidade e as direções do movimento. É função do cerebelo *calcular* a partir dessas velocidades e direções onde as diferentes partes do corpo estarão durante os próximos milissegundos. Os resultados desses cálculos são a base para a progressão do encéfalo para o próximo movimento seqüencial.

Assim, durante o controle do equilíbrio, acredita-se que a informação do aparelho vestibular é utilizada em um típico circuito de controle por *feedback* para promover a correção quase instantânea dos sinais motores posturais de acordo com a necessidade para manter o equilíbrio mesmo durante o movimento extremamente rápido, incluindo as modificações rápidas da direção do movimento. Os sinais de *feedback* das áreas periféricas do corpo auxiliam nesse processo. Seu auxílio é mediado em grande parte por meio do *vermis cerebelar* que funciona em associação com os músculos axiais do corpo e escapulares; é papel do cerebelo computar as posições verdadeiras das respectivas partes do corpo em qualquer momento, apesar do longo tempo de retardo da periferia para o cerebelo.

FUNÇÃO DO CEREBELO NO CONTROLE DOS MÚSCULOS VOLUNTÁRIOS

Além do circuito de *feedback* entre a periferia do corpo e o cerebelo, existe um circuito de *feedback* quase totalmente independente entre o córtex motor do cérebro e o cerebelo. Esse circuito afeta muito pouco o controle do equilíbrio e dos outros movimentos posturais dos músculos axiais e escapulares do corpo. Em vez disso, exerce duas outras funções principais: (1) Ajuda o córtex cerebral a coordenar padrões de movimento que envolvem principalmente as partes distais do membros — em especial as mãos, dedos e pés. A parte do cerebelo participante dessa função é principalmente a *zona intermediária do córtex cerebelar e seu núcleo interposto associado*. (2) Ajuda o córtex cerebral a planejar o curso temporal e o seqüenciamento do movimento sucessivo que será realizado após a conclusão do movimento presente. A parte do cerebelo envolvida nisso é a grande *zona lateral do hemisfério cerebelar*, junto com seu *núcleo denteado* associado. Vamos discutir separadamente cada uma dessas duas funções.

Controle cerebelar por feedback sobre os movimentos distais dos membros por meio do córtex cerebelar intermediário e do núcleo interposto

Como representado na Fig. 18.8, a zona intermediária de cada hemisfério cerebelar recebe dois tipos de informações quando é realizado um movimento: (1) informações diretas do córtex motor e núcleo vermelho, informando ao cerebelo sobre o *plano seqüencial dos movimentos pretendidos* para as frações de segundo subseqüentes; e (2) informações de *feedback* das partes periféricas

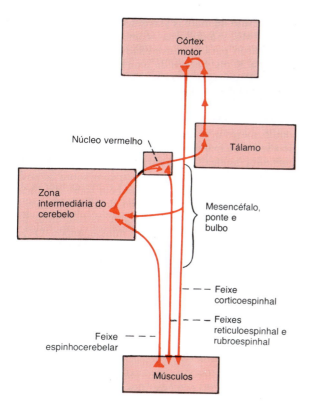

Fig. 18.8 Controle cerebral e cerebelar dos movimentos voluntários, envolvendo principalmente a zona intermediária do córtex cerebelar e seu núcleo interposto associado.

do corpo, principalmente das partes distais dos membros, informando ao cerebelo quais os *movimentos verdadeiros* resultantes. Após a zona intermediária do cerebelo comparar os movimentos pretendidos com o movimento verdadeiro, o núcleo interposto envia sinais eferentes *corretivos* (a) de volta para o *córtex motor*, por meio dos núcleos de retransmissão no *tálamo* e (b) para a *região magnocelular* (a porção inferior) *do núcleo vermelho*, que origina o *feixe rubroespinhal*. O feixe rubroespinhal, por sua vez, junta-se ao feixe corticoespinhal na inervação dos motoneurônios mais laterais nas pontas anteriores da substância cinzenta da medula espinhal, os neurônios que controlam as partes distais dos membros, principalmente as mãos e dedos.

Essa parte do sistema de controle motor cerebelar proporciona movimentos coordenados, uniformes, dos músculos agonistas e antagonistas dos membros distais para a execução de movimentos padronizados objetivos agudos. O cerebelo parece comparar as "intenções" dos níveis superiores do sistema de controle motor, transmitido para a zona cerebelar intermediária por meio do feixe corticopontocerebelar, com a "execução" pelas respectivas partes do corpo, transmitidas de volta da periferia para o cerebelo. Na verdade, o feixe espinhocerebelar ventral transmite de volta para o cerebelo uma cópia da "eferência" dos sinais reais de controle motor que chegam aos motoneurônios anteriores, e isso, também, é integrado aos sinais que chegam dos fusos musculares e outros órgãos sensoriais proprioceptivos. Aprendemos antes que sinais comparadores semelhantes também seguem para o complexo olivar inferior; se os sinais não são comparados favoravelmente, o sistema olivar-célula de Purkinje, junto com outros possíveis mecanismos de aprendizado cerebelar, corrigirá, por fim, os movimentos até que eles realizem a função desejada.

Uma vez que o cerebelo aprendeu seu papel para cada padrão de movimento, ele desencadeia a rápida ativação dos múscu-

los agonistas no início de cada movimento, enquanto inibe os músculos antagonistas. Em seguida, continua a provocar a contração do agonista até próximo ao final do movimento, quando o circuito cerebelar desempenha de novo o papel principal na desativação rápida dos músculos agonistas e ativação dos músculos antagonistas. O ponto no qual ocorre a inversão da excitação entre os músculos agonistas e antagonistas depende (1) da velocidade de movimento e (2) do conhecimento previamente aprendido da inércia do sistema. Quanto mais rápido o movimento e maior a inércia, mais cedo deve ocorrer o ponto de inversão no curso do movimento para interromper o movimento no ponto apropriado.

Função do cerebelo para "amortecer" os movimentos e evitar os movimentos excessivos. Quase todos os movimentos do corpo são "pendulares". Por exemplo, quando um braço é movimentado, desenvolve-se um momento que precisa ser controlado antes do término do movimento. Devido a esse momento, todos os movimentos pendulares tendem a ser *excessivos*. Se esse excesso ocorre em pessoa cujo cerebelo foi destruído, os centros conscientes do cérebro finalmente reconhecem isso e iniciam movimento na direção oposta para trazer o braço para a posição pretendida. Mas, novamente, devido a seu momento, o braço ultrapassa de novo o ponto, e devem ser, mais uma vez, instituídos sinais corretivos apropriados. Assim, o braço oscila, para diante e para trás do ponto pretendido, durante vários ciclos, antes de, por fim, fixar-se sobre seu limite. Esse efeito é denominado *tremor de ação*, ou *tremor de intenção*.

Entretanto, se o cerebelo está intacto, sinais subconscientes, aprendidos, apropriados interrompem o movimento precisamente no ponto pretendido, evitando, assim, o excesso e, também, o tremor. Essa é a característica básica de um sistema de amortecimento. Todos os sistemas de controle que regulam os elementos pendulares que possuem inércia devem apresentar circuitos de amortecimento embutidos nos seus mecanismos. No sistema de controle motor de nosso sistema nervoso central, o cerebelo promove a maior parte dessa função de amortecimento.

Controle cerebelar dos movimentos balísticos. Vários movimentos rápidos do corpo, como os movimentos dos dedos na datilografia, ocorrem tão rapidamente que não é possível receber informações de *feedback*, provenientes da periferia para o cerebelo ou provenientes do cerebelo para o córtex motor, antes da cessação dos movimentos. Esses movimentos são denominados *movimentos balísticos*, significando que todo o movimento é pré-planejado e iniciado para atingir uma distância específica e depois cessar. Outro exemplo importante é o movimento sacádico dos olhos, no qual os olhos saltam de uma posição para outra, durante a leitura ou ao se olhar para pontos sucessivos ao longo de uma estrada quando se está dentro de um carro em movimento.

Boa parte da função cerebelar pode ser entendida estudando-se as alterações que ocorrem nos movimentos balísticos quando o cerebelo é removido. Ocorrem três alterações principais: (1) os movimentos ocorrem lentamente e não se verifica a ativação inicial que o cerebelo provoca habitualmente sobre um movimento agonista, (2) a força desenvolvida é fraca, e (3) os movimentos são lentos em seu término, geralmente permitindo que o movimento vá bem além do limite pretendido. Portanto, na ausência do circuito cerebelar, o córtex motor tem que pensar muito mais que o normal para desencadear um movimento balístico, como também tem que despender energia e tempo extras para terminá-lo. Assim, o automatismo dos movimentos balísticos é perdido.

Se for considerado novamente o circuito do cerebelo como descrito antes neste capítulo, será verificado que é muito bem organizado para realizar essa função bifásica, inicialmente excitatória e, a seguir, inibitória, necessária para os movimentos balístícos. Também será observado que os circuitos de retardo do córtex cerebelar são fundamentais para essa capacidade específica do cerebelo.

Função da grande zona lateral do hemisfério cerebelar — as funções "seqüenciais" e de "curso temporal"

Nos seres humanos, as zonas laterais dos dois hemisférios cerebelares ficaram muito desenvolvidas e aumentadas, junto com a capacidade humana de realizar padrões intricados seqüenciais de movimento, principalmente, com as mãos e dedos, e junto com a capacidade de falar. Porém, o que é ainda mais estranho, essas grandes regiões laterais dos hemisférios cerebelares não recebem informações diretas das partes periféricas do corpo. Também, quase toda a comunicação entre essas áreas cerebelares laterais e o córtex não é feita com o próprio córtex motor primário, mas com a área pré-motora e áreas sensoriais somáticas primárias e de associação. Mesmo assim, a destruição das regiões laterais dos hemisférios cerebelares, junto com seus núcleos profundos, os núcleos denteados, pode levar à extrema incoordenação dos movimentos objetivos das mãos, dedos, pés e aparelho da fala. Foi difícil compreender isso, devido à ausência de comunicação direta entre essa parte do cerebelo e o córtex motor primário. Entretanto, estudos experimentais recentes sugerem que essas regiões do cerebelo estejam relacionadas a dois outros aspectos importantes do controle motor: (1) o planejamento dos movimentos seqüenciais e (2) o "curso temporal" dos movimentos seqüenciais.

O planejamento dos movimentos seqüenciais. O planejamento de movimentos seqüenciais parece estar relacionado ao fato de que os hemisférios laterais se comunicam com as áreas pré-motora e sensorial do córtex cerebral e de que também existe comunicação bidirecional entre essas mesmas áreas e as áreas correspondentes dos gânglios da base. Parece que o "plano" dos movimentos seqüenciais é transmitido das áreas sensoriais e pré-motoras do córtex para as zonas laterais dos hemisférios cerebelares, e o tráfego bidirecional entre o cerebelo e o córtex é necessário para promover a transição apropriada de um movimento para o subseqüente. Uma observação muito interessante que apóia essa hipótese é que vários neurônios nos núcleos denteados apresentam o padrão de atividade do movimento seguinte simultaneamente com a ocorrência do movimento atual. Assim, os hemisférios laterais parecem estar envolvidos não com o que está acontecendo em determinado momento, mas, em vez disso, com *o que estará acontecendo durante o próximo movimento seqüencial.*

Para resumir, um dos aspectos mais importantes da função motora normal é a capacidade de transição suave de um movimento para outro em sucessão ordenada. Na ausência dos hemisférios cerebelares, essa capacidade fica muito perturbada, principalmente para os movimentos rápidos.

A função de curso temporal. Outra função importante dos hemisférios cerebelares laterais é a de promover o curso temporal [timing] adequado para cada movimento. Na ausência dessas áreas laterais, há perda da capacidade subconsciente de prever a extensão do movimento das diferentes partes do corpo em determinado período. E, sem essa capacidade de definir o curso temporal, a pessoa fica incapaz de determinar quando deve iniciar o próximo movimento. Conseqüentemente, o movimento seguinte pode iniciar-se muito cedo ou, mais provavelmente, muito tarde. Portanto, as lesões cerebelares causam a total incoordenação dos movimentos complexos, como os necessários para escrever, correr ou, até mesmo, falar, com perda completa da capacidade de progredir, em seqüência ordenada, de um movimento para o movimento seguinte. Diz-se que essas lesões cerebelares causam *falha na progressão suave dos movimentos.*

Funções cerebelares de predição extramotora. O cerebelo também desempenha papel na predição de outros eventos, além dos movimentos corporais. Por exemplo, podem-se prever as velocidades de progressão dos fenômenos auditivos e visuais, e ambos exigem participação cerebelar. Como exemplo, a pessoa pode prever a velocidade com que se aproxima de um objeto, a partir das modificações da cena visual. Experiência surpreendente, que demonstra a importância do cerebelo nessa capacidade, é a remoção da parte "da cabeça" do cerebelo em macacos. Um desses macacos, por vezes, colide com a parede de um corredor e literalmente, esmaga seu cérebro, devido a sua incapacidade de predizer quando atingirá a parede.

Infelizmente, só agora começamos a compreender essas funções cerebelares preditivas. É bastante possível que o cerebelo promova uma "base de tempo", utilizando talvez circuitos de retardo temporal, contra os quais podem ser comparados sinais de outras partes do sistema nervoso central. Muitas vezes, afirma-se que o cerebelo é particularmente importante na interpretação das *relações espaço-temporais* da informação sensorial.

ANORMALIDADES CLÍNICAS DE ORIGEM CEREBELAR

Um aspecto importante das anormalidades clínicas cerebelares é que a destruição de pequenas partes do *córtex* cerebelar só raramente causa distúrbios detectáveis na função motora. Na verdade, vários meses após a remoção de até metade do córtex cerebelar, se os núcleos cerebelares profundos não tiverem sido removidos junto com o córtex, as funções motoras de um animal parecem estar quase totalmente normais, desde que o animal realize todos os movimentos lentamente. Assim, as partes remanescentes do sistema de controle motor são capazes de compensar de forma significativa a perda de partes do cerebelo.

Portanto, para provocar disfunção grave e contínua de origem cerebelar, a lesão cerebelar deve geralmente envolver um ou mais dos núcleos cerebelares profundos — os *núcleos denteado, interposto e fastígio* —, assim como o córtex cerebelar.

Dismetria e ataxia. Dois dos sintomas mais importantes da doença cerebelar são a dismetria e a ataxia. Foi indicado antes que, na ausência do cerebelo, o sistema de controle motor subconsciente não pode prever antecipadamente a distância que será alcançada pelo movimento. Portanto, os movimentos comumente excedem seu limite pretendido, e, então, a porção consciente do cérebro supercompensa, na direção oposta, os movimentos seguintes. Esse efeito é denominado *dismetria*, e resulta em movimentos incoordenados denominados *ataxia*.

A dismetria e ataxia também podem resultar de lesões nos feixes espinhocerebelares, pois a informação de *feedback* das partes móveis do corpo é essencial para o controle preciso dos movimentos.

Ultrapassagem. A ultrapassagem* significa que, na ausência do cerebelo, a pessoa em geral movimenta a mão, ou alguma outra parte móvel do corpo, consideravelmente além do ponto pretendido. Isso resultaria do fato de que, nas condições normais, o cerebelo promove a maior parte do sinal motor que "desliga" o movimento após o seu início, e, se não há cerebelo, o movimento ultrapassa o ponto pretendido. Portanto, a ultrapassagem é, na verdade, uma manifestação de dismetria.

Falha de progressão. *Disdiadococinesia*. Quando o sistema de controle motor não consegue prever onde estarão as diferentes partes do corpo em determinado momento, ele "perde", temporariamente, as partes durante os movimentos motores rápidos. Como resultado, o movimento seguinte pode iniciar-se muito cedo ou muito tarde, de forma que não pode haver "progressão ordenada do movimento". Isso pode ser demonstrado com facilidade mandando-se o paciente com lesão cerebelar virar a palma de uma das mãos para cima e para baixo rapidamente. O paciente, em pouquíssimo tempo, "perde" toda a percepção da posição momentânea da mão, durante qualquer parte do movimento. Conseqüentemente, ocorre uma série de movimentos confusos, em lugar dos movimentos normais coordenados para cima e para baixo. Isso é denominado *disdiadococinesia.*

---

*N.T. No original, *past pointing.*

Disartria. Outro exemplo onde ocorre incapacidade de progressão é na fala, pois a formação da palavra depende da sucessão rápida e ordenada de movimentos musculares individuais, na laringe, boca e sistema respiratório. A ausência de coordenação entre esses movimentos e a incapacidade de prever a intensidade do som ou a duração de cada som sucessivo resulta em vocalização confusa, com algumas sílabas muito altas, outras muito fracas; umas mantidas por longos períodos, outras por intervalos curtos, e a fala resultante é quase completamente ininteligível. Isso é denominado *disartria*.

Tremor de intenção. Quando uma pessoa que perdeu o cerebelo realiza um ato voluntário, os movimentos tendem a oscilar, principalmente quando se aproximam do ponto pretendido, primeiro, ultrapassando o ponto e, depois, oscilando para frente e para trás, diversas vezes, antes de conseguir alcançar o ponto. Essa reação é denominada *tremor de intenção* ou *tremor de ação*, e resulta da ultrapassagem cerebelar e da falha do sistema cerebelar em amortecer os movimentos motores.

Nistagmo cerebelar. O nistagmo cerebelar é um tremor dos globos oculares que geralmente ocorre quando se tenta fixar os olhos em uma cena localizada em um dos lados da cabeça. Esse tipo de fixação descentralizado resulta em rápidos movimentos tremulares dos olhos, e não em fixação constante, e é outra manifestação da incapacidade de amortecimento pelo cerebelo. Ocorre principalmente quando os lobos floculonodulares são lesados; nesse caso, está associado à perda do equilíbrio, devido provavelmente à disfunção das vias que passam pelo cerebelo provenientes dos canais semicirculares.

Rebote. Se for solicitado a uma pessoa com doença cerebelar que puxe seu braço fortemente para cima, enquanto o médico mantém esse braço fixado e depois o libera, o braço irá se deslocar até atingir a face do paciente, em lugar de ser automaticamente interrompido. Isso é denominado *rebote*, e resulta da *perda do componente cerebelar do reflexo de estiramento*. Isto é, o cerebelo normal comumente adiciona, de forma instantânea, grande quantidade de estímulos de *feedback* para o mecanismo do reflexo de estiramento da medula espinhal sempre que uma parte do corpo começa a se mover inesperadamente em direção não desejada. Sem o cerebelo, não ocorre a forte ativação dos músculos, permitindo assim o movimento excessivo do membro na direção não desejada.

Hipotonia. A perda dos núcleos cerebelares profundos, particularmente o denteado e o interposto, causa redução do tônus da musculatura periférica no lado da lesão, embora após vários meses o córtex motor cerebral geralmente compense isso por meio de aumento de sua atividade intrínseca. A hipotonia resulta da perda da facilitação cerebelar do córtex motor e dos núcleos motores do tronco cerebral pela descarga tônica dos núcleos cerebelares profundos.

■ OS GÂNGLIOS DA BASE — SUAS FUNÇÕES MOTORAS

Os gânglios da base, como o cerebelo, constituem outro sistema motor acessório que funciona não por si só, mas sempre em íntima associação com o córtex cerebral e o sistema corticoespinhal. Na verdade, os gânglios da base recebem quase todos os seus sinais aferentes do próprio córtex e, por sua vez, quase todos os seus sinais eferentes retornam ao córtex.

A Fig. 18.9 apresenta as relações anatômicas entre os gânglios da base e as outras estruturas do encéfalo. Observe-se que estão localizados, em grande parte, laterais ao tálamo, ocupando grande parte das regiões mais profundas de ambos os hemisférios cerebrais. Note-se, também, que quase todas as fibras nervosas motoras e sensoriais que conectam o córtex cerebral à medula espinhal passam entre as duas massas principais dos gânglios da base, o *núcleo caudado* e o *putame*. Essa massa de fibras nervosas é denominada *cápsula interna* do cérebro. É importante para esta discussão devido à íntima associação entre os gânglios da base e o sistema corticoespinhal para o controle motor.

O circuito neuronal dos gânglios da base. As conexões anatômicas entre os gânglios da base e os outros elementos do controle motor são muito complexas, como ilustrado na Fig. 18.10. À esquerda é mostrado o córtex motor, o tálamo, as vias corticoespinhais, e os circuitos do tronco cerebral e cerebelar associados. À direita está o principal circuito do sistema de gânglios da base, mostrando o enorme número de interconexões entre os próprios gânglios da base — mais as extensas vias de entrada e saída entre as regiões motoras do córtex cerebral e os gânglios da base.

Os anatomistas consideram que as principais partes dos gânglios da base são o *núcleo caudado*, o *putame* e o *globo pálido*. Mas, fisiologicamente, duas outras estruturas que não são normalmente classificados como gânglios da base também são intimamente envolvidas, o *subtálamo* e a *substância negra*, que têm situação inferior e posterior ao tálamo, na parte inferior do diencéfalo e na parte superior do mesencéfalo. Vários circuitos específicos de reentrada interconectam o subtálamo e a substância negra com os três gânglios da base. Também, tanto o subtálamo quanto

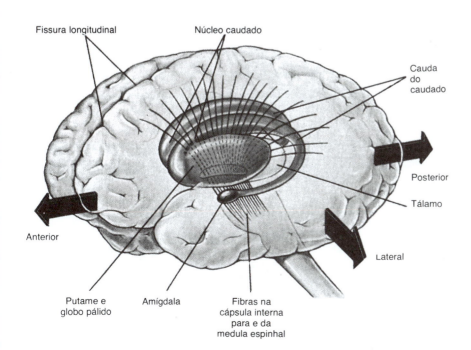

Fig. 18.9 Relações anatômicas entre os gânglios da base e o córtex cerebral e o tálamo, mostradas em visão tridimensional.

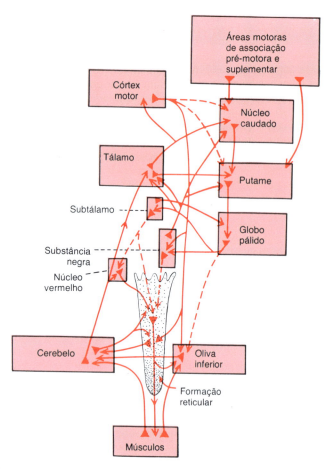

Fig. 18.10 Relação entre o circuito dos gânglios da base e o sistema corticoespinhal-cerebelar para o controle do movimento.

a substância negra enviam sinais de *feedback* para o tálamo e, daí, para as áreas corticais, para o controle motor.

A partir da Fig. 18.10, já fica claro que o circuito do sistema de gânglios da base é muito complexo. Entretanto, tentaremos, nas seções seguintes, dissecar as principais vias de ação e tentar descrever seus atributos funcionais. Vamos nos concentrar sobretudo nos dois principais circuitos denominados *circuito do putame* e *circuito do caudado*.

FUNÇÃO DOS GÂNGLIOS DA BASE NA EXECUÇÃO DE PADRÕES DE ATIVIDADE MOTORA — O CIRCUITO DO PUTAME

Um dos principais papéis dos gânglios da base no controle motor é o de atuar em associação com o sistema corticoespinhal para controlar padrões complexos de atividade motora. Um exemplo é a escrita das letras do alfabeto. Quando há lesão grave dos gânglios da base, o sistema cortical de controle motor não pode mais promover esses padrões. Em vez disso, a escrita torna-se primitiva, como se o indivíduo estivesse aprendendo a escrever pela primeira vez.

Outros padrões que exigem os gânglios da base são: cortar papel com tesoura, martelar pregos, lançar bolas de basquete na cesta, fazer lançamento em futebol, futebol americano ou beisebol, os movimentos de retirar lixo com pás, alguns aspectos da vocalização, e praticamente qualquer outro movimento que exija habilidade.

O circuito neural pelo putame para a execução de padrões de movimentos. A Fig. 18.11 apresenta as principais vias pelos gânglios da base para a execução de padrões aprendidos de movimento. Elas começam principalmente nas áreas pré-motoras e motoras suplementares do córtex motor e, também, na área sensorial somática primária do córtex sensorial. A seguir passam, como representado em vermelho vivo na figura, para o putame (desviando-se em sua maioria do núcleo caudado), e, depois, para a parte interna do globo pálido, a seguir para os núcleos ventroanterior e ventrolateral do tálamo, para, por fim, retornar para o córtex motor primário e partes das áreas pré-motora e suplementar intimamente associadas ao córtex motor primário. Assim, esse circuito do putame recebe a maior parte de seus impulsos aferentes das partes do cérebro adjacentes ao córtex motor primário, mas não muito do próprio córtex motor primário. Então, seus sinais de saída seguem principalmente de volta ao córtex motor *primário*.

Três circuitos auxiliares funcionam em íntima associação com esse circuito primário do putame: (1) do putame para o globo pálido externo, até o subtálamo, os núcleos de retransmissão do tálamo, e de volta ao córtex motor; (2) do putame para o globo pálido interno, para a substância negra, para os núcleos de retransmissão do tálamo, e retornando também para o córtex motor; e (3) um circuito de *feedback* local do globo pálido externo para o subtálamo, retornando novamente para o globo pálido externo.

Atetose, hemibalismo e coréia. Como o circuito do putame descrito acima funciona na execução de padrões de movimento? A resposta não é bem conhecida. Entretanto, quando qualquer parte do circuito é lesada ou bloqueada, determinados padrões de movimento ficam intensamente anormais. Por exemplo, lesões no *globo pálido* causam com freqüência *movimentos contorcidos* espontâneos de mão, braço, pescoço ou face, movimentos denominados *atetose*.

A lesão do *subtálamo* causa muitas vezes súbitos *movimentos de chicotada* de todo o membro, condição denominada *hemibalismo*.

Múltiplas e pequenas lesões no *putame* levam a pequenos movimentos rápidos, "semelhantes a piparotes", das mãos, face e outras partes do corpo, denominados *coréia*.

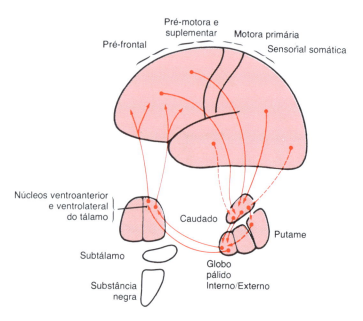

Fig. 18.11 O *circuito do putame* pelos gânglios da base para a execução subconsciente dos padrões aprendidos de movimento.

E as lesões da *substância negra* causam a doença comum e extremamente grave, de rigidez e tremores, conhecida como *doença de Parkinson*, que vamos discutir com maior detalhe adiante.

PAPEL DOS GÂNGLIOS DA BASE NO CONTROLE COGNITIVO DE SEQÜÊNCIAS DOS PADRÕES MOTORES — O CIRCUITO DO CAUDADO

O termo cognição identifica os processos de pensamento do cérebro, utilizando tanto os impulsos sensoriais aferentes para o encéfalo como as informações já armazenadas na memória. Obviamente, a maioria de nossas ações motoras ocorre como conseqüência de pensamentos gerados na mente, processo denominado *controle cognitivo da atividade motora*. O núcleo caudado desempenha papel importante nesse controle cognitivo da atividade motora.

As conexões neurais entre o sistema de controle motor corticoespinhal e o núcleo caudado, representadas na Fig. 18.12, são pouco diferentes das do circuito do putame. Parte do motivo é que o núcleo caudado se estende para todos os lobos do cérebro, começando na parte anterior nos lobos frontais, e, depois, seguindo para trás, passando pelos lobos parietal e occipital, e, por fim, curvando-se para a frente novamente, como a letra "C", para os lobos temporais. Além disso, o núcleo caudado recebe grande quantidade de seus impulsos aferentes das *áreas de associação* do córtex cerebral, as áreas que integram os diferentes tipos de informações sensoriais e motoras em padrões utilizáveis de pensamento.

Após os sinais passarem do córtex cerebral para o núcleo caudado, eles são transmitidos para o globo pálido interno e, depois, para os núcleos de retransmissão do tálamo ventroanterior e ventrolateral, e, finalmente, de volta para as áreas motoras pré-frontal, pré-motora e suplementar do córtex cerebral, mas sem que praticamente nenhum dos sinais de retorno passe diretamente para o córtex motor primário. Em vez disso, os sinais de retorno seguem para as regiões motoras acessórias relacionadas aos padrões de movimento, em vez de movimentos musculares individuais.

Um bom exemplo disso seria o da pessoa que vê um leão se aproximar e, então, responde, de forma instantânea e automática, da seguinte forma: (1) vira-se imediatamente para a direção oposta, (2) começa a correr, e (3) tenta até mesmo subir em uma árvore. Sem as funções cognitivas, a pessoa poderia não ter o conhecimento instintivo, sem pensar por tempo demasiado para responder de forma rápida e apropriada. Assim, o controle cognitivo da atividade motora determina quais os padrões de movimentos que serão utilizados juntos, e em que seqüência, para atintir um objetivo complexo.

FUNÇÃO DOS GÂNGLIOS DA BASE PARA ALTERAR O CURSO TEMPORAL E A ESCALA DA INTENSIDADE DE MOVIMENTOS

Duas capacidades importantes do encéfalo no controle do movimento são (1) determinar a velocidade de realização e (2) controlar a extensão do movimento. Por exemplo, pode-se escrever a letra "a" lenta ou rapidamente. Também, pode-se escrever uma letra "a" pequena ou uma letra "a" muito grande em um quadro-negro. Independentemente de suas escolhas, as características proporcionais da letra permanecerão as mesmas. Isso também ocorre, muito embora a pessoa possa usar os dedos para escrever a letra em determinada situação ou todo o braço em outra.

Na ausência dos gânglios da base, essas funções de curso temporal e de escala são muito fracas, na verdade quase inexistentes. De novo aqui, os gânglios da base não funcionam sozinhos; eles também funcionam em íntima associação com o córtex cerebral. Uma área cortical particularmente importante é o córtex parietal posterior, que é o local das coordenadas espaciais para todas as partes do corpo, assim como para a relação entre o corpo e suas partes e o meio adjacente. A Fig. 18.13 mostra

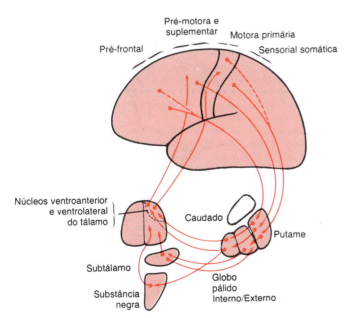

Fig. 18.12 O *circuito do caudado* através dos gânglios basais para o planejamento cognitivo das combinações de padrões motores seqüenciais e paralelos para atingir objetivos conscientes específicos.

Fig. 18.13 Desenho típico feito por pessoa que apresenta grave lesão no córtex parietal esquerdo, onde as coordenadas espaciais do lado direito do corpo e do campo direito da visão são calculadas.

como uma pessoa que não tem o córtex parietal posterior esquerdo desenharia a face de outro ser humano, com proporções apropriadas para o lado direito da face, mas quase ignorando o lado esquerdo (que está em seu campo visual direito). Também, essa pessoa tentará sempre evitar o uso de seu braço direito, mão direita ou outras partes de seu lado direito para a execução de tarefas, quase não tomando conhecimento da existência dessas partes de seu corpo.

Como é o circuito caudado do sistema dos gânglios da base que funciona principalmente com as áreas de associação do córtex, como o córtex parietal posterior, provavelmente o curso temporal e a graduação dos movimentos são funções desse circuito de controle motor cognitivo caudado.

FUNÇÕES DE NEUROTRANSMISSORES ESPECÍFICOS NO SISTEMA DE GÂNGLIOS DA BASE

A Fig. 18.14 apresenta a interação de alguns neurotransmissores específicos que funcionam nos circuitos dos gânglios da base, mostrando (1) a via da *dopamina* da substância negra para o núcleo caudado e putame; (2) a via do *ácido gama-aminobutírico* (GABA) proveniente do núcleo caudado e putame para o globo pálido e a substância negra; (3) as vias da *acetilcolina* do córtex para o núcleo caudado e putame; e (4) as múltiplas vias gerais provenientes do tronco cerebral que secretam *norepinefrina, serotonina, encefalina*, e vários outros neurotransmissores nos gânglios da base, bem como em outras partes do encéfalo. Teremos mais a dizer sobre alguns desses sistemas hormonais nas próximas seções, quando discutirmos doenças dos gânglios da base, assim como nos capítulos subseqüentes, quando dicutiremos comportamento, sono, vigília e funções do sistema nervoso autonômico.

Para o momento, deveria ser lembrado que o neurotransmissor GABA sempre funciona como agente inibitório. Portanto, os neurônios GABA, nas alças de *feedback* do córtex, por meio dos gânglios da base, e, depois, de volta para o córtex, fazem com que praticamente todas essas sejam *alças de feedback negativo*, e não alças *de feedback* positivo, produzindo assim estabilidade para os sistemas de controle motor. A dopamina também funciona como neurotransmissor inibitório na maioria das partes do encéfalo, de forma que também pode funcionar como um estabilizador. A acetilcolina, por outro lado, funciona geralmente como transmissor excitatório e, portanto, provavelmente fornece vários dos aspectos positivos da ação motora.

SÍNDROMES CLÍNICAS QUE RESULTAM DE LESÃO DOS GÂNGLIOS DA BASE

Além da atetose e do hemibalismo, já mencionados em relação às lesões do globo pálido e do subtálamo, duas outras doenças principais resultam da lesão dos gânglios da base. Elas são a doença de Parkinson e a coréia de Huntington.

Doença de Parkinson

A doença de Parkinson, também conhecida como *paralisia agitante*, resulta da *destruição difusa da porção da substância negra — a parte compacta — que envia fibras nervosas secretoras de dopamina para o núcleo caudado e o putame*. A doença é caracterizada por (1) *rigidez* de grande parte ou da maioria da musculatura do corpo, (2) *tremor involuntário* das áreas envolvidas mesmo quando a pessoa está em repouso, e sempre com freqüência fixa de 3 a 6 ciclos/s, e (3) grave incapacidade para iniciar o movimento, denominada *acinesia*.

As causas desses efeitos motores anormais são quase totalmente desconhecidas. Entretanto, se a dopamina secretada no núcleo caudado e no putame funciona como transmissor inibitório, então a destruição da substância negra teoricamente permitiria que essas estruturas ficassem excessivamente ativas e possivelmente causassem eferência contínua de sinais excitatórios para o sistema de controle motor corticoespinhal. Esses sinais poderiam certamente excitar de modo excessivo vários ou todos os músculos do corpo, causando assim *rigidez*. E alguns dos circuitos de *feedback* poderiam facilmente *oscilar* devido aos elevados ganhos de *feedback* após perda de sua inibição, levando ao *tremor* da doença de Parkinson. Esse tremor é muito diferente daquele da doença cerebelar, pois ocorre durante todas as horas da vigília e, portanto, é denominado *tremor involuntário*, ao contrário do tremor cerebelar, que só ocorre quando a pessoa realiza movimentos intencionalmente iniciados e, portanto, é denominado *tremor de intenção*.

A *acinesia* que ocorre na doença de Parkinson é freqüentemente muito mais desconfortável para o paciente que os sintomas de rigidez muscular e tremor, pois, para realizar o movimento mais simples no parkinsonismo grave, a pessoa deve exercer o maior grau que lhe for possível de concentração. O esforço mental — até mesmo angústia mental — necessário para "iniciar" o movimento está freqüentemente no limite da força de vontade do paciente. Então, quando o movimento ocorre, é rígido e segmentado, em lugar de suave. Infelizmente, a causa da acinesia ainda é totalmente especulativa. Acredita-se que a perda da secreção de dopamina no núcleo caudado e no putame poderia levar à perda do equilíbrio entre os sistemas excitatório e inibitório. Como os *padrões de movimento* exigem alterações seqüenciais entre excitação e inibição, qualquer efeito que pudesse fazer com que a atividade dos gânglios basais ficasse trancada em uma direção obviamente impediria o início e a progressão através de padrões seqüenciais, exatamente o que acontece na acinesia.

Tratamento com L-dopa. A administração da substância L-dopa a pacientes com doença de Parkinson melhora vários sintomas, principalmente a rigidez e a acinesia, na maioria dos pacientes. Acredita-se que a razão disso seja que a L-dopa é convertida em dopamina no cérebro, e a dopamina então restabeleceria o equilíbrio normal entre a inibição e a excitação no núcleo caudado e putame. Infelizmente, a administração da própria dopamina não tem o mesmo efeito porque a dopamina tem estrutura química que não permite que atravesse a barreira hematoencefálica, embora a estrutura ligeiramente diferente da L-dopa permita sua passagem.

Coagulação dos núcleos ventrolateral e ventroanterior do tálamo para o tratamento da doença de Parkinson. Vários pesquisadores também trataram a doença de Parkinson, com graus variáveis de sucesso, pela destruição cirúrgica de partes dos gânglios da base, o tálamo, ou, até mesmo, o córtex motor para bloquear o *feedback* dos gânglios da base para o córtex. A técnica de uso mais difundido é a destruição dos *núcleos ventrolateral* e *ventroanterior do tálamo*, geralmente por eletrocoagulação. Quase todas as vias de *feedback* provenientes dos gânglios da base para o córtex cerebral passam por esses núcleos. Acredita-se que

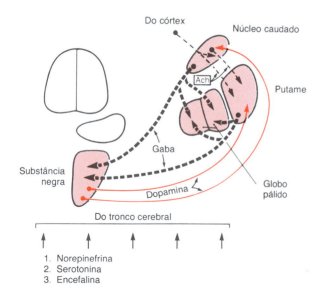

Fig. 18.14 Vias neuronais que secretam diferentes tipos de substâncias neurotransmissoras nos gânglios da base.

o bloqueio desses *feedbacks* impeça o funcionamento das alças neuronais que causam o tremor e alguns outros sintomas da doença de Parkinson.

Coréia de Huntington

A córeia de Huntington é um distúrbio hereditário que geralmente começa a causar sintomas na terceira ou quarta década de vida. É caracterizada inicialmente por movimentos do tipo "chicotada" em articulações isoladas e, a seguir, de forma progressiva, por movimentos cada vez mais distorcidos de todo o corpo. Além disso, também há desenvolvimento de intensa demência junto com as disfunções motoras.

Acredita-se que os movimentos anormais da coréia de Huntington *sejam causados pela perda da maioria dos corpos celulares dos neurônios secretores de GABA no núcleo caudado e no putame*. As terminações axônicas desses neurônios causam normalmente inibição do globo pálido e da substância negra. Acredita-se que essa perda de inibição permita a atividade eferente espontânea do globo pálido e da substância negra, que causa os movimentos distorcionais.

A demência na coréia de Huntington provavelmente não resulta da perda dos neurônios GABA, mas, da perda, ao mesmo tempo, de vários neurônios secretores de acetilcolina. Essa perda não ocorre apenas nos gânglios da base, mas, também, em grande parte do córtex cerebral, o que poderia facilmente bloquear grande parte do processo intelectual.

■ INTEGRAÇÃO DE TODAS AS PARTES DO SISTEMA DE CONTROLE MOTOR

Por fim, precisamos resumir da melhor forma possível o conhecimento sobre o controle geral do movimento. Para isso, vamos, inicialmente, fornecer uma sinopse dos diferentes níveis de controle:

O NÍVEL MEDULAR

Na medula espinhal estão programados os padrões locais de movimento para todas as regiões musculares do corpo — por exemplo, reflexos programados de retirada que afastam qualquer região do corpo da origem da dor. E a medula é o local de elaboração de padrões complexos de movimentos rítmicos, como os movimentos dos membros para frente e para trás durante a marcha, mais a atividade recíproca dos lados opostos do corpo, ou membros posteriores *versus* anteriores.

Todos esses programas da medula podem ser ativados pelos centros superiores do controle motor, ou podem ser inibidos enquanto os centros superiores assumem o controle.

O NÍVEL DO CÉREBRO POSTERIOR

O cérebro posterior é responsável por duas funções principais para o controle motor geral do corpo: (1) manutenção do tônus axial do corpo, com o objetivo de se manter de pé, e (2) modificação contínua das diferentes direções desse tônus em resposta à informação contínua dos aparelhos vestibulares, com o objetivo de manter o equilíbrio.

O NÍVEL CORTICOESPINHAL

O sistema corticoespinhal transmite a maioria dos sinais motores do córtex motor para a medula espinhal. Funciona, em parte, emitindo comandos para ativar os vários padrões medulares de controle motor. Também pode alterar a intensidade dos diferentes padrões ou modificar seu curso temporal ou outras características. Quando necessário, o sistema corticoespinhal pode anular os padrões medulares por meio da emissão de comandos inibitórios e substituindo-os por padrões de centros superiores do tronco cerebral ou do córtex cerebral. Geralmente os padrões corticais são mais complexos; também, podem ser aprendidos pela prática, enquanto os padrões medulares são definidos sobretudo pela hereditariedade e são considerados como pertencentes à própria estrutura da "máquina neural".

A função de associação do cerebelo. O cerebelo funciona em todos os níveis do controle muscular. Funciona com a medula espinhal, principalmente, para estimular o reflexo de estiramento, de forma que, quando um músculo em contração se depara com carga inesperadamente pesada, um longo arco reflexo de estiramento passando pelo cerebelo e de volta à medula facilita muito o efeito de resistência à carga do reflexo básico de estiramento.

Ao nível do tronco cerebral, o cerebelo funciona para tornar os movimentos posturais do corpo, principalmente os movimentos rápidos exigidos pelo sistema de equilíbrio, suaves e contínuos, sem oscilações anormais.

Ao nível do córtex cerebral, o cerebelo funciona fornecendo vários comandos motores acessórios, principalmente para promover força motora adicional para ativar contração muscular rápida e potente no início dos movimentos. E, próximo ao final de cada movimento, o cerebelo ativa os músculos antagonistas exatamente no momento certo e com força apropriada para interromper o movimento no ponto pretendido. Além disso, há boas evidências fisiológicas de que todos os aspectos desse padrão cerebelar do tipo "liga/desliga" podem ser aprendidos com a experiência.

Além disso, o cerebelo funciona com o córtex cerebral ainda em outro nível do planejamento motor: ajuda a programar antecipadamente as contrações musculares necessárias para a progressão suave do movimento presente em uma direção para o movimento seguinte em outra direção. O circuito neural envolvido nessa função vai do córtex cerebral para os grandes hemisférios laterais do cerebelo e depois volta ao córtex.

Deve ser observado principalmente que o cerebelo funciona em grande parte com os movimentos muito rápidos. Sem o cerebelo, ainda pode haver movimentos lentos e calculados, mas é difícil para o sistema corticoespinhal atingir movimentos rápidos bem controlados para um objetivo específico, ou, especialmente para progredir de forma suave de um movimento para o seguinte.

As funções associadas dos gânglios da base. Os gânglios da base são essenciais para o controle motor de forma totalmente diferente da correspondente ao cerebelo. Suas duas funções mais importantes são (1) ajudar o córtex a executar padrões subconscientes mas *aprendidos* de movimento e (2) ajudar a planejar padrões paralelos e seqüenciais múltiplos que a mente deve reunir para realizar determinada tarefa.

Os tipos de padrões motores que exigem os gânglios da base incluem aqueles para escrever todas as letras diferentes do alfabeto, para lançar uma bola, para datilografar, e assim por diante. Também, os gânglios da base são necessários para modificar esses padrões para a execução lenta, para execução rápida, para escrever com letras pequenas, ou para escrever com letras grandes — assim controlando o curso temporal e as dimensões dos padrões.

Em um centro ainda mais superior de controle há outro circuito córtex cerebral-gânglios da base, começando nos processos de pensamento do cérebro e promovendo a seqüência global de ação para responder a cada nova situação — como o planejamento da resposta imediata a uma agressão que atinja a face da pessoa ou a resposta seqüencial a um inesperado abraço afetuoso.

Uma parte importante de todos esses processos de planejamento dos gânglios da base não são apenas o córtex motor e os gânglios da base, mas também o córtex sensorial somático do lobo parietal, principalmente a parte posterior, onde são continuamente calculadas as coordenadas espaciais instantâneas de todas as partes do corpo, e até mesmo as coordenadas espaciais das relações entre as partes do corpo e o meio circundante. Se houver lesão grave de um dos córtices parietais, então a pessoa simplesmente ignora o lado oposto de seu corpo e até mesmo objetos no lado oposto; então os movimentos só são planejados em função do lado do corpo reconhecido conscientemente.

O QUE NOS COLOCA EM AÇÃO?

Finalmente, o que nos desperta da inatividade e faz com que iniciemos determinado tipo de movimento? Felizmente, estamos começando a aprender sobre os sistemas cerebrais de motivação. Basicamente, o cérebro contém uma região mais antiga localizada abaixo, anterior e lateral ao tálamo — incluindo o hipotálamo, a amígdala, o hipocampo, a região septal anterior ao hipotálamo e tálamo, e mesmo outras regiões mais antigas dos próprios tálamo e córtex cerebral — todos os quais funcionam juntos para motivar a maioria das atividades motoras e outras atividades funcionais do cérebro. Essas áreas são coletivamente denominadas *sistema límbico* do cérebro. Esse sistema será discutido detalhadamente no Cap. 20.

REFERÊNCIAS

Atkeson, C. G.: Learning arm kinematics and dynamics. Annu. Rev. Neurosci., 12:157, 1989.

Baldessarini, R. J., and Tarsey, D.: Dopamine and the pathophysiology of dyskinesias induced by antipsychotic drugs. Annu. Rev. Pharmacol. Toxicol., 20:533, 1980.

Bloedel, J. R., and Courville, J.: Cerebellar afferent systems. In Brooks, V. B. (ed.): Handbook of Physiology. Sec. 1, Vol. II. Bethesda, Md., American Physiological Society, 1981, p. 735.

Brooks, V. B.: The Neural Basis of Motor Control. New York, Oxford University Press, 1986.

Brooks, V. B., and Thach, W. T.: Cerebellar control of posture and movement. In Handbook of Physiology. Sec. 1, Vol. II. Bethesda, Md., American Physiological Society, 1981, p. 877.

Carpenter, M. B.: Anatomy of the corpus striatum and brain stem integrating system. In Handbook of Physiology. Sec. 1, Vol. II. Bethesda, Md., American Physiological Society, 1981, p. 947.

Collier, T. J., and Sladek, J. R., Jr.: Neural transplantation in animal models of neurodegenerative disease. News Physiol. Sci., 3:204, 1988.

Courville, J., et al. (eds.): The Inferior Olivary Nucleus. New York, Raven Press, 1980.

DeLong, M., and Georgopoulos, A. P.: Motor functions of the basal ganglia. In Handbook of Physiology. Sec. 1, Vol. II. Bethesda, Md., American Physiological Society, 1981, p. 1017.

Di Chiara, G. (ed.): GABA and the Basal Ganglia. New York, Raven Press, 1981.

Duvoisin, R. C.: Parkinson's Disease. New York, Raven Press, 1978.

Eckmiller, R.: Neural control of pursuit eye movements. Physiol. Rev., 67:797, 1987.

Evarts, E. V.: Role of motor cortex involuntary movements in primates. In Handbook of Physiology. Sec. 1, Vol. II. Bethesda, Md., American Physiological Society, 1981, p. 1083.

Evarts, E. V., et al. (eds.): Motor System in Neurobiology. New York, Elsevier Science Publishing Co., 1986.

Fernstrom, J. D.: Role of precursor availability on control of monoamine biosynthesis in the brain. Physiol. Rev., 63:484, 1983.

Fuster, J. M.: Prefrontal cortex in motor control. In Handbook of Physiology. Sec. 1, Vol. II. Bethesda, Md., American Physiological Society, 1981, p. 1149.

Georgopoulos A. P.: Neural integration of movement: role of motor cortex in reaching. FASEB J., 1:2849, 1988.

Glickstein M., and Yeo, C. (eds.): Cerebellum and Neuronal Plasticity. New York, Plenum Publishing Corp., 1987.

Goldstein, M., et al. (eds.): Central D_1 Dopamine Receptors. New York, Plenum Publishing Corp., 1988.

Grillner, S.: Control of locomotion in bipeds, tetrapods, and fish. In Handbook of Physiology. Sec. 1, Vol. II. Bethesda, Md., American Physiological Society, 1981, p. 1179.

Ito, M.: The Cerebellum and Neural Control. New York, Raven Press, 1984.

Ito, M.: Where are neurophysiologists going? News Physiol. Sci., 1:30, 1986.

Jones, E. G., and Peters, A. (eds.): Sensory-Motor Areas and Aspects of Cortical Connectivity. New York, Plenum Publishing Corp., 1986.

Keele, S. W.: Behavioral analysis of movement. In Handbook of Physiology. Sec. 1, Vol. II. Bethesda, Md., American Physiological Society, 1981, p. 1391.

Kitai, S. T.: Electrophysiology of the corpus striatum and brain stem integrating systems. In Handbook of Physiology. Sec. 1, Vol. II. Bethesda, Md., American Physiological Society, 1981, p. 997.

Kuypers, H. G. J. M.: Anatomy of the descending pathways. In Handbook of Physiology. Sec. 1, Vol. II. Bethesda, Md., American Physiological Society, 1981, p. 597.

Lewin, R.: Brain grafts benefit Parkinson's patients. Science, 236:149, 1987.

Llinas, R.: Eighteenth Bowditch lecture. Motor aspects of cerebellar control. Physiologist, 17:19, 1974.

Llinas, R.: Electrophysiology of the cerebellar networks. In Handbook of Physiology. Sec. 1, Vol. II. Bethesda, Md., American Physiological Society, 1981, p. 831.

McCloskey, D. I., et al.: Sensing position and movements of the fingers. News Physiol. Sci., 2:226, 1987.

Olsen, R. W.: Drug interactions at the GABA receptor-ionophore complex. Annu. Rev. Pharmacol. Toxicol., 22:245, 1982.

Palacios, J. M.: Neurotransmitters, their receptors and the degenerative diseases of the aging brain. Triangle, 25:85, 1986.

Palay, S. L., and Chan-Palay, V.: The Cerebellum — New Vistas. New York, Springer-Verlag, 1982.

Penney, J. B., Jr., and Young, A. B.: Speculations on the functional anatomy of basal ganglia disorders. Annu. Rev. Neurosci., 6:73, 1983.

Peterson, B. W., and Richmond, F. J. (eds.): Control of Head Movement. New York, Oxford University Press, 1988.

Porter, R.: Internal organization of the motor cortex for input-output arrangements. In Handbook of Physiology. Sec. 1, Vol. II. Bethesda, Md., American Physiological Society, 1981, p. 1063.

Poulton, E. C.: Human manual control. In Handbook of Physiology. Sec. 1, Vol. II. Bethesda, American Physiological Society, 1981, p. 1337.

Riklan, M.: L-Dopa and Parkinsonism. Springfield, Ill., Charles C Thomas, 1973.

Robinson, D. A.: The windfalls of technology in the oculomotor system. Inv. Ophthal. Vis. Sci., 28:1912, 1987.

Sandler, M., et al. (eds.): Neurotransmitter Interactions in the Basal Ganglia. New York, Raven Press, 1987.

Scheibel, A. B.: The brain stem reticular core and sensory function. In Handbook of Physiology. Sec. 1, Vol. II. Bethesda, Md., American Physiological Society, 1981, p. 213.

Shik, M. L., and Orlovsky, G. N.: Neurophysiology of locomotor automatism. Physiol. Rev., 56:465, 1976.

Stein, R. B., and Lee, R. G.: Tremor and clonus. In Handbook of Physiology. Sec. 1, Vol. II. Bethesda, Md., American Physiological Society, 1981, p. 325.

Wiesendanger, M.: Organization of secondary motor areas of cerebral cortex. In Handbook of Physiology. Sec. 1, Vol. II. Bethesda, Md., American Physiological Society, 1981, p. 1121.

Wiesendanger, M., and Miles, T. S.: Ascending pathway of low-threshold muscle afferents to the cerebral cortex and its possible role in motor control. Physiol. Rev., 62:1234, 1982.

19

O Cortéx Cerebral; Funções Intelectuais do Cérebro e Aprendizado e Memória

É irônico que, embora represente a maior parte do sistema nervoso, o córtex cerebral seja, de todas as partes cerebrais, a região sobre a qual temos menos conhecimento acerca dos mecanismos de funcionamento. Porém, conhecemos os efeitos da destruição ou da estimulação específica de várias partes do córtex. Na parte inicial deste capítulo são discutidos os fatos conhecidos sobre as funções corticais; em seguida, são apresentadas brevemente algumas teorias básicas dos mecanismos neuronais envolvidos nos processos de pensamento, memória, análise de informações sensoriais, e outros.

■ ANATOMIA FISIOLÓGICA DO CÓRTEX CEREBRAL

A parte funcional do córtex cerebral é composta principalmente de uma delgada camada de neurônios com 2 a 5 mm de espessura, recobrindo a superfície de todas as convoluções do cérebro e com área total de cerca de 0,25 m². O córtex cerebral total contém provavelmente 100 bilhões de neurônios ou mais.

A Fig. 19.1 apresenta a estrutura típica do córtex cerebral, mostrando camadas sucessivas de diferentes tipos de células. A maioria das células pertence a um dos três tipos: *granulares* (também denominadas *estelares*), *fusiformes* e *piramidais,* o último recebeu este nome por seu formato piramidal característico. As células *granulares*, em geral, têm axônios curtos e, portanto, funcionam principalmente como interneurônios intracorticais. Algumas são excitatórias, liberando provavelmente o neurotransmissor excitatório *glutamato;* outras são inibitórias e liberam o neurotransmissor inibitório *ácido gama-aminobutírico (GABA).* As áreas sensoriais do córtex, bem como as áreas de associação entre as regiões sensoriais e motoras, contêm grandes concentrações dessas células granulares, sugerindo um grau elevado de processamento intracortical dos sinais sensoriais aferentes, nas áreas sensoriais, e dos sinais analíticos cognitivos, nas áreas de associação.

As *células piramidais* e *fusiformes*, por outro lado, dão origem a quase todas as fibras eferentes do córtex. As células piramidais são maiores e mais numerosas que as células fusiformes. São a origem das grandes fibras nervosas longas que percorrem toda a medula espinhal. Também originam a maioria dos grandes feixes de fibras de associação subcortical que passam de uma parte importante do cérebro para outra.

Na Fig. 19.1, à direita, está representada a organização típica das fibras nervosas nas diferentes camadas do córtex. Observe-se, particular-mente, o grande número de *fibras horizontais* que se estendem entre as áreas adjacentes do córtex, mas observe-se também as *fibras verticais* que entram e saem do córtex para áreas inferiores do cérebro e para a medula espinhal ou para regiões distantes do córtex cerebral por meio dos longos feixes de associação.

As funções das camadas específicas do córtex cerebral foram discutidas resumidamente nos Caps. 9 e 13. Recapitulando, lembremo-nos que a maioria dos sinais sensoriais específicos aferentes termina na camada cortical IV. A maioria dos sinais eferentes deixa o córtex a partir de neurônios localizados nas camadas V e VI; as fibras muito grossas para o tronco cerebral e a medula se originam geralmente na camada V, e o imenso número de fibras para o tálamo se origina na camada VI. As camadas I, II e III realizam a maioria das funções de associação intracorticais, com número particularmente grande de neurônios nas camadas II e III fazendo curtas conexões horizontais com as áreas corticais adjacentes.

Relações anatômicas e funcionais do córtex cerebral com o tálamo e outros centros inferiores. Todas as áreas do córtex cerebral mantêm extensas conexões eferentes e aferentes com as estruturas mais profundas do cérebro. É particularmente importante enfatizar a relação entre o córtex cerebral e o tálamo. Quando o tálamo é lesado junto com o córtex, a perda da função cerebral é muito maior que quando apenas o córtex é lesado, pois é necessária a excitação talâmica do córtex para quase toda atividade cortical.

A Fig. 19.2 mostra as áreas do córtex cerebral conectadas a partes específicas do tálamo. Essas conexões atuam em *duas* direções, tanto do tálamo para o córtex como do córtex de volta para essencialmente a mesma área do tálamo. Além disso, quando as conexões talâmicas são seccionadas, as funções da área cortical correspondente ficam totalmente abolidas. Portanto, o córtex opera em íntima associação com o tálamo e quase pode ser considerado como formando uma unidade com o tálamo, tanto anatômica quanto funcional; por esta razão o tálamo e o córtex juntos são, algumas vezes, denominados *sistema tálamo-cortical*. Também, todas as vias provenientes dos órgãos sensoriais para o córtex atravessam o tálamo, a única exceção sendo a maioria das vias sensoriais olfativas.

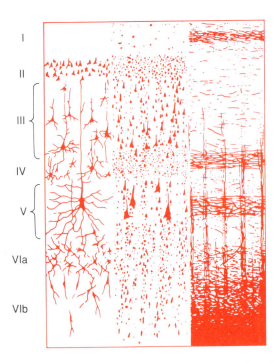

Fig. 19.1 Estrutura do córtex cerebral, mostrando *I*, camada molecular; *II*, camada granular externa; *III*, camada de células piramidais; *IV*, camada granular interna; *V*, camada de grandes células piramidais; e *VI*, camada de células fusiformes ou polimórficas. (Retirado de Ranson e Clark [segundo Brodmann]: *Anatomy of the Nervous System*. Philadelphia, W.B. Saunders Co., 1959.)

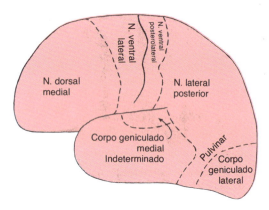

Fig. 19.2 Áreas do córtex cerebral que se conectam com regiões específicas do tálamo. (Modificado de Elliott: *Textbook of the Nervous System*. Philadelphia, J.B. Lippincott Co.)

■ FUNÇÕES DE ÁREAS CORTICAIS ESPECÍFICAS

Estudos em seres humanos realizados por neurocirurgiões, neurologistas e neuropatologistas mostraram que diferentes áreas corticais têm suas próprias funções distintas. A Fig. 19.3 é um mapa de algumas dessas funções, como determinadas por Penfield e Rasmussen a partir da estimulação elétrica do córtex em pacientes em vigília ou durante exame neurológico de pacientes após a remoção de partes do córtex. Os pacientes estimulados eletricamente contaram aos cirurgiões seus pensamentos produzidos pela estimulação ou, às vezes, apresentaram um movimento ou som

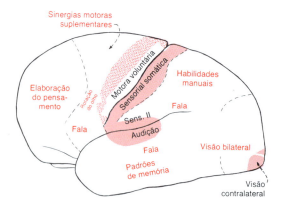

Fig. 19.3 Áreas funcionais do córtex cerebral humano determinadas por estimulação elétrica do córtex durante neurocirurgias e por exames neurológicos de pacientes com destruição das regiões corticais. (Retirado de Penfield e Rasmussen: *The Cerebral Cortex of Man:* A Clinical Study of Localization of Function. New York, Macmillan Co., 1968.)

emitido espontaneamente ou, até mesmo, uma palavra ou alguma outra evidência da estimulação. Nos pacientes submetidos a remoção de partes do córtex, os exames neurológicos subseqüentes demonstraram diferentes déficits da função cerebral.

A informação do tipo representado na Fig. 19.3 proveniente de várias fontes diferentes fornece um mapa mais geral, como o da Fig. 19.4. Esta figura mostra as principais áreas motoras primárias e secundárias do córtex, bem como as principais áreas sensoriais primárias e secundárias, para a sensação somática, visão e audição, todas discutidas em capítulos anteriores. As áreas primárias mantêm conexões diretas com músculos específicos ou com receptores sensoriais específicos, causando movimentos musculares discretos ou experiência de uma sensação — visual, auditiva ou somática — de diminuta área receptora. As áreas secundárias, por outro lado, dão sentido às funções das áreas primárias. Por exemplo, as áreas suplementares e prémotoras funcionam, junto com o córtex motor primário e gânglios da base, para produzir padrões altamente específicos de atividade motora. No lado sensorial, as áreas sensoriais secundárias, localizadas a poucos centímetros das áreas primárias, começam a dar sentido aos sinais sensoriais específicos, como a interpretação

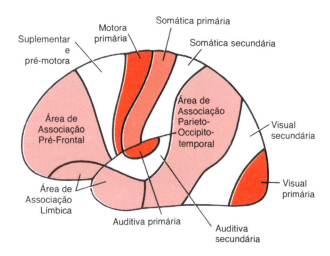

Fig. 19.4 Localizações das principais áreas de associação do córtex cerebral, mostradas em relação às áreas motoras e sensoriais primárias e secundárias.

da forma ou da textura de um objeto na mão; a cor, a intensidade luminosa, as direções de linhas e ângulos, e outros aspectos da visão; e a combinação de tons, seqüência de tons, e início da interpretação do significado dos sinais auditivos.

AS ÁREAS DE ASSOCIAÇÃO

A Fig. 19.4 também mostra várias grandes áreas do córtex cerebral que não se enquadram nas rígidas categorias de áreas motoras e sensoriais primárias ou secundárias. Elas são denominadas *áreas de associação* porque recebem e analisam sinais de múltiplas regiões do córtex e até mesmo de estruturas subcorticais. Porém, até mesmo as áreas de associação têm suas próprias especializações, como veremos. As três áreas de associação mais importantes são (1) a *área de associação parieto-occipitotemporal*, (2) a *área de associação pré-frontal*, e (3) a *área de associação límbica*. Suas funções são as seguintes:

A área de associação parieto-occipitotemporal. Essa área de associação se localiza no grande espaço cortical entre o córtex sensorial somático, à frente, o córtex visual, atrás, e o córtex auditivo, ao lado. Como seria esperado, ela promove um alto nível de significado interpretativo para os sinais de todas as áreas sensoriais adjacentes. Entretanto, até mesmo a área de associação parieto-occipitotemporal tem suas próprias subáreas funcionais, mostradas na Fig. 19.5:

1. Uma área que se inicia no *córtex parietal posterior e estende-se para o córtex occipital superior efetua a análise contínua das coordenadas espaciais de todas as partes do corpo, bem como do meio adjacente ao corpo*. Essa área recebe informações visuais do córtex occipital posterior e informações somáticas simultâneas do córtex parietal anterior; a partir daí computa as coordenadas. Mas, por que uma pessoa precisa conhecer essas coordenadas espaciais? A resposta é que, para controlar os movimentos do corpo, o cérebro deve conhecer, durante todo o tempo, a localização de cada parte do corpo e também sua relação com o meio adjacente. A pessoa também necessita dessa informação para analisar os sinais sensoriais somáticos aferentes. Na verdade, como foi representado na Fig. 18.13, do Cap. 18, a pessoa que não tenha essa área do cérebro perde, na verdade, o reconhecimento do fato de que tem um lado oposto do corpo e/ou do meio adjacente e, conseqüentemente, não considerará a existência do lado oposto para a sensibilidade ou para o planejamento de seus movimentos voluntários.

2. A área principal para a compreensão da linguagem, denominada *área de Wernicke,* está localizada atrás do *córtex auditivo primário na parte posterior do lobo temporal superior*. Discutiremos essa área com mais detalhe adiante; ela é a região mais importante de todo o cérebro para as funções intelectuais superiores, pois quase todas as funções intelectuais são baseadas na linguagem.

3. *Posterior à área para a compreensão da linguagem, localizada em sua maior parte na região do giro angular do lobo occipital, existe uma área de processamento visual secundária que fornece os sinais visuais das palavras lidas em uma página para a área de Wernicke, a área de compreensão da linguagem*. Essa área do giro angular é necessária para dar sentido às palavras percebidas visualmente. Em sua ausência, a pessoa ainda pode apresentar excelente compreensão da linguagem por meio da audição, mas não pela leitura.

4. *Nas porções mais laterais do lobo occipital anterior e do lobo temporal posterior existe uma área para a denominação dos objetos*. Presume-se que os nomes se originem em grande parte a partir de sinais aferentes auditivos, enquanto a natureza dos objetos tem origem principalmente nos sinais aferentes visuais. Por sua vez, os nomes são essenciais para a compreensão da linguagem e a inteligência, funções realizadas na área de Wernicke, localizada imediatamente acima da região dos "nomes."

A área de associação pré-frontal. No capítulo anterior aprendemos que a área de associação pré-frontal funciona em íntima associação com o córtex motor para planejar padrões complexos e seqüências de movimentos motores. Para participar dessa função, ela recebe sinais aferentes muito fortes por meio de um maciço feixe subcortical de fibras que conectam a área de associação parieto-occipitotemporal com a área de associação pré-frontal. Por meio desse feixe, o córtex pré-frontal recebe muitas informações sensoriais pré-analisadas, principalmente informações sobre as coordenadas espaciais do corpo, o que é absolutamente necessário para o planejamento de movimentos eficazes. Grande parte dos sinais eferentes da área pré-frontal para o sistema de controle motor atravessa a porção caudada do circuito de *feedback* gânglios da base-tálamo para o planejamento motor, sistema

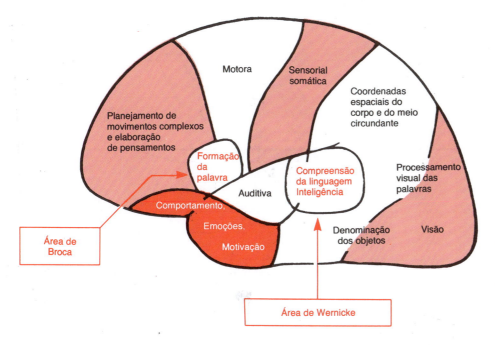

Fig. 19.5 Mapa das áreas funcionais específicas no córtex cerebral, mostrando principalmente as áreas de Wernicke e de Broca, para a compreensão da linguagem e para a produção da fala, que em 95% de todas as pessoas ficam situadas no hemisfério esquerdo.

esse que fornece vários dos componentes seqüenciais e paralelos do complexo do movimento.

A área de associação pré-frontal também é essencial para realizar processos prolongados de pensamento na mente. Isso provavelmente resulta de algumas das mesmas capacidades do córtex pré-frontal, que permitem o planejamento das atividades motoras. Isto é, parece ser capaz de combinar informações não-motoras provindas de áreas difusas do cérebro e, desse modo, atingir formas não-motoras de pensamento bem como formas motoras. Na verdade, a área de associação pré-frontal é descrita amiúde simplesmente como importante para a *elaboração dos pensamentos.*

Uma região especial no córtex frontal, denominada *área de Broca, fornece o circuito neural para a formação da palavra.* Essa área, mostrada na Fig. 19.5, fica localizada parcialmente no córtex pré-frontal lateral posterior e parcialmente na área pré-motora. É aí que os planos e padrões motores para a expressão de palavras individuais ou até mesmo de frases curtas são iniciados e executados. Essa área também funciona em íntima associação com o centro de compreensão da linguagem de Wernicke no córtex de associação temporal, como discutiremos com mais detalhe adiante.

A área de associação límbica. A Fig. 19.4 apresenta ainda outra área de associação, denominada *área límbica.* Ela fica situada no pólo anterior do lobo temporal, nas regiões ventrais dos lobos frontais, e nos giros cingulados, nas superfícies mediais dos hemisférios cerebrais. Essa região está relacionada basicamente ao *comportamento*, às *emoções* e à *motivação,* como mostrado na Fig. 19.5. Aprenderemos no capítulo seguinte que o córtex límbico é parte de um sistema muito mais extenso, o *sistema límbico,* que inclui um grupo complexo de estruturas neuronais nas regiões cerebrais mediobasais. É esse sistema límbico que fornece a maioria dos estímulos para a ativação de outras áreas do cérebro, e fornece também o impulso motivacional para o próprio processo de aprendizado.

Uma área para o reconhecimento de faces

Um tipo interessante de anormalidade cerebral, denominada *prosofenosia,* é a incapacidade de reconhecer faces. Isso ocorre em pessoas com lesão extensa da região inferior medial dos lobos occipitais, se estendendo para as superfícies medioventrais dos lobos temporais, como representado na Fig. 19.6. A perda dessas áreas de reconhecimento facial resulta, estranhamente, em outras anormalidades muito pequenas da função cerebral.

Não se sabe por que área tão extensa do córtex cerebral é reservada para a simples tarefa de reconhecimento de faces. Entretanto, quando lembramos que a maioria de nossas tarefas diárias envolve associações com outras pessoas, podemos ver a importância dessa função intelectual.

A parte occipital dessa área é contígua ao córtex visual, e a parte temporal está intimamente associada ao sistema límbico, relacionado a emoções, ativação cerebral e controle da resposta comportamental ao ambiente, como veremos no capítulo seguinte.

FUNÇÃO DE INTERPRETAÇÃO DO LOBO TEMPORAL SUPERIOR POSTERIOR — ÁREA DE WERNICKE (UMA ÁREA DE INTERPRETAÇÃO GERAL)

As áreas secundárias somáticas, visuais e auditivas e as áreas de associação, que podem ser denominadas áreas de interpretação sensorial, ficam situadas na parte posterior do lobo temporal

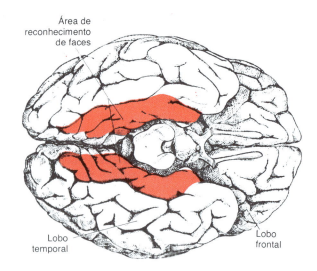

Fig. 19.6 Áreas de reconhecimento facial localizadas na face inferior do cérebro, nos lobos temporal e occipital medial. (Retirado de Geschwind: *Sci. Am., 241*:180, 1979. © 1979 by Scientific American, Inc. Todos os direitos reservados.)

superior, como representado na Fig. 19.7, onde os lobos temporal, parietal e occipital se unem. Essa área de confluência das diferentes áreas de interpretação sensorial é particularmente bem desenvolvida no lado *dominante* do cérebro — o *lado esquerdo* em quase todas as pessoas destras — e desempenha o maior papel isolado de qualquer parte do córtex cerebral nos níveis superiores de função cerebral que denominamos *inteligência*. Portanto, essa região freqüentemente recebeu diferentes nomes sugestivos da área ter importância quase global: a *área de interpretação geral,* a *área gnóstica,* a *área do conhecimento,* a *área de associação terciária,* e assim por diante. Entretanto, é mais conhecida como *área de Wernicke,* em homenagem ao neurologista que primeiro descreveu seu significado especial nos processos intelectuais.

Após lesão grave na área de Wernicke, uma pessoa poderia ouvir perfeitamente bem e, até mesmo, reconhecer diferentes palavras, mas seria incapaz de dispor essas palavras em um pensamento coerente. Da mesma forma, a pessoa pode ser capaz de

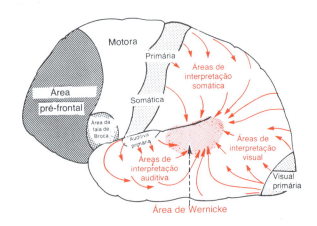

Fig. 19.7 Organização das áreas de associação somática, auditiva e visual em um mecanismo geral para interpretação da experiência sensorial. Todas elas também enviam estímulos para a *área de Wernicke,* localizada na região póstero-superior do lobo temporal. Observe-se também a área pré-frontal e a área da fala de Broca.

ler palavras impressas, mas ser incapaz de reconhecer o pensamento aí contido.

A estimulação elétrica da área de Wernicke em paciente consciente produz ocasionalmente pensamento altamente complexo. Isso é particularmente verdadeiro quando o eletródio estimulador penetra até profundidade suficiente, no cérebro, até ficar próximo das áreas correspondentes de conexão do tálamo. Os tipos de pensamentos que podem ser experienciados incluem cenas visuais complicadas, relembradas da infância, alucinações auditivas, como uma peça musical específica, ou, até mesmo, um discurso feito por determinada pessoa. Por essa razão, acredita-se que a ativação da área de Wernicke possa trazer à tona padrões complicados de memória, envolvendo mais de uma modalidade sensorial, embora muitos dos padrões de memória possam ser armazenados em outras regiões. Essa suposição está de acordo com a importância da área de Wernicke na interpretação dos complicados significados de diferentes experiências sensoriais.

O giro angular — interpretação da informação visual. O giro angular é a parte mais inferior do lobo parietal posterior, localizada imediatamente atrás da área de Wernicke e fundindo-se, também atrás, com as áreas visuais do lobo occipital. Se essa região for destruída enquanto a área de Wernicke, no lobo temporal, está intacta, a pessoa ainda pode interpretar experiências auditivas da forma habitual, mas haverá bloqueio da maior parte do fluxo de experiências visuais que se dirigem do córtex visual para a área de Wernicke. Portanto, a pessoa pode ser capaz de ver as palavras e, até mesmo, de saber que são palavras, todavia, não é capaz de interpretar seu significado. Essa é a condição denominada *dislexia*, ou *cegueira verbal*.

Enfatizemos novamente a importância global da área de Wernicke para a maioria das funções intelectuais do cérebro. A perda dessa área no adulto produz geralmente, daí em diante, vida quase totalmente demente.

O conceito de hemisfério dominante

As funções de interpretação geral da área de Wernicke e do giro angular, e também as funções das áreas da fala e do controle motor, são geralmente muito mais desenvolvidas em um hemisfério cerebral que no outro. Como conseqüência, esse hemisfério é denominado *hemisfério dominante*. Em cerca de 95% de todas as pessoas o hemisfério esquerdo é o dominante. Mesmo ao nascimento, a área do córtex que se transformará na área de Wernicke chega a ser até 50% maior no hemisfério esquerdo que no hemisfério direito em mais de metade dos recém-nascidos. Portanto, é fácil compreender por que o lado esquerdo do cérebro poderia tornar-se dominante sobre o lado direito. Entretanto, se, por alguma razão, essa área do lado esquerdo for lesada ou removida no início da infância, o lado oposto do cérebro pode desenvolver todas as características de dominância.

Uma teoria capaz de explicar a capacidade de um hemisfério de dominar o outro é a seguinte:

A atenção da "mente" parece estar direcionada para uma região do cérebro de cada vez. Provavelmente, porque seu tamanho é em geral maior ao nascimento, o lobo temporal esquerdo começa normalmente a ser mais utilizado que o direito, e, como conseqüência, pela tendência a direcionar a atenção para a região mais desenvolvida, a velocidade do aprendizado no hemisfério cerebral, que parte na frente, aumenta com muita rapidez, enquanto no lado oposto permanece pequena. Portanto, no ser humano normal, um lado torna-se dominante sobre o outro.

Em cerca de 95% de todas as pessoas o lobo temporal esquerdo e o giro angular tornam-se dominantes, e nos 5% remanescentes ocorre desenvolvimento simultâneo dos dois lados com dupla dominância, ou, mais raramente, o lado direito é mais desenvolvido.

Geralmente a dominância de determinadas regiões do córtex sensorial somático e do córtex motor para o controle das funções motoras voluntárias está associada ao lobo temporal e ao giro angular dominantes. Por exemplo, como discutido adiante neste capítulo, a área pré-frontal e pré-motora da palavra (área de Broca), localizada na face lateral do lobo frontal intermediário, também é quase sempre dominante no lado esquerdo do cérebro. Essa área da palavra causa a formação de palavras pela excitação simultânea dos músculos laríngeos, músculos respiratórios e dos músculos da boca.

Também, as áreas motoras para o controle das mãos são dominantes no lado esquerdo do cérebro em aproximadamente 90% das pessoas, fazendo com que a maioria delas seja destra.

Embora as áreas de interpretação do lobo temporal e do giro angular, bem como várias áreas motoras, sejam muito desenvolvidas em apenas um hemisfério, elas são capazes de receber informação sensorial dos dois hemisférios e também são capazes de controlar as atividades motoras em ambos os hemisférios, utilizando principalmente as fibras do *corpo caloso* para a comunicação entre os dois hemisférios. Essa organização unitária, de alimentação cruzada, impede a interferência entre as funções dos dois lados do cérebro; essa interferência, obviamente, poderia criar situações de conflito tanto no pensamento como nas respostas motoras.

Papel da linguagem na função da área de Wernicke e nas funções intelectuais

A maior parte de nossa experiência sensorial é convertida em equivalente lingüístico antes de ser armazenada nas áreas de memória do cérebro e antes de ser processada para outros objetivos intelectuais. Por exemplo, quando lemos um livro, não armazenamos as imagens visuais das palavras impressas, mas, sim, as próprias palavras sob a forma de linguagem. Também, a informação contida nas palavras é geralmente convertida para a forma de linguagem antes que seu significado seja discernido.

A área sensorial do hemisfério dominante para a interpretação da linguagem é a área de Wernicke, intimamente associada à área auditiva primária e às áreas auditivas secundárias do lobo temporal. Essa relação muito íntima resulta provavelmente do fato de que a primeira introdução à linguagem se dá por meio da audição. Com o decorrer da vida, quando ocorre desenvolvimento da percepção visual da linguagem por meio da leitura, a informação visual é provavelmente canalizada para as regiões de linguagem já desenvolvidas no lobo temporal dominante.

FUNÇÕES DO CÓRTEX PARIETO-OCCIPITOTEMPORAL NO HEMISFÉRIO NÃO-DOMINANTE

Quando a área de Wernicke no hemisfério dominante é destruída, a pessoa em geral perde quase todas as funções intelectuais associadas à linguagem ou ao simbolismo verbal, como a capacidade de ler, capacidade de executar operações matemáticas e, até mesmo, a capacidade de resolver problemas lógicos. Entretanto, são retidos vários outros tipos de capacidades de interpretação, algumas das quais utilizam o lobo temporal e regiões do giro angular do hemisfério oposto. Estudos psicológicos em pacientes com lesão do hemisfério não-dominante sugeriram que esse hemisfério pode ser particularmente importante para a compreensão e a interpretação de música, experiências visuais não-verbais (principalmente padrões visuais), relações espaciais entre a pessoa e o meio, o significado da "linguagem corporal" e entonações das vozes das pessoas, e, provavelmente, também várias experiências somáticas relacionadas ao uso dos membros e das mãos.

Assim, embora falemos do hemisfério "dominante", essa dominância é basicamente para a linguagem — ou simbolismo verbal — relacionada às funções intelectuais; o hemisfério oposto é, na verdade, dominante para alguns outros tipos de inteligência.

AS FUNÇÕES INTELECTUAIS SUPERIORES DA ÁREA DE ASSOCIAÇÃO PRÉ-FRONTAL

Durante anos ensinou-se que o córtex pré-frontal seria o local das funções intelectuais superiores do ser humano, principalmente porque a principal diferença entre o cérebro de macacos e de seres humanos é a grande proeminência das áreas pré-frontais humanas. Porém, os esforços para mostrar que o córtex pré-frontal é mais importante para as funções intelectuais superiores que outras partes do cérebro ainda não foram totalmente bem-sucedidos. Na verdade, a destruição da área de compreensão da linguagem, no lobo temporal superior posterior (área de Wernicke), e a região do giro angular, no hemisfério dominante, causa prejuízo infinitamente maior para o intelecto que a destruição da área pré-frontal. Entretanto, as áreas pré-frontais exercem funções intelectuais bem menos definíveis, todavia muito importantes por elas próprias. Elas podem ser melhor explicadas pela descrição do que acontece aos pacientes nos quais os lobos pré-frontais ficaram não-funcionantes da seguinte forma:

Há várias décadas, antes do advento dos modernos medicamentos para o tratamento das condições psiquiátricas, foi constatado que alguns pacientes poderiam obter alívio significativo de depressão psicótica grave pela secção das conexões neuronais entre as áreas pré-frontais e o restante do cérebro, isto é, pelo procedimento denominado *lobotomia pré-frontal*. Isso era realizado pela introdução de um estilete com borda cortante através de pequenas aberturas na caixa craniana frontolateral de ambos os lados e seccionando o cérebro de cima a baixo. Estudos subseqüentes nesses pacientes mostraram as seguintes alterações mentais:

1. Os pacientes perdem sua capacidade de resolver problemas complexos.

2. Ficam incapazes de encadear tarefas seqüenciais para atingir objetivos específicos, e em geral perdem sua ambição.

3. Ficam incapazes de aprender a executar várias tarefas paralelas simultaneamente.

4. Seu nível de agressividade fica reduzido, algumas vezes significativamente.

5. Suas respostas sociais freqüentemente ficam inadequadas para a ocasião, incluindo a perda de conceitos morais e pouco embaraço em relação ao sexo e à excreção.

6. Os pacientes ainda permanecem capazes de falar e compreender a linguagem, mas ficam incapazes de acompanhar pensamentos mais complexos, e passam a apresentar acentuada labilidade do humor, indo rapidamente da doçura para a raiva, da excitação para a loucura.

7. Os pacientes ainda podem realizar a maioria dos padrões habituais de função motora que realizaram durante toda a vida, mas freqüentemente sem objetivo.

A partir dessa informação, tentaremos formular uma interpretação coerente da função das áreas de associação pré-frontais.

Redução da agressividade e respostas sociais inapropriadas. Essas duas características provavelmente resultam da perda das partes ventrais dos lobos frontais na superfície inferior do cérebro. Como explicado antes e apresentado na Fig. 19.4, essa área é considerada parte do córtex de associação límbico, e não do córtex pré-frontal de associação. Essa área límbica ajuda a controlar o comportamento.

Incapacidade de progredir até os objetivos ou de acompanhar pensamentos seqüenciais. Aprendemos antes, neste capítulo, que as áreas pré-frontais de associação parecem ter a capacidade de captar informações procedentes das mais diferentes áreas cerebrais e depois utilizá-las em padrões analíticos mais profundos para atingir determinados objetivos. Se esses objetivos incluem uma ação motora, ela será executada. Se não, os processos de pensamento atingem objetivos analíticos intelectuais. Embora as pessoas sem córtices pré-frontais ainda possam pensar, mostram seqüência de pensamento lógico pouco ordenada, e por tempo muito curto, da ordem de poucos segundos até, no máximo, poucos minutos. Um dos resultados é que as pessoas sem córtices pré-frontais são *facilmente distraídas do tema central do pensamento,* enquanto pessoas com córtices pré-frontais funcionantes são capazes de se autodirigirem até a conclusão do pensamento, independente das distrações.

Elaboração de pensamento, de prognósticos e execução das funções intelectuais superiores pelas áreas pré-frontais. Outra função atribuída às áreas pré-frontais por psicólogos e neurologistas é a da *elaboração do pensamento.* Isso significa simplesmente aumento da profundidade e do abstracionismo dos diferentes pensamentos. Os testes psicológicos mostraram que animais inferiores após lobotomia pré-frontal que recebem fragmentos sucessivos de informação sensorial não conseguem reter essas informações, nem mesmo na memória temporária — provavelmente porque são distraídos com tal facilidade que não conseguem manter seus pensamentos pelo tempo necessário para que ocorra o armazenamento. Essa capacidade da área pré-frontal de reter várias informações simultaneamente, e, depois, de chamar de volta essas informações pedaço a pedaço, de acordo com a necessidade para os pensamentos subseqüentes, bem poderia explicar as várias funções do cérebro que associamos com a inteligência superior, como as capacidades de (1) prognosticar, (2) fazer planos para o futuro, (3) retardar a resposta a sinais sensoriais aferentes, de forma que a informação sensorial possa ser pesada até que o melhor curso de resposta seja decidido, (4) considerar as conseqüências das ações motoras mesmo antes de sua realização, (5) resolver complexos problemas matemáticos, legais ou filosóficos, (6) correlacionar todas as vias de informação no diagnóstico de doenças raras, e (7) controlar as atividades de acordo com as leis morais.

■ FUNÇÃO DO CÉREBRO NA COMUNICAÇÃO

Uma das mais importantes diferenças entre o ser humano e os animais inferiores é a facilidade com que os seres humanos podem comunicar-se entre si. Além disso, como os testes neurológicos permitem a fácil avaliação da capacidade da pessoa se comunicar com as outras, sabemos mais sobre os sistemas sensoriais e motores relacionados à comunicação que sobre qualquer outro segmento da função cortical. Por conseguinte, recapitularemos, com o auxílio dos mapas anatômicos das vias neurais na Fig. 19.8, a função do córtex na comunicação, e, a partir daí, poderá ser visto imediatamente como os princípios da análise sensorial e do controle motor se aplicam a esta arte.

Dois aspectos devem ser considerados na comunicação: primeiro, o *aspecto sensorial,* envolvendo os ouvidos e os olhos, e, segundo, o *aspecto motor,* envolvendo a vocalização e seu controle.

Aspectos sensoriais da comunicação

Observamos antes neste capítulo que a destruição de partes das *áreas de associação auditiva* e *visual* do córtex pode resultar em incapacidade de compreender a palavra falada ou a palavra escrita. Esses efeitos são denominados, respectivamente, *afasia receptora auditiva* e *afasia receptora visual* ou, mais comumente, *surdez verbal* e *cegueira verbal* (também denominada *dislexia*).

Afasia de Wernicke e afasia global. Algumas pessoas são perfeitamente capazes de compreender a palavra falada ou a palavra escrita, mas são *incapazes de interpretar o pensamento* expresso. Isso ocorre com maior freqüência quando a *área de Wernicke* na *parte posterior do giro temporal superior do hemisfério dominante* é lesada ou destruída. Portanto, esse tipo de afasia é geralmente denominado *afasia de Wernicke.*

19 ■ O Córtex Cerebral; Funções Intelectuais do Cérebro e Aprendizado e Memória

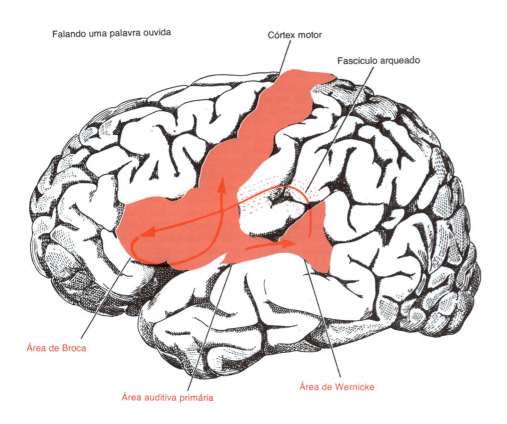

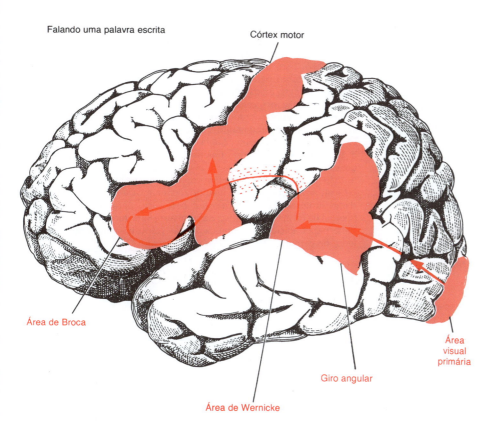

Fig. 19.8 Vias cerebrais para *(acima)* percepção da palavra ouvida e, então, a fala da mesma palavra; e *(abaixo)* percepção da palavra escrita e, a seguir, a fala da mesma palavra. (Retirado de Geschwind: *Sci Am., 241:*180, 1979. © 1979 by Scientific American Inc. Todos os direitos reservados.)

Quando a lesão na área de Wernicke é difusa e estende-se (1) para trás até a região do giro angular, (2) para baixo até as áreas inferiores do lobo temporal, e (3) para cima até a borda superior da fissura silviana, a pessoa tende a ser quase totalmente demente e, portanto, diz-se que apresenta uma *afasia global*.

Aspectos motores da comunicação

O processo da fala envolve dois estágios principais de raciocínio: (1) formação mental dos pensamentos a serem expressos e escolha das palavras a serem usadas, a seguir (2) controle motor da vocalização e o verdadeiro ato de vocalização em si. A formação dos pensamentos e até mesmo a maior parte da escolha das palavras são funções das áreas sensoriais do cérebro. De novo, é a área de Wernicke na parte posterior do giro temporal superior a mais importante para essa capacidade. Portanto, pessoas com afasia de Wernicke ou afasia global são incapazes de formular os pensamentos a serem comunicados. Ou, se a lesão é menos grave, a pessoa pode ser capaz de formular pensamentos, mas ainda ser incapaz de reunir a seqüência apropriada de palavras para expressar o pensamento. Freqüentemente, a pessoa é muito fluente em palavras, mas as frases são confusas.

Afasia motora. Muitas vezes a pessoa é bastante capaz de decidir o que deseja dizer, e é capaz de vocalizar, mas simplesmente não consegue fazer com que seu sistema vocal emita palavras em lugar de ruídos. Esse efeito, denominado *afasia motora,* resulta de lesão da *área da fala de Broca,* que se localiza na região facial *pré-frontal* e *pré-motora* do córtex — aproximadamente 95% das vezes no hemisfério esquerdo, como representado nas Figs. 19.5 e 19.8. Portanto, admitimos que os *padrões motores de precisão* para o controle da laringe, lábios, boca, sistema respiratório, e outros músculos acessórios da articulação sejam todos iniciados nesta área.

Articulação. Finalmente, temos o ato da própria articulação, que significa os movimentos musculares da boca, língua, laringe, e outros, que são responsáveis pela verdadeira emissão do som. As *regiões facial e laríngea do córtex motor* ativam esses músculos, e o *cerebelo, gânglios da base e córtex sensorial* auxiliam no controle da contração muscular pelos mecanismos de *feedback* descritos nos Caps. 17 e 18. A destruição dessas regiões pode causar incapacidade total ou parcial de falar distintamente.

Sumário

A Fig. 19.8 apresenta duas vias principais para comunicação. A metade superior da figura mostra a via envolvida na audição e na fala. Essa seqüência é a seguinte: (1) recepção na área auditiva primária dos sinais sonoros que codificam as palavras; (2) interpretação das palavras na área de Wernicke; (3) determinação, também na área de Wernicke, dos pensamentos e das palavras a serem faladas; (4) transmissão dos sinais da área de Wernicke para a área de Broca por meio do *fascículo arqueado;* (5) ativação dos programas motores estereotipados, na área de Broca, para o controle da formação da palavra; e (6) transmissão de sinais apropriados para o córtex motor para controlar os músculos da fala.

A figura inferior apresenta as etapas comparáveis da leitura e, então, da palavra a ser produzida em resposta. A área receptora inicial para as palavras fica na área visual primária, e não na área auditiva primária. Então, a informação passa pelos estágios iniciais da interpretação na *região do giro angular* e, finalmente, atinge seu nível total de reconhecimento na área de Wernicke. A partir daí, a seqüência é a mesma que para a fala em resposta à palavra falada.

■ FUNÇÃO DO CORPO CALOSO E DA COMISSURA ANTERIOR NA TRANSFERÊNCIA DE PENSAMENTOS, MEMÓRIAS, TREINAMENTO E OUTRAS INFORMAÇÕES PARA O HEMISFÉRIO OPOSTO

As fibras do *corpo caloso* conectam a maioria das respectivas áreas corticais dos dois hemisférios, exceto as porções anteriores dos lobos temporais; essas áreas temporais, incluindo principalmente a *amígdala,* são interconectadas por fibras que passam pela *comissura anterior.* Devido ao grande número de fibras no corpo caloso, supôs-se, desde o início, que essa estrutura maciça deve possuir alguma função importante na correlação de atividades dos dois hemisférios cerebrais. Entretanto, após secção do corpo caloso em animais experimentais, foi difícil distinguir déficits da função cerebral. Como resultado, por longo tempo a função do corpo caloso foi um mistério.

Porém, experimentos psicológicos apropriadamente planejados demonstraram as funções muitíssimo importantes do corpo caloso e da comissura anterior. Essas funções podem ser melhor explicadas pela descrição de um desses experimentos. Um macaco é preparado inicialmente pela secção do corpo caloso e divisão longitudinal do quiasma óptico, de forma que os sinais provenientes de cada olho só possam seguir para o hemisfério cerebral do mesmo lado. Então, o macaco é ensinado a reconhecer diferentes tipos de objetos com seu olho direito enquanto seu olho esquerdo é coberto. A seguir, o olho direito é coberto e o macaco é testado para determinar se seu olho esquerdo pode ou não reconhecer o mesmo objeto. A resposta a isso é que o olho esquerdo *é incapaz* de reconhecer o objeto. Porém, ao se repetir a mesma experiência em outro macaco com o quiasma óptico dividido, mas com o corpo caloso intacto, observa-se invariavelmente que o reconhecimento em um hemisfério cerebral também produz reconhecimento no hemisfério oposto.

Assim, uma das funções do corpo caloso e da comissura anterior é a de tornar as informações armazenadas no córtex de um hemisfério disponíveis para as áreas corticais do hemisfério oposto. Três exemplos importantes dessa cooperação entre os dois hemisférios são os seguintes:

1. A secção do corpo caloso bloqueia a transferência de informações da área de Wernicke do hemisfério dominante para o córtex motor do lado oposto do cérebro. Portanto, as funções intelectuais do cérebro, localizadas basicamente no hemisfério dominante, perdem seu controle sobre o córtex motor direito e, portanto, também das funções motoras voluntárias da mão e braço esquerdos, embora os movimentos subconscientes habituais da mão e braço esquerdos sejam completamente normais.

2. A secção do corpo caloso impede a transferência de informações somáticas e visuais do hemisfério direito para a área de Wernicke do hemisfério dominante. Portanto, as informações somáticas e visuais do lado esquerdo do corpo freqüentemente não conseguem atingir essa área de interpretação geral do cérebro e, portanto, não podem ser utilizadas para a tomada de decisões.

3. Finalmente, pessoas cujo corpo caloso é completamente seccionado apresentam duas partes cerebrais conscientes totalmente separadas. Por exemplo, em um adolescente estudado recentemente com seu corpo caloso seccionado, apenas a metade esquerda de seu cérebro podia compreender a palavra falada, porque era o hemisfério dominante. Por outro lado, o lado direito do cérebro podia compreender a palavra escrita e produzir uma resposta motora a ela sem que o lado esquerdo soubesse o motivo da resposta. Porém, o efeito foi muito diferente quando foi produzida resposta emocional no lado direito do cérebro: nesse caso, também ocorreu uma resposta emocional subconsciente no lado esquerdo do cérebro. Isso, indubitavelmente, ocorreu porque as áreas dos dois lados do cérebro para as emoções, os córtices temporais anteriores e áreas adjacentes, ainda estavam se comunicando por meio da comissura anterior que não foi seccionada. Por exemplo, quando o comando "beijo" era escrito e apresentado para a visão pelo lado direito do cérebro, ele respondia imediatamente e muito emocionado: "Não há como." Essa resposta, obviamente, exigia o funcionamento da área de Wernicke e das áreas motoras para a fala no hemisfério esquerdo. Mas, quando questionado por que ele dissera isso, não foi capaz de explicar. Assim, as duas metades do cérebro têm capacidades independentes para consciência, armazenamento de memória, comunicação e controle das atividades motoras. O corpo caloso é necessário para que os dois lados operem de forma cooperativa, e a comissura anterior desempenha importante papel adicional na unificação das respostas emocionais dos dois lados do cérebro.

■ PENSAMENTOS, CONSCIÊNCIA E MEMÓRIA

Nosso problema mais difícil na discussão da consciência, pensamentos, memória e aprendizado é que não conhecemos o mecanismo neural do pensamento. Sabemos que a destruição de grandes partes do córtex cerebral não impede que a pessoa tenha pensamentos, mas, geralmente, reduz o *grau* de consciência de seu ambiente.

Cada pensamento envolve quase certamente sinais simultâneos em várias partes do córtex cerebral, tálamo, sistema límbico e formação reticular do tronco cerebral. Alguns pensamentos grosseiros dependem, provavelmente em sua quase totalidade, dos centros inferiores; o pensamento da dor é um bom exemplo, pois a estimulação elétrica do córtex humano só raramente produz algo mais que grau leve de dor, enquanto a estimulação de determinadas áreas do hipotálamo e do mesencéfalo muitas vezes causa dor cruciante. Por outro lado, um tipo de padrão de pensamento que exige, em sua maior parte, o córtex cerebral é o da visão, porque a perda do córtex visual causa incapacidade completa de perceber a forma visual ou a cor.

Portanto, poderíamos formular uma definição de um pensamento, em termos de atividade neural, da seguinte forma: Um pensamento resulta do "padrão" de estimulação de várias partes diferentes do sistema nervoso ao mesmo tempo e em seqüência definida, envolvendo provavelmente, de modo mais importante, o córtex cerebral, o tálamo, o sistema límbico e a formação reticular superior do córtex cerebral. Essa é a denominada *teoria holística* do pensamento. Acredita-se que as áreas estimuladas do sistema límbico, tálamo e formação reticular determinem a natureza geral do pensamento, conferindo a ele qualidades como prazer, desprazer, dor, conforto, modalidades primitivas de sensação, localização grosseira de áreas corporais, e outras características gerais. Por outro lado, as áreas estimuladas do córtex cerebral determinam as características discretas do pensamento, tais como localização específica das sensações sobre o corpo e de objetos nos campos da visão, padrões discretos de sensação, como o padrão retangular de uma parede de blocos de concreto, ou a textura de um tapete, e outras características individuais que entram no campo da atenção geral em determinado instante.

A consciência talvez possa ser descrita como nosso fluxo contínuo da atenção,* tanto para o meio que nos cerca quanto para nossos pensamentos seqüenciais.

MEMÓRIA — PAPÉIS DA FACILITAÇÃO E DA INIBIÇÃO SINÁPTICAS

Fisiologicamente, as memórias são causadas por alterações da capacidade de transmissão sináptica de um neurônio para outro, resultante de atividade neural prévia. Essas alterações, por sua vez, causam o desenvolvimento de novas vias para a transmissão de sinais pelos circuitos neurais do cérebro. As novas vias são denominadas *traços de memória*. São importantes porque, uma vez estabelecidas, elas podem ser ativadas pela mente pensante, no sentido de reproduzir as memórias.

Experiências em animais inferiores demonstram que os traços de memória podem ocorrer em todos os níveis do sistema nervoso. Mesmo os reflexos da medula espinal podem alterar-se ao menos ligeiramente em resposta à ativação medular repetitiva, que é parte do processo da memória. Também, até mesmo algumas memórias a longo prazo resultam de alteração da condução sináptica nos centros cerebrais inferiores. Para dar um exemplo, o reflexo de piscar os olhos é uma função aprendida envolvendo circuitos neuronais no cerebelo.

Porém, há ainda muitas razões para se acreditar que a maior parte da memória que associamos a processos intelectuais se baseia em traços de memória existentes em sua maior parte no córtex cerebral.

Memória positiva e negativa — "sensibilização" ou "habituação" da transmissão sináptica. Embora em geral consideremos as memórias como sendo os recolhimentos positivos de experiências ou pensamentos prévios, provavelmente a maior parte de nossas memórias é constituída por memórias negativas, e não positivas. Isto é, nosso cérebro é inundado com informações sensoriais vindas de todos os nossos sentidos. Se nossas mentes tentassem lembrar-se de todas essas informações, a capacidade

de memória do cérebro seria excedida em minutos. Felizmente, porém, o cérebro tem a capacidade peculiar de aprender a ignorar informações que não sejam importantes. Isso resulta da *inibição* das vias sinápticas para esse tipo de informação, e o efeito resultante é denominado *habituação*. Isto é, em certo sentido, um tipo de memória negativa.

Por outro lado, para os tipos de informações aferentes que causam conseqüências importantes como a dor ou o prazer, o cérebro também tem a capacidade automática de amplificar e armazenar os traços de memórias. Obviamente, essa é a memória positiva. Resulta da *facilitação* das vias sinápticas e o processo é denominado *sensitização da memória*. Aprenderemos adiante que áreas especiais nas regiões límbicas basais do cérebro determinam se a informação é importante ou não e tomam a decisão subconsciente sobre o armazenamento do pensamento como um traço de memória amplificado ou sua supressão.

Classificação das memórias. Sabemos que algumas memórias duram apenas alguns segundos, e outras, horas, dias, meses ou anos. Para discuti-las, vamos usar uma classificação usual da memória que a divide em (1) *memória imediata*, que inclui as memórias que duram segundos ou, no máximo, minutos, a menos que sejam convertidas em memórias a curto prazo; (2) *memórias a curto prazo*, que duram dias a semanas, mas que, finalmente, são perdidas; e (3) *memória a longo prazo*, que, uma vez armazenada, pode ser evocada após vários anos ou até mesmo por toda a vida.

MEMÓRIA IMEDIATA

A memória imediata é exemplificada pela capacidade de memorização, por poucos segundos ou minutos, de 7 a 10 números de telefone (ou outros fatos distintos) ao mesmo tempo, mas que só dura enquanto a pessoa continua a pensar nesses números ou fatos.

Vários fisiologistas sugeriram que a memória imediata seria causada por atividade neural contínua resultante de sinais nervosos que circulam em um traço de memória temporária por um *circuito de neurônios reverberativos*. Infelizmente, ainda não foi possível provar essa teoria.

Outra explicação possível para a memória imediata é a *facilitação ou inibição pré-sináptica*. Isso ocorre em sinapses que se localizam em terminações pré-sinápticas, e não no neurônio subseqüente. Os neurotransmissores secretados nessas terminações freqüentemente causam facilitação ou inibição prolongada (dependendo do tipo de transmissor secretado) durante segundos ou até vários minutos. Obviamente, os circuitos desse tipo poderiam levar à memória imediata.

Uma possibilidade final para explicar a memória imediata é a potencialização sináptica, que pode estimular a condução sináptica. Pode resultar do acúmulo de grande quantidade de íons cálcio nas terminações pré-sinápticas. Isto é, quando um trem de impulsos atravessa uma terminação pré-sináptica, a quantidade de íons cálcio aumenta a cada impulso. Quando a quantidade de íons cálcio excede a capacidade de absorção das mitocôndrias e do retículo endoplasmático, esse cálcio em excesso causa a liberação prolongada de substância transmissora na sinapse. Assim, isso também poderia ser um mecanismo para a memória imediata.

MEMÓRIA A CURTO PRAZO

Vamos discutir agora as memórias a curto prazo que podem durar vários minutos ou até semanas. Porém, qualquer memória desse tipo acaba por ser perdida, a não ser que os traços de memória se tornem mais permanentes; ela passa a ser, então,

---

*N.T. No original, *awareness*. Esta forma substantiva é, entre nós, traduzida como consciência. Todavia, em sua forma verbal, tem o sentido de "ter conhecimento" (*to be aware*) ou de "tomar conhecimento" (*to become aware*), processos relacionados à atenção.

classificada como memória a longo prazo. Experimentos recentes em animais primitivos demonstraram que as memórias desse tipo podem resultar de alterações químicas ou físicas temporárias, ou de ambas, nas terminações pré-sinápticas ou na membrana pós-sináptica, alterações que podem persistir por até várias semanas. Esses mecanismos são tão importantes que merecem descrição especial.

Memória baseada em alterações físicas e químicas na terminação pré-sináptica ou na membrana neuronal pós-sináptica

A Fig. 19.9 apresenta um mecanismo de memória, estudado principalmente por Kandel e cols., responsável por memórias que duram até 3 semanas no grande molusco *Aplysia*. Nessa figura aparecem duas terminações pré-sinápticas distintas. Uma terminação é proveniente de um neurônio sensorial aferente primário e termina sobre a superfície do neurônio a ser estimulado; ela é denominada *terminação sensorial*. A outra terminação se localiza sobre a superfície da terminação sensorial e é denominada *terminação facilitadora*. Quando a terminação sensorial é estimulada repetidamente, mas sem estímulo da terminação facilitadora, a transmissão inicial do sinal é muito intensa mas fica menos e menos intensa pela estimulação repetida até que a transmissão quase cessa. Esse fenômeno é denominado *habituação*. É um tipo de memória que faz com que o circuito neural perca sua resposta a eventos repetidos que sejam insignificantes.

Por outro lado, se um estímulo nocivo excita a terminação facilitadora ao mesmo tempo que a terminação sensorial é estimulada, então, em lugar do sinal transmitido ficar progressivamente mais fraco, a facilidade de transmissão fica mais forte e permanecerá forte durante horas, dias, ou, com impulsos mais intensos, até cerca de 3 semanas, mesmo sem estimulação adicional da terminação facilitadora. Assim, o estímulo nocivo faz com que a via de memória seja facilitada durante dias ou semanas a seguir. É particularmente interessante que, uma vez ocorrida habituação, a via possa ser convertida em via facilitada com apenas alguns estímulos nocivos.

Ao nível molecular, o efeito da habituação na terminação sensorial resulta do fechamento progressivo de canais de cálcio da membrana da terminação, embora a causa ainda não seja totalmente conhecida. Todavia, quantidades de cálcio muito menores que o normal podem difundir-se, então, para essa terminação quando ocorrem potenciais de ação, e portanto é liberado muito menos transmissor porque a entrada de cálcio é o estímulo para a liberação de transmissor (como discutido no Cap. 7).

No caso da facilitação, acredita-se que o mecanismo molecular seja o seguinte:

1. A estimulação simultânea do neurônio facilitador e do neurônio sensorial causa liberação de serotonina na sinapse facilitadora da terminação pré-sináptica sensorial.

2. A serotonina atua nos *receptores de serotonina* na membrana da terminação sensorial, e estes ativam a enzima *adenilato ciclase* na membrana. Isso causa a formação de *monofosfato de adenosina cíclico (AMPc)* no interior da terminação pré-sináptica sensorial.

3. O AMPc ativa uma *proteína quinase* que causa fosforilação de uma proteína que é parte dos canais de potássio na membrana da terminação sensorial. Isso bloqueia esses canais para a condutância de potássio. Esse bloqueio dos canais de potássio pode durar desde minutos até várias semanas.

4. A ausência de condutância ao potássio causa potencial de ação muito prolongado na terminação pré-sináptica, porque o fluxo de íons potássio para fora da terminação é necessário para a recuperação do potencial de ação.

5. O potencial de ação prolongado causa ativação duradoura dos poros de cálcio, permitindo que quantidades enormes de íons cálcio entrem na terminação sensorial. Esses íons cálcio provocam, então, grande aumento da liberação de transmissor, facilitando assim bastante a transmissão sináptica.

Assim, de forma muito indireta, o efeito associativo de se estimular o neurônio facilitador ao mesmo tempo que o neurônio sensorial é estimulado causa alteração prolongada na terminação sensorial que produz o traço de memória.

Além disso, estudos recentes realizados por Byrne e seus colegas, também no molusco *Aplysia*, sugeriram ainda outro mecanismo celular de memória; seus estudos mostraram que estímulos de duas origens distintas agindo sobre um só neurônio podem, em condições apropriadas, causar alterações a longo prazo das propriedades da membrana de todo o neurônio pós-sináptico. Assim, esse é outro mecanismo possível da memória a curto prazo.

MEMÓRIA A LONGO PRAZO

Não há demarcação real entre os tipos mais prolongados de memória a curto prazo e a memória a longo prazo. A distinção é feita em termos de grau. Entretanto, é crença geral que a memória a longo prazo resulte de verdadeiras *modificações estruturais* nas sinapses, que estimulam ou suprimem a condução de sinais. Novamente, vamos lembrar experiências feitas em animais primitivos (cujos sistemas nervosos são mais fáceis de serem estudados) que auxiliaram muito o entendimento dos possíveis mecanismos da memória a longo prazo.

Alterações estruturais e outras modificações físicas nas sinapses durante o desenvolvimento da memória a longo prazo

Se o leitor se reportar à Fig. 25.2, no Cap. 25, verá que as vesículas de uma terminação pré-sináptica liberam sua substância transmissora para a fenda sináptica através de um local especial de liberação. Quando quantidades adicionais de cálcio entram na terminação, as vesículas próximas ao local de liberação se ligam aos receptores no local; então, é essa fixação que causa a exocitose vesicular da substância transmissora para a fenda sináptica.

Fotografias por microscopia eletrônica em animais invertebrados já demonstraram que a área total desse local de liberação vesicular aumenta na terminação pré-sináptica durante o desenvolvimento dos traços de memória a longo prazo. Inversamente, durante longos períodos de inatividade sináptica, o local de libera-

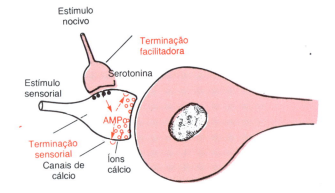

Fig. 19.9 Um sistema de memória identificado no molusco *Aplysia*.

ção diminui e pode, na verdade, desaparecer. Além disso, o crescimento do local depende da ativação de mecanismos específicos de controle genético para sintetizar as proteínas necessárias à formação das estruturas de liberação.

Uma característica intrigante desse mecanismo de aprendizado é o fato de que, dentro de horas após o início das sessões de treinamento, já começa a ser visto aumento da área desses locais de liberação vesicular. Assim, é perfeitamente possível que grande parte do que consideramos atualmente como tipos mais longos de memória a curto prazo seja, na verdade, os estágios iniciais dessa memória a longo prazo de base puramente anatômica.

Portanto, ao menos nesses animais primitivos, começamos a conhecer uma base estrutural, física, para o desenvolvimento da memória a longo prazo.

Outros possíveis mecanismos físicos e anatômicos para a memória a longo prazo

Além de aumentar a capacidade física para a liberação de neurotransmissor das terminações pré-sinápticas, o desenvolvimento de memória também está associado a aumento no número de vesículas transmissoras nas terminações pré-sinápticas. E, em alguns casos, há aumento do número das próprias terminações. Esses dois efeitos poderiam contribuir para amplificar a transmissão dos sinais. Na verdade, à medida que uma criança cresce e aprende, o número de sinapses no seu cérebro aumenta muito. Inversamente, se for impedida a visão de um dos olhos de um animal recém-nascido, as faixas do córtex cerebral conectadas ao olho cego não desenvolvem a mesma profusão de sinapses observada no outro olho. Além disso, quando o olho "cego" é descoberto, verifica-se que ele não aprendeu a ver, e que perdeu até mesmo grande parte de sua futura capacidade de aprender a ver.

Finalmente, além das modificações da condução sináptica como base para o aprendizado, também há a possibilidade de modificação do número de neurônios nos circuitos utilizados. Entretanto, nesse caso, o processo parece ser de seleção negativa, pois o cérebro já contém seu número máximo de neurônios no momento do nascimento ou logo após o nascimento. Então, durante o período subseqüente de aprendizado mais rápido, os neurônios que são excitados parecem estar muito bem, enquanto os que permanecem inexcitados podem até desaparecer.

Portanto, é provável que o cérebro humano utilize vários métodos diferentes para amplificar ou suprimir a transmissão neural quando está estabelecendo memórias.

CONSOLIDAÇÃO DA MEMÓRIA

Para que uma memória imediata seja convertida em uma memória a curto prazo mais prolongada ou em uma memória a longo prazo que pode ser evocada semanas ou anos depois, ela deve ser "consolidada". Isto é, a memória deve, de alguma forma, iniciar as modificações químicas, físicas e anatômicas nas sinapses responsáveis pela memória a longo prazo. Esse processo exige 5 a 10 minutos para a consolidação mínima e, 1 hora ou mais, para a consolidação máxima. Por exemplo, se uma forte impressão sensorial é feita no cérebro, mas é seguida, dentro de mais ou menos 1 minuto, por convulsão cerebral por estimulação elétrica, a experiência sensorial não será relembrada. Da mesma forma, a concussão cerebral, a aplicação súbita de anestesia geral profunda, ou qualquer outro efeito que bloqueie temporariamente a função dinâmica do cérebro podem impedir a consolidação.

Entretanto, se o choque elétrico forte for retardado por mais de 5 a 10 min, pelo menos parte do traço de memória terá sido estabelecida. Se o choque for retardado por uma hora, a memória ficará ainda muito mais consolidada.

O processo de consolidação e o tempo necessário para ele poderiam ser explicados pelo fenômeno de *ensaio* da memória imediata, que discutiremos a seguir:

Papel do ensaio na transferência da memória imediata para a memória a longo prazo. Estudos psicológicos mostraram que a repetição da mesma informação por várias vezes acelera e potencializa o grau de transferência da memória imediata para a memória a longo prazo, e portanto também acelera e potencializa o processo de consolidação. O cérebro tem tendência natural de repetir uma informação nova, e, principalmente, de repetir informações novas que prendam a atenção mental. Portanto, durante certo período de tempo, os aspectos importantes das experiências sensoriais passam a ficar progressivamente mais e mais fixos nos armazenamentos secundários da memória. Isso explica por que uma pessoa pode lembrar-se de pequenas quantidades de informações estudadas com maior profundidade que de grandes quantidades de informações só estudadas superficialmente. Também explica por que uma pessoa bem disposta cosolidará suas memórias muito mais facilmente que uma pessoa em estado de fadiga mental.

Codificação das memórias durante o processo de consolidação. Um dos aspectos mais importantes do processo de consolidação é que as memórias colocadas permanentemente nos locais de armazenamento das memórias a longo prazo são codificadas em classes diferentes de informação. Durante esse processo, uma informação semelhante é chamada de volta dos arquivos, e utilizada para auxiliar o processamento das novas informações. A informação nova e a antiga são comparadas quanto às suas semelhanças e diferenças, e parte do processo de armazenamento consiste em armazenar a informação sobre essas semelhanças e diferenças, em lugar de simplesmente armazenar a informação não processada. Assim, durante o processo de consolidação, as novas memórias não são armazenadas ao acaso no cérebro, mas, em vez disso, são armazenadas em associação direta com outras memórias do mesmo tipo. Isso é obviamente necessário para que alguém seja capaz de "pesquisar" o estoque da memória no futuro para encontrar a informação necessária.

Papel de regiões cerebrais específicas no processo de memória

Papel do hipocampo para o armazenamento de memória — amnésia anterógrada após lesões do hipocampo. O hipocampo é a parte mais medial do córtex do lobo temporal onde se dobra para baixo do cérebro e, depois, para cima em direção à superfície inferior do ventrículo lateral. Os dois hipocampos foram removidos para o tratamento da epilepsia em vários pacientes. Esse procedimento não afeta gravemente a memória da pessoa para informações armazenadas no cérebro antes da remoção dos hipocampos. Entretanto, após a remoção, essas pessoas apresentam capacidade muito pequena de armazenar *tipos verbais e simbólicos* de memórias na memória a-longo-prazo, ou até mesmo na memória a-curto-prazo com duração maior que alguns minutos. Portanto, essas pessoas ficam incapazes de estabelecer novas memórias a-longo-prazo dos tipos de informação que são a base da inteligência. Isto é denominado *amnésia anterógrada*.

Mas por que o hipocampo é tão importante em auxiliar o cérebro a armazenar novas memórias? A resposta provável é que o hipocampo é uma das vias eferentes importantes das áreas de "recompensa" e "punição" do sistema límbico. Essas áreas são encontradas em várias das regiões basais do cérebro, e emitem sinais para o hipocampo. Os estímulos sensoriais, ou até mesmo os pensamentos, que causam dor ou aversão excitam os *centros de punição*, enquanto os estímulos que causam prazer, alegria ou sensação de recompensa excitam os *centros de recompensa*. Todos eles, em conjunto, originam o estado de humor e as motivações da pessoa. Entre essas motivações está a vontade mental de relembrar as experiências e pensamentos prazerosos ou desprazerosos. O hipocampo, na maior parte, e, em menor grau, os núcleos mediais dorsais do tálamo, outra estrutura límbica, provaram ser particularmente importantes na tomada de decisão sobre quais de nossos pensamentos são suficientemente importantes, com base na recompensa ou punição, para serem valorizados na memória.

As lesões em outras partes dos lobos temporais além dos hipocampos, principalmente das amígdalas, também estão freqüentemente associadas à redução da capacidade de armazenar novas memórias. Isso provavelmente resulta de dois fatores: (1) a associação das outras partes dos lobos temporais com os hipocampos e, portanto, ausência do processo usual de consolidação das memórias, e (2) o fato de que a área de Wernicke, que é o principal local de operações intelectuais do cérebro, fica localizada no lobo temporal. A razão pela qual lesões que afetam a área de Wernicke poderiam reduzir o armazenamento na memória, é provavelmente que a consolidação das memórias exige análise da memória de forma que possa ser armazenada em associação com outras memórias do mesmo tipo.

Amnésia retrógrada. *Amnésia retrógrada* significa incapacidade de relembrar memórias do passado — isto é, dos arquivos da memória a-longo-prazo — embora as memórias ainda estejam presentes. Quando ocorre amnésia retrógrada, o grau de amnésia para eventos recentes tende a ser muito maior que para eventos do passado distante. A razão dessa diferença é provavelmente que as memórias distantes foram repetidas tantas vezes que os traços de memória estão profundamente marcados, de forma que os elementos dessas memórias estão armazenados em muitas áreas do cérebro.

Em algumas pessoas com lesões do hipocampo, ocorre algum grau de amnésia retrógrada junto com a amnésia anterógrada já discutida, o que sugere relação, ao menos parcial, entre esses dois tipos de amnésia, e que as lesões do hipocampo podem provocar ambos os tipos. Entretanto, também foi afirmado que a lesão de algumas áreas talâmicas pode levar especificamente à amnésia retrógrada sem causar amnésia anterógrada significativa. Uma possível explicação para isso é que o tálamo poderia desempenhar o papel de auxiliar a pessoa na "pesquisa" dos arquivos de memória e, então, "ler" as memórias. Isto é, o processo de memória requer não apenas o armazenamento de memórias, mas também a capacidade de pesquisar e encontrar a memória no futuro. A possível função do tálamo nesse processo é discutida no capítulo seguinte.

Ausência de importância dos hipocampos no aprendizado reflexivo. Entretanto, deve ser observado que pessoas com lesões do lobo temporal ou do hipocampo não têm geralmente dificuldade em aprender habilidades físicas que não envolvam verbalização ou tipos simbólicos de inteligência. Por exemplo, essas pessoas ainda podem aprender habilidades manuais e físicas como as necessárias em vários tipos de esportes. Esse tipo de aprendizado é denominado *aprendizado reflexivo;* depende da repetição física das tarefas necessárias por várias vezes, em lugar de sua repetição simbólica na mente.

REFERÊNCIAS

Avoli, M., et al. (eds.): Neurotransmitters and Cortical Function. New York, Plenum Publishing Corp., 1988.
Baddeley, A.: Working Memory. New York, Oxford University Press, 1987.
Bear, M. F., et al.: A physiological basis for a theory of synapse modification. Science, 237:42, 1987.

Benson, D. F.: Aphasia, Alexia, and Agraphia. New York, Churchill Livingstone, 1979.
Brown, T. H., et al.: Long-term synaptic potentiation. Science, 242:724, 1988.
Byrne, J. H.: Can learning and memory be understood? News Physiol. Sci., 1:182, 1986.
Byrne, J. H.: Cellular analysis of associative learning. Physiol. Rev., 67:329, 1987.
Cotman, C. W., et al.: The role of the NMDA receptor in central nervous system plasticity and pathology. J. NIH Res., 1:65, 1989.
Damasio, A. R., and Geschwind, N.: The neural basis of language. Annu. Rev. Neurosci., 7:127, 1984.
De Valois, R. L., and De Valois, K. K.: Spatial Vision. New York, Oxford University Press, 1988.
De Wied, D.: Neuroendocrine aspects of learning and memory processes. News Physiol. Sci., 4:32, 1989.
DeFelipe, J., and Jones, E. G. (eds.): Cajal on the Cerebral Cortex. New York, Oxford University Press, 1988.
Geschwind, N.: Specializations of the human brain. Sci. Am., 241(3):180, 1979.
Gold, P. E.: Sweet memories. Am. Sci., 75:151, 1987.
Goldman-Rakic, P. S.: Topography of cognition: Parallel distributed networks in primate association cortex. Annu. Rev. Neurosci., 11:137, 1988.
Gregory, R. L. (ed.): The Oxford Companion to the Mind. Oxford University Press, 1987.
Heppenheimer, T. A.: Nerves of silicon. Discover, February 1988, p. 70.
Hixon, T. J., et al. (eds.): Introduction to Communicative Disorders. Englewood Cliffs, N. J., Prentice-Hall, 1980.
Hubel, D. H.: The brain. Sci. Am., 241(3):44, 1979.
Hundert, E. M.: Philosophy, Psychiatry and Neuroscience—Three Approaches to the Mind. New York, Oxford University Press, 1989.
Hyvarinen, J.: Posterior parietal lobe of the primate brain. Physiol. Rev., 62:1060, 1982.
Ito, M.: Long-term depression. Annu. Rev. Neurosci., 12:85, 1989.
John, E. R., et al.: Double-labeled metabolic maps of memory. Science, 233:1167, 1986.
Kandel, E. R.: A Cell-Biological Approach to Learning. Bethesda, Md., Society for Neuroscience, 1977, p. 1137.
Kandel, E. R.: Neuronal plasticity and the modification of behavior. In Brookhart, J. M., and Mountcastle, V. B. (eds.): Handbook of Physiology. Sec. 1, Vol. I. Baltimore, Williams & Wilkins, 1977, p. 1137.
Kolata, G.: Associations or rules in learning language? Science, 237:133, 1987.
Kosslyn, S. M.: Aspects of a cognitive neuroscience of mental imagery. Science, 240:1621, 1988.
Laduron, P. M.: Presynaptic heteroreceptors in regulation of neuronal transmission. Biochem. Pharmacol., 34:467, 1985.
Lieke, E. E., et al.: Optical imaging of cortical activity. Annu. Rev. Physiol., 51:543, 1989.
McCloskey, D. I.: Corollary discharges: Motor commands and perception. In Brooks, V. B. (ed.): Handbook of Physiology. Sec. 1, Vol. II. Bethesda, Md., American Physiological Society, 1981, p. 1415.
McNeil, M. R. (ed.): The Dysarthrias. Physiology, Acoustics, and Perception Management. San Diego, College-Hill Press, 1984.
Mitzdorf, U.: Current source-density method and application in cat cerebral cortex: Investigation of evoked potentials and EEG phenomena. Physiol. Rev., 65:37, 1985.
Peters, A., and Jones, E. G. (eds.): Development and Maturation of Cerebral Cortex. New York, Plenum Publishing Corp., 1988.
Plum, F. (ed.): Language, Communication, and the Brain. New York, Raven Press, 1988.
Quinn, W. G., and Greenspan, R. J.: Learning and courtship in Drosophila: Two stories with mutants. Annu. Rev. Neurosci., 7:67, 1984.
Rakic, P.: Specification of cerebral cortical areas. Science, 241:170, 1988.
Rosenbek, J. C. (ed.): Apraxia of Speech. Physiology, Acoustics, Linguistics, Management. San Diego, College-Hill Press, 1984.
Squire, L. R.: Mechanisms of memory. Science, 232:1612, 1986.
Squire, L. R.: Memory and Brain. New York, Oxford University Press, 1987.
Sutcliffe, J. G.: mRNA in the mammalian central nervous system. Annu. Rev. Neurosci., 11:157, 1988.
Thompson, R. F., et al.: Cellular processes of learning and memory in the mammalian CNS. Annu. Rev. Neurosci., 6:447, 1983.
Trevarthen, C.: Hemispheric specialization. In Darian-Smith, I. (ed.): Handbook of Physiology. Sec. 1, Vol. III. Bethesda, Md., American Physiological Society, 1984, p. 1129.
Truman, J. W.: Cell death in invertebrate nervous systems. Annu. Rev. Neurosci., 7:171, 1984.
Waldrop, M. M.: Soar: A unified theory of cognition? Science, 241:296, 1988.
Walters, E. T., and Byrne, J. H.: Associative conditioning of single sensory neurons suggest a cellular mechanism for learning. Science, 219:405, 1983.
Weiskrantz, L. (ed.): Thought Without Language. New York, Oxford University Press, 1988.
Wong, R. K., et al.: Local circuit interactions in synchronization of cortical neurones. J. Exp. Biol., 112:169, 1984.
Woody, C. D., et al. (eds.): Cellular Mechanisms of Conditioning and Behavioral Plasticity. New York, Plenum Publishing Corp., 1988.
Zucker, R. S.: Short-term synaptic plasticity. Annu. Rev. Neurosci., 12:13, 1989.

20

Mecanismos Comportamentais e Motivacionais do Cérebro — O Sistema Límbico e o Hipotálamo

O controle do comportamento é uma função de todo o sistema nervoso. Mesmo os reflexos medulares mais simples são um elemento do comportamento, e o ciclo sono/vigília, discutido no capítulo seguinte, é certamente um dos mais importantes dos nossos padrões de comportamento. Entretanto, neste capítulo discutiremos primeiro os mecanismos que controlam os níveis de atividade nas diferentes partes do encéfalo. A seguir, discutiremos as bases dos impulsos motivacionais, principalmente o controle motivacional do processo de aprendizado e as sensações de prazer ou punição. Essas funções do sistema nervoso são realizadas em grande parte pelas regiões basais do cérebro, que em conjunto são designadas *sistema límbico* (que significa "borda").

■ OS SISTEMAS ATIVADORES-PULSIONAIS DO ENCÉFALO

Na ausência de transmissão contínua de sinais nervosos do tronco cerebral para o cérebro, este fica inútil. Na verdade, a compressão acentuada do tronco cerebral na junção entre o mesencéfalo e o cérebro, que freqüentemente resulta de um tumor pineal, faz em geral com que a pessoa entre em coma permanente durante o restante da vida.

Os sinais nervosos no tronco cerebral ativam a parte cerebral do encéfalo por duas maneiras: (1) pela estimulação direta do nível basal da atividade em grandes áreas do encéfalo e (2) pela ativação de sistemas neuro-hormonais que liberam substâncias hormonais facilitadoras ou inibitórias específicas para áreas selecionadas do cérebro. Esses dois sistemas de ativação sempre funcionam juntos e não podem ser totalmente distinguidos entre si; todavia, discutiremos cada um como entidade distinta.

CONTROLE DA ATIVIDADE CEREBRAL POR SINAIS EXCITATÓRIOS CONTÍNUOS DO TRONCO CEREBRAL

A área excitatória reticular do tronco cerebral

A Fig. 20.1 apresenta o sistema geral para o controle do nível de atividade do cérebro. O componente central energizador [*driving*] desse sistema é a área excitatória denominada *área facilitadora bulborreticular*. Ela se localiza na substância reticular das regiões média e lateral da ponte e do mesencéfalo. Na verdade, já discutimos essa área no Cap. 17, pois é a mesma área reticular do tronco cerebral que transmite sinais facilitadores para a medula espinhal, para manter o tônus nos músculos antigravitários e, também, para controlar o nível de atividade dos reflexos medulares. Além desses sinais descendentes, essa área também envia uma profusão de sinais ascendentes. A maioria deles faz sinapse no talámo, sendo distribuída daí para todas as regiões do córtex cerebral, embora outros também sigam para a maior parte das outras estruturas subcorticais além do tálamo.

Os sinais que passam pelo tálamo são de dois tipos. Um deles é representado por potenciais de ação de transmissão rápida que excitam o cérebro durante apenas alguns milissegundos. Esses potenciais de ação se originam de corpos celulares neuronais muito grandes situados em toda a área reticular. Suas terminações nervosas liberam a substância neurotransmissora *acetilcolina,* que serve como agente excitatório, durando apenas alguns milissegundos antes de ser destruída.

O segundo tipo de sinal excitatório se origina de grande número de neurônios muito pequenos dispersos por toda a área excitatória reticular. Novamente, a maioria deles segue para o tálamo, mas desta vez por meio de delgadas fibras de condução

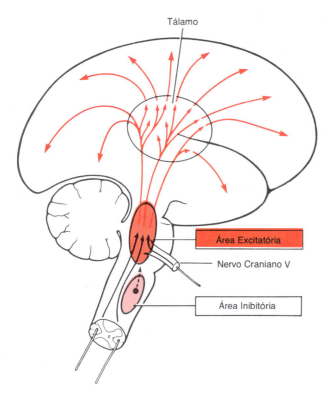

Fig. 20.1 O sistema excitatório-ativador do encéfalo. Também é mostrada a área inibitória no bulbo, que pode inibir ou deprimir o sistema ativador.

muito lenta, e fazendo sinapse principalmente nos núcleos intralaminares do tálamo e nos núcleos reticulares na superfície do tálamo. A partir daí, outras fibras delgadas são distribuídas por todo o córtex cerebral. O efeito excitatório causado por esse sistema de fibras pode aumentar progressivamente durante vários segundos até um minuto ou mais, o que sugere que seus sinais sejam particularmente importantes para o controle a longo prazo do nível basal da excitabilidade do encéfalo.

Excitação da área excitatória do tronco cerebral por sinais sensoriais periféricos. O nível de atividade da área excitatória do tronco cerebral, e, portanto, o nível de atividade de todo o cérebro, é determinado, em grande parte, pelos sinais sensoriais que chegam à área excitatória provenientes da periferia. Os sinais de dor, em particular, aumentam a atividade nessa área e, portanto, excitam intensamente o cérebro para que ocorra atenção.

A importância dos sinais sensoriais na ativação da área excitatória é bem demonstrada pelo efeito da secção do tronco cerebral acima do ponto de entrada bilateral do nervo craniano V na ponte. Esses são os nervos, de ponto de entrada no tronco cerebral, que transmitem número significativo de sinais somatossensoriais para o encéfalo. Quando todos esses sinais desaparecem, o nível de atividade na área excitatória diminui abruptamente, e o cérebro passa, imediatamente, a apresentar atividade muito reduzida que, na verdade, fica bem próxima à de um estado permanente de coma. Porém, quando o tronco cerebral é seccionado abaixo do nível do quinto nervo craniano, quando ainda chegam muitos sinais sensoriais das regiões facial e oral, não ocorre coma.

Aumento da atividade da área excitatória do tronco cerebral causado por sinais de *feedback* provenientes do cérebro. Não apenas os sinais excitatórios chegam ao cérebro provenientes da área excitatória bulborreticular do tronco cerebral, mas os sinais retornam do cérebro para as regiões bulbares. Portanto, a qualquer momento que o córtex cerebral seja ativado por pensamentos ou processos motores, sinais inversos são enviados para as áreas excitatórias do tronco cerebral; isso, obviamente, ajuda a manter o nível de excitação do córtex cerebral ou até mesmo serve para estimulá-la. Assim, este é um mecanismo geral de *feedback positivo* que permite que qualquer atividade inicial no cérebro seja capaz de causar mais atividade, levando, assim, ao despertar da mente.

O tálamo é um centro de distribuição que controla a atividade de regiões específicas do córtex. Foi indicado no capítulo anterior, e representado na Fig. 19.2, que quase todas as áreas do córtex cerebral se conectam com sua própria área muito específica no tálamo. Portanto, a estimulação elétrica de determinado ponto no tálamo ativará uma pequena região específica do córtex. Além disso, os sinais reverberam de modo regular nas duas direções entre o tálamo e o córtex cerebral, o tálamo excitando o córtex e o córtex reexcitando então o tálamo por meio das fibras de retorno. Foi sugerido que a parte do processo do pensamento que ajuda a estabelecer memórias a longo prazo poderia resultar apenas dessa reverberação de sinais de um lado para outro.

Entretanto, o tálamo também poderia funcionar internamente no cérebro para produzir a evocação de memórias específicas ou para ativar processos de pensamento igualmente específicos? A resposta a isto não é conhecida. Porém, com certeza, o tálamo tem o circuito neuronal apropriado para fazê-lo.

Uma área reticular inibitória localizada no tronco cerebral inferior

A Fig. 20.1 também apresenta outra área importante para o controle da atividade cerebral. Ela é a *área inibitória reticular* localizada em situação medial e ventral no bulbo. No Cap. 17 vimos que essa área pode inibir a área facilitatória reticular da região superior do tronco cerebral e, assim, reduzir os sinais nervosos tônicos transmitidos pela medula espinhal para os músculos antigravitários. Da mesma forma, essa mesma área inibitória, quando excitada, também reduzirá a atividade nas regiões superiores do cérebro. Um dos mecanismos que utiliza é o de excitar os neurônios serotoninérgicos; estes, por sua vez, secretam o neuro-hormônio inibitório serotonina em pontos cruciais do cérebro; discutiremos isso em maior detalhe adiante.

CONTROLE NEURO-HORMONAL DA ATIVIDADE CEREBRAL

Além do controle direto da atividade cerebral por transmissão específica de sinais nervosos provenientes de áreas cerebrais inferiores para as regiões corticais do cérebro, ainda é utilizado outro método para controlar a atividade cerebral. Esse método é pela liberação de agentes hormonais neurotransmissores excitatórios ou inibitórios para a substância do cérebro. Esses neuro-hormônios freqüentemente persistem durante minutos ou até mesmo horas e, portanto, promovem longos períodos de controle, e não ativação ou inibição imediata.

A Fig. 20.2 apresenta três sistemas neuro-hormonais mapeados em detalhe no cérebro do rato, o *sistema da norepinefrina*, o *sistema da dopamina* e o *sistema da serotonina*. Geralmente, a norepinefrina funciona como hormônio excitatório, enquanto a serotonina, na maioria das situações, é inibitória e a dopamina é excitatória em algumas áreas, mas inibitória em outras. Portanto, como seria esperado, esses três sistemas distintos exercem efeitos diversos sobre os níveis de excitabilidade de diferentes partes do cérebro. O sistema da norepinefrina atua praticamente sobre todas as áreas cerebrais, enquanto os sistemas da serotonina e da dopamina são direcionados para regiões cerebrais muito mais específicas: o sistema da dopamina, principalmente as re-

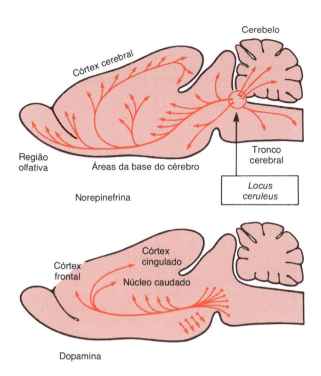

Fig. 20.2 Três sistemas neuro-hormonais que foram mapeados no cérebro do rato: o *sistema da norepinefrina*, o *sistema da dopamina* e o *sistema da serotonina*. (Adaptado de Kelly, J. P. (segundo Cooper, Bloom, e Roth) in Kandel e Schwartz: *Principles of Neural Science*, 2. ed. New York, Elsevier, 1985.)

giões dos gânglios da base, e o sistema da serotonina, para as estruturas da linha média.

Sistemas neuro-hormonais do encéfalo humano. A Fig. 20.3 apresenta as áreas do tronco cerebral do encéfalo humano responsáveis pela ativação de quatro diferentes sistemas neuro-hormonais, os mesmos três discutidos acima para o rato e um outro, o *sistema da acetilcolina*. Algumas de suas funções específicas são as seguintes:

1. *O locus ceruleus e o sistema da norepinefrina.* O *locus ceruleus* é uma pequena área localizada bilateral e posteriormente na junção entre a ponte e o mesencéfalo. As fibras nervosas provenientes dessa área se distribuem por todo o encéfalo, da mesma forma como mostrado para o rato no painel superior da Fig. 20.2, e secretam *norepinefrina*. A norepinefrina excita o encéfalo, produzindo aumento generalizado de sua atividade. Entretanto exerce efeitos inibitórios em algumas áreas devido aos receptores inibitórios em determinadas sinapses neuronais. No capítulo seguinte, veremos que esse sistema provavelmente desempenha papel muito importante na produção do tipo de sono com sonhos, chamado de sono REM.

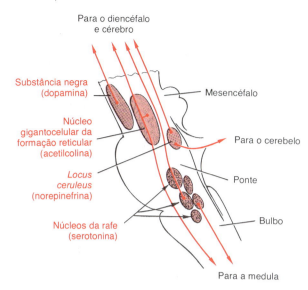

Fig. 20.3 Os diversos centros do tronco cerebral cujos neurônios secretam diferentes substâncias transmissoras. Esses neurônios enviam sinais de controle, para cima, até o diencéfalo e o cérebro, e para baixo, até a medula espinhal.

2. *A substância negra e o sistema da dopamina.* A *substância negra* é discutida no Cap. 18 em relação aos gânglios da base. Localiza-se anteriormente na região superior do mesencéfalo, e seus neurônios enviam terminações nervosas sobretudo para o núcleo caudado e putame, onde secretam *dopamina*. Outros neurônios localizados em regiões adjacentes também secretam dopamina, mas estes enviam suas terminações para as áreas ventrais do cérebro, em sua maioria para o hipotálamo e o sistema límbico. Acredita-se que a dopamina atue como transmissor inibitório nos gânglios da base, mas em algumas das outras áreas do cérebro ela é possivelmente excitatória. Também deve ser lembrado do Cap. 18 que a destruição dos neurônios dopaminérgicos na substância negra é a causa básica da doença de Parkinson.

3. *Os núcleos da rafe e o sistema da serotonina.* Na linha média da parte inferior da ponte e bulbo existem vários núcleos muito finos denominados *núcleos da rafe*. Diversos neurônios nesses núcleos secretam *serotonina*. Eles enviam muitas fibras para o diencéfalo e só poucas para o córtex cerebral; ainda muitas outras descem para a medula espinhal. As fibras medulares têm a capacidade de suprimir a dor, como discutido no Cap. 10. A serotonina liberada no diencéfalo e cérebro quase certamente desempenha papel inibitório essencial para ajudar a causar o sono normal, como discutiremos no próximo capítulo.

4. *Os neurônios gigantocelulares da área excitatória reticular e o sistema da acetilcolina.* Anteriormente, discutimos os neurônios gigantocelulares (as *células gigantes*) na área excitatória reticular da ponte e do mesencéfalo. As fibras provenientes dessas grandes células se dividem imediatamente em dois ramos, um que se dirige para os níveis superiores do cérebro e outro que desce pelos feixes reticuloespinhais para a medula. O neuro-hormônio secretado em suas terminações é a *acetilcolina*. Na maioria dos locais, a acetilcolina funciona como neurotransmissor excitatório em sinapses específicas.

Ainda outros neurônios secretores de acetilcolina estão presentes em algumas regiões do diencéfalo; foi observado que alguns distúrbios psiquiátricos estão associados à redução da função ou até mesmo à destruição de alguns desses neurônios.

Outros neurotransmissores e substâncias neuro-hormonais

secretadas no encéfalo. Sem descrever sua função, a relação a seguir lista outras substâncias neuro-hormonais que, entre outras, funcionam nas sinapses ou por liberação para os líquidos do encéfalo: encefalinas, ácido gama-aminobutírico (GABA), glutamato, vasopressina, hormônio corticotrópico, epinefrina, endorfinas, angiotensina II, neurotensina.

Assim, existem numerosos sistemas neuro-hormonais no encéfalo cuja ativação desempenha seu próprio papel no controle de uma qualidade diferente de função cerebral.

■ O SISTEMA LÍMBICO

A palavra "límbico" significa "borda". Originalmente, o termo "límbico" foi utilizado para descrever as estruturas da borda ao redor das regiões basais do cérebro, mas, à medida que aprendemos sobre as funções do sistema límbico, o significado do termo *sistema límbico* foi ampliado para incluir todo o circuito neuronal que controla o comportamento emocional e os impulsos motivacionais.

Parte importante do sistema límbico é o *hipotálamo*, junto com suas estruturas relacionadas. Além de seus papéis no controle do comportamento, essas áreas também controlam várias condições internas do corpo, como a temperatura corporal, a osmolalidade dos líquidos corporais, o impulso para comer e beber, o controle do peso corporal, e assim por diante. Essas funções internas são, em seu conjunto, denominadas *funções vegetativas* do encéfalo, e seu controle está intimamente relacionado ao comportamento.

■ ANATOMIA FUNCIONAL DO SISTEMA LÍMBICO, E SUA RELAÇÃO COM O HIPOTÁLAMO

A Fig. 20.4 apresenta as estruturas anatômicas do sistema límbico, mostrando que formam um complexo interconectado de elementos da base do encéfalo. Situado no meio de todo ele fica o *hipotálamo*, considerado por alguns anatomistas como estrutura distinta do restante do sistema límbico, mas que, do ponto de vista fisiológico, é um dos elementos centrais do sistema. A Fig. 20.5 representa esquematicamente essa posição-chave do hipotálamo no sistema límbico, e mostra que ao seu redor ficam as outras estruturas subcorticais do sistema límbico, incluindo o *septo*, a *área paraolfativa*, o *epitálamo*, o *núcleo anterior do tálamo*, parte dos *gânglios da base*, o *hipocampo* e a *amígdala*.

Circundando as áreas límbicas subcorticais fica o *córtex límbico*, composto de um anel de córtex cerebral (1) começando na *área orbitofrontal* na superfície ventral dos lobos frontais, (2) estendendo-se para cima, no *giro subcaloso*, sob o ramo anterior do corpo caloso, (3) sobre o topo do corpo caloso, pela face medial do hemisfério cerebral no *giro do cíngulo*, e, por fim, (4) passando por trás do corpo caloso e descendo para a superfície ventromedial do lobo temporal para o *giro para-hipocampal* e o *uncus*. Assim, nas superfícies mediais e ventrais de cada hemisfério cerebral existe um anel, constituído, em grande parte, por *paleocórtex*, que circunda um grupo de estruturas profundas intimamente associadas ao comportamento geral e às emoções. Por sua vez, esse anel do córtex límbico funciona como uma comunicação bidirecional e ligação associativa entre o *neocórtex* e as estruturas límbicas inferiores.

Também é importante reconhecer que várias das funções comportamentais evocadas do hipotálamo e outras estruturas límbicas são mediadas por meio dos núcleos reticulares e seus núcleos associados no tronco cerebral. Foi indicado no Cap. 17 e anteriormente neste capítulo que a estimulação da região excitatória da formação reticular pode causar grau elevado de excitabilidade somática e do córtex cerebral; no Cap.

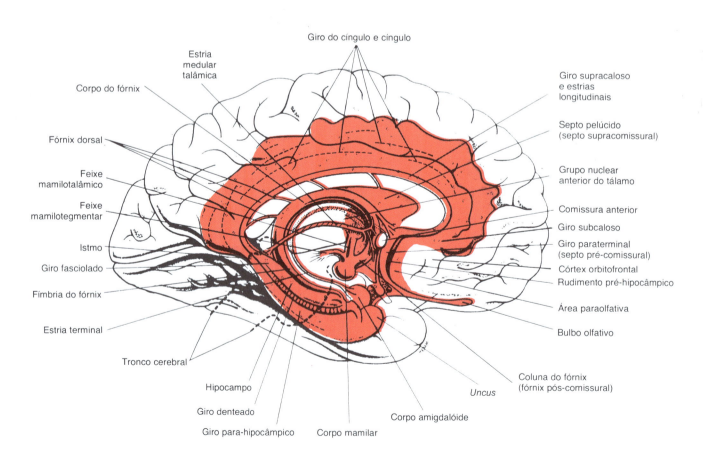

Fig. 20.4 Anatomia do sistema límbico representada pelas áreas sombreadas da figura. (Retirado de Warwick e Williams: *Gray's Anatomy*. 35. Br. Ed. London, Longman Group, Ltd., 1973.)

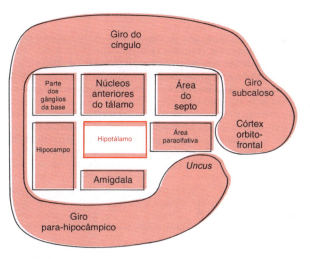

Fig. 20.5 O sistema límbico.

22 veremos que a maioria dos sinais hipotalâmicos para o controle do sistema nervoso autonômico também é transmitida pelos núcleos localizados no tronco cerebral.

Uma via muito importante de comunicação entre o sistema límbico e o tronco cerebral é o *feixe medial do prosencéfalo*, que se estende das regiões septal e orbitofrontal cortical, passando pelo meio do hipotálamo, até a formação reticular do tronco cerebral. Esse feixe contém fibras que trafegam nos dois sentidos, formando um sistema de comunicação do tipo linha tronco. Uma segunda via de comunicação depende de vias curtas entre a formação reticular do tronco cerebral, o tálamo, o hipotálamo, e a maioria das outras áreas contíguas da base do encéfalo.

■ O HIPOTÁLAMO, IMPORTANTE VIA EFERENTE DO SISTEMA LÍMBICO

O hipotálamo mantém vias de comunicação com todos os níveis do sistema límbico. Por sua vez, ele e suas estruturas intimamente relacionadas enviam sinais eferentes em três direções: (1) para baixo, até o tronco cerebral, principalmente para as áreas reticulares do mesencéfalo, ponte e bulbo; (2) para cima, até várias áreas superiores do diencéfalo e cérebro, em sua maioria para o tálamo anterior e o córtex límbico; e (3) até o infundíbulo, para controlar a maioria das funções secretoras das hipófises anterior e posterior.

Assim, o hipotálamo, que representa menos de 1% da massa cerebral, é uma das mais importantes vias eferentes motoras do sistema límbico. Controla a maioria das funções vegetativas e endócrinas do corpo, bem como vários aspectos do comportamento emocional. Vamos discutir primeiro as funções de controle vegetativo e endócrino e, então, retornar às funções comportamentais do hipotálamo, para ver como todos operam juntos.

FUNÇÕES DE CONTROLE VEGETATIVO E ENDÓCRINO DO HIPOTÁLAMO

Os diferentes mecanismos hipotalâmicos para o controle das funções vegetativas e endócrinas do corpo são discutidos em diversos capítulos deste texto. Por exemplo, o papel do hipotálamo na regulação da pressão arterial é discutido no Cap. 27, a conservação de água, no Cap. 28, a regulação da temperatura, no Cap. 28, e o controle endócrino, no Cap. 29. Entretanto, para ilustrar a organização do hipotálamo como uma unidade funcional, vamos também resumir as mais importantes de suas funções vegetativas e endócrinas.

As Figs. 20.6 e 20.7 mostram imagens ampliadas de cortes coronais e sagitais do hipotálamo, que representa apenas uma pequena área na Fig. 20.4. Por favor, perca alguns minutos para estudar esses diagramas, principalmente para ler, na Fig. 20.6, as múltiplas atividades que são excitadas ou inibidas quando são estimulados os respectivos núcleos hipotalâmicos. Além dos centros representados na Fig. 20.6, a grande área *hipotalâmica lateral* fica situada por cima da área mostrada em cada lado do hipotálamo. As áreas laterais são particularmente importantes no controle da sede, da fome e de vários impulsos emocionais.

Entretanto, deve ser recomendado cuidado no estudo desses diagramas, pois as áreas que causam atividades específicas não têm localização tão precisa como sugerido na figura. Também, não se sabe se os efeitos enumerados na figura resultam da estimu-

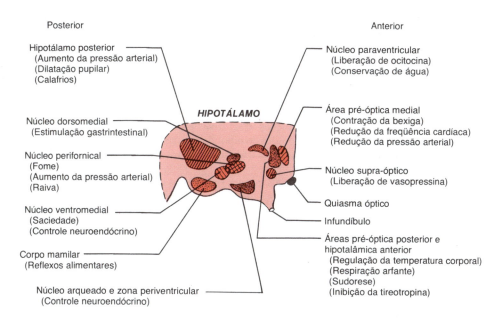

Fig. 20.6 Centros de controle do hipotálamo.

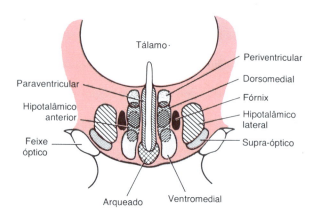

Fig. 20.7 Corte coronal do hipotálamo, mostrando as posições mediolaterais dos respectivos núcleos hipotalâmicos.

lação de núcleos de controle específicos ou se resultam apenas da ativação de feixes de fibras provenientes de núcleos com outra localização. Com esse cuidado em mente, podemos fornecer a seguinte descrição geral das funções vegetativas e de controle do hipotálamo.

Regulação cardiovascular. A estimulação de diferentes áreas em todo o hipotálamo pode causar todo e qualquer tipo conhecido de efeito neurogênico sobre o sistema cardiovascular, incluindo aumento ou redução da pressão arterial, aumento ou redução da freqüência cardíaca. Em geral, a estimulação no *hipotálamo posterior* e *lateral* aumenta a pressão arterial e a freqüência cardíaca, enquanto a estimulação da *área pré-óptica* muitas vezes exerce efeitos opostos, causando redução da freqüência cardíaca e da pressão arterial. Esses efeitos são transmitidos principalmente por meio dos centros de controle cardiovascular nas regiões reticulares do bulbo e da ponte.

Regulação da temperatura corporal. A região anterior do hipotálamo, em especial a *área pré-óptica*, está relacionada à regulação da temperatura corporal. Aumento da temperatura do sangue que flui por essa área aumenta a atividade de neurônios termossensíveis, enquanto a redução da temperatura diminui sua atividade. Por sua vez, esses neurônios controlam os mecanismos para aumentar ou reduzir a temperatura corporal, como discutido no Cap. 28.

Regulação da água corporal. O hipotálamo regula a água corporal por dois modos distintos: (1) criando a sensação de sede, que faz o animal beber água; e (2) controlando a excreção de água pela urina. Uma área denominada *centro da sede* fica situada no hipotálamo lateral. Quando os eletrólitos no interior dos neurônios desse centro ou áreas associadas do hipotálamo ficam muito concentrados, o animal apresenta desejo intenso de beber água; buscará a fonte de água mais próxima e beberá o suficiente para restabelecer até o normal a concentração de eletrólitos dos neurônios do centro da sede.

O controle da excreção renal de água está restrito principalmente ao núcleo *supra-óptico*. Quando os líquidos corporais ficam muito concentrados, os neurônios dessa área são estimulados. As fibras nervosas desses neurônios se projetam para baixo, passando pelo infundíbulo, até a hipófise posterior, onde secretam o hormônio denominado *hormônio antidiurético* (também denominado *vasopressina*). Esse hormônio é então absorvido para o sangue e atua sobre os dutos coletores dos rins para causar reabsorção maciça de água, reduzindo assim a perda de água para a urina.

Regulação da contratilidade uterina e da ejeção de leite pelas mamas. A estimulação do *núcleo paraventricular* faz com que suas células neuronais secretem o hormônio *ocitocina*. Isto, por sua vez, causa aumento da contratilidade do útero e, também, contração das células mioepiteliais que circundam os alvéolos mamários, o que faz com que eles lancem o leite para o exterior, pelos mamilos. Ao final da gravidez, são secretadas quantidades particularmente grandes de ocitocina, e essa secreção ajuda a promover as contrações do trabalho de parto que expulsam o feto. Também, quando o bebê suga a mama materna, um sinal reflexo do mamilo para o hipotálamo causa a liberação de ocitocina, e a ocitocina realiza então a função necessária de expelir o leite pelos mamilos, de forma que o bebê possa nutrir-se.

Regulação gastrintestinal e da alimentação. A estimulação de várias áreas do hipotálamo faz com que o animal apresente fome extrema, apetite voraz e desejo intenso de procurar alimento. A área mais associada à fome é a *área hipotalâmica lateral*. Por outro lado, a lesão dessa área faz com que o animal perca o desejo pelo alimento, causando algumas vezes desnutrição letal.

Um centro que se opõe ao desejo por alimento, denominado *centro da saciedade*, fica localizado no *núcleo ventromedial*. Quando esse centro é estimulado, o animal que está ingerindo alimento pára subitamente de comer e mostra completa indiferença pelo alimento. Por outro lado, se essa área for destruída bilateralmente, o animal não pode ser saciado; em vez disso, seus centros de fome hipotalâmicos ficam hiperativos, de forma que apresenta apetite voraz, resultando em enorme obesidade.

Outra área intimamente associada ao hipotálamo que participa no controle geral da atividade gastrintestinal é a dos *corpos mamilares;* eles controlam os padrões de vários reflexos alimentares, como o lamber de lábios e a deglutição.

Controle hipotalâmico da hipófise anterior

A estimulação de determinadas áreas do hipotálamo também faz com que a hipófise *anterior* secrete seus hormônios. Este tópico é discutido em detalhes no Cap. 29, em relação ao controle neural das glândulas endócrinas. Resumidamente, os mecanismos básicos são os seguintes:

A hipófise anterior recebe seu suprimento sanguíneo principalmente do sangue venoso que flui para os seios hipofisários anteriores após passar, primeiro, pela parte inferior do hipotálamo. À medida que o sangue segue pelo hipotálamo antes de atingir a hipófise anterior, vários núcleos hipotalâmicos secretam *hormônios liberatórios* ou *inibitórios* para o sangue. Esses hormônios são então transportados no sangue para a hipófise anterior, onde atuam sobre as células glandulares para controlar a liberação dos hormônios hipofisários anteriores.

Os corpos celulares dos neurônios que secretam esses hormônios liberatórios e inibitórios ficam localizados, em sua maioria, nos núcleos basais mediais do hipotálamo, principalmente na *zona paraventricular*, no *núcleo arqueado* e em parte do *núcleo ventromedial*. Entretanto, os axônios desses núcleos projetam-se para a *eminência mediana*, que é uma área dilatada do infundíbulo, onde ele se origina da borda inferior do hipotálamo. É aí que as terminações nervosas realmente secretam seus hormônios liberatórios e inibitórios. Esses hormônios são, então, absorvidos pelos capilares sanguíneos na eminência mediana e carreados no sangue venoso ao longo do infundíbulo até a hipófise anterior.

Resumo. Várias áreas do hipotálamo controlam funções vegetativas específicas. Entretanto, essas áreas ainda estão mal delimitadas, de forma que a especificação apresentada acima de áreas distintas para as diferentes funções hipotalâmicas ainda é passível de correção.

FUNÇÕES COMPORTAMENTAIS DO HIPOTÁLAMO E ESTRUTURAS LÍMBICAS ASSOCIADAS

Além das funções vegetativas e endócrinas do hipotálamo, estimulação ou lesões do hipotálamo exercem freqüentemente efeitos acentuados sobre o comportamento emocional de animais ou homens.

Em animais, alguns dos efeitos comportamentais da estimulação são os seguintes:

1. A estimulação do *hipotálamo lateral* não causa apenas sede e ingestão de alimentos, como discutido acima, mas, também, aumenta o nível geral de atividade do animal, algumas vezes levando a raiva franca e briga, como discutido adiante.

2. A estimulação do *núcleo ventromedial* e áreas adjacentes causa principalmente efeitos opostos aos causados pela estimulação hipotalâmica lateral — isto é, *sensação de saciedade, redução da ingestão de alimentos* e *tranqüilidade*.

3. A estimulação de uma *zona delgada do núcleo periventricular*, localizada imediatamente adjacente ao terceiro ventrí-

culo (ou também estimulação da área cinzenta central do mesencéfalo que é contínua com essa região do hipotálamo) leva geralmente a *reações de medo* e de *punição*.

4. O *impulso sexual* pode ser estimulado a partir de várias áreas do hipotálamo, principalmente as regiões mais anteriores e mais posteriores do hipotálamo.

As lesões do hipotálamo causam em geral os efeitos inversos. Por exemplo:

1. Lesões bilaterais do hipotálamo lateral reduzirão quase a zero a ingestão de água e alimento, levando freqüentemente à desnutrição letal. Essas lesões também causam extrema *passividade* do animal, com perda da maioria de seus impulsos patentes.

2. Lesões bilaterais das áreas ventromediais do hipotálamo causam efeitos que são basicamente opostos aos produzidos por lesões do hipotálamo lateral: a ingestão excessiva de água e alimentos, bem como hiperatividade e, muitas vezes, selvageria contínua, junto com freqüentes episódios de raiva extrema, desencadeados por provocação mínima.

A estimulação ou lesões em outras regiões do sistema límbico, principalmente a amígdala, a área septal, e áreas no mesencéfalo, causam freqüentemente efeitos semelhantes aos produzidos no hipotálamo. Discutiremos alguns deles em detalhe adiante.

A FUNÇÃO DE RECOMPENSA E DE PUNIÇÃO DO SISTEMA LÍMBICO

A partir do que já foi discutido, ficou claro que várias estruturas límbicas, incluindo o hipotálamo, estão particularmente relacionadas à natureza *afetiva* das sensações sensoriais — isto é, se as sensações são *agradáveis* ou *desagradáveis*. Essas qualidades afetivas também são denominadas *recompensa* ou *punição*, ou *satisfação* ou *aversão*. A estimulação elétrica de determinadas regiões agrada ou satisfaz o animal, enquanto a de outras regiões causa terror, dor, medo, defesa, reações de fuga, e todos os outros elementos da punição. Obviamente, esses dois sistemas de respostas opostas afetam muito o comportamento do animal.

Centros de recompensa

A Fig. 20.8 apresenta uma técnica que foi utilizada para localizar as áreas específicas de recompensa e punição do cérebro. Nessa figura uma alavanca é colocada em uma das paredes da gaiola, ligada de modo que, quando acionada para baixo, faz contato elétrico com um estimulador. Os eletródios são colocados sucessivamente em diferentes áreas no cérebro, de forma que o animal possa estimular a área pressionando a alavanca. Se o estímulo da área específica confere ao animal uma sensação de recompensa, ele a pressionará repetidamente, algumas vezes até milhares de vezes por hora. Além disso, quando é oferecida a escolha entre comer algo bastante apetitoso e estimular o centro de recompensa, o animal, muitas vezes, escolhe a estimulação elétrica.

Pelo uso desse procedimento, os principais centros de recompensa foram localizados *ao longo do trajeto do feixe medial do prosencéfalo,* principalmente no *núcleo lateral* e *ventromedial do hipotálamo*. É estranho que o núcleo lateral deva ser incluído entre as áreas de recompensa — na verdade, uma das mais potentes — porque até mesmo estímulos mais fortes nessa área podem provocar raiva. Mas isso é válido para muitas áreas, com estímulos fracos provocando sensação de recompensa, e os mais fortes, de punição.

Centros de recompensa menos potentes, que talvez sejam secundários aos primários hipotalâmicos, são encontrados no septo, na amígdala, em determinadas áreas do tálamo e gânglios

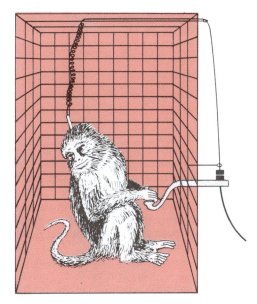

Fig. 20.8 Técnica para localização dos centros de recompensa e punição no cérebro de um macaco.

da base, e, finalmente, estendendo-se para baixo até o tegumento basal do mesencéfalo.

Centros da punição

O aparelho representado na Fig. 20.8 também pode ser conectado de forma que o pressionamento da alavanca interrompa, em lugar de acionar, um estímulo elétrico. Nesse caso, o animal não interromperá o estímulo quando o eletródio estiver em uma das áreas de recompensa; mas, quando está em algumas outras áreas, o animal imediatamente o interrompe. A estimulação dessas áreas faz com que o animal mostre todos os sinais de desprazer, medo, terror e punição. Além disso, a estimulação prolongada, durante 24 horas ou mais, pode fazer com que o animal fique gravemente doente e, na verdade, causar morte.

Por meio dessa técnica, as áreas mais potentes para punição e tendência de fuga foram localizadas na *área cinzenta central adjacente ao aqueduto silviano no mesencéfalo* e estendendo-se para cima para as *zonas periventriculares do hipotálamo e tálamo*. Também são encontradas áreas de punição menos potentes na *amígdala* e no *hipocampo*.

É particularmente interessante que a estimulação dos centros de punição possa muitas vezes inibir os centros de recompensa e prazer completamente, ilustrando que a punição e o medo podem ter precedência sobre o prazer e a recompensa.

Importância da recompensa e da punição no comportamento

Quase tudo o que fazemos está relacionado, de alguma forma, à recompensa e à punição. Se estamos fazendo alguma coisa que seja gratificante, continuamos a fazê-lo; se representar punição, o interrompemos. Portanto, os centros de recompensa e punição indubitavelmente constituem um dos mais importantes de todos os controladores de nossas atividades corporais, nossos impulsos, aversões e motivações.

Efeito dos tranqüilizantes sobre os centros de recompensa e punição. A administração de um tranqüilizante, como a clorpromazina, inibe os centros de recompensa e punição, reduzindo, assim, muito a reatividade afetiva do animal. Portanto, presume-se que os tranqüilizantes funcionem nos estados psicóticos pela supressão de diversas das importantes áreas comportamentais do hipotálamo e de suas regiões associadas no encéfalo, tema que discutiremos melhor adiante.

Importância da recompensa e punição no aprendizado e na memória — habituação ou reforço

Experimentos com animais mostraram que uma experiência sensorial que não cause recompensa nem punição só raramente é lembrada. Os registros elétricos mostram que estímulos sensoriais novos e inusitados sempre excitam o córtex cerebral. Mas a repetição continuada do estímulo leva à extinção quase completa da resposta cortical, caso a experiência sensorial não produza sensação de recompensa ou punição. Assim, o animal fica *habituado* ao estímulo sensorial e passa a ignorá-lo.

Entretanto, se o estímulo causa recompensa ou punição em lugar de indiferença, a resposta cortical fica progressivamente mais intensa com estimulação repetida, em vez de desaparecer, e diz-se que a resposta é *reforçada*. Assim, o animal cria fortes traços de memória para sensações recompensadoras ou punitivas, mas, por outro lado, desenvolve completa habituação a diferentes estímulos sensoriais. Portanto, é evidente que os centros de recompensa e punição do sistema límbico estão muito relacionados à seleção da informação que estamos aprendendo.

RAIVA

Um padrão emocional que envolve o hipotálamo e várias outras estruturas límbicas, e que também foi bem caracterizado, é o *padrão de raiva*. Ele pode ser descrito da seguinte forma:

A *forte* estimulação dos centros de punição do encéfalo, principalmente da *zona periventricular do hipotálamo* ou do *hipotálamo lateral*, faz com que o animal (1) desenvolva postura defensiva, (2) estenda as garras, (3) levante a cauda, (4) sibile, (5) cuspa, (6) grunha, e (7) apresente piloereção, olhos bem abertos e pupilas dilatadas. Além disso, a menor provocação causa ataque imediato e selvagem. Este é aproximadamente o comportamento que seria esperado de um animal que estivesse sendo cruelmente castigado, e é um padrão de comportamento que foi denominado *raiva*.

A estimulação das áreas mais rostrais dos centros de punição — nas áreas pré-óptica da linha média — provoca principalmente medo e ansiedade, associados à tendência de fugir do animal.

No animal normal, o fenômeno da raiva é, em grande parte, mantido sob controle pela atividade contrabalanceadora do núcleo ventromedial do hipotálamo. Além disso, o hipocampo, a amígdala e as regiões anteriores do córtex límbico, em especial o córtex límbico do giro do cíngulo anterior e o giro subcaloso, ajudam a suprimir o fenômeno da raiva. Inversamente, se essas partes do sistema límbico são lesadas ou destruídas, o animal (e também o ser humano) torna-se muito mais suscetível a surtos de raiva.

Placidez e docilidade. Ocorrem padrões de comportamento emocionais exatamente inversos quando os centros de recompensa são estimulados: placidez e docilidade.

■ FUNÇÕES ESPECÍFICAS DE OUTRAS REGIÕES DO SISTEMA LÍMBICO

FUNÇÕES DA AMÍGDALA

A amígdala é um complexo de núcleos localizados imediatamente abaixo do córtex do pólo anterior medial de cada lobo temporal. Mantém abundantes conexões bidirecionais com o hipotálamo.

Em animais inferiores, a amígdala está relacionada, em grande parte, a associação de estímulos olfativos com estímulos de outras partes do encéfalo. Na verdade, é indicado no Cap. 15 que uma das principais divisões do feixe olfativo leva diretamente à parte da amígdala, denominada *núcleos corticomediais,* localizada imediatamente abaixo do córtex na área piriforme do lobo temporal. Entretanto, no ser humano, outra parte da amígdala, os *núcleos basolaterais,* tornou-se muito mais desenvolvida que esse componente olfativo, desempenhando papéis muito importantes em diversas atividades comportamentais que não são em geral associadas aos estímulos olfativos.

A amígdala recebe sinais neuronais de todas as partes do córtex límbico, bem como do neocórtex dos lobos temporal, parietal e occipital, provenientes, em sua maioria, das áreas de associação auditivas e visuais. Devido a essas múltiplas conexões, a amígdala foi denominada a "janela" através da qual o sistema límbico vê a posição da pessoa no mundo. Por sua vez, a amígdala transmite sinais (1) de volta para essas mesmas áreas corticais, (2) para o hipocampo, (3) para o septo, (4) para o tálamo, e (5) principalmente para o hipotálamo.

Efeitos da estimulação da amígdala. Em geral, a estimulação na amígdala pode causar quase todos os efeitos produzidos pela estimulação hipotalâmica, acrescidos de outros. Os efeitos que são mediados pelo hipotálamo incluem (1) aumento ou redução da pressão arterial, (2) aumento ou redução da freqüência cardíaca, (3) aumento ou redução da motilidade e secreção gastrointestinais, (4) defecação e micção, (5) dilatação pupilar ou, raramente, constrição, (6) piloereção, (7) secreção dos vários hormônios hipofisários anteriores, principalmente as gonadotropinas e hormônio corticotrópico.

Além desses efeitos mediados pelo hipotálamo, a estimulação da amígdala também pode causar diversos tipos de movimento involuntário. Estes incluem (1) movimentos tônicos, como elevação da cabeça ou curvatura do corpo, (2) movimentos em círculo, (3) ocasionalmente, movimentos clônicos, rítmicos, e (4) diferentes tipos de movimentos associados à olfação e à ingestão de alimentos, tais como os de lamber, mastigar e engolir.

Além disso, a estimulação de determinados núcleos amigdalóides pode, raramente, produzir padrão de raiva, fuga, punição e medo semelhantes ao padrão de raiva evocado do hipotálamo, como descrito antes. E a estimulação de outros núcleos pode provocar reações de recompensa e de prazer.

Finalmente, a excitação de outras regiões da amígdala pode provocar atividades sexuais que incluem ereção, movimentos copulatórios, ejaculação, ovulação, atividade uterina e trabalho prematuro de parto.

Efeitos da ablação bilateral da amígdala — a síndrome de Klüver-Bucy. Quando as regiões anteriores dos dois lobos temporais são destruídas no macaco, isso remove não apenas o córtex temporal, mas também as amígdalas que se localizam na profundidade dessas partes dos lobos temporais. Isso causa uma combinação de modificações do comportamento denominada síndrome de Klüver-Bucy, que inclui (1) tendência excessiva para examinar oralmente objetos, (2) perda do medo, (3) redução da agressividade, (4) docilidade, (5) modificações dos hábitos da dieta, a tal ponto que um animal herbívoro freqüentemente passa a ser carnívoro, (6) algumas vezes, cegueira psíquica, e (7) muitas vezes impulso sexual excessivo. O quadro característico é o de um animal que nada teme, tem extrema curiosidade sobre tudo, esquece muito rapidamente, tem tendência a colocar tudo na boca e, algumas vezes, até mesmo tenta ingerir objetos sólidos, e, por fim, muitas vezes tem impulso sexual tão forte que tenta copular com animais imaturos, animais do sexo errado, ou animais de espécie diferente.

Embora lesões semelhantes em seres humanos sejam raras, as pessoas afetadas respondem de forma não muito diferente da do macaco.

Função global da amígdala. A amígdala parece ser uma área de conhecimento [*awareness*] comportamental que opera em nível semiconsciente. Também parece projetar para o sistema límbico o estado atual da pessoa, tanto em relação a seu ambiente como a seus pensamentos. Com base nessa informação, acredita-se que a amígdala ajude a padronizar a resposta comportamental da pessoa de forma que seja apropriada para cada ocasião.

FUNÇÕES DO HIPOCAMPO

O hipocampo é a região medial alongada do córtex temporal que se curva para cima e para dentro, para formar a superfície ventral da ponta inferior do ventrículo lateral. Uma das extremidades do hipocampo fica junto dos núcleos amigdalóides, e também se funde ao longo de suas bordas, com o giro para-hipocâmpico, que é o córtex da superfície ventro-medial do lobo temporal.

O hipocampo mantém numerosas, mas, em grande parte, indiretas conexões com várias áreas do córtex cerebral, bem como as estruturas básicas do sistema límbico — a amígdala, o hipotálamo, o septo e os corpos mamilares. Quase todo tipo de experiência sensorial causa ativação de pelo menos alguma parte do hipocampo, e ele, por sua vez, distribui vários sinais eferentes para o tálamo anterior, o hipotálamo, e outras partes do sistema límbico, em grande parte por meio do *fórnix*, sua principal via eferente. Assim, o hipocampo, como a amígdala, é outro canal pelo qual os sinais sensoriais aferentes podem provocar reações comportamentais apropriadas, mas talvez para diferentes propósitos, como veremos adiante.

Como nas outras estruturas límbicas, a estimulação de diferentes áreas no hipocampo pode causar qualquer um dos diferentes padrões comportamentais, como a raiva, passividade, impulso sexual excessivo, e assim por diante.

Outro aspecto do hipocampo é que estímulos elétricos muito fracos podem causar crises epilépticas locais que persistem durante vários segundos após cessados o estímulo, sugerindo que o hipocampo talvez possa produzir sinais eferentes prolongados, mesmo em condições de funcionamento normais. Durante as convulsões hipocâmpicas, a pessoa apresenta vários efeitos psicomotores, incluindo alucinações olfativas, visuais, auditivas, táteis e de outros tipos que não podem ser suprimidas, embora a pessoa não tenha perdido a consciência e saiba que essas alucinações são irreais. Provavelmente, uma das razões para essa hiperexcitabilidade do hipocampo é que ele é formado por um tipo de córtex diferente do existente no resto do cérebro, só tendo três camadas de células nervosas em lugar das seis camadas encontradas nas outras áreas.

Papel do hipocampo no aprendizado

Efeito da remoção bilateral dos hipocampos — incapacidade de aprender. Os hipocampos foram cirurgicamente removidos nos dois hemisférios em alguns seres humanos para o tratamento da epilepsia. Essas pessoas podem lembrar-se satisfatoriamente da maioria das memórias aprendidas antes da cirurgia. Entretanto, são incapazes de aprender qualquer informação nova baseada no simbolismo verbal. Na verdade, são incapazes até mesmo de aprender os nomes de pessoas com as quais entram em contato todos os dias. Porém, podem lembrar-se por um momento do que ocorre no curso de suas atividades. Assim, são capazes do tipo de memória a curto prazo denominada "memória imediata", embora sua capacidade de estabelecer memórias secundárias, com duração maior que poucos minutos é completamente abolida (ou quase), que é o fenômeno denominado *amnésia anterógrada* discutida no capítulo anterior.

A destruição dos hipocampos também causa algum déficit de memórias previamente aprendidas (amnésia retrógrada), um pouco mais intenso para as memórias que foram adquiridas no período de cerca de 1 ano antes da cirurgia que para as memórias do passado remoto.

Função teórica do hipocampo no aprendizado. O hipocampo teve origem como parte do córtex olfativo. Nos animais mais inferiores, desempenha papéis essenciais para determinar se o animal vai comer determinado tipo de alimento, se o cheiro de certo objeto sugere perigo, se o odor é sexualmente convidativo, e na tomada de outras decisões que tenham importância de vida-ou-morte. Assim, muito precocemente no desenvolvimento do encéfalo, o hipocampo provavelmente tornou-se um mecanismo neuronal crítico para a tomada de decisões, determinando a importância e o tipo de sinais sensoriais aferentes. Uma vez estabelecida essa capacidade crítica de tomada de decisão, o restante do encéfalo provavelmente passou a utilizá-lo nessa mesma atividade. Se o hipocampo diz que um sinal neuronal é importante, é bastante provável que ele seja guardado na memória.

Antes, neste capítulo (e também no capítulo anterior), foi destacado que a recompensa e a punição desempenham papel importante na determinação da importância da informação e, principalmente, se a informação será ou não armazenada na memória. A pessoa rapidamente fica habituada a estímulos indiferentes, mas aprende, com facilidade, qualquer experiência sensorial que cause prazer ou punição. Porém, qual é o mecanismo de sua ocorrência? Foi sugerido que o hipocampo produz

o impulso que causa a transcrição da memória imediata em memória secundária — isto é, transmite algum tipo de sinal ou sinais que parecem fazer com que a mente repita várias vezes a nova informação até que ela fique permanentemente armazenada.

Qualquer que seja o mecanismo, sem os hipocampos não ocorre *consolidação* das memórias a longo prazo do tipo verbal ou simbólico.

FUNÇÃO DO CÓRTEX LÍMBICO

Provavelmente, a parte menos conhecida de todo o sistema límbico é o anel de córtex cerebral, denominado *córtex límbico,* que circunda as estruturas límbicas subcorticais. Esse córtex funciona como uma zona de transição por meio da qual são transmitidos sinais do restante do córtex para o sistema límbico. Portanto, acredita-se que o córtex límbico funcione como uma *área de associação* cerebral *para o controle do comportamento.*

A estimulação das diferentes regiões do córtex límbico não deu resultados que levassem a uma idéia real de suas funções. Entretanto, como várias outras regiões do sistema límbico, praticamente todos os padrões comportamentais que já foram descritos também podem ser produzidos por estimulação de diferentes partes do córtex límbico. Da mesma forma, a ablação de algumas áreas corticais límbicas pode causar alterações persistentes do comportamento do animal, como a seguir:

Ablação do córtex temporal. Quando o córtex temporal anterior é removido nos dois lados, quase sempre também ocorre lesão da amígdala. Isso foi discutido antes e foi destacado que ocorre a síndrome de Klüver-Bucy. O animal desenvolve especialmente comportamento consumatório, investiga todo e qualquer objeto, tem intensos impulsos sexuais em relação a animais inadequados ou, até mesmo, objetos inanimados, e perde todo o medo — assim, também desenvolve docilidade.

Ablação do córtex orbitofrontal posterior. A remoção bilateral da porção posterior do córtex orbitofrontal faz freqüentemente com que o animal desenvolva insônia e intenso grau de agitação motora, tornando-se incapaz de sentar-se parado, movimentando-se continuamente.

Ablação do giro do cíngulo anterior e do giro subcaloso. Os giros do cíngulo anterior e os giros subcalosos são as partes do córtex límbico que comunicam o córtex cerebral pré-frontal e as estruturas límbicas subcorticais. A destruição bilateral desses giros libera os centros da raiva do septo e do hipotálamo de qualquer influência inibitória pré-frontal. Portanto, o animal pode tornar-se agressivo e muito mais sujeito a surtos de raiva que normalmente.

Resumo. Até que haja maiores informações, talvez seja melhor afirmar que as regiões corticais do sistema límbico ocupam posições associativas intermediárias entre as funções do restante do córtex cerebral e as funções das estruturas límbicas subcorticais para controle dos padrões de comportamento. Assim, no córtex temporal anterior são encontradas, de modo especial, associações gustativas e olfativas complexas e também complexas associações de pensamento derivadas da área de Wernicke do lobo temporal posterior. No córtex cingulado médio e posterior, há razão para se acreditar que ocorram associações sensoriomotoras.

REFERÊNCIAS

Aoki, C., and Siekevitz, P.: Plasticity in brain development. Sci. Am., December, 1988, p. 56.

Ashton, H.: Brain Systems, Disorders and Psychotropic Drugs. New York, Oxford University Press, 1987.

Avoli, M., et al. (eds.): Neurotransmitters and Cortical Function. New York, Plenum Publishing Corp., 1988.

Barnes, D. M.: The biological tangle of drug addiction. Science, 241:415, 1988.

Barnes, D. M.: Neural models yield data on learning. Science, 236:1628, 1987.

Berger, P. A., et al.: Behavioral pharmacology of the endorphins. Annu. Rev. Med., 33:397, 1982.

Borbely, A. A., and Tobler, I.: Endogenous sleep-promoting substances and sleep regulation. Physiol. Rev., 69:605, 1989.

Burchfield, S. R. (ed.): Stress, Physiological and Psychological Interactions. Washington, D.C., Hemisphere Publishing Corp., 1985.

Buzsaki, G.: Feed-forward inhibition in the hippocampal formation. Prog. Neurobiol., 22:131, 1984.

Byrne, J. H.: Cellular analysis of associative learning. Physiol. Rev., 67:329, 1987.

Chiba, A., et al.: Synaptic rearrangement during postembryonic development in the cricket. Science, 240:901, 1988.

Chrousos, G. P., et al. (eds.): Mechanisms of Physical and Emotional Stress. New York, Plenum Publishing Corp., 1988.

Clynes, M., and Panksepp, J. (eds.): Emotions and Psychopathology. New

York, Plenum Publishing Corp., 1988.

Cohen, D. H., and Randall, D. C.: Classical conditioning of cardiovascular responses. Annu. Rev. Physiol., 46:187, 1984.

De Wied, D., and Jolles, J.: Neuropeptides derived from pro-opiocortin: Behavioral, physiological, and neurochemical effects. Physiol. Rev., 62:976, 1982.

Doane, B. K., and Livingston, K. E. (eds.): The Limbic System. New York, Raven Press, 1986.

Doris, P. A.: Vasopressin and central integrative processes. Neuroendocrinology, 38:75, 1984.

Engel, B. T., and Schneiderman, N.: Operant conditioning and the modulation of cardiovascular function. Annu. Rev. Physiol., 46:199, 1984.

Engel, J., et al. (eds.): Brain Reward Systems and Abuse. New York, Raven Press, 1987.

Fink, M.: Convulsive and drug therapies of depression. Annu. Rev. Med., 32:405, 1981.

Foote, S. L., et al.: Nucleus locus ceruleus: New evidence of anatomical and physiological specificity. Physiol. Rev., 63:844, 1983.

Ganong, W. F.: The brain renin-angiotensin system. Annu. Rev. Physiol., 46:17, 1984.

Givens, J. R.: The Hypothalamus in Health and Disease. Chicago, Year Book Medical Publishers, 1984.

Goldstein, G. (ed.): Neuropsychology Review. New York, Plenum Publishing Corp., 1989.

Iversen, L. L.: Nonopioid neuropeptides in mammalian CNS. Annu. Rev. Pharmacol. Toxicol., 23:1, 1983.

Jones, E. G., and Peters, A. (eds.): Further Aspects of Cortical Function, Including Hippocampus. New York, Plenum Publishing Corp., 1987.

Kandel, E. R.: Molecular Neurobiology in Neurology and Psychiatry. New York, Raven Press, 1987.

Klimov, P. K.: Behavior of the organs of the digestive system. Neurosci. Behav. Physiol., 14:333, 1984.

Malick, J. B. (ed.): Anxiolytics, Neurochemical, Behavioral, and Clinical Perspectives. New York, Raven Press, 1983.

Mariani, J., and Delhaye-Bouchaud, N.: Elimination of functional synapses during development of the nervous system. News Physiol. Sci., 2:93, 1987.

Miller, J. A.: En route to thought: Recognition and recall. Sci. News, 128:373, 1985.

Mishkin, M., and Appenzeller, T.: The Anatomy of Memory. Sci. Am., Special Report, 1987, p. 2.

Nerozzi, D., et al. (eds.): Hypothalamic Dysfunction in Neuropsychiatric Disorders. New York, Raven Press, 1987.

Rescorla, R. A.: Behavioral studies of Pavlovian conditioning. Annu. Rev. Neurosci., 11:329, 1988.

Russell, R. W.: Cholinergic system in behavior: The search for mechanisms of action. Annu. Rev. Pharmacol. Toxicol., 22:435, 1982.

Schatzberg, A. F., and Nemeroff, C. B. (eds.): The Hypothalamic-Pituitary-Adrenal Axis. New York, Raven Press, 1988.

Shepherd, G. M.: Neurobiology, 2nd Ed. New York, Oxford University Press, 1987.

Siddle, D.: Orienting and Habituation. Perspectives in Human Research. New York, John Wiley & Sons, 1982.

Skodol, A. E., and Spitzer, R. L.: The development of reliable diagnostic criteria in psychiatry. Annu. Rev. Med., 33:317, 1982.

Smith, O. A., and DeVito, J. L.: Central neural integration for the control of autonomic responses associated with emotion. Annu. Rev. Neurosci., 7:43, 1984.

Stephenson, R. B.: Modification of reflex regulation of blood pressure by behavior. Annu. Rev. Physiol., 46:133, 1984.

Steriade, M., and Llinas, R. R.: The functional states of the thalamus and the associated neuronal interplay. Physiol. Rev., 68:649, 1988.

Swanson, L. W., and Sawchenko, P. E.: Hypothalamic integration: Organization of the paraventricular and supraoptic nuclei. Annu. Rev. Neurosci., 6:269, 1983.

Tucek, S.: Regulation of acetylcholine synthesis in the brain. J. Neurochem., 44:11, 1985.

Tyrer, P. (ed.): Psychopharmacology of Anxiety. New York, Oxford University Press, 1989.

Usdin, E.: Stress. The Role of Catecholamines and Other Neurotransmitters. New York, Gordon Press Publishers, 1984.

Verrier, R. L., and Lown, B.: Behavioral stress and cardiac arrhythmias. Annu. Rev. Physiol., 46:155, 1984.

Wise, S. P., and Desimone, R.: Behavioral neurophysiology: Insights into seeing and grasping. Science, 242:736, 1988.

Wolman, B. B.: Psychosomatic Disorders. New York, Plenum Publishing Corp., 1988.

Woody, C. D., et al. (eds.): Cellular Mechanisms of Conditioning and Behavioral Plasticity. New York, Plenum Publishing Corp., 1988.

21

Estados de Atividade Cerebral — Sono; Ondas Cerebrais; Epilepsia; Psicoses

Todos conhecemos os inúmeros e diferentes estados da atividade cerebral, incluindo o sono, vigília, excitação extrema, e, também, os diversos níveis do humor, tais como jovialidade, depressão e medo. Todos esses estados resultam de forças distintas de ativação ou inibição geradas em geral no próprio encéfalo. No último capítulo, iniciamos a discussão parcial deste tema quando descrevemos os diferentes sistemas capazes de ativar regiões do encéfalo, amplas ou restritas. Neste capítulo, apresentamos revisões resumidas do que se sabe sobre os outros estados da atividade encefálica, começando com o sono.

■ SONO

O sono é definido como a inconsciência da qual a pessoa pode ser despertada por estímulos sensoriais ou de outra natureza. Deve ser distinguido do *coma,* que é a inconsciência da qual a pessoa não pode ser despertada. Entretanto, existem múltiplos estágios do sono, desde o sono muito superficial até o muito profundo, e a maioria dos pesquisadores do sono chega a dividi-lo em dois diferentes tipos de sono que possuem qualidades diferentes, da seguinte forma:

Dois diferentes tipos de sono — (1) sono de ondas lentas e (2) sono REM. Durante cada noite, a pessoa oscila entre estágios de dois tipos distintos de sono que se alternam. Eles são denominados (1) *sono de ondas lentas,* porque nesse tipo de sono as ondas cerebrais são muito lentas, como discutiremos adiante; e (2) *sono REM,* o acrônimo para *movimentos rápidos dos olhos (rapid eye movement),* porque nesse tipo de sono os olhos apresentam movimentos rápidos, apesar da pessoa permanecer adormecida.

A maior parte do sono noturno é do tipo de ondas lentas; ele é o tipo de sono profundo, repousante, que a pessoa tem durante a primeira hora do sono, após ter sido mantida acordada por muitas horas. Os episódios de sono REM ocorrem periodicamente durante o sono e ocupam cerca de 25% do tempo de sono do adulto jovem; nas condições normais repetem-se a intervalos em torno de 90 minutos. Esse tipo de sono não é tão repousante, e em geral está associado ao sonho, como discutiremos adiante.

SONO DE ONDAS LENTAS

A maioria das pessoas pode compreender as características do sono profundo de ondas lentas se lembrar da última vez em que ficou acordada por mais de 24 horas e, então, do sono profundo da primeira hora após adormecer. Esse sono é muito repousante e está associado à redução do tônus vascular periférico e, também, de várias outras funções vegetativas do corpo. Além disso, ocorre redução de 10 a 30% da pressão arterial, da freqüência respiratória e do metabolismo basal.

Embora o sono de ondas lentas seja freqüentemente denominado "sono sem sonhos," durante esse tipo de sono os sonhos são freqüentes, havendo até mesmo pesadelos. Entretanto, a diferença entre os sonhos que ocorrem no sono de ondas lentas e os que ocorrem no sono REM é que estes últimos são lembrados, enquanto os do sono de ondas lentas geralmente não são. Isto é, durante o sono de ondas lentas, não ocorre o processo de consolidação dos sonhos na memória.

SONO REM (SONO PARADOXAL, SONO DESSINCRONIZADO)

Em uma noite normal de sonho, espisódios de sono REM, com duração de 5 a 30 minutos, ocorrem geralmente a intervalos de 90 minutos, o primeiro desses períodos ocorrendo 80 a 100 min após o adormecer. Quando a pessoa está extremamente sonolenta, a duração de cada episódio de sono REM é muito curta, e pode até mesmo estar ausente. Por outro lado, à medida que a pessoa fica mais repousada durante a noite, a duração dos episódios REM aumenta muito.

Há várias características importantes do sono REM:

1. Geralmente está associado ao sonho ativo.

2. Fica bem mais difícil acordar a pessoa por meio de estímulos sensoriais que durante o sono de ondas lentas profundo, e, no entanto, as pessoas acordam geralmente pela manhã durante um episódio de sono REM, e não de sono de ondas lentas.

3. O tônus muscular de todo o corpo fica extremamente deprimido, indicando forte inibição das projeções medulares das áreas excitatórias do tronco cerebral.

4. A freqüência cardíaca e a respiração geralmente ficam irregulares, que é característica do estado de sonho.

5. Apesar da inibição extrema dos músculos periféricos, ocorrem alguns movimentos musculares irregulares. Estes incluem, em particular, os movimentos rápidos dos olhos; esta é a origem do acrônimo REM (movimentos rápidos dos olhos).

6. O encéfalo fica muito ativo durante o sono REM, e seu metabolismo global pode aumentar em até 20%. Também, o eletroencefalograma mostra um padrão de ondas cerebrais semelhantes às que ocorrem durante a vigília. Portanto, esse tipo de sono é também freqüentemente denominado *sono paradoxal,* porque é um paradoxo que a pessoa ainda possa estar dormindo, apesar da intensa atividade encefálica.

Em resumo, o sono REM é um tipo de sono em que o encéfalo apresenta-se muito ativo. Entretanto, a atividade cerebral não é canalizada na direção apropriada para que a pessoa possa tomar conhecimento do que a cerca e, por conseguinte, manter-se acordada.

TEORIAS BÁSICAS DO SONO

A teoria ativa do sono. Uma das primeiras teorias sobre o sono propunha que as áreas excitatórias da região superior do tronco cerebral, denominada *sistema de ativação reticular,* e outras partes do encéfalo simplesmente se fatigavam durante o período de vigília e, portanto, ficavam inativas. Esta foi denominada *teoria passiva do sono.* Entretanto, um importante experimento modificou essa opinião para a que predomina atualmente: de que o *sono é provavelmente causado por um processo inibitório ativo.* Esse foi o experimento no qual foi descoberto que a secção do tronco cerebral na região mediopontina faz com que o encéfalo nunca adormeça. Em outras palavras, parece haver algum centro (ou centros) localizado abaixo do nível mediopontino do tronco cerebral que, ativamente, provoca o sono ao inibir outras regiões do encéfalo. Esta é a denominada *teoria ativa do sono.*

Centros neuronais, substâncias neuro-humorais, e mecanismos que produzem sono — um possível papel específico para a serotonina

A estimulação de várias áreas específicas do cérebro pode produzir um sono com características muito semelhantes às de sono natural. Algumas delas são as seguintes:

1. A área mais conspícua, cuja estimulação causa sono quase natural, é a dos núcleos da rafe, na metade inferior da ponte e no bulbo. Eles são constituídos por uma delgada camada de núcleos localizados na linha média. As fibras nervosas provenientes desses núcleos dispersam-se difusamente na formação reticular e, também, ascendem para o tálamo, neocórtex, hipotálamo, e a maioria das áreas do sistema límbico. Além disso, estendem-se para baixo até a medula espinhal, terminando nas pontas posteriores, onde podem inibir os sinais álgicos aferentes, como foi discutido no Cap. 10. Também, sabe-se que várias das terminações das fibras provenientes desses neurônios da rafe secretam *serotonina.* De igual modo, quando uma substância que bloqueia a formação de serotonina é administrada a um animal, ele freqüentemente não consegue dormir nos dias subseqüentes. Portanto, acredita-se que a serotonina é a principal substância transmissora associada à produção de sono.

2. A estimulação de algumas áreas do *núcleo do feixe solitário,* que é a região sensorial do bulbo e ponte para os sinais sensoriais viscerais que entram no encéfalo por meio dos nervos vago e glossofaríngeo, também promoverá o sono. Entretanto,

isso não ocorrerá se houver destruição dos núcleos da rafe. Portanto, essas regiões provavelmente atuam pela excitação dos núcleos da rafe e do sistema serotonina.

3. A estimulação de várias regiões do diencéfalo também pode ajudar a promover o sono, incluindo (a) a parte rostral do hipotálamo, principalmente da área supraquiasmática, e (b) uma área ocasional nos núcleos difusos do tálamo.

Efeito de lesões nos centros produtores de sono. Pequenas lesões nos núcleos da rafe produzem um estado de intensa vigília. Isso também ocorre nas lesões bilaterais da porção supraquiasmática mediorrostral do hipotálamo anterior. Em ambos os casos, os núcleos reticulares excitatórios do mesencéfalo e da região superior da ponte parecem ser liberados da inibição. Na verdade, as lesões do hipotálamo anterior podem, algumas vezes, causar vigília tão intensa que o animal morre de exaustão.

Outras possíveis substâncias transmissoras relacionadas ao sono. Experimentos mostraram que o líquido cefalorraquidiano e também o sangue e a urina de animais que foram mantidos acordados durante vários dias contêm uma substância (ou substâncias) que produzirá sono quando injetada no sistema ventricular de um animal. Uma dessas substâncias foi identificada como o *peptídio muramil,* substância de baixo peso molecular que se acumula no líquido cefalorraquidiano e na urina de animais mantidos em vigília durante vários dias. Quando são injetados microgramas dessa substância produtora de sono no terceiro ventrículo, ocorre sono quase natural em poucos minutos, e o animal pode, então, permanecer adormecido durante várias horas. Outra substância que exerce efeitos semelhantes na produção do sono é um nonapeptídeo isolado do sangue de animais adormecidos. E ainda um terceiro e diferente fator do sono foi isolado dos tecidos neuronais do tronco cerebral de animais mantidos em vigília durante dias. Portanto, é possível que a vigília prolongada cause acúmulo progressivo de um fator do sono no tronco cerebral ou no líquido cefalorraquidiano, o que provocaria o sono.

Possíveis causas do sono REM

Não se sabe por que o sono de ondas lentas é interrompido periodicamente pelo sono REM. Entretanto, uma lesão do *locus ceruleus* a cada lado do tronco cerebral pode reduzir o sono REM, e, se a lesão inclui outras áreas contíguas do tronco cerebral, o sono REM pode cessar por completo. Portanto, postulou-se que, quando estimuladas, as fibras nervosas secretoras de norepinefrina que se originam no *locus ceruleus* poderiam ativar várias partes do encéfalo. Isso, teoricamente, causa a atividade excessiva que ocorre em determinadas regiões do cérebro no sono REM, mas os sinais não são canalizados apropriadamente no encéfalo para provocar o conhecimento consciente normal que caracteriza a vigília.

O ciclo entre o sono e a vigília

As discussões precedentes apenas identificaram áreas neuronais, transmissores e mecanismos relacionados ao sono. Entretanto, não explicaram a operação cíclica, recíproca, do ciclo sono-vigília. Ainda não há qualquer explicação. Portanto, podemos soltar nossa imaginação e sugerir o possível mecanismo a seguir para produzir a ritmicidade do ciclo sono-vigília.

Quando os centros do sono não são ativados, a liberação da inibição dos núcleos mesencefálicos e reticulares pontinos superiores permite que essa região fique espontaneamente ativa. Isso, por sua vez, excita o córtex cerebral e o sistema nervoso periférico, e ambos enviam numerosos sinais de *feedback* positivo para os mesmos núcleos reticulares, para ativá-los ainda mais.

Assim, uma vez iniciada a vigília, ela tem tendência natural a manter-se, devido a todo esse *feedback* positivo.

Entretanto, após o cérebro permanecer ativado durante várias horas, até mesmo os neurônios no interior do sistema de ativação apresentarão provavelmente algum grau de fadiga, e, com certeza, outros fatores ativarão os centros do sono. Como resultado, o ciclo *feedback* positivo entre os núcleos reticulares mesencefálicos e o córtex, e, também, o ciclo entre eles e a periferia, desaparecerá, e os efeitos inibitórios dos centros do sono (bem como a inibição por possíveis transmissores químicos produtores de sono) passariam a predominar, levando à rápida transição do estado de vigília para o estado de sono.

Então, poder-se-ia postular que durante o sono os neurônios excitatórios do sistema ativador reticular ficam gradualmente cada vez mais excitáveis devido ao repouso prolongado, enquanto os neurônios inibitórios dos centros do sono ficam menos excitáveis devido à sua hiperatividade, levando assim a um novo ciclo de vigília.

Esta teoria pode explicar as rápidas transições do sono para a vigília e da vigília para o sono. Também pode explicar o despertar, a insônia que ocorre quando a mente da pessoa está preocupada, a vigília que é produzida pela atividade corporal, e várias outras condições que afetam o estado de sono ou vigília do indivíduo.

EFEITOS FISIOLÓGICOS DO SONO

O sono causa dois tipos principais de efeitos fisiológicos: primeiro, os efeitos sobre o próprio sistema nervoso, e, segundo, os efeitos sobre outras estruturas do corpo. O primeiro deles parece ser, sem dúvida, o mais importante, pois qualquer pessoa com transecção da medula espinhal cervical não apresenta efeitos prejudiciais no corpo, abaixo do nível da transecção, que possam ser atribuídos ao ciclo de sono e vigília; isto é, a ausência desse ciclo sono-vigília no sistema nervoso em qualquer ponto abaixo do encéfalo não causa prejuízo para os órgãos do corpo nem qualquer distúrbio da função. Por outro lado, a ausência de sono certamente afeta, e muito, as funções do sistema nervoso central.

A vigília prolongada está freqüentemente associada à disfunção progressiva da mente e, algumas vezes, causa até mesmo atividades comportamentais anormais do sistema nervoso. Todos nós estamos familiarizados com a maior lentidão do pensamento que ocorre próximo do fim de período prolongado de vigília, mas, além disso, a pessoa pode ficar irritável ou até mesmo psicótica após vigília forçada por períodos prolongados de tempo. Portanto, podemos considerar que o sono, de alguma forma ainda não conhecida, restabelece os níveis normais de atividade e o "equilíbrio" normal entre as diferentes partes do sistema nervoso central. Isso poderia ser comparado ao "rezerar" os computadores eletrônicos analógicos após uso prolongado, pois todos os computadores desse tipo perdem gradualmente sua "linha de base" de operação; é razoável considerar que o mesmo efeito ocorre no sistema nervoso central, pois a utilização excessiva de algumas áreas cerebrais durante a vigília poderia facilmente desequilibrá-las em relação ao restante do sistema nervoso central. Portanto, na ausência de qualquer valor de sono funcional definitivamente demonstrado, poderíamos postular que o principal valor do sono é o de restabelecer o equilíbrio natural entre os centros neuronais.

Porém, como destacamos antes, a vigília e o sono não foram considerados prejudiciais para as funções somáticas do corpo, o ciclo de excitabilidade nervosa aumentada e deprimida que acompanha o ciclo de vigília e sono tem efeitos fisiológicos moderados sobre a periferia do corpo. Por exemplo, ocorre maior atividade simpática durante a vigília e, também, aumento do número de impulsos para a musculatura esquelética para aumentar o tônus muscular. Inversamente, durante o sono, a atividade simpática diminui enquanto a atividade parassimpática aumenta. Portanto, a pressão arterial cai, a freqüência do pulso diminui, os vasos cutâneos se dilatam, a atividade do tubo gastrintestinal algumas vezes aumenta, os músculos entram em estado de relaxamento, e o metabolismo basal global do corpo cai por 10 a 30%.

■ ONDAS CEREBRAIS

Os registros elétricos da superfície do cérebro ou da superfície externa da cabeça demonstram atividade elétrica contínua no cérebro. A intensidade e os padrões dessa atividade elétrica são determinados, em grande parte, pelo nível global de excitação do cérebro resultante do *sono, vigília,* e doenças cerebrais como *epilepsia* e até mesmo algumas *psicoses.* As ondulações desses potenciais elétricos registrados, mostradas na Fig. 21.1, são denominadas *ondas cerebrais,* e todo o registro é denominado *eletroencefalograma* (EEG).

A intensidade das ondas cerebrais registradas na superfície do couro cabeludo varia de 0 a 200 μV, e sua freqüência varia de uma a cada poucos segundos até 50 ou mais por segundo. A forma das ondas é muito dependente do grau de atividade do córtex cerebral, e as ondas se modificam significativamente entre os estados de vigília, sono e coma.

Na maior parte do tempo, as ondas cerebrais são irregulares, e não pode ser distinguido qualquer padrão geral no EEG. Entretanto, outras vezes, surgem padrões distintos. Alguns deles são característicos de anormalidades específicas do cérebro, como a epilepsia, discutida adiante. Outros ocorrem mesmo em pessoas normais e podem ser classificados como *ondas alfa, beta, teta e delta,* representadas na Fig. 21.1

As *ondas alfa* são ondas rítmicas que ocorrem com freqüência de 8 a 13/s, encontradas na EEG de quase todos os adultos normais quando estão em vigília, em estado de cerebração quieta e em repouso. Essas ondas são mais intensas na região occipital, mas também podem ser registradas nas regiões parietal e frontal do couro cabeludo. Sua voltagem geralmente é de cerca de 50μV. Durante o sono profundo as ondas alfa desaparecem completamente; e quando a atenção da pessoa em vigília é direcionada para algum tipo específico de atividade mental, as ondas alfa são substituídas por ondas beta assincrônicas, com maior freqüência, mas com menor voltagem. A Fig. 21.2 demonstra o efeito sobre as ondas alfa da simples abertura dos olhos em ambiente claro seguida por seu fechamento. Observe que as sensações visuais produzem a supressão imediata das ondas alfa, que são substituídas por ondas beta assincrônicas de baixa voltagem.

As *ondas beta* ocorrem com freqüências superiores a 14 ciclos/s, atingindo até 25 e raramente 50 ciclos/s. Elas são, na maioria das vezes, registradas das regiões parietal e frontal do couro cabeludo durante a ativação do sistema nervoso central ou durante a tensão.

As *ondas teta* têm freqüências entre 4 a 7 ciclos/s. Elas ocorrem principalmente nas regiões parietal e temporal em crianças, mas também ocorrem durante a tensão emocional em alguns adultos, principalmente durante o desapontamento e a frustração. As ondas teta também ocorrem em vários distúrbios cerebrais.

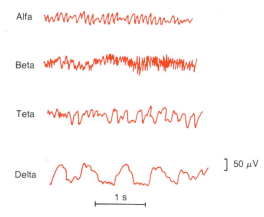

Fig. 21.1 Diferentes tipos de ondas eletroencefalográficas normais.

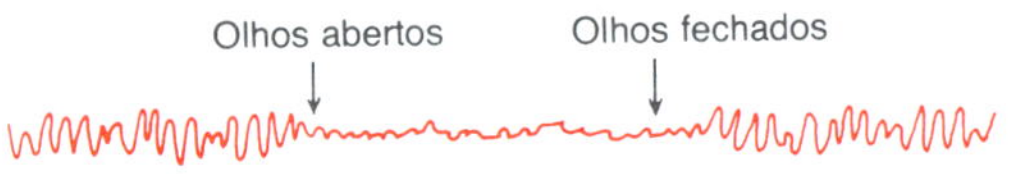

Olhos abertos   Olhos fechados

Fig. 21.2 Substituição do ritmo alfa por uma descarga assincrônica ao abrir os olhos.

As *ondas delta* incluem todas as ondas do EEG abaixo de 3,5 ciclos/s e, algumas vezes, de apenas 1 ciclo a cada 2 a 3 s. Elas ocorrem no sono muito profundo, no lactente, e na doença cerebral orgânica grave. Também ocorre no córtex de animais submetidos a transecções subcorticais que separam o córtex cerebral do tálamo. Portanto, as ondas delta podem ocorrer exclusivamente no córtex, independente de atividades nas regiões inferiores do cérebro.

ORIGEM ENCEFÁLICA DAS ONDAS CEREBRAIS

A descarga de um só neurônio ou de fibra nervosa única no cérebro nunca pode ser registrada a partir da superfície da cabeça. Em vez disso, vários milhares ou até mesmo milhões de neurônios ou fibras *devem disparar sincronicamente;* só então os potenciais dos neurônios individuais ou fibras somados apresentam amplitude suficiente para serem registrados após atravessarem o crânio. Dessa forma, a intensidade das ondas cerebrais registradas no couro cabeludo é determinada em sua maior parte pelo número de neurônios e fibras que disparam sincronicamente, e não pelo nível total da atividade elétrica no cérebro, pois mesmo os sinais nervosos *não sincrônicos* muito fortes se anularão entre si e só produzirão ondas fracas. Isso foi apresentado na Fig. 21.1, que mostrou, quando os olhos estão fechados, descarga sincrônica de muitos neurônios no córtex cerebral, com freqüência de aproximadamente 12/s, que produziu as *ondas alfa*. Então, quando os olhos foram abertos, a atividade cerebral aumentou muito, mas a sincronização dos sinais diminuiu tanto que as ondas cerebrais ficaram reduzidas a fracas ondas com freqüência geralmente maior, mas irregular, denominadas *ondas beta*.

Os potenciais elétricos das ondas cerebrais são gerados em grande parte nas camadas corticais I e II, principalmente na densa malha de dendritos que se estendem para essas áreas superficiais provenientes de células neuronais localizadas na profundidade do córtex. Os potenciais gerados nos líquidos teciduais que circundam esses dendritos podem ser positivos ou negativos, pelas seguintes razões: Quando os corpos celulares neuronais nas camadas profundas disparam, cargas negativas saem dos corpos celulares e causam negatividade nos líquidos corticais mais profundos; ao mesmo tempo essa perda de cargas negativas torna positiva a face interna das membranas das células neuronais. Essa positividade é conduzida eletrotonicamente para cima, por meio dos dendritos, até as camadas superficiais do cérebro e, então, transmitida por um efeito capacitativo, através das membranas dos dendritos, até os líquidos que banham esses dendritos. Portanto, o estímulo de neurônios profundos do córtex cerebral causa geralmente positividade inicial na superfície do cérebro. Por outro lado, outras sinapses corticais estão localizadas não sobre os corpos celulares profundos, mas sobre os próprios dendritos superficiais, em sua maioria nas camadas corticais II e III. Quando essas sinapses são excitadas, ocorre despolarização local nos próprios dendritos, permitindo a saída de cargas negativas; então, as ondas elétricas registradas na superfície do couro cabeludo são negativas. Essa diferença entre positividade e negatividade é importante porque, algumas vezes, permite que seja identificada a profundidade cortical das descargas neuronais produtoras de tipos específicos de ondas.

Origem das ondas alfa. As ondas alfa *não* ocorrerão no córtex sem conexões com o tálamo. Também, a estimulação dos núcleos talâmicos inespecíficos provoca freqüentemente o aparecimento de ondas no sistema talamocortical generalizado com freqüência de 8 a 13/s, a freqüência natural das ondas alfa. Portanto, é provável que as ondas alfa resultem da atividade espontânea do sistema talamocortical inespecífico, que causa a periodicidade das ondas alfa e a ativação sincrônica de literalmente milhões de neurônios corticais durante cada onda.

Origem das ondas delta. A transecção dos feixes de fibras do tálamo para o córtex, que bloqueia a ativação talâmica do córtex e elimina as ondas alfa, produz onda delta no córtex. Isso indica que pode haver algum mecanismo de sincronização nos próprios neurônios corticais — totalmente independentes das estruturas inferiores no cérebro — para causar as ondas delta.

As ondas delta também ocorrem no sono de "ondas lentas" muito profundo; e isso sugere que o córtex poderia estar então liberado das influências de ativação dos centros inferiores.

EFEITO DE GRAUS VARIÁVEIS DA ATIVIDADE CEREBRAL SOBRE A FREQÜÊNCIA BÁSICA DO ELETROENCEFALOGRAMA

Há uma relação geral entre o grau de atividade cerebral e a freqüência média do ritmo eletroencefalográfico, essa freqüência média aumentando progressivamente com graus mais altos de atividade. Isso é representado na Fig. 21.3, que mostra a existência de ondas delta no torpor, na anestesia cirúrgica e no sono; ondas teta em estados psicomotores e em lactentes; ondas alfa durante os estados de relaxamento; e ondas beta durante períodos de atividade mental intensa. *Entretanto, durante os períodos de atividade mental, as ondas geralmente ficam assincrônicas, em lugar de sincrônicas, de forma que sua voltagem diminui muito apesar do aumento da atividade cortical,* como mostrado na Fig. 21.2.

ALTERAÇÕES ELETROENCEFALOGRÁFICAS NOS DIFERENTES ESTÁGIOS DA VIGÍLIA E DO SONO

A Fig. 21.4 apresenta o eletroencefalograma de pessoa típica em diferentes estágios de vigília e sono. A vigília alerta é caracterizada por *ondas beta* de alta freqüência, enquanto a vigília quieta está geralmente associada a *ondas alfa*, como mostrado pelos dois primeiros eletroencefalogramas da figura.

O sono de ondas lentas é geralmente dividido em quatro estágios. No primeiro, um estágio de sono muito leve, a voltagem das ondas eletroencefalográficas é muito baixa; mas isso é interrompido por *"fusos de sono"*, isto é, surtos breves, em forma de fuso, de ondas alfa, que ocorrem periodicamente. Nos estágios 2, 3 e 4 do sono de ondas lentas, a freqüência do eletroencefalograma fica progressivamente menor até que seja atingida freqüência de apenas 2 a 3 ondas/s; estas são típicas *ondas delta*.

Finalmente, o registro inferior da Fig. 21.4 mostra o eletroencefalograma durante o sono REM. Freqüentemente é difícil determinar a diferença entre esse padrão de ondas cerebrais e o da pessoa em vigília alerta. A voltagem dessas ondas é bastante menor que a voltagem no sono de ondas lentas no estágio 4 profundo, e essas ondas são beta irregulares de alta freqüência, o que normalmente é sugestivo de atividade nervosa excessiva, mas dessincronizada, como observado no estado de vigília. Portanto, o sono REM muitas vezes é denominado *sono dessincronizado*, porque ocorre ausência de sincronia na descarga dos neurônios, apesar da atividade cerebral muito significativa.

■ EPILEPSIA

A epilepsia é caracterizada por atividade excessiva não controlada de parte ou de todo o sistema nervoso central. Uma pessoa predisposta à epilepsia apresenta crises quando o nível basal da excitabilidade de seu sistema nervoso (ou da região suscetível ao estado epiléptico) se

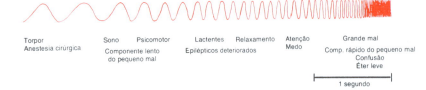

Fig. 21.3 Efeito de graus variáveis de atividade cerebral sobre o ritmo básico do eletroencefalograma (EEG). (Retirado de Gibbs e Gibbs: *Atlas of Electroencephalography*, 2. ed. Vol. I. Reading, Mass., Addison-Wesley, 1974. Reimpresso com permissão.)

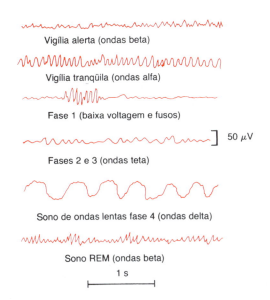

Fig. 21.4 Alteração progressiva das características das ondas cerebrais durante diferentes estágios de vigília e de sono.

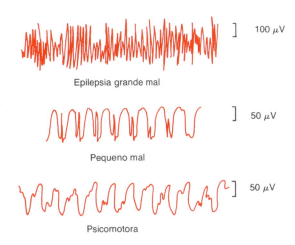

Fig. 21.5 Eletroencefalogramas em diferentes tipos de epilepsia.

eleva acima de determinado limiar crítico. Mas enquanto o grau de excitabilidade for mantido abaixo desse limiar, não ocorrerão crises.

Basicamente, a epilepsia pode ser classificada em três tipos principais: *epilepsia tipo grande mal, epilepsia tipo pequeno mal e epilepsia focal.*

EPILEPSIA TIPO GRANDE MAL

A epilepsia tipo grande mal é caracterizada por intensas descargas neuronais em todas as áreas do cérebro — no córtex, nas partes mais profundas do cérebro, e até mesmo no tronco cerebral e no tálamo. Por outro lado, as descargas na medula espinhal causam *convulsões tônicas* generalizadas de todo o corpo, seguidas, ao final da crise, por contrações musculares tônicas e espasmódicas alternadas, denominadas *convulsões tônico-clônicas*. Freqüentemente a pessoa morde ou "engole" a língua e em geral tem dificuldade de respirar, podendo algumas vezes desenvolver cianose. Também os sinais para as vísceras causam amiúde micção e defecação involuntárias.

A crise de grande mal dura alguns segundos até 3 a 4 min, sendo caracterizada por depressão pós-ictal de todo o sistema nervoso; a pessoa permanece em torpor durante 1 a vários minutos após o final da crise, e, a seguir, na maioria dos casos apresenta fadiga intensa ou até mesmo adormece durante várias horas.

O registro superior da Fig. 21.5 apresenta um eletroencefalograma típico de praticamente qualquer região do córtex durante a fase tônica da crise de grande mal. Ele demonstra que ocorrem descargas sincrônicas de alta voltagem em todo o córtex. Além disso, o mesmo tipo de descarga ocorre nos dois lados do cérebro ao mesmo tempo, indicando que o circuito neuronal anormal responsável pela crise envolve com muita intensidade as regiões basais do encéfalo que atuam sobre o córtex.

Em animais experimentais ou até mesmo em seres humanos, as crises de grande mal podem ser desencadeadas pela administração de estimulantes neuronais, como o Metrazol, ou podem ser causadas por hipoglicemia insulínica ou pela passagem de corrente elétrica alternada diretamente através do cérebro. Os registros elétricos do tálamo e também da formação reticular do tronco cerebral durante a crise de grande mal mostram típica atividade de alta voltagem nessas duas áreas, semelhante à registrada no córtex cerebral.

Provavelmente, portanto, uma crise de grande mal é causada por ativação anormal nas regiões inferiores do próprio sistema de ativação cerebral.

O que desencadeia a crise de grande mal? A maioria das pessoas que apresenta crises de grande mal tem predisposição hereditária à epilepsia, uma predisposição que ocorre em aproximadamente uma em cada 50 a 100 pessoas. Nessas pessoas, alguns dos fatores que podem aumentar a excitabilidade do circuito "epileptogênico" anormal de forma suficiente para precipitar as crises são (1) fortes estímulos emocionais, (2) alcalose causada por hiperventilação, (3) substâncias químicas, (4) febre, e (5) sons intensos ou luz que pisca. Também, mesmo em pessoas não predispostas geneticamente, lesões traumáticas em quase todas as partes do cérebro podem causar excitabilidade excessiva de áreas cerebrais locais, como discutiremos adiante, e elas podem também transmitir sinais para os sistemas de ativação basal do cérebro, para produzir crises de grande mal.

O que faz cessar a crise de grande mal? Presume-se que a causa da extrema hiperatividade neuronal durante a crise de grande mal seja a ativação maciça de várias vias reverberativas em todo o cérebro. Provavelmente, também o fator principal, ou ao menos um dos fatores principais, que interrompe a crise após alguns minutos seja o fenômeno de *fadiga* neuronal. Entretanto, um segundo fator é provavelmente a *inibição ativa* por neurônios inibitórios também ativados pela crise. Acredita-se que o torpor e a fadiga corporal total que ocorrem após uma crise de grande mal sejam resultantes da intensa fadiga das sinapses neuronais após sua intensa atividade durante a crise de grande mal.

EPILEPSIA TIPO PEQUENO MAL

A epilepsia tipo pequeno mal está intimamente associada à epilepsia tipo grande mal, pois, quase com toda a certeza, ela também envolve o sistema básico de ativação cerebral. Geralmente é caracterizada por 3 a 30 s de inconsciência, durante os quais a pessoa apresenta várias contrações musculares, semelhantes a abalos, em geral na região da cabeça — de modo especial o piscar dos olhos; isso é seguido pelo retorno da consciência e retomada das atividades anteriores. O paciente pode só apresentar uma crise em vários meses ou, em casos raros, uma série rápida de crises, uma após outra. Entretanto, o curso habitual é o surgimento das crises de pequeno mal ao final da infância, que, depois, desaparecem completamente por volta dos 30 anos de idade. Ocasionalmente, uma crise epiléptica do tipo pequeno mal pode desencadear crise do tipo grande mal.

O padrão das ondas cerebrais na epilepsia do tipo pequeno mal é representado pelo registro do meio da Fig. 21.5, expresso pelo *complexo ponta-onda*. O componente da ponta desse registro é quase idêntico às pontas que ocorrem no tipo grande mal, mas o componente da onda é completamente diferente. A ponta e a onda podem ser registradas em todo, ou quase todo, o córtex cerebral, indicando que a crise envolve todo o sistema de ativação do cérebro.

EPILEPSIA FOCAL

A epilepsia focal pode envolver praticamente qualquer parte do cérebro, sejam regiões localizadas do córtex cerebral ou estruturas mais profundas do cérebro e do tronco cerebral. E, quase sempre, a epilepsia focal resulta de alguma lesão orgânica localizada ou anormalidade funcional, como uma cicatriz que tracione o tecido neuronal, um tumor que comprima uma área do cérebro, uma área destruída de tecido cerebral, ou distúrbio congênito do circuito local. Lesões como essas podem promover descargas extremamente rápidas dos neurônios locais; e quando a freqüência de descarga se eleva acima de cerca de 1.000/s, ondas sincrônicas começam a se propagar pelas regiões corticais adjacentes. Essas ondas provavelmente resultam de *circuitos reverberativos localizados* que, de forma gradual, recrutam áreas adjacentes do córtex para a zona de descarga. O processo se propaga para áreas adjacentes com velocidade de apenas alguns milímetros por minuto até vários centímetros por segundo. Quando essa onda de excitação se propaga para o córtex motor, provoca a "marcha" progressiva de contrações musculares em todo o lado oposto do corpo, com início mais característico na região da boca e evoluindo progressivamente para as pernas, mas, às vezes, progredindo na direção oposta. Esta é denominada *epilepsia jacksoniana.*

Uma crise epiléptica focal pode permanecer restrita a uma só área do cérebro, mas, em vários casos, os fortes sinais provenientes do córtex convulso, ou de outras partes do cérebro, excitam a região mesencefálica do sistema de ativação cerebral de tal forma que também ocorre uma crise epiléptica tipo grande mal.

Outro tipo de epilepsia focal é denominado *crise psicomotora,* que pode causar (1) curto período de amnésia; (2) ataque anormal de raiva, (3) súbita ansiedade, desconforto ou medo; (4) momento de fala incoerente ou murmurejar de alguma frase trivial; ou (5) ato motor para atacar alguém, passar a mão no rosto etc. Algumas vezes, a pessoa não consegue lembrar de suas atividades durante a crise, mas outras vezes estará consciente de tudo o que fez, mas era incapaz de controlar-se. As crises deste tipo, caracteristicamente, envolvem parte da região límbica do cérebro, como o hipocampo, a amígdala, o septo e o córtex temporal.

O traçado inferior da Fig. 21.5 apresenta eletroencefalograma típico durante uma crise psicomotora, mostrando uma onda retangular de baixa freqüência entre 2 e 4/s, com atividade sobreposta de ondas com freqüência de 14/s.

O eletroencefalograma freqüentemente pode ser utilizado para localizar ondas em ponta anormais originadas em áreas de doença cerebral orgânica que poderia predispor a crises epilépticas focais. Uma vez encontrado esse ponto focal, a excisão cirúrgica do foco freqüentemente impede crises futuras.

■ COMPORTAMENTO PSICÓTICO E DEMÊNCIA — PAPÉIS DE SISTEMAS ESPECÍFICOS DE NEUROTRANSMISSORES

Estudos clínicos de pacientes com diferentes psicoses e também alguns tipos de demência sugeriram que várias, se não a maioria, destas condições resultam da redução da função de classes de neurônios secretores de neurotransmissores específicos. O uso de medicamentos apropriados para equilibrar a perda dos respectivos transmissores tem sido muito eficaz no tratamento de alguns pacientes.

No Cap. 18 discutimos a causa da doença de Parkinson, a perda dos neurônios na substância negra cujos axônios secretam dopamina no núcleo caudado e putame. A perda de neurônios secretores de acetilcolina nos gânglios da base está associada a padrões motores anormais da coréia de Huntington, bem como na demência que se desenvolve posteriormente nesses pacientes. Nesta seção, ampliamos esse conceito para outras anormalidades e outras classes de neurônios que levam a outros tipos de comportamento psicótico ou demência.

DEPRESSÃO E PSICOSES MANÍACO-DEPRESSIVAS — REDUÇÃO DA ATIVIDADE DOS SISTEMAS DE NEUROTRANSMISSORES DA NOREPINEFRINA E DA SEROTONINA

Nos últimos anos, ocorreu acúmulo de evidências que sugerem que a *psicose da depressão mental,* que acomete cerca de 8 milhões de pessoas nos Estados Unidos a qualquer instante, poderia ser causada pela diminuição da produção de norepinefrina ou serotonina, ou de ambas. Esses pacientes apresentam sintomas de pesar, infelicidade, desespero e miséria. Além disso, perdem o apetite e o desejo sexual, e também apresentam insônia grave. E, associado a todo esse quadro, existe um estado de agitação psicomotora, apesar da depressão.

No capítulo anterior, foi destacado que grande número de *neurônios secretores de norepinefrina* fica localizado no tronco cerebral, principal-

mente no *locus ceruleus,* e que eles enviam fibras ascendentes para a maioria das partes do sistema límbico, do tálamo e do córtex cerebral. Também, vários *neurônios produtores de serotonina* ficam localizados nos *núcleos da rafe da linha média,* na parte inferior da ponte e no bulbo, e também projetam fibras para várias áreas do sistema límbico e para algumas outras áreas do cérebro.

A principal razão para se aceitar que a depressão é causada por redução da atividade dos sistemas da norepinefrina e da serotonina é que medicamentos que bloqueiam a secreção de norepinefrina e de serotonina, como a reserpina, causam freqüentemente depressão. Inversamente, cerca de 70% dos pacientes depressivos podem ser tratados de forma muito eficaz com um dos dois tipos de substâncias que aumentam de modo especial os efeitos excitatórios da norepinefrina nas terminações nervosas, e, talvez, também os da serotonina: (1) *inibidores da monoamina oxidase,* que bloqueiam a destruição da norepinefrina e serotonina uma vez formadas; e (2) *antidepressivos tricíclicos,* que bloqueiam a recaptação da norepinefrina e da serotonina pelas terminações nervosas, de forma que esses transmissores permanecem ativos por maiores períodos de tempo após a secreção.

A depressão mental também pode ser tratada com eficácia por eletroconvulsoterapia — comumente denominada "terapia por choque". Nesse tratamento é utilizado um choque elétrico para causar convulsão generalizada semelhante à de uma crise epiléptica. Também foi demonstrado que isso aumenta a eficiência da transmissão por norepinefrina.

Alguns pacientes com depressão mental alternam fases de depressão com fases de mania, o que é denominado *psicose maníaco-depressiva,* e algumas pessoas só apresentam mania, sem os episódios depressivos. As substâncias que diminuem a formação ou reduzem a ação da norepinefrina e da serotonina, como os compostos de lítio, podem ser eficazes no tratamento da condição maníaca.

Portanto, acredita-se que o sistema da norepinefrina em particular e, talvez, também o sistema da serotonina, normalmente funcionem para produzir pulsão motora para o sistema límbico, para aumentar a sensação de bem-estar da pessoa, gerar felicidade, contentamento, bom apetite, desejo sexual adequado, e equilíbrio psicomotor, embora uma coisa boa, quando em demasia, possa levar à mania. Apoiando esse conceito, existe o fato de que os centros de prazer e de recompensa do hipotálamo e áreas adjacentes recebem grande número de terminações nervosas do sistema da norepinefrina.

ESQUIZOFRENIA — FUNCIONAMENTO EXAGERADO DE PARTE DO SISTEMA DA DOPAMINA

A esquizofrenia apresenta-se sob várias formas distintas. Uma das mais comuns é a pessoa que ouve vozes e tem delírios de grandeza, ou medo intenso, ou outros tipos de sentimentos irreais. Os esquizofrênicos, muitas vezes, são altamente paranóides, com sentimento de perseguição por fonte externa; podem desenvolver fala incoerente, dissociação de idéias, e seqüências anormais de pensamento; e freqüentemente são introvertidos, algumas vezes com posturas anormais e, até mesmo, rigidez.

Há razão para se acreditar que a esquizofrenia resulte do funcionamento excessivo de um grupo de neurônios que secretam dopamina. Esses neurônios ficam localizados no tegmento ventral do mesencéfalo, em situação medial e superior à substância negra. Originam o denominado *sistema dopaminérgico mesolímbico,* que projeta fibras nervosas principalmente para as regiões medial e anterior do sistema límbico, de modo especial para o núcleo *acumbens,* a amígdala, o núcleo caudado anterior e o giro anterior do cíngulo do córtex, todos os quais são potentes centros de controle do comportamento.

Algumas das razões para se acreditar que o sistema dopaminérgico mesolímbico está relacionado à esquizofrenia são as seguintes: Quando os pacientes com doença de Parkinson são tratados com *L*-dopa, que libera dopamina no cérebro, eles algumas vezes desenvolvem sintomas semelhantes aos da esquizofrenia, indicando que a atividade dopaminérgica excessiva pode causar dissociação dos impulsos e dos padrões de pensamento da pessoa. Entretanto, uma razão ainda mais forte para se acreditar que a esquizofrenia poderia ser causada pela produção excessiva de dopamina é que as substâncias eficazes no tratamento da esquizofrenia, como clorprozamina, haloperidol e tiotixeno, reduzem, todas, a secreção de dopamina pelas terminações nervosas dopaminérgicas ou diminuem o efeito da dopamina sobre os neurônios subseqüentes.

21 ■ Estados de Atividade Cerebral — Sono; Ondas Cerebrais; Epilepsia; Psicose

É quase certo que existam outros fatores na esquizofrenia além da secreção excessiva de dopamina; todavia, os sintomas de esquizofrenia são semelhantes aos efeitos comportamentais do excesso de dopamina.

DOENÇA DE ALZHEIMER — PERDA DOS NEURÔNIOS SECRETORES DE ACETILCOLINA

A doença de Alzheimer é definida como o envelhecimento prematuro do cérebro, geralmente se iniciando no meio da vida adulta e evoluindo, com rapidez, até a perda extrema da capacidade, como é em geral observado em pessoas com idade muito avançada. Esses pacientes geralmente exigem assistência contínua dentro de poucos anos após o início da doença.

Um achado consistente na doença de Alzheimer é a perda de aproximadamente 75% dos neurônios do *núcleo basal de Meynert*, localizado sob o globo pálido na substância inominada. Os neurônios desse núcleo enviam fibras *secretoras de acetilcolina* para grande parte do neocórtex. Acredita-se que a acetilcolina, de alguma forma, ative os mecanismos neuronais para o armazenamento e a evocação das memórias. O núcleo basal, por sua vez, recebe sinais aferentes de diversas regiões do sistema límbico, o que promove o impulso motivacional para o processo de memória discutido no capítulo anterior.

Outros neurotransmissores também demonstrados como deficientes na doença de Alzheimer são a *somatostatina* e a *substância P.* Portanto, a causa básica da doença poderia ser mais global, e não simplesmente a perda de um grupo específico de neurônios secretores de acetilcolina.

REFERÊNCIAS

Ashton, H.: Brain Systems, Disorders and Psychotropic Drugs. New York, Oxford University Press, 1987.

Barnes, D. M.: Biological issues in schizophrenia. Science, 235:430, 1987.

Barnes, D. M.: Debate about epilepsy: What initiates seizures? Science, 234:938, 1986.

Bindman, L.: The Neurophysiology of the Cerebral Cortex. Austin, University of Texas Press, 1981.

Chrousos, G. P., et al. (eds.): Mechanisms of Physical and Emotional Stress. New York, Plenum Publishing Corp., 1988.

Conn, D. K., et al. (eds.): Psychiatric Consequences of Brain Disease in the Elderly. New York, Plenum Publishing Corp., 1989.

Cooper, A. J. L., and Plum, F.: Biochemistry and physiology of brain ammonia. Physiol. Rev., 67:440, 1987.

Dichter, M. A. (ed.): Mechanisms of Epileptogenesis. New York, Plenum Publishing Corp., 1988.

Dichter, M. A., and Ayala, G. F.: Cellular mechanisms of epilepsy: A status report. Science, 237:157, 1987.

DiDonato, S., et al. (eds.): Molecular Genetics of Neurological and Neuromuscular Disease. New York, Raven Press, 1988.

Georgotas, A., and Cancro, R. (eds.): Depression and Mania. New York, Elsevier Science Publishing Co., 1988.

Glaser, G. H., et al. (eds.): Antiepileptic Drugs. New York, Raven Press, 1980.

Hansen, A. J.: Effect of anoxia on ion distribution in the brain. Physiol. Rev., 65:101, 1985.

Hobson, J. A., and Brazier, M. A. B. (eds.): The Reticular Formation Revisited: Specifying Function for a Nonspecific System. New York, Raven Press, 1980.

Hyvarinen, J.: Posterior parietal lobe of the primate brain. Physiol. Rev., 62:1060, 1982.

Jacobs, B. L.: How hallucinogenic drugs work. Am. Sci., 75:386, 1987.

Jones, E. G.: Organization of the thalamocortical complex and its relation to sensory processes. In Darian-Smith, I. (ed.): Handbook of Physiology, Sec. 1, Vol. III. Bethesda, Md., American Physiological Society, 1984, p. 149.

Kaplan, H. I., and Sadock, B. J.: Synopsis of Psychiatry: Behavioral Sciences Clinical Psychiatry, 5th Ed. Baltimore, Williams & Wilkins, 1988.

Klee, M. (ed.): Physiology and Pharmacology of Epileptogenic Phenomena. New York, Raven Press, 1982.

Kryger, M. H., et al.: Principles and Practice of Sleep Medicine. Philadelphia, W. B. Saunders Co., 1986.

Livingston, R. B.: Sensory Processing, Perception, and Behavior. New York, Raven Press, 1978.

Mann, J. J. (ed.): The Phenomenology of Depressive Illness. New York, Plenum Publishing Corp., 1988.

McKinney, W. T.: Models of Mental Disorders. New York, Plenum Publishing Corp., 1988.

Meijer, J. H., and Rietveld, W. J.: Neurophysiology of the suprachiasmatic circadian pacemaker in rodents. Physiol. Rev., 69:671, 1989.

Mesulam, M. M.: The cholinergic connection in Alzheimer's disease. News Physiol. Sci., 1:107, 1986.

Mitzdorf, U.: Current source-density method and application in cat cerebral cortex: Investigation of evoked potentials and EEG phenomena. Physiol. Rev., 65:37, 1985.

Nappi, G., et al. (eds.): Neurodegenerative Disorders. New York, Raven Press, 1988.

Nerozzi, D., et al. (eds.): Hypothalamic Dysfunction in Neuropsychiatric Disorders. New York, Raven Press, 1987.

Newmark, M. E., and Penry, J. K.: Genetics of Epilepsy: A Review. New York, Churchill Livingstone, 1980.

Plum, F., and Posner, J. B.: The Diagnosis of Stupor and Coma, 3rd Ed. Philadelphia, F. A. Davis Co., 1980.

Pollack, M. H., et al.: Propranolol and depression revisited: Three cases and a review. J. Nerv. Ment. Dis., 173:118, 1985.

Stern, R. M., et al.: Psychophysiological Recording. New York, Oxford University Press, 1980.

Strong, R., et al. (eds.): Central Nervous System Disorders of Aging. New York, Raven Press, 1988.

Terry, R. D. (ed.): Aging and the Brain. New York, Raven Press, 1988.

Tucek, S.: Regulation of acetylcholine synthesis in the brain. J. Neurochem., 44:11, 1985.

Wauquier, A., et al.: Slow Wave Sleep: Physiological, Pathophysiological, and Functional Aspects. New York, Raven Press, 1989.

Wolman, B. B.: Psychosomatic Disorders. New York, Plenum Publishing Corp., 1988.

22

O Sistema Nervoso Autonômico; a Medula Supra-Renal

A parte do sistema nervoso que controla as funções viscerais do corpo é denominada *sistema nervoso autonômico*. Esse sistema ajuda a controlar a pressão arterial, a motilidade e a secreção gastrintestinal, o esvaziamento da bexiga, a sudorese, a temperatura corporal e várias outras atividades — algumas dessas são controladas de forma quase total e algumas, apenas parcialmente, pelo sistema nervoso autonômico.

Uma das características mais surpreendentes do sistema nervoso autonômico é a velocidade e intensidade com que pode modificar as funções viscerais. Por exemplo, dentro de 3 a 5 s pode duplicar a freqüência cardíaca, e a pressão arterial pode ser duplicada em apenas 10 a 15 s; ou, no outro extremo, a pressão arterial pode ser reduzida suficientemente em 4 a 5 s para causar desmaio. A sudorese pode ser iniciada em segundos, e a bexiga pode esvaziar-se involuntariamente, também em segundos. São essas variações extremamente rápidas que são medidas no polígrafo do detector de mentira, refletindo os sentimentos mais íntimos da pessoa.

■ ORGANIZAÇÃO GERAL DO SISTEMA NERVOSO AUTONÔMICO

O sistema nervoso autonômico é ativado principalmente por centros localizados na *medula espinhal, no tronco cerebral* e no *hipotálamo*. Também, partes do córtex cerebral, principalmente do córtex límbico, podem transmitir impulsos para os centros inferiores e, desta forma, influenciar o controle autonômico. Muitas vezes, o sistema nervoso autonômico também opera por meio de *reflexos viscerais*. Isto é, os sinais sensoriais que entram nos gânglios autonômicos, na medula, no tronco cerebral, ou no hipotálamo podem produzir respostas reflexas apropriadas de volta aos órgãos viscerais para controlar sua atividade.

Os sinais autonômicos eferentes são transmitidos para o corpo por meio de duas subdivisões principais, denominadas *sistema nervoso simpático* e *sistema nervoso parassimpático*, cujas características e funções são apresentadas a seguir.

ANATOMIA FISIOLÓGICA DO SISTEMA NERVOSO SIMPÁTICO

A Fig. 22.1 apresenta a organização geral do sistema nervoso simpático, mostrando uma das duas *cadeias ganglionares simpáticas paravertebrais*, situadas nos dois lados da coluna vertebral, dois *gânglios pré-vertebrais* (o *celíaco* e o *hipogástrico*), e nervos que se estendem dos gânglios para os diferentes órgãos internos. Os nervos simpáticos originam-se na medula espinhal entre os segmentos T-1 e L-2 e passam, a seguir, para os tecidos e órgãos que são estimulados pelos nervos simpáticos.

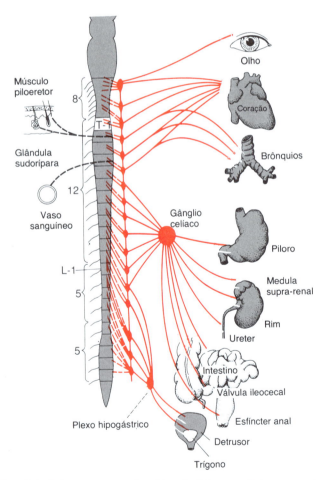

Fig. 22.1 O sistema nervoso simpático. As linhas tracejadas representam fibras pós-ganglionares nos ramos cinzentos que vão para os nervos espinhais para serem distribuídas para os vasos sanguíneos, glândulas sudoríparas e músculos piloeretores.

Neurônios simpáticos pré e pós-ganglionares

Os nervos simpáticos diferem dos nervos motores esqueléticos da seguinte forma: cada via simpática da medula para o tecido estimulado é composta de dois neurônios, um *neurônio pré-ganglionar* e um *neurônio pós-ganglionar*, ao contrário de apenas um neurônio na via motora esquelética. O corpo celular de cada neurônio pré-ganglionar se localiza na *ponta intermediolateral* da medula espinhal; e sua fibra passa, como representado na Fig. 22.2, por uma *raiz anterior* da medula para o *nervo espinhal* correspondente.

Imediatamente após o nervo espinhal deixar a coluna medular, as fibras simpáticas pré-ganglionares deixam o nervo e passam pelo *ramo branco* para um dos *gânglios da cadeia simpática*. Daí, o curso das fibras pode ser um dos três a seguir: (1) Pode fazer sinapse com neurônios pós-ganglionares no gânglio que entra. (2) Pode ascender ou descer na cadeia e fazer sinapse em um dos outros gânglios da cadeia. Ou (3) pode percorrer distâncias variáveis passando por essa cadeia e, a seguir, por um dos *nervos simpáticos* que emergem dessa cadeia, terminando finalmente em um dos *gânglios pré-vertebrais*.

O neurônio pós-ganglionar tem origem em um dos gânglios da cadeia simpática ou em um dos gânglios pré-vertebrais. A partir de uma dessas duas fontes, as fibras pós-ganglionares vão até seus destinos nos vários órgãos.

Fibras nervosas simpáticas nos nervos esqueléticos. Algumas das fibras pós-ganglionares retornam da cadeia simpática para os nervos espinhais, por meio dos *ramos cinzentos* em todos os níveis da medula, representado pela linha tracejada da Fig. 22.2. Essas vias são constituídas por fibras do tipo C que se estendem para todas as partes do corpo pelos nervos esqueléticos. Controlam os vasos sanguíneos, glândulas sudoríparas e músculos piloeretores. Aproximadamente 8% das fibras no nervo esquelético médio são fibras simpáticas, fato que indica sua importância.

Distribuição segmentar dos nervos simpáticos. As vias simpáticas originadas nos diferentes segmentos da medula espinhal não são necessariamente distribuídas para a mesma parte do corpo como as fibras nervosas espinhais provenientes dos mesmos segmentos. Em vez disso, as *fibras simpáticas do segmento medular T-1 passam geralmente para cima na cadeia simpática, dirigindo-se para a cabeça; de T-2 para o pescoço; de T-3, T-4, T-5 e T-6 para o tórax; de T-7, T-8, T-9, T-10 e T-11 para o abdome; e de T-12, L-1 e L-2 para as pernas*. Essa distribuição é apenas aproximada e apresenta grande superposição.

A distribuição dos nervos simpáticos para cada órgão é determinada parcialmente pela posição no embrião onde o órgão se origina. Por exemplo, o coração recebe várias fibras nervosas simpáticas da região cervical da cadeia simpática porque o coração se origina no pescoço do embrião. Da mesma forma, os órgãos abdominais recebem sua inervação simpática dos segmentos torácicos inferiores porque a maior parte do intestino primitivo se origina nessa área.

Natureza especial das terminações nervosas simpáticas na medula supra-renal. As fibras nervosas simpáticas pré-ganglionares passam, sem fazer sinapse, por todo o percurso entre as células da ponta intermediolateral da medula espinhal, atravessando as cadeias simpáticas, nervos esplâncnicos, e, finalmente, terminando na medula supra-renal. Aí terminam diretamente em células neuronais modificadas que secretam *epinefrina* e *norepinefrina* na corrente sanguínea. Essas células secretoras são derivadas embriologicamente do tecido nervoso e são análogas aos neurônios pós-ganglionares; na verdade, possuem fibras nervosas rudimentares, e são essas fibras que secretam os hormônios.

ANATOMIA FISIOLÓGICA DO SISTEMA NERVOSO PARASSIMPÁTICO

O sistema nervoso parassimpático é apresentado na Fig. 22.3, mostrando que as fibras parassimpáticas deixam o sistema nervoso central pelos nervos cranianos III, VII, IX e X; o segundo e o terceiro nervos espinhais sacros; e, ocasionalmente, o primeiro e quarto nervos sacros. Aproximadamente 75% de todas as fibras nervosas parassimpáticas estão nos nervos vagos, passando para as regiões torácicas e abdominais do corpo. Como consequência, um fisiologista, ao falar do sistema nervoso parassimpático, pensa, muitas vezes, principalmente nos dois nervos vagos. Os nervos vagos contêm fibras parassimpáticas que vão para o coração, os pulmões, o esôfago, o estômago, todo o intestino delgado, a metade proximal do cólon, o fígado, a vesícula biliar, o pâncreas, e as partes superiores dos ureteres.

As fibras parassimpáticas do *terceiro nervo* vão para os esfíncteres pupilares e os músculos ciliares do olho. As fibras provenientes do *sétimo nervo* vão para as glândulas lacrimais, nasais e submandibulares, e as fibras do *nono nervo* vão para a glândula parótida.

As fibras parassimpáticas sacrais se unem para formar os *nervos erigens*, também denominados *nervos pélvicos*, que deixam o plexo sacral a cada lado da medula, distribuindo suas fibras periféricas para o cólon

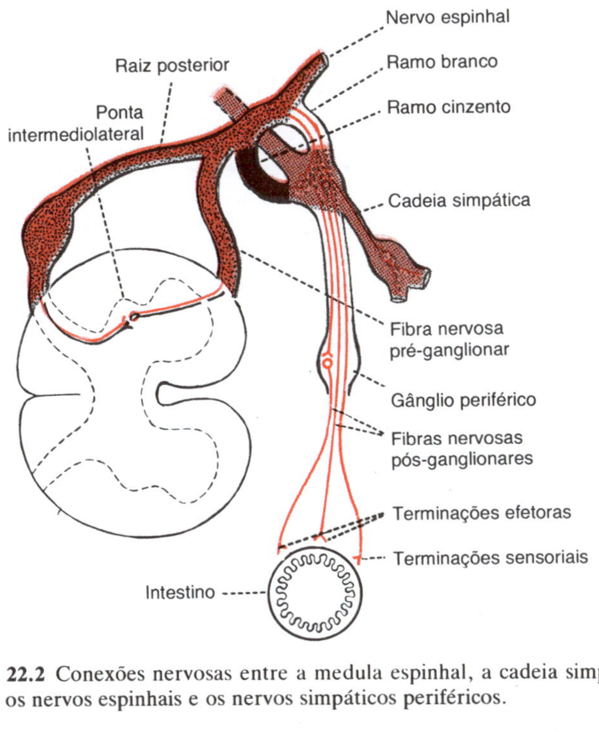

Fig. 22.2 Conexões nervosas entre a medula espinhal, a cadeia simpática, os nervos espinhais e os nervos simpáticos periféricos.

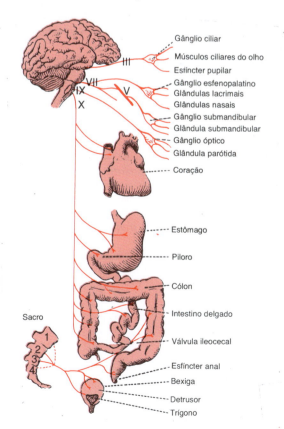

Fig. 22.3 O sistema nervoso parassimpático.

246 VI ■ O Sistema Nervoso Central: C. Neurofisiologia Motora E Integrativa

descendente, reto, bexiga e trechos inferiores dos ureteres. Também, esse grupo parassimpático sacro envia fibras para a genitália externa para causar estimulação sexual.

Neurônios parassimpáticos pré e pós-ganglionares. O sistema parassimpático, assim como o simpático, tem neurônios pré e pós-ganglionares. Entretanto, exceto no caso de alguns nervos parassimpáticos cranianos, as *fibras pré-ganglionares* percorrem, sem interrupção, todo o trajeto até o órgão que será controlado. Então, na parede do órgão ficam localizados os *neurônios pós-ganglionares*. As fibras pré-ganglionares fazem sinapse com elas, e curtas fibras pós-ganglionares, com comprimento de 1 mm a vários centímetros, deixam os neurônios para se distribuírem pela substância do órgão. Essa localização dos neurônios pós-ganglionares parassimpáticos no próprio órgão visceral é muito diferente da disposição dos gânglios simpáticos, pois os corpos celulares dos neurônios pós-ganglionares simpáticos estão quase sempre localizados nos gânglios da cadeia simpática ou em vários outros pequenos gânglios no abdome, e não no próprio órgão excitado.

■ CARACTERÍSTICAS BÁSICAS DAS FUNÇÕES SIMPÁTICA E PARASSIMPÁTICA

FIBRAS COLINÉRGICAS E ADRENÉRGICAS — SECREÇÃO DE ACETILCOLINA OU NOREPINEFRINA

As fibras nervosas simpáticas e parassimpáticas secretam, sem exceção, uma das duas substâncias transmissoras sinápticas, *acetilcolina* ou *norepinefrina*. As que secretam acetilcolina são ditas *colinérgicas*. As que secretam norepinefrina são ditas *adrenérgicas,* termo derivado de *adrenalina,* que é o nome britânico da epinefrina.

Todos os *neurônios pré-ganglionares* são *colinérgicos* nos sistemas nervosos simpático e parassimpático. Portanto, a acetilcolina ou substâncias semelhantes à acetilcolina, quando aplicadas aos gânglios, excitarão os neurônios pós-ganglionares simpáticos e parassimpáticos.

Os neurônios pós-ganglionares do sistema parassimpático também *são todos colinérgicos.*

Por outro lado, *a maioria dos neurônios simpáticos pós-ganglionares é adrenérgica,* embora isso não seja totalmente verdade, porque as fibras nervosas simpáticas pós-ganglionares para as glândulas sudoríparas, músculos piloeretores e alguns vasos sanguíneos são colinérgicas.

Assim, *todas* as terminações nervosas do sistema parassimpático secretam *acetilcolina,* e a *maioria* das terminações nervosas simpáticas secreta *norepinefrina*. Esses hormônios, por sua vez, atuam sobre os diferentes órgãos para causar os respectivos efeitos parassimpáticos e simpáticos. Portanto, são com freqüência denominados, respectivamente, *transmissores parassimpáticos* e *simpáticos*.

As estruturas moleculares da acetilcolina e da norepinefrina são:

Acetilcolina

Norepinefrina

Mecanismos de secreção e remoção do transmissor nas terminações pós-ganglionares

Secreção de acetilcolina e norepinefrina pelas terminações nervosas pós-ganglionares. Algumas das terminações nervosas autonômicas pós-ganglionares, principalmente as dos nervos parassimpáticos, são semelhantes (mas muito menores) às da junção neuromuscular esquelética. Contudo a maioria das fibras nervosas simpáticas apenas toca as células efetoras dos órgãos que inervam quando passa por elas; e, em alguns casos, essas fibras terminam no tecido conjuntivo adjacente às células a serem estimuladas. Nos locais onde passam esses filamentos sobre ou próximo às células efetoras, eles geralmente apresentam dilatações bulbosas denominadas *varicosidades;* as vesículas transmissoras, com acetilcolina ou norepinefrina, são encontradas nessas varicosidades. Também nas varicosidades há grande número de mitocôndrias para fornecer o trifosfato de adenosina (ATP) necessário para energizar a síntese de acetilcolina ou norepinefrina.

Quando um potencial de ação se propaga pelas fibras da terminação, o processo de despolarização aumenta a permeabilidade da membrana da fibra aos íons cálcio, permitindo que eles se difundam para as terminações nervosas. Aí interagem com as vesículas adjacentes à membrana, causando sua fusão com a membrana e o esvaziamento de seu conteúdo para o exterior. Assim, é secretada a substância transmissora.

Síntese de acetilcolina, sua destruição após a secreção e duração de sua ação. A acetilcolina é sintetizada nas terminações das fibras nervosas colinérgicas. A maior parte dessa síntese ocorre no axoplasma fora das vesículas, e, a seguir, a acetilcolina é transportada para o interior das vesículas, onde é armazenada sob forma altamente concentrada, até que seja liberada. A reação química básica dessa síntese é a seguinte:

$$\text{Acetil-CoA} + \text{Colina} \xrightarrow{\text{colina acetil-transferase}} \text{Acetilcolina}$$

Uma vez que a acetilcolina tenha sido secretada pela terminação nervosa colinérgica, ela persiste no tecido por alguns segundos; então é degradada, em sua maior parte, em íon acetato e colina, pela enzima *acetilcolinesterase* ligada ao colágeno e glicosaminoglicanos do tecido conjuntivo local. Assim, este é o mesmo mecanismo de destruição da acetilcolina que ocorre nas junções neuromusculares das fibras nervosas esqueléticas. A colina formada, por sua vez, é transportada de volta para a terminação nervosa, onde é utilizada de novo para a síntese de nova acetilcolina.

Síntese de norepinefrina, sua remoção e duração da ação. A síntese de norepinefrina se inicia no axoplasma das terminações nervosas das fibras adrenérgicas, mas é concluída no interior das vesículas. As etapas básicas são as seguintes:

1. $\text{Tirosina} \xrightarrow{\text{hidroxilação}} \text{DOPA}$

2. $\text{DOPA} \xrightarrow{\text{descarboxilação}} \text{Dopamina}$

3. Transporte de dopamina para as vesículas

4. $\text{Dopamina} \xrightarrow{\text{hidroxilação}} \text{Norepinefrina}$

Na medula supra-renal esta reação continua por mais uma etapa, para transformar cerca de 80% da norepinefrina em epinefrina, como a seguir:

5. $\text{Norepinefrina} \xrightarrow{\text{metilação}} \text{Epinefrina}$

Após a secreção de norepinefrina pelas terminações nervosas, ela é removida do local secretor por três formas diferentes: (1) recaptação para as próprias terminações nervosas por processo de transporte ativo — contribuindo para a remoção de 50 a 80% da norepinefrina secretada; (2) difusão, afastando-se das terminações nervosas para os líquidos corporais adjacentes e, daí, para o sangue — contribuindo para a remoção da maior parte do restante da norepinefrina; e (3) destruição por enzimas em pequena proporção (uma dessas enzimas é a *monoamina oxidase*, que é encontrada nas próprias terminações nervosas, e outra é a *catecol-O-metil transferase*, presente difusamente em todos os tecidos).

Comumente, a norepinefrina secretada diretamente em um tecido permanece ativa por apenas alguns segundos, demonstrando que sua recaptação e difusão para fora do tecido são rápidas. Entretanto, a norepinefrina e a epinefrina secretadas para o sangue pelas medulas supra-renais permanecem ativas até que sejam difundidas para algum tecido onde sejam destruídas pela catecol-O-metil transferase; isso ocorre principalmente no fígado. Portanto, quando secretadas no sangue, tanto a norepinefrina quanto a epinefrina permanecem muito ativas durante 10 a 30 s; sua atividade decrescente ainda perdura por um a vários minutos.

RECEPTORES DOS ÓRGÃOS EFETORES

Antes que o transmissor acetilcolina, norepinefrina ou epinefrina secretado nas terminações nervosas autonômicas possa estimular o órgão efetor, ele deve, primeiro, ligar-se a *receptores* altamente específicos das células efetoras. O receptor está em geral na face externa da membrana celular, ligado como grupo prostético a uma molécula protéica que atravessa a espessura de toda a membrana celular. Quando o transmissor se liga ao receptor, isso causa geralmente alteração conformacional da estrutura da molécula protéica. Por sua vez, a molécula de proteína alterada excita ou inibe a célula, na maioria das vezes por (1) produzir alteração da permeabilidade da membrana celular a um ou mais íons ou (2) ativar ou inativar uma enzima fixada a outra extremidade da proteína receptora, onde se salienta para o interior da célula.

Excitação ou inibição da célula efetora por alteração da permeabilidade de sua membrana. Como a proteína receptora é parte integral da membrana celular, alteração conformacional das estruturas de várias dessas proteínas abre ou fecha os *canais iônicos*, assim alterando a permeabilidade da membrana celular a vários íons. Por exemplo, os canais dos íons cálcio e/ou sódio freqüentemente são abertos e permitem o rápido influxo dos respectivos íons para a célula, na maioria dos casos despolarizando a membrana celular e excitando a célula. Outras vezes, os canais de potássio são abertos, permitindo a difusão dos íons potássio para fora da célula, e isso em geral a inibe. Também, em algumas células, os íons produzirão ação celular interna, como o efeito direto dos íons cálcio na promoção da contração do músculo liso.

Ação do receptor por alteração das enzimas intracelulares. Outro modo de atuação do receptor é pela ativação ou inativação de uma enzima (ou outra substância química intracelular) no interior da célula. A enzima geralmente está fixada à proteína receptora onde se salienta para o interior da célula. Por exemplo, a ligação da epinefrina a seu receptor na face externa de várias células aumenta a atividade da enzima *adenilciclase* no interior da célula, e isso, então, causa a formação de *monofosfato cíclico de adenosina (AMPc)*. O AMPc, por sua vez, pode iniciar qualquer uma das várias diferentes ações intracelulares, o efeito exato dependendo da maquinaria química da célula efetora.

Portanto, é fácil compreender como uma substância transmissora autonômica pode causar inibição em alguns órgãos ou excitação em outros. Isso geralmente é determinado pela natureza da proteína receptora na membrana celular e do efeito da ligação do receptor sobre seu estado conformacional. Em cada órgão, os efeitos resultantes tendem a ser totalmente diferentes daqueles em outros órgãos.

Os receptores para a acetilcolina — receptores muscarínicos e nicotínicos

A acetilcolina ativa dois tipos distintos de receptores. Eles são denominados receptores *muscarínicos* e *nicotínicos*. A razão para esses nomes é que a muscarina, um veneno do cogumelo chapéu-de-cobra, só ativa os receptores muscarínicos, mas não ativará os receptores nicotínicos, enquanto a nicotina só ativará receptores nicotínicos; a acetilcolina ativa os dois.

Os receptores muscarínicos são encontrados em todas as células efetoras estimuladas pelos neurônios pós-ganglionares do sistema nervoso parassimpático, bem como os estimulados pelos neurônios colinérgicos pós-ganglionares do sistema simpático.

Os receptores nicotínicos são encontrados nas sinapses entre os neurônios pré e pós-ganglionares dos sistemas simpático e parassimpático e, também, nas membranas das fibras musculares esqueléticas na junção neuromuscular (como discutido no Cap. 25).

A compreensão desses dois tipos diferentes de receptores é particularmente importante porque com freqüência são utilizados medicamentos específicos na prática da medicina para estimular ou bloquear um ou outro dos dois tipos de receptores.

Os receptores adrenérgicos — receptores alfa e beta

Experimentos utilizando diferentes substâncias com ação semelhante à da norepinefrina sobre órgãos efetores simpáticos (denominadas *substâncias simpaticomiméticas*) mostraram que existem dois tipos principais de receptores adrenérgicos, *receptores alfa* e *receptores beta*. (Os receptores beta, por sua vez, são divididos em receptores *beta*$_1$ e *beta*$_2$ porque determinadas substâncias afetam alguns receptores beta, mas não todos. Existe, também, uma divisão menos distinta dos receptores alfa em receptores alfa$_1$ e alfa$_2$.)

A norepinefrina e a epinefrina, ambas secretadas pela medula supra-renal, exercem efeitos algo diferentes na excitação dos receptores alfa e beta. A norepinefrina excita principalmente os receptores alfa, mas também excita os receptores beta em pequeno grau. Por outro lado, a epinefrina excita ambos os tipos de receptores com intensidade aproximadamente igual. Portanto, os efeitos relativos da norepinefrina e da epinefrina sobre diferentes órgãos efetores são determinados pelos tipos de receptores desses órgãos. Obviamente, se são todos receptores beta, a epinefrina será o excitante mais eficaz.

O Quadro 22.1 mostra a distribuição dos receptores alfa e beta em alguns dos órgãos e sistemas controlados pelos simpaticomiméticos. Observe que determinadas funções alfa são excitatórias enquanto outras são inibitórias. Da mesma forma, determinadas funções beta são excitatórias e outras são inibitórias. Portanto, os receptores alfa e beta não são necessariamente associados à excitação ou inibição, mas simplesmente com a afinidade do hormônio pelos receptores em determinado órgão efetor.

Um hormônio sintético quimicamente semelhante à epinefrina e norepinefrina, *isopropil-norepinefrina,* exerce ação extremamente intensa sobre os receptores beta, mas, em termos práticos, não tem ação sobre os receptores alfa.

QUADRO 22.1 Receptores adrenérgicos e sua função

Receptor alfa	Receptor beta
Vasoconstrição	Vasodilatação (β_2)
Dilatação da íris	Aceleração cardíaca (β_1)
Relaxamento intestinal	Aumento da força de contração miocárdica (β_1)
	Aumento da força de contração miocárdica (β_1)
Contração do esfíncter intestinal	Relaxamento intestinal (β_2)
Contração pilomotora	Relaxamento uterino (β_2)
Contração do esfíncter vesical	Broncodilatação (β_2)
	Calorigênese (β_2)
	Glicogenólise (β_2)
	Lipólise (β_1)
	Relaxamento da parede vesical (β_2)

AÇÕES EXCITATÓRIAS E INIBITÓRIAS DA ESTIMULAÇÃO SIMPÁTICA E PARASSIMPÁTICA

O Quadro 22.2 relaciona os efeitos sobre diferentes funções viscerais do corpo causados pela estimulação dos nervos parassimpáticos e simpáticos. A partir desse quadro pode-se observar de novo que a *estimulação simpática causa efeitos excitatórios em alguns órgãos, mas efeitos inibitórios em outros. Da mesma forma, a estimulação parassimpática causa excitação em alguns, mas inibição em outros.* Também, quando a estimulação simpática excita determinado órgão, a estimulação parassimpática algumas vezes o inibe, ilustrando que os dois sistemas ocasionalmente atuam de forma recíproca. Entretanto, a maioria dos órgãos é controlada de forma dominante por um dos dois sistemas.

Não há generalização que possa explicar se a estimulação

QUADRO 22.2 Efeitos autonômicos sobre vários órgãos do corpo

Órgão	Efeito da estimulação simpática	Efeito da estimulação parassimpática
Olho		
Pupila	Dilatada	Contraída
Músculo ciliar	Ligeiro relaxamento (visão a distância)	Contraído (visão de perto)
Glândulas	Vasoconstrição e pequena secreção	Estimulação de secreção abundante (contendo várias enzimas para as glândulas secretoras de enzimas)
Nasais		
Lacrimais		
Parótidas		
Submandibulares		
Gástricas		
Pancreáticas		
Glândulas sudoríparas	Sudorese copiosa (colinérgica)	Sudorese nas palmas das mãos
Glândulas apócrinas	Secreção espessa, odorífera	Nenhuma
Coração		
Músculo	Aumento da freqüência	Diminuição da freqüência
	Aumento da força de contração	Redução da força de contração (principalmente dos átrios)
Coronárias	Dilatadas (β_2); contraídas (α)	Dilatadas
Pulmões		
Brônquios	Dilatados	Contraídos
Vasos sanguíneos	Levemente contraídos	Dilatados(?)
Intestino		
Lúmen	Redução do peristaltismo e do tônus	Aumento do peristaltismo e do tônus
Esfíncter	Aumento do tônus (maioria das vezes)	Relaxado (maioria das vezes)
Fígado	Glicose liberada	Pequena síntese de glicogênio
Vesícula biliar e dutos biliares	Relaxados	Contraídos
Rim	Redução do débito e da secreção de renina	Nenhum
Bexiga		
Detrusor	Relaxado (ligeiramente)	Contraído
Trígono	Contraído	Relaxado
Pênis	Ejaculação	Ereção
Arteríolas sistêmicas		
Vísceras abdominais	Contraídas	Nenhum
Músculo	Contraídas (α-adrenérgico)	Nenhum
	Dilatadas (β_2-adrenérgico)	
	Dilatadas (colinérgico)	
Pele	Contraídas	Nenhum
Sangue		
Coagulação	Aumentada	Nenhum
Glicose	Aumentada	Nenhum
Lipídios	Aumentados	Nenhum
Metabolismo basal	Aumentado por até 100%	Nenhum
Secreção da medula supra-renal	Aumentada	Nenhum
Atividade mental	Aumentada	Nenhum
Músculos piloeretores	Contraídos	Nenhum
Músculo esquelético	Aumento da glicogenólise	Nenhum
	Aumento da força	
Células gordurosas	Lipólise	Nenhum

simpática ou parassimpática causará excitação ou inibição de determinado órgão. Portanto, para compreender as funções simpática e parassimpática, deve-se aprender as funções desses dois sistemas nervosos como relacionadas no Quadro 22.2. Algumas dessas funções precisam ser ainda esclarecidas em maior detalhe, como a seguir.

EFEITOS DA ESTIMULAÇÃO SIMPÁTICA E PARASSIMPÁTICA SOBRE ÓRGÃOS ESPECÍFICOS

O olho. Duas funções oculares são controladas pelo sistema nervoso autonômico. Elas são a abertura pupilar e o foco do cristalino. A estimulação simpática contrai as *fibras* meridionais *da íris* que dilatam a pupila, enquanto a estimulação parassimpática contrai o *músculo circular da íris* para contrair a pupila. Os parassimpáticos que controlam a pupila são reflexamente estimulados quando há entrada de excesso de luz nos olhos, como explicado no Cap. 13; esse reflexo reduz a abertura pupilar e diminui a quantidade de luz que incide sobre a retina. Por outro lado, os simpáticos são estimulados durante períodos de excitação e, portanto, aumentam a abertura pupilar nesses períodos.

A focalização do cristalino é controlada de forma quase total pelo sistema nervoso parassimpático. O cristalino normalmente é mantido no estado achatado pela tensão elástica intrínseca de seus ligamentos radiais. A excitação parassimpática contrai o *músculo ciliar*, que reduz essa tensão e permite que o cristalino fique mais convexo. Isso faz com que o olho focalize objetos próximos à mão. O mecanismo de focalização é discutido nos Caps. 11 e 13 em relação à função dos olhos.

As glândulas do corpo. As *glândulas nasais, lacrimais, salivares* e várias *glândulas gastrintestinais* são muito estimuladas pelo sistema nervoso parassimpático, resultando em geral em quantidades copiosas de secreção. As glândulas do tubo alimentar estimuladas de modo mais intenso pelo parassimpático são as do tubo superior, principalmente as da boca e estômago. As glândulas do intestino delgado e grosso são controladas em grande parte por fatores locais no próprio tubo intestinal, e não pelos nervos autonômicos.

A estimulação simpática exerce fraco efeito direto sobre as células glandulares, promovendo a formação de uma secreção concentrada. Entretanto, também causa constrição dos vasos sanguíneos que irrigam as glândulas e, desta forma, muitas vezes reduz a intensidade da secreção.

As *glândulas sudoríparas* secretam grandes quantidades de suor quando os nervos simpáticos são estimulados, mas a estimulação dos nervos parassimpáticos não tem qualquer efeito. Entretanto, as fibras simpáticas que servem à maioria das glândulas sudoríparas são *colinérgicas* (exceto por algumas fibras adrenérgicas para as palmas das mãos e as solas dos pés), ao contrário de quase todas as outras fibras simpáticas, que são adrenérgicas. Além disso, as glândulas sudoríparas são estimuladas basicamente por centros no hipotálamo que em geral são considerados centros parassimpáticos. Portanto, a sudorese poderia ser considerada como uma função parassimpática.

As *glândulas apócrinas* nas axilas produzem secreção espessa, odorífera, como conseqüência da estimulação simpática, mas não reagem à estimulação parassimpática. Em vez disso, as glândulas apócrinas, apesar de sua íntima relação embriológica com as glândulas sudoríparas, são reguladas por fibras adrenérgicas, e não por fibras colinérgicas, e são controladas pelos centros simpáticos do sistema nervoso central, e não pelos centros parassimpáticos.

O sistema gastrintestinal. O sistema gastrintestinal tem seu próprio grupo intrínseco de nervos conhecido como *plexo intramural*. Entretanto, tanto a estimulação parassimpática quanto a simpática podem afetar a atividade gastrintestinal. A estimulação parassimpática, em geral, aumenta o grau geral de atividade do tubo gastrintestinal, pela promoção do peristaltismo e o relaxamento dos esfíncteres, permitindo assim a rápida propulsão do conteúdo ao longo do tubo. Esse efeito propulsivo está associado a aumento simultâneo da secreção por diversas glândulas gastrintestinais, como descrito antes.

O funcionamento normal do tubo gastrintestinal não é muito dependente da estimulação simpática. Entretanto, forte estimulação simpática inibe o peristaltismo e aumenta o tônus dos esfíncteres. O resultado final é a acentuada lentificação da propulsão do alimento ao longo do tubo e, algumas vezes, também a redução da secreção.

O coração. Em geral, a estimulação simpática aumenta a atividade global do coração. Isso resulta do aumento da freqüência e da força de contração do coração. A estimulação parassimpática causa principalmente os efeitos inversos. Para expressar esses efeitos de outra forma, a estimulação simpática aumenta a eficácia do coração como bomba, enquanto a estimulação parassimpática reduz sua capacidade de bombeamento.

Vasos sanguíneos sistêmicos. A maioria dos vasos sanguíneos sistêmicos, principalmente os das vísceras abdominais e da pele dos membros, é contraída pela estimulação simpática. A estimulação parassimpática geralmente quase não exerce efeito sobre os vasos sanguíneos, mas dilata os vasos em determinadas áreas restritas, como na área de rubor da face. Em algumas condições, a função beta do simpático causa dilatação vascular, principalmente quando medicamentos causaram paralisia dos efeitos vasoconstritores simpáticos alfa, que em geral são dominantes sobre os efeitos beta.

Efeito da estimulação simpática e parassimpática sobre a pressão arterial. A pressão arterial é determinada por dois fatores, a propulsão do sangue pelo coração e a resistência ao fluxo sanguíneo pelos vasos. A estimulação simpática aumenta a propulsão pelo coração e a resistência ao fluxo, o que geralmente resulta em grande aumento da pressão.

Por outro lado, a estimulação parassimpática diminui o bombeamento pelo coração, mas praticamente não tem efeito sobre a resistência periférica total. O efeito habitual é o de ligeira redução da pressão. Porém, a estimulação parassimpática vagal muito intensa pode ocasionalmente parar de forma completa o coração, causando o desaparecimento da pressão arterial.

Efeitos da estimulação simpática e parassimpática sobre outras funções do corpo. Devido à grande importância dos sistemas de controle simpático e parassimpático, eles são discutidos várias vezes neste texto em relação a muitas funções corporais que não são consideradas em detalhe aqui. Em geral, a maioria das estruturas endodérmicas, como as vias biliares, a vesícula biliar, o ureter, a bexiga e os brônquios, é inibida por estimulação simpática, mas excitada por estimulação parassimpática. Também a estimulação simpática exerce efeitos metabólicos, causando a liberação de glicose do fígado, aumento da glicemia, aumento da glicogenólise no fígado e músculo, aumento de força muscular, aumento do metabolismo basal, e aumento da atividade mental. Finalmente, o simpático e o parassimpático estão envolvidos na execução dos atos sexuais masculinos e femininos, como explicado no Cap. 29.

FUNÇÃO DAS MEDULAS SUPRA-RENAIS

A estimulação dos nervos simpáticos para a medula supra-renal provoca a liberação de grande quantidade de epinefrina e norepinefrina para o sangue circulante, e esses dois hormônios são transportados no sangue para todos os tecidos do corpo. Em média, cerca de 80% da secreção são constituídos por epinefrina, e só 20% por norepinefrina, embora as proporções relativas possam modificar-se consideravelmente em diferentes condições fisiológicas.

A efinefrina e a norepinefrina circulantes exercem praticamente os mesmos efeitos sobre os diferentes órgãos que os causados por estimulação simpática direta, exceto que *seus efeitos duram 5 a 10 vezes mais*, devido à sua lenta remoção do sangue.

A norepinefrina circulante causa constrição de praticamente todos os vasos sanguíneos do corpo; causa aumento da atividade cardíaca, inibição do tubo gastrintestinal, dilatação das pupilas etc.

A epinefrina produz quase os mesmos efeitos da norepinefrina, mas eles diferem nos seguintes aspectos: primeiro, a epinefrina, devido a seu maior efeito no estímulo dos receptores beta, tem maior efeito sobre a estimulação cardíaca que a norepinefrina. Segundo, a epinefrina só causa fraca constrição dos vasos sanguíneos dos músculos, em comparação com a constrição muito mais forte causada pela norepinefrina. Como os vasos musculares representam importante segmento dos vasos do corpo, essa diferença tem importância especial porque a norepinefrina aumenta de muito a resistência periférica total e, portanto, aumenta muito a pressão arterial, enquanto a epinefrina eleva a pressão arterial em menor proporção, mas aumenta muito mais o débito cardíaco devido a seu efeito excitatório sobre o coração.

Uma terceira diferença entre as ações da epinefrina e da norepinefrina está relacionada a seus efeitos sobre o metabolismo tecidual. A epinefrina exerce efeito metabólico até 5 a 10 vezes maior que o da norepinefrina. Na verdade, a epinefrina secretada pelas medulas supra-renais pode aumentar o metabolismo do corpo por até 100% acima do normal, aumentando, assim, a atividade e a excitabilidade de todo o corpo. Também aumenta a intensidade de outras atividades metabólicas, como a glicogenólise no fígado e músculo e a liberação de glicose para o sangue.

Em resumo, a estimulação da medula supra-renal causa a liberação de hormônios que exercem quase os mesmos efeitos que a estimulação simpática direta em todo o corpo, exceto que os efeitos são muito prolongados, até 1 minuto ou 2 após cessado o estímulo. As únicas diferenças significativas são causadas pelos efeitos beta da epinefrina secretada, que aumentam o metabolismo e o débito cardíaco em maior proporção que o causado por estimulação simpática direta.

Significado da medula supra-renal para o funcionamento do sistema nervoso simpático. A epinefrina e a norepinefrina são quase sempre liberadas pela medula supra-renal ao mesmo tempo que os diferentes órgãos são estimulados diretamente por ativação simpática generalizada. Portanto, os órgãos são, na verdade, estimulados de duas formas distintas ao mesmo tempo, de modo direto pelos nervos simpáticos e indiretamente pelos hormônios supra-renais. As duas formas de estimulação sustentam-se mutuamente, e em geral podem substituir um ao outro. Por exemplo, a destruição das vias simpáticas diretas para os órgãos não impede que eles sejam excitados, porque norepinefrina e epinefrina ainda são liberadas para o sangue circulante e, indiretamente, causam estimulação. Da mesma forma, a perda total das duas medulas supra-renais exerce em geral pequeno efeito sobre a operação do sistema nervoso simpático porque as vias diretas ainda podem realizar quase todas as funções necessárias. Assim, o duplo mecanismo de estimulação simpática representa um fator de segurança, um mecanismo que substitui o outro, quando um falta.

Outro aspecto importante da medula supra-renal é a capacidade da epinefrina e da norepinefrina de estimular estruturas do corpo que não são inervadas por fibras simpáticas diretas. Por exemplo, o metabolismo de todas as células do corpo é aumentado por esses hormônios, em grande parte pela epinefrina, embora apenas pequena proporção de todas as células no corpo seja inervada diretamente pelas fibras simpáticas.

RELAÇÃO ENTRE A FREQÜÊNCIA DA ESTIMULAÇÃO E A INTENSIDADE DOS EFEITOS SIMPÁTICO E PARASSIMPÁTICO

Uma diferença especial entre o sistema nervoso autonômico e o sistema nervoso esquelético é que só é necessária baixa freqüência de estimulação para a completa ativação dos efetores autonômicos. Em geral, apenas um impulso nervoso por cerca de um segundo é suficiente para manter o efeito simpático ou parassimpático normal, e ocorre ativação completa quando as fibras nervosas disparam 10 a 20 vezes por segundo. Isso deve ser comparado à completa ativação do sistema nervoso esquelético que só ocorre com freqüência de 50 a 500 ou mais impulsos por segundo.

"TÔNUS" SIMPÁTICO E PARASSIMPÁTICO

Os sistemas simpático e parassimpático estão continuamente ativos, e os níveis basais de atividade são conhecidos, respectivamente, como *tônus simpático* e *tônus parassimpático.*

A utilidade desse tônus é *permitir que um só sistema nervoso aumente ou diminua a atividade do órgão estimulado.* Por exemplo, o tônus simpático mantém normalmente quase todas as arteríolas sistêmicas contraídas aproximadamente na metade de seu diâmetro máximo. Pelo aumento do grau de estimulação simpática, esses vasos podem ser ainda mais contraídos; mas, por outro lado, podem ser dilatados pela inibição do tônus normal. Se não fosse pelo tônus simpático contínuo, o sistema simpático só poderia causar vasoconstrição, nunca vasodilatação.

Outro exemplo interessante de tônus é o do parassimpático no tubo gastrintestinal. A remoção cirúrgica da inervação parassimpática para a maior parte do intestino pela secção dos nervos vagos pode causar "atonia" gástrica e intestinal acentuada e prolongada com o conseqüente bloqueio da propulsão gastrintestinal e constipação grave, assim demonstrando que o tônus parassimpático para o intestino é normalmente muito forte. Esse tônus pode ser reduzido pelo encéfalo, inibindo assim a motilidade gastrintestinal, ou pode ser aumentado, promovendo, então, aumento da atividade gastrintestinal.

Tônus causado pela secreção basal de epinefrina e norepinefrina pela medula supra-renal. A secreção normal em repouso pela medula supra-renal é de aproximadamente 0,2 $\mu g/kg/min$ de epinefrina e cerca de 0,05 $\mu g/kg/min$ de norepinefrina. Essas quantidades são consideráveis — na verdade, suficientes para manter a pressão arterial quase no nível normal, mesmo se forem removidas todas as vias simpáticas diretas para o sistema cardiovascular. Portanto, é óbvio que grande parte do tônus global do sistema nervoso simpático resulta da secreção basal de epinefrina e norepinefrina, além do tônus resultante da estimulação simpática direta.

Efeito da perda do tônus simpático ou parassimpático após a desnervação. Imediatamente após a secção de um nervo simpático ou parassimpático, o órgão inervado perde seu tônus simpático ou parassimpático. No caso dos vasos sanguíneos, por exemplo, a secção dos nervos simpáticos resulta imediatamente em vasodilatação quase máxima. Entretanto, dentro de minutos, horas, dias ou semanas, aumenta o *tônus intrínseco* do músculo liso dos vasos, chegando, em geral, a restabelecer a vasoconstrição quase normal.

Na maioria dos órgãos efetores ocorrem praticamente os mesmos eventos sempre que há perda do tônus simpático ou parassimpático. Isto é, logo ocorre desenvolvimento de compensação intrínseca para restabelecer a função do órgão até quase a seu nível basal normal. Entretanto, no sistema parassimpático, a compensação algumas vezes requer vários meses. Por exemplo, a perda do tônus parassimpático para o coração aumenta a freqüência cardíaca para 160 batimentos/min no cão, e ainda permanecerá parcialmente elevada após 6 meses.

HIPERSENSIBILIDADE POR DESNERVAÇÃO EM ÓRGÃOS SIMPÁTICOS E PARASSIMPÁTICOS APÓS DESNERVAÇÃO

Durante cerca de uma semana após a destruição de um nervo simpático ou parassimpático, o órgão inervado fica cada vez mais sensível, respectivamente, à norepinefrina ou à acetilcolina injetada. Esse efeito é apresentado na Fig. 22.4, mostrando que o fluxo sanguíneo no antebraço antes da remoção do simpático é de aproximadamente 200 ml/min; uma dose teste de norepinefrina só causa pequena redução do fluxo. A seguir é removido o gânglio estelar, e ocorre perda do tônus simpático normal. Logo de início, o fluxo sanguíneo se eleva significativamente devido à perda do tônus vascular, mas durante um período de dias a semanas o fluxo sanguíneo retorna quase ao normal, devido ao aumento progressivo do tônus intrínseco da própria musculatura vascular, compensando assim a perda do tônus simpático. Então, é administrada outra dose teste de norepinefrina; e o fluxo sanguíneo diminui muito mais que antes, demonstrando que os vasos sanguíneos ficaram duas a quatro vezes mais responsivos à norepinefrina que antes. Este fenômeno é denominado *hipersensibilidade por desnervação.* Ocorre em órgãos simpáticos

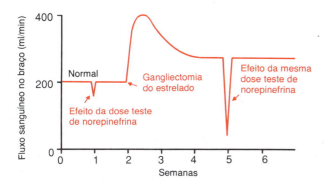

Fig. 22.4 Efeito da simpatectomia sobre o fluxo sanguíneo no braço e o efeito de uma dose teste de norepinefrina antes e após simpatectomia, mostrando a sensibilização da rede vascular à norepinefrina.

e parassimpáticos, e com maior intensidade em alguns órgãos que em outros, aumentando freqüentemente a resposta por mais de 10 vezes.

Mecanismo da hipersensibilidade por desnervação. A causa da hipersensibilidade por desnervação só é parcialmente conhecida. Parte da resposta é que o número de receptores nas membranas pós-sinápticas das células efetoras aumenta — em alguns casos, várias vezes — quando a norepinefrina ou acetilcolina não é mais liberada nas sinapses, um processo denominado "regulação para cima" dos receptores. Portanto, quando esses hormônios são injetados temporariamente no sangue circulante, a reação do efetor está muito aumentada.

■ OS REFLEXOS AUTONÔMICOS

Várias das funções viscerais do corpo são reguladas por *reflexos autonômicos*. Em todo este texto as funções desses reflexos são discutidas em relação aos sistemas orgânicos individuais; mas, para ilustrar sua importância, alguns deles são apresentados aqui resumidamente.

Reflexos autonômicos cardiovasculares. Vários reflexos atuantes sobre o sistema cardiovascular ajudam a controlar principalmente a pressão arterial e a freqüência cardíaca. Um deles é o *reflexo barorreceptor*, descrito no Cap. 27 junto com outros reflexos cardiovasculares. Resumidamente, receptores de estiramento denominados *barorreceptores* ficam localizados nas paredes das grandes artérias, incluindo as artérias carótidas e a aorta. Quando eles são estirados pela elevação da pressão, os sinais são transmitidos para o tronco cerebral, onde inibem os impulsos simpáticos para o coração e os vasos sanguíneos, o que permite que a pressão arterial volte ao normal.

Reflexos autonômicos gastrintestinais. A parte superior do tubo gastrintestinal e também o reto são controlados principalmente por reflexos autonômicos. Por exemplo, o cheiro de alimento apetitoso ou a presença do alimento na boca provoca sinais do nariz e da boca para os núcleos vagais, glossofaríngeos e salivares do tronco cerebral. Estes, por sua vez, transmitem sinais por meio dos nervos parassimpáticos para as glândulas secretoras da boca e do estômago, causando a secreção de sucos digestivos antes que o alimento entre na boca. E, quando a matéria fecal enche o reto na outra extremidade do tubo alimentar, impulsos sensoriais produzidos pela distensão do reto são enviados para a região sacral da medula espinhal, e um sinal reflexo é novamente transmitido por meio do parassimpático para as regiões distais do cólon, onde produzem fortes contrações peristálticas que esvaziam o intestino.

Outros reflexos autonômicos. O esvaziamento da bexiga é controlado da mesma forma que o esvaziamento do reto; a distensão da bexiga envia impulsos para a medula sacral, e isso, por sua vez, causa contração da bexiga e, também, relaxamento dos esfíncteres urinários, promovendo, assim, a micção.

Também são importantes os reflexos sexuais, que são desencadeados por estímulos psíquicos provenientes do cérebro e estímulos provenientes dos órgãos sexuais. Os impulsos originados nessas fontes convergem para a medula sacral e, no homem, resultam, primeiro, em ereção, em grande parte função parassimpática, e, depois, em ejaculação, uma função simpática.

Outros reflexos autonômicos incluem as contribuições reflexas para a regulação da secreção pancreática, esvaziamento da vesícula biliar,

excreção renal de urina, sudorese, glicemia, e várias outras funções viscerais, todas as quais discutidas em detalhe em outros pontos neste texto.

■ ESTIMULAÇÃO DE ÓRGÃOS ISOLADOS EM ALGUNS CASOS, E A ESTIMULAÇÃO MACIÇA, EM OUTROS, PELOS SISTEMAS SIMPÁTICO E PARASSIMPÁTICO

O sistema simpático. Em vários casos, o sistema nervoso simpático descarrega como se fosse um todo, um fenômeno denominado *descarga maciça*. Isso freqüentemente ocorre quando o hipotálamo é ativado por susto, ou por medo, ou por dor muito intensa. O resultado é uma reação difusa em todo o corpo, denominada *resposta de alarme* ou *ao estresse*, que vamos discutir resumidamente.

Entretanto, outras vezes, ocorre ativação sistêmica em regiões isoladas do sistema. As mais importantes delas são as seguintes: (1) No processo da termorregulação, o simpático controla a sudorese e o fluxo sanguíneo na pele sem afetar outros órgãos inervados pelo simpático. (2) Durante a atividade muscular em alguns animais, fibras vasodilatadoras colinérgicas específicas dos músculos esqueléticos são estimuladas independentemente do restante do sistema simpático. (3) Vários "reflexos locais", envolvendo fibras aferentes sensoriais que percorrem os nervos simpáticos até os gânglios simpáticos e a medula espinhal, causam respostas reflexas muito localizadas. Por exemplo, o aquecimento de uma área cutânea local causa vasodilatação e aumento da sudorese nesse local, enquanto o resfriamento causa os efeitos inversos. (4) Vários dos reflexos simpáticos que controlam as funções gastrintestinais são muito discretos, operando algumas vezes por meio de vias nervosas que nem chegam a atingir a medula espinhal, passando apenas do intestino para os gânglios simpáticos, principalmente os gânglios pré-vertebrais, e, daí, de volta para o intestino pelos nervos simpáticos para controlar a atividade motora ou secretora.

O sistema parassimpático. Ao contrário do sistema simpático, as funções de controle do sistema parassimpático têm grande tendência de serem muito específicas. Por exemplo, os reflexos cardiovasculares parassimpáticos geralmente só atuam sobre o coração para aumentar ou reduzir sua freqüência de batimento. Da mesma forma, outros reflexos parassimpáticos causam secreção principalmente das glândulas orais, enquanto em outros casos a secreção ocorre em sua maior parte nas glândulas gástricas. Por fim, o reflexo de esvaziamento retal não afeta em grau significativo outras partes do intestino.

Porém, com certa freqüência, ocorre associação entre funções parassimpáticas que são intimamente relacionadas. Por exemplo, embora a secreção salivar possa ocorrer independentemente da secreção gástrica, as duas, muitas vezes, também ocorrem juntas, e freqüentemente também ocorre secreção pancreática ao mesmo tempo. Também o reflexo de esvaziamento retal por vezes desencadeia o reflexo de esvaziamento vesical, resultando em esvaziamento simultâneo da bexiga e do reto. De modo inverso, o reflexo de esvaziamento vesical pode ajudar a iniciar o esvaziamento retal.

RESPOSTA DE "ALARME" OU AO "ESTRESSE" DO SISTEMA NERVOSO SIMPÁTICO

Quando grandes partes do sistema nervoso simpático descarregam ao mesmo tempo — isto é, uma *descarga maciça* —, isso aumenta, de várias formas diferentes, a capacidade do corpo de realizar atividade muscular vigorosa. Vamos resumir rapidamente esses modos:

1. Aumento da pressão arterial.
2. Aumento do fluxo sanguíneo para os músculos ativos, concomitante à redução do fluxo sanguíneo para órgãos como o tubo gastrintestinal e os rins que não são necessários para a atividade motora rápida.
3. Aumento do metabolismo celular em todo o corpo.
4. Aumento da concentração sanguínea de glicose.
5. Aumento da glicólise no fígado e no músculo.
6. Aumento da força muscular.
7. Aumento da atividade mental.
8. Aumento da coagulabilidade sanguínea.

A soma desses efeitos permite que a pessoa realize atividade física muito mais vigorosa do que a que seria possível de outro modo. Como é o *estresse* mental ou físico que em geral excita o sistema simpático, diz-se freqüentemente que o objetivo do sistema simpático é o de promover ativação adicional do corpo nos estados de estresse: isso muitas vezes é denominado *resposta simpática* ao *estresse*.

O sistema simpático é, de modo especial, muito ativado em vários estados emocionais. Por exemplo, no estado de *raiva*, que é desencadeado, em grande parte, por estímulo do hipotálamo, os sinais são transmitidos para baixo por meio da formação reticular e medula espinhal para produzir a descarga simpática maciça, e todos os eventos simpáticos relacionados acima ocorrem imediatamente. Esta é denominada *reação de alarme* simpática. Também é por vezes denominada *reação de luta ou fuga* porque o animal nesse estado decide quase instantaneamente se deve ficar e lutar ou fugir. Em qualquer caso, a reação de alarme simpática torna vigorosas as atividades subseqüentes do animal.

CONTROLE BULBAR, PONTINO E MESENCEFÁLICO DO SISTEMA NERVOSO AUTONÔMICO

Várias áreas na substância reticular do bulbo, ponte e mesencéfalo, assim como vários núcleos especiais (Fig. 22.5), controlam diferentes funções autonômicas, como a pressão arterial, a freqüência cardíaca, a secreção glandular na parte superior do tubo gastrintestinal, o peristaltismo gastrintestinal, o grau de contração da bexiga, e vários outros. O controle de cada uma dessas funções é discutido nos pontos apropriados deste texto. É suficiente destacar aqui que os fatores mais importantes controlados na parte inferior do tronco cerebral são a pressão arterial, a freqüência cardíaca e a respiração. Na verdade, a transecção do tronco cerebral ao nível mediopontino permite que o controle basal normal da pressão arterial continue como antes, mas impede sua modulação pelos centros nervosos superiores, particularmente os do hipotálamo. Por outro lado, a transecção imediatamente abaixo do bulbo provoca a redução da pressão arterial para cerca da metade da normal durante várias horas ou vários dias após a transecção.

Intimamente associados aos centros reguladores cardiovasculares do bulbo estão os centros bulbares e pontinos para a regulação da respiração, discutidos no Cap. 27. Embora essa não seja considerada como função autonômica, é uma das funções *involuntárias* do corpo.

Controle dos centros autonômicos do tronco cerebral inferior por áreas superiores. Os sinais provenientes do hipotálamo e até mesmo do cérebro podem afetar as atividades de quase todos os centros autonômicos de controle do tronco cerebral inferior. Por exemplo, a estimulação de áreas apropriadas do hipotálamo pode ativar os centros de controle cardiovascular o suficiente para aumentar a pressão arterial acima do dobro do normal. Da mesma forma, outros centros hipotalâmicos podem controlar a temperatura corporal, aumentar ou reduzir a salivação e a atividade gastrintestinal, ou causar esvaziamento vesical. Portanto, em parte, os centros autonômicos no tronco cerebral inferior atuam como estação de passagem para controlar as atividades iniciadas em níveis superiores do cérebro.

Nos dois capítulos anteriores foi destacado que várias de nossas respostas comportamentais são mediadas pelo hipotálamo, as áreas reticulares do tronco cerebral, e o sistema nervoso autonômico. Na verdade, as áreas superiores do tronco cerebral podem alterar a função de todo o sistema nervoso autonômico ou de regiões suficientemente fortes para causar doença grave autonomicamente induzida, como a úlcera péptica, a constipação, a palpitação cardíaca e, até mesmo, ataques cardíacos.

■ FARMACOLOGIA DO SISTEMA NERVOSO AUTONÔMICO

SUBSTÂNCIAS QUE ATUAM SOBRE OS ÓRGÃOS EFETORES ADRENÉRGICOS — OS SIMPATICOMIMÉTICOS

A partir da discussão anterior, é óbvio que a injeção venosa de norepinefrina causa praticamente os mesmos efeitos em todo o corpo que a estimulação simpática. Portanto, a norepinefrina é denominada *substância simpaticomimética* ou *adrenérgica*. A *epinefrina* e a *metoxamina* também são substâncias simpaticomiméticas, e existem muitas outras. Elas diferem entre si no grau em que estimulam diferentes órgãos efetores simpáticos e em suas durações de ação. A norepinefrina e a epinefrina exercem ações tão breves quanto 1 a 2 min, enquanto as ações da maioria das outras substâncias simpaticomiméticas utilizadas comumente duram de 30 minutos a 2 horas.

Substâncias importantes que só estimulam tipo específico de receptores adrenérgicos, mas não os outros, são a *fenilefrina* — receptores alfa; *isoproterenol* — receptores beta; e *albuterol* — apenas receptores beta$_2$.

Substâncias que causam liberação de norepinefrina das terminações nervosas. Algumas substâncias exercem ação simpaticomimética indireta, em lugar de excitar diretamente os órgãos efetores adrenérgicos. Essas substâncias incluem a *efedrina*, a *tiramina* e a *anfetamina*. Seu efeito é o de reforçar a liberação de norepinefrina de suas vesículas de armazenamento nas terminações nervosas simpáticas. A norepinefrina liberada, por sua vez, produz os efeitos simpáticos.

Substâncias que bloqueiam a atividade adrenérgica. A atividade adrenérgica pode ser bloqueada em vários pontos distintos do processo estimulatório da seguinte forma:

1. A síntese e o armazenamento da norepinefrina, nas terminações nervosas simpáticas, podem ser impedidos. A substância mais conhecida produtora deste efeito é a *reserpina*.
2. A liberação de norepinefrina das terminações simpáticas pode ser bloqueada. Isso é causado pela *guanetidina*.
3. Os receptores *alfa* podem ser bloqueados. Duas substâncias que produzem esse efeito são a *fenoxibenzamina* e a *fentolamina*.

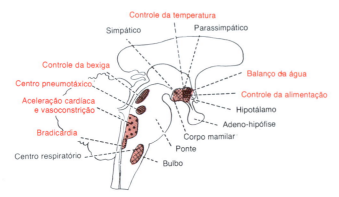

Fig. 22.5 Áreas de controle autonômico do tronco cerebral e hipotálamo.

4. Os receptores beta podem ser bloqueados. Uma substância que bloqueia todos os receptores beta é o *propranolol*. Uma substância que só bloqueia os receptores beta é o *metoprolol*.

5. A atividade simpática pode ser bloqueada por substâncias que bloqueiam a transmissão de impulsos nervosos pelos gânglios autônomos. Elas são discutidas adiante, mas o composto mais importante para o bloqueio da transmissão simpática e parassimpática pelos gânglios é o *hexametônio*.

SUBSTÂNCIAS QUE ATUAM NOS ÓRGÃOS EFETORES COLINÉRGICOS

Substâncias parassimpaticomiméticas (substâncias muscarínicas). A acetilcolina injetada por via venosa não causa em geral exatamente os mesmos efeitos em todo o corpo que a estimulação parassimpática, porque a acetilcolina é destruída pela colinesterase do sangue e dos líquidos corporais antes que possa atingir todos os órgãos efetores. Porém, várias outras substâncias que não são destruídas tão rapidamente podem produzir efeitos parassimpáticos típicos, e são denominadas *parassimpaticomiméticas*.

Duas substâncias parassimpaticomiméticas comumente utilizadas são a *pilocarpina* e a *metacolina*. Elas atuam diretamente sobre os receptores colinérgicos do tipo muscarínico.

As substâncias parassimpaticomiméticas também atuam sobre os órgãos efetores das fibras *simpáticas* colinérgicas. Por exemplo, essas substâncias causam sudorese profusa. Também causam vasodilatação em alguns órgãos; esse efeito ocorre até mesmo em vasos não inervados por fibras colinérgicas.

Substâncias que exercem efeito potencializador — anticolinesterásicos. Algumas substâncias não exercem efeito direto sobre os órgãos efetores parassimpáticos, mas potencializam os efeitos da acetilcolina secretada naturalmente nas terminações parassimpáticas. Elas são as mesmas substâncias discutidas no Cap. 25 que potencializam o efeito da acetilcolina na junção neuromuscular — isto é, *neostigmina, piridostigmina* e *ambenônio*. Elas inibem a acetilcolinesterase, evitando assim a destruição rápida da acetilcolina liberada pelas terminações nervosas parassimpáticas. Conseqüentemente, a quantidade de acetilcolina que atua sobre os órgãos efetores aumenta progressivamente com estímulos sucessivos, e o grau de sua ação também aumenta.

Substâncias que bloqueiam a atividade colinérgica nos órgãos efetores — substâncias antimuscarínicas. A *atropina* e substâncias semelhantes, como a *homatropina* e a *escopolamina*, bloqueiam a ação da acetilcolina nos órgãos efetores colinérgicos do tipo muscarínico. Entretanto, essas substâncias não afetam a ação nicotínica da acetilcolina sobre os neurônios pós-ganglionares ou sobre o músculo esquelético.

SUBSTÂNCIAS QUE ESTIMULAM OU BLOQUEIAM OS NEURÔNIOS PÓS-GANGLIONARES SIMPÁTICOS E PARASSIMPÁTICOS

Substâncias que estimulam os gânglios autonômicos. Os neurônios pré-ganglionares dos sistemas nervosos parassimpático e simpático secretam acetilcolina em suas terminações, e essa acetilcolina, por sua vez, estimula os neurônios pós-ganglionares. Além disso, a acetilcolina injetada também pode estimular os neurônios pós-ganglionares de ambos os sistemas, causando assim efeitos simpáticos e parassimpáticos simultâneos em todo o corpo. A *nicotina* é uma substância que também pode estimular os neurônios pós-ganglionares da mesma forma que a acetilcolina porque as membranas desses neurônios contêm o *receptor para acetilcolina do tipo nicotínico*. Portanto, as substâncias que causam os efeitos autonômicos por meio da estimulação dos neurônios pós-ganglionares são freqüentemente denominadas *substâncias nicotínicas*. Algumas delas, como a própria acetilcolina e a metacolina, têm ações nicotínicas e muscarínicas, enquanto a pilocarpina só tem ações muscarínicas.

A nicotina excita os neurônios pós-ganglionares simpáticos e parassimpáticos simultaneamente, resultando em forte vasoconstrição simpática nos órgãos abdominais e membros, mas ao mesmo tempo resultando em efeitos parassimpáticos, como aumento da atividade gastrintestinal e, algumas vezes, redução da freqüência cardíaca.

Substâncias bloqueadoras ganglionares. Várias substâncias importantes bloqueiam a transmissão de impulsos dos neurônios pré-ganglionares para os neurônios pós-ganglionares incluindo o *íon tetraetil amônio*,

o *íon hexametônio* e o *pentolínio*. Eles inibem a transmissão de impulsos nos sistemas simpático e parassimpático simultaneamente. Muitas vezes, são utilizados para bloqueio da atividade simpática, mas raramente para o bloqueio da atividade parassimpática, porque o bloqueio simpático supera geralmente os efeitos do bloqueio parassimpático. As substâncias bloqueadoras ganglionares podem, em especial, reduzir a pressão arterial em pacientes com hipertensão, mas essas substâncias não são muito úteis para esse propósito porque é difícil controlar seus efeitos.

REFERÊNCIAS

Abboud, F. M. (ed.): Disturbances in Neurogenic Control of the Circulation. Baltimore, Williams & Wilkins, 1981.

Bannister, Sir R. (ed.): Autonomic Failure. New York, Oxford University Press, 1988.

Buckley, J. P., et al. (eds.): Brain Peptides and Catecholamines in Cardiovascular Regulation. New York, Raven Press, 1987

Burattini, R., and Borgdorff, P.: Closed-loop baroreflex control of total peripheral resistance in the cat: Identification of gains by aid of a model. Cardiovasc. Res., 18:715, 1984.

Burchfield, S. R. (ed.): Stress. Physiological and Psychological Interactions. Washington, D.C., Hemisphere Publishing Corp., 1985.

Christensen, N. J., and Galbo, H.: Sympathetic nervous activity during exercise. Annu. Rev. Physiol., 45:139, 1983.

Cotman, C. W., et al. (eds.): The Neuro-Immune-Endocrine Connection. New York, Raven Press, 1987.

Davies, A. O., and Lefkowitz, R. J.: Regulation of B-adrenergic receptors by steroid hormones. Annu. Rev. Physiol., 46:119, 1984.

Donald, D. E., and Shepherd, J. T.: Autonomic regulation of the peripheral circulation. Annu. Rev. Physiol., 42:429, 1980.

Francis, G. S., and Cohn, J. N.: Catecholamines in Cardiovascular Disease. Current Concepts, February, 1988.

Gillis, C. N., and Pitt, B. R.: The fate of circulating amines within the pulmonary circulation. Annu. Rev. Physiol., 44:269, 1982.

Givens, J. R.: The Hypothalamus in Health and Disease. Chicago, Year Book-Medical Publishers, 1984.

Goldstein, D. S., and Eisenhofer, G.: Plasma catechols — What do they mean? News Physiol. Sci., 3:138, 1988.

Guyton, A. C., and Gillespie, W. M., Jr.: Constant infusion of epinephrine: Rate of epinephrine secretion and destruction in the body. Am. J. Physiol., 164:319, 1951.

Guyton, A. C., and Reeder, R. C.: Quantitative studies on the autonomic actions of curare. J. Pharmacol. Exp. Ther., 98:188, 1950.

Hirst, G. D. S., and Edwards, F. R.: Sympathetic neuroeffector transmission in arteries and arterioles. Physiol. Rev., 69:546, 1989.

Hoffman, B. B., and Lefkowitz, R. J.: Radioligand binding studies of adrenergic receptors: New insights into molecular and physiological regulation. Annu. Rev. Pharmacol. Toxicol., 20:581, 1980.

Janig, W.: Pre- and postganglionic vasoconstrictor neurons: Differentiation, types, and discharge properties. Annu. Rev. Physiol., 50:525, 1988.

Kobilka, B. K., et al.: Chimeric α_2, β_2 adrenergic receptors: Delineation of domains involved in effector coupling and ligand binding specificity. Science, 240:1310, 1988.

Kreulen, D. L.: Integration in autonomic ganglia. Physiologist, 27:49, 1984.

Levitzki, A.: β-Adrenergic receptors and their mode of coupling to adenylate cyclase. Physiol. Rev., 66:819, 1986.

Livett, B. G.: Adrenal medullary chromaffin cells in vitro. Physiol. Rev., 64:1103, 1984.

Ludbrook, J., and Evans, R.: Posthemorrhagic syncope. News Physiol. Sci., 4:120, 1989.

Lundberg, J. M., et al.: Neuropeptide Y: Sympathetic cotransmitter and modulator? News Physiol. Sci., 4:13, 1989.

Robinson, R.: Tumours That Secrete Catecholamines: A Study of Their Natural History and Their Diagnosis. New York, John Wiley & Sons, 1980.

Rowell, L. B.: Reflex control of regional circulations in humans. J. Auton. Nerv. Syst., 11:101, 1984.

Simon, P. (ed.): Neurotransmitters. New York, Pergamon Press, 1979.

Stiles, G. L., et al.: β-Adrenergic receptors: Biochemical mechanisms of physiological regulation. Physiol. Rev., 64:661, 1984.

Stjarne, L.: New paradigm: Sympathetic neurotransmission by lateral interaction between secretory units? News Physiol. Sci., 1:103, 1986.

Tauc, L.: Nonvesicular release of neurotransmitter. Physiol. Rev., 62:857, 1982.

Torretti, J.: Sympathetic control of renin release. Annu. Rev. Pharmacol. Toxicol., 22:167, 1982.

Ungar, A., and Phillips, J. H.: Regulation of the adrenal medulla. Physiol. Rev., 63:787, 1983.

Usdin, E.: Stress. The Role of Catecholamines and Other Neurotransmitters. New York, Gordon Press Publishers, 1984.

Vanhoutte, P. M.: Vasodilatation: Vascular Smooth Muscle, Peptides, Autonomic Nerves, and Endothelium. New York, Raven Press, 1988.

Von Euler, U. S.: Noradrenaline. Springfield, Ill., Charles C Thomas, 1956.

Youmans, J. R. (ed.): Neurological Surgery. Philadelphia, W. B. Saunders Co., 1989.

23

Fluxo Sanguíneo Cerebral, o Líquido Cefalorraquidiano e o Metabolismo Cerebral

Até agora, discutimos a função do cérebro como se fosse independente de seu fluxo sanguíneo, de seu metabolismo e de seus líquidos. Entretanto, isso está longe da realidade, pois anormalidades de qualquer um desses fatores podem afetar profundamente a função cerebral. Por exemplo, a interrupção total do fluxo sanguíneo cerebral causa inconsciência em 5 a 10 s. Isso é verdadeiro porque a ausência de oxigênio para as células cerebrais impede a maior parte de seu metabolismo. Também, em maior escala de tempo, as anormalidades do líquido cefalorraquidiano, tanto de sua composição como de sua pressão, podem ter efeitos igualmente graves sobre a função cerebral.

■ FLUXO SANGUÍNEO CEREBRAL

VELOCIDADE NORMAL DO FLUXO SANGUÍNEO CEREBRAL

O fluxo sanguíneo normal pelo tecido cerebral do adulto é, em média, de 50 a 55 ml/100 g de cérebro/min. Para todo o cérebro, isso representa cerca de 750 ml/min, ou 15% do débito cardíaco total em repouso.

REGULAÇÃO DO FLUXO SANGUÍNEO CEREBRAL

Controle metabólico do fluxo

Como na maioria das outras regiões vasculares do corpo, o fluxo sanguíneo cerebral é muito dependente do metabolismo do tecido cerebral. Pelo menos três fatores metabólicos diferentes exercem efeitos potentes no controle do fluxo sanguíneo cerebral. Eles são a concentração de dióxido de carbono, a concentração de íons hidrogênio e a concentração de oxigênio. *Elevação* da concentração de dióxido de carbono ou de íon hidrogênio aumenta o fluxo sanguíneo cerebral, enquanto a *diminuição* da concentração de oxigênio também aumenta o fluxo.

Regulação do fluxo sanguíneo cerebral em resposta à concentração excessiva de dióxido de carbono ou de íon hidrogênio. Elevação da concentração de dióxido de carbono no sangue arterial que perfunde o cérebro aumenta muito o fluxo sanguíneo cerebral. Isso é apresentado na Fig. 23.1, o que mostra que o aumento de 70% da P_{CO_2} arterial quase duplica o fluxo sanguíneo.

Acredita-se que o dióxido de carbono aumente o fluxo sanguíneo cerebral, de forma quase total, por sua combinação inicial com a água nos líquidos corporais para formar ácido carbônico, com sua subseqüente dissociação para formar íons hidrogênio. Os íons hidrogênio causam então dilatação dos vasos cerebrais — que é quase diretamente proporcional ao aumento da concentração do íon hidrogênio.

Qualquer outra substância que aumente a acidez do tecido cerebral, e, portanto, também eleve a concentração do íon hidrogênio, aumenta também o fluxo sanguíneo. Essas substâncias incluem o ácido lático, o ácido pirúvico, e qualquer outro material ácido formado durante o curso do metabolismo.

Importância da regulação do fluxo sanguíneo cerebral pelo dióxido de carbono e pelo hidrogênio. O aumento da concentração do íon hidrogênio diminui muito a atividade neuronal. Portanto,

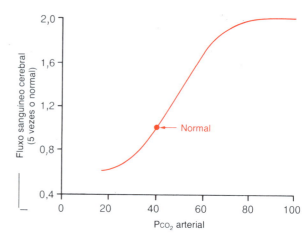

Fig. 23.1 Relação entre a P_{CO_2} arterial e o fluxo sanguíneo cerebral.

é bom que a elevação da concentração de íons hidrogênio promova aumento do fluxo sanguíneo, que, por sua vez, retira dióxido de carbono e outras substâncias ácidas dos tecidos cerebrais. A perda do dióxido de carbono remove ácido carbônico dos tecidos; e isso, junto com a remoção de outros ácidos, reduz a concentração de íon hidrogênio de volta ao normal. Assim, esse mecanismo ajuda a manter constante a concentração dos íons hidrogênio nos líquidos cerebrais e, assim, ajuda a manter o nível normal da atividade neuronal.

Falta de oxigênio como regulador do fluxo sanguíneo cerebral. Exceto durante períodos de intensa atividade cerebral, a utilização de oxigênio pelo tecido cerebral permanece dentro de limites muito estreitos — dentro de poucos pontos percentuais acima ou abaixo de 3,5 ml de oxigênio por 100 g de tecido encefálico por minuto. Se o fluxo sanguíneo encefálico fica insuficiente e incapaz de fornecer essa quantidade necessária de oxigênio, o mecanismo de falta de oxigênio para produção de vasodilatação, que funciona em praticamente todos os tecidos do corpo, causa de imediata vasodilatação, restabelecendo o fluxo sanguíneo e o transporte de oxigênio para os tecidos cerebrais até nível quase normal. Assim, esse mecanismo regulador do fluxo sanguíneo local no encéfalo é muito semelhante ao da circulação coronariana e do músculo esquelético e em várias outras áreas circulatórias do corpo.

Experimentos mostraram que redução da P_{O_2} no *tecido* cerebral abaixo de cerca de 30 mm Hg (o valor normal é de 35 a 40 mm Hg) começará a aumentar o fluxo sanguíneo cerebral. Isso é muito bom, pois a função cerebral sofre distúrbios em valores não muito menores da P_{O_2}, principalmente a níveis de P_{O_2} menores que 20 mm Hg. Nesses níveis baixos pode ocorrer até mesmo coma. Assim, o mecanismo do oxigênio para regulação local do fluxo sanguíneo cerebral também é uma resposta protetora muito importante contra a redução da atividade neuronal cerebral e, portanto, contra os distúrbios da capacidade mental.

Medida do fluxo sanguíneo cerebral e efeito da atividade cerebral sobre esse fluxo. Recentemente foi desenvolvido um método para registrar o fluxo sanguíneo em até 256 segmentos isolados do córtex cerebral humano ao mesmo tempo. Uma substância radioativa — geralmente o xenônio radioativo — é injetada na artéria carótida; a seguir, é registrada a radioatividade de cada segmento do córtex à medida que a substância atravessa o tecido cerebral. Para que isso seja realizado, 256 pequenos detectores de cintilação radioativa são focalizados sobre o mesmo número de áreas distintas do córtex; a velocidade de decaimento da radioatividade após atingir seu máximo em cada segmento do tecido é uma medida direta da velocidade do fluxo sanguíneo por esse segmento.

Com essa técnica, tornou-se claro que o fluxo sanguíneo em cada segmento individual do cérebro se modifica dentro de segundos em resposta à variação da atividade neuronal local. Por exemplo, o simples fechar da mão produz aumento imediato do fluxo sanguíneo no córtex motor do lado oposto do cérebro. Ou, a leitura de um livro aumenta o fluxo sanguíneo em múltiplas áreas do cérebro, principalmente no córtex occipital e nas áreas da linguagem do córtex temporal. Esse procedimento de medida também pode ser utilizado para a localização da origem de crises epilépticas, pois o fluxo sanguíneo aumenta de forma aguda e significativa no ponto focal da crise em seu início.

Ilustrando o efeito da atividade neuronal local sobre o fluxo sanguíneo cerebral, a Fig. 23.2 mostra o aumento do fluxo sanguíneo occipital registrado em um gato quando se fez incidir luz intensa em seus olhos por um período de 0,5 min.

Auto-regulação do fluxo sanguíneo cerebral quando a pressão arterial varia. O fluxo sanguíneo cerebral apresenta excelente auto-regulação entre os limites de pressão de 60 e 140 mm Hg.

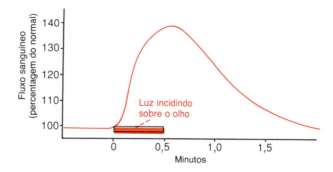

Fig. 23.2 Aumento do fluxo sanguíneo para as regiões occipitais do cérebro, quando incide luz sobre os olhos de um animal.

Isto é, a pressão arterial pode ser reduzida agudamente para até 60 mm Hg ou aumentada até 140 mm Hg sem alteração significativa do fluxo sanguíneo cerebral. Em pessoas hipertensas, essa faixa de auto-regulação é deslocada para valores ainda mais altos de pressão, até 180 a 200 mm Hg. Esse efeito é apresentado na Fig. 23.3, que mostra fluxos sanguíneos cerebrais medidos em homens normais e em pacientes hipertensos. Observe a extrema constância do fluxo sanguíneo cerebral entre os limites de 60 e 180 mm Hg de pressão arterial média. Por outro lado, se a pressão arterial cair abaixo de 60 mm Hg, o fluxo sanguíneo cerebral fica muito comprometido, e caso a pressão ultrapasse o limite superior da auto-regulação, o fluxo sanguíneo se eleva de forma muito acentuada, podendo causar estiramento excessivo dos vasos sanguíneos cerebrais, o que, por vezes, resulta em grave edema cerebral.

Papel do sistema nervoso simpático na regulação do fluxo sanguíneo cerebral

O sistema circulatório cerebral apresenta intensa inervação simpática que ascende dos gânglios simpáticos cervicais superiores junto com as artérias cerebrais. Essa inervação supre tanto as grandes artérias superficiais quanto as pequenas artérias que penetram na substância do cérebro. Entretanto, nem a transecção desses nervos simpáticos nem sua estimulação leve a moderada causa normalmente alteração significativa do fluxo sanguíneo cerebral. Portanto, há muito vem sendo afirmado que os nervos simpáticos não desempenham praticamente qualquer papel na regulação do fluxo sanguíneo cerebral.

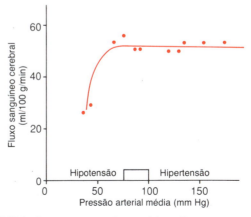

Fig. 23.3 Relação entre a pressão arterial medial e o fluxo sanguíneo cerebral em pessoas normotensas, hipotensas e hipertensas. (Modificado de Lassen: *Physiol. Rev.*, 39:183, 1959.)

Entretanto, experimentos recentes mostraram que a estimulação simpática cerebral pode, em algumas condições, ser ativada suficientemente para promover contração intensa das artérias cerebrais. A razão para isso não ocorrer na maioria das vezes é que o mecanismo auto-regulador do fluxo sanguíneo local é tão potente que em geral compensa quase totalmente os efeitos da estimulação simpática. Porém, nas situações em que o mecanismo auto-regulador não compensa o suficiente controle simpático do fluxo sanguíneo cerebral, passa a ser muito importante. Por exemplo, quando a pressão arterial se eleva até nível muito alto durante o exercício vigoroso e durante outros estados de atividade circulatória excessiva, o sistema nervoso simpático contrai as grandes e médias artérias e impede que pressões muito elevadas cheguem aos pequenos vasos sanguíneos. Os experimentos mostraram que isso é importante para a prevenção de ocorrência de hemorragia vascular cerebral — isto é, para evitar a ocorrência de um acidente vascular cerebral.

Também acredita-se que os reflexos simpáticos causem vasoespasmo nas grandes e médias artérias em alguns casos de lesão cerebral, como após acidente vascular cerebral ou em pacientes com hematoma subdural ou tumor cerebral.

A MICROCIRCULAÇÃO CEREBRAL

Como em quase todos os outros tecidos do corpo, a densidade dos capilares sanguíneos no cérebro é maior nos locais onde as necessidades metabólicas são maiores. O metabolismo global da substância cinzenta cerebral, onde ficam localizados os corpos celulares dos neurônios, é aproximadamente quatro vezes maior que a da substância branca; conseqüentemente, o número de capilares e a velocidade do fluxo sanguíneo também são cerca de quatro vezes maiores na substância cinzenta.

Outra característica estrutural importante dos capilares cerebrais é que são muito menos "permeáveis" que os capilares em quase qualquer outro tecido do corpo. Mais importante, os capilares são sustentados em toda sua superfície externa por "pés gliais", que são pequenas projeções das células gliais adjacentes que se justapõem a todas as superfícies dos capilares e promovem seu suporte físico para evitar o estiramento excessivo no caso de alta da pressão. Além disso, as paredes das pequenas arteríolas que levam aos capilares cerebrais apresentam grande espessamento em pessoas que desenvolvem pressão arterial elevada, e essas arteríolas permanecem significativamente contraídas durante todo o tempo para evitar a transmissão da pressão elevada para os capilares. Veremos adiante que sempre que esses sistemas de proteção contra a transudação de líquido para o encéfalo falham, ocorre edema cerebral grave que pode levar rapidamente ao coma e à morte.

■ O SISTEMA DO LÍQUIDO CEFALORRAQUIDIANO

Toda a cavidade que contém o encéfalo e a medula espinhal tem volume de aproximadamente 1.600 ml, e cerca de 150 ml desse volume são ocupados pelo líquido cefalorraquidiano. Esse líquido, como mostrado na Fig. 23.4, é encontrado nos *ventrículos cerebrais*, nas *cisternas ao redor do cérebro*, e no *espaço subaracnóide ao redor do encéfalo e da medula espinhal*. Todas essas câmaras são conectadas entre si, e a pressão do líquido é mantida em nível constante.

FUNÇÃO DE AMORTECIMENTO DO LÍQUIDO CEFALORRAQUIDIANO

Uma função importante do líquido cefalorraquidiano é a de acolchoar o encéfalo no interior de seu revestimento rígido. Felizmente, o encéfalo e o líquido cefalorraquidiano têm aproximadamente a mesma densidade específica (diferença de apenas cerca de 4%), de forma que o cérebro simplesmente flutua no líquido. Portanto, uma contusão da cabeça desloca todo o encéfalo a um só tempo, sem que qualquer parte dele seja momentaneamente deformada.

Contragolpe. Quando uma contusão da cabeça é extremamente grave, ela em geral não lesa o cérebro no lado da cabeça que sofreu o traumatismo, mas, sim no lado oposto. Esse fenômeno é conhecido como "contragolpe", e a razão para esse efeito é a seguinte: Quando ocorre o traumatismo, o líquido do lado atingido é tão incompressível que, à medida que o crânio se desloca, o líquido, ao mesmo tempo, empurra o encéfalo. Entretanto, no lado oposto, o súbito movimento do crânio faz com que ele se afaste, momentaneamente, do encéfalo, devido à inércia, criando, durante fração de segundo, um espaço de vácuo nesse ponto. Então, quando o crânio não está mais sendo acelerado, o vácuo subitamente colapsa e o encéfalo bate contra a superfície interna do crânio. Devido a isso, a lesão cerebral sofrida pelos lutadores de boxe não se dá nas regiões frontais, mas nas regiões occipitais.

FORMAÇÃO, FLUXO E ABSORÇÃO DO LÍQUIDO CEFALORRAQUIDIANO

O líquido cefalorraquidiano é formado com intensidade de cerca de 500 ml por dia, que é aproximadamente o triplo do volume total de líquido em todo o sistema do líquido cefalorraquidiano. Provavelmente dois terços ou mais desse líquido se originam como secreção dos plexos coróides nos quatro ventrículos, em grande parte nos dois ventrículos laterais. Quantidades adicionais de líquido são secretadas por todas as superfícies ependimárias dos ventrículos e das membranas aracnóides, e pequena quantidade vem do próprio cérebro por meio dos espaços perivasculares que circundam os vasos sanguíneos que entram no cérebro.

As setas na Fig. 23.4 mostram a via principal de fluxo do líquido proveniente dos plexos coróides e, depois, pelo sistema de líquido cefalorraquidiano. O líquido secretado nos ventrículos laterais e no terceiro ventrículo passa ao longo do *aqueduto de Sylvius* para o quarto ventrículo, onde é adicionada pequena quantidade de líquido. A seguir sai do quarto ventrículo através de três pequenas aberturas, os dois *forames de Luschka* laterais

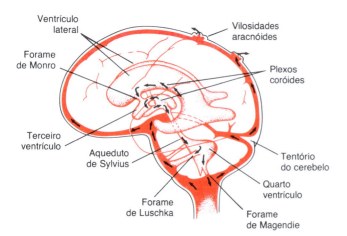

Fig. 23.4 Trajeto do fluxo do líquido cefalorraquidiano a partir dos plexos coróides nos ventrículos laterais até as vilosidades aracnóides que se salientam para os seios durais.

e um *forame de Magendie* na linha média, entrando na *cisterna magna*, um grande espaço de líquido localizado por trás do bulbo e sob o cerebelo. A cisterna magna é contínua com o *espaço subaracnóide* que circunda todo o encéfalo e a medula espinhal. Quase todo o líquido cefalorraquidiano flui, então, para cima, passando por esse espaço em direção ao cérebro. A partir desses espaços subaracnóides cerebrais, o líquido flui para múltiplas *vilosidades aracnóides* que se projetam para os grandes seios venosos sagitais e outros seios venosos. Finalmente, o líquido passa para o sangue venoso através da superfície dessas vilosidades.

Secreção pelo plexo coróide. O plexo coróide, que é representado na Fig. 23.5, é uma projeção em forma de couve-flor, de vasos sanguíneos, recoberta por delgada camada de células epiteliais. Esse plexo se projeta para (1) a ponta temporal de cada ventrículo lateral, (2) a região posterior do terceiro ventrículo, e (3) o teto do quarto ventrículo.

A secreção de líquido pelo plexo coróide depende principalmente do transporte ativo de íons sódio através das células epiteliais que revestem as superfícies externas do plexo. Os íons sódio, por sua vez, também trazem consigo grande quantidade de íons cloreto porque a carga positiva do íon sódio atrai a carga negativa do íon cloreto. Esses dois juntos aumentam a quantidade de substâncias osmoticamente ativas no líquido cefalorraquidiano, o que causa então osmose quase imediata da água através da membrana, fornecendo dessa forma o líquido da secreção. Processos de transporte menos importantes deslocam pequenas quantidades de glicose para o líquido cefalorraquidiano e de íons potássio e bicarbonato do líquido cefalorraquidiano para os capilares. Portanto, as características finais do líquido cefalorraquidiano ficam aproximadamente as seguintes: pressão osmótica, quase igual à do plasma; concentração de íons sódio, também quase igual à do plasma; cloreto, cerca de 15% maior que no plasma; potássio, cerca de 40% menor; e glicose, quase 30% menor.

Absorção do líquido cefalorraquidiano pelas vilosidades aracnóides. As *vilosidades aracnóides* são projeções microscópicas, em forma de dedos, da membrana aracnóide através das paredes dos seios venosos. Geralmente são encontrados grandes conglomerados dessas vilosidades que formam as estruturas macros-

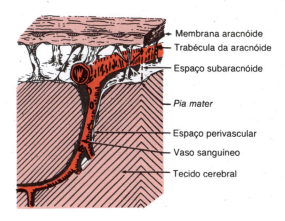

Fig. 23.6 Drenagem dos espaços perivasculares para o espaço subaracnóide. (Retirado de Ranson e Clark: *Anatomy of the Nervous System*. Philadelphia, W.B. Saunders Co. 1959.)

cópicas denominadas *granulações aracnóides* que podem ser observadas salientando-se nos seios. Foi demonstrado, por microscopia eletrônica, que as células endoteliais que recobrem as vilosidades apresentam grandes orifícios vesiculares através dos corpos das células. Foi proposto que seriam suficientemente grandes para permitir o fluxo relativamente livre de líquido cefalorraquidiano, moléculas de proteínas, e até mesmo partículas tão grandes quanto as hemácias para o sangue venoso.

Os espaços perivasculares e o líquido cefalorraquidiano. Os vasos sanguíneos que penetram na substância do cérebro passam, primeiro, ao longo da superfície do cérebro, e depois penetram em seu interior, levando consigo uma camada de *pia mater*, a membrana que recobre o encéfalo, como mostrado na Fig. 23.6. A pia está frouxamente aderida aos vasos, de forma que existe um espaço, o *espaço perivascular*, entre ela e cada vaso. Os espaços perivasculares seguem as artérias e as veias para o cérebro até o nível das arteríolas e das vênulas, mas não nos capilares.

A função linfática dos espaços perivasculares. Como ocorre em qualquer local do corpo, pequena quantidade de proteína extravasa dos capilares parenquimatosos para os espaços intersticiais do cérebro; e como não há linfáticos verdadeiros no tecido cerebral, essa proteína deixa o tecido em grande parte por meio dos espaços perivasculares; mas, em parte, também pela difusão direta através da *pia mater* para os espaços subaracnóides. Ao chegar aos espaços subaracnóides, a proteína flui junto com o líquido cefalorraquidiano para serem absorvidas através das *vilosidades aracnóides* para as veias cerebrais. Portanto, os espaços perivasculares são, na verdade, um sistema linfático modificado para o cérebro.

Além de transportar líquido e proteínas, os espaços perivasculares também transportam partículas estranhas do encéfalo para o espaço subaracnóide. Por exemplo, sempre que ocorre infecção no encéfalo, os leucócitos mortos são removidos por meio dos espaços perivasculares.

PRESSÃO DO LÍQUIDO CEFALORRAQUIDIANO

A pressão normal no sistema do líquido cefalorraquidiano quando a pessoa está deitada na horizontal é, em média, de 130 mm H_2O (10 mm Hg), embora possa ser tão baixa quanto 70 mm H_2O ou tão alta quanto 180 mm H_2O, mesmo na pessoa normal. Esses valores são consideravelmente mais positivos que a pressão de -3 a -5 mm Hg nos espaços intersticiais do tecido subcutâneo.

Regulação da pressão do líquido cefalorraquidiano pelas vilosidades aracnóides. A pressão do líquido cefalorraquidiano é regulada quase totalmente pela absorção do líquido através das

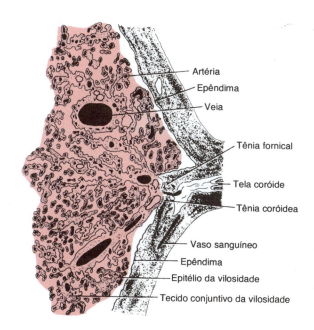

Fig. 23.5 O plexo coróide. (Modificado de Clara: *Das Nervensystem des Menschen*. Barth.)

vilosidades aracnóides. A razão para isso é que a velocidade de formação do líquido cefalorraquidiano é muito constante, de forma que só raramente poderá atuar como fator na regulação da pressão. Por outro lado, as vilosidades funcionam como "válvulas" que permitem que o líquido e seu conteúdo fluam rapidamente para o sangue venoso dos seios, ao mesmo tempo que não permite que o sangue flua de volta na direção oposta. Normalmente, essa ação de válvula das vilosidades permite que o líquido cefalorraquidiano comece a fluir para o sangue quando sua pressão é cerca de 1,5 mm Hg maior que a pressão do sangue nos seios. Então, à medida que a pressão no líquido cefalorraquidiano se eleva ainda mais, as válvulas abrem-se amplamente de forma que, em condições normais, a pressão quase nunca se eleva mais que alguns milímetros de mercúrio acima da pressão vigente nos seios venosos.

Por outro lado, em estados patológicos, as vilosidades por vezes são bloqueadas por grandes partículas, por fibrose, ou até mesmo por excesso de moléculas de proteínas plasmáticas que extravasaram para o líquido cefalorraquidiano nas doenças encefálicas. Esse bloqueio pode causar grande elevação da pressão do líquido cefalorraquidiano, como discutiremos adiante.

Pressão do líquido cefalorraquidiano nas doenças encefálicas. Algumas vezes, um grande *tumor cerebral* eleva a pressão do líquido cefalorraquidiano pela redução da absorção do líquido. Por exemplo, se o tumor está acima do tentório e fica suficientemente grande para comprimir o encéfalo para baixo, o fluxo ascendente de líquido pelo espaço subaracnóide ao redor do tronco cerebral, onde passa pela abertura tentorial, pode ser bloqueado e a absorção de líquido pelas vilosidades aracnóides cerebrais pode encontrar grande impedimento. Conseqüentemente, a pressão do líquido cefalorraquidiano pode elevar-se até 500 mm H_2O (37 mm Hg) ou mais.

A pressão também se eleva significativamente quando ocorre *hemorragia* ou *infecção* na cavidade craniana. Nessas duas condições, grande número de células surge subitamente no líquido cefalorraquidiano, podendo causar grave bloqueio dos pequenos canais para absorção através das vilosidades aracnóides. Isso, algumas vezes, eleva a pressão do líquido cefalorraquidiano até 400 a 600 mm H_2O (aproximadamente quatro vezes a normal).

Ocasionalmente, crianças podem nascer com pressão elevada do líquido cefalorraquidiano. Isso em geral é causado por resistência anormalmente elevada à reabsorção de líquido através das vilosidades aracnóides, resultante de número muito pequeno de vilosidades aracnóides ou de vilosidades com propriedades absortivas anormais. Isso é discutido adiante, junto com a *hidrocefalia.*

AS BARREIRAS HEMATOLIQUÓRICA E HEMATOENCEFÁLICA

Já foi destacado que os constituintes do líquido cefalorraquidiano não são exatamente iguais aos do líquido extracelular em outras partes do corpo. Além disso, diversas substâncias com grandes moléculas dificilmente passam do sangue para o líquido cefalorraquidiano ou para os líquidos intersticiais do cérebro, embora essas mesmas substâncias passem com facilidade para os líquidos intersticiais usuais do corpo. Portanto, diz-se que existem barreiras, denominadas *barreira hematoliquórica* e *barreira hematoencefálica,* entre o sangue e o líquido cefalorraquidiano e o líquido cerebral, respectivamente. Essas barreiras existem no plexo coróide e nas membranas dos capilares teciduais em praticamente todas as áreas do parênquima cerebral, *exceto em algumas áreas do hipotálamo,* da *glândula pineal* e da *área postrema,* onde substâncias se difundem com facilidade para os espaços teciduais. Essa facilidade de difusão é muito importante porque essas áreas

do cérebro possuem órgãos sensoriais que respondem a diferentes alterações nos líquidos corporais, como modificações da osmolalidade, concentração de glicose, e assim por diante; essas respostas promovem os sinais para a regulação por *feedback* de todos esses fatores.

Em geral, as barreiras hematoliquórica e hematoencefálica são muito permeáveis à água, dióxido de carbono, oxigênio, e a maior parte das substâncias lipossolúveis, como o álcool, e a maioria dos anestésicos; ligeiramente permeáveis aos eletrólitos como o sódio, cloreto e potássio; e quase totalmente impermeáveis às proteínas plasmáticas e várias grandes moléculas orgânicas. Portanto, as barreiras hematoliquórica e hematoencefálica freqüentemente tornam impossível atingir concentrações eficazes de anticorpos protéicos ou de algumas substâncias não-lipossolúveis no líquido cefalorraquidiano ou parênquima cerebral.

A causa da baixa permeabilidade das barreiras hematoliquórica e hematoencefálica é a forma pela qual as células endoteliais são unidas entre si, pelas denominadas *junções fechadas.* Isto é, as membranas das células endoteliais adjacentes são quase fundidas entre si, como ocorre na maioria dos outros capilares do corpo.

Difusão entre o líquido cefalorraquidiano e o líquido intersticial encefálico. As superfícies dos ventrículos são revestidas por um delgado epitélio cuboidal, denominado *epêndima,* e o líquido cefalorraquidiano nas superfícies externas do cérebro é separado do tecido cerebral por delgada membrana, denominada *pia mater.* Tanto o epêndima quanto a *pia mater* são extremamente permeáveis, de forma que quase todas as substâncias que entram no líquido cefalorraquidiano também podem difundir-se com facilidade para as áreas superficiais do líquido intersticial encefálico. Ou, da mesma forma, substâncias no líquido intersticial também podem difundir-se na outra direção. Portanto, alguns medicamentos que não exercem efeito sobre o cérebro, quando introduzidos na corrente sanguínea, podem ter efeitos importantes quando injetados no líquido cefalorraquidiano.

EDEMA CEREBRAL

Uma das complicações mais graves dos distúrbios da hemodinâmica e da dinâmica dos líquidos no encéfalo é o desenvolvimento de edema cerebral. Como o encéfalo fica contido no interior de uma cavidade rígida, o acúmulo de líquido de edema comprime os vasos sanguíneos, resultando em redução do fluxo sanguíneo e destruição do tecido cerebral.

A causa habitual de edema cerebral é o grande aumento da pressão capilar ou lesão da parede capilar. Uma causa de pressão capilar excessivamente elevada é o súbito aumento da pressão sanguínea cerebral até níveis por demais elevados para que possa ser compensada pelo mecanismo de auto-regulação. Entretanto, a causa mais comum é a concussão cerebral, na qual os tecidos e capilares cerebrais são traumatizados e o líquido capilar extravasa para os tecidos lesados. Uma vez instalado o edema cerebral, iniciam-se freqüentemente dois ciclos viciosos devido ao seguinte *feedback* positivo: (1) O edema comprime a rede vascular. Isso, por sua vez, diminui o fluxo sanguíneo e causa isquemia cerebral. A isquemia causa dilatação arteriolar com aumento da pressão capilar. O aumento da pressão capilar produz então mais líquido de edema, de forma que o edema se agrava progressivamente. (2) A redução do fluxo sanguíneo diminui a oferta de oxigênio. Isso aumenta a permeabilidade dos capilares, permitindo maior extravasamento de líquido. Também desliga a bomba de sódio das células teciduais, permitindo, assim, seu intumescimento.

Uma vez que esses dois ciclos viciosos tenham começado, devem ser utilizadas medidas heróicas para evitar a destruição total do cérebro. Uma dessas medidas é infundir, por via venosa, uma substância osmótica concentrada, como solução de manitol muito concentrada. Isso remove, por osmose, líquido do tecido cerebral, interrrompendo o ciclo vicioso. Outro procedimento é o de remover rapidamente o líquido dos ventrículos laterais do cérebro através de punção ventricular, aliviando, assim, a pressão intracerebral.

METABOLISMO CEREBRAL

Como os outros tecidos, o cérebro requer oxigênio e nutrientes sólidos para suprir suas demandas metabólicas. Entretanto, há peculiaridades especiais do metabolismo cerebral que precisam ser mencionadas.

Metabolismo total e neuronal. Em condições de repouso, o metabolismo encefálico representa cerca de 15% do metabolismo total do corpo, embora a massa encefálica só represente 2% dessa massa corporal total. Portanto, em condições de repouso, o metabolismo encefálico é cerca de 7,5 vezes maior que o metabolismo médio no restante do corpo.

A maior parte desse metabolismo excessivo do encéfalo ocorre nos neurônios, e não nos tecidos de sustentação glial. A principal necessidade metabólica dos neurônios é para o bombeamento de íons através de suas membranas, principalmente para transportar íons sódio e cálcio para a face externa da membrana neuronal e íons potássio e cloreto para sua face interna. Cada vez que um neurônio conduz um potencial de ação, esses íons se deslocam através das membranas, aumentando a necessidade de transporte através da membrana, para restabelecer as concentrações iônicas apropriadas. Portanto, durante a atividade cerebral excessiva, o metabolismo neuronal pode aumentar por várias vezes.

Necessidade especial do encéfalo por oxigênio — ausência de metabolismo anaeróbico significativo. A maioria dos tecidos do corpo pode permanecer sem oxigênio durante vários minutos e alguns por até meia hora. Durante esse período, as células teciduais obtêm sua energia por meio dos processos do metabolismo anaeróbico, o que significa a liberação de energia por degradação parcial da glicose e glicogênio, mas sem combinação com o oxigênio. Isso só fornece energia à custa do consumo de quantidades enormes de glicose e glicogênio. Entretanto, ele mantém os tecidos funcionantes.

Infelizmente, o cérebro não é capaz de grande metabolismo anaeróbico. Uma das razões para isso é o metabolismo muito elevado dos neurônios, de forma que é necessária muito mais energia para cada célula cerebral que na maioria dos tecidos. Outra razão é que a quantidade de glicogênio armazenada nos neurônios é muito pequena. As reservas de oxigênio nos tecidos encefálicos também são muito pequenas. Portanto, a atividade neuronal depende da oferta, segundo a segundo, de oxigênio pelo sangue.

Reunindo todos esses fatores, pode-se compreender como a interrupção abrupta do fluxo sanguíneo para o cérebro ou a falta súbita de oxigênio no sangue pode causar inconsciência em 5 a 10 segundos.

Em condições normais, a maior parte da energia para o encéfalo é obtida da glicose. Em condições normais, quase toda a energia utilizada pelas células cerebrais é obtida da glicose proveniente do sangue. Como o oxigênio, a maior parte da glicose é fornecida, minuto a minuto e segundo a segundo, pelo sangue capilar, com reserva total de glicose para apenas 2 minutos, armazenada normalmente como glicogênio nos neurônios em qualquer instante.

Um aspecto especial da oferta de glicose para os neurônios é que seu transporte para os neurônios através da membrana celular não depende da insulina, ao contrário de quase todas as outras células teciduais. Portanto, mesmo em pacientes com diabetes grave com secreção praticamente nula de insulina, a glicose ainda se difunde facilmente para os neurônios — o que é muito bom para a prevenção da perda da função mental em pacientes diabéticos. Entretanto, quando um paciente diabético é tratado com doses excessivas de insulina, a concentração sanguínea de glicose pode cair algumas vezes até valores extremamente baixos, porque o excesso de insulina faz com que quase toda a glicose no sangue seja transportada rapidamente para as células não-neurais sensíveis à insulina em todo o corpo. Quando isso acontece, não fica no sangue glicose em quantidade suficiente para suprir os neurônios, e a função mental fica muito comprometida, levando, algumas vezes, ao coma, mas, na maioria das vezes, a desequilíbrios mentais e distúrbios psicóticos.

REFERÊNCIAS

Angerson, W. J., et al. (eds.): Blood Flow in the Brain. New York, Oxford University Press, 1989.

Bevan, J. A., et al.: Sympathetic control of cerebral arteries: specialization in receptor type, reserve, affinity, and distribution. FASEB J., 1:193, 1987.

Cserr, H. F.: Physiology of the choroid plexus. Physiol. Rev., 51:273, 1971.

Daveson, H.: The Physiology of the Cerebrospinal Fluid. Boston, Little, Brown, 1967.

Fenstermacher, J. D., and Rapoport, S. I.: Blood-brain barrier. In Renkin, E. M., and Michel, C. C. (eds.): Handbook of Physiology. Sec. 2, Vol. IV. Bethesda, Md., American Physiological Society, 1984, p. 969.

Finger, S., et al. (eds.): Brain Injury and Recovery. New York, Plenum Publishing Corp., 1988.

Guyton, A. C., et al.: Circulatory Physiology. II. Dynamics and Control of the Body Fluids. Philadelphia, W. B. Saunders Co., 1975.

Hibbard, L. S., et al.: Three-dimensional representation and analysis of brain energy metabolism. Science, 236:1641, 1987.

Hochwald, G. M.: Animal models of hydrocephalus: Recent developments. Proc. Soc. Exp. Biol. Med., 178:1, 1985.

Kazemi, H., and Johnson, D. C.: Regulation of cerebrospinal fluid acid-base balance. Physiol. Rev., 66:953, 1986.

Levin, H. S., and Eisenberg, H. S. (eds.): Mild Head Injury. New York, Oxford University Press, 1989.

Mayhan, W. G., et al.: Cerebral microcirculation. News Physiol. Sci., 3:164, 1988.

McLaurin, R. L., et al. (eds.): Pediatric Neurosurgery, 2nd Ed. Philadelphia, W. B. Saunders Co., 1989.

Neuwelt, E. A. (ed.): Implications of the Blood-Brain Barrier and Its Manipulation. New York, Plenum Publishing Corp., 1989.

Oldendorf, W. H.: Blood-brain barrier permeability to drugs. Annu. Rev. Pharmacol., 14:239, 1974.

Rescigno, A., and Boicelli, A.: Cerebral Blood Flow. New York, Plenum Publishing Corp., 1988.

Saunders, N. R., and Milgard, K.: Development of the blood-brain barrier. J. Dev. Physiol., 6:45, 1984.

Shulman, K. (ed.): Intracranial Pressure IV. New York, Springer-Verlag, 1980.

Siesjo, B. K.: Cerebral circulation and metabolism. J. Neurosurg., 60:883, 1984.

Somjen, G. (ed.): Mechanisms of Cerebral Hypoxia and Stroke. New York, Plenum Publishing Corp., 1988.

Wood, J. H. (ed.): Cerebral Blood Flow: Physiologic and Clinical Aspects. New York, McGraw-Hill Book Co., 1987.

CONTROLE NERVOSO DAS FUNÇÕES DO CORPO

24 **Contração do Músculo Esquelético**

25 **Transmissão Neuromuscular; Função do Músculo Liso**

26 **O Coração: Sua Excitação Rítmica e Controle Nervoso**

27 **Regulação Nervosa da Circulação e da Respiração**

28 **Regulação da Função Gastrintestinal, da Ingestão de Alimentos, da Micção e da Temperatura Corporal**

29 **Controle Hipotalâmico e Hipofisário dos Hormônios e da Reprodução**

24

Contração do Músculo Esquelético

Como o sistema nervoso é o principal regulador de nossas atividades corporais, é tão importante compreender os mecanismos pelos quais o sistema nervoso se relaciona com as partes periféricas do corpo quanto compreender o próprio sistema nervoso. Portanto, os capítulos remanescentes deste texto ajudarão a explicar as várias formas pelas quais o sistema nervoso controla todas as nossas atividades musculares, bem como o que denominamos *funções vegetativas* do corpo, significando os processos vitais do corpo, como o controle da pressão arterial, respiração, função gastrintestinal, temperatura corporal, e até mesmo as funções sexuais.

Este capítulo discutirá o músculo esquelético. Aproximadamente 40% do corpo são compostos por músculo esquelético, e quase outros 10% são formados por músculos liso e cardíaco. Vários dos mesmos princípios da contração e do controle pelo sistema nervoso se aplicam a todos esses tipos diferentes de músculo, mas as funções especializadas do músculo liso são discutidas no Cap. 25 e as do músculo cardíaco, no Cap. 26.

■ ANATOMIA FISIOLÓGICA DO MÚSCULO ESQUELÉTICO

A FIBRA MUSCULAR ESQUELÉTICA

A Fig. 24.1 apresenta a organização dos músculos esqueléticos, mostrando que todos eles são constituídos por numerosas fibras cujo diâmetro varia de 10 a 80 μm. Cada uma dessas fibras, por sua vez, é constituída por subunidades sucessivamente menores, também representadas na Fig. 24.1, descritas nos parágrafos subseqüentes.

Na maioria dos músculos, as fibras se estendem por todo o comprimento do músculo; exceto em cerca de 2% delas, cada uma é inervada por apenas uma terminação nervosa, localizada próxima ao meio da fibra.

O sarcolema. O sarcolema é a membrana celular da fibra muscular. Entretanto, o sarcolema consiste em uma verdadeira membrana celular, denominada *membrana plasmática*, e em um revestimento externo constituído por delgada camada de polissacarídios contendo numerosas fibrilas delgadas de colágeno. Na extremidade da fibra muscular, essa camada superficial do sarcolema se funde com uma fibra tendinosa, e essas fibras tendinosas, por sua vez, reúnem-se em feixes para formar os tendões musculares que se inserem nos ossos.

Miofibrilas; filamentos de actina e miosina. Cada fibra muscular contém centenas a vários milhares de *miofibrilas,* representadas pelos numerosos círculos vazios no corte transverso da Fig. 24.1C. Cada miofibrila (Fig. 24.1D e E), por sua vez, contém, lado a lado, cerca de 1.500 *filamentos de miosina* e 3.000 *filamentos de actina,* que são grandes moléculas protéicas polimerizadas responsáveis pela contração muscular. Essas miofibrilas podem ser observadas em corte longitudinal na microfotografia eletrônica da Fig. 24.2 e são representadas, esquematicamente, na Fig. 24.1, partes E a L. Os filamentos espessos nos diagramas são os de *miosina,* e os filamentos finos são os de *actina*.

Observe-se que os filamentos de miosina e actina interdigitam-se parcialmente e, dessa forma, fazem com que as miofibrilas apresentem faixas alternadas claras e escuras. As faixas claras só contêm filamentos de actina e são denominadas *faixas I* porque são *isotrópicas* à luz polarizada. As faixas escuras contêm os filamentos de miosina, assim como as extremidades dos filamentos de actina, onde se sobrepõem à miosina e são denominadas *faixas A* porque são *anisotrópicas* à luz polarizada. Observe-se também as pequenas projeções laterais dos filamentos de miosina, denominadas *pontes cruzadas.* Salientam-se das superfícies dos filamentos de miosina ao longo de toda a extensão do filamento, exceto em sua parte mais central. A interação entre essas pontes cruzadas e os filamentos de actina produz a contração.

A Fig. 24.1E também mostra que as extremidades dos filamentos de actina estão fixadas ao denominado *disco Z.* A partir desse disco, esses filamentos se estendem em ambas as direções para se interdigitarem com os filamentos de miosina. O disco Z, que é composto de proteínas filamentares diferentes das dos filamentos de actina e miosina, passa de miofibrila para miofibrila, fixando as miofibrilas entre si por todo o trajeto da fibra muscular. Portanto, toda a fibra muscular apresenta faixas claras e escuras, bem como as miofibrilas individuais. Essas faixas dão aos músculos esquelético e cardíaco sua aparência "estriada".

A região de uma miofibrila (ou de toda a fibra muscular) que fica situada entre dois discos Z sucessivos é denominada *sarcômero.* Quando a fibra muscular está em seu comprimento

264 VII ■ Controle Nervoso das Funções do Corpo

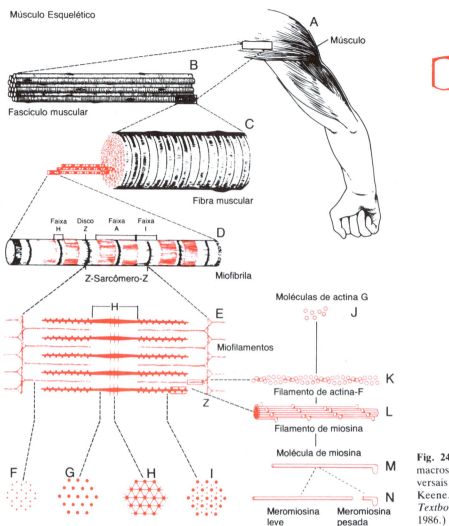

Fig. 24.1 Organização do músculo esquelético, do nível macroscópico ao molecular. *F, G, H* e *I* são cortes transversais nos níveis indicados. (Desenho de Sylvia Colard Keene. Modificado de Fawcett: *Bloom and Fawcett: A Textbook of Histology*. Philadelphia, W. B. Saunders Co., 1986.)

de repouso, completamente estirada, o comprimento do sarcômero é de aproximadamente 2 μm. Nesse comprimento, os filamentos de actina sobrepõem-se totalmente aos filamentos de miosina, e começam a se sobrepor uns aos outros. Veremos adiante que, nesse comprimento, o sarcômero também é capaz de gerar sua maior força de contração.

O **sarcoplasma**. As miofibrilas estão suspensas no interior da fibra muscular em uma matriz denominada *sarcoplasma*, que é composta pelos constituintes intracelulares habituais. O líquido do sarcoplasma contém grande quantidade de potássio, magnésio, fosfato e enzimas protéicas. Também existe número muito grande de *mitocôndrias* localizadas entre e paralelas a miofibrilas, condição que indica a grande necessidade, por parte das miofibrilas em contração, de grandes quantidades de trifosfato de adenosina (ATP) formado pelas mitocôndrias.

O **retículo sarcoplasmático**. Também existe no sarcoplasma um extenso retículo endoplasmático, que na fibra muscular é denominado *retículo sarcoplasmático*. Esse retículo tem organização especial, extremamente importante para o controle da contração muscular, como discutido adiante. A microfotografia eletrônica da Fig. 24.3 apresenta a disposição desse retículo sarcoplasmático e mostra como pode ser extenso. Os tipos de músculo de contração mais rápida apresentam retículos sarcoplasmáticos particularmente extensos, indicando que essa estrutura é importante na produção de contração muscular rápida, como também é discutido adiante.

■ O MECANISMO GERAL DA CONTRAÇÃO MUSCULAR

O início e a execução da contração muscular ocorrem de acordo com as seguintes etapas seqüenciais:

1. Um potencial de ação percorre um nervo motor até suas terminações nas fibras musculares.
2. Em cada terminação, o nervo secreta pequena quantidade da substância neurotransmissora denominada *acetilcolina*.
3. A acetilcolina atua em uma área local da membrana da fibra muscular para abrir múltiplos canais protéicos acetilcolina-dependentes na membrana da fibra muscular.
4. A abertura dos canais de acetilcolina permite o fluxo de grande quantidade de íons sódio para a face interna da membrana da fibra muscular no local da terminação nervosa. Isso desencadeia um potencial de ação na fibra muscular.
5. O potencial de ação percorre a membrana da fibra muscular da mesma forma que os potenciais de ação percorrem as membranas nervosas.
6. O potencial de ação despolariza a membrana da fibra muscular e também penetra profundamente no interior da fibra muscular. Aí, faz com que o retículo sarcoplasmático libere, para as miofibrilas, grande quantidade de íons cálcio que estavam armazenados no retículo.

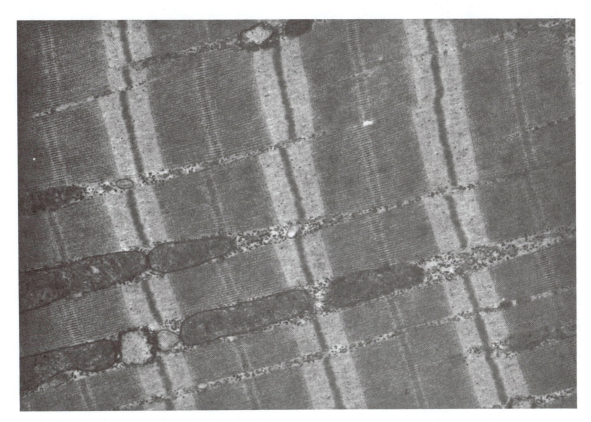

Fig. 24.2 Microfotografia eletrônica de miofibrilas musculares, mostrando a organização detalhada de filamentos de actina e miosina. Observe-se as mitocôndrias localizadas entre as miofibrilas. (Retirado de Fawcett: *The Cell*. Philadelphia, W. B. Saunders Co., 1981.)

7. Os íons cálcio produzem forças atrativas entre os filamentos de actina e miosina, fazendo com que deslizem uns sobre os outros, o que constitui o processo contrátil.

8. Após fração de segundo, os íons cálcio são bombeados de volta para o retículo sarcoplasmático, onde permanecem armazenados até que surja novo potencial de ação muscular; a contração muscular cessa.

Agora descreveremos a maquinaria do processo contrátil, mas retornaremos aos detalhes da excitação muscular no capítulo seguinte.

■ MECANISMO MOLECULAR DA CONTRAÇÃO MUSCULAR

Mecanismo de deslizamento da contração. A Fig. 24.4 apresenta o mecanismo básico da contração muscular. Mostra o estado relaxado de um sarcômero (na parte de cima) e o estado contraído (na parte de baixo). No estado relaxado, as extremidades dos filamentos de actina derivados de dois discos Z sucessivos superpõem-se de forma apenas parcial, enquanto, ao mesmo tempo, sobrepõem-se completamente aos filamentos de miosina. Por

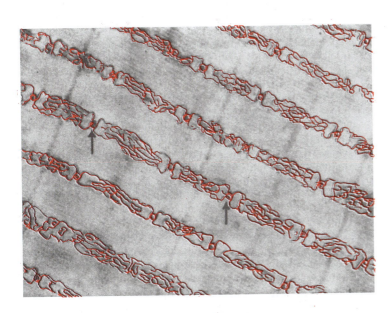

Fig. 24.3 Retículo sarcoplasmático circundando as miofibrilas, mostrando o sistema longitudinal paralelo às miofibrilas. Também são mostrados em corte transversal os túbulos T *(setas)* que levam ao exterior da membrana da fibra e que contêm líquido extracelular. (Retirado de Fawcett: *The Cell*. Philadelphia, W. B. Saunders Co., 1981.)

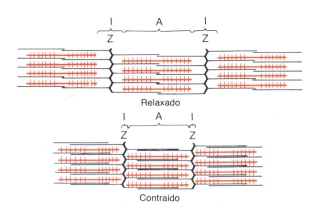

Fig. 24.4 Os estados relaxado e contraído de uma miofibrila, mostrando o deslizamento dos filamentos de actina *(em preto)* pelos espaços entre os filamentos de miosina *(em vermelho)*.

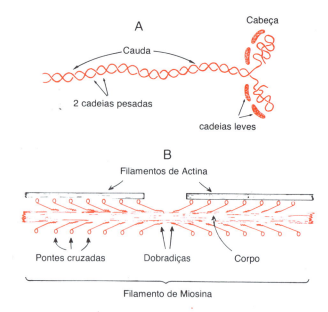

Fig. 24.5 *A*, A molécula de miosina. *B*, Combinação de várias moléculas de miosina para formar um filamento de miosina. Também são mostradas as pontes cruzadas e a interação entre as cabeças das pontes cruzadas e os filamentos adjacentes de actina.

outro lado, no estado contraído, esses filamentos de actina foram tracionados para o centro do sarcômero, por entre os filamentos de miosina, de forma que agora ocorre maior sobreposição. Também, os discos Z foram tracionados, pelos filamentos de actina, até as extremidades dos filamentos de miosina. Na verdade, os filamentos de actina podem ser tracionados juntos de forma tão intensa que as extremidades dos filamentos de miosina chegam a ficar dobradas durante contração muito forte. Desse modo, a contração muscular ocorre por um *mecanismo de deslizamento dos filamentos*.

Mas o que faz com que os filamentos de actina deslizem para o centro do sarcômero por entre os filamentos de miosina? Isso é causado por forças mecânicas geradas pela interação das pontes cruzadas dos filamentos de miosina com os filamentos de actina, como discutiremos nas seções seguintes. Em condições de repouso, essas forças estão inibidas, mas, quando um potencial de ação percorre a membrana da fibra muscular, ele causa a liberação de grande quantidade de íons cálcio, para o sarcoplasma adjacente às miofibrilas. Esses íons cálcio, por sua vez, ativam as forças entre os filamentos, e começa a contração, mas também é necessária energia para que o processo contrátil prossiga. Essa energia é derivada das ligações de alta energia do ATP, que é degradado em difosfato de adenosina (ADP) para liberar a energia necessária.

Nas seções a seguir, descrevemos o que se sabe sobre os detalhes dos processos moleculares da contração. Entretanto, para iniciar essa discussão, devemos primeiro caracterizar em detalhes os filamentos de miosina e actina.

CARACTERÍSTICAS MOLECULARES DOS FILAMENTOS CONTRÁTEIS

O filamento de miosina. O filamento de miosina é composto de múltiplas moléculas de miosina, cada uma com peso molecular de aproximadamente 480.000. A Fig. 24.5A representa uma dessas moléculas isolada; a Fig. 24.5B mostra a organização dessas moléculas para formar um filamento de miosina, assim como sua interação em um lado com as extremidades de dois filamentos de actina.

A *molécula de miosina* é composta de 6 cadeias polipeptídicas, *2 cadeias pesadas*, cada uma com peso molecular em torno de 200.000 e 4 *cadeias leves* com pesos moleculares de cerca de 20.000 cada uma. As duas cadeias pesadas se enrolam, de modo espiralado, uma em torno da outra, para formar uma dupla hélice. Entretanto, uma extremidade de cada uma dessas cadeias se curva para formar uma massa protéica globular denominada *cabeça* da miosina. Assim, há duas cabeças livres situadas lado a lado, em uma das extremidades da molécula em dupla hélice da miosina; a parte alongada dessa dupla hélice é denominada *cauda*. As quatro cadeias leves também são parte das cabeças de miosina, duas para cada cabeça. Essas cadeias leves ajudam a controlar a função da cabeça durante o processo de contração muscular.

O *filamento de miosina* é constituído por 200 ou mais moléculas individuais de miosina. A parte central de um desses filamentos é representada na Fig. 24.5B, mostrando as caudas das moléculas de miosina reunidas para formar o *corpo* do filamento, enquanto várias cabeças das moléculas pendem para fora e para os lados desse corpo. Também, parte da porção helicoidal de cada molécula de miosina se estende para o lado, formando, desse modo, um *braço* que afasta a cabeça do corpo, como mostrado na figura. Esses braços e as cabeças proeminentes formam, em seu conjunto, as *pontes cruzadas*. Acredita-se que cada ponte cruzada seja flexível em dois pontos denominados *dobradiças*: um fica localizado onde o braço se afasta do corpo do filamento de miosina e o outro onde as duas cabeças se prendem ao braço. Os braços dobráveis permitem que as cabeças sejam muito afastadas do corpo do filamento de miosina ou que sejam trazidas para muito próximo dele. Acredita-se que as cabeças dobráveis participem do verdadeiro processo de contração, como discutiremos nas seções a seguir.

O comprimento total de cada filamento de miosina é muito uniforme, quase exatamente 1,6 μm. Entretanto, observe-se que não existem cabeças de pontes cruzadas na região mais central do filamento de miosina por uma distância de aproximadamente 0,2 μm porque os braços dobráveis se estendem para as extremidades do filamento de miosina, a partir desse centro; portanto, no centro só existem as caudas das moléculas de miosina, e não cabeças.

Agora, para completar o quadro, o próprio filamento de miosina é torcido, de forma que cada grupo sucessivo de pontes cruzadas é deslocado axialmente do grupo anterior por 120 graus. Isso assegura que as pontes cruzadas se estendam em todas as direções ao redor do filamento.

Atividade de ATPase da cabeça de miosina. Outro aspecto da cabeça de miosina, essencial para a contração muscular, é que ela funciona como uma enzima ATPase. Como veremos adiante, essa propriedade permite que a cabeça clive o ATP e utilize a energia derivada das ligações fosfato de alta energia desse ATP para energizar o processo de contração.

O filamento de actina. O filamento de actina também é complexo. É composto de três componentes protéicos diferentes: *actina*, *tropomiosina* e *troponina*.

O arcabouço do filamento de actina é uma molécula da proteína actina-F com dois filamentos, representadas pelas duas faixas de cor mais clara na Fig. 24.6. Os dois filamentos formam uma hélice, da mesma forma que a molécula de miosina, mas com uma revolução completa a cada 70 nm.

Cada filamento da dupla hélice de actina-F é composto de moléculas de actina-G polimerizadas, cada uma com peso molecular de aproximadamente 42.000. Existem cerca de 13 dessas moléculas em uma revolução de cada filamento de hélice. Presa a cada uma das moléculas de actina-G existe uma molécula de ADP. Acredita-se que essas moléculas de ADP sejam os locais ativos nos filamentos de actina com os quais as pontes cruzadas dos filamentos de miosina interagem para causar contração muscular. Os locais ativos nos dois filamentos de actina-F da dupla hélice são escalonados, de modo que, ao longo de todo o filamento de actina, existe um sítio ativo a cada 2,7 nm.

Cada filamento de actina tem em média 1 μm de comprimento. As bases dos filamentos de actina são fortemente inseridas nos discos Z, enquanto as outras extremidades salientam-se em ambas as direções para os sarcômeros adjacentes, situando-se nos espaços entre as moléculas de miosina, como representado na Fig. 24.4.

Moléculas de tropomiosina. O filamento de actina também contém outra proteína, a *tropomiosina*. Cada molécula de tropomiosina tem peso molecular de 70.000 e comprimento de 40 nm. Essas moléculas estão conectadas frouxamente aos filamentos de actina-F, enrolados de forma espiralada ao longo dos lados da hélice de actina F. No estado de repouso, acredita-se que as moléculas de tropomiosina se localizem no topo dos sítios ativos dos filamentos de actina, de forma que não possa haver atração entre os filamentos de actina e miosina para causar contração. Cada molécula de tropomiosina recobre cerca de sete sítios ativos.

Troponina e seu papel na contração muscular. Presa a uma extremidade de cada molécula de tropomiosina existe ainda outra molécula de proteína denominada *troponina*. É, na verdade, um complexo de três subunidades protéicas, frouxamente interligadas, e cada qual desempenha um papel específico no controle da contração muscular. Uma dessas subunidades (troponina I) tem forte afinidade pela actina, outra (tromponina T), pela tropomiosina, e uma terceira (troponina C), pelos íons cálcio. Acredita-se que esse complexo fixe a tropomiosina à actina. A forte afinidade da troponina pelos íons cálcio parece iniciar o processo de contração, como explicado na seção seguinte.

Interação da miosina, dos filamentos de actina e dos íons cálcio para produzir a contração

Inibição do filamento de actina pelo complexo troponina-tropomiosina; ativação pelos íons cálcio. Um filamento puro de actina sem a presença do complexo troponina-tropomiosina liga-se fortemente às moléculas de miosina na presença de íons magnésio e ATP, ambos normalmente abundantes na miofibrila. Entretanto, se o complexo troponina-tropomiosina é adicionado ao filamento de actina, essa ligação não ocorre. Portanto, acredita-se que os sítios ativos no filamento de actina normal do músculo relaxado são inibidos ou fisicamente recobertos pelo complexo troponina-tropomiosina. Conseqüentemente, os sítios não podem fixar-se aos filamentos de miosina para causar a contração. Antes que possa haver contração, o efeito inibitório do complexo troponina-tropomiosina deve ser ele mesmo inibido.

Agora, vamos discutir o papel dos íons cálcio. Na presença de grande quantidade de íons cálcio, o efeito inibitório da troponina-tropomiosina sobre os filamentos de actina é inibido. Esse mecanismo não é conhecido, mas existe a seguinte sugestão: quando os íons cálcio se combinam com a troponina C — e cada uma dessas moléculas pode ligar-se fortemente com até quatro íons cálcio mesmo quando estes estão presentes em pequenas quantidades —, o complexo da troponina supostamente sofre alteração conformacional que, de alguma forma, traciona a molécula de tropomiosina e, de alguma forma, a desloca mais profundamente para o sulco entre os dois filamentos de actina. Isso "descobre" os sítios ativos da actina, permitindo assim o prosseguimento da contração. Embora esse seja um mecanismo hipotético, ele enfatiza que a relação normal entre o complexo tropomiosina-troponina e a actina é alterada pelos íons cálcio, produzindo nova condição que leva à contração.

Interação entre o filamento "ativado" de actina e as pontes cruzadas de miosina — a teoria do "sempre em frente" da contração. Assim que o filamento de actina é ativado pelos íons cálcio, as cabeças das pontes cruzadas dos filamentos de miosina são imediatamente atraídas para os sítios ativos do filamento de actina, e isso, de alguma forma, produz a contração. Embora ainda não seja conhecida a forma precisa pela qual essa interação entre as pontes cruzadas e a actina causa contração, uma hipótese proposta, para a qual existe considerável evidência, é a teoria do "sempre em frente" [walk-along] (ou *teoria da cremalheira*) *da contração.*

A Fig. 24.7 apresenta o mecanismo postulado para o "sempre em frente" na contração. Esta figura mostra as cabeças de duas pontes cruzadas se fixando e se soltando dos sítios ativos de um filamento de actina. Acredita-se que, quando a cabeça se fixa a um sítio ativo, essa fixação cause simultaneamente modifi-

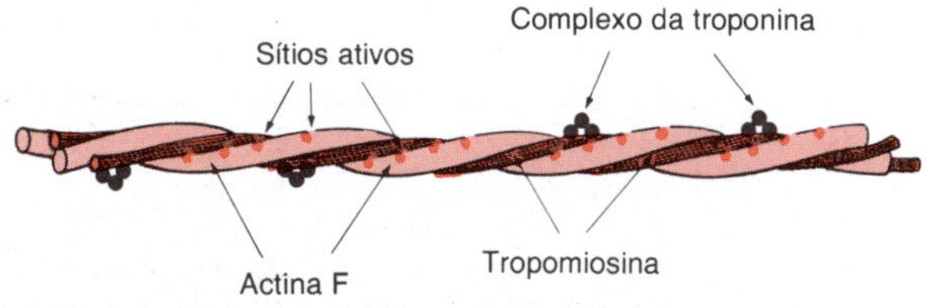

Fig. 24.6 O filamento de actina, composto de dois filamentos helicoidais de F-actina e por moléculas de tropomiosina que se encaixam frouxamente nos sulcos entre os filamentos de actina. Preso a uma das extremidades de cada molécula de tropomiosina existe um complexo de troponina que inicia a contração.

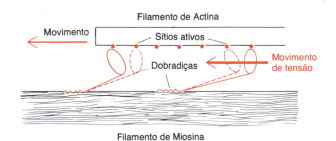

Fig. 24.7 O mecanismo "sempre em frente" para a contração do músculo.

cações acentuadas das forças intramoleculares entre a cabeça e o braço da ponte cruzada. O novo alinhamento de forças provoca a inclinação da cabeça em direção ao braço, trazendo junto o filamento de actina. Essa inclinação da cabeça é denominada *movimento de tensão* [*power stroke*]. Então, de imediato, após essa inclinação, a cabeça automaticamente solta-se do sítio ativo. A seguir, a cabeça retorna à sua posição perpendicular normal. Nessa posição combina-se a novo sítio ativo, localizado em ponto mais adiante do filamento de actina; então, a cabeça se inclina novamente para causar novo movimento de tensão, e o filamento de actina desloca-se um pouco mais. Assim, as cabeças das pontes cruzadas inclinam-se de um lado para outro, seguindo sempre em frente ao longo do filamento de actina, tracionando as extremidades dos filamentos de actina em direção ao centro do filamento de miosina.

Acredita-se que cada uma das pontes cruzadas opere independentemente de todas as outras, fixando-se e tracionando em ciclo contínuo, mas aleatório. Portanto, quanto maior número de pontes cruzadas em contato com o filamento de actina em dado momento, maior será, teoricamente, a força de contração.

ATP como fonte de energia para a contração — etapas químicas do movimento das cabeças de miosina. Quando um músculo se contrai sob o efeito de uma carga, é realizado trabalho e é necessária energia. Grandes quantidades de ATP são clivadas para formar ADP durante o processo de contração. Além disso, quanto maior o trabalho realizado pelo músculo, maior será a quantidade de ATP clivada, o que é denominado *efeito Fenn*. Embora ainda não se saiba exatamente como o ATP é utilizado para fornecer a energia para a contração, foi sugerida a seqüência que se segue para o mecanismo desse processo:

1. Antes do início da contração, as cabeças das pontes cruzadas ligam-se ao ATP. A atividade de ATPase da cabeça de miosina cliva imediatamente o ATP, mas deixa os produtos da clivagem, ADP mais Pi, ligados à cabeça. Nesse estado, a conformação da cabeça é tal que se estende perpendicularmente em direção ao filamento de actina, mas ainda não está fixada à actina.

2. A seguir, quando o efeito inibitório do complexo troponina-tropomiosina é inibido pelos íons cálcio, os sítios ativos sobre o filamento de actina são descobertos, e as cabeças de miosina então se ligam a eles, como mostrado na Fig. 24.7.

3. A ligação entre a cabeça da ponte cruzada e o sítio ativo do filamento de actina causa alteração conformacional na cabeça, levando-a a inclinar-se em direção ao braço da ponte cruzada. Isso produz o *movimento de tensão* para tracionar o filamento de actina. A energia que ativa o movimento de tensão é a energia já armazenada, como uma mola "engatilhada", pela alteração conformacional da cabeça, quando a molécula de ATP foi clivada.

4. Uma vez inclinada a cabeça da ponte cruzada, isso permite a liberação do ADP e Pi que estavam fixados à cabeça; no local de liberação do ADP, liga-se nova molécula de ATP. Essa ligação, por sua vez, faz com que a cabeça se desprenda da actina.

5. Após a cabeça ter-se desprendido da actina, a nova molécula de ATP também é clivada, e a energia novamente "engatilha" a cabeça de volta a sua condição perpendicular pronta para começar novo ciclo de movimento de tensão.

6. Então, quando a cabeça engatilhada, com sua energia armazenada, derivada do ATP clivado, liga-se a novo sítio ativo no filamento de actina, ela é desengatilhada, gerando novo movimento de tensão.

7. Assim, o processo se repete por várias vezes até que o filamento de actina tracione a membrana Z contra as extremidades dos filamentos de miosina ou até que a carga que atua sobre o músculo fique grande demais para que ocorra qualquer tracionamento adicional.

GRAU DE SUPERPOSIÇÃO DOS FILAMENTOS DE ACTINA E DE MIOSINA — EFEITO SOBRE A TENSÃO DESENVOLVIDA PELO MÚSCULO EM CONTRAÇÃO

A Fig. 24.8 apresenta o efeito do comprimento do sarcômero e do grau de superposição dos filamentos de actina e de miosina sobre a tensão ativa desenvolvida durante a contração de uma fibra muscular. À direita são mostrados graus diferentes de superposição de filamentos de miosina e actina em diversos comprimentos do sarcômero. No ponto D do diagrama, o filamento de actina foi afastado até além da extremidade do filamento de miosina, sem qualquer superposição. Nesse ponto, a tensão desenvolvida pelo músculo ativado é zero. Então, à medida que o sarcômero encurta e o filamento de actina começa a se superpor ao filamento de miosina, a tensão aumenta progressivamente até que o comprimento do sarcômero diminui para cerca de 2,2 μm. Nesse ponto, o filamento de actina já se superpôs a todas as pontes cruzadas do filamento de miosina, mas ainda não atingiu o centro do filamento de miosina. Após maior encurtamento, o sarcômero mantém tensão completa até o ponto B com o comprimento do sarcômero de aproximadamente 2,0 μm. Nesse ponto, as extremidades dos dois filamentos de actina começam a se superpor, além de se superpor aos filamentos de miosina. À medida que o comprimento do sarcômero cai de 2 μm para cerca de 1,65 μm, no ponto A, a força de contração diminui. É nesse ponto que os dois discos Z do sarcômero entram em contato com as extremidades dos filamentos de miosina. Então, à medida que a contração prossegue, com comprimentos do sarcômero ainda menores, as extremidades dos filamentos de miosina são dobradas, e, como mostrado na figura, a força de contração também diminui de forma muito acentuada.

Esse diagrama mostra que ocorre contração máxima quando há superposição máxima entre os filamentos de actina e as pontes cruzadas dos filamentos de miosina, e apóia a idéia de que, quanto maior o número de pontes cruzadas que tracionam os filamentos de actina, maior será a força de contração.

Efeito do comprimento muscular sobre a força de contração no músculo intacto. A curva superior da Fig. 24.9 é semelhante à da Fig. 24.8, mas esta ilustra o músculo íntegro, em vez da

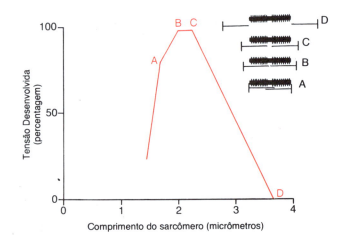

Fig. 24.8 Relação comprimento-tensão para um sarcômero isolado, mostrando a força máxima de contração quando o sarcômero tem comprimento entre 2,0 e 2,2 μm. Acima, à direita, são mostradas as posições relativas dos filamentos de actina e miosina em diversos comprimentos do sarcômero do ponto A ao ponto D. (Modificado de Gordon, Huxley e Julian: The length-tension diagram of single vertebrate striated muscle fibers. *J. Physiol.*, 171:28P, 1964.)

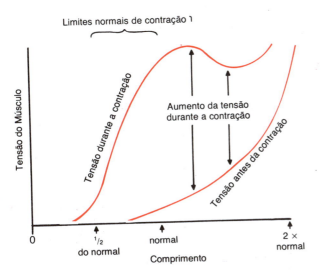

Fig. 24.9 Relação entre o comprimento do músculo e a força de contração.

fibra muscular isolada. O músculo íntegro contém grande quantidade de tecido conjuntivo; também, os sarcômeros em diferentes partes do músculo não se contraem necessariamente de modo sincrônico. Portanto, a curva possui dimensões algo diferentes das ilustradas para a fibra muscular isolada, mas sua forma é a mesma.

Observe-se, na Fig. 24.9, que, quando o músculo está em seu comprimento de repouso normal, que corresponde a comprimento do sarcômero de cerca de 2 μm, ele se contrai com sua força máxima de contração. Se o músculo é estirado até comprimento muito maior que o normal antes da contração, há desenvolvimento de grande *tensão de repouso* no músculo mesmo antes da contração; essa tensão resulta das forças elásticas do tecido conjuntivo, do sarcolema, dos vasos sanguíneos, dos nervos, e assim por diante. Entretanto, o *aumento* da tensão durante a contração, denominado *tensão ativa*, diminui à medida que o músculo é estirado muito além de seu comprimento normal — isto é, até um comprimento de sarcômero maior que cerca de 2,2 μm. Isso é demonstrado pela redução do comprimento das setas na figura.

RELAÇÃO ENTRE A VELOCIDADE DE CONTRAÇÃO E A CARGA

Um músculo se contrai de forma extremamente rápida quando sua contração não sofre oposição de qualquer carga — até o estado de contração

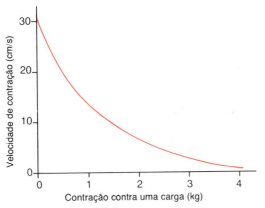

Fig. 24.10 Relação entre a carga e a velocidade de contração em músculo esquelético com 8 cm de comprimento.

total em aproximadamente 0,1 s para um músculo médio. Entretanto, quando são aplicadas cargas, a velocidade de contração fica progressivamente menor à medida que a carga aumenta, como mostrado na Fig. 24.10. Quando a carga aumenta até igualar a força máxima que o músculo pode exercer, a velocidade de contração fica igual a zero, e não ocorre contração, apesar da ativação da fibra muscular.

Essa velocidade decrescente em função do aumento da carga é causada pelo fato de que a carga imposta a um músculo em contração é uma força inversa que se opõe à força contrátil causada pela contração do músculo. Portanto, a força efetiva disponível para produzir a velocidade de encurtamento é reduzida proporcionalmente.

■ INÍCIO DA CONTRAÇÃO MUSCULAR: ACOPLAMENTO EXCITAÇÃO-CONTRAÇÃO

O início da contração no músculo esquelético começa com potenciais de ação nas fibras musculares. Esses potenciais de ação produzem correntes elétricas que se propagam para o interior da fibra onde causam a liberação de íons cálcio do retículo sarcoplasmático. São os íons cálcio que, por sua vez, iniciam os eventos químicos do processo contrátil. Esse processo global para o controle da contração muscular é denominado *acoplamento excitação-contração*.

O POTENCIAL DE AÇÃO MUSCULAR

Quase tudo que foi discutido no Cap. 6 sobre a geração e a condução dos potenciais de ação em fibras nervosas aplica-se igualmente às fibras musculares esqueléticas, exceto por diferenças quantitativas. Alguns dos aspectos quantitativos dos potenciais musculares são os seguintes:

1. Potencial da membrana em repouso: aproximadamente −80 a −90 mV nas fibras esqueléticas — o mesmo que nas grossas fibras mielinizadas.
2. Duração do potencial de ação: 1 a 5 ms do músculo esquelético — cerca de cinco vezes maior que nas grossas fibras mielinizadas.
3. Velocidade de condução: 3 a 5 m/s — aproximadamente 1/18 da velocidade de condução nas grossas fibras nervosas mielinizadas que excitam o músculo esquelético.

Propagação do potencial de ação para o interior da fibra muscular por meio do sistema de túbulos transversos

A fibra muscular esquelética é tão grande que os potenciais de ação que se propagam pela superfície de sua membrana produzem fluxo quase nulo de corrente na profundidade dessas fibras. Porém, para causar contração, estas correntes elétricas devem atingir a adjacência de todas as distintas miofibrilas. Isso é realizado pela transmissão dos potenciais de ação ao longo de *túbulos transversos* (túbulos T) que atravessam a fibra muscular de um lado para outro. Os potenciais de ação dos túbulos T, por sua vez, fazem com que o retículo sarcoplasmático libere íons cálcio na adjacência imediata de todas as miofibrilas, e esses íons cálcio causam então a contração. Esse processo global é denominado acoplamento *excitação-contração*. Agora, vamos descrever isto em maior detalhe.

ACOPLAMENTO EXCITAÇÃO-CONTRAÇÃO

O sistema túbulo transverso-retículo sarcoplasmático

A Fig. 24.11 apresenta várias miofibrilas circundadas pelo sistema túbulo transverso-retículo sarcoplasmático. Os túbulos transversos são muito delgados e transversais às miofibrilas. Começam na membrana celular e penetram por todo o trajeto de um lado ao outro da fibra muscular. Nessa figura não é mostrado que esses túbulos ramificam entre si, formando *planos* inteiros de túbulos T entrelaçados entre todas as distintas miofibrilas. Também, deve ser observado que, *no ponto onde os túbulos T se originam da membrana celular, eles se abrem para o exterior*. Portanto, quando um potencial de ação se propaga ao longo da membrana da fibra muscular, ele também se propaga ao longo dos túbulos T até a profundidade da fibra muscular. As correntes do potencial de ação que circundam esses túbulos transversos produzem, então, a contração muscular.

A Fig. 24.11 também mostra o *retículo sarcoplasmático*, representado em vermelho. Ele é composto de duas partes principais: (1) longos *túbulos longitudinais* com percurso paralelo ao das miofibrilas que terminam em (2) grandes câmaras, denominadas *cisternas terminais*, que estão em contato com os túbulos transversos. Quando a fibra muscular é seccionada longitudinalmente e são feitas microfotografias eletrônicas, pode-se observar esse contato das cisternas com o túbulo transverso, o que confere a aparência de uma *tríade* com um pequeno túbulo central e uma grande cisterna de cada lado. Isso é mostrado na Fig. 24.11 e também é observado na microfotografia eletrônica da Fig. 24.3.

No músculo de animais inferiores, como a rã, existe rede única de túbulos T para cada sarcômero localizada ao nível do disco Z, como representado na Fig. 24.11. O músculo cardíaco também apresenta esse tipo de sistema de túbulos T. Entretanto, no músculo esquelético de mamífero há duas redes de túbulos T para cada sarcômero localizado próximo às duas extremidades dos filamentos de miosina, que são os pontos onde são criadas as verdadeiras forças mecânicas da contração muscular. Assim, o músculo esquelético de mamífero é otimamente organizado para a excitação rápida da contração muscular.

LIBERAÇÃO DE ÍONS CÁLCIO PELO RETÍCULO SARCOPLASMÁTICO

Um dos aspectos especiais do retículo sarcoplasmático é que contém íons cálcio em concentração muito alta, e muitos desses íons são liberados quando o túbulo T adjacente é excitado.

A Fig. 24.12 mostra que o potencial de ação do túbulo T causa fluxo de corrente através das extremidades das cisternas

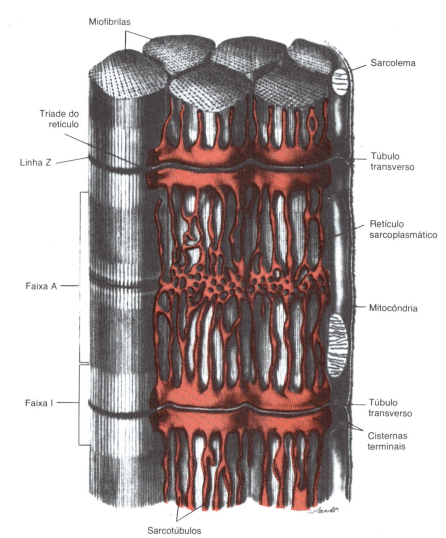

Fig. 24.11 O sistema túbulo transverso-retículo sarcoplasmático. Observe-se os *túbulos longitudinais* que terminam em grandes *cisternas*. As cisternas, por sua vez, tocam os túbulos transversos. Observe-se também que os túbulos transversos se comunicam com o exterior da membrana celular. Essa ilustração foi feita a partir do músculo de rã, que só tem um túbulo transverso por sarcômero, localizado na linha Z. Disposição semelhante é encontrada no músculo cardíaco do mamífero, mas o músculo esquelético do mamífero tem dois túbulos transversos por sarcômero, localizados nas junções A-I. (Retirado de Fawcett: *Bloom and Fawcett: A Textbook of Histology.* Philadelphia, W. B. Saunders Co., 1986. Modificado de Peachey: *J. Cell Biol. 25*:209, 1965. Desenhado por Sylvia Colard Keene.)

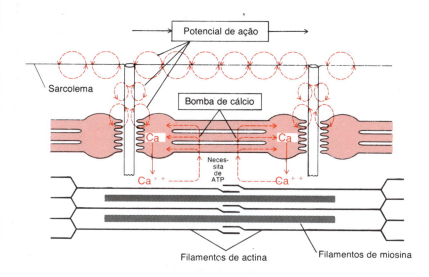

Fig. 24.12 Acoplamento excitação-contração no músculo, mostrando um potencial de ação que causa a liberação de íons cálcio do retículo sarcoplasmático e, a seguir, a recaptação dos íons cálcio por uma bomba de cálcio.

que tocam o túbulo T. Nesses pontos, cada cisterna projeta *pés juncionais* que se fixam à membrana do túbulo T, facilitando provavelmente a passagem de algum sinal do túbulo T para a cisterna. Possivelmente, esse sinal é a corrente elétrica do próprio potencial de ação. Entretanto, também há razões para se acreditar que poderia ser algum sinal químico ou mecânico. Qualquer que seja o sinal, ele causa a rápida abertura de grande número de canais de cálcio através das membranas das cisternas e de seus túbulos longitudinais do retículo sarcoplasmático. Esses canais permanecem abertos por alguns milissegundos; durante esse período, os íons cálcio responsáveis pela contração muscular são liberados para o sarcoplasma que circunda as miofibrilas.

Os íons cálcio assim liberados do retículo sarcoplasmático se difundem para as miofibrilas adjacentes, onde ligam-se fortemente à troponina C, como discutido no capítulo anterior, e isso, por sua vez, produz a contração muscular.

A bomba de cálcio para a remoção dos íons cálcio do líquido sarcoplasmático. Uma vez liberados os íons cálcio dos túbulos sarcoplasmáticos e difundidos para as miofibrilas, a contração muscular continuará enquanto os íons cálcio permanecerem em concentração elevada no líquido sarcoplasmático. Entretanto, uma bomba de cálcio continuamente ativa localizada nas paredes do retículo sarcoplasmático bombeia íons cálcio para fora do líquido sarcoplasmático de volta para os túbulos sarcoplasmáticos. Essa bomba pode concentrar os íons cálcio por cerca de 10.000 vezes no interior do retículo sarcoplasmático. Além disso, no interior do retículo existe uma proteína denominada *calsequestrina* que pode ligar-se a uma quantidade de cálcio 40 vezes maior que a no estado iônico, promovendo assim outro aumento de 40 vezes no armazenamento de cálcio. Assim, essa transferência maciça de cálcio para o retículo sarcoplasmático causa praticamente a depleção total de íons cálcio no líquido das miofibrilas. Portanto, exceto imediatamente após um potencial de ação, a concentração do íon cálcio nas miofibrilas é mantida em nível extremamente baixo.

O "pulso" excitatório de íons cálcio. A concentração normal (menor que 10^{-7} M) de íons cálcio no citosol que banha as miofibrilas é muito pequena para produzir contração. Portanto, no estado de repouso, o complexo troponina-tropomiosina mantém os filamentos de actina inibidos e um estado relaxado do músculo.

Por outro lado, a excitação completa do sistema túbulo T-retículo sarcoplasmático causa liberação suficiente de íons cálcio para aumentar a concentração no líquido miofibrilar para até 2×10^{-4} M, que é aproximadamente 10 vezes maior que o nível necessário para causar a contração muscular máxima (cerca de 2×10^{-5} M). Imediatamente depois, a bomba de cálcio depleta de novo os íons cálcio. A duração total desse "pulso" de cálcio na fibra muscular esquelética típica dura cerca de $1/20$ segundo, embora possa durar várias vezes mais que isso em algumas fibras musculares esqueléticas e ser algumas vezes menor em outras (no músculo cardíaco, o pulso de cálcio dura até $1/3$ segundo devido à longa duração do potencial de ação cardíaco). É durante esse pulso de cálcio que ocorre a contração muscular. Se a contração deve continuar sem interrupção por intervalos maiores, deve ser iniciada uma série desses pulsos por descarga contínua de potenciais de ação repetitivos, como discutido no capítulo anterior.

ENERGÉTICA DA CONTRAÇÃO MUSCULAR

PRODUÇÃO DE TRABALHO DURANTE A CONTRAÇÃO MUSCULAR

Quando um músculo se contrai contra uma carga, ele realiza *trabalho*. Isso significa que a *energia* é transferida do músculo para a carga externa, por exemplo, para levantar um objeto até altura maior ou para superar resistência ao movimento.

Em termos matemáticos, o trabalho é definido pela equação a seguir:

$$W = C \times D$$

na qual W é o trabalho produzido, C é a carga, e D é a distância percorrida, sob ação da carga. A energia necessária para realizar o trabalho é derivada das reações químicas nas células musculares durante a contração, como descrevemos nas seções a seguir.

FONTES DE ENERGIA PARA A CONTRAÇÃO MUSCULAR

Já vimos que a contração muscular depende da energia fornecida pelo ATP. A maior parte dessa energia é necessária para pôr em ação o mecanismo "sempre em frente" pelo qual as pontes cruzadas tracionam os filamentos de actina, mas são necessárias pequenas quantidades para (1) bombear cálcio do sarcoplasma para o retículo sarcoplasmático após cessada a contração e (2) bombear íons sódio e potássio através da membrana da fibra muscular, para manter um meio iônico apropriado para a propagação dos potenciais de ação.

Entretanto, a concentração de ATP presente na fibra muscular, cerca de 4 mM, é suficiente para manter a contração total por apenas 1 a 2 s no máximo. Felizmente, após o ATP ser degradado em ADP, o ADP é refosforilado para formar novo ATP dentro de fração de segundo. Existem várias fontes de energia para essa refosforilação.

A primeira fonte de energia utilizada para reconstituir o ATP é a substância *fosfocreatina*, que tem uma ligação fosfato de alta energia semelhante à do ATP. A ligação fosfato de alta energia da fosfocreatina contém quantidade ligeiramente maior de energia livre que a da ligação do ATP. Portanto, a fosfocreatina é clivada instantaneamente, e a energia liberada causa a ligação de novo íon fosfato ao ADP para reconstituir o ATP. Entretanto, a quantidade total de fosfocreatina também é muito pequena — apenas cerca de cinco vezes maior que a de ATP. Portanto, a energia combinada do ATP armazenado e da fosfocreatina no músculo só é capaz de causar contração muscular máxima por não mais que 7 a 8 s.

A mais importante fonte de energia a seguir, utilizada para reconstituir o ATP e a fosfocreatina, é o *glicogênio* previamente armazenado nas células musculares. A rápida degradação enzimática do glicogênio em ácido pirúvico e ácido lático libera a energia que é utilizada para converter ADP em ATP, e o ATP pode ser utilizado diretamente para energizar a contração muscular ou para reformar os depósitos de fosfocreatina. A importância desse mecanismo da "glicólise" é dupla. Primeira, as reações glicolíticas ocorrem mesmo na ausência de oxigênio, de forma que a contração muscular pode ser mantida por curto período quando o oxigênio não está disponível. Segunda, a velocidade de formação do ATP pelo processo glicolítico é aproximadamente duas vezes e meia maior que a da formação de ATP quando os nutrientes celulares reagem com o oxigênio. Infelizmente, porém, ocorre acúmulo de vários produtos finais da glicólise nas células, de forma que a glicólise apenas pode manter a contração muscular máxima só durante cerca de 1 minuto.

A última fonte de energia é o processo do *metabolismo oxidativo*. Isso significa a combinação de oxigênio com os vários nutrientes celulares para liberar ATP. Mais de 95% de toda a energia utilizada pelos músculos para a contração prolongada e constante são derivados dessa fonte. Os nutrientes consumidos são carboidratos, lipídios e proteínas. Para a atividade muscular extremamente prolongada — durante um período de horas — a maior parte da energia é proveniente dos lipídios.

Eficiência da contração muscular. A "eficiência" de uma máquina ou motor é calculada como a percentagem de energia consumida que é convertida em trabalho em lugar de calor. A percentagem da energia consumida pelo músculo (a energia química dos nutrientes) que pode ser convertida em trabalho é menor que 20 a 25%, o restante tornando-se calor. A razão para essa baixa eficiência é que cerca de metade da energia nos nutrientes é perdida durante a formação de ATP, e mesmo então apenas 40 a 45% da energia do próprio ATP podem ser posteriormente convertidos em trabalho.

■ CARACTERÍSTICAS DA CONTRAÇÃO DE TODO O MÚSCULO

Vários aspectos da contração muscular podem ser especialmente bem demonstrados pela produção de *abalos musculares* isolados. Isso pode ser obtido por estimulação breve do nervo que vai para o músculo ou pela passagem de estímulo elétrico de curta duração através do próprio músculo, originando uma só contração súbita que dura fração de segundo.

Contração isométrica *versus* isotônica. A contração muscular é dita *isométrica* quando o músculo não se encurta durante a contração e *isotônica* quando encurta, com a tensão sobre o músculo permanecendo cons-

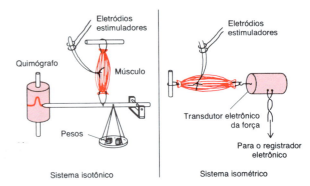

Fig. 24.13 Sistemas para o registro de contrações isotônicas e isométricas.

tante. Os sistemas para registro dos dois tipos de contração muscular são representados na Fig. 24.13.

No sistema isométrico, o músculo se contrai contra um transdutor de força, sem reduzir o comprimento muscular, como mostrado à direita na Fig. 24.13. No sistema isotônico, o músculo se encurta contra uma carga fixa; isso é apresentado à esquerda na figura, mostrando um músculo levantando um prato cheio de pesos. Obviamente, as características da contração isotônica dependem da carga contra a qual o músculo se contrai e, também, da inércia da carga. Por outro lado, o sistema isométrico registra, de forma estrita, modificações da força na própria contração muscular. Portanto, o sistema isométrico é usado na maioria das vezes ao se comparar as características funcionais dos diferentes tipos musculares.

O componente elástico em série da contração muscular. Quando as fibras musculares se contraem contra uma carga, as partes do músculo que não se contraem — os tendões, as extremidades sarcolêmicas das fibras musculares onde se fixam aos tendões, e, talvez, até mesmo os braços articulados das pontes cruzadas — estiram-se ligeiramente à medida que a tensão aumenta. Conseqüentemente, o músculo deve encurtar-se por mais 3 a 5% para compensar o estiramento desses elementos. Os elementos do músculo que são estirados durante a contração formam o *componente elástico em série* do músculo.

CARACTERÍSTICAS DOS ABALOS ISOMÉTRICOS REGISTRADOS EM DIFERENTES MÚSCULOS

O corpo possui vários tamanhos diferentes de músculos esqueléticos — desde o minúsculo músculo estapédio no ouvido médio, com poucos milímetros de comprimento e cerca de 1 mm de diâmetro, até o músculo quadríceps muito grande, meio milhão de vezes maior que o estapédio. Além disso, as fibras podem ter apenas 10 μm de diâmetro ou até 80 μm. Finalmente, a energética da contração muscular varia consideravelmente de um músculo para outro. Portanto, não surpreende que as características da contração muscular sejam diferentes de um músculo para outro.

A Fig. 24.14 apresenta as contrações isométricas de três tipos diferentes de músculos esqueléticos: um músculo ocular, com duração de contração menor que $1/_{50}$ s; o músculo gastrocnêmio, com duração de contração de aproximadamente $1/_{15}$ s e o músculo sóleo, com duração da contração da ordem de $1/_5$ s. É interessante que essas durações de contrações são adaptadas para a função de cada um dos respectivos músculos. Os movimentos oculares devem ser extremamente rápidos para manter a fixação dos olhos sobre objetos específicos, e o músculo gastrocnêmio deve contrair-se com rapidez moderada para promover velocidade suficiente do movimento do membro para correr e saltar, enquanto o músculo sóleo está relacionado principalmente à contração lenta para a sustentação contínua do corpo contra a gravidade.

MECÂNICA DA CONTRAÇÃO MUSCULAR ESQUELÉTICA

A UNIDADE MOTORA

Cada motoneurônio que emerge da medula espinhal inerva várias fibras musculares diferentes, o número dependendo do tipo de músculo. Todas

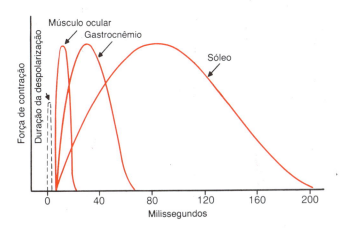

Fig. 24.14 Duração de contrações isométricas de diferentes tipos de músculos de mamíferos, mostrando também um período latente entre o potencial de ação e a contração muscular.

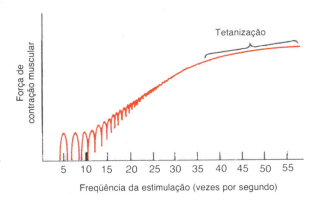

Fig. 24.15 Somação por freqüência e tetanização.

as fibras musculares inervadas por fibra nervosa motora única formam a denominada *unidade motora*. Em geral, pequenos músculos que reagem rapidamente e cujo controle deve ser exato só têm poucas fibras musculares (apenas duas a três em alguns dos músculos laríngeos) em cada unidade motora. Por outro lado, os grandes músculos, que não exigem controle muito preciso, como o músculo gastrocnêmio, podem ter várias centenas de fibras musculares em cada unidade motora. Um valor médio para todos os músculos do corpo pode ser considerado de 100 fibras musculares para uma unidade motora.

As fibras musculares em cada unidade motora não ficam todas agrupadas, mas, ao contrário, ficam dispersas pelo músculo em microfeixes de 3 a 15 fibras. Portanto, esses feixes se localizam por entre microfeixes semelhantes de outras unidades motoras. Essa interdigitação permite que unidades motoras separadas se contraiam em apoio umas às outras, e não de forma total como se fossem segmentos isolados.

Contrações musculares com força diferente — somação da força

Somação significa a adição de todas as contrações individuais para aumentar a intensidade da contração muscular geral. A somação ocorre por duas formas diferentes: (1) pelo aumento do número de unidades motoras que se contraem simultaneamente, o que é denominado *somação de fibras múltiplas*; e (2) pelo aumento da freqüência de contração, que é denominada *somação por freqüência* ou *tetanização*.

Somação de fibras múltiplas. Quando o sistema nervoso central envia um sinal fraco para contrair um músculo, as unidades motoras no músculo que contêm as mais delgadas e o menor número de fibras são estimuladas preferencialmente às maiores unidades motoras. Em seguida, à medida que aumenta a intensidade do sinal, unidades motoras cada vez maiores também começam a ser excitadas, sendo que as maiores unidades motoras têm freqüentemente força contrátil 50 vezes maior que a das menores unidades. Isto é denominado *princípio do tamanho*. É importante porque permite as gradações da força muscular durante a contração fraca em etapas muito pequenas, enquanto essas etapas passam a ser progressivamente maiores quando são necessárias grandes quantidades de força. A causa desse princípio do tamanho é que as menores unidades motoras são ativadas por pequenas fibras nervosas motoras, e os pequenos motoneurônios na medula espinhal são muito mais excitáveis que os maiores, de forma que, naturalmente, são excitados primeiro.

Outro aspecto importante da somação de fibras múltiplas é que as diferentes unidades motoras são ativadas de forma assincrônica pela medula espinhal, de modo que a contração alterna-se entre unidades motoras uma após a outra, produzindo assim contração uniforme, mesmo com frequências baixas de sinais nervosos.

Somação por freqüência e tetanização. A Fig. 24.15 apresenta os princípios da somação por freqüência e tetanização. À esquerda são mostrados abalos isolados, ocorrendo um após o outro com baixa freqüência de estimulação. Então, à medida que aumenta a freqüência, é atingido um momento em que cada nova contração ocorre antes do final da anterior. Conseqüentemente, a segunda contração é somada parcialmente à primeira, de forma que a força total de contração aumenta de modo progressivo com o aumento da freqüência. Quando a freqüência atinge um nível crítico, as contrações sucessivas são tão rápidas que literalmente se fundem, e a contração parece ser completamente uniforme e contínua, como mostrado na figura. Isso é denominado *tetanização*. Com freqüência ainda maior, a força de contração atinge seu máximo, de forma que o aumento adicional da freqüência além desse ponto não terá qualquer efeito sobre o aumento da força contrátil. Isso ocorre porque são, então, mantidos íons cálcio suficientes no sarcoplasma muscular mesmo entre os potenciais de ação, de forma que o estado contrátil completo é mantido sem permitir qualquer relaxamento entre os potenciais de ação.

Força máxima de contração. A força máxima da contração tetânica de um músculo que opera em seu comprimento muscular normal é, em média, de 3 a 4 kg/cm^2 de músculo, ou 50 lb/pol^2. Como um músculo quadríceps pode, às vezes, ter até 40 cm^2 em sua massa muscular, pode ser às vezes aplicada tensão de até 350 kg ao tendão patelar. Portanto, pode-se facilmente compreender como é possível para os músculos, algumas vezes, desinserir seu tendão do osso.

Fadiga muscular

A contração prolongada e forte de um músculo leva ao conhecido estado de fadiga muscular. Estudos em atletas mostraram que a fadiga muscular aumenta em proporção quase direta com a intensidade de depleção do glicogênio muscular. Portanto, a maior parte da fadiga, com certa probabilidade, resulta simplesmente da incapacidade dos processos contráteis e metabólicos das fibras musculares de continuar produzindo a mesma quantidade de trabalho. Entretanto, experimentos também mostraram que a transmissão do sinal nervoso através da junção neuromuscular, discutida no capítulo subseqüente, pode diminuir ocasionalmente após atividade muscular prolongada, reduzindo assim ainda mais a contração muscular.

A interrupção do fluxo sanguíneo para um músculo em contração leva à fadiga muscular quase completa em um minuto ou mais devido à óbvia perda do fornecimento de nutrientes — principalmente, a falta de oxigênio.

REMODELAGEM DO MÚSCULO PARA ATENDER A SUA FUNÇÃO

Todos os músculos do corpo estão continuamente sendo remodelados para atender às funções exigidas deles. São alterados seus diâmetros, seus comprimentos, suas forças, seus suprimentos vasculares, e até mesmo os tipos de fibras musculares são alterados, pelo menos, em pequeno grau. Esse processo de remodelagem é freqüentemente muito rápido, ocorrendo dentro de poucas semanas. Na verdade, experimentos mostraram que, mesmo nas condições normais, as proteínas contráteis musculares podem ser totalmente substituídas uma vez a cada 2 semanas.

Hipertrofia e atrofia musculares

Quando a massa total de um músculo é aumentada, isso é denominado *hipertrofia muscular*. Quando ela diminui, o processo é denominado *atrofia muscular*.

Em termos práticos, toda hipertrofia muscular resulta da hipertrofia das fibras musculares individuais, que é denominada simplesmente *hipertrofia das fibras*. Isso em geral ocorre em resposta à contração do músculo com força máxima ou quase máxima. A hipertrofia ocorre em proporção muito maior quando o músculo é simultaneamente estirado durante o processo contrátil. Só são necessárias algumas dessas fortes contrações por dia para causar hipertrofia quase máxima em 6 a 10 semanas.

Infelizmente, não se conhece o mecanismo pelo qual a contração forçada leva à hipertrofia. Porém, sabe-se que a velocidade de síntese de proteínas contráteis musculares é muito maior durante o desenvolvimento de hipertrofia que sua velocidade de decaimento, levando ao aumento progressivo do número de filamentos de actina e miosina nas miofibrilas. Por sua vez, as próprias miofibrilas se dividem no interior de cada fibra muscular para formar novas miofibrilas. Assim, é principalmente esse grande aumento do número de miofibrilas adicionais que faz com que as fibras musculares se hipertrofiem.

Juntamente com o aumento dos números de miofibrilas, os sistemas enzimáticos que fornecem energia também aumentam. Isso é particularmente verdadeiro para as enzimas da glicólise, permitindo suprimento rápido de energia durante a contração muscular forte, por breves períodos.

Quando um músculo permanece inativo por longos períodos de tempo, a velocidade de degradação das proteínas contráteis, bem como a redução do número de miofibrilas, é maior que a velocidade de reposição. Portanto, ocorre atrofia muscular.

Efeitos da desnervação muscular

Quando um músculo perde sua inervação, deixa de receber os sinais contráteis necessários para manter o tamanho muscular normal. Portanto, a atrofia se inicia quase imediatamente. Após cerca de 2 meses, também começam a surgir alterações degenerativas nas próprias fibras musculares. Se houver reinervação, haverá geralmente completo restabelecimento da função em até cerca de 3 meses, mas após esse período a capacidade de retorno funcional fica cada vez menor, sem retorno da função após 1 a 2 anos.

No estágio final da atrofia de desnervação, a maior parte das fibras musculares é completamente destruída e substituída por tecido fibroso e adiposo. As fibras que permanecem são compostas de uma longa membrana celular com fileira de núcleos de células musculares, mas sem propriedades contráteis e sem capacidade de regenerar miofibrilas, caso ocorra reinervação.

Infelizmente, o tecido fibroso que substitui as fibras musculares durante a atrofia por desnervação mostra tendência a continuar se encurtando durante vários meses, o que é denominado *contratura*. Portanto, um dos problemas mais importantes na prática da fisioterapia é impedir que os músculos atróficos desenvolvam contratura debilitante e desfigurante. Isso é atingido pelo estiramento diário dos músculos ou uso de aparelhos que mantenham os músculos estirados durante o processo de atrofia.

Recuperação da contração muscular na poliomielite: desenvolvimento de unidades macromotoras. Quando algumas fibras nervosas para um músculo são destruídas, com conservação de outras, como ocorre freqüentemente na poliomielite, as fibras nervosas remanescentes apresentam brotamentos de seus neurônios que vão originar novos axônios para formar muitas ramificações novas que podem inervar várias das fibras musculares paralisadas. Disso resulta a formação de unidades motoras muito grandes denominadas *unidades macromotoras,* contendo número de fibras musculares até cinco vezes maior que o número normal de cada motoneurônio na medula espinhal. Isso obviamente diminui a precisão do controle que deve existir sobre os músculos, mas, não obstante, permite que os músculos readquiram sua força.

REFERÊNCIAS

Ver referências no Cap. 25

25

Transmissão Neuromuscular; Função do Músculo Liso

■ TRANSMISSÃO DOS IMPULSOS DOS NERVOS PARA AS FIBRAS MUSCULARES ESQUELÉTICAS: A JUNÇÃO NEUROMUSCULAR

As fibras musculares esqueléticas são inervadas por grossas fibras nervosas mielinizadas que se originam nos grandes motoneurônios das pontas anteriores da medula espinhal. Como foi destacado no capítulo anterior, cada fibra nervosa normalmente ramifica-se muitas vezes e estimula de três a várias centenas de fibras musculares esqueléticas. A terminação nervosa forma uma junção, denominada *junção neuromuscular*, com a fibra muscular próxima ao ponto médio da fibra, e o potencial de ação na fibra muscular se propaga nas duas direções, em direção às suas extremidades. Com exceção de aproximadamente 2% das fibras musculares, só existe uma dessas junções por fibra muscular.

Anatomia fisiológica da junção neuromuscular — A "placa motora". A Fig. 25.1, partes A e B, apresenta a junção neuromuscular entre grossa fibra nervosa mielinizada e uma fibra muscular esquelética. A fibra nervosa se ramifica em sua extremidade para formar um complexo de *terminações* nervosas ramificadas, que se invaginam para a fibra muscular, mas ficam situadas totalmente por fora da membrana plasmática da fibra muscular. Toda a estrutura é denominada *placa motora*. É recoberta por uma ou mais células de Schwann que a isolam dos líquidos circundantes.

A Fig. 25.1C mostra um esquema derivado de microfoto-

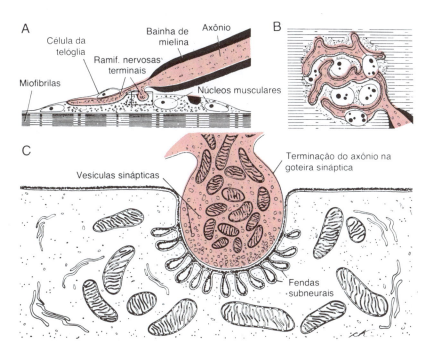

Fig. 25.1 Diferentes aspectos da placa motora terminal. *A*, Corte longitudinal através da placa motora. *B*, Corte superficial da placa motora. *C*, Aspecto por microfotografia eletrônica do ponto de contato entre as terminações axônicas e a membrana da fibra muscular, representando a área retangular mostrada em *A*. (Retirado de Fawcett, como modificado de R. Couteaux: *Bloom and Fawcett: A Textbook of Histology.* Philadelphia, W. B. Saunders Co., 1986.)

grafia eletrônica da junção entre uma só terminação axônica e a membrana da fibra muscular. A invaginação da membrana é denominada *goteira sináptica* ou *depressão sináptica*, e o espaço entre a terminação e a membrana da fibra é denominada *fenda sináptica*. A fenda sináptica tem 20 a 30 nm de largura e é ocupada pela lâmina basal, que é uma delgada camada de fibras reticulares esponjosas através da qual o líquido extracelular se difunde. No fundo dessa goteira existem várias *dobras* menores da membrana muscular denominadas *fendas subneurais*, o que aumenta muito a área da superfície na qual o transmissor sináptico pode agir.

Na terminação axônica há várias mitocôndrias que fornecem energia principalmente para a síntese do transmissor excitatório *acetilcolina* que, por sua vez, excita a fibra muscular. A acetilcolina é sintetizada no citoplasma da terminação, mas é rapidamente absorvida por numerosas pequenas vesículas sinápticas, cerca de 300.000 das quais estão presentes normalmente nas terminações de uma só placa motora. Fixadas à matriz da lâmina basal há grandes quantidades da enzima *acetilcolinesterase*, que é capaz de destruir a acetilcolina, o que vai ser explicado adiante em maior detalhe.

SECREÇÃO DE ACETILCOLINA PELAS TERMINAÇÕES NERVOSAS

Quando um impulso nervoso atinge a junção neuromuscular, são liberadas cerca de 300 vesículas da acetilcolina das terminações para a fenda sináptica. A Fig. 25.2 apresenta alguns dos detalhes desse mecanismo, mostrando detalhe ampliado de uma fenda sináptica com a membrana neural acima e a membrana muscular e suas fendas subneurais abaixo.

Na superfície interna da membrana neural existem *barras densas* lineares, mostradas em corte transversal na Fig. 25.2. A cada lado da barra densa aparecem partículas protéicas que atravessam a membrana, consideradas como canais de cálcio voltagem-dependentes. Quando o potencial de ação se propaga pela terminação, esses canais se abrem e permitem a difusão de grande quantidade de cálcio para o interior da terminação. Os íons cálcio, por sua vez, exercem influência atrativa sobre as vesículas de acetilcolina, puxando-as para a membrana neural adjacente às barras densas. Algumas das vesículas se fundem com a membrana neural e esvaziam seu conteúdo de acetilcolina na fenda sináptica pelo processo de exocitose.

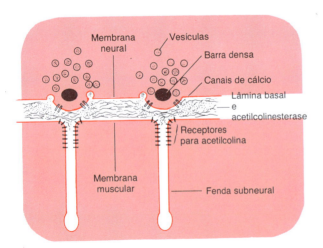

Fig. 25.2 Liberação de acetilcolina das vesículas sinápticas na membrana neural da junção neuromuscular. Observe-se a íntima proximidade dos locais de liberação para os receptores da acetilcolina nas aberturas das fendas subneurais.

Embora alguns dos detalhes descritos acima ainda sejam especulativos, sabe-se que o estímulo efetivo para causar a liberação de acetilcolina das vesículas é a entrada de íons cálcio. Além disso, as vesículas são esvaziadas através da membrana adjacente às barras densas.

Efeito da acetilcolina para abrir os canais iônicos acetilcolina-dependentes. A Fig. 25.2 mostra vários receptores da acetilcolina na membrana muscular; eles são, na verdade, canais iônicos acetilcolina-dependentes, situados em sua quase totalidade próximos às aberturas das fendas subneurais localizadas imediatamente abaixo das áreas das barras densas, onde as vesículas de acetilcolina esvaziam-se para a goteira sináptica.

Cada receptor é um grande complexo protéico com peso molecular total de 275.000. O complexo é composto de cinco subunidades protéicas, que atravessam toda a membrana, localizadas lado a lado, em círculo, para formar um canal tubular. O canal permanece contraído até que a acetilcolina se fixe a uma das subunidades. Isso produz modificação da conformação que abre o canal, como mostrado na Fig. 25.3; o canal superior está fechado, enquanto o inferior foi aberto pela fixação de uma molécula de acetilcolina.

O canal da acetilcolina tem diâmetro, quando aberto, de cerca de 0,65 nm, que é suficientemente grande para permitir que todos os íons positivos importantes — sódio (Na^+), potássio (K^+), e cálcio (Ca^{++}) — desloquem-se facilmente através dessa abertura. Por outro lado, íons negativos, como os íons cloreto, não a atravessam, devido às fortes cargas negativas na abertura desse canal.

Entretanto, na prática, ocorre fluxo muito mais intenso de íons sódio através dos canais de acetilcolina que de quaisquer outros íons, por duas razões. Primeira, só há dois íons positivos em concentração suficientemente alta para terem importância, os íons sódio, no líquido extracelular, e os íons potássio, no líquido intracelular. Segunda, o potencial muito negativo no interior da membrana muscular, de -80 a -90 mV, atrai os íons sódio positivamente carregados para o interior da fibra, enquanto, ao mesmo tempo, impede o efluxo dos íons potássio, quando eles tentam sair.

Portanto, como representado no painel inferior da Fig. 25.3, o efeito final da abertura dos canais acetilcolina-dependentes é o de permitir que grande número de íons sódio entre na fibra, carreando com eles muitas cargas positivas. Isso cria um potencial local no interior da fibra, denominado *potencial da placa terminal*, que produz um potencial de ação na membrana muscular e, assim, causa contração muscular.

Destruição da acetilcolina liberada pela acetilcolinesterase. A acetilcolina, uma vez liberada para a goteira sináptica, continua a ativar os receptores da acetilcolina enquanto persistir na goteira. Entretanto, ela é rapidamente removida por dois meios: (1) A maior parte da acetilcolina é destruída pela enzima *acetilcolinesterase* que está fixada em sua maior parte à *lâmina basal*, camada esponjosa de tecido conjuntivo fino que preenche a goteira sináptica entre a terminação pré-sináptica e a membrana muscular pós-sináptica. (2) Uma pequena quantidade se difunde para fora da goteira sináptica e não fica mais disponível para atuar sobre a membrana da fibra muscular.

Porém, o período muito curto em que a acetilcolina persiste na goteira sináptica — alguns milissegundos, no máximo — é quase sempre suficiente para excitar a fibra muscular. Então, a rápida remoção da acetilcolina impede a reexcitação muscular após a fibra se recuperar do primeiro potencial de ação.

O "potencial de placa" e excitação da fibra muscular esquelética. O súbito influxo de íons sódio para o interior da fibra muscular quando os canais da acetilcolina se abrem faz com que o potencial de membrana na *área localizada da placa motora* aumente na direção positiva por

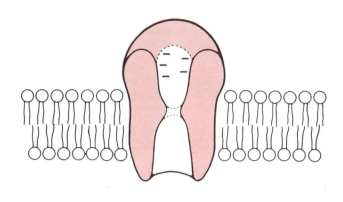

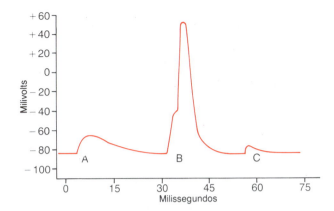

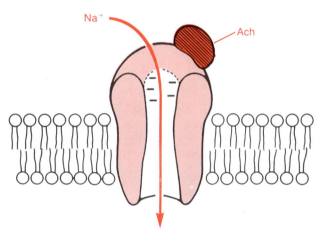

Fig. 25.3 O canal da acetilcolina. *Acima*, ainda no estado fechado. *Abaixo*, após a acetilcolina ser fixada e a modificação de sua conformação abrir o canal, permitindo que o excesso de sódio entre na fibra muscular e excite a contração. Observe as cargas negativas, na abertura do canal, que impedem a passagem de íons negativos.

Fig. 25.4 Potenciais da placa motora. *A*, Potencial de placa reduzido registrado em músculo curarizado, demasiado fraco para produzir um potencial de ação; *B*, Potencial de placa normal produzindo um potencial de ação no músculo; e *C*, Potencial de placa reduzido causado pela toxina botulínica que reduz a liberação de acetilcolina na placa motora, novamente demasiado fraco para produzir um potencial de ação muscular.

até 50 a 75 mV, criando um *potencial local* denominado *potencial de placa*. Deve ser lembrado do Cap. 6 que o súbito aumento do potencial de membrana maior que 15 a 30 mV é suficiente para iniciar o efeito de *feedback* positivo da ativação do canal de sódio; pode-se, então, compreender que o potencial da placa terminal gerado pela estimulação da acetilcolina é normalmente muito mais que suficiente para produzir um potencial de ação na fibra muscular.

A Fig. 25.4 apresenta o princípio de um potencial da placa terminal desencadeando um potencial de ação. Nessa figura são mostrados três potenciais de placa distintos. Os potenciais de placa A e C são muito fracos para produzir um potencial de ação, mas produzem os fracos potenciais locais registrados na figura. Ao contrário, o potencial de placa B é muito mais forte e faz com que os canais de sódio fiquem ativados de forma que o efeito auto-regenerativo do número cada vez maior de íons sódio fluindo para o interior da fibra produziu um potencial de ação. O potencial de placa fraca no ponto A foi causado pelo envenenamento da fibra muscular por *curare*, substância que bloqueia a ação de comporta da acetilcolina sobre os canais de acetilcolina através da competição com a acetilcolina pelo receptor de acetilcolina. O pequeno potencial da placa no ponto C resultou do efeito da toxina botulínica, toxina bacteriana que diminui a liberação de acetilcolina pelas terminações nervosas.

"Fator de segurança" para a transmissão na junção neuromuscular; *fadiga da junção*. Comumente, cada impulso que chega na junção neuromuscular produz um potencial de placa 3 a 4 vezes maior que o necessário para estimular a fibra muscular. Portanto, diz-se que a junção neuro-

muscular normal apresenta *fator de segurança* muito alto. Entretanto, a estimulação artificial da fibra nervosa com freqüências maiores que 100 vezes/s durante vários minutos diminui freqüentemente o número de vesículas de acetilcolina liberadas a cada impulso, de forma que os impulsos, então, não conseguem passar para a fibra muscular. Isso é denominado *fadiga* da junção neuromuscular, e é análoga à fadiga da sinapse no sistema nervoso central. Em condições normais de funcionamento, a fadiga da junção neuromuscular é provavelmente muito rara e, mesmo assim, só nos níveis mais extenuantes da atividade muscular.

BIOLOGIA MOLECULAR DA FORMAÇÃO E DA LIBERAÇÃO DE ACETILCOLINA

Como a junção neuromuscular é suficientemente grande para ser estudada com facilidade, é uma das poucas sinapses do sistema nervoso em que a maior parte dos detalhes da transmissão química já foi esclarecida. A formação e a liberação de acetilcolina nessa junção ocorre nos seguintes estágios:

1. Vesículas muito pequenas, com cerca de 40 nm, são formadas pelo aparelho de Golgi no corpo celular do motoneurônio na medula espinhal. Essas vesículas são então transportadas pela "corrente" do axoplasma pela parte central do axônio, desde o corpo celular central até a junção neuromuscular, na extremidade das fibras nervosas. Cerca de 300.000 dessas pequenas vesículas são coletadas nas terminações nervosas de uma só placa terminal.

2. A acetilcolina é sintetizada no citosol das fibras nervosas terminais, mas a seguir é transportada através das membranas das vesículas para o seu interior, onde é armazenada em forma altamente concentrada, com aproximadamente 10.000 moléculas de acetilcolina em cada vesícula.

3. Em condições de repouso, uma vesícula ocasionalmente se funde com a membrana da superfície da terminação nervosa e libera sua acetilcolina para a goteira sináptica. Quando isso ocorre, surge um potencial *de placa em miniatura* — com amplitude de cerca de 1 mV e durando alguns milissegundos — na área local da fibra muscular devido à ação desse "pacote" de acetilcolina.

4. Quando um potencial de ação chega à terminação nervosa, ele abre vários canais de cálcio na membrana da terminação, porque essa terminação apresenta abundância de canais de cálcio voltagem-dependentes. Conseqüentemente, a concentração de íons cálcio na terminação aumenta cerca de 100 vezes, o que, por sua vez, aumenta a intensidade da fusão das vesículas de acetilcolina com a membrana da terminação por cerca de 10.000 vezes. À medida que cada vesícula se funde, sua superfície externa se rompe através da membrana celular, causando assim *exocitose* da acetilcolina para a fenda sináptica. Geralmente, cerca de 200 a 300 vesículas se rompem a cada potencial de ação. A acetilcolina é, então, degradada pela acetilcolinesterase em íon acetato e colina,

e a colina é ativamente reabsorvida de volta para a terminação neural para ser reutilizada na formação de nova acetilcolina. Essa seqüência completa de eventos ocorre em 5 a 10 ms.

5. Após cada vesícula liberar sua acetilcolina, a membrana da vesícula passa a fazer parte da membrana celular. Entretanto, o número de vesículas disponíveis na terminação nervosa é suficiente para permitir a transmissão de apenas alguns milhares de impulsos nervosos. Portanto, para a função continuada da junção neuromuscular, as vesículas devem ser recuperadas da membrana nervosa. Essa recuperação é realizada pelo processo de *endocitose*. Isto é, alguns segundos após o fim do potencial de ação, surgem "depressões revestidas" [*coated pits*] na superfície da membrana da terminação nervosa, produzidas por proteínas contráteis do citosol, em grande parte pela proteína *catrina*, fixada por baixo da membrana nas áreas das vesículas originais. Em cerca de 20 s, essas proteínas se contraem e fazem com que as depressões se rompam para o interior da membrana, formando assim novas vesículas. Em mais alguns segundos, a acetilcolina é transportada para o interior dessas vesículas, e, então, ficam prontas para um novo ciclo de liberação da acetilcolina.

Substâncias que afetam a transmissão na junção neuromuscular

Substâncias que estimulam a fibra muscular por ação semelhante à da acetilcolina. Várias substâncias diferentes, incluindo a *metacolina*, o *carbacol* e a *nicotina*, exercem o mesmo efeito sobre a fibra muscular que a acetilcolina. A diferença entre elas e a acetilcolina é que não são destruídas pela colinesterase ou só são destruídas muito lentamente, de forma que, quando aplicadas à fibra muscular, sua ação persiste durante vários minutos a várias horas. Essas substâncias atuam produzindo áreas localizadas de despolarização na placa motora, onde ficam localizados os receptores de acetilcolina. Então, a cada vez que a fibra muscular é repolarizada, essas áreas despolarizadas, devido ao vazamento de íons, produzem novos potenciais de ação, causando assim um estado de espasmo.

Substâncias que bloqueiam a transmissão na junção neuromuscular. Um grupo de substâncias, conhecidas como *substâncias curariformes*, pode impedir a passagem de impulsos da placa terminal para o músculo. Dessa forma, a D-tubocurarina afeta a membrana por meio da competição com a acetilcolina pelos receptores da membrana, de forma que a acetilcolina não pode aumentar a permeabilidade dos canais de acetilcolina o suficiente para desencadear onda de despolarização.

Substâncias que estimulam a junção neuromuscular por inativação da acetilcolinesterase. Três substâncias particularmente conhecidas, *neostigmina*, *fisostigmina* e *diisopropil fluorofosfato*, inativam a acetilcolinesterase de forma que a colinesterase presente normalmente nas sinapses não hidrolisará a acetilcolina liberada na placa motora. Conseqüentemente, a acetilcolina aumenta em quantidade com os sucessivos impulsos nervosos, de forma que pode haver acúmulo de quantidades extremas de acetilcolina, que, a seguir, estimulam repetitivamente a fibra muscular. Isso causa *espasmo muscular* até mesmo quando poucos impulsos nervosos chegam ao músculo; pode levar à morte por espasmo laríngeo, que sufoca a pessoa.

A neostigmina e fisostigmina combinam-se com a acetilcolinesterase para inativá-la durante várias horas, após as quais são deslocadas da acetilcolinesterase de forma que ela volta a ficar ativa novamente. Por outro lado, o diisopropilfluorofosfato, que tem uso militar potencial como um gás "dos nervos" muito potente, produz inativação da acetilcolinesterase durante semanas, o que o torna substância particularmente letal.

MIASTENIA GRAVIS

A doença *miastenia gravis*, que ocorre em aproximadamente uma entre cada 20.000 pessoas, faz com que a pessoa fique paralisada devido à incapacidade das junções neuromusculares de transmitir sinais das fibras nervosas para as musculares. Patologicamente, foram demonstrados anticorpos que atacam as proteínas de transporte acetilcolina-dependentes no sangue da maioria desses pacientes. Portanto, acredita-se que a miastenia grave, na maioria dos casos, é doença auto-imune na qual os pacientes desenvolveram anticorpos contra seus próprios canais iônicos ativados pela acetilcolina.

Independentemente da causa, os potenciais da placa motora desenvolvidos nas fibras musculares são muito fracos para estimular com intensidade adequada as fibras musculares. Se a doença for suficientemente intensa, o paciente morre de paralisia — em particular, de paralisia dos músculos respiratórios. Entretanto, a doença em geral pode ser controlada pela administração de *neostigmina* ou de alguma outra substância anticolinesterásica. Isso permite o acúmulo de mais acetilcolina na fenda sináptica. Dentro de minutos, algumas dessas pessoas paralisadas podem começar a funcionar de modo quase normal.

■ CONTRAÇÃO DO MÚSCULO LISO

No capítulo anterior e na primeira parte deste capítulo, a discussão foi relacionada ao músculo esquelético. Agora, vamos passar ao músculo liso, que é composto de fibras muito menores — geralmente com 2 a 5 μm de diâmetro e apenas 20 a 500 μm de comprimento — que as fibras musculares esqueléticas, que têm diâmetro até 20 vezes maior e comprimento milhares de vezes maior. Todavia, vários dos princípios de contração se aplicam tanto ao músculo liso como ao músculo esquelético. O mais importante é que essencialmente as mesmas forças atrativas entre os filamentos de miosina e de actina geram a contração no músculo liso, mas a disposição física interna das fibras musculares lisas é totalmente diferente, como veremos a seguir.

TIPOS DE MÚSCULO LISO

O músculo liso de cada órgão é diferente do encontrado nos demais por vários aspectos: dimensões físicas, organização em feixes ou camadas, resposta a diferentes tipos de estímulos, características de inervação e função. Porém, para simplificar, o músculo liso em geral pode ser dividido em dois tipos principais representados na Fig. 25.5: o *músculo liso multiunitário* e o *músculo liso de uma só unidade*.

Músculo liso multiunitário. Esse tipo de músculo liso é composto de pequenas fibras musculares lisas. Cada fibra atua de forma totalmente independente das outras e com freqüência é inervada por uma só terminação nervosa, como ocorre nas fibras musculares esqueléticas. Além disso, as superfícies externas dessas fibras, como as das fibras musculares esqueléticas, são recobertas por delgada camada de substância "semelhante à membrana basal", uma mistura de finas fibrilas de colágeno e glicoproteínas que ajuda a isolar as fibras individuais.

A característica mais importante das fibras musculares lisas multiunitárias é que cada fibra pode contrair-se independente-

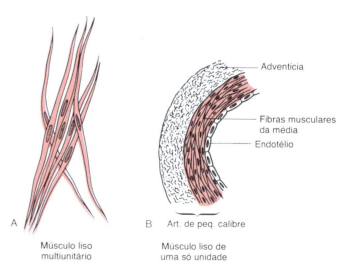

Fig. 25.5 Músculo liso multiunitário e de uma só unidade.

mente das outras, e seu controle é exercido na maior parte por sinais nervosos. Isso contrasta com a forma de controle predominante nos músculos lisos viscerais, por estímulos não-neurais. Outra característica é que só raramente apresentam contrações espontâneas.

Alguns exemplos de músculo liso multiunitário encontrados no corpo são as fibras musculares lisas do músculo ciliar do olho, a íris do olho, a membrana nictitante que recobre os olhos em alguns animais inferiores, e os músculos piloeretores que causam ereção dos pêlos quando estimulados pelo sistema nervoso simpático.

Músculo liso de uma só unidade. O termo "de uma só unidade" é confuso, porque não significa fibras musculares isoladas. Em vez disso significa toda uma massa de centenas a milhões de fibras musculares que se contraem em conjunto como uma unidade. As fibras geralmente são agregadas em folhetos ou feixes, e suas membranas celulares estão aderidas entre si em pontos múltiplos, de forma que a força gerada em uma fibra muscular pode ser transmitida para a subseqüente. Além disso, as membranas celulares são unidas por várias *junções abertas* pelas quais os íons podem fluir livremente de uma célula para a seguinte e causar a contração de todas as fibras musculares a um só tempo. Esse tipo de músculo liso também é conhecido como *músculo liso sincicial* devido às interconexões entre suas fibras. Como esse músculo é encontrado nas paredes da maioria das vísceras do corpo — incluindo o intestino, os dutos biliares, os ureteres, o útero e vários vasos sanguíneos — também é freqüentemente denominado *músculo liso visceral*.

O PROCESSO CONTRÁTIL NO MÚSCULO LISO

A base química da contração do músculo liso

O músculo liso contém *filamentos de actina* e *miosina*, com características químicas semelhantes, mas não exatamente iguais, às dos filamentos de actina e miosina do músculo esquelético. Entretanto, ele não contém troponina, de forma que o mecanismo para controle da contração é totalmente diferente. Isso é discutido em detalhe em seção subseqüente deste capítulo.

Estudos químicos mostraram que a actina e a miosina derivadas do músculo liso interagem entre si da mesma forma que a actina e miosina derivadas do músculo esquelético. Além disso, o processo contrátil é ativado por íons cálcio, e o trifosfato de adenosina (ATP) é degradado em difosfato de adenosina (ADP) para fornecer a energia para a contração.

Por outro lado, existem diferenças importantes entre a organização física do músculo liso e a do músculo esquelético, bem como diferenças no acoplamento excitação-contração, no controle do processo contrátil pelos íons cálcio, na duração da contração e na quantidade de energia necessária para o processo contrátil.

A base física da contração do músculo liso

O músculo liso não apresenta a mesma disposição estriada dos filamentos de actina e miosina encontrada no músculo esquelético. Por longo período, foi impossível distinguir, mesmo em microfotografias eletrônicas, qualquer organização específica da célula muscular lisa que poderia contribuir para a contração. Entretanto, técnicas recentes de microfotografia eletrônica sugerem a organização física apresentada na Fig. 25.6. Essa figura mostra grande número de filamentos de actina fixados aos denominados *corpos densos*. Alguns desses corpos estão fixados à membrana celular. Outros ficam dispersos no interior da célula e são mantidos em seus lugares por malha de proteínas estruturais

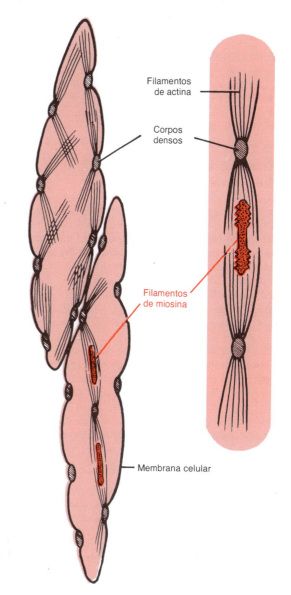

Fig. 25.6 Estrutura física do músculo liso. A fibra na parte superior esquerda mostra filamentos de actina irradiando-se dos "corpos densos". A fibra inferior, no detalhe à direita, mostra a relação entre os filamentos de miosina e os filamentos de actina.

que os interconecta. Observe-se na Fig. 25.6 que alguns dos corpos densos da membrana de células adjacentes também são unidos por pontes protéicas intracelulares. É principalmente por meio dessas ligações que a força de contração é transmitida de uma célula para outra.

Espalhados entre os numerosos filamentos de actina na fibra muscular existem alguns filamentos de miosina. Eles têm diâmetro mais de duas vezes maior que o dos filamentos de actina. Quando observados em corte transversal, em microfotografias eletrônicas, são encontrados geralmente cerca de 15 vezes mais filamentos de actina que filamentos de miosina. Parte dessa diferença é causada pelo fato de que a proporção entre o comprimento do filamento de actina e o comprimento do filamento de miosina no músculo liso é muito maior que no músculo esquelético. Portanto, a probabilidade de se ver um excesso de filamentos de actina é maior. Todavia, é surpreendente a raridade dos filamentos de miosina em relação aos de actina.

Na Fig. 25.6, à direita, é apresentada a estrutura postulada das unidades contráteis individuais dentro das células musculares lisas, mostrando grande número de filamentos de actina se irradiando de dois corpos densos; esses filamentos se superpõem a um só filamento de miosina situado a meia-distância entre os corpos densos. Obviamente, essa unidade contrátil é semelhante à unidade contrátil do músculo esquelético, mas sem a regularidade da estrutura do músculo esquelético; na verdade, os corpos densos do músculo liso desempenham o mesmo papel que os discos Z no músculo esquelético.

Comparação entre as contrações do músculo liso e do músculo esquelético

Embora o músculo esquelético se contraia rapidamente, a maioria das contrações do músculo liso resulta em contração tônica prolongada, durando freqüentemente horas ou até mesmo dias. Portanto, pode-se esperar que as características físicas e químicas do músculo liso difiram das contrações do músculo esquelético. Algumas dessas diferenças são as seguintes:

Ciclos lentos das pontes cruzadas. A duração dos ciclos das pontes cruzadas no músculo liso — isto é, sua fixação à actina, em seguida, seu desligamento dessa actina, e nova fixação para o próximo ciclo — é muito menor no músculo liso que no músculo esquelético; na verdade, a freqüência desses ciclos no músculo liso é de apenas 1/10 a 1/300 da do músculo esquelético. Porém, a *fração de tempo* que as pontes cruzadas permanecem fixadas aos filamentos de actina, que é o principal fator a determinar a força de contração, parece ser muito maior no músculo liso. Uma possível razão para o ciclo lento é que as cabeças da ponte cruzada têm atividade da ATPase muito menor que no músculo esquelético, de forma que a degradação do ATP que energiza os movimentos das cabeças é muito reduzida, com a correspondente lentificação da duração do ciclo.

Energia necessária para manter a contração do músculo liso. Apenas 1/10 a 1/300 dessa energia é necessário para manter a mesma tensão de contração no músculo liso, em relação ao músculo esquelético. Também isso é considerado como resultado da lenta fixação do ciclo das pontes cruzadas, e da necessidade de apenas uma molécula de ATP para cada ciclo, independentemente de sua duração.

Essa economia de utilização da energia pelo músculo liso é muito importante para a economia energética global do corpo porque órgãos, como o intestino, bexiga, vesícula biliar e outras vísceras, devem manter a contração muscular tônica durante todo o dia.

Lentidão do desenvolvimento da contração e do relaxamento do músculo liso. O tecido muscular liso típico começa a se contrair 50 a 100 ms após ser excitado, atinge sua contração completa cerca de 1/2 s depois, e, a seguir, diminui sua força contrátil durante mais 1 a 2 s, do que resulta um tempo total de contração de 1 a 3 s. Esse tempo é aproximadamente 30 vezes maior que uma só contração de um músculo esquelético médio. Entretanto, devido aos vários tipos diferentes de músculo liso, a contração de alguns deles pode durar desde 0,2 até 30 s.

O início lento da contração no músculo liso, bem como sua contração prolongada, é provavelmente causada pela lentidão da fixação e desligamento das pontes cruzadas. Além disso, o início da contração em resposta aos íons cálcio, o denominado mecanismo de acoplamento excitação-contração, é muito mais lento que no músculo esquelético, como discutiremos adiante.

Força da contração muscular. Apesar do número relativamente pequeno de filamentos de miosina no músculo liso, e da duração prolongada dos ciclos das pontes cruzadas, a força de contração máxima do músculo liso é freqüentemente maior que a do músculo esquelético — até 4 a 6 kg/cm^2 da área de seção transversa do músculo liso, em comparação com 3 a 4 kg para o músculo esquelético. Postula-se que essa grande força de atração resulte do período prolongado de fixação das pontes cruzadas da miosina com os filamentos de actina.

Encurtamento percentual do músculo liso durante a contração. Uma característica do músculo liso que é diferente da do músculo esquelético é sua capacidade de se encurtar por percentual maior que o músculo esquelético, enquanto ainda mantém força de contração quase total. O músculo esquelético tem distância útil de contração de cerca de apenas um terço de seu comprimento estirado, enquanto o músculo liso muitas vezes pode contrair-se efetivamente por mais de dois terços de seu comprimento estirado. Isso permite que o músculo liso realize funções particularmente importantes nas vísceras ocas, permitindo que o intestino, a bexiga, os vasos sanguíneos e outras estruturas corporais internas modifiquem seus diâmetros luminais desde valores muito grandes até quase zero.

Por que existe essa diferença entre o músculo liso e o músculo esquelético? A resposta a isso não é completamente conhecida, mas parece haver duas razões possíveis. Primeira, é provável que algumas unidades contráteis do músculo liso apresentem grau de superposição ideal de seus filamentos de actina e miosina para determinado comprimento do músculo, enquanto outras unidades a teriam em comprimentos diferentes, não existindo sincronia entre todas as unidades contráteis, como acontece normalmente no músculo esquelético. Portanto, pode ser realizado encurtamento maior. Segunda, os filamentos de actina no músculo liso são muito maiores que os do músculo esquelético. Portanto, esses filamentos podem ser puxados por sobre os filamentos de miosina por distância muito maior, durante a contração do músculo liso, do que ocorre na contração do músculo esquelético.

REGULAÇÃO DA CONTRAÇÃO PELOS ÍONS CÁLCIO

Como é válido para o músculo esquelético, o fator desencadeante na maioria das contrações do músculo liso é o aumento dos íons cálcio intracelulares. Esse aumento pode ser causado por estimulação nervosa da fibra muscular lisa, estimulação hormonal, estiramento da fibra, ou até mesmo modificações do ambiente químico da fibra.

Porém, o músculo liso não contém troponina, a proteína reguladora que é ativada pelos íons cálcio para causar a contração do músculo esquelético. Em vez disso, a contração do músculo liso é ativada por um mecanismo totalmente diferente, que é o seguinte:

Combinação dos íons cálcio com a "calmodulina" — ativação da miosina quinase e fosforilação da cabeça da miosina. No lugar da troponina, as células musculares lisas contêm grande quantidade de outra proteína reguladora, a *calmodulina*. Embora essa proteína seja semelhante à troponina, por reagir com quatro íons cálcio, dela difere pelo modo como inicia a contração. A calmodulina faz isso pela ativação das pontes cruzadas de miosina. Essa ativação e a subseqüente contração ocorrem na seguinte seqüência:

1. Os íons cálcio ligam-se à calmodulina.
2. A combinação calmodulina-cálcio fixa-se então e ativa a miosina quinase, uma enzima fosforilativa.
3. Uma das cadeias leves de cada cabeça de miosina, chamada de *cadeia reguladora*, é fosforilada em resposta à miosina quinase. Quando essa cadeia não é fosforilada, não haverá o ciclo de fixação-desligamento da cabeça. Mas, quando a cadeia reguladora é fosforilada, a cabeça tem a capacidade de se ligar ao filamento de actina e seguir por todo o processo do ciclo, o que resulta em contração muscular.

Cessação da contração — o papel da "miosina fosfatase". Quando a concentração do íon cálcio cai abaixo de um nível crítico, os processos mencionados acima são todos revertidos automaticamente, exceto pela fosforilação da cabeça da miosina. Sua inversão exige outra enzima, a *miosina fosfatase*, que remove o fosfato da cadeia leve reguladora. Então, o ciclo é interrompido e cessa a contração. O tempo necessário para o relaxamento da contração muscular é determinado, portanto, em grande parte, pela quantidade da miosina fosfatase ativa na célula.

■ CONTROLE NEURAL E HORMONAL DA CONTRAÇÃO DO MÚSCULO LISO

Embora o músculo esquelético seja ativado exclusivamente pelo sistema nervoso, o músculo liso pode ser estimulado a se contrair por diversos tipos de sinais: por sinais nervosos, por estimulação hormonal, e de várias outras formas. A principal razão para essa diferença é que a membrana do músculo liso contém vários tipos distintos de proteínas receptoras que podem iniciar o processo contrátil. Ainda outras proteínas receptoras inibem a contração do músculo liso, que é outra diferença do músculo esquelético. Portanto, nesta seção, discutiremos, primeiro, o controle neural da contração do músculo liso, seguido pelo controle hormonal e pelos outros meios de controle.

JUNÇÕES NEUROMUSCULARES DO MÚSCULO LISO

Anatomia fisiológica das junções neuromusculares do músculo liso. As junções neuromusculares do tipo encontrado nas fibras musculares esqueléticas não ocorrem no músculo liso. Em vez disso, as *fibras nervosas autonômicas* que inervam o músculo liso, em geral, ramificam-se difusamente por sobre uma camada de fibras musculares, como representado na Fig. 25.7. Na maioria dos casos, essas fibras não fazem contato direto com as fibras do músculo liso, mas, em vez disso, formam as denominadas *junções difusas* que secretam sua substância transmissora para o líquido intersticial, de alguns nanômetros até alguns micrômetros distantes das células musculares; a substância transmissora difunde-se então para as células. Além disso, onde existem muitas camadas de células musculares, as fibras nervosas freqüentemente inervam apenas a camada externa, e a excitação muscular passa então dessa camada mais externa para as camadas internas pela condução do potencial de ação na massa muscular ou por difusão subseqüente da substância transmissora.

Os axônios que inervam as fibras musculares lisas também não apresentam a típica ramificação terminal do tipo encontrado na placa motora das fibras musculares esqueléticas. Em seu lugar, a maioria das delgadas terminações axônicas apresenta múltiplas *varicosidades* distribuídas ao longo de seus eixos. Nesses pontos, as células de Schwann são interrompidas de forma que a substância transmissora pode ser secretada através das paredes das varicosidades. Nessas varicosidades existem vesículas semelhantes às existentes na placa motora do músculo esquelético contendo transmissor. Entretanto, ao contrário das vesículas das junções do músculo esquelético que só contêm acetilcolina, as vesículas das terminações da fibra nervosa autonômica contêm *acetilcolina* em algumas fibras e *norepinefrina* em outras.

Em alguns casos, particularmente no tipo de músculo liso multiunitário, as varicosidades se localizam diretamente sobre a membrana da fibra muscular com separação dessa membrana de apenas 20 a 30 nm — a mesma largura da fenda sináptica presente na junção do músculo esquelético. Estas *junções por contato* funcionam da mesma forma que a junção neuromuscular do músculo esquelético, e o período latente de contração dessas fibras musculares lisas é consideravelmente menor que das fibras estimuladas pelas junções difusas.

Substâncias transmissoras excitatórias e inibitórias na junção neuromuscular do músculo liso. Duas diferentes substâncias transmissoras sabidamente secretadas pelos nervos autonômicos que inervam o músculo liso são a *acetilcolina* e a *norepinefrina*. A acetilcolina é substância transmissora excitatória para as fibras musculares lisas em alguns órgãos, mas substância inibitória para o músculo liso em outros órgãos. Quando a acetilcolina excita uma fibra muscular, a norepinefrina comumente a inibe. Inversamente, quando a acetilcolina inibe uma fibra, a norepinefrina em geral a excita.

Mas por que essas respostas diferentes? Porque tanto a acetilcolina quanto a norepinefrina excitam ou inibem inicialmente o músculo liso, por meio de sua ligação com uma *proteína receptora* na superfície da membrana da célula muscular. Esse receptor, por sua vez, controla a abertura ou fechamento dos canais iônicos ou controla algum outro mecanismo para ativar ou inibir a fibra muscular lisa. Além disso, algumas das proteínas receptoras são *receptores excitatórios*, enquanto outras são *receptores inibitórios*. Assim, é esse tipo de receptor que determina se o músculo liso será inibido ou excitado, e também determina qual dos dois transmissores, acetilcolina ou norepinefrina, será eficaz na produção da excitação ou inibição. Esses receptores são discutidos em maior detalhe no Cap. 22 em relação à função do sistema nervoso autonômico.

POTENCIAIS DE MEMBRANA E POTENCIAIS DE AÇÃO NO MÚSCULO LISO

Potenciais de membrana do músculo liso. O valor quantitativo do potencial de membrana do músculo liso é variável de um tipo de músculo liso para outro, e depende também da condição momentânea do músculo. Entretanto, no estado de repouso normal, o potencial de membrana em geral é de aproximadamente −50 a −60 mV, ou cerca de 30 mV menos negativo que no músculo esquelético.

Potenciais de ação no músculo liso de uma só unidade. Os potenciais de ação ocorrem no músculo liso de uma só unidade da mesma forma que ocorrem no músculo esquelético. Entretanto, na maioria, se não em todos os tipos de músculo liso multiunitário, os potenciais de ação não ocorrem normalmente, como discutido em seção subseqüente.

Os potenciais de ação do músculo liso visceral ocorrem sob duas formas diferentes: (1) potenciais em ponta e (2) potenciais de ação com platôs.

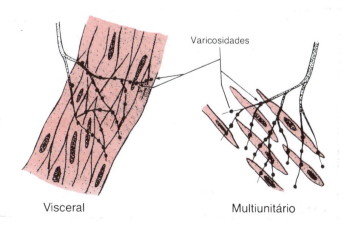

Fig. 25.7 Inervação do músculo liso.

Potenciais em ponta. Típicos potenciais de ação em ponta, como os observados no músculo esquelético, ocorrem na maioria dos tipos de músculo liso de uma só unidade. A duração desse tipo de potencial de ação é de 10 a 50 ms, como mostrado na Fig. 25.8A e B. Esses potenciais de ação podem ser produzidos de várias formas, como por estimulação elétrica, pela ação de hormônios sobre o músculo liso, pela ação de substâncias transmissoras provenientes das fibras nervosas, ou como resultado de geração espontânea pela própria fibra muscular, como discutido a seguir.

Potenciais de ação com platôs. A Fig. 25.8C mostra um potencial de ação com platô. O início desse potencial de ação é semelhante ao do potencial em ponta típico. Entretanto, em lugar da rápida repolarização da membrana da fibra muscular, a repolarização é retardada por várias centenas a vários milhares de milissegundos. A importância do platô é que ele pode ser responsável pelos períodos prolongados de contração que ocorrem em alguns tipos de músculo liso, como o do ureter, o do útero, em algumas condições, e alguns tipos de músculo liso vascular. (Também, esse é o tipo de potencial de ação observado nas fibras musculares cardíacas com período de contração prolongado, como discutiremos nos dois capítulos subseqüentes.)

Importância dos canais de cálcio na geração do potencial de ação do músculo liso. A membrana celular do músculo liso contém muito mais canais de cálcio voltagem-dependentes que o músculo esquelético, mas pouquíssimos canais de sódio voltagem-dependentes. Portanto, o sódio participa muito pouco, ou nada, na geração do potencial de ação na maioria dos músculos lisos. Em seu lugar, o fluxo de íons cálcio para o interior da fibra é o principal responsável pelo potencial de ação. Isso ocorre da mesma forma auto-regenerativa que para os canais de sódio nas fibras nervosas e nas fibras musculares esqueléticas. Entretanto, os canais de cálcio se abrem várias vezes mais lentamente que os canais de sódio. Isso é responsável, em grande parte, pelos potenciais de ação lentos das fibras de músculo liso.

Outro aspecto importante da entrada de cálcio nas células durante o potencial de ação é que esse mesmo cálcio atua diretamente sobre o mecanismo contrátil do músculo liso para causar contração, como discutido antes. Assim, o cálcio realiza duas funções a um só tempo.

Potenciais de onda lenta no músculo liso de uma só unidade e geração espontânea de potenciais de ação. Alguns músculos lisos são auto-excitatórios. Isto é, os potenciais de ação se originam no interior do próprio músculo liso, sem ação de estímulo extrínseco. Isso geralmente está associado a um *ritmo de ondas lentas* básico do potencial de membrana. Uma típica onda lenta desse tipo no músculo liso visceral do intestino é apresentada na Fig. 25.8B. A própria onda lenta não é um potencial de ação. Não é um processo auto-regenerativo que se propaga progressivamente pelas membranas das fibras musculares. Em vez disso, é uma propriedade local das fibras musculares lisas que constituem a massa muscular.

A causa do ritmo de ondas lentas é desconhecida; uma sugestão é que as ondas lentas seriam causadas por aumento e diminuição do bombeamento de íons sódio para fora através da membrana da fibra muscular; o potencial de membrana ficaria mais negativo quando o sódio é bombeado rapidamente e menos negativo quando a bomba de sódio torna-se menos ativa. Outra sugestão é que as condutâncias dos canais iônicos aumentem e diminuam ritmicamente.

A importância das ondas lentas está no fato de que podem promover potenciais de ação. As próprias ondas lentas não podem produzir contração muscular, mas, quando o potencial da onda lenta se eleva acima de cerca de −35 mV (o limiar aproximado para produzir potenciais de ação na maioria dos músculos lisos viscerais), há desenvolvimento de um potencial de ação que se propaga sobre a massa muscular, e, a seguir, ocorre contração. A Fig. 25.8B apresenta esse efeito, mostrando que em cada pico da onda lenta ocorre um ou mais potenciais de ação. Esse efeito, obviamente, pode promover uma série de contrações rítmicas da massa de músculo liso. Portanto, as ondas lentas freqüentemente são denominadas *ondas marcapasso*. Esse tipo de atividade controla as contrações rítmicas do intestino.

Excitação do músculo liso visceral por estiramento. Quando o músculo liso visceral (de uma só unidade) é suficientemente estirado, são em geral gerados potenciais de ação espontâneos. Eles resultam da associação dos potenciais de onda lenta normais com a redução da negatividade do potencial de membrana causada pelo próprio estiramento. Essa resposta ao estiramento permite que um órgão oco estirado em excesso se contraia automaticamente, e, portanto, resista ao estiramento. Por exemplo, quando o intestino é excessivamente distendido por seu conteúdo, uma contração automática local muitas vezes provoca onda peristáltica que desloca o conteúdo, afastando-o da região que está distendida.

Despolarização do músculo liso multiunitário sem potenciais de ação. As fibras musculares lisas do músculo liso multiunitário normalmente se contraem em resposta a estímulos nervosos. As terminações nervosas secretam acetilcolina no caso de alguns músculos lisos multiunitários e norepinefrina no caso de outros. Nos dois casos, essas substâncias transmissoras causam despolarização da membrana do músculo liso, e essa resposta, por sua vez, produz a contração. Entretanto, na maioria das vezes, não há desenvolvimento de potenciais de ação. A razão disso é que as fibras são pequenas demais para gerar um potencial de ação.

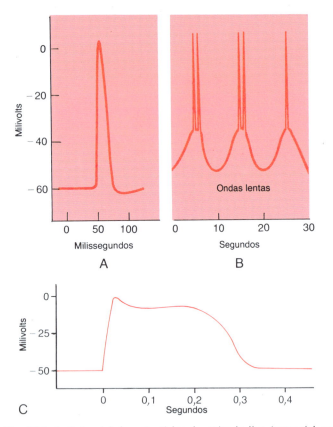

Fig. 25.8 *A*, Potencial de ação típico do músculo liso (potencial em ponta) produzido por estímulo externo. *B*, Potenciais em ponta repetitivos produzidos por ondas elétricas lentas rítmicas que ocorrem espontaneamente no músculo liso da parede intestinal. *C*, Um potencial de ação com platô registrado de fibra muscular lisa do útero.

(Quando os potenciais de ação são produzidos no músculo liso visceral de uma só unidade, até 30 a 40 fibras musculares lisas se despolarizam simultaneamente antes que ocorra um potencial de ação autopropagado.) Porém, mesmo sem um potencial de ação nas fibras musculares lisas multiunitárias, a despolarização local, denominada "potencial juncional", causada pela própria substância neural transmissora, propaga-se "eletrotonicamente" sobre toda a fibra, o que é necessário para causar a contração muscular.

CONTRAÇÃO DO MÚSCULO LISO SEM POTENCIAIS DE AÇÃO — EFEITO DOS FATORES TECIDUAIS LOCAIS E DOS HORMÔNIOS

Provavelmente, 50% ou mais de todas as contrações musculares lisas são produzidas, não por potenciais de ação, mas por fatores estimulatórios que atuam diretamente sobre o mecanismo contrátil do músculo liso. Os dois tipos de fatores não-neurais e não-dependentes de potenciais de ação estimulatórios ativos mais freqüentemente envolvidos são (1) fatores teciduais locais e (2) vários hormônios.

Contração do músculo liso em resposta a fatores teciduais locais. Como exemplo, vamos discutir o controle da contração das arteríolas, metarteríolas e esfíncteres pré-capilares. Os menores desses vasos têm inervação mínima ou nula. Porém, o músculo liso é muito contrátil, respondendo rapidamente a modificações das condições locais do líquido intersticial adjacente. Dessa forma, um potente sistema local de controle por *feedback* controla o fluxo sanguíneo para a área tecidual local. Alguns dos fatores de controle específicos são os seguintes:

1. A ausência de oxigênio nos tecidos locais causa relaxamento do músculo liso e, portanto, vasodilatação.
2. O excesso de dióxido de carbono causa vasodilatação.
3. O aumento da concentração do íon hidrogênio também causa maior vasodilatação.

Fatores como a adenosina, ácido lático, aumento da concentração de íons potássio, redução da concentração de íons cálcio, e redução da temperatura corporal também causam vasodilatação local.

Efeitos dos hormônios sobre a contração do músculo liso. A maioria dos hormônios circulantes no corpo afeta a contração do músculo liso, pelo menos em algum grau, e alguns exercem efeitos muito profundos. Alguns dos mais importantes hormônios circulantes que afetam a contração são: *norepinefrina, epinefrina, acetilcolina, angiotensina, vasopressina, ocitocina, serotonina,* e *histamina.*

Um hormônio causa contração do músculo liso quando a membrana de sua célula muscular contém *receptores excitatórios hormônio-dependentes* para o respectivo hormônio. Entretanto, o hormônio causa inibição em lugar de contração caso a membrana contenha *receptores inibitórios* em lugar de receptores excitatórios.

FONTE DOS ÍONS CÁLCIO QUE CAUSAM A CONTRAÇÃO, TANTO ATRAVÉS DA MEMBRANA CELULAR QUANTO POR LIBERAÇÃO PELO RETÍCULO SARCOPLASMÁTICO

Embora o processo contrátil no músculo liso, assim como no músculo esquelético, seja ativado pelos íons cálcio, a fonte dos íons cálcio difere, ao menos em parte, no músculo liso; a diferença é que o retículo sarcoplasmático, de onde provém praticamente todos os íons cálcio na contração do músculo esquelético, muitas vezes é apenas rudimentar na maioria dos músculos lisos. Em vez disso, na maioria dos tipos de músculo liso, quase todos os íons cálcio que causam contração entram na célula muscular, oriundos do líquido extracelular no momento do potencial de ação. Existe concentração razoavelmente elevada de íons cálcio no líquido extracelular, maior que 10^{-3} M, em comparação com menos de 10^{-7} no sarcoplasma celular, e, como foi indicado antes, o potencial de ação no músculo liso é causado principalmente por influxo de íons cálcio para a fibra muscular. Como as fibras musculares lisas são extremamente pequenas (ao contrário do tamanho das fibras musculares esqueléticas), esses íons cálcio podem difundir-se para todas as partes do músculo liso e produzir o processo contrátil. O tempo necessário para que ocorra essa difusão é em geral de 200 a 300 ms, sendo denominado *período latente* antes do início da contração; esse período latente algumas vezes é 50 vezes maior que para a contração do músculo esquelético.

Ainda mais cálcio pode penetrar na fibra muscular lisa através dos *canais de cálcio ativados por hormônio;* eles também causam contração. Geralmente, a abertura desses canais não produz um potencial de ação, e, por vezes, também não modifica muito o potencial de membrana em repouso, porque a bomba de sódio na membrana celular bombeia íons sódio suficientes para o exterior para manter um potencial de membrana quase normal. Mesmo assim, a contração continua enquanto esses canais de cálcio permanecem abertos, porque são os íons cálcio, e não a alteração do potencial de membrana, que causam a contração. Esse é um mecanismo pelo qual é produzida contração do músculo liso sem alteração significativa do potencial de membrana celular.

Papel do retículo sarcoplasmático. Algumas células musculares lisas contêm retículo sarcoplasmático moderadamente desenvolvido. A Fig. 25.9 mostra um exemplo, com túbulos sarcoplasmáticos separados que se localizam próximo à membrana

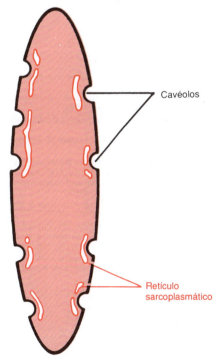

Fig. 25.9 Túbulos sarcoplasmáticos em fibra muscular lisa, mostrando sua relação com as invaginações nas membranas celulares denominadas *cavéolos.*

celular. Pequenas invaginações da membrana, denominadas *cavéolos*, entram em contato com as superfícies desses túbulos. Acredita-se que os cavéolos representem um análogo rudimentar do sistema de túbulos T do músculo esquelético. Quando um potencial de ação é transmitido para as invaginações dos cavéolos, parece excitar a liberação de íons cálcio dos túbulos sarcoplasmáticos, da mesma forma que os potenciais de ação nos túbulos T do músculo esquelético também causam a liberação de íons cálcio.

Em geral, quanto mais extenso o retículo sarcoplasmático na fibra muscular lisa, maior será a velocidade de sua contração, provavelmente porque a entrada de cálcio através da membrana celular é muito mais lenta que a liberação interna de íons cálcio do retículo sarcoplasmático.

Efeito da concentração extracelular de íons cálcio sobre a contração do músculo liso. Embora a concentração de íons cálcio no líquido extracelular não tenha na prática efeito sobre a força de contração do músculo esquelético, isso não é verdade para a maioria dos músculos lisos. Quando a concentração de íons cálcio no líquido extracelular cai até um nível baixo, a contração do músculo liso geralmente quase cessa. Na verdade, após vários minutos imerso em meio com pouco cálcio, até mesmo o retículo sarcoplasmático das fibras musculares lisas perde seu conteúdo de cálcio. Portanto, a força de contração do músculo liso é muito dependente da concentração extracelular de íons cálcio. Será mostrado no capítulo seguinte que isso também é válido para o músculo cardíaco.

A bomba de cálcio. Para causar o relaxamento dos elementos contráteis do músculo liso, é necessário remover os íons cálcio. Essa remoção é realizada por bombas de cálcio que transportam os íons cálcio para fora da fibra muscular lisa, levando-os de volta para o líquido extracelular ou transportando-os para o interior do retículo sarcoplasmático. Entretanto, essas bombas têm ação muito lenta em comparação com a bomba de ação rápida do retículo sarcoplasmático do músculo esquelético. Portanto, a duração da contração do músculo liso é freqüentemente da ordem de segundos, e não de centésimos a décimos de segundo, como ocorre no músculo esquelético.

REFERÊNCIAS

TRANSMISSÃO MUSCULAR ESQUELÉTICA E NEUROMUSCULAR

Clausen, T.: Regulation of active Na^+-K^+ transport in skeletal muscle. Physiol. Rev., 66:542, 1986.

DiDonato, S., et al. (eds.): Molecular Genetics of Neurological and Neuromuscular Disease. New York, Raven Press, 1988.

Goldman, Y. E., and Brenner, B. (eds.): General introduction. Annu. Rev. Physiol., 49:629, 1987.

Gowitzke, B. A., et al.: Scientific Bases of Human Movement. Baltimore, Williams & Wilkins, 1988.

Haynes, D. H., and Mandveno, A.: Computer modeling of Ca^{2+}-Mg^{2+}-ATPase of sarcoplasmic reticulum. Physiol. Rev., 67:244, 1987.

Homsher, E.: Muscle enthalpy production and its relationship to actomyosin ATPase. Annu. Rev. Physiol., 49:673, 1987.

Huang, C. L. H.: Intramembrane charge movements in skeletal muscle. Physiol. Rev., 68:1197, 1988.

Huxley, A. F.: Muscular Contraction. Annu. Rev. Physiol., 50:1, 1988.

Huxley, A. F., and Gordon, A. M.: Striation patterns in active and passive shortening of muscle. Nature (Lond.), 193:280, 1962.

Huxley, H. E., and Faruqi, A. R.: Time-resolved x-ray diffraction studies on vertebrate striated muscle. Annu. Rev. Biophys. Bioeng., 12:381, 1983.

Johnson, E. W. (ed.): Practical Electromyography. Baltimore, Williams & Wilkins, 1988.

Kolata, G.: Metabolic catch-22 of exercise regimens. Science, 236:146, 1987.

Korn, E. D., et al.: Actin polymerization and ATP hydrolysis. Science, 238:638, 1987.

Laufer, R., et al.: Regulation of acetylcholine receptor biosynthesis during motor endplate morphogenesis. News Physiol. Sci., 4:5, 1989.

Martonosi, A. N.: Mechanisms of Ca^{2+} release from sarcoplasmic reticulum of skeletal muscle. Physiol. Rev., 64:1240, 1984.

Morkin, E.: Chronic adaptations in contractile proteins: Genetic regulation. Annu. Rev. Physiol., 49:545, 1987.

Oho, S. J.: Electromyography: Neuromuscular Transmission Studies. Baltimore, Williams & Wilkins, 1988.

Pollack, G. H.: The cross-bridge theory. Physiol. Rev., 63:1049, 1983.

Ringel, S. P.: Neuromuscular Disorders: A Guide for Patient and Family. New York, Raven Press, 1987.

Rios, E., and Pizarro, G.: Voltage sensors and calcium channels of excitation-contraction coupling. News Physiol. Sci., 3:223, 1988.

Rowland, L. P., et al. (eds.): Molecular Genetics in Diseases of Brain, Nerve, and Muscle. New York, Oxford University Press, 1989.

Soderberg, G. L.: Kinesiology. Baltimore, Williams & Wilkins, 1986.

Steinbach, J. H.: Structural and functional diversity in vertebrate skeletal muscle nicotinic acetylcholine receptors. Annu. Rev. Physiol., 51:353, 1989.

Sugi, H., and Pollack, G. H. (eds.): Molecular Mechanism of Muscle Contraction. New York, Plenum Publishing Corp., 1988.

Swynghedauw, B.: Developmental and functional adaptation of contractile proteins in cardiac and skeletal muscles. Physiol. Rev., 66:710, 1986.

Thomas, D. D.: Spectroscopic probes of muscle cross-bridge rotation. Annu. Rev. Physiol., 49:691, 1987.

Vergara, J., and Asotra, K.: The chemical transmission mechanisms of excitation-contraction coupling in the skeletal muscle. News Physiol. Sci., 2:182, 1987.

MÚSCULO LISO

Butler, T. M., and Siegman, M. J.: High-energy phosphate metabolism in vascular smooth muscle. Annu. Rev. Physiol., 47:629, 1985.

Campbell, J. H., and Campbell, G. R.: Endothelial cell influences on vascular smooth muscle phenotype. Annu. Rev. Physiol., 48:295, 1986.

Furchgott, R. F.: The role of endothelium in the responses of vascular smooth muscle to drugs. Annu. Rev. Pharmacol. Toxicol., 24:175, 1984.

Gabella, G.: Structural apparatus for force transmission in smooth muscle. Physiol. Rev., 64:455, 1984.

Hertzberg, E. L., et al.: Gap junctional communication. Annu. Rev. Physiol., 43:479, 1981.

Hirst, G. D. S., and Edwards, F. R.: Sympathetic neuroeffector transmission in arteries and arterioles. Physiol. Rev., 69:546, 1989.

Homsher, E.: Muscle enthalpy production and its relationship to actomyosin ATPase. Annu. Rev. Physiol., 49:673, 1987.

Kamm, K. E., and Stull, J. T.: Regulation of smooth muscle contractile elements by second messengers. Annu. Rev. Physiol., 51:299, 1989.

Lowenstein, W. R.: Junctional intercellular communication: The cell-to-cell membrane channel. Physiol. Rev., 61:829, 1981.

McKinney, M., and Richelson, E.: The coupling of neuronal muscarinic receptor to responses. Annu. Rev. Pharmacol. Toxicol., 24:121, 1984.

Murphy, R. A.: Muscle cells of hollow organs. News Physiol. Sci., 3:124, 1988.

Paul, R. J.: Smooth muscle energetics. Annu. Rev. Physiol., 51:331, 1989.

Putney, J. W., Jr., et al.: How do inositol phosphates regulate calcium signaling? FASEB J., 3:1899, 1989.

Rasmussen, H., et al.: Protein kinase C in the regulation of smooth muscle contraction. FASEB J., 1:177, 1987.

Rosenthal, W., et al.: Control of voltage-dependent Ca^{2+} channels by G protein-coupled receptors. FASEB J., 2:2784, 1988.

Seidel, C. L., and Schildmeyer, L. A.: Vascular smooth muscle adaptation to increased load. Annu. Rev. Physiol., 49:489, 1987.

Somlyo, A. P.: Ultrastructure of vascular smooth muscle. In Bohr, D. F., et al. (eds.): Handbook of Physiology. Sec. 2, Vol. II. Baltimore, Williams & Wilkins, 1980, p. 33.

Spray, D. C., and Bennett, M. V. L.: Physiology and pharmacology of gap junctions. Annu. Rev. Physiol., 47:281, 1985.

van Breemen, C., and Saida, K.: Cellular mechanisms regulating $[Ca^{2+}]_i$ smooth muscle. Annu. Rev. Physiol., 51:315, 1989.

Vanhoutte, P. M.: Calcium-entry blockers, vascular smooth muscle and systemic hypertension. Am. J. Cardiol., 55:17B, 1985.

26

O Coração: Sua Excitação Rítmica e Controle Nervoso

O coração é um órgão muscular. Como outros músculos do corpo, é, de certa forma, uma extensão do sistema nervoso, pois sua função de bombeamento é, pelo menos em parte, controlada por nervos.

Para realizar sua função de bombeamento o coração é dividido em quatro câmaras separadas, como representado na Fig. 26.1. Os átrios direito e esquerdo bombeiam sangue para os ventrículos direito e esquerdo, respectivamente. O ventrículo direito, então, bombeia sangue através dos pulmões, e o ventrículo esquerdo bombeia sangue para o restante do corpo.

Os átrios, na verdade, funcionam como bombas "de reforço" para os ventrículos. Normalmente, eles se contraem cerca de um sexto de segundo antes dos ventrículos, dando tempo, assim, para a entrada de mais sangue nos ventrículos antes de sua contração; isso aumenta muito a eficácia do bombeamento ventricular.

A complexidade do ciclo de bombeamento cardíaco requer tanto o controle rítmico dos batimentos cardíacos como mecanismos temporais especiais para o controle seqüencial dos átrios e ventrículos. Além disso, a ritmicidade, bem como a força do batimento cardíaco, pode ser aumentada ou reduzida por sinais do sistema nervoso central. Esses mecanismos de controle serão explicados adiante. Entretanto, primeiro, vamos discutir a fisiologia básica do próprio músculo cardíaco, principalmente suas diferenças do músculo esquelético, que foi discutido no Cap. 24.

■ FISIOLOGIA DO MÚSCULO CARDÍACO

O coração é composto de três tipos principais de músculo cardíaco: músculo atrial, músculo ventricular e fibras musculares excitatórias e condutivas especializadas. Os músculos atriais e ventriculares se contraem da mesma forma que o músculo esquelético, exceto pela duração da contração ser muito maior. Por outro lado, as fibras excitatórias e condutivas especializadas só se contraem fracamente porque contêm poucas fibrilas contráteis em vez disso, apresentam ritmicidade e velocidades variáveis de condução, formando um sistema excitatório para o coração e um sistema de transmissão para o controle da condução do sinal excitatório cardíaco por todo o coração.

ANATOMIA FISIOLÓGICA DO MÚSCULO CARDÍACO

A Fig. 26.2 apresenta imagem histológica típica do músculo cardíaco, mostrando as fibras musculares cardíacas dispostas em um retículo, dividindo-se e recombinando-se a seguir, e depois, dispersando-se novamente. Observa-se imediatamente, por essa figura, que o músculo cardíaco é *estriado*, da mesma forma que o músculo esquelético típico. Além disso, o músculo cardíaco apresenta miofibrilas típicas que contêm *filamentos de actina* e *miosina* quase idênticos aos encontrados no músculo

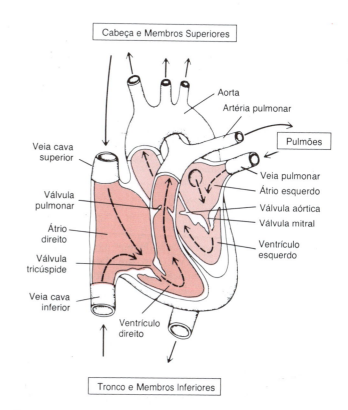

Fig. 26.1 Estrutura do coração e curso do fluxo sanguíneo através das câmaras cardíacas.

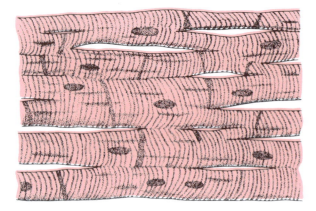

Fig. 26.2 A natureza interconectada "sincicial", do músculo cardíaco.

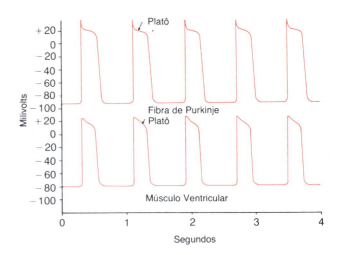

Fig. 26.3 Potenciais de ação rítmicos de fibra de Purkinje e de fibra muscular ventricular, registrados por microeletródios.

esquelético, e esses filamentos se interdigitam e deslizam entre si durante o processo de contração, da mesma forma como ocorre no músculo esquelético. (Veja Cap. 24).

Músculo cardíaco como um sincício. As áreas escuras anguladas que cruzam as fibras musculares cardíacas na Fig. 26.2 são denominadas *discos intercalados;* são, na verdade, membranas celulares que separam células musculares cardíacas individuais umas das outras. Isto é, as fibras musculares cardíacas são constituídas por várias células individuais conectadas em série entre si. Porém, a resistência elétrica através do disco intercalado, é de apenas 1/400 da resistência através da membrana externa da fibra muscular cardíaca, porque as membranas celulares se fundem entre si e formam junções "comunicantes" muito permeáveis (junções abertas) que permitem a difusão relativamente livre dos íons. Portanto, do ponto de vista funcional, os íons se movem com facilidade ao longo dos eixos das fibras musculares cardíacas, de forma que os potenciais de ação se propagam de uma célula muscular cardíaca para outra, passando pelos discos intercalados com dificuldade apenas ligeira. Portanto, o músculo cardíaco é um *sincício* de muitas células musculares cardíacas, no qual as células cardíacas estão tão interconectadas que, quando uma dessas células é excitada, o potencial de ação se propaga para todas elas, passando de uma célula para outra e por todas as interconexões do retículo.

O coração é composto de dois sincícios distintos: o *sincício atrial* que constitui as paredes dos dois átrios e o *sincício ventricular* que constitui as paredes dos dois ventrículos. Os átrios são separados dos ventrículos por tecido fibroso que circunda as aberturas valvulares entre os átrios e ventrículos. Normalmente, os potenciais de ação só podem ser conduzidos do sincício atrial para o sincício ventricular através de um sistema de condução especializado, o *feixe A-V*, discutido em detalhe no capítulo a seguir. Essa divisão da massa muscular do coração em dois sincícios funcionais distintos permite que os átrios se contraiam um pouco à frente da contração ventricular, o que é importante para a eficácia do bombeamento cardíaco.

POTENCIAIS DE AÇÃO NO MÚSCULO CARDÍACO

O *potencial de membrana em repouso* do músculo cardíaco normal é de cerca de −85 a −95 mV e aproximadamente de −90 a −100 mV nas fibras de condução especializadas, as fibras de Purkinje, discutidas no capítulo seguinte.

O *potencial de ação* registrado no músculo ventricular, mostrado no registro inferior da Fig. 26.3, é de 105 mV, o que significa que o potencial de membrana se eleva de seu valor normal muito negativo até valor ligeiramente positivo de cerca de +20 mV. A parte positiva é denominada *potencial de ultrapassagem*. Então, após a *ponta* inicial, a membrana permanece despolarizada por cerca de 0,2 s no músculo atrial e por cerca de 0,3 s no músculo ventricular, apresentando um *platô* como mostrado na Fig. 26.3, seguido ao final do platô por repolarização súbita. A presença desse platô no potencial de ação faz com que a contração muscular dure 3 a 15 vezes mais no músculo cardíaco que no músculo esquelético.

Neste ponto, devemos fazer a pergunta: por que o potencial de ação do músculo cardíaco é tão longo, e por que apresenta um platô, enquanto o do músculo esquelético não? As respostas biofísicas básicas a estas perguntas foram apresentadas nos Caps. 5 e 6, mas merecem ser novamente resumidas.

Pelo menos duas diferenças importantes entre as propriedades da membrana do músculo cardíaco e esquelético são responsáveis pelo potencial de ação prolongado e o platô no músculo cardíaco.

Primeiro, o potencial de ação do músculo esquelético é causado quase totalmente pela súbita abertura de grande número de *canais rápidos de sódio*, o que permite a entrada de número enorme de íons sódio na fibra muscular esquelética. Esses canais são denominados canais "rápidos", porque permanecem abertos durante apenas alguns décimos-milésimos de segundo e, depois, fecham-se abruptamente. Ao final desse fechamento, ocorre o processo de repolarização, e o potencial de ação se encerra dentro de outro décimo de milésimo de segundo. No músculo cardíaco, por outro lado, o potencial de ação é causado pela abertura de dois tipos de canais: (1) os mesmos *canais rápidos de sódio* do músculo esquelético e (2) outra população inteira dos denominados *canais lentos de cálcio,* também denominados *canais de cálcio-sódio*. Essa segunda população de canais difere dos canais rápidos de sódio por ter abertura mais lenta, mas, o mais importante é que permanecem abertos por vários décimos de segundo. Durante esse período, grande quantidade de íons cálcio e sódio flui através desses canais para o interior da fibra muscular cardíaca, e isso mantém um período prolongado de despolarização, produzindo o platô do potencial de ação. Além disso, os íons cálcio que entram no músculo durante esse potencial de ação desempenham papel importante em ajudar a excitar o processo contrátil muscular, que é outra diferença entre o músculo cardíaco e o músculo esquelético, como discutiremos adiante.

A segunda diferença importante entre o músculo cardíaco e o músculo esquelético, que ajuda a explicar o potencial de ação prolongado e seu platô, é que, imediatamente após o início do potencial de ação, a permeabilidade da membrana muscular cardíaca para o potássio *diminui* por aproximadamente cinco vezes, efeito que não ocorre no músculo esquelético. É possível que essa redução da permeabilidade ao potássio seja causada, de alguma forma, pelo influxo excessivo de íons cálcio através dos canais de cálcio descritos acima. Entretanto, independentemente da causa, a redução da permeabilidade ao potássio diminui muito o efluxo de íons potássio durante o platô do potencial de ação e, portanto, impede a recuperação precoce. Quando os canais lentos de cálcio-sódio se fecham ao final de 0,2 a 0,3 s e o influxo de íons cálcio e sódio cessa, a permeabilidade da membrana ao potássio aumenta muito rapidamente, e a perda intensa de potássio pela fibra restabelece o potencial de membrana a seu nível de repouso, encerrando assim o potencial de ação.

Velocidade de condução no músculo cardíaco. A velocidade de condução do potencial de ação nas fibras musculares atriais e ventriculares é de aproximadamente 0,3 a 0,5 m/s, ou cerca de 1/250 da velocidade em fibras nervosas muito grossas, e em torno de 1/10 da velocidade nas fibras musculares esqueléticas. A velocidade de condução no sistema especializado de condução varia de 0,02 a 4 m/s em diferentes partes do sistema, como explicado no capítulo seguinte.

Período refratário do músculo cardíaco. O músculo cardíaco, como todo tecido excitável, é refratário à reestimulação durante o potencial de ação. Portanto, o período refratário do coração é o intervalo de tempo, como mostrado à esquerda da Fig. 26.4, durante o qual um impulso cardíaco normal não pode reexcitar uma área já excitada do músculo cardíaco. O período refratário normal do ventrículo é de 0,25 a 0,3 s, que é aproximadamente a duração do potencial de ação. Existe um *período refratário relativo* adicional de cerca de 0,05 s durante o qual a excitação do músculo é muito mais difícil que o normal, mas, não obstante, pode ser excitado, como mostrado pela contração prematura precoce no segundo exemplo da Fig. 26.4.

O período refratário do músculo atrial é muito menor que o dos ventrículos (cerca de 0,15 s), e o período refratário relativo é de mais de 0,03 s. Portanto, a freqüência rítmica de contração dos átrios pode ser muito maior que a dos ventrículos.

CONTRAÇÃO DO MÚSCULO CARDÍACO

Acoplamento excitação-contração — função dos íons cálcio e dos túbulos T. O termo "acoplamento excitação-contração" significa o mecanismo pelo qual o potencial de ação causa a contração das miofibrilas do músculo. Isso foi discutido para o músculo esquelético no Cap. 24. Entretanto, existem de novo diferenças nesse mecanismo no músculo cardíaco que exercem efeitos importantes sobre as características da contração do músculo cardíaco.

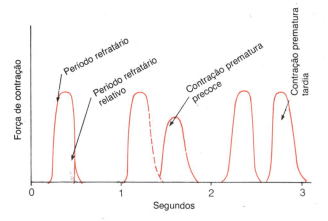

Fig. 26.4 Contração do coração, mostrando as durações do período refratário e o período refratário relativo, o efeito de contração prematura precoce, e o efeito de contração prematura tardia. Observe que as contrações prematuras não causam somação de ondas, como ocorre no músculo esquelético.

Como acontece no músculo esquelético, quando um potencial de ação passa pela membrana muscular cardíaca, o potencial de ação também se propaga para o interior da fibra muscular cardíaca ao longo das membranas dos túbulos T. Os potenciais de ação do túbulo T, por sua vez, atuam sobre as membranas dos túbulos sarcoplasmáticos longitudinais para causar a liberação instantânea, para o sarcoplasma muscular, de quantidade muito grande de íons cálcio provenientes do retículo sarcoplasmático. Em mais alguns milésimos de segundo, esses íons cálcio se difundem para as miofibrilas e catalisam as reações químicas que promovem o deslizamento dos filamentos de actina e miosina entre si; isto, por sua vez, produz a contração muscular.

Até aqui, esse mecanismo de acoplamento excitação-contração é igual ao do músculo esquelético, mas existe um efeito secundário que é muito diferente. Além dos íons cálcio liberados para o sarcoplasma provenientes das cisternas do retículo sarcoplasmático, grande quantidade adicional de íons de cálcio também se difunde para o sarcoplasma a partir dos túbulos T no momento do potencial de ação. Na verdade, sem esse cálcio adicional dos túbulos T, a força de contração do músculo cardíaco ficaria bastante reduzida, porque o retículo sarcoplasmático do músculo cardíaco é menos desenvolvido que o do músculo esquelético e não armazena cálcio suficiente para promover a contração completa. Por outro lado, os túbulos T do músculo cardíaco têm diâmetro 5 vezes maior que os túbulos do músculo esquelético e volume 25 vezes maior; também, no interior dos túbulos T existe grande quantidade de mucopolissacarídios que são eletronegativamente carregados e fixam reserva bem abundante de íons cálcio, mantendo esse cálcio sempre disponível para difusão para o interior da fibra muscular cardíaca quando ocorre o potencial de ação do túbulo T.

A força de contração do músculo cardíaco depende, em grande parte, da concentração de íons cálcio nos líquidos extracelulares. A razão disso é que as extremidades dos túbulos T se abrem diretamente para o exterior das fibras musculares cardíacas, permitindo que o mesmo líquido extracelular que está no interstício muscular cardíaco também atravesse os túbulos T. Conseqüentemente, a quantidade de íons cálcio no sistema de túbulos T, bem como a disponibilidade de íons cálcio para produzir contração do músculo cardíaco depende diretamente da concentração do íon cálcio no líquido extracelular.

Para servir como contraste, a força da contração do músculo esquelético dificilmente é afetada pela concentração de cálcio no líquido extracelular, porque sua contração é causada de modo quase total pelos íons cálcio liberados do retículo sarcoplasmático no interior da própria fibra muscular esquelética.

Ao final do platô do potencial de ação, o influxo de íons cálcio para o interior da fibra muscular é subitamente interrompido, e os íons cálcio no sarcoplasma são rapidamente bombeados de volta para o retículo sarcoplasmático e os túbulos T. Como resultado, a contração cessa até que ocorra novo potencial de ação.

Duração da contração. O músculo cardíaco começa a se contrair alguns milissegundos após o início do potencial de ação e continua a se contrair durante alguns milissegundos após o final do potencial de ação. Portanto, a duração da contração do músculo cardíaco é em grande parte função da duração do potencial de ação — cerca de 0,2 s no músculo atrial e 0,3 s no músculo ventricular.

■ O SISTEMA ESPECIALIZADO DE EXCITAÇÃO E DE CONDUÇÃO DO CORAÇÃO

A Fig. 26.5 apresenta o sistema especializado de excitação e de condução do coração que controla as contrações cardíacas.

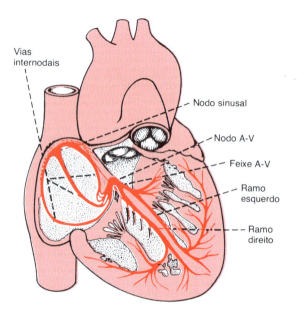

Fig. 26.5 O nodo sinusal e o sistema de Purkinje do coração, mostrando também o nodo A-V, as vias internodais atriais e os ramos ventriculares do feixe.

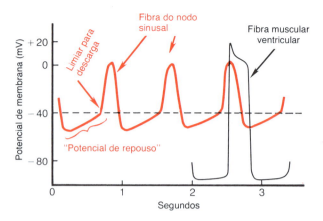

Fig. 26.6 Descarga rítmica de uma fibra do nodo sinusal e comparação do potencial de ação do nodo sinusal com o de fibra muscular ventricular.

A figura mostra o *nodo sinusal* (também denominado *nodo sinoatrial* ou *S-A*), onde é gerado o impulso rítmico normal; as *vias internodais* que conduzem o impulso do nodo sinusal para o nodo A-V; o *nodo A-V* (também denominado *nodo atrioventricular*), onde o impulso proveniente dos átrios é retardado antes de passar para os ventrículos; o *feixe A-V*, que conduz o impulso dos átrios para os ventrículos; e os *feixes de fibras de Purkinje esquerdo* e *direito*, que conduzem o impulso cardíaco para todas as partes dos ventrículos.

O NODO SINUSAL

O nodo sinusal é uma pequena faixa elíptica e achatada de músculo especializado com aproximadamente 3 mm de largura, 15 mm de comprimento e 1 mm de espessura; está localizado na parede lateral superior do átrio direito imediatamente abaixo e ao lado da abertura da veia cava superior. As fibras desse nodo praticamente não contêm filamentos contráteis e cada uma tem 3 a 5 μm de diâmetro, ao contrário do diâmetro de 10 a 15 μm das fibras musculares atriais adjacentes. Entretanto, as fibras sinusais são contínuas com as fibras atriais, de forma que qualquer potencial de ação iniciado no nodo sinusal se propaga imediatamente para os átrios.

Ritmicidade automática das fibras sinusais

Muitas fibras cardíacas têm a capacidade de *auto-excitação*, um processo que pode causar a contração rítmica automática. Isso ocorre particularmente nas fibras do sistema especializado de condução do coração; a parte desse sistema que apresenta o maior grau de auto-excitação são as fibras do nodo sinusal. Por essa razão, o nodo sinusal comumente controla a freqüência de todo o coração, como discutido em detalhe adiante. Primeiro, porém, vamos descrever essa ritmicidade automática.

Mecanismo da ritmicidade do nodo sinusal. A Fig. 26.6 apresenta potenciais de ação registrados em uma fibra do nodo sinusal para três batimentos cardíacos e, para fins de comparação, um potencial de ação de fibra muscular ventricular, mostrado à direita. Observe-se que o potencial da fibra do nodo sinusal apresenta entre as descargas negatividade de apenas −55 a −60 mV em comparação com −85 a −90 mV para a fibra ventricular. A causa dessa negatividade reduzida é que as membranas celulares das fibras sinusais são naturalmente permeáveis aos íons sódio.

Antes de tentar explicar a ritmicidade das fibras do nodo sinusal, lembremos, das discussões anteriores, que, no músculo cardíaco, três tipos distintos de canais iônicos da membrana desempenham papéis importantes na produção das alterações de voltagem do potencial de ação. Eles são (1) os *canais rápidos de sódio;* (2) os *canais lentos de cálcio-sódio*, e (3) os *canais de potássio*. A abertura dos canais rápidos de sódio por alguns décimos-milésimos de segundo é responsável pelo início muito rápido e semelhante a uma ponta do potencial de ação observado no músculo ventricular, devido ao rápido influxo de íons sódio positivos para o interior da fibra. A seguir, é produzido o platô do potencial de ação ventricular, primariamente pela abertura lenta dos canais lentos de cálcio-sódio, que dura alguns décimos de segundo. Por fim, o aumento da abertura dos canais de potássio e a difusão de grande quantidade de íons potássio positivos para fora da fibra restabelecem o potencial de membrana até seu nível de repouso.

Mas há uma diferença no funcionamento desses canais na fibra do nodo sinusal devido à negatividade muito menor do potencial de "repouso" — apenas −55 mV. Nesse nível de negatividade, os canais rápidos de sódio já estão, em grande parte, "inativados", o que significa que foram bloqueados. A causa disso é que a qualquer momento em que o potencial de membrana permaneça menos negativo que aproximadamente −60 mV por mais de alguns milissegundos, as comportas de inativação no interior da membrana celular que fecham esses canais se fecharam e, assim, permanecem. Portanto, apenas os canais lentos de cálcio-sódio podem abrir-se (isto é, podem ser "ativados") e, assim, causar o potencial de ação. Portanto, o potencial de ação se desenvolve mais lentamente que o do músculo ventricular e, também, se recupera por lento decremento do potencial, em lugar da recuperação súbita que ocorre no caso da fibra ventricular.

Auto-excitação das fibras do nodo sinusal. Os íons sódio tendem naturalmente a passar para o interior das fibras do nodo sinusal através de múltiplos canais da membrana, e esse influxo de cargas positivas também causa a elevação do potencial de membrana. Assim, como mostrado na Fig. 26.6, o potencial de "repouso" se eleva gradualmente entre cada dois batimentos cardíacos sucessivos. Quando atinge uma *voltagem limiar* de aproximadamente −40 mV, os canais de cálcio-sódio são ativados, levando à entrada muito rápida de íons cálcio e sódio, daí produzindo o potencial de ação. Portanto, basicamente, a permeabilidade inerente aos íons sódio das fibras de nodo sinusal causa sua auto-excitação.

Por que essa permeabilidade aos íons sódio não faz com que as fibras do nodo sinusal permaneçam continuamente despolarizadas? A resposta é que dois eventos ocorrem durante o curso do potencial de ação. Primeiro, os canais de cálcio-sódio são inativados (isto é, fecham-se), cerca de 100 a 150 ms após sua abertura, e, segundo, mais ou menos ao mesmo tempo, abre-se grande número de canais de potássio. Como resultado, agora, o influxo de íons cálcio e sódio através dos canais de cálcio-sódio cessa a um só tempo, enquanto grande quantidade de íons potássio positivos se difunde *para fora* da fibra, pondo fim ao potencial de ação. Além disso, os canais de potássio permanecem abertos por mais alguns décimos de segundo, levando grande excesso de cargas positivas de potássio para fora da célula, o que temporariamente causa considerável negatividade excessiva no interior da fibra; isso é denominado *hiperpolarização*. Essa hiperpolarização inicialmente provoca redução do potencial de membrana em "repouso" para cerca de −55 a −60 mV ao final do potencial de ação.

Por fim, devemos explicar por que o estado de hiperpolarização também não é mantido indefinidamente. A razão é que, durante os décimos de segundo subseqüentes após o fim do potencial de ação, um número progressivamente maior de canais de potássio começa a se fechar. A partir daí, o influxo de íons sódio supera novamente o efluxo de íons potássio, o que faz com que o potencial de "repouso" se eleve atingindo, por fim, o limiar para descarga no potencial de aproximadamente −40 mV. A seguir, todo o processo se inicia de novo: auto-excitação, recuperação do potencial de ação, hiperpolarização após o fim do potencial de ação, elevação do potencial de "repouso", e, depois, mais uma vez, reexcitação para iniciar novo ciclo. Esse processo continua indefinidamente durante toda a vida da pessoa.

VIAS INTERNODAIS E TRANSMISSÃO DO IMPULSO CARDÍACO PELOS ÁTRIOS

As extremidades das fibras do nodo sinusal se fundem às fibras musculares atriais adjacentes, e os potenciais de ação originados no nodo sinusal dirigem-se para fora do nodo por meio dessas fibras. Dessa forma, o potencial de ação se propaga por toda a massa muscular atrial e, finalmente, também para o nodo A-V. A velocidade de condução no músculo atrial é de aproximadamente 0,3 m/s. Entretanto, a condução é algo mais rápida em vários feixes pequenos de fibras musculares atriais. Um desses, denominado *faixa interatrial anterior*, passa pelas paredes anteriores dos átrios para o átrio esquerdo e conduz o impulso cardíaco com velocidade de cerca de 1 m/s. Além disso, três outros pequenos feixes curvam-se ao longo das paredes atriais, terminando no nodo A-V, conduzindo também o impulso cardíaco com essa alta velocidade. Esses três pequenos feixes, mostrados na Fig. 26.5, são denominados, respectivamente, *vias internodais anterior, média e posterior*. A causa da velocidade de condução mais alta desses feixes é a presença de várias fibras de condução especializadas misturadas ao músculo atrial. Essas fibras são semelhantes às fibras de Purkinje de condução rápida nos ventrículos, discutidas adiante.

O NODO A-V E O RETARDO NA CONDUÇÃO DE IMPULSOS

Felizmente, o sistema de condução é organizado de forma que o impulso cardíaco não passe dos átrios para os ventrículos de forma muito rápida; isso dá tempo para que os átrios esvaziem seu conteúdo para os ventrículos antes do início da contração ventricular. São basicamente o nodo A-V e suas fibras de condução associadas que retardam essa transmissão do impulso cardíaco dos átrios para os ventrículos.

O nodo A-V está localizado na parede septal posterior do átrio direito, imediatamente atrás da válvula tricúspide e adjacente à abertura do seio coronariano, como mostrado na Fig. 26.5. A Fig. 26.7 mostra esquematicamente as diferentes partes desse nodo e suas conexões com as fibras das vias internodais atriais e o feixe A-V. A figura também mostra os intervalos aproximados de tempo em frações de segundo, entre a gênese do impulso cardíaco no nodo sinusal, e seu aparecimento em diferentes pontos no sistema do nodo A-V. Observe-se que o impulso, após se propagar pelas vias internodais, atinge o nodo A-V cerca de 0,3 s após sua origem no nodo sinusal. A seguir, existe retardo adicional de 0,09 s no próprio nodo A-V antes que o impulso entre na região *penetrante do feixe A-V*. Um retardo final de mais 0,04 s ocorre em sua maior parte nesse feixe A-V penetrante, que é composto de múltiplos pequenos fascículos que atravessam o tecido fibroso que separa os átrios dos ventrículos.

Assim, o retardo total no sistema do nodo A-V e do feixe A-V é de aproximadamente 0,13 s. Cerca de um quarto desse tempo ocorre nas *fibras de transição*, que são fibras muito delgadas que conectam as fibras de vias internodais atriais ao nodo A-V (veja Fig. 26.7). A velocidade de condução nessas fibras é de apenas 0,02 e 0,05 m/s (cerca de 1/12 daquela no músculo cardíaco normal), o que retarda muito a entrada do impulso no nodo A-V. Após entrar no próprio nodo, a velocidade de condução nas fibras nodais é muita pequena, apenas 0,05 m/s, cerca de um oitavo da velocidade de condução no músculo cardíaco normal. Essa baixa velocidade de condução também é aproximadamente a mesma da parte penetrante do feixe A-V.

Causa da condução lenta. A causa da condução extremamente lenta tanto nas fibras de transição quanto nas fibras nodais

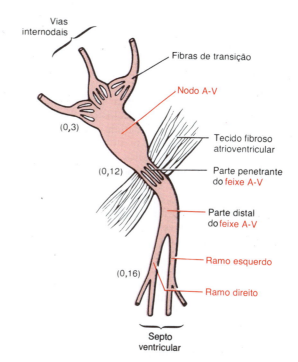

Fig. 26.7 Organização do nodo AV. Os números representam o intervalo de tempo desde a origem do impulso no nodo sinusal. Os valores foram adaptados para os seres humanos.

e do feixe A-V penetrante é, em parte, que suas dimensões são consideravelmente menores que as das fibras musculares atriais normais. Entretanto, a maior parte da condução lenta é com muita probabilidade causada por dois fatores totalmente diferentes. Primeiro, todas essas fibras têm potenciais de membrana em repouso muito menos negativos que o potencial de repouso normal do resto do músculo cardíaco. Segundo, pouquíssimas junções abertas conectam as fibras sucessivas na via, de forma que existe alta resistência à condução de íons excitatórios de uma fibra para outra. Assim, com a baixa voltagem para impulsionar os íons e a grande resistência ao movimento iônico, é fácil ver-se porque cada fibra sucessiva demora a ser excitada.

TRANSMISSÃO NO SISTEMA DE PURKINJE

As *fibras de Purkinje* saem do nodo A-V através do feixe A-V para os ventrículos. Exceto em seu trecho inicial, onde penetram a barreira fibrosa atrioventricular, elas têm características funcionais opostas às das fibras do nodo A-V; são fibras muito grossas, maiores ainda que as fibras musculares ventriculares normais, e transmitem potenciais de ação com velocidade de 1,5 a 4,0 m/s, velocidade cerca de 6 vezes maior que no músculo cardíaco típico e 150 vezes maior que em algumas fibras de transição. Isso permite a transmissão quase imediata do impulso cardíaco por todo o sistema ventricular.

Acredita-se que a transmissão muito rápida de potenciais de ação pelas fibras de Purkinje seja causada por aumento da permeabilidade das junções abertas nos discos intercalados entre as sucessivas células cardíacas que constituem as fibras de Purkinje. Nesses discos, os íons são transmitidos facilmente de uma célula para outra, aumentando assim a velocidade de transmissão. As fibras de Purkinje também contêm pouquíssimas miofibrilas, o que significa que dificilmente se contraem durante o curso da transmissão do impulso.

Condução unidirecional pelo feixe A-V. Uma característica especial do feixe A-V é a incapacidade, exceto em estados anormais, dos potenciais de ação, se propagarem pelo feixe dos ventrículos para os átrios. Isso impede a reentrada de impulsos cardíacos por essa via, dos ventrículos para os átrios, só permitindo a condução anterógrada dos átrios para os ventrículos.

Além disso, deve ser lembrado que o músculo atrial é separado do músculo ventricular por uma barreira fibrosa contínua, parte da qual é representada na Fig. 26.7. Essa barreira normalmente atua como isolante para evitar a passagem do impulso cardíaco entre os átrios e os ventrículos por meio de qualquer outra via, além da condução anterógrada pelo próprio feixe A-V. (Entretanto, em raros casos uma ponte muscular anormal passa através da barreira fibrosa em outros pontos além do feixe A-V. Nessas condições, o impulso cardíaco pode reentrar nos átrios proveniente dos ventrículos, e causar grave arritmia cardíaca.)

Distribuição das fibras de Purkinje nos ventrículos. Após atravessar o tecido fibroso atrioventricular, a porção distal do feixe A-V desce pelo septo ventricular por 5 a 15 mm, em direção ao ápice cardíaco, como mostrado nas Figs. 26.5 e 26.7. A seguir, o feixe se divide em *ramos esquerdo e direito*, situados sob o endocárdio dos dois lados respectivos do septo. Cada ramo desce até o ápice do ventrículo, dividindo-se em ramos menores que cursam ao redor de cada câmara ventricular e voltam à base do coração. As fibras de Purkinje terminais penetram cerca de um terço da espessura da massa muscular ventricular e, a seguir, tornam-se contínuas com as fibras musculares cardíacas.

A partir do momento em que o impulso cardíaco entra pela primeira vez nos ramos até atingir as terminações das fibras de Purkinje, o tempo total transcorrido é de apenas 0,03 s; portanto, uma vez tendo entrado no sistema de Purkinje, o impulso cardíaco propaga-se quase imediatamente para toda a superfície endocárdica do músculo ventricular.

TRANSMISSÃO DO IMPULSO CARDÍACO NO MÚSCULO VENTRICULAR

Uma vez tendo o impulso atingido as fibras de Purkinje, ele é então transmitido para toda a massa muscular ventricular por meio das próprias fibras musculares. A velocidade de transmissão aí passa a ser de apenas 0,3 a 0,5 m/s, um sexto daquela nas fibras de Purkinje.

O músculo cardíaco envolve o coração em dupla espiral com septos fibrosos entre as camadas espirais; portanto, o impulso cardíaco não segue necessariamente direto para fora, em direção à superfície do coração, mas em vez disso, angula-se em direção à superfície ao longo das direções dos espirais. Devido a isso, a transmissão da superfície endocárdica para a superfície epicárdica do ventrículo exige outros 0,03 s, aproximadamente igual ao tempo necessário para a transmissão por todo o sistema de Purkinje. Assim, o tempo total para a transmissão do impulso cardíaco proveniente dos ramos iniciais até a última das fibras musculares ventriculares no coração normal é de aproximadamente 0,06 s.

RESUMO DA PROPAGAÇÃO DO IMPULSO CARDÍACO PELO CORAÇÃO

A Fig. 26.8 mostra de forma resumida a transmissão do impulso cardíaco pelo coração humano. Os números na figura representam os intervalos de tempo em centésimos de segundo, que decorrem entre a origem do impulso cardíaco no nodo sinusal e seu aparecimento em cada ponto respectivo no coração. Observe que o impulso propaga-se com velocidade moderada pelos átrios, mas é retardado em mais de 0,1 s na região do nodo

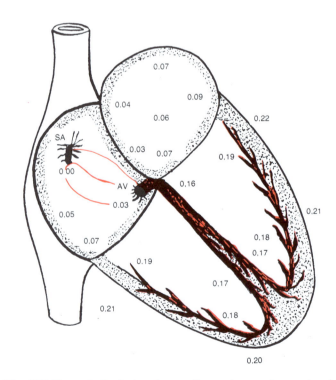

Fig. 26.8 Transmissão do impulso cardíaco pelo coração, mostrando o momento de surgimento (em frações de segundo) do impulso em diferentes partes do coração.

A-V antes de aparecer no feixe A-V do septo ventricular. Uma vez chegado nesse feixe, ele se propaga rapidamente pelas fibras de Purkinje para todas as superfícies endocárdicas dos ventrículos. A seguir, volta de novo a se propagar lentamente pelo próprio músculo ventricular até as superfícies epicárdicas.

É extremamente importante que o leitor aprenda em detalhes o curso do impulso cardíaco pelo coração, e o tempo de seu aparecimento em cada parte distinta do coração, pois o conhecimento quantitativo deste processo é essencial para a compreensão da eletrocardiografia, que é discutida nos três capítulos a seguir.

■ CONTROLE DA EXCITAÇÃO E DA CONDUÇÃO NO CORAÇÃO

O NODO SINUSAL COMO MARCAPASSO DO CORAÇÃO

Na discussão anterior sobre a gênese e a transmissão do impulso cardíaco pelo coração, observamos que o impulso normalmente se origina no nodo sinusal. Entretanto, isso muitas vezes não ocorre em condições anormais, pois outras partes do coração podem apresentar contração rítmica da mesma forma que as fibras do nodo sinusal; isso ocorre de modo especial nas fibras do nodo AV e nas fibras de Purkinje.

As fibras do nodo AV, quando não estimuladas por alguma fonte externa, disparam com freqüência rítmica intrínseca de 40 a 60 vezes/min, e as fibras de Purkinje com freqüência entre 15 a 40 vezes/min. Essas freqüências contrastam com a freqüência normal do nodo sinusal de 70 a 80 vezes/min.

Portanto, a pergunta que devemos fazer é: por que o nodo sinusal controla a ritmicidade do coração, e não o nodo A-V ou as fibras de Purkinje? A resposta vem do fato de que a freqüência de descarga do nodo sinusal é consideravelmente maior que a do nodo A-V ou das fibras de Purkinje. A cada vez que o nodo sinusal dispara, seu impulso é conduzido para o nodo A-V e para as fibras de Purkinje, descarregando suas membranas excitáveis. A seguir, esses tecidos, bem como o nodo sinusal, recuperam-se do potencial de ação e ficam hiperpolarizados. Mas o nodo sinusal perde sua hiperpolarização muito mais rapidamente que qualquer dos dois outros e emite um novo impulso, antes que um deles possa atingir seu próprio limiar para auto-excitação. O novo impulso novamente descarrega tanto o nodo A-V quanto as fibras de Purkinje. Esse processo continua indefinidamente, com o nodo sinusal sempre excitando esses outros tecidos potencialmente auto-excitáveis antes que sua auto-excitação possa de fato ocorrer.

Assim, o nodo sinusal controla o batimento do coração porque sua freqüência de descarga rítmica é maior que a de qualquer outra parte do coração. Portanto, o nodo sinusal é o *marcapasso* normal do coração.

Marcapassos anormais — O marcapasso ectópico. Ocasionalmente, alguma outra parte do coração desenvolve freqüência de descarga rítmica mais rápida que a do nodo sinusal. Por exemplo, isso ocorre freqüentemente no nodo A-V ou nas fibras de Purkinje. Em qualquer desses casos, o marcapasso cardíaco desloca-se do nodo sinusal para o nodo A-V ou para as fibras excitáveis de Purkinje. Em condições mais raras, um ponto no músculo atrial ou ventricular desenvolve excitabilidade excessiva e torna-se marcapasso.

Um marcapasso em qualquer outro ponto que não o nodo sinusal é denominado *marcapasso ectópico*. Obviamente, um marcapasso ectópico causa uma seqüência anormal da contração das diferentes partes do coração.

Outra causa de deslocamento do marcapasso é o bloqueio A-V antes de aparecer no feixe A-V do septo ventricular. Uma vez chegado nesse feixe, ele se propaga rapidamente pelas fibras da transmissão dos impulsos do nodo sinusal para as outras partes do coração, isso é mais freqüente no nodo A-V ou no trecho penetrante do feixe A-V em seu trajeto para os ventrículos. Quando ocorre bloqueio A-V, os átrios continuam a bater na freqüência normal de ritmo do nodo sinusal, enquanto um novo marcapasso se desenvolve no sistema de Purkinje dos ventrículos e impulsiona o músculo ventricular com nova freqüência entre 15 e 40 batimentos/min. Entretanto, após bloqueio súbito, o sistema de Purkinje não começa a emitir seus impulsos rítmicos até 5 a 30 s depois, porque até aquele ponto ele estava "hiperestimulado" [*overdriven*] pelos rápidos impulsos sinusais e, conseqüentemente, está em estado suprimido. Durante esse período de 5 a 30 s, os ventrículos não conseguem bombear qualquer quantidade de sangue, e a pessoa desmaia após os primeiros 4 a 5 s, devido à ausência de fluxo sanguíneo para o cérebro. Esse retardo da seqüência dos batimentos é denominado *síndrome de Stokes-Adams*. Se o período for muito longo, pode levar à morte.

PAPEL DO SISTEMA DE PURKINJE NA PRODUÇÃO DA CONTRAÇÃO SINCRÔNICA DO MÚSCULO VENTRICULAR

Pela descrição anterior do sistema de Purkinje ficou claro que o impulso cardíaco chega a quase todas as partes dos ventrículos em intervalo de tempo muito curto, excitando a primeira fibra muscular ventricular apenas 0,06 s antes da excitação da última fibra muscular ventricular. Isso faz com que todas as porções do músculo ventricular, em ambos os ventrículos, comecem a se contrair quase exatamente ao mesmo tempo. O bombeamento efetivo pelas duas câmaras ventriculares requer esse tipo sincrônico de contração. Se o impulso cardíaco se propagou de forma muito lenta pelo músculo ventricular, grande parte da massa ventricular se contrairia antes da contração do restante, quando o efeito de bombeamento global ficaria muito reduzido. Na verdade, em alguns tipos de debilidade cardíaca, ocorre essa transmissão lenta, e a eficácia do bombeamento dos ventrículos é reduzida, talvez por até 20 a 30%.

CONTROLE DA RITMICIDADE E DA CONDUÇÃO CARDÍACA PELOS NERVOS SIMPÁTICOS E PARASSIMPÁTICOS

O coração é suprido tanto por nervos simpáticos quanto parassimpáticos, como mostrado na Fig. 26.9. Os nervos parassimpáticos (os vagos) são distribuídos em sua maioria para os nodos sinusal e A-V, e, em menor grau, para o músculo dos dois átrios, e, ainda menor, para o músculo ventricular. Os nervos simpáticos, por outro lado, são distribuídos para todas as partes do coração, com forte representação para o músculo ventricular bem como para todas as outras áreas.

Efeito da estimulação parassimpática (vagal) sobre o ritmo e a condução cardíacos — escape ventricular. A estimulação dos nervos parassimpáticos para o coração (os vagos) faz com que o hormônio *acetilcolina* seja liberado pelas terminações vagais. Esse hormônio exerce dois efeitos importantes sobre o coração. Primeiro, diminui a freqüência do ritmo do nodo sinusal, e, segundo, diminui a excitabilidade das fibras juncionais A-V entre a musculatura atrial e o nodo A-V, tornando assim mais lenta a transmissão do impulso cardíaco para os ventrículos. A estimulação muito forte dos vagos pode interromper completamente a contração rítmica do nodo sinusal ou bloquear de forma total a transmissão do impulso cardíaco pela junção A-V. Em qualquer caso, os impulsos rítmicos não são mais transmitidos para os

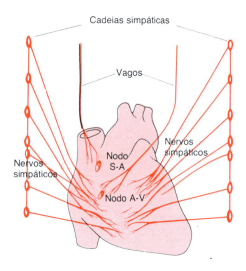

Fig. 26.9 Os nervos cardíacos.

ventrículos. Os ventrículos deixam de bater durante 4 a 10 s, mas, então, algum ponto nas fibras de Purkinje, geralmente na região septal ventricular do feixe A-V, desenvolve um ritmo próprio e causa a contração ventricular com freqüência de 15 a 40 batimentos/min. Esse fenômeno é denominado *escape ventricular*.

Mecanismo dos efeitos vagais. A acetilcolina liberada nas terminações nervosas vagais aumenta muito a permeabilidade das membranas da fibra ao potássio, o que permite o rápido vazamento de potássio para o exterior. Isso causa aumento da negatividade no interior das fibras, um efeito denominado *hiperpolarização*, que torna o tecido excitável muito menos excitável, como explicado no Cap. 6.

No nodo sinusal, o estado de hiperpolarização diminui o potencial de membrana de "repouso" das fibras do nodo sinusal até um nível consideravelmente mais negativo que o valor normal, um nível de até -65 a -75 mV, em vez do nível normal de -55 a -60 mV. Portanto, a elevação do potencial de membrana em repouso causada pelo vazamento de sódio requer intervalo muito maior para atingir o potencial limiar para excitação. Obviamente, isso reduz de muito a freqüência da ritmicidade dessas fibras nodais. E, se a estimulação vagal for suficientemente forte, é possível interromper de modo completo a auto-excitação rítmica desse nodo.

No nodo A-V, o estado de hiperpolarização torna difícil que as diminutas fibras juncionais sejam capazes de excitar as fibras nodais, pois elas só podem gerar pequenas quantidades de corrente durante o potencial de ação. Portanto, o *fator de segurança* para a transmissão do impulso cardíaco pelas fibras juncionais e para as fibras nodais diminui. Redução moderada desse fator simplesmente retarda a condução do impulso, mas redução do fator de segurança até abaixo da unidade (que significa um nível tão baixo que o potencial de ação de uma fibra não pode causar um potencial de ação no trecho sucessivo da fibra) bloqueia completamente a condução.

Efeito da estimulação simpática sobre o ritmo e a condução cardíacos. A estimulação simpática tem efeitos cardíacos praticamente opostos aos causados pela estimulação vagal, da seguinte forma: primeiro, aumenta a freqüência de descarga do nodo sinusal. Segundo, aumenta a velocidade de condução, bem como o nível de excitabilidade em todas as partes do coração. Terceiro, aumenta muito a força de contração de toda a musculatura cardíaca, atrial e ventricular.

Em resumo, a estimulação simpática aumenta a atividade global do coração. A estimulação máxima pode quase *triplicar a freqüência dos batimentos cardíacos* e pode *aumentar a força da contração cardíaca por até duas vezes*.

Mecanismo do efeito simpático. A estimulação dos nervos simpáticos libera o hormônio *norepinefrina* pelas terminações nervosas simpáticas. O mecanismo preciso pelo qual esse hormônio atua sobre as fibras musculares cardíacas ainda é um pouco questionável, mas a opinião atual é que aumenta a permeabilidade da membrana da fibra ao sódio e ao cálcio. No nodo sinusal, o aumento da permeabilidade ao sódio produz um potencial de repouso mais positivo, e um aumento muito rápido do potencial de membrana até o nível limiar de auto-excitação, ambos obviamente capazes de acelerar o início da auto-excitação e, portanto, aumentando a freqüência cardíaca.

No nodo A-V, o aumento da permeabilidade ao sódio torna mais fácil para o potencial de ação excitar a parte subseqüente da fibra de condução, reduzindo assim o tempo de condução dos átrios para os ventrículos.

O aumento da permeabilidade aos íons cálcio é, ao menos parcialmente, responsável pelo aumento da força contrátil do músculo cardíaco sob a influência da estimulação simpática porque os íons cálcio desempenham potente papel na excitação do processo contrátil das miofibrilas.

REFERÊNCIAS

Akera, T., and Brody, T. M.: Myocardial membranes: Regulation and function of the sodium pump. Annu. Rev. Physiol., 44:375, 1982.

Brown, H. F.: Electrophysiology of the sinoatrial node. Physiol. Rev., 62:505, 1982.

Brutsaert, D. L., and Paulus, W. J.: Contraction and relaxation of the heart as muscle and pump. In Guyton, A. C., and Young, D. B. (eds.): International Review of Physiology: Cardiovascular Physiology III. Vol. 18. Baltimore, University Park Press, 1979, p. 1.

DiFrancesco, D., and Noble, D.: A model of cardiac electrical activity incorporating ionic pumps and concentration changes. Phil. Trans. R. Soc. Lond. (Biol.), 307:353, 1985.

Ellis, D.: Na-Ca exchange in cardiac tissues. Adv. Myocardiol., 5:295, 1985.

Farah, A. E., et al.: Positive inotropic agents. Annu. Rev. Pharmacol. Toxicol., 24:275, 1985.

Fozzard, H. A.: Heart: Excitation-contraction coupling. Annu. Rev. Physiol., 39:201, 1977.

Fozzard, H. A., et al.: The Heart and Cardiovascular System: Scientific Foundations. New York, Raven Press, 1986.

Geddes, L. A.: Cardiovascular Medical Devices. New York, John Wiley & Sons, 1984.

Gilmour, R. F., Jr., and Zipes, D. P.: Slow inward current and cardiac arrhythmias. Am. J. Cardiol., 55:89B, 1985.

Glitsch, H. G.: Electrogenic Na pumping in the heart. Annu. Rev. Physiol., 44:389, 1982.

Gravanis, M. B. (ed.): Cardiovascular Pathophysiology. New York, McGraw-Hill Book Co., 1987.

Guyton, A. C., and Satterfield, J.: Factors concerned in electrical defibrillation of the heart, particularly through the unopened chest. Am. J. Physiol., 167:81, 1951.

Herbette, L., et al.: The interaction of drugs with the sarcoplasmic reticulum. Annu. Rev. Pharmacol. Toxicol., 22:413, 1982.

Hondeghem, L. M., and Katzung, B. G.: Antiarrhythmic agents: The modulated receptor mechanism of action of sodium and calcium channel-blocking drugs. Annu. Rev. Pharmacol. Toxicol., 24:387, 1984.

Irisawa, H.: Comparative physiology of the cardiac pacemaker mechanism. Physiol. Rev., 58:461, 1984.

Josephson, M. E., and Singh, B. N.: Use of calcium antagonists in ventricular dysfunction. Am. J. Cardiol., 55:81B, 1985.

Langer, G. A.: Sodium-calcium exchange in the heart. Annu. Rev. Physiol., 44:435, 1982.

Latorre, R., et al.: K+ channels gated by voltage and ions. Annu. Rev. Physiol., 46:485, 1984.

Lazdunski, M., and Renaud, J. F.: The action of cardiotoxins on cardiac plasma membranes. Annu. Rev. Physiol., 44:463, 1982.

Levy, M. N., and Martin, P. J.: Neural control of the heart. In Berne, R. M., et al. (eds.): Handbook of Physiology. Sec. 2, Vol. I. Baltimore, Williams & Wilkins, 1979, p. 581.

Levy, M. N., et al.: Neural regulation of the heart beat. Annu. Rev. Physiol., 43:443, 1981.

Loewenstein, W. R.: Junctional intercellular communication: the cell-to-cell membrane channel. Physiol. Rev., 61:829, 1981.

Mazzanti, M., and DeFelice, L. J.: K channel kinetics during the spontaneous heart beat in embryonic chick ventricle cells. Biophys. J., 54:1139, 1988.

Mazzanti, M., and DeFelice, L. J.: Na channel kinetics during the spontaneous heart beat in embryonic chick ventricle cells. Biophys. J., 52:95, 1987.

Mazzanti, M., and DeFelice, L. J.: Regulation of the Na-conducting Ca channel during the cardiac action potential. Biophys. J., 51:115, 1987.

McAnulty, J., and Rahimtoola, S.: Prognosis in bundle branch block. Annu. Rev. Med., 32:499, 1981.

McDonald, T. F.: The slow inward calcium current in the heart. Annu. Rev. Physiol., 44:425, 1982.

Meijler, F. L.: Atrioventricular conduction versus heart size from mouse to whale. J. Am. Coll. Cardiol., 5:363, 1985.

Meijler, F. L., and Janse, M. J.: Morphology and electrophysiology of the mammalian atrioventricular node. Physiol. Rev., 68:608, 1988.

Orrego F.: Calcium and the mechanism of action of digitalis. Gen. Pharmacol., 15:273, 1984.

Reuter, H.: Ion channels in cardiac cell membranes. Annu. Rev. Physiol., 44:473, 1984.

Sheridan, J. D., and Atkinson, M. M.: Physiological roles of permeable junctions: Some possibilities. Annu. Rev. Physiol., 47:337, 1985.

Spear, J. F., and Moore, E. N.: Mechanisms of cardiac arrhythmias. Annu. Rev. Physiol., 44:485, 1982.

Sperelakis, N.: Hormonal and neurotransmitter regulation of Ca^{++} influx through voltage-dependent slow channels in cardiac muscle membrane. Membr. Biochem., 5:131, 1984.

Vasselle, M.: Electrogenesis of the plateau and pacemaker potential. Annu. Rev. Physiol., 41:425, 1979.

Verrier, R. L., and Lown, B.: Behavioral stress and cardiac arrhythmias. Annu. Rev. Physiol., 46:155, 1984.

27

Regulação Nervosa da Circulação e da Respiração

■ REGULAÇÃO NERVOSA DA CIRCULAÇÃO

A circulação é regulada, em parte, por mecanismos não-neurais intrínsecos à própria circulação e, por outra parte, por mecanismos extrínsecos, sobretudo pelo sistema nervoso. Os mecanismos intrínsecos consistem em funções tais como o controle intrínseco da ritmicidade do próprio músculo cardíaco e o controle local do fluxo sanguíneo em cada tecido do corpo, quando esse tecido requer mais ou menos nutrientes.

O controle nervoso da circulação tem dois aspectos muito importantes: primeiro, a regulação nervosa pode funcionar de modo extremamente rápido, com alguns dos efeitos nervosos começando a ocorrer em 1 segundo, atingindo seu completo desenvolvimento em 5 a 30 s. Segundo, o sistema nervoso representa o modo para o controle de grande parte da circulação ao mesmo tempo. Por exemplo, quando é importante elevar a pressão arterial temporariamente, o sistema nervoso pode, de forma arbitrária, interromper, ou, pelo menos, reduzir de muito, o fluxo sanguíneo para grandes segmentos da circulação, apesar do fato de os mecanismos reguladores do fluxo sanguíneo local atuarem em oposição a isso.

CONTROLE AUTONÔMICO DA CIRCULAÇÃO

O sistema nervoso autonômico foi discutido em detalhe no Cap. 22. Entretanto, é tão importante para a regulação da circulação que suas características anatômicas e funcionais relacionadas à circulação merecem aqui atenção especial.

Sem dúvida, a parte mais importante do sistema nervoso autonômico para a regulação da circulação é o *sistema nervoso simpático*. O *sistema nervoso parassimpático* só é importante por sua regulação da função cardíaca, como discutido em detalhe no capítulo anterior.

O sistema nervoso simpático. A Fig. 27.1 apresenta a anatomia do controle nervoso simpático da circulação. As fibras nervosas simpáticas vasomotoras emergem da medula espinhal por todos os nervos torácicos e do primeiro ou dois primeiros nervos espinhais lombares. Elas passam para a cadeia simpática e, daí, por duas vias, para a circulação: (1) por *nervos simpáticos* específicos que inervam principalmente a rede vascular das vísceras internas e do coração e (2) pelos *nervos espinhais* que inervam principalmente a rede vascular das áreas periféricas. As vias precisas dessas fibras na medula espinhal e nas cadeias simpáticas são discutidas no Cap. 22.

Inervação simpática dos vasos sanguíneos. A Fig. 27.2 apresenta a distribuição de fibras nervosas simpáticas para os vasos sanguíneos, mostrando que todos os vasos, exceto os capilares, esfíncteres pré-capilares e a maioria das metarteríolas, são inervados.

A inervação das *pequenas artérias* e *arteríolas* permite que a estimulação simpática aumente a *resistência* e, assim, modifique a intensidade do fluxo sanguíneo pelos tecidos.

A inervação dos grandes vasos, em especial das *veias,* torna possível à estimulação simpática modificar o volume desses vasos e, assim, alterar o volume do sistema circulatório periférico. Isso pode deslocar o sangue para o coração e, desse modo, desempenhar papel importante na regulação da função cardiovascular, como veremos adiante, neste e em capítulos subseqüentes.

Fibras nervosas simpáticas para o coração. Além das fibras nervosas simpáticas que suprem os vasos sanguíneos, outras fibras simpáticas vão para o coração, como foi discutido no último capítulo. Deve ser lembrado que a estimulação simpática aumenta significativamente a atividade do coração, elevando a freqüência cardíaca e estimulando sua força de bombeamento.

Controle parassimpático da função cardíaca, principalmente da freqüência cardíaca. Embora o sistema nervoso parassimpático seja muito importante para várias outras funções autonômicas do corpo, ele só desempenha pequeno papel na regulação da circulação. Seu único efeito circulatório realmente importante é o controle da freqüência cardíaca pelas fibras parassimpáticas levadas até o coração pelos *nervos vagos,* mostrados na Fig. 27.1 pelo nervo tracejado do bulbo diretamente ao coração.

Os efeitos da estimulação parassimpática sobre a função cardíaca são discutidos em detalhe no Cap. 26. A estimulação parassimpática causa principalmente *redução* acentuada da freqüência cardíaca e ligeira redução da contratilidade.

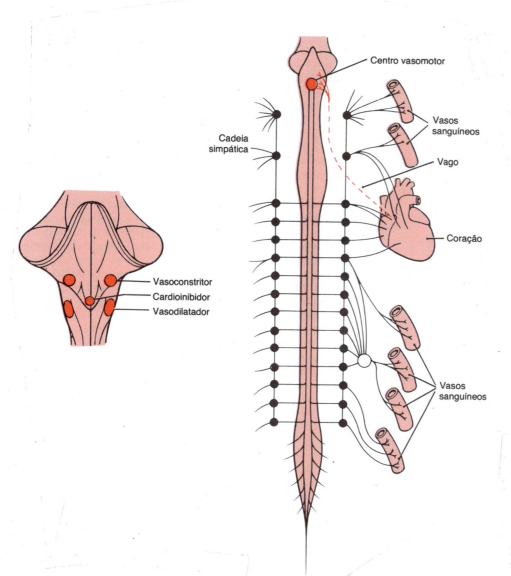

Fig. 27.1 Anatomia do controle nervoso simpático da circulação.

O sistema vasoconstritor simpático e seu controle pelo sistema nervoso central

Os nervos simpáticos transportam um número enorme de *fibras vasoconstritoras* e apenas algumas fibras vasodilatadoras. As fibras vasoconstritoras são distribuídas para praticamente todos os segmentos da circulação. Entretanto, essa distribuição é maior em alguns tecidos que em outros. É particularmente potente nos rins, no intestino, no baço, e na pele, mas menos potente no músculo esquelético e no cérebro.

O centro vasomotor e seu controle do sistema vasoconstritor. Localizada bilateralmente na substância reticular do bulbo e no terço inferior da ponte, como representada na Fig. 27.3, existe uma área denominada *centro vasomotor*. Esse centro transmite impulsos descendentes para a medula e, daí, pelas fibras vasoconstritoras simpáticas, para todos, ou quase todos, os vasos sanguíneos do corpo.

Embora a organização total do centro vasomotor ainda não tenha sido esclarecida, experimentos permitiram a identificação de áreas importantes nesse centro, da seguinte forma:

1. Uma *área vasoconstritora*, denominada área "C-1", localizada bilateralmente nas regiões ântero-laterais da parte superior do bulbo. Os neurônios nessa área secretam *norepinefrina;* suas fibras são distribuídas por toda a medula, onde excitam os neurônios vasoconstritores do sistema nervoso simpático.

2. Uma *área vasodilatadora*, denominada área "A-1", localizada bilateralmente nas regiões ântero-laterais da metade inferior do bulbo. As fibras desses neurônios se projetam para cima até a área vasoconstritora (C-1) e inibem a atividade vasoconstritora dessa área, produzindo assim vasodilatação.

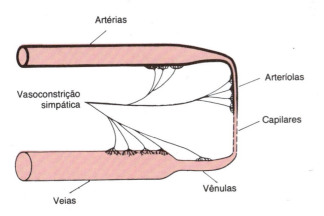

Fig. 27.2 Inervação simpática da circulação sistêmica.

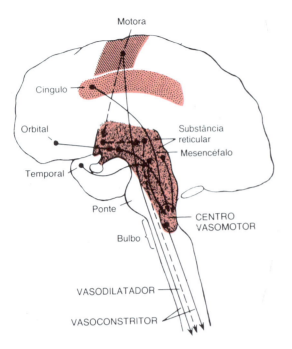

Fig. 27.3 Áreas do cérebro que desempenham papéis importantes na regulação nervosa da circulação. As linhas tracejadas representam vias inibitórias.

3. Uma *área sensorial*, área "A-2", localizada bilateralmente no *feixe solitário* nas regiões posterolaterais do bulbo e na parte inferior da ponte. Os neurônios dessa área recebem sinais nervosos sensoriais provenientes, em grande parte, dos nervos vago e glossofaríngeo, e os sinais eferentes dessa área sensorial ajudam, então, a controlar a atividade das áreas vasoconstritora e vasodilatadora, promovendo assim o controle "reflexo" de várias funções circulatórias. Um exemplo é o reflexo barorreceptor para o controle da pressão arterial, que descreveremos adiante.

Constrição parcial contínua dos vasos sanguíneos causada pelo tônus vasoconstritor simpático. Em condições normais, a área vasoconstritora do centro vasomotor transmite sinais continuamente para as fibras nervosas vasoconstritoras simpáticas, produzindo descarga lenta contínua dessas fibras com freqüência de cerca de $1/2$ a 2 impulsos/s. Essa descarga contínua é denominada *tônus vasoconstritor simpático*. Esses impulsos mantêm estado parcial de contração nos vasos sanguíneos, um estado denominado *tônus vasomotor*.

A Fig. 27.4 demonstra o significado do tônus vasoconstritor. No experimento dessa figura, foi administrada anestesia espinhal total a um animal, que bloqueou completamente toda a transmissão dos impulsos nervosos do sistema nervoso central para a periferia. Conseqüentemente, a pressão arterial caiu de 100 para 50 mm Hg, demonstrando o efeito da perda do tônus vasoconstritor em todo o corpo. Alguns minutos depois, pequena quantidade do hormônio norepinefrina foi injetada por via venosa — a norepinefrina é a substância secretada nas terminações das fibras nervosas simpáticas em todo o corpo. Quando esse hormônio foi transportado no sangue para todos os vasos sanguíneos, os vasos novamente foram contraídos, e a pressão arterial se elevou até um nível ainda maior que o normal por 1 ou 2 minutos, até que a norepinefrina fosse destruída.

Controle da atividade cardíaca pelo centro vasomotor. Ao mesmo tempo que o centro vasomotor está controlando o grau de constrição vascular, ele também controla a atividade cardíaca. As partes laterais do centro vasomotor transmitem impulsos excitatórios pelas fibras nervosas simpáticas para o coração, para aumentar a freqüência e a contratilidade cardíacas, enquanto a parte medial do centro vasomotor, situada em aposição imediata ao *núcleo motor dorsal do nervo vago*, transmite impulsos por meio do nervo vago para o coração para reduzir a freqüência cardíaca. Portanto, o centro vasomotor pode aumentar ou reduzir a atividade cardíaca, aumentando-a normalmente ao mesmo tempo em que ocorre vasoconstrição em todo o corpo e em geral reduzindo-a ao mesmo tempo que a vasoconstrição é inibida.

Controle do centro vasomotor por centros nervosos superiores. Grande número de áreas em toda a *substância reticular* da *ponte, mesencéfalo* e *diencéfalo* pode excitar ou inibir o centro vasomotor. Essa substância reticular é representada na Fig. 27.3 pela área sombreada difusa. Em geral, as partes mais laterais e superiores da substância reticular produzem excitação, enquanto as partes mais mediais e inferiores causam inibição.

O *hipotálamo* desempenha papel especial no controle do sistema vasoconstritor, pois pode exercer potentes efeitos excita-

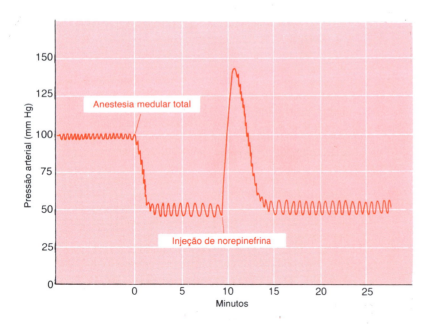

Fig. 27.4 Efeito da anestesia medular total sobre a pressão arterial, mostrando redução acentuada da pressão resultante da perda do tônus vasomotor.

tórios ou inibitórios sobre o centro vasomotor. As *regiões postero-laterais* do hipotálamo causam, na maioria das vezes, excitação, enquanto a *parte anterior* pode causar leve excitação ou inibição, dependendo da região exata do hipotálamo anterior que é estimulada.

Várias áreas distintas do *córtex cerebral* também podem excitar ou inibir o centro vasomotor. A estimulação do *córtex motor*, por exemplo, excita o centro vasomotor devido aos impulsos transmitidos para baixo até o hipotálamo e daí para o centro vasomotor. Também, a estimulação do *lobo temporal anterior*, as *áreas orbitais do córtex frontal*, a *parte anterior do giro do cíngulo*, a *amígdala*, o *septo* e o *hipocampo* pode excitar ou inibir o centro vasomotor, dependendo da parte exata dessas áreas que é estimulada e da intensidade do estímulo.

Assim, áreas difusas do cérebro podem exercer efeitos acentuados sobre a função cardiovascular.

Norepinefrina — a substância transmissora vasoconstritora simpática. A substância secretada nas terminações dos nervos vasoconstritores é a norepinefrina. A norepinefrina atua diretamente sobre os denominados receptores alfa do músculo liso vascular para produzir vasoconstrição, como discutido no Cap. 22.

As medulas supra-renais e sua relação com o sistema vasoconstritor simpático. Os impulsos simpáticos são transmitidos à medula das supra-renais ao mesmo tempo que são transmitidos a todos os vasos sanguíneos. Esses impulsos fazem com que a medula secrete epinefrina e norepinefrina para o sangue circulante. Esses dois hormônios são transportados na corrente sanguínea para todas as partes do corpo, onde atuam diretamente sobre os vasos sanguíneos para causar em geral vasoconstrição, mas algumas vezes a epinefrina causa vasodilatação porque exerce potente efeito de estimulação dos receptores "beta", que freqüentemente dilata os vasos, como discutido no Cap. 22.

■ PAPEL DO SISTEMA NERVOSO NO CONTROLE RÁPIDO DA PRESSÃO ARTERIAL

Uma das funções mais importantes do controle nervoso da circulação é sua capacidade de causar aumentos muito rápidos da pressão arterial. Para essa finalidade, todas as funções vasoconstritoras e cardioaceleradoras do sistema nervoso simpático são estimuladas como uma só unidade. Ao mesmo tempo, ocorre inibição recíproca dos sinais inibitórios vagais parassimpáticos normais para o coração. Conseqüentemente, três alterações importantes ocorrem simultaneamente, cada uma das quais ajuda a aumentar a pressão arterial. Elas são as seguintes:

1. *Quase todas as arteríolas do corpo são contraídas.* Isso aumenta muito a resistência periférica total, impedindo o escoamento do sangue das artérias e aumentando, assim, a pressão arterial.

2. *As veias, em particular, mas também os outros grandes vasos da circulação, são fortemente contraídas.* Isso desloca o sangue da circulação em direção ao coração, aumentando assim o volume sanguíneo nas câmaras cardíacas. Isso, então, faz com que o coração bata com muito mais força e, portanto, bombeie maiores quantidades de sangue. Isso também aumenta a pressão arterial.

3. Finalmente, *o próprio coração é diretamente estimulado pelo sistema nervoso autonômico, aumentando ainda mais o bombeamento cardíaco.* Grande parte disso é causada por aumento da freqüência cardíaca, algumas vezes até três vezes maior que o normal. Além disso, os sinais nervosos simpáticos exercem efeito direto para aumentar a força contrátil do músculo cardíaco, isso também aumentando a capacidade do coração de bombear

maiores volumes de sangue. Portanto, sob forte estimulação simpática, o coração pode bombear, por vários minutos, pelo menos duas vezes mais sangue que nas condições normais. Assim, isso também contribui ainda mais para a elevação da pressão arterial.

Velocidade do controle nervoso da pressão arterial. Uma característica particularmente importante do controle nervoso da pressão arterial é sua resposta rápida, começando em segundos e, freqüentemente, aumentando a pressão até duas vezes o normal em 5 a 15 s. Inversamente, a inibição súbita da estimulação nervosa pode diminuir a pressão arterial até apenas metade do normal em 10 a 40 s. Portanto, o controle nervoso da pressão arterial é, sem dúvida, o mais rápido de todos os nossos mecanismos para o controle da pressão.

AUMENTO DA PRESSÃO ARTERIAL DURANTE O EXERCÍCIO MUSCULAR E OUTROS TIPOS DE ESTRESSE

Exemplo importante da capacidade do sistema nervoso de aumentar a pressão arterial é a elevação da pressão durante o exercício muscular. No exercício intenso, os músculos exigem grande aumento do fluxo sanguíneo. Parte desse aumento resulta da vasodilatação local da vascularização muscular causada pelo aumento do metabolismo das células musculares, como explicado no capítulo anterior. Entretanto, aumento adicional ainda ocorre, como conseqüência da elevação simultânea da pressão arterial durante o exercício. Na maioria dos exercícios vigorosos, a pressão arterial se eleva por cerca de 30 a 40%, o que aumentará o fluxo sanguíneo por cerca de mais duas vezes.

Acredita-se que o aumento da pressão arterial durante o exercício resulte em grande parte do seguinte efeito: ao mesmo tempo que as áreas motoras do sistema nervoso são ativadas para causar o exercício, a maior parte do sistema de ativação reticular do tronco cerebral também é ativada, o que inclui grande aumento da estimulação das áreas vasoconstritora e cardioaceleradora do centro vasomotor. Essas áreas elevam instantaneamente a pressão arterial, para acompanhar o aumento da atividade muscular.

Em vários outros tipos de estresse, além do exercício muscular, também pode ocorrer elevação semelhante da pressão. Por exemplo, durante o medo extremo, a pressão arterial freqüentemente se eleva até o dobro do normal em poucos segundos. Essa é denominada *reação de alarme*, e obviamente produz diferença de pressão que imediatamente pode fornecer sangue para qualquer ou todos os músculos do corpo, que poderiam tender a responder de forma instantânea para fazer o indivíduo fugir do perigo ou permanecer e lutar.

OS MECANISMOS REFLEXOS PARA A MANUTENÇÃO DA PRESSÃO ARTERIAL NORMAL

Além das funções do sistema nervoso autonômico de elevar a pressão arterial no exercício e no estresse, também existem múltiplos mecanismos nervosos subconscientes para manter a pressão arterial em seu nível normal de operação ou próximo dele. Quase todos eles são *mecanismos reflexos de* feedback *negativo*, que explicamos nas próximas seções.

O sistema de controle barorreceptor arterial — reflexos barorreceptores

Sem dúvida, o mais conhecido dos mecanismos para o controle da pressão arterial é o *reflexo barorreceptor*. Basicamente, esse reflexo é desencadeado por receptores de estiramento, denominados *barorreceptores* ou *pressorreceptores*, localizados nas paredes das grandes artérias sistêmicas. A elevação da pressão distende os barorreceptores e faz com que transmitam sinais para o sistema nervoso central e os sinais de *feedback* são, então, enviados de volta por meio do sistema nervoso autonômico para a circulação para reduzir a pressão arterial de volta ao seu nível normal.

Anatomia fisiológica dos barorreceptores e sua inervação. Os barorreceptores são terminações nervosas do tipo em buquê localizadas nas paredes das artérias; são estimulados quando estirados. Alguns barorreceptores estão localizados na parede de quase todas as grandes artérias das regiões torácica e cervical; mas, como representado na Fig. 27.5, os barorreceptores são extremamente abundantes (1) na parede de cada artéria carótida interna pouco acima da bifurcação carotídea, a área conhecida como *seio carotídeo*, e (2) na parede do arco aórtico.

A Fig. 27.5 também mostra que os sinais são transmitidos a partir de cada seio carotídeo pelo diminuto *nervo de Hering* para o nervo glossofaríngeo e, daí, para o *feixe solitário* na área bulbar do tronco cerebral. Os sinais provenientes do arco da aorta também são transmitidos para essa área do bulbo pelos nervos vagos.

Resposta dos barorreceptores à pressão. A Fig. 27.6 apresenta o efeito de diferentes pressões arteriais sobre a freqüência dos impulsos transmitidos em um nervo de Hering. Observe-se que os barorreceptores do seio carotídeo não são estimulados por pressões entre 0 e 60 mm Hg, mas, acima de 60 mm Hg, respondem cada vez mais rápido e atingem um máximo em torno de 180 mm Hg. As respostas dos barorreceptores aórticos são semelhantes às dos receptores carotídeos, exceto por operarem, em geral, em níveis de pressão cerca de 30 mm Hg maiores.

Observe-se, de modo especial, que, na faixa de operação normal da pressão arterial, por volta de 100 mm Hg, mesmo pequena modificação da pressão produz fortes reflexos autonômicos para reajustar a pressão arterial de volta ao normal. Assim, o mecanismo de *feedback* do barorreceptor funciona de forma mais eficaz na faixa de pressão onde é mais necessário.

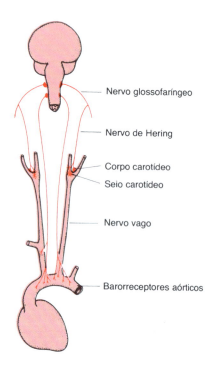

Fig. 27.5 O sistema barorreceptor.

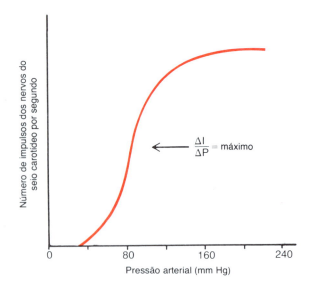

Fig. 27.6 Resposta dos barorreceptores a diferentes níveis de pressão arterial.

Os barorreceptores respondem de modo extremamente rápido a modificações da pressão arterial; na verdade, a freqüência da descarga de impulsos aumenta durante a sístole e diminui novamente durante a diástole. Além disso, os barorreceptores *respondem muito mais a uma modificação rápida da pressão* que a uma pressão estacionária. Isto é, se a pressão arterial média é de 150 mm Hg, mas, em determinado momento, eleva-se rapidamente, a freqüência dos impulsos transmitidos pode ser até duas vezes maior que quando a pressão é mantida em 150 mm Hg. Por outro lado, se a pressão está caindo, essa freqüência pode ser de apenas um quarto da registrada com a pressão constante.

O reflexo desencadeado pelos barorreceptores. Após os sinais do barorreceptor entrarem no feixe solitário do bulbo, sinais secundários *inibem o centro vasoconstritor* do bulbo e *excitam o centro vagal*. Os efeitos finais são (1) *vasodilatação* das veias e arteríolas em todo o sistema circulatório periférico e (2) *redução da freqüência cardíaca* e da *força de contração cardíaca*. Portanto, a excitação dos barorreceptores por pressão nas artérias *causa* reflexamente *redução da pressão arterial* devido à redução da resistência periférica e do débito cardíaco. Inversamente, a baixa pressão exerce efeitos opostos, causando reflexamente a elevação da pressão de volta ao normal.

A Fig. 27.7 apresenta modificação reflexa típica da pressão arterial, causada pela oclusão das artérias carótidas comuns. Isso reduz a pressão do seio carotídeo; conseqüentemente, os barorreceptores ficam inativos e perdem seu efeito de inibição do centro vasomotor. O centro vasomotor torna-se então muito mais ativo que o habitual, fazendo com que a pressão se eleve e permaneça aumentada durante os 10 minutos de oclusão das carótidas. A remoção da oclusão permite que a pressão caia imediatamente para nível ligeiramente abaixo do normal como compensação excessiva momentânea e, depois, retorne ao normal em cerca de mais um minuto.

Função dos barorreceptores durante modificações da postura corporal. A capacidade dos barorreceptores de manter a pressão arterial relativamente constante é extremamente importante quando uma pessoa se senta ou fica de pé após ter estado deitada. Imediatamente após ficar de pé, a pressão arterial na cabeça e na parte superior do corpo tende obviamente a cair, e a redução acentuada dessa pressão pode causar perda da consciência. Felizmente, entretanto, a redução da pressão nos barorreceptores

27 ■ Regulação Nervosa da Circulação e da Respiração

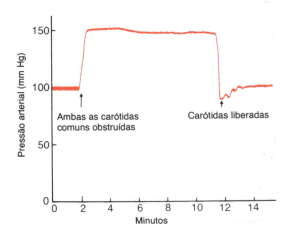

Fig. 27.7 Efeito típico do reflexo do seio carotídeo sobre a pressão arterial, causado pela oclusão das duas carótidas comuns (após a secção dos dois nervos vagos).

produz um reflexo imediato, resultando em forte descarga simpática em todo o corpo, e isso reduz a redução da pressão na cabeça e na parte superior do corpo.

A função de "tampão" do sistema de controle barorreceptor. Como o sistema barorreceptor se opõe a aumentos ou diminuições da pressão arterial, ele é freqüentemente denominado *sistema tampão da pressão*, e os nervos dos barorreceptores são denominados *nervos tampões*.

A Fig. 27.8 demonstra a importância dessa função de tampão dos barorreceptores. O registro superior nessa figura mostra um registro da pressão arterial de um cão normal por 2 horas e o registro inferior é de um cão cujos nervos barorreceptores dos seios carotídeos e da aorta foram previamente removidos. Observe a extrema variabilidade da pressão no cão desnervado causada por simples acontecimentos do dia, tais como deitar-se, ficar de pé, excitação, ingestão de alimento, defecação, ruídos, etc.

A Fig. 27.9 mostra a distribuição da freqüência das pressões arteriais, registradas durante 24 horas no cão normal e no cão desnervado. Observe que, quando os barorreceptores estavam normais, a pressão arterial permanecia durante todo o dia dentro de uma faixa estreita entre 85 e 115 mm Hg — na verdade, durante a maior parte do dia, quase que em 100 mm Hg. Por outro lado, após a desnervação dos barorreceptores, a curva de distribuição da freqüência passou a ser a curva larga e baixa da figura, mostrando que a faixa de pressão aumentou por 2,5 vezes, caindo freqüentemente para até 50 mm Hg ou se elevando acima de 160 mm Hg. Assim, podemos observar a extrema variabilidade da pressão na ausência do sistema barorreceptor arterial.

Em resumo, o objetivo primário do sistema barorreceptor arterial é o de reduzir a variação diária da pressão arterial para cerca de metade a um terço da que ocorreria se não houvesse o sistema barorreceptor.

Pouca importância do sistema barorreceptor para a regulação a longo prazo da pressão arterial — "reajuste dos barorreceptores. O sistema de controle dos barorreceptores provavelmente tem pequena ou nenhuma importância na regulação a longo prazo da pressão arterial, por uma razão muito simples: os barorreceptores se reajustam em 1 a 2 dias a qualquer nível de pressão a que sejam expostos. Isto é, se a pressão se eleva do valor normal de 100 mm Hg para 200 mm Hg, é transmitido inicialmente número enorme de impulsos dos barorreceptores. Durante os segundos subseqüentes, a freqüência da descarga diminui consideravelmente; a seguir, diminui de forma muito mais lenta durante 1 a 2 dias, tempo ao final do qual a freqüência volta praticamente ao nível normal, apesar do fato de a pressão arterial permanecer em 200 mm Hg. Inversamente, quando a pressão arterial cai a um nível muito baixo, os barorreceptores não trans-

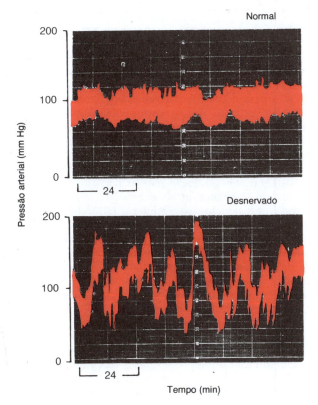

Fig. 27.8 Registros de 2 horas da pressão arterial em cão normal (*acima*) e no mesmo cão (*abaixo*) várias semanas após a desnervação dos barorreceptores. (Retirado de Cowley, Liard, e Guyton: *Circ. Res., 32:*564, 1973. Com permissão da American Heart Association, Inc.)

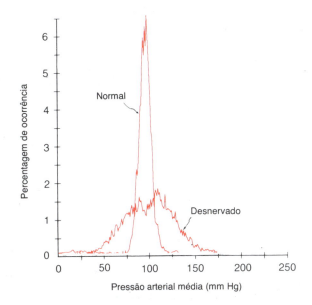

Fig. 27.9 Curvas de distribuição da freqüência da pressão arterial por um período de 24 horas em cão normal e no mesmo cão várias semanas após a desnervação dos barorreceptores. (Retirado de Cowley, Liard e Guyton: *Circ. Res., 32:*564, 1973. Com permissão da American Heart Association, Inc.)

mitem inicialmente impulsos, mas, de modo gradual, durante 1 ou 2 dias, a freqüência da descarga do barorreceptor retorna de novo ao nível de controle original.

Esse "reajuste" dos barorreceptores obviamente impede que o reflexo barorreceptor funcione como sistema de controle para as alterações da pressão arterial. Na verdade, referindo-nos, de novo às Figs. 27.8 e 27.9, podemos ver que a média pressão arterial durante qualquer período prolongado quase não varia igual, estejam os barorreceptores presentes ou não. Isso comprova a *pouca importância do sistema barorreceptor para a regulação a longo prazo da pressão arterial,* embora seja um mecanismo potente para evitar as rápidas alterações da pressão arterial que ocorrem momento a momento ou hora a hora. A regulação prolongada da pressão arterial exige outros sistemas de controle, principalmente o sistema renal de controle dos líquidos corporais e da pressão (juntamente com seus mecanismos hormonais associados).

Controle da pressão arterial pelos quimiorreceptores carotídeos e aórticos — efeito da falta de oxigênio sobre a pressão arterial

Intimamente associado ao sistema barorreceptor de controle da pressão, existe um reflexo quimiorreceptor que opera da mesma forma que o reflexo barorreceptor, exceto que, em lugar de receptores de estiramento, são quimiorreceptores que iniciam a resposta.

Os quimiorreceptores são células quimiossensíveis à falta de oxigênio, ao excesso de dióxido de carbono ou ao excesso dos íons hidrogênio. Ficam localizados em órgãos muito pequenos com 1 a 2 mm de comprimento: dois *corpos carotídeos,* cada um localizado na bifurcação de cada artéria carótida comum, e vários *corpos aórticos* adjacentes à aorta. Os quimiorreceptores excitam fibras nervosas que passam junto com as fibras barorreceptoras pelos nervos de Hering e os nervos vagos para o centro vasomotor.

Cada corpo carotídeo ou aórtico é suprido por abundante fluxo sanguíneo por meio de pequena artéria nutriente, de modo que os quimiorreceptores estão sempre em íntimo contato com o sangue arterial. Sempre que a pressão arterial cai abaixo de um nível crítico, os quimiorreceptores são estimulados devido à redução do fluxo sanguíneo para esses corpos, com a conseqüente redução do oxigênio disponível e o acúmulo de dióxido de carbono e íons hidrogênio que não são removidos pelo lento fluxo sanguíneo.

Os sinais transmitidos dos quimiorreceptores para o centro vasomotor *excitam* esse centro e isso eleva a pressão arterial. Obviamente, esse reflexo ajuda a pressão arterial a retornar ao nível normal sempre que cair muito.

Entretanto, o reflexo quimiorreceptor não é potente controlador da pressão arterial na sua faixa normal porque os próprios quimiorreceptores não são intensamente estimulados antes que a pressão arterial caia abaixo de 80 mm Hg. Portanto, é nas menores pressões que esse reflexo passa a ser importante para ajudar a evitar redução ainda maior da pressão.

Os quimiorreceptores são discutidos em maior detalhe adiante, em relação ao controle respiratório, no qual desempenham papel muito mais importante que no controle da pressão.

A RESPOSTA ISQUÊMICA DO SISTEMA NERVOSO CENTRAL — CONTROLE DA PRESSÃO ARTERIAL PELO CENTRO VASOMOTOR EM RESPOSTA À DIMINUIÇÃO DO FLUXO SANGUÍNEO CEREBRAL

Normalmente, a maior parte do controle nervoso da pressão arterial é realizada por reflexos originados nos barorreceptores, quimiorreceptores e os receptores de baixa pressão, todos eles localizados na circulação periférica fora do cérebro. Entretanto, quando o fluxo sanguíneo para o centro vasomotor na parte inferior do tronco cerebral fica suficientemente reduzido para causar deficiência nutricional, isto é, para causar *isquemia cerebral,* os neurônios do próprio centro vasomotor respondem diretamente à isquemia e ficam fortemente excitados. Quando isso ocorre, a pressão arterial sistêmica freqüentemente se eleva até um nível

tão elevado quanto o coração tenha possibilidade de bombear. Acredita-se que esse efeito seja causado pelo fato de o sangue, sob fluxo lento, deixar de retirar dióxido de carbono do centro vasomotor; a concentração local de dióxido de carbono aumenta, então, muito e exerce efeito extremamente potente no estímulo do sistema nervoso simpático. É possível que outros fatores, como o acúmulo de ácido lático e outras substâncias ácidas, também contribuam para a acentuada estimulação do centro vasomotor e para a elevação da pressão. A elevação da pressão arterial em resposta à isquemia cerebral é conhecida como *resposta isquêmica do sistema nervoso central* ou, simplesmente, *resposta isquêmica do SNC.*

A intensidade do efeito isquêmico sobre a atividade vasomotora é enorme; pode elevar a pressão arterial média, algumas vezes, por cerca de 10 minutos até 250 mm Hg. *O grau de vasoconstrição simpática, causado por isquemia cerebral intensa é freqüentemente tão grande que alguns dos vasos periféricos ficam total ou quase totalmente ocluídos.* Os rins, por exemplo, amiúde interrompem por completo sua produção de urina devido à constrição arteriolar em resposta à descarga simpática. Portanto, *a resposta isquêmica do SNC é um dos mais potentes ativadores do sistema vasoconstritor simpático.*

Importância da resposta isquêmica do SNC como reguladora da pressão arterial. Apesar da natureza extremamente potente da resposta isquêmica do SNC, ela não se torna muito ativa antes que a pressão arterial caia muito abaixo do normal, até 60 mm Hg ou menos, atingindo seu maior grau de estimulação com pressão de 15 a 20 mm Hg. Portanto, não é um dos mecanismos habituais para regular a pressão arterial normal. Em vez disso, opera principalmente como *um sistema de emergência para o controle da pressão arterial que atua de forma rápida e muito potente para evitar qualquer redução adicional da pressão arterial sempre que o fluxo sanguíneo cerebral se aproxima perigosamente do nível letal.* Algumas vezes, é denominado mecanismo de "última trincheira" para o controle da pressão arterial.

■ CONTROLE NERVOSO DA ÁGUA CORPORAL E DA OSMOLALIDADE DOS LÍQUIDOS CORPORAIS

Outra função importante do sistema nervoso no controle do ambiente global do corpo é sua capacidade de controlar a quantidade de água no corpo. Isso é realizado por dois centros distintos localizados no hipotálamo anterior e lateral: (1) um centro para o controle da velocidade de excreção de água pelos rins e (2) um centro para o controle da velocidade de ingestão de água pela boca. O primeiro desses centros é denominado *centro antidiurético* porque controla a secreção do *hormônio antidiurético,* que, por sua vez, atua sobre os rins para reduzir a excreção de água, retendo assim água no corpo. O segundo desses centros é o centro da *sede,* que controla o desejo de ingerir líquidos.

Ao mesmo tempo que o sistema nervoso controla a água corporal total, também controla a concentração dos constituintes dissolvidos nos líquidos extracelular e intracelular. A concentração normal desses líquidos é de aproximadamente 300 mOsm de soluto em cada litro de líquido. No líquido extracelular, quase metade desses miliosmoles é constituída por íons sódio, e a maior parte da outra metade é representada por íons negativos que equilibram os íons sódio. Portanto, a osmolalidade total dos líquidos é determinada, principalmente, de forma direta ou indireta, pela própria concentração de sódio.

O estímulo básico para os receptores tanto no centro antidiurético quanto no centro da sede é a osmolalidade do líquido extracelular, mas como ela é determinada de forma quase total pela concentração do íon sódio, esses receptores também são, na verdade, receptores de sódio, e podem ser denominados *osmorreceptores* ou *receptores osmossódio.* Quando a osmolalidade do líquido extracelular fica muito grande, isso ativa o sistema antidiurético para reter água e o sistema da sede para aumentar a ingestão de água, diluindo assim os líquidos e corrigindo o estado hiperosmótico. Inversamente, o estado hiposmótico inativa o mecanismo antidiurético, bem como a sede, de forma que agora são excretadas quantidades excessivas de água na urina e, nesse intervalo, a pessoa bebe pouca ou nenhuma água até que seja corrigido o estado hiposmótico. Nas seções a seguir explicaremos esses dois mecanismos nervosos para o controle da água corporal.

O SISTEMA DE CONTROLE POR FEEDBACK DO OSMORRECEPTOR-HORMÔNIO ANTIDIURÉTICO

A Fig. 27.10 apresenta o sistema osmorreceptor-hormônio antidiurético, para o controle da concentração de sódio e da osmolalidade no líquido extracelular. É um típico sistema de controle por *feedback* que opera por meio das seguintes etapas:

1. Aumento da osmolalidade (principalmente o excesso de íons sódio e dos íons negativos que o acompanham) excita *osmorreceptores* localizados no hipotálamo anterior próximos aos núcleos supra-ópticos.
2. A excitação dos osmorreceptores, por sua vez, estimula os núcleos supra-ópticos, que fazem então com que a hipófise posterior libere ADH.
3. O ADH aumenta a permeabilidade das partes finais dos túbulos distais, dos dutos coletores corticais, e dos dutos coletores à água e, portanto, *leva ao aumento da conservação renal de água.*
4. A conservação de água, mas com *perda de sódio e outras substâncias osmolares na urina,* causa diluição do sódio e outras substâncias no líquido extracelular, corrigindo, assim, o líquido extracelular inicial, excessivamente concentrado.

Inversamente, quando o líquido extracelular fica muito diluído (hiposmótico), menos ADH é formado, e é perdido o excesso de água, em comparação com os solutos do líquido extracelular, concentrando, assim, os líquidos corporais de volta ao normal.

Os osmorreceptores (ou receptores osmossódio) — a "região AV3V" do encéfalo. A Fig. 27.11 apresenta o hipotálamo e a hipófise. O hipotálamo contém duas áreas importantes para o controle da secreção de ADH e também para o controle da sede. Uma delas é representada pelos *núcleos supra-ópticos.* Aí, cerca de cinco sextos do ADH são formados nos corpos celulares de grandes células neuronais; o sexto remanescente é formado nos *núcleos paraventriculares* próximos. Esse hormônio é transportado pelos axônios dos neurônios até suas extremidades, terminando na hipófise posterior. Quando os núcleos supra-ópticos e paraventricular são estimulados, os impulsos nervosos passam para essas terminações nervosas e fazem com que o ADH seja liberado para o sangue capilar da hipófise posterior.

Uma segunda área neuronal importante para o controle da osmolalidade é uma grande área localizada ao longo da borda ântero-ventral do terceiro ventrículo, denominada *região AV3V,* também mostrada na Fig. 27.11. Na parte superior dessa área existe uma estrutura especial denominada *órgão subfornical* e na parte inferior, outra estrutura, igualmente especial, denominada *organum vasculosum da lâmina terminal.* Entre esses dois "órgãos" fica o *núcleo pré-óptico mediano,* com múltiplas conexões nervosas com esses dois órgãos e, também, com os núcleos supra-ópticos e os centros de controle da pressão arterial no bulbo. As lesões dessa região AV3V causam diversos déficits no controle da secreção de ADH, sede, apetite de sódio e pressão arterial. Também, a estimulação elétrica, bem como a estimulação pelo hormônio angiotensina II pode alterar a secreção de ADH, a sede e o apetite de sódio.

Na adjacência da região AV3V e dos núcleos supra-ópticos há outras células neuronais que são excitadas por aumentos muito pequenos da osmolalidade do líquido extracelular e, inversamente, inibidas por reduções dessa osmolalidade. Esses neurônios são denominados *osmorreceptores.* Eles, por sua vez, enviam sinais nervosos para os núcleos supra-ópticos para controlar a secreção de ADH. É provável que também induzam a sede.

Tanto o órgão subfornical quanto o *organum vasculosum* da lâmina terminal têm suprimentos vasculares desprovidos da típica barreira hematoencefálica presente no cérebro, que impede a difusão da maioria dos íons do sangue para o tecido cerebral. Portanto, isso torna possível aos íons e outros solutos passar com facilidade do sangue para o líquido intersticial local. Dessa forma, os osmorreceptores respondem rapidamente a modificações da osmolalidade do líquido do sangue, exercendo controle potente sobre a secreção de ADH e, provavelmente, também sobre a sede.

Resumo do mecanismo do hormônio antidiurético no controle da osmolalidade e da concentração de sódio no líquido extracelular. A partir dessas discussões, podemos reiterar mais uma vez a importância do mecanismo do ADH para controlar ao mesmo tempo a osmolalidade do líquido extracelular e a concentração de sódio nesse mesmo líquido extracelular. Isto é, um aumento da concentração de sódio determina aumento quase exatamente paralelo da osmolalidade, o que, por sua vez, excita os osmorreceptores do hipotálamo. Esses receptores causam então a secreção de ADH, o que aumenta significativamente a reabsorção

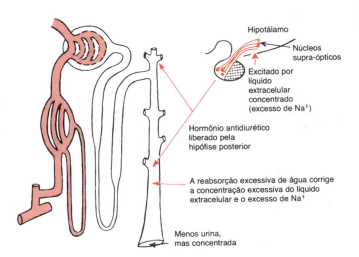

Fig. 27.10 Controle da osmolalidade e da concentração do íon sódio no líquido extracelular por meio do sistema de controle por *feedback* receptor de osmossódio-hormônio antidiurético.

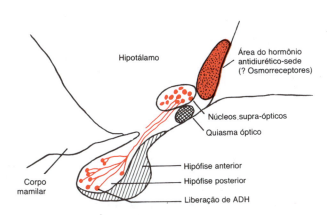

Fig. 27.11 O sistema antidiurético supra-óptico-hipofisário e sua relação com o centro da sede no hipotálamo.

302 VII ■ Controle Nervoso das Funções do Corpo

de água nos túbulos renais. Como resultado, pouquíssima água é perdida para a urina, mas os solutos urinários continuam a ser perdidos. Portanto, a proporção relativa da água no líquido extracelular aumenta, enquanto a proporção de solutos diminui. Dessa forma, a concentração do íon sódio no líquido extracelular e, também, a osmolalidade diminuem de volta ao nível normal. Esse é um mecanismo muito potente para o controle da osmolalidade e da concentração de sódio no líquido extracelular.

SEDE E SEU PAPEL NO CONTROLE DA OSMOLALIDADE E DA CONCENTRAÇÃO DE SÓDIO NO LÍQUIDO EXTRACELULAR

O fenômeno da sede é igualmente importante para regular a água corporal, a osmolalidade e a concentração de sódio, bem como o mecanismo osmorreceptor-renal previamente discutido, porque a quantidade de água no corpo em dado momento é determinada pelo equilíbrio entre a *ingestão* e a *eliminação* de água. A sede, o regulador primário da ingestão de água, é definida como o *desejo consciente de beber água.*

Integração neural da sede — o centro da "sede"

Com referência novamente à Fig. 27.11, observe-se que a mesma área ao longo da parede ântero-ventral do terceiro ventrículo que promove antidiurese também pode causar sede. Localizadas ântero-lateralmente no hipotálamo pré-óptico existem outras pequenas áreas que, quando estimuladas eletricamente, causarão ingestão imediata de água, que persiste enquanto durar a estimulação. Todas essas áreas em conjunto são denominadas *centro da sede.*

A injeção de solução salina em partes desse centro causa osmose de água para fora das células neuronais, levando o indivíduo a beber. Portanto, essas células funcionam como *osmorreceptores* para ativar o mecanismo da sede. Provavelmente, esses são os mesmos osmorreceptores que também ativam o sistema antidiurético.

Além disso, o aumento da pressão osmótica do líquido cefalorraquidiano no terceiro ventrículo exerce praticamente o mesmo efeito para promover a ingestão de líquido. Alguns experimentos sugerem que o local desse efeito seja o *organum vasculosum da lâmina terminal,* situado imediatamente abaixo da superfície ventricular na extremidade mais inferior da região AV3V. Foi demonstrado que as células neuronais encontradas nesse local são excitadas pelo aumento da osmolalidade.

Estímulo básico para excitar a sede — desidratação intracelular. Qualquer fator que cause *desidratação intracelular* causará geralmente a sensação de sede. A causa mais comum disso é o aumento da concentração osmolar do líquido extracelular, principalmente o aumento da concentração de sódio, o que causa osmose de líquido das células neuronais do centro da sede. Entretanto, outra causa importante é a perda excessiva de potássio do corpo, que reduz o potássio intracelular das células da sede e, portanto, reduz seu volume.

Alívio temporário da sede causado pelo ato de beber

Uma pessoa sedenta consegue aliviar a sede imediatamente após beber água, mesmo antes de essa água ser absorvida pelo tubo gastrintestinal. Na verdade, em pessoas portadoras de abertura esofageana para o exterior, de forma que a água é perdida e nunca chega ao tubo gastrintestinal, ainda ocorre alívio parcial da sede, mas esse alívio é apenas temporário, e a sede retorna

após 15 minutos. Se a água entra no estômago, a distensão do estômago e de outras partes do tubo gastrintestinal superior promove alívio temporário ainda maior da sede. Na verdade, até mesmo a simples insuflação de um balão no estômago pode aliviar a sede por 5 a 30 minutos.

Pode-se questionar o valor desse alívio temporário da sede, mas há uma boa razão para sua ocorrência. Após a ingestão de água, pode ser necessário um intervalo de $1/2$ a 1 hora para que toda a água seja absorvida e distribuída pelo corpo. Se a sensação da sede não fosse temporariamente aliviada após a ingestão de água, a pessoa continuaria a beber cada vez mais. Quando toda essa água fosse finalmente absorvida, os líquidos corporais seriam muito mais diluídos que o normal, e seria criada uma condição anormal oposta à que a pessoa estava tentando corrigir. Sabe-se que um animal com sede quase nunca bebe quantidade de água maior que a necessária para aliviar seu estado de desidratação. Na verdade, é fantástico o fato do animal beber habitualmente quase a quantidade certa.

Papel da sede no controle da osmolalidade e da concentração de sódio do líquido extracelular

Limiar para a ingestão de água — o mecanismo ativador. Os rins excretam líquido continuamente; também é perdida água por evaporação da pele e pulmões. Portanto, a pessoa está sendo continuamente desidratada, causando a redução do volume de líquido extracelular e elevação de sua concentração de sódio e outros elementos osmolares. Quando a concentração de sódio se eleva por cerca de 2 mEq/l acima do normal (ou a osmolalidade se eleva mais ou menos por 4 mOsm/l acima do normal), o mecanismo de ingestão de água é "ativado"; isto é, a pessoa atinge então um nível de sede forte o suficiente para ativar o esforço motor necessário para causar a ingestão de água. Esse é o denominado *limiar da sede.* A pessoa em geral bebe exatamente a quantidade de líquido necessária para trazer os líquidos extracelulares de volta ao normal — isto é, ao estado de *saciedade.* A seguir, o processo de desidratação e concentração de sódio começa novamente, e, após um período de tempo, o ato de beber água é ativado de novo, o processo continuando ao longo do tempo.

Dessa forma, tanto a osmolalidade quanto a concentração de sódio do líquido extracelular são controladas de forma muito precisa.

PAPÉIS COMBINADOS DOS MECANISMOS ANTIDIURÉTICO E DA SEDE NO CONTROLE DA OSMOLALIDADE E DA CONCENTRAÇÃO DE SÓDIO DO LÍQUIDO EXTRACELULAR

Quando ou o mecanismo do ADH ou o mecanismo da sede falha, o outro comumente ainda pode controlar a osmolalidade e a concentração de sódio do líquido extracelular com razoável eficácia. Por outro lado, se ambos falham simultaneamente, nem o sódio nem a osmolalidade são controlados de modo adequado.

A Fig. 27.12 mostra de forma muito nítida a capacidade global do sistema de ADH-sede para controlar a concentração de sódio no líquido extracelular (e, portanto, também a osmolalidade). Essa figura demonstra a capacidade dos mesmos animais de controlar suas concentrações de sódio no líquido extracelular em duas condições distintas: (1) no estado normal e (2) após o bloqueio dos mecanismos do ADH e da sede. Observe que, no estado normal (curva contínua), aumento de seis vezes da ingestão de sódio alterou a concentração de sódio por apenas dois terços de 1% (de 142 mEq/l para 143 mEq/l) — grau exce-

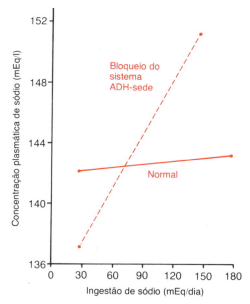

Fig. 27.12 Efeito sobre a concentração de sódio no líquido extracelular em cães causado por enormes alterações na ingestão de sódio (1) em condições normais e (2) após o bloqueio dos sistemas de *feedback* do hormônio antidiurético e da sede. Essa figura mostra a falta de controle dos íons sódio na ausência desses sistemas. (Cortesia do Dr. David B. Young.)

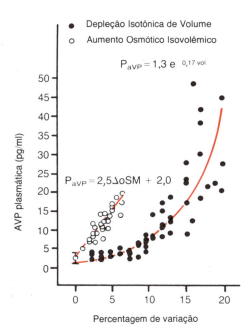

Fig. 27.13 Efeito das alterações da osmolalidade plasmática ou do volume sanguíneo sobre o nível plasmático do hormônio antidiurético (ADH) (arginina-vasopressina [AVP]). (Retirado de Dunn et al.: *J. Clin. Invest.*, 52:3212, 1973. Por cessão de copyright da American Society for Clinical Investigation.)

lente de controle da concentração de sódio. Agora, observe a curva tracejada da figura, que mostra a modificação da concentração de sódio quando o sistema de ADH-sede foi bloqueado. Nesse caso, a concentração de sódio aumentou 10% com aumento de apenas cinco vezes da ingestão de sódio (modificação da concentração de sódio de 137 mEq/l para 151 mEq/l), que é uma alteração extrema da concentração de sódio quando se percebe que a concentração normal de sódio raramente se eleva ou cai por mais de 1% de um dia para outro.

Portanto, o principal mecanismo de *feedback* para o controle da concentração de sódio (e também da osmolalidade extracelular) é o mecanismo do ADH-sede. Na ausência desse duplo mecanismo não há mecanismo de *feedback* que faça o corpo aumentar a ingestão de água ou a conservação de água pelos rins quando há entrada de excesso de sódio no corpo. Portanto, a concentração de sódio simplesmente aumenta.

Efeito dos reflexos cardiovasculares sobre o sistema de controle do ADH-sede

Dois reflexos cardiovasculares também exercem efeitos potentes sobre o mecanismo do ADH-sede: (1) o *reflexo barorreceptor arterial* e (2) o *reflexo dos receptores de volume* (um reflexo iniciado pela redução da distensão dos átrios). Quando o volume sanguíneo diminui, ambos causam aumento da secreção de ADH e aumento da sede. Isto é, redução do volume sanguíneo causa a redução da pressão arterial e ativa o reflexo barorreceptor arterial. E o reflexo dos receptores de volume é ativado quando as pressões nos dois átrios, na artéria pulmonar e em outras áreas de baixa pressão da pequena circulação caem abaixo do normal, todos eles representando resultado comum de volume muito pequeno na circulação. O resultado final é a ativação do sistema do ADH-sede e, portanto, aumento do volume de líquido do corpo.

Para comparar os efeitos da osmolalidade na ativação do sistema do ADH com os efeitos reflexos circulatórios, a Fig. 27.13 apresenta, por meio dos círculos abertos, o efeito do aumento da osmolalidade do líquido corporal para causar a secreção de ADH e, pelos círculos fechados, o efeito da redução do volume sanguíneo.

REGULAÇÃO DA RESPIRAÇÃO

O sistema nervoso ajusta a freqüência da ventilação alveolar em valor quase exatamente igual às demandas do corpo, de forma que a pressão de oxigênio no sangue arterial (P_{O_2}) e a pressão de dióxido de carbono (P_{CO_2}) dificilmente são alteradas, mesmo durante o exercício vigoroso e a maioria dos outros tipos de estresse respiratório.

Esta parte do capítulo descreverá o funcionamento desse sistema neurogênico na regulação da respiração.

O CENTRO RESPIRATÓRIO

O "centro respiratório" é composto de vários grupos de neurônios bastante dispersos localizados *bilateralmente* no bulbo e na ponte, como representado na Fig. 27.14. É dividido em três grandes conjuntos de neurônios: (1) o *grupo respiratório dorsal*, localizado na região dorsal do bulbo, que desencadeia principalmente a inspiração; (2) o *grupo respiratório ventral*, localizado na parte ventrolateral do bulbo, que pode causar expiração ou inspiração, dependendo dos neurônios do grupo que são estimulados; e (3) o *centro pneumotáxico*, localizado dorsalmente na parte superior da ponte, e que ajuda a controlar a freqüência e o padrão respiratório. O grupo dos neurônios respiratórios dorsais desempenha o papel fundamental no controle da respiração. Portanto, discutiremos sua função em primeiro lugar.

O grupo dorsal de neurônios respiratórios — suas funções inspiratórias e rítmicas

O grupo dorsal de neurônios respiratórios ocupa quase toda a extensão do bulbo. Todos os seus neurônios, ou a maior parte,

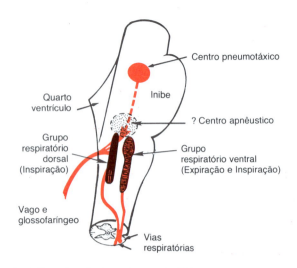

Fig. 27.14 Organização do centro respiratório.

ficam situados no *núcleo do feixe solitário*, embora outros neurônios na substância reticular adjacente do bulbo provavelmente também desempenhem papéis importantes no controle respiratório. O núcleo do feixe solitário também é a terminação sensorial dos nervos vago e glossofaríngeo, que transmitem sinais sensoriais dos quimiorreceptores periféricos, barorreceptores e vários tipos diferentes de receptores no pulmão para o centro respiratório. Todos os sinais dessas áreas periféricas ajudam no controle da respiração, como discutiremos em seções subseqüentes deste capítulo.

Descargas inspiratórias rítmicas do grupo respiratório dorsal. O ritmo básico da respiração é gerado em sua maior parte no grupo dorsal de neurônios respiratórios. Mesmo quando todos os nervos periféricos que entram no bulbo são seccionados e o tronco cerebral é cortado acima e abaixo do bulbo, esse grupo de neurônios ainda emite descargas repetitivas de potenciais de ação *inspiratórios*. Infelizmente, porém, a causa básica dessas descargas repetitivas ainda é desconhecida. Em animais primitivos, foram encontradas redes neuronais nas quais a atividade de um grupo de neurônios excita um segundo grupo, que, por sua vez, inibe o primeiro. Então, após certo período de tempo o mecanismo se repete, continuando durante toda a vida do animal. Portanto, a maioria dos fisiologistas respiratórios acredita que alguma rede semelhante de neurônios, localizada inteiramente no interior do bulbo, envolvendo com muita probabilidade não apenas o grupo respiratório dorsal, mas, também, as áreas adjacentes do bulbo, seja a responsável pelo ritmo respiratório básico.

O sinal inspiratório "em rampa". O sinal nervoso que é transmitido para os músculos inspiratórios não é uma rajada instantânea de potenciais de ação. Em vez disso, na respiração normal, começa de forma muito fraca e aumenta de modo uniforme, como se fosse uma rampa, durante cerca de 2 s. A seguir, cessa abruptamente durante os próximos 3 s, quando começa, então, outro ciclo, e assim indefinidamente. Desse modo, o sinal inspiratório é considerado como um *sinal em rampa*. Sua vantagem óbvia é que causa aumento constante do volume pulmonar durante a inspiração, em vez de ocasionar espasmos inspiratórios.

O controle da rampa inspiratória é realizado de duas maneiras:

1. Controle da velocidade de aumento do sinal em rampa, de modo que, durante a respiração muito ativa, a rampa aumenta rapidamente e, portanto, também enche os pulmões em pouco tempo.

2. Controle do ponto limite onde a rampa cessa abruptamente. Esse é o método habitual de controle da freqüência respiratória; isto é, quanto mais cedo ocorrer a interrupção da rampa, menor a duração da inspiração. Por razões que ainda não foram esclarecidas, isso também reduz a duração da expiração. Assim, a freqüência da respiração é aumentada.

O centro pneumotáxico — sua função de limitar a duração da inspiração e de aumentar a freqüência respiratória

O centro pneumotáxico, localizado na parte dorsal no *núcleo parabraquial* da ponte superior, transmite impulsos continuamente para a área inspiratória. O efeito primário desses impulsos é o de controlar o ponto de "interrupção" da rampa inspiratória, assim controlando a duração da fase de enchimento do ciclo pulmonar. Quando os sinais pneumotáxicos são fortes, a inspiração pode durar apenas 0,5 s; mas, quando são fracos, pode durar até 5 segundos ou mais, enchendo os pulmões com grande excesso de ar.

Portanto, a função do centro pneumotáxico é basicamente a de limitar a inspiração. Entretanto, isso exerce o efeito secundário de aumentar a freqüência respiratória, porque a limitação da inspiração também encurta a expiração e todo o período de respiração. Assim, um forte sinal pneumotáxico pode aumentar a freqüência respiratória para até 30 a 40 respirações por minuto, enquanto um sinal pneumotáxico fraco reduz a freqüência a poucas incursões respiratórias por minuto.

O grupo ventral de neurônios respiratórios — sua função tanto na inspiração quanto na expiração

O grupo ventral de neurônios respiratórios, encontrado na parte superior do *núcleo ambíguo*, e na parte caudal do *núcleo retroambíguo*, fica situado cerca de 5 mm anterior e lateral ao grupo dorsal de neurônios respiratórios. A função desse grupo neuronal difere da função do grupo respiratório dorsal em vários aspectos importantes:

1. Os neurônios do grupo respiratório ventral permanecem quase inteiramente *inativos* durante a respiração tranqüila normal. Portanto, essa respiração é causada apenas pelos sinais inspiratórios repetitivos do grupo respiratório dorsal transmitidos principalmente para o diafragma, e a expiração resulta da retração elástica dos pulmões e da caixa torácica.

2. Não há evidências de que os neurônios respiratórios ventrais participem da oscilação rítmica básica que controla a respiração.

3. Quando o estímulo respiratório para o aumento da ventilação pulmonar fica maior que o normal, os sinais respiratórios espalham-se pelos neurônios respiratórios ventrais a partir do mecanismo oscilatório básico da área respiratória dorsal. Conseqüentemente, a área respiratória ventral também contribui para o estímulo respiratório.

4. A estimulação elétrica de alguns desses neurônios do grupo ventral causa inspiração, enquanto a estimulação de outros causa expiração. Portanto, esses neurônios contribuem tanto para a inspiração quanto para a expiração. Entretanto, são particularmente importantes na geração de potentes sinais expiratórios para os músculos abdominais durante a expiração. Assim, essa área opera mais ou menos como mecanismo de hiperestimulação, quando há necessidade de altos níveis de ventilação pulmonar.

Limitação reflexa da inspiração por sinais de insuflação pulmonar — o reflexo de insuflação de Hering-Breuer

Além dos mecanismos neuronais que operam totalmente no tronco cerebral, sinais reflexos da periferia também ajudam a controlar a respiração. Localizados nas paredes dos brônquios e dos bronquíolos, em todo o pulmão, há *receptores de estiramento* que transmitem sinais por meio dos *vagos* para o grupo dorsal de neurônios respiratórios quando os pulmões são excessivamente distendidos. Esses sinais afetam a inspiração da mesma forma que os sinais do centro pneumotáxico; isto é, quando os pulmões são excessivamente insuflados, os receptores de estiramento ativam uma resposta de *feedback* apropriada que "desliga" a rampa inspiratória e, assim, interrompe qualquer inspiração adicional. Isso é denominado *reflexo de insuflação de Hering-Breuer*. Esse reflexo também aumenta a freqüência respiratória, como ocorre com os sinais provenientes do centro pneumotáxico.

Entretanto, em seres humanos, o reflexo de Hering-Breuer provavelmente só é ativado quando o volume corrente é maior que cerca de 1,5 l. Portanto, esse reflexo parece ser principalmente um mecanismo protetor para evitar a insuflação pulmonar excessiva, e não um ingrediente importante no controle normal da ventilação.

Controle da atividade global do centro respiratório

Até agora discutimos os mecanismos básicos de produção de inspiração e expiração, mas também é importante saber como a intensidade dos sinais de controle respiratório aumenta ou diminui para atender as necessidades ventilatórias do corpo. Por exemplo, durante exercício muito vigoroso, as intensidades de utilização de oxigênio e de formação de dióxido de carbono estão, muitas vezes, aumentadas por até 20 vezes o normal, exigindo aumentos proporcionais da ventilação pulmonar.

O principal objetivo do restante deste capítulo é discutir esse controle da ventilação em resposta às necessidades do corpo.

CONTROLE QUÍMICO DA RESPIRAÇÃO

O objetivo final da respiração é o de manter concentrações apropriadas de oxigênio, dióxido de carbono e íons hidrogênio nos tecidos. Portanto, é muito bom que a atividade respiratória seja muito sensível a alterações de qualquer uma dessas concentrações.

O excesso de dióxido de carbono ou de íons hidrogênio estimula principalmente o próprio centro respiratório, causando grande aumento da força dos sinais inspiratórios e expiratórios para os músculos respiratórios.

O oxigênio, por outro lado, não exerce efeito *direto* significativo sobre o centro respiratório cerebral no controle da respiração. Em vez disso, atua quase totalmente nos quimiorreceptores periféricos localizados nos corpos carotídeo e aórtico, e eles, por sua vez, transmitem sinais nervosos apropriados para o centro respiratório, para o controle da respiração.

Vamos discutir primeiro a estimulação do próprio centro respiratório pelo dióxido de carbono e íons hidrogênio.

Controle químico direto da atividade do centro respiratório pelo dióxido de carbono e pelos íons hidrogênio

A zona quimiossensível do centro respiratório. Até agora, discutimos basicamente três diferentes áreas do centro respiratório: o grupo dorsal de neurônios respiratórios, o grupo respiratório ventral e o centro pneumotáxico. Entretanto, acredita-se que nenhum deles seja afetado diretamente por alterações da concentração sanguínea de dióxido de carbono ou de íons hidrogênio. Em vez disso, outra área neuronal, uma *zona quimiossensível* muito excitável, apresentada na Fig. 27.15, está situada bilateralmente a menos de 1 mm abaixo da superfície ventral do bulbo. Esta área é muito sensível às alterações da P_{CO_2} ou da concentração de íons hidrogênio no sangue, e, por sua vez, excita as outras partes do centro respiratório.

Resposta dos neurônios quimiossensíveis aos íons hidrogênio — o estímulo primário. Os neurônios sensores da zona quimiossensível são especialmente excitados pelos íons hidrogênio; na verdade, acredita-se que os íons hidrogênio talvez sejam o único estímulo direto importante para esses neurônios. Infelizmente, porém, os íons hidrogênio não atravessam com facilidade a barreira hematoencefálica ou a barreira hematoliquórica. Por esta razão, modificações da concentração de íons hidrogênio no sangue exercem efeito consideravelmente menor em estimular os neurônios quimiossensíveis que as alterações do dióxido de carbono, embora o dióxido de carbono estimule esses neurônios indiretamente, como explicado adiante.

Efeito do dióxido de carbono do sangue sobre a estimulação da zona quimiossensível. Embora o dióxido de carbono exerça efeito direto muito pequeno para estimular os neurônios na zona quimiossensível, ele exerce efeito indireto muito potente. O dióxido de carbono reage com a água dos tecidos para formar ácido carbônico. Este, por sua vez, dissocia-se em íons hidrogênio e bicarbonato; esses íons hidrogênio exercem então um potente efeito de estimulação direta. Essas reações são mostradas na Fig. 27.15.

Por que o dióxido de carbono do sangue tem efeito mais potente no estímulo dos neurônios quimiossensíveis que os íons hidrogênio do sangue? A resposta é que a barreira hematoencefálica e a barreira hematoliquórica são quase completamente impermeáveis aos íons hidrogênio, enquanto o dióxido de carbono atravessa essas duas barreiras quase como se não existissem. Conseqüentemente, sempre que a P_{CO_2} do sangue aumenta, também a P_{CO_2} do líquido intersticial do bulbo e do líquido cefalorraquidiano. Nesses dois líquidos, o dióxido de carbono reage imediatamente com a água para formar íons hidrogênio. Assim, paradoxalmente, mais íons hidrogênio são liberados para a zona

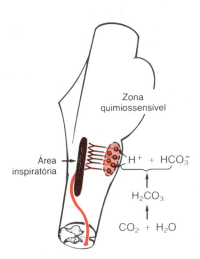

Fig. 27.15 Estimulação da área inspiratória pela *zona quimiossensível* localizada bilateralmente no bulbo, ficando apenas a poucos micra abaixo da superfície ventral bulbar. Observe-se também que os íons hidrogênio estimulam a zona quimiossensível, enquanto o dióxido de carbono no líquido dá origem à maior parte dos íons hidrogênio.

quimiossensível respiratória quando aumenta a concentração de dióxido de carbono no sangue que quando aumenta a concentração de íon hidrogênio no sangue. Por esta razão, a atividade do centro respiratório é consideravelmente mais afetada por alterações do dióxido de carbono do sangue que por alterações dos íons hidrogênio no sangue, fato que discutiremos quantitativamente adiante.

Importância da P_{CO_2} do líquido cefalorraquidiano no estímulo da área quimiorreceptora. A alteração da P_{CO_2} no líquido cefalorraquidiano que banha a superfície da área quimiorreceptora do tronco cerebral excitará a respiração da mesma forma que o aumento da P_{CO_2} nos líquidos intersticiais bulbares. Entretanto, essa excitação ocorre muito mais rapidamente. Acredita-se que a razão disso seja que o líquido cefalorraquidiano contém quantidade muito pequena de tampões protéicos ácido-básicos. Portanto, a concentração de íons hidrogênio aumenta quase instantaneamente quando o dióxido de carbono entra no líquido cefalorraquidiano proveniente dos extensos vasos sanguíneos aracnóides. Por outro lado, os tecidos cerebrais contêm grande quantidade de tampões protéicos, de forma que a alteração da concentração de íons hidrogênio em resposta ao dióxido de carbono é muito tardia. Conseqüentemente, a rápida excitação inicial do sistema respiratório pelo dióxido de carbono que entra no líquido cefalorraquidiano ocorre em segundos, em comparação com o período de 1 minuto ou mais para a estimulação que ocorre via líquido intersticial cerebral.

Redução do efeito estimulante do dióxido de carbono após 1 a 2 dias. A excitação do centro respiratório pelo dióxido de carbono é muito grande nas primeiras horas, mas depois diminui gradualmente nos próximos 1 a 2 dias, diminuindo para aproximadamente um quinto do efeito inicial. Parte deste declínio resulta do reajuste renal da concentração de íons hidrogênio de volta ao normal após o aumento da concentração de hidrogênio pelo dióxido de carbono. Os rins executam essa função ao elevar a concentração sanguínea de bicarbonato. O bicarbonato liga-se aos íons hidrogênio no líquido cefalorraquidiano para reduzir sua concentração. Além disso, durante um período de horas, os íons bicarbonato também se difundem lentamente através das barreiras hematoencefálica e hematoliquórica e reduzem os íons hidrogênio ao redor dos neurônios respiratórios também.

Portanto, uma modificação da concentração sanguínea de dióxido de carbono possui um efeito *agudo* muito potente sobre o controle respiratório, mas apenas um fraco efeito *crônico* após adaptação de alguns dias.

Efeitos quantitativos da P_{CO_2} e da concentração de íons hidrogênio no sangue sobre a ventilação alveolar. A Fig. 27.16 representa quantitativamente os efeitos aproximados da P_{CO_2} e do pH (que é uma medida logarítmica inversa da concentração de íons hidrogênio) sanguíneos sobre a ventilação alveolar. Observe o acentuado aumento da ventilação causado pelo aumento da P_{CO_2}. Mas observe também o efeito muito menor do aumento da concentração de íons hidrogênio (isto é, redução do pH).

Finalmente, observe a alteração muito grande da ventilação alveolar na faixa de P_{CO_2} sanguínea normal entre 35 e 60 mm Hg. Isso demonstra o enorme efeito que as modificações do dióxido de carbono têm sobre o controle da respiração. Ao contrário, a modificação da respiração na faixa de pH normal entre 7,3 e 7,5 é mais de 10 vezes menor. A razão provável dessa enorme diferença é a pequena permeabilidade da barreira hematoencefálica aos íons hidrogênio em comparação com sua extrema permeabilidade ao dióxido de carbono. Entretanto, após o dióxido de carbono atravessar a barreira, ele reage com a água para formar grande número de íons hidrogênio que, a seguir, estimulam fortemente a respiração. Porém, os íons hidrogênio já formados antes de atravessar a barreira não a podem atravessar em número suficientemente grande para serem eficazes.

Insignificância do oxigênio no controle direto do centro respiratório. As modificações da concentração de oxigênio praticamente não têm efeito *direto* sobre o próprio centro respiratório para alterar o estímulo respiratório (embora tenham efeito indireto, como explicado na próxima seção). Todavia, o sistema de controle respiratório é importante para o controle da P_{O_2} do sangue arterial que vai dos pulmões para os tecidos periféricos. Porém, felizmente, o sistema de tampão do oxigênio da hemoglobina fornecerá quantidades quase normais de oxigênio para os tecidos, mesmo quando a P_{O_2} pulmonar se altera do valor de apenas 60 mm Hg para até 1.000 mm Hg. Portanto, exceto em condições especiais, pode haver fornecimento apropriado de oxigênio apesar de alterações da ventilação pulmonar que variam desde ligeiramente menor que metade do normal até 20 ou mais vezes maior que o normal. Por outro lado, isso não é válido para o dióxido de carbono, pois tanto a P_{CO_2} sanguínea quanto a tecidual se alteram de forma quase exatamente inversa à freqüência da ventilação pulmonar; assim, a evolução tornou o dióxido de carbono o principal controlador da respiração, e não o oxigênio.

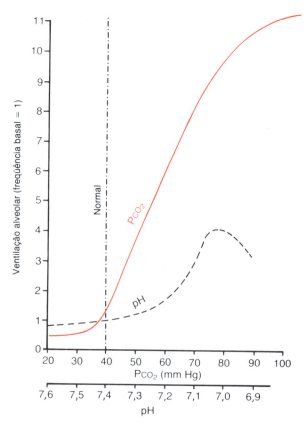

Fig. 27.16 Efeitos do aumento da P_{CO_2} e da redução do pH arterial sobre a freqüência da ventilação alveolar.

Porém, nas condições especiais em que os tecidos ficam prejudicados devido à falta de oxigênio, o organismo tem um mecanismo especial para o controle respiratório localizado fora do centro respiratório cerebral; ele responde quando o oxigênio sanguíneo cai muito, como é explicado na seção a seguir.

O SISTEMA QUIMIORRECEPTOR PERIFÉRICO PARA O CONTROLE DA ATIVIDADE RESPIRATÓRIA — PAPEL DO OXIGÊNIO NO CONTROLE RESPIRATÓRIO

Além do controle direto da atividade respiratória pelo próprio centro respiratório, ainda existe outro mecanismo acessório disponível para o controle da respiração. Ele é o *sistema quimiorreceptor periférico,* representado na Fig. 27.17. Receptores químicos especiais, denominados *quimiorreceptores,* ficam localizados em várias áreas fora do cérebro e são particularmente importantes para detectar alterações nas concentrações de oxigênio no sangue, embora também respondam a modificações das concentrações de dióxido de carbono e dos íons hidrogênio. Os quimiorreceptores, por sua vez, transmitem sinais nervosos para o centro respiratório para ajudar a regular a atividade respiratória.

Sem dúvida, o maior número de quimiorreceptores fica localizado nos *corpos carotídeos.* Entretanto, um número considerável está localizado nos *corpos aórticos,* como também apresentado na Fig. 27.17, e alguns ficam localizados em outros pontos associados a outras artérias das regiões torácica e abdominal do corpo. Os *corpos carotídeos* estão localizados bilateralmente nas bifurcações das artérias carótidas comuns, e suas fibras nervosas aferentes passam pelos nervos de Hering para os *nervos glossofaríngeos* e, daí, para a área respiratória dorsal do bulbo. Os *corpos aórticos* estão localizados ao longo do arco aórtico; suas fibras nervosas aferentes também passam pelos *vagos* para a área respiratória dorsal. Cada um desses corpos quimiorreceptores recebe um suprimento sanguíneo especial por meio de diminuta artéria originada diretamente do tronco arterial adjacente. Além disso, o fluxo sanguíneo por esses corpos é muito intenso, equivalendo a 20 vezes o peso dos próprios corpos a cada minuto. Portanto, a percentagem de remoção do oxigênio é praticamente igual a zero. Isso significa que *os quimiorreceptores são expostos ao sangue arterial durante todo o tempo,* não ao sangue venoso, e suas P_{O_2} são as P_{O_2} arteriais.

Estimulação dos quimiorreceptores pela diminuição do oxigênio arterial. Modificações da concentração arterial de oxigênio *não* exercem efeito estimulatório direto sobre o próprio centro respiratório, mas, quando a concentração de oxigênio no sangue arterial cai abaixo do normal, os quimiorreceptores são intensamente estimulados. Esse efeito é representado na Fig. 27.18, que mostra o efeito de diferentes níveis da P_{O_2} *arterial* sobre a freqüência da transmissão dos impulsos nervosos provenientes do corpo carotídeo. Observe que a freqüência dos impulsos é particularmente sensível a modificações da P_{O_2} arterial na faixa entre 60 e 30 mm Hg, a faixa na qual a saturação arterial de hemoglobina por oxigênio diminui rapidamente.

Efeito da concentração de dióxido de carbono e de íons hidrogênio sobre a atividade dos quimiorreceptores. O aumento da concentração

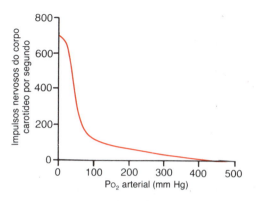

Fig. 27.18 Efeito da P_{O_2} arterial sobre a freqüência dos impulsos provenientes do corpo carotídeo de gato. (Curva desenhada a partir de dados de várias fontes, mas basicamente de Von Euler.)

de dióxido de carbono ou dos íons hidrogênio também excita os quimiorreceptores e, dessa forma, aumenta indiretamente a atividade respiratória. Entretanto, os efeitos diretos dos dois fatores sobre o próprio centro respiratório são tão mais potentes que seus efeitos mediados por meio dos quimiorreceptores (cerca de sete vezes mais potentes) que, para a maioria dos objetivos práticos, os efeitos indiretos por meio dos quimiorreceptores não precisam ser considerados. Porém, existe diferença entre os efeitos periféricos e centrais do dióxido de carbono: a estimulação periférica dos quimiorreceptores ocorre com velocidade até cinco vezes maior que a estimulação central, de forma que os quimiorreceptores periféricos poderiam aumentar a velocidade de resposta ao dióxido de carbono no início do exercício.

Mecanismo básico de estimulação dos quimiorreceptores pela deficiência de oxigênio. O mecanismo preciso pelo qual a baixa P_{O_2} excita as terminações nervosas nos corpos carotídeo e aórtico ainda é desconhecido. Entretanto, esses corpos possuem dois tipos distintos de células semelhantes às glandulares, muito características. Por essa razão, alguns pesquisadores sugeriram que essas células poderiam funcionar como os quimiorreceptores e, a seguir, estimular as terminações nervosas. Entretanto, outros estudos sugerem que as próprias terminações nervosas são diretamente sensíveis à baixa P_{O_2}.

REGULAÇÃO DA RESPIRAÇÃO DURANTE O EXERCÍCIO

No exercício vigoroso, o consumo de oxigênio e a formação de dióxido de carbono podem aumentar até 20 vezes. Porém, a ventilação alveolar em geral aumenta de forma quase exatamente proporcional ao aumento do nível do metabolismo, como mostrado pela relação entre o consumo de oxigênio e a ventilação na Fig. 27.19. Portanto, a P_{O_2}, a P_{CO_2} e o pH arterial permanecem *quase exatamente normais.*

Ao se tentar analisar os fatores que causam o aumento da ventilação durante o exercício, fica-se imediatamente tentado a atribuí-lo às alterações químicas dos líquidos corporais durante o exercício, incluindo o aumento do dióxido de carbono, aumento dos íons hidrogênio e diminuição do oxigênio. Entretanto, isso não é válido, pois medidas da P_{CO_2}, do pH e da P_{O_2} arterial mostram que nenhum deles se altera significativamente.

Portanto, deve ser feita a pergunta: Qual a causa da ventilação intensa durante o exercício? Esta pergunta ainda não foi respondida, mas ao menos dois efeitos diferentes parecem estar predominantemente envolvidos:

1. O cérebro, ao transmitir impulsos para os músculos em contração, parece transmitir impulsos colaterais para o tronco cerebral para excitar o centro respiratório. Essa ação é análoga ao efeito estimulatório dos centros cerebrais superiores sobre o centro vasomotor do tronco cerebral durante o exercício, cau-

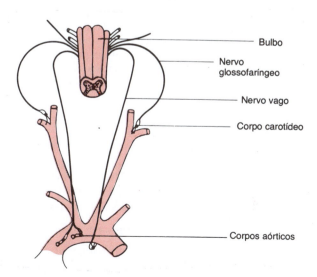

Fig. 27.17 Controle respiratório pelos corpos carotídeos e aórticos.

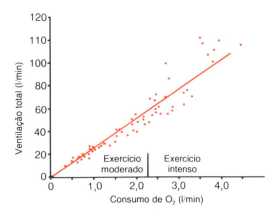

Fig. 27.19 Efeito do exercício sobre o consumo de oxigênio e a freqüência ventilatória. (Retirado de Gray: *Pulmonary Ventilation and Its Physiological Regulation.* Springfield, Ill., Charles C. Thomas.)

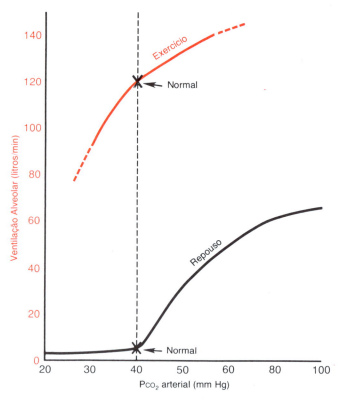

Fig. 27.20 Efeito aproximado do exercício máximo para desviar a curva de resposta da ventilação à P_{CO_2} alveolar até um nível muito maior do que o normal. O desvio, que se acredita seja causado por fatores neurogênicos, é quase exatamente a quantidade correta para manter a P_{CO_2} arterial no nível normal de 40 mm Hg tanto no estado de repouso quanto durante exercício muito intenso.

sando elevação da pressão arterial bem como aumento da ventilação.

2. Acredita-se que, durante o exercício, os movimentos do corpo, principalmente os dos membros, aumentam a ventilação pulmonar pela excitação dos proprioceptores articulares que, então, transmitem impulsos excitatórios para o centro respiratório. A razão para se acreditar nisso é que até mesmo os movimentos passivos dos membros podem freqüentemente aumentar a ventilação pulmonar por várias vezes.

É possível que ainda outros fatores também sejam importantes para o aumento da ventilação pulmonar durante o exercício. Por exemplo, alguns experimentos chegam a sugerir que a hipóxia que se desenvolve nos músculos durante o exercício produz sinais nervosos aferentes para o centro respiratório para excitar a respiração. Entretanto, como grande parte do aumento total da ventilação começa imediatamente com o início do exercício, a maior parte do aumento da respiração resulta provavelmente dos dois fatores neurogênicos citados acima, isto é, os *impulsos estimuladores provenientes dos centros superiores do cérebro e os reflexos estimuladores proprioceptivos.*

Inter-relação entre os fatores químicos e os fatores nervosos no controle da respiração durante o exercício. A Fig. 27.20 resume o controle da respiração ainda de outra forma, dessa vez de forma mais quantitativa. A curva inferior dessa figura mostra o efeito de diferentes níveis da P_{CO_2} arterial sobre a ventilação alveolar quando o corpo está em repouso — isto é, não está em exercício. A curva superior mostra o deslocamento aproximado dessa curva ventilatória causado pelo estímulo neurogênico para o centro respiratório que ocorre durante exercício muito intenso. As cruzes sobre as duas curvas mostram as P_{CO_2} arteriais, primeiro, no estado de repouso e, a seguir, no estado de exercício. Observe-se que em ambos os casos a P_{CO_2} está exatamente no nível normal de 40 mm Hg. Em outras palavras, o fator neurogênico desloca a curva mais de 20 vezes para cima, de forma que a ventilação é quase exatamente proporcional à intensidade do consumo de oxigênio e à intensidade da liberação de dióxido de carbono, mantendo assim a P_{O_2} e a P_{CO_2} arteriais muito próximas a seus valores normais.

Porém, a curva superior da Fig. 27.20 também ilustra que, se a P_{CO_2} arterial se altera do valor normal de 40 mm Hg, ela exerce seu efeito estimulador habitual sobre a ventilação para as P_{CO_2} maiores que 40, e seu efeito depressor habitual para P_{CO_2} menores que 40 mm Hg.

Possibilidade de que o fator neurogênico do controle da ventilação durante o exercício seja uma resposta aprendida. Vários experimentos sugerem que a capacidade cerebral de desviar a curva de resposta ventilatória durante o exercício, como representado na Fig. 27.20, é basicamente uma resposta *aprendida.* Isto é, com o exercício repetido, o encéfalo torna-se progressivamente mais capaz de fornecer a quantidade apropriada de sinais cerebrais necessários para manter os fatores químicos sangüíneos em seus níveis normais. Também, existem muitos motivos para se acreditar que alguns dos centros de aprendizado superiores do encéfalo são importantes nesse fator neurogênico de controle respiratório — provavelmente até mesmo o córtex cerebral. Uma razão importante para se acreditar nisso é que, quando o córtex cerebral é anestesiado, o sistema de controle respiratório perde sua capacidade especial de manter os gases arteriais próximos ao normal durante o exercício.

REFERÊNCIAS

A CIRCULAÇÃO

Blessing, W. W.: Central neurotransmitter pathways for baroreceptor initiated secretion of vasopressin. News Physiol. Sci., 1:90, 1986.

Blix, A. S., and Folkow, B.: Cardiovascular adjustments to diving in mammals and birds. In Sheperd, J. T., and Abboud, F. M. (eds.): Handbook of Physiology. Sec. 2, Vol. III. Bethesda, Md., American Physiological Society, 1983, p. 917.

Bohr, D. F., and Webb, R. C.: Vascular smooth muscle function and its changes in hypertension. Am. J. Med., 1984.

Brown, A. J., et al.: Cardiovascular and renal responses to chronic vasopressin infusion. Am. J. Physiol., 250:H584, 1986.

Buckley, J. P., et al. (eds.): Brain Peptides and Catecholamines in Cardiovascular Regulation. New York, Raven Press, 1987.

Buratini, R., and Borgdorff, P.: Closed-loop baroreflex control of total peripheral resistance in the cat: Identification of gains by aid of a model. Cardiovas. Res., 18:715, 1984.

Calaresu, F. R., and Yardley, C. P.: Medullary basal sympathetic tone. Annu. Rev. Physiol., 50:511, 1988.

Coleman, T. G., et al.: Angiotensin and the hemodynamics of chronic salt deprivation. Am. J. Physiol., 229:167, 1975.

Coleridge, H. M., and Coleridge, J. C. G.: Cardiovascular afferents involved in regulation of peripheral vessels. Annu. Rev. Physiol., 42:413, 1980.

Cowley, A. W., Jr., and Guyton, A. C.: Baroreceptor reflex contribution in angiotensin II–induced hypertension. Circulation, 50:61, 1974.

Cowley, A. W., Jr., et al.: Interaction of vasopressin and the baroreceptor reflex system in the regulation of arterial pressure in the dog. Circ. Res., 34:505, 1974.

Cushing, H.: Concerning a definite regulatory mechanism of the vasomotor center which controls blood pressure during cerebral compression. Bull. Johns Hopkins Hosp., 12:290, 1901.

Guyton, A. C.: Acute hypertension in dogs with cerebral ischemia. Am. J. Physiol., 154:45, 1948.

Guyton, A. C.: Arterial Pressure and Hypertension. Philadelphia, W. B. Saunders Co., 1980.

Herd, J. A.: Cardiovascular response to stress in man. Annu. Rev. Physiol., 46:177, 1984.

Lisney, S. J. W., and Bharali, L. A. M.: The axon reflex: An outdated idea or a valid hypothesis? News Physiol. Sci., 4:45, 1989.

Ludbrook, J.: Reflex control of blood pressure during exercise. Annu. Rev. Physiol., 45:155, 1983.

Mancia, G., and Mark, A. L.: Arterial baroreflexes in humans. In Shepherd, J. T., and Abboud, F. M. (eds.): Handbook of Physiology. Sec. 2, Vol. III. Bethesda, Md., American Physiological Society, 1983, p. 755.

Mathias, C. J., and Frankel, H. L.: Cardiovascular control in spinal man. Annu. Rev. Physiol., 50:577, 1988.

Mitchell, J. H., and Schmidt, R. F.: Cardiovascular reflex control by afferent fibers from skeletal muscle receptors. In Sheperd, J. T., and Abboud, F. M. (eds.): Handbook of Physiology. Sec. 2, Vol. III. Bethesda, Md., American Physiological Society, 1983, p. 623.

Opie, L. H. (ed.): Calcium Antagonists and Cardiovascular Disease. New York, Raven Press, 1984.

Persson, P. B., et al.: Cardiopulmonary-arterial baroreceptor interaction in control of blood pressure. News Physiol. Sci., 4:56, 1989.

Randall, W. C. (ed.): Nervous Control of Cardiovascular Function. New York, Oxford University Press, 1984.

Regoli, D.: Neurohumoral regulation of precapillary vessels: The kallikrein-kinin system. J. Cardiovasc. Pharmacol., 6:(Suppl. 2) S401, 1984.

Reid, J. L., and Rubin, P. C.: Peptides and central neural regulation of the circulation. Physiol. Rev., 67:725, 1987.

Sagawa, K.: Baroreflex control of systemic arterial pressure and vascular bed. In Sheperd, J. T., and Abboud, F. M. (eds.): Handbook of Physiology. Sec. 2, Vol. III. Bethesda, Md., American Physiological Society, 1983, p. 453.

Share, L.: Role of vasopressin in cardiovascular regulation. Physiol. Rev., 68:1246, 1988.

Stiles, G. L., et al.: β-Adrenergic receptors: Biochemical mechanisms of physiological regulation. Physiol. Rev., 64:661, 1984.

Vanhoutte, P. M.: Vasodilation: Vascular Smooth Muscle, Peptides, Autonomic Nerves, and Endothelium. New York, Raven Press, 1988.

Vanhoutte, P. M.: Calcium-entry blockers, vascular smooth muscle and systemic hypertension. Am. J. Cardiol., 55:17B, 1985.

A RESPIRAÇÃO

Acker, H.: PO_2 chemoreception in arterial chemoreceptors. Annu. Rev. Physiol., 51:835, 1989.

Cohen, M. I.: Central determinants of respiratory rhythm. Annu. Rev. Physiol., 43:91, 1981.

Eyzaguirre, C., et al.: Arterial chemoreceptors. In Shepherd, J. T., and Abboud, F. M. (eds.): Handbook, of Physiology. Sec. 2, Vol. III. Bethesda, Md., American Physiological Society, 1983, p. 557.

Feldman, J. L., and Ellenberger, H. H.: Central coordination of respiratory and cardiovascular control in mammals. Annu. Rev. Physiol., 50:593, 1988.

Guyton, A. C., et al.: Basic oscillating mechanism of Cheyne-Stokes breathing. Am. J. Physiol., 187:395, 1956.

Honig, A.: Salt and water metabolism in acute high-altitude hypoxia: Role of peripheral arterial chemoreceptors. News Physiol. Sci., 4:109, 1989.

Kalia, M. P.: Anatomical organization of central respiratory neurons. Annu. Rev. Physiol., 43:105, 1981.

Karczewski, W. A., et al.: Control of Breathing During Sleep and Anesthesia. New York, Plenum Publishing Corp., 1988.

Masuyama, H., and Honda, Y.: Differences in overall "gain" of CO_2-feedback system between dead space and CO_2 ventilations in man. Bull. Eur. Physiopathol. Respir., 20:501, 1984.

Milhorn, H. T., Jr., and Guyton, A. C.: An analog computer analysis of Cheyne-Stokes breathing. J. Appl. Physiol., 20:328, 1965.

Milhorn, H. T., Jr., et al.: A mathematical model of the human respiratory control system. Biophys. J., 5:27, 1965.

Mitchell, G. S., et al.: Changes in the V_I-V_{CO_2} relationship during exercise in goats: Role of carotid bodies. J. Appl. Physiol., 57:1894, 1984.

Rigatto, H.: Control of ventilation in the newborn. Annu. Rev. Physiol., 46:661, 1984.

Rowell, L. B., and Sheriff, D. D.: Are muscle "chemoreflexes" functionally important? News Physiol. Sci., 3:250, 1988.

Sinclair, J. D.: Respiratory drive in hypoxia: Carotid body and other mechanisms compared. News Physiol. Sci., 2:57, 1987.

Von Euler, C., and Lagercrantz, H.: Neurobiology of the Control of Breathing, New York, Raven Press, 1987.

West, J. B.: Pulmonary Pathophysiology — The Essentials. Baltimore, Williams & Wilkins, 1987.

Whipp, B. J.: Ventilatory control during exercise in humans. Annu. Rev. Physiol., 45:393, 1983.

28

Regulação da Função Gastrintestinal, da Ingestão de Alimentos, da Micção e da Temperatura Corporal

■ CONTROLE NEURAL DA FUNÇÃO GASTRINTESTINAL

O tubo gastrintestinal tem seu próprio sistema nervoso, denominado *sistema nervoso entérico*. Fica localizado inteiramente na parede do intestino, começando no esôfago e estendendo-se por todo o trajeto até o ânus. O número de neurônios nesse sistema entérico é de aproximadamente 100.000.000, quase exatamente igual ao número na medula espinhal; isso demonstra a importância do sistema entérico para o controle da função gastrintestinal. Ele controla em especial os movimentos e a secreção gastrintestinais.

O sistema entérico é composto em sua maior parte de dois plexos, como apresentado na Fig. 28.1: um plexo externo, localizado entre as camadas musculares longitudinais e circulares, denominado *plexo mioentérico* ou *plexo de Auerbach*; e (2) um plexo interno, denominado *plexo submucoso* ou *plexo de Meissner,* que se localiza na submucosa. O plexo mioentérico controla principalmente os movimentos gastrintestinais, e o plexo submucoso controla em grande parte a secreção gastrintestinal e o fluxo sanguíneo local.

Observe na Fig. 28.1, as fibras simpáticas e parassimpáticas que se conectam com os plexos mioentérico e submucoso. Embora o sistema nervoso entérico possa funcionar por si só, independentemente desses nervos extrínsecos, a estimulação dos sistemas parassimpático e simpático é capaz de ativar ou inibir as funções gastrintestinais, como discutiremos adiante.

Também são mostradas na Fig. 28.1, as terminações nervosas sensoriais que se originam no epitélio gastrintestinal ou na parede intestinal e, então, enviam fibras aferentes para ambos os plexos do sistema entérico e, também, para (1) os gânglios pré-vertebrais do sistema nervoso simpático, (2) a medula espinhal, e (3) algumas seguem pelos nervos parassimpáticos (os vagos, por exemplo) por todo o trajeto até o tronco cerebral. Esses nervos sensoriais produzem reflexos locais dentro do próprio intestino e também reflexos que são enviados de volta para o intestino provenientes dos gânglios pré-vertebrais ou do sistema nervoso central.

CONTROLE AUTONÔMICO DO TUBO GASTRINTESTINAL

Inervação parassimpática. A inervação parassimpática do intestino é dividida em *craniana* e *sacral,* conforme discutido no Cap. 22. Exceto por algumas fibras parassimpáticas que vão para a boca e as regiões faríngeas do tubo alimenta, as fibras parassimpáticas cranianas são transmitidas quase totalmente pelos *nervos vagos.* Essas fibras fornecem extensa inervação para o esôfago, estômago, pâncreas e primeira metade do intestino grosso (mas pequena inervação para o intestino delgado). As fibras parassimpáticas sacrais se originam no segundo, terceiro e quarto segmentos sacrais da medula espinhal e seguem através dos *nervos pélvicos* para a metade distal do intestino grosso. As regiões sigmóide, retal e anal do intestino grosso são consideravelmente melhor inervadas por fibras parassimpáticas que as outras. Essas fibras funcionam principalmente nos reflexos de defecação, que serão discutidos adiante.

Os *neurônios pós-ganglionares* do sistema parassimpático ficam localizados nos plexos mioentérico e submucoso, e a estimulação dos nervos parassimpáticos produz aumento geral da atividade de todo o sistema nervoso entérico. Isso, por sua vez, estimula a atividade da maioria das funções gastrintestinais, mas não todas, pois alguns dos neurônios entéricos são inibitórios e, portanto, inibem determinadas funções.

Inervação simpática. As fibras simpáticas que inervam o tubo gastrintestinal se originam na medula espinhal entre os segmentos T-5 e L-2. As fibras pré-ganglionares, após deixarem a medula, entram nas cadeias simpáticas e passam através dessas cadeias para os gânglios situados fora delas, como o *gânglio celíaco* e vários *gânglios mesentéricos.* Aí, fica localizada a maioria dos *corpos dos neurônios pós-ganglionares,* e as fibras pós-ganglionares se disseminam e acompanham os vasos sanguíneos para todas as partes do intestino, terminando principalmente nos neurônios no sistema nervoso entérico. O simpático inerva praticamente todas as partes do tubo gastrintestinal, em lugar de suprir extensamente as porções mais orais e anais, como o faz o paras-

28 ■ Regulação da Função Gastrintestinal, da Ingestão de Alimentos, da Micção e da Temperatura Corporal

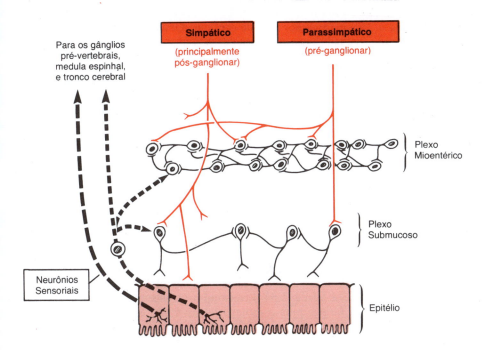

Fig. 28.1 Controle neural da parede intestinal, mostrando (1) os plexos mioentérico e submucoso; (2) controle extrínseco desses plexos pelos sistemas nervosos simpático e parassimpático; e (3) fibras sensoriais que passam do epitélio luminal e da parede intestinal para os plexos entéricos e daí para os gânglios pré-vertebrais, medula espinhal e tronco cerebral.

simpático. As terminações nervosas simpáticas secretam *norepinefrina*.

Em geral, a estimulação do sistema nervoso simpático inibe a atividade do tubo gastrintestinal, causando efeitos praticamente opostos aos do sistema parassimpático. Exerce seus efeitos de duas formas diferentes: (1) em pequeno grau, por meio do efeito direto da norepinefrina sobre o músculo liso para inibi-lo (exceto a muscular da mucosa, que excita), e (2) em maior grau, por efeito inibitório da norepinefrina sobre os neurônios do sistema nervoso entérico. Assim, a forte estimulação do sistema simpático pode bloquear totalmente o movimento do alimento ao longo do tubo gastrintestinal.

OS REFLEXOS GASTRINTESTINAIS

A disposição anatômica do sistema nervoso entérico e de suas conexões com os sistemas simpático e parassimpático permite o funcionamento de três tipos distintos de reflexos gastrintestinais essenciais para o controle gastrintestinal. Eles são os seguintes:

1. *Reflexos de ocorrência integral no sistema nervoso entérico.* Incluem reflexos que controlam a secreção gastrintestinal, o peristaltismo, as contrações de mistura, os efeitos inibitórios locais etc.

2. *Reflexos do intestino para os gânglios simpáticos pré-vertebrais e de volta ao tubo gastrintestinal.* Esses reflexos transmitem sinais por longas distâncias no tubo gastrintestinal, como os sinais provenientes do estômago para causar evacuação do cólon (o *reflexo gastrocólico*), sinais provenientes do cólon e do intestino delgado para inibir a motilidade e a secreção gástricas (os *reflexos enterogástricos*), e os reflexos provenientes do cólon para inibir o esvaziamento do conteúdo ileal para o cólon (o *reflexo colonoileal*).

3. *Reflexos provenientes do intestino para a medula espinhal ou tronco cerebral e, daí, de volta para o tubo gastrintestinal.* Incluem principalmente (a) reflexos provenientes do estômago e duodeno para o tronco cerebral e de volta para o estômago, para controlar a atividade motora e secretora gástrica; (b) reflexos de dor, que causam inibição geral de todo o tubo gastrintestinal; e (c) reflexos de defecação, que vão para a medula espinhal e retornam para produzir as potentes contrações colônicas, retais e abdominais necessárias para a defecação (os reflexos da defecação).

■ TIPOS FUNCIONAIS DE MOVIMENTOS NO TUBO GASTRINTESTINAL

Existem dois tipos básicos de movimentos no tubo gastrintestinal: (1) *movimentos propulsivos*, que promovem o movimento anterógrado do alimento ao longo do tubo, com velocidade apropriada para a digestão e a absorção; e (2) *movimentos de mistura*, que mantêm o conteúdo intestinal totalmente misturado durante todo o tempo.

OS MOVIMENTOS PROPULSIVOS — PERISTALTISMO

O movimento propulsivo básico do tubo gastrintestinal é o *peristaltismo*, apresentado na Fig. 28.2. Surge um anel contrátil ao redor do intestino e, a seguir, ele se desloca para frente; esse movimento é análogo a colocar os dedos ao redor de um tubo delgado distendido, apertando-os e deslizando-os para frente ao longo do tubo. Evidentemente, qualquer material à frente do anel contrátil é deslocado para a frente.

O estímulo usual para o peristaltismo é a *distensão*. Isto é, se grande quantidade de alimento se acumula em qualquer

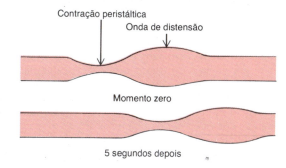

Fig. 28.2 Peristaltismo.

ponto do intestino, a distensão da parede intestinal estimula o intestino 2 a 3 cm acima desse ponto, e surge um anel contrátil que inicia o movimento peristáltico. Outros estímulos que podem iniciar o peristaltismo incluem a irritação do revestimento epitelial do intestino e sinais nervosos extrínsecos, principalmente parassimpáticos, que excitam o intestino.

Função do plexo mioentérico no peristaltismo. O peristaltismo só ocorre muito fracamente, se é que ocorre, em qualquer parte do tubo gastrintestinal na ausência congênita do plexo mioentérico. Portanto, o peristaltismo *efetivo* requer um plexo mioentérico ativo.

Movimento direcional das ondas peristálticas em direção ao ânus. O peristaltismo, teoricamente, pode ocorrer em qualquer direção a partir do ponto estimulado, mas em geral desaparece rapidamente na direção oral enquanto continua por considerável distância em direção ao ânus. A causa exata dessa transmissão direcional do peristaltismo nunca foi determinada, embora resulte, provavelmente, sobretudo do fato de que o próprio plexo mioentérico é "polarizado" na direção anal.

OS MOVIMENTOS DE MISTURA

Os movimentos de mistura são muito diferentes nas diversas partes do tubo alimentar. Em algumas áreas, as próprias contrações peristálticas causam a maior parte da mistura. Isso ocorre particularmente quando a progressão anterógrada do conteúdo intestinal é bloqueada por um esfíncter, de forma que a onda peristáltica só pode comprimir e misturar o conteúdo intestinal, em vez de propeli-lo para a frente. Outras vezes, ocorrem *contrações constritivas locais* a intervalos de alguns centímetros na parede intestinal. Essas constrições geralmente duram apenas alguns segundos; a seguir, ocorrem novas constrições em outros pontos do intestino, assim "cortando" o conteúdo aqui e ali. Esses movimentos peristálticos e constritivos são modificados em diferentes partes do tubo gastrintestinal para a propulsão e mistura adequadas.

■ INGESTÃO DE ALIMENTO

A quantidade de alimento que uma pessoa ingere é determinada em grande parte pelo desejo intrínseco de alimento denominado *fome*. O tipo de alimento que a pessoa busca preferencialmente é determinado pelo *apetite*. Esses mecanismos são por si só sistemas reguladores automáticos extremamente importantes para manter suprimento nutricional adequado para o corpo, e são discutidos adiante em relação à nutrição do corpo.

MASTIGAÇÃO

Os dentes são admiravelmente construídos para a mastigação, os dentes anteriores (incisivos) proporcionam forte ação de corte e os dentes posteriores (molares) exercem ação trituradora. Todos os músculos da mastigação funcionando juntos podem fechar os dentes com força de até 25 kg nos incisivos e 90 kg nos molares.

A maioria dos músculos da mastigação é inervada pelo ramo motor do quinto nervo craniano, e o processo da mastigação é controlado por núcleos do tronco cerebral. A estimulação da formação reticular próxima aos centros do paladar no tronco cerebral pode causar movimentos de mastigação rítmicos contínuos. Também, a estimulação de áreas no hipotálamo, amígdala e até mesmo no córtex cerebral próximo às áreas sensoriais para o paladar e o olfato pode produzir mastigação.

Grande parte do processo de mastigação é causado pelo *reflexo mastigatório*, que pode ser explicado a seguir: a presença de bolo alimentar na boca causa inibição reflexa dos músculos da mastigação, fazendo com que a mandíbula caia. Por sua vez, a queda inicia um reflexo de estiramento dos músculos da mandíbula que leva à contração de *rebote*. Isso, automaticamente, levanta a mandíbula para causar o fechamento dos dentes, mas também comprime de novo o bolo contra os revestimentos da boca, o que torna a inibir os músculos da mandíbula, permitindo que a mandíbula caia e determine mais uma vez uma contração de rebote. Esse processo se repete indefinidamente.

DEGLUTIÇÃO

A deglutição é um mecanismo complicado, principalmente porque a faringe exerce, na maioria das vezes, várias outras funções além da deglutição sendo convertida, por apenas alguns segundos de cada vez, em via para a propulsão do alimento. É particularmente importante que a respiração não seja comprometida pela deglutição.

Em geral, a deglutição pode ser dividida em (1) a *fase voluntária*, que inicia o processo de deglutição, (2) a *fase faríngea*, que é involuntária e constitui a passagem do alimento através da faringe para o esôfago, e (3) a *fase esofageana*, outra fase involuntária que promove a passagem do alimento da faringe para o estômago.

Fase voluntária da deglutição. Quando o alimento está pronto para ser deglutido, é "voluntariamente" comprimido ou empurrado para trás, para a faringe, pela pressão da língua para cima e para trás contra o palato, como mostrado na Fig. 28.3. A partir daí, o processo de deglutição passa a ser totalmente, ou quase totalmente automático e, na maioria das vezes, não pode ser interrompido.

Fase faríngea da deglutição. Quando o bolo alimentar entra na faringe, ele estimula *áreas receptoras da deglutição*, ao redor da abertura da faringe, principalmente, sobre os pilares das amígdalas, e impulsos, provenientes dessas áreas, vão para o tronco cerebral para produzir uma série de contrações musculares automáticas da faringe, da seguinte forma:

1. O palato mole é empurrado para cima, para fechar a parte posterior das narinas, e, dessa forma, impedindo o refluxo do alimento para as cavidades nasais.

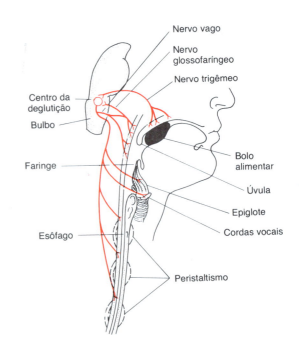

Fig. 28.3 O mecanismo da deglutição.

28 ■ Regulação da Função Gastrintestinal, da Ingestão de Alimentos, da Micção e da Temperatura Corporal 313

2. As pregas palatofaríngeas em qualquer lado da faringe são tracionadas medialmente para se aproximarem. Dessa forma, essas pregas formam uma fenda sagital pela qual o alimento deve passar para a faringe posterior. Essa fenda realiza uma ação seletiva, permitindo que o alimento seja mastigado apropriadamente para passar com facilidade, enquanto impede a passagem de grandes objetos. Como esse estágio da deglutição dura menos de 1 segundo, qualquer objeto grande é geralmente impedido de passar através da faringe para o esôfago.

3. As cordas vocais da laringe são fortemente aproximadas, e a laringe é puxada para cima e para frente pelos músculos do pescoço. Essa ação, combinada à presença de ligamentos que impedem o movimento da epiglote para cima, faz com que ela se dobre para trás por sobre a abertura da laringe. Esses dois efeitos impedem a passagem do alimento para a traquéia. Particularmente importante é a aproximação das cordas vocais, mas a epiglote ajuda a impedir que o alimento passe para a traquéia. A destruição das cordas vocais ou dos músculos que as aproximam pode causar estrangulamento. Por outro lado, a remoção da epiglote geralmente não causa debilidade grave da deglutição.

4. O movimento da laringe para cima também aumenta a abertura do esôfago. Ao mesmo tempo, os 3 a 4 cm superiores da parede muscular esofágica, a área denominada *esfíncter esofágico superior* ou *esfíncter faringoesofágico,* relaxam permitindo assim que o alimento se desloque fácil e livremente da faringe posterior para a porção superior do esôfago. Esse esfíncter, entre as deglutições, permanece fortemente contraído, impedindo assim que o ar entre no esôfago durante a respiração. O movimento da laringe para cima também eleva a glote, retirando-a da corrente principal do fluxo alimentar, de forma que o alimento passa geralmente pelos dois lados da epiglote, e não por sobre sua superfície; essa manobra constitui outra proteção contra a entrada de alimento na traquéia.

5. Ao mesmo tempo que a laringe é levantada e o esfíncter faringoesofágico é relaxado, toda a parede muscular da faringe se contrai, começando na parte superior da faringe e propagando-se para baixo como rápida onda peristáltica sobre os músculos faríngeos médios e inferiores e daí para o esôfago, o que propele o alimento para o esôfago.

Para resumir a mecânica da fase faríngea da deglutição: a traquéia é fechada, o esôfago é aberto, e uma onda peristáltica rápida, originada na faringe, força o bolo de alimento para a parte superior do esôfago, todo o processo ocorrendo em 1 a 2 segundos.

Controle nervoso do estágio faríngeo da deglutição. As áreas táteis mais sensíveis da faringe para o início da fase faríngea da deglutição se localizam em um anel ao redor da abertura faríngea, com maior sensibilidade nos pilares tonsilares. Os impulsos são transmitidos a partir dessas áreas por meio dos ramos sensoriais dos nervos trigêmeo e glossofaríngeo para uma região do bulbo intimamente associada ao *feixe solitário*, que recebe a imensa maioria de todos os impulsos sensoriais da boca.

Os estágios sucessivos do processo de deglutição são, então, automaticamente controlados em seqüência ordenada por áreas neuronais distribuídas por toda a substância reticular do bulbo e da parte inferior da ponte. A seqüência do reflexo da deglutição é a mesma de uma deglutição para a seguinte, e o curso temporal de todo o ciclo também permanece constante de uma deglutição para a seguinte. As áreas no bulbo e na parte inferior da ponte que controlam a deglutição são coletivamente denominadas *centro da deglutição*.

Os impulsos motores do centro da deglutição para a faringe e para o trecho superior do esôfago que causam a deglutição são transmitidos pelo quinto, nono, décimo e décimo segundo nervos cranianos e até mesmo por alguns nervos cervicais superiores.

Em resumo, a fase faríngea da deglutição é basicamente um ato reflexo. Quase nunca é iniciada por estímulos diretos para o centro da deglutição provenientes de regiões superiores do sistema nervoso central. Em vez disso, é quase sempre iniciada por movimento voluntário do alimento para a região posterior da boca, o que, por sua vez, desencadeia o reflexo da deglutição.

Fase esofágica da deglutição

O esôfago funciona em grande parte para conduzir o alimento da faringe para o estômago, e seus movimentos são organizados especificamente para essa função.

Normalmente, o esôfago apresenta dois tipos de movimentos peristálticos — *peristaltismo primário* e *peristaltismo secundário*. O peristaltismo primário é simplesmente a continuação da onda peristáltica que se inicia na faringe e se propaga para o esôfago durante a fase faríngea da deglutição. Essa onda segue desde a faringe até o estômago em cerca de 8 a 10 s. Entretanto, o alimento deglutido por uma pessoa na posição ortostática é geralmente transmitido até a extremidade inferior do esôfago ainda mais rapidamente que a própria onda peristáltica, em cerca de 5 a 8 s, devido ao efeito adicional da gravidade que puxa o alimento para baixo. Se a onda peristáltica primária não consegue deslocar todo o alimento que entrou no esôfago para o estômago, *ondas peristálticas secundárias*, resultantes da distensão do esôfago pelo alimento retido, continuam até que todo o alimento tenha passado para o estômago. Essas ondas secundárias são em parte iniciadas por circuitos neurais intrínsecos do sistema nervoso entérico esofágico e, em outra parte, por reflexos que são transmitidos por meio das *fibras aferentes vagais* do esôfago para o bulbo, e depois, de novo, para o esôfago pelas *fibras eferentes vagais.*

CONTROLE NERVOSO DO MOVIMENTO DO ALIMENTO ATRAVÉS DO ESTÔMAGO, INTESTINO DELGADO E CÓLON

O movimento do alimento através do estômago, intestino delgado e cólon é causado por várias formas de movimentos propulsivos peristálticos. A maioria desses movimentos é controlada pelo sistema nervoso entérico da parede gastrintestinal. Isto é, quando um segmento do intestino se enche excessivamente, o estiramento das terminações nervosas produz um reflexo peristáltico local, como explicado antes neste capítulo, causando a propulsão anterógrada do alimento.

Em geral, a estimulação parassimpática por meio dos nervos vagos e sacrais aumenta a freqüência do peristaltismo, e a estimulação simpática a inibe.

Reflexos GI intrínsecos que inibem a velocidade do movimento do alimento. Em vários pontos do tubo gastrintestinal, mecanismos reflexos especiais impedem o movimento muito rápido do alimento ao longo do tubo gastrintestinal. Por exemplo, quando o estômago lança muito alimento nas regiões superiores do intestino delgado, a distensão das paredes intestinais transmite sinais de volta, ao longo do plexo mioentérico, até o estômago para inibir seus movimentos peristálticos. Isso obviamente permite que o intestino delgado receba o alimento com velocidade suficientemente lenta para processá-lo de forma adequada. Há outro reflexo do cólon para a extremidade inferior do intestino delgado; quando o cólon se enche excessivamente, sinais reflexos mioentéricos inibem o peristaltismo no intestino delgado e, portanto, impedem o deslocamento do conteúdo intestinal para o cólon com velocidade mais rápida, que a de seu processamento.

DEFECAÇÃO

Na maior parte do tempo, o reto não contém fezes. Isso é devido, em parte, ao fato de que existe fraco esfíncter funcional situado a aproximadamente 20 cm do ânus na junção entre o sigmóide e o reto. Aí também existe angulação que proporciona resistência adicional ao enchimento do reto. Entretanto, quando um movimento de massa força a passagem das fezes para o reto, é normalmente iniciado o desejo de defecação, incluindo a contração reflexa do reto e o relaxamento dos esfíncteres anais.

A passagem contínua de material fecal através do ânus é impedida pela constrição tônica (1) do *esfíncter anal interno*, espessamento do músculo liso circular intestinal que se localiza imediatamente dentro do ânus, e (2) do *esfíncter anal externo*, composto de músculo voluntário estriado que circunda o esfíncter interno e também se estende distal a ele; o esfíncter externo é controlado por fibras nervosas do nervo pudendo, que é parte do sistema nervoso somático e, portanto, está sob *controle voluntário consciente*.

Os reflexos da defecação. Comumente, a defecação é iniciada pelos *reflexos da defecação*. Um desses reflexos é um *reflexo intrínseco* mediado pelo sistema nervoso entérico local. Ele pode ser descrito da seguinte forma: Quando as fezes entram no reto, a distensão da parede retal produz sinais aferentes que se propagam pelo *plexo mioentérico* para desencadear ondas peristálticas no cólon descendente, sigmóide e reto, forçando as fezes em direção ao ânus. Quando a onda peristáltica se aproxima do ânus, o esfíncter anal interno é relaxado por sinais inibitórios provenientes do plexo mioentérico; e, se o esfíncter anal externo for voluntariamente relaxado ao mesmo tempo, haverá defecação.

Entretanto, o reflexo de defecação intrínseco é fraco; e, para ser eficaz na produção da defecação, deve geralmente ser fortalecido por outro tipo de reflexo da defecação, o *reflexo parassimpático da defecação* que envolve os segmentos sacrais da medula espinhal, como representado na Fig. 28.4. Quando as terminações nervosas no reto são estimuladas, os sinais são transmitidos para a medula espinhal e, daí, reflexamente, de volta ao cólon descendente, sigmóide, reto e ânus por meio das fibras nervosas parassimpáticas nos *nervos pélvicos*. Esses sinais parassimpáticos intensificam muito as ondas peristálticas e relaxam o esfíncter anal interno, convertendo assim o reflexo de defecação intrínseco de movimento fraco e ineficaz em processo potente de defecação que, algumas vezes, é eficaz no esvaziamento do intestino grosso em um só movimento por todo o trajeto desde o ângulo esplênico do cólon até o ânus. Também, os sinais aferentes que entram na medula espinhal produzem outros efeitos, como inspiração profunda, fechamento da glote, contração dos músculos da parede abdominal para forçar o conteúdo fecal do cólon para baixo, e, ao mesmo tempo, fazer com que o assoalho pélvico se estenda para baixo e puxe o anel anal para fora, para evaginar as fezes.

Entretanto, apesar dos reflexos da defecação, também são necessários outros efeitos antes que ocorra uma verdadeira defecação. No ser humano treinado, o relaxamento do esfíncter interno e o movimento anterógrado das fezes para o ânus iniciam normalmente uma contração instantânea do esfíncter externo, que ainda impede temporariamente a defecação. Exceto em bebês e pessoas mentalmente anormais, a mente consciente assume o controle voluntário do esfíncter externo, relaxando-o, para permitir a defecação, ou contraindo-o ainda mais, se o momento não for socialmente aceitável para a defecação. Se o esfíncter externo for mantido contraído, os reflexos da defecação desaparecem após poucos minutos, a permanecem quiescentes por várias horas ou até que quantidades adicionais de fezes penetrem no reto.

Quando é conveniente para a pessoa defecar, os reflexos da defecação algumas vezes podem ser excitados inspirando-se profundamente, o que desloca o diafragma para baixo e, a seguir, contraindo os músculos abdominais para aumentar a pressão no abdome, forçando o conteúdo fecal para o reto para produzir novos reflexos. Infelizmente, os reflexos iniciados dessa forma quase nunca são tão eficazes quanto os que surgem naturalmente, razão pela qual as pessoas que inibem com grande freqüência seus reflexos naturais tendem a apresentar grave constipação.

No recém-nascido e em algumas pessoas com transecção da medula espinhal, os reflexos da defecação promovem o esvaziamento automático da parte inferior do intestino sem o controle normal exercido por meio da contração do esfíncter anal externo.

■ CONTROLE NERVOSO DA SECREÇÃO GASTRINTESTINAL

O sistema nervoso do tubo gastrintestinal não apenas controla o movimento peristáltico do alimento, como também controla a secreção de várias glândulas gastrintestinais, principalmente a secreção salivar na boca, secreção de suco gástrico no estômago, e secreção de muco no cólon distal e sigmóide.

Regulação nervosa da secreção salivar. A Fig. 28.5 apresenta as vias nervosas parassimpáticas para a regulação da salivação, mostrando que as glândulas salivares são controladas principalmente por *sinais nervosos parassimpáticos* provenientes dos *núcleos salivares*. Os núcleos salivares ficam localizados aproximadamente na junção do bulbo com a ponte e são excitados por estímulos gustativos e táteis provenientes da língua e de outras áreas da boca. Vários estímulos gustativos, em especial o sabor ácido, causam secreção copiosa de saliva — freqüentemente de até 5 a 8 ml/min, ou 8 a 20 vezes a secreção basal. Também, determinados estímulos táteis, como a presença de objetos lisos na boca (uma pedrinha, por exemplo), causam salivação acentuada; enquanto objetos irregulares causam menor salivação, e, às vezes, até a inibem.

A salivação também pode ser estimulada ou inibida por impulsos que chegam aos núcleos salivares dos centros superiores do sistema nervoso central. Por exemplo, quando a pessoa cheira ou come seus alimentos favoritos, a salivação é maior que quando ela cheira ou come alimentos de que não gosta. A *área do apetite*

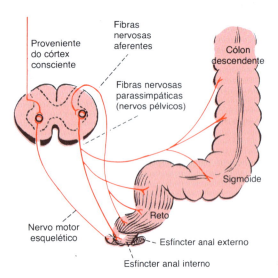

Fig. 28.4 As vias aferentes e eferentes do mecanismo parassimpático para estimular o reflexo da defecação.

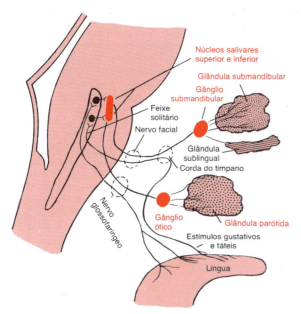

Fig. 28.5 Regulação nervosa parassimpática da secreção salivar.

do encéfalo, que regula parcialmente esses efeitos, está localizada em íntima proximidade com os centros parassimpáticos do hipotálamo anterior, e funciona, em grande parte, em resposta a sinais das áreas do paladar e do olfato do córtex cerebral ou amígdala.

A salivação também ocorre em resposta a reflexos originados no estômago e trecho superior do intestino — principalmente quando são ingeridos alimentos muito irritantes ou quando uma pessoa fica nauseada devido a alguma anormalidade gastrintestinal.

REGULAÇÃO DA SECREÇÃO GÁSTRICA POR MECANISMOS NERVOSOS E HORMONAIS

Fatores básicos que estimulam a secreção gástrica: acetilcolina, gastrina e histamina

Os neurotransmissores básicos ou hormônios que estimulam diretamente a secreção pelas glândulas gástricas são a *acetilcolina*, a *gastrina* e a *histamina*. Todos eles atuam primeiro pela ligação com os receptores nas células secretoras. A seguir, os receptores ativam os processos secretores. A acetilcolina excita a secreção de todos os tipos de células secretoras nas glândulas gástricas, incluindo a secreção de *pepsinogênio*, pelas *células pépticas*, *ácido clorídrico*, pelas *células parietais*, *muco*, pelas *células mucosas*, e *gastrina*, pelas *células da gastrina*. Por outro lado, tanto a *gastrina* quanto a *histamina* estimulam muito intensamente a *secreção de ácido* pelas células parietais, mas têm efeito muito menor no estímulo das outras células.

Estimulação da secreção de ácido

Estimulação nervosa. Aproximadamente metade dos sinais nervosos para o estômago causadores de secreção gástrica origina-se nos *núcleos motores dorsais dos vagos* e passa, através dos *nervos vagos*, primeiro, para o *sistema nervoso entérico* da parede gástrica e, depois, para as glândulas gástricas. A outra metade dos sinais secretores é gerada por reflexos locais que ocorrem integralmente no próprio sistema nervoso entérico. Todos os nervos secretores liberam acetilcolina como neurotransmissor em suas terminações nas células glandulares, com uma exceção: para os sinais que vão para as células secretoras de gastrina nas glândulas pilóricas, um neurônio intermediário atua como via final e secreta o *peptídio liberador de gastrina (GRP)* como neurotransmissor.

A estimulação nervosa da secreção gástrica pode ser iniciada por sinais que se originam no cérebro, principalmente no sistema límbico, ou no próprio estômago. E os sinais iniciados no estômago podem ativar dois tipos diferentes de reflexos: (1) *reflexos longos* que são transmitidos da mucosa gástrica até o tronco cerebral e, daí, de volta para o estômago por meio dos nervos vagos e (2) *reflexos curtos*, que se originam localmente e são transmitidos em sua totalidade pelo sistema nervoso entérico local.

Os tipos de estímulos que podem iniciar esses reflexos são (1) distensão do estômago, (2) estímulos táteis sobre a superfície da mucosa gástrica, e (3) estímulos químicos, incluindo principalmente *aminoácidos* e *peptídios* derivados de alimentos protéicos ou *ácido* que já foi secretado pelas glândulas gástricas.

Estimulação da secreção de ácido pela gastrina. Tanto os sinais nervosos do nervo vago quanto os dos reflexos entéricos locais, além de causar estimulação direta da secreção glandular das secreções gástricas, também fazem com que a mucosa no antro gástrico secrete o hormônio *gastrina*. Esse hormônio é secretado pelas *células de gastrina*, também denominadas *células G*, nas glândulas pilóricas.

A gastrina é absorvida pelo sangue e transportada para as *glândulas oxínticas* no corpo do estômago; aí ela estimula intensamente as *células parietais* e, talvez, também as células pépticas, mas em menor extensão. Assim, o efeito realmente importante é o de aumentar a secreção de ácido clorídrico, muitas vezes por até oito vezes. Por sua vez, o ácido clorídrico excita ainda outra atividade reflexa entérica que não só aumenta ainda mais a secreção de ácido clorídrico, mas, também, estimula secundariamente a secreção de enzimas pelas células pépticas, que pode ser aumentada por até duas a quatro vezes.

Papel da histamina no controle da secreção gástrica. A *histamina*, um derivado de aminoácido, também estimula a secreção de ácido pelas *células parietais*. Uma pequena quantidade de histamina é formada continuamente na mucosa gástrica, seja em resposta ao ácido no estômago ou por outras razões. Essa quantidade, agindo por si só, causa secreção muito pequena de ácido. Entretanto, sempre que a acetilcolina ou a gastrina estimulam ao mesmo tempo as células parietais, até mesmo as pequenas quantidades normais de histamina aumentam muito a secreção de ácido.

As três fases da secreção gástrica

A secreção gástrica ocorre em três fases distintas (como apresentado na Fig. 28.6): a *fase cefálica*, a *fase gástrica*, e a *fase intestinal*. Entretanto, como veremos na discussão a seguir, essas três fases, na realidade, se fundem.

A fase cefálica. A fase cefálica da secreção gástrica ocorre até mesmo antes de o alimento entrar no estômago ou enquanto está sendo ingerido. Resulta da visão, olfato, pensamento ou paladar; e, quanto maior o apetite, mais intenso é o estímulo. Os sinais neurogênicos que promovem a fase cefálica da secreção podem originar-se no córtex cerebral ou nos centros do apetite da amígdala ou do hipotálamo. São transmitidos por meio dos núcleos motores dorsais dos vagos para o estômago. Essa fase da secreção normalmente é responsável por menos de um quinto da secreção gástrica associada à ingestão de uma refeição.

A fase gástrica. Quando o alimento entra no estômago, excita os reflexos vagovagais longos, os reflexos entéricos locais, e os mecanismos da gastrina, que, por sua vez, causam a secreção de suco gástrico que continua durante as várias horas em que o alimento permanece no estômago.

A fase gástrica da secreção é responsável pelo menos por dois terços

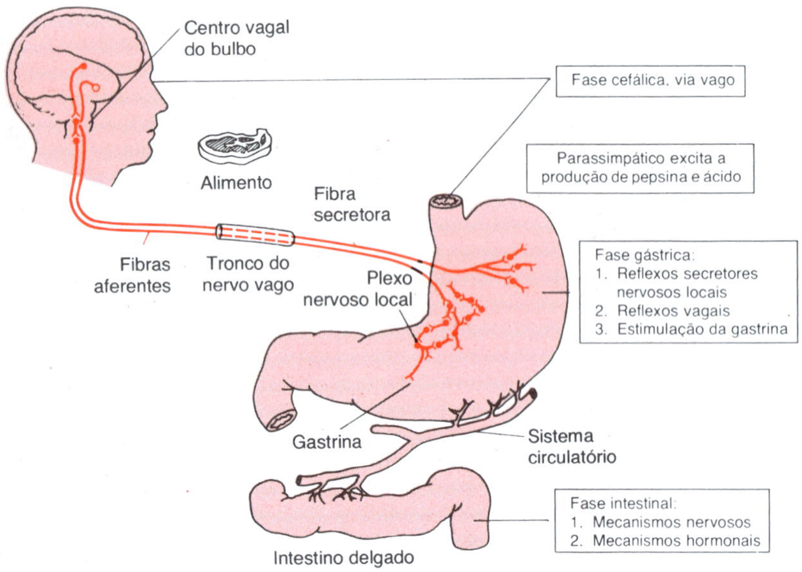

316 VII ■ *Controle Nervoso das Funções do Corpo*

Fig. 28.6 As fases da secreção gástrica e sua regulação.

da secreção gástrica total associada à ingestão de uma refeição e, portanto, é responsável pela maior parte da secreção gástrica total diária de aproximadamente 1.500 ml.

A fase intestinal. A presença de alimento na parte superior do intestino delgado, principalmente no duodeno, pode fazer com que o estômago secrete pequenas quantidades de suco gástrico, provavelmente devido, em parte, às pequenas quantidades de gastrina que também são liberadas pela mucosa duodenal em resposta à distensão ou a estímulos químicos do mesmo tipo que os que estimulam o mecanismo da gastrina do estômago. Além disso, os aminoácidos absorvidos pelo sangue, bem como vários outros hormônios ou reflexos, desempenham pequenos papéis na determinação da secreção de suco gástrico.

Entretanto, vários fatores intestinais também podem inibir a secreção gástrica, e freqüentemente sobrepujam por completo os fatores excitatórios.

CONTROLE NERVOSO DA SECREÇÃO NO INTESTINO DELGADO E GROSSO

A mucosa intestinal contém vários milhões de diminutas glândulas tubulares, com cerca de 1 mm de comprimento. Além disso, as células mucosas revestem toda a superfície interna do tubo intestinal desde o intestino delgado até o ânus e secretam muco intestinal. Tanto as glândulas tubulares quanto as células mucosas são controladas quase totalmente por mecanismos locais de controle no próprio tubo gastrintestinal e apenas em pequena proporção pelos nervos parassimpático e simpático.

As células mucosas respondem principalmente ao contato direto com o conteúdo intestinal; o muco que secretam serve como lubrificante para o movimento da matéria intestinal ao longo do tubo intestinal. As glândulas tubulares, por outro lado, secretam grandes quantidades de solução eletrolítica que formam um veículo para deslocar o alimento ao longo do trato intestinal. Também, esse líquido serve como meio de transporte para absorver os produtos digestivos do alimento. As glândulas tubulares são controladas por estímulos hormonais e nervosos. Os estímulos hormonais são semelhantes à estimulação da mucosa gástrica por gastrina, embora os hormônios responsáveis sejam relativamente desconhecidos. Os estímulos nervosos controlam a secreção intestinal por meio de reflexos nervosos entéricos locais. Quando o alimento passa pelo intestino, o contato com as superfícies epiteliais ou a ação de substâncias químicas dos alimentos produzem sinais nervosos locais que excitam a submucosa e os

plexos mioentéricos, e esses, por sua vez, estimulam as glândulas tubulares. Esse mecanismo reflexo entérico é provavelmente responsável pela maior parte da secreção intestinal.

■ REGULAÇÃO DA INGESTÃO DE ALIMENTOS

Fome. O termo "fome" significa necessidade de alimento, e está associado a várias sensações objetivas. Por exemplo, em uma pessoa que não se alimenta a várias horas, o estômago sofre contrações rítmicas intensas, denominadas *contrações de fome*. Elas causam sensação de aperto ou de roer na região do estômago e, algumas vezes, produzem dor, o que é denominado *dor de fome*. Entretanto, mesmo após a completa remoção do estômago, as sensações psíquicas de fome ainda ocorrem, e a necessidade de alimento ainda faz a pessoa procurar alimento adequado.

Apetite. O termo "apetite" freqüentemente é utilizado com o mesmo significado de fome, exceto por indicar em geral desejo por tipos específicos de alimento, em vez de alimento em geral. Portanto, o apetite ajuda uma pessoa a escolher a qualidade do alimento.

Saciedade. Saciedade é o oposto de fome. Significa uma sensação de satisfação em relação a alimentos. A saciedade geralmente resulta de refeição abundante, particularmente quando os depósitos de reserva nutricional da pessoa, o tecido adiposo e os depósitos de glicogênio, já estão cheios.

CENTROS NEURAIS PARA A REGULAÇÃO DA INGESTÃO DE ALIMENTOS

Centros da fome e da saciedade. A estimulação do *hipotálamo lateral* faz com que o animal coma vorazmente, o que é denominado *hiperfagia*. Por outro lado, a estimulação dos *núcleos ventromediais do hipotálamo* causa saciedade completa; e, mesmo na presença de alimento muito apetitoso, o animal ainda se recusará a comer — *afagia*. Inversamente, lesões destrutivas das duas áreas produzem resultados exatamente opostos aos causados pela estimulação. Isto é, as lesões ventromediais fazem com que o animal coma de forma voraz e contínua até que fique extremamente obeso, atingindo algumas vezes tamanho quatro vezes

28 ■ Regulação da Função Gastrintestinal, da Ingestão de Alimentos, da Micção e da Temperatura Corporal 317

maior que o normal. E as lesões dos núcleos laterais nos dois lados do hipotálamo causam ausência completa do desejo por alimento e inanição progressiva do animal. Portanto, podemos dizer que os núcleos laterais do hipotálamo constituem um *centro da fome* ou *centro da alimentação*, e podemos denominar os núcleos ventromediais do hipotálamo como *centro da saciedade*.

O centro da alimentação opera pela excitação direta do impulso emocional para busca de alimento (embora também estimule outros impulsos emocionais). Por outro lado, acredita-se que o centro da saciedade opera basicamente por meio da inibição do centro da alimentação.

Outros centros neurais que participam da alimentação. Se o encéfalo for seccionado abaixo do hipotálamo, mas acima do mesencéfalo, o animal ainda pode realizar os aspectos mecânicos básicos do processo de alimentação. Pode salivar, lamber os lábios, mastigar alimento e deglutir. Portanto, *os verdadeiros mecanismos da alimentação são controlados por centros no tronco cerebral*. Então, a função do hipotálamo na alimentação é a de controlar a quantidade da ingestão alimentar e excitar os centros inferiores para a atividade.

Centros superiores ao hipotálamo também desempenham papéis importantes no controle da alimentação, principalmente no controle do apetite. Esses centros incluem, de modo especial, a *amígdala* e o *córtex pré-frontal*, que são intimamente acoplados ao hipotálamo. Lembremos da discussão sobre o sentido do olfato, que regiões da amígdala são partes importantes do sistema nervoso olfativo. Lesões destrutivas da amígdala demonstraram que algumas de suas áreas aumentam muito a alimentação, enquanto outras a inibem. Além disso, a estimulação de algumas áreas da amígdala produz o ato mecânico da alimentação. Entretanto, o efeito mais importante da destruição da amígdala nos dois lados do cérebro é uma "cegueira psíquica" para a escolha dos alimentos. Em outras palavras, o animal (e provavelmente também o homem) perde totalmente, ou pelo menos em parte, o mecanismo de controle do apetite do tipo e da qualidade do alimento que ingere.

FATORES QUE REGULAM A INGESTÃO ALIMENTAR

Podemos dividir a regulação do alimento em (1) *regulação nutricional* (ou *regulação a longo prazo*), relacionada basicamente à manutenção a longo prazo de quantidades normais de reservas de nutrientes no corpo, e (2) *regulação alimentar* (ou *regulação a curto prazo*), relacionada basicamente à prevenção da ingestão excessiva a cada refeição.

Regulação nutricional (regulação a longo prazo)

Um animal que esteja sem se alimentar por longo período e ao qual é apresentada quantidade ilimitada de comida, come muito mais que o animal que esteja em dieta regular. Inversamente, um animal que recebeu alimentação forçada durante várias semanas come menos que o permitido quando se permite que coma de acordo com seu próprio desejo. Assim, o mecanismo de controle da alimentação do corpo é adequado ao estado nutricional do corpo. Alguns dos fatores nutricionais que controlam o grau de atividade do centro da alimentação são os seguintes:

Efeito das concentrações sanguíneas de glicose, aminoácidos e lipídios sobre a fome e a alimentação — as teorias glucostática, aminostática e lipostática. Há muito tempo sabe-se que a redução da concentração sanguínea de glicose causa fome, o que levou à denominada *teoria glucostática da fome e regulação da alimentação*. Estudos semelhantes demonstraram recentemente o mesmo efeito para a concentração sanguínea de aminoácidos e a concentração sanguínea de produtos do metabolismo dos lipídios como os cetoácidos e alguns ácidos graxos, levando às teorias *aminostática* e *lipostática* da regulação. Isto é, quando a disponibilidade de qualquer um dos três principais tipos de alimento diminui, o animal automaticamente aumenta sua ingestão, o que, por fim, restabelece as concentrações sanguíneas dos metabólitos aos níveis normais.

Estudos neurofisiológicos da função no hipotálamo também apoiaram as teorias glucostática, aminostática e lipostática pelas seguintes observações: (1) Aumento do nível sanguíneo da glicose *aumenta* a freqüência da descarga dos *neurônios glicorreceptores* no *centro da saciedade do núcleo ventromedial do hipotálamo*. (2) O mesmo aumento do nível sanguíneo da glicose simultaneamente *diminui* a descarga de neurônios denominados *neurônios glicossensíveis* no *centro da fome do hipotálamo lateral*. Além disso, alguns aminoácidos e lipídios também afetam as freqüências de descarga desses mesmos neurônios.

Ainda outros neurônios, encontrados nos *núcleos dorsomediais do hipotálamo*, respondem à intensidade da utilização de todos os alimentos que fornecem energia para as células. Isso levou a uma teoria mais global da fome e da regulação da alimentação baseada na *geração de potência* no interior dessas células.

Resumo da regulação a longo prazo. Embora nossa informação sobre os diferentes fatores de *feedback* na regulação a longo prazo da alimentação seja imprecisa, podemos fazer a seguinte afirmação geral: Quando as reservas de nutrientes do corpo caem abaixo do normal, o centro da alimentação do hipotálamo fica muito ativo, e a pessoa apresenta aumento da fome; por outro lado, quando as reservas de nutrientes são abundantes, a pessoa perde a fome e desenvolve o estado de saciedade.

Regulação alimentar (regulação a curto prazo)

Quando a pessoa é levada a comer pela fome, o que interrompe a ingestão quando esta é suficiente? Não são os mecanismos de *feedback* nutricionais que discutimos acima, porque todos eles exigem uma ou várias horas antes que quantidades suficientes dos fatores nutricionais sejam absorvidas pelo sangue para causar a inibição necessária da ingestão. Porém, é muito importante que a pessoa não coma excessivamente e que coma quantidade de alimento próxima de suas necessidades nutricionais. Os vários tipos diferentes de sinais discutidos a seguir são importantes para esse objetivo:

Enchimento gastrintestinal. Quando o tubo gastrintestinal é distendido, principalmente o estômago e o duodeno, são transmitidos sinais inibitórios, em sua maior parte, por meio dos vagos para suprimir o centro da alimentação, reduzido assim o desejo pelo alimento.

Fatores humorais e hormonais que suprimem a alimentação — colecistocinina, glucagon e insulina. O hormônio gastrintestinal *colecistocinina*, liberado principalmente em resposta à gordura que entra no duodeno, exerce forte efeito direto sobre o centro da alimentação para reduzir a ingestão adicional. Além disso, por motivos ainda não compreendidos completamente, a presença de alimento no estômago e duodeno faz com que o pâncreas secrete quantidade significativa de *glucagon* e *insulina*, ambos supressores do centro hipotalâmico da alimentação.

Medição do alimento por receptores orais. Quando uma pessoa com uma fístula esofágica ingere grandes quantidades de alimento, embora esse alimento seja imediatamente perdido para o exterior, o grau da fome é reduzido após a passagem de quantidade razoável de alimento pela boca. Esse efeito ocorre apesar do fato de que o tubo gastrintestinal não seja cheio. Portanto, postula-se que vários "fatores orais" relacionados à alimentação, como a mastigação, salivação, deglutição e paladar, "meçam" o alimento à medida que ele passa pela boca, e, após passagem de determinada quantidade, o centro hipotalâmico de alimentação é inibido. Entretanto, a inibição causada por esse mecanismo de medição é bem menos intensa e menos prolongada — durando em geral apenas 20 a 40 min — que a inibição causada pelo enchimento gastrintestinal.

Importância da presença dos sistemas reguladores a longo e curto prazo da alimentação

O sistema regulador a longo prazo da alimentação, que inclui todos os mecanismos de *feedback* dos metabólitos, favorece obviamente a manutenção de depósitos constantes de nutrientes nos tecidos, impedindo que estes sejam muito reduzidos ou muito aumentados. Os estímulos reguladores a curto prazo, por outro lado, servem a dois outros objetivos. Primeiro, fazem com que a pessoa ou animal coma menores quantidades de cada vez, permitindo assim que o alimento passe ao longo do tubo gastrintestinal com velocidade mais constante, de forma que seus mecanismos de digestão e absorção possam funcionar melhor, em lugar de serem sobrecarregados apenas quando o animal necessita de alimento. Segundo, impedem que a pessoa ou o animal ingiram a cada refeição quantidades de alimento que seriam excessivas para os sistemas de depósito metabólico após a absorção de todo o alimento.

■ OBESIDADE

Aquisição *versus* consumo de energia. Quando as quantidades de energia (sob forma de alimento) que entram no corpo são maiores que as consumidas, ocorre aumento do peso do corpo. Portanto, a obesidade é obviamente causada pela oferta excessiva de energia em relação ao consumo. Para cada 9,3 calorias em excesso que entram no organismo, é armazenado 1 g de gordura.

O excesso da aquisição de energia ocorre *apenas durante a fase de desenvolvimento da obesidade*. Quando a pessoa fica obesa, tudo o que é necessário para mantê-la obesa é que a aquisição de energia seja igual ao consumo. Para que uma pessoa reduza seu peso, a aquisição deve ser *menor* que o consumo. Na verdade, estudos em pessoas obesas mostraram que a ingestão de alimento pela maioria delas na fase estática da obesidade (após a obesidade ter sido atingida) é aproximadamente igual à das pessoas normais.

Efeito da atividade muscular sobre o consumo de energia. Aproximadamente um terço da energia utilizada a cada dia pela pessoa normal vai para a atividade muscular, e, no trabalhador braçal, dois terços ou, ocasionalmente, três quartos são utilizados para esse fim. Como a atividade muscular é, sem dúvida, o mecanismo mais importante de consumo de energia no corpo, freqüentemente diz-se que a obesidade na pessoa normal resulta de uma *relação muito elevada entre a ingestão de alimentos e o exercício diário*.

REGULAÇÃO ANORMAL DA ALIMENTAÇÃO COMO CAUSA PATOLÓGICA DA OBESIDADE

Já enfatizamos que o ritmo da alimentação é normalmente proporcional aos depósitos de nutrientes no corpo. Quando esses depósitos começam a se aproximar do nível ideal para a pessoa normal, a alimentação é automaticamente reduzida para evitar o armazenamento excessivo. Entretanto, em várias pessoas obesas isso não ocorre, pois a alimentação não é diminuída até que o peso corporal esteja bem acima do normal. Portanto, na verdade, a obesidade freqüentemente é causada por uma anormalidade do mecanismo de regulação da alimentação. Isso pode resultar de fatores psicogênicos que afetam a regulação ou de anormalidades do próprio hipotálamo.

Obesidade psicogênica. Estudos realizados em pacientes obesos mostram que grande proporção da obesidade resulta de fatores psicogênicos. Talvez o fator psicogênico mais comum que contribui para a obesidade seja a idéia prevalente de que hábitos alimentares saudáveis exigem três refeições ao dia e que cada uma delas deve ser substancial. Várias crianças jovens são forçadas a esse hábito por pais excessivamente solícitos, e as crianças continuam a praticá-lo durante toda sua vida. Além disso, as pessoas muitas vezes ganham grande aumento de peso durante ou após situações estressantes, como a morte dos pais, uma doença grave, ou até mesmo depressão mental. Parece que a ingestão de alimentos é freqüentemente uma forma de aliviar a tensão.

Anormalidades hipotalâmicas como causa de obesidade. Na discussão anterior sobre a regulação da alimentação, foi destacado que lesões nos núcleos ventromediais do hipotálamo fazem o animal comer excessivamente, tornando-se obeso. Também foi descoberto que essas lesões causam produção excessiva de insulina, que, por sua vez, aumenta a deposição de gordura. Além disso, várias pessoas com tumores hipofisários que invadem o hipotálamo desenvolvem obesidade progressiva, mostrando que a obesidade no ser humano pode, também, decididamente, resultar de lesão do hipotálamo.

Porém, na pessoa obesa normal, a lesão hipotalâmica quase nunca é encontrada. Todavia, é possível que a organização funcional do centro da alimentação na pessoa obesa seja diferente daquela na pessoa não obesa. Por exemplo, a pessoa normalmente obesa que teve seu peso reduzido ao normal por dieta rígida desenvolve em geral, fome intensa muito maior que a de uma pessoa normal. Isso indica que o "ponto fixo" do centro da alimentação da pessoa obesa está em um nível muito mais elevado de armazenamento de nutrientes que o da pessoa normal.

Fatores genéticos na obesidade. Sem dúvida, a obesidade pode ser familiar. Além disso, gêmeos idênticos mantêm geralmente pesos que não diferem por mais de 1 kg por toda a vida, se as condições de vida forem semelhantes, ou em mais de 2,5 kg, se as condições de vida forem muito diferentes. Isso poderia resultar, em parte, dos hábitos alimentares adquiridos durante a infância, mas em geral acredita-se que essa semelhança entre os gêmeos seja controlada geneticamente.

Os genes podem dirigir a intensidade da alimentação por várias formas diferentes, incluindo (1) uma anormalidade genética do centro da alimentação para estabelecer o nível de armazenamento de nutrientes, se elevado ou baixo e (2) fatores psíquicos hereditários anormais que estimulam o apetite ou fazem com que a pessoa coma como um mecanismo "de liberação".

Anormalidades genéticas na *química do armazenamento de gorduras* também causam obesidade em determinadas cepas de ratos e camundongos. Em uma cepa de ratos, a gordura se acumula facilmente no tecido adiposo, mas a quantidade de lipase hormônio-sensível no tecido adiposo é muito reduzida, de forma que pouca quantidade de gordura pode ser removida. Isso, obviamente, resulta em uma via unidirecional, sendo a gordura continuamente depositada, mas nunca liberada. Em uma cepa de camundongos obesos que foi estudada, existe excesso de sintetase de ácidos graxos, que causa a síntese excessiva de ácidos graxos. Portanto, mecanismos genéticos semelhantes são causas possíveis de obesidade em seres humanos.

■ MICÇÃO

A micção é o processo pelo qual a bexiga se esvazia quando fica cheia. Basicamente, a bexiga (1) enche-se progressivamente até que a tensão em suas paredes se eleva acima de um valor limite, quando (2) ocorre um reflexo nervoso denominado "reflexo da micção" que causa a micção ou, se falhar, causa pelo menos o desejo consciente de urinar.

ANATOMIA FISIOLÓGICA E CONEXÕES NERVOSAS DA BEXIGA

A bexiga, mostrada na Fig. 28.7, é uma câmara de músculo liso composta de duas partes principais: (1) o *corpo*, que é a principal parte da bexiga, na qual se acumula a urina, e (2) o *colo*, que é uma extensão do corpo em forma de funil, projetando-se em sentido inferior e anterior para o triângulo urogenital e conectando-se com a uretra. A parte inferior do colo vesical também é denominada *uretra posterior* devido à sua relação com a uretra.

28 ■ Regulação da Função Gastrintestinal, da Ingestão de Alimentos, da Micção e da Temperatura Corporal

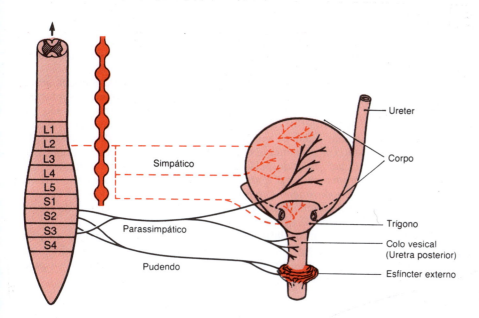

Fig. 28.7 A bexiga e sua inervação.

O músculo liso da bexiga é denominado *músculo detrusor*. Suas fibras musculares se estendem em todas as direções e, quando contraídas, podem aumentar a pressão vesical, que, algumas vezes, chega a atingir até 40 a 60 mm Hg. Assim, é o músculo detrusor que esvazia a bexiga. As células musculares lisas do músculo detrusor fundem-se entre si de forma que existem vias de baixa resistência elétrica de uma para outra. Portanto, um potencial de ação pode propagar-se por todo o músculo detrusor para causar contração de toda a bexiga de uma só vez.

Na parede posterior da bexiga, situada imediatamente acima do colo vesical, existe pequena área triangular denominada *trígono*. Na ponta mais baixa do trígono está a abertura da bexiga através do *colo vesical* para a *uretra posterior*, e os dois ureteres entram na bexiga nos ângulos superiores do trígono. O trígono pode ser identificado pelo fato de que sua mucosa é muito lisa, ao contrário do restante da mucosa da bexiga, que é pregueada para formar *rugas*. No ponto em que cada ureter entra na bexiga, ele cursa obliquamente através do músculo detrusor e, a seguir, cursa ainda mais 1 a 2 cm sob a mucosa vesical antes de se esvaziar na bexiga.

O colo vesical (uretra posterior) tem 2 a 3 cm de comprimento, e sua parede é composta do músculo detrusor entrelaçado com grande quantidade de tecido elástico. O músculo, nessa área, é freqüentemente denominado *esfíncter interno*. Seu tônus natural normalmente mantém, nas condições normais, o colo vesical e a uretra posterior sem urina, e, portanto, impede o esvaziamento da bexiga até que a pressão no corpo da bexiga se eleve acima de um limiar crítico.

Adiante da uretra posterior, a uretra atravessa o *diafragma urogenital*, que contém uma camada de músculo denominada *esfíncter externo* da bexiga. Esse músculo é um músculo esquelético voluntário, ao contrário do músculo do corpo e do colo da bexiga, totalmente compostos de músculo liso. Esse músculo externo está sob controle voluntário do sistema nervoso e pode ser utilizado para impedir a micção mesmo quando os controles involuntários estão tentando esvaziar a bexiga.

Inervação da bexiga. A principal inervação da bexiga é feita pelos *nervos pélvicos*, que se conectam com a medula espinhal por meio do plexo sacral, que se liga em grande parte com os segmentos S-2 e S-3. Cursando pelos nervos pélvicos há *fibras nervosas sensoriais* e *fibras motoras*. As fibras sensoriais detectam principalmente o grau de estiramento da parede vesical. Os sinais de estiramento da uretra posterior são particularmente fortes e responsáveis, em sua maior parte, pelo início dos reflexos que causam o esvaziamento da bexiga.

As fibras nervosas motoras cursando nos nervos pélvicos são as *fibras parassimpáticas*. Elas terminam nas células pós-ganglionares localizadas na parede vesical. Nervos pós-ganglionares curtos inervam, então, o *músculo detrusor*.

Além dos nervos pélvicos, dois outros tipos de inervação são importantes para a função vesical. Mais importantes são as fibras motoras esqueléticas cursando pelo *nervo pudendo* para o *esfíncter vesical externo*. Elas são fibras nervosas *somáticas* que inervam e controlam o músculo esquelético voluntário desse esfíncter. Além disso, a bexiga recebe inervação simpática da cadeia simpática por meio dos nervos hipogástricos, conectando-se principalmente com o segmento L-2 da medula espinhal. Essas fibras simpáticas estimulam provavelmente sobretudo os vasos sanguíneos e têm relação muito pequena com a contração vesical. Algumas fibras nervosas sensoriais também passam pelos nervos simpáticos e podem ser importantes para a sensação de repleção e dor em alguns casos.

O REFLEXO DA MICÇÃO

À medida que a bexiga se enche, surgem várias *contrações miccionais*, que são o resultado do reflexo de distensão iniciado por receptores de estiramento na parede vesical, principalmente pelos receptores existentes na uretra posterior quando ela começa a se encher de urina com maiores pressões vesicais. Os *sinais sensitivos* são conduzidos para os segmentos sacrais da medula pelos *nervos pélvicos* e, a seguir, de volta para a bexiga pelas *fibras parassimpáticas* nesses mesmos nervos.

Uma vez iniciado o reflexo da micção, ele é "auto-regenerativo". Isto é, a contração inicial da bexiga ativa ainda mais os receptores para causar aumento ainda maior dos impulsos sensoriais provenientes da bexiga e da uretra posterior, o que causa maior aumento da contração reflexa da bexiga, o ciclo repetindo-se indefinidamente até que a bexiga tenha atingido forte grau de contração. Então, após alguns segundos até mais de um minuto, o reflexo começa a fatigar, e o ciclo regenerativo do reflexo da micção cessa, permitindo a rápida redução da contração vesical. Em outras palavras, o reflexo da micção é um único ciclo completo de (1) aumento rápido e progressivo da pressão, (2) um período de pressão constante, e (3) retorno à pressão tônica basal da bexiga. Uma vez havendo o reflexo da micção, mas que não é bem-sucedido no esvaziamento da bexiga, os elementos nervosos desse reflexo permanecem geralmente no estado inibido por no mínimo alguns minutos, algumas vezes por até 1 hora ou mais antes que haja outro reflexo de micção. Entretanto, à medida que a bexiga se enche cada vez mais, os reflexos da micção ocorrem com freqüência e força cada vez maiores.

Quando o reflexo da micção fica suficientemente potente, isso ainda causa outro reflexo, que passa pelos *nervos pudendos* para o *esfíncter externo* para inibi-lo. Se essa inibição é mais potente que os sinais constritores voluntários provenientes do encéfalo para o esfíncter externo, ocorrerá micção. Se não, a micção não ocorrerá até que a bexiga se encha ainda mais e o reflexo da micção fique mais potente.

Controle da micção pelo encéfalo. O reflexo de micção é um reflexo medular completamente automático, mas pode ser inibido ou facilitado por centros encefálicos. Esses centros incluem (1) fortes centros *facilitadores e inibidores no tronco cerebral*, localizados provavelmente na ponte, e (2) vários *centros localizados no córtex cerebral* que são principalmente inibitórios, mas, às vezes, podem ser excitatórios.

O reflexo de micção é a causa básica da micção, mas os centros superiores exercem normalmente o controle final da micção pelos seguintes meios:

1. Os centros superiores mantêm o reflexo da micção parcialmente inibido todo o tempo, exceto quando a micção é desejada.
2. Os centros superiores impedem a micção, mesmo se houver um reflexo da micção, por contração tônica contínua do esfíncter vesical externo até que surja momento conveniente.
3. Quando chega o momento para urinar, os centros corticais podem (a) facilitar os centros de micção sacrais para ajudar a iniciar o reflexo da micção e (b) inibir o esfíncter urinário externo de forma que possa haver micção.

Entretanto, ainda mais importante, a micção voluntária é geralmente iniciada da seguinte forma: primeiro, a pessoa contrai seus músculos abdominais, o que aumenta a pressão da urina na bexiga e permite a entrada de urina adicional sob pressão no colo vesical e uretra posterior, distendendo assim suas paredes. Isso, então, excita os receptores de estiramento, o que excita o reflexo da micção e, simultaneamente, inibe o esfíncter uretral externo. Em geral, toda a urina será esvaziada, raramente permanecendo mais de 5 a 10 ml na bexiga.

ANORMALIDADES DA MICÇÃO

A bexiga atônica. A destruição das fibras nervosas sensitivas da bexiga para a medula espinhal impede a transmissão dos sinais de estiramento da bexiga e, portanto, também impede as contrações reflexas miccionais. Portanto, a pessoa perde todo o controle vesical apesar das fibras eferentes intactas da medula para a bexiga e apesar de conexões neurogênicas intactas com o encéfalo. Em lugar de esvaziar-se periodicamente, a bexiga enche-se até atingir sua capacidade máxima e perde algumas gotas de cada vez pela uretra. Esse processo é denominado *incontinência de vazamento*, ou simplesmente *gotejamento de vazamento*.

A bexiga atônica era ocorrência comum quando a sífilis era disseminada, porque a sífilis freqüentemente causa fibrose constritiva ao redor das fibras da raiz dorsal do nervo onde entram na medula espinhal e, subseqüentemente, destrói essas fibras. Essa condição é denominada *tabes dorsalis*, e a patologia vesical resultante é denominada *bexiga tabética*. Outra causa comum dessa condição é representada pelas lesões de esmagamento da região sacral da medula.

A bexiga automática. Se a medula espinhal é lesada acima da região sacral, mas os segmentos sacrais permanecem intactos, ainda ocorrem típicos reflexos de micção. Entretanto, não são mais controláveis pelo encéfalo. Durante os primeiros dias a várias semanas após a lesão da medula, os reflexos da micção são completamente suprimidos devido ao estado de "choque medular" causado pela súbita perda de impulsos facilitatórios do tronco cerebral e cérebro. Entretanto, se a bexiga é esvaziada periodicamente por cateterização para evitar lesão física da bexiga, a excitabilidade do reflexo da micção aumenta de forma gradual até que os reflexos típicos de micção retornem.

É particularmente interessante que a estimulação da pele na região genital possa produzir, algumas vezes, um reflexo de micção nessa condição, representando, assim, um meio pelo qual alguns pacientes ainda possam controlar sua micção.

■ REGULAÇÃO DA TEMPERATURA CORPORAL — PAPEL DO HIPOTÁLAMO

A Fig. 28.8 representa aproximadamente o que acontece com a temperatura do corpo nu após algumas horas de exposição ao ar *seco,* entre −1 e 76,6°C. Obviamente, as dimensões precisas dessa curva dependem do movimento do ar, da quantidade de umidade do ar, e até mesmo da natureza do meio. Entretanto, em geral, entre aproximadamente 15,5 e 54,5°C no ar seco, o corpo nu é capaz de manter a temperatura interna normal entre 36,6 e 37,6°C.

A temperatura do corpo é regulada quase totalmente por mecanismos de *feedback* nervosos, e quase todos eles operam por meio de *centros reguladores da temperatura* localizados no *hipotálamo*. Entretanto, para que esses mecanismos de *feedback* operem, também deve haver detectores de temperatura, discutidos a seguir, para determinar quando a temperatura corporal fica muito quente ou muito fria.

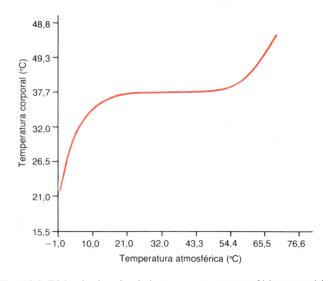

Fig. 28.8 Efeito da elevada e baixa temperaturas atmosféricas por várias horas sobre a temperatura interna, mostrando que a temperatura interna permanece estável apesar das amplas variações da temperatura atmosférica.

DETECÇÃO TERMOSTÁTICA DA TEMPERATURA NO HIPOTÁLAMO — PAPEL DO HIPOTÁLAMO ANTERIOR-ÁREA PRÉ-ÓPTICA

Nos últimos anos, foram realizados experimentos nos quais diminutas áreas do cérebro foram aquecidas ou resfriadas pelo uso de um *termódio*. Esse pequeno dispositivo, semelhante a uma agulha, é aquecido eletricamente ou por água quente, ou é resfriado por água fria. A área principal no cérebro na qual o calor de um *termódio* afeta o controle da temperatura corporal é representada pelos núcleos pré-ópticos e hipotalâmicos anteriores do hipotálamo.

Utilizando-se o termódio, foi constatado que a área hipotalâmica anterior-pré-óptica contém grande número de neurônios sensíveis ao calor e aproximadamente um terço de neurônios sensíveis ao frio que parecem funcionar como sensores térmicos para controlar a temperatura do corpo. Os neurônios sensíveis ao calor aumentam sua freqüência de descarga à medida que aumenta a temperatura, por 2 a 10 vezes com aumento da temperatura corporal de 10°C. Os neurônios sensíveis ao frio, por outro lado, aumentam sua freqüência de descarga quando a temperatura do corpo diminui.

Quando a área pré-óptica é aquecida, a pele imediatamente exibe sudorese profusa, enquanto, ao mesmo tempo, os vasos sanguíneos cutâneos de todo o corpo ficam muito vasodilatados. Assim, essa é uma reação imediata para fazer o corpo perder calor, ajudando, dessa forma, a restabelecer a temperatura corporal em seu nível normal. Além disso, a produção excessiva de calor pelo corpo é inibida. Portanto, é claro que a área pré-óptica do hipotálamo tem a capacidade de servir com um centro termostático de controle da temperatura corporal.

DETECÇÃO DA TEMPERATURA POR RECEPTORES NA PELE E NOS TECIDOS CORPORAIS PROFUNDOS

Embora os sinais gerados pelos receptores da temperatura do hipotálamo sejam extremamente potentes para o controle da temperatura do corpo, os receptores em outras partes do corpo também desempenham papéis importantes na regulação da temperatura. Isso é observado de modo especial no caso dos receptores térmicos da pele e de alguns tecidos profundos específicos do corpo.

A pele contém receptores tanto para o *frio* quanto para o *calor*. Entretanto, há muito mais receptores para o frio que para o calor; na verdade, 10 vezes mais em várias partes da pele. Portanto, a detecção periférica da temperatura está relacionada principalmente à detecção de temperaturas frescas e frias, em lugar de temperaturas quentes.

Quando a pele é esfriada em todo o corpo, iniciam-se imediatamente efeitos reflexos para aumentar a temperatura do corpo de várias formas: (1) fornecendo um poderoso estímulo para causar calafrios, com o conseqüente aumento da intensidade da produção de calor corporal; (2) inibindo o processo de sudorese, se ele estiver ocorrendo; e (3) promovendo a vasoconstrição cutânea para diminuir a transferência de calor corporal para a pele.

PAPEL DO HIPOTÁLAMO POSTERIOR NA INTEGRAÇÃO DOS SINAIS TÉRMICOS PERIFÉRICOS E CENTRAIS

Embora grande parte dos sinais para detecção da temperatura se origine em receptores periféricos, esses sinais ajudam a controlar a temperatura do corpo, em grande parte por meio do hipotálamo. Entretanto, a área do hipotálamo que estimulam não é a área hipotalâmica anterior-pré-óptica, mas uma área localizada bilateralmente no hipotálamo posterior, quase ao nível dos corpos mamilares. Os sinais termostáticos provenientes da área hipotalâmica anterior-pré-óptica também são transmitidos para essa área hipotalâmica posterior. Aí, os sinais da área pré-óptica e os sinais da periferia do corpo são combinados para desencadear a maioria das reações do corpo destinadas a produzir e conservar o calor.

MECANISMOS EFETORES NEURONAIS QUE REDUZEM OU AUMENTAM A TEMPERATURA CORPORAL

Quando os centros térmicos do hipotálamo detectam que a temperatura do corpo está excessivamente quente ou fria, instituem procedimentos apropriados de redução ou elevação da temperatura. O leitor está familiarizado com a maioria delas por experiência pessoal, mas os aspectos especiais são os seguintes:

Mecanismos que reduzem a temperatura quando o corpo está excessivamente quente

O sistema de controle térmico emprega três importantes mecanismos para reduzir o calor do organismo quando a temperatura do corpo se eleva excessivamente:

1. *Vasodilatação*. Em quase todas as áreas do corpo os vasos sanguíneos cutâneos ficam intensamente dilatados. Essa vasodilatação é causada por *inibição dos centros simpáticos no hipotálamo posterior, que causam vasoconstrição*. A vasodilatação completa pode aumentar a velocidade de transferência de calor para a pele por até oito vezes.

2. *Sudorese*. O efeito do aumento da temperatura no sentido de produzir sudorese é representado pela curva contínua na Fig. 28.9, que mostra elevação acentuada da velocidade de perda de calor por evaporação como conseqüência da sudorese, quando a temperatura corporal central se eleva acima do nível crítico de 37°C. Um aumento adicional de 1°C da temperatura do corpo causa sudorese suficiente para remover 10 vezes mais que a intensidade basal da produção de calor corporal.

3. *Diminuição da produção de calor*. Os mecanismos que causam produção excessiva de calor, como calafrios e termogênese química, são fortemente inibidos.

Mecanismos que aumentam a temperatura quando o corpo está excessivamente frio

Quando o corpo está muito frio, o sistema de controle térmico institui procedimentos exatamente inversos. Eles são:

1. *Vasoconstrição cutânea em todo o corpo*. É causada por estimulação dos centros simpáticos hipotalâmicos posteriores.

2. *Piloereção*. Piloereção significa "pêlos eriçados". A estimulação simpática provoca contração dos músculos eretores dos pêlos inseridos nos folículos pilosos, colocando esses pêlos em posição vertical. Isso não é importante no ser humano, mas, em animais inferiores, a projeção vertical dos pêlos permite-lhes reter espessa camada de "ar isolante" em contato com a pele, de modo que a transferência de calor para o meio ambiente fica muito reduzida.

3. *Aumento da produção de calor*. A produção de calor pelos sistemas metabólicos é aumentada pela promoção (1) de

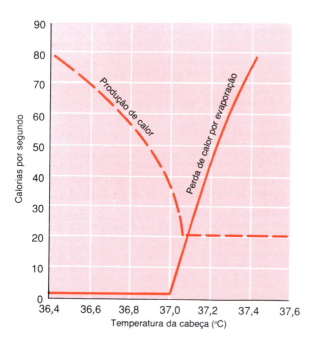

Fig. 28.9 Efeito da temperatura hipotalâmica sobre (1) a perda de calor por evaporação do corpo e (2) a produção de calor causada primariamente por atividade muscular e calafrios. Essa figura demonstra o nível extremamente crítico da temperatura em que começa a ocorrer maior perda de calor e cessa o aumento da produção de calor. (Desenhado a partir de dados em Benzinger, Kitzinger e Pratt, in Hardy [ed.]: *Temperature*. Part 3. Reinhold Publishing Corp., p. 637.)

calafrios, (2) de excitação simpática da produção de calor, e (3) de secreção de tiroxina. Essas exigem explicação adicional, da seguinte forma:

Estimulação hipotalâmica dos calafrios. Localizada na parte dorsomedial do hipotálamo posterior, próxima à parede do terceiro ventrículo, há uma área denominada *centro motor primário para calafrios*. Essa área é normalmente inibida por sinais provenientes do centro térmico na área hipotalâmica anterior-pré-óptica, mas é excitada por sinais frios oriundos da pele e da medula espinhal. Portanto, como mostrado pela curva tracejada na Fig. 28.9, esse centro é ativado quando a temperatura corporal cai, até mesmo por fração de grau, abaixo de uma temperatura crítica. Então, transmite sinais que causam calafrios através de feixes bilaterais que descem pelo tronco cerebral, para as colunas laterais da medula espinhal, e, por fim, para os neurônios motores anteriores. Esses sinais não são rítmicos e não causam tremor muscular verdadeiro. Em vez disso, aumentam o tônus dos músculos esqueléticos em todo o corpo. Quando o tônus se eleva acima de um determinado nível crítico, começam os calafrios. Isso provavelmente resulta da oscilação por *feedback* do mecanismo do reflexo de estiramento dos fusos musculares, discutido no Cap. 16. Durante o calafrio máximo, a produção de calor pelo corpo pode aumentar até quatro a cinco vezes o normal.

Excitação "química" simpática da produção de calor. A estimulação simpática ou a norepinefrina e epinefrina circulantes no sangue podem causar aumento imediato do metabolismo celular; esse efeito é denominado *termogênese química*, e resulta, ao menos em parte, da capacidade da norepinefrina e epinefrina de *desacoplar* a fosforilação oxidativa, o que significa que os alimentos em excesso são oxidados, com a conseqüente liberação de energia na forma de calor, mas sem causar a formação de trifosfato de adenosina.

O grau de termogênese química que ocorre em um animal é quase diretamente proporcional à quantidade de gordura *marrom* que existe nos tecidos do animal. Esse é um tipo de gordura que contém grandes números de mitocôndrias especiais onde ocorre oxidação desacoplada; e essas células são supridas por forte inervação simpática.

O processo de aclimatação afeta muito a intensidade da termogênese química; alguns animais que foram expostos por várias semanas a um ambiente muito frio apresentam aumento de até 100 a 500% na produção de calor quando expostos agudamente ao frio, ao contrário do animal não-aclimatado, que responde com aumento de talvez um terço dessa resposta.

Nos seres humanos adultos, que praticamente não possuem gordura marrom, é raro que a termogênese química aumente a intensidade da produção de calor por mais de 10 a 15%. Entretanto, em lactentes, que *possuem* pequena quantidade de gordura marrom no espaço interescapular, a termogênese química pode aumentar a intensidade da produção de calor por até 100%, que é provavelmente fator muito importante na manutenção da temperatura corporal normal no recém-nascido.

Aumento da produção da tiroxina como causa de aumento da produção de calor. O resfriamento da área hipotalâmica anterior-pré-óptica também aumenta a produção do hormônio neurossecretor, o *hormônio de liberação da tireotropina* pelo hipotálamo. Esse hormônio é retirado das veias porta hipotalâmicas para a hipófise anterior, onde estimula a secreção de *hormônio tíreo-estimulante*. O hormônio tíreo-estimulante, por sua vez, estimula maior produção de *tiroxina* pela tireóide. O aumento da tiroxina aumenta o metabolismo celular em todo o corpo, que ainda é outro mecanismo de *termogênese química*. Entretanto, esse aumento do metabolismo não ocorre imediatamente, mas exige várias semanas para que a tireóide se hipertrofie antes de atingir seu novo nível de secreção de tiroxina.

A exposição de animais ao frio extremo durante várias semanas pode causar aumento de tamanho das tireóides de até 20 a 40%. Entretanto, os seres humanos raramente permitem sua exposição ao mesmo grau de frio ao qual os animais foram submetidos. Portanto, ainda não sabemos, quantitativamente, qual a importância do método tireoidiano de adaptação ao frio no ser humano. Porém, medidas isoladas mostraram que o pessoal militar que reside durante vários meses no Ártico desenvolve aumento do seu metabolismo; os esquimós também apresentam metabolismo basal anormalmente elevado. Também, o efeito estimulatório contínuo do frio sobre a tireóide pode provavelmente explicar a incidência muito maior de bócios tóxicos em pessoas que vivem em climas mais frios que nas que vivem em climas quentes.

O CONCEITO DE "PONTO FIXO" PARA O CONTROLE DA TEMPERATURA

No exemplo da Fig. 28.9, está claro que em uma temperatura corporal central muito crítica, no nível de quase exatamente 37,1°C, ocorrem alterações drásticas tanto na perda quanto na produção de calor. Em temperaturas acima desse nível, a perda de calor é maior que a produção de calor, de forma que a temperatura corporal cai e se aproxima novamente do nível de 37,1°C. Em temperaturas abaixo desse nível, a produção de calor é maior que a perda, de forma que agora a temperatura corporal se eleva e novamente se aproxima do nível de 37,1°C. Portanto, esse nível crítico de temperatura é denominado "ponto fixo" do mecanismo de controle da temperatura. Isto é, todos os mecanismos de controle da temperatura tentam trazer continuamente a temperatura corporal de volta para esse ponto fixo.

O ganho do *feedback* para o controle da temperatura corporal. O ganho do *feedback* é uma medida da eficácia de um sistema

28 ■ Regulação da Função Gastrintestinal, da Ingestão de Alimentos, da Micção e da Temperatura Corporal 323

de controle. No caso do controle da temperatura corporal, é importante que a temperatura interna se modifique o mínimo possível, apesar de acentuadas alterações da temperatura ambiente, e o ganho do sistema de controle da temperatura é aproximadamente igual à relação entre a modificação da temperatura ambiente e a modificação da temperatura corporal que ela causa. Experimentos mostraram que a temperatura corporal do homem modifica-se por cerca de 1°C para cada alteração de 25 a 30°C na temperatura ambiente. Portanto, o ganho do *feedback* do mecanismo total para o controle da temperatura corporal é, em média, de 27, que é um ganho extremamente elevado para um sistema de controle biológico (o sistema de controle da pressão arterial pelos barorreceptores, por exemplo, tem ganho inferior a 2).

■ ANORMALIDADES DA REGULAÇÃO DA TEMPERATURA CORPORAL

FEBRE

A febre, que significa temperatura corporal acima da faixa normal, pode ser causada por anormalidades do próprio cérebro ou por substâncias tóxicas que afetam os centros de regulação da temperatura. As causas da febre incluem doenças bacterianas, tumores cerebrais, e condições ambientais que podem resultar em intermação.

REAJUSTE DO CENTRO TERMORREGULAR DO HIPOTÁLAMO NAS DOENÇAS FEBRIS — EFEITO DOS PIROGÊNIOS

Muitas proteínas, produtos de degradação de proteínas, e determinadas outras substâncias, principalmente toxinas lipopolissacarídeas secretadas por bactérias, podem determinar a elevação do ponto fixo do termostato hipotalâmico. As substâncias que causam esse efeito são denominadas *pirogênios*. São os pirogênios secretados por bactérias tóxicas ou pirogênios liberados dos tecidos em degeneração do corpo que causam febre durante condições patológicas. Quando o ponto fixo do centro hipotalâmico regulador da temperatura é aumentado para um nível acima do normal, todos os mecanismos para a elevação da temperatura corporal entram em ação, incluindo a conservação de calor e o aumento da produção de calor. Em algumas horas após a elevação do ponto fixo, a temperatura do corpo também atinge esse nível.

Mecanismo de ação dos pirogênios na produção da febre — papel da interleuquina-1. Experimentos em animais mostraram que alguns pirogênios, quando injetados no hipotálamo, podem agir diretamente sobre o centro hipotalâmico regulador da temperatura para elevar seu ponto fixo, embora ainda outros pirogênios funcionem indiretamente e também possam exigir várias horas de latência antes de produzir seus efeitos. Isso é válido para vários pirogênios bacterianos, sobretudo as *endotoxinas* de bactérias Gram-negativas, como mostrado a seguir:

Quando bactérias ou seus produtos de degradação estão presentes nos tecidos ou no sangue, são *fagocitados pelos leucócitos do sangue, os macrófagos teciduais*, e os *grandes linfócitos "killer" granulares*. Todas essas células, por sua vez, digerem os produtos bacterianos e liberam para os líquidos corporais a *substância interleuquina-1*, que também é denominada *pirogênio leucocitário* ou *pirogênio endógeno*. A interleuquina-1, ao atingir o hipotálamo, produz imediatamente febre, aumentando a temperatura corporal dentro de até 8 à 10 min. Uma quantidade de apenas um décimo de milionésimo de 1 g de endotoxina lipopo-

lissacarídea atuando dessa forma em conjunto com os leucócitos sanguíneos, macrófagos teciduais e linfócitos "killer" pode causar febre. A quantidade de interleuquina-1 que é formada em resposta ao lipopolissacarídio para causar a febre é de apenas alguns nanogramas.

Vários experimentos recentes sugeriram que a interleuquina-1 cause febre, inicialmente pela indução da formação de uma das prostaglandinas ou de substância semelhante, e esta, por sua vez, atua no hipotálamo para produzir a reação de febre. Quando a formação de prostaglandinas é bloqueada por substâncias, a febre é completamente abolida ou, ao menos, reduzida. Na verdade, essa pode ser a explicação para a forma pela qual a aspirina reduz o grau de febre, porque a aspirina impede a formação de prostaglandinas a partir do ácido araquidônico. Também explicaria por que a aspirina não reduz a temperatura corporal em pessoa normal, porque a pessoa normal não apresenta qualquer interleuquina-1. Medicamentos como a aspirina que reduzem o nível de febre são denominados *antipiréticos*.

Febre causada por lesões cerebrais. Quando um neurocirurgião opera na região do hipotálamo, quase sempre ocorre febre intensa; raramente, entretanto, ocorre o efeito inverso, demonstrando, assim, a potência dos mecanismos hipotalâmicos para o controle da temperatura corporal e, também, a facilidade com que anormalidades do hipotálamo podem alterar o ponto fixo do controle da temperatura. Outra condição que freqüentemente causa elevação prolongada da temperatura é a compressão do hipotálamo por tumores cerebrais.

REFERÊNCIAS

MOTILIDADE GASTRINTESTINAL

Berk, J. E., et al.: Bockus Gastroenterology, 4th Ed. Philadelphia, W. B. Saunders Co., 1985.
Hunt, J. N.: Mechanisms and disorders of gastric emptying. Annu. Rev. Med., 34:219, 1983.
Johnson, L. R., et al.: Physiology of the Gastrointestinal Tract, 2nd Ed. New York, Raven Press, 1987.
Klimov, P. K.: Behavior of the organs of the digestive system. Neurosci. Behav. Physiol., 14:333, 1984.
Luschei, E. S., and Goldberg, L. J.: Neural mechanisms of mandibular control: Mastication and voluntary biting. In Brooks, V. B. (ed.): Handbook of Physiology. Sec. 1, Vol. II. Bethesda, Md., American Physiological Society, 1981, p. 1237.
Magee, D. F.: Interdigestive activity in the gastrointestinal tract. News in Physiol. Sci., 2:101, 1987.
Mei, N.: Intestinal chemosensitivity. Physiol. Rev., 65:211, 1985.
Miller, A. J.: Deglutition. Physiol. Rev., 62:129, 1982.
Murphy, R. A.: Muscle cells of hollow organs. News Physiol. Sci., 3:124, 1988.
Sternini, C.: Structural and chemical organization of the myenteric plexus. Annu. Rev. Physiol., 50:81, 1988.
Thompson, J. C., et al. (eds.): Gastrointestinal Endocrinology. New York, McGraw-Hill Book Co., 1987.
Weems, W. A.: The intestine as a fluid propelling system. Annu. Rev. Physiol., 43:9, 1981.
Weisbrodt, N. W.: Patterns of intestinal motility. Annu. Rev. Physiol., 43:21, 1981.

SECREÇÃO GASTRINTESTINAL

Burnham, D. B., and Williams, J. A.: Stimulus-secretion coupling in pancreatic acinar cells. J. Pediatr. Gastroenterol. Nutr., 3 (Suppl. 1):S1, 1984.
Cheli, R.: Gastric Secretion: A Physiological and Pharmacological Approach. New York, Raven Press, 1986.
Cooke, H. J.: Role of the "little brain" in the gut in water and electrolyte homeostasis. FASEB J., 3:127, 1989.
Fushiki, T., and Iwai, K.: Two hypotheses on the feedback regulation of pancreatic enzyme secretion. FASEB J., 3:121, 1989.
Johnson, L. R., et al.: Physiology of the Gastrointestinal Tract, 2nd Ed. New York, Raven Press, 1987.
Machen, T. E., and Paradiso, A. M.: Regulation of intracellular pH in the stomach. Annu. Rev. Physiol., 49:19, 1987.
Petersen, O. H., and Findlay, I.: Electrophysiology of the pancreas. Physiol. Rev., 67:1054, 1987.
Putney, J. W., Jr.: Identification of cellular activation mechanisms associated with salivary secretion. Annu. Rev. Physiol., 48:75, 1986.
Streebny, L. M.: The Salivary System. Boca Raton, CRC Press Inc., 1987.

324   VII ■ *Controle Nervoso das Funções do Corpo*

Tache, Y.: CNS peptides and regulation gastric acid secretion. Annu. Rev. Physiol., 50:19, 1988.

Thompson, J. C., et al.: Gastrointestinal Endocrinology. New York, McGraw-Hill Book Co., 1987.

Walsh, J. H.: Peptides as regulators of gastric acid secretion. Annu. Rev. Physiol., 50:41, 1988.

Williams, J. A.: Regulatory mechanisms in pancreas and salivary acini. Annu. Rev. Physiol., 46:361, 1984.

INGESTÃO ALIMENTAR

Brownell, K. D.: The psychology and physiology of obesity: Implications for screening and treatment. J. Am. Diet. Assoc., 84:406, 1984.

Flint, D. J., et al.: Can obesity be controlled? News Physiol. Sci., 2:1, 1987.

Guthrie, H. A.: Introductory Nutrition, 7th Ed. St. Louis, C. V. Mosby Co., 1988.

Katch, F. I., and McArdle, W. D.: Nutrition, Weight Control, and Exercise. Philadelphia, Lea & Febiger, 1988.

Magnen, J. L.: Body energy balance and food intake: A neuroendocrine regulatory mechanism. Physiol. Rev., 63:314, 1983.

Nicolaidis, S.: What determines food intake? The ischymetric theory. News Physiol. Sci., 2:104, 1987.

Oomura, Y.: Regulation of feeding by neural responses to endogenous factors. News Physiol. Sci., 2:199, 1987.

Storlien, L. H.: The role of the ventromedial hypothalamic area in periprandial glucoregulation. Life. Sci., 360:505, 1985.

Williams, S. R.: Nutrition and Diet Therapy, 6th Ed. St. Louis, C. V. Mosby Co., 1989.

MICÇÃO

Bricker, N. S.: The Kidney: Diagnosis and Management. New York, John Wiley & Sons, 1984.

Charlton, C. A.: The Urological System. New York, Churchill Livingstone, 1983.

Dirks, J. H., and Sutton, R. A.: Diuretics: Physiology, Pharmacology and Clinical Use. Philadelphia, W. B. Saunders Co., 1986.

Earley, L. E., and Gottschalk, C. W. (eds.): Strauss and Welt's Diseases of the Kidney, 3rd Ed. Boston. Little, Brown, 1979.

Tanagho, E. A., and McAninch, J. W.: Smith's General Urology. East Norwalk, Conn., Appleton & Lange, 1988.

CONTROLE DA TEMPERATURA

Boulant, J. A., and Dean, J. B.: Temperature receptors in the central nervous system. Annu. Rev. Physiol., 48:639, 1986.

Boulant, J. A., and Scott, I. M.: Effects of leukocytic pyrogen on hypothalamic neurons in tissue slices. Environment, Drugs and Thermoregulation, 5th Int. Symp. Pharmacol. Thermoregulation, Saint-Paul-de-Vence, 1982, p. 125.

Brengelmann, G. L.: Circulatory adjustments to exercise and heat stress. Annu. Rev. Physiol., 45:191, 1983.

Crawshaw, L. I.: Temperature regulation in vertebrates. Annu. Rev. Physiol., 42:473, 1980.

Felig, P., et al. (eds.): Endocrinology and Metabolism, 2nd Ed. New York, McGraw-Hill Book Co., 1987.

Galanter, E.: Detection and discrimination and environmental change. In Darian-Smith, I. (ed.): Handbook of Physiology, Sec. 1, Vol. III. Bethesda, Md., American Physiological Society, 1984, p. 103.

Gordon, C. J., and Heath, J. E.: Integration and central processing in temperature regulation. Annu. Rev. Physiol., 48:595, 1986.

Hales, J. E. (ed.): Thermal Physiology. New York, Raven Press, 1984.

Hellon, R.: Thermoreceptors. In Shepherd, J. T., and Abboud, F. M. (eds.): Handbook of Physiology. Sec. 1, Vol. III. Bethesda, Md., American Physiological Society, 1983., p. 659.

Hong, S. K., et al.: Humans can acclimatize to cold: A lesson from Korean women divers. News Physiol. Sci., 2:79, 1987.

Kelso, S. R., et al.: Thermosensitive single-unit activity of in vitro hypothalamic slices. Am. J. Physiol., 242:R77, 1982.

Kluger, M. J.: Fever: A hot topic. News Physiol. Sci., 1:25, 1986.

Lipton, J. M., and Clark, W. G.: Neurotransmitters in temperature control. Annu. Rev. Physiol., 48:613, 1986.

Myers, R. D.: Neurochemistry of thermoregulation. Physiologist, 27:41, 1984.

Nicholls, D. G., and Locke, R. M.: Thermogenic mechanisms in brown fat. Physiol. Rev., 64:1, 1984.

Quinton, P. M.: Sweating and its disorders. Annu. Rev. Med., 34:453, 1983.

Rowell, L. B.: Cardiovascular adjustments to thermal stress. In Shepherd, J. T., and Abboud, F. M. (eds.): Handbook of Physiology. Sec. 2, Vol. III. Bethesda, Md. American Physiological Society, 1983, p. 967.

Scott, I. M., and Boulant, J. A.: Dopamine effects on thermosensitive neurons in hypothalamic tissue slices. Brain Res., 306:157, 1984.

Simon, E., et al.: Central and peripheral thermal control of effectors in homeothermic temperature regulation. Physiol. Rev., 66:235, 1986.

Spray, D. C.: Cutaneous temperature receptors. Annu. Rev. Physiol., 48:625, 1986.

29

Controle Hipotalâmico e Hipofisário dos Hormônios e da Reprodução

Um dos mecanismos pelos quais o sistema nervoso controla a atividade corporal é por meio do aumento ou da redução da secreção de vários dos hormônios do corpo. Nos capítulos anteriores já discutimos parte dessa função, como o controle da secreção de epinefrina e norepinefrina pelo sistema nervoso autonômico e o controle de diferentes hormônios locais no tubo gastrintestinal.

Neste capítulo discutiremos mecanismos muito mais globais pelos quais o sistema nervoso controla a secreção de hormônios pela maioria das glândulas endócrinas do corpo. Esses hormônios, por sua vez, controlam várias, se não a maioria das funções metabólicas do corpo, bem como a reprodução.

A área de controle central do sistema nervoso para esse sistema global é o *hipotálamo*, que controla as secreções de, no mínimo, oito importantes hormônios pela hipófise. Esses hormônios hipofisários, por sua vez, ainda controlam a secreção de outros hormônios pela tireóide, pelas supra-renais e pelos ovários ou testículos. A função do hipotálamo, e, portanto, seus efeitos de controle sobre esse sistema hormonal piramidal, é controlada por sinais nervosos de quase todas as outras partes do cérebro, principalmente sinais produzidos por efeitos nervosos subconscientes tais como emoções, estímulos sexuais, temperatura do corpo, fome, sede, e até mesmo o choro de um bebê.

Não será possível descrever nas páginas limitadas deste texto todo o sistema e seus múltiplos efeitos sobre o corpo. Porém, neste capítulo, discutiremos os aspectos mais importantes do sistema, (1) a relação entre o hipotálamo e a hipófise e (2) os fatores neuro-hormonais que promovem o início da reprodução.

■ A HIPÓFISE E SUA RELAÇÃO COM O HIPOTÁLAMO

A *hipófise* (Fig. 29.1), também denominada *glândula pituitária*, é uma pequena glândula — com cerca de 1 cm de diâmetro e peso de 0,5 a 1 g — localizada na *sela túrcica* na base do cérebro, e está ligada ao hipotálamo pelo pedículo *hipofisário*. Fisiologicamente, a hipófise pode ser dividida em duas partes distintas: a *hipófise anterior*, também conhecida como *adeno-hipófise*, e a *hipófise posterior*, também conhecida como *neuro-hipófise*. Entre elas existe pequena região, relativamente avascular, denominada *parte intermediária*, quase ausente no homem, mas que é muito maior e mais funcional em alguns animais inferiores.

Embriologicamente, as duas regiões da hipófise têm origem diferente, a hipófise anterior deriva da *bolsa de Rathke*, que é uma invaginação embrionária do epitélio da faringe, e a hipófise posterior deriva de uma evaginação do hipotálamo. A origem da hipófise anterior a partir do epitélio faríngeo explica a natureza epitelióide de suas células, enquanto a origem da hipófise posterior do tecido neural explica a presença de grande número de células do tipo glial nessa glândula.

Seis hormônios muito importantes, além de vários outros de menor importância, são secretados pela hipófise *anterior*, e dois hormônios importantes são secretados pela hipófise *posterior*. Os hormônios da hipófise anterior desempenham papéis importantes no controle das funções metabólicas de todo o corpo,

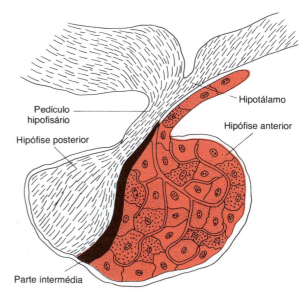

Fig. 29.1 A hipófise

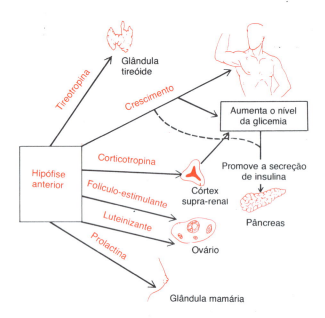

Fig. 29.2 Funções metabólicas dos hormônios da hipófise anterior.

como mostrado na Fig. 29.2. (1) O *hormônio do crescimento* promove o crescimento do animal ao afetar a síntese de proteínas, a multiplicação celular e a diferenciação celular. (2) A *corticotropina* controla a secreção de alguns dos hormônios córtico-supra-renais que, por sua vez, afetam o metabolismo da glicose, proteínas e gorduras. *(3) O hormônio tíreo-estimulante (tireotropina)* controla a secreção de tiroxina pela tireóide, e a tiroxina, por sua vez, controla a maioria das reações químicas de todo o corpo. (4) A *prolactina* promove o desenvolvimento da glândula mamária e a produção de leite. E dois hormônios gonadotrópicos distintos, (5) *hormônio folículo-estimulante* e (6) *hormônio luteinizante,* controlam o crescimento das gônadas, bem como suas atividades reprodutivas.

Os dois hormônios secretados pela hipófise posterior desempenham outros papéis. (1) O *hormônio antidiurético* (também denominado *vasopressina*) controla a excreção de água para a urina e, dessa forma, ajuda a controlar a concentração de água nos líquidos do corpo. (2) A *ocitocina* (a) ajuda a liberar o leite das glândulas mamárias para os mamilos durante a sucção e (b) participa do parto ao final da gravidez.

CONTROLE DA SECREÇÃO HIPOFISÁRIA PELO HIPOTÁLAMO

Quase toda a secreção hipofisária é controlada por sinais hormonais ou nervosos do hipotálamo. Na verdade, quando a hipófise é removida de sua posição normal sob o hipotálamo e transplantada para alguma outra parte do corpo, sua secreção dos diferentes hormônios (exceto para a prolactina) cai a níveis baixos — no caso de alguns hormônios, a zero.

A secreção da hipófise posterior é controlada por sinais nervosos originados no hipotálamo e que terminam na hipófise posterior. Por outro lado, a secreção pela hipófise anterior é controlada por hormônios denominados *hormônios* (ou *fatores*) *hipotalâmicos de liberação* e *inibição* secretados pelo próprio hipotálamo e, a seguir, conduzidos para a hipófise anterior por meio de pequenos vasos sanguíneos denominados *vasos porta hipotalâmico-hipofisários*. Na hipófise anterior esses hormônios de liberação e inibição atuam sobre as células glandulares para controlar sua secreção. Esse sistema de controle será discutido em detalhe adiante.

O hipotálamo, por sua vez, recebe sinais de quase todas as possíveis origens no sistema nervoso. Assim, quando a pessoa é exposta à dor, parte do sinal álgico é transmitida para o hipotálamo. Da mesma forma, quando a pessoa apresenta pensamento muito depressor ou excitante, parte do sinal é transmitida para o hipotálamo. Os estímulos olfativos que indicam odores agradáveis ou desagradáveis transmitem fortes sinais diretamente e por meio dos núcleos amigdalóides para o hipotálamo. *Mesmo as concentrações de nutrientes, eletrólitos, água e vários hormônios no sangue excitam ou inibem várias partes do hipotálamo.* Assim, o hipotálamo é um centro coletor de informações, relacionado ao bem-estar interno do corpo, e, por sua vez, grande parte dessa informação é utilizada para controlar a secreção dos vários hormônios hipofisários de importância global.

O Sistema Porta Hipotalâmico-Hipofisário

A hipófise anterior é uma glândula muito vascularizada, com extensos seios capilares entre as células glandulares. Quase todo o sangue que entra nesses seios atravessa primeiro outro leito capilar na extremidade inferior do hipotálamo e, depois, os pequenos *vasos porta hipotalâmicos-hipofisários* até chegar aos seios hipofisários anteriores. Assim, a Fig. 29.3 mostra uma pequena artéria que supre a porção inferior do hipotálamo denominada *eminência mediana*, que se conecta inferiormente com o pedículo hipofisário. Os pequenos vasos sanguíneos penetram na substância da eminência mediana e, a seguir, retornam para sua superfície, coalescendo para formar os vasos porta hipotalâmicos-hipofisários. Estes, por sua vez, descem ao longo do pedículo hipofisário para fornecer sangue para os seios hipofisários anteriores.

Secreção dos hormônios hipotalâmicos de liberação e inibição na eminência mediana. Neurônios especiais no hipotálamo sintetizam e secretam os *hormônios hipotalâmicos de liberação e inibição* (ou *fatores de liberação e inibição*) que controlam a secreção dos hormônios hipofisários anteriores. Esses neurônios se originam em várias partes do hipotálamo e enviam suas fibras nervosas para a eminência mediana e para o *tuber cinereum*, uma extensão de tecido hipotalâmico que se estende para o pedículo hipofisário. As terminações dessas fibras são diferentes da maioria das terminações no sistema nervoso central, pois sua função não é transmitir sinais de um neurônio para outro, mas apenas secretar os hormônios (fatores) hipotalâmicos de liberação e inibição para os líquidos teciduais. Esses hormônios são imediatamente absorvidos pelo sistema porta hipotalâmico-hipofisário e transportados diretamente para os seios da hipófise anterior.

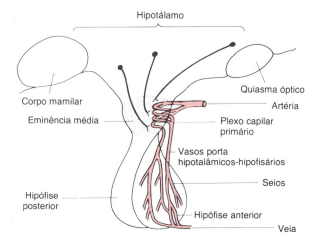

Fig. 29.3 O sistema porta hipotalâmico-hipofisário

(Para evitar confusão, o leitor deve conhecer a diferença entre um "fator" e um "hormônio". Uma substância que tem as ações de um hormônio, mas que não foi purificada e identificada como substância química distinta é denominada *fator*. Uma vez identificada, passa a ser conhecida como um *hormônio*, em lugar de simplesmente um fator.)

Função dos Hormônios de Liberação e Inibição. A função dos hormônios de liberação e inibição é a de controlar a secreção dos hormônios da hipófise anterior. Para a maioria dos hormônios da hipófise anterior, os hormônios de liberação são importantes; mas, para a prolactina, o hormônio de inibição exerce provavelmente o maior controle. Os hormônios (ou fatores) hipotalâmicos de liberação e inibição que são mais importantes são os seguintes:

1. *Hormônio de liberação do hormônio tíreo-estimulante* (TRH), que causa liberação do hormônio tíreo-estimulante.
2. *Hormônio de liberação da corticotropina* (CRH), que causa a liberação de corticotropina.
3. *Hormônio de liberação do hormônio do crescimento* (GHRH) que causa liberação de hormônio do crescimento, e *hormônio de inibição do hormônio do crescimento* (GHIH), que é idêntico ao hormônio *somatostatina*, e que inibe a liberação de hormônio do crescimento.
4. *Hormônio de liberação das gonadotropinas* (GnRH), que causa a liberação dos dois hormônios gonadotrópicos, hormônio luteinizante e hormônio folículo-estimulante.
5. *Fator de inibição da prolactina* (PIF), que causa inibição da secreção de prolactina.

Além desses hormônios hipotalâmicos mais importantes, existe outro que provavelmente excita a secreção de prolactina, e vários talvez inibam alguns dos outros hormônios da hipófise anterior. Cada um dos hormônios hipotalâmicos mais importantes será discutido em detalhe ao apresentarmos o sistema hormonal específico controlado por eles.

Áreas específicas no hipotálamo que controlam a secreção de fatores hipotalâmicos específicos de liberação e de inibição. Todos ou quase todos os hormônios hipotalâmicos são secretados nas terminações nervosas na eminência mediana antes de serem transportados para a hipófise anterior. A estimulação elétrica dessa região excita essas terminações nervosas e, portanto, causa a liberação de praticamente todos os hormônios hipotalâmicos. Entretanto, os corpos das células neuronais que originam essas terminações nervosas da eminência mediana estão localizados em outras áreas distintas do hipotálamo ou em áreas intimamente relacionadas do cérebro basal. Infelizmente, os locais específicos dos corpos celulares neuronais que formam os diferentes hormônios hipotalâmicos de liberação ou inibição são tão pouco conhecidos que seria impróprio tentar fazer qualquer esboço aqui.

FUNÇÕES FISIOLÓGICAS DOS HORMÔNIOS DA HIPÓFISE ANTERIOR

Todos os principais hormônios da hipófise anterior, além do hormônio do crescimento, exercem seus principais efeitos pela estimulação das glândulas-alvo — como a tireóide, o córtex suprarenal, os ovários, os testículos e as glândulas mamárias. Discutiremos resumidamente as funções de quatro hormônios hipofisários, *hormônio do crescimento, hormônio tíreo-estimulante, corticotropina* e *prolactina*. As funções dos dois hormônios gonadotrópicos, *hormônio luteinizante* e *hormônio folículo-estimulante*, serão discutidas adiante.

Hormônio do crescimento

O hormônio do crescimento é secretado pela hipófise anterior durante toda a vida da pessoa. Sua secreção é controlada pelo *hormônio de liberação do hormônio do crescimento*, sintetizado no hipotálamo e transferido para a hipófise anterior por meio do sistema porta hipotalâmico-hipofisário.

O hormônio do crescimento tem duas funções principais: a primeira delas é a de promover o crescimento do lactente até o estágio de criança e, depois, até adulto. Um dos efeitos promotores do crescimento é a produção do crescimento dos ossos, assim fazendo com que o esqueleto cresça progressivamente. Entretanto, o corpo interrompe seu crescimento em altura na adolescência porque os ossos longos do corpo perdem sua capacidade de crescer mais, porque as células de crescimento das epífises ósseas (onde ocorre o crescimento) se esgotam. Além de causar o crescimento dos ossos, esse hormônio promove o crescimento de praticamente todos os outros tecidos do corpo.

A segunda função do hormônio do crescimento é a de controlar várias das funções metabólicas do corpo. Embora elas ainda não tenham sido definidas em grande detalhe, está claro que o hormônio do crescimento é essencial para a formação das proteínas e para sua manutenção em praticamente todas as células do corpo. Essa é provavelmente a principal causa do crescimento. O hormônio do crescimento também estimula a utilização da gordura, mas ao mesmo tempo diminui o uso de carboidratos pelas células.

Quando o hormônio do crescimento não é secretado pela hipófise anterior de uma criança, não há crescimento, e o resultado é o *nanismo hipofisário*, no qual o indivíduo mantém o aspecto infantil e freqüentemente, não ultrapassa 60 a 90 cm de altura. Por outro lado, a produção excessiva de hormônio do crescimento pela hipófise anterior, causada geralmente por tumor das células produtoras de hormônio do crescimento hipofisárias, fará com que a pessoa torne-se um *gigante*.

Hormônio tíreo-estimulante e seu efeito sobre a secreção da tireóide

A glândula tireóide secreta dois hormônios, *tiroxina* e *triiodotironina*, que são muito importantes no controle do metabolismo de quase todos os tecidos do corpo — isto é, no controle da velocidade com que ocorrem as reações químicas em todos os tecidos. Quando a intensidade do metabolismo é grande, também é gerada grande quantidade de calor no corpo, de forma que esses hormônios tireoidianos também desempenham papel importante no controle da temperatura corporal.

O controle da secreção de hormônio tireoidiano é realizado no hipotálamo e na hipófise anterior. O hipotálamo secreta *hormônio de liberação do hormônio tíreo-estimulante*. Este, a seguir, atravessa o sistema porta hipotalâmico-hipofisário até a hipófise anterior, onde causa a liberação de *hormônio tíreo-estimulante*; o hormônio tíreo-estimulante, por sua vez, é levado para a tireóide pelo sangue e controla a secreção de hormônio tireoidiano. Portanto, a lesão do hipotálamo ou da hipófise anterior, principalmente da última, pode reduzir muito a produção dos hormônios tireoidianos.

Na ausência dos hormônios tireoidianos, a pessoa desenvolve *hipotireoidismo*, no qual todas as atividades corporais ficam muito lentas, e a pessoa freqüentemente torna-se obesa. Por outro lado, a hiperatividade do hipotálamo ou da hipófise anterior pode causar *hipertireoidismo*, no qual as funções corporais ficam hiperativas. Vários tecidos do corpo podem ser gravemente lesados devido a essa hiperatividade. A pessoa também torna-se muito excitável e nervosa. O hipertireoidismo freqüentemente é causado por estresse psíquico que produz sinais de excessivos no hipotálamo.

Felizmente, na pessoa normal existe um mecanismo de *feedback* para controle da secreção da tireóide. Isto é, quando a secreção da tireóide fica muito grande, o próprio sistema de controle hipotalâmico-hipofisário é inibido, restabelecendo assim a secreção normal da tireóide.

Corticotropina e seu controle dos hormônios córtico-supra-renais

Cada pessoa tem duas supra-renais, localizadas, respectivamente, no topo dos pólos superiores dos dois rins. As porções corticais dessas glândulas secretam vários diferentes hormônios esteróides, sendo os dois mais importantes o *corticol* e a *aldosterona*. A secreção da aldosterona é controlada principalmente por fatores como a concentração plasmática dos íons potássio, concentração plasmática de íons sódio, e pelo hormônio angiotensina. Por outro lado, a secreção de cortisol pelo córtex supra-renal é controlada quase totalmente pela secreção de *corticotropina* pela hipófise anterior. E a secreção de corticotropina é controlada pelo *hormônio de liberação da corticotropina*, que é sintetizado no hipotálamo e transportado para a hipófise através do sistema porta hipotalâmico-hipofisário.

O cortisol exerce potentes efeitos de controle sobre várias funções metabólicas do corpo, incluindo o metabolismo protéico, o metabolismo dos carboidratos e o metabolismo lipídico. Por exemplo, exerce efeito sobre o metabolismo protéico oposto ao do hormônio do crescimento — isto é, reduz a quantidade de proteína na maioria dos tecidos. Fazendo isso, libera aminoácidos para o sangue circulante, que podem ser utilizados em outras partes do corpo quando são necessários para reparar tecidos lesados. Por esta razão, e também por outras, o cortisol é um hormônio muito útil para ajudar o corpo a reparar a destruição tecidual durante o estresse. O cortisol também estimula a conversão de aminoácidos em carboidratos, que, por sua vez, são utilizados para obtenção de energia. Também aumenta a utilização de gorduras para a obtenção de energia.

O controle hipotalâmico da secreção de cortisol é particularmente importante. Minutos após uma pessoa ser submetida a grave estresse físico, como a fratura de um osso, calor excessivo, hemorragia, ou qualquer outra situação com risco de vida, o nível de cortisol circulante nos líquidos corporais aumenta várias vezes, ocasionalmente até 20 vezes ou mais. E o cortisol, por sua vez, desempenha papel muito significativo para ajudar as células a resistir aos efeitos destrutivos do estresse.

Prolactina e o controle da secreção de leite

Em condições normais, a secreção de prolactina é relativamente pequena. Entretanto, durante a gravidez, sua secreção aumenta progressivamente até ficar cerca de 10 vezes maior que a normal quando o bebê nasce. A prolactina ajuda a promover o crescimento dos tecidos protéicos no feto. Mas outra importante função é sua capacidade de causar o desenvolvimento das mamas durante a gravidez e promover a secreção de leite após o nascimento do bebê.

Embora a prolactina estimule o desenvolvimento das mamas durante a gravidez, as grandes quantidades de estrogênios e progesterona secretados pela placenta durante a gravidez inibem a produção de leite até o nascimento do bebê. Mas após o nascimento, quando a placenta não está mais disponível para secretar os estrogênios e progesterona, a prolactina causa a rápida secreção de leite pelas mamas. Além disso, a cada vez que o bebê succiona uma mama, são enviados sinais nervosos da mama pela medula espinhal até o hipotálamo, para promover aumento da secreção de prolactina e, portanto, produção de mais leite.

O hipotálamo controla a secreção de prolactina de forma algo diferente da forma como controla a secreção de outros hormônios da hipófise anterior. Ele o faz por um hormônio de inibição, *hormônio de inibição da prolactina*, e não por um hormônio de liberação. Isto é, o hipotálamo normalmente secreta um excesso de hormônio de inibição de prolactina, que mantém a secreção de prolactina em nível relativamente baixo. Entretanto, durante a gravidez e durante períodos de produção de leite, o hipotálamo *diminui* sua formação de hormônio de inibição de prolactina, permitindo dessa forma o aumento da produção de prolactina.

Devido ao papel essencial do hipotálamo na secreção de leite, fortes estímulos psíquicos, principalmente estados emocionais de ansiedade, podem realmente fazer com que o aparelho secretor de leite da mãe seque.

■ A HIPÓFISE POSTERIOR E SUA RELAÇÃO COM O HIPOTÁLAMO

A *hipófise posterior*, também denominada *neuro-hipófise*, é composta principalmente de células gliais denominadas *pituicitos*. Entretanto, os pituicitos não secretam hormônios; atuam simplesmente como estrutura de sustentação para grande número de *fibras nervosas terminais* e *terminações nervosas* dos feixes nervosos que se originam nos *núcleos supra-óptico* e *paraventricular* do hipotálamo, como mostrado na Fig. 29.4. Esses feixes passam para a neuro-hipófise por meio do *pedículo hipofisário*. As terminações nervosas são alargamentos bulbares contendo vários grânulos secretores situados sobre as superfícies dos capilares, para os quais secretam os dois hormônios da hipófise posterior: (1) *hormônio antidiurético* (ADH), também denominado *vasopressina;* e (2) *ocitocina*.

Se o pedículo hipofisário é seccionado acima da hipófise, mas todo o hipotálamo permanece intacto, os hormônios hipofisários posteriores continuam, após redução transitória por alguns dias, a ser secretados de forma quase normal; mas são, então, secretados pelas extremidades seccionadas das fibras no hipotálamo, e não pelas terminações nervosas na hipófise posterior. A razão para isso é que os hormônios são inicialmente sintetizados nos corpos celulares dos núcleos supra-óptico e paraventricular e são, então, transportados, em associação com proteínas "carreadoras" denominadas *neurofisinas*, para as terminações nervosas na hipófise posterior, necessitando de vários dias para atingir a glândula.

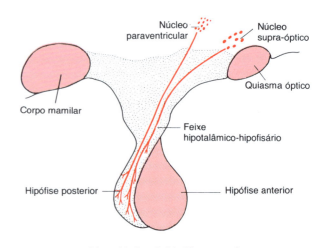

Fig. 29.4 Controle hipotalâmico da hipófise posterior.

O ADH é sintetizado em sua maior parte nos núcleos supra-ópticos enquanto a ocitocina é formada basicamente nos núcleos paraventriculares. Entretanto, cada um desses núcleos pode sintetizar o segundo hormônio em quantidade igual a um sexto da de seu hormônio primário.

Quando os impulsos nervosos são transmitidos em sentido descendente, ao longo das fibras dos núcleos supra-óptico e paraventricular, o hormônio é imediatamente liberado dos grânulos secretores nas terminações nervosas pelo mecanismo secretor habitual da *exocitose* e absorvido pelos capilares adjacentes.

FUNÇÃO DOS HORMÔNIOS DA HIPÓFISE POSTERIOR

Hormônio antidiurético. A função do hormônio antidiurético foi discutida em detalhe no Cap. 27. Foi destacado que células neuronais especiais denominadas osmorreceptores, localizadas nos núcleos supra-ópticos são estimuladas quando a concentração osmótica do líquido extracelular fica muito grande. Essas células então secretam hormônio antidiurético em suas terminações na hipófise posterior. O hormônio antidiurético, por sua vez, atua sobre os túbulos renais para causar aumento da reabsorção de água, que retém a água nos líquidos corporais enquanto permite que o sódio e outras substâncias dissolvidas sejam excretadas na urina. Durante um período de horas a dias, através deste processo, os líquidos corporais são diluídos e sua concentração osmótica retorna ao normal.

Ocitocina. O hormônio ocitocina estimula intensamente o útero grávido, principalmente ao final da gestação. Portanto, esse hormônio é, pelo menos em parte, responsável pelo parto. Em animal hipofisectomizado, a duração do trabalho de parto é prolongada. Também, a quantidade de ocitocina no plasma aumenta durante os últimos estágios do trabalho de parto. E, finalmente, a estimulação do colo do útero na fêmea grávida produz sinais nervosos que passam por meio do hipotálamo para a hipófise posterior, causando aumento da secreção de ocitocina.

Portanto, há várias razões para se acreditar que o estiramento intenso do colo do útero durante o trabalho de parto produz reflexos nervosos que excitam o hipotálamo anterior, para causar aumento da secreção do hormônio ocitocina. A ocitocina, por sua vez, promove maior contração do útero, que expulsa o bebê mais rapidamente do que ocorreria de outra forma. Em outras palavras, uma vez iniciado o trabalho de parto, esse mecanismo de *feedback* da ocitocina ajuda a criar um ciclo de contrações uterinas progressivamente mais fortes que comumente não cessarão até a expulsão do bebê.

Efeito da ocitocina sobre a ejeção do leite. A ocitocina também desempenha papel importante no processo da lactação. Na lactação, a ocitocina provoca a saída de leite dos alvéolos mamários para os dutos que levam ao mamilo. Isso torna o leite disponível para o bebê por sucção. Esse mecanismo funciona da seguinte forma: os estímulos de sucção no mamilo causam a transmissão dos sinais por nervos sensitivos até o cérebro. Os sinais ascendem pelo tronco cerebral e, por fim, chegam aos neurônios da ocitocina nos núcleos paraventricular e supra-óptico no hipotálamo, para promover a liberação de ocitocina. A ocitocina, então, é transportada pelo sangue até as mamas. Aí causa a contração de *células mioepiteliais* situadas por fora, formando uma rede ao redor dos alvéolos das glândulas mamárias. Em menos de um minuto após o início da sucção, o leite começa a fluir. Portanto, esse mecanismo freqüentemente é denominado *descida do leite* ou *ejeção do leite.*

■ CONTROLE DAS FUNÇÕES SEXUAIS MASCULINAS PELOS HORMÔNIOS GONADOTRÓPICOS — FSH E LH

A hipófise anterior secreta dois importantes hormônios gonadotrópicos: (1) *hormônio folículo-estimulante* (FSH); e (2) *hormônio luteinizante* (LH). Eles são hormônios glicoprotéicos que desempenham papéis importantes no controle da função sexual masculina e feminina.

Regulação da produção de testosterona pelo LH. A testosterona é produzida pelas células intersticiais de Leydig nos testículos, mas apenas quando são estimuladas pelo LH da hipófise. A quantidade de testosterona secretada aumenta aproximadamente em proporção direta à quantidade de LH disponível.

A injeção de LH purificado em uma criança faz com que os fibroblastos, nas áreas intersticiais dos testículos, transformem-se em células intersticiais de Leydig, embora as células de Leydig maduras não sejam normalmente encontradas nos testículos da criança antes da idade de aproximadamente 10 anos.

REGULAÇÃO DA SECREÇÃO HIPOFISÁRIA DE LH E FSH PELO HIPOTÁLAMO

As gonadotropinas, como a corticotropina e a tireotropina, são secretadas pela hipófise anterior principalmente em resposta à atividade nervosa no hipotálamo. Por exemplo, na fêmea do coelho, o coito com um macho produz atividade nervosa no hipotálamo que, por sua vez, estimula a hipófise anterior a secretar FSH e LH. Esses hormônios, a seguir, causam rápido amadurecimento dos folículos nos ovários, seguido, algumas horas depois, por ovulação.

Vários outros tipos de estímulos nervosos afetam a secreção de gonadotropinas. Por exemplo, em carneiros, cabras e cervídeos, os estímulos nervosos em resposta a modificações do clima e à quantidade de luz no dia aumentam as quantidades de gonadotropinas durante uma estação do ano, a estação do acasalamento, permitindo, assim, o nascimento durante um período apropriado para a sobrevivência. Também, estímulos psíquicos podem afetar a fertilidade do macho, como exemplificado pelo fato de que o transporte de um touro, em condições desconfortáveis, freqüentemente pode causar sua esterilidade quase completa. No ser humano, também sabe-se que vários estímulos psíquicos para o hipotálamo podem causar acentuados efeitos de excitação ou inibição sobre a secreção de gonadotropinas, algumas vezes alterando, desta forma, muito o grau de fertilidade.

Hormônio de liberação das gonadotropinas (GnRH), o hormônio hipotalâmico que estimula a secreção de gonadotropinas. Tanto no macho quanto na fêmea, o hipotálamo controla a secreção de gonadotropina por meio do sistema porta hipotalâmico-hipofisário, como foi discutido antes neste capítulo. Embora existam dois hormônios gonadotrópicos diferentes, hormônio luteinizante e hormônio folículo-estimulante, só foi descoberto um hormônio hipotalâmico de liberação, o *hormônio de liberação de gonadotropinas* (GnRH). Esse hormônio exerce efeito particularmente forte sobre a indução da secreção de hormônio luteinizante pela hipófise anterior. Entretanto, também exerce potente efeito sobre a promoção da secreção de hormônio folículo-estimulante.

O GnRH desempenha papel semelhante no controle da secreção de gonadotropinas, pela fêmea, onde suas inter-relações são muito mais complexas. Portanto, sua natureza e suas funções serão discutidas em maior detalhe adiante neste capítulo.

Inibição recíproca da secreção hipotalâmica-hipofisária anterior dos hormônios gonadotrópicos pelos hormônios testiculares.

330 VII ■ Controle Nervoso das Funções do Corpo

Controle de feedback da secreção de testosterona. A injeção de testosterona em animal macho ou fêmea inibe fortemente a secreção de hormônio luteinizante, mas só inibe levemente a secreção do hormônio folículo-estimulante. Essa inibição depende da função normal do hipotálamo; portanto, está muito claro que o sistema de controle por *feedback* negativo descrito a seguir opera continuamente para controlar de forma muito precisa a secreção da testosterona:

1. O hipotálamo secreta *hormônio de liberação da gonadotropina,* que estimula a hipófise anterior a secretar *hormônio luteinizante.*

2. O hormônio luteinizante, por sua vez, estimula a *hiperplasia das células de Leydig* dos testículos e também estimula a produção de *testosterona* por essas células.

3. A testosterona, por sua vez, envia sinais de *feedback* negativo para o hipotálamo, inibindo a produção do hormônio de liberação da gonadotropina. Isso, obviamente, limita a produção de testosterona. Por outro lado, quando a produção de testosterona é muito pequena, a ausência de inibição do hipotálamo leva ao subseqüente retorno da secreção de testosterona para os níveis normais.

Controle de feedback da espermatogênese — papel da "inibina". Sabemos, também, que a espermatogênese nos testículos inibe a secreção de FSH. Inversamente, a ausência de espermatogênese causa aumento significativo da secreção de FSH; isso ocorre principalmente quando os túbulos seminíferos são destruídos, incluindo a destruição das células de Sertoli além das células germinativas. Portanto, acredita-se que as células de Sertoli secretem um hormônio que tem efeito direto de inibição principalmente sobre a hipófise anterior (mas, talvez, ligeiramente, também sobre o hipotálamo) para inibir a secreção de FSH. Um hormônio glicoprotéico com peso molecular entre 10.000 e 30.000 denominado *inibina* foi isolado de células de Sertoli cultivadas e é provavelmente o responsável pela maior parte do controle de *feedback* da secreção de FSH e da espermatogênese. Esse ciclo de *feedback* é o seguinte:

1. O hormônio folículo-estimulante ativa as células de Sertoli que fornecem nutrição para os espermatozóides em desenvolvimento.

2. As células de Sertoli liberam inibina que, por sua vez, envia sinais de *feedback* negativo para a hipófise anterior para inibir a produção de FSH. Assim, esse ciclo de *feedback* mantém uma intensidade constante da espermatogênese, sem subprodução ou superprodução necessária para a função reprodutiva masculina.

PUBERDADE E REGULAÇÃO DE SEU INÍCIO

O início da puberdade foi um mistério durante muito tempo. Na história inicial da humanidade, acreditava-se simplesmente, que os testículos "amadureciam" nessa época. Com a descoberta das gonadotropinas, o amadurecimento da hipófise anterior foi considerado como responsável. Agora sabe-se, a partir de experimentos nos quais os tecidos testiculares e hipofisários foram transplantados de animais lactentes para animais adultos, que os testículos e a hipófise anterior do lactente são capazes de realizar funções adultas, se apropriadamente estimulados. Portanto, agora está certo que, *durante a infância, o hipotálamo simplesmente não secreta GnRH.*

Por motivos não compreendidos, algum processo de maturação no cérebro faz com que o hipotálamo comece a secretar GnRH no momento da puberdade. Essa secreção não ocorrerá se as conexões neurais entre o hipotálamo e outras partes do cérebro não estiverem intactas. Portanto, a crença atual é de que o processo de maturação ocorre provavelmente em outros pontos do cérebro, em lugar do hipotálamo. Um local sugerido é a amígdala.

■ REGULAÇÃO DO RITMO MENSAL FEMININO — INTERAÇÃO ENTRE OS HORMÔNIOS OVARIANOS E HIPOTALÂMICOS-HIPOFISÁRIOS

FUNÇÃO DO HIPOTÁLAMO NA REGULAÇÃO DA SECREÇÃO DE GONADOTROPINA — HORMÔNIO DE LIBERAÇÃO DE GONADOTROPINAS

Como destacado antes, a secreção da maioria dos hormônios da hipófise anterior é controlada por hormônios de liberação formados no hipotálamo e, a seguir, transportados para a hipófise anterior por meio do sistema porta hipotalâmico-hipofisário. No caso das gonadotropinas, ao menos um hormônio de liberação, o *hormônio de liberação de gonadotropinas (GnRH),* também denominado *hormônio de liberação do hormônio luteinizante (LHRH),* é importante. Ele foi purificado e é um decapeptídio com a seguinte fórmula:

Glu-His-Trp-Ser-Tyr-Gly-Leu-Arg-Pro-Gly-NH$_2$

Centros hipotalâmicos para a liberação de GnRH. A atividade neuronal que promove a liberação de GnRH ocorre basicamente no hipotálamo mediobasal, em grande parte nos núcleos arqueados dessa área. Portanto, acredita-se que esses núcleos arqueados controlem a maior parte da atividade sexual feminina, embora outros neurônios localizados na área pré-óptica do hipotálamo anterior também secretem GnRH em quantidades pequenas cuja função não é clara. Múltiplos centros neuronais no sistema límbico cerebral transmitem sinais para os núcleos arqueados para modificar a intensidade da liberação de GnRH e a freqüência dos pulsos, assim fornecendo uma possível explicação de como os fatores psíquicos freqüentemente modificam a função sexual feminina.

EFEITO DE FEEDBACK NEGATIVO DO ESTROGÊNIO, PROGESTERONA E INIBINA SOBRE A SECREÇÃO DE HORMÔNIO FOLÍCULO-ESTIMULANTE E HORMÔNIO LUTEINIZANTE

O estrogênio em pequenas quantidades e a progesterona em grandes quantidades inibem a produção de FSH e LH. Esses efeitos de *feedback* parecem operar principalmente de forma direta sobre a hipófise anterior, mas em menor extensão sobre o hipotálamo, para reduzir a secreção de GnRH, em grande parte pela alteração da freqüência dos pulsos de GnRH.

Além dos efeitos de *feedback* do estrogênio e da progesterona, ainda outro hormônio parece estar envolvido. Ele é a *inibina,* que é secretada junto com os hormônios sexuais esteróides pelo corpo lúteo da mesma forma que as células de Sertoli secretam esse mesmo hormônio nos testículos masculinos. Essa inibina exerce na fêmea e no macho o mesmo efeito de inibição da secreção de FSH pela hipófise anterior e também do LH em menor extensão. Portanto, acredita-se que a inibina poderia ser particularmente importante na promoção de redução da secreção de FSH e LH próximo ao final do mês sexual da fêmea.

EFEITO DE FEEDBACK POSITIVO DO ESTROGÊNIO ANTES DA OVULAÇÃO — O PICO DO HORMÔNIO LUTEINIZANTE PRÉ-OVULATÓRIO

Por motivos não totalmente compreendidos, a hipófise anterior secreta quantidades muito maiores de LH por período de 1 a 2 dias, começando 24 a 48 horas antes da ovulação. Esse efeito é representado na Fig. 29.5, e a figura também mostra um pico menor de FSH pré-ovulatório.

Experimentos mostraram que a infusão de estrogênio em uma fêmea acima de uma velocidade crítica por período de 2 a 3 dias, durante a primeira metade do ciclo ovariano, causará acelerado crescimento dos folículos e, também, secreção rapidamente progressiva de estrogênios ovarianos. Durante esse período, a secreção de FSH e LH pela hipófise anterior é, primeiro, suprimida ligeiramente. Então, subitamente, a secreção de LH aumenta por seis a oito vezes, e a secreção de FSH aumenta cerca de duas vezes. A causa desse súbito aumento da secreção das gonadotropinas não é conhecida. Entretanto, várias causas possíveis são as seguintes: (1) Foi sugerido que o estrogênio nesse ponto do ciclo exerce peculiar *efeito de feedback positivo* para estimular a secreção hipofisária de gonadotropinas; isso contrasta com seu efeito de *feedback* negativo normal que ocorre durante o restante do ciclo mensal feminino. (2) As células granulosas dos folículos começam a secretar quantidades pequenas, mas crescentes, de progesterona cerca de 1 dia antes do pico de LH pré-ovulatório, e foi sugerido que esse poderia ser o fator que estimularia a secreção excessiva de LH.

Sem este pico pré-ovulatório normal de LH, não ocorrerá ovulação.

OSCILAÇÃO DE FEEDBACK DO SISTEMA HIPOTALÂMICO-HIPOFISÁRIO-OVARIANO

Agora, após discutir a maioria das informações conhecidas sobre as inter-relações dos diferentes componentes do sistema hormonal feminino, podemos nos desviar da área de fatos comprovados para o domínio da especulação e tentar explicar a oscilação de *feedback* que controla o ritmo do ciclo sexual feminino. Parece operar na seqüência aproximada a seguir de três estágios sucessivos:

1. A secreção pós-ovulatória dos hormônios ovarianos e depressão das gonadotropinas. A parte do ciclo mais fácil de ser explicada é a dos eventos que ocorrem durante a fase pós-ovulatória — entre a ovulação e o início da menstruação. Durante esse período, o corpo lúteo secreta grande quantidade de progesterona e estrogênio e, provavelmente, também o hormônio inibina. Todos esses hormônios, em conjunto, exercem efeito de *feedback* negativo combinado sobre a hipófise anterior e o hipotálamo para causar a supressão do FSH e LH, reduzindo-os a seus menores níveis cerca de 3 a 4 dias antes do início da menstruação. Esses efeitos são apresentados na Fig. 29.5.

2. A fase de crescimento folicular. Dois a três dias antes da menstruação, o corpo lúteo involui, e a secreção de estrogênio, progesterona e inibina é reduzida a um nível baixo. Isso libera o hipotálamo e a hipófise anterior do efeito de *feedback* desses hormônios; e cerca de 1 dia depois, aproximadamente no momento de início da menstruação, o FSH aumenta por até duas vezes; então, vários dias após a menstruação, a secreção de LH também aumenta por até duas vezes. Esses hormônios produzem novo crescimento folicular e aumento progressivo na secreção de estrogênio, cuja secreção máxima é atingida em cerca de 12,5 a 13 dias após o início da menstruação. Durante os primeiros 11 a 12 dias desse crescimento folicular, a secreção das gonadotropinas FSH e LH diminui muito pouco devido ao efeito de *feedback* negativo, principalmente do estrogênio sobre a hipófise anterior. A seguir, há aumento súbito da secreção desses dois hormônios, levando ao pico pré-ovulatório de LH, seguido por ovulação.

3. Pico pré-ovulatório de LH e FSH; ovulação. Aproximadamente 11,5 a 12 dias após o início da menstruação, o declínio da secreção de FSH e LH é interrompido. Acredita-se que o nível elevado de estrogênios nesse período (ou o início da secreção de progesterona pelos folículos) cause efeito de *feedback* positivo principalmente sobre a hipófise anterior, como explicado antes, o que leva a um pico extraordinário de secreção de LH e, em menor extensão, do FSH. Qualquer que seja a causa desse pico pré-ovulatório de LH e FSH, o LH leva à ovulação e à subseqüente secreção pelo corpo lúteo. Assim, o sistema hormonal inicia um novo ciclo até a próxima ovulação.

PUBERDADE E MENARCA

Puberdade significa o início da vida sexual adulta, e menarca significa o início da menstruação. O período da puberdade é causado por aumento gradual da secreção de hormônio gonadotrópico pela hipófise, começando aproximadamente no oitavo ano de vida e em geral culminando no início da menstruação entre as idades de 11 e 16 anos (média, 13 anos).

No sexo feminino, assim como no sexo masculino, a hipófise e ovários do lactente são capazes de funcionamento completo se apropriadamente estimulados. Entretanto, como também ocorre no homem, e por motivos ainda não compreendidos, o hipotálamo não secreta quantidades significativas de GnRH durante a infância. Experimentos mostraram que o próprio hipotálamo é perfeitamente capaz de secretar esse hormônio, mas não há sinal apropriado de alguma outra região cerebral para causar a secreção. Portanto, agora acredita-se que a puberdade é iniciada por algum processo de maturação que ocorre em outra parte do cérebro, talvez em algum ponto do sistema límbico.

A Fig. 29.6 apresenta (1) os níveis crescentes de secreção de estrogênio na puberdade, (2) a variação cíclica durante os ciclos sexuais mensais, (3) o aumento adicional da secreção de

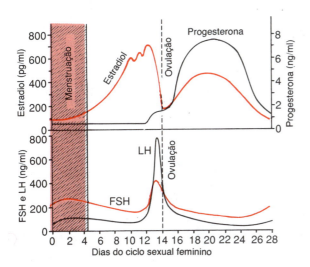

Fig. 29.5 Concentrações plasmáticas aproximadas das gonadotropinas e hormônios ovarianos durante o ciclo sexual feminino normal.

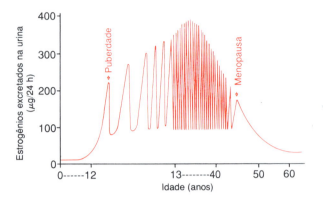

Fig. 29.6 Secreção de estrogênio durante toda a vida sexual.

estrogênio durante os primeiros anos da vida reprodutiva, (4) a redução progressiva da secreção de estrogênio próximo ao final da vida reprodutiva, e (5) finalmente, quase nenhuma secreção de estrogênio após a menopausa.

A MENOPAUSA

Na idade de 40 a 50 anos, os ciclos sexuais geralmente ficam irregulares, e não há ovulação em vários ciclos. Após um período de alguns meses a alguns anos, os ciclos cessam totalmente, como mostrado na Fig. 29.6. Esse período durante o qual o ciclo cessa e os hormônios sexuais femininos diminuem rapidamente para quase zero é denominado *menopausa*.

A causa da menopausa é a "exaustão" dos ovários. Durante toda a vida reprodutiva da mulher cerca de 400 dos folículos primordiais transformam-se em folículos vesiculares e ovulam enquanto literalmente centenas de milhares de óvulos degeneram. Em torno dos 45 anos de idade apenas alguns folículos primordiais ainda permanecem para serem estimulados pelo FSH e LH, e a produção de estrogênio pelo ovário diminui à medida que o número de folículos primordiais se aproxima de zero (também mostrado na Fig. 29.6). Quando a produção de estrogênio cai abaixo de um valor crítico, os estrogênios não podem mais inibir a produção de FSH e LH; nem podem causar um pico ovulatório de LH e FSH para promover ciclos ovulatórios.

■ O ATO SEXUAL MASCULINO

ESTÍMULO NEURONAL NECESSÁRIO PARA O DESEMPENHO DO ATO SEXUAL MASCULINO

A fonte mais importante de impulsos para o início do ato sexual masculino é a glande peniana, pois a glande contém um sistema de órgãos terminais sensoriais especialmente sensível, que transmite para o sistema nervoso central aquela modalidade especial de sensação denominada *sensação sexual*. A ação de massagem da glande durante a cópula estimula esses órgãos terminais sensoriais, e as sensações sexuais passam, por sua vez, pelo nervo pudendo, e, daí, para o plexo sacral na região sacral da medula espinhal, e, por fim, pela medula, para áreas indefinidas do cérebro. Os impulsos também podem entrar na medula espinhal provenientes de áreas adjacentes ao pênis que participam da estimulação do ato sexual. Por exemplo, a estimulação do epitélio anal, do escroto e de estruturas perineais pode em geral enviar sinais para a medula, que se somam à sensação sexual. As sensações sexuais podem originar-se até mesmo em estruturas internas, como áreas irritadas da uretra, bexiga, próstata, vesículas seminais, testículos e canais deferentes. Na verdade, uma das causas do "impulso sexual" é o enchimento dos órgãos sexuais com secreções. A infecção e a inflamação desses órgãos sexuais, algumas vezes, causam desejo sexual quase contínuo, e substâncias "afrodisíacas", como as cantáridas, aumentam o desejo sexual pela irritação da mucosa vesical e uretral.

O elemento psíquico da estimulação sexual masculina. Estímulos psíquicos apropriados podem aumentar muito a capacidade da pessoa de realizar o ato sexual. Os simples pensamentos sexuais ou até mesmo o sonho sobre o ato sexual podem ocasionar o ato sexual e culminar na ejaculação. Na verdade, as *ejaculações noturnas* durante os sonhos ocorrem em vários homens durante alguns fases da vida sexual, principalmente durante a adolescência.

Integração do ato sexual masculino na medula espinhal. Embora os fatores psíquicos geralmente desempenhem parte importante do ato sexual masculino e possam na verdade, iniciá-lo ou inibi-lo, o cérebro, provavelmente, não é absolutamente necessário para a sua realização, porque a estimulação genital apropriada pode causar ejaculação em alguns animais e, ocasionalmente, no ser humano após a secção de suas medulas acima da região lombar. Portanto, o ato sexual masculino resulta de mecanismos reflexos inerentes integrados na medula sacral e lombar, e esses mecanismos podem ser iniciados por estimulação psíquica ou verdadeira estimulação sexual, ou, mais provavelmente, pela associação de ambas.

FASES DO ATO SEXUAL MASCULINO

Ereção; papel dos nervos parassimpáticos. A ereção é o primeiro efeito da estimulação sexual masculina, e o grau de ereção é proporcional ao grau de estimulação, seja psíquico ou físico.

A ereção é causada por impulsos parassimpáticos que vão da região sacral da medula espinhal, através dos *nervos eretores*, até o pênis. Esses impulsos parassimpáticos dilatam as artérias do pênis, permitindo assim que o sangue arterial se acumule, sob alta pressão, no *tecido erétil* do *corpo cavernoso* e do *corpo esponjoso* do pênis, representados na Fig. 29.7. Esse tecido erétil nada mais é que grandes sinusóides venosos, cavernosos, que em geral ficam relativamente vazios, mas que são muito dilatados quando o sangue arterial flui rapidamente para eles sob pressão. Também, os corpos eréteis, principalmente os dois corpos cavernosos, são circundados por fortes revestimentos fibrosos; portanto, a elevada pressão no interior dos sinusóides causa a dilatação do tecido erétil a tal ponto que o pênis fica rígido e alongado.

Lubrificação, uma função parassimpática. Durante a estimulação sexual, os impulsos parassimpáticos, além de promover a ereção, levam as glândulas uretrais e as glândulas bulbouretrais a secretar muco. Esse muco flui pela uretra durante a cópula para auxiliar na lubrificação do coito. Entretanto, a maior parte da lubrificação do coito é promovida pelos órgãos sexuais femininos, e não pelos masculinos. Sem lubrificação satisfatória, o ato

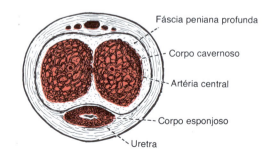

Fig. 29.7 Tecido erétil do pênis.

sexual masculino raramente é bem-sucedido, pois o coito não-lubrificado causa sensações dolorosas que inibem, em lugar de excitar, as sensações sexuais.

Emissão e ejaculação; função dos nervos simpáticos. A emissão e a ejaculação são a culminação do ato sexual masculino. Quando o estímulo sexual fica muito intenso, os centros reflexos da medula espinhal começam a emitir *impulsos simpáticos* que deixam a medula ao nível de L-1 e L-2 e vão para os órgãos genitais pelos plexos hipogástrico e pélvico para iniciar a emissão, o precursor da ejaculação.

A emissão inicia-se com a contração do canal deferente e da ampola para causar a expulsão do esperma para a uretra interna. A seguir, contrações do revestimento muscular da próstata seguidas, finalmente, por contração das vesículas seminais, expelem o líquido prostático e o líquido seminal, forçando o esperma para frente. Todos esses líquidos misturam-se na uretra interna com o muco já secretado pelas glândulas bulbouretrais para formar o sêmen. O processo até esse ponto é a *emissão.*

O enchimento da uretra interna produz, então, sinais sensoriais que são transmitidos pelos nervos pudendos para as regiões sacrais da medula, causando a sensação de súbita plenitude nos órgãos genitais internos. Além disso, esses sinais sensitivos excitam ainda mais a contração rítmica dos órgãos genitais internos e também causam contração dos músculos isquiocavernoso e bulbocavernoso, que comprimem as bases do tecido erétil do pênis. Esses efeitos, em conjunto, causam aumentos rítmicos, semelhantes a ondas de pressão, nos dutos genitais e na uretra, que "ejaculam" o sêmen da uretra para o exterior. O processo é denominado *ejaculação.* Simultaneamente, contrações rítmicas dos músculos pélvicos, e até mesmo de alguns dos músculos do tronco, causam movimentos de propulsão da pelve e do pênis, o que também ajuda a propelir o sêmen para os recessos mais profundos da vagina e, talvez ligeiramente, do colo uterino.

Todo esse período de emissão e ejaculação é denominado *orgasmo masculino.* Ao seu final, a excitação sexual masculina desaparece quase totalmente em 1 a 2 min, e a ereção cessa.

■ O ATO SEXUAL FEMININO

Estimulação do ato sexual feminino. Como no ato sexual masculino, o desempenho bem-sucedido do ato sexual feminino depende da estimulação psíquica e da estimulação sexual local.

Como também ocorre no homem, os pensamentos eróticos podem levar ao desejo sexual feminino, e isso ajuda muito no desempenho do ato sexual feminino. Esse desejo provavelmente é baseado tanto na educação da pessoa quanto no impulso fisiológico, embora o desejo sexual aumente proporcionalmente ao nível de secreção dos hormônios sexuais. O desejo também se modifica durante o mês sexual, atingindo um pico próximo ao momento da ovulação, provavelmente devido aos elevados níveis de secreção de estrogênio durante o período pré-ovulatório.

A estimulação sexual local nas mulheres ocorre de forma aproximadamente semelhante à observada nos homens, pois a massagem, irritação, ou outros tipos de estimulação da vulva, vagina e outras regiões perineais, e até mesmo das vias urinárias, produzem sensações sexuais. A glande do *clitóris* é particularmente sensível para o início das sensações sexuais. Como no homem, os sinais sensitivos sexuais são levados aos segmentos sacrais da medula espinhal pelo nervo pudendo e pelo plexo sacral. Quando esses sinais chegam à medula, são transmitidos daí para o cérebro. Também, os reflexos locais integrados na medula sacral e lombar são, ao menos parcialmente, responsáveis pelas reações sexuais femininas.

Ereção e lubrificação na mulher. Localizado ao redor do intróito e estendendo-se até o clitóris existe tecido erétil quase idêntico ao tecido erétil do pênis. Esse tecido erétil, como o do pênis, é controlado pelos nervos parassimpáticos que passam pelos nervos eretores do plexo sacral para a genitália externa. Nas fases iniciais da estimulação sexual, os sinais parassimpáticos dilatam as artérias dos tecidos eréteis, e isso permite o rápido acúmulo de sangue no tecido erétil, de forma que o intróito fica rígido em torno do pênis; isto auxilia muito o homem na obtenção de estimulação sexual suficiente para que ocorra ejaculação.

Os sinais parassimpáticos também seguem para as glândulas de Bartholin bilaterais, localizadas sob os pequenos lábios, para causar secreção de muco imediatamente no interior do intróito. Esse muco é responsável por grande parte da lubrificação durante o intercurso sexual, embora grande parte também seja proporcionada por muco secretado pelo epitélio vaginal e pequena quantidade pelas glândulas uretrais masculinas. A lubrificação, por sua vez, é necessária para estabelecer durante a cópula uma massagem satisfatória, em lugar de sensação de irritação, que pode ser provocada por uma vagina seca. A sensação de massagem constitui o tipo ideal de sensação para desencadear os reflexos apropriados que culminam com o clímax tanto masculino quanto feminino.

O orgasmo feminino. Quando a estimulação sexual local atinge sua intensidade máxima, e principalmente quando as sensações locais são sustentadas por sinais de condicionamento psíquico apropriados do cérebro, são desencadeados os reflexos que causam o orgasmo feminino, também denominado *clímax feminino.* O orgasmo feminino é análogo à emissão e ejaculação no homem, e talvez ajude a promover a fertilização do ovo. Na verdade, sabe-se que a mulher fica um pouco mais fértil quando inseminada pela cópula sexual normal que por métodos artificiais, indicando assim uma importante função do orgasmo feminino. As possíveis razões para isso são as seguintes:

Primeira, durante o orgasmo, os músculos perineais da mulher contraem-se ritmicamente, o que resulta de reflexos medulares semelhantes aos que causam ejaculação no homem. É possível que esses mesmos reflexos aumentem a motilidade uterina e das trompas de Falópio durante o orgasmo, ajudando assim a transportar o esperma em direção ao ovo, mas as informações sobre esse tema são escassas. Também, o orgasmo parece causar dilatação do canal cervical por até 30 minutos, permitindo dessa forma o fácil transporte do esperma.

Segunda, em vários animais inferiores, a cópula faz com que a hipófise posterior secrete ocitocina; esse efeito provavelmente é mediado pelos núcleos amigdalóides e, a seguir, por meio do hipotálamo, até a hipófise. A ocitocina, por sua vez, causa aumento das contrações rítmicas do útero, que se supõe causem rápido transporte dos espermatozóides. Foi demonstrado que, na vaca, os espermatozóides atravessam toda a extensão da trompa de Falópio em cerca de 5 minutos, com velocidade pelo menos 10 vezes maior que a possivelmente obtida pelos próprios espermatozóides. Não se sabe se isso ocorre na mulher.

Além dos possíveis efeitos do orgasmo sobre a fertilização, as intensas sensações sexuais desenvolvidas durante o orgasmo também vão para o cérebro e causam tensão muscular acentuada em todo o corpo. Mas, após a culminação do ato sexual, essa tensão cede durante os minutos subseqüentes, dando lugar a uma satisfação caracterizada por paz e relaxamento, efeito denominado *resolução.*

REFERÊNCIAS

HIPOTÁLAMO-HIPÓFISE

Bercu, B. B. (ed.): Basic and Clinical Aspects of Growth Hormone. New York, Plenum Publishing Corp., 1988.

334 VII ■ *Controle Nervoso das Funções do Corpo*

Campion, D. R., et al. (eds.): Animal Growth Regulation. New York, Plenum Publishing Corp., 1989.

DeGroot, L. J. (ed.): Endocrinology, 2nd Ed. Philadelphia, W. B. Saunders Co., 1989.

Gann, D. S., et al.: Neural interaction in control of adrenocorticotropin. Fed. Proc., 44:161, 1985.

Kannan, C. R.: The Pituitary Gland. New York, Plenum Publishing Corp., 1987.

Kudlow, J. E., et al. (eds.): Biology of Growth Factors. New York, Plenum Publishing Corp., 1988.

Muller, E. E.: Neural control of somatotropic function. Physiol. Rev., 67:962, 1987.

FUNÇÕES MASCULINAS

Beyer, C., and Feder, H. H.: Sex steroids and afferent input: Their roles in brain sexual differentiation. Annu. Rev. Physiol., 49:349, 1987.

Conn, P. M., et al.: Mechanism of action of gonadotropin releasing hormone. Annu. Rev. Physiol., 48:495, 1986.

Diczfalusy, E., and Bygdeman, M.: Fertility Regulation Today & Tomorrow. New York, Raven Press, 1987.

Knobil, E.: A hypothalamic pulse generator governs mammalian reproduction. News Physiol. Sci., 2:42, 1987.

Knobil, E., et al. (eds.): The Physiology of Reproduction. New York, Raven Press, 1988.

Mahesh, V. B., et al. (eds.): Regulation of Ovarian and Testicular Function. New York, Plenum Publishing Corp., 1987.

Marx, J. L.: Sexual responses are — almost — all in the brain. Science, 241:903, 1988.

FUNÇÕES FEMININAS

Beyer C., and Feder, H. H.: Sex steroids and afferent input: Their roles in brain sexual differentiation. Annu. Rev. Physiol., 49:349, 1987.

Diczfalusy, E., and Bygdeman, M.: Fertility Regulation Today & Tomorrow. New York, Raven Press, 1987.

Karsch, F. J.: Central actions of ovarian steroids in the feedback regulation of pulsatile secretion of luteinizing hormone. Annu. Rev. Physiol., 49:365, 1987.

Knobil, E.: A hypothalamic pulse generator governs mammalian reproduction. News Physiol. Sci., 2:42, 1987.

Millar, R. P., and King, J. A.: Evolution of gonadotropin-releasing hormone: Multiple usage of a peptide. News Physiol. Sci., 3:49, 1988.

Soules, M. F.: Problems in Reproductive Endocrinology and Infertility. New York, Elsevier Science Publishing Co., 1989.

Yen, S. S. C., and Jaffe, R.: Reproductive Endocrinology: Physiology, Pathophysiology and Clinical Management, 2nd Ed. Philadelphia, W. B. Saunders Co., 1986.

Índice Alfabético

Os números em **negrito** referem-se a locais onde o assunto é tratado mais extensamente. Os números em *itálico* referem-se a inserções fora do texto (legendas, quadros, dísticos, notas etc.).

A

Acetilcolina, 80, 83
- destruição da, 246
- duração de ação da, 246
- estrutura da, *246*
- excitação da dor pela, 115
- na contração de músculo liso, 281, 283
- na junção neuromuscular do músculo esquelético, 276, *276*, 277, *277*
- neurônios gigantocelulares da área excitatória reticular e a, 229
- no controle da atividade cerebral, 229
- perda de neurônios secretores de, 243
- receptores para a, 247
- - muscarínico, 247
- - nicotínico, 247
- secreção de, pelas fibras simpáticas e parassimpáticas, 246
- síntese da, 83, 246
Acidente vascular, 193
Ácido
- excitação da dor pelo, 115
- gama-aminobutírico, 80, 83, 230
- - secreção do, 83
Acidose, efeitos sobre a transmissão sináptica, 90
Actina
- filamento de
- - do músculo cardíaco, 285
- - do músculo esquelético, 267, *267*
- - - grau de superposição com os filamentos de miosina, 268
- - - inibição do, pelo complexo troponina-tropomiosina, 267
- - - teoria do "sempre em frente" da contração, 267, *267*
- - do músculo liso, 279
- - - características da, 279
Acuidade visual, 133
- máxima para duas fontes puntiformes de luz, *134*
- método clínico para determinação da, 134
Adeno-hipófise, 325
- hormônios da, 325
- - corticotropina, 326
- - do crescimento, 326
- - folículo estimulante, 326
- - luteinizante, 326
- - prolactina, 326
- - tireoestimulante, 326
Adrenalina, secreção de, 246
Adrenérgico, 246, 252

- substâncias que bloqueiam a atividade do, 252
Afagia, 316
Afasia
- de Wernicke, 220
- global, 220, 221
- motora, 222
- receptora
- - auditiva, 220
- - visual, 220
Água
- corporal
- - controle nervoso da, 300
- - hipotálamo na regulação da, 232
- limiar para a ingestão de, 302
- transporte de, através da membrana, 54
Albino, 139
Alcalose, efeitos sobre a transmissão sináptica, 90
Álcool, transporte de, através da membrana, 54
Alcoolismo, reflexos pupilares no, 158
Aldosterona, 328
- toxicidade da, 40
Alimentação, hipotálamo no controle da, 232
Alzheimer, doença de, 243
Ambenônio, 253
Amígdala cerebral, 230, *230*
- ablação da, 234
- efeitos da estimulação da, 234
- função global da, 234
Aminoácidos
- efeitos, sobre a ingestão de alimentos, 317
- transporte de, através da membrana, 57, 59
Amnésia, 225
- anterógrada, 225
- retrógrada, 226
Analgesia, sistema de, 118, *118*
Anestésico
- efeitos sobre a transmissão sináptica, 90
- local
- - na diminuição da excitabilidade de fibras nervosas, 73
Angiotensina, 83
- efeitos sobre a contração do músculo liso, 283
- II, 230
Animal
- descerebrado, 177
- espinhal, 177
Anticolinesterásico, 253
Antidepressivo tricíclico, 242
Aparelho
- vestibular, 195
- - canais semicirculares, 195, 196

- - conexões neuronais do, com o sistema nervoso central, 199
- - inervação do, 42
- - labirinto
- - - membranoso, 195
- - - óssea, 195
- - sáculo, 195
- - utrículo, 195
Apêndice, dor proveniente do, *120*, 121, *121*
Apetite, 312, 316
Aprendizado, 222
- reflexivo, 226
Aqueduto
- cerebral, 34
- de Sylvius, 34
Aracnóide medular, *32, 35*
Artéria
- carótida
- - comum, *42*
- - interna, 42
- inervação simpática da, 294
Astigmatismo, 132
Ataxia, 208
Atetose, 210
Ato sexual
- feminino, 333
- - estimulação do, 333
- - orgasmo feminino, 333
- masculino, 332
- - ejaculação, 333
- - impulso para o início do, 332
- - integração do, na medula espinhal, 332
- - orgasmo masculino, 333
Atrofia muscular, 274
Atropina, 253
Audição, 159
- a cóclea, 160
- área cerebral para a, 16
- detecção de alterações na intensidade do som, 163
- discriminação da direção da fonte sonora, 166
- funções
- - do córtex cerebral na, 165
- - do órgão de Corti, 162
- nervos para o órgão da, 42
- transmissão das ondas sonoras na cóclea, 161
- unidade decibel, 164
- vias auditivas, 164, *164*
Audiograma, 167
- na surdez
- - de condução, 167, *167*
- - neural, 167

336 ■ Índice Alfabético

- - - da velhice, 166
Audiômetro, 167
Axônio, 4, *5, 6,* 77, 81, *81*

B

Barorreceptor, 297
- anatomia fisiológica do, 298
- função do, durante modificações da postura corporal, 298
- inervação do, 298
- pouca importância do, para regulação a longo prazo da pressão, 299
- reflexo desencadeado pelo, 298
- resposta do, à pressão, 298, *298*
Barreira
- hematoencefálica, 258
- hematoliquórica, 258
Batorrodopsina, 140
Beta-endorfina, 119
Bexiga, 318, 319
- atônica, 320
- automática, 320
- colo da, 318
- corpo da, 318
- efeitos da estimulação simpática e parassimpática sobre a, *248,* 249
- inervação da, 319
- músculo liso da, 319
- tabética, 320
Bigorna, 159, *159*
Bomba
- de adenosina trifosfatase sódio-potássio, 69
- de cálcio, 59
- de sódio-potássio, 58, 63
- - características funcionais da, 63, *63*
- - componentes básicos da, *59*
- - no estabelecimento do potencial de membrana normal em repouso, 64
- natureza eletrogênica da, 59
Botão gustativo, 168, *169*
- especificidade do, para estímulos gustativos primários, 169
- função do, 169
- geração de impulsos nervosos pelo, 170
- localização do, 169
- mecanismo de estimulação do, 170
Braço, curso de nervos pelo, 46
Bradicinina, 83
- excitação da dor pela, 115
Brown-Séquard, síndrome de, 121
Bulbo raquidiano, 4, 11, 13, 27
- áreas funcionais especiais no, 27
- - centro
- - - respiratório, 27
- - - vasomotor, 27
- corte transverso do, 28
- formação reticular, 27
- neurônios respiratórios no, 303
- núcleos
- - cuneiforme, 27
- - dorsal motor do vago, 28
- - dos nervos cranianos, 27
- - *gracilis,* 27
- - olivar inferior, 27
- olfativo, 39, 171, 172, 230
- controle centrífugo da atividade no, 173
- oliva, 27
- pirâmides, 27

C

Cafeína, efeitos sobre a transmissão sináptica, 90
Cãibra muscular, 186
Cálcio
- bomba de, 59
- na contração
- - de músculo
- - - esquelético, 264, 271
- - - liso, 283, 284
- na geração de potencial de ação, 67
- no líquido corporal, 59
- no músculo cardíaco, 287
Calcitonina, 83
Calmodulina, 280

Calor
- receptor para o, 93
- - sensorial, 123
Campo visual, 154
- anormalidades no, 154
- efeitos das lesões da via óptica sobre o, 154
- nasal, 154
- temporal, 154
Canal
- auditivo, 159
- da acetilcolina, 56
- de cloreto, 82
- de potássio, 56, 82
- - ativação do, 66
- - voltagem-dependente, 65, *65,* 66
- de sódio, 56, 82
- - ativação do, 65
- - inativação do, 65
- - registro do fluxo de corrente por um só, *56*
- - voltagem-dependente, 65, *65*
- semicircular, 195, 196
- - detecção da rotação da cabeça pelo, 197
- - função "preditiva" do, na manutenção do equilíbrio, 198
Carbacol, 278
Catarata, 133
Catecol-O-metil transferase, 247
Cauda eqüina, 4, 31
Cefaléia, 122
- alcoólica, 122
- áreas de, *122*
- - para onde se irradia a dor intracraniana, 122
- - sensíveis à dor, no interior da abóbada craniana, 122
- causada por constipação, 122
- da enxaqueca, 122
- intracraniana, 122
- por distúrbios oculares, 123
- por irritação das estruturas nasais, 123
- resultante de espasmo muscular, 123
Cegueira
- diagnóstico da, em porções específicas da retina, 154
- noturna, 141
- para as cores, 145
- - azul, 145
- - prancha para testes de cores, *144,* 145
- - vermelha-verde, 145
- verbal, 220
Célula
- de Purkinje, 204
- de Renshaw, 178
- de Schwann, 4
- glial, 5, *5*
- gustativa, 169
- olfativa, 171
- - mecanismo de excitação da, 171
Centro
- córtex do, 203
- da alimentação, 317
- da fome, 316
- da saciedade, 316, 317
- da sede, 302
- pneumotáxico, 303, 304
- respiratório, 303
- - controle da atividade global do, 305
- - zona quimiossensível do, 305
Cerebelo
- anormalidades clínicas originárias no, 208
- - ataxia, 208
- - disdiadicocinesia, 208
- - dismetria, 208
- - hipotonia, 209
- - nistagmo, 209
- - rebote, 209
- - tremor de intenção, 209
- - ultrapassagem, 208
- circuito neuronal, 203
- córtex do, 29, 203
- - áreas de projeção sensorial no, 202
- - unidade funcional do, 204
- desenvolvimento do, 206
- divisões do, 201, *202*
- estrutura interna do, 29, *29*
- - núcleos profundos, 29
- - - emboliforme, 29
- - - fastígio, 29

- - - globoso, 29
- - - grande denteado, 29
- - substância branca subcortical, 29
- fase superior do, *29*
- funções do, 206
- - no controle dos movimentos, 206
- relação com o tronco cerebral, *28*
- representação topográfica do corpo no vermis e nas zonas intermediárias, 202
- sinais eferentes do, 203
- vias aferentes do, 202, *202*
Cérebro, 4, 11
- anterior, 11
- áreas do
- olfativa, 39
- - que desempenham papéis importantes na regulação nervosa da circulação, *296*
- circunvoluções do, 12
- controle do nível de atividade do, 227, *228*
- - neuro-hormonal, 228
- corte
- - coronal do
- - - a frente do tálamo, *17*
- - - da frente para trás, *19*
- - horizontal do
- - - ao nível dos gânglios basais e tálamo, *14*
- dissecção profunda do, *19*
- fissuras do, 12
- fluxo sanguíneo do, 254
- - auto-regulação do, quando a pressão arterial varia, 255
- - controle metabólico, 254
- - efeito da atividade cerebral sobre o, 255
- - falta de oxigênio como regulador do, 255
- - medida do, 255
- - normal, 254
- hemisférios do, 11
- - comissura anterior, 11
- - corpo caloso, 11, *14*
- intermédio, 18
- lobos do, 4, 12, *13*
- - frontal, 4, 12, *13*
- - occipital, 4, 12, *13*
- - parietal, 4, 12, *13*
- - temporal, 4, 12, *13*
- médio, 11, 18
- metabolismo do, 259
- microcirculação no, 256
- posterior, 11
- regiões olfativas do, 172
- relações do, 13
- sulcos do, 12
Choque espinhal, 186
Cinestesia, 111
Cíngulo, 230, *230*
Cinocílio, 196
Circulação, regulação nervosa da, 294, *295*
Cloreto
- na geração do potencial de ação, 68
- transporte de, através da membrana, 55, 59
Clorpromazina
- efeitos sobre os centros de punição e recompensa, 233
- para esquizofrenia, 242
Cócegas, sensação de, 105
Cóclea, 159, 160, *160,* 195
- inervação da, 42
- movimento do líquido na, *161*
- transmissão das ondas sonoras na, 161
Colecistocinina, 83
- efeitos sobre o centro da alimentação, 317
Colina acetiltransferase, 83
Colinérgico, 246
Colinesterase, 83
Cólon, dor proveniente do, *120*
Comportamento
- efeitos
- - da estimulação do hipotálamo sobre o, 232
- - de lesões do hipotálamo sobre o, 233
- importância da recompensa e punição sobre o, 233
- mecanismos do controle do, 227
Consciência, 222
Coração
- controle nervoso do, 285
- dor proveniente do, *120*
- efeitos da estimulação simpática e parassimpática sobre o, 248, 249, 291

Índice Alfabético ■ 337

- estrutura do, 285
- excitação do, 287
- - controle da, 292
- - rítmica do, 285
- sistema de condução do, 287
- tipos de músculos do, 285
- - atrial, 285
- - fibras
- - - condutivas, 285
- - - excitatórias, 285
- - ventricular, 285
- transmissão do sistema de Purkinje, 290
Corda do tímpano, *40, 41*
Coréia, 210
- de Huntington, 213
Coróide, 139
Corpo
- caloso, 11, *14,* 222
- celular do neurônio, 4, *5*
- geniculado lateral, 39
- pineal, *14*
Corpúsculo
- de Krause, 93, *93*
- de Meissner, 93, *93,* 103
- de Nissl, 5, *6*
- de Pacini, 93, *93,* 104
- - estrutura do, 94, *94*
- de Ruffini, 93, *93,* 104
Córtex
- auditivo, 165
- cerebelar, 29, 203
- - folhas do, 29
- cerebral, 11, 80
- - anatomia fisiológica do, 215
- - áreas do, 106, *107*
- - - 5 e 7 de Brodmann, 108
- - - de associação, 217
- - - de Wernicke, 217-219, 221
- - áreas funcionais do, *16*
- - - para a audição, 16
- - - para a integração sensorial, 16
- - - para a memória a curto prazo, 16
- - - pré-frontal, 16
- - - visual, 16
- - armazenamento de informações no, 79
- - células do, 215
- - - fusiformes, 215
- - - granulares, 215
- - - piramidais, 215
- - conceito de hemisfério dominante, 219
- - controle dos movimentos do corpo pelo, 188
- - - área de Broca, 190
- - - área de rotação da cabeça, 190
- - - área para habilidades manuais, 190
- - - áreas funcionais motoras e sensoriais somáticas, *189*
- - - campo dos movimentos voluntários dos olhos, 190
- - - grau de representação dos músculos no córtex motor, *189*
- - estrutura do, 215, *216*
- - fibras nervosas do, 215, *216*
- - funções do, 15
- - giro angular, 219
- - grandes excisões da área sensorial somática I, efeitos de, 108
- - pré-frontal, 217, 220
- - projeção do corpo na área sensorial somática I, 107, 108
- - relações anatômicas e funcionais com o tálamo, 215, *216*
- somática II, 107
- límbico, 230
- - ablação de região do, 235
- - estimulação do, 235
- motor, 188
- - áreas especializadas de controle motor encontradas no, 190
- - efeito de lesões do, 193
- - excitação da medula espinhal pelo, 192
- - feixe corticoespinhal do, 190
- - grau de representação dos músculos do corpo no, *189*
- - vias de fibras aferentes para o, 191
- piriforme, 173
- pré-piriforme, 173
- sensorial somático, 188

- visual, 150
- - análise
- - - da cor, 153
- - - do detalhe visual, 153
- - "bolhas de cores" no, 152
- - colunas neuronais verticais no, 152
- - efeitos da remoção do, 153
- - função do, 151
- - organização do, 151, *151*
- - principais vias visuais do olho para o, 150, *150*
- - vias para a análise da informação visual, 152
Corticotropina, 230, 326, 329
- hormônio de liberação da, 327, 328
- secreção da, 328
Cortisol, 328
Cristalino, 130

D

Defecação, 314
Deglutição, 312
- fases da
- - esofagiana, 312, 313
- - faríngea, 312, 313
- - voluntária, 312
- mecanismo da, *312*
- músculos para a, 37, *38,* 42
Demência, 242
Dendrito, 4, *6,* 81, *81*
- grande campo espacial de excitação do, 88
Dente, 312
- incisivo, 312
- molar, 312
- músculo para o, *38*
Depressão, 237
- antidepressivo tricíclico para, 242
- eletroconvulsoterapia para, 242
- inibidores da monoamina oxidase para, 242
Dermátomo, 50, *50,* 113, *113*
Desidratação intracelular, 302
Desnervação muscular, 274
Deuteranopia, 145
Diafragma, inervação do, 45
Diencéfalo, 11, 18
- epitálamo, 18
- hipotálamo, 18
- no controle do centro vasomotor, 296
- sono por estimulação de regiões do, 238
- subtálamo, 18
- tálamo, 18
Difusão através da membrana, 54, *54*
- energia propulsora da, 54
- facilitada, 54, *54,* 57
- - de aminoácidos, 57
- - de glicose, 57
- - fatores que influenciam a intensidade da, 57
- mediada por carreador, 57
- simples, 54, *54*
- - comportas dos canais proteicos, 56
- - - estado aberto-fechado dos canais, 56
- - - ligando-dependentes, 56
- - - voltagem-dependente, 56
- - de água, 55
- - de glicose, 55
- - de íons, 55
- - de substâncias lipossolúveis, 54
- - de uréia, 55
- - permeabilidade seletiva dos canais proteicos, 55
Diisopropil fluorofosfato, 278
Dinorfina, 119
Dioptria, 129
Dióxido de carbono
- efeitos do, sobre a estimulação da zona quimiossensível, 305
- importância da regulação do fluxo sanguíneo cerebral pelo, 254
- regulação do fluxo sanguíneo cerebral em resposta à concentração excessiva de, 254
- transporte de, através da membrana, 54
Disartria, 209
Disdiadococinesia, 208
Dislexia, 220
Dismetria, 208
Dopamina, 83
- no controle da atividade cerebral, 228
- substância nigra e a, 229

Dor, 115
- abdominal, 121
- aguda, 115
- continuada, 115
- crônica, 115
- de fome, 316
- do tique doloroso, 121
- elétrica, 115
- em agulhada, 115
- em pontada, 115
- em queimação, 115
- espasmo muscular como causa da, 116
- finalidade da, 115
- hiperexcitação da via da, 121
- importância dos estímulos dolorosos químicos, durante a lesão tecidual, 116
- intensidade da lesão tecidual como causa da, 116
- interrupção cirúrgica das vias da, 118
- isquemia tecidual como causa da, 116
- lenta, 115
- - terminação dos sinais da, no tronco cerebral, 117
- nauseante, 115
- rápida, 115
- - capacidade do sistema nervoso de localizar a, 117
- - feixe neo-espinotalâmico para a, 117
- receptores de, 115
- - estímulos que excitam os, 115
- - - mecânicos, 115
- - - químicos, 115
- - - térmicos, 115
- - natureza não-adaptativa dos, 116
- - terminações nervosas livres, 115
- referida, 119
- - mecanismo da, 119, *119*
- - transmitida pelas vias viscerais, 120
- sensação de, 92
- sistema de controle da
- - no encéfalo e medula, 118
- substância(s)
- - P, provável neurotransmissor das terminações nervosas do tipo C, 117
- - químicas que excitam o tipo químico da, 115
- superficial, 120
- supressão da, pela estimulação elétrica, 119
- torácica, 121
- transmissão da, 117
- - pelo feixe neo-espinotalâmico, 117
- - no tálamo, 117
- - no tronco cerebral, 117
- - - para dor rápida, 117
- - pelo feixe paleospinotalâmico ·
- - - para dor lenta, 117
- - vias de transmissão da
- - para o sistema nervoso central, 116
- - - fibras lentas, 116
- - - fibras rápidas, 116
- visceral, 120
- - por espasmo, 120
- - por estímulos químicos, 120
- - por hiperdistensão, 120
- - por isquemia, 120
Ducto submandibular, *40*
Dura-máter, *32*

E

Edema cerebral, 258
Eletroencefalograma, 239
- efeitos de graus variáveis da atividade cerebral sobre a freqüência básica do, 240
- em diferentes tipos de epilepsia, *241,* 242
- na vigília, 240, *241*
- no sono, 240, *241*
- tipos de ondas normais no, *239*
Emetropia, 132, *132*
Emoção, 3
Encefalina, 119
Encefalite, reflexos pupilares na, 158
Encéfalo, 3, *4,* 11
- controle
- - da micção pelo, 320
- - do nível de atividade pelo, 227, *228*
- divisões do, *4,* 11
- estruturas, 11, 80
- fonte de energia para o, 259
- funções do, 3

338 ■ Índice Alfabético

- - vegetativas, 230
- na execução das funções motoras, 177
- necessidade especial de oxigênio pelo, 259
- revestimento meníngeo do, *34, 35*
- sistema ventricular do, 33
- vistas do
- - da base, *13*
- - lateral esquerda, *12*
- - medial da metade esquerda, *13*
Endorfina, 83, 119, 230
Energia para contração muscular, 271
Epilepsia, 240
- focal, 241
- grande mal, 241
- pequeno mal, 241
Epinefrina, 83, 246
- duração de ação da, 252
- efeitos da, 249
- - sobre a contração do músculo liso, 283
- - sobre os receptores adrenérgicos, 247
- liberação de, 249
Epitálamo, 18
Equação de Nernst, 62
Equilíbrio, 195
- importância da informação visual na manutenção do, 199
- músculo do órgão sensorial do, *38, 39*
- nervos para o órgão do, *42*
Escopolamina, 253
Escotoma, 154
Escotopsina, 140
Esfíncter
- da bexiga, 319
- esofágico superior, 313
- faringoesofágico, 313
Esôfago, *42,* 313
- dor proveniente do, *120*
- movimentos peristálticos do, 313
Espaço subaracnóide, *32, 35*
Espasmo muscular, 186
- abdominal, 186
- cefaléia por, 123
- resultante de fratura óssea, 186
Espermatogênese, controle de *feedback* da, 330
Esquizofrenia, 242
Estatocômio, 196
Estereocílio, 196
Esternocleidomastóideo, nervos para o músculo, 37, *38*
Esteróide, 328
Estômago, *42*
- dor proveniente do, *120*
- músculos controladores da atividade motora do, 37
Estrabismo, 156
- de torção, 156
- horizontal, 156
- vertical, 156
Estresse
- elevação da pressão arterial no, 297
- resposta simpática ao, 252
Estribo, 159, *159*
Estricnina, efeitos sobre a transmissão sináptica, 90
Estrogênio, ações do, 330

F

Face, músculos da expressão da, 37, *38*
Fala, processo da, 221
Faringe, inervação da, 42
Febre, 323
- causada por lesões cerebrais, 323
- mecanismo de ação dos pirogênios na produção da, 323
Feixe
- olfativo, 39
- óptico, 39
Fenoxibenzamina, bloqueio da atividade adrenérgica por, 252
Fentolamina, bloqueio da atividade adrenérgica por, 252
Fibra
- de Purkinje, 290
- - distribuição da, nos ventrículos, 290
- muscular esquelética, 263
- - inervação da, 275
- nervosa, 4

- - "período refratário" na excitação de, 72
- - adrenérgica, 246
- - amielínica, 5, 70
- - classificação fisiológica da, 96, *96*
- - colinérgica, 246
- - do córtex cerebral, 215
- - excitação de, por eletródio de metal com carga negativa, 72
- - feixe de, *6*
- - funções da, 96
- - gustativa, 169
- - limiar para excitação de, 72
- - mielinizada, 5, 70, *71*
- - motora, *6*
- - parassimpática, 245
- - sensorial, *6*
- - simpática, dos nervos esqueléticos, 245
- - transmissora dos sinais, 96
- - vasoconstritora, 295
- - vasodilatadora, 295
- - velocidade de condução da, 72
Fígado
- dor proveniente do, *120*
- efeitos da estimulação simpática e parassimpática sobre o, *248,* 249
Fisostigmina, efeitos na transmissão na junção neuromuscular, 278
Fissura orbital superior, 39
Fome, 312, 316
Fonação, músculos da, 37
Forame
- de Luschka, 35
- de Magendie, 35
- de Monro, 34
Formação reticular, 25, 27
Fosfocreatina, 272
Fotopsina, 142
Fóvea, 138
Fratura de vértebra cervical, 45
Frio
- receptor para o, 93
- - sensorial, 123
Fuso muscular, 178
- estrutura do, 179
- excitação dos receptores fusais, 179
- inervação do, 179
- papel do, na atividade motora voluntária, 181

G

GABA, 230
Gânglio(s)
- autonômico, 244
- - substâncias
- - - bloqueadoras do, 253
- - - que estimulam o, 253
- celíaco, 244, *244*
- da base, *14, 17,* 201
- - amígdala, 17
- - anatomia dos, 209
- - circuito neuronal dos, 209
- - claustro, 17
- - funções dos, 18, 201, 209
- - globo pálido, 17
- - localização tridimensional dos, no cérebro, 18
- - neurotransmissores específicos no sistema de, 212
- - núcleo
- - - caudado, 17
- - - vermelho, 18
- - papel dos, no controle cognitivo de seqüências dos padrões motores, 211
- - putame, 17
- - relação com o tálamo, *17*
- - rigidez por lesões dos, 195
- - síndromes clínicas que resultam de lesão dos, 212
- - substância nigra, 18
- - subtálamo, 18
- da cadeia simpática, 245
- da raiz dorsal do nervo espinhal, 31
- do trigêmeo, 39
- geniculado, 42
- hipogástrico, 244
- pterigopalatino, *40*
- semilunar, *40*
- simpático paravertebral, 244
- submandibular, *40, 42*

- vagal inferior, *42*
Gastrina, 83, 315
Gigantismo, 327
Giro
- denteado, *230*
- do cíngulo, 230, *230*
- fasciolado, *230*
- para-hipocampal, 230, *230*
- subcaloso, 230, *230*
- - ablação do, 235
- supracaloso, *230*
Glândula
- de Bowman, 171
- pituitária, 325
- sublingual, *40*
- submandibular, *40*
Glaucoma, 136
Glicina, 83, *83*
Glicose
- efeito das concentrações sanguíneas de, sobre a ingestão de alimentos, 317
- transporte de, através da membrana, 54, 57, 59
Globo pálido, 209
- lesões do, 210
Glucagon, 83
- efeitos sobre o centro da alimentação, 317
Glutamato, 80, 83, 230
- secreção do, 84
Gonadotropina, 326
- função do hipotálamo na regulação da secreção de, 330
- hormônio de liberação da, 327, 329
Guanetidina, bloqueio da atividade adrenérgica por, 252

H

Haloperidol para esquizofrenia, 242
Hemianopsia bitemporal, 154
Hemibalismo, 210
Hemisfério
- cerebelar, 28
- cerebral, 11
Herpes zoster, dor na infecção por, 121
Hexametônio, 253
Hidrogênio
- importância da regulação do fluxo sanguíneo cerebral pelo, 254
- regulação do fluxo sanguíneo cerebral em resposta à concentração excessiva de, 254
- resposta dos neurônios quimiossensíveis ao, 305
Hiperalgesia, 121
- primária, 121
- secundária, 121
Hiperfagia, 316
Hipermetropia, 132, *132*
Hipersensibilidade por desnervação, 250
Hipertireoidismo, 327
Hipertrofia muscular, 274
Hipocampo, 230, *230,* 234
- papel do, no aprendizdo, 235
- remoção bilateral do, 235
Hipófise, *13,* 325, *325*
- anterior, 325
- hormônios da, 325
- posterior, 325
- relação com o hipotálamo, 232, 325
Hipotálamo, *13,* 18, 20, 230
- áreas de controle autonômico do, 252
- centros de controle do, 230, *231*
- comunicação com o sistema límbico, 231
- estimulação das regiões laterais do, 21
- funções do, 230
- - comportamentais, 232
- - endócrinas, 231
- - vegetativas, 230, 231
- funções dos núcleos do, 21
- - mediais, 21
- - pré-óptico, 21
- - supra-óptico, 21
- hormônios do, 21
- mecanismos de ação do, 231
- no controle do sistema vasoconstritor, 296
- vista tridimensional de uma das metades do, *22*
Hipotireoidismo, 327
Hipóxia, efeitos sobre a transmissão sináptica, 90

Índice Alfabético ■ 339

Histamina, 80, 83
- efeitos sobre a contração do músculo liso, 283
- excitação da dor pela, 115
- no controle da secreção gástrica, 315
Homatropina, 253
Hormônio
- adrenocorticotrófico, 83
- antidiurético, 300, 326, 328
- - funções do, 329
- - síntese do, 329
- de inibição, 326
- - da prolactina, 327
- de liberação, 11, 80
- - da gonadotropina, 327, 330
- - de tireotropina, 83
- - do hormônio
- - - do crescimento, 327
- - - luteinizante, 83
- do crescimento, 83, 326
- - controle da secreção do, 327
- - funções do, 327
- esteróide, 328
- estimulante dos melanócitos, 83
- folículo-estimulante, 326
- - funções do, 329
- hipotalâmico, 21
- luteinizante, 83, 326
- - regulação da produção de testosterona pelo, 329
- tireoestimulante, 326
- - efeito sobre a secreção da tireóide, 327
Horner, síndrome de, 158
Humor
- aquoso, 135
- vítreo, 135

I

Incontinência urinária, 320
Ingestão de alimentos, 312
- efeito das concentrações sanguíneas de glicose, aminoácidos e lipídios sobre a, 317
- fatores reguladores da, 317
- reflexos que inibem a velocidade da movimentação do alimento, 313
- regulação da, 316
- - a curto prazo, 317
- - a longo prazo, 317, 318
- - alimentar, 317
- - centros neurais para, 316
- - nutricional, 317
Inibidor da monoamina oxidase, 242
Ínsula, 12, 14
Insulina, 83
- efeitos sobre o centro de alimentação, 317
Interneurônio, 178
Intestino
- controle nervoso do, 310, 311, 311
- delgado, dor proveniente do, 120
- efeitos da estimulação simpática e parassimpática sobre o, 248, 249
- músculos controladores da atividade motora do, 37
Íons
- relação do potencial de difusão com a diferença de concentração, 62
- transporte de, através da membrana, 54, 55
- - cálcio, 59
- - cloreto, 55, 59
- - equação de Nernst, 62
- - potássio, 55, 59, 63
- - sódio, 55, 59, 63
Íris, 131
Isopropil-norepinefrina, 247
Isquemia
- cerebral, 300
- dor da, 120

J

Junção neuromuscular
- do músculo esquelético, 275
- - acetilcolina na, 276, 277
- - acetilcolinesterase na, 276
- - anatomia da, 275
- - - depressão sináptica, 276
- - - fenda sináptica, 276

- - - fibra muscular esquelética, 275
- - - fibra nervosa, 275
- - - goteira sináptica, 276
- - - placa motora, 275, 275
- - - fadiga, 277
- - substâncias que afetam a transmissão na, 278
- do músculo liso, 281
- - anatomia, 281
- - de contato, 281
- - difusa, 281
- - substâncias que afetam a transmissão na, 281

K

Klüver Bucy, síndrome de, 234, 235

L

Labirinto
- membranoso, 195, 195
- ósseo, 195
Lactação, hipotálamo no controle da, 232
Lente
- cilíndrica, 128
- côncava, 128
- convexa, 127
- - formação de imagens por, 129
- de contato, 133
- esférica, 128
- para correção
- - de astigmatismo, 133
- - de hipermetropia, 132
- - de miopia, 132
Leu-encefalina, 119
Leucina-encefalina, 83
Língua, inervação da, 37, 38, 42
Lipídio, efeitos das concentrações sanguíneas de, sobre a ingestão de alimentos, 317
Líquido
- cefalorraquidiano, 33, 34, 256
- - absorção do, pelas vilosidades aracnóides, 257
- - barreira
- - - hematoencefálica, 258
- - - hematoliquórica, 258
- - composição do, 258
- - difusão com o líquido intersticial encefálico, 258
- - distribuição do, 256
- - distúrbios do, 258
- - espaços perivasculares e o, 257
- - fluxo de, pelo sistema, 36
- - formação do, pelos plexos coróides, 36
- - funções do, 256
- - na contusão da cabeça, 256
- - pressão do, 257, 258
- - secreção do, 256, 257
- - trajeto do fluxo do, 256
- - volume do, 256
- coclear, 159
- corporal, controle nervoso da osmolalidade do, 300
- extracelular, 53
- - composição do, 53, 53
- intracelular, 53
- - composição do, 53, 53
- intra-ocular, 135
- sarcoplasmático, 271
Lítio, 242
Lobotomia pré-frontal, 220
Luminorrodopsina, 140

M

Mácula, 138, 196
Mandíbula, músculos que movem a, 37, 38
Mania, 242
Marcapasso do coração, 292
- ectópico, 292
- normal, 292
Martelo, 159, 159
- cabeça do, 159
- cabo do, 159
Mastigação, 312
- músculos da, 37, 38, 41, 312
Mecanorreceptor sensorial, 92, 93
Medicamento que atua sobre a transmissão sináptica, 90

Medo, 237
Medula
- espinhal, 3, 6
- - anatomia da, 4, 30
- - sacral, 4, 30
- - - segmento cervical, 4, 30
- - - segmento lombar, 4, 30
- - - segmento torácico, 4
- - armazenamento de informações na, 79
- - corte transversal da, 122
- - espaço líquido que circunda a, 35
- - estrutura interna da, 31
- - excitação da, pelo córtex motor primário e pelo núcleo vermelho, 192
- - funções da, 3, 79
- - - motora, 177
- - funções da substância cinzenta da, 31
- - grande neurônio da, 5
- - hiperalgesia secundária a lesões da, 121
- - longas vias nervosas da, 32
- - - feixes motores, 33
- - - feixes sensoriais, 33
- - oblonga, 11, 14
- - relação com os nervos periféricos e com os plexos dos nervos espinhais, 30, 31, 32
- - revestimento meníngeo da, 34, 35
- - secção da, 121, 186
- supra-renal
- - estimulação dos nervos simpáticos para a, 249
- - importância da, para o sistema nervoso simpático, 250
- - relação com o sistema vasoconstritor simpático, 297
Melanina da retina, 139
Membrana
- basilar, 161
- - padrão de amplitude de vibração da, 162, 162
- celular
- - como um capacitor elétrico, 62
- - composição da, 53
- - líquido
- - - extracelular, 53
- - - intracelular, 53
- - potenciais de, 61
- - - ação, 64
- - - em repouso, 63
- - - registro dos, 73
- - transporte através da
- - - ativo, 54, 54, 58
- - - de íons, 53, 63
- - - passivo, 54
- - - por difusão, 54, 54
- de Reissner, 161
- olfativa, 171, 171
- timpânica, 159, 159
- vestibular, 161
Membrana celular
- como um capacitor elétrico, 62
- composição da, 53
- líquido
- - extracelular, 53
- - intracelular, 53
- potenciais de, 61
- - de ação, 64
- - - eventos que ocorrem durante o, 67, 67
- - - propagação do, 68, 69
- - em repouso, 63
- - registro do, 73
- transporte através da
- - ativo, 54, 54, 58
- - de íons, 53
- - - potássio, 63
- - - sódio, 63
- - passivo, 54
- - por difusão, 54, 54
Membro
- inferior, nervos do, 47
- superior
- - curso dos nervos no, 46, 46
- - movimentos produzidos pelos músculos do, 47
Memória, 3, 79, 223
- a curto prazo, 223
- a longo prazo, 223, 224
- área cerebral para a, 16
- imediata, 223
- papel das regiões cerebrais específicas no processo de, 225

340 ■ Índice Alfabético

Meninges, *32, 35*
- corte de encéfalo mostrando o revestimento pelas, *35*
Menopausa, 332
Mesencéfalo, 11, 24, 194
- anatomia da superfície do, 24, *25, 26*
- - pedúnculos cerebrais, 24
- - teto, 24
- no controle do centro vasomotor, 296
Metabolismo basal, efeitos da estimulação simpática e parassimpática sobre o, *248*
Metacolina, 253, 278
Metarrodopsina, 140
Metencefalina, 119
Metionina-encefalina, 83
Metoprolol, 253
Metoxamina, 252
Miastenia gravis, 278
Micção, 318, 319
- controle da, pelo encéfalo, 320
Midríase, 157
Mielina, *6*
- bainha de, *5, 6*
Miofibrila, 263
- microfotografia eletrônica de, *265*
Miopia, 132, *132*
Miose, 157
Miosina
- filamento de
- - do músculo
- - - cardíaco, 285
- - - esquelético, 166
- - - liso, 279
- fosfatase, 281
Monoamina-oxidase, 247
Monofosfato de adenosina, 82
Morfina, mecanismo de ação da, 119
Motoneurônio anterior, 177
- alfa, 178
- gama, 178
Muramil, 238
Muscarínico, 253
Músculo
- abdutor, *48*
- - curto, *48*
- - - do polegar, *4*
- - do dedo mínimo, *45*
- - longo, *48*
- - - do polegar, *45*
- - magno, *48*
- - máximo, *48*
- bíceps
- - braquial, *45, 46, 46*
- - da coxa, *48*
- braquial, *45*
- braquiorradial, 45
- cardíaco
- - anatomia fisiológica do, 285
- - atrial, 285
- - como um sincício, 286
- - condução no, 287
- - contração do, 287, *287*
- - - acoplamento excitação-contração, 287
- - - duração da, 287
- - estrutura do, *285*
- - fibras musculares
- - - condutivas, 285
- - - excitativas, 285
- - nodo
- - - atrioventricular, 289
- - - sinusial, 288
- - percentual no corpo, 263
- - potenciais de ação no, 286
- - transmissão no sistema de Purkinje, 290
- - ventricular, 285
- ciliar, 131, *135*
- coccígeo, *48*
- covacobraquial, *45*
- do triângulo urogenital, *48*
- dorsal do pé, *48*
- efeitos da estimulação simpática e parassimpática sobre o, *248, 249*
- elevador
- - da pálpebra, *40*
- - do ânus, *48*
- - esfíncter externo do ânus, *48*
- esquelético, *6,* 263

- - anatomia do, 263
- - atrofia do, 274
- - contração do, 264
- - - acoplamento excitação-contração, 269, 270
- - - características dos filamentos contráteis, 266
- - - com forças diferentes, 273
- - - eficiência da, 272
- - - em diferentes tipos de músculos, 272
- - - fontes de energia para, 271
- - - grau de superposição dos filamentos de actina e de miosina, 268
- - - início da, 269
- - - interação da miosina, da actina e do cálcio, 267
- - - isométrica *versus* isotônica, 272
- - - liberação de cálcio pelo retículo sarcoplasmático, 270
- - - mecânica da, 272
- - - mecanismo molecular, 265
- - - potencial de ação muscular, 269
- - - recuperação da, na poliomielite, 274
- - - sistema túbulo transverso-retículo sarcoplasmático, 270
- - fadiga do, 273
- - hipertrofia do, 274
- - organização do, do nível macroscópico ao molecular, *264*
- - remodelagem do, 273
- - transmissão dos impulsos dos nervos para as fibras do, 275
- estapédio, 272
- extensor
- - curto do polegar, 45
- - do indicador, *45*
- - dos dedos, *45*
- - longo
- - - do hálux, *48*
- - - do polegar, *45*
- - - dos dedos, *48*
- - radial do carpo, *45*
- - ulnar do carpo, *45*
- fibular
- - curto, *48*
- - longo, *48*
- flexor
- - curto
- - - do dedo mínimo, *45*
- - - do polegar, *45*
- - longo
- - - do hálux, *48*
- - - do polegar, *45*
- - - dos dedos, *48*
- - profundo dos dedos, *45*
- - radial do carpo, *45*
- - superficial dos dedos, *45*
- - ulnar do carpo, *4*
- gastrocnêmio, *47, 48*
- gêmeo
- - inferior, *48*
- - superior, *48*
- glúteo
- - máximo, *48*
- - médio, *48*
- - mínimo, *48*
- grácil, *47, 48*
- grande
- - redondo, *45*
- - rombóide, *45*
- ilíaco, *48*
- informações do, para o sistema nervoso central, 178
- infra-espinhoso, *45*
- interósseo, *45*
- lateral do pé, *48*
- liso
- - concentração no corpo, 263
- - contração do, 280
- - - ativação da miosinaquinase, 280
- - - combinação dos íons cálcio com a calmodulina, 280
- - - comparação com a do músculo esquelético, 280
- - - controle hormonal da, 281
- - - controle neural da, 281
- - - efeitos dos hormônios na, 283
- - - em resposta a fatores teciduais locais, 283
- - - fosforilação da cabeça da miosina, 280
- - - sem potenciais de ação, 283
- - função do, 278
- - inervação do, 281, *281*

- - organização do, 279, *279*
- - tipos de, 278
- - - de uma só unidade, *278, 279*
- - - multiunitário, *278, 278*
- longo palmar, *45*
- lumbrical
- do lado
- - - radial da mão, *45*
- - - ulnar da mão, 45
- masseter, 41
- oblíquo inferior, 40
- oponente
- - do dedo mínimo, *45*
- - do polegar, *45*
- pectíneo, *48*
- peitoral
- - maior, *45*
- - menor, *45*
- poplíteo, *47, 48*
- psoas, *48*
- pterigóideo
- - lateral, *40*
- - medial, 41
- quadrado
- - lombar, *48*
- - pronador, *4*
- quadríceps, 272
- - da coxa, *48*
- redondo pronador, *45*
- reto
- - inferior, *40*
- - lateral, *40*
- - superior, *40*
- sartório, *47, 48*
- semimembranoso, *47, 48*
- semitendinoso, *47, 48*
- serrátil anterior, *45*
- sóleo, *47, 48*
- subescapular, *4*
- supinador, *45*
- supra-espinhoso, *45*
- temporal, 41
- tensor do tímpano, 159, 160
- tibial
- - anterior, *48*
- - posterior, *48*
- tríceps braquial, *45*

N

Nanismo hipofisário, 327
Nariz, cefaléia por irritação do, 123
Neostigmina, 253
- efeitos na transmissão na junção neuromuscular, 278
- para *miastenia gravis,* 278
Nervo(s)
- abducente, 27, *38, 40*
- - conexão com o encéfalo, *38*
- - função do, *38*
- - núcleo motor do, 37
- acessório, *38, 42*
- - anatomia do, *42, 43*
- - conexão com o encéfalo, *38*
- - função do, *38*
- - núcleo ambíguo, sinais pelo, 37
- - parte cervical superior do, *41*
- alveolar inferior, *40*
- auricular magno, *45*
- auriculotemporal, *40*
- bucal, 40
- calcâneo medial, *47*
- cervical, *4*
- ciático, *47, 48,* 49, *49*
- coclear, *159*
- cranianos, 3, *13*
- - conexão com o encéfalo, *38*
- - distribuição externa dos, 39
- - fibras parassimpáticas do, 245
- - mistos, 37, *39*
- - motores, 37, *39*
- - origem dos, *38*
- - sensoriais, 37, *39*
- cutâneo
- - anterior, 48
- - intermédio da coxa, *47*

Índice Alfabético ▪ 341

- - lateral da coxa, *47, 48*
- - medial da coxa, *47*
- - posterior da coxa, *47, 49*
- - transverso, 45
- do mento, *40*
- escapular dorsal, *45*
- espinhal, 3, *4*, 245
- - distribuição do, 30
- - origem do, 3
- - pares de, 43
- - - cervicais, 43
- - - coccígeo, 45
- - - espinhais lombares, 45
- - - espinhais sacrais, 45
- - - espinhais torácicos, 45
- - plexo, *30*
- - - braquial, *30, 45*
- - - cervical, *30,* 45
- - - lombar, *30,* 45
- - - sacral, *30,* 45
- - relação da medula espinhal com os plexos do, *30*
- facial, 27, *38, 40*
- - anatomia do, 41, *41*
- - conexão com o encéfalo, *38*
- - função do, *38*
- - núcleo do
- - - motor, 37
- - - sensorial, 37
- - - vestibular, 39
- femoral, *47, 48, 48*
- fibular
- - comum, *47, 49*
- - profundo, *47,* 49, 50
- - superficial, *47, 49*
- frênico, 45
- gástrico
- - anterior, 43
- - posterior, 43
- glossofaríngeo, *38, 42*
- - anatomia do, 42, *42*
- - conexão com o encéfalo, *38*
- - função do, *38*
- - núcleo ambíguo, sinais pelo, 37
- glúteo
- - inferior, *48,* 49
- - superior, *47, 48,* 49
- hipoglosso, *38*
- - anatomia do, 43, *43*
- - conexão com o encéfalo, *38*
- - função do, *38*
- - núcleo motor do, 37
- ilioinguinal, *4*
- infra-orbital, *40*
- intercostobraquial, *46*
- laríngeo
- - externo, 42
- - interno, *42*
- - recorrente, *42*
- lingual, *40*
- mandibular, *40*
- maxilar, *40*
- mediano, *4, 45,* 46, *46*
- musculocutâneo, *4,* 45, 46, *46*
- obturador, *47, 48, 48*
- - anterior, 47
- - interno, *47*
- obturatório, *4,* 47, *48, 48*
- - anterior, 47
- - interno, *47*
- occipital menor, 45
- oculomotor, *38, 40*
- - anatomia do, 39
- - conexão com o encéfalo, *38*
- - função do, *38*
- - núcleo motor do, 37
- oftálmico, *40*
- olfativo, *38*
- - anatomia do, 39
- - conexão com o encéfalo, *38*
- - função do, *38*
- - origem do, 37
- óptico, *13, 38, 40,* 150
- - anatomia do, 39
- - conexão com o encéfalo, *38*
- - função do, *38*
- - lesões do, 154
- - origem do, 37

- parassimpático
- - do intestino, 310
- - para o coração, 292, 294
- peitoral
- - lateral, *46*
- - medial, *46*
- pélvico, 245
- periférico, 3
- - transmissão das sensações táteis no, 104
- pudendo, *47, 48,* 49
- radial, *4, 45, 46*
- safeno, *4, 47*
- simpático, 244, 245
- - distribuição segmentar do, 245
- - para o coração, 292, 294
- - para o intestino, 310
- subescapular, *4*
- supraclavicular, 45
- sural, *47*
- tibial, *4, 47*
- torácico
- - anterior, 45
- - longo, *45, 46*
- trigêmeo, 27, *38, 40, 43*
- - anatomia do, 39
- - conexão com o encéfalo, *38*
- - função do, *38*
- - núcleos do, 37
- - - espinhal, 37
- - - mesencefálico, 37
- - - motor, 37
- - - sensorial principal, 37
- - ramos do
- - - mandibular, *38,* 41
- - - maxilar, *38,* 41
- - - oftálmico, *38, 39*
- troclear, *38*
- - anatomia do, 39
- - conexão com o encéfalo, *38*
- - função do, *38*
- - núcleo motor do, 37
- ulnar, *4, 45, 46, 47*
- vago, *38*
- - anatomia do, 42, *42*
- - conexão com o encéfalo, *38*
- - fibras parassimpáticas do, 245
- - função do, *38*
- - núcleos do
- - - ambíguo, 37
- - - motor, 37
- - ramo faríngeo do, *42*
- vestibulococlear, 27, *38*
- - anatomia do, 42
- - conexão com o encéfalo, *38*
- - função do, *38*
Neuralgia
- do glossofaríngeo, 121
- do trigêmeo, 121
Neurofisina, 328
Neuroglia, 4, 5, *5*
Neuro-hipófise, 325
- função dos hormônios da, 329
- hormônios da, 326
- - acitocina, 326, 328
- - antidiurético, 326, 328
- - estrutura da, 328
- - neurofisinas, 328
Neurônio, 3, *6*
- axônio, 4
- circuitos de, 100, *100*
- - inibitórios como mecanismo para estabilizar o funcionamento do sistema nervoso, 101
- - sinais contínuos emitidos por, 100
- corpo celular do, 4, *5*
- da medula espinhal, *5*
- da substância cinzenta da medula, 177
- de outras regiões da medula, 81
- dendritos, 4
- do córtex
- - cerebral, 215
- - motor, 192
- - sensorial somático, 108
- do encéfalo, *5,* 81
- do sistema nervoso entérico, 310
- em repouso, 85, *86*
- funções do
- - sinápticas, 80

- grupamento de, 97, *98*
- - convergência, 98
- - divergência, 98, *98*
- - inibição de um, 98
- - prolongamento do sinal pelo, 99
- - zonas de "descarga" e "facilitada" de um, *98*
- motor, 81, *81*
- - axônio, 81, *81*
- - dendritos, 81, *81*
- - soma, 81, *81*
- na ponta anterior da medula espinhal, 81, *81*
- no estado
- - excitado, 86, *86*
- - inibido, 86, *86*
- número de, *4*, 77
- organização do
- - para a transmissão dos sinais, 97
- parassimpático, 246
- - pós-ganglionar, 246
- - pré-ganglionar, 246
- pré-sináptico, 81
- respiratório, 303
- - centro pneumotáxico, 303
- - dorsal, 303, 304
- - ventral, 303, 304
- simpático, 245
- - pós-ganglionar, 245
- - pré-ganglionar, 245
- sinapse, 5
- terminais pré-sinápticos, 81, *81*
- - estrutura do, 81, *81*
- - excitatórios, 81, 82
- - inibitórios, 81
- - mecanismo da liberação do transmissor pelo potencial de ação no, 82
Neuropeptídio, 83, 84
- mecanismo de formação de, 84
- remoção do, 84
Neurotensina, 83, 230
Neurotransmissor, 80
- de pequena molécula, 83
- - características do, 83
- - remoção do, 84
Nicotina, 253
- efeitos sobre a transmissão na junção neuromuscular, 278
Nistagmo cerebelar, 209
Nitrogênio, transporte de, através da membrana, 54
Nociceptor, 92, *93*
Nodo
- atrioventricular, 288
- - organização do, 289
- sinoatrial, 288
- sinusial, 288, *288*
- - auto-excitação das fibras do, 288
- - como marcapasso do coração, 292
- - mecanismo da ritmicidade do, 288
Norepinefrina, 80, 83
- duração de ação da, 246, 252
- efeitos da, 249
- - sobre a contração do músculo liso, 283
- - sobre os receptores adrenérgicos, 247
- estrutura da, *246*
- liberação de, 249
- *locus ceruleus* e a, 229
- no controle da atividade cerebral, 228
- no músculo liso, 281
- psicose por diminuição de, 242
- remoção da, 247
- secreção da, 83
- - pelas fibras simpáticas e parassimpáticas, 246
- síntese da, 83
- substâncias que causam liberação de, das terminações nervosas, 252
Núcleo
- motor dos nervos cranianos, 37, *39*
- - abducente, 37
- - ambíguo, 37
- - de Edinger-Wesphal, 37
- - do hipoglosso, 37
- - do trigêmeo, 37
- - dorsal do vago, 37
- - facial, 37
- - oculomotor, 37
- - troclear, 37
- profundo cerebelar, 29
- - emboliforme, 29

342 ■ Índice Alfabético

- - fastígio, 29
- - globoso, 29
- - grande denteado, 29
- sensorial
- - dos nervos cranianos, 37, *39*
- - - coclear, 37
- - - do feixe solitário, 39
- - - do trigêmeo, 37
- - - mesencefálico, 37
- - - principal, 37
- - - vestibular, 39
- vermelho, 191

O

Obesidade, 318
- anormalidades hipotalâmicas causadoras da, 318
- fatores genéticos na, 318
- psicogênica, 318
Ocitocina, 83, 326
- efeitos da
- - sobre a contração do músculo liso, 283
- - sobre a ejeção do leite, 329
- funções da, 329
Oftalmoscópio, 134
- sistema óptico do, *135*
Olfato, 168, **171**
- gradações das intensidades do, 172
- limiar para o, 172
- natureza afetiva do, 172
- regiões olfativas do cérebro, 172
- sensações geradoras do, 172
- vias
- - de transmissão para o sistema nervoso central, 173
- - sensorial para o, 39
Olho
- acomodação do, 157
- cefaléia por distúrbios no, 123
- efeitos da estimulação simpática e parassimpática sobre o, *248*
- mecanismo vestibular para a estabilização do, 198
- movimento do, 154
- - controle muscular, 154
- - de fixação, 154
- - - involuntário, 155
- - - voluntário, 155
- - de perseguição, 156
- - estrabismo, 156
- - sacádico, 156
- - vias neurais para controle do, 154, *155*
- nervos do
- - autonômicos, 157
- - para os músculos, 37, *38*
- neurofisiologia central da visão, **150-158**
- - campos visuais, 154
- - controle da acomodação, 157
- - estrutura lamelar do córtex visual primário, 151
- - fusão das imagens visuais provenientes dos dois olhos, 156
- - padrões neuronais de estimulação durante a análise da imagem visual, 153
- - vias
- - - para a análise da informação visual, 152
- - - visuais dos olhos para o córtex visual, *150*
- óptica da visão, **127-136**
- - acuidade visual, 133
- - - método clínico para determinar a, 134
- - controle autossômico da acomodação, 131
- - equivalência a uma câmara fotográfica, 130, *130*
- - formação de imagem
- - - por lente convexa, 129
- - - sobre a retina, 130
- - índice de refração de uma substância transparente, 127
- - lente
- - - cilíndrica, 128
- - - côncava, 128
- - - convexa, 127
- - - medida do poder de refração de uma, 129
- - líquido intra-ocular, 135
- - - humor aquoso, 135
- - - humor vítreo, 135
- - - limpeza do, 136
- - - oftalmoscópio, 134
- - percepção da profundidade, 134
- - presbiopia, 131

- - pressão intra-ocular, 136
- - - glaucoma, 136
- - - regulação da, 136
- - - tonometria, 136
- - profundidade de foco do sistema de lentes do olho, 131
- - refração, 130
- - - erros de, 132
- - reflexo pupilar à luz, 157
- - retina, 138
- - - função receptora da, 138
- - - organização neural da, 145
Opiáceo
- do cérebro, 119
- encefálico, 119
Óptica da visão, 127
Órbita, nervos para os músculos da, 37, *38*
Órgão
- de Corti, 161, *162*
- - função do, 162
- tendinoso de Golgi, 178, *182*
- - excitação do, 182
- - transmissão de impulsos do, para o sistema nervoso central, 182
Osciloscópio de raios catódicos, 73
Osmorreceptor, 300
Otolito, 196
Otosclerose, 167
Ouvido, 159
- interno, 159
- médio, 159
Oxigênio
- efeito da falta de, sobre a pressão arterial, 300
- falta de, como regulador do fluxo sanguíneo cerebral, 255
- necessidade especial do encéfalo por, 259
- papel do, no controle respiratório, 306
- transporte de, através da membrana, 54

P

Paladar, 168
- adaptação do, 170
- insensibilidade gustativa, 169
- receptor para o, 93
- sensações gustativas primárias, 168
- - ácido, 168, *169*
- - amargo, 168, *169*
- - doce, 168, *169*
- - salgado, 168, *169*
- transmissão dos impulsos gustativos para o sistema nervoso central, 170
Parassimpaticomimético, 253
Parkinson, doença de, 211, 212
- coagulação dos núcleos ventrolateral e ventroanterior do tálamo para tratamento da, 212
- levodopa para, 212
Pedúnculo
- cerebelar
- - inferior, 28
- - médio, 28
- - superior, 25, 28
- cerebral, 24
- feixe longitudinal medial, 24
- fibras corticoespinhais, 24
- formação reticular, 25
- lemnisco medial, 24
- núcleo
- - do nervo
- - - oculomotor, 25
- - - troclear, 25
- - vermelho, 24
- substância
- - cinzenta periaqueductal, 25
- - *nigra*, 24
- tegmento, 24
Pêlo
- gustativo, 169
- olfativo, 171
Pênis
- efeitos da estimulação simpática e parassimpática sobre o, *248*
- ereção do, 332
- lubrificação do, 332
Pensamento, 222
- teoria holística do, 223

Pentolínio, 253
Peptídio
- do sono, 83
- hipofisário, 83
- - ativo
- - - no encéfalo, 83
- - - no intestino, 83
- muramil, 238
Perimetria, 154
Peristaltismo, 311
- função do plexo mioentérico no, 312
- primário, 313
- secundário, 313
Pia-máter, *32, 36*
Pilocarpina, 253
Piridostigmina, 253
Plexo
- braquial, 45, 46
- cardíaco profundo, 42
- cervical, 45
- - músculos inervados pelo, 45
- - ramos do, *44*
- coróide, 36, *36*
- esofágico, *42*
- lombar, 48
- - músculos do, *48*
- - nervos do, *48*
- - ramos do, *46*
- sacral, 48
- - músculos do, *48*
- - nervos do, *48*
- - ramos do, *49*
Polipeptídio intestinal vasoativo, 83
Ponte, 24, 25
- centro respiratório, 303, *304*
- partes da
- - dorsal, 25
- - ventral, 25, *27*
Posição
- sensação da, 103
- sentido de, 111
Potássio
- excitação da dor pelo, 115
- transporte de, através da membrana, 55, 63
- - por meio de canais proteicos, 56, *56*
Potencial
- de ação, 64
- - ânions na geração do, 67
- - cálcio na geração do, 67
- - cloreto na geração do, 68
- - desencadeamento do, 68
- - etapas do, 65
- - - despolarização, 65
- - - repolarização, 65
- - - repouso, 65
- - eventos seqüenciais que ocorrem durante o, 67, *67*
- - na célula olfativa, 171
- - no músculo
- - - cardíaco, 286, *286*
- - - esquelético, 269
- - - liso, 281, 282, *282*
- - platô de, 69, *70*
- - potássio na geração do, 65
- - propagação do, nas duas direções ao longo de fibra condutora, 69, *69*
- - registro do, 73
- - sódio na geração do, 65
- de membrana, 61
- - do intestino, 310
- - em repouso dos nervos, 63, 64
- - medida do, 62
- - na célula olfativa, 171
- - registro do, 73
- endococlear, 163
- pós-sináptico
- - curso temporal do, 87
- - efeito de somação de, 88
- - excitatório, 86, *87*
- - inibitório, 86
- - receptor para a gustação, 170
Presbiopia, 131
Presofenosia, 218
Pressão
- arterial
- - controle da, pelos quimiorreceptores carotídeos e aórticos, 300

- - durante exercício muscular, 297
- - efeitos
- - - da anestesia medular total sobre a, *296*
- - - da estimulação simpática e parassimpática sobre a, 249
- - importância da resposta isquêmica do SNC como reguladora da, 300
- - reflexo barorreceptor no controle da, 297
- - velocidade do controle nervoso da, 297
- intra-ocular, 136
- - limpeza dos espaços trabeculares, 136
- - regulação da, 136
Princípio
- da potência, 110, 111
- de Weber-Fechner, 110
Pró
- dinorfina, 119
- encefalina, 119
- opiomelanocortina, 119
Procaína, mecanismo de ação sobre a excitabilidade da membrana, 73
Progesterona, ações da, 330
Prolactina, 83, 326
- hormônio de inibição da, 327, 328
- secreção normal de, 328
Propranolol, 253
Propriocepção dinâmica, 111
Prosencéfalo, 11
Prostaglandina, excitação da dor pela, 115
Proteína
- através da membrana celular, 53, *54*
- do líquido corporal, 53, *53*
- - carreadora, 53, 58
- - de canal, 53
- - de transporte, 53
- do músculo liso, 281
- fixadora de odoríferos, 171
Prurido, sensação do, 105
Psicose, 242
- da depressão mental, 242
- maníaco-depressiva, 242
Pterigóideo
- lateral, *40*, 41
- medial, 41
Puberdade, 330
- definição de, 331
- estrogênio na, 331
- início da, 330
Pulmão, efeitos da estimulação simpática e parassimpática sobre o, *248*
Punição, 233
- efeito dos tranqüilizantes sobre os centros de, 233
- estimulação dos centros de, 234
- importância da, no aprendizado e na memória, 234
Pupila, 130, 131
- de Argyll Robertson, 158
Púrpura visual, 140
Putame, 209
- circuito do, 210, *210*
- lesões do, 210

Q

Quadril, inervação da articulação do, 49
Quadriplegia, 45
Quiasma óptico, *13*, 39, 150
- lesões do, 154
Quimiorreceptor sensorial, 92, *93*

R

Raiva, 234
Receptor
- adrenérgico
- - alfa, 247
- - - distribuição do, no organismo, 247, *248*
- - - efeitos sobre as funções orgânicas, *248*
- - beta, 247
- - - distribuição do, no organismo, 247, *248*
- - - efeitos sobre as funções orgânicas, *248*
- do calor, 123
- do frio, 123
- do queimante, 123
- do quente, 123
- gustativo, 168

- osmossódio, 300
- para acetilcolina, 247
- - muscarínico, 247
- - nicotínico, 247
- sensorial, 77
- - adaptação do, 94, *95*
- - - importância do receptor de velocidade, 95
- - - lenta, 95
- - - mecanismo da, 95
- - - rápida, 95
- - de posição, 111
- - do músculo, 178
- - eletromagnético, 92, *93*
- - mecanorreceptor, 92, *93*
- - nociceptor, 92, *93*
- - potencial do, 93
- - - amplitude, 93
- - - mecanismo, 93
- - - relação com o potencial de ação, 94
- - quimiorreceptor, 92, *93*
- - tátil, 103
- - - na detecção da vibração, 104
- - termorreceptor, 92, *93*
Recompensa, 233
- efeitos dos tranqüilizantes sobre os centros de, 233
- estimulação dos centros de, 234
- importância da, no aprendizado e na memória, 234
Reflexo
- autonômico, 251
- - cardiovascular, 251
- - distensão da bexiga, 251
- - esvaziamento
- - - da bexiga, 251
- - - do reto, 251
- - excreção renal de urina, 251
- - gastrointestinal, 251
- - sexual, 251
- barorreceptor, 297, 298
- da defecação, 314
- da micção, 319
- de dor, 183
- de estiramento, 181
- - muscular, 180
- - - circuito neuronal do, 180
- - - dinâmico *versus* estático, 180
- - - função amortecedora do, 180
- - - negativo, 180
- do fuso muscular, 181
- extensor cruzado, *183*, 184
- - mecanismo neuronal do, 184
- flexor, 183, *183*
- - mecanismo neuronal do, 183
- - miograma do, *183*
- mastigatório, 312
- medular, 177
- - autonômico segmentar, 186
- - de coçar, 185
- - de endireitamento, 185
- - de galope, 185
- - de massa, 186
- - locomotor, 185
- - preparações experimentais para estudar o, 177
- - que causa espasmo muscular, 186
- nociceptivo, 183
- patelar, 181
- postural vestibular, 198
- tendinoso de Golgi, 182
Refração
- erros de, 132
- índice de, 127
- - da córnea, 130
- - do ar, 130
- - do cristalino, 130
- - do humor
- - - aquoso, 130
- - - vítreo, 130
Reserpina, bloqueio da atividade adrenérgica por, 252
Respiração
- centro da, 303
- controle da
- - nervoso, 303
- - químico, 305
- durante o exercício, regulação da, 307
- nervo para o controle da, 45
Retículo sarcoplasmático, 264, *265, 270*
- aspectos do, 270, 283

Retina, 130, 138
- bastonetes da, 138, *139*
- camada pigmentar da, 138
- células da, 145
- - amácrinas, 145, 146
- - bipolares, 145, 146
- - ganglionares, 145, 147
- - - tipos de, e seus respectivos campos, 147
- - transmissão de sinais coloridos pelas, 148
- - horizontais, 145
- - interplexiformes, 145
- cones da, 138, *139*
- descolamento da, 140
- formação de imagem sobre a, 130
- organização neural da, *138*, 145, *145*
- - excitação e inibição de área da, causada por pequeno feixe luminoso, *146*
- - neurotransmissores liberados pelos neurônios da, 146
- reflexos da, à luz, 157
- - na doença do sistema nervoso central, 158
- região foveal da, 138
- regulação automática da sensibilidade da, 142
- suprimento sanguíneo da, 139
Retineno, 140
Retinite pigmentosa, 154
Retinol
- isomerase, 140
- todo-trans, 140, 141
Rigidez de descerebração, 195
Rim
- dor proveniente do, *120*
- efeitos da estimulação simpática e parassimpática sobre o, *248,* 249
Rombencéfalo, 11
Rodopsina, 139, 140
- decomposição da, pela energia luminosa, 140
- quinase, 142

S

Saciedade, 316
Sáculo, 195
- função do, na manutenção do equilíbrio, 197
Saliva, controle da secreção da, 42
Sangue, efeitos da estimulação simpática e parassimpática sobre o, *248*
Sarcolema, 263
Sarcoplasma, 264
Secreção
- gástrica
- - fases da, 315
- - - cefálica, 315
- - - gástrica, 315
- - - intestinal, 316
- - regulação da, 315
- - gastrina na, 315
- - - papel da histamina, 315
- gastrointestinal, controle nervoso da, 310, 314
- salivar, controle nervoso da, 314
Sede, 302
- centro da, 300
- estímulo básico para excitar a, 302
- limiar da, 302
- no controle da osmolalidade do líquido extracelular, 301, 302
- papel da, no controle da concentração de sódio do líquido extracelular, 301
Sensação
- somática, 103
- - da dor, 103
- - de calor, 103
- - de frio, 103
- - de posição, 103
- - exteroceptiva, 103
- - profunda, 103
- - proprioceptiva, 103
- - tátil, 103
- - visceral, 103
Sensibilidade
- do tecido profundo, 93
- tátil da pele, 93
Sentido(s)
- especiais, 103
- proprioceptivo, 111
- - da velocidade do movimento, 111

344 ■ Índice Alfabético

- - de posição estática, 111
- somático, 103
- - da dor, 103, 115
- - mecanorreceptivo, 103
- - termorreceptivo, 103
Serotonina, 83, 119
- ações da, 84
- efeitos sobre a contração do músculo liso, 283
- excitação da dor pela, 115
- no controle da atividade cerebral, 228
- núcleos da rafe e a, 229
- psicose por diminuição de, 242
- secreção da, 84
- sono e a, 238
Sífilis, reflexos pupilares na, 158
Simpaticomimético, 247, 252
Sinapse, 5, 77, 80
- anatomia fisiológica da, *81*
- elétrica, junções abertas, 80
- papel da, no processamento da informação, 79
- química, 80
- - condução unidirecional na, 81
- - neurotransmissor, 80
Sistema barorreceptor, 297, *298*
Sistema cardiovascular, 232
Sistema circulatório cerebral, 255
Sistema coluna dorsal-lemnisco, 105
- anatomia do, 105, *105*
- características do, 109
- orientação espacial das fibras no, 106
- transmissão pelo, 105
Sistema de controle motor, 213
- córtico espinhal, 213
- do cérebro posterior, 213
- medular, 213
Sistema de líquido cefalorraquidiano, 33, 34
Sistema de túbulos transversos, 269, 270, *270*
Sistema dopaminérgico mesolímbico, 242
Sistema límbico, 22, *23*, 172, 218, 230, *231*
- amígdala, 22, *23*
- anatomia do, *230*
- cíngulo, 22, *23*
- comunicação com o tronco cerebral, 231
- corpos mamilares, 23
- giro
- - do cíngulo, 22
- - hipocâmpico, 22, *23*
- hipocampo, 22
- hipotálamo, 230, 231
- ínsula, 22
- septo pelúcido, 22
Sistema motor extrapiramidal, 192
Sistema nervoso
- anatomia macroscópica do, **9-50**
- - divisões básicas do encéfalo, 11
- - - cerebelo, 28
- - - cérebro, 11
- - - diencéfalo, 18
- - - líquido cefalorraquidiano, 33
- - - medula espinhal, 30
- - - tronco cerebral, 24
- - nervos periféricos, 37
- autônomo, 244
- - córtex cerebral, 244
- - farmacologia do, 252
- - funções do, 244
- - hipotálamo e o, 244
- - medula espinhal e o, 244
- - na regulação da circulação, 294
- - reflexos viscerais, 244
- - subdivisões do, 244
- - tronco cerebral e o, 244
- central, 3
- - audição, 159
- - componentes funcionais do, 6
- - controle do comportamento pelo, 227
- - eixo motor do, 78
- - funções motoras do, 78
- - impulsos do órgão de Golgi para o, 182
- - neurofisiologia motora, **177-213**
- - níveis principais de funcionamento do, 79, 80
- - olfato, 168, **171**
- - organização do, 77
- - paladar, 168
- - receptores sensoriais do, 77
- - transmissão dos impulsos gustativos para o, 170
- - vias olfativas para o, 173

- - vias de transmissão da dor, para o, 116
- - visão, 127
- entérico, 310
- - anatomia do, 311
- - funções principais do, 3
- parassimpático, 244
- - anatomia do, 245, *245*
- - estimulação de órgãos pelo, 251
- - funções de controle do, 251
- - na regulação da circulação, 294
- - tônus parassimpático, 250
- periférico, 3, 4
- simpático, 244
- - descarga maciça do, 251
- - estimulação de órgãos pelo, 251
- - na regulação
- - - da circulação, 294, *295*
- - - do fluxo sanguíneo cerebral, 255
- - organização do, 244, *244*
- - reação ao estresse, 251
- - tônus simpático, 250
Sistema neuro-hormonal cerebral, 228, 229
Sistema opiáceo cerebral, 119
Sistema osmorreceptor-hormônio antidiurético, 301, *301*
Sistema ossicular, 159
Sistema reticular bulbar, 194
Sistema tálamo-cortical, 215, 216
Sistema visual, 150
Sódio
- controle da concentração de, no líquido extracelular, 301, *301*
- transporte de, através da membrana, 55, 56, 63
Som
- atenuação do, pela contração dos músculos estapédio e tensor do tímpano, 160
- condução do, 159
- determinação da freqüência do, 163
- limiar para audição do, de diferentes freqüências, 164
- tonalidade do, 163
- transmissão óssea do, 160
Soma neuronal, 81, *81*
- diferenças de concentração iônica através da membrana do, 85
- distribuição uniforme do potencial no interior do, 85
- origem do potencial de membrana em repouso do, 85
- potencial de membrana em repouso do, 81
- variações do potencial do, durante e após o potencial de ação, 89
Somatostatina, 83
- deficiência de, na doença de Alzheimer, 243
Sono, 237
- de ondas lentas, 237
- definição de, 237
- distinção do coma, 237
- efeitos
- - de lesões nos centros produtores de, 238
- - fisiológicos do, 239
- - eletroencefalograma no, 240, *241*
- - por estimulação de áreas específicas do cérebro, 238
- REM, 237
- teorias do, 238
Stokes-Adams, síndrome de, 292
Substância(s)
- branca
- - cerebral, 14, 15, 18
- - - metabolismo da, 256
- - da medula espinhal, 31
- - subcortical, 29
- cinzenta
- - cerebral, *14*, 15
- - - metabolismo da, 256
- - - periaqueductal, 25
- - da medula espinhal, 31, 177
- - organização da, 177, *178*
- *nigra*, 18, 209
- - lesões da, 211
- P, 83
- - deficiência de, na doença de Alzheimer, 243
- que afetam a transmissão na junção neuromuscular do músculo
- - esquelético, 278
- - liso, 281

Subtálamo, 18, 209
- lesões do, 210
Supra-renal, hormônios da, 328
Surdez, 166
- de condução, 167
- neural, 167
- verbal, 220

T

Tabes dorsalis, 320
Tálamo, 6, *13*, 17
- estrutura do, 18
- funções do, 18
- - da formação reticular na apreciação da dor, 118
- - interpretativa sensorial, 20
- hiperalgesia secundária a lesões do, 121
- no controle da atividade de regiões específicas do córtex, 228
- núcleo anterior do, 230, *230*
- relações anatômicas do
- - com o córtex, 20
- - com os ventrículos, *20*
- sinais transmitidos por meio do, 20
- terminação
- - do feixe neo-espinotalâmico no, 117
- - dos sinais da dor lenta-crônica no, 117
Tato, sensação do, 103
Tecido nervoso, 3
Tegmento
- mesencefálico, 25
- pontino, 25
Telencéfalo, 11
Temperatura corporal
- anormalidades da regulação da, 323
- aumento da produção da tiroxina como causa de aumento da produção de calor, 322
- conceito de "ponto fixo" para o controle da, 322
- detecção da
- - por receptores na pele e nos tecidos corporais profundos, 321
- - termostática, no hipotálamo, 321
- estimulação hipotalâmica dos calafrios, 322
- excitação química simpática da produção de calor, 322
- ganho de *feedback* para o controle da, 322
- hipotálamo na regulação da, 232
- mecanismos efetores neuronais que reduzem ou aumentam a, 321
- regulação nervosa da, 320
Teobromina, efeitos sobre a transmissão sináptica, 90
Teofilina, efeitos sobre a transmissão sináptica, 90
Termorreceptor sensorial, 92, *93*
Testosterona
- controle de *feedback* da secreção de, 330
- regulação da produção de, pelo hormônio luteinizante, 329
Teto do mesencéfalo, 25
Tetracaína, mecanismo de ação sobre a excitabilidade da membrana, 73
Tiotixeno, para esquizofrenia, 242
Tique doloroso, 121
Tireóide, hormônio da, 327
Tireotropina, 83, 326, 329
Tiroxina, 327
Tranqüilizante, efeitos sobre os centros de punição e recompensa, 233
Transducina, 142
Transmissão
- nervosa, 53
- - aspectos especiais, 70
- - diminuição da excitação da, 73
- - excitação da, 72
- neuromuscular, 275
- sensorial
- - pelo sistema ântero-lateral, 105, 112
- - - anatomia, 112, *112*
- - - características, 112
- - pelo sistema coluna dorsal-lemnisco, 105
- - - características globais da, 109
- - - orientação espacial das fibras, 106
- - - processamento da informação do sentido de posição, 111
- sináptica
- - acidose, efeitos sobre a, 90

- - alcalose, efeitos sobre a, 90
- - características da, 90
- - - facilitação pós-tetânica, 90
- - - fadiga do funcionamento sináptico, 90
- - hipoxia, efeitos sobre a, 90
- - medicamentos que afetam a, 90
Transmissor sináptico, 82, *83*
Transporte através da membrana, 54
- ativo, 54, *54*
- - primário, 58
- - - de cálcio, 58
- - - de cloreto, 58
- - - de hidrogênio, 58
- - - de potássio, 58
- - - de sódio, 58
- - secundário, 58
- passivo, 54
- por difusão, 54
Trapézio, nervos para o músculo, 37, *38*
Tremor
- de ação, 209
- de intenção, 209
Trifosfato de adenosina
- na contração muscular, 271
- mitocondrial, 81
Triiodotironina, 327
Trombose da artéria cerebral posterior, 121
Tronco
- cerebral, *23, 24, 25, 230*
- - área
- - - de controle autonômico, 252
- - - inibitória reticular do, 228
- - - aumento da atividade da área excitatória do, por
      sinais de *feedback* provenientes do cérebro, 228
- - bulbo, 24, 27, 194
- - controle dos movimentos do corpo pelo, 188, 194
- - excitação da área excitatória do, por sinais senso-
      riais periféricos, 228
- - funções do, 194
- - mesencéfalo, 24, 194
- - núcleos motores do, 37

- - - abducente, 37
- - - ambíguo, 37
- - - dorsal vago, 37
- - - facial, 37
- - - hipoglosso, 37
- - - oculomotor, 37
- - - trigêmeo, 37
- - - troclear, 37
- - núcleos reticulares do, 194, *194*
- - - bulbares, 194
- - - pontinos, 194
- - núcleos sensoriais do, 37
- - - coclear, 39
- - - do feixe solitário, 39
- - - trigêmeo, 37
- - - vestibular, 39
- - ponte, 24, 25, 194
- - reflexos gustativos integrados no, 170
- - relações do cérebro com, *13*
- - sistema
- - - de ativação do encéfalo, 227
- - - reticular bulbar, 194
- - terminação
- - - do feixe neo-espinotalâmico no, 117
- - - dos sinais da dor lenta-crônica no, 117
Tubo gastrointestinal
- movimentos no, 311
- - de mistura, 311
- - propulsivos, 311
- sistema nervoso do, 310
Tubocurarina, na transmissão da junção neuromus-
      cular, 278

U

Úncus, 230, *230*
Uréia, transporte de, através da membrana, 54
Ureter, dor proveniente de, *120*
Uretra, 319

Útero, hipotálamo no controle do, 232
Utrículo, 195
- função do, na manutenção do equilíbrio, 197

V

Vaso sanguíneo
- do encéfalo, 36
- efeitos da estimulação simpática e parassimpática
      sobre o, 249
- inervação simpática do, 294
Vasopressina, 83, 230, 326
- efeitos sobre a contração do músculo liso, 283
Veia, inervação simpática da, 294
Vermis, 28
Vesícula
- biliar
- - dor proveniente da, *120*
- - efeitos da estimulação simpática e parassimpática
      sobre a, *248, 249*
Via corticorrubroespinhal, 192
Vibração, 103
- detecção da, 104
- sensação da, 110
Vigília, 237
- eletroencefalograma no estágio de, 240, *241*
- por lesões nos núcleos da rafe, 238
Visão
- cromática, 143
- - fenômeno da constância das cores, 144
- - interpretação da cor, no sistema nervoso, 143
- - percepção da luz branca, 144
- neurofisiologia central da, 150
Víscera
- dor originária na, 120
- músculos para a, 37, *38*, 39
Vitamina A
- da retina, 139
- papel da, na formação de rodopsina, 141

Pré-impressão, impressão e acabamento

grafica@editorasantuario.com.br
www.editorasantuario.com.br
Aparecida-SP